高等学校交通运输与工程类专业教材建设委员会规划教材
住房和城乡建设部“十四五”规划教材
国家精品课程建设核心教材
“十三五”江苏省高等学校重点教材(编号:2016-1-077)

Principles of Structural Design

结构设计原理

第5版

叶见曙 主编
李国平 主审

人民交通出版社股份有限公司
北京

内 容 提 要

本书根据高等学校土木工程专业、道路桥梁与渡河工程专业结构设计原理课程的教学要求,参照中华人民共和国国家标准和交通运输部颁发的现行交通行业标准与设计规范,对公路桥涵钢筋混凝土结构、预应力混凝土结构、圬工结构和钢结构的各种基本构件受力特性、设计原理、计算方法和构造设计作了详尽介绍,同时对公路桥梁钢—混凝土组合结构构件的设计原理和方法也作了介绍。

本书为高等学校土木工程专业、道路桥梁与渡河工程专业用教材,也可供公路和城市建设部门从事桥梁设计、工程研究、施工和管理的专业技术人员参考。

本教材配套多媒体课件,可通过加入桥梁工程课群教学研讨 QQ 群(138253421)索取

图书在版编目(CIP)数据

结构设计原理/叶见曙主编. —5 版. —北京:人民交通出版社股份有限公司, 2021.12

ISBN 978-7-114-17531-2

Ⅰ.①结… Ⅱ.①叶… Ⅲ.①建筑结构—结构设计—高等学校—教材 Ⅳ.①TU318

中国版本图书馆 CIP 数据核字(2021)第 145488 号

高等学校交通运输与工程类专业教材建设委员会规划教材
住房和城乡建设部“十四五”规划教材
国家精品课程建设核心教材
“十三五”江苏省高等学校重点教材(编号:2016-1-077)

Jiegou Sheji Yuanli

书　　名: 结构设计原理(第 5 版)
著 作 者: 叶见曙
责任编辑: 卢俊丽
责任校对: 刘　芹
责任印制: 刘高彤
出版发行: 人民交通出版社股份有限公司
地　　址: (100011)北京市朝阳区安定门外外馆斜街 3 号
网　　址: http://www.ccpcl.com.cn
销售电话: (010)59757973
总 经 销: 人民交通出版社股份有限公司发行部
经　　销: 各地新华书店
印　　刷: 北京市密东印刷有限公司
开　　本: 787×1092　1/16
印　　张: 40.5
字　　数: 969 千
版　　次: 1997 年 4 月　第 1 版　2005 年 5 月　第 2 版　2014 年 7 月　第 3 版
2018 年 7 月　第 4 版　2021 年 12 月　第 5 版
印　　次: 2024 年 6 月　第 5 版　第 5 次印刷　总第 61 次印刷
书　　号: ISBN 978-7-114-17531-2
定　　价: 85.00 元

第5版前言

《结构设计原理》第5版,结合我国行业标准《公路工程结构可靠性设计统一标准》(JTG 2120—2020)、《公路工程混凝土结构耐久性设计规范》(JTG/T 3310—2019)和《公路桥涵施工技术规范》(JTG/T 3650—2020)等新的要求,在《结构设计原理》第4版基础上编写而成。

根据课程教学大纲和第4版教材使用情况的调查,以及上述新颁布行业标准相关技术要求,第5版教材除全面调整了钢筋混凝土及预应力混凝土受弯构件挠度(变形)计算等内容外,对各章节内容阐述进行了更新和补充;对计算示例的编写也进行了较大调整,增加了必要的解释性文字,更便于理解和掌握构件设计计算方法。

全书由叶见曙、张娟秀统稿,各章编写人员如下:

第1、3和4章(叶见曙、张娟秀),第2章(张建仁、叶见曙),第5和6章(吴文清、叶见曙),第7和8章(叶见曙、熊文),第9章(吴文清、叶见曙),第10和11章(叶见曙、王文炜),第12和13章(张娟秀),第14章(田仲初、张娟秀),第15和16章(张克波、张娟秀),第17~21章(周绪红、狄谨),第22和23章(叶见曙、狄谨)。

仍由同济大学李国平教授担任第5版教材主审。

衷心感谢赵君黎(中交公路规划设计院有限公司)、张庆芳(石家庄铁道大学)对第5版教材的具体指导。

《结构设计原理》第5版的编写得到杜进生(北京交通大学)、刘华(中铁桥隧技术有限公司)、雷笑(河海大学)、张峰(山东大学)、傅晨曦(华设设计集团股份有限公司)、马莹(南京工程学院)、朱骄健(江苏华通工程检测有限公司)等的大力协助,在此表示衷心感谢。

许多高校青年教师通过电子邮箱和桥梁工程课群教学研讨QQ群,对教材提出了很多建议和意见,使得教材质量不断升级,在此一并表示衷心感谢。

欢迎对教材提出批评意见,联系方式为:张娟秀13851745572(手机)、594255639(QQ);卢俊丽13661339377(手机)、549545228(QQ)。

主编　叶见曙

2021年3月

第4版前言

随着我国新编行业标准《公路钢结构桥梁设计规范》(JTG D64—2015)等的颁布执行,标志着我国公路桥梁结构设计已全部采用以概率论为基础的极限状态设计方法,同时,基于工程结构设计全寿命理念和可持续发展主题进行修订后颁布的行业标准《公路桥涵设计通用规范》(JTG D60—2015)等,集中反映了近30年来我国公路桥梁结构的工程研究和工程实践应用的成果,以及工程设计理念的发展。

为了让正在进行专业学习的学生在学习桥梁结构设计基本理论的基础上更好地掌握设计计算方法,也为了让技术人员尽快了解这些新编和修编后的规范中关于结构设计和计算的要求,在《结构设计原理》第3版的基础上,仍由东南大学、长安大学和长沙理工大学组织编写第4版教材,同济大学李国平教授担任主审。

在人民交通出版社股份有限公司的大力支持下,2016年编写了第4版试用本的讲义并且在东南大学和河海大学两届本科生(2014级和2015级)教学中使用,根据教学和学生学习中反映的情况再进行了修改并完成了教材《结构设计原理》第4版的编写。

《结构设计原理》第4版仍保持第3版的编写体系和基本内容,但根据课程教学大纲和教材使用情况的调查,第4版教材除对个别章节进行了调整和内容精简外,对其余各章节的部分内容阐述进行了补充和更新,更突出构件受力特性、计算方法和构造要求之间的工程逻辑性,还修编了全部计算示例和附表。

全书由叶见曙、张娟秀统稿，参加编写的人员和分工如下：

第1、3和4章（叶见曙、张娟秀），第2章（张建仁），第5章（吴文清、叶见曙），第6、7和8章（叶见曙、吴文清），第9章（吴文清、王文炜），第10和11章（叶见曙、王文炜），第12和13章（张娟秀），第14章（田仲初、张娟秀），第15和16章（张克波），第17~21章（周绪红、狄谨），第22和23章（叶见曙、狄谨）。

《结构设计原理》第4版的编写得到同济大学教授肖汝诚、陈艾荣、徐栋、吴冲、苏庆田，东南大学教授黄侨、刘松玉、邱洪兴、刘钊、王景全、钱振东、宗周红，长安大学教授徐岳、贺拴海、王春生，湖南大学教授邵旭东、方志，重庆交通大学教授顾安邦、向中富、周建庭，长沙理工大学教授颜东煌、李传习，大连理工大学教授贡金鑫，北京交通大学教授杜进生，南京航空航天大学教授艾军，河海大学教授吉伯海，华南理工大学教授单成林，交通运输部公路科学研究院研究员张劲泉、任红伟、李万恒，中交公路规划设计院有限公司教授级高级工程师王仁贵、高东明、袁洪、赵君黎，中交第一公路勘察设计研究院有限公司教授级高级工程师刘士林，中交第二公路勘察设计研究院有限公司教授级高级工程师杨耀铨、鞠金荧，中铁大桥（南京）桥隧诊治有限公司教授级高级工程师刘华，上海市城市建设设计研究总院高级工程师李雪峰的帮助，在此表示衷心感谢。本教材的配套教学课件由张娟秀（东南大学）、雷笑（河海大学）和马莹（南京工程学院）编制，并由人民交通出版社股份有限公司出版。

从1997年第1版到现在的第4版，《结构设计原理》的编写者们始终保持着对事业追求的热情，以自己的专业知识和教学经验来精心修改完善教材，希望使之成为学生认识工程结构特性、学习工程结构设计原理、掌握结构计算方法和知识的优秀教科书，同时也能成为工程技术人员良好的参考书。

在教材的使用中更得到了学生、教师和工程技术人员的支持，特别是许多高校青年教师通过电子邮箱和桥梁工程课群教学研讨QQ群，对教材提出了很多建议和意见，使得教材质量不断升级，在此表示衷心感谢。

欢迎对教材提出批评意见，联系方式为：张娟秀 594255639@qq.com；卢俊丽 549545228@qq.com。

主编　叶见曙

2018年2月

目录

第1篇　钢筋混凝土结构

第 2 篇　预应力混凝土结构

第3篇 圬工结构

第4篇　钢结构

第5篇　钢—混凝土组合构件

总 论

《结构设计原理》主要讨论土木基础设施工程中各种工程结构的基本构件受力性能、计算方法和构造设计原理,它是学习和掌握桥梁工程和其他道路人工构造物设计的基础。

桥梁、涵洞、隧道、挡土墙等都是土木基础设施工程中的构造物,作为单项工程实体,必须由它的承重骨架来承受各种外荷载的作用。一般把构造物的承重骨架组成部分统称为结构。例如,桥的桥跨、墩(台)及基础组成了桥的承重体系,它们就被称为结构。

构造物的结构都是由若干基本构件连接而成的。这些构件的形式虽然多种多样,但按其主要受力特点可分为受弯构件(梁和板)、受压构件、受拉构件和受扭构件等典型的基本构件。

在实际工程中,结构及基本构件都是由建筑材料制作成的。根据所使用的建筑材料种类,作为总称,常用的结构一般可分为:

(1)混凝土结构。以混凝土为主制作的结构,包括素混凝土结构、钢筋混凝土结构和预应力混凝土结构等。无筋或不配置受力钢筋的结构为素混凝土结构,钢筋混凝土结构和预应力混凝土结构统称为配筋混凝土结构。

(2)钢结构。以钢材为主制作的结构。

(3)圬工结构。以圬工砌体为主制作的结构,是砖结构、石结构和混凝土砌体结构的总称。

(4)木结构。以木材为主制作的结构。

本书将介绍钢筋混凝土结构、预应力混凝土结构、圬工结构和钢结构等的材料物理力学性能及基本构件受力性能、设计计算方法和构造。

0.1 各种工程结构的特点及使用范围

各种工程结构采用的建筑材料的性质不同,形成了不同的特点,从而决定了它们在实际工程中的使用范围。

1)钢筋混凝土结构

钢筋混凝土结构是由钢筋和混凝土两种材料组成的。钢筋是一种抗拉性能很好的材料,混凝土材料具有较高的抗压强度,而抗拉强度很低。根据构件的受力情况,合理地配置受力钢筋可形成承载能力较强、刚度较大的结构构件。

钢筋混凝土结构所用的混凝土材料中占比例较大的是砂、石材料,便于就地取材;混凝土可模性较好,结构造型灵活,可以根据需要浇筑成各种形状的构件。同时,钢筋混凝土合理地利用了钢筋和混凝土这两种材料的受力性能特点,形成的结构整体性、耐久性较好,因而,钢筋混凝土结构广泛用于房屋建筑、地下结构、桥梁、隧道、水利、港口等工程中。但是,钢筋混凝土结构也有自重较大、抗裂性较差、修补困难的缺点。

在公路与城市道路工程、桥梁工程中,钢筋混凝土结构主要用于中小跨径桥梁、涵洞、挡土墙以及形状复杂的中、小型构件等。

2)预应力混凝土结构

预应力混凝土结构是为解决钢筋混凝土结构在使用阶段容易开裂问题而发展起来的结构。它采用的是高强度钢筋和高强度混凝土材料,并采用相应钢筋张拉施工工艺在结构构件中建立预加应力。

由于预应力混凝土结构采用了高强度材料和预应力工艺,节省了材料,减小了构件截面尺寸,减轻了构件自重,因而预应力混凝土构件比钢筋混凝土构件轻巧,特别适合于建造由恒荷载控制设计的大跨径桥梁。

若预应力混凝土结构构件控制截面在使用阶段不出现拉应力,则在腐蚀性环境下可保护钢筋免受侵蚀,因此可用于海洋工程结构和有防渗透要求的结构。

预应力技术可作为装配混凝土构件的一种可靠手段,能很好地将部件装配成整体结构,形成悬臂浇筑和悬臂拼装等不采用支架、不影响桥下通航的施工方法,在大跨径桥梁施工中获得广泛应用。

必须指出,尽管预应力混凝土结构具有上述优点,但也不能在所有的情况下都采用。由于高强度材料的单价高,施工的工序多,要求有经验的、熟练的技术人员和技术工人施工,且要求较多的、严格的现场技术监督和检查,因此,不是在任何场合都可以用预应力混凝土来代替普通钢筋混凝土,而是两者各有其合理的应用范围。

3)圬工结构

圬工结构是人类社会使用最早的结构。它是用胶结材料将砖、天然石料等块材按一定规则砌筑成整体的结构,其特点是材料易于取材。块材采用天然石料的圬工结构,将具有良好的耐久性。但是,圬工结构的自重一般较大,施工中机械化程度较低。

在公路与城市道路工程和桥梁工程中,圬工结构多用于中小跨径的拱桥、桥墩(台)、挡土墙、涵洞、道路护坡等工程中。

4)钢结构

钢结构一般是由钢厂轧制的型钢或钢板通过焊接或栓接等连接组成的结构。钢结构由于钢材的强度很高,构件所需的截面面积很小,故钢结构与其他结构相比,尽管其重度很大,却是自重较轻的结构。钢材的组织均匀,最接近于各向同性体;弹性模量高,是理想的弹塑性材料,故钢结构工作的可靠性高。钢结构的基本构件可以在工厂中加工制作,机械化程度高,同时已预制的构件可以在施工现场较快地装配连接,故施工效率较高。

钢结构的应用范围很广,例如,大跨径的钢桥、城市人行天桥、高层建筑、钢闸门、海洋钻井采油平台、钢屋架等;同时,钢结构还常用于钢支架、钢模板、钢围堰、钢挂篮等临时结构中。

此外,随着科学研究和生产的发展,在工程中还出现了多种组合结构,例如,预应力混凝土组合梁、钢-混凝土组合梁和钢管混凝土结构等。组合结构是利用具有各自材料特点的部件,通过可靠的措施使之形成整体受力的构件,从而获得更好的工程效果,因而日益得到广泛应用。一些工程结构技术的相互渗透,也产生了新的结构构件,例如,将预应力技术引入钢结构,产生了预应力钢结构,在大跨度钢屋架上获得成功应用。同时,有些工程结构也在不断深入发展,例如,预应力混凝土结构已由最初的全预应力混凝土,发展出现了部分预应力混凝土结构及无粘结预应力混凝土结构、体外预应力混凝土结构等。

工程结构的科学研究及其在工程中的应用已经发展成为一门完整的学科——结构工程学科。它以现代力学、数学和材料科学为基础,包括了工程结构基本理论、工程结构设计与施工技术,以及工程结构维护修理等内容。结构工程学科是土木工程中较活跃的学科之一,同时,它在基础设施建设中占有重要的地位,因而,要成为从事公路与城市道路工程和桥梁与隧道工程的专门技术人员,一定要学好“结构设计原理”课程,并在工程实践中应用和发展。

0.2　学习本课程应注意的问题

“结构设计原理”课程的任务是按照土木工程专业、道路桥梁与渡河工程专业的教学要求介绍钢筋混凝土结构、预应力混凝土结构、砌体结构和钢结构基本构件的设计计算原理、方法以及构造。通过本课程的学习,学生将具备工程结构的基本知识,掌握各种基本构件的受力性能及其变形规律,并能根据有关设计规范和资料进行构件的设计。

(1)“结构设计原理”课程是一门重要的专业技术基础课,其主要先修课程有“材料力学”“结构力学”和“建筑材料”,并为进一步学习“桥梁工程”课程奠定基础。

“结构设计原理”在性质上与“材料力学”有不少相似之处,但也有很多不同的地方。

“材料力学”主要研究单一、匀质、连续、弹性(或理想弹塑性)材料的构件,而“结构设计原理”研究的是工程结构的构件。工程结构的某些材料(如混凝土)不一定是匀质、弹性和连续的材料,因此,直接使用“材料力学”公式的情况并不多。但是,“材料力学”通过几何条件、物理条件和平衡关系建立基本方程的方法,对“结构设计原理”是普遍适用的,而在每一种关系的具体内容上则需考虑工程结构的材料性能特点。

(2)由于各种工程结构的材料受力性能各异,例如,混凝土材料、砌体材料等,本身的物理力学性能很复杂,加上还有其他很多影响因素,目前还没有建立起比较完整的强度理论,因此,关于一些材料的强度和变形规律,在很大程度上是基于大量的试验资料分析给出的经验关系。这样,在"结构设计原理"中,构件的某些计算公式是根据试验研究及理论分析得到的半经验半理论公式。在学习和运用这些公式时,要正确理解公式的本质,特别注意公式的使用条件及适用范围。

(3)"结构设计原理"课程的重要内容是桥涵结构构件设计。桥涵结构设计应遵循技术先进、安全可靠、耐久适用和经济合理的原则,它涉及方案比较、材料选择、构件选型及合理布置等多方面,是一个多因素的综合性问题。对于构件设计,不仅是构件承载力和变形的计算,同一构件在给定的材料和同样的荷载作用下,即使截面形式相同,设计结果的截面尺寸和截面布置也不是唯一的。设计结果是否满足要求,主要看是否符合设计规范要求,并且满足经济性和施工可行性等。

(4)在学习本课程过程中要学会应用设计规范。在我国,设计规范是国家颁布的关于设计计算和技术要求以及限制条件等的技术规定和标准,是具有一定约束性和技术法规性的文件。它是贯彻国家的技术经济政策,保证设计质量,达到设计方法上必要的统一和标准,也是校核工程结构设计的依据。

目前,我国交通运输部颁布使用的公路桥涵设计规范主要有《公路桥涵设计通用规范》(JTG D60—2015)、《公路钢筋混凝土及预应力混凝土桥涵设计规范》(JTG 3362—2018)、《公路圬工桥涵设计规范》(JTG D61—2005)、《公路钢结构桥梁设计规范》(JTG D64—2015)等。本书中关于基本构件的设计原则、计算公式、计算方法及构造要求均参照上述设计规范编写。为了表达方便,在本书中将上述设计规范统称为《公路桥规》,对引用的其他设计规范、标准和规程等,将给予全称,以免混淆。

由于科学技术水平和工程实践经验是不断发展和积累的,设计规范也必然要不断进行修改和增订,才能适应指导设计工作的需要。因此,在学习本课程时,应掌握各种基本构件的受力性能、强度和变形的变化规律,从而能对目前设计规范的条文概念和实质有正确理解,对计算方法能正确应用,这样才能适应今后设计规范的发展,不断提高自身的设计水平。

PART 1 第1篇 钢筋混凝土结构

第1章
钢筋混凝土结构的概念及材料的物理力学性能

1.1 钢筋混凝土结构的概念

钢筋混凝土结构是由配置受力的普通钢筋或钢筋骨架的混凝土制成的结构。

混凝土是一种人造石料,其抗压能力很强,而抗拉能力很弱。采用素混凝土制成的构件(指无筋或不配置受力钢筋的混凝土构件),例如,素混凝土梁,当它承受竖向荷载作用时[图1-1a)],在梁的垂直截面(正截面)上受到弯矩作用,截面中和轴以上受压,以下受拉。当荷载达到某一数值 F_c 时,梁截面受拉边缘混凝土的拉应变达到极限拉应变,即出现竖向弯曲裂缝,这时,裂缝处截面的受拉区混凝土退出工作,该截面处受压高度减小,即使荷载不增加,竖向弯曲裂缝也会急速向上发展,导致梁骤然断裂[图1-1b)],这种破坏是很突然的。也就是说,当荷载达到 F_c 的瞬间,梁立即发生破坏。F_c 为素混凝土梁受拉区出现裂缝的荷载,一般称为素混凝土梁的开裂荷载,也是素混凝土梁的破坏荷载。由此可见,素混凝土梁的承载能力是由混凝土的抗拉强度控制的,而此时受压区混凝土的抗压强度却远未被充分利用。在制造混凝土梁时,倘若在梁的受拉区配置适量的纵向受力钢筋,就构成钢筋混凝土梁。试验表明,与素混凝土梁有相同截面尺寸的钢筋混凝土梁,当承受的竖向荷载略大于 F_c 时,梁的受拉区混凝土仍会出现裂缝。在出现裂缝的截面处,受拉区混凝土虽退出工作,但配置在受拉区的钢筋将承担几乎全部的拉力。这时,钢筋混凝土梁不会像素混凝土梁那样立即断裂,而能继续承受荷载作用[图 1-1c)],直至受拉钢筋的应力达到屈服强度,继而截面受压区的混凝土也被压碎,梁才破坏。可见钢筋混凝土梁的承载力比相同截面尺寸的素混凝土梁提高很多,这是因为充分利用了混凝土抗压能力和钢筋的抗拉能力。

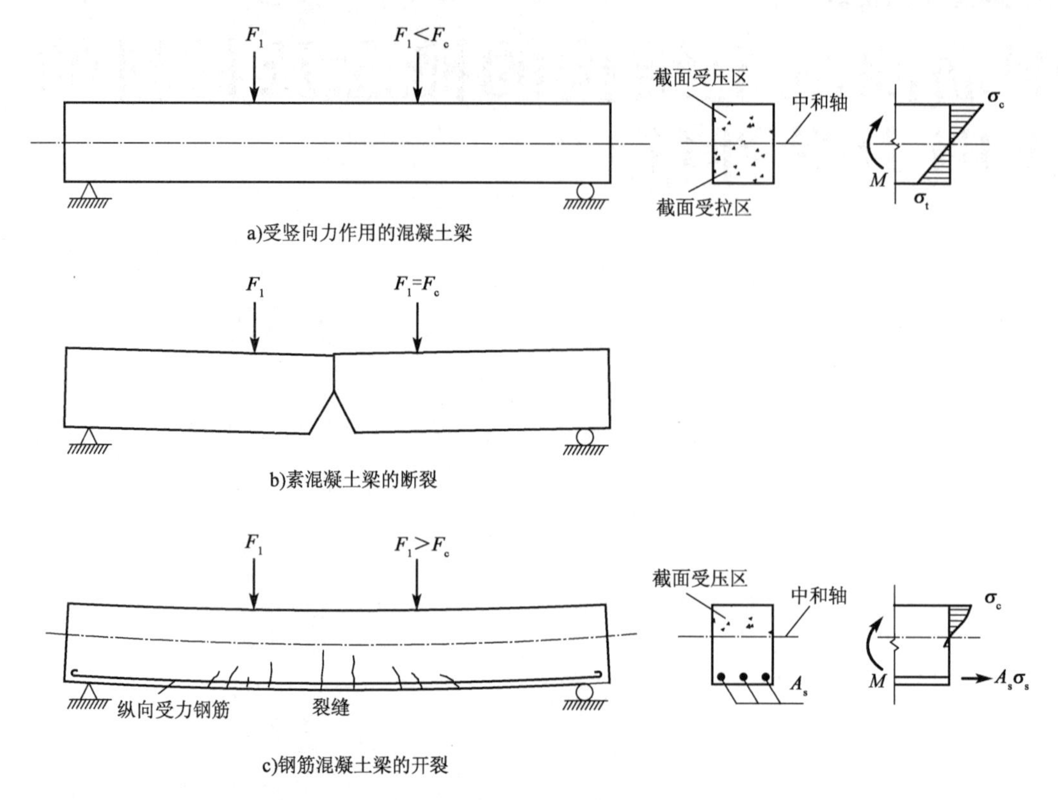

图 1-1　素混凝土梁和钢筋混凝土梁

混凝土的抗压强度高,常用于受压构件。若在构件中配置纵向受力钢筋构成钢筋混凝土受压构件,试验表明,与截面尺寸及长细比相同的素混凝土受压构件相比,钢筋混凝土受压构件不仅承载能力大为提高,受力性能也得到改善(图 1-2)。在这种情况下,钢筋的作用主要是协助混凝土共同承受压力。

综上所述,根据构件受力状况,将混凝土与钢筋有机地结合在一起,即在混凝土中配置适当的纵向受力钢筋构成钢筋混凝土构件,充分利用钢筋和混凝土各自的材料特性,从而提高构件的承载力、改善构件的受力性能。**钢筋的作用是代替混凝土受拉(受拉区混凝土出现裂缝后)或协助混凝土受压。**

钢筋和混凝土这两种力学性能不同的材料之所以能有效地结合在一起共同工作,主要是由于:

(1)混凝土和钢筋之间有着良好的粘结力,使两者能可靠地结合成一个整体,在荷载作用下能够很好地共同变形,完成其结构功能。

(2)钢筋和混凝土的温度线膨胀系数较为接近,钢筋为 1.2×10^{-5}℃$^{-1}$,混凝土为 $0.7\times10^{-5}\sim1.3\times10^{-5}$℃$^{-1}$,因此,当温度变化时,钢筋与混凝土之间不致产生较大的相对变形而破坏两者之间的粘结。

(3)质量良好的混凝土,可以保护钢筋免遭锈蚀,保证钢筋与混凝土的共同作用。

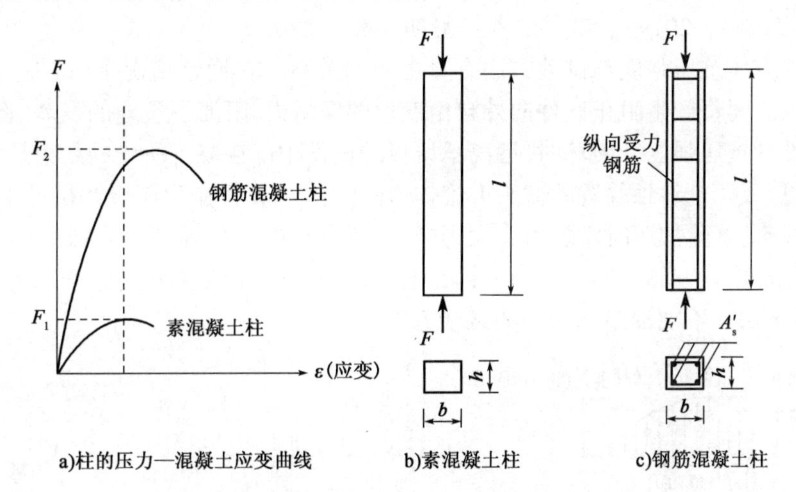

图 1-2 素混凝土和钢筋混凝土轴心受压构件的受力性能比较

钢筋混凝土结构除了能合理地利用钢筋和混凝土两种材料的特性外,还有下述一些优点:

(1)在钢筋混凝土结构中,混凝土强度是随时间不断增长的,同时,钢筋被混凝土包裹而不致锈蚀,所以,钢筋混凝土结构的耐久性是较好的。钢筋混凝土结构的刚度较大,在使用荷载作用下的变形较小,故可用于对变形有较高要求的建筑物中。

(2)钢筋混凝土结构既可以整体现浇,也可以预制装配,并且可以根据需要浇制成各种构件形状和截面尺寸。

(3)钢筋混凝土结构所用的原材料中,砂、石所占的比例较大,而砂、石易于就地取材,故可以降低建筑成本。

但是钢筋混凝土结构也存在一些缺点。例如,钢筋混凝土构件的截面尺寸一般较相应的钢结构大,因而自重较大,这对于大跨度结构是不利的;抗裂性能较差,在正常使用时往往是带裂缝工作的;施工受气候条件影响较大;修补或拆除较困难等。

钢筋混凝土结构虽有缺点,但其独特的优点也是突出的,所以,无论是桥梁工程、隧道工程、房屋建筑、铁路工程,还是水工结构工程、海洋结构工程等,应用都极为广泛。

1.2 混 凝 土

钢筋混凝土由钢筋和混凝土这两种力学性能不同的材料组成。为了正确合理地进行钢筋混凝土结构设计,必须深入了解钢筋混凝土结构及其构件的受力性能和特点。而对混凝土和钢筋材料的物理力学性能(强度和变形的变化规律)的了解,则是掌握钢筋混凝土结构的构件性能、结构分析和设计的基础。

1.2.1 混凝土的强度

1)混凝土立方体抗压强度

一般来说,在钢筋混凝土结构中,**混凝土的立方体抗压强度是按规定的标准试件和标准试**

验方法得到的混凝土强度基本代表值,用符号 f_{cu} 表示。标准试件为边长 150mm 的立方体试件,标准试件的制作、养护方法和标准试验方法参见国家标准《混凝土物理力学性能试验方法标准》(GB/T 50081—2019)。试件的养护龄期一般取 28d。

混凝土立方体抗压强度与试验方法有着密切的关系。在通常情况下,试件的上下表面与试验机承压板之间将产生阻止试件向外自由变形的摩阻力,阻滞了裂缝的发展[图 1-3a)],从而提高了试件的抗压强度。破坏时,远离承压板的试件中部混凝土所受的约束最少,混凝土也剥落得最多,形成两个对顶叠置的截头方锥体[图 1-3b)]。若在承压板和试件上下表面之间涂以油脂润滑剂,试验加压时摩阻力将大为减小,所测得的抗压强度会降低,其破坏形态为如图 1-3c)所示的开裂破坏。国家标准《混凝土物理力学性能试验方法标准》(GB/T 50081—2019)规定的方法是不加油脂润滑剂的试验方法。

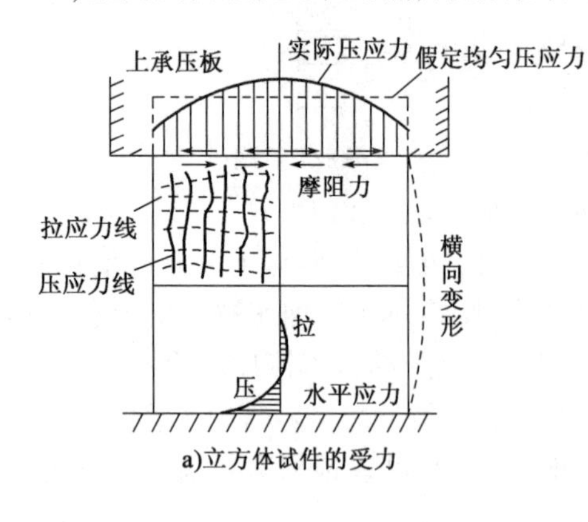

a)立方体试件的受力

b)承压板与试件表面之间未涂润滑剂时

c)承压板与试件表面之间涂润滑剂时

图 1-3 立方体抗压强度试件

混凝土的抗压强度还与试件尺寸有关。试验表明,立方体试件尺寸越小,摩阻力的影响越大,测得的强度也越高。在实际工程中有时采用边长为 200mm 和边长为 100mm 的非标准试件,则所测得的立方体强度应分别乘以换算系数 1.05 和 0.95 来折算成边长为 150mm 的混凝土立方体抗压强度。

2)*混凝土轴心抗压强度(棱柱体抗压强度)*

通常钢筋混凝土构件的长度比它的截面边长要大得多,因此,**棱柱体试件(高度大于截面边长的试件)的受力状态更接近于实际构件中混凝土的受力情况**。按照《混凝土物理力学性能试验方法标准》(GB/T 50081—2019)所测得的棱柱体试件的抗压强度值,称为混凝土轴心抗压强度,用符号 f_c 表示。

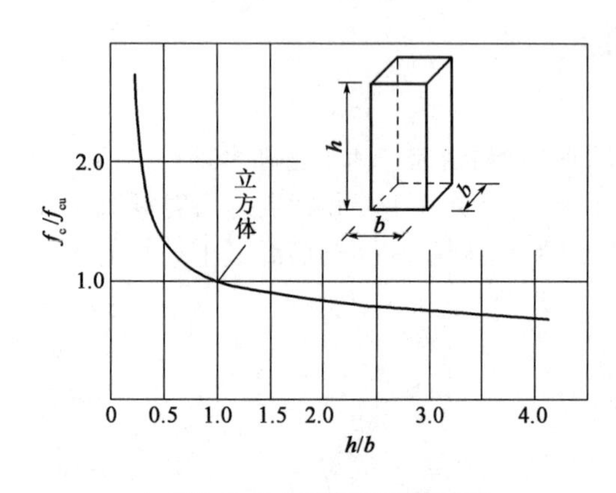

图 1-4 h/b 对抗压强度的影响

试验表明,棱柱体试件的抗压强度较立方体试件的抗压强度低。棱柱体试件高度 h 与边长 b 之比越大,则强度越低。当 h/b 由 1 增至 2 时,混凝土强度降低很快。但是当 h/b 由 2 增至 4 时,其抗压强度变化不大(图 1-4)。因为在此范围内,既可消除垫板与试件接触面间摩阻力对抗压强度的影响,又可避免试件因纵向初弯曲而产生的附加偏心距对抗压强度的影响,故所测得的棱柱体抗压强度较稳定。因此,国家标准《混凝土物理力学性能试验方法标准》(GB/T 50081—2019)规定,**混凝土的轴心抗压强度试验以150mm×150mm×300mm的试件为标准试件。**

3)混凝土抗拉强度

混凝土抗拉强度(用符号f_t表示)和抗压强度一样,都是混凝土的基本强度指标。但是混凝土的抗拉强度比抗压强度低得多,它与同龄期混凝土抗压强度的比值在1/18~1/8之间。这项比值随混凝土抗压强度等级的增大而减小,即混凝土抗拉强度的增加慢于抗压强度的增加。

混凝土轴向拉伸试验的试件可采用在两端预埋钢筋的混凝土棱柱体(图1-5)。试验时用试验机的夹具夹紧试件两端外伸的钢筋施加拉力,破坏时,试件在没有钢筋的中部截面被拉断,其平均拉应力即为混凝土的轴心抗拉强度。

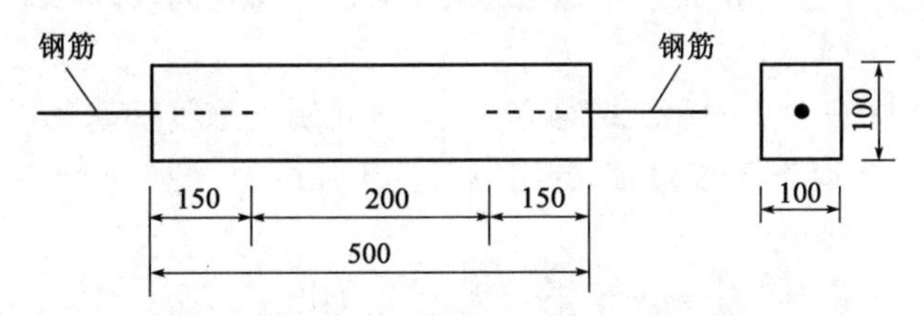

图1-5　混凝土抗拉强度试验试件(尺寸单位:mm)

在用上述方法测定混凝土的轴心抗拉强度时,保持试件轴心受拉是很重要的,也是不容易完全做到的。因为混凝土内部结构不均匀,钢筋的预埋和试件的安装都难以对中,而偏心又对混凝土抗拉强度测试有很大的干扰,因此,目前国内外常采用立方体或圆柱体的劈裂试验来测定混凝土的轴心抗拉强度。

劈裂试验是在卧置的立方体(或圆柱体)试件与压力机压板之间放置钢垫条及三合板(或纤维板)垫层(图1-6),压力机通过垫条对试件中心面施加均匀的条形分布荷载。这样,除垫条附近外,在试件中间垂直面上就产生了拉应力,它的方向与加载方向垂直,并且基本上是均匀的。当拉应力达到混凝土的抗拉强度时,试件即被劈裂成两半。我国交通运输部颁布的行业标准《公路工程水泥及水泥混凝土试验规程》(JTG 3420—2020)规定,采用150mm立方体试件作为标准试件进行混凝土劈裂抗拉强度测定,按照规定的试验方法操作,则混凝土立方体劈裂抗拉强度f_{ts}按式(1-1)计算

$$f_{ts}=\frac{2F}{\pi A}=0.637\frac{F}{A} \tag{1-1}$$

式中:f_{ts}——混凝土立方体劈裂抗拉强度(N/mm^2);

F——劈裂破坏荷载(N);

A——试件劈裂面面积(mm^2)。

采用上述试验方法测得的混凝土立方体劈裂抗拉强度值一般高于轴心抗拉强度f_t,可乘以换算系数0.9,即$f_t=0.9f_{ts}$。

4)复合应力状态下的混凝土强度

在钢筋混凝土结构中,构件通常受到轴力、弯矩、剪力及扭矩等不同形式外力的组合作用,因此,更多情况下,混凝土处于双向或三向受力状态。在复合应力状态下,混凝土的强度有明显变化。

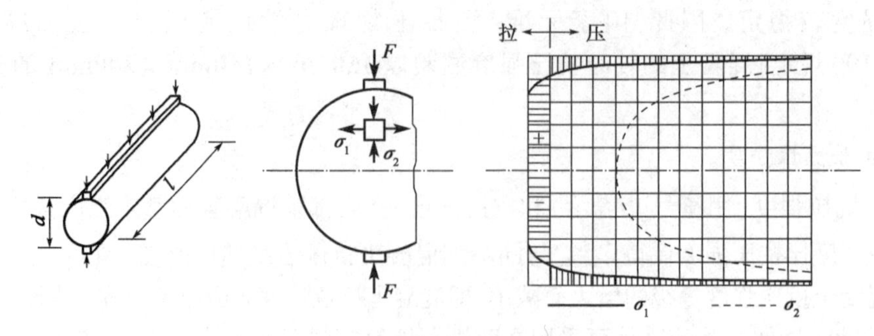

图 1-6　劈裂试验

对于双向正应力状态,例如,在两个互相垂直的平面上,作用着法向应力 σ_1 和 σ_2,第三个平面上的法向应力为零。双向正应力状态下混凝土强度的变化曲线如图 1-7 所示,其强度变化特点如下:

(1)当双向受压时(图 1-7 中第三象限),一向的混凝土强度随着另一向压应力的增加而增加,当 σ_1/σ_2 约等于 2 或 0.5 时,其强度比单向抗压强度 f_c 增加约 25%,而在 $\sigma_1/\sigma_2=1$ 时,其强度增加仅为 16% 左右。

(2)当双向受拉时(图 1-7 中第一象限),无论应力比值 σ_1/σ_2 如何,实测破坏强度基本不变,双向受拉的混凝土抗拉强度均接近于单向抗拉强度。

(3)当一向受拉、一向受压时(图 1-7 中第二、第四象限),混凝土的强度均低于单向受力(压或拉)的强度。

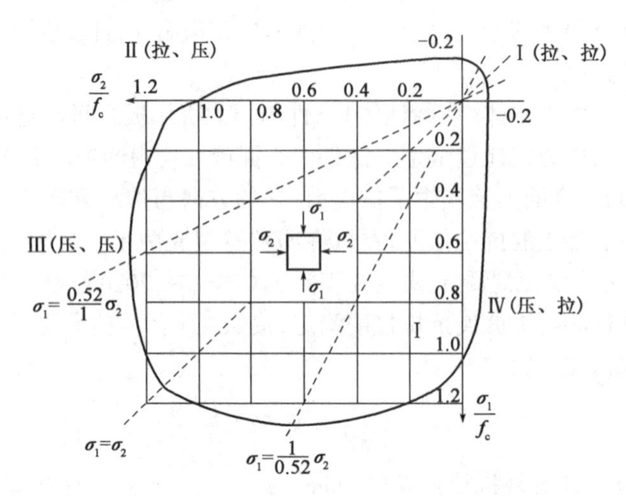

图 1-7　双向正应力状态下混凝土强度变化曲线

图 1-8 所示为法向应力(拉或压)与剪应力形成压剪或拉剪复合应力状态下的混凝土强度曲线。图 1-8 中的曲线表明,混凝土的抗压强度由于剪应力的存在而降低;当 $\sigma/f_c<(0.5\sim0.7)$ 时,抗剪强度随压应力的增大而增大;当 $\sigma/f_c>(0.5\sim0.7)$ 时,抗剪强度随压应力的增大而减小。

当混凝土圆柱体三向受压时,混凝土的轴心抗压强度随另外两向压应力增加而增加(图 1-9)。混凝土圆柱体三向受压的轴心抗压强度 f_{cc} 与侧压应力 σ_2 之间的关系可以用试验给出的线性经验公式表达

$$f_{cc}=f_c'+k'\sigma_2 \tag{1-2}$$

式中：f_{cc}——三向受压时圆柱体的混凝土轴心抗压强度；

f'_c——混凝土圆柱体抗压强度[1]，计算时可近似以混凝土轴心抗压强度 f_c 代替；

σ_2——侧压应力值；

k'——侧压效应系数，一般可取 $k'=4.0$。

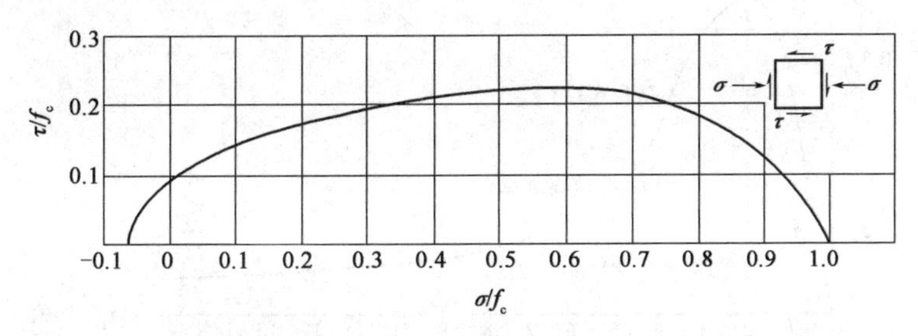

图 1-8　法向应力与剪应力组合时的混凝土强度曲线

1.2.2　混凝土的变形

混凝土的变形可分为两类：一类是在荷载作用下的受力变形，如单调短期加载的变形、荷载长期作用下的变形，以及多次重复加载的变形；另一类与受力无关，称为体积变形，如混凝土收缩以及温度变化引起的变形。

1）混凝土在一次单调加载作用下的变形性能

（1）混凝土的应力—应变曲线

混凝土的应力—应变关系是混凝土力学性能的一个重要方面，它是研究钢筋混凝土构件的截面应力分布、建立承载能力和变形计算理论所必不可少的依据，特别是近代采用计算机对钢筋混凝土结构进行非线性分析时，混凝土的应力—应变关系已成为数学物理模型研究的重要依据。

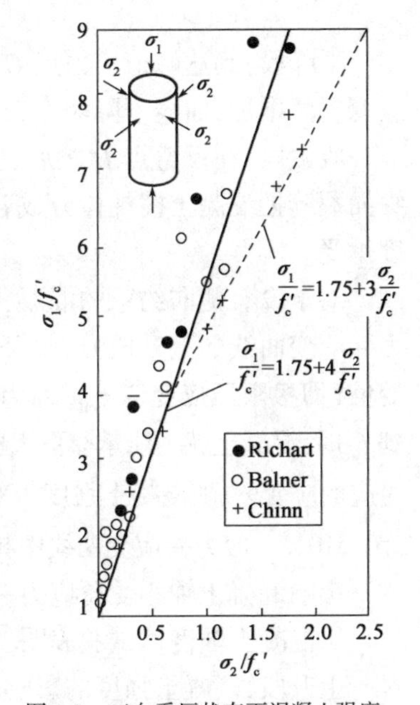

图 1-9　三向受压状态下混凝土强度

一般是对棱柱体试件进行一次单调加载试验（指加载从零开始单调增加至试件破坏，也称单调加载）来测试混凝土的应力—应变曲线。在试验时，需使用刚度较大的试验机，或者在试验中用控制应变速率的特殊装置来等应变速率地加载，或者在普通压力机上用高强弹簧（或油压千斤顶）与试件共同受压，测得混凝土试件单轴受压时典型的应力—应变曲线，如图 1-10 所示。

完整的混凝土轴心受压应力—应变曲线由上升段 *OC*、下降段 *CD* 和收敛段 *DE* 三个阶段组成。

上升段：当压应力 $\sigma_c<0.3f_c$ 时，应力—应变关系接近直线变化（*OA* 段），混凝土处于弹性工作阶段。在压应力 $\sigma_c\geqslant0.3f_c$ 后，随着压应力的增大，应力—应变关系越来越偏离直线，任意一点的应变 ε 可分为弹性应变 ε_{ce} 和塑性应变 ε_{cp} 两部分，原有的混凝土内部微裂缝发展，并在孔隙等薄弱处产生新的个别的微裂缝。当应力达到 $0.8f_c$（*B* 点）左右后，混凝土塑性变形显著增大，内部裂缝不断延伸扩展，并有几条贯通，应力—应变曲线斜率急剧减小，如果不继续加

[1] 采用直径 $d=150\text{mm}$，高度 $h=300\text{mm}$ 的圆柱体试件的抗压强度。美国、日本和欧洲标准化委员会（CEN）采用圆柱体抗压试件。对 C60 以下的混凝土，混凝土圆柱体抗压强度 f'_c 与我国 150mm×150mm×150mm 立方体抗压强度 f_{cu} 之间的换算关系大约为 $f'_c=0.80f_{cu}$。

载,裂缝也会发展,即内部裂缝处于非稳定发展阶段。**当应力达到最大应力 $\sigma_c = f_c$ 时(C 点),应力—应变曲线的斜率已接近于水平,试件表面出现不连续的可见裂缝。**

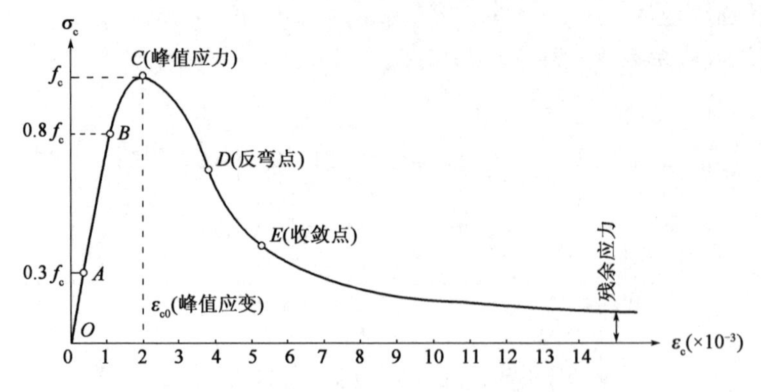

图 1-10　混凝土受压时的应力—应变曲线

下降段:到达峰值应力点 C 后,混凝土的强度并不完全消失,随着应力 σ_c 的减小(卸载),应变仍然增加,曲线下降坡度较陡,混凝土表面裂缝逐渐贯通。

收敛段:在反弯点 D 之后,应力下降的速率减慢,曲线渐趋平缓至稳定的残余应力。表面纵向裂缝把混凝土棱柱体分成若干个小柱,外载力由裂缝处的摩擦咬合力及小柱体的残余强度承受。

对于没有侧向约束的混凝土,收敛段没有实际意义,所以通常只注意混凝土轴心受压应力—应变曲线的上升段 OC 和下降段 CD,而**最大应力值 f_c 及相应的应变值 ε_{c0} 以及 D 点的应变值(即极限压应变值 ε_{cu})称为曲线的三个特征值**。对于均匀受压的棱柱体试件,当压应力达到 f_c 时,混凝土就不能承受更大的压力,成为结构构件计算时混凝土强度的主要指标。与 f_c 相对应的应变 ε_{c0} 随混凝土强度等级而异,在 $(1.5 \sim 2.5) \times 10^{-3}$ 之间变动,通常取其平均值 $\varepsilon_{c0} = 2.0 \times 10^{-3}$。应力—应变曲线中相应于 D 点的混凝土极限压应变 ε_{cu} 为 $(3.0 \sim 5.0) \times 10^{-3}$。

影响混凝土轴心受压应力—应变曲线的主要因素如下:

①混凝土强度。试验表明,混凝土强度对其应力—应变曲线有一定影响,如图 1-11 所示。对于上升段,混凝土强度的影响较小,但随着混凝土强度的增大,峰值点处的应变也稍大些,与应力峰值点相应的应变大致为 0.002。对于下降段,混凝土强度则有较大影响,混凝土强度越高,应力—应变曲线下降越剧烈,延性就越差(延性是材料承受变形的能力)。

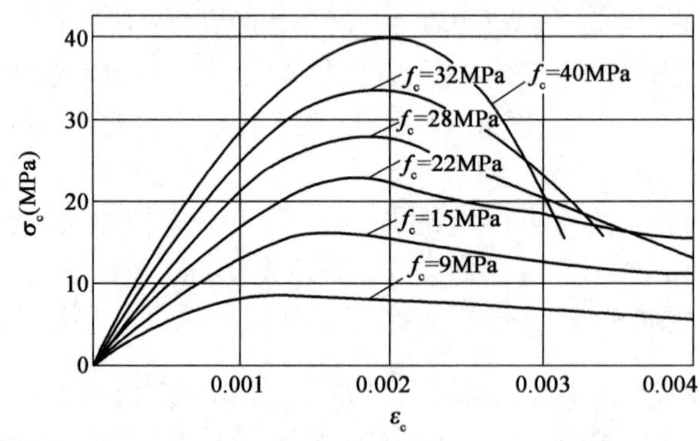

图 1-11　强度等级不同的混凝土的应力—应变曲线

②应变速率。应变速率小,峰值应力 f_c 降低,ε_{c0}增大,下降段曲线坡度显著地减缓。

③测试技术和试验条件。应该采用等应变加载,如果采用等应力加载,则很难测得下降段曲线。试验机的刚度对下降段的影响很大,如果试验机的刚度不足,在加载过程中,积蓄在压力机内的应变能立即释放所产生的压缩量,当其大于试件可能产生的变形时,形成压力机的回弹对试件的冲击,使试件突然破坏,以致无法测出应力—应变曲线的下降段。应变量测的标距也有影响,应变量测的标距越大,曲线坡度越陡;标距越小,坡度越缓。试件端部的约束条件对应力—应变曲线下降段也有影响。例如,在试件与支承垫板间垫橡胶薄板并涂以油脂,则与正常条件情况相比,不仅强度降低,而且没有下降段。

(2)混凝土的变形模量与弹性模量

在实际工程中,为了计算结构的变形,必须要有一个材料常数——弹性模量。而混凝土受压应力—应变关系是一条曲线,在不同的应力阶段,应力与应变的比值并非一个常数,随着混凝土的应力变化而变化,所以,相应地称之为混凝土变形模量。

混凝土的变形模量有三种表示方法(图1-12)。

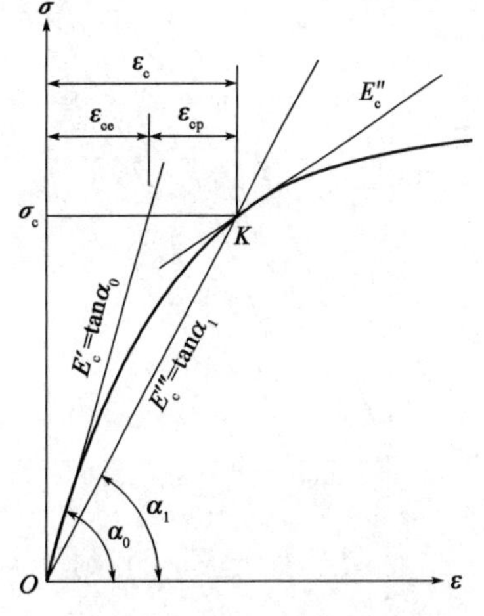

图1-12 混凝土变形模量的表示方法

①原点弹性模量

在混凝土受压应力—应变曲线图的原点作切线,该切线的斜率即为原点弹性模量,即

$$E'_c = \frac{\sigma}{\varepsilon_{ce}} = \tan\alpha_0 \tag{1-3}$$

②切线模量

在混凝土应力—应变曲线上某一应力 σ_c 处作一切线,该切线的斜率即为相应于应力 σ_c 时的切线模量,即

$$E''_c = \frac{d\sigma}{d\varepsilon} \tag{1-4}$$

③割线模量

连接混凝土应力—应变曲线的原点 O 及曲线上某一点 K 作割线,K 点混凝土应力为 σ_c ($=0.5f_c$),则该割线(OK)的斜率即为变形模量,也称为割线模量或弹塑性模量,即

$$E'''_c = \tan\alpha_1 = \frac{\sigma_c}{\varepsilon_c} \tag{1-5}$$

在某一应力 σ_c 下,混凝土应变 ε_c 由弹性应变 ε_{ce}和塑性应变 ε_{cp}组成,于是,混凝土的割线模量与原点弹性模量的关系为

$$E'''_c = \frac{\sigma_c}{\varepsilon_c} = \frac{\varepsilon_{ce}}{\varepsilon_c} \cdot \frac{\sigma_c}{\varepsilon_{ce}} = \nu E'_c \tag{1-6}$$

式中的 ν 为弹性特征系数,即 $\nu=\varepsilon_{ce}/\varepsilon_c$。弹性特征系数 ν 与应力值有关,当 $\sigma_c \leqslant 0.5f_c$ 时,$\nu \approx 0.8 \sim 0.9$。一般情况下,混凝土强度越高,ν 值越大。

注意到混凝土受压时应力—应变曲线的上升段(图1-10),特别是混凝土压应力不大时,应力—应变曲线接近直线。这时,混凝土的变形模量与原点弹性模量近似相等。因此,在混凝土结构使用阶段,混凝土变形模量可用混凝土原点弹性模量表示,称为混凝土弹性模量(用符号 E_c 表示)。

目前我国《公路桥规》中给出的弹性模量 E_c 值是用下述方法测定的:试验采用棱柱体试件,取应力上限为 $\sigma=0.5f_c$,然后卸荷至零,再重复加载卸荷5~10次。由于混凝土的非弹性性质,每次卸荷至零时,变形不能完全恢复,存在残余变形。随着荷载重复次数的增加,残余变形逐渐减小,重复5~10次后,变形已基本趋于稳定,应力—应变曲线接近于直线(图1-13),该直线的斜率即作为混凝土弹性模量的取值。**因此,混凝土弹性模量是根据混凝土棱柱体标准试件,用标准的试验方法所测得的规定压应力值与其对应的压应变值的比值。**

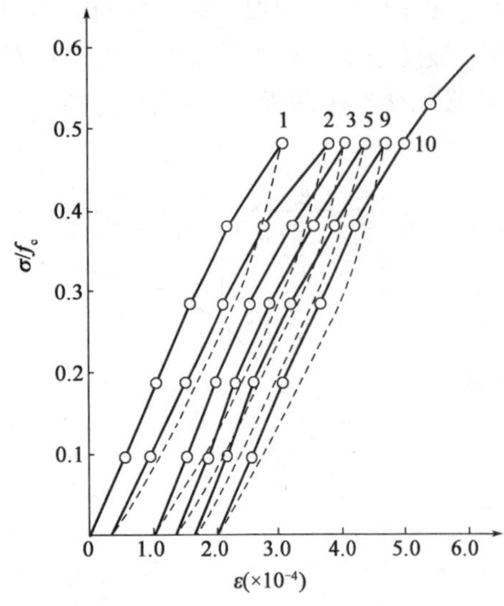

图1-13　测定混凝土弹性模量的方法

根据不同等级混凝土弹性模量试验值的统计分析,给出E_c的经验公式为

$$E_c = \frac{10^5}{2.2 + (34.74/f_{cu,k})} \quad (\text{MPa}) \tag{1-7}$$

式中的$f_{cu,k}$为混凝土立方体抗压强度标准值,详见第2章2.4节。

《公路桥规》给出的混凝土弹性模量值见附表1-2。

混凝土的受拉弹性模量,根据原水利水电科学研究院的试验资料,与受压弹性模量之比为0.82~1.12,平均为0.995,故可认为混凝土的受拉弹性模量与受压弹性模量相等。

混凝土的剪切弹性模量G_c,一般可根据试验测得的混凝土弹性模量E_c和泊松比按式(1-8)确定。

$$G_c = \frac{E_c}{2(1+\nu_c)} \tag{1-8}$$

式中的ν_c为混凝土的横向变形系数(泊松比),取$\nu_c = 0.2$,代入式(1-8),得到$G_c = 0.4E_c$。

2)混凝土在长期荷载作用下的变形性能

在荷载的长期作用下,混凝土的变形将随时间而增加,即在应力不变的情况下,混凝土的应变随时间持续增长,这种现象称为混凝土的徐变。混凝土徐变变形是在持久作用下混凝土随时间推移而增加的应变。

图1-14为100mm×100mm×400mm的棱柱体试件在相对湿度为65%、温度为20℃、承受$\sigma_c = 0.5f_c$压应力并保持不变的情况下变形与时间的关系曲线。

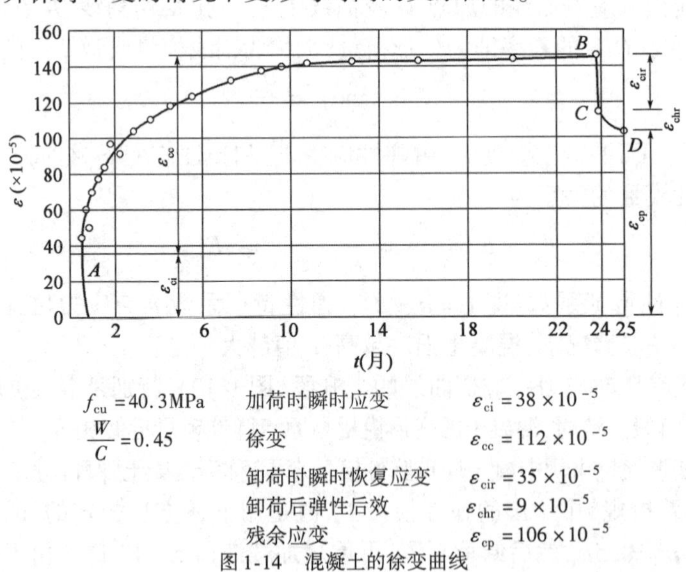

图1-14　混凝土的徐变曲线

从图 1-14 可见,24 个月的徐变变形 ε_{cc} 为加荷时立即产生的瞬时弹性变形 ε_{ci} 的 2 ~4 倍,前期徐变变形增长很快,6 个月可达到最终徐变变形的 70% ~80%,以后徐变变形增长逐渐缓慢。从图 1-14 还可以看到,B 点卸荷后,应变会恢复一部分,其中,立即恢复的一部分应变称为混凝土瞬时恢复弹性应变 ε_{cir};再经过一段时间(约 20d)后才逐渐恢复的那部分应变称为弹性后效 ε_{chr};最后剩下的不可恢复的应变称为残余应变 ε_{cp}。

混凝土徐变是在荷载长期作用下,混凝土凝胶体中的水分逐渐压出,水泥石逐渐发生粘性流动,微细空隙逐渐闭合,结晶体内部逐渐滑动,微细裂缝逐渐发生等各种因素的综合结果。

在进行混凝土徐变试验时,需注意观测到的混凝土变形中还含有混凝土的收缩变形(见下节),故需用同批浇筑同样尺寸的试件在同样环境下进行收缩试验。这样,从量测的徐变试验试件总变形中扣除对比的收缩试验试件的变形,便可得到混凝土的徐变变形。

影响混凝土徐变的因素很多,其主要因素有:

(1)混凝土在长期荷载作用下产生的应力大小。图 1-15 表明,**当压应力 $\sigma_c \leqslant 0.5f_c$ 时,徐变大致与应力成正比,各条徐变曲线的间距差不多是相等的,称为线性徐变。**线性徐变在加荷初期增长很快,一般在两年左右趋于稳定,三年左右徐变基本终止。

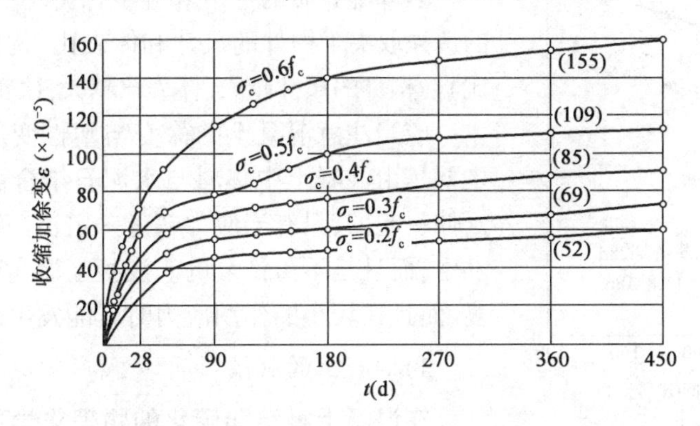

$f_{cu}=40.3\text{MPa}$　试件尺寸　100mm×100mm×400mm

$\frac{W}{C}=0.45$　量测距离　200mm

恒湿　65% ±5%

恒温　20℃ ±1℃

图 1-15　压应力与徐变的关系

当压应力 σ_c 介于$(0.5\sim0.8)f_c$ 之间时,徐变的增长较应力的增长为快,这种情况称为非线性徐变。

当压应力 $\sigma_c > 0.8f_c$ 时,混凝土的非线性徐变往往是不收敛的。

(2)加荷时混凝土的龄期。加荷时混凝土龄期越短,则徐变越大(图 1-16)。

(3)混凝土的组成成分和配合比。混凝土中集料本身没有徐变,但它的存在约束了水泥胶体的流动,约束作用大小取决于集料的刚度(弹性模量)和集料所占的体积比。当集料的弹性模量小于 7×10^4MPa 时,随集料弹性模量的降低,徐变显著增大。集料的体积比越大,徐变越小。近年的试验表明,当集料含量由 60% 增大为 75% 时,徐变可减少 50%。混凝土的水灰比越小,徐变也越小,在常用的水灰比范围内(0.4 ~0.6),单位应力的徐变与水灰比呈近似直线关系。

(4)养护及使用条件下的温度与湿度。混凝土养护时温度越高,湿度越大,水泥水化作用

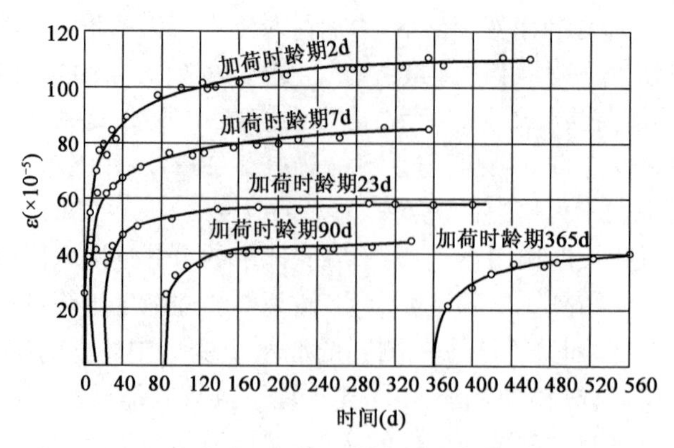

图1-16 加荷时混凝土龄期对徐变大小的影响

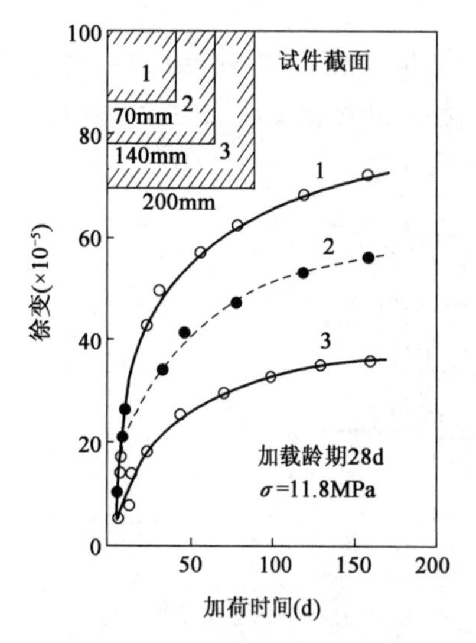

图1-17 构件尺寸对徐变的影响

就越充分,徐变就越小。混凝土的使用环境温度越高,徐变越大;环境的相对湿度越低,徐变也越大。因此,高温干燥环境将使徐变显著增大。

当环境介质的温度和湿度保持不变时,混凝土内水分的逸失取决于构件的尺寸和体表比(构件体积与表面积之比)。构件的尺寸越大,体表比越大,徐变就越小(图1-17)。

应当注意混凝土的徐变与塑性变形不同。塑性变形主要是由混凝土中集料与水泥石结合面之间裂缝的扩展延伸引起的,只有当应力超过一定值(例如 $0.3f_c$ 左右)才发生,而且是不可恢复的。混凝土徐变变形不仅可部分恢复,而且在较小的作用应力时就能发生。

3)混凝土的收缩

在混凝土凝结和硬化的物理化学过程中体积随时间推移而减小的现象称为混凝土收缩。混凝土在不受力情况下的这种自由变形,在受到外部或内部(钢筋)约束时,将产生混凝土拉应力,甚至使混凝土开裂。

混凝土的收缩是一种随时间而增长的变形(图1-18)。结硬初期收缩变形发展很快,两周可完成全部收缩的25%,一个月可完成约50%,三个月后增长缓慢,一般两年后趋于稳定,最终收缩变形值为$(2\sim6)\times10^{-4}$。

引起混凝土收缩的原因,主要是硬化初期水泥石在水化凝固结硬过程中产生的体积变化,后期主要是混凝土内自由水分蒸发而引起的干缩。

混凝土的组成和配合比是影响混凝土收缩的重要因素。水泥的用量越多,水灰比越大,收缩就越大。集料的级配好、密度大、弹性模量高、粒径大,能减小混凝土的收缩。这是因为集料对水泥石的收缩有制约作用,粗集料所占体积比越大、强度越高,对收缩的制约作用就越大。

由于干燥失水是引起收缩的重要原因,所以构件的养护条件、使用环境的温度与湿度以及凡是影响混凝土中水分保持的因素,都对混凝土的收缩有影响。高温湿养(蒸汽养护)可加快水化作用,减少混凝土中的自由水分,因而可使收缩减少(图1-18)。使用环境的温度越高,相对湿度越低,收缩就越大。

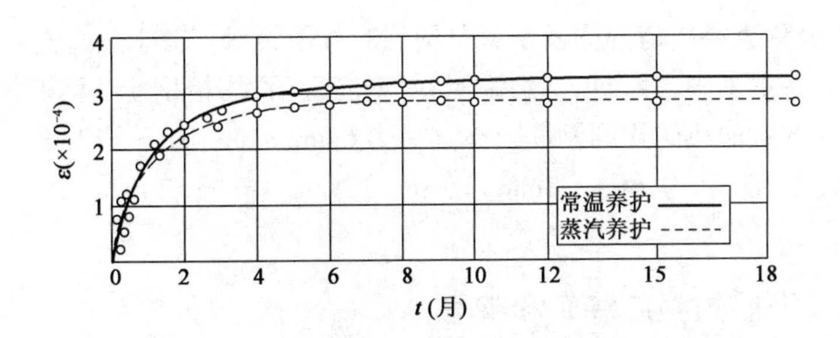

$f_{cu}=40.3\text{MPa}$ 试件尺寸 100mm×100mm×400mm

$\frac{W}{C}=0.45$ 量测距离 200mm

恒温 20℃±1℃

恒湿 65%±5%

图1-18 混凝土的收缩变形与时间关系

混凝土的最终收缩量还和构件的体表比有关，因为这个比值决定着混凝土中水分蒸发的速率。体表比较小的构件，如工字形、箱形薄壁构件，收缩量较大，而且发展也较快。

1.3 钢 筋

配筋混凝土结构中采用的钢筋有由低碳钢、低合金钢热轧所制成的普通钢筋和由高碳钢制成的预应力钢筋(例如高强度碳素钢丝、钢绞线等)。

钢筋混凝土结构采用的普通钢筋为热轧钢筋，本节介绍热轧钢筋的种类、牌号及其物理力学性能。预应力钢筋的种类及其物理力学性能将在第12章中介绍。

1.3.1 热轧钢筋的种类

热轧钢筋按照外形分为光圆钢筋和带肋钢筋(图1-19)。热轧光圆钢筋是经热轧成型并自然冷却的表面光滑、截面为圆形的钢筋。热轧带肋钢筋是经热轧成型并自然冷却而其圆周表面通常带有两条纵肋且沿长度方向有均匀分布横肋的钢筋，其中，横肋斜向一个方向而呈螺纹形的，称为螺纹钢筋[图1-19b)]；横肋斜向不同方向而呈“人”字形的，称为人字形钢筋[图1-19c)]；纵肋与横肋不相交且横肋为月牙形状的，称为月牙肋钢筋[图1-19d)]。

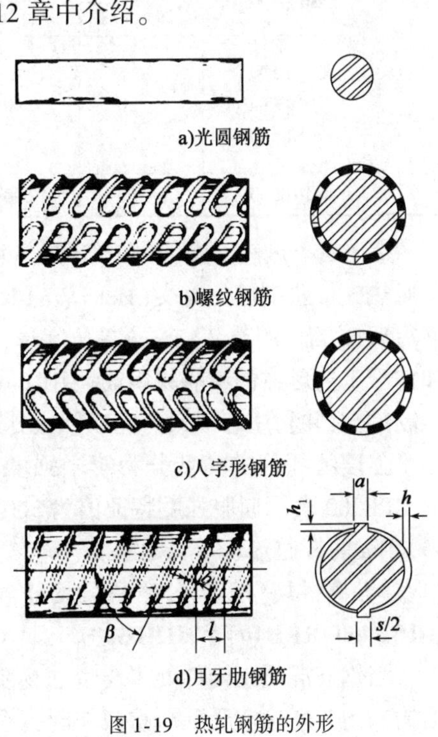

图1-19 热轧钢筋的外形

我国目前生产的热轧带肋钢筋大多为月牙肋钢筋，其横肋高度向肋的两端逐渐降至零，呈月牙形，这样可使横肋相交处的应力集中现象有所缓解。

由于热轧带肋钢筋截面包括纵肋和横肋，外周不是一个光滑连续的圆周，因此，热轧带肋钢筋直径采用公称直径。**公称直径是与钢筋的公称横截面面积相等**

的圆的直径,即以公称直径所得的圆面积就是钢筋的截面面积。对于热轧光圆钢筋截面,其直径就是公称直径。在本书中,凡未加特别说明的"钢筋直径"均指钢筋公称直径。

我国国家标准推荐的热轧光圆钢筋公称直径为6mm、8mm、10mm、12mm、16mm和20mm,热轧带肋钢筋公称直径为6mm、8mm、10mm、12mm、16mm、20mm、25mm、32mm、40mm和50mm。

1.3.2 热轧钢筋的强度等级和牌号

钢筋的牌号是根据钢筋屈服强度特征值、制造成型方式及种类等规定加以分类的代号。热轧钢筋的牌号由规定的英文字母缩写和钢筋屈服强度特征值组成。

对钢筋混凝土结构用热轧钢筋,我国国家标准规定产品的牌号及力学性能特征值见表1-1。

国产热轧钢筋牌号及力学性能特征值 表1-1

种类	牌号	公称直径(mm)	屈服强度(MPa)	抗拉强度(MPa)	断后伸长率(%)	冷弯试验,180°(D = 弯心直径,d = 钢筋直径)
光圆钢筋	HPB300	6~22	300	420	10	$D=d$
带肋钢筋	HRB400 HRBF400 RRB400	6~50	400	540	16 16 14	当 $d=6\sim25$mm 时,$D=4d$ 当 $d=28\sim40$mm 时,$D=5d$ 当 $d>40$mm 时,$D=6d$
	HRB500 HRBF500 RRB500	6~50	500	630	15 15 13	当 $d=6\sim25$mm 时,$D=6d$ 当 $d=28\sim40$mm 时,$D=7d$ 当 $D>40$mm 时,$D=8d$
	HRB600	6~50	600	730	14	

表1-1中热轧钢筋牌号HPB是热轧光圆钢筋的英文(Hot rolled Plain Bars)缩写;HRB是普通热轧带肋钢筋的英文(Hot rolled Ribbed Bars)缩写;HRBF是在普通热轧带肋钢筋的英文缩写后加"细"的英文(Fine)首位字母,表示为细晶粒热轧带肋钢筋(在热轧过程中,通过控轧和控冷工艺形成的细晶粒钢筋);RRB是余热处理带肋钢筋(热轧后利用热处理原理进行表面控制冷却,并利用芯部余热完成回火处理得到的钢筋)的英文缩写。同时,国产热轧钢筋按其屈服强度特征值的高低分为4个强度等级:300MPa、400MPa、500MPa和600MPa,因此表1-1中HPB300表示屈服强度特征值为300MPa的热轧光圆钢筋,HRB500表示屈服强度特征值为500MPa的普通热轧带肋钢筋。

《公路桥规》规定,公路桥梁钢筋混凝土结构使用的热轧钢筋牌号为HPB300、HRB400、HRBF400、RRB400和HRB500。

当钢筋混凝土构件处于受侵蚀物质等影响的环境中时,有可能使热轧钢筋加速腐蚀。当结构的耐久性确实受到严重威胁时,《公路桥规》建议可以采用环氧树脂涂层钢筋。环氧树脂涂层钢筋是热轧钢筋表面为熔融结合环氧涂层的钢筋。在钢筋表面形成的连续环氧树脂涂层薄膜呈绝对惰性，可以完全阻隔钢筋受到大气、水中侵蚀物质的腐蚀。根据国家建筑工业行业标准《环氧树脂涂层钢筋》（JG/T 502—2016）的规定，环氧树脂涂层钢筋产品型号的名称代号为 ECR，例如，用直径为 20mm、牌号为 HRB400 的普通热轧带肋钢筋制作的可再加工类环氧树脂涂层钢筋，其产品型号表示为 ECRA · HRB400-20（E），其中符号 A 表示钢筋为可再加工类，符号 E 表示涂层类别。

1.3.3　热轧钢筋的强度与变形

热轧钢筋试件单向拉伸试验的典型应力—应变曲线见图 1-20。

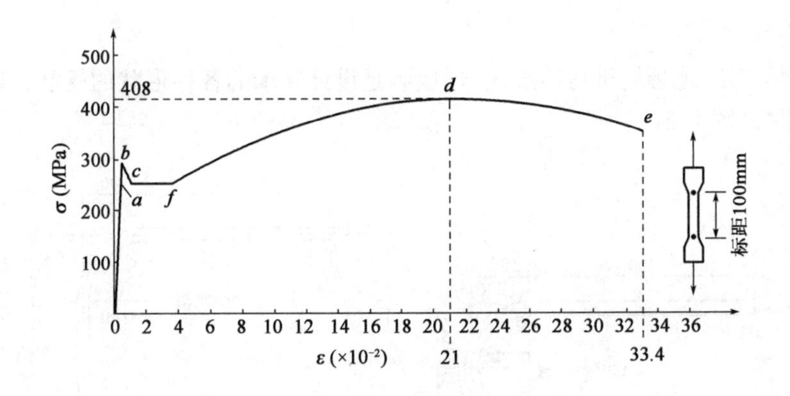

图 1-20　有明显流幅的钢筋应力—应变曲线

由图 1-20 可以看到，热轧钢筋从试验加载到拉断，共经历了 4 个阶段。从开始加载到钢筋应力达到钢筋比例极限 a 点之前，钢筋拉伸的应力—应变曲线呈直线，钢筋的应力与应变比值为常数，钢筋处于弹性阶段；钢筋受拉的应力超过比例极限之后，应变的增长快于应力增长，到达图 1-20 所示的 b 点后，钢筋的应力基本不再增加而应变持续增加，应力—应变曲线接近水平线，钢筋处于屈服阶段。对于有屈服台阶的热轧钢筋来讲，有两个屈服点，即屈服上限（b 点）和屈服下限（c 点）。屈服上限受试验加载速度、表面光洁度等因素的影响而波动，而屈服下限较稳定，故一般以屈服下限为依据，称为下屈服强度。钢筋的拉伸应力超过图 1-20 所示的 f 点之后，材料恢复了部分弹性性能，应力—应变曲线表现为上升曲线，到达曲线最高点 d，d 点的钢筋应力称为钢筋的抗拉强度，fd 段称为钢筋的强化阶段。过了图 1-20 所示应力—应变曲线的 d 点后，钢筋试件薄弱处的截面发生局部颈缩，变形迅速增加，应力随之下降，达到 e 点时钢筋被拉断，de 段称为钢筋的破坏阶段。

因此，从工程结构设计角度来看，应当注意有关热轧钢筋强度的以下情况：

（1）热轧钢筋的拉伸应力—应变曲线有明显的屈服点和流幅，断裂时有颈缩现象。

（2）热轧钢筋的应力到达屈服点后，会产生很大的塑性变形（流幅），使钢筋混凝土构件出现很大的变形和过宽的混凝土裂缝，以致不能正常使用。因此，应以屈服强度作为钢筋强度限值，且按其屈服下限确定。

（3）钢筋抗拉强度是钢筋的实际破坏强度。钢筋屈服强度与抗拉强度的比值称为屈强比，它可以代表钢筋的强度储备。国家标准规定热轧钢筋的屈强比不应大于 0.8。

1.3.4 热轧钢筋的塑性性能

热轧钢筋除应具有足够的强度外,还应具有一定的塑性变形能力,通常用伸长率和冷弯性能两个指标来衡量。

1)伸长率

伸长率是指由热轧钢筋单向拉伸试验得到的伸长率值。钢筋断后伸长率是指钢筋试件上标距为10d或5d(d为钢筋公称直径)范围内的伸长值与原长的比率,伸长率即为图1-20所示钢筋应力—应变曲线中e点的横坐标值。

2)冷弯性能

工程上钢筋在工地现场进行冷加工,形成满足设计要求的各种形状的钢筋,基本形式是钢筋的弯钩和弯折(图1-21)。

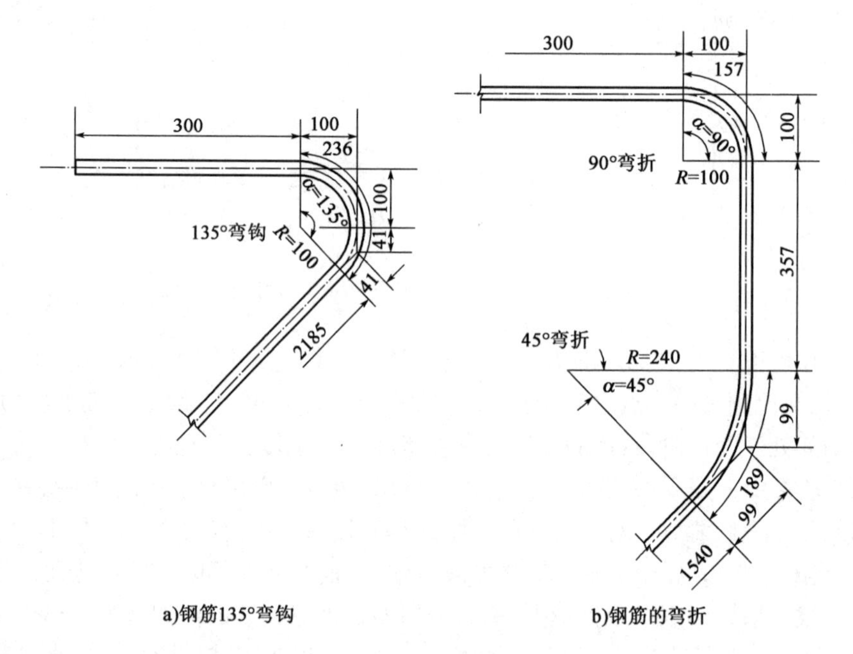

图1-21 钢筋的弯钩与弯折示意图(尺寸单位:mm)

为了使钢筋在加工、使用时不开裂、弯断或脆断,钢筋必须满足冷弯性能要求。一般采用冷弯试验进行检查,即按表1-1规定条件取钢筋试件,绕弯心直径为D的辊轴冷弯后,钢筋外表面不产生裂纹、鳞落或断裂现象为合格。

1.4 钢筋与混凝土之间的粘结

在钢筋混凝土结构中,钢筋和混凝土这两种材料能共同工作的基本前提是具有足够的粘结强度,能承受由于变形差(相对滑移)沿钢筋与混凝土接触面上产生的剪应力,通常把这种剪应力称为粘结应力。

1.4.1　粘结的作用

通过粘结力基准试验和模拟构件试验，可以测定出粘结应力的分布情况，了解钢筋和混凝土之间的粘结作用特性。钢筋自混凝土试件中的拔出试验就是一种对粘结力的观测试验。

图 1-22 为钢筋一端埋置在混凝土试件中，在钢筋伸出端施加拉拔力的拔出试验示意图。

试件端部以外全部作用力 F 由钢筋（其面积设为 A_s）负担，故钢筋的应力 $\sigma_s = F/A_s$，相应的应变为 $\varepsilon_s = \sigma_s/E_s$，$E_s$ 为钢筋的弹性模量，而试件端面混凝土的应力 $\sigma_c = 0$，应变 $\varepsilon_c = 0$。钢筋与混凝土之间有应变差，应变差导致两者之间产生粘结应力 τ，通过 τ 将钢筋的拉力逐渐向混凝土传递。随着距试件端部截面距离的增大，钢筋应力 σ_s（相应的应变 ε_s）减小，混凝土的拉应力 σ_c（相应的应变 ε_c）增大，两者之间的应变差逐渐减小，直到距试件端部截面 l 处钢筋和混凝土的应变相同，无相对滑移，$\tau = 0$。

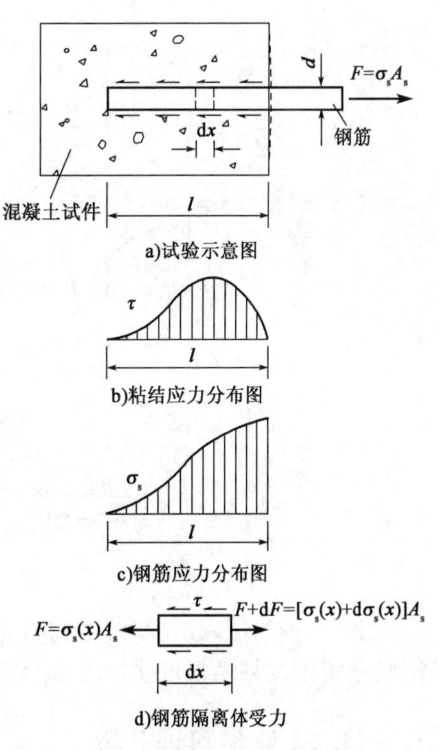

图 1-22　光圆钢筋的拔出试验

自试件端部 $x < l$ 区段内取出长度为 dx 的微段，设钢筋直径为 d，截面面积 $A_s = \pi d^2/4$，钢筋应力为 $\sigma_s(x)$，其应力增量为 $d\sigma_s(x)$，则由 dx 微段的平衡可得到

$$\frac{\pi d^2}{4} d\sigma_s(x) = \pi d \cdot \tau dx$$

或

$$\tau = \frac{d}{4}\frac{d\sigma_s(x)}{dx} \tag{1-9}$$

式(1-9)表明，粘结应力使钢筋应力沿其长度发生变化，或者说没有粘结应力 τ，就不会产生钢筋应力增量 $d\sigma_s(x)$。

经拔出试验证明，粘结应力的分布呈曲线形，但是光圆钢筋和带肋钢筋的粘结应力分布图有明显不同。光圆钢筋的粘结应力分布图[图 1-23a)]表现出 τ 值自试件混凝土端面开始迅速增长，在靠近端面的一定距离内达到峰值，其后迅速衰减的现象。随着拉拔力 F 的增加，光圆钢筋表面粘结应力的峰值不断向埋入端内移，到破坏时渐呈三角形分布。带肋钢筋的粘结应力分布图中的衰减段略呈凹进，随着拉拔力 F 的增加，应力分布的长度将略有增长，应力峰值也增大，但峰值位置内移甚少，只在接近破坏时才明显内移[图 1-23b)]。

在实际工程中，通常以拔出试验中粘结失效（钢筋被拔出或者混凝土被劈裂）时的最大平均粘结应力作为钢筋和混凝土的粘结强度。平均粘结应力 $\bar{\tau}$ 的计算式为

$$\bar{\tau} = \frac{F}{\pi d l} \tag{1-10}$$

式中：F——拉拔力；

d——钢筋直径；

l——钢筋埋置长度。

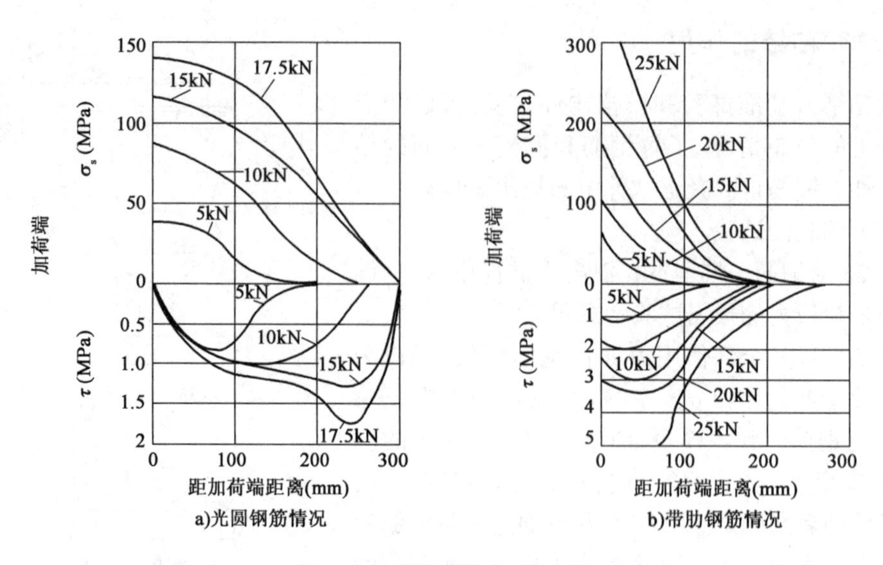

图1-23 钢筋的粘结应力分布图

当进行钢筋压入试验时,因钢筋受压缩短、直径增大,在实际工程中钢筋端头又有混凝土顶住,故得到的粘结强度比拔出试验要大。

1.4.2 粘结机理分析

光圆钢筋与带肋钢筋具有不同的粘结机理。

光圆钢筋与混凝土的粘结作用主要由三部分组成:混凝土中水泥胶体与钢筋表面的化学胶着力;钢筋与混凝土接触面上的摩擦力;钢筋表面粗糙不平产生的机械咬合力。其中,胶着力所占比例很小,**发生相对滑移后,光圆钢筋与混凝土之间的粘结力主要由摩擦力和咬合力提供**。光圆钢筋的粘结强度较低,为1.5~3.5MPa。光圆钢筋拔出试验的破坏形态是钢筋自混凝土中被拔出的剪切破坏,其破坏面就是钢筋与混凝土的接触面。

带肋钢筋由于表面轧有肋纹,能与混凝土紧密结合,其胶着力和摩擦力仍然存在,但**带肋钢筋与混凝土之间的粘结力主要来自钢筋表面凸起的肋纹与混凝土的机械咬合作用**(图1-24)。带肋钢筋的肋纹对混凝土的斜向挤压力形成滑移阻力,斜向挤压力沿钢筋轴向的分力使带肋钢筋表面肋纹之间的混凝土犹如悬臂梁受弯、受剪;斜向挤压力的径向分力使外围混凝土犹如受内压的管壁,产生环向拉力。因此,带肋钢筋的外围混凝土处于复杂的三向应力状态,剪应力及拉应力使横肋混凝土产生内部斜裂缝,而其外围混凝土中的环向拉应力则使钢筋附近的混凝土产生径向裂缝。

试验证明,如果带肋钢筋外围混凝土较薄(如保护层厚度不足或钢筋净间距过小),又未配置环向箍筋来约束混凝土变形,则径向裂缝很容易发展到试件表面形成沿纵向钢筋的裂缝,使钢筋附近的混凝土保护层逐渐劈裂而破坏。这种破坏具有一定的延性特征,称为劈裂型粘结破坏。

若带肋钢筋外围混凝土较厚,或有环向箍筋约束混凝土变形,则纵向劈裂裂缝的发展受到抑制,破坏是剪切型粘结破坏,钢筋连同肋纹间的破碎混凝土逐渐由混凝土中被拔出,破坏面为带肋钢筋肋的外径形成的一个圆柱面(图1-25)。

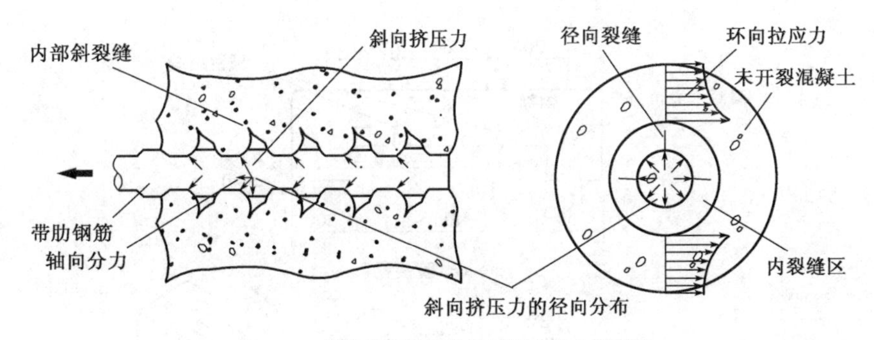

图 1-24　带肋钢筋横肋处的挤压力和内部裂缝

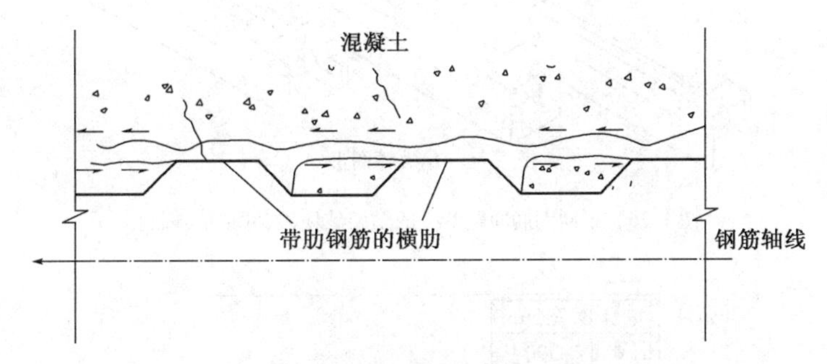

图 1-25　带肋钢筋的剪切型粘结破坏

试验表明，带肋钢筋与混凝土的粘结强度比光圆钢筋高得多。我国试验的结果表明，螺纹钢筋的粘结强度为 2.5 ~6.0MPa，光圆钢筋为 1.5 ~3.5MPa。

1.4.3　影响粘结强度的因素

影响钢筋与混凝土之间粘结强度的因素很多，其中主要为混凝土强度、浇筑位置、保护层厚度及钢筋净间距等。

(1) 光圆钢筋及带肋钢筋的粘结强度均随混凝土强度等级的提高而提高，但并不与立方体强度 f_{cu} 成正比。试验表明，当其他条件基本相同时，粘结强度与混凝土抗拉强度 f_t 近乎成正比。

(2) 粘结强度与浇筑混凝土时钢筋所处的位置有明显关系。混凝土浇筑后有下沉及泌水现象，若钢筋处于水平位置，直接位于其下面的混凝土由于水分、气泡的逸出及混凝土的下沉，并不与钢筋紧密接触，形成了间隙层，削弱了钢筋与混凝土间的粘结作用，使水平位置钢筋比竖位钢筋的粘结强度显著降低。

(3) 钢筋混凝土构件截面上有多根钢筋并列一排时，钢筋之间的净距对粘结强度有重要影响。净距不足，钢筋外围混凝土将会发生在钢筋位置水平面上贯穿整个构件宽度的劈裂裂缝(图 1-26)。图 1-27 为一组不同钢筋净距的梁进行粘结强度试验的结果。图 1-27 表明，梁截面上一排钢筋的根数越多、净距越小，粘结强度降低得就越多。

(4) 混凝土保护层厚度对粘结强度有着重要影响。特别是采用带肋钢筋时，若混凝土保护层太薄，则容易发生沿纵向钢筋方向的劈裂裂缝，并使粘结强度显著降低。

(5) 带肋钢筋与混凝土的粘结强度比用光圆钢筋时大。试验表明，带肋钢筋与混凝土之间的粘结力比用光圆钢筋时高出 2 ~3 倍。因而，带肋钢筋所需的锚固长度比光圆钢筋短。试验还表明，月牙肋钢筋与混凝土之间的粘结强度比用螺纹钢筋时的粘结强度低 10% ~15%。

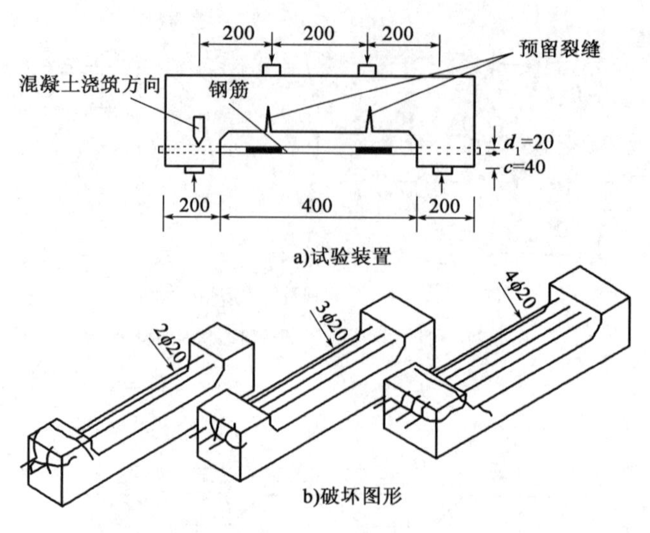

图1-26　不同钢筋净距产生的粘结破坏(尺寸单位:mm)

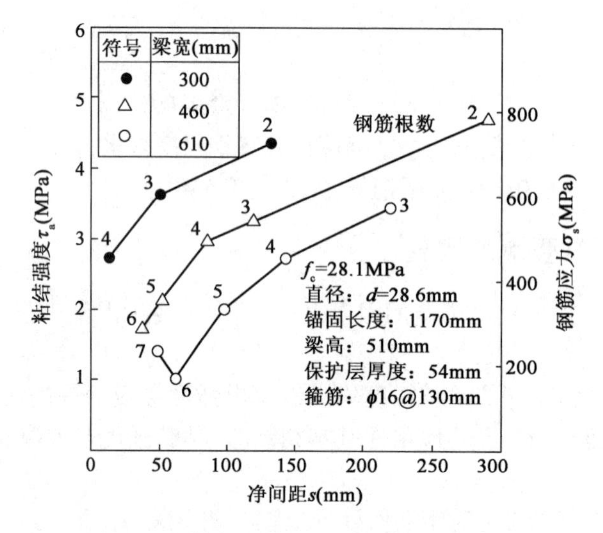

图1-27　钢筋净距对粘结强度及钢筋应力的影响

【复习思考题与习题】

1-1　配置在混凝土梁截面受拉区钢筋的作用是什么?

1-2　试解释以下名词:混凝土立方体抗压强度、混凝土轴心抗压强度、混凝土抗拉强度、混凝土劈裂抗拉强度。

1-3　混凝土轴心受压的应力—应变曲线有何特点?影响混凝土轴心受压应力—应变曲线的因素有哪些?

1-4　什么叫混凝土的徐变?影响混凝土徐变的因素主要有哪些?

1-5　混凝土的徐变和收缩变形都是随时间而增长的变形,两者有何不同之处?

1-6 公路桥梁钢筋混凝土结构采用热轧钢筋,热轧钢筋的拉伸应力—应变关系曲线有什么特点?《公路桥规》规定使用的热轧钢筋有哪些强度等级?强度等级代号分别是什么?

1-7 什么是钢筋和混凝土之间的粘结应力和粘结强度?为保证钢筋和混凝土之间有足够的粘结力,要采取哪些措施?

第2章

结构按极限状态法设计计算的方法

钢筋混凝土结构构件的“设计”是指在预定的作用及材料性能条件下,确定构件按功能要求所需要的截面尺寸、配筋和构造要求。

自19世纪末钢筋混凝土结构在土木建筑工程中出现以来,随着生产实践经验的积累和科学研究的不断深入,钢筋混凝土结构设计理论在不断发展和完善。

最早的钢筋混凝土结构设计理论,是采用以弹性理论为基础的容许应力计算法。这种方法要求在规定的标准荷载作用下,按弹性理论计算得到的构件截面任意一点的应力不大于规定的容许应力,而容许应力是由材料强度除以安全系数求得的,安全系数则依据工程经验和主观判断来确定。然而,由于钢筋混凝土并不是一种弹性匀质材料,而是表现出明显的塑性性能,因此,这种以弹性理论为基础的计算方法是不可能如实地反映构件截面破坏时的应力状态和正确地计算出结构构件的承载能力的。

20世纪30年代,苏联学者首先提出了考虑钢筋混凝土塑性性能的破坏阶段计算方法。它以充分考虑材料塑性性能的结构构件承载能力为基础,从而使按材料标准极限强度计算的承载能力必须大于计算的最大荷载产生的内力。计算的最大荷载是由规定的标准荷载乘以单一的安全系数得出的。安全系数仍是依据工程经验和主观判断来确定的。

随着对荷载和材料强度变异性研究的深入,苏联在20世纪50年代又率先提出了极限状态计算法。极限状态计算法是破坏阶段计算法的发展,它规定了结构的极限状态,并把单一安全系数改为三个分项系数,即荷载系数、材料系数和工作条件系数,从而把不同的外荷载、不同的材料以及不同构件的受力性质等,都用不同的安全系数区别开来考虑,使不同的构件具有比较一致的安全度,而部分荷载系数和材料系数基本上是根据统计资料用概率方法确定的。因此,这种计算方法被称为半经验、半概率的"三系数"极限状态设计法。

20 世纪 70 年代以来,国际上以概率论和数理统计为基础的结构可靠度理论在土木工程领域逐步进入实用阶段。例如,加拿大分别于 1975 年和 1979 年颁发了基于可靠度的房屋建筑和公路桥梁结构设计规范;1978 年,北欧五国的建筑委员会提出了《结构荷载与安全度设计规程》;美国国家标准局于 1980 年提出了《基于概率的荷载准则》;英国于 1982 年在 BS 5400 桥梁设计规范中引入了结构可靠度理论的内容,土木工程结构的设计理论和设计方法进入了一个新的阶段。

我国虽然到 20 世纪 70 年代中期才开始在建筑结构领域开展结构可靠性理论和应用研究工作,但很快取得成效。1984 年国家计委批准《建筑结构设计统一标准》(GBJ 68—84),该标准提出了以可靠性为基础的概率极限状态设计统一原则。而后,用于国内土木工程结构设计的《工程结构可靠度设计统一标准》(GB 50153—1992)于 1992 年正式发布。在 1999 年颁布了指导公路桥梁整体结构及构件、高速公路路面等结构设计的《公路工程结构可靠度设计统一标准》(GB/T 50283—1999),全面引入结构可靠性理论,明确以结构可靠性理论为基础的概率极限状态设计法作为公路工程结构设计的基本原则。

随着结构可靠性理论的不断发展和完善,在总结了 1992 年国家标准《工程结构可靠度设计统一标准》(GB 50153—1992)的使用和我国大规模工程实践经验的基础上,进行了全面修订后的《工程结构可靠性设计统一标准》(GB 50153—2008)于 2008 年正式发布。该标准对各类工程结构设计的基本原则、基本要求和基本方法做出了统一规定,提出了工程结构要符合可持续发展的要求。2020 年颁布的行业标准《公路工程结构可靠性设计统一标准》(JTG 2120—2020)要求公路工程结构(公路桥涵结构构件、公路隧道结构构件、公路路面结构和地基基础)的设计应使结构在规定的设计使用年限内满足规定的各项功能要求,宜采用以概率理论为基础、以分项系数表达的极限状态设计方法,明确应对公路工程结构的勘察、设计、施工、使用和养护等阶段及各阶段所涉及的材料和构件进行严格的质量管理和控制。

当前,国际上将结构概率设计法按精确程度不同分为三个水准,即水准Ⅰ、水准Ⅱ和水准Ⅲ。

(1)水准Ⅰ——半概率设计法。这一水准设计方法虽然在荷载和材料强度上分别考虑了概率原则,但它把荷载和抗力分开考虑,并没有从结构构件的整体性出发考虑结构的可靠性,因而无法触及结构可靠性的核心——结构的失效概率,并且各分项安全系数主要依据工程经验确定,所以称其为半概率设计法。

(2)水准Ⅱ——近似概率设计方法。这是目前在国际上已经进入实用阶段的概率设计法。它运用概率论和数理统计,对工程结构、构件或截面设计的"可靠概率"作出较为近似的相对估计。我国《工程结构可靠性设计统一标准》(GB 50153—2008)以及《公路工程结构可靠性设计统一标准》(JTG 2120—2020)等确定的以概率理论为基础的一次二阶矩极限状态设计方法就属于这一水准的设计方法。虽然这已经是一种概率方法,但是,由于在分析中忽略了或简化了基本变量随时间变化的关系,确定基本变量的分布时受现有信息量限制而具有相当的近似性，并且，为了简化设计计算，将一些复杂的非线性极限状态方程线性化，所以它仍然只是一种近似的概率法。不过，在现阶段它确实是一种处理结构可靠性的比较合理且可行的方法。

(3)水准Ⅲ——全概率设计法。全概率设计法是一种完全基于概率理论的较理想的方法。它不仅把影响结构可靠性的各种因素用随机变量概率模型去描述，更进一步考虑随时间变化的特性，并用随机过程概率模型去描述，而且在对整个结构体系进行精确概率分析的基础上，以结构的失效概率作为结构可靠度的直接度量。这当然是一种完全的、真正的概率方法。目前，这还只是值得开拓的研究方向，真正达到实用还需经历较长的时间。

在以上后两种水准中，水准Ⅱ是水准Ⅲ的近似。在水准Ⅲ的基础上再进一步发展就是运用优化理论的最优全概率法。

应当注意的是，在我国，工程结构设计广泛应用的是以概率理论为基础，以分项系数表达的极限状态设计方法(近似概率设计方法)，但并不意味着要排斥其他有效的结构设计方法。概率极限状态设计方法需要以大量的统计数据为基础，当不具备这一条件时，工程结构设计可根据可靠的工程经验或通过必要的试验研究进行，也可继续按传统模式采用容许应力或单一安全系数等经验方法进行。

2.1 概率极限状态设计法的概念

2.1.1 结构的功能要求与可靠性

1)结构的功能要求

工程结构设计的基本目标是在一定的经济条件下，使设计的结构在预定的使用年限内能够可靠地完成各项规定的功能要求，做到安全可靠、适用耐久和经济合理。

一般来讲，工程结构在规定的设计使用年限内应满足以下功能要求：

(1)安全性

结构的安全性是指在正常施工和正常使用情况下，结构能够承受可能出现的各种作用(指直接施加于结构上的荷载及间接施加于结构的、引起结构产生外加变形或约束变形的原因)；在偶然事件(如地震、撞击等)发生时和发生后，结构产生局部损坏，但不致出现整体破坏和连续倒塌，仍然保持必需的整体稳定性。

(2)适用性

结构的适用性是指在正常使用情况下，结构具有良好的工作性能，结构或结构构件不发生过大的变形或振动。

(3)耐久性

结构的耐久性是指结构在正常使用及维护情况下，材料性能虽然随时间有变化，但结构仍能满足设计的预定功能。

国家标准《工程结构可靠性设计统一标准》(GB 50153—2008)特别强调结构要具有足够的耐久性，指的是结构在规定的工作环境中，在预定的时期内，其材料性能的劣化不会导致结构出现不可接受的失效概率。从工程概念上讲，足够的耐久性能就是指在正常的维护条件下，结构能够正常使用到规定的设计使用年限。

2）结构的可靠性与可靠度

结构可靠性是指结构在规定的时间内，在规定的条件下，完成预定功能的能力，而把度量结构可靠性的数量指标称为可靠度。

结构的可靠度是对结构可靠性的定量描述。根据当前国际上的一致看法，结构可靠度的定义是指结构在规定时间内，在规定的条件下，完成预定功能的概率。这里所说的"规定时间"是指对结构进行可靠度分析时，结合结构使用期，考虑各种基本变量与时间的关系所取用的基准时间参数，即规定的设计使用年限；"规定的条件"是指结构正常设计、正常施工和正常使用及维护；"预定功能"是指结构安全性、适用性和耐久性的完整功能。

因此，结构可靠度是结构可完成"预定功能"的概率度量，它是建立在统计数学的基础上经计算分析确定，从而给结构的可靠性一个定量的描述。

3）设计使用年限与设计基准期

设计使用年限是在正常设计、正常施工、正常使用和正常养护条件下，结构或构件不需进行大修或更换，即可按其预定目的使用的年限。在这一规定时期内，结构或构件只需进行正常的养护（包括必要的检测、维护和维修）就能保持其预定的结构功能。

设计使用年限是设计规定的一个时间段，而结构可靠度与结构使用年限长短有关，因此，结构或结构构件的设计使用年限并不是群体概念上的均值使用年限，而是与结构适用性失效、可修复性的极限状态相联系的时间段。

结构的设计基准期是结构可靠度计算中另一时间域考虑，它是为确定可变作用（如汽车荷载、人群荷载、风荷载等，见2.3.1节）的出现频率和设计时的取值而规定的标准时段。

设计基准期与设计使用年限是不同的概念，设计基准期的选择不考虑环境作用下与材料性能老化等相联系的结构耐久性，仅考虑可变作用随时间变化的设计变量取值大小，而设计使用年限是与结构适用性失效的极限状态相联系。因此，国家标准《工程结构可靠性设计统一标准》（GB 50153—2008）提出结构可靠度与结构的使用年限长短有关，对新建结构，是指设计使用年限的结构可靠度或失效概率，当结构的使用年限超过设计使用年限后，结构的失效概率可能较设计预期值大。

当设计需采用不同的设计基准期时，则必须相应确定在不同的设计基准区内最大作用的概率分布及其统计参数。

参照《工程结构可靠性设计统一标准》（GB 50153—2008）的规定，《公路工程技术标准》（JTG B01—2014）规定了公路桥涵主体结构和可更换构件的设计使用年限（表2-1）。

公路桥涵的设计使用年限（年）　　表2-1

<table>
<tr><th rowspan="2">公路等级</th><th colspan="3">主体结构</th><th colspan="2">可更换部件</th></tr>
<tr><th>特大桥、大桥</th><th>中桥</th><th>小桥、涵洞</th><th>斜拉索、吊索、系杆等</th><th>栏杆、伸缩装置、支座等</th></tr>
<tr><td>高速公路、一级公路</td><td>100</td><td>100</td><td>50</td><td rowspan="3">20</td><td rowspan="3">15</td></tr>
<tr><td>二级公路、三级公路</td><td>100</td><td>50</td><td>30</td></tr>
<tr><td>四级公路</td><td>100</td><td>50</td><td>30</td></tr>
</table>

表2-1所列公路桥涵的设计使用年限是综合考虑公路功能、技术等级和桥涵的重要性等因素,规定的桥涵主体结构和可更换构件设计使用年限的最低值。表2-1所列特大桥、大桥、中桥和小桥按行业标准《公路工程技术标准》(JTG B01—2014)的单孔跨径确定。

公路桥梁结构的设计基准期统一取为100年。

2.1.2 结构的极限状态

结构在使用期间的工作情况,称为结构的工作状态。

当结构能够满足各项功能要求而良好工作时,称为结构"可靠";反之,则称结构"失效"。结构工作状态处于可靠还是失效用"极限状态"来衡量。

当整个结构或结构的一部分超过某一特定状态而不能满足设计规定的某一功能要求时,此特定状态称为该功能的极限状态。对于结构的各种极限状态,均应规定明确的标志和限值。

国际上一般将结构的极限状态分为如下三类。

1)*承载能力极限状态*

这种极限状态对应于结构或结构构件达到最大承载能力或不适于继续承载的变形或变位的状态。当结构或构件出现下列状态之一时,即认为超过了承载能力极限状态:

(1)整个结构或结构的一部分作为刚体失去平衡。

(2)结构构件或连接处因超过材料强度而破坏(包括疲劳破坏),或因过度的变形而不能继续承载。

(3)结构转变成机动体系。

(4)结构或结构构件丧失稳定。

(5)结构因局部破坏而发生连续倒塌。

(6)结构或构件的疲劳破坏。

(7)地基丧失承载力而破坏。

2)*正常使用极限状态*

这种极限状态对应于结构或结构构件达到正常使用或耐久性的某项限值的状态。当结构或结构构件出现下列状态之一时,即认为超过了正常使用极限状态:

(1)影响正常使用或外观的变形。

(2)影响正常使用或耐久性能的局部损坏。

(3)影响正常使用的振动。

(4)影响正常使用的其他特定状态。

3)*"破坏—安全"极限状态*

这种极限状态又称为条件极限状态。超过这种极限状态而导致的破坏,是指允许结构物发生局部损坏,而对已发生局部破坏结构的其余部分,应该具有适当的可靠度,能继续承受降低了的设计荷载。其指导思想是:当偶然事件发生后,要求结构仍保持完整无损是不现实的,也是没有必要和不经济的,故只能要求结构不致因此造成更严重的损失。所以这种设计理论可应用于桥梁抗震和连拱推力墩的计算等方面。

欧洲混凝土委员会、国际预应力混凝土协会和国际标准化组织等国际组织，一般将极限状态分为两类：承载能力极限状态和正常使用极限状态。加拿大曾提出三种极限状态，即破坏极限状态、损伤极限状态和使用极限状态。其中，损伤极限状态是由混凝土的裂缝或碎裂而引起的损坏，因其对人身安全危险性较小，可允许比破坏极限状态具有较大一些的失效概率。我国的《工程结构可靠性设计统一标准》(GB 50153—2008)将极限状态划分为承载能力极限状态和正常使用极限状态两类。同时提出，随着技术进步和科学发展，在工程结构上还应考虑“连续倒塌极限状态”，即万一个别构件局部破坏，整个结构仍能在一定时间内保持必需的整体稳定性，防止发生连续倒塌。广义地说，这是为了避免出现与破坏原因不相称的结构破坏。这种状态主要是针对偶然事件，如撞击、爆炸等而言的。《公路工程结构可靠性设计统一标准》(JTG 2120—2020)暂未考虑连续倒塌极限状态。

目前，结构可靠性设计一般是将赋予概率意义的极限状态方程转化为极限状态设计表达式，此类设计均可称为概率极限状态设计。工程结构设计中应用概率意义上的可靠度、可靠概率或可靠指标来衡量结构的安全程度，表明工程结构设计思想和设计方法产生了质的飞跃。实际上，结构的设计不可能是绝对可靠的，至多是说它的不可靠概率或失效概率相当小，关键是结构设计的失效概率小到何种程度人们才能比较放心地接受。以往采用的容许应力和定值极限状态等传统设计方法实际上也具有一定的设计风险，只是其失效概率未像现在这样被人们明确地揭示出来。

工程结构的可靠性通常受各种作用效应、材料性能、结构几何参数、计算模式准确程度等诸多因素的影响。在进行结构可靠性分析时，应针对所要求的结构各种功能，把这些有关因素作为基本变量 $X_1, X_2, \cdots, X_n$ 来考虑，由基本变量组成的描述结构功能的函数 $Z = g(X_1, X_2, \cdots, X_n)$ 称为结构功能函数。结构功能函数是用来描述结构完成功能状况的、以基本变量为自变量的函数。实际上，也可以将若干基本变量组合成综合变量，例如，将作用效应方面的基本变量组合成综合作用效应 S，抗力方面的基本变量组合成综合抗力 R，从而结构的功能函数为 $Z = R - S$。

如果对功能函数 $Z = R - S$ 作一次观测，可能出现如下三种情况(图 2-1)：

$Z = R - S > 0$，结构处于可靠状态；

$Z = R - S < 0$，结构已失效或破坏；

$Z = R - S = 0$，结构处于极限状态。

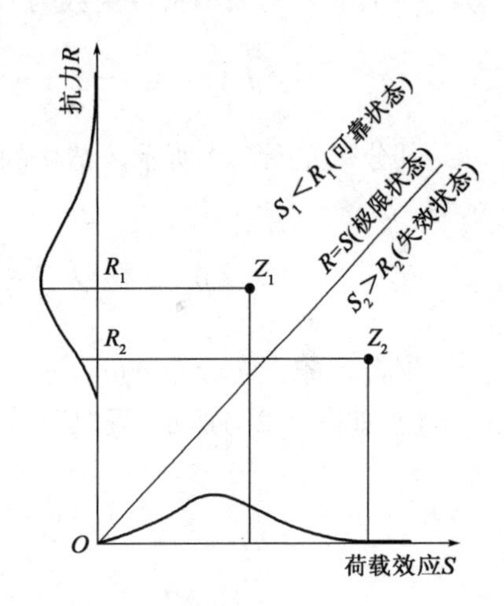

图 2-1　结构所处状态

图 2-1 中，$R = S$ 直线表示结构处于极限状态，此时作用效应 S 恰好等于结构抗力 R。图中位于直线上方的区域表示结构可靠，即 $S_1 < R_1$；位于直线下方的区域表示结构失效，即 $S_2 > R_2$。

结构可靠性设计的目的，就是要使结构处于可靠状态，至少也应处于极限状态。用功能函数表示时应符合以下要求

$$Z = g(X_1, X_2, \cdots, X_n) \geqslant 0 \tag{2-1}$$

或

$$Z = g(R, S) = R - S \geqslant 0 \tag{2-2}$$

2.1.3 结构的失效概率与可靠指标

所有结构或结构构件中都存在对立的两个方面:作用效应 S 和结构抗力 R。

作用是指使结构产生内力、变形、应力和应变的所有原因,它分为直接作用和间接作用两种。直接作用是指施加在结构上的集中力或分布力,如汽车、人群、结构自重等;间接作用是指引起结构外加变形和约束变形的原因,如地震、基础不均匀沉降、混凝土收缩、温度变化等。作用效应 S 是指结构对所受作用的反应,例如,由于作用产生的结构或构件内力(如轴力、弯矩、剪力、扭矩等)和变形(挠度、转角等)。结构抗力 R 是指结构构件承受内力和变形的能力,如构件的承载能力和刚度等,它是结构材料性能和几何参数等的函数。

作用效应 S 和结构抗力 R 都是随机变量,因此,结构不满足或满足其功能要求的事件也是随机的。一般把出现前一事件的概率称为结构的失效概率,记为 P_f;把出现后一事件的概率称为可靠概率,记为 P_r,由概率论可知,这两者是互补的,即 $P_f + P_r = 1$。

如前所述,当只有作用效应 S 和结构抗力 R 两个基本变量时,功能函数为

$$Z = g(R,S) = R - S \tag{2-3}$$

相应的极限状态方程可写作

$$Z = g(R,S) = R - S = 0 \tag{2-4}$$

式(2-4)为结构或构件处于极限状态时,各有关基本变量的关系式,它是判别结构是否失效和进行可靠度分析的重要依据。

为说明问题的方便起见,设 R 和 S 都服从正态分布,且其平均值和标准差分别为 m_R、m_S 和 σ_R、σ_S,则两者的差值 Z 也是正态随机变量,并具有平均值 $m_Z = m_R - m_S$,标准差 $\sigma_Z = \sqrt{\sigma_R^2 + \sigma_S^2}$。$Z$ 的概率密度函数为

$$f_Z(z) = \frac{1}{\sqrt{2\pi}\sigma_Z}\exp\left[-\frac{1}{2}\left(\frac{z-m_Z}{\sigma_Z}\right)^2\right] \quad (-\infty < z < \infty) \tag{2-5}$$

其分布如图 2-2 所示。结构的失效概率 P_f 就是图 2-2a)中阴影面积 $P(Z<0)$,用公式表示为

$$P_f = P(Z < 0) = \int_{-\infty}^{0} \frac{1}{\sqrt{2\pi}\sigma_Z}\exp\left[-\frac{1}{2}\left(\frac{z-m_Z}{\sigma_Z}\right)^2\right]dz \tag{2-6}$$

现将 Z 的正态分布 $N(m_Z,\sigma_Z)$ 转换为标准正态分布 $N(0,1)$,引入标准化变量 $t(m_t = 0, \sigma_t = 1)$,如图 2-2b)所示,现取

$$t = \frac{z - m_Z}{\sigma_Z} \qquad dz = \sigma_Z dt$$

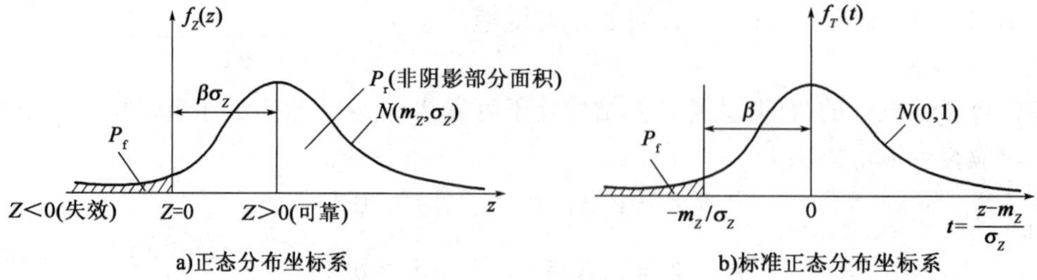

图 2-2 正态分布和标准正态分布坐标系

当 $z \to -\infty$ 时,$t \to -\infty$;当 $z=0$ 时,$t=-m_Z/\sigma_Z$。

将以上结果代入式(2-6)后,得到

$$P_f = \int_{-\infty}^{-\frac{m_Z}{\sigma_Z}} \frac{1}{\sqrt{2\pi}} \exp(-\frac{t^2}{2})\,dt = 1 - \Phi(\frac{m_Z}{\sigma_Z}) = \Phi(-\frac{m_Z}{\sigma_Z}) \tag{2-7}$$

式中的 $\Phi(\cdot)$ 为标准化正态分布函数。

现引入符号 β,并令

$$\beta = \frac{m_Z}{\sigma_Z} \tag{2-8}$$

由式(2-7)可得到

$$P_f = \Phi(-\beta) \tag{2-9}$$

式中的 β 为无量纲系数,称为结构可靠指标。式(2-9)反映了失效概率与可靠指标之间的关系。由 $P_r+P_f=1$ 还可导出可靠指标 β 同可靠概率 P_r 的一一对应关系为

$$P_r = 1 - P_f = 1 - \Phi(-\beta) = \Phi(\beta) \tag{2-10}$$

式中,结构可靠指标 β 的表达式为

$$\beta = \frac{m_R - m_S}{\sqrt{\sigma_R^2 + \sigma_S^2}} \tag{2-11}$$

将 β 称作结构的可靠指标的原因是:

(1)β 是失效概率和可靠概率的度量,β 与 P_f 或 P_r 具有一一对应的数量关系,这可从表2-2和式(2-9)、式(2-10)看出来,β 越大,则失效概率 P_f 越小(即阴影面积越小),可靠概率 P_r 越大。

可靠指标 β 及相应的失效概率 P_f 的关系 表2-2

β	1.0	1.64	2.00	3.00	3.71	4.00	4.50
P_f	15.87×10^{-2}	5.05×10^{-2}	2.27×10^{-2}	1.35×10^{-3}	1.04×10^{-4}	3.17×10^{-5}	3.40×10^{-6}

(2)如图2-2所示,功能函数的概率密度函数为 $f_Z(z)$、平均值为 m_Z、标准差为 σ_Z。在横坐标轴 z 上,从坐标原点($z=0$,失效点)到密度函数曲线的平均值 m_Z 处的距离为 $\beta\sigma_Z$,若 $\beta\sigma_Z$ 大,则阴影部分的面积小、失效概率 P_f 小,结构可靠度大;反之,$\beta\sigma_Z$ 小,阴影部分面积大,失效概率 P_f 大,结构可靠度小。

(3)功能函数为某一概率密度函数 $f_Z(z)$ 时,由 $\beta=m_Z/\sigma_Z$ 可知,当标准差 σ_Z 为常量时,β 仅随平均值 m_Z 而变。而当 β 增加时,概率密度曲线由于 m_Z 的增加会向右移动(图2-3的曲线2所示),即 P_f 将变小,变为 P_f',结构可靠概率增大。

以上分析表明,结构可靠度既可用失效概率 P_f 来描述和度量,也可用 β 来描述和度量。工程上目前常用 β 表示结构的可靠程度,并称之为结构的可靠指标。

可靠指标 β 的计算式[式(2-11)]是在 R 和 S 都服从正态分布的情况下得到的。如果 R 和 S 都不服从正态分布,但能求出 Z 的平均值 m_Z 和标准差 σ_Z,则由式(2-11)算出的 β 是近似的或称名义的,不过在工程中仍然具有一定的参考价值。

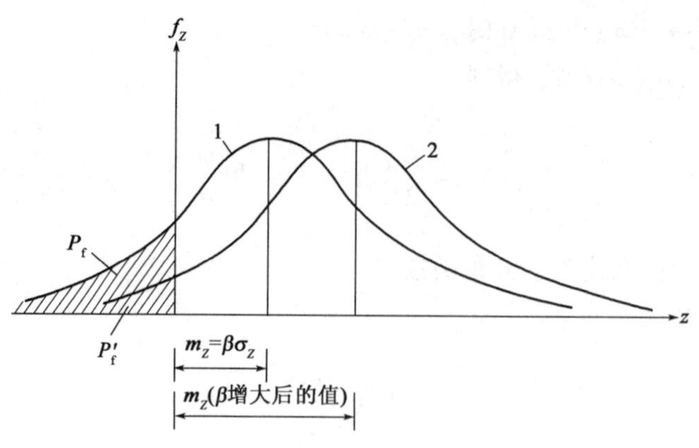

图 2-3 可靠指标 β 与平均值 m_Z 关系图

2.1.4 可靠指标 β 的两个常用公式

(1)当 R 和 S 为两个正态变量时,具有极限状态方程

$$Z = R - S = 0 \tag{2-12}$$

由于 R 和 S 都服从正态分布,且平均值和标准差分别为 m_R、m_S 和 σ_R、σ_S,则功能函数 $Z = R - S$ 也服从正态分布,其平均值和标准差分别为 $m_Z = m_R - m_S$ 及 $\sigma_Z = \sqrt{\sigma_R^2 + \sigma_S^2}$。由前面的讨论可得到

$$\beta = \frac{m_Z}{\sigma_Z} = \frac{m_R - m_S}{\sqrt{\sigma_R^2 + \sigma_S^2}} \tag{2-13}$$

这个公式是美国的 Cornell 于 1967 年最先提出来的,它是结构可靠分析中一个最基本的公式。

例 2-1 设某构件中某点的抗力为 R,荷载效应应力为 S,已知 R 和 S 的平均值、标准差分别为 $(m_R, \sigma_R) = (68540, 6431)$ MPa,$(m_S, \sigma_S) = (37289, 4130)$ MPa,试求其可靠概率 P_r。

解:由式(2-13)得到

$$\beta = \frac{m_R - m_S}{\sqrt{\sigma_R^2 + \sigma_S^2}} = \frac{68540 - 37289}{\sqrt{6431^2 + 4130^2}} = 4.09$$

由式(2-10)可求出相对应的可靠概率 P_r

$$P_r = \Phi(\beta) = \Phi(4.09) = 99.99\%$$

(2)当 R 和 S 为两个对数正态分布变量时,具有极限状态方程

$$Z = \ln R - \ln S = 0$$

因为抗力和荷载效应大多趋向于偏态分布,按正态分布计算将产生较大的误差,因此,Rosenblueth 和 Estera 等学者建议采用 R 和 S 的对数正态分布模型。将 $\ln R$ 和 $\ln S$ 的平均值与标准差分别计为 $m_{\ln R}$、$m_{\ln S}$、$\sigma_{\ln R}$、$\sigma_{\ln S}$,由于 $\ln R$ 和 $\ln S$ 都是正态分布,因此 Z 也是正态分布,其平均值和标准差为 $m_Z = m_{\ln R} - m_{\ln S}$ 和 $\sigma_Z = \sqrt{\sigma_{\ln R}^2 + \sigma_{\ln S}^2}$。

为了直接利用 R、S 的一阶和二阶矩阵,通过变换可以用 m_R、m_S 和 σ_R、σ_S 来表示 m_Z、σ_Z。根据对数正态分布的性质,$\ln R$ 和 $\ln S$ 的方差分别为

$$\sigma_{\ln R}^2 = \ln(1 + V_R^2)$$

和

$$\sigma_{\ln S}^2 = \ln(1 + V_S^2)$$

其中

$$V_R = \frac{\sigma_R}{m_R} \quad V_S = \frac{\sigma_S}{m_S}$$

故

$$\sigma_Z = [\ln(1 + V_R^2) + \ln(1 + V_S^2)]^{1/2} = \{\ln[(1 + V_R^2)(1 + V_S^2)]\}^{1/2} \tag{2-14}$$

$\ln R$ 和 $\ln S$ 的平均值分别为

$$m_{\ln R} = \ln m_R - \frac{1}{2}\sigma_{\ln R}^2$$

和

$$m_{\ln S} = \ln m_S - \frac{1}{2}\sigma_{\ln S}^2$$

故

$$\begin{aligned} m_Z &= \ln m_R - \ln m_S - \frac{1}{2}(\sigma_{\ln R}^2 - \sigma_{\ln S}^2) \\ &= \ln\frac{m_R}{m_S} - \frac{1}{2}\ln\frac{1 + V_R^2}{1 + V_S^2} \\ &= \ln\left(\frac{m_R}{m_S}\sqrt{\frac{1 + V_S^2}{1 + V_R^2}}\right) \end{aligned} \tag{2-15}$$

最后由式(2-8)得到结构可靠指标 β 为

$$\beta = \frac{m_Z}{\sigma_Z} = \frac{\ln\left(\frac{m_R}{m_S}\sqrt{\frac{1 + V_S^2}{1 + V_R^2}}\right)}{\sqrt{\ln[(1 + V_R^2)(1 + V_S^2)]}} \tag{2-16}$$

当 V_R 和 V_S 都小于0.3时，式(2-16)可进一步得到简化，这里考虑：

$$\ln(1 + V_R^2) \approx V_R^2 \quad \ln(1 + V_S^2) \approx V_S^2$$

其误差已小于2%。当 V_R 和 V_S 很小或基本上相等时，有

$$\sqrt{\frac{1 + V_S^2}{1 + V_R^2}} \approx 1$$

将以上各式代入式(2-16)，得简化后的对数正态分布可靠指标 β 的计算公式为

$$\beta = \frac{\ln(m_R/m_S)}{\sqrt{V_R^2 + V_S^2}} \tag{2-17}$$

加拿大基于可靠度理论的房屋和公路桥梁结构设计规范，以及美国基于可靠度理论的钢结构设计规范，就是采用这个公式作为构件设计的基本公式。

例 2-2 某构件的抗力 R 和荷载效应 S 分别服从

$R:(m_R,\sigma_R)=(13506,1289.5)$MPa,对数正态分布;

$S:(m_S,\sigma_S)=(5894,1796.4)$MPa,对数正态分布。

试求其可靠概率 P_r。

解:$m_R=13506$MPa,$m_S=5894$MPa,$V_R=\sigma_R/m_R=0.0955$, $V_S=\sigma_S/m_S=0.3048$。

利用式(2-16)得到结构可靠指标 β 为

$$\beta=\frac{\ln\left(\frac{m_R}{m_S}\sqrt{\frac{1+V_S^2}{1+V_R^2}}\right)}{\sqrt{\ln[(1+V_R^2)(1+V_S^2)]}}=\frac{\ln\left(\frac{13506}{5894}\sqrt{\frac{1+0.3048^2}{1+0.0955^2}}\right)}{\sqrt{\ln[(1+0.0955^2)(1+0.3048^2)]}}=2.777$$

相应的可靠概率 P_r 为

$$P_r=\Phi(\beta)=\Phi(2.777)=99.72\%$$

如果利用近似式(2-17),则结构可靠指标 β 为

$$\beta=\frac{\ln(m_R/m_S)}{\sqrt{V_R^2+V_S^2}}=\frac{\ln\left(\frac{13506}{5894}\right)}{\sqrt{0.0955^2+0.3048^2}}=2.596$$

相应的可靠概率 P_r 为

$$P_r=\Phi(2.596)=99.52\%$$

一般说来,当 V_R 和 V_S 小于 0.3 时,近似式(2-17)的误差小于 2%。而工程结构中随机变量的变异系数值都小于 0.3,所以式(2-17)还是用得较多的。

在近似概率极限状态设计法中,通常就是以可靠指标 β 为依据来确定设计表达式中各分项系数的取值的。

2.1.5 目标可靠指标

用作公路桥梁结构设计依据的可靠指标,称为目标可靠指标。它主要是采用“校准法”并结合工程经验和经济优化原则加以确定的。所谓“校准法”,就是根据各基本变量的统计参数和概率分布类型,运用可靠度的计算方法,揭示以往规范隐含的可靠度,以此作为确定目标可靠指标的依据。这种方法在总体上承认了以往规范的设计经验和可靠度水平,同时也考虑了源于客观实际的调查统计分析资料,无疑是比较现实和稳妥的。

根据《公路工程结构可靠性设计统一标准》(JTG 2120—2020)的规定,按持久状况进行承载能力极限状态设计时,公路桥梁结构构件的目标可靠指标应符合表 2-3 的规定。

公路桥梁结构构件的目标可靠指标 表 2-3

构件破坏类型	结构安全等级		
	一级	二级	三级
延性破坏	4.7	4.2	3.7
脆性破坏	5.2	4.7	4.2

表2-3中延性破坏是指结构构件有明显变形或其他预兆的破坏；脆性破坏是指结构构件无明显变形或其他预兆的破坏，表中的结构安全等级的概念及规定详见2.2节及表2-4。

按偶然状况进行承载能力极限状态设计时，公路桥梁结构的目标可靠指标应符合有关规范的规定。

进行正常使用极限状态设计时，公路桥梁结构的目标可靠指标可根据不同类型结构的特点和工程经验确定。

2.2　我国《公路桥规》的计算方法

我国公路桥涵结构的设计计算采用近似概率极限状态设计法，并以可靠指标β来度量结构设计的可靠度水平。从理论上讲，只要已知抗力及作用效应的有关条件参数，即可按指定的可靠指标进行设计计算或进行可靠度校核，但是，β的计算过程十分复杂，直接按表2-3的目标可靠指标来进行设计很不方便，必须采用在可靠指标计算方法基础上得到的实用设计计算方法。

《公路桥规》采用**基于近似概率极限状态设计法的实用设计计算方法，是在以近似概率理论确定可靠指标β后，采用分离系数的方法求得各作用分项系数和抗力分项系数，从而使设计表达式与以往安全系数法中的多项系数设计式表达相类似（分项系数是以概率计算得到的系数，已包括随机变量的平均值和离散性，**不同于传统的安全系数），方便了实际使用。这样，设计人员不必计算可靠指标β值，而只要采用结构上作用组合的效应设计值及材料强度的设计值和规定的各分项系数、按实用设计表达式对结构及构件进行设计计算，则认为设计的结构或构件所隐含的β值满足规定的目标可靠指标。

下面结合《公路桥规》的要求介绍公路桥涵结构设计极限状态计算表达式和结构设计状况的概念，它们是理解和掌握公路桥涵结构极限状态设计计算方法的基础。

2.2.1　两类极限状态计算一般表达式

《公路桥规》规定公路桥涵结构应按承载能力极限状态和正常使用极限状态进行设计计算。

1）承载能力极限状态计算表达式

公路桥涵承载能力极限状态是对应于桥涵及其构件达到最大承载能力或出现不适于继续承载的变形或变位的状态。

按照《公路工程结构可靠性设计统一标准》（JTG 2120—2020）的规定，公路桥涵进行持久状况承载能力极限状态设计时，为使桥涵具有合理的安全性，应根据桥涵结构破坏所产生后果的严重程度，按表2-4划分的三个安全等级进行设计，以体现不同情况的桥涵的可靠度差异。在计算上，不同安全等级是用结构重要性系数γ_0（对不同设计安全等级的结构，为使其具有规定的可靠度而对作用组合效应设计值的调整系数）来体现的，γ_0的取值见表2-4。

公路桥涵结构设计安全等级　　表2-4

设计安全等级	破坏后果	适用对象	结构重要性系数 γ_0
一级	很严重	(1)各等级公路上的特大桥、大桥和中桥； (2)高速公路、一级公路、二级公路、国防公路及城市附近交通繁忙公路上的小桥	1.1
二级	严重	(1)三级公路和四级公路上的小桥； (2)高速公路、一级公路、二级公路、国防公路及城市附近交通繁忙公路上的涵洞	1.0
三级	不严重	三级公路和四级公路上的涵洞	0.9

表2-4中所列特大、大、中桥等是按《公路桥涵设计通用规范》(JTG D60—2015)的单孔跨径确定，对多跨不等跨桥梁，以其中最大跨径为准。

《公路桥规》规定桥梁构件的承载能力极限状态的计算以塑性理论为基础，设计的原则是作用组合(基本组合)的效应设计值必须小于或等于结构抗力的设计值，其一般表达式为

$$\gamma_0 S_d \leqslant R \tag{2-18}$$

$$\gamma_0 S_d = \gamma_0 S(\sum_{i=1}^{m} G_{id}, Q_{1d}, \sum_{j=2}^{n} Q_{jd})$$

$$R = R(f_d, a_d)$$

式中：γ_0——桥梁结构的重要性系数，按表2-4取用；

S_d——作用组合的效应(例如轴力、弯矩或表示几个轴力、弯矩的向量)设计值；

$S(\cdot)$——作用组合的效应函数；

G_{id}——第 i 个永久作用的设计值；

Q_{1d}——汽车荷载作用(含汽车冲击力、离心力)的设计值；

Q_{jd}——在作用组合中除汽车荷载(含汽车冲击力、离心力)以外的其他第 j 个可变作用的设计值；

R——结构或构件的承载力设计值；

f_d——材料强度设计值；

a_d——几何参数设计值，当无可靠数据时，可采用几何参数标准值 a_k，即设计文件规定值。

《公路桥规》规定作用的设计值为作用的标准值或组合值乘以相应的分项系数，因此，式(2-18)中作用的设计值 G_{id}、Q_{1d} 和 Q_{jd} 都含有按概率计算方法确定的分项系数。关于作用、作用组合等概念及分项系数的取值详见2.3节。

同样，在式(2-18)中，f_d 为材料强度设计值，$f_d = f_k/\gamma_f$，f_k 为材料强度标准值，γ_f 为材料的分项系数。f_d 也是按概率计算方法确定的，《公路桥规》的相关规定见2.4节。

2)正常使用极限状态计算表达式

公路桥涵正常使用极限状态是指对应于桥涵及其构件达到正常使用或耐久性的某项限值的状态。

正常使用极限状态计算在构件持久状况设计中占有重要地位，尽管不像承载能力极限状态计算那样直接涉及结构的安全可靠问题，但如果设计不好，也有可能间接引发出结构安全性

和适用性问题。

公路桥涵按正常使用极限状态要求进行的计算是以结构弹性理论或弹塑性理论为基础，对构件的抗裂、裂缝宽度和挠度进行验算，并使各项计算值不超过《公路桥规》规定的各相应限值。采用的极限状态设计表达式为

$$S_d \leqslant C \tag{2-19}$$

式中：S_d——正常使用极限状态作用组合的效应（例如变形、裂缝宽度和应力）设计值；

C——结构构件达到正常使用要求所规定的限值，例如变形、裂缝宽度和截面抗裂的相应限值。

《公路桥规》对正常使用极限状态的作用组合分为作用的频遇组合和准永久组合，详见2.3节。

式(2-18)和式(2-19)分别为桥梁构件按承载能力极限状态计算和正常使用极限状态计算的基本表达式。根据公路桥梁在不同设计状况（见2.2.2节）下结构构件受力特点和设计习惯，对结构构件的某些计算，《公路桥规》还采用了构件截面应力计算的方法，以进一步满足构件相关性能设计的要求，计算上要求作用组合的效应设计值在构件截面上的应力值应小于规定的材料强度限值，主要用在：

(1)钢筋混凝土和预应力混凝土构件在短暂设计状况和持久设计状况下的截面应力计算，实质上是构件的强度验算，属于结构承载能力极限状态计算。构件强度验算起的作用是对构件承载力计算的补充，详见9.3节和13.4节。

(2)钢结构的疲劳强度验算，属于结构承载能力极限状态计算，采用构件截面或连接的应力及应力幅验算方法实现，详见18.2节。

另外，对预应力混凝土构件在持久设计状况下的抗裂性验算属于结构正常使用极限状态计算，《公路桥规》也采用了构件截面应力验算方法来实现，即构件控制截面的混凝土拉应力（或主拉应力）计算值不得超过规定限值，见13.5节内容。

结构构件短暂设计状况和持久设计状况下的截面应力计算（验算）是按照结构弹性或弹塑性分析理论计算，应根据设计状况和构件性能设计目标确定的材料强度取值并应满足规定限值来验算。

2.2.2 公路桥涵结构的设计状况

公路桥涵结构在施工建造、运营使用及维修等不同阶段可能出现不同的结构受力体系、不同的作用及不同的环境条件，以及可能发生灾害影响，所以，在设计中应该分别考虑桥涵结构不同的设计状况来进行承载能力极限状态和正常使用极限状态的计算。

结构的设计状况是代表一定时段内实际情况的一组设计条件，设计时应做到在该组条件下结构不超越有关的极限状态。

根据国家标准《工程结构可靠性设计统一标准》(GB 50153—2008)的要求并结合公路桥涵设计特点，《公路桥规》提出公路桥涵应根据不同种类的作用及其对桥涵的影响、桥涵所处的环境条件考虑4种设计状况，即持久设计状况、短暂设计状况、偶然设计状况和地震设计状况。

以下将“设计状况”简称为“状况”。

1)持久状况

持久状况是考虑在结构使用过程中一定出现且持续期很长的设计状况,其持续期一般与设计使用年限为同一数量级。

对公路桥涵而言,持久状况是对应于桥涵使用过程正常情况下的设计状况,这个阶段持续的时间很长,要对桥涵结构所有预定功能进行设计,必须进行结构承载能力极限状态和正常使用极限状态的设计计算。

2)短暂状况

短暂状况是考虑在结构施工或使用过程中出现概率较大,而与设计使用年限相比,其持续期很短的设计状况。

对公路桥涵而言,短暂状况是对应于桥涵建设的施工状态或桥涵工程维修加固状态(这个阶段持续时间相对于使用阶段是短暂的)的设计状况。短暂状况要进行桥涵结构的承载能力极限状态设计计算,可根据需要进行正常使用极限状态的设计计算。

3)偶然状况

偶然状况是考虑在结构使用过程中出现概率极小且持续时间极短的异常情况时的设计状况。

对公路桥涵而言,偶然状况是对应于桥涵使用过程中遭受撞击(例如受到车、船舶的撞击,落石或坠物冲击等)、火灾、爆炸等异常情况的设计状况。对于偶然状况,一般只进行桥涵结构的承载能力极限状态设计计算。

4)地震状况

地震状况是考虑结构遭受地震时的设计状况。

对公路桥涵而言,在抗震设防地区必须考虑地震状况。

综上所述,公路桥涵结构的设计状况、极限状态计算、作用及作用组合和材料强度设计值是设计计算的完整概念和计算原则,例如,《公路桥规》对结构持久状况设计承载能力极限状态计算的规定是:公路桥涵的持久状况设计按承载能力极限状态的要求,对构件进行承载力及稳定计算,必要时还应对结构的抗倾覆和滑移进行验算;在进行承载能力极限状态计算时,作用(或荷载)组合(其中汽车荷载应计入冲击系数)应采用基本组合,结构材料性能采用其强度设计值。

公路桥涵结构计算的设计状况、相应的极限状态计算及作用组合要求等见表2-5。

公路桥涵设计状况与极限状态设计计算 表2-5

设计状况	对应于结构的实际状况	极限状态设计计算类别	作用组合
持久状况	结构正常使用的情况	承载能力极限状态	基本组合
		正常使用极限状态	频遇组合、准永久组合
短暂状况	施工阶段或桥梁维修阶段时	承载能力极限状态(强度计算),可根据需要进行正常使用极限状态设计计算	基本组合(分项系数等系数均取值为1.0)
偶然状况	受到撞击时	承载能力极限状态	偶然组合
地震状况	发生地震时	承载能力极限状态	地震组合

2.3　作用、作用的代表值和作用组合

工程结构设计时,应考虑结构上可能出现的各种作用和环境影响(环境作用)。环境影响是指直接与混凝土结构表面接触的局部环境作用,采用环境类别和环境作用等级来描述,详见第9章。本节介绍公路桥涵结构上的作用,重点介绍《公路桥规》对作用代表值和作用组合的规定。

2.3.1　公路桥涵结构上的作用分类

按其随时间的变化和出现的可能性,公路桥涵结构上的作用分成4类:

(1)永久作用,是在设计基准期内始终存在且其量值变化与平均值相比可忽略不计的作用,或者其变化是单调的并趋于某个限值的作用,例如结构构件重力等。

(2)可变作用,是在设计基准期内其量值随时间变化,且其变化值与平均值相比不可忽略的作用,例如汽车荷载、人群荷载等。

(3)偶然作用,是在设计基准期内不一定出现,一旦出现时其值很大且持续时间很短的作用,例如船舶对桥的撞击等。

(4)地震作用,是一种特殊的偶然作用。

公路桥涵结构设计时要考虑的作用及分类,见表2-6。

作用分类　　表2-6

编号	作用分类	作用名称
1	永久作用	结构重力(包括结构附加重力)
2		预加力
3		土的重力
4		土侧压力
5		混凝土收缩、徐变作用
6		水的浮力
7		基础变位作用
8	可变作用	汽车荷载
9		汽车冲击力
10		汽车离心力
11		汽车引起的土侧压力
12		汽车制动力
13		人群荷载
14		疲劳荷载
15		风荷载
16		流水压力
17		冰压力
18		波浪力

续上表

编　号	作用分类	作用名称
19	可变作用	温度(均匀温度和梯度温度)作用
20		支座摩阻力
21	偶然作用	船舶的撞击作用
22		漂流物的撞击作用
23		汽车撞击作用
24	地震作用	地震作用

2.3.2　作用的代表值

桥涵结构的作用具有不同性质的变异性,但在结构设计中,不可能直接引用反映其变异性的各种统计参数并通过复杂的概率运算进行设计,因此,在设计计算时,除了采用能便于设计者使用的设计表达式外,对作用仍应赋予一个规定的量值,称为作用的代表值。根据设计的不同要求,可规定不同的代表值,以便更确切地反映它在设计中的特点。

《公路桥规》规定的作用代表值包括作用的标准值、组合值、频遇值和准永久值。

永久作用被近似认为在设计基准期内是不变化的,其代表值是永久作用的标准值;可变作用的代表值分为作用的标准值、组合值、频遇值和准永久值,可以根据不同设计状况及两种极限状态计算来选择。

1)作用的标准值

作用的标准值是结构或构件设计时,采用的各种作用的基本代表值。其值可根据作用在设计基准期内最大概率分布的某一分位值确定;若无充分资料时,可根据工程经验,经分析后确定。

作用的标准值是结构设计的主要计算参数,是作用的基本代表值,作用的其他代表值都是以它为基础再乘以相应的系数后得到的。

《公路桥规》的设计计算式中,一般用符号 G_{ik} 表示永久作用的标准值,用符号 Q_{jk} 表示可变作用的标准值,下角标 k 表示是标准值,而下角标 i 和 j 分别表示第 i 个永久作用和第 j 个可变作用。

作用的标准值可参照《公路桥涵设计通用规范》(JTG D60—2015)规定取用。

2)可变作用的组合值

当桥涵结构及构件承受两种或两种以上的可变作用时,考虑到这些可变作用不可能同时以其最大值(作用标准值)出现,因此,除了一个主要的可变作用(公路桥涵上一般取汽车荷载作用,又称主导可变作用)取标准值外,其余的可变作用都取为“组合值”。这样,两种或两种以上的可变作用参与的情况与仅有一种可变作用的情况相比较,结构构件具有大致相同的可靠指标。

可变作用的组合值可以由可变作用的标准值 Q_{jk} 乘以组合值系数 ψ_c 得到,为 $\psi_c Q_{jk}$,组合值系数 ψ_c 值小于1。

3)可变作用的频遇值

可变作用频遇值是在设计基准期内被超越的总时间占设计基准期的比率较小或被超越的

频率限制在规定频率内的作用值,它是对较频繁出现的且量值较大的可变作用的取值。

可变作用的频遇值为可变作用标准值 Q_{jk} 乘以频遇值系数 ψ_{fj},频遇值系数 ψ_{fj} 小于1。

4)可变作用的准永久值

可变作用准永久值是在设计基准期内被超越的总时间占设计基准期的比率较大的作用值。它是结构上经常出现的且量值较小的可变作用的取值。

可变作用的准永久值为可变作用标准值 Q_{jk} 乘以准永久值系数 ψ_{qj},准永久值系数 ψ_{qj} 小于1。

2.3.3 作用组合

公路桥涵结构设计计算应当考虑到结构上可能出现的多种作用的情况,例如桥涵结构除构件永久作用(如自重等)外,可能同时出现汽车荷载、人群荷载等多种可变作用。《公路桥规》要求应按承载能力极限状态和正常使用极限状态,结合相应的设计状况进行作用组合,并取其最不利作用组合的效应设计值进行设计计算。

作用组合是在不同作用的同时影响下,为保证某一极限状态的结构具有必要的可靠性而采用的一组作用设计值,而作用最不利组合是指所有可能的作用组合中对结构或结构构件产生最不利效应的一组作用组合。

实际上,在结构设计计算上采用作用组合就是考虑同时施加在结构上的各个作用对结构受力的共同影响。

下面简单介绍《公路桥规》关于结构设计的承载能力极限状态和正常使用极限状态计算时作用组合的表达式。

1)承载能力极限状态计算时作用组合

公路桥涵结构按承载能力极限状态设计计算时,对持久设计状况和短暂设计状况应采用作用的基本组合,对偶然设计状况应采用作用的偶然组合,对地震设计状况应采用作用的地震组合。以下介绍作用的基本组合,对作用的偶然组合和作用的地震组合详见《公路桥规》。

作用基本组合是永久作用设计值与可变作用设计值的组合,其效应设计值的计算表达式为

$$S_d = S(\sum_{i=1}^{m}\gamma_{Gi}G_{ik},\gamma_{Q1}\gamma_{L1}Q_{1k},\psi_c\sum_{j=2}^{n}\gamma_{Lj}\gamma_{Qj}Q_{jk}) \tag{2-20}$$

式中:S_d——承载能力极限状态下,作用基本组合的效应设计值;

$S(\cdot)$——作用组合的效应函数;

γ_{Gi}——第 i 个永久作用的分项系数,当永久作用(结构自重、预应力作用时)的效应对结构承载能力不利时,$\gamma_{Gi}=1.2$;对结构承载能力有利时,$\gamma_{Gi}=1.0$,其他永久作用的分项系数取值详见《公路桥规》;

G_{ik}——第 i 个永久作用的标准值;

γ_{Q1}——汽车荷载(含汽车冲击力、离心力)的分项系数,采用车道荷载计算时,取 $\gamma_{Q1}=1.4$,采用车辆荷载计算时,其分项系数取 $\gamma_{Q1}=1.8$;当某个可变作用在组合中其效应值超过汽车荷载效应时,则该作用取代汽车荷载,其分项系数 $\gamma_{Q1}=1.4$;对专为承受某作用而设置的结构或装置,设计时该作用的分项系数取 $\gamma_{Q1}=1.4$;计算人行道板和人行道栏杆的局部荷载,其分项系数 $\gamma_{Q1}=1.4$;

Q_{1k}——汽车荷载(含汽车冲击力、离心力)的标准值;

γ_{Qj}——在作用组合中除汽车荷载(含汽车冲击力、离心力)、风荷载外的其他第 j 个可变作用的分项系数,取 $\gamma_{Qj}=1.4$,但风荷载作用的分项系数取 $\gamma_{Qj}=1.1$;

Q_{jk}——在作用组合中除汽车荷载(含汽车冲击力、离心力)外的其他第 j 个可变作用的标准值;

ψ_c——在作用组合中除汽车荷载(含汽车冲击力、离心力)外的其他可变作用的组合值系数,取 $\psi_c=0.75$;

$\psi_c Q_{jk}$——在作用组合中除汽车荷载(含汽车冲击力、离心力)外的其他第 j 个可变作用的组合值;

γ_{L1}、γ_{Lj}——分别为汽车荷载和第 j 个可变作用的结构设计使用年限荷载调整系数,$\gamma_{L1}=1.0$;公路桥涵结构的设计使用年限按表2-1取值时,$\gamma_{Lj}=1.0$,否则,γ_{Lj} 取值应按专题研究确定。

《公路桥规》规定,当作用与作用效应可按线性关系考虑时,作用基本组合的效应设计值可通过作用效应代数相加计算,这时,式(2-20)变为

$$S_d=\sum_{i=1}^{m}\gamma_{Gi}G_{ik}+\gamma_{Q1}\gamma_{L1}Q_{1k}+\psi_c\sum_{j=2}^{n}\gamma_{Lj}\gamma_{Qj}Q_{jk} \tag{2-21}$$

式中符号意义与式(2-20)相同。

2)正常使用极限状态计算时作用组合

公路桥涵结构按正常使用极限状态设计计算时,应根据不同的设计要求,采用作用的频遇组合或准永久组合。

(1)作用频遇组合

作用频遇组合是永久作用的标准值与汽车荷载的频遇值、其他可变作用准永久值相组合,其效应设计值的计算表达式为

$$S_d=S\left(\sum_{i=1}^{m}G_{ik},\psi_{f1}Q_{1k},\sum_{j=2}^{n}\psi_{qj}Q_{jk}\right) \tag{2-22}$$

式中:S_d——作用频遇组合的效应设计值;

ψ_{f1}——汽车荷载(不计汽车冲击力)频遇值系数,$\psi_{f1}=0.7$;

ψ_{qj}——其他可变作用准永久值系数,人群荷载时 $\psi_q=0.4$,风荷载时 $\psi_q=0.75$,温度梯度作用时 $\psi_q=0.8$,其他作用时 $\psi_q=1.0$;

其他符号意义见式(2-20)。

《公路桥规》规定,当作用与作用效应可按线性关系考虑时,作用频遇组合的效应设计值 S_d 可通过作用效应代数相加计算。

(2)作用准永久组合

作用准永久组合是永久作用的标准值与可变作用准永久值相组合,其效应设计值的计算表达式为

$$S_d=S\left(\sum_{i=1}^{m}G_{ik},\sum_{j=1}^{n}\psi_{qj}Q_{jk}\right) \tag{2-23}$$

式中:S_d——作用准永久组合的效应设计值;

ψ_{qj}——可变作用准永久值系数,汽车荷载(不计汽车冲击力)准永久值系数 $\psi_q=0.4$,其他可变作用效应的准永久值系数见式(2-22)。

《公路桥规》规定,当作用与作用效应可按线性关系考虑时,作用准永久组合的效应设计

值 S_d 可通过作用效应代数相加计算。

例 2-3　钢筋混凝土简支梁桥主梁在结构重力、汽车荷载和人群荷载作用下，分别得到在主梁 1/4 跨径处截面的弯矩标准值：结构重力产生的弯矩 $M_{Gk}=552\text{kN}\cdot\text{m}$；汽车荷载（车道荷载）弯矩 $M_{Q1k}=459.7\text{kN}\cdot\text{m}$（已计入汽车冲击力计算系数 $1+\mu=1.2$）；人群荷载弯矩 $M_{Q2k}=40.6\text{kN}\cdot\text{m}$。钢筋混凝土简支梁的结构安全等级为二级，结构重要性系数 $\gamma_0=1.0$。作用与作用效应可按线性关系考虑，试进行设计时的作用组合计算。

解：(1)承载能力极限状态设计时作用的基本组合

因恒载作用效应对梁截面抗弯承载力不利，故永久作用的分项系数 $\gamma_{G1}=1.2$。汽车荷载采用车道荷载计算，取 $\gamma_{Q1}=1.4$；人群荷载为汽车荷载外的其他可变作用，故人群荷载的组合系数 $\psi_{cj}=0.75$。

因本例结构的设计使用年限按表 2-1 取值，故取可变作用的结构设计使用年限荷载调整系数 $\gamma_{L1}=1.0$，$\gamma_{Lj}=1.0$。

根据已知条件，可按式(2-21)计算承载能力极限状态设计时作用基本组合的效应设计值为

$$\begin{aligned}M_d&=\gamma_{G1}M_{Gk}+\gamma_{Q1}\gamma_L M_{Q1k}+\psi_c\gamma_{L2}\gamma_{Q2}M_{Q2k}\\&=1.2\times552+1.4\times1.0\times459.7+0.75\times1.0\times1.4\times40.6\\&=1348.61(\text{kN}\cdot\text{m})\end{aligned}$$

(2)正常使用极限状态设计时作用的组合

①作用频遇组合。

根据《公路桥规》规定，汽车荷载作用不应计入冲击系数，计算得到不计冲击系数的汽车荷载弯矩标准值为 $M_{Q1k}=383.08\text{kN}\cdot\text{m}$。汽车荷载频遇值系数 $\psi_{f1}=0.7$，人群荷载的准永久值系数 $\psi_{q2}=0.4$，由式(2-22)可得到作用频遇组合的效应设计值为

$$\begin{aligned}M_d&=M_{Gk}+\psi_{f1}M_{Q1k}+\psi_{q2}M_{Q2k}\\&=552+0.7\times383.08+0.4\times40.6\\&=836.40(\text{kN}\cdot\text{m})\end{aligned}$$

②作用准永久组合。

作用组合中的分项系数

不计冲击系数的汽车荷载弯矩标准值为 $M_{Q1k}=383.08\text{kN}\cdot\text{m}$，汽车荷载作用的准永久值系数 $\psi_{q1}=0.4$，人群荷载的准永久值系数 $\psi_{q2}=0.4$，由式(2-23)可得到作用准永久组合的效应设计值为

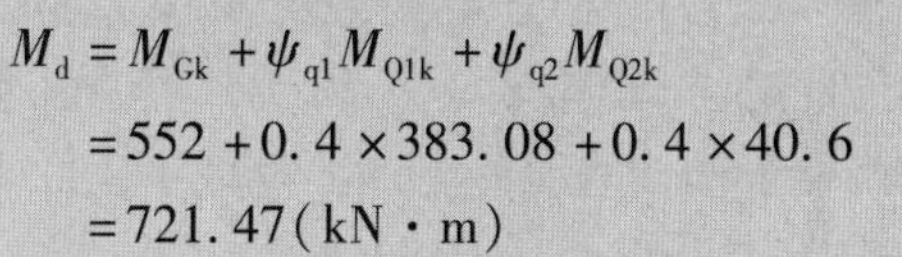

$$\begin{aligned}M_d&=M_{Gk}+\psi_{q1}M_{Q1k}+\psi_{q2}M_{Q2k}\\&=552+0.4\times383.08+0.4\times40.6\\&=721.47(\text{kN}\cdot\text{m})\end{aligned}$$

2.4　材料强度的取值

本节以钢筋混凝土结构为例，介绍《公路桥规》对混凝土和钢筋材料强度的取值和分项系数。

2.4.1 材料强度指标的取值原则

在实际工程中,按同一标准生产的钢筋或混凝土各批之间的强度是有差异的,不可能完全相同。即使是同一炉钢轧成的钢筋或同一次配合比搅拌而得的混凝土试件,按照同一方法在同一台试验机上进行试验,所测得的强度值也不完全相同,这就是材料强度的变异性。为了在设计中合理取用材料强度值,《公路桥规》对材料强度的取值采用了标准值和设计值。

1)材料强度的标准值

材料强度标准值是材料强度的一种特征值,也是结构或构件设计时采用的材料强度的基本代表值。材料的强度标准值是由标准试件按标准试验方法经数理统计以概率分布的0.05分位值确定的强度值,即其取值原则是在符合规定质量的材料强度实测值的总体中,材料的强度标准值度应具有不小于95%的保证率。所以,材料的强度标准值确定基本式为

$$f_k = f_m(1 - 1.645\delta_f) \tag{2-24}$$

式中:f_m——材料强度的平均值;

δ_f——材料强度的变异系数。

2)材料强度的设计值

材料强度的设计值是材料强度标准值除以材料性能分项系数后的值,基本表达式为

$$f_d = \frac{f_k}{\gamma_f} \tag{2-25}$$

式中的γ_f为材料性能分项系数,需根据不同材料,进行构件分析得到的可靠指标达到规定的目标可靠指标及工程经验校准来确定。

2.4.2 混凝土强度标准值和设计值

混凝土材料强度标准值和设计值的由来

1)混凝土立方体抗压强度标准值$f_{cu,k}$

按照标准方法制作和养护的边长为150mm的立方体试件,在28d龄期用标准试验方法测得的具有95%保证率的抗压强度称为混凝土立方体抗压强度标准值,按式(2-24)确定。

《公路桥规》根据混凝土立方体抗压强度标准值进行了强度等级的划分,称为混凝土强度等级,并冠以符号C来表示。规定公路桥梁受力构件的混凝土强度等级有12级,即C25~C80,中间以5MPa进级。C50以下为普通强度混凝土,C50及以上为高强度混凝土,C50表示混凝土立方体抗压强度标准值$f_{cu,k}=50\text{MPa}$。

《公路桥规》规定钢筋混凝土构件的混凝土强度等级不应低于C25,用强度标准值400MPa及以上钢筋配筋时,不应低于C30。

2)混凝土轴心抗压强度标准值f_{ck}和轴向抗拉强度标准值f_{tk}

(1)混凝土轴心抗压强度标准值f_{ck}

设计应用的混凝土棱柱体抗压强度f_c与立方体抗压强度f_{cu}有一定的关系,其平均值的关系为

$$f_{c,m} = 0.88\alpha_{c1}\alpha_{c2}f_{cu,m} \tag{2-26}$$

式中:$f_{c,m}$、$f_{cu,m}$——分别为混凝土轴心抗压强度平均值和立方体抗压强度平均值;

α_{c1}——混凝土轴心抗压强度与立方体抗压强度的比值；

α_{c2}——混凝土脆性折减系数，对C40及以下混凝土，取$\alpha_{c2}=1.0$；对C80混凝土，取$\alpha_{c2}=0.87$，其间按线性插入。

设混凝土轴心抗压强度f_c的变异系数与立方体抗压强度f_{cu}的变异系数相同，则混凝土轴心抗压强度标准值f_{ck}可由式(2-27)确定。

$$f_{ck}=f_{c,m}(1-1.645\delta_f)=0.88\alpha_{c1}\alpha_{c2}f_{cu,m}(1-1.645\delta_f)=0.88\alpha_{c1}\alpha_{c2}f_{cu,k} \quad (2\text{-}27)$$

(2)混凝土轴心抗拉强度标准值f_{tk}

根据试验数据分析，混凝土轴心抗拉强度f_t与立方体抗压强度f_{cu}之间的平均值关系为

$$f_{t,m}=0.88\times0.395\alpha_{c2}(f_{cu,m})^{0.55} \quad (2\text{-}28)$$

式中的$f_{t,m}$和$f_{cu,m}$分别为混凝土轴心抗拉强度平均值和立方体抗压强度平均值。

设混凝土轴心抗拉强度f_t的变异系数与立方体抗压强度f_{cu}的变异系数相同，将式(2-28)代入式(2-24)，整理后可得到

$$f_{tk}=0.348\alpha_{c2}(f_{cu,k})^{0.55}(1-1.645\delta_f)^{0.45} \quad (2\text{-}29)$$

由混凝土立方体抗压强度标准值$f_{cu,k}$，分别通过式(2-27)和式(2-29)可以得到相应混凝土强度等级的混凝土轴心抗压强度标准值和轴心抗拉强度标准值。《公路桥规》的取值见附表1-1。

3)混凝土轴心抗压强度设计值f_{cd}和轴心抗拉强度设计值f_{td}

《公路桥规》取混凝土轴心抗压强度和轴心抗拉强度的材料性能分项系数为1.45，接近按二级安全等级结构分析的脆性破坏构件目标可靠指标的要求。

将$\gamma_m=1.45$代入式(2-25)，可得到《公路桥规》对混凝土轴心抗压强度设计值f_{cd}和轴心抗拉强度设计值f_{td}，见附表1-1。

2.4.3　钢筋强度标准值和设计值

为了使钢筋强度标准值与钢筋的检验标准统一，对有明显流幅的热轧钢筋，钢筋的抗拉强度标准值f_{sk}采用国家标准中规定的屈服强度标准值，国家标准中规定的屈服强度标准值即为钢筋出厂检验的废品限值，其保证率不小于95%。

《公路桥规》对热轧钢筋的材料性能分项系数取1.20，将钢筋的强度标准值除以相应的材料性能分项系数1.20，则得到钢筋抗拉强度的设计值。

《公路桥规》规定的热轧钢筋的抗拉强度标准值f_{sk}和设计值f_{sd}见附表1-3。

钢筋抗压强度设计值按$f'_{sd}=\varepsilon_s'E_s$确定。$E_s$为热轧钢筋的弹性模量，$\varepsilon_s'$为热轧钢筋种类的受压应变，取$\varepsilon_s'=0.002$。$f'_{sd}$值不得大于相应的钢筋抗拉强度设计值。

【复习思考题与习题】

2-1　桥梁结构的功能包括哪几个方面的内容？何谓结构的可靠性？

2-2　结构的设计基准期和设计使用年限有何区别？

2-3　什么叫极限状态？我国《公路桥规》规定了哪两类结构的极限状态？

2-4　试解释以下名词：作用、直接作用、间接作用、抗力。

2-5　我国《公路桥规》规定的结构设计状况有哪几种?

2-6　结构承载能力极限状态和正常使用极限状态设计计算的原则是什么?

2-7　作用分为几类?什么是作用的标准值、可变作用的准永久值、可变作用的频遇值和作用的组合值?

2-8　钢筋混凝土梁的支点截面处,结构重力产生的剪力标准值 $V_{Gk}=187.01\text{kN}$;汽车荷载产生的剪力标准值 $V_{Q1k}=261.76\text{kN}$,已计入冲击系数 $(1+\mu)=1.19$;人群荷载产生的剪力标准值 $V_{Q2k}=57.2\text{kN}$;温度梯度作用产生的剪力标准值 $V_{Q3k}=41.5\text{kN}$。结构的安全等级为一级。作用效应按线性关系考虑。参照例2-3,试求正常使用极限状态设计时的作用组合的剪力设计值。

2-9　试指出下列哪个符号表示混凝土轴心抗压强度标准值?哪个符号表示热轧钢筋抗拉强度设计值?

①$f_{cu,k}$　②f_{cd}　③f_{tk}　④f_{ck}　⑤f_{sk}　⑥f_{sd}

第3章

受弯构件正截面承载力计算

钢筋混凝土梁和板是典型的受弯构件,在桥梁工程中应用很广泛,例如中小跨径梁或板式桥上部结构中承重的梁和板、人行道板、行车道板等均为受弯构件。在荷载作用下,受弯构件的截面将承受弯矩 M 和剪力 V 的作用。因此,设计受弯构件时,一般应满足以下两方面要求:①由于弯矩 M 的作用,构件可能沿某个正截面(与梁的纵轴线或板的中面正交的截面)发生破坏,故需要进行正截面承载力计算。②由于弯矩 M 和剪力 V 的共同作用,构件可能沿剪弯区段内的某个斜截面发生破坏,故还需进行斜截面承载力计算。

本章主要讨论钢筋混凝土梁和板的正截面承载力计算,目的是根据弯矩组合设计值 M_d 来确定钢筋混凝土梁和板截面上纵向受力钢筋(平行于混凝土构件纵轴方向所配置的受力钢筋;配置于截面受压区的钢筋称为纵向受压钢筋,配置于截面受拉区的钢筋称为纵向受拉钢筋)所需面积,并进行钢筋的布置。

3.1 受弯构件截面形式与构造

3.1.1 截面形式和尺寸

钢筋混凝土受弯构件常用的截面形式有矩形、T 形和箱形等(图 3-1)。

钢筋混凝土板可分为整体现浇板和预制板。在工地现场搭支架、立模板、配置钢筋,然后就地浇筑混凝土的板称为整体现浇板,其截面宽度较大[图3-1a)],但可取单位宽度(例如以1m为计算单位)的矩形截面进行计算。预制板是在预制现场或工地预先制作好的板。预制时板宽度一般控制在 $b=1\sim1.5\mathrm{m}$,由于施工条件好,不仅可采用矩形实心板[图3-1b)],还可采用截面形状较复杂的矩形空心板[图3-1c)],以减轻自重。

板的厚度 h 由其控制截面上最大的弯矩和板的刚度要求决定,但是为了保证施工质量及耐久性要求,《公路桥规》规定了各种板的最小厚度:人行道板不宜小于80mm(现浇整体)和60mm(预制);空心板的顶板和底板厚度均不宜小于80mm。

钢筋混凝土梁根据使用要求和施工条件可以采用现浇或预制方式制造。为了使梁截面尺寸有统一的标准,便于施工,对常见的矩形截面[图3-1d)]和T形截面[图3-1e)]梁截面尺寸可按下述建议选用:

(1)现浇矩形截面梁的宽度 b 常取120mm、150mm、180mm、200mm、220mm和250mm,其后按50mm一级增加(当梁高 $h\leqslant800\mathrm{mm}$ 时)或100mm一级增加(当梁高 $h>800\mathrm{mm}$ 时)。

矩形截面梁的高宽比 h/b 一般可取2.0~2.5。

(2)预制的T形截面梁,其截面高度 h 与跨径 l 之比(称高跨比)一般为 $h/l=1/16\sim1/11$,跨径较大时,取用偏小比值。梁肋宽度 b 常取为160~180mm,根据梁内主筋布置及抗剪要求而定。

T形截面梁翼缘悬臂端厚度不应小于100mm,梁肋处翼缘厚度不宜小于梁高 h 的1/10。

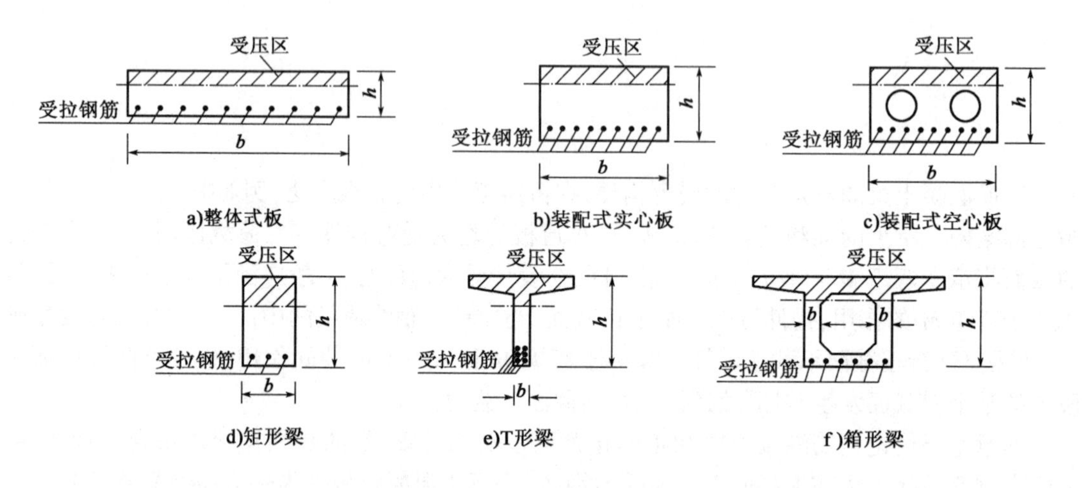

图3-1 受弯构件的截面形式

3.1.2 受弯构件的钢筋构造

钢筋混凝土梁(板)正截面承受弯矩作用时,截面中和轴以上受压,中和轴以下受拉(图3-1),故在梁(板)的受拉区配置纵向受拉钢筋,此种构件称为单筋截面受弯构件;如果同时在截面受压区也配置纵向受力钢筋,则此种构件称为双筋截面受弯构件。

截面上配置钢筋的多少,通常用截面配筋率来衡量。所谓**截面配筋率,是指所配置的钢筋截面面积与规定的混凝土截面面积的比值(化为百分数表达)**。对于矩形截面和T形截面,其纵向受拉钢筋的截面配筋率 ρ 表示为

$$\rho = \frac{A_s}{bh_0} \tag{3-1}$$

式中：A_s——截面纵向受拉钢筋全部截面面积；

b——矩形截面宽度或T形截面梁肋宽度；

h_0——截面的有效高度（图3-2），$h_0 = h - a_s$，其中h为截面高度，a_s为纵向受拉钢筋全部截面的重心至受拉边缘的距离。

图3-2中的c被称为混凝土保护层厚度。**混凝土保护层是具有足够厚度的混凝土层，取钢筋边缘至构件截面表面之间的最短距离。**设置保护层是为了保护钢筋不直接受到大气的侵蚀和其他环境因素作用，也是为了保证钢筋和混凝土有良好的粘结。混凝土保护层的有关设计规定（附表1-7）将结合钢筋布置的间距等内容在后面介绍。

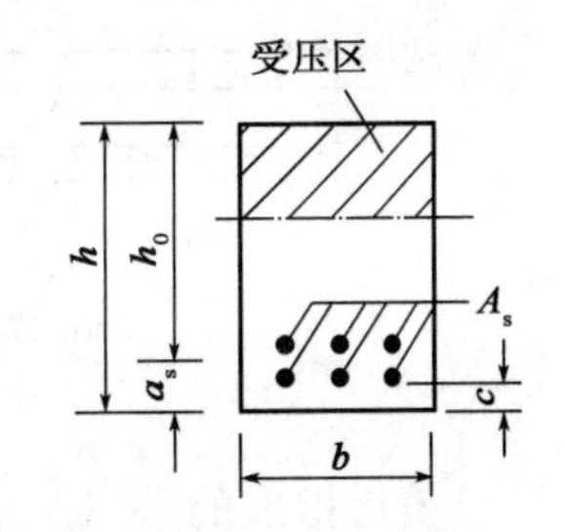

图3-2 配筋率ρ的计算图

1）板的钢筋

这里所介绍的板是指现浇整体式桥面板、现浇或预制的人行道板和肋板式桥的桥面板。肋板式桥的桥面板可分为周边支承桥面板和悬臂桥面板（图3-3）。对于周边支承的桥面板，当长边l_2与短边l_1的比值大于或等于2时，受力以短边方向为主，称为单向板，反之，称为双向板。

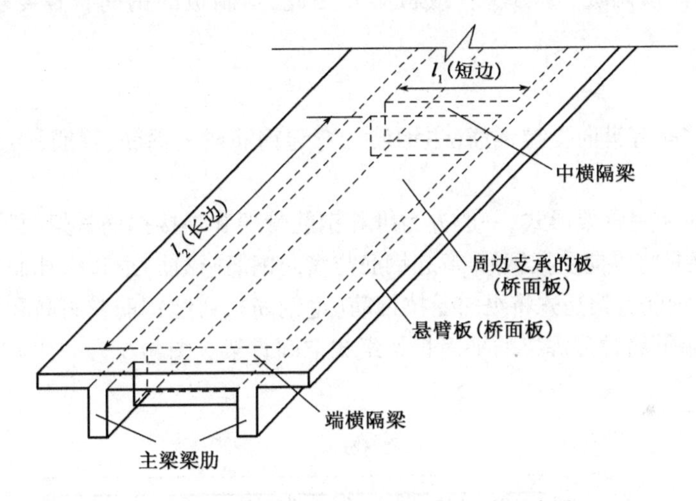

图3-3 周边支承桥面板与悬臂桥面板示意图

单向板内主钢筋沿板的跨度方向（短边方向）布置在板截面的受拉区，主钢筋数量由计算决定。受拉主钢筋的直径不宜小于10mm（行车道板）或8mm（人行道板）。近梁肋处的板内主钢筋，可在沿板高中心纵轴线的1/6～1/4计算跨径处按30°～45°弯起，但通过支承而不弯起的主钢筋，每米板宽内不应少于3根，并不少于主钢筋截面面积的1/4。

在简支板的跨中和连续板的支点处，板内主钢筋间距不大于200mm。

行车道板主钢筋的混凝土保护层厚度c（图3-4）应不小于钢筋的公称直径，且同时满足附表1-7的要求。

在板内应设置垂直于板主钢筋的分布钢筋（图3-4）。**分布钢筋是在主钢筋上按一定间距设置的联结用横向钢筋，属于构造配置钢筋**（构造钢筋），即其数量不通过计算，而是按照设计规范规定选择的。分布钢筋的作用是使主钢筋受力更均匀,同时也起着固定主钢筋位置、分担混凝土收缩和温度应力的作用。分布钢筋应放置在主钢筋的内侧(图3-4)。《公路桥规》规定,行车道板内分布钢筋直径不小于8mm,其间距应不大于200mm,截面面积不宜小于板截面面积的0.1%。在所有主钢筋的弯折处,均应设置分布钢筋。人行道板内分布钢筋直径不应小于6mm,其间距不应大于200mm。

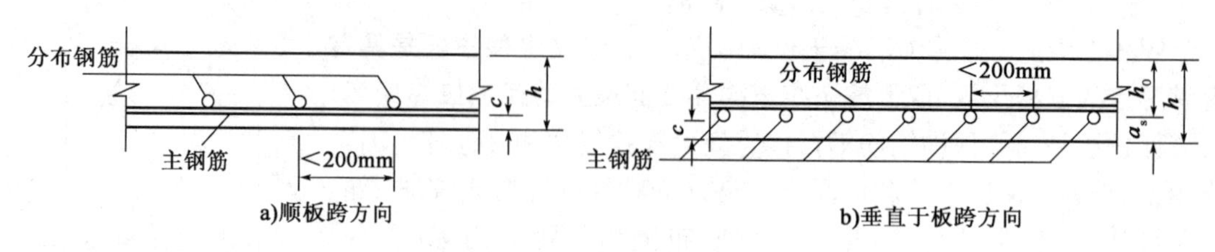

图3-4 单向板内的钢筋

值得指出的是,对于周边支承的双向板,板的两个方向(沿板长边方向和沿板短边方向)同时承受弯矩,所以两个方向均应设置主钢筋。

预制板广泛用于装配式板桥中。板桥的行车道板是由数块预制板利用各板间企口缝填入混凝土拼接而成的。从结构受力性能上分析,在荷载作用下,它并不是双向受力的整体宽板,而是一系列单向受力的窄板式的梁,板与板之间企口缝内的混凝土(称为混凝土铰)借助铰缝传递剪力而共同受力,也称预制板为梁式板(或板梁),因此,预制板的钢筋布置要求与矩形截面梁相似。

2)梁的钢筋

梁内的受力钢筋有纵向受拉钢筋(主钢筋)、弯起钢筋或斜钢筋、箍筋,构造钢筋有架立钢筋、水平纵向钢筋等。

梁内的钢筋常采用骨架形式,一般分为绑扎钢筋骨架和焊接钢筋骨架两种形式。

绑扎钢筋骨架是将纵向受拉钢筋、弯起钢筋与横向钢筋(箍筋)通过绑扎而成的空间钢筋骨架(图3-5)。焊接钢筋骨架是先将纵向受拉钢筋(主钢筋)、弯起钢筋或斜筋和架立钢筋焊接成平面骨架,然后用箍筋将数片焊接的平面骨架组成空间骨架。图3-6为一片焊接钢筋骨架的示意图。

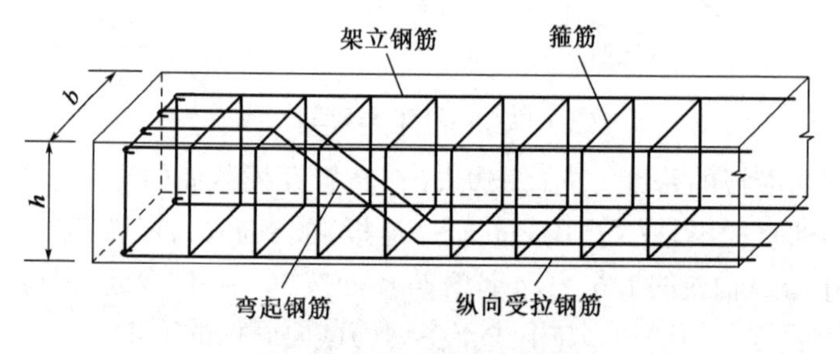

图3-5 绑扎钢筋骨架示意图

梁内纵向受拉钢筋的数量由计算决定。可选择的钢筋直径一般为12~32mm,通常不得超过40mm。在同一根梁内,纵向受拉钢筋宜用相同直径的钢筋;当采用两种以上直径的钢筋时,为了便于施工识别,直径间应相差2mm以上。

《公路桥规》规定,**普通钢筋的混凝土保护层厚度应不小于钢筋的公称直径,最外侧钢筋**

的混凝土保护层厚度应不小于附表1-7的最小厚度规定值 c_{min}。

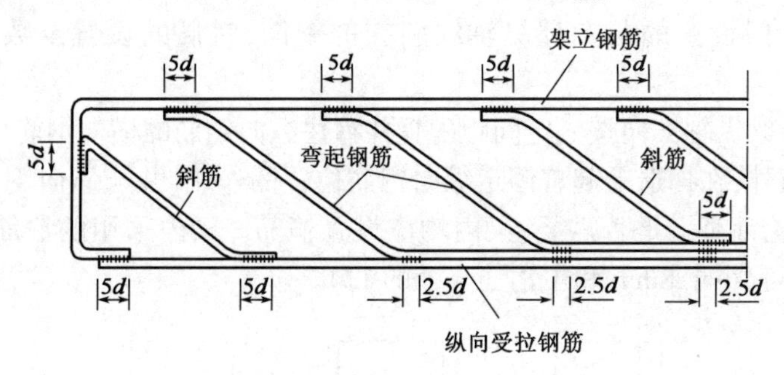

图3-6　焊接钢筋骨架示意图

如图3-7a)所示,钢筋混凝土梁截面布置有纵向受力钢筋和箍筋,而箍筋为最外侧钢筋,故箍筋的混凝土保护层厚度应满足 $c_2 \geqslant c_{min}$ 及 $c_2 \geqslant d_2$, d_2 为箍筋的公称直径;纵向受力钢筋的混凝土保护层厚度应满足 $c_1 \geqslant c_{min} + d_2$ 及 $c_1 \geqslant d_1$, d_1 为纵向受力钢筋的公称直径。

如图3-7b)所示,钢筋混凝土梁截面布置有纵向受力钢筋、箍筋和水平纵向钢筋。靠近截面底面布置有纵向受力钢筋和箍筋,而箍筋为最外侧钢筋,混凝土保护层厚度设计可以参照前述方法处理;靠近截面侧面布置有纵向受力钢筋、箍筋和水平纵向钢筋,而水平纵向钢筋是最外侧钢筋,故水平纵向钢筋的混凝土保护层厚度应满足 $c_3 \geqslant c_{min}$ 及 $c_3 \geqslant d_3$, d_3 为水平纵向钢筋的公称直径,纵向受力钢筋的混凝土保护层厚度应满足 $c_1 \geqslant c_{min} + d_2 + d_3$ 及 $c_1 \geqslant d_1$, d_1 为纵向受力钢筋的公称直径。

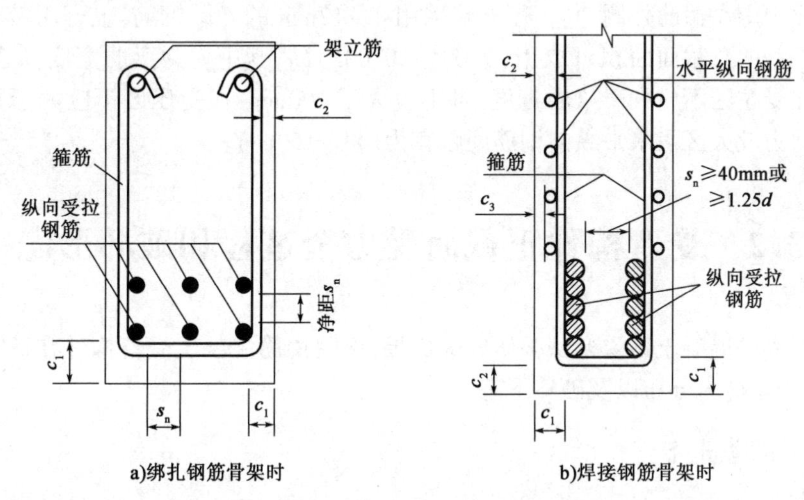

图3-7　梁纵向受拉钢筋净距和混凝土保护层

当纵向受拉钢筋的混凝土保护层厚度大于50mm时,应在保护层内设置直径不小于6mm、间距不大于100mm的钢筋网片,钢筋网片的混凝土保护层厚度不应小于25mm。钢筋混凝土梁构造钢筋的混凝土保护层厚度,一般不应小于15mm。

在绑扎钢筋骨架中,各纵向受拉钢筋的净距或层与层间的净距:当钢筋为三层或三层以下时,应不小于30mm,并不小于纵向受拉钢筋直径 d;当钢筋为三层以上时,应不小于40mm或纵向受拉钢筋直径 d 的1.25倍[图3-7a)]。

焊接钢筋骨架中,多层纵向受拉钢筋竖向不留空隙,用焊缝连接,钢筋层数一般不宜超过6层。焊接钢筋骨架的净距要求见图3-7b)。

梁内弯起钢筋是由纵向受拉钢筋按规定的部位和角度弯至梁上部,并满足锚固要求的钢筋;斜钢筋是专门设置的与构件纵轴线斜交的钢筋,它们的设置及数量均由抗剪计算确定。

梁内箍筋是沿梁纵轴方向按一定间距配置并箍住纵向钢筋的横向钢筋(图3-8)。箍筋除了帮助混凝土抗剪外,在构造上起着固定纵向钢筋位置的作用,并与纵向钢筋、架立钢筋等组成骨架。因此,无论计算上是否需要,梁内均应设置箍筋。梁内采用的箍筋形式如图3-8所示。箍筋的直径不宜小于8mm和主钢筋直径的1/4。

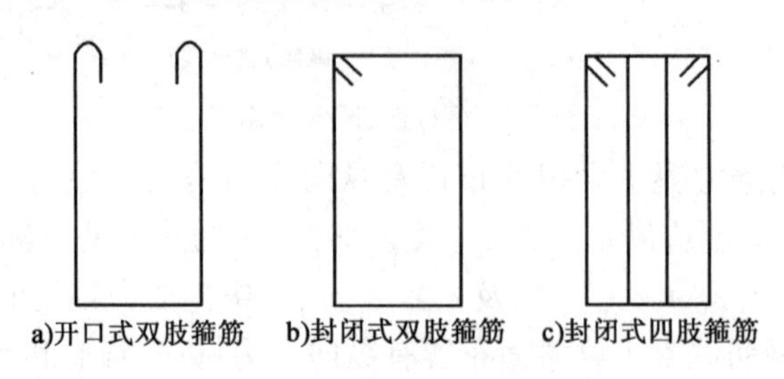

图3-8 箍筋的形式

架立钢筋和沿梁高的两侧面呈水平方向布置的水平纵向钢筋,均为梁内构造钢筋。

架立钢筋是为构成钢筋骨架用而附加设置的纵向钢筋,其直径依梁截面尺寸而选择,通常采用直径为10~22mm的钢筋。

水平纵向钢筋的主要作用是在梁侧面发生混凝土裂缝后,可以减小混凝土裂缝宽度。水平纵向钢筋要固定在箍筋外侧,其直径一般采用8~12mm的光圆钢筋,也可用带肋钢筋。梁内水平纵向钢筋的总截面面积可取用(0.001~0.002)bh,其中b为梁肋宽度,h为梁截面高度。其间距在受拉区不应大于梁肋宽度,且不应大于200mm;在受压区不应大于300mm。在梁支点附近剪力较大区段水平纵向钢筋间距宜为100~150mm。

3.2 受弯构件正截面受力全过程和破坏形态

本节将以钢筋混凝土梁受弯试验研究的成果,说明钢筋混凝土受弯构件在荷载作用下的受力阶段、截面正应力分布以及破坏形态。

3.2.1 试验研究

为了着重研究梁在荷载作用下正截面受力和变形的变化规律,以图3-9所示的跨长为1.8m的钢筋混凝土简支梁作为试验梁。梁截面为矩形,尺寸为$b \times h = 100\text{mm} \times 160\text{mm}$,配有2 ф 10钢筋。试验梁混凝土棱柱体抗压强度实测值$f_c = 20.2\text{MPa}$,纵向受力钢筋抗拉强度实测值$f_s = 395\text{MPa}$。

试验梁上用油压千斤顶施加两个集中荷载F,其弯矩图和剪力图如图3-9所示。在梁CD段,剪力为零(忽略梁自重),而弯矩为常数,称为“纯弯曲”段,它是试验研究的主要对象。

试验全过程要测读荷载施加力值、挠度和应变的数据。集中力F大小用测力传感器测读;挠度用百分表测量,设置在试验梁跨中的E点;混凝土应变用标距为200mm的手持应变仪测读,沿梁跨中截面段的高度方向上布置测点a、b、c、d和e。

集中力F分级施加。每级加载后,即测读梁的挠度和混凝土应变值。

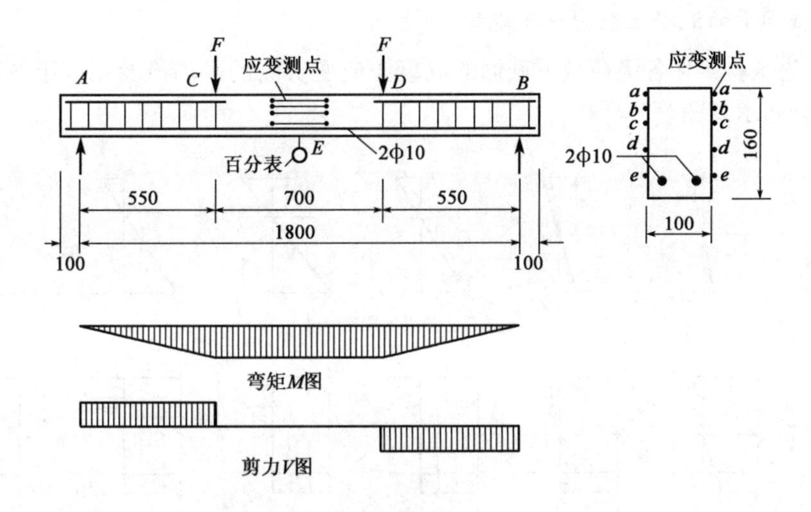

图3-9　试验梁布置示意图(尺寸单位:mm)

1)受弯构件正截面工作的三个阶段

图3-10表示试验梁受力全过程中实测的集中力 F 与跨中挠度 w 的关系曲线图。由图3-10可知,当荷载较小时,挠度随着力 F 的增加而不断增长,两者基本上成比例;当 $F\approx4.4$kN时,梁 CD 段的下部观察到竖向裂缝,此后挠度 w 就比 F 增加得快,并出现了若干条新裂缝;当 $F\approx14.8$kN 时,裂缝急剧开展,挠度急剧增大;当 $F\approx15.3$kN 时,试验梁截面受压区边缘混凝土被压碎,梁不能继续负担力 F 而破坏。

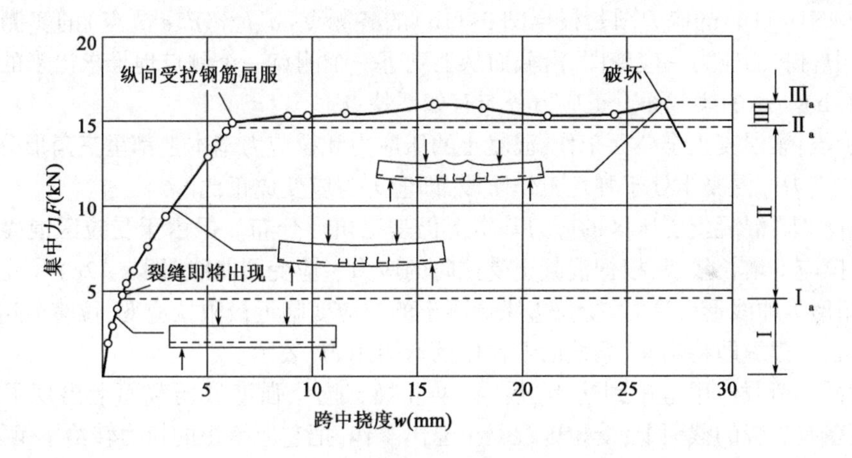

图3-10　试验梁的荷载—挠度(F-w)图

由图3-10还可以看到,试验梁的 F-w 曲线上有两个明显的转折点,从而把梁的受力和变形全过程分为三个阶段。这三个阶段是:**第Ⅰ阶段,梁没有混凝土裂缝阶段;第Ⅱ阶段,梁混凝土裂缝出现与开展阶段;第Ⅲ阶段,裂缝急剧开展,纵向受力钢筋应力维持在屈服强度不变,为梁破坏阶段。同时试验梁的 *F-w* 曲线上有三个特征点,即第Ⅰ阶段末(用 $Ⅰ_a$ 表示),裂缝即将出现;第Ⅱ阶段末(用 $Ⅱ_a$ 表示),纵向受拉钢筋屈服;第Ⅲ阶段末(用 $Ⅲ_a$ 表示),梁受压区混凝土被压碎,整个梁截面破坏。**

2)梁正截面上的混凝土应力分布规律

图3-11为试验梁在各级荷载下截面的混凝土应变实测的平均值及相应于各工作阶段截面上正应力分布示意图。

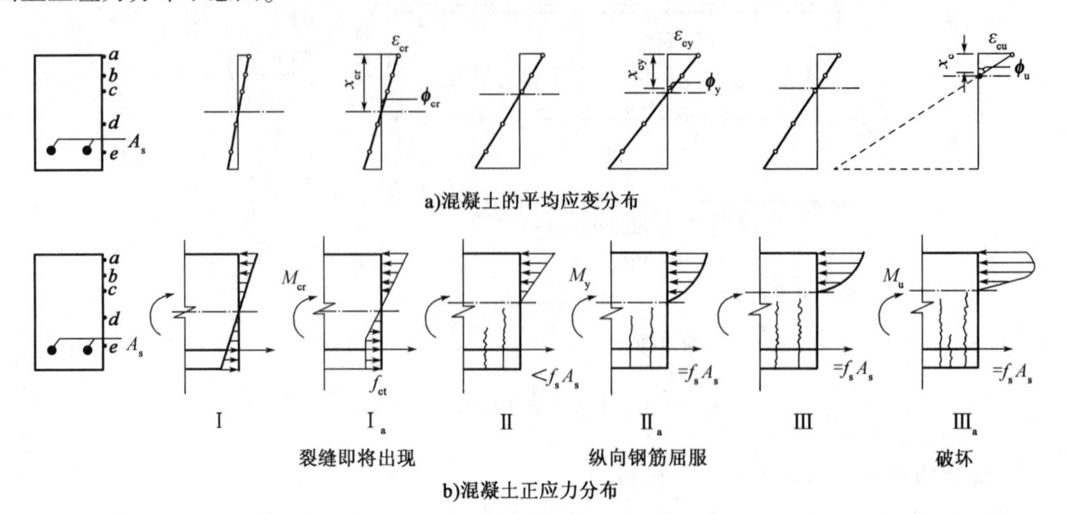

图3-11 梁正截面各阶段的应变图和应力图

由图3-11a)可见,随着荷载的增加,应变值也不断增加,但应变图基本上仍是上下两个对顶的三角形。同时还可以看到,随着荷载的增加,中和轴逐渐上升。

在试验中,通过应变仪可以直接测得混凝土的应变和钢筋的应变,要得到截面上的应力,必须从材料的应力—应变关系去推求。图3-12为试验梁的混凝土和钢筋试件得到的应力—应变曲线。图3-11b)的应力图是根据图3-11a)的各测点(a、b、c、d、e测点)的实测应变值以及图3-12中材料的应力—应变图,沿截面从上到下一个测点一个测点地推求出来的。

图3-11b)所示的梁截面上正应力分布有如下特点。

第Ⅰ阶段:梁混凝土全截面工作,混凝土的压应力和拉应力基本上都呈三角形分布。纵向钢筋承受拉应力。混凝土处于弹性工作阶段,即应力与应变成正比。

第Ⅰ阶段末:混凝土受压区的应力基本上仍是三角形分布。但由于受拉区混凝土塑性变形的发展,拉应变增长较快,根据混凝土受拉时的应力—应变图曲线[图3-12c)],受拉区混凝土的应力图形为曲线形。这时,受拉边缘混凝土的拉应变临近极限拉应变,拉应力达到混凝土抗拉强度,表示裂缝即将出现,梁截面上作用的弯矩用M_{cr}表示。

第Ⅱ阶段:荷载作用弯矩到达M_{cr}后,在梁混凝土抗拉强度最弱截面上出现了第一批裂缝。这时,在有裂缝的截面上,受拉区混凝土退出工作,把它原承担的拉力转给了钢筋,发生了明显的应力重分布,钢筋的拉应力随荷载的增加而增加;混凝土的压应力不再是三角形分布,而形成微曲的曲线形,中和轴位置向上移动。

第Ⅱ阶段末:钢筋拉应变达到屈服时的应变值,表示钢筋应力达到其屈服强度,第Ⅱ阶段结束。

第Ⅲ阶段:在这个阶段里,钢筋的拉应变增加很快,但钢筋的拉应力一般仍维持在屈服强度不变(对具有明显流幅的钢筋)。这时,裂缝急剧开展,中和轴继续上升,混凝土受压区不断缩小,压应力也不断增大,压应力图呈明显的丰满曲线形。

第Ⅲ阶段末:这时,截面受压上边缘的混凝土压应变达到其极限压应变值,压应力图呈明显曲线形，并且最大压应力已不在上边缘而是在距上边缘稍下处，这都是混凝土受压时的应力—应变图所决定的。在第Ⅲ阶段末，受压区混凝土的抗压强度耗尽，在临近裂缝两侧的一定区段内，受压区混凝土出现纵向水平裂缝，随即混凝土被压碎、梁破坏，在这个阶段，纵向钢筋的拉应力仍维持在屈服强度。

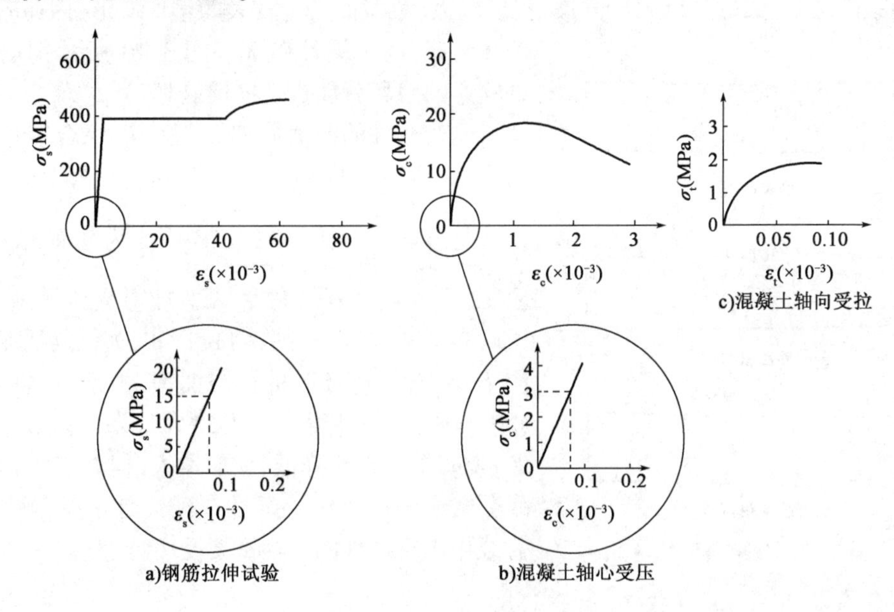

图3-12　试验梁材料的应力—应变图

以上是适量配筋情况下的钢筋混凝土梁从加荷开始至破坏的全过程。由上述可见，由钢筋和混凝土两种材料组成的钢筋混凝土梁是不同于连续、匀质、弹性材料梁的，其受力特点为：

(1)钢筋混凝土梁的截面正应力状态随着荷载的增大不仅有数量上的变化，而且有性质上的改变——应力分布图形改变。不同的受力阶段，中和轴的位置及内力偶臂也是有所不同的，因此，无论受压区混凝土的应力或是纵向受拉钢筋的应力，都不像弹性匀质材料梁那样完全与弯矩成比例。

(2)梁在大部分工作阶段中，受拉区混凝土已开裂。随着裂缝的开展，受压区混凝土塑性变形也不完全服从弹性匀质梁所具有的比例关系。

上述特点反映了混凝土结构的材料力学性能的两个基本方面，即混凝土的抗拉强度比抗压强度小很多，在不大的拉伸变形下即出现裂缝；混凝土是弹塑性材料，当应力超过一定限度时，将出现塑性变形。

3.2.2　受弯构件正截面破坏形态

钢筋混凝土受弯构件有两种破坏性质：一种是塑性破坏(延性破坏)，指的是结构或构件在破坏前有明显变形或其他征兆；另一种是脆性破坏，指的是结构或构件在破坏前无明显变形或其他征兆。根据试验研究，钢筋混凝土受弯构件的破坏性质与纵向受拉钢筋的截面配筋率ρ、钢筋强度等级、混凝土强度等级有关。对常用的热轧钢筋和普通强度混凝土，破坏形态主要受到截面配筋率ρ的影响。因此，按照钢筋混凝土受弯构件的配筋情况及相应破坏时的性质可得到正截面破坏的三种形态(图3-13)。

1)适筋梁破坏——塑性破坏[图3-13a)]

梁的受拉区钢筋首先达到屈服强度,其应力保持不变而应变显著增大,直到受压区边缘混凝土的应变达到极限压应变时,受压区出现纵向水平裂缝,随之因混凝土被压碎而导致梁破坏。这种梁破坏前,梁的裂缝急剧开展,挠度较大,梁截面产生较大的塑性变形,因而有明显的破坏预兆,属于塑性破坏。图3-10所示钢筋混凝土试验梁的破坏就属于适筋梁破坏。

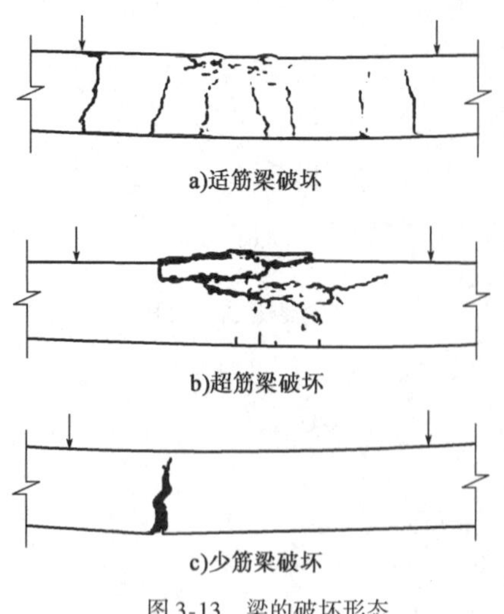
a)适筋梁破坏

b)超筋梁破坏

c)少筋梁破坏

图3-13　梁的破坏形态

受弯构件的截面曲率ϕ是一项综合表达构件的刚度、变形能力的指标。钢筋混凝土梁截面曲率的表达式是$\phi=\frac{\varepsilon_c}{\xi_i h_0}$(图3-11),其中$\varepsilon_c$为截面边缘混凝土应变;$h_0$为截面有效高度;$\xi_i$为相对受压区高度,而受压区高度$x_i=\xi_i h_0$。图3-11中,$\phi_y$为钢筋屈服时截面曲率,$\phi_u$为梁破坏时的极限曲率,由于$\varepsilon_c$急剧增大,$\xi_i h_0$迅速变小,使得$\phi_u$比$\phi_y$大很多,即$(\phi_u-\phi_y)$较大,说明构件刚度降低、变形增大,但却表现出较好的耐受变形的能力——延性。延性是承受地震及冲击荷载作用时构件的一项重要受力特性。

2)超筋梁破坏——脆性破坏[图3-13b)]

当梁截面配筋率ρ增大,钢筋应力增加缓慢,截面受压区混凝土应力有较快的增长,ρ越大,则纵向钢筋屈服时的弯矩M_y越趋近梁破坏时的弯矩M_u,这意味着第Ⅲ阶段缩短。**当ρ增大到使$M_y=M_u$时,受拉钢筋屈服与受压区混凝土被压碎几乎同时发生,这种破坏称为平衡破坏或界限破坏,相应的ρ值被称为最大配筋率ρ_{max}。**

当实际配筋率$\rho>\rho_{max}$时,梁的破坏是截面受压区混凝土被压坏,而受拉区钢筋应力尚未达到屈服强度。破坏前梁的挠度及截面曲率曲线没有明显的转折点(图3-14),受拉区的裂缝开展不宽,延伸不高,破坏是突然的,没有明显预兆,属于脆性破坏,称为超筋梁破坏。

超筋梁破坏时截面受压区混凝土抗压强度耗尽,而钢筋的抗拉强度没有得到充分发挥,因此,超筋梁破坏时的弯矩M_u与钢筋强度无关,仅取决于混凝土的抗压强度。

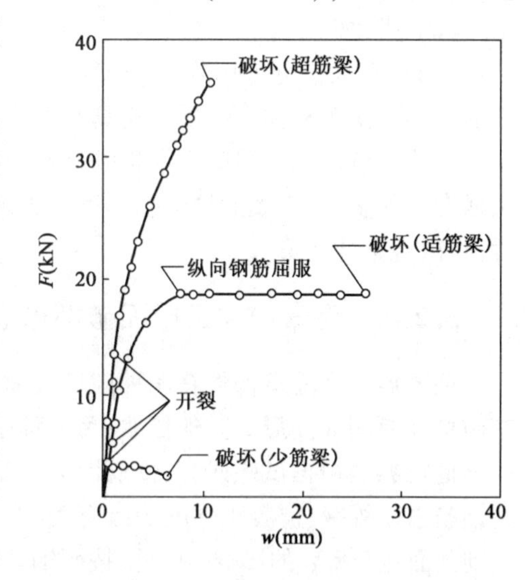

图3-14　三种破坏特征梁的荷载—挠度曲线

3)少筋梁破坏——脆性破坏[图3-13c)]

当梁的配筋率ρ很小,梁受拉区混凝土开裂后,钢筋应力趋近于屈服强度,即开裂弯矩M_{cr}趋近于受拉区钢筋屈服时的弯矩M_y,这意味着第Ⅱ阶段缩短,当ρ减小到使$M_{cr}=M_y$时,**裂缝一旦出现,钢筋应力立即达到屈服强度,这时的配筋率称为最小配筋率ρ_{min}。**

梁中实际配筋率$\rho<\rho_{min}$时，梁受拉区混凝土一开裂，受拉钢筋即到达屈服点，并迅速经历整个流幅而进入强化阶段，梁仅出现一条集中裂缝，不仅宽度较大，而且沿梁高延伸很高，此时受压区混凝土还未压坏，而裂缝宽度已很宽，挠度过大，钢筋甚至被拉断。由于破坏很突然，故属于脆性破坏。把具有这种破坏形态的梁称为少筋梁。

少筋梁的抗弯承载力取决于混凝土的抗拉强度，在桥梁工程中不允许采用。

3.3　受弯构件正截面承载力计算原理

3.3.1　基本假定

钢筋混凝土受弯构件达到抗弯承载能力极限状态，其正截面承载力计算采用下述基本假定。

1）*平截面假定*

国内外大量试验证明，对于钢筋混凝土受弯构件，从开始加荷直至破坏的各阶段，截面的平均应变都能较好地符合平截面假定。**平截面假定是指混凝土结构构件受力后沿正截面高度范围内混凝土与纵向受力钢筋的平均应变呈线性分布的假定。**

对混凝土受弯构件的截面受压区来讲，平截面假定是正确的，而对于混凝土受拉区来讲，在裂缝产生后，裂缝截面处钢筋和相邻的混凝土之间发生了某些相对滑移，因而，在裂缝附近区段，截面变形已不能完全符合平截面假定。然而，如果量测应变的标距较长（跨过一条或几条裂缝），则其平均应变还是能较好地符合平截面假定的。试验还表明，构件破坏时，受压区混凝土的压碎是在沿构件长度一定范围内发生的，同时，受拉钢筋的屈服也是在一定长度范围内发生的，因此，在承载力计算时，采用平截面假定是可行的。

当然，这一假定是近似的，它与实际情况或多或少存在某些差距，但是，分析表明，由此而引起的误差是不大的，完全能符合工程计算的要求。

平截面假定为钢筋混凝土受弯构件正截面承载力计算提供了变形协调的几何关系，可加强计算方法的逻辑性和条理性，使计算公式具有更明确的物理意义，因此，世界上许多国家的设计规范都采用了这一假定。

2）*不考虑混凝土的抗拉强度*

在裂缝截面处，受拉区混凝土已大部分退出工作，但在靠近中和轴附近，仍有一部分混凝土承担着拉应力。由于其拉应力较小，且内力偶臂也不大，因此，所承担的内力矩是不大的，故在计算中可忽略不计。

3）*材料应力—应变物理关系*

（1）混凝土受压应力—应变关系。在结构设计计算和分析上往往采用分段函数表达混凝土受压应力—应变关系模式，较常用的是抛物线上升段和水平段组成的关系曲线［图3-15a）］。国家标准《混凝土结构设计规范》（GB 50010—2010）规定采用图3-15a）所示的混凝土受压应力—应变关系模式，表达式为

上升段

$$\sigma_c = f_{cd}\left[1-\left(1-\frac{\varepsilon_c}{\varepsilon_{c0}}\right)^n\right] \qquad (\varepsilon_c \leqslant \varepsilon_{c0}) \tag{3-2a}$$

水平段

$$\sigma_c = f_{cd} \qquad (\varepsilon_{c0} < \varepsilon_c \leqslant \varepsilon_{cu}) \tag{3-2b}$$

上述式中：σ_c——混凝土压应变为 ε_c 时的混凝土压应力；

f_{cd}——混凝土轴心抗压强度设计值；

ε_{c0}——混凝土压应力达到 f_{cd} 时的混凝土压应变，$\varepsilon_{c0}=0.002+0.5(f_{cu,k}-50)\times10^{-5}$，当计算的 ε_{c0} 值小于0.002时，取为0.002；

ε_{cu}——正截面的混凝土极限压应变，$\varepsilon_{cu}=0.0033-(f_{cu,k}-50)\times10^{-5}$，当构件处于非均匀受压状态且计算的 ε_{cu} 值大于0.0033时，取0.0033；当处于轴心受压状态时，取为0.002；

$f_{cu,k}$——混凝土立方体抗压强度标准值；

n——指数，$n=2-(f_{cu,k}-50)/60$，当计算的 n 值大于2.0时，取为2.0。

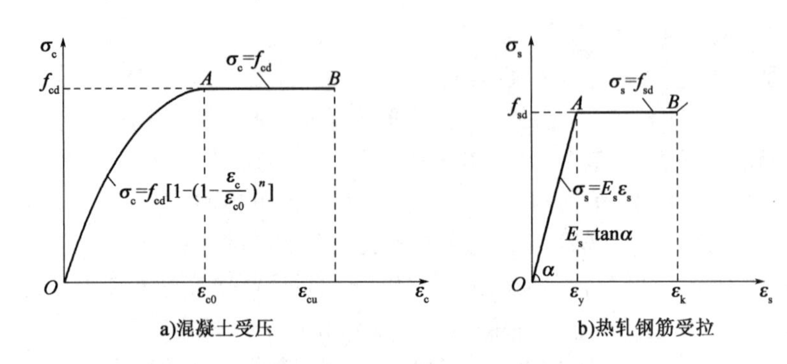

图3-15　钢筋混凝土结构材料的应力—应变关系计算模式

图3-16是取不同强度等级的混凝土按式(3-2)计算得到的混凝土受压应力—应变关系曲线，可以看到混凝土受压应力—应变关系曲线，主要是混凝土压应力达到峰值时的应变 ε_{c0} 和极限压应变 ε_{cu} 的取值，会随着混凝土强度等级的不同而有所变化，但当**混凝土强度等级≤C50时，$n=2$，$\varepsilon_{c0}=0.002$，$\varepsilon_{cu}=0.0033$**。

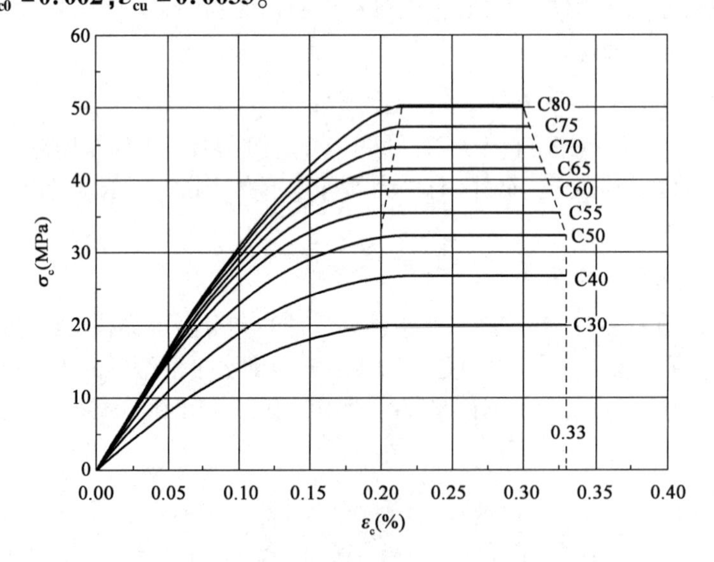

图3-16　不同强度等级混凝土受压应力—应变关系模式曲线

(2)热轧钢筋的应力—应变关系。热轧钢筋为具有明显屈服台阶的钢筋,可采用简化的理想弹塑性应力—应变关系[图3-15b)],其表达式为

上升段

$$\sigma_s = \varepsilon_s E_s \qquad (\varepsilon_s < \varepsilon_y) \tag{3-3a}$$

水平段

$$\sigma_s = f_{sd} \qquad (\varepsilon_s \geqslant \varepsilon_y) \tag{3-3b}$$

上述式中:σ_s——热轧钢筋应变为ε_s时的钢筋应力;

f_{sd}——热轧钢筋抗拉强度设计值;

ε_y——热轧钢筋应力达到f_{sd}时的钢筋应变;

E_s——热轧钢筋弹性模量。

由式(3-3a)计算的钢筋应力,其绝对值不得大于相应的钢筋强度设计值。图3-15b)中ε_k为即将进入钢筋强化段的应变,钢筋相应的应力值取为f_{sd}。

3.3.2　截面受压区混凝土等效矩形应力图形

钢筋混凝土受弯构件正截面受弯承载力计算的前提是要知道破坏时截面受压区混凝土压应力分布,以及相应的压应力合力值C和其作用位置y_c。

以如图3-17a)所示钢筋混凝土单筋矩形截面梁为例。根据平截面假定,可以得到梁正截面破坏时混凝土应变沿截面高度的分布[图3-17b)],截面受压区高度$x_c=\xi_c h_0$。破坏时截面受压区边缘混凝土达到极限压应变ε_{cu},而压应变$\varepsilon=\varepsilon_{c0}$位置距截面中和轴的距离为$y_0$,并且$y_0=\varepsilon_{c0}\xi_c h_0/\varepsilon_{cu}$。

钢筋混凝土梁正截面破坏时压应力的分布图形与混凝土受压应力—应变曲线图形是相似的,现取如图3-15a)所示的混凝土受压应力—应变关系计算模式图为梁截面受压区混凝土压应力分布图[图3-17c)],并且与图3-17b)所示的截面受压区混凝土压应变对应。

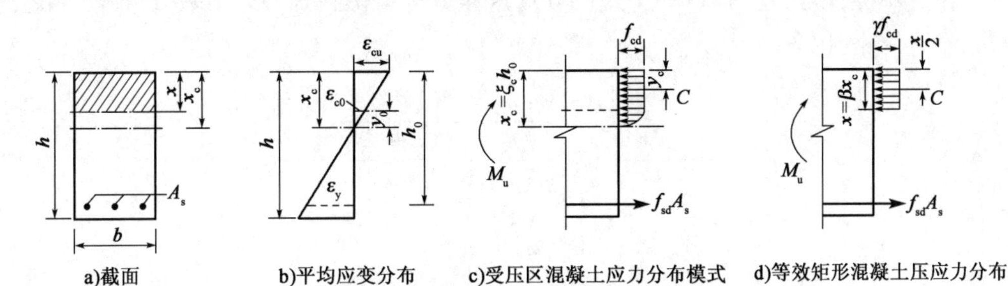

图3-17　受压区混凝土等效矩形应力图

现以图3-17a)所示的单筋矩形截面来推导破坏时截面受压区混凝土压应力合力C及作用位置y_c的表达式。

截面受压区混凝土压应力沿截面高度方向上的分布为曲线和直线两段,由分段积分才能得到压应力合力C,即

$$C = \int_0^{\xi_c h_0} \sigma_c b\mathrm{d}y = \int_0^{y_0} f_{cd}\left[1-\left(1-\frac{\varepsilon_c}{\varepsilon_{c0}}\right)^n\right] b\mathrm{d}y + \int_{y_0}^{\xi_c h_0} f_{cd} b\mathrm{d}y$$

注意到$\varepsilon_c/\varepsilon_{c0}=y/y_0$和$y_0=\varepsilon_{c0}\xi_c h_0/\varepsilon_{cu}$,积分后得到

$$C = f_{cd}\xi_c h_0 b\left(1-\frac{1}{n+1}\cdot\frac{\varepsilon_{c0}}{\varepsilon_{cu}}\right) \tag{3-4}$$

混凝土压应力合力 C 的作用点至截面受压边缘的距离 y_c,可由式(3-5)计算

$$y_c = \xi_c h_0 - \frac{\int_0^{\xi_c h_0} \sigma_c b y \mathrm{d}y}{C} \tag{3-5}$$

可得到

$$y_c = \xi_c h_0 \left[1 - \frac{\frac{1}{2} - \frac{1}{(n+1)(n+2)}\left(\frac{\varepsilon_{c0}}{\varepsilon_{cu}}\right)^2}{1 - \frac{1}{n+1}\frac{\varepsilon_{c0}}{\varepsilon_{cu}}}\right] \tag{3-6}$$

可以利用式(3-4)和式(3-6)求得截面受压区混凝土压应力合力 C 和合力作用点 y_c,但是比较麻烦,因此,设想在保持压应力合力 C 的大小及其作用位置 y_c 不变的条件下,用等效矩形混凝土压应力分布图形[图3-17d)]来替换图3-17c)所示的截面受压区混凝土压应力分布图形,从而使计算简化方便。

设等效矩形混凝土压应力分布图的高度为 $x=\beta \cdot x_c$,其中 x_c 为按平截面假定得到的截面受压区高度;等效矩形混凝土压应力分布图的应力值为 $\gamma \cdot f_{cd}$,f_{cd}为混凝土轴心抗压强度设计值。计算矩形混凝土压应力分布的合力 C'及作用位置 y_c'为

$$C' = \gamma f_{cd} b x = \gamma f_{cd} b \beta x_c = \gamma \beta f_{cd} b \xi_c h_0 \tag{3-7}$$

$$y_c' = \frac{x}{2} = 0.5\beta x_c = 0.5\beta \xi_c h_0 \tag{3-8}$$

根据等效原则,①混凝土压应力合力大小相等,得到式(3-4)等于式(3-7);②受压区合力的作用点位置不变,得到式(3-6)等于式(3-7),这样就可以得到含有未知数 β 和 γ 的联立方程,解得:

$$\beta = \frac{1 - \frac{2}{n+1}\frac{\varepsilon_{c0}}{\varepsilon_{cu}} + \frac{2}{(n+1)(n+2)}\left(\frac{\varepsilon_{c0}}{\varepsilon_{cu}}\right)^2}{1 - \frac{1}{n+1}\frac{\varepsilon_{c0}}{\varepsilon_{cu}}} \tag{3-9}$$

$$\gamma = \frac{1}{\beta}\left(1 - \frac{1}{n+1}\frac{\varepsilon_{c0}}{\varepsilon_{cu}}\right) \tag{3-10}$$

根据混凝土强度等级,由式(3-2)中提供的计算公式可得到相应的 n、ε_{c0}和 ε_{cu},再分别代入式(3-9)和式(3-10)求得 β 和 γ,就能得到相应的截面混凝土受压区等效矩形应力图。例如,当混凝土强度等级为C50时,得到 $n=2$,$\varepsilon_{c0}=0.002$,$\varepsilon_{cu}=0.0033$,由式(3-9)和式(3-10)求得 $\beta=0.8236$ 和 $\gamma=0.9689$,即截面混凝土受压区等效矩形应力图高度 $x=0.8236x_c$,等效压应力值为 $0.9689f_{cd}$。

基于上述对构件截面受压区混凝土等效矩形应力计算图的分析,结合国内外相关设计规范方法和试验资料,《公路桥规》规定在进行构件正截面受弯承载力计算时,对截面混凝土受压区等效矩形应力图的压应力值取 f_{cd},即 $\gamma=1$,同时应根据混凝土强度等级来选择 β 和

截面非均匀受压时混凝土极限压应变 ε_{cu} 的规定值（表3-1），中间强度等级用直线插入求得。

混凝土极限压应变 ε_{cu} 与系数 β 值　　表3-1

混凝土强度等级	C50及以下	C55	C60	C65	C70	C75	C80
ε_{cu}	0.0033	0.00325	0.0032	0.00315	0.0031	0.00305	0.003
β	0.8	0.79	0.78	0.77	0.76	0.75	0.74

3.3.3　截面相对界限受压区高度 ξ_b

当钢筋混凝土梁的受拉区钢筋达到屈服应变 ε_y 而开始屈服时，受压区混凝土边缘也同时达到其极限压应变 ε_{cu} 而破坏，此时被称为界限破坏。

根据给定的 ε_{cu} 和平截面假定可以做出如图3-18所示截面应变分布的直线 ab，这就是梁截面发生界限破坏的应变分布。受压区高度为 $x_{cb}=\xi_{cb}h_0$，ξ_{cb} 被称为相对界限混凝土受压区高度。

适筋截面受弯构件破坏始于受拉区钢筋屈服，经历一段变形过程后，受压区边缘混凝土达到极限压应变 ε_{cu} 后才破坏，而这时受拉区钢筋的拉应变 $\varepsilon_s>\varepsilon_y$，由此可得到适筋截面破坏时的应变分布（图3-18中的直线 ac），此时受压区高度 $x_c<\xi_{cb}h_0$。

超筋截面受弯构件破坏是受压区边缘混凝土先达到极限压应变 ε_{cu} 破坏，这时受拉区钢筋的拉应变 $\varepsilon_s<\varepsilon_y$，由此可得到超筋截面破坏时的应变分布（图3-18中的直线 ad），此时受压区高度 $x_c>\xi_{cb}h_0$。

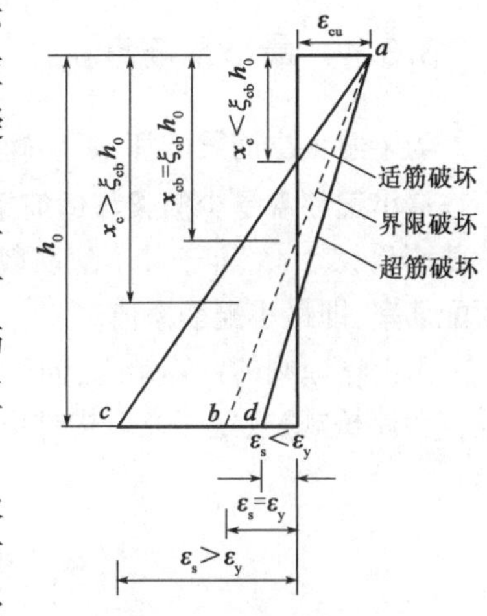

图3-18　界限破坏时截面平均应变示意图

由图3-18所示界限破坏时截面的应变分布（虚线 ab）可得到

$$\xi_{cb}=\frac{x_{cb}}{h_0}=\frac{\varepsilon_{cu}}{\varepsilon_{cu}+\varepsilon_y} \tag{3-11}$$

以 x_b 表示截面等效矩形压应力分布图形的界限受压区高度、ξ_b 表示截面等效矩形压应力分布图形的相对界限受压区高度，则可得到 $\xi_b=x_b/h_0=\beta x_{cb}/h_0=\beta\varepsilon_{cu}/(\varepsilon_{cu}+\varepsilon_y)$，同时，$\varepsilon_y=f_{sd}/E_s$，因此截面等效矩形压应力分布图形的相对界限受压区高度 ξ_b 的表达式为

$$\xi_b=\frac{\beta}{1+\dfrac{f_{sd}}{\varepsilon_{cu}E_s}} \tag{3-12}$$

式(3-12)即为《公路桥规》确定截面相对界限受压区高度 ξ_b 的依据，其中 f_{sd} 为受拉钢筋的抗拉强度设计值。据此，按混凝土轴心抗压强度设计值、不同钢筋的强度设计值和弹性模量值可得到《公路桥规》规定的 ξ_b 值（表3-2）。

截面相对界限受压区高度 ξ_b　　表3-2

钢筋种类	混凝土强度等级			
	C50及以下	C55、C60	C65、C70	C75、C80
HPB300	0.58	0.56	0.54	—
HRB400、HRBF400、RRB400	0.53	0.51	0.49	—
HRB500	0.49	0.47	0.46	—

注:截面受拉区内配置不同种类钢筋的受弯构件,其值应选用相应于各种钢筋的较小者。

钢筋混凝土受弯构件正截面的界限破坏是适筋截面破坏和超筋截面破坏的界限,计算时以截面相对界限受压区高度 ξ_b 表示界限条件,当计算的截面受压区高度 $x>\xi_b h_0$ 时,为超筋梁截面;当计算的截面受压区高度满足 $x\leqslant\xi_b h_0$ 时,为适筋梁截面。

3.3.4　最小配筋率 ρ_{min}

为了避免少筋梁破坏,必须确定钢筋混凝土受弯构件截面的最小配筋率 ρ_{min}。

最小配筋率是少筋梁与适筋梁的界限。根据3.2.2节少筋梁破坏形态分析,可按配筋梁正截面承载力 M_u 等于其不配筋截面(素混凝土梁截面)开裂弯矩标准值 M_{cr} 的条件得到该截面配筋率,即最小配筋率值。

由上述原则的计算结果,同时考虑到温度变化、混凝土收缩应力的影响以及过去的设计经验,《公路桥规》规定了受弯构件纵向受力钢筋的最小配筋率 ρ_{min},详见附表1-8。

3.4　单筋矩形截面受弯构件

3.4.1　基本公式及适用条件

根据受弯构件正截面承载力计算的基本原则,可以得到单筋矩形截面受弯构件承载力计算简图(图3-19)。

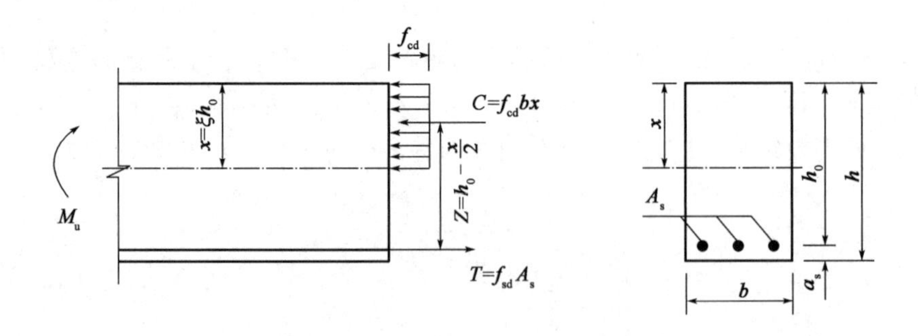

图3-19　单筋矩形截面受弯构件正截面承载力计算图式

由图3-19可以写出单筋矩形截面受弯构件正截面承载力计算的基本公式。

由截面上水平方向内力之和为零的平衡条件,即 $T+C=0$,可得到

$$f_{cd}bx = f_{sd}A_s \tag{3-13}$$

由截面上对受拉钢筋合力 T 作用点的力矩之和为零的平衡条件,可得到

$$M_u = f_{cd}bx(h_0 - \frac{x}{2}) \tag{3-14}$$

由对受压区混凝土合力 C 作用点取力矩之和为零的平衡条件,可得到

$$M_u = f_{sd}A_s(h_0 - \frac{x}{2}) \tag{3-15}$$

上述式中:M_u——计算截面的抗弯承载力;

f_{cd}——混凝土轴心抗压强度设计值;

f_{sd}——纵向受拉钢筋抗拉强度设计值;

A_s——纵向受拉钢筋的截面面积;

x——截面受压区高度;

b——截面宽度;

h_0——截面有效高度。

式(3-13)、式(3-14)和式(3-15)仅适用于适筋梁,而不适用于超筋梁和少筋梁。因为超筋梁破坏时钢筋的实际拉应力 σ_s 并未到达抗拉强度设计值,故不能按 f_{sd} 来考虑。因此,公式的适用条件如下。

(1)为防止出现超筋梁情况,计算受压区高度 x 应满足

$$x \leqslant \xi_b h_0 \tag{3-16}$$

式中的 ξ_b 为相对界限受压区高度,可根据混凝土强度等级和钢筋种类由表3-2查得。由式(3-13)可以得到计算的截面受压区高度 x 为

$$x = \frac{f_{sd}A_s}{f_{cd}b} \tag{3-17}$$

则截面相对受压区高度 ξ 为

$$\xi = \frac{x}{h_0} = \frac{f_{sd}}{f_{cd}}\frac{A_s}{bh_0} = \rho\frac{f_{sd}}{f_{cd}} \tag{3-18}$$

由式(3-18)可见,ξ 不仅反映了配筋率 ρ,而且反映了材料强度比值的影响,故 ξ 又被称为配筋特征值,它是一个比 ρ 更有一般性的参数。

当 $\xi=\xi_b$ 时,可得到适筋梁的最大配筋率 ρ_{max} 为

$$\rho_{max} = \xi_b\frac{f_{cd}}{f_{sd}}$$

显然,适筋梁的截面配筋率 ρ 应满足

$$\rho \leqslant \rho_{max}(= \xi_b\frac{f_{cd}}{f_{sd}}) \tag{3-19}$$

式(3-19)和式(3-16)具有相同意义,目的都是防止受拉区钢筋过多形成超筋梁,满足其中一式,则另一式必然满足。

从理论上讲,式(3-16)保证了设计计算上不会出现超筋梁破坏,但当 x 与 $\xi_b h_0$ 接近或相等时,受弯构件实际上延性变差并有可能发生脆性破坏,因此,在实际设计计算中,截面承载力复核(见3.4.2节)时应避免出现两者接近或相等的情况。为了确保构件的延性和不发生正截面脆性破坏,国外一些主流规范将构件正截面配筋率限制得较低,例如美国和日本规范规定 $\rho \leqslant 0.75\rho_b$,英国规范规定 $x \leqslant 0.8\xi_b h_0$,我国《水工混凝土结构设计规范》(SL 191—2008)规定要求 $x \leqslant 0.85\xi_b h_0$,而《公路桥规》规定要求为

$$x < \xi_b h_0 \tag{3-20}$$

(2)为防止出现少筋梁的情况,计算的截面配筋率 ρ 应当满足

$$\rho \geqslant \rho_{min} \tag{3-21}$$

3.4.2 计算方法

受弯构件的正截面计算,一般仅需对构件的控制截面进行。所谓控制截面,在等截面受弯构件中,是指弯矩设计值最大的截面;在变截面受弯构件中,除了弯矩设计值最大的截面外,还有截面尺寸相对较小,而弯矩设计值相对较大的截面。

钢筋混凝土受弯构件的正截面计算是按照第2章的设计计算原则,即承载能力极限状态计算,要满足 $M \leqslant M_u$,其中 M 为弯矩计算值,$M = \gamma_0 M_d$,γ_0 为结构的重要性系数,M_d 为截面弯矩设计值。同时结合前述基本公式[式(3-13)、式(3-14)或式(3-15)]及适用条件[式(3-16)、式(3-21)]进行设计计算。

受弯构件正截面承载力计算,在实际设计中可分为**截面设计**和**截面复核**两类计算问题。

1)截面设计

截面设计是指根据截面上的弯矩设计值,选定材料、确定截面尺寸和配筋的计算。在桥梁工程中,最常见的截面设计工作是已知受弯构件控制截面上作用的弯矩计算值($M = \gamma_0 M_d$)、材料强度等级和截面尺寸,要求确定钢筋数量(面积)、选择钢筋规格并进行截面上钢筋布置。

截面设计应满足承载力 $M_u \geqslant$ 弯矩计算值 M,即确定钢筋数量后的截面承载力至少要等于弯矩计算值 M,**所以在利用基本公式进行截面设计时,一般取 $M_u = M$ 来计算**。

对于单筋矩形截面受弯构件,其截面设计是已知截面尺寸 $b \times h$、混凝土和钢筋强度等级以及截面弯矩计算值 M,要求计算所需的截面纵向受拉钢筋面积 A_s,计算步骤如下:

(1)假设钢筋截面重心到截面受拉边缘距离为 a_s。当箍筋(HPB300)直径为8~10mm时,对于绑扎钢筋骨架的梁,可设 $a_s \approx c_{min} + 20\text{mm}$(布置一层钢筋时)或 $c_{min} + 45\text{mm}$(布置两层钢筋时),c_{min} 由附表1-7查得;对于板,一般可假设 a_s 为 $c_{min} + 10\text{mm}$,这样可得到有效高度 h_0。

(2)由式(3-14)解一元二次方程求得截面受压区高度 x,并满足 $x \leqslant \xi_b h_0$。

(3)由式(3-13)可直接求得所需的钢筋面积。

(4)选择纵向受拉钢筋直径、按设计规范规定的要求进行截面布置后,计算得到纵向受拉钢筋的实际配筋 A_s、a_s 和截面有效高度 h_0,计算的实际配筋率 ρ 应满足 $\rho \geqslant \rho_{min}$。

2)截面复核

截面复核是指已知截面尺寸、混凝土和钢筋强度等级以及纵向受拉钢筋在截面上的布置,

要求计算截面的承载力 M_u 或复核控制截面承受某个弯矩计算值 M 是否安全。

对于单筋矩形截面受弯构件,其截面复核是已知截面尺寸 $b \times h$、混凝土和钢筋强度等级、纵向受拉钢筋布置及面积 A_s,要求计算截面承载力 M_u,并应大于截面弯矩计算值 M,计算步骤如下:

(1)需要时应检查截面钢筋布置是否符合设计规范要求。

(2)由截面纵向受拉钢筋布置图得到配筋 A_s、a_s 和截面有效高度 h_0,计算的实际配筋率 ρ 满足 $\rho \geqslant \rho_{min}$。

(3)由式(3-13)计算截面受压区高度 x。

(4)当计算的截面受压区高度 $x \leqslant \xi_b h_0$ 时,由式(3-14)或式(3-15)计算得到截面承载力 M_u,且应满足 $M \leqslant M_u$,否则截面复核不满足要求。

(5)当计算的截面受压区高度 $x > \xi_b h_0$ 时,则为超筋截面,其截面承载力计算为

$$M_u = f_{cd} b h_0^2 \xi_b (1 - 0.5\xi_b) \tag{3-22}$$

若计算的 $M_u \leqslant M$,截面复核不满足要求,这时应修改截面尺寸或改为双筋截面受弯构件重新设计计算,详见第 3.5 节。

例 3-1 矩形截面梁尺寸 $b \times h = 250\text{mm} \times 500\text{mm}$,截面处弯矩设计值 $M_d = 115\text{kN} \cdot \text{m}$,采用 C30 混凝土和 HRB400 级钢筋,箍筋(HPB300)直径为 8mm。Ⅰ类环境条件,设计使用年限 100 年,安全等级为二级,试进行配筋计算。

解:根据已给材料分别由附表 1-1 和附表 1-3 查得 $f_{cd} = 13.8\text{MPa}$,$f_{td} = 1.39\text{MPa}$,$f_{sd} = 330\text{MPa}$。由表 3-2 查得 $\xi_b = 0.53$。桥梁结构的重要性系数 $\gamma_0 = 1.0$,则弯矩计算值 $M = \gamma_0 M_d = 115\text{kN} \cdot \text{m}$。

由已知的环境类别等查附表 1-7 得到混凝土保护层最小厚度 $c_{min} = 20\text{mm}$,采用绑扎钢筋骨架,按一层钢筋布置,假设 $a_s = c_{min} + 20 = 20 + 20 = 40(\text{mm})$,则有效高度 $h_0 = 500 - 40 = 460(\text{mm})$。

(1)求截面受压区高度 x

将各已知值代入式(3-14),则可得到

$$1 \times 11.5 \times 10^7 = 13.8 \times 250x\left(460 - \frac{x}{2}\right)$$

整理后得到:$x^2 - 920x + 66667 = 0$

解方程得到 $x_1 = 841(\text{mm})$(大于截面高度,舍去);$x_2 = 79(\text{mm}) < \xi_b h_0 [= 0.53 \times 460 = 244(\text{mm})]$,故取截面受压区高度计算值为 $x = x_2 = 79\text{mm}$。

(2)求所需纵向受拉钢筋面积 A_s

将各已知值及 $x = 79\text{mm}$ 代入式(3-13)得到

$$A_s = \frac{f_{cd} b x}{f_{sd}} = \frac{13.8 \times 250 \times 79}{330} = 826(\text{mm}^2)$$

(3)选择并布置纵向受拉钢筋

混凝土保护层厚度计算

考虑布置一层钢筋为 3 ~4 根,由附表 1-5 查得可供使用的有 3 ⌀20($A_s = 942\text{mm}^2$)、4 ⌀18($A_s = 1018\text{mm}^2$)。选择 3 ⌀20(带肋钢筋,外径 22.7mm)并布置如图 3-20 所示。图中纵向受拉钢筋重心至截面受拉边缘、侧边缘

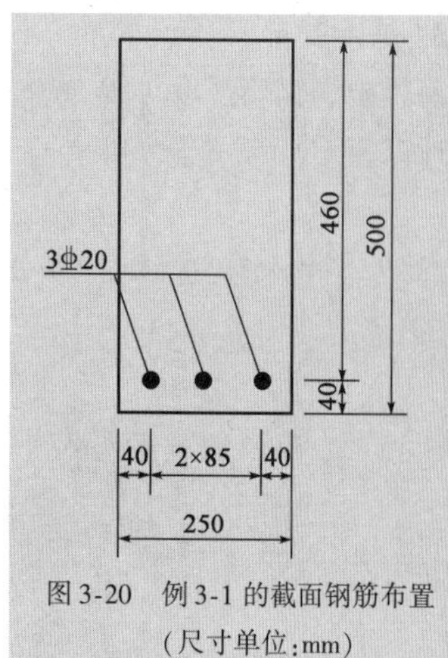

图 3-20 例 3-1 的截面钢筋布置（尺寸单位：mm）

距离均为 $a_s=40$mm，φ 8 箍筋，则箍筋外缘的最小混凝土保护层厚度 $c_{min}=40-22.7/2-8=20.65$(mm) >20mm；且纵向受拉钢筋外缘混凝土保护层厚度 $c=40-22.7/2=28.65$(mm) > d(=20mm)，d 为纵向受拉钢筋的公称直径，满足要求。纵向受拉钢筋横向布置间距为 85mm(图 3-20)，其净距 $s_n=85-22.7=62.3$(mm) >30mm 及 $d=20$mm，满足要求。

最小配筋率计算：$45(f_{td}/f_{sd})=45\times(1.39/330)=0.19$，即截面配筋率应不小于 0.19% 且不应小于 0.20%，故取 $\rho_{min}=0.20\%$。实际截面配筋率 $\rho=\frac{A_s}{bh_0}=\frac{942}{250\times460}=0.82\%>\rho_{min}(=0.20\%)$。

例 3-2 矩形截面梁尺寸 $b\times h=240\text{mm}\times500\text{mm}$。C30 混凝土，HPB300 级钢筋，$A_s=1018\text{mm}^2$(4 φ 18)；箍筋(HPB300)直径为 8mm，受拉钢筋布置如图 3-21 所示。Ⅱ类环境条件，设计使用年限 50 年，安全等级为二级。复核该截面是否能承受计算弯矩 $M=95\text{kN}\cdot\text{m}$ 的作用。

解：根据已给材料分别由附表 1-1 和附表 1-3 查得 $f_{cd}=13.8$MPa，$f_{sd}=250$MPa，$f_{td}=1.39$MPa。由表 3-2 查得 $\xi_b=0.58$。最小配筋百分率计算：$45(f_{td}/f_{sd})=45\times(1.39/250)=0.25$，且不应小于 0.20，故取 $\rho_{min}=0.25\%$。

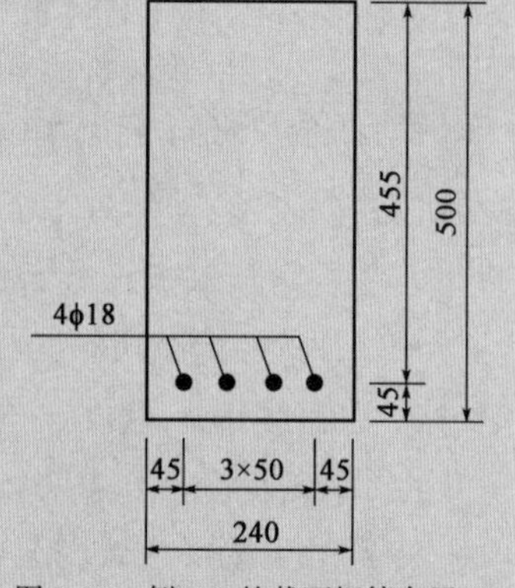

图 3-21 例 3-2 的截面钢筋布置（尺寸单位：mm）

图 3-21 中纵向受拉钢筋 4 φ 18 重心至截面受拉边缘、侧边缘距离均为 $a_s=45$mm，φ 8 箍筋，则箍筋外缘的最小混凝土保护层厚度 $c_{min}=45-18/2-8=28$(mm) >25mm；且纵向受拉钢筋外缘混凝土保护层厚度 $c_1=45-18/2=36$(mm) > d(=18mm)，d 为纵向受拉钢筋的公称直径，满足要求。纵向受拉钢筋横向布置间距为 50mm(图 3-21)，其净距 $s_n=50-18=32$(mm) >30mm 及 $d=18$mm，满足要求。

已知 4 φ 18 钢筋面积 $A_s=1018\text{mm}^2$，截面配筋率计算值为 $\rho=A_s/bh_0=1018/(240\times455)=0.93\%>\rho_{min}(=0.25\%)$，满足要求。

(1)求截面受压区高度 x

由式(3-13)可得到

$$x=\frac{f_{sd}A_s}{f_{cd}b}=\frac{250\times1018}{13.8\times240}=77(\text{mm})<\xi_b h_0[=0.58\times455=264(\text{mm})]$$

不会发生超筋梁情况。

(2)求抗弯承载力 M_u

由式(3-14)可得到

$$M_u=f_{cd}bx(h_0-\frac{x}{2})$$

$$= 13.8 \times 240 \times 77 \times (455 - \frac{77}{2})$$

$$= 106.2 \times 10^6 (\mathrm{N \cdot mm}) = 106.2\mathrm{kN \cdot m} > M(=95\mathrm{kN \cdot m})$$

经复核梁截面可以承受计算弯矩 $M = 95\mathrm{kN \cdot m}$ 的作用。

例 3-3　计算跨径为 2.05m 的人行道板，承受人群荷载标准值为 $3.5\mathrm{kN/m^2}$，板厚为 100mm。采用 C25 混凝土，HPB300 级钢筋，Ⅰ类环境条件，设计使用年限 50 年，安全等级为二级。试进行配筋计算。

解：取 1m 宽带进行计算（图 3-22），即计算板宽 $b = 1000\mathrm{mm}$，板厚 $h = 100\mathrm{mm}$。

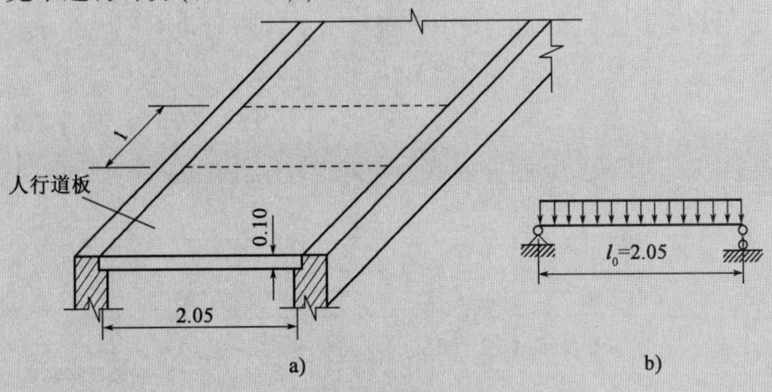

图 3-22　人行道板计算图式（尺寸单位：m）

查附表 1-1、附表 1-3、表 3-2 得到 $f_{cd} = 11.5\mathrm{MPa}$，$f_{td} = 1.23\mathrm{MPa}$，$f_{sd} = 250\mathrm{MPa}$，$\xi_b = 0.58$。计算后取最小配筋率 ρ_{min} 为 0.22%。

（1）计算板控制截面的弯矩设计值 M_d。

板的计算图式为简支板，计算跨径 $l_0 = 2.05\mathrm{m}$。板上作用的荷载为板自重 g_1 和人群荷载 g_2，其中 g_1 为钢筋混凝土重度（取为 $25\mathrm{kN/m^3}$）与截面面积乘积，即 $g_1 = 25 \times 10^3 \times 0.10 \times 1 = 2500(\mathrm{N/m})$，$g_2 = 3500 \times 1 = 3500(\mathrm{N/m})$。

板的控制截面为跨中截面，则

自重弯矩标准值

$$M_{G1} = \frac{1}{8} g_1 l_0^2 = \frac{1}{8} \times 2500 \times 2.05^2 = 1313.3(\mathrm{N \cdot m})$$

人群产生弯矩标准值

$$M_{Q2} = \frac{1}{8} g_2 l_0^2 = \frac{1}{8} \times 3500 \times 2.05^2 = 1838.6(\mathrm{N \cdot m})$$

由基本组合（见第 2 章），得到板跨中截面上的弯矩设计值 M_d 为

$$M_d = \gamma_{G1} M_{G1} + \gamma_{Q2} M_{Q2} = 1.2 \times 1313.3 + 1.4 \times 1838.6 = 4150(\mathrm{N \cdot m})$$

取 $\gamma_0 = 1.0$，则弯矩计算值 $M = \gamma_0 M_d = 4150\mathrm{N \cdot m}$。

（2）由已知的环境类别等查附表 1-7 得到混凝土保护层最小厚度 $c_{min} = 20\mathrm{mm}$，板截面按一层主钢筋布置，则 $a_s = c_{min} + 10 = 20 + 10 = 30(\mathrm{mm})$，$h_0 = 100 - 30 = 70(\mathrm{mm})$，将各已知值代入式（3-14），可得到

$$4150 \times 10^3 = 11.5 \times 1000x(70 - \frac{x}{2})$$

整理后解方程得到截面受压区高度为

$$x = 5.5\text{mm} < \xi_b h_0 [= 0.58 \times 70 = 41(\text{mm})]$$

(3)求所需钢筋面积 A_s。

将各已知值及 $x = 5.5$mm 代入式(3-13),可得到

$$A_s = \frac{f_{cd}bx}{f_{sd}} = \frac{11.5 \times 1000 \times 5.5}{250} = 253(\text{mm}^2)$$

(4)选择并布置钢筋。

现取板的主钢筋为ϕ8,由附表1-6中可查得ϕ8钢筋间距为195mm时,单位板宽的钢筋面积 $A_s = 258\text{mm}^2$。

板单位宽度截面钢筋布置如图3-23所示。取 $a_s = 25$mm 时,主钢筋混凝土保护层厚度 c 为21mm,满足附表1-7的要求,相应的截面有效高度 $h_0 = 75$mm。

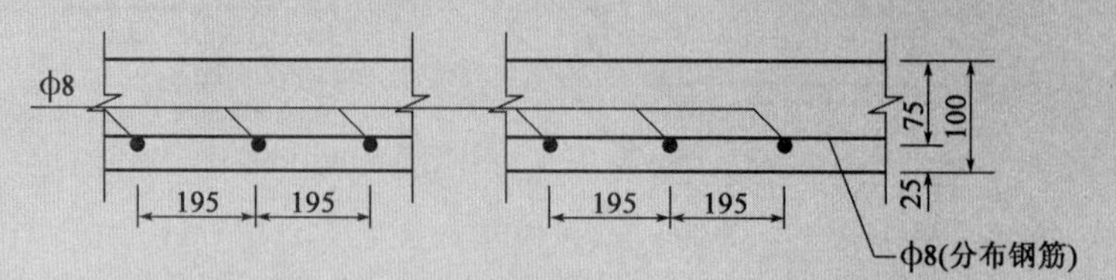

图3-23 人行道板截面钢筋布置(尺寸单位:mm)

截面的实际配筋率 $\rho = \frac{258}{1000 \times 75} = 0.34\% \geq \rho_{min}(= 0.22\%)$。

板的分布钢筋取ϕ8,其间距为195mm<200mm,且>30mm及 $d = 8$mm。

例3-4 钢筋混凝土矩形梁截面尺寸 $b \times h = 200\text{mm} \times 380\text{mm}$。Ⅰ类环境条件,设计使用年限100年,安全等级为二级。截面弯矩的设计值 $M_d = 120\text{kN} \cdot \text{m}$,C30混凝土,HRB400级钢筋,截面纵向受拉钢筋布置见图3-24,箍筋采用ϕ8,试进行截面复核。

解:查附表1-1、查附表1-3和表3-2分别得到 $f_{cd} = 13.8\text{MPa}$、$f_{td} = 1.39\text{MPa}$、$f_{sd} = 330\text{MPa}$ 和 $\xi_b = 0.53$;由已知的环境类别等查附表1-7得到混凝土保护层最小厚度 $c_{min} = 20$mm;弯矩计算值 $M = \gamma_0 M_d = 120\text{kN} \cdot \text{m} = 120 \times 10^6 \text{N} \cdot \text{mm}$;计算得到需要满足的最小配筋率 $\rho_{min} = 0.2\%$。

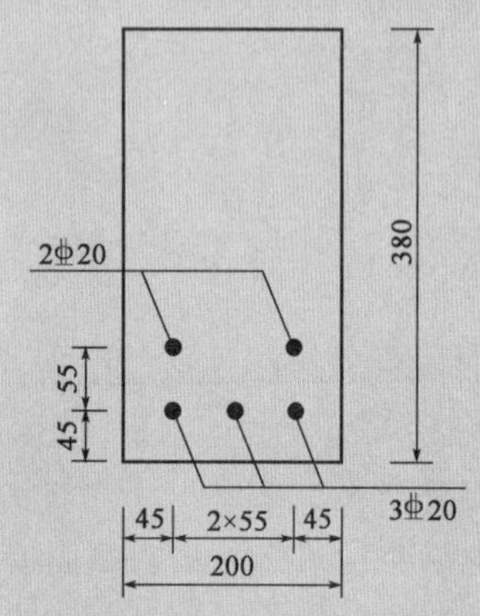

图3-24 例3-4的截面钢筋布置(尺寸单位:mm)

由图3-24的截面布置图可知,最外侧纵向受拉钢筋重心至截面边缘距离 $a_{s1} = 45$mm,则箍筋的混凝土保护层厚度 $c_{min} = 45 - 22.7/2 - 8 = 25.65(\text{mm}) > 20$mm;纵向受拉钢筋横向最小净间距和层间净间距均为 $s_n = 55 - 22.7 = 32.3(\text{mm}) > 30$mm 及 $d = 20$mm,满足要求。

单根Φ20钢筋截面面积等于314.2mm²,由图3-24的截面布置图计算纵向受拉钢筋截面重心至截面底边缘距离 a_s 为

$$a_s = \frac{3 \times 314.2 \times 45 + 2 \times 314.2 \times (45 + 55)}{5 \times 314.2} = 67(\mathrm{mm})$$

截面有效高度 $h_0 = 380 - 67 = 313(\mathrm{mm})$，则截面纵向受拉钢筋的配筋率

$$\rho = 5 \times 314.2/(200 \times 313) = 2.5\% > \rho_{\min}(=0.2\%)$$

由式(3-18)求得截面相对受压区高度 ξ 为

$$\xi = \rho \frac{f_{sd}}{f_{cd}} = 0.025 \times \frac{330}{13.8} = 0.597 > \xi_b(=0.53)$$

因此本例题钢筋混凝土矩形截面梁为超筋截面梁。

由式(3-22)计算可得到截面抗弯承载力 M_u 为

$$\begin{aligned} M_u &= f_{cd} b h_0^2 \xi_b (1 - 0.5\xi_b) \\ &= 13.8 \times 200 \times 313^2 \times 0.53 \times (1 - 0.5 \times 0.53) \\ &= 105.33 \times 10^6 (\mathrm{N \cdot mm}) \\ &= 105.33\mathrm{kN \cdot m} < M(=120\mathrm{kN \cdot m}) \end{aligned}$$

故不满足设计要求。

3.5 双筋矩形截面受弯构件

由上节式(3-22)可知，单筋矩形截面适筋梁的最大承载能力为 $M_u = f_{cd} b h_0^2 \xi_b (1 - 0.5\xi_b)$。因此，在截面承受的弯矩组合设计值 M_d 较大，而梁截面尺寸受到使用条件限制或混凝土强度不宜提高的情况下，出现 $\xi > \xi_b$ 而承载能力不足时，应改用双筋截面，即在截面受压区配置钢筋来协助混凝土承担压力，且将 ξ 减小到 $\xi < \xi_b$，破坏时受拉区钢筋应力可达到屈服强度，而受压区混凝土不致过早压碎。

此外，当梁截面承受异号弯矩时，则必须采用双筋截面。有时，由于结构本身受力图式的变化，例如连续梁的内支点处截面，将会产生事实上的双筋截面。

一般情况下，采用受压钢筋来承受截面的部分压力是不经济的。但是，受压钢筋的存在可以提高截面的延性，并可减少长期荷载作用下受弯构件的变形。

3.5.1 受压钢筋的应力

双筋截面受弯构件的受力特点和破坏特征基本上与单筋截面相似。试验研究表明，只要满足 $\xi \leq \xi_b$，双筋截面仍具有适筋破坏特征。因此，在建立双筋截面承载力计算公式时，受压区混凝土仍可采用等效矩形应力图形和混凝土抗压设计强度 f_{cd}，而受压钢筋的应力尚待确定。

双筋截面受弯构件必须设置封闭式箍筋(图3-25)。试验表明，它能够约束受压钢筋的纵向压屈变形。若箍筋刚度不足(如采用开口箍筋)或箍筋的间距过大，受压钢筋会过早向外侧向凸出(这时受压钢筋的应力可能达不到屈服强度)，反而会引起受压钢筋的混凝土保护层开裂，使受压区混凝土过早破坏。因此，《公路桥规》要求，当梁中配有计算需要的受压钢筋时，箍筋应为封闭式。一般情况下，箍筋的间距不大于400mm，并不大于受压钢筋直径 d' 的15倍；箍筋直径不小于8mm或 $d'/4$，d' 为受压钢筋直径。

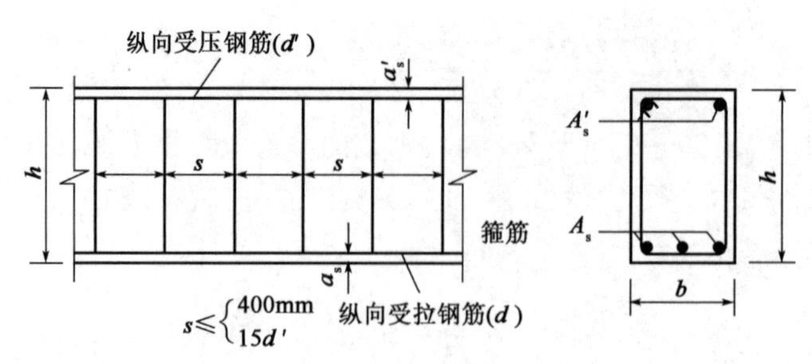

图 3-25 箍筋间距及形式要求

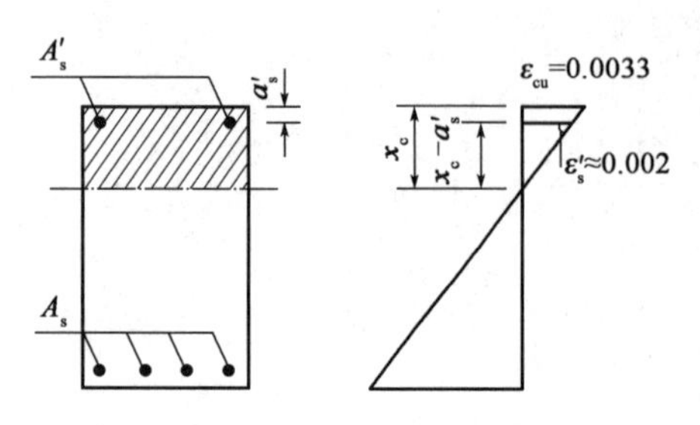

图 3-26 双筋截面受压钢筋应变计算分析图

双筋梁破坏时,受压钢筋的应力取决于它的应变 ε'_s。如图 3-26 所示,对于强度等级低于 C50 的混凝土,假设受压区钢筋合力作用点至截面受压边缘的距离为 a'_s,则根据平截面假定,由应变的直线分布关系得到受压钢筋的应变 ε'_s为

$$\frac{\varepsilon'_s}{\varepsilon_{cu}}=\frac{x_c-a'_s}{x_c}=1-\frac{a'_s}{x_c}=1-\frac{0.8a'_s}{x}$$

$$\varepsilon'_s=0.0033\left(1-\frac{0.8a'_s}{x}\right) \tag{3-23}$$

式中的 x 和 x_c 分别为等效矩形应力图形的计算受压区高度和按平截面假定的受压区高度。

当 $a'_s/x=1/2$,即 $x=2a'_s$时,可得到

$$\varepsilon'_s=0.0033\left(1-\frac{0.8a'_s}{2a'_s}\right)=0.00198$$

《公路桥规》取受压钢筋应变 $\varepsilon'_s=0.002$,这时,对 HPB300 级钢筋,$\sigma'_s=\varepsilon'_sE'_s=0.002\times2.1\times10^5=420(\text{MPa})>f'_{sd}(=250\text{MPa})$;对 HRB400、HRBF400 和 RRB400 级钢筋,$\sigma'_s=\varepsilon'_sE'_s=0.002\times2\times10^5=400(\text{MPa})\geqslant f'_{sd}(=330\text{MPa})$。

由此可见,当 $x=2a'_s$时,普通钢筋均能达到屈服强度。当 $x>2a'_s$时,ε'_s将更大,钢筋也早已受压屈服。为了充分发挥受压钢筋的作用并确保其达到屈服强度,《公路桥规》规定取 $\sigma'_s=f'_{sd}$时必须满足

$$x\geqslant2a'_s$$

3.5.2 基本计算公式及适用条件

双筋矩形截面受弯构件正截面抗弯承载力计算图式见图 3-27,图中受压钢筋 A'_s取其抗压强度设计值 f'_{sd}。由图 3-27 可写出双筋截面正截面承载力计算的基本公式。

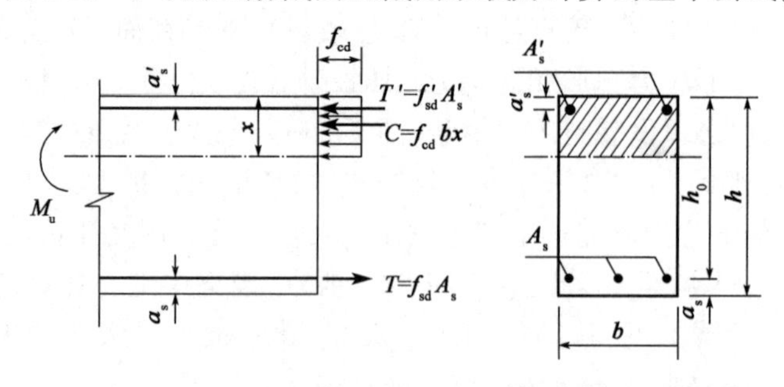

图 3-27 双筋矩形截面受弯构件正截面抗弯承载力计算图式

由截面上水平方向内力之和为零的平衡条件，即 $T+C+T'=0$，可得到

$$f_{cd}bx+f'_{sd}A'_s=f_{sd}A_s \tag{3-24}$$

由截面上对受拉钢筋合力 T 作用点的力矩之和为零的平衡条件，可得到

$$M_u=f_{cd}bx\left(h_0-\frac{x}{2}\right)+f'_{sd}A'_s(h_0-a'_s) \tag{3-25}$$

由截面上对受压钢筋合力 T' 作用点的力矩之和为零的平衡条件，可得到

$$M_u=-f_{cd}bx\left(\frac{x}{2}-a'_s\right)+f_{sd}A_s(h_0-a'_s) \tag{3-26}$$

上述式中：f'_{sd}——受压钢筋的抗压强度设计值；

A'_s——受压钢筋的截面面积；

a'_s——受压钢筋合力点至截面受压边缘的距离；

其他符号意义与单筋矩形截面相同。

公式的适用条件为：

(1)为了防止出现超筋梁情况，截面计算受压区高度 x 应满足

$$x\leqslant\xi_b h_0 \tag{3-27}$$

(2)为了保证受压钢筋 A'_s 达到抗压强度设计值 f'_{sd}，截面计算受压区高度 x 应满足

$$x\geqslant 2a'_s \tag{3-28}$$

在实际设计中，若求得 $x<2a'_s$，则表明受压钢筋 A'_s 可能达不到其抗压强度设计值。对于受压钢筋保护层混凝土厚度不大的情况，《公路桥规》规定这时可取 $x=2a'_s$，即假设混凝土压应力合力作用点与受压区钢筋 A'_s 合力作用点相重合(图3-28)，对受压钢筋合力作用点取矩，可得到正截面抗弯承载力的近似表达式为

$$M_u=f_{sd}A_s(h_0-a'_s) \tag{3-29}$$

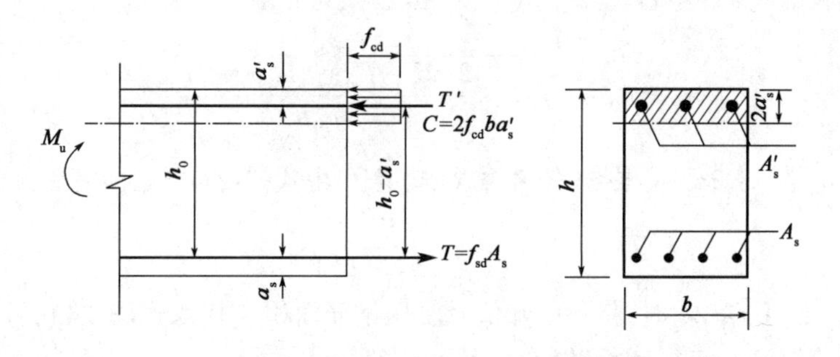

图3-28　$x<2a'_s$ 时 M_u 的计算图式

双筋截面的配筋率 ρ 一般均能大于 ρ_{min}，所以往往不必再予计算。

3.5.3　计算方法

1)截面计算

双筋截面设计的任务是确定受拉钢筋 A_s 和受压钢筋 A'_s 的数量。利用基本公式进行截面设计时，仍取 $M=\gamma_0 M_d=M_u$ 来计算。一般有下列两种计算情况。

情况1 已知截面尺寸、材料强度等级、弯矩计算值$M=\gamma_0 M_d$,求受拉钢筋面积A_s和受压钢筋面积A'_s。

(1)假设a_s和a'_s,求得$h_0=h-a_s$。

(2)验算是否需要采用双筋截面。当出现式(3-30)的情况时,需采用双筋截面。

$$M > M_u = f_{cd}bh_0^2\xi_b(1-0.5\xi_b) \tag{3-30}$$

(3)利用基本公式求解A'_s,有A'_s、A_s及x三个未知数,故尚需增加一个条件才能求解。在实际计算中,应使截面的总钢筋截面面积$(A_s+A'_s)$为最小。

由式(3-24)和式(3-25)可得$A_s+A'_s$,即

$$A_s+A'_s=\frac{f_{cd}bh_0}{f_{sd}}\xi+\frac{M-f_{cd}bh_0^2\xi(1-0.5\xi)}{(h_0-a'_s)f'_{sd}}\left(1+\frac{f'_{sd}}{f_{sd}}\right)$$

将上式对ξ求导数,并令$\mathrm{d}(A_s+A'_s)/\mathrm{d}\xi=0$,可得到

$$\xi=\frac{f_{sd}+f'_{sd}\dfrac{a'_s}{h_0}}{f_{sd}+f'_{sd}}$$

当$f_{sd}=f'_{sd}$,$a'_s/h_0=0.05\sim0.15$时,可得$\xi=0.525\sim0.575$。为简化,对于普通钢筋,可取$\xi=\xi_b$,再利用式(3-25)求得受压区普通钢筋所需面积A'_s。

(4)求A_s。将$x=\xi_b h_0$及受压钢筋面积A'_s计算值代入式(3-24),求得所需受拉钢筋面积A_s。

(5)分别选择受压钢筋和受拉钢筋直径及根数,并进行截面钢筋布置。

这种情况的配筋计算,实际是利用$\xi=\xi_b$来确定A_s与A'_s,故基本公式适用条件已满足。

情况2 已知截面尺寸、材料强度等级、受压区普通钢筋面积A'_s及布置,弯矩计算值$M=\gamma_0 M_d$,求受拉钢筋面积A_s。

(1)假设a_s,求得$h_0=h-a_s$。

(2)求受压区高度x。将各已知值代入式(3-25),可得到

$$x=h_0-\sqrt{h_0^2-\frac{2[M-f'_{sd}A'_s(h_0-a'_s)]}{f_{cd}b}}$$

(3)当$x<\xi_b h_0$且$x<2a'_s$时,根据《公路桥规》规定,可由式(3-29)求得所需受拉钢筋面积A_s为

$$A_s=\frac{M}{f_{sd}(h_0-a'_s)}$$

(4)当$x\leqslant\xi_b h_0$且$x\geqslant 2a'_s$时,将各已知值及受压钢筋面积A'_s代入式(3-24),可求得A_s值。

(5)选择受拉钢筋的直径和根数,布置截面钢筋。

2)*截面复核*

已知截面尺寸、材料强度级别、钢筋面积A_s和A'_s以及截面钢筋布置,求截面承载力M_u。

(1)检查钢筋布置是否符合规范要求。

(2)由式(3-24)计算截面受压区高度x。

(3)若$x<\xi_b h_0$且$x<2a'_s$,则由式(3-29)求得考虑受压钢筋部分作用的正截面承载力M_u。

(4)若$2a'_s\leqslant x<\xi_b h_0$,由式(3-25)或式(3-26)可求得双筋矩形截面抗弯承载力M_u。

例 3-5　钢筋混凝土矩形梁,截面尺寸限定为 $b \times h = 300\text{mm} \times 450\text{mm}$。C30 混凝土,且不提高混凝土强度等级,纵向受力钢筋为 HRB400,拟采用箍筋(HPB300)直径 8mm。弯矩设计值 $M_d = 273\text{kN} \cdot \text{m}$。Ⅰ类环境条件,设计使用年限 50 年,安全等级为一级。试进行配筋计算并进行截面复核。

解:本例因梁截面尺寸及混凝土材料均不能改动,故可考虑按双筋截面设计。由已知的环境类别等查附表 1-7 得到混凝土保护层最小厚度 $c_{min} = 20\text{mm}$,受压钢筋按一层布置,假设 $a'_s = c_{min} + 20 = 40\text{mm}$;受拉钢筋按两层布置,假设 $a_s = c_{min} + 45 = 65\text{mm}$,则 $h_0 = 450 - 65 = 385(\text{mm})$。弯矩计算值 $M = \gamma_0 M_d = 1.1 \times 273 = 300(\text{kN} \cdot \text{m})$。HRB400 级钢筋 $f_{sd} = f'_{sd} = 330\text{MPa}$,$\xi_b = 0.53$。

(1)验算是否需要采用双筋截面。单筋矩形截面的最大正截面承载力为

$$
\begin{aligned}
M_u &= f_{cd} b h_0^2 \xi_b (1 - 0.5\xi_b) \\
&= 13.8 \times 300 \times 385^2 \times 0.53(1 - 0.5 \times 0.53) \\
&= 239.05 \times 10^6 (\text{N} \cdot \text{mm}) = 239.05\text{kN} \cdot \text{m} < M(= 300\text{kN} \cdot \text{m})
\end{aligned}
$$

故需采用双筋截面。

(2)取 $\xi = \xi_b = 0.53$,代入式(3-25)可得到

$$
\begin{aligned}
A'_s &= \frac{M - f_{cd} b h_0^2 \xi (1 - 0.5\xi)}{f'_{sd}(h_0 - a'_s)} \\
&= \frac{300 \times 10^6 - 13.8 \times 300 \times 385^2 \times 0.53(1 - 0.5 \times 0.53)}{330(385 - 40)} = 535(\text{mm}^2)
\end{aligned}
$$

(3)由式(3-24)求所需的 A_s 值,即

$$
A_s = \frac{f_{cd} b x + f'_{sd} A'_s}{f_{sd}} = \frac{13.8 \times 300(0.53 \times 385) + 330 \times 535}{330} = 3095(\text{mm}^2)
$$

选择受压区钢筋为 3 ⌀18($A'_s = 763\ \text{mm}^2$),受拉区钢筋为 5 ⌀28($A_s = 3079\ \text{mm}^2$),布置见图 3-29。由图 3-29 的截面布置图可知,最外侧纵向受拉钢筋重心至截面边缘距离 $a_{s1} = 45\text{mm}$,则箍筋的混凝土保护层厚度 $c_{min} = 45 - 31.6/2 - 8 = 21.2(\text{mm}) > 20\text{mm}$;纵向受拉钢筋横向净间距为 $105 - 31.6 = 73.4(\text{mm})$,层间净间距为 $s_n = 63 - 31.6 = 31.4(\text{mm})$,均大于 30mm 及 $d = 28\text{mm}$,满足要求。同样方法检查截面纵向受压钢筋布置,也满足要求。

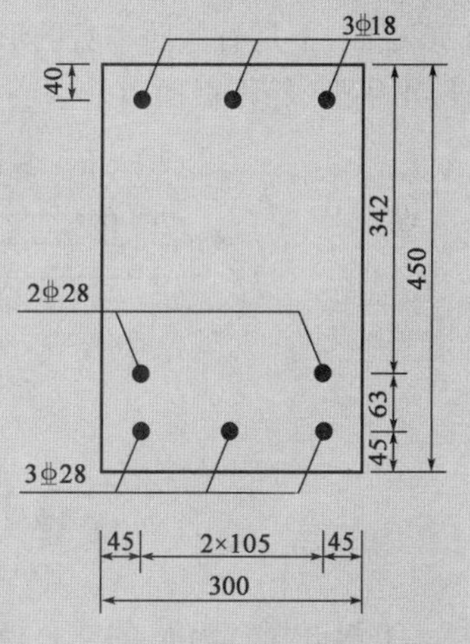

图 3-29　例 3-5 截面配筋图
(尺寸单位:mm)

计算得到纵向受拉钢筋截面重心至截面受拉边缘距离 $a_s \approx 70\text{mm}$,截面有效高度 $h_0 = 380\text{mm}$,将 $A_s = 3079\text{mm}^2$、$A'_s = 763\text{mm}^2$、$f_{cd} = 13.8\text{MPa}$、$f_{sd} = f'_{sd} = 330\text{MPa}$ 代入式(3-24),可求得截面受压区高度 x 为

$$
x = \frac{f_{sd} A_s - f'_{sd} A'_s}{f_{cd} b} = \frac{330 \times (3079 - 763)}{13.8 \times 300}
$$

$= 185(\mathrm{mm}) < \xi_b h_0[= 0.53 \times 380 = 201(\mathrm{mm})]$

$> 2a_s'[= 2 \times 40 = 80(\mathrm{mm})]$

由式(3-25)求得截面的抗弯承载力 M_u 为

$$M_u = f_{cd}bx(h_0 - \frac{x}{2}) + f'_{sd}A'_s(h_0 - a'_s)$$

$$= 13.8 \times 300 \times 185(380 - \frac{185}{2}) + 330 \times 763(380 - 40)$$

$$= 305.81 \times 10^6(\mathrm{N \cdot mm}) = 305.81\mathrm{kN \cdot m} > M(= 300\mathrm{kN \cdot m})$$

复核结果说明截面设计符合要求。

3.6 T 形截面受弯构件

矩形截面梁在破坏时,受拉区混凝土早已开裂。在开裂截面处,受拉区的混凝土对截面的抗弯承载力已不起作用,因此可将受拉区混凝土挖去一部分,将受拉钢筋集中布置在剩余受拉区混凝土内,形成钢筋混凝土 T 形梁的截面,其承载能力与原矩形截面梁相同,但节省了混凝土,减轻了梁自重。因此,钢筋混凝土 T 形梁具有更大的跨越能力。

典型的钢筋混凝土 T 形梁截面见图 3-1e)。截面伸出部分称为翼缘板(简称翼板),其宽度为 b 的部分称为梁肋或梁腹。在荷载作用下,T 形梁的翼板与梁肋共同弯曲。当承受正弯矩作用时,梁截面上部受压,位于受压区的翼板参与工作而成为梁截面有效面积的一部分。在正弯矩作用下,**翼板位于受压区的 T 形梁截面,称为 T 形截面**[图 3-30a)];当受负弯矩作用时,位于梁上部的翼板受拉后混凝土开裂,这时梁的有效截面是肋宽 b、梁高 h 的矩形截面[图 3-30b)],其抗弯承载力则应按矩形截面来计算。因此,判断一个截面在计算时是否属于 T 形截面,不是看截面本身的形状,而是要看其翼缘板是否能参加抗压作用。从这个意义上来讲,工字形、箱形截面以及空心板截面,在正截面抗弯承载力计算中,均可按 T 形截面来处理。

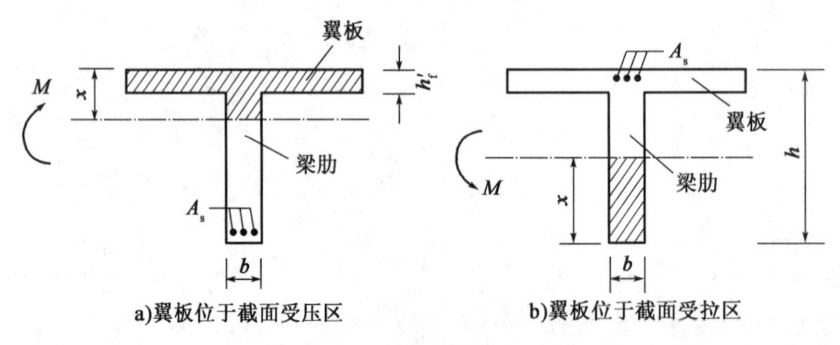

图 3-30 T 形截面的受压区位置

下面以板宽为 b_f 的空心板截面为例,将其换算成等效工字形截面,计算中即可按 T 形截面处理。

设空心板截面高度为 h,圆孔直径为 D,孔洞面积形心轴距板截面上、下边缘距离分别为 y_1 和 y_2[图 3-31a)]。

将空心板截面换算成等效工字形截面的方法是,先根据面积、惯性矩不变的原则,将空心

板的圆孔(直径为 D)换算成 $b_k \times h_k$ 的矩形孔,可按下列各式计算:

按面积相等

$$b_k h_k = \frac{\pi}{4} D^2$$

按惯性矩相等

$$\frac{1}{12} b_k h_k^3 = \frac{\pi}{64} D^4$$

联立求解上述两式,可得到

$$h_k = \frac{\sqrt{3}}{2} D \quad b_k = \frac{\sqrt{3}}{6} \pi D$$

然后,在圆孔的形心位置和空心板截面宽度、高度都保持不变的条件下,可一步得到等效工字形截面尺寸:

上翼板厚度　$h_f' = y_1 - \frac{1}{2} h_k = y_1 - \frac{\sqrt{3}}{4} D$

下翼板厚度　$h_f = y_2 - \frac{1}{2} h_k = y_2 - \frac{\sqrt{3}}{4} D$

腹板厚度　$b = b_f - 2 b_k = b_f - \frac{\sqrt{3}}{3} \pi D$

等效工字形截面见图3-31c)。当空心板截面孔洞为其他形状时,均可按上述原则换算成相应的等效工字形截面。在异号弯矩作用下,工字形截面总会有上翼板或下翼板位于受压区,故正截面抗弯承载力可按T形截面计算。

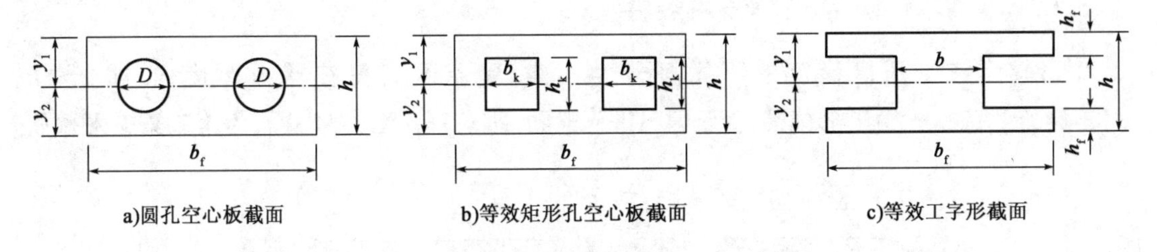

图3-31　空心截面换算成等效工字形截面

T形截面随着翼板的宽度增大,可使受压区高度减小,内力偶臂增大,使所需的受拉钢筋面积减小。但**通过试验和分析得知,T形截面梁承受荷载作用产生弯曲变形时,因受剪切应变影响,在翼板宽度方向上纵向压应力的分布是不均匀的,距离梁肋越远,压应力越小**。其分布规律主要取决于截面与跨径(长度)的相对尺寸、翼板厚度、支承条件等。在设计计算中,为了便于计算,根据最大应力值不变及合力相等的等效受力原则,**把与梁肋共同工作的翼板宽度限制在一定的范围内,称为受压翼板的有效宽度 b_f'。在 b_f' 宽度范围内的翼板可以认为全部参与工作,并假定其压应力是均匀分布的**(图3-32)。而在这范围以外的部分,则不考虑参与受力。本书中关于T形截面的计算中,若无特殊说明,b_f' 表示受压翼板的有效宽度。

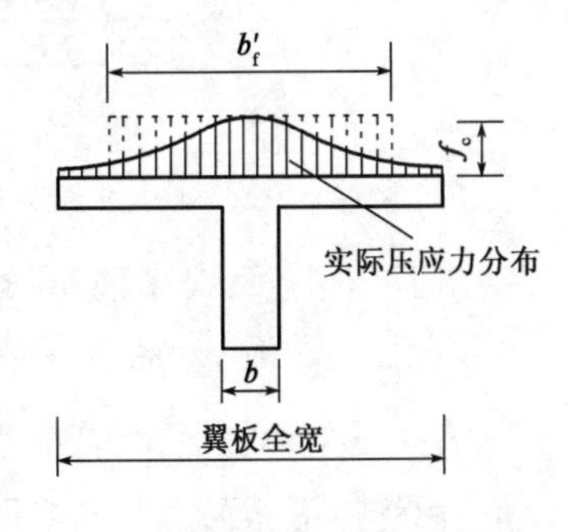

图3-32　T形梁受压翼板的正应力分布

《公路桥规》规定，T形截面梁(内梁)的受压翼板有效宽度b_f'用下列三者中的最小值。

(1)简支梁计算跨径的1/3。对连续梁各中间跨正弯矩区段，取该跨计算跨径的0.2倍；边跨正弯矩区段，取该跨计算跨径的0.27倍；各中间支点负弯矩区段，取该支点相邻两跨计算跨径之和的0.07倍。

(2)相邻两梁的平均间距。

(3)$b+2b_h+12h_f'$。当$h_h/b_h<1/3$时，取$b+6h_h+12h_f'$。此处，b、b_h、h_h和h_f'见图3-33，h_h为承托根部厚度。

T形截面受压翼板有效宽度b_f'的计算

图3-33中所示承托，又称梗腋，它是增强翼板与梁肋之间联系的构造措施，并可增强翼板根部的抗剪能力。

边梁受压翼板的有效宽度取相邻内梁翼缘有效宽度之半加上边梁肋宽度之半，再加上6倍的外侧悬臂板平均厚度或外侧悬臂板实际宽度中的较小者之和。

此外，《公路桥规》还规定，计算超静定梁内力时，T形梁受压翼缘的计算宽度取实际全宽度。

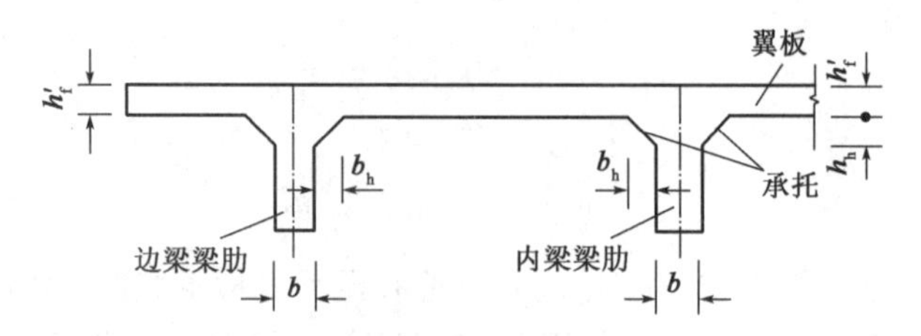

图3-33　T形截面受压翼板有效宽度计算示意图

3.6.1　基本计算公式及适用条件

T形截面按受压区高度的不同可分为两类：受压区高度在翼板厚度内，即$x\leqslant h_f'$[图3-34a)]，为第一类T形截面；受压区已进入梁肋，即$x>h_f'$[图3-34b)]，为第二类T形截面。

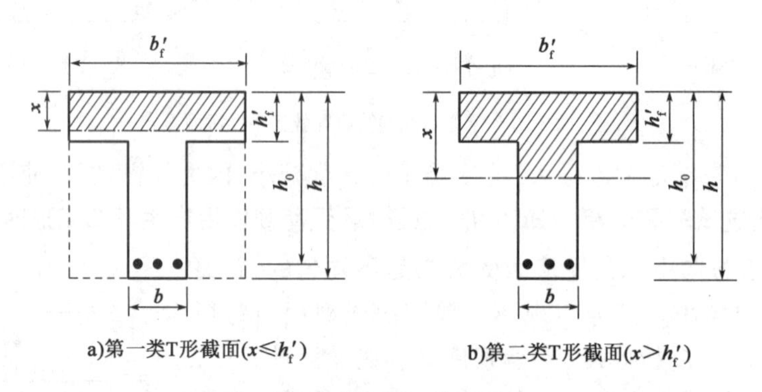

图3-34　两类T形截面

下面介绍这两类单筋T形截面梁正截面抗弯承载力计算基本公式。

1)第一类T形截面

第一类T形截面，其截面受压区高度$x\leqslant h_f'$。此时，截面虽为T形，但受压区形状为宽b_f'的矩形，而受拉区截面形状与截面抗弯承载力无关，故以宽度为b_f'的矩形截面进行抗弯承载力计算，计算时只需将单筋矩形截面公式中梁宽 b 以翼板有效宽度 b_f' 置换即可。

由截面平衡条件（图 3-35）可得到基本计算公式为

$$f_{cd}b_f'x = f_{sd}A_s \tag{3-31}$$

$$M_u = f_{cd}b_f'x\left(h_0 - \frac{x}{2}\right) \tag{3-32}$$

$$M_u = f_{sd}A_s\left(h_0 - \frac{x}{2}\right) \tag{3-33}$$

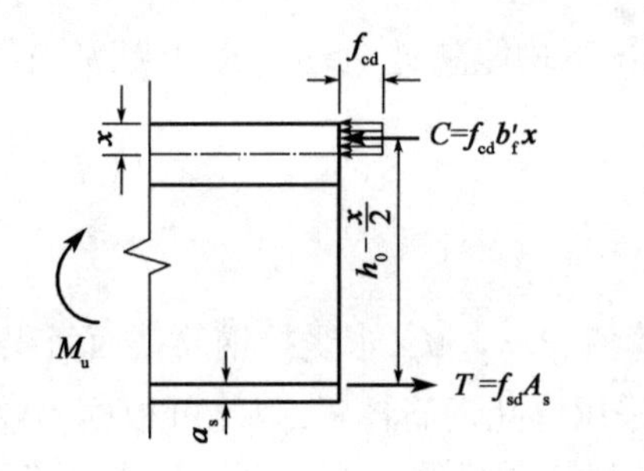

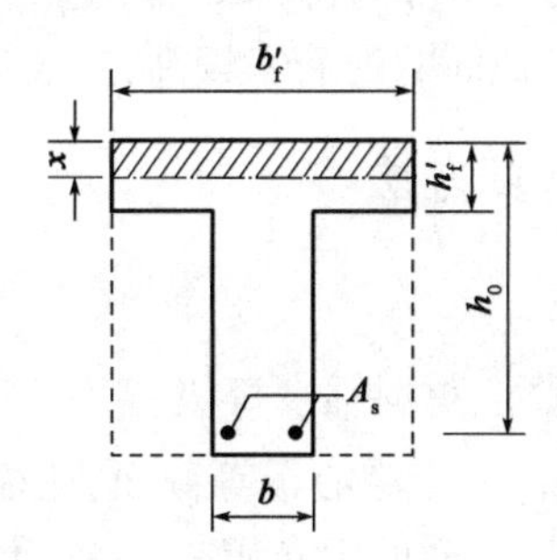

图 3-35　第一类 T 形截面抗弯承载力计算图式

基本公式适用条件为：

（1）$x \leqslant \xi_b h_0$

第一类 T 形截面的 $x = \xi h_0 \leqslant h_f'$，即 $\xi \leqslant \frac{h_f'}{h_0}$。由于一般 T 形截面的 $\frac{h_f'}{h_0}$ 较小，因而 ξ 值也小，所以一般均能满足这个条件。

（2）$\rho > \rho_{min}$

这里的 $\boldsymbol{\rho = \frac{A_s}{bh_0}}$，**$b$ 为 T 形截面的梁肋宽度**。最小配筋率 ρ_{min} 是根据开裂后梁截面的抗弯承载力应等于同样截面的素混凝土梁抗弯承载力这一条件得出的，而素混凝土梁的抗弯承载力主要取决于受拉区混凝土的强度等级。素混凝土 T 形截面梁的抗弯承载力与高度为 h、宽度为 b 的矩形截面素混凝土梁的抗弯承载力相接近，因此，在验算 T 形截面的 ρ_{min} 值时，近似地取梁肋宽 b 来计算。

2）第二类 T 形截面

第二类 T 形截面的受压区高度 $x > h_f'$，受压区为 T 形（图 3-36）。

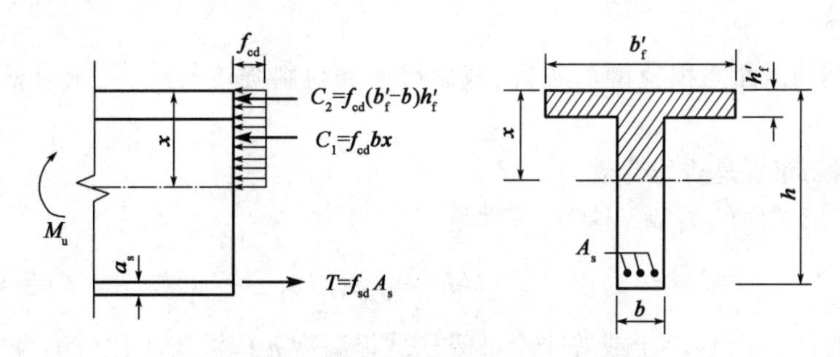

图 3-36　第二类 T 形截面抗弯承载力计算图式

由于受压区为 T 形，故一般将受压区混凝土压应力的合力分为两部分求得：一部分是宽

度为肋宽 b、高度为 x 的矩形,其合力 $C_1=f_{cd}bx$;另一部分是宽度为 b'_f-b、高度为 h'_f的矩形,其合力 $C_2=f_{cd}h'_f(b'_f-b)$。由图 3-36 的截面平衡条件可得到第二类 T 形截面的基本计算公式为

$$C_1+C_2=T \qquad f_{cd}bx+f_{cd}h'_f(b'_f-b)=f_{sd}A_s \tag{3-34}$$

$$\Sigma M=0 \qquad M_u=f_{cd}bx(h_0-\frac{x}{2})+f_{cd}(b'_f-b)h'_f(h_0-\frac{h'_f}{2}) \tag{3-35}$$

基本公式适用条件为①$x\leqslant\xi_b h_0$;②$\rho\geqslant\rho_{min}$。

第二类 T 形截面的配筋率较高,一般情况下均能满足 $\rho\geqslant\rho_{min}$的要求,故可不必进行验算。

3.6.2 计算方法

1)截面设计

已知截面尺寸、材料强度等级、弯矩计算值 $M=\gamma_0M_d$,求受拉钢筋截面面积 A_s。

(1)假设 a_s。对于空心板等截面,往往采用绑扎钢筋骨架,因此可根据等效工字形截面下翼板厚度 h_f,在实际截面中布置一层或两层钢筋来假设 a_s 值,这与前述单筋矩形截面相同。对于预制或现浇 T 形梁,往往多用焊接钢筋骨架,由于多层钢筋的叠高一般不超过(0.15 ~ 0.2)h,当采用箍筋(HPB300)直径为 8mm 时,可假设 $a_s=c_{min}+8mm+(0.07\sim0.1)h$,这样可得到有效高度 $h_0=h-a_s$。

(2)判定 T 形截面类型。由基本公式可见,当截面受压区高度等于受压翼板厚度,即$x=h'_f$时,为两类 T 形截面的界限情况。显然,若满足

$$M\leqslant f_{cd}b'_fh'_f(h_0-\frac{h'_f}{2}) \tag{3-36}$$

即弯矩计算值 M 小于或等于全部翼板高度 h'_f受压混凝土合力产生的力矩,则 $x\leqslant h'_f$,属于第一类 T 形截面,否则属于第二类 T 形截面。

(3)当为第一类 T 形截面时,由式(3-32)求得受压区高度 x,再由式(3-31)求所需的受拉钢筋面积 A_s。

(4)当为第二类 T 形截面时,由式(3-35)求受压区高度 x 并满足 $h'_f<x\leqslant\xi_bh_0$,再将各已知值及 x 值代入式(3-34)求得所需受拉钢筋面积 A_s。

(5)选择钢筋直径和数量,按照构造要求进行布置。

2)截面复核

已知受拉钢筋截面面积及钢筋布置、截面尺寸和材料强度等级,要求复核截面的抗弯承载力。

(1)检查钢筋布置是否符合规范要求。

(2)判定 T 形截面的类型。这时,若满足

$$f_{cd}b'_fh'_f\geqslant f_{sd}A_s \tag{3-37}$$

即钢筋所承受的拉力 $f_{sd}A_s$ 小于或等于全部受压翼板高度 h'_f内混凝土压应力合力$f_{cd}b'_fh'_f$,则 $x\leqslant h'_f$,属于第一类 T 形截面,否则属于第二类 T 形截面。

(3)当为第一类 T 形截面时,由式(3-31)求得受压区高度 x 并满足 $x\leqslant h'_f$,再将各已知值

及 x 值代入式(3-32)或式(3-33),求得的正截面抗弯承载力必须满足 $M_u \geq M$。

(4)当为第二类T形截面时,由式(3-34)求得受压区高度 x 并满足 $h'_f < x < \xi_b h_0$,再将各已知值及 x 值代入式(3-35),求得的正截面抗弯承载力必须满足 $M_u \geq M$。

例3-6　工厂预制钢筋混凝土简支T梁截面高度 $h = 1.30$m,翼板有效宽度 $b'_f = 1.60$m(预制宽度1.58m),C30混凝土,纵向受力钢筋为HRB400级钢筋,箍筋(HPB300)直径拟采用8mm。Ⅱ类环境条件,设计使用年限100年,安全等级为一级。跨中截面弯矩设计值 M_d = 2000kN·m。试进行配筋(焊接钢筋骨架)计算及截面复核。

解:由附表1-1、附表1-3查得 $f_{cd} = 13.8$MPa,$f_{td} = 1.39$MPa,$f_{sd} = 330$MPa。$\xi_b = 0.53$,$\gamma_0 = 1.1$,弯矩计算值 $M = \gamma_0 M_d = 1.1 \times 2000 = 2200$kN·m。

为了便于进行计算,将图3-37a)的实际T形截面换成图3-37b)所示的计算截面,$h'_f = \dfrac{100+140}{2} = 120$(mm),其余尺寸不变。

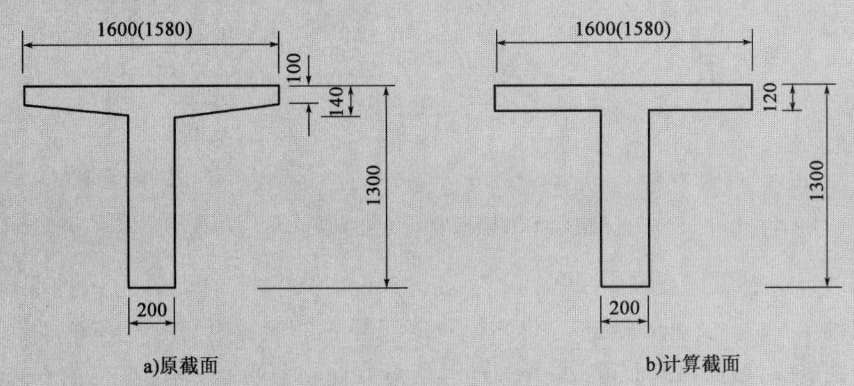

图3-37　例3-6图(尺寸单位:mm)

(1)截面设计

①由已知的环境类别等查附表1-7得到要求的混凝土保护层最小厚度为30mm,由于T形梁采用工厂预制,按附表1-7的"注"可减少5mm,故本例采用混凝土保护层最小厚度 c_{min} = 25mm。因采用的是焊接钢筋骨架,故设 $a_s = c_{min} + 8\text{mm} + 0.07h = 25 + 8 + 0.07 \times 1300 = 124$(mm),则截面有效高度 $h_0 = 1300 - 124 = 1176$(mm)。

②判定T形截面类型。

$$f_{cd}b'_f h'_f\left(h_0 - \frac{h'_f}{2}\right) = 13.8 \times 1600 \times 120 \times \left(1176 - \frac{120}{2}\right)$$

$$= 2956.95 \times 10^6 (\text{N} \cdot \text{mm})$$

$$= 2956.95\text{kN} \cdot \text{m} > M(= 2200\text{kN} \cdot \text{m})$$

故属于第一类T形截面。

③求截面受压区高度。由式(3-32)可得到

$$2200 \times 10^6 = 13.8 \times 1600x\left(1176 - \frac{x}{2}\right)$$

整理后得到方程:$x^2 - 2325x + 199275 = 0$,解方程得到合适解为 $x = 88$(mm) $< h'_f$ (= 120mm),确为第一类T形截面。

④求受拉钢筋面积 A_s。将各已知值及 $x=88\text{mm}$ 代入式(3-31),可得到

$$A_s=\frac{f_{cd}b_f'x}{f_{sd}}=\frac{13.8\times1600\times88}{330}=5888(\text{mm}^2)$$

现选择钢筋为 8 ⌀28 +4 ⌀18,截面面积 $A_s=5944\text{mm}^2$,钢筋叠高层数为 6 层,截面布置见图 3-38。

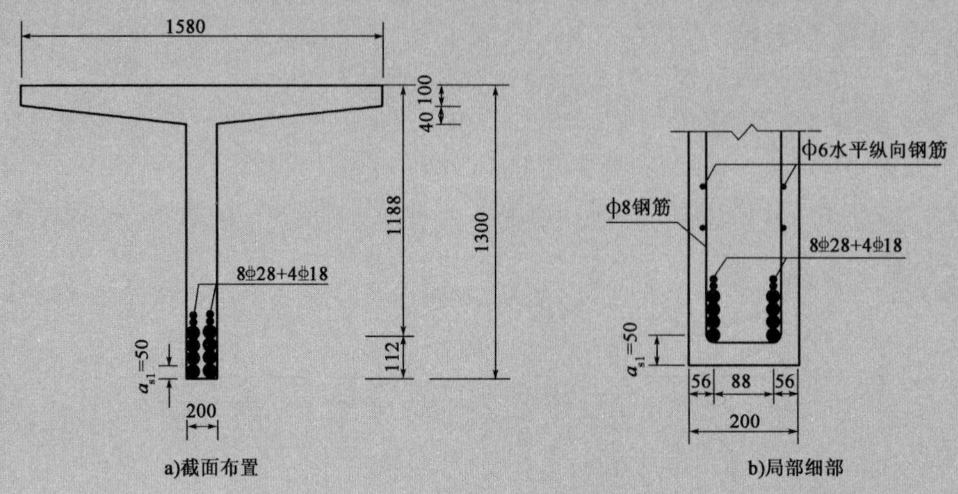

图 3-38 钢筋布置图(尺寸单位:mm)

截面最下一层纵向受拉钢筋的 a_s 为 $a_{s1}=50\text{mm}$,则箍筋的混凝土保护层厚度 $c_2=50-31.6/2-8=26.2(\text{mm})>25\text{mm}$。本例钢筋混凝土 T 形梁截面的肋两侧要沿梁高设置水平纵向钢筋,对截面横向而言,水平纵向钢筋为最外侧钢筋,设钢筋直径为 6mm,纵向受拉钢筋⌀28 截面重心距 T 梁肋板截面侧边缘距离为 56mm,箍筋直径为 8mm,则水平纵向钢筋⌀6 的混凝土保护层厚度为 $c_3=56-31.6/2-8-6=26.2(\text{mm})>25\text{mm}$,满足要求。钢筋间横向最小净距为 $88-31.6=56.4(\text{mm})>40\text{mm}$ 及 $1.25d(=1.25\times28=35\text{mm})$,满足要求。

(2)截面复核

已设计的纵向受拉钢筋中,8 ⌀28 的面积为 4926 mm²,4 ⌀18 的面积为 1018 mm²,$f_{sd}=330\text{MPa}$,由图 3-38 钢筋布置图可求得 a_s,即

$$a_s=\frac{4926(50+1.5\times31.6)+1018(50+3.5\times31.6+20.5)}{4926+1018}=112(\text{mm})$$

则实际有效高度 $h_0=1300-112=1188(\text{mm})$。

①判定 T 形截面类型

由式(3-37)计算

$$f_{cd}b_f'h_f'=13.8\times1600\times120=2.65\times10^6(\text{N})=2650\text{kN}$$

$$f_{sd}A_s=330\times(4926+1018)=1.962\times10^6(\text{N})=1962\text{kN}$$

由于 $f_{cd}b_f'h_f'>f_{sd}A_s$,故为第一类 T 形截面。

②求截面受压区高度 x

由式(3-31)求 x,即

$$x=\frac{f_{sd}A_s}{f_{cd}b'_f}=\frac{330\times5944}{13.8\times1600}=88.8(\text{mm})<h'_f(=120\text{mm})$$

③计算正截面抗弯承载力

由式(3-32)求得正截面抗弯承载力 M_u 为

$$M_u=f_{cd}b'_fx(h_0-\frac{x}{2})$$
$$=13.8\times1600\times88.8\times(1188-\frac{88.8}{2})$$
$$=2242.3\times10^6(\text{N}\cdot\text{mm})$$
$$=2242.3\text{kN}\cdot\text{m}>M(=2200\text{kN}\cdot\text{m})$$

截面复核满足要求。

例 3-7　预制的钢筋混凝土简支空心板,计算截面尺寸如图 3-39a)所示。计算宽度 $b'_f=1\text{m}$,截面高度 $h=460\text{mm}$。C30 混凝土,纵向受力钢筋为 HRB500 级钢筋,采用箍筋为 HPB300(直径 8mm)。Ⅰ类环境条件,设计使用年限 50 年。弯矩计算值 $M=520\text{kN}\cdot\text{m}$。试进行配筋计算。

解:由附表 1-1、附表 1-3、表 3-2 查得 $f_{cd}=13.8\text{MPa}$,$f_{sd}=415\text{MPa}$,$\xi_b=0.49$。

为了计算方便,先将空心板截面换算成等效的工字形截面。因本例情况与图 3-31 相同,且 $y_1=y_2=460/2=230(\text{mm})$,故直接可得到如图 3-39b)所示的等效工字形截面尺寸。

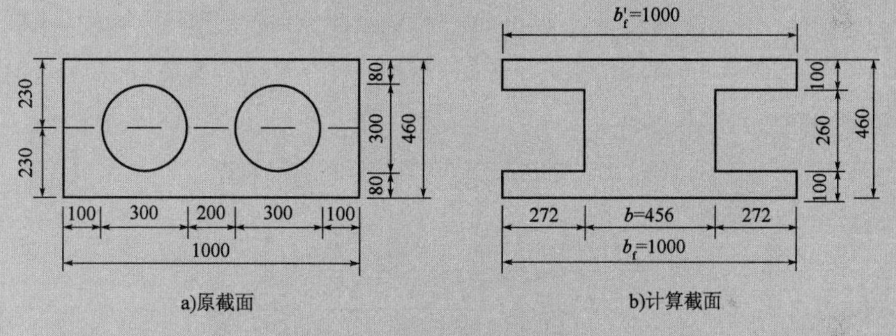

图 3-39　例 3-7 图(尺寸单位:mm)

等效工字形截面的上翼板厚度 h'_f 和下翼板厚度 h_f 分别为

$$h'_f=y_1-\frac{\sqrt{3}}{4}D=230-\frac{\sqrt{3}}{4}\times300\approx100(\text{mm})$$

$$h_f=y_2-\frac{\sqrt{3}}{4}D=230-\frac{\sqrt{3}}{4}\times300\approx100(\text{mm})$$

腹板厚度为

$$b=b_f-\frac{\sqrt{3}}{3}\pi D=1000-\frac{\sqrt{3}}{3}\times3.14\times300\approx456(\text{mm})$$

(1)由已知的环境类别等查附表 1-7 得到混凝土保护层最小厚度 $c_{min}=20\text{mm}$,空心板采用绑扎钢筋骨架,一层受拉主筋,故假设 $a_s=c_{min}+20=40\text{mm}$,则截面有效高度为 $h_0=460-$

40 =420(mm)。

(2)判定T形截面类型,由式(3-36)的右边可得到

$$f_{cd}b_f'h_f'(h_0 - \frac{h_f'}{2}) = 13.8 \times 1000 \times 100 \times (420 - \frac{100}{2})$$
$$= 510.6 \times 10^6 (\text{N} \cdot \text{mm})$$
$$= 510.6\text{kN} \cdot \text{m} < M(=520\text{kN} \cdot \text{m})$$

故属于第二类T形截面。

(3)求截面受压区高度 x,这时取 $M_u = M = 520\text{kN} \cdot \text{m}$,由式(3-35)可得到

$$520 \times 10^6 = 13.8 \times 456x(420 - \frac{x}{2}) + 13.8 \times (1000 - 456) \times 100 \times (420 - \frac{100}{2})$$

整理后得到:$x^2 - 840x + 76987.54 = 0$,解方程得到合适解为 $x = 104.7(\text{mm}) > h_f'$ $(=100\text{mm})$,确为第二类T形截面。同时计算得到的 $x < \xi_b h_0 (=205.8\text{mm})$。

(4)纵向受拉钢筋面积 A_s 计算,由式(3-34)得到所需的钢筋面积为

$$A_s = \frac{f_{cd}bx + f_{cd}h_f'(b_f' - b)}{f_{sd}}$$
$$= \frac{13.8 \times 456 \times 104.7 + 13.8 \times 100 \times (1000 - 456)}{415}$$
$$= 3396.57(\text{mm}^2)$$

现选择公称直径 $d = 20\text{mm}$ 钢筋,取12 Φ20($A_s = 3769\text{mm}^2$),空心板截面上纵向受拉钢筋布置见图3-40。由图3-40可见 $a_s = 40\text{mm}$,则箍筋混凝土保护层厚度 $c_2 = 40 - (22.7/2) - 8 = 20.7(\text{mm}) > c_{min}(=20\text{mm})$ 满足要求;钢筋间横向最小净距 $s_n = 55 - 22.7 = 32.3(\text{mm}) > 30\text{mm}$ 及 $d = 20\text{mm}$,也满足要求。

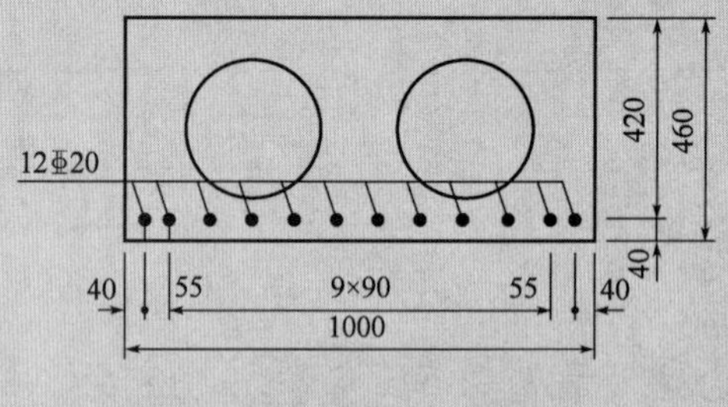

图3-40 钢筋布置图(尺寸单位:mm)

【复习思考题与习题】

3-1 试比较图3-4和图3-5,说明钢筋混凝土板与钢筋混凝土梁钢筋布置的特点。

3-2 什么是受弯构件截面纵向受拉钢筋的配筋率?在截面配筋率的表达式中,h_0 的含义是什么?

3-3 为什么钢筋要有足够的混凝土保护层厚度?钢筋的最小混凝土保护层厚度的选择

应考虑哪些因素?

3-4 参照图3-7,试说明规定各主钢筋横向净距和层与层之间竖向净距的原因。

3-5 钢筋混凝土适筋梁正截面受力全过程可划分为几个阶段?各阶段受力的主要特点是什么?

3-6 什么是钢筋混凝土少筋梁、适筋梁和超筋梁?各自有什么样的破坏形态?为什么把少筋梁和超筋梁都称为脆性破坏?

3-7 当钢筋混凝土适筋梁的受拉钢筋屈服后能否再增加荷载?为什么?当少筋梁的受拉钢筋屈服后能否再增加荷载?

3-8 钢筋混凝土受弯构件正截面承载力计算有哪些基本假定?其中的"平截面假定"与均质弹性材料(例如钢)受弯构件计算的平截面假定情况有何不同?

3-9 什么是钢筋混凝土受弯构件的截面相对受压区高度和相对界限受压区高度ξ_b?ξ_b在正截面承载力计算中起什么作用?ξ_b取值与哪些因素有关?

3-10 在什么情况下可采用钢筋混凝土双筋截面梁?为什么双筋截面梁一定要采用封闭式箍筋?截面受压区的钢筋设计强度是如何确定的?

3-11 钢筋混凝土双筋截面梁正截面承载力计算公式的适用条件是什么?试说明原因。

3-12 钢筋混凝土双筋截面梁在正截面受弯承载力计算中,若受压区钢筋A_s'已知,应当如何求解所需的受拉区钢筋A_s的数量?

3-13 什么是T形梁受压翼板的有效宽度?《公路桥规》对T形梁的受压翼板有效宽度取值有何规定?

3-14 在截面设计时,如何判别两类T形截面?在截面复核时又如何判别?

3-15 试根据3.6.2节的内容,写出T形截面梁正截面受弯设计和截面复核计算的流程图。

3-16 截面尺寸$b \times h = 200\text{mm} \times 500\text{mm}$的钢筋混凝土矩形截面梁,采用C30混凝土和HPB300级钢筋,箍筋直径8mm(HPB300级钢筋)。Ⅰ类环境条件,安全等级为二级,设计使用年限50年,最大弯矩设计值$M_d = 145\text{kN} \cdot \text{m}$。试进行截面设计(单筋截面)。

3-17 截面尺寸$b \times h = 200\text{mm} \times 450\text{mm}$的钢筋混凝土矩形截面梁,工厂预制,采用C30混凝土和HRB400级钢筋(3 ⏀16),箍筋直径8mm(HPB300级钢筋),截面受拉钢筋布置见图3-41。Ⅱ类环境条件,设计使用年限100年,安全等级为二级。弯矩计算值$M = \gamma_0 M_d = 66\text{kN} \cdot \text{m}$。复核截面是否安全?

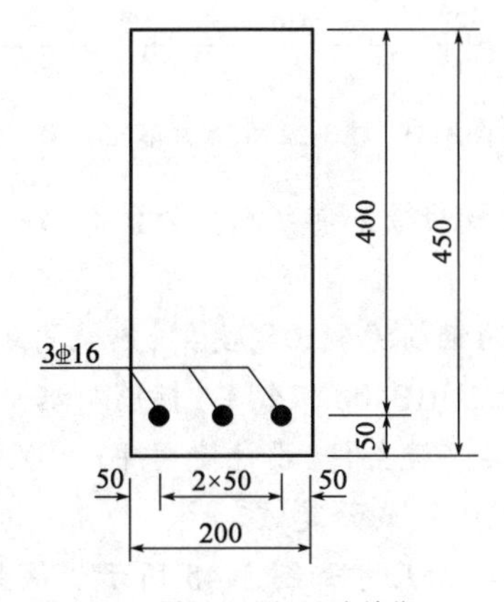

图3-41 题3-17图(尺寸单位:mm)

3-18　试对例3-1的截面设计结果进行截面复核计算。

3-19　图3-42为一钢筋混凝土悬臂板，试画出受力主钢筋位置示意图。悬臂板根部截面高度为140mm，C30混凝土和HRB400级钢筋，主钢筋拟一层布置，公称直径不大于16mm，分布钢筋采用直径8mm的HPB300级钢筋。Ⅰ类环境条件，设计使用年限50年，安全等级为二级；悬臂板根部截面单位宽度的最大弯矩设计值$M_d = -12.9\text{kN}\cdot\text{m}$。试进行截面设计并复核截面。

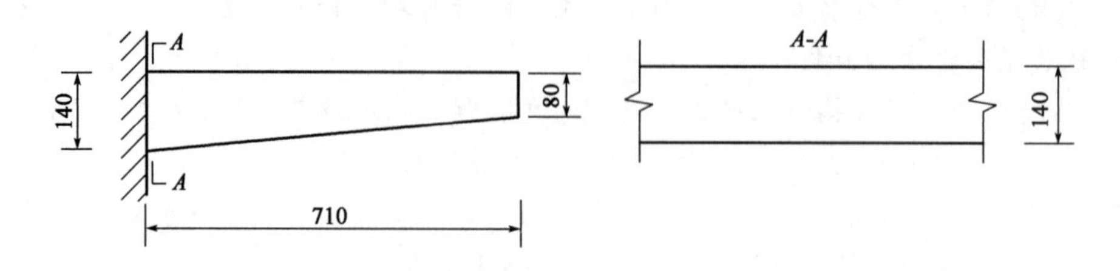

图3-42　题3-19图(尺寸单位:mm)

3-20　截面尺寸$b \times h = 200\text{mm} \times 450\text{mm}$的钢筋混凝土矩形截面梁，采用C30混凝土和HRB400级钢筋，箍筋采用HPB300级钢筋(直径8mm)；Ⅰ类环境条件，设计使用年限100年，安全等级为一级；最大弯矩设计值$M_d = 190\text{kN}\cdot\text{m}$。试按双筋截面求所需的钢筋截面面积并进行截面布置。

3-21　已知条件与题3-20相同。由于构造要求，截面受压区已配置了3⌀18的钢筋，$a'_s = 42\text{mm}$。试求所需的受拉钢筋截面面积。

3-22　图3-43所示为装配式T形截面简支梁桥横向布置图，简支梁的计算跨径为24.20m。试求边梁和中梁受压翼板的有效宽度b'_f。

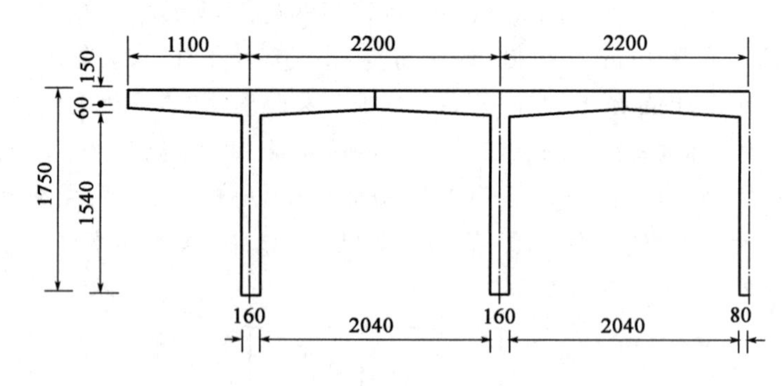

图3-43　题3-22图(尺寸单位:mm)

3-23　两类钢筋混凝土T形截面梁如何判别？为什么第一类T形截面可按$b'_f \times h$的矩形截面计算？

3-24　计算跨径$L = 12.6\text{m}$的钢筋混凝土简支梁，中梁间距为2.1m，截面尺寸及钢筋截面布置如图3-44所示。C30混凝土，HRB400级钢筋，箍筋与水平纵向钢筋均采用HPB300级钢筋，直径分别为8mm和6mm；Ⅰ类环境条件，设计使用年限100年，安全等级为二级；截面最大弯矩设计值$M_d = 1187\text{kN}\cdot\text{m}$。试进行截面复核。

3-25　钢筋混凝土空心板的截面尺寸如图3-45所示。试做出其等效的工字形截面。

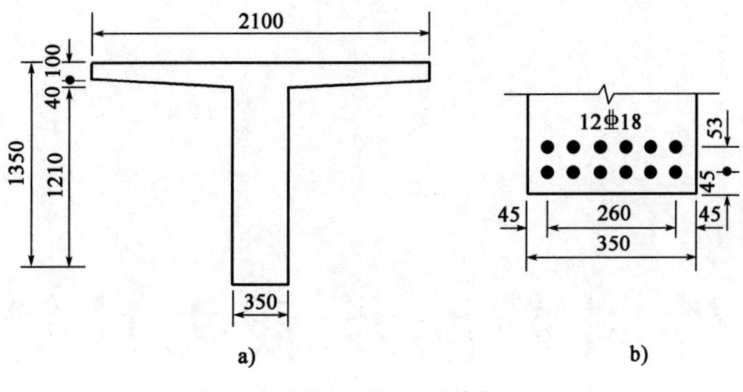

图 3-44　题 3-24 图(尺寸单位:mm)

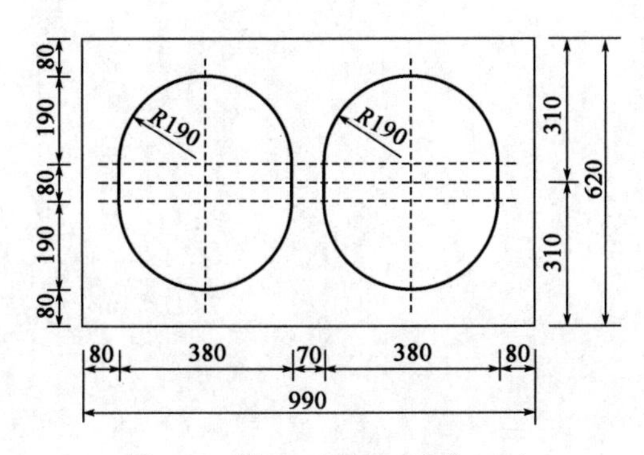

图 3-45　题 3-25 图(尺寸单位:mm)

第4章

受弯构件斜截面承载力计算

受弯构件在荷载作用下,各截面上除产生弯矩外,一般同时还有剪力。在钢筋混凝土受弯构件设计中,首先应使构件的截面具有足够的抗弯承载力,即必须进行正截面抗弯承载力计算,这在第3章中已介绍过。此外,**在剪力和弯矩共同作用的区段,有可能发生沿斜截面的破坏,故受弯构件还必须进行斜截面承载力计算。**

本章主要讨论钢筋混凝土受弯构件斜截面承载力的计算。

4.1 受弯构件斜截面受力特点和破坏形态

在第3章受弯构件的构造中,介绍过钢筋混凝土梁设置的箍筋和弯起(斜)钢筋都起抗剪作用。一般把箍筋和弯起(斜)钢筋统称为梁的腹筋。把配有纵向受力钢筋和腹筋的梁称为有腹筋梁,而把仅有纵向受力钢筋而不设腹筋的梁称为无腹筋梁。在对受弯构件斜截面受力分析中,为了便于探讨剪切破坏的特性,常以无腹筋梁为基础,再引申到有腹筋梁。

4.1.1 无腹筋简支梁斜裂缝出现前后的受力状态

图4-1为一无腹筋简支梁,作用有两个对称的集中荷载。*CD* 段称为纯弯段;*AC* 段和 *DB*

段内的截面上既有弯矩 M 又有剪力 V,故称为剪弯段。

当梁上荷载作用较小时,裂缝尚未出现,钢筋和混凝土的应力—应变关系都处在弹性阶段,所以,把梁近似看作匀质弹性体,可用材料力学方法来分析它的应力状态。

在剪弯区段截面上任意一点都有剪应力和正应力存在,由单元体应力状态可知,它们的共同作用将产生主拉应力 σ_{tp} 和主压应力 σ_{cp}。图 4-1 即为这种情况下无腹筋简支梁的主应力轨迹线。

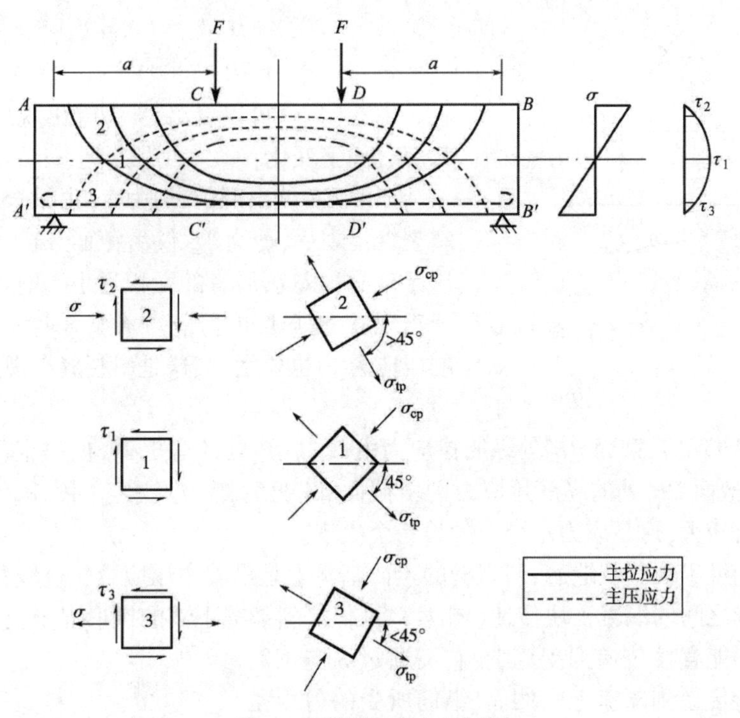

图 4-1　无腹筋梁的主应力分布

从主应力轨迹线可以看出,剪弯区段主拉应力方向是倾斜的,与梁轴线的交角约为 45°,而在梁的下边缘,主拉应力方向接近水平。在矩形截面梁中,主拉应力的数值是沿着某一条主拉应力轨迹线自上向下逐步增大的。

混凝土的抗压强度较高,但其抗拉强度较低。在梁的剪弯段中,当主拉应力超过混凝土的极限抗拉强度时,就会出现斜裂缝。

梁的剪弯段出现斜裂缝后,截面的应力状态发生了质变,或者说发生了应力重分布。这时,不能用材料力学公式来计算梁截面上的正应力和剪应力,因为这时梁已不再是完整的匀质弹性梁了。

图 4-2 为无腹筋梁出现斜裂缝后的隔离体。现取左边五边形 $AA'BCD$ 隔离体[图 4-2b)]来分析它的平衡状态。在隔离体上,外荷载在斜截面 $AA'B$ 上引起的弯矩为 M_A、剪力为 V_A,而斜截面上的抵抗力有:

(1)斜截面顶端混凝土剪压面 AA' 上的压力 D_c 和剪力 V_c。

(2)纵向钢筋的拉力 T_s。

(3)在梁的变形过程中,斜裂缝的两边将发生相对剪切位移,使斜裂缝面上产生摩擦力以及集料凹凸不平相互间的咬合力,它们的合力为 S_a。

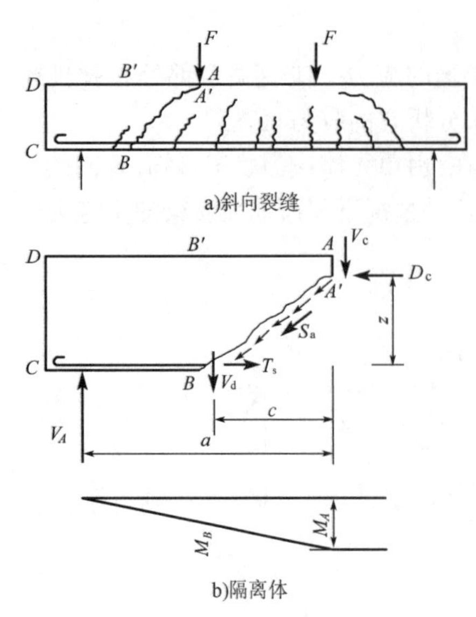

图 4-2　无腹筋梁出现斜裂缝后的隔离体图

(4)由于斜裂缝两边有相对的上下错动,从而使纵向受拉钢筋受剪,通常称为纵筋的销栓力 V_d。

集料咬合力和销栓力都难以定量估计,而且随斜裂缝的开展不断变化。为简化分析,S_a 和 V_d 都不予考虑,根据平衡条件可写出。

$$\left.\begin{aligned}\sum X=0 \qquad & D_c=T_s\\ \sum Y=0 \qquad & V_A=V_c\\ \sum M=0 \qquad & V_A\cdot a=T_s\cdot z\end{aligned}\right\}\tag{4-1}$$

由式(4-1)可以看出,斜裂缝出现后,梁内的应力状态有如下变化:

(1)斜裂缝出现前,剪力 V_A 由梁全截面抵抗。但斜裂缝出现后,剪力 V_A 仅由截面 AA'(称剪压面或剪压区截面)抵抗,后者的面积远小于前者。所以,斜裂缝出现后,剪压区的剪应力 τ 显著增大;同时,剪压区的压应力 σ 也要增大,这是斜裂缝出现后应力重分布的一个表现。

(2)斜裂缝出现前,截面 BB'处纵筋拉应力由截面 BB'处的弯矩 M_B 所决定,其值较小。在斜裂缝出现后,截面 BB'处的纵筋拉应力则由截面 AA'处弯矩 M_A 决定。因 M_A 远大于 M_B,故纵筋拉应力显著增大,这是应力重分布的另一个表现。

无腹筋梁相继出现斜裂缝后,斜裂缝的走向基本上是沿着主压应力轨迹线,主压应力还能继续沿着斜裂缝之间的混凝土块传递(图 4-3)。但是斜裂缝下部的拱形混凝土块体Ⅱ所传递的主压应力则不能直接传递到支座上,它需通过纵向钢筋的销栓作用才能传递到支座上。然而,纵筋所受的剪力稍大就会使混凝土沿纵筋撕裂破坏,故纵筋销栓作用并不能充分发挥,因此块体Ⅱ所传的力很小,主要依靠块体Ⅰ来传递主压应力。这时梁的受力状态可看作一个设拉杆的拱结构,斜裂缝顶部的残余截面为拱顶,纵筋为拉杆,拱顶至支座间的斜面向受压,混凝土为拱体。当拱顶或拱体的混凝土抗压强度不足时,梁截面就会发生破坏,这就是无腹筋梁沿斜截面破坏的拱机理。

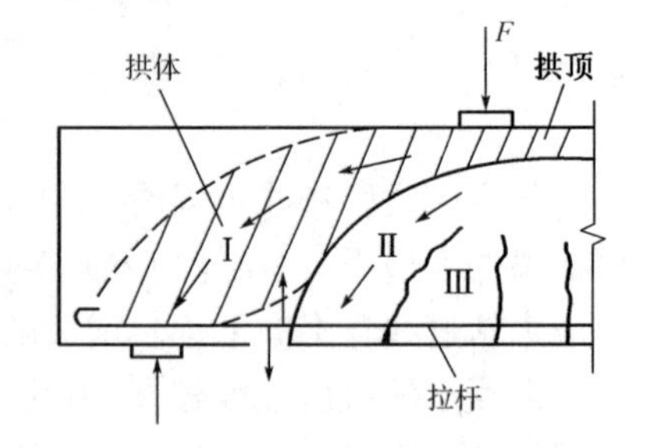

图 4-3　无腹筋梁沿斜截面破坏的拱机理示意图

4.1.2　无腹筋简支梁斜截面破坏形态

在讨论无腹筋简支梁斜截面破坏形态之前,有必要引出“剪跨比”的概念。**剪跨比是一个无量纲常数,用 $m=\frac{M}{Vh_0}$ 来表示,此处 M 和 V 分别为剪弯区段中某个竖直截面的弯矩和剪力,h_0 为截面有效高度。**一般把 m 的这个表达式称为“广义剪跨比”。对于集中荷载作用下的简支梁(图 4-1),则可用更为简便的形式来表达。例如图 4-1 中 CC'截面的剪跨比 $m=\frac{M_C}{V_Ch_0}=$

$\frac{a}{h_0}$,其中 a 为集中力作用点至简支梁最近的支座之间的距离,称为“剪跨”。有时称 $m=\frac{a}{h_0}$为“狭义剪跨比”。

试验研究表明,随着剪跨比 m 的变化,无腹筋简支梁沿斜截面破坏的主要形态有以下三种。

1)斜拉破坏[图4-4a)]

在荷载作用下,梁的剪跨段产生由梁底竖向裂缝沿主压应力轨迹线向上延伸发展而成的斜裂缝。其中,有一条主要斜裂缝(又称临界斜裂缝)很快形成,并迅速伸展至荷载垫板边缘而使梁体混凝土裂通,梁被撕裂成两部分而丧失承载力;同时,沿纵向钢筋往往伴随产生水平撕裂裂缝。这种破坏称为**斜拉破坏**。这种破坏**发生突然,破坏荷载等于或略高于主要斜裂缝出现时的荷载,破坏面较整齐,无混凝土压碎现象,这种破坏往往发生于剪跨比较大($m>3$)时**。

2)剪压破坏[图4-4b)]

随着荷载的增大,梁的剪弯区段内陆续出现几条斜裂缝,其中一条发展成为临界斜裂缝。临界斜裂缝出现后,梁承受的荷载还能继续增加,而斜裂缝伸展至荷载垫板下,直到斜裂缝顶端(剪压区)的混凝土在正应力 σ_x、剪应力 τ 及荷载引起的竖向局部压应力 σ_y 的共同作用下被压酥而破坏。破坏处可见到很多平行的斜向短裂缝和混凝土碎渣。这种破坏称为**剪压破坏,多见于剪跨比为 $1\leqslant m\leqslant3$ 的情况中**。

3)斜压破坏[图4-4c)]

当剪跨比较小($m<1$)时,首先是荷载作用点和支座之间出现一条斜裂缝,然后出现若干条大体相平行的斜裂缝,梁腹被分割成若干个倾斜的小柱体。随着荷载增大,梁腹发生类似混凝土棱柱体被压坏的情况,**破坏时斜裂缝多而密,但没有主裂缝,故称为斜压破坏**。

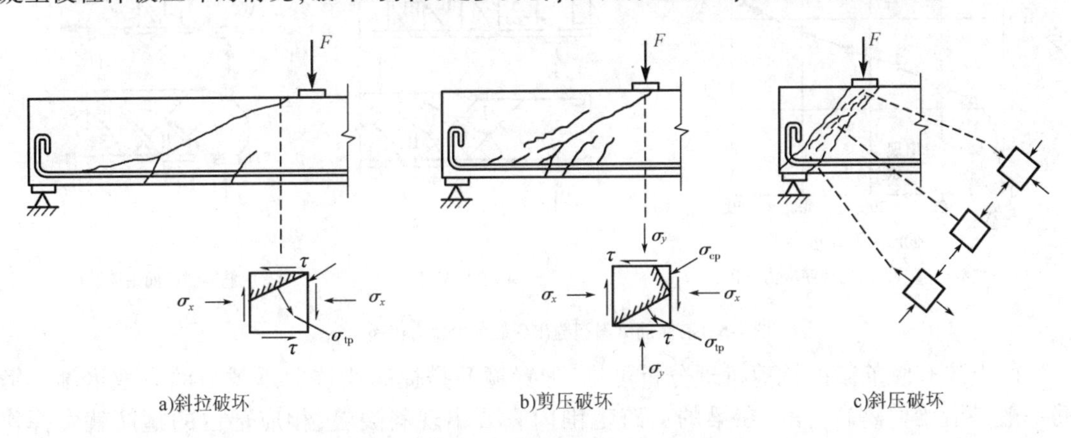

a)斜拉破坏　　b)剪压破坏　　c)斜压破坏

图4-4　斜截面破坏形态

总的来看,不同剪跨比无腹筋简支梁的破坏形态虽有不同,但荷载达到峰值时梁的跨中挠度都不大,而且**破坏较突然,均属于脆性破坏**,而其中斜拉破坏最为明显。

4.1.3　有腹筋简支梁斜裂缝出现后的受力状态

当梁中配置箍筋或弯起钢筋后,有腹筋梁中力的传递和抗剪机理将发生较大的变化。

对于有腹筋梁,在荷载作用较小、斜裂缝出现之前,腹筋中的应力很小。在配有箍筋试验梁的荷载试验中,观察到的箍筋实测应力很小[图4-5a)]:当荷载 $F=24\text{kN}$ 时,箍筋实测应力仅8MPa。因而,在斜裂缝出现前,箍筋的作用不大,但是,斜裂缝出现后,与斜裂缝相交的箍筋中应力突然增大,起到抵抗梁剪切破坏的作用。

如前所述,对于无腹筋梁,临界斜裂缝出现后其传力体系可以比拟成一组拉杆拱结构(图4-3),它是由一个位于临界斜裂缝上方的基本拱体Ⅰ和临界斜裂缝下方的一组小拱体Ⅱ、Ⅲ组合而成。基本拱体Ⅰ承担了绝大部分剪力,由于它的拱顶部分截面尺寸小,承受的应力很大,成为梁的薄弱环节。基本拱体Ⅰ的其他部分,特别是靠近支座部分,截面面积都较大,因而尚有继续承载的潜力。其他小拱体Ⅱ、Ⅲ所能传递的剪力很小,其实际具有的抗力并未得到充分发挥。箍筋和斜筋的作用改变了这种情况,特别是箍筋的作用。在斜裂缝出现后,腹筋的作用表现在:

(1)把小拱体Ⅱ、Ⅲ向上拉住[图4-5b)],使沿纵向钢筋的撕裂裂缝不发生,从而使纵筋的销栓作用得以发挥,这样,小拱体Ⅱ、Ⅲ就能更多地传递主压应力。

(2)腹筋将小拱体Ⅱ、Ⅲ传递过来的主压应力传到基本拱体Ⅰ上断面尺寸较大的还有潜力的部位上去,这就减轻了基本拱体Ⅰ拱顶处所承压的应力,从而提高梁的抗剪承载力。

(3)腹筋能有效地减小斜裂缝开展宽度,从而提高斜截面上混凝土集料咬合力。

腹筋将被斜裂缝分割的拱形混凝土块体牢固地连接在一起,但箍筋本身并不能把剪力直接传递到支座上。在有腹筋梁中,箍筋、斜筋或弯起钢筋和斜裂缝之间的混凝土块体可比拟成一个拱形桁架[图4-5c)]。在拱形桁架模型中,基本拱体Ⅰ视为拱形桁架的上弦压杆,小拱体Ⅱ、Ⅲ是受压腹杆,纵向钢筋是下弦拉杆,箍筋等腹筋是受拉腹杆。

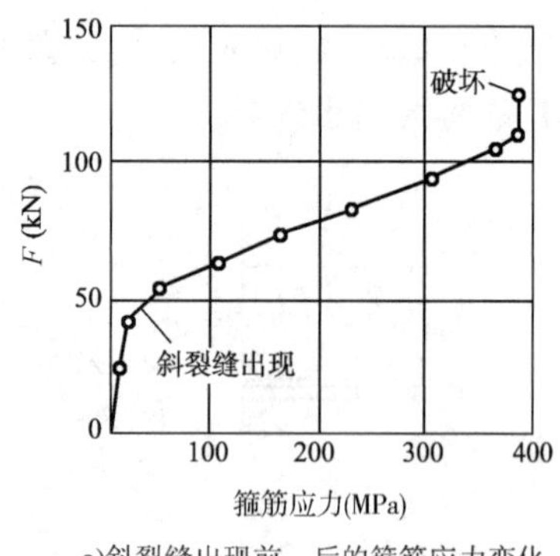

a)斜裂缝出现前、后的箍筋应力变化

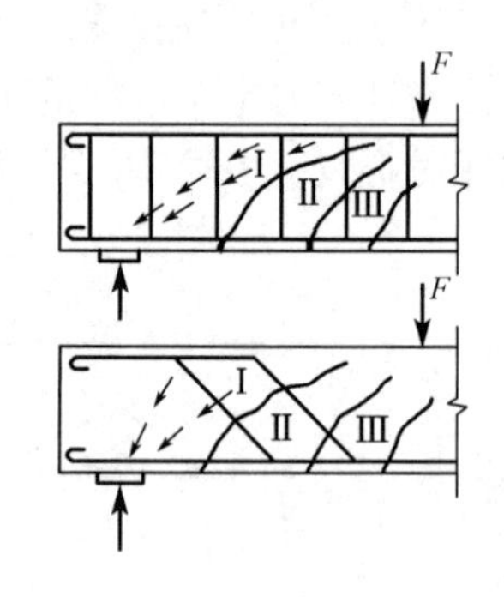

b)腹筋作用

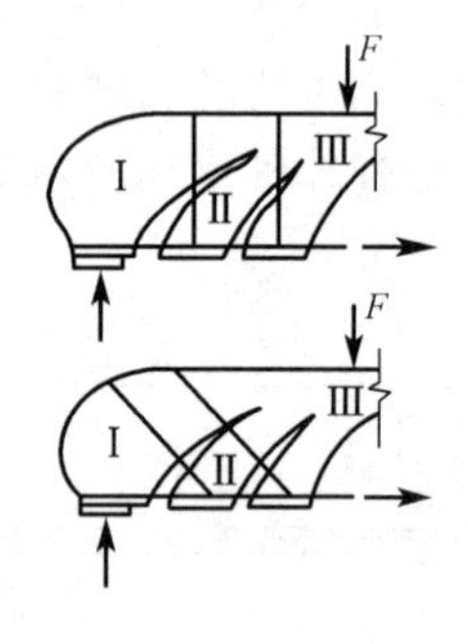

c)有腹筋梁斜截面破坏拱桁架模型

图4-5 有腹筋梁斜裂缝出现后受力及力传递示意图

由上述有腹筋梁的抗剪机理分析可见,配置箍筋是提高梁抗剪承载力的有效措施。箍筋一般是沿梁剪跨布置的,在梁的剪跨范围内只要出现斜裂缝,相应部位的箍筋就发挥作用。弯起钢筋或斜筋只有与临界斜裂缝相交后才能发挥作用,可以提高梁的抗剪承载力。试验证明,梁的抗剪承载力随弯起钢筋面积的加大而提高,两者呈线性关系。弯筋仅在穿越斜裂缝的部位才可能屈服。当弯筋恰好从斜裂缝顶端越过时,因接近受压区,弯筋有可能达不到屈服强度,计算时要考虑这个因素。弯起钢筋虽能提高梁的抗剪承载力,但数量少而面积集中,对限制大范围内的斜裂缝宽度的作用不大,所以,弯筋不宜单独使用,而总是与箍筋联合使用。

设置腹筋的简支梁斜截面剪切破坏形态与无腹筋简支梁一样,也概括为斜拉破坏、斜压破坏和剪压破坏。但是,箍筋的配置数量对有腹筋梁的破坏形态有一定的影响,这在下节详述。

4.2　影响受弯构件斜截面抗剪承载力的主要因素

试验研究表明,影响有腹筋梁斜截面抗剪承载力的主要因素有剪跨比、混凝土强度、纵向受拉钢筋配筋率和箍筋数量及其强度等。

1)剪跨比 m

剪跨比 m 是影响受弯构件斜截面破坏形态和抗剪承载力的主要因素。剪跨比 m 实质上反映了梁内正应力 σ 与剪应力 τ 的相对比值。对弹性匀质材料的矩形截面简支梁,σ 和 τ 可定义为

$$\sigma=\alpha_1\frac{M}{bh_0^2}\qquad\tau=\alpha_2\frac{V}{bh_0}$$

$$\frac{\sigma}{\tau}=\alpha_3 m$$

式中,$\alpha_3=\alpha_1/\alpha_2$;$m=M/(Vh_0)$。

显然,m 不同,σ/τ 也不同,梁内主压应力迹线和主拉应力迹线也是不同的(图4-6)。

图4-7列出一组试验结果。这是一组截面尺寸、纵筋配筋率和混凝土强度基本相同,仅剪跨比变化的无腹筋梁的试验结果。图中的纵标为无量纲的抗剪承载力$\frac{V}{f_c bh_0}$。从图4-7中可以看到,随着剪跨比 m 的加大,破坏形态按斜压、剪压和斜拉的顺序演变,而抗剪承载力逐步降低。当 $m>3$ 后,斜截面抗剪承载力趋于稳定,剪跨比的影响不明显了。

2)混凝土抗压强度 f_{cu}

梁的斜截面破坏是由于混凝土达到相应受力状态下的极限强度而发生的。因此,混凝土的抗压强度对梁的抗剪承载力影响很大。图4-8所示为截面尺寸和纵向受力钢筋配筋率相同的5组试验梁的试验结果。由图4-8可见,梁的抗剪承载力随混凝土抗压强度的提高而提高,其影响大致按线性规律变化。但是,由于在不同剪跨比下梁的破坏形态不同,所以,这种影响的程度亦不相同。当 $m=1$ 时,为斜压破坏,梁的抗剪承载力取决于混凝土的抗压强度,混凝土抗压强度影响很

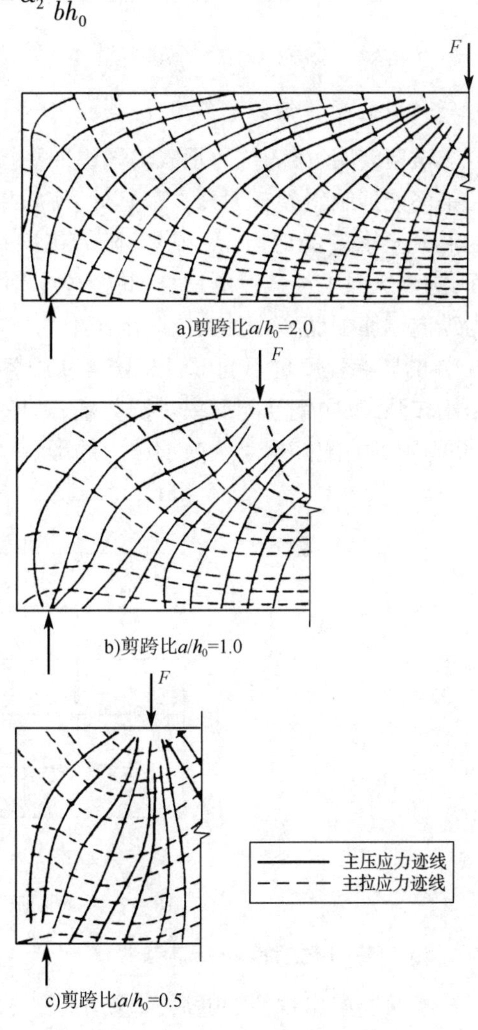

图4-6　不同剪跨比时梁的主应力迹线示意图

大,故直线斜率较大;当 $m=3$ 时,接近斜拉破坏,梁的抗剪承载力取决于混凝土的抗拉强度,但混凝土的抗拉强度并不随混凝土强度的提高而成比例增长,故近似取为线性关系时,其直线的斜率较小;当 $1<m<3$ 时,其直线斜率介于上述两者之间。

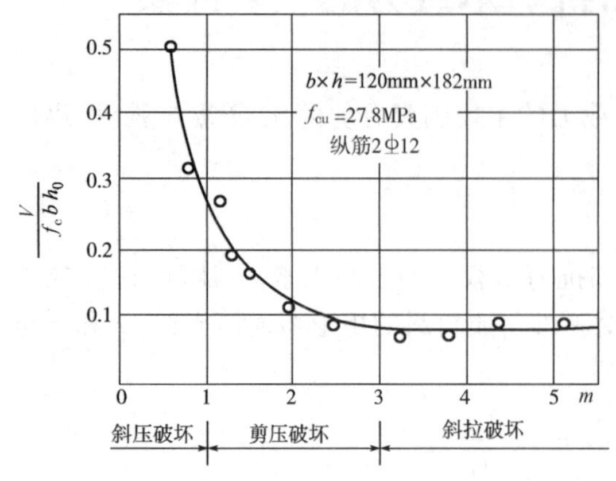

图 4-7　剪跨比 m 对梁抗剪承载力的影响

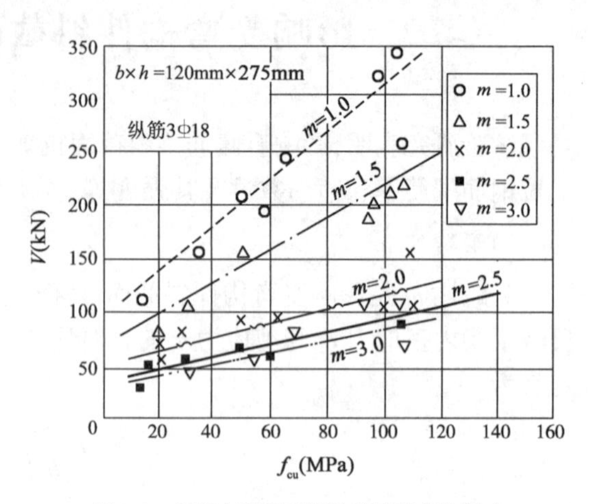

图 4-8　混凝土强度对梁抗剪承载力的影响

3)纵向受拉钢筋配筋率

试验表明,梁的抗剪承载力随纵向受拉钢筋配筋率 ρ 的提高而增大。一方面,因为纵向受拉钢筋能抑制斜裂缝的开展和延伸,使斜裂缝上端混凝土剪压区的面积增大,从而提高了剪压区混凝土承受的剪力 V_c,显然,随着纵向钢筋数量的增加,这种抑制作用也在增大。另一方面,随着纵向钢筋数量的增加,其销栓作用随之增大,销栓作用所传递的剪力亦增大。图 4-9 为纵向钢筋配筋率 ρ 对梁抗剪承载力的影响程度,两者大体上成直线关系。随剪跨比 m 的不同,ρ 的影响程度也不同,所以,图 4-9 中各直线的斜率也不同。剪跨比小时,纵向钢筋的销栓作用较强,纵向钢筋配筋率对抗剪承载力的影响也较大;剪跨比较大时,纵向钢筋的销栓作用减弱,则纵筋配筋率对抗剪承载力的影响也较小。

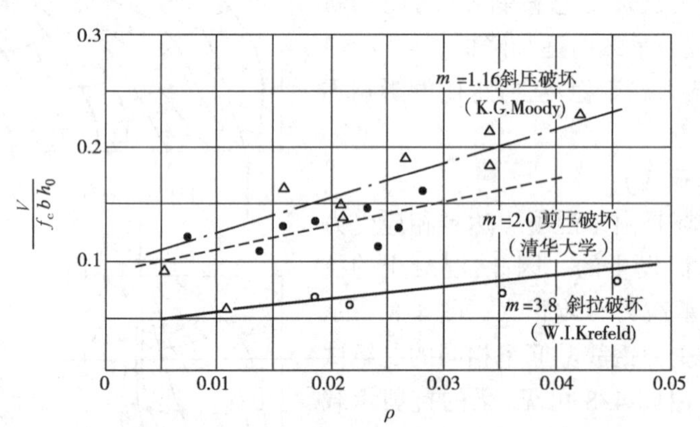

图 4-9　纵向钢筋配筋率 ρ 对梁抗剪承载力的影响

4)箍筋的配筋率和箍筋强度

有腹筋梁出现斜裂缝后,箍筋不仅直接承受相当部分的剪力,而且能有效地抑制斜裂缝的开展和延伸,对提高剪压区混凝土的抗剪承载力和纵向钢筋的销栓作用都有着积极的影响。

试验表明，若配置的箍筋数量过多，则在箍筋尚未屈服时，斜裂缝间混凝土即因主压应力过大而发生斜压破坏。此时梁的抗剪力取决于构件的截面尺寸和混凝土强度，并与无腹筋梁斜压破坏时的抗剪承载力相接近。

若配置的箍筋数量适当，则斜裂缝出现后，原来由混凝土承受的拉力转由与斜裂缝相交的箍筋承受，在箍筋尚未屈服时，由于箍筋的作用，延缓和限制了斜裂缝的开展和延伸，抗剪力尚能有较大的增长。当箍筋屈服后，其变形迅速增大，箍筋不再能有效地抑制斜裂缝的开展和延伸，最后，斜裂缝上端的混凝土在剪、压复合应力作用下达到极限强度，发生剪压破坏。此时，梁的抗剪承载力主要与混凝土强度和配置的箍筋数量有关，而剪跨比和纵筋配筋率等因素的影响相对较小。

若箍筋配置数量过少，则斜裂缝一出现，截面即发生急剧的应力重分布，原来由混凝土承受的拉力转由箍筋承受，使箍筋很快达到屈服，变形剧增，不能抑制斜裂缝的开展，此时梁的破坏形态与无腹筋梁相似。当剪跨比较大时，也将产生脆性的斜拉破坏。

箍筋用量一般用箍筋配筋率（工程上习惯称配箍率）ρ_{sv}（%）表示，即

$$\rho_{sv}=\frac{A_{sv}}{bs_v} \tag{4-2}$$

式中：A_{sv}——斜截面内配置在沿梁长度方向一个箍筋间距 s_v 范围内的箍筋各肢总截面面积；

b——截面宽度，对T形截面梁取 b 为肋宽；

s_v——沿梁长度方向箍筋的间距（箍筋轴线之间的距离）。

图4-10表示配箍率与箍筋抗拉强度的乘积对梁抗剪承载力的影响。当其他条件相同时，两者大体呈线性关系。

由于梁斜截面破坏属于脆性破坏，为了提高斜截面延性，不宜采用高强钢筋作箍筋。

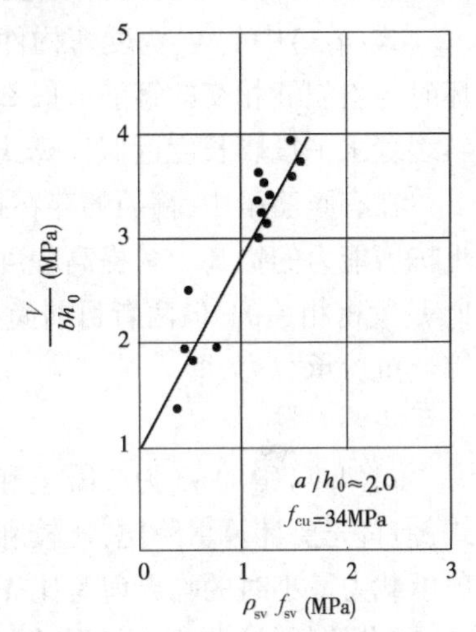

图4-10 配箍率对梁抗剪承载力的影响

4.3 受弯构件斜截面抗剪承载力

如前所述，钢筋混凝土梁沿斜截面的主要破坏形态有斜压破坏、斜拉破坏和剪压破坏等。**在设计时，对于斜压和斜拉破坏，一般是采用截面限制条件和一定的构造措施予以避免。对于常见的剪压破坏形态，梁的斜截面抗剪能力变化幅度较大，故必须进行斜截面抗剪承载力的计算。**《公路桥规》的基本公式就是针对这种破坏形态的受力特征而建立的。

4.3.1 斜截面抗剪承载力计算的基本公式及适用条件

配有箍筋和弯起钢筋的钢筋混凝土梁，当发生剪压破坏时，其抗剪承载力 V_u 是由剪压区混凝土抗剪力 V_c、箍筋所能承受的剪力 V_{sv} 和弯起钢筋所能承受的剪力 V_{sb} 所组成（图4-11），即

$$V_u=V_c+V_{sv}+V_{sb} \tag{4-3}$$

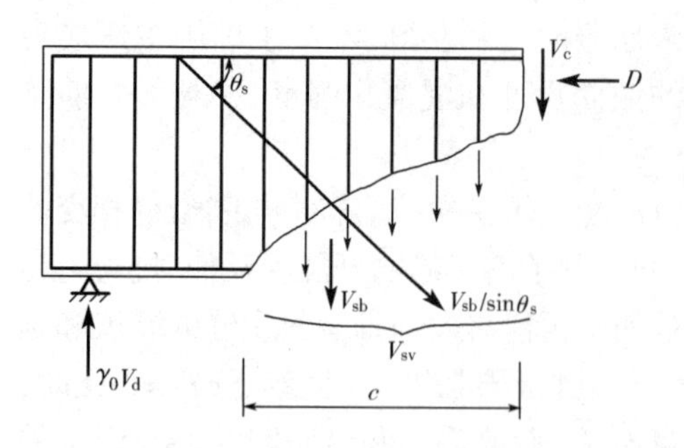

图4-11　斜截面抗剪承载力计算图式

式(4-3)表示钢筋混凝土受弯构件斜截面抗剪承载力的组成叠加式,但式中的各项必须要有具体计算式才能用于设计计算。同济大学等基于钢筋混凝土构件的强度极限理论和试验研究资料,针对矩形截面的等截面钢筋混凝土受弯构件进行了研究。

研究认为,钢筋混凝土受弯构件剪压破坏是斜截面受压区内混凝土因法向应力 σ 和剪应力 τ 合成的主压应力超过混凝土的极限抗压强度值而发生的。由此建立了剪压区混凝土抗剪力的强度极限理论计算模型,再根据国内外461根无腹筋梁的试验资料,偏安全地取用试验值下包线初定了计算模型中相关参数及取值,得到了剪压区混凝土抗剪力 V_c 的计算表达式。

式(4-3)中的 V_{sv} 为受弯构件箍筋的抗剪力。试验观测表明,钢筋混凝土受弯构件剪压破坏时与斜裂缝相交的箍筋一般都能达到屈服。根据国内外77根配有箍筋的试验梁资料,得到斜裂缝水平投影长度近似计算式后,得到了基于强度极限理论计算模型的 V_{sv} 计算表达式。

在有腹筋梁中,箍筋的存在抑制了斜裂缝的开展,使剪压区面积增大,导致了剪压区混凝土抗剪能力的提高。其提高程度与箍筋的抗拉强度和配箍率有关。因而,式(4-3)中的 V_c 与 V_{sv} 是紧密相关的,但两者目前尚无法分别予以精确定量,而只能用 V_{cs} 来表达混凝土和箍筋的综合抗剪承载力,即

$$V_u = V_{cs} + V_{sb} \tag{4-4}$$

式(4-4)中的 V_{cs} 为混凝土和箍筋的综合抗剪承载力,若按式(4-3)则应为两项相加表达式,但首先要计算剪跨比,比较麻烦,为此进行了计算简化研究,在得到混凝土和箍筋的综合抗剪承载力最小时的临界剪跨比 λ_L 后,最终得到两项相乘的 V_{cs} 表达式。

《公路桥规》根据上述基于强度极限理论研究的结果并结合T形截面的受压翼缘和承受异号弯矩等的影响,规定按式(4-5)进行配有腹筋的钢筋混凝土受弯构件斜截面抗剪承载力计算

$$\begin{aligned} V_u = &(0.45\times10^{-3})\alpha_1\alpha_2\alpha_3 bh_0\sqrt{(2+0.6p)\sqrt{f_{cu,k}}\rho_{sv}f_{sv}} + \\ &(0.75\times10^{-3})f_{sd}\sum A_{sb}\sin\theta_s \end{aligned} \tag{4-5}$$

式中:V_u——配有箍筋和斜筋的钢筋混凝土梁斜截面抗剪承载力(kN);

α_1——异号弯矩影响系数,计算简支梁和连续梁近边支点梁段的抗剪承载力时,$\alpha_1 = 1.0$;计算连续梁和悬臂梁近中间支点梁段的抗剪承载力时,$\alpha_1 = 0.9$;

α_2——预应力提高系数(详见第13章),对钢筋混凝土受弯构件,$\alpha_2 = 1$;

α_3——受压翼缘的影响系数,对具有受压翼缘的截面,$\alpha_3 = 1.1$;

b——斜截面受压区顶端正截面处矩形截面宽度(mm),或T形和工字形截面肋板宽度(mm);

h_0——斜截面受压区顶端正截面的有效高度,自纵向受拉钢筋合力点到受压边缘的距离(mm);

p——斜截面内纵向受拉钢筋的配筋率,$p = 100\rho$,$\rho = A_s/(bh_0)$,当 $p > 2.5$ 时,取 $p = 2.5$;

$f_{cu,k}$——混凝土立方体抗压强度标准值(MPa);

ρ_{sv}——斜截面内箍筋配筋率，见式(4-2)；

f_{sv}——箍筋抗拉强度设计值(MPa)；

f_{sd}——弯起钢筋的抗拉强度设计值(MPa)；

A_{sb}——斜截面内在同一个弯起钢筋平面内的弯起钢筋总截面面积(mm^2)；

θ_s——弯起钢筋的切线与构件水平纵向轴线的夹角。

这里要指出以下几点：

(1)式(4-5)所表达的斜截面抗剪承载力中，混凝土和箍筋提供的综合抗剪承载力为 $V_{cs}=(0.45\times10^{-3})\alpha_1\alpha_2\alpha_3 bh_0\sqrt{(2+0.6p)\sqrt{f_{cu,k}}\rho_{sv}f_{sv}}$，弯起钢筋提供的抗剪承载力为 $V_{sb}=(0.75\times10^{-3})f_{sd}\sum A_{sb}\sin\theta_s$。当不设弯起钢筋时，梁的斜截面抗剪力 V_u 等于 V_{cs}。

(2)式(4-5)是一个半经验半理论公式，使用时必须按规定的单位代入数值，而计算得到的斜截面抗剪承载力 V_u 的单位为 kN。

式(4-5)是根据剪压破坏形态发生时的受力特征和试验资料而制定的，仅在一定的条件下才适用，因而必须限定其适用范围，称为计算公式的上、下限值。

1)*上限值——截面最小尺寸*

当梁的截面尺寸较小而剪力过大时，就可能在梁的肋部产生过大的主压应力，使梁发生斜压破坏(或梁肋板压坏)。这种梁的抗剪承载力取决于混凝土的抗压强度及梁的截面尺寸，不能用增加腹筋数量来提高抗剪承载力。《公路桥规》规定了**截面最小尺寸的限制条件，是为了避免梁斜压破坏，这种限制，同时也是为了防止梁特别是薄腹梁在使用阶段斜裂缝开展过大，**截面尺寸应满足：

$$\gamma_0 V_d \leqslant (0.51\times10^{-3})\sqrt{f_{cu,k}}bh_0 \qquad (kN) \tag{4-6}$$

式中：V_d——验算截面处由作用(或荷载)组合产生的最不利剪力设计值(kN)；

γ_0——桥梁结构的重要性系数；

$f_{cu,k}$——混凝土立方体抗压强度标准值(MPa)；

b——矩形截面宽度(mm)或T形和工字形截面肋板宽度(mm)，取斜截面所在范围内最小值；

h_0——自纵向受拉钢筋合力点至截面受压边缘的距离(mm)，取斜截面所在范围内截面有效高度的最小值。

若式(4-6)不满足，则应加大截面尺寸或提高混凝土强度等级。

2)*下限值——按构造要求配置箍筋*

钢筋混凝土梁出现斜裂缝后，斜裂缝处原来由混凝土承受的拉力全部传给箍筋承担，使箍筋的拉应力突然增大。如果配置的箍筋数量过少，则斜裂缝一出现，箍筋应力很快就达到其屈服强度，不能有效地抑制斜裂缝发展，甚至箍筋被拉断而导致发生斜拉破坏。**当梁内配置一定数量的箍筋，且其间距又不过大，能保证与斜裂缝相交时，即可防止发生斜拉破坏。**《公路桥规》规定，若符合式(4-7)，则不需进行斜截面抗剪承载力的计算，而仅按构造要求配置箍筋。

$$\gamma_0 V_d \leqslant (0.5\times10^{-3})\alpha_2 f_{td}bh_0 \qquad (kN) \tag{4-7}$$

式中的f_{td}为混凝土抗拉强度设计值(MPa)；其他符号的物理意义及相应取用单位与式(4-5)、式(4-6)相同。

对于板,可采用 $\gamma_0 V_d \leq 1.25 \times (0.5 \times 10^{-3}) \alpha_2 f_{td} b h_0 = (0.625 \times 10^{-3}) \alpha_2 f_{td} b h_0$ (kN)来计算。

关于按构造配置箍筋的要求详见4.5.2节。

4.3.2 等高度简支梁腹筋的初步设计

等高度简支梁腹筋的初步设计,可以按照式(4-5)~式(4-7)进行,即根据梁斜截面抗剪承载力要求配置箍筋、初步确定弯起钢筋的数量及弯起位置。

已知条件是:梁的计算跨径 l_0 及截面尺寸、混凝土强度等级、纵向受拉钢筋及箍筋抗拉设计强度,跨中截面纵向受拉钢筋布置,梁的计算剪力包络图(计算得到的各截面最大剪力设计值 V_d 乘以结构重要性系数 γ_0 后所形成的计算剪力图)(图4-12)。

(1)根据已知条件及支座中心处的最大剪力计算值 $V_0 = \gamma_0 V_{d,0}$,其中 $V_{d,0}$ 为支座中心处最大剪力设计值,γ_0 为结构重要性系数,按照式(4-6),对由梁正截面承载力计算已确定的截面尺寸作进一步检查。若不满足,则必须修改截面尺寸或提高混凝土强度等级,以满足式(4-6)的要求。

(2)由式(4-7)求得按构造要求配置箍筋的剪力 $V = (0.5 \times 10^{-3}) f_{td} b h_0$,其中 b 和 h_0 可取跨中截面计算值,由计算剪力包络图可得到按构造配置箍筋的区段长度 l_1。

(3)在支点和按构造配置箍筋区段之间的计算剪力包络图中的计算剪力应该由混凝土、箍筋和弯起钢筋共同承担,但各自承担多大比例,涉及计算剪力包络图面积的合理分配问题。《公路桥规》规定:用于配筋设计的最大剪力计算值取用距支座中心 $h/2$(梁高一半)处截面的数值(记作 V'),其中,混凝土和箍筋共同承担不少于60%,即 $0.6V'$ 的剪力计算值;弯起钢筋(按45°弯起)承担不超过40%,即 $0.4V'$ 的剪力计算值。由《公路桥规》规定可见,混凝土和箍筋共同承担了大部分剪力。国内外试验研究都表明,混凝土和箍筋共同的抗剪作用效果好于弯起钢筋的抗剪作用。

(4)箍筋设计。

现取混凝土和箍筋共同的抗剪能力 $V_{cs} = 0.6V'$,在式(4-5)中,不考虑弯起钢筋的部分,则可得到

$$0.6V' = \alpha_1 \alpha_3 (0.45 \times 10^{-3}) b h_0 \sqrt{(2 + 0.6p) \sqrt{f_{cu,k}} \rho_{sv} f_{sv}}$$

解得斜截面内箍筋配筋率为

$$\rho_{sv} = \frac{1.78 \times 10^6}{(2 + 0.6p) \sqrt{f_{cu,k}} f_{sv}} \left(\frac{V'}{\alpha_1 \alpha_3 b h_0}\right)^2 > (\rho_{sv})_{min} \tag{4-8}$$

当选择了箍筋直径(单肢面积为 a_{sv})及箍筋肢数(n)后,得到箍筋截面面积 $A_{sv} = n a_{sv}$,则箍筋计算间距为

$$s_v = \frac{\alpha_1^2 \alpha_3^2 (0.56 \times 10^{-6}) (2 + 0.6p) \sqrt{f_{cu,k}} A_{sv} f_{sv} b h_0^2}{V'^2} \quad \text{(mm)} \tag{4-9}$$

取整并满足规范要求后,即可确定箍筋间距。

(5)弯起钢筋的数量及初步的弯起位置。

弯起钢筋是由纵向受拉钢筋弯起而成,常对称于梁跨中线成对弯起,以承担图4-12中计

算剪力包络图中分配的计算剪力。

考虑到梁支座处的支承反力较大以及纵向受拉钢筋的锚固要求,《公路桥规》规定,在钢筋混凝土梁的支点处,应至少有两根并且不少于总数1/5的下层受拉主钢筋通过。也就是说,这部分纵向受拉钢筋不能在梁间弯起,而其余的纵向受拉钢筋可以在满足规范要求的条件下弯起。

根据梁斜截面抗剪要求,所需的第 i 排弯起钢筋的截面面积,要根据图4-12分配的、应由第 i 排弯起钢筋承担的计算剪力值 V_{sbi} 来决定。由式(4-5),且仅考虑弯起钢筋,则可得到

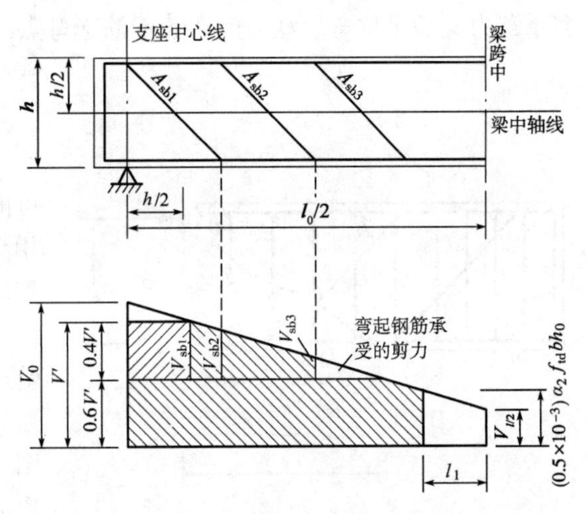

图4-12　腹筋初步设计计算图

$$V_{sbi} = (0.75\times10^{-3}) f_{sd} A_{sbi} \sin\theta_s$$

$$A_{sbi} = \frac{1333.33 V_{sbi}}{f_{sd}\sin\theta_s} \quad (\text{mm}^2) \tag{4-10}$$

式中的符号意义及单位见式(4-5)。对于式(4-10)中的计算剪力 V_{sbi} 的取值方法,《公路桥规》规定:

①计算第一排(从支座向跨中计算)弯起钢筋(即图4-12中所示 A_{sb1})时,取用距支座中心 $h/2$ 处由弯起钢筋承担的那部分剪力值 $0.4V'$。

②计算以后每一排弯起钢筋时,取用前一排弯起钢筋弯起点处由弯起钢筋承担的那部分剪力值。

同时,《公路桥规》对弯起钢筋的弯角及弯筋之间的位置关系有以下要求:

①钢筋混凝土梁的弯起钢筋一般与梁纵轴成45°角。弯起钢筋以圆弧弯折,圆弧半径(以钢筋轴线为准)不宜小于20倍钢筋直径。

②简支梁第一排(对支座而言)弯起钢筋的末端弯折点应位于支座中心截面处(图4-12),以后各排弯起钢筋的末端弯折点应落在或超过前一排弯起钢筋弯起点截面。

根据《公路桥规》上述要求及规定,可以初步确定弯起钢筋的位置及要承担的计算剪力值 V_{sbi},从而由式(4-10)计算得到所需的每排弯起钢筋的数量。

4.4　受弯构件斜截面抗弯承载力

上节讨论了钢筋混凝土梁斜截面抗剪承载力计算的问题,以防止梁沿斜截面可能发生剪切破坏。但是,受弯构件中纵向钢筋的数量是按控制截面最大弯矩计算值计算的,实际弯矩沿梁长通常是变化的。从正截面抗弯角度来看,沿梁长各截面纵筋数量也是随着弯矩的减小而减少,所以,在实际工程中可以把纵筋弯起或截断,但如果弯起或截断的位置不恰当,这时会引起斜截面的受弯破坏。

本节介绍受弯构件斜截面抗弯承载力的设计问题,然后再介绍既满足受弯构件斜截面抗剪承载力又满足抗弯承载力的弯起钢筋起弯点的确定方法。

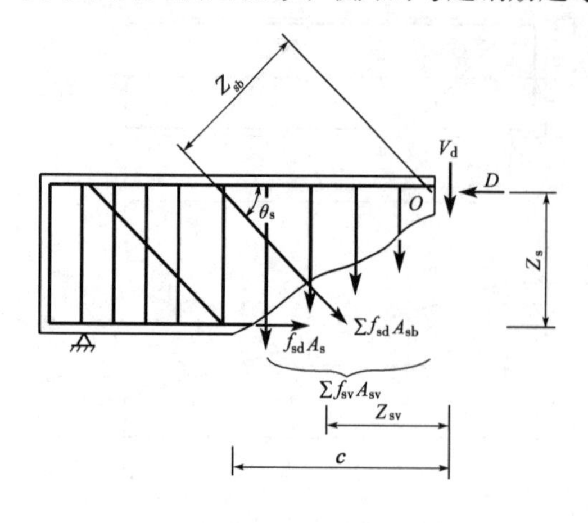

图4-13 斜截面抗弯承载力计算图式

4.4.1 斜截面抗弯承载力计算

试验研究表明,斜裂缝的发生与发展,除了可能引起前述的剪切破坏外,还可能使与斜裂缝相交的箍筋、弯起钢筋及纵向受拉钢筋的应力达到屈服强度,这时,梁被斜裂缝分开的两部分将绕位于斜裂缝顶端受压区的公共铰转动,最后,受压区混凝土被压碎而破坏。

图4-13为斜截面抗弯承载力的计算图式,与图4-11所示计算图式的不同之处是取斜截面隔离体的力矩平衡。由图4-13可得到,斜截面抗弯承载力计算的基本公式为

$$M_u = f_{sd}A_sZ_s + \Sigma f_{sd}A_{sb}Z_{sb} + \Sigma f_{sv}A_{sv}Z_{sv} \tag{4-11}$$

式中: M_u——斜截面抗弯承载力;

A_s、A_{sv}、A_{sb}——分别为与斜截面相交的纵向受拉钢筋、箍筋与弯起钢筋的截面面积;

Z_s、Z_{sv}、Z_{sb}——分别为钢筋截面面积A_s、A_{sv}和A_{sb}的合力点对混凝土受压区中心点O的力臂。

而式(4-11)中Z_s、Z_{sv}和Z_{sb}的值与混凝土受压区中心点位置O有关。斜截面顶端正截面的受压区高度x,可由作用于斜截面内所有的力对构件纵轴的投影之和为零的平衡条件得到

$$A_c f_{cd} = f_{sd}A_s + f_{sd}A_{sb}\cos\theta_s \tag{4-12}$$

式中:A_c——受压区混凝土面积,矩形截面为$A_c = bx$,T形截面为$A_c = bx + (b'_f - b)h_f$或$A_c = b'_f x$;

f_{cd}——混凝土抗压强度设计值;

A_s——与斜截面相交的纵向受拉钢筋面积;

A_{sb}——与斜截面相交的同一弯起平面内弯起钢筋总面积;

θ_s——与斜截面相交的弯起钢筋切线与梁水平纵轴的交角;

f_{sd}——纵向钢筋或弯起钢筋的抗拉强度设计值。

进行斜截面抗弯承载力计算,应在验算截面处,自下而上沿斜向来计算几个不同角度的斜截面,按式(4-13)确定最不利的斜截面位置:

$$\gamma_0 V_d = \Sigma f_{sd}A_{sb}\sin\theta_s + \Sigma f_{sv}A_{sv} \tag{4-13}$$

式中的V_d为斜截面顶端正截面内相应于最大弯矩设计值时的剪力设计值;其余符号意义见式(4-12)。

式(4-13)是按照荷载效应与构件斜截面抗弯承载力之差为最小的原则推导出来的,其物理意义是满足此要求的斜截面,其抗弯能力最小。

最不利斜截面位置确定后,才可按式(4-11)计算斜截面的抗弯承载力。

在实际的设计中,一般可不具体按式(4-11)~式(4-13)计算,而是采用构造规定来避免斜截面受弯破坏。下面以对弯起钢筋弯起点位置等构造规定来加以说明。

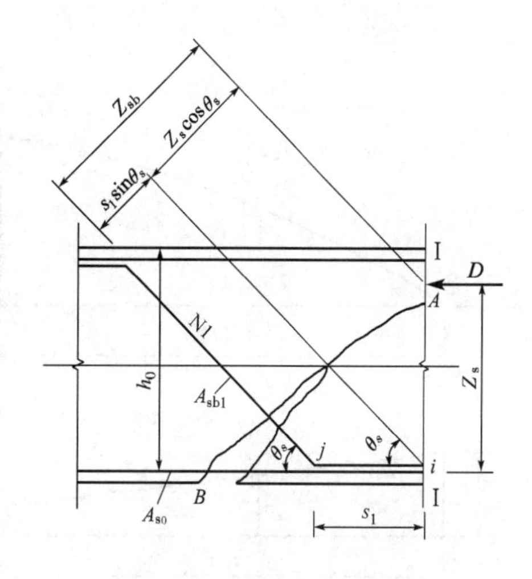

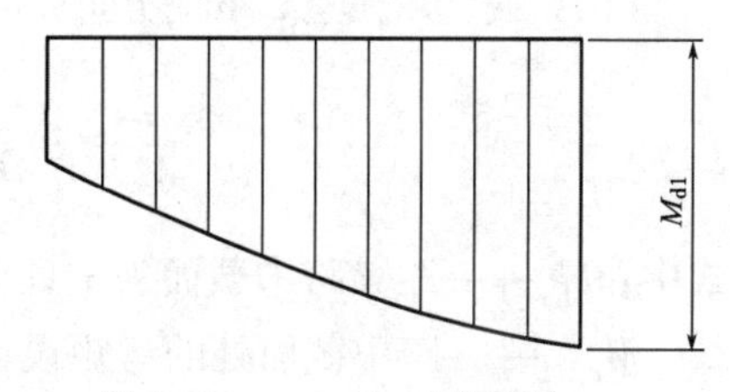

图4-14　$s_1 \geqslant 0.5h_0$ 的分析图

图4-14表示所研究的梁段，在Ⅰ-Ⅰ截面上，纵向受拉钢筋面积为 A_s，正截面抗弯承载力满足

$$M_{d1} \leqslant M_{u1} = f_{sd} A_s Z_s$$

由于**Ⅰ-Ⅰ截面处，纵向钢筋 A_s 的强度全部被利用，故被称为钢筋充分利用截面**。在距 i 点距离为 s_1 的 j 点处弯起N1钢筋(面积为 A_{sb1})，剩下的纵向钢筋(面积为 $A_{s0} = A_s - A_{sb1}$)继续向支座方向延伸。设出现的斜裂缝 AB 跨越弯起钢筋N1且斜裂缝顶端 A 位于截面Ⅰ-Ⅰ处(图4-14)，现取斜裂缝 AB 左边梁段为隔离体，对斜裂缝上端受压区压力作用点 A 的力矩平衡，可得斜截面的抗弯承载力表达式为

$$M'_{u1} = f_{sd} A_{s0} Z_s + f_{sd} A_{sb1} (s_1 \sin\theta_s + Z_s \cos\theta_s)$$

斜截面 AB 上作用的荷载效应仍为 M_{d1}，显然，若斜截面抗弯承载力 M'_{u1} 大于或等于正截面Ⅰ-Ⅰ的抗弯承载力 M_{u1}，则不会发生斜截面的受弯破坏，即可取

$$M'_{u1} \geqslant M_{u1}$$

$$f_{sd} A_{s0} Z_s + f_{sd} A_{sb1} (s_1 \sin\theta_s + Z_s \cos\theta_s) \geqslant f_{sd} A_s Z_s$$

以 $A_s = A_{s0} + A_{sb1}$ 代入，整理后可得到

$$s_1 \sin\theta_s + Z_s \cos\theta_s \geqslant Z_s$$

即

$$s_1 \geqslant \frac{1 - \cos\theta_s}{\sin\theta_s} Z_s$$

一般情况下，$Z_s \approx 0.9h_0$，弯起钢筋的弯起角度为45°或60°，那么可得到

$$\frac{1 - \cos\theta_s}{\sin\theta_s} Z_s \approx (0.37 \sim 0.52) h_0$$

《公路桥规》取 $0.5h_0$。

根据以上说明可知，在进行弯起钢筋布置时，为满足斜截面抗弯承载力的要求，弯起钢筋的弯起点位置应设在按正截面抗弯承载力计算该钢筋的强度全部被利用的截面以外，其距离不小于 $0.5h_0$ 处。换句话说，若**弯起钢筋的弯起点至弯起钢筋强度充分利用截面的距离(s_1)满足 $s_1 \geqslant 0.5h_0$，并且满足《公路桥规》关于弯起钢筋规定的构造要求，则可不进行斜截面抗弯承载力的计算**。

4.4.2　纵向受拉钢筋的弯起位置

在钢筋混凝土梁的设计中，必须同时考虑斜截面抗剪承载力、正截面和斜截面的抗弯承载力，以保证梁段中任一截面都不会出现正截面和斜截面破坏。

在第3章中解决了梁最大弯矩截面的正截面抗弯承载力设计问题；在4.3节中通过箍筋设计和弯起钢筋数量确定，基本解决了梁段斜截面抗剪承载力的设计问题。唯一待解决的问

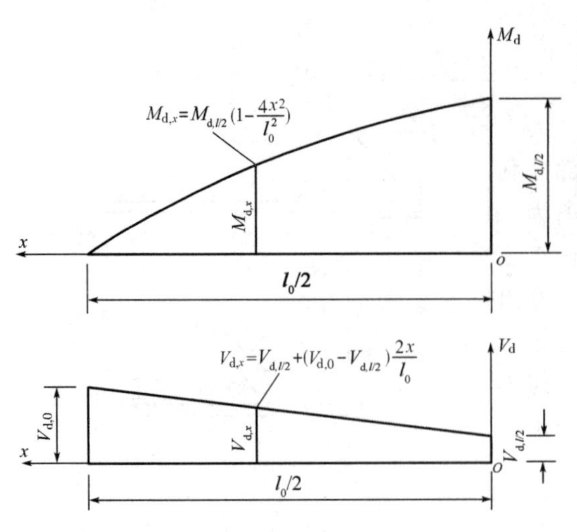

图4-15　简支梁弯矩包络图和剪力包络图的方程描述

题是弯起钢筋弯起点的位置。尽管在梁斜截面抗剪设计中已初步确定了弯起钢筋的弯起位置,但是纵向钢筋能否在这些位置弯起,显然应考虑同时满足截面的正截面及斜截面抗弯承载力的要求。这个问题一般采用梁的抵抗弯矩图应覆盖计算弯矩包络图的原则来解决。在具体设计中,可采用作图与计算相结合的方法进行。

弯矩包络图是沿梁长度各截面上弯矩设计值 M_d 的分布图,其纵坐标表示该截面上作用的最大设计弯矩。简支梁的弯矩包络图一般可近似为一条二次抛物线,若以梁跨中截面处为横坐标原点,则简支梁弯矩包络图(图4-15)可描述为

$$M_{d,x} = M_{d,l/2}(1 - \frac{4x^2}{l_0^2}) \tag{4-14}$$

式中:$M_{d,x}$——距梁跨中截面为 x 处截面上的弯矩设计值;

$M_{d,l/2}$——跨中截面处的弯矩设计值;

l_0——简支梁的计算跨径。

对于简支梁的剪力包络图(图4-15),可用直线方程来描述。

$$V_{d,x} = V_{d,l/2} + (V_{d,0} - V_{d,l/2})\frac{2x}{l_0} \tag{4-15}$$

式中:$V_{d,0}$——支座中心处截面的剪力设计值;

$V_{d,l/2}$——简支梁跨中截面的剪力设计值。

求简支梁控制截面上的内力设计值(M_d,V_d)的方法,将在“桥梁工程”课程中介绍。

抵抗弯矩图(又称为抗弯承载力图),就是沿梁长各个正截面按实际配置的总受拉钢筋能产生的抵抗弯矩图,即表示各正截面所具有的抗弯承载力。因为在确定纵向钢筋弯起位置时,必须使用抵抗弯矩图,故下面具体讨论钢筋混凝土梁的抵抗弯矩图。

设一简支梁计算跨径为 l_0,跨中截面布置有6根纵向受拉钢筋(2N1 +2N2 +2N3),其正截面抗弯承载力为 $M_{u,l/2} > \gamma_0 M_{d,l/2}$(图4-16)。图4-16是反映纵向受拉钢筋弯起点与梁的弯矩包络图、抵抗弯矩图之间关系的示意图。

假定底层2根N1纵向受拉钢筋必须伸过支座中心线,不得在梁跨间弯起,而2N2和2N3钢筋考虑在梁跨间弯起。

由于部分纵向受拉钢筋弯起,因而正截面抗弯承载力发生变化。在跨中截面,设全部钢筋提供的抗弯承载力为 $M_{u,l/2}$;弯起2N3钢筋后,剩余2N1 +2N2钢筋面积为 $A_{s1,2}$,提供的抗弯承载力为 $M_{u,1,2}$;弯起2N2钢筋后,剩余2N1钢筋面积为 A_{s1},提供的抗弯承载力为 $M_{u,1}$,分别用计算式表达为

$$M_{u,l/2} = f_{sd}A_sZ_s \qquad M_{u,1,2} = f_{sd}A_{s1,2}Z_{1,2} \qquad M_{u,1} = f_{sd}A_{s1}Z_1$$

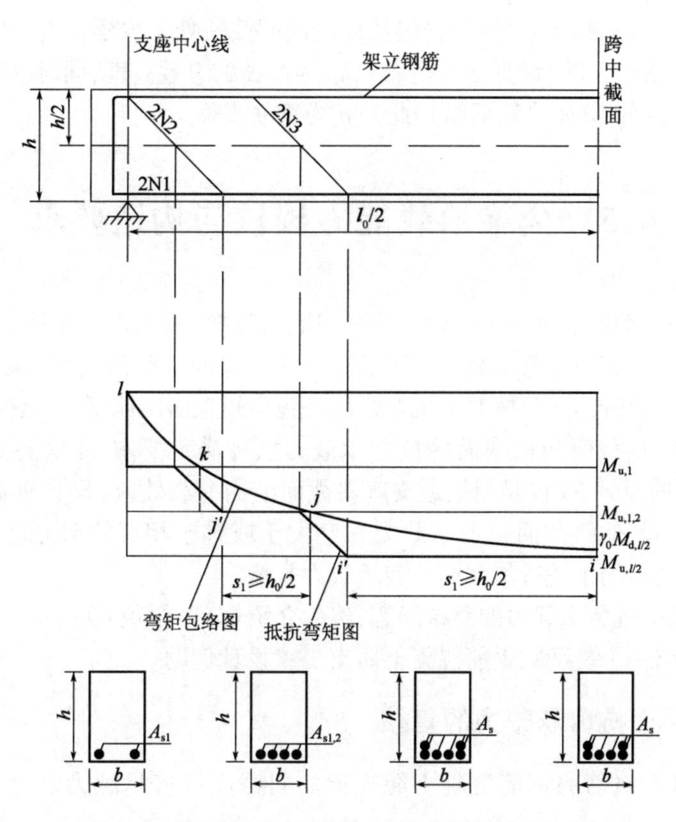

图4-16　简支梁的弯矩包络图及抵抗弯矩图(对称半跨)

这样可以做出抵抗弯矩图(图4-16)。抵抗弯矩图中$M_{u,1,2}$、$M_{u,1}$水平线与弯矩包络图的交点即为理论的弯起点。

由图4-16可见,在跨中i点处,所有钢筋的强度被充分利用;在j点处N1和N2钢筋的强度被充分利用,而N3钢筋在j点以外(向支座方向)就不再需要了;同样,在k点处N1钢筋的强度被充分利用,N2钢筋在k点以外也就不再需要了。通常可以把i、j、k三个点分别称为N3、N2、N1钢筋的"充分利用点",而把j、k、l三个点分别称为N3、N2和N1钢筋的"不需要点"。

为了保证斜截面抗弯承载力,N3钢筋只能在距其充分利用点i的距离$s_1 \geqslant h_0/2$处i'点弯起。为了保证弯起钢筋的受拉作用,N3钢筋与梁中轴线的交点必须在其不需要点j以外,这是由于弯起钢筋的内力臂是逐渐减小的,故抗弯承载力也逐渐减小,当弯筋N3穿过梁中轴线基本上进入受压区后,它的正截面抗弯作用才认为消失。

N2钢筋弯起位置的确定原则,与N3钢筋相同。

这样获得的抵抗弯矩图外包了弯矩包络图,保证了梁段内任一截面不会发生正截面破坏和斜截面抗弯破坏。图4-16中,N2和N3钢筋的弯起位置就被确定在i'和j'两点处。

在钢筋混凝土梁设计中,考虑梁斜截面抗剪承载力时,实际上已初步确定了各弯起钢筋的弯起位置。因此,可以按弯矩包络图和抵抗弯矩图来检查已定的弯起钢筋的弯起初步位置,若满足前述的各项要求,则确认所设计的弯起位置合理,否则要进行调整,必要时可加设斜筋或附加弯起钢筋,最终使得梁中各弯筋(斜筋)的水平投影能相互有重叠部分,至少相接。

应该指出的是,若纵向受拉钢筋较多,除满足所需的弯起钢筋数量外,多余的纵向受拉钢筋可以在梁跨间适当位置截断。纵向受拉钢筋的初步截断位置一般取在理论截断处(类似弯起筋的理论弯起点),但截断的设计位置应从理论截面截断处至少延伸 $l_a + h_0$ 的长度,此处 l_a 为受拉钢筋的最小锚固长度(详见下节内容),h_0 为截面的有效高度;同时,尚应考虑从不需要该钢筋的截面至少延伸 $20d$(热轧钢筋),此处 d 为钢筋直径。

4.5 全梁承载能力校核与构造要求

对基本设计好的钢筋混凝土梁进行全梁承载能力校核,就是进一步检查梁截面的正截面抗弯承载力、斜截面抗剪和抗弯承载力是否满足要求。梁的正截面抗弯承载力按第3章方法复核。在梁的弯起钢筋设计中,按照抵抗弯矩图外包弯矩包络图原则,并且使弯起位置符合规范要求,故梁间任一正截面和斜截面的抗弯承载力已经满足要求,不必再进行复核。但是,4.3节中介绍的腹筋设计,仅仅是根据近支座斜截面上的荷载效应(即计算剪力包络图)进行的,并不能得出梁间其他斜截面抗剪承载力一定大于或等于相应的剪力计算值 $V = \gamma_0 V_d$,因此,应该对已配置腹筋的梁进行斜截面抗剪承载力复核。

本节先介绍截面抗剪承载力的复核问题,然后介绍《公路桥规》关于钢筋混凝土梁的细部构造规定,最后介绍一个装配式钢筋混凝土简支T梁设计例题。

4.5.1 斜截面抗剪承载力的复核

对已基本设计好腹筋的钢筋混凝土简支梁的斜截面抗剪承载力复核,采用式(4-5)~式(4-7)进行。

在使用式(4-5)进行斜截面抗剪承载力复核时,应注意以下问题。

1)斜截面抗剪承载力复核截面的选择

《公路桥规》规定,在进行钢筋混凝土简支梁斜截面抗剪承载力复核时,其复核位置应按照下列规定选取:

(1)距支座中心 $h/2$(梁高一半)处的截面(图4-17中截面1-1)。

(2)受拉区弯起钢筋弯起处的截面(图4-17中截面2-2、3-3),以及锚于受拉区的纵向钢筋开始不受力处的截面(图4-17中截面4-4)。

(3)箍筋数量或间距有改变处的截面(图4-17中截面5-5)。

(4)梁的肋板宽度改变处的截面。

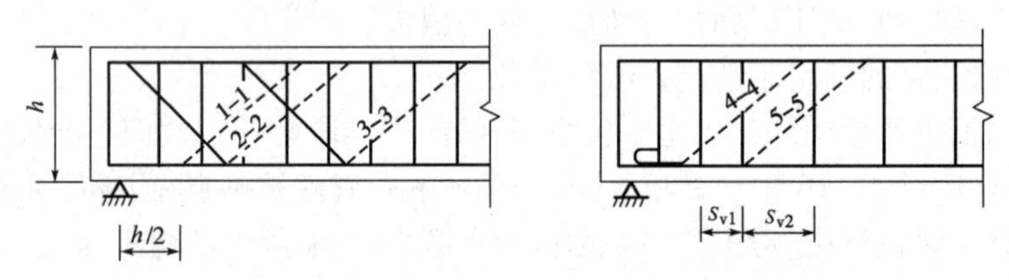

图4-17 斜截面抗剪承载力的复核截面位置示意图

2)斜截面顶端截面位置的确定

按照式(4-5)进行斜截面抗剪承载力复核时,式中的 V_d、b 和 h_0 均指斜截面顶端位置处正截面的数值。但图4-17仅指出了斜截面底端的位置,而此时通过底端斜截面的方向角 β'

(图4-18 中b'点)是未知的,它受到斜截面投影长度c的控制。同时,式(4-5)中计入斜截面抗剪承载力计算的箍筋和弯起钢筋(斜筋)的数量,显然也受到斜截面投影长度c的控制。

斜截面投影长度c是自纵向钢筋与斜裂缝底端相交点至斜裂缝顶端距离的水平投影长度,其大小与有效高度h_0和剪跨比m有关。根据国内外的试验资料,《公路桥规》建议斜截面投影长度c的计算式为

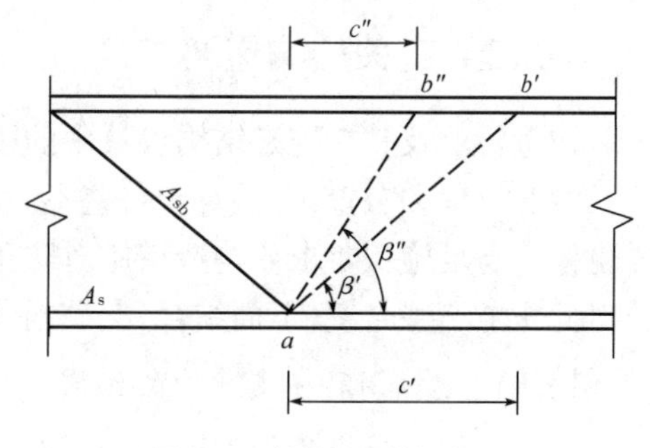

图4-18　斜截面投影长度

$$c = 0.6mh_0 = 0.6\frac{M_\mathrm{d}}{V_\mathrm{d}} \tag{4-16}$$

式中:m——斜截面顶端处正截面的广义剪跨比,$m=\dfrac{M_\mathrm{d}}{V_\mathrm{d}h_0}$,当$m>3$时,取$m=3$;

V_d——通过斜截面顶端正截面的剪力设计值;

M_d——相应于上述最大剪力设计值的弯矩设计值。

由上可知,斜截面抗剪承载力复核需要知道斜截面水平投影长度c,c与剪跨比m有关,而剪跨比m又与斜截面顶端正截面的内力相关,即斜截面水平投影长度c不能直接获得。只有通过试算方法,当算得的某一水平投影长度c'值正好或接近斜截面底端a点时(图4-18),才能进一步确定验算斜截面顶端正截面的位置。

下面介绍一种用于确定斜截面投影长度的简单迭代法计算步骤:

(1)按照图4-17 选择斜截面底端位置;

(2)假设斜截面投影长度为c_1值。以斜截面底端位置向跨中方向取水平距离为c_1值的正截面,认为验算斜截面顶端就在此正截面上并计算得到截面有效高度h_0。

由此斜截面顶端正截面的位置坐标x,可以从内力包络图推得该截面上的最大剪力设计值$V_{\mathrm{d},x}$及相应的弯矩设计值$M_{\mathrm{d},x}$,进而求得剪跨比$m=M_{\mathrm{d},x}/(V_{\mathrm{d},x}h_0)\leqslant 3$(大于3时取3),再计算得到斜截面投影长度$c_2=0.6mh_0$,当$c_2\approx c_1$时,认为$c_1$为所求的斜截面投影长度。

(3)若计算的斜截面投影长度值c_2与c_1相差较大,可再由斜截面底端位置向梁跨中方向取水平距离为c_2的截面,按上述步骤(2)进行计算,如此迭代计算,直至$c_n\approx c_{n+1}$,认为c_n为所求的斜截面投影长度,进而确定了斜截面顶端处正截面的最大剪力设计值$V_{\mathrm{d},x}$、相应的弯矩设计值$M_{\mathrm{d},x}$以及截面的有效高度h_0。

迭代计算的初值可选择为$(1.0\sim1.5)h_0$,验算截面靠近支座时取小值。

3)斜截面抗剪承载力的复核计算

由得到的斜截面投影长度值c_n,可进一步得到与斜截面相交的纵向受拉钢筋配筋百分率p、弯起钢筋数量A_sb和箍筋配筋率ρ_sv等,将上述各值代入式(4-5),即可进行该斜截面抗剪承载力复核。

本节主要介绍了按规范规定条文、采用迭代法求解斜截面投影长度后进行斜截面抗剪承载力复核计算方法。在一些常规钢筋混凝土梁的设计中也有使用更简化的计算方法,主要是在斜截面抗剪承载力复核中均以较不利的斜截面投影长度$c\approx h_0$(取梁各截面的平均值)来取代实际的斜截面投影长度,直接进行各斜截面抗剪承载力复核计算,计算不通过时再进行调整。

4.5.2　有关的构造要求

构造要求及其措施是结构设计中的重要组成部分。结构计算一般只能决定构件的截面尺寸及钢筋数量和布置,但是对于一些不易详细计算的构造细节往往要通过构造措施来弥补,这样也便于满足施工要求。构造措施对防止斜截面破坏显得尤其重要。在本章前述的内容中已经对此作了一些介绍,下面结合《公路桥规》的规定进一步介绍。

1)纵向受拉钢筋在支座处的锚固

在梁近支座处出现斜裂缝时,斜裂缝处纵向受拉钢筋应力将增大,支座边缘附近纵向受拉钢筋应力大小与伸入支座纵筋的数量有关。这时,梁的承载能力取决于纵向受拉钢筋在支座处的锚固情况,若锚固长度不足,钢筋与混凝土的相对滑移将导致斜裂缝宽度显著增大[图4-19a)],甚至会发生粘结锚固破坏。为了防止钢筋被拔出而破坏,《公路桥规》规定:

(1)在钢筋混凝土梁的支点处,应至少有两根且不少于下层纵向受拉钢筋总数1/5的钢筋通过。

(2)底层两外侧之间不向上弯曲的纵向受拉钢筋,伸出支点截面以外的长度应不小于$10d$(HPB300钢筋应带半圆钩);对环氧树脂涂层钢筋应不小于$12.5d$,d为纵向受拉钢筋直径。图4-19c)为绑扎骨架普通钢筋(HPB300钢筋)在支座处锚固的示意图。

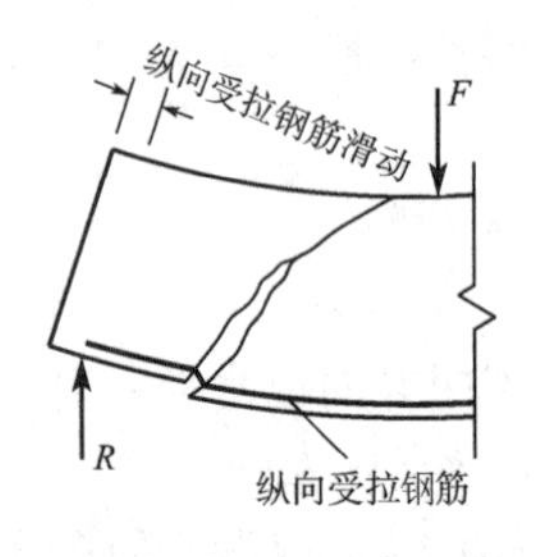

a)支座附近纵向钢筋锚固破坏

架立筋 10d 纵向受拉钢筋直径d

b)焊接骨架在支座处锚固

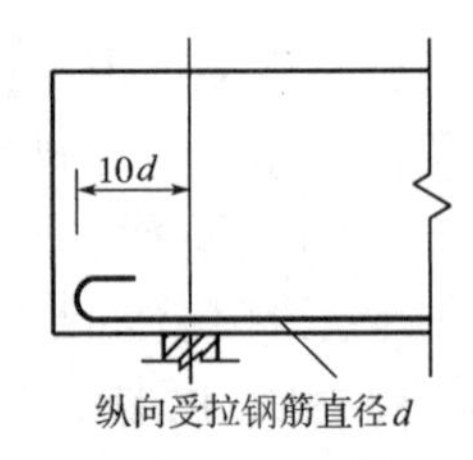

c)绑扎骨架在支座处锚固

图4-19　纵向受拉钢筋在支座处的锚固

2)纵向受拉钢筋在梁跨间的截断与锚固

当某根纵向受拉钢筋在梁跨间的理论切断点处切断后,该处混凝土所承受的拉应力突增,往往会过早出现斜裂缝,如果截面的钢筋锚固不足,甚至可能降低构件的承载能力,因此,纵向受拉钢筋不宜在受拉区截断。若需截断,为了保证钢筋强度的充分利用,必须将钢筋从理论切断点外伸一定的长度(l_a+h_0)再截断,其中l_a称为钢筋的锚固长度(是受力钢筋通过混凝土与钢筋粘结作用将所受的力传递给混凝土所需的长度)。它不同于纵筋在支座处的锚固作用,是钢筋在弯矩和剪力共同作用区段的粘结锚固。

根据钢筋拔出试验结果和我国的工程实践经验,《公路桥规》规定了不同受力情况下钢筋的最小锚固长度,见表4-1。

钢筋最小锚固长度l_a(mm)　　表4-1

钢筋种类	HPB300				HRB400、HRBF400、RRB400			HRB500		
混凝土强度等级	C25	C30	C35	≥C40	C30	C35	≥C40	C30	C35	≥C40
受压钢筋(直端)	$45d$	$40d$	$38d$	$35d$	$30d$	$28d$	$25d$	$35d$	$33d$	$30d$

续上表

钢筋种类		HPB300				HRB400、HRBF400、RRB400			HRB500		
受拉钢筋	直端	—	—	—	—	$35d$	$33d$	$30d$	$45d$	$43d$	$40d$
	弯钩端	$40d$	$35d$	$33d$	$30d$	$30d$	$28d$	$25d$	$35d$	$33d$	$30d$

注：1. d 为钢筋公称直径(mm)。
2. 采用环氧树脂涂层钢筋时，受拉钢筋最小锚固长度应增加25%。
3. 当混凝土在凝固过程中易受扰动时，锚固长度应增加25%。
4. 当受拉钢筋末端采用弯钩时，锚固长度为包括弯钩在内的投影长度。

受拉钢筋的端部弯钩与中间弯折的尺寸应符合表4-2的要求。

受拉钢筋端部弯钩与中间弯折的尺寸　　表4-2

弯曲部位	弯曲角度	形　状	钢　筋	弯曲直径(D)	平直段长度
末端弯钩	180°		HPB300	$\geqslant 2.5d$	$\geqslant 3d$
	135°		HRB400 RRB400、HRBF400 HRB500	$\geqslant 5d$	$\geqslant 5d$
	90°		HRB400 RRB400、HRBF400 HRB500	$\geqslant 5d$	$\geqslant 10d$
中间弯折	≤90°		各种钢筋	$\geqslant 20d$	—

注：采用环氧树脂涂层钢筋时，除应满足表内固定要求外，当钢筋直径 $d \leqslant 20$mm 时，弯钩内直径 D 不应小于 $5d$；当 $d > 20$mm 时，弯钩内直径 D 不应小于 $6d$；直线段长度不应小于 $5d$。

3）钢筋的接头

当梁内的钢筋需要接长时，可以采用绑扎搭接接头、焊接接头和机械接头。

受拉钢筋的绑扎接头的搭接长度 l_s（图4-20），《公路桥规》规定见表4-3；受压钢筋绑扎接头的搭接长度，应取受拉钢筋绑扎搭接长度的0.7倍。

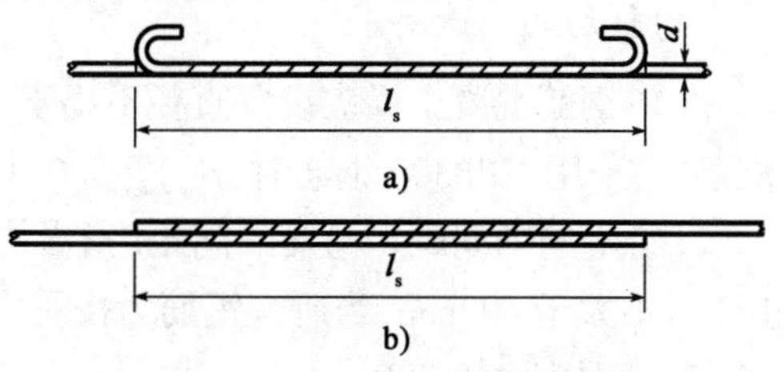

图4-20　受拉钢筋的绑扎搭接接头

在任一绑扎接头中心至搭接长度1.3倍的长度区段内，同一根钢筋不得有两个接头；在该区段内有绑扎接头的受力钢筋截面面积占受力钢筋总截面面积的百分数，受拉区不宜超过25%，受压区不宜超过50%。当绑扎接头的受力钢筋截面面积占受力钢筋总截面面积超过上述规定时，应按表4-3的规定值，乘以下列系数：当受拉钢筋绑扎接头截面面积大于25%，但不大于50%时，乘以1.4，当大于50%时，乘以1.6；当受压钢筋绑扎截面面积大于50%时,乘以1.4(表4-3中受压钢筋绑扎接头长度仍为受拉钢筋绑扎接头长度的0.7倍)。

受拉钢筋绑扎接头搭接长度(mm) 表4-3

钢筋种类	HPB300		HRB400、HRBF400、RRB400	HRB500
混凝土强度等级	C25	≥C30	≥C30	≥C30
搭接长度(mm)	40d	35d	45d	50d

注:1. 当带肋钢筋直径 d 大于25mm时,其受拉钢筋的搭接长度应按表值增加5d;当带肋钢筋直径 d 小于25mm时,搭接长度可按表值减少5d采用。
2. 当混凝土在凝固过程中受力钢筋易受扰动时,其搭接长度应增加5d。
3. 在任何情况下,受拉钢筋的搭接长度不应小于300mm,受压钢筋的搭接长度不应小于200mm。
4. 环氧树脂涂层钢筋的绑扎接头搭接长度,受拉钢筋按表值的1.5倍采用。
5. 受拉区段内,HPB300钢筋绑扎接头的末端应做成弯钩,HRB400、HRB500、HRBF400和RRB400钢筋的末端可不做成弯钩。

当采用焊接接头时,《公路桥规》也有相应的构造要求。例如采用夹杆式电弧焊接时[图4-21b)],夹杆的截面面积应不小于被焊钢筋的截面面积。夹杆长度,若用双面焊接时应不小于5d;用单面焊接时应不小于10d(d为钢筋直径)。又例如采用搭叠式电弧焊时[图4-21c)],钢筋端段应预先折向一侧,使两根钢筋的轴线一致。搭接时,双面焊缝的长度不小于5d,单面焊缝的长度不小于10d(d为钢筋直径)。

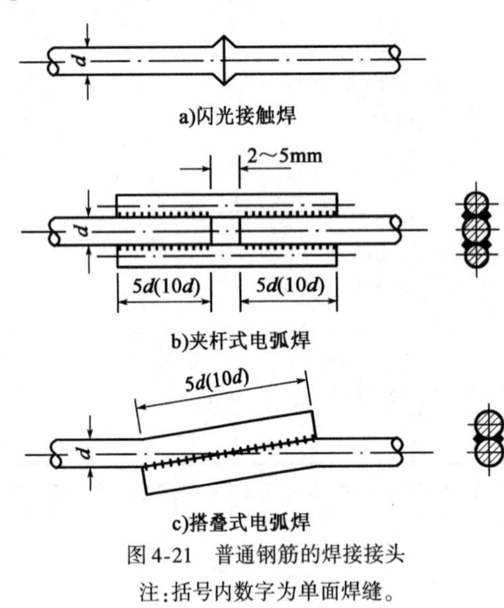

图4-21 普通钢筋的焊接接头
注:括号内数字为单面焊缝。

《公路桥规》还规定,在任一焊接头中心至长度为钢筋直径的35倍且不小于500mm的区段内,同一根钢筋不得有两个接头,在该区段内有接头的受力钢筋截面面积占受力钢筋总截面面积的百分数不宜超过50%(受拉区钢筋),受压区钢筋的焊接接头无此限制。

钢筋机械接头包括套筒挤压接头和镦粗直螺纹接头,适用于HRB400和HRB500带肋钢筋,连接接头的构造规定详见《公路桥规》。

4)箍筋的构造要求

(1)钢筋混凝土梁应设置直径不小于8mm且不小于1/4主钢筋直径的箍筋。箍筋的最小配筋率,采用HPB300钢筋时$(\rho_{sv})_{min}=0.14\%$,采用HRB400钢筋时$(\rho_{sv})_{min}=0.11\%$。

(2)箍筋的间距。箍筋的间距(指沿构件纵轴方向箍筋轴线之间的距离)不应大于梁高的1/2且不大于400mm;当所箍钢筋为按受力需要的纵向受压钢筋时,应不大于受压钢筋直径的15倍,且不应大于400mm。

支座中心向跨径方向长度不小于一倍梁高范围内,箍筋间距不宜大于100mm。

对于箍筋,《公路桥规》还规定,近梁端第一根箍筋应设置在距端面一个混凝土保护层的距离处。梁与梁或梁与柱的交接范围内,靠近交接面的第一根箍筋,其与交接面的距离不大于50mm。

5)弯起钢筋

除了本书已述的内容外,对弯起钢筋的构造要求,《公路桥规》还规定:

(1)简支梁第一排(对支座而言)弯起钢筋的末端弯折点应位于支座中心截面处,以后各排弯起钢筋的末端弯折点应落在或超过前一排弯起钢筋的弯起点。

(2)不得采用不与主钢筋焊接的斜钢筋(浮筋)。

4.5.3 装配式钢筋混凝土简支梁设计例题

1)已知设计数据及要求

钢筋混凝土简支梁全长为 $L=19.96\text{m}$,计算跨径 $l_0=19.50\text{m}$。T 形截面梁的几何尺寸见图 4-22。桥梁上部结构处于Ⅱ类环境条件,设计使用年限为 100 年,安全等级为一级,$\gamma_0=1.1$。

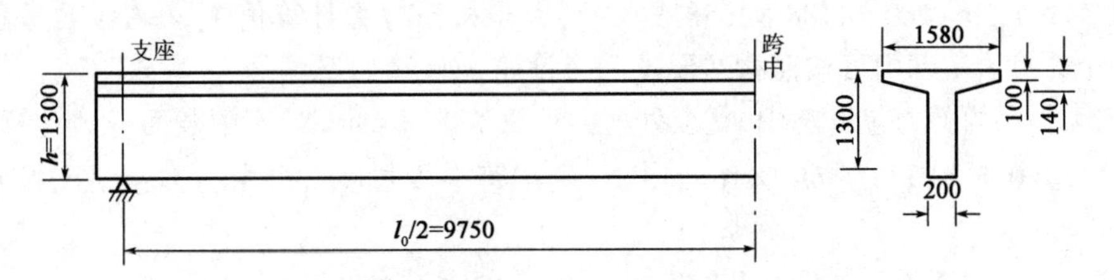

图 4-22 20m 钢筋混凝土简支梁尺寸(尺寸单位:mm)

梁体采用 C30 混凝土,轴心抗压强度设计值 $f_{cd}=13.8\text{MPa}$,轴心抗拉强度设计值 $f_{td}=1.39\text{MPa}$。主筋采用 HRB400 钢筋,抗拉强度设计值 $f_{sd}=330\text{MPa}$;箍筋采用 HPB300 钢筋,直径 8mm,抗拉强度设计值 $f_{sd}=250\text{MPa}$。

由简支梁控制截面作用基本组合的弯矩、剪力设计值,整理得到相应的弯矩计算值 $M=\gamma_0 M_d=1.1M_d$、剪力计算值 $V=\gamma_0 V_d=1.1V_d$的结果如下:

梁跨中截面处:截面弯矩计算值 $M_{l/2}=2200\text{kN}\cdot\text{m}$(跨中截面最大弯矩计算值);截面剪力计算值 $V_{l/2}=84\text{kN}$ 时,相应的截面弯矩计算值 $M_{l/2}=2024\text{kN}\cdot\text{m}$。

梁 1/4 跨截面处:截面弯矩计算值 $M_{l/4}=1600\text{kN}\cdot\text{m}$。

梁支点截面处:截面弯矩计算值 $M_0=0$;截面剪力计算值 $V_0=440\text{kN}$。

根据上述已知条件进行钢筋混凝土简支 T 梁纵向受拉钢筋和腹筋的设计计算。

2)钢筋混凝土简支 T 梁跨中截面纵向受拉钢筋的设计计算

详见例 3-6。由例 3-6 得到钢筋混凝土简支 T 梁跨中截面钢筋布置图(图 4-23),由图 4-23 可见,焊接骨架的纵向受拉钢筋分 6 层布置,为 8 ⌀28 +4 ⌀18,钢筋总面积 $A_s=5944\text{mm}^2$;计算得到纵向受拉钢筋的重心距梁肋底面的距离 $a_s=112\text{mm}$,截面有效高度 $h_0=1188\text{mm}$。

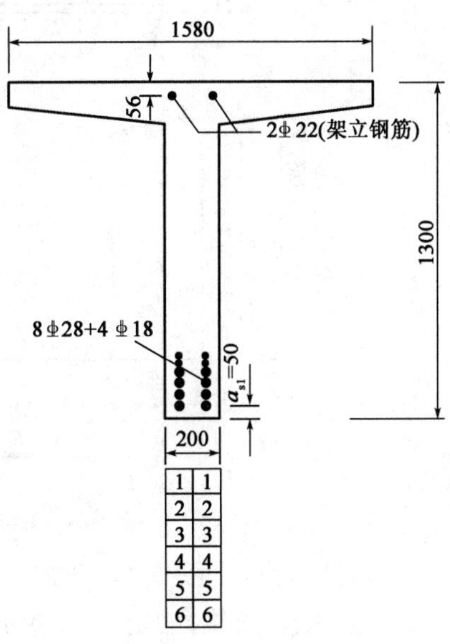

图 4-23 截面主筋布置图(尺寸单位:mm)

由例 3-6 得到钢筋混凝土简支 T 梁跨中正截面的

抗弯承载力 $M_u = 2242.3\text{kN}\cdot\text{m} > M_{l/2}(=2200\text{kN}\cdot\text{m})$。

3)钢筋混凝土简支T梁腹筋的初步设计计算

(1)截面尺寸检查

根据构造要求,梁最底层钢筋2 ф 28 通过支座截面,支点截面有效高度为 $h_0 = h - a_{s1} = 1300 - 50 = 1250(\text{mm})$。

$$\begin{aligned}(0.51\times10^{-3})\sqrt{f_{cu,k}}bh_0 &= (0.51\times10^{-3})\sqrt{30}\times200\times1250\\ &= 698.35(\text{kN}) > V_0(=440\text{kN})\end{aligned}$$

截面尺寸符合设计要求。

(2)检查是否需要根据计算配置箍筋

对梁跨中段,取跨中截面有效高度 $h_0 = 1188\text{mm}$ 并按式(4-7)计算得到 $(0.5\times10^{-3})f_{td}bh_0 = (0.5\times10^{-3})\times1.39\times200\times1188 = 165.13(\text{kN})$,大于截面剪力计算值 $V_{l/2} = 84\text{kN}$,故可在梁跨中段的一个长度 l_1 范围内可按照构造要求配置箍筋,l_1 计算如下:

图4-24所示的剪力包络图中,支点处剪力计算值 $V_0 = 440\text{kN}$、跨中截面剪力计算值 $V_{l/2} = 84\text{kN}$,令 $V_x = (0.5\times10^{-3})f_{td}bh_0 = 165.13\text{kN}$,则梁跨中段长度 l_1 可由剪力包络图按几何比例计算求得

$$l_1 = \frac{l_0}{2}\cdot\frac{V_x - V_{l/2}}{V_0 - V_{l/2}} = 9750\times\frac{165.13-84}{440-84} = 2222(\text{mm})$$

对梁支座处,取支座处截面有效高度 $h_0 = 1250\text{mm}$ 并按式(4-7)计算得到 $(0.5\times10^{-3})f_{td}bh_0 = (0.5\times10^{-3})1.39\times200\times1250 = 173.15(\text{kN})$,小于支座处截面剪力计算值 $V_{l/2} = 440\text{kN}$,故支座截面与跨中段长度 l_1 之间区段需要按剪力分配图结果来进行梁箍筋的配筋计算。

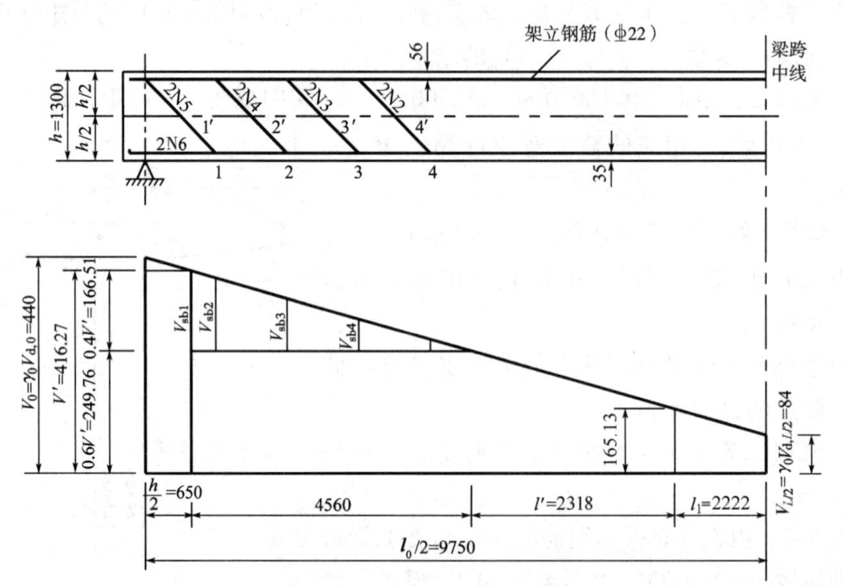

图4-24　计算剪力分配图(尺寸单位:mm;剪力单位:kN)

(3)计算剪力图分配(图4-24)

根据《公路桥规》规定,用于抗剪钢筋配筋计算的剪力分配以距支座中心线为 $h/2$ 处的剪力计算值 V' 来进行,由图4-24所示剪力包络图按几何比例计算求得:

$$V' = \frac{l_0 \cdot V_0 - h(V_0 - V_{l/2})}{l_0}$$

$$= \frac{19500 \times 440 - 1300(440 - 84)}{19500} = 416.27(\text{kN})$$

其中,应由混凝土和箍筋承担的剪力计算值至少为 $0.6V' = 249.76\text{kN}$,应由弯起钢筋(包括斜筋)承担的剪力计算值最多为 $0.4V' = 166.51\text{kN}$,设置弯起钢筋区段长度为 4560mm(图 4-24)。

(4)箍筋初步设计

采用直径为 8mm 的双肢箍筋,箍筋截面面积 $A_{sv} = nA_{sv1} = 2 \times 50.3 = 100.6(\text{mm}^2)$。

在等截面钢筋混凝土简支梁中,箍筋应尽量做到等距离布置。为计算简便,按式(4-9)设计箍筋时,式中的斜截面内纵筋配筋率 p 及截面有效高度 h_0 可近似按支座截面和跨中截面的平均值取用,计算如下:

跨中截面纵向受拉钢筋面积 $A_s = 5944\text{mm}^2$(8 ⌀ 28 + 4 ⌀ 18),截面有效高度 $h_{0,l/2} = 1188\text{mm}$,肋板宽度 $b = 200\text{mm}$,则配筋率 $p_{l/2} = 100 \times 5944/(1188 \times 200) = 2.5$;支座处截面纵向受拉钢筋面积 $A_s = 1232\text{mm}^2$(2 ⌀ 28),截面有效高度 $h_{0,0} = 1250\text{mm}$,肋板宽度 $b = 200\text{mm}$,则配筋率 $p_0 = 100 \times 1232/(1250 \times 200) = 0.49$。计算的平均值分别为 $p = (2.5 + 0.49)/2 = 1.50$,$h_0 = (1188 + 1250)/2 = 1219(\text{mm})$。由式(4-9)计算所需的箍筋间距 s_v 为

$$s_v = \frac{\alpha_1^2\alpha_3^2(0.56 \times 10^{-6})(2 + 0.6p)\sqrt{f_{cu,k}}A_{sv}f_{sv}bh_0^2}{V'^2}$$

$$= \frac{1 \times 1.1^2 \times (0.56 \times 10^{-6}) \times (2 + 0.6 \times 1.50) \times \sqrt{30} \times 101 \times 250 \times 200 \times 1219^2}{416.27^2}$$

$$= 466(\text{mm}) > s_{v,\min}\{h/2 = 650\text{mm}, 400\text{mm}\}$$

不满足《公路桥规》的要求。若取 $s_v = 400\text{mm}$,则箍筋配筋率 $\rho_{sv} = A_{sv}/(bs_v) = 100.6/(200 \times 400) = 0.126\% < 0.14\%$(HPB300 钢筋时箍筋最小配筋率),也不满足要求。

在工程上,为了保证焊接钢筋骨架安装施工的刚度,以及减小使用阶段钢筋混凝土 T 形截面梁肋板混凝土斜裂缝宽度,一般采用的箍筋间距不大于 250mm,本示例箍筋初步设计采用φ 8 双肢箍筋且箍筋间距 $s_v = 250\text{mm}$,实际箍筋配筋率 $\rho_{sv} = 0.2\% > 0.14\%$,满足要求。

综合上述计算,在支座中心向跨径长度方向的 1300mm 范围内,设计箍筋间距 $s_v = 100\text{mm}$;至跨中截面的箍筋间距可取 $s_v \leq 250\text{mm}$。

(5)弯起钢筋初步设计

弯起钢筋初步设计是要得到各排弯起钢筋的弯起点初步位置坐标,进而把图 4-24 所示的计算剪力分配图中弯起钢筋应承担的剪力分配到各排弯起钢筋,并检查每排弯起钢筋的截面面积是否足够。

初步设计中把弯起钢筋视为几何折线,并按照各排弯起钢筋的上弯折点应落在前一排弯起钢筋的下弯起点上来进行设计。

本例为等高度钢筋混凝土简支梁,弯起钢筋的弯起角度为 45°,弯起钢筋上弯折的直线段与架立钢筋(图 4-25)焊接,图 4-25 中 Δh_i 为弯起钢筋上、下弯点之间的垂直距离。

下面以 2N5 弯起钢筋初步设计介绍的方法。

2N5 钢筋是本例钢筋混凝土简支梁的第一排弯起钢筋(对支座而言),上弯折点应位于梁

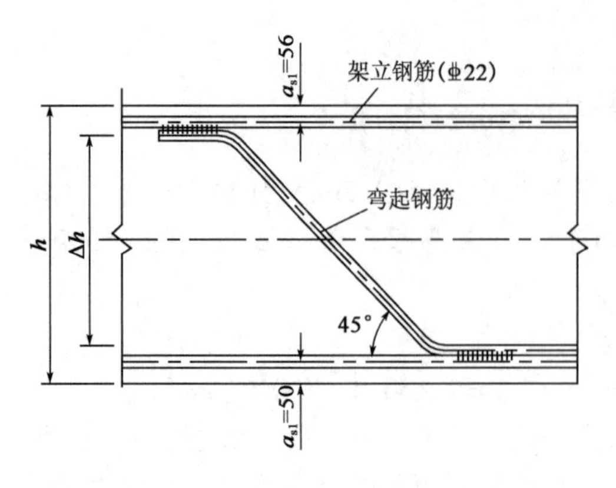

图4-25 弯起钢筋细节(尺寸单位:mm)

支座中心截面处,这时,参照图4-25,梁截面高度 $h=1300\mathrm{mm}$,计算 $\Delta h_1=1300-[(50+31.6)+56+25.1/2+31.6/2]=1134(\mathrm{mm})$。

弯起钢筋的弯起角为45°,因此第一排弯起钢筋(2N5)的弯起点1距支座中心距离等于 $\Delta h_1=1134\mathrm{mm}$;弯起钢筋与梁纵轴线交点1′(图4-24)距支座中心距离为 $1134-[1300/2-(50+31.6)]=566(\mathrm{mm})$。

分配给2N5弯起钢筋的计算剪力值 $V_{sb1}=0.4V'=166.51\mathrm{kN}$(图4-24),由式(4-10)计算所需要提供的弯起钢筋截面面积 A_{sb1} 为

$$A_{sb1}=\frac{1333.33V_{sb1}}{f_{sd}\sin 45°}=\frac{1333.33\times 166.51}{330\times 0.707}=952(\mathrm{mm}^2)$$

可提供的2N5(2ф28)弯起钢筋截面面积 $A_{sb1}=1232\mathrm{mm}^2>952\mathrm{mm}^2$,满足需要。

拟弯起的N1~N5钢筋的初步设计计算结果详见表4-4。

弯起钢筋计算 表4-4

弯起点	1	2	3	4	5
Δh_i(mm)	1134	1102	1070	1050	1030
距支座中心距离 x_i(mm)	1134	2236	3306	4356	5386
分配的计算剪力值 $V_{sb\,i}$(kN)	166.51	148.84	108.60	69.53	—
需要的弯起钢筋面积 $A_{sb\,i}$(mm^2)	952	851	621	397	—
可提供的弯起钢筋面积 $A_{sb\,i}$(mm^2)	1232(2ф28)	1232(2ф28)	1232(2ф28)	509(2ф18)	—
弯起钢筋与梁轴交点到支座中心距离 x_c'(mm)	566	1699	2801	3877	—

由表4-4可见,原拟定弯起N1钢筋的弯起点距支座中心距离为5386mm,已大于 $4560+h/2=4560+650=5210(\mathrm{mm})$,即在欲设置弯筋区域长度之外,故暂不参加弯起钢筋的计算,因此可以得到按照计算剪力图得到弯起钢筋初步布置图,见图4-26a)。由图4-26a)可见,纵向受拉钢筋2N6直接通过梁支座处截面,不弯起;其余的纵向受拉钢筋均可以在计算位置(首尾相接)弯起并也满足剪力图分配计算剪力作用的要求。图4-26a)中的纵向受拉钢筋2N1仅为示意,表示可以弯起也可以截断,但在工程中多采用弯起方法以加强钢筋骨架施工时的本身刚度。

注意到表4-4中各排弯起钢筋设计计算用到的 Δh_i 值变化不大,故在工程上也有简化的计算方法,即第一排弯起钢筋按本例方法计算,其余各排弯起钢筋采用平均的 Δh_i 值并按照各排弯起钢筋首尾相接直接得到各弯起点位置,从而使弯起钢筋初步设计工作得到较大简化。

4)全梁截面抗弯承载力检查

现在按照应同时满足梁各正截面和斜截面抗弯的要求来检查图4-26a)所示的弯起钢筋初步布置位置,为调整和最终确定弯起钢筋位置、增设斜筋的设计奠定基础。

(1)简支梁的弯矩包络图与正截面抗弯承载力图

因跨中截面弯矩计算值 $M_{l/2}=2200\mathrm{kN\cdot m}$、支点中心处截面弯矩计算值 $M_0=0$,按式(4-14)计算可以得到简支梁其他截面的计算弯矩近似值并绘出弯矩包络图[图4-26b)]。

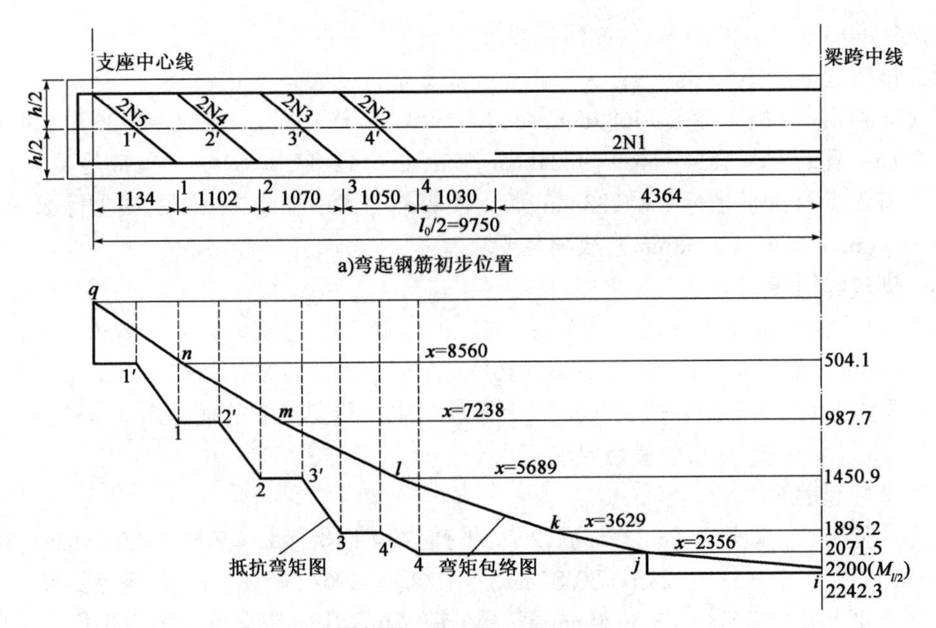

图4-26 梁的弯矩包络图与抵抗弯矩图(尺寸单位:mm;弯矩单位:kN·m)

各排弯起钢筋弯起后,相应正截面抗弯承载力 M_{ui} 计算如表4-5所示。

钢筋弯起后相应各正截面抗弯承载力 表4-5

梁 区 段	截面纵筋	有效高度 h_0 (mm)	T形截面类型	受压区高度 x (mm)	抗弯承载力 M_{ui} (kN·m)
支座中心~1点	2⏀28	1250	第一类	18.4	504.1
1点~2点	4⏀28	1234	第一类	36.8	987.7
2点~3点	6⏀28	1218	第一类	55.2	1450.9
3点~4点	8⏀28	1202	第一类	73.6	1895.2
4点~N1钢筋截断处	8⏀28+2⏀18	1196	第一类	81.2	2071.5
N1钢筋截断处~梁跨中	8⏀28+4⏀18	1188	第一类	88.8	2242.3

将表4-5的正截面抗弯承载力 M_{ui} 在图4-26b)上用各平行直线表示出来,它们与弯矩包络图的交点分别为 i、j、…、q,以各 M_{ui} 值代入式(4-14)中,可求得 i、j、…、q 到跨中截面距离 x[图4-26b)]。

(2)全梁截面抗弯承载力检查

以图4-26a)所示的弯起钢筋的弯起点初步位置逐个来检查是否满足《公路桥规》的规定,即弯起点距其充分利用点的距离是否大于 $h_0/2$;弯起钢筋与梁截面形心轴线(沿梁跨方向)交点是否在其不需要点之外,若不满足则需要调整弯起钢筋的弯起点位置。

第一排弯起钢筋(2N5):

其充分利用点 m 的横坐标 $x=7238$mm,而2N5的弯起点1的横坐标 $x_1=9750-1134=8616$(mm),说明1点位于 m 点左边,且 $x_1-x=8616-7238=1378$(mm)$>h_0/2$[$=1234/2=617$(mm)],满足要求。

其不需要点 n 的横坐标 $x=8560$mm,而2N5钢筋与梁中轴线交点1′的横坐标 $x_1'=9750-$

566 = 9184(mm) > x(= 8560mm),亦满足要求。

第二排弯起钢筋(2N4):

其充分利用点 l 横坐标 x = 5689mm,而2N4 弯起点 2 横坐标 x_2 = 9750 − 2236 = 7514(mm) > x(= 5689mm),且 $x_2 - x$ = 7514 − 5689 = 1825(mm) > $h_0/2$[= 1218/2 = 609(mm)],满足要求。

其不需要点 m 的横坐标 x = 7238mm,而 2N4 钢筋与梁中轴线交点 2′的横坐标 x_2' = 9750 − 1669 = 8651(mm) > x(= 7238mm),故满足要求。

第三排弯起钢筋(2N3):

其充分利用点 k 的横坐标 x = 3629mm,2N3 的弯起点 3 的横坐标 x_3 = 9750 − 3306 = 6444(mm) > 3629mm,且 $x_3 - x$ = 6444 − 3629 = 2815(mm) > $h_0/2$[= 1203/2 = 602(mm)],满足要求。

其不需要点 l 的横坐标 x = 5689mm,2N3 钢筋与中轴线交点 3′的横坐标 x_3' = 9750 − 2801 = 6949(mm) > x(= 5689mm),故满足要求。

第四排弯起钢筋(2N2):

其充分利用点 j 横坐标 x = 2356mm,2N2 的弯起点 4 横坐标 x_4 = 9750 − 4356 = 5394(mm) > x(= 2356mm),且 $x_4 - x$ = 5394 − 2356 = 3038(mm) > $h_0/2$[= 1196/2 = 598(mm)],满足要求。

其不需要点 k 的横坐标 x = 3629mm,而 2N2 钢筋与梁中轴线交点 4′的横坐标 x_4' = 9750 − 3877 = 5873(mm) > x(= 3629mm),满足要求。

由上述检查结果可知,图 4-26 所示弯起钢筋弯起点初步位置满足要求。

(3)弯起钢筋与斜筋布置设计

尽管图 4-26a)所示弯起钢筋的弯起点位置符合《公路桥规》对全梁截面抗弯承载力(正截面抗弯和斜截面抗弯)检查,但弯起钢筋的布置是相互之间首尾相接,工程上一般要求相互之间(水平投影上)有所重叠,因此需要进行调整,调整时应注意:弯起点的水平移动应向支座方向,需要向跨中方向移动时注意不要侵入弯矩包络图;当弯起钢筋之间(水平投影上)不能有所重叠时增加斜筋,斜筋应当与前后弯起钢筋的水平投影要有所重叠。

图 4-27b)为调整后的梁弯起钢筋及斜筋(本算例取斜筋为⌀18 钢筋)布置图,图中 2N10 为增设的斜筋,是对靠近支座部位钢筋骨架的进一步加强。

5)斜截面抗剪承载力的复核计算

图 4-27c)、a)是按照承载能力极限状态计算时最大剪力计算值 V_x 的包络图及相应的弯矩计算值 M_x 的包络图。对于等高度简支梁,它们分别可以用式(4-15)和式(4-14)近似描述。

对于钢筋混凝土简支梁斜截面抗剪承载力的复核,按照《公路桥规》关于复核截面位置和复核方法的要求逐一进行。本例以距支座中心处为 $h/2$ 处斜截面抗剪承载力复核作介绍。

(1)斜截面投影长度计算

由图 4-27b)所示弯起钢筋和斜筋布置图可计算得到距支座中心为 $h/2$ 处截面的位置横坐标 $x_i = l_0/2 - h/2$ = 9750 − 1300/2 = 9750 − 650 = 9100(mm),由表 4-5 查到该正截面的有效高度 h_0 = 1250mm。

现采用简单迭代法来进行斜截面投影长度计算。假设斜截面投影长度为 $c_1 = h_{0,1}$ = 1250mm(距支座中心为 $h/2$ 处截面的有效高度值)进行迭代计算(迭代计算保留 2 位小数),得到选择的斜截面顶端正截面的横坐标 $x = x_i - c_1$ = 9100 − 1250 = 7850(mm),该正截面上的剪力计算值 V_x 及相应的弯矩计算值 M_x 分别参照式(4-15)和式(4-14)计算如下:

$$V_x = V_{l/2} + (V_0 - V_{l/2})(2x/l_0) = 84 + (440 - 84)(2 \times 7850/19500) = 370.63(\text{kN})$$

$$M_x = M_{l/2}[1 - (4x^2/l_0{}^2)] = 2024[1 - (4 \times 7850^2/19500^2)] = 711.98(\text{kN} \cdot \text{m})$$

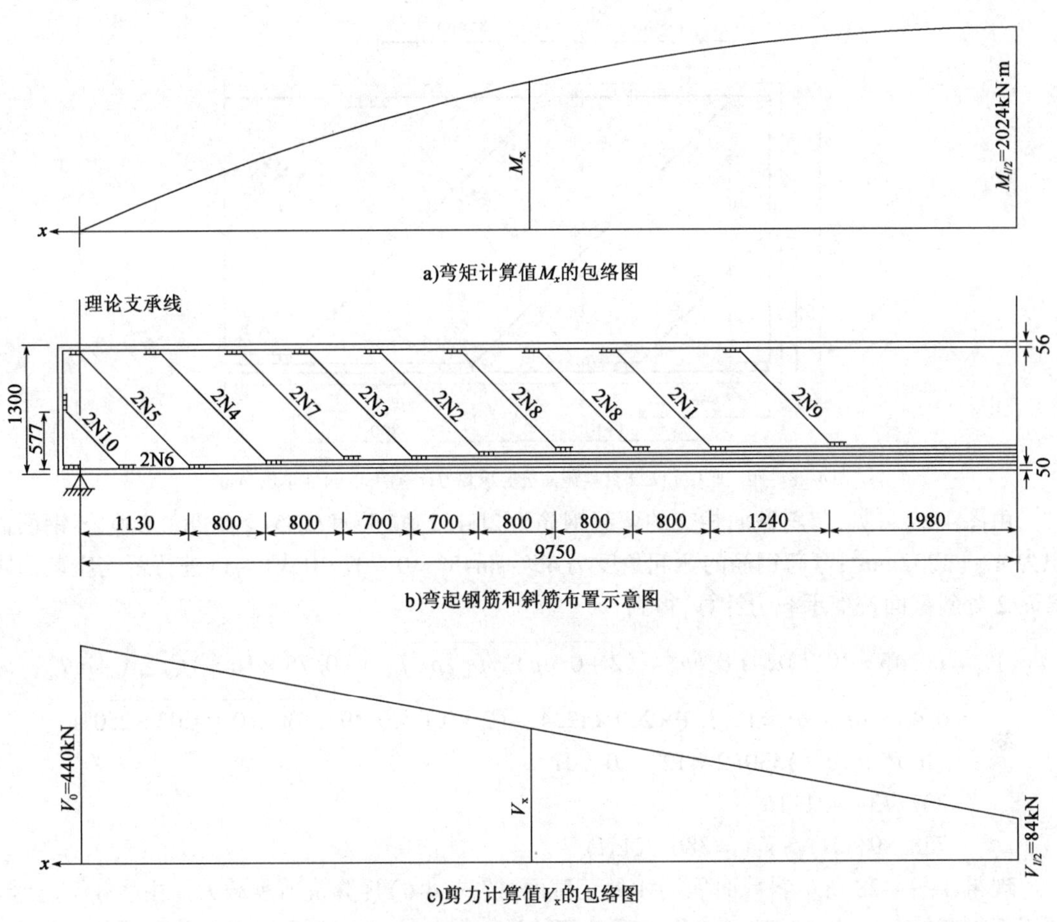

图 4-27　梁弯起钢筋和斜筋设计布置图(尺寸单位:mm)

斜截面顶端位置正截面的纵向受拉钢筋为 4 ф 28,由表 4-5 查到截面有效高度 $h_{0,2}$ = 1234mm = 1.234m,参照式(4-16)计算广义剪跨比 m 和斜截面投影长度 c_2 分别为

$$m = M_x/(V_x h_{0,2}) = 711.98/(370.63 \times 1.234) \approx 1.56 < 3$$

$$c_2 = 0.6mh_{0,2} = 0.6 \times 1.56 \times 1.234 \approx 1.155(\text{m})$$

计算值 c_2 与假设值 c_1 相差较大,应进行迭代计算。取 c_2 = 1155mm 继续迭代计算,当 c_n = 985mm 时,计算的斜截面投影长度 $c_{n+1} \approx c_n$ = 985mm,故认可斜截面投影长度 c_n = 985mm(图 4-28)。

(2)斜截面抗剪承载力复核计算

与斜截面相交的纵向受拉钢筋只有 2N6(2 ф 28),按距支座中心 $h/2$ 处正截面计算,相应的纵向受拉钢筋的配筋百分率 p 为

$$p = 100\frac{A_s}{bh_0} = \frac{100 \times 1232}{200 \times 1250} = 0.49 < 2.5$$

箍筋的配筋率 ρ_{sv}(s_v = 250mm 时)为

$$\rho_{sv}=\frac{A_{sv}}{bs_v}=\frac{101}{200\times250}=0.202\%>\rho_{min}(=0.14\%)$$

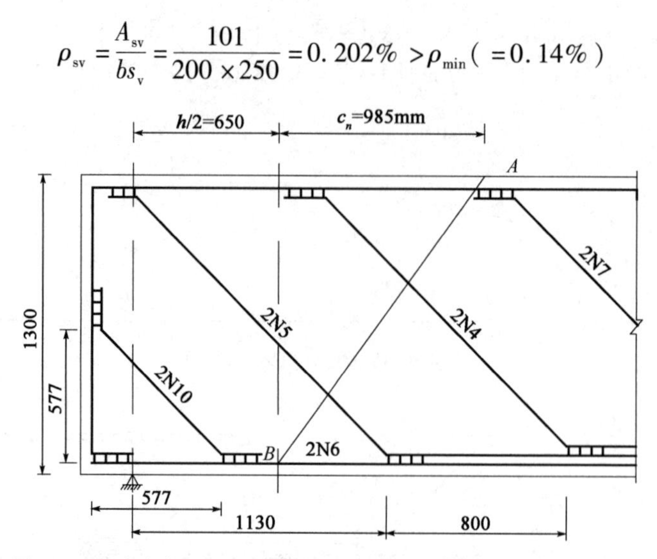

图 4-28　距支座中心 h/2 处斜截面抗剪承载力计算图式(尺寸单位:mm)

由图 4-28 可见,与斜截面相交的弯起钢筋为 2N4(2 ϕ28)和 2N5(2 ϕ28),2 ϕ28 钢筋面积为 $A_{sb}=1232\text{mm}^2$;弯起钢筋的弯起角度为 45°,sin45° = 0.707,由式(4-5)进行距支座截面距离 $h/2$ 处斜截面抗剪承载力计算,得到

$$\begin{aligned}V_{u1}&=(0.45\times10^{-3})\alpha_1\alpha_2\alpha_3bh_0\sqrt{(2+0.6p)\sqrt{f_{cu,k}}\rho_{sv}f_{sv}}+(0.75\times10^{-3})f_{sd}\sum A_{sb}\sin\theta_s\\&=0.45\times10^{-3}\times1\times1\times1.1\times200\times1234\sqrt{(2+0.6\times0.49)\sqrt{30}\times0.00202\times250}+\\&\quad(0.75\times10^{-3})330(2\times1232)0.707\\&=307.73+431.16\\&=738.89(\text{kN})>V_x(=380.30\text{kN})\end{aligned}$$

现再取图 4-28 所示斜截面顶端 A 处正截面,按式(4-6)计算抗剪承载力。由表 4-5 查到 A 处正截面有效高度 $h_0=1234\text{mm}$(纵向受拉钢筋为 4 ϕ28),C30 混凝土,T 形截面梁的肋宽 $b=200\text{mm}$,得到

$$\begin{aligned}V_{u2}&=(0.51\times10^{-3})\sqrt{f_{cu,k}}bh_0=(0.51\times10^{-3})\sqrt{30}\times200\times1234\\&=689.41(\text{kN})>V_x(=416.27\text{kN},\text{为图 4-28 中 }B\text{ 处截面剪力值})\end{aligned}$$

截面复核表明距支座中心为 $h/2$ 处的斜截面,其截面尺寸和斜截面抗剪承载力均满足要求,该斜截面最大抗剪承载力 $V_u=\min\{V_{u1},V_{u2}\}=689.41\text{kN}$。

4.6 连续梁的斜截面抗剪承载力

连续梁与简支梁的不同点是连续梁的中间支座附近梁段范围内作用有负弯矩[图 4-29b)],且跨中梁段的正弯矩比同样条件下的简支梁[图 4-29a)]要小。

在竖向荷载作用下,连续梁在中支点附近梁段的正截面上产生负弯矩,在跨中段要产生正弯矩,所以,要按正、负弯矩区段设置受力主筋(图 4-30)。钢筋混凝土连续梁正截面抗弯承载力计算采用第 3 章介绍的计算方法。

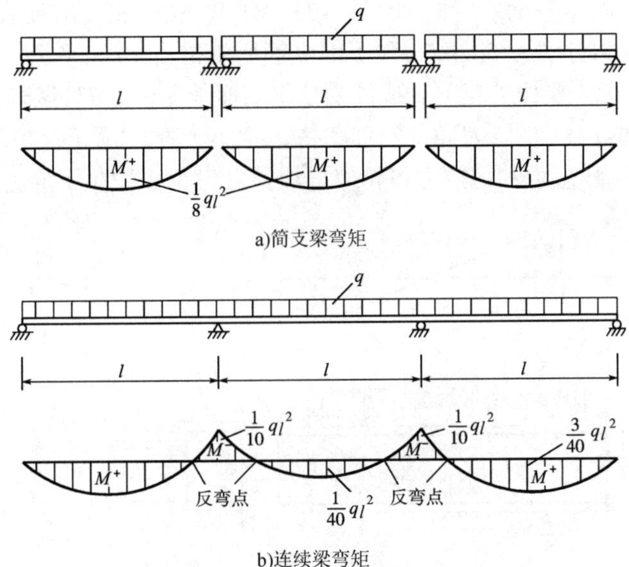

图 4-29 简支梁和连续梁在均布荷载作用下的弯矩图比较

为了防止钢筋混凝土连续梁的斜截面破坏,也必须设置腹筋(图 4-30)。本节主要介绍钢筋混凝土连续梁在反弯点附近区段上斜截面的受力状态、斜裂缝分布以及斜截面破坏特点,以及《公路桥规》对钢筋混凝土连续梁斜截面承载力的计算方法。

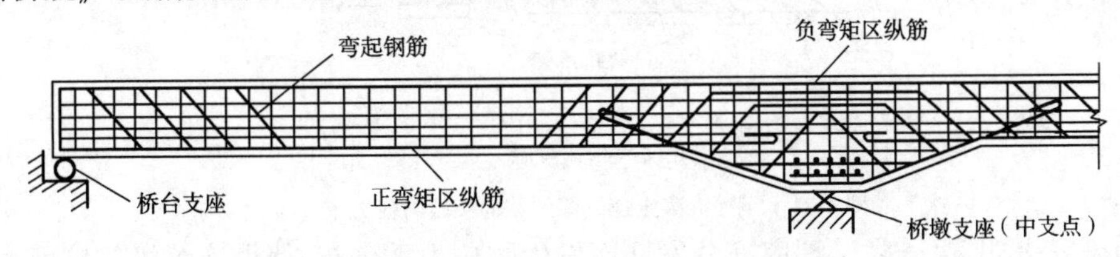

图 4-30 钢筋混凝土连续梁钢筋示意图

4.6.1 连续梁斜截面破坏的特点

在承受集中荷载的连续梁中,斜截面的剪压破坏特点与简支梁有明显不同。

在剪跨比适中的连续梁中,当荷载增加到一定程度时,将首先在正、负弯矩较大的区段内出现垂直裂缝。随着荷载的增大,在反弯点两侧将分别出现一条弯剪斜裂缝,并可能成为最终发生剪切破坏的临界斜裂缝。这两条斜裂缝几乎相互平行,分别指向支座和荷载作用点[图 4-31b)]。

当斜裂缝和纵向钢筋相交后,斜裂缝处纵筋所受的拉应力显著增大,而相距不远的反弯点截面的纵筋拉应力却很小,在这个梁区段中纵筋拉应力的变化梯度很大,而纵筋拉力差主要靠混凝土和钢筋之间的粘结力传递到混凝土上,因拉力差过大,故沿纵向钢筋水平位置的混凝土表面上出现一些断断续续的针脚状斜向裂缝(一般称为粘结裂缝)。随着荷载进一步增加,粘结裂缝分别逐步延伸到支座和荷载点附近。在接近破坏时,这些粘结裂缝相互贯通而形成较长的撕裂裂缝[图 4-31c)],并且这些粘结裂缝最后分别穿过反弯点延伸到支座截面或荷载作用点截面。

由于粘结裂缝伸过反弯点截面,反弯点将不再是纵筋受拉和受压的分界点,无论是梁上部纵筋还是下部纵筋,在邻近内支点的剪跨段内都将基本上是受拉的。其原因是纵筋和混凝土之间粘结裂缝的充分发展,使纵筋外侧原先受压的混凝土保护层不再受压。现将应力重分布前后的情况分别示于图4-31b)、c)中。由图4-31b)可知,粘结裂缝出现前截面受压区全部混凝土和钢筋所受的压力分别为C与T_2,和下部纵筋所受拉力T_1相平衡。而在粘结裂缝充分发展后[图4-31c)],原先受压的钢筋变成了受拉钢筋而承受拉力T_2',这时,压区的混凝土压力C'要和上、下部纵筋的拉力T_1'与T_2'相平衡,此时原先受压区的混凝土保护层已退出工作,使混凝土受压区高度减小,压应力和剪应力将相应增加,A-A截面上发生了应力重分布。

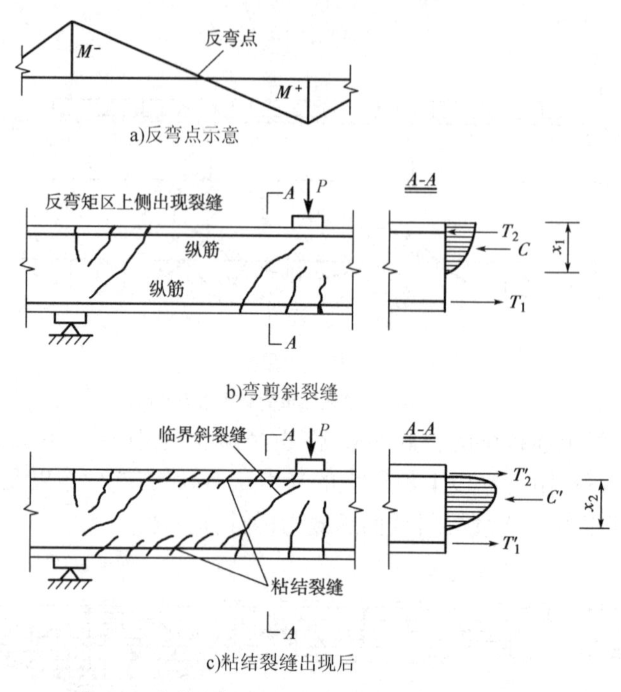

图4-31　钢筋混凝土连续梁斜截面裂缝与应力重分布

试验研究表明,由于粘结裂缝充分发展而发生的应力重分布,使得连续梁的抗剪承载能力低于相同广义剪跨比的简支梁。降低的幅度与广义剪跨比m的大小有关。当广义剪跨比m比较大时发生斜拉破坏。临界斜裂缝一出现,梁就破坏,应力重分布的影响甚小,这时,连续梁和同样m值的简支梁的抗剪承载力相近。当广义剪跨比减小后,可能发生剪压破坏,这时,临界斜裂缝出现后还要承受一定的荷载,梁才被剪坏,在这个过程中发生前述充分的应力重分布,引起抗剪承载能力的降低。广义剪跨比m越小,应力重分布的过程越充分,抗剪承载能力比同样广义剪跨比m的简支梁降低越多。应当注意,这里强调的是广义剪跨比。对承受集中荷载的简支梁来讲,剪跨比既能表示为广义剪跨比$m=M/(Vh_0)$,也能表示为狭义剪跨比$m=a/h_0$。对连续梁来讲,两者则是不同的,其关系为$\frac{M}{Vh_0}=\frac{a}{h_0(1+\psi)}$。$\psi$被称为弯矩比,它指的是连续梁邻近内支点的剪跨区段内最大负弯矩M^-与最大正弯矩M^+比值的绝对值,表示为$\psi=\left|\frac{M^-}{M^+}\right|$。弯矩比$\psi$对连续梁的抗剪承载力下降幅度及破坏形态有重要影响。

不同弯矩比ψ的梁的抗剪承载力变化规律如图4-32所示。

由图4-32可见,在同一广义剪跨比(m)条件下,随着弯矩比ψ的加大,梁的抗剪承载力在降低。当弯矩比$\psi=1$时,连续梁的抗剪承载力最低。同时,当ψ为常数时,在同一连续梁中广义剪跨比m越大,梁的抗剪承载力越小,这与简支梁变化规律相似。

因此，与简支钢筋混凝土梁相比，连续梁斜截面受剪破坏的特点有两个：**其一是梁的中支点区段截面，它与简支梁支点附近的受力虽有相似，但它处在负弯矩和剪力均（最）大的地方；其二是梁的反弯点附近区段截面，该处的剪切破坏不同于简支梁破坏时有明确剪压区的情况，截面抗剪承载力可能低于简支梁。**

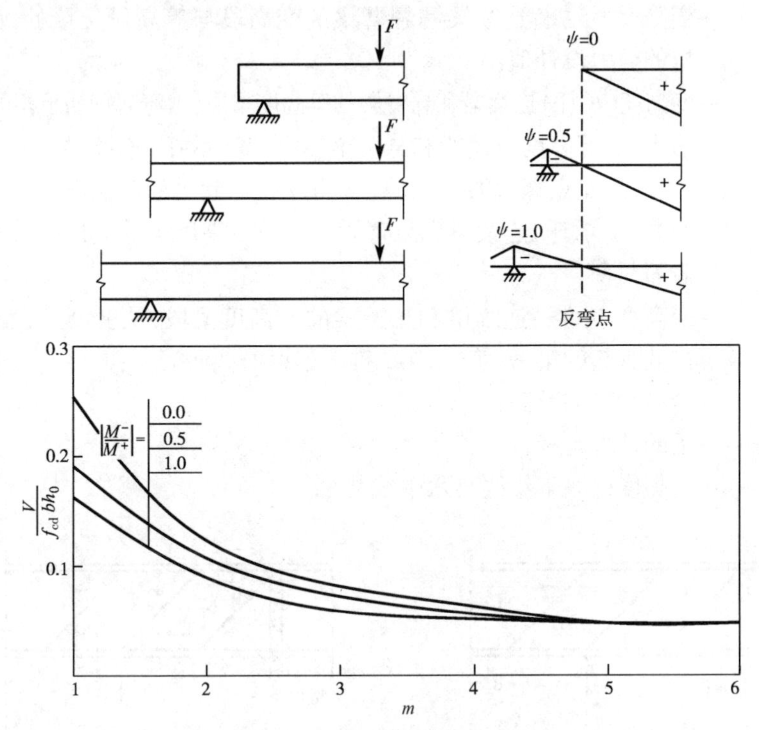

图 4-32　弯矩比 ψ 与连续梁斜截面抗剪承载力的关系

4.6.2　连续梁斜截面抗剪承载力计算方法

在综合国内外 160 根承受异号弯矩的等高度无腹筋梁混凝土抗力试验资料与按钢筋混凝土简支梁计算的混凝土抗力值比较、151 根有腹筋连续梁的抗力试验资料与按简支梁计算的混凝土和箍筋共同抗力值比较的基础上，根据 4 根较大尺寸的两跨钢筋混凝土连续梁试验资料的分析，《公路桥规》规定钢筋混凝土梁斜截面抗剪承载力计算公式采用式(4-5)，当为连续梁时，式(4-5)中的异号弯矩影响系数 α_1 取 1.0 或 0.9。

钢筋混凝土连续梁的立面布置分边跨梁和中间跨梁，在墩台上设有支座（图 4-30）。对于钢筋混凝土连续梁近边支点梁段斜截面抗剪承载力计算、腹筋设计等，方法与简支梁相同[图 4-33a)]。以下是《公路桥规》规定钢筋混凝土连续梁近中间支点梁段的斜截面抗剪承载力计算及腹筋设计等的要求。

图 4-33 中各符号的定义如下：

$V_{d,0}$——作用（或荷载）基本组合引起的最大剪力设计值；

$V'_{d,0}$——用于配筋设计的最大剪力设计值，对简支梁和连续梁近边支点梁段，取距支点中心 $h/2$ 处的量值；对等高度连续梁和悬臂梁近中间支点梁段，取支点上横隔梁边缘处的量值；

$V_{d,l/2}$——跨中截面剪力设计值；

V'_{cs}——由混凝土和箍筋共同承担的总剪力设计值(图4-33中阴影部分);

V'_{sb}——由弯起钢筋承担的总剪力设计值;

V_{sb1}、V_{sb2}、V_{sb3}——简支梁、等高度连续梁和悬臂梁、变高度(承托)连续梁和悬臂梁的变高度梁段,由弯起钢筋承担的剪力设计值;

V_{sbf}——变高度(承托)连续梁和悬臂梁的变高段与等高段交接处,由弯起钢筋承担的剪力设计值;

V'_{sb1}、V'_{sb2}、V'_{sb3}——变高度(承托)连续梁和悬臂梁的等高度梁段,由弯起钢筋承担的剪力设计值;

A_{sb1}、A_{sb2}、A_{sbi}——简支梁、等高度连续梁和悬臂梁、变高度(承托)连续梁和悬臂梁的变高度梁段,从支点算起的第一、第二、第i排弯起钢筋截面面积;

A_{sbf}——变高度(承托)连续梁和悬臂梁中跨越变高度与等高度交接处的弯起钢筋截面面积;

A'_{sb1}、A'_{sb2}、A'_{sbi}——变高度(承托)连续梁和悬臂梁的等高度梁段,从变高度段与等高度段交接处算起的第一、第二、第i排弯起钢筋截面面积;

h——等高度梁的梁高;

l_0——梁的计算跨径;

α——变高度梁段下缘线与水平线夹角。

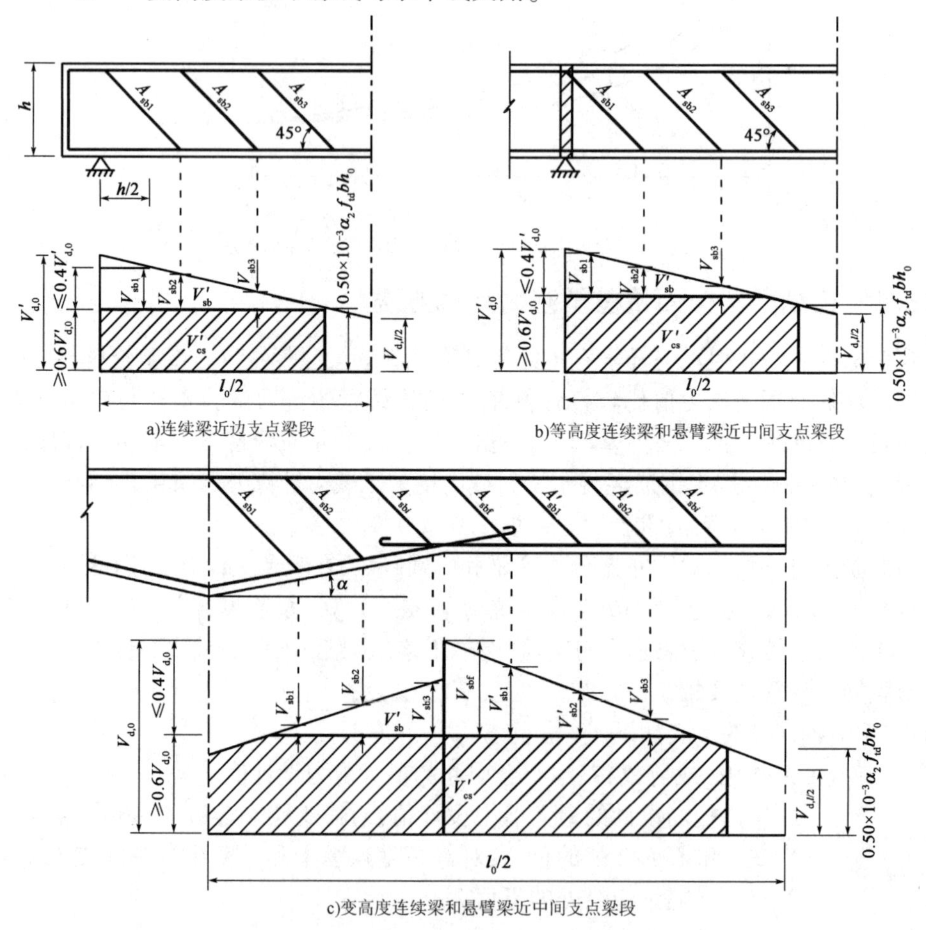

图4-33 斜截面抗剪配筋设计计算图

(1)对于矩形、T形和工字形截面的受弯构件,当配置箍筋和弯起钢筋时,其斜截面抗剪承载力按式(4-5)进行计算。

对于钢筋混凝土连续梁的抗剪截面尺寸验算仍采用式(4-6)。当为变高度(承托)连续梁时,除验算近边支点梁段的截面尺寸外,尚应验算截面急剧变化处的截面尺寸。

(2)用作连续梁抗剪配筋设计的最大剪力设计值按以下规定取值:等高度连续梁和悬臂梁近中间支点梁段取支点上横隔梁边缘处的剪力设计值 V_d'[图4-33b)];变高度(承托)连续梁和悬臂梁近中间支点梁段取变高度梁段与等高度梁段交接处的剪力设计值 $V_{d,0}$[图4-33c)]。

(3)计算第一排弯起钢筋 A_{sb1} 时,对于等高度连续梁和悬臂梁近中间支点梁段,取用支点上横隔梁边缘处由弯起钢筋承担的那部分剪力 V_{sb1}[图4-33b)];对于变高度(承托)连续梁和悬臂梁近中间支点的变高度梁段,取用第一排弯起钢筋下弯点处由弯起钢筋承担的那部分剪力 V_{sb1}[图4-33c)]。

(4)计算第一排弯起钢筋以后的每一排弯起钢筋 A_{sb2}、…、A_{sbi} 时,对于变高度(承托)连续梁和悬臂梁近中间支点的变高度梁段,取用各排弯起钢筋下弯点处由弯起钢筋承担的那部分剪力 V_{sb2}、…、V_{sbi}[图4-33c)]。

(5)计算变高度(承托)连续梁和悬臂梁跨越变高段与等高段交接处的弯起钢筋 A_{sbf} 时,取用交接截面剪力峰值由弯起钢筋承担的那部分剪力 V_{sbf}[图4-33c)];计算等高度梁段各排弯起钢筋 A_{sb1}'、A_{sb2}'、A_{sbi}' 时,取用各排弯起钢筋上弯点处由弯起钢筋承担的那部分剪力 V_{sb1}'、V_{sb2}'、V_{sbi}'[图4-33c)]。

以上要求也适用于钢筋混凝土箱形截面受弯构件斜截面抗剪承载力配筋设计。

(6)根据钢筋混凝土连续梁和悬臂梁抗剪受力性能,《公路桥规》规定在连续梁、悬臂梁近中间支点位于负弯矩区的梁段,应设置闭合式箍筋,同时,同排内任一纵向受压钢筋,距离箍筋折角处的纵向钢筋的间距不应大于150mm与15倍箍筋直径两者中的较大者,否则,应设复合箍筋。复合箍筋就是沿混凝土结构构件纵轴方向同一截面内按一定间距配置由两种或两种以上形式共同组成的箍筋(图6-9)。相邻箍筋的弯钩接头,沿纵向其位置应交替布置。

钢筋混凝土连续梁的斜截面抗剪计算仍处于研究中,以上介绍的方法主要是针对连续梁中支点区段截面的抗剪承载力计算,**在具体工程设计上还应充分重视连续梁反弯点附近区段的抗剪承载力验算,增强箍筋和梁腹的水平钢筋作用。**

【复习思考题与习题】

4-1 钢筋混凝土受弯构件沿斜截面破坏的形态有几种?各在什么情况下发生?

4-2 影响钢筋混凝土受弯构件斜截面抗剪承载力的主要因素有哪些?

4-3 钢筋混凝土受弯构件斜截面抗剪承载力基本公式的适用范围是什么?公式的上、下限值物理意义是什么?

4-4 为什么把图4-12称为“腹筋初步设计计算图”?

4-5 试解释以下术语:剪跨比、配箍率、剪压破坏、斜截面投影长度、充分利用点、不需要点、弯矩包络图、抵抗弯矩图。

4-6　钢筋混凝土梁抗剪承载力复核时,如何选择复核截面?

4-7　试述钢筋混凝土简支梁的纵向受拉钢筋在支座处锚固有哪些规定要求?

4-8　钢筋混凝土连续梁斜截面破坏有哪些特点?

4-9　计算跨径 $l_0=4.8\text{m}$ 的钢筋混凝土矩形截面简支梁(图 4-34),$b \times h=200\text{mm}\times 500\text{mm}$,C30 混凝土;Ⅰ类环境条件,设计使用年限 50 年,安全等级为二级;已知简支梁跨中截面弯矩设计值 $M_{d,l_0/2}=147\text{kN}\cdot\text{m}$,支点处剪力设计值 $V_{d,0}=124.8\text{kN}$,跨中处剪力设计值 $V_{d,l_0/2}=25.2\text{kN}$。试求所需的纵向受拉钢筋 A_s(HRB400 级钢筋)和仅配置箍筋(HPB300 级)时的箍筋直径与布置间距 s_v,并画出配筋图。

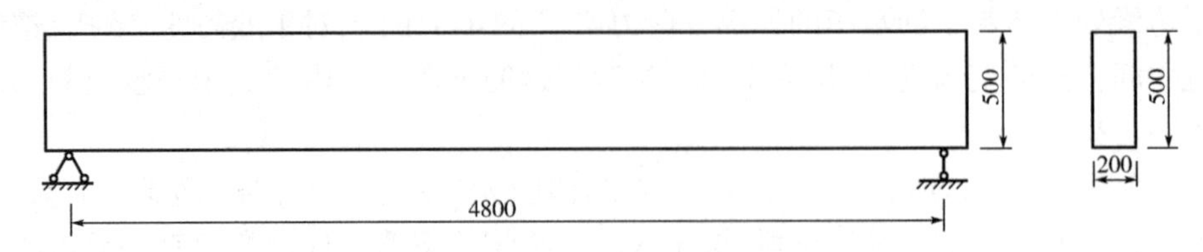

图 4-34　题 4-9 图(尺寸单位:mm)

4-10　参照"4.5.3 装配式钢筋混凝土简支梁设计例题"节中"5)斜截面抗剪承载力的复核"的方法,试对 2N5 钢筋弯起处斜截面抗剪承载力进行复核。

第5章

受扭构件承载力计算

弯梁桥和斜梁(板)桥是高等级公路和城市道路常用的桥梁。钢筋混凝土弯梁和斜梁(板),即使不考虑汽车荷载,仅在结构自重作用下,梁的截面上除有弯矩 M、剪力 V 外,还存在扭矩 T(图5-1)。

由于扭矩、弯矩和剪力的共同作用,构件的截面上将产生相应的主拉应力。当主拉应力超过混凝土的抗拉强度时,构件便会开裂。因此,**必须配置适量的钢筋(纵筋和箍筋)来限制裂缝的开展和提高钢筋混凝土构件的承载能力。**

在实际工程中,纯扭构件并不常见,较多出现的是弯矩、扭矩和剪力共同作用的构件。由于弯、扭、剪共同作用的相互影响,使得构件的受力状况非常复杂。而纯扭是研究弯扭构件受力的基础,只有对纯扭构件有深入的了解,才能对弯、扭、剪共同作用下结构的破坏机理作进一步的分析和研究,也才能对构件进行比较合理的配筋。因此,本章的介绍将从纯扭构件开始。

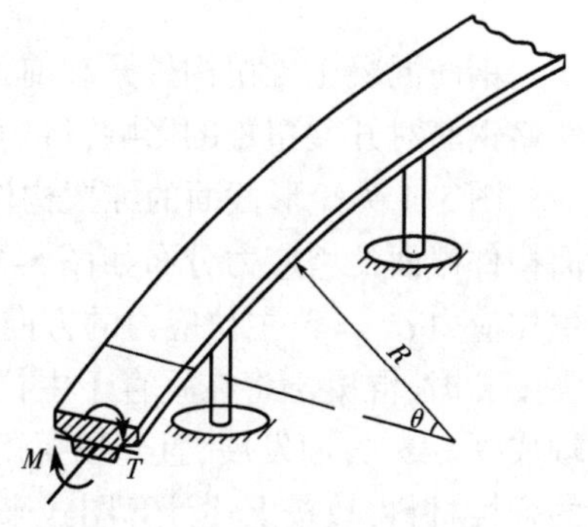

图5-1 曲线梁截面内力示意图

5.1 纯扭构件破坏特征和承载力计算

图 5-2 为配置箍筋和纵筋的钢筋混凝土矩形截面受扭构件,从加载直到破坏全过程的扭矩 T 和扭转角 θ 的关系曲线。由图 5-2 可见,加载初期截面扭转变形很小,其性能与素混凝土受扭构件相似。当斜裂缝出现以后,由于混凝土部分卸载,钢筋应力明显增大,扭转角加大,扭转刚度明显降低,在 T-θ 曲线上出现水平段。当扭转角增加到一定值后,钢筋应变趋于稳定,形成新的受力状态。当继续施加荷载时,变形增长较快,裂缝的数量逐步增多,裂缝宽度逐渐加大,构件的四个面上形成连续的或不连续的与构件纵轴线成某个角度的螺旋形裂缝(图 5-3)。这时T-θ关系大体还是呈直线变化。当作用效应接近极限扭矩时,在构件截面长边上的斜裂缝中有一条发展为临界裂缝,与这条空间斜裂缝相交的部分箍筋(长肢)或部分纵筋将首先屈服,产生较大的非弹性变形,这时 T-θ 曲线趋于水平。到达极限扭矩时,和临界斜裂缝相交的箍筋短肢及纵向钢筋相继屈服,但没有与临界斜裂缝相交的箍筋和纵筋并没有屈服。由于这时斜裂缝宽度已很大,混凝土在逐步退出工作,故构件的抵抗扭矩开始逐步下降,最后在构件的另一长边出现压区塑性铰或出现两个裂缝间混凝土被压碎的现象时构件破坏。

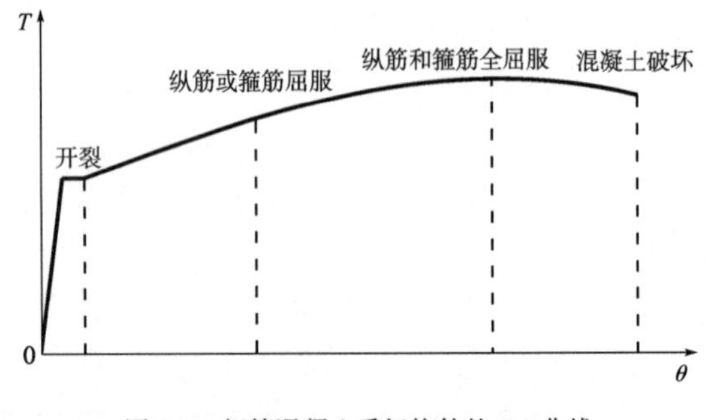

图 5-2 钢筋混凝土受扭构件的 T-θ 曲线

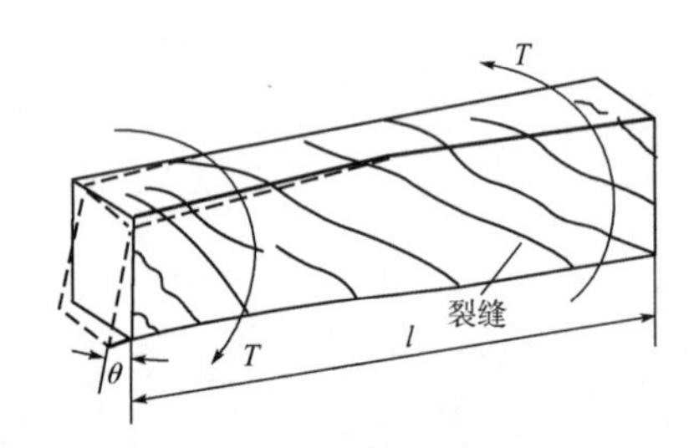

图 5-3 扭转裂缝分布图

综上所述,钢筋混凝土构件抗扭性能的两个重要衡量指标是,构件的开裂扭矩和构件的破坏扭矩。

5.1.1 矩形截面纯扭构件的开裂扭矩

钢筋混凝土受扭构件开裂前钢筋中的应力很小,钢筋对开裂扭矩的影响不大,因此,可以忽略钢筋对开裂扭矩的影响,将构件作为素混凝土受扭构件来处理开裂扭矩的问题。

图 5-4 为矩形截面的纯扭构件。在扭矩作用下,由材料力学可知,匀质弹性材料的矩形截面构件截面的剪应力分布如图 5-5a)所示,截面长边中点的剪应力最大。根据力的平衡可知主拉应力 $\sigma_{tp}=\tau$,主拉应力的方向与构件轴线成 $\theta=45°$角。当主拉应力 σ_{tp}超过混凝土的抗拉强度 f_t 时,混凝土将在垂直于主拉应力的方向开裂,在纯扭作用下,构件裂缝总是沿与构件纵轴成 $\theta=45°$方向发展,且开裂扭矩即为主拉应力 $\sigma_{tp}=\tau=f_t$ 时的扭矩。因为混凝土不是理想的弹性材料,故按上述计算图式来计算混凝土构件的开裂扭矩是偏低的。

假设为理想塑性材料的矩形截面构件,截面上某一点应力达到材料的屈服强度时,只意味着局部材料开始进入塑性状态，此时构件仍能继续承担荷载。直到截面上的应力全部达到材料的屈服强度时，构件才能达到其极限承载能力，此时，截面上剪应力的分布如图5-5b)所示。

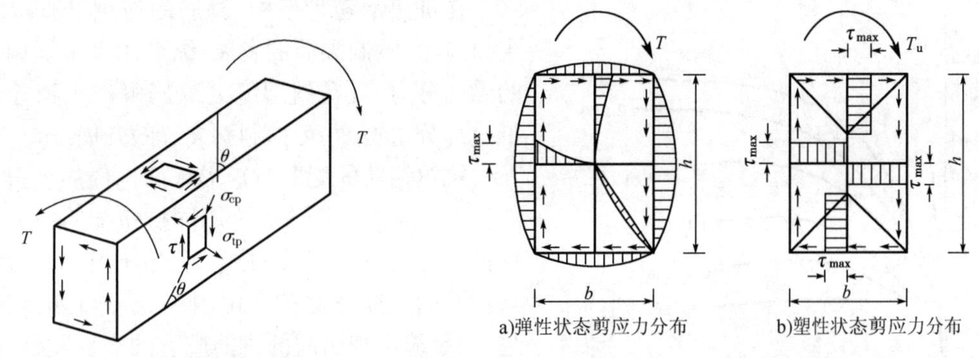

图5-4　矩形截面纯扭构件

图5-5　矩形截面纯扭构件剪应力分布

现按图5-5b)所示理想塑性材料的剪应力分布求其抵抗扭矩。假定钢筋混凝土构件矩形截面进入全塑性状态时，出现与截面各边成45°的剪应力界限分布区，形成的剪应力达到极限值τ_{max}，$\tau=\tau_{max}=f_{td}$，剪力流对截面的扭矩中心取矩，由平衡条件可得到

$$T=\frac{b^2}{6}(3h-b)\tau_{max}=W_t\tau_{max} \tag{5-1}$$

式中的W_t为矩形截面的抗扭塑性抵抗矩，$W_t=b^2(3h-b)/6$。

但是混凝土既非弹性材料，又非理想塑性材料，而是介于两者之间的弹塑性材料。对于低强度混凝土来说，塑性性能好一些；对于高强度混凝土来说，其性能更接近于弹性。当按理论计算纯扭构件的剪应力分布时，则低估了构件的抗扭开裂能力。此外，构件内除了作用有主拉应力外，还有与主拉应力呈正交方向的主压应力。在拉、压复合应力状态下，混凝土的抗拉强度要低于单向受拉的抗拉强度，而且混凝土内的微裂缝、裂隙和局部缺陷又会引起应力集中而降低构件的承载能力。

综上所述，矩形截面钢筋混凝土受扭构件的开裂扭矩，只能近似地采用理想塑性材料的剪应力图形进行计算，同时通过试验来加以校正，乘以一个折减系数0.7。于是，开裂扭矩的计算式为

$$T_{cr}=0.7W_tf_{td} \tag{5-2}$$

式中：T_{cr}——矩形截面纯扭构件的开裂扭矩；

f_{td}——混凝土抗拉强度设计值；

W_t——矩形截面的抗扭塑性抵抗矩。

5.1.2　矩形截面纯扭构件的破坏特征

扭矩在构件中引起的主拉应力轨迹线与构件轴线成45°角，因此理论上讲，在纯扭构件中配置抗扭钢筋的最理想方案是沿45°方向布置螺旋形箍筋，使其与主拉应力方向一致，以期取得较好的受力效果。然而，螺旋箍筋在受力上只能适应一个方向的扭矩，而在桥梁工程中，由于车辆荷载作用，扭矩将不断变换方向，如果扭矩改变方向，则螺旋箍筋也必须相应地改变方向，这在构造上是复杂的。因此，**实际工程中通常都采用由箍筋和纵向钢筋组成的空间骨架来**

承担扭矩,并尽可能地在保证必要的混凝土保护层厚度下,沿截面周边布置钢筋,以增强抗扭能力。

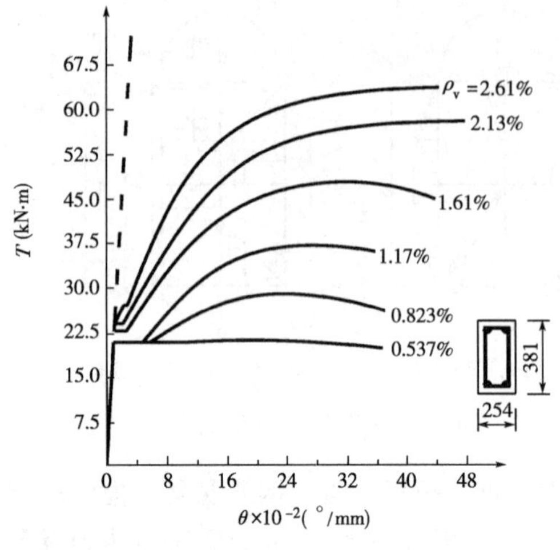

图5-6　T-θ 关系试验曲线(尺寸单位:mm)

在抗扭钢筋骨架中,箍筋的作用是直接抵抗主拉应力,限制裂缝的发展;纵筋用来平衡构件中的纵向分力,且在斜裂缝处纵筋可产生销栓作用抵抗部分扭矩,并可抑制斜裂缝的开展。

抗扭钢筋的配置对矩形截面构件的抗扭能力有很大的影响。图5-6为不同抗扭配筋率的受扭构件的 T-θ 关系试验曲线。图5-6中,ρ_v 为纵筋与箍筋的配筋率之和。由图5-6可知,抗扭钢筋越少,裂缝出现引起的钢筋应力的突变就越大,水平段相对较长。当配筋很少时,会出现扭矩不再增大而扭转角不断加大导致的破坏。因此,极限扭矩和抗扭刚度的大小在很大程度上取决于抗扭钢筋的数量。

根据抗扭配筋率的多少,钢筋混凝土矩形截面受扭构件的破坏形态一般可分为以下几种。

(1)少筋破坏。当抗扭钢筋数量过少时,在构件受扭开裂后,由于钢筋没有足够的能力承受混凝土开裂后卸给它的那部分扭矩,因而构件立即破坏,其破坏性质与素混凝土构件无异。

(2)适筋破坏。在正常配筋的条件下,随着外扭矩的不断增加,抗扭箍筋和纵筋首先达到屈服强度,然后主裂缝迅速开展,最后促使混凝土受压面被压碎,构件破坏,这种破坏发生是延性的、可预见的,与受弯构件适筋梁相类似。

(3)超筋破坏。当抗扭钢筋配置过多或混凝土强度过低时,随着外扭矩的增加,构件混凝土先被压碎,从而导致构件破坏,而此时抗扭箍筋和纵筋均未达到屈服强度,这种破坏特征与受弯构件超筋梁相类似,属于脆性破坏的范畴,又称为完全超筋破坏。由于其破坏的不可预见性,完全超筋构件在设计时必须予以避免。

(4)部分超筋破坏。当抗扭箍筋或纵筋中的一种配置过多时,构件破坏时只有部分纵筋或箍筋屈服,而另一部分抗扭钢筋(箍筋或纵筋)尚未达到屈服强度,这种构件称为部分超配筋构件,破坏具有一定的脆性破坏性质。

由于抗扭钢筋是由纵筋和箍筋两部分组成,因此,纵筋的数量、强度和箍筋的数量、强度的比例(简称配筋强度比,以 ζ 表示)对抗扭承载力有一定的影响。当箍筋用量相对较少时,构件抗扭承载力就由箍筋控制,这时再增加纵筋也不能起到提高抗扭承载力的作用,反之,当纵筋用量很少时,增加箍筋也不能充分发挥作用。

若将**纵筋和箍筋之间的数量比例用钢筋的体积比来表示,则配筋强度比**的表达式为

$$\zeta=\frac{f_{sd}A_{st}s_v}{f_{sv}A_{sv1}U_{cor}} \tag{5-3}$$

式中:A_{st}、f_{sd}——分别为对称布置的全部纵筋截面面积及纵筋的抗拉强度设计值;

A_{sv1}、f_{sv}——分别为单肢箍筋的截面面积和箍筋的抗拉强度设计值;

s_v——箍筋的间距;

U_{cor}——截面核心混凝土部分的周长,计算时可取箍筋内表面间的距离来得到。

试验表明,由于纵筋与箍筋间的内力重分布,受扭构件中的纵筋和箍筋基本上能同时屈服,配筋强度比ζ可在一定范围内变化。为稳妥起见,限制为$0.6 \leqslant \zeta \leqslant 1.7$,设计时可取$\zeta = 1.0 \sim 1.2$。

即使在配筋强度比ζ不变的条件下,纵筋及箍筋的配筋量也会对受扭构件的破坏形态有影响。图5-7为$\zeta = 1$时箍筋配筋量$f_{sv}A_{sv1}/s_v$和抗扭承载力T的关系。BC段为适筋抗扭构件,这时随箍筋用量的增加,构件抗扭承载力提高很快。CD段为部分超配筋受扭构件,由于未屈服的箍筋不能充分发挥作用,构件的抗扭承载力增长速度相应变慢。到了完全超筋时(DE段),箍筋配筋量的增加对抗扭承载力的提高已不明显。当配筋量过低时,会出现少筋受扭构件的情况,如图5-7中的AB段,扭转裂缝一出现,构件就破坏。对不同的配筋强度比ζ,少筋和适筋、适筋和超筋的界限位置是不同的。

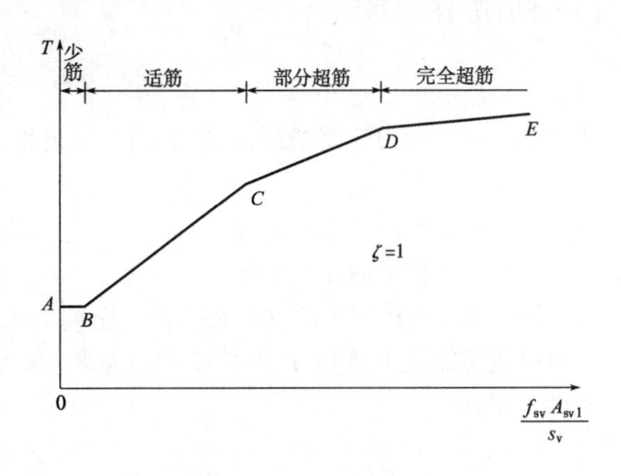

图5-7 箍筋配筋量对抗扭承载力的影响

5.1.3 纯扭构件的承载力计算理论

对于钢筋混凝土纯扭构件的受力状况,在计算理论上可以采用不同的力学模型来加以解释。目前所用的计算模式(或计算理论)主要有两种:一种是变角度空间桁架模型;另一种是斜弯曲破坏理论。

1)变角度空间桁架模型

试验研究和理论分析表明,在裂缝充分发展且钢筋应力接近屈服强度时,构件截面核心混凝土退出工作。因此,实心截面的钢筋混凝土受扭构件,如图5-8所示,可以假想为一箱形截面构件。此时,具有螺旋形裂缝的混凝土外壳、纵筋和箍筋共同组成空间桁架,以抵抗外扭矩的作用。图5-8中,F_i为角点纵筋拉力,D_i为混凝土斜压杆轴压力,N_i为单肢箍筋拉力。

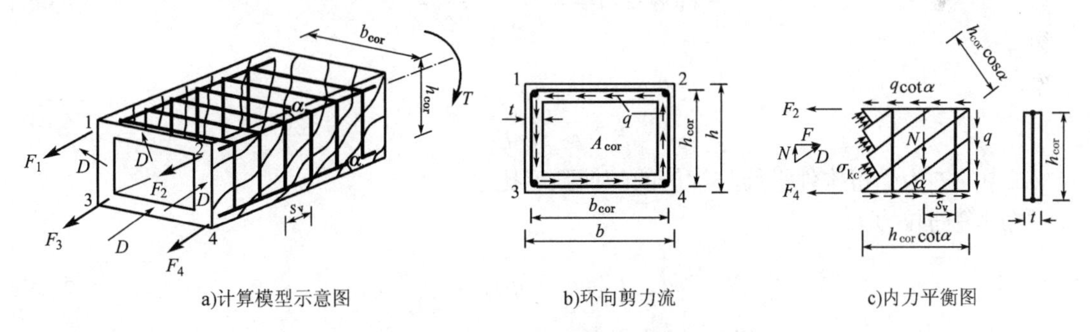

a)计算模型示意图 b)环向剪力流 c)内力平衡图

图5-8 变角度空间桁架模型

变角度空间桁架模型的基本假定有:

(1)混凝土只承受压力,具有螺旋形裂缝的混凝土外壳组成桁架的斜压杆,其倾角为α。

(2)纵筋和箍筋只承受拉力,分别构成桁架的弦杆和腹杆。

(3)忽略核心混凝土的抗扭作用和钢筋的销栓作用。

在上述假定中,忽略核心混凝土抗扭作用的假定更为重要。这样,实心截面构件可以看作为一箱形截面构件或一薄壁管构件,从而在受扭承载力计算中,可应用薄壁管理论。

由薄壁管理论,在扭矩 T_u 作用下,沿箱形截面侧壁将产生大小相同的环向剪力流 q,如图5-8b)所示,可得到

$$q = \tau t = \frac{T_u}{2A_{cor}} \tag{5-4}$$

式中:A_{cor}——剪力流路线所围成的面积,此处取为构件核心截面面积,即箍筋内表面所围成的面积;

τ——扭矩产生的剪应力;

t——箱形截面侧壁厚度。

图5-8c)为作用于侧壁的剪力流 q 引起的桁架各杆件的内力图,其中,α 为斜压杆的倾角,N 为单肢箍筋拉力总和,F 为纵筋拉力总和,D 为混凝土斜压杆轴压力之和,由图示力学平衡条件可得到

$$N = F \cdot \tan\alpha \tag{5-5}$$

在极限状态下

$$\begin{aligned} N &= 2\frac{A_{sv1}f_{sv}h_{cor}\cot\alpha}{s_v} + 2\frac{A_{sv1}f_{sv}b_{cor}\cot\alpha}{s_v} \\ &= \frac{A_{sv1}f_{sv}2(h_{cor}+b_{cor})}{s_v}\cot\alpha \\ &= \frac{A_{sv1}f_{sv}U_{cor}}{s_v}\cot\alpha \end{aligned} \tag{5-6}$$

$$F = A_{st}f_{sd} \tag{5-7}$$

将式(5-6)、式(5-7)代入式(5-5)可得到

$$A_{st}f_{sd}\tan\alpha = \frac{A_{sv1}f_{sv}U_{cor}}{s_v}\cot\alpha$$

$$\tan\alpha = \sqrt{\frac{A_{sv1}f_{sv}U_{cor}}{A_{st}f_{sd}s_v}} = \sqrt{\frac{1}{\zeta}} \tag{5-8}$$

即

$$\zeta = \frac{A_{st}f_{sd}s_v}{A_{sv1}f_{sv}U_{cor}} \tag{5-9}$$

式中的 ζ 为受扭构件纵筋与箍筋的配筋强度比。

同时箍筋拉力为

$$N = 2qh_{cor} + 2qb_{cor} = qU_{cor} = \frac{T_u}{2A_{cor}}U_{cor} \tag{5-10}$$

由式(5-6)和式(5-10)得到抗扭承载力

$$\begin{aligned} T_u &= 2\frac{A_{sv1}f_{sv}A_{cor}}{s_v}\cot\alpha \\ &= 2\sqrt{\zeta}\cdot\frac{A_{sv1}f_{sv}A_{cor}}{s_v} \end{aligned} \tag{5-11}$$

斜压杆总压力

$$D=\frac{N}{\sin\alpha}=\frac{qU_{\mathrm{cor}}}{\sin\alpha} \tag{5-12}$$

混凝土平均压应力

$$\begin{aligned}\sigma_{\mathrm{kc}}&=\frac{D}{t(2h_{\mathrm{cor}}\cos\alpha+2b_{\mathrm{cor}}\cos\alpha)}\\&=\frac{D}{tU_{\mathrm{cor}}\cos\alpha}=\frac{q}{t\sin\alpha\cos\alpha}\\&=\frac{T_{\mathrm{u}}}{2tA_{\mathrm{cor}}\sin\alpha\cos\alpha}\end{aligned} \tag{5-13}$$

上述式中：A_{cor}——混凝土核心面积；

U_{cor}——混凝土核心截面周长；

ζ——受扭构件纵筋与箍筋的配筋强度比，见式(5-3)；

A_{st}——纯扭计算中沿截面周边对称配置的全部纵向钢筋截面面积；

A_{sv1}——箍筋单肢面积；

s_{v}——抗扭箍筋间距；

f_{sd}——抗扭纵筋抗拉强度设计值；

f_{sv}——抗扭箍筋抗拉强度设计值。

由式(5-11)可以看出，构件的抗扭承载力 T_{u} 主要与钢筋骨架尺寸、箍筋用量及其强度以及表征纵筋与箍筋的相对用量的参数 ζ 有关。按照变角度空间桁架模型，ζ 不仅有如式(5-9)所示的物理意义，而且在计算模型中还具有如式(5-8)所示表征斜压杆倾角 α 大小的几何意义。

式(5-11)为低配筋受扭构件扭矩承载力的计算公式。为了保证钢筋应力达到屈服强度前不发生混凝土压坏，即避免出现超筋构件的脆性破坏，必须限制按式(5-13)计算得到的斜压杆平均应力 σ_{kc}的大小。

2）斜弯曲破坏理论

斜弯曲破坏理论（亦称扭曲破坏面极限平衡理论）是以试验为基础的。对于纯扭的钢筋混凝土构件，在扭矩作用下，构件总是在已经形成螺旋形裂缝的某一最薄弱的空间曲面发生破坏。如图5-9所示，AB、BC、CD 为三段连续的斜向破坏裂缝，其与构件纵轴线方向的夹角为 α；AD 段为倾斜压区。斜弯曲破坏理论乃是截取实际的破坏面作为隔离体，从而直接导出与纵筋、箍筋用量有关的抗扭承载力计算公式。

斜弯曲计算理论的基本假定为：

(1)假定通过扭曲裂面的纵向钢筋、箍筋在构件破坏时均已达到其屈服强度。

(2)受压区高度近似地取为两倍的保护层厚度，即受压区重心正位于箍筋处。假定受压区的合力近似地作用于受压区的形心。

(3)混凝土的抗扭能力忽略不计，扭矩全部由抗扭纵筋和箍筋承担。

(4)假定抗扭纵筋沿构件核心周边对称、均匀布置，抗扭箍筋沿构件轴线方向等距离布置，且均锚固可靠。

根据以上基本假定，令通过受压区形心而平行于构件纵向中心轴 x 的轴为Ⅰ-Ⅰ轴，由对该轴的内外扭矩的静力平衡条件可得到

$$T_u = \frac{A_{sv1}f_{sv}}{s_v}h_{cor}\cot\alpha b_{cor} + \frac{A_{sv1}f_{sv}}{s_v}b_{cor}\cot\alpha h_{cor} = 2h_{cor}b_{cor}\frac{A_{sv1}f_{sv}}{s_v}\cot\alpha \tag{5-14}$$

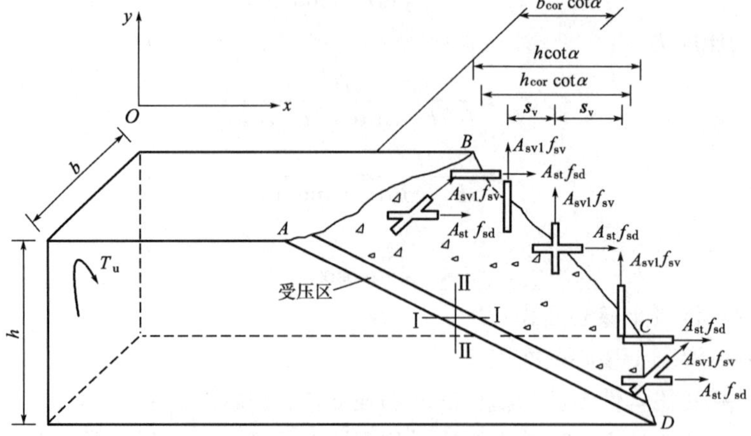

图5-9 斜弯曲理论计算示意图

再令通过受压区形心而平行于 y 轴的轴为Ⅱ-Ⅱ轴,则由对该轴的内力矩为零的条件,可得到

$$\frac{A_{sv1}f_{sv}}{s_v}b_{cor}\cot\alpha(h_{cor}\cot\alpha + b_{cor}\cot\alpha) = \frac{1}{2}A_{st}f_{sd}b_{cor}$$

解之可得到

$$\tan\alpha = \sqrt{\frac{A_{sv1}f_{sv}U_{cor}}{A_{st}f_{sd}s_v}} = \sqrt{\frac{1}{\zeta}} \tag{5-15}$$

将式(5-15)代入式(5-14),可得到

$$T_u = 2\sqrt{\zeta}\,\frac{A_{sv1}f_{sv}A_{cor}}{s_v} \tag{5-16}$$

由此可知,在上述近似假定的条件,按斜弯曲理论得出的抗扭承载力计算式[式(5-16)]与按变角度空间桁架理论所得的计算式[式(5-11)]完全相同。

5.1.4 《公路桥规》对矩形截面纯扭构件的承载力计算

由空间桁架计算模型或斜弯理论导出的受扭构件承载力计算公式充分反映了抗扭钢筋的作用。但试验结果表明,低配筋时计算值偏于保守,而高配筋时,由于纵向钢筋和箍筋不能同时屈服,计算值又偏高。试验观测还表明,受扭构件开裂以后,由于钢筋对混凝土的约束,裂缝开展受到一定的限制,斜裂缝间混凝土的集料咬合力还较大,使得混凝土仍具有一定的咬合力。同时,受扭裂缝往往是许多分布在四个侧面上相互平行、断断续续、前后交错的斜裂缝,这些斜裂缝只从表面向内延伸到一定的深度而不会贯穿整个截面,最终也不完全形成连续的、通长的螺旋形裂缝,混凝土本身没有被分割成可动机构,在开裂后仍然能承担一部分扭矩。因此,在外扭矩作用下,钢筋混凝土受扭构件实际上是由钢筋(纵筋和箍筋)和混凝土共同提供构件的抗扭承载力 T_u,即由钢筋承担的扭矩 T_s 和混凝土承担的扭矩 T_c 组成。

$$T_u = T_c + T_s$$

基于变角度空间桁架的计算模型,并通过受扭构件的室内试验且使总的抗扭能力取试验数据的偏下值,得到《公路桥规》中采用的矩形截面构件抗扭承载力计算公式并应满足

$$\gamma_0 T_d \leqslant T_u = 0.35 f_{td} W_t + 1.2\sqrt{\zeta}\frac{f_{sv} A_{sv1} A_{cor}}{s_v} \tag{5-17}$$

式中:T_d——扭矩设计值(N·mm);

T_u——抗扭承载力(N·mm);

W_t——矩形截面受扭塑性抵抗矩(mm^3),$W_t = \frac{b^2}{6}(3h - b)$;

A_{sv1}——箍筋单肢截面面积(mm^2);

A_{cor}——箍筋内表面所围成的混凝土核心面积(mm^2),$A_{cor} = b_{cor} h_{cor}$,此处,$b_{cor}$和$h_{cor}$分别为核心面积的短边和长边边长(mm);

s_v——抗扭箍筋间距(mm);

f_{td}——混凝土轴心抗拉强度设计值(MPa);

f_{sv}——抗扭箍筋抗拉强度设计值(MPa)。

ζ为纯扭构件纵向钢筋与箍筋的配筋强度比,按式(5-3)计算;对钢筋混凝土构件,《公路桥规》规定ζ值应符合$0.6 \leqslant \zeta \leqslant 1.7$,当$\zeta > 1.7$时,取$\zeta = 1.7$。

应用式(5-17)计算构件的抗扭承载力时,必须满足《公路桥规》提出的限制条件:截面尺寸限制条件和构造配筋条件。

1)截面尺寸限制条件

当抗扭钢筋配量过多时,受扭构件可能在抗扭钢筋屈服以前便由于混凝土被压碎而破坏。这时,即使进一步增加钢筋,构件所能承担的破坏扭矩几乎不再增长,也就是说,其破坏扭矩取决于混凝土的强度和截面尺寸,因此,钢筋混凝土矩形截面纯扭构件的截面尺寸应符合式(5-18)要求

$$\frac{\gamma_0 T_d}{W_t} \leqslant 0.51\sqrt{f_{cu,k}} \quad (N/mm^2) \tag{5-18}$$

式中:T_d——扭矩设计值(N·mm);

W_t——矩形截面受扭塑性抵抗矩(mm^3);

$f_{cu,k}$——混凝土立方体抗压强度标准值(MPa)。

2)构造配筋条件

当抗扭钢筋配置过少或过稀时,配筋将无助于开裂后构件的抗扭能力,因此,为防止纯扭构件在低配筋时混凝土发生脆断,应使配筋纯扭构件所承担的扭矩不小于其抗裂扭矩。《公路桥规》规定钢筋混凝土纯扭构件满足式(5-19)要求时,可不进行抗扭承载力计算,但必须按构造要求(最小配筋率)配置抗扭钢筋

$$\frac{\gamma_0 T_d}{W_t} \leqslant 0.50 f_{td} \quad (N/mm^2) \tag{5-19}$$

式中,f_{td}为混凝土抗拉强度设计值(MPa);其余符号意义与式(5-18)相同。

《公路桥规》规定,纯扭构件的箍筋配筋率应满足

$$\rho_{sv} = \frac{A_{sv}}{s_v b} \geqslant 0.055\frac{f_{cd}}{f_{sv}} \tag{5-20}$$

纵向受力钢筋配筋率应满足

$$\rho_{st}=\frac{A_{st}}{bh}\geqslant 0.08\frac{f_{cd}}{f_{sd}} \tag{5-21}$$

式中符号意义与式(5-13)相同。

5.2 在弯、剪、扭共同作用下矩形截面构件的承载力计算

5.2.1 弯剪扭构件的破坏类型

弯矩、剪力和扭矩共同作用下的钢筋混凝土构件,其受力状态十分复杂。构件的破坏特征及承载能力与所作用的外部荷载条件和构件的内在因素有关。

对于外部荷载条件,通常以表征扭矩和弯矩相对大小的扭弯比ψ($\psi=\frac{T}{M}$)以及表征扭矩和剪力相对大小的扭剪比χ($\chi=\frac{T}{Vb}$)来表示。所谓构件的内在因素,是指构件截面形状、尺寸、配筋及材料强度。当构件的内在因素不变时,其破坏特征仅与扭弯比ψ和扭剪比χ的大小有关;当ψ和χ值相同时,由于构件的内在因素(如截面尺寸)不同,亦可能出现不同类型的破坏形状。

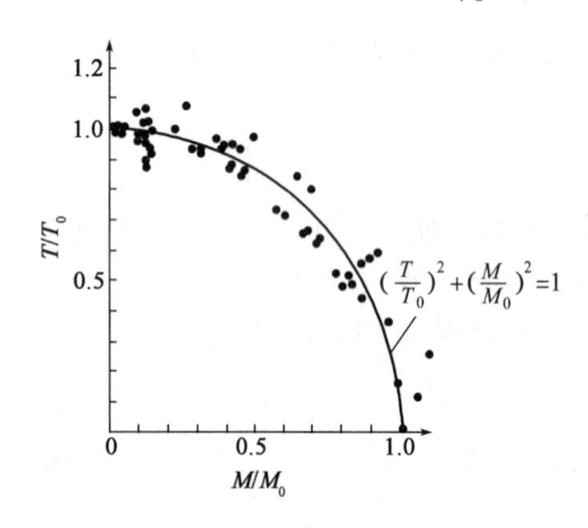

图 5-10　对称配筋截面的弯 — 扭相关曲线

当纵向钢筋的配置对称于截面的x轴和y轴时,构件破坏时以无量纲坐标T/T_0和M/M_0表示的扭矩和弯矩的相对关系,见图 5-10。图中的T和M是构件在扭矩和弯矩共同作用下,构件破坏时的极限扭矩和极限弯矩。T_0和M_0分别为纯扭和纯弯的极限抗力。由弯矩引起的法向拉应力和扭矩引起的法向拉应力叠加,所以加速了受扭构件的破坏,降低了抗扭能力。从图 5-10 可见,随着弯矩的增加,构件抗扭能力逐渐降低。

在非对称配筋情况下,仅承受扭矩作用的构件的承载力基本上由纵筋较少的一侧来控制,故可按较少一侧的纵筋作为对称配筋截面计算。当构件受到弯扭联合作用时,由于弯矩的作用,在弯曲受拉区需要配置较多的纵筋,而对抗扭起决定作用的配筋量较少的一侧纵筋,则处于弯曲受压区,此时弯曲受压区的压应力与扭矩在该区所产生的拉应力相互可以抵消,从而提高了这一侧的抗扭能力。并且弯矩越大,其抗扭能力提高得越多。

由试验研究可知,弯、剪、扭共同作用的矩形截面构件,随着扭弯比或扭剪比的不同及配筋情况的差异,主要有三种破坏类型。

1)第Ⅰ类型(弯型)受压区在构件的顶面[图 5-11a)]

对于弯、扭共同作用的构件,当扭弯比较小时,弯矩起主导作用。裂缝首先在弯曲受拉区梁底面出现,然后发展到两个侧面。顶部的受扭斜裂缝受到抑制而出现较迟,也可能一直不出现。但底部的弯扭裂缝开展较大,当底部钢筋应力达到屈服强度时裂缝迅速发展,即形成第Ⅰ

类型(弯型)的破坏形态。

若底部配筋很多,弯、扭共同作用的构件也会发生顶部混凝土先被压碎的破坏形式(脆性破坏),这也属于第Ⅰ类型的破坏形态。

2)第Ⅱ类型(弯扭型)受压区在构件的一个侧面[图5-11b)]

当扭矩和剪力起控制作用,特别是扭剪比χ也较大时,裂缝首先在梁的某一竖向侧面出现,在该侧面由剪力与扭矩产生的拉应力方向一致,两者叠加后将加剧该侧面裂缝的开展;而在另一侧面,由于上述两者主拉应力方向相反,将抑制裂缝的开展,甚至不出现裂缝,这就造成一侧面受拉、另一侧面受压的破坏形态。

3)第Ⅲ类型(扭型)受压区在构件的底面[图5-11c)]

当扭弯比较大而顶部钢筋明显少于底部纵筋时,弯曲受压区的纵筋不足以承受被弯曲压应力抵消后余下的纵向拉力,这时顶部纵筋先于底部纵筋屈服,斜破坏面由顶面和两个侧面上的螺旋裂缝引起,受压区仅位于底面附近,从而发生底部混凝土被压碎的破坏形态。

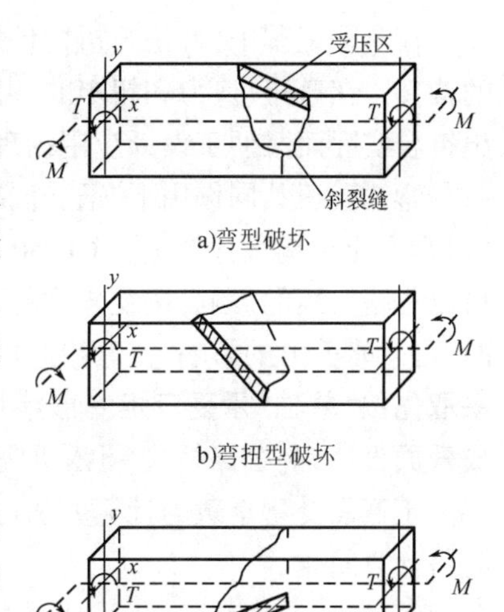

图5-11　弯扭构件的破坏类型

以上所述均属配筋适中的情况,若配筋过多,也能出现钢筋未屈服而混凝土被压碎的破坏,设计应避免。

对弯、剪、扭共同作用的构件,若剪力作用十分明显,而扭矩较小,也可能发生与受剪构件的剪压破坏类型相似的破坏形态。对于扭矩和剪力共同作用的受力情况,此时每个截面都受有扭矩产生的剪应力和剪力产生的剪应力,所以出现了剪应力叠加面和剪应力相减面。由于扭剪比χ的不同,构件的裂缝分布和破坏形态是不同的(图5-12)。

当扭剪比较大时($\chi \geqslant 0.6$),裂缝首先在剪应力叠加面产生,并随荷载的加大呈螺旋形向顶面和底面发展,破坏前构件已有大量螺旋形裂缝,且沿构件全长分布比较均匀。破坏时在剪应力的叠加面和顶面底面形成一条破坏斜裂缝,而在剪应力相减面上形成混凝土受压塑性线,其破坏形态和纯扭一样,呈扭型破坏。

破坏类型	χ	破坏图式	裂缝形式
扭型	≥0.6	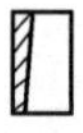	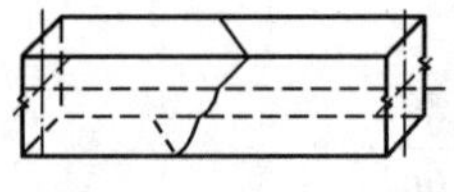
扭剪型	0.4~0.5		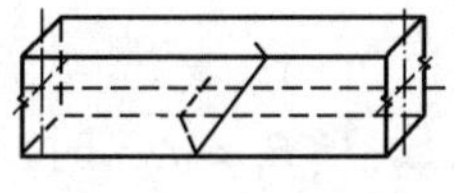
剪型	≤0.3	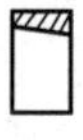	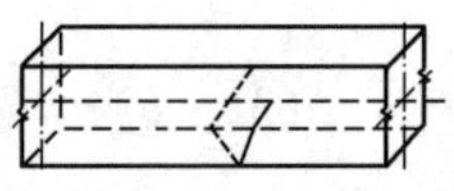

图5-12　扭剪破坏的类型

当扭剪比较小时($\chi \leqslant 0.3$),首先在截面下边受拉区边缘出现细小的垂直裂缝,并随荷载的增加沿两侧斜向发展,在剪应力叠加面的斜裂缝和梁纵轴的夹角比剪应力相减面的斜裂缝和梁纵轴的夹角要小一些。这时在斜裂缝顶端出现一个高度很小的剪压区,破坏形态类似于受弯构件的斜截面破坏,故称剪型破坏。

对中等扭剪比($\chi = 0.4 \sim 0.5$),其裂缝的出现、分布和破坏则介于上述两种情况之间,故称扭剪型破坏。这种情况下,一般斜裂缝首先在剪应力叠加面产生,并呈螺旋形向顶面和底面发展,随后在剪应力相减面出现斜裂缝,最后在顶面和剪应力相减面相交的角部形成受压塑性铰,这时构件破坏。

5.2.2 弯剪扭构件的配筋计算方法

在实际工程中,真正纯扭构件或剪扭构件是很少见的,大多是同时承受弯矩、剪力和扭矩的构件。在弯矩、剪力和扭矩的共同作用下,钢筋混凝土构件的受力状态十分复杂,故很难提出符合实际而又便于设计应用的理论计算公式。

弯、剪、扭共同作用下,钢筋混凝土构件的配筋计算,目前多采用简化计算方法。例如,我国《混凝土结构设计规范》(GB 50010—2010)规定当构件承受的扭矩小于开裂扭矩的1/4时,可以忽略扭矩的影响,按受弯构件计算;当构件承受的剪力小于无腹筋构件抗剪承载力的1/2时,可忽略剪力的影响,按弯扭共同作用构件计算。**对于弯、剪、扭共同作用构件的配筋计算,采取先按“单独”承受弯矩、剪力和扭矩的要求分别进行配筋计算,然后再把这些配筋叠加完成截面设计。**《公路桥规》也采取叠加计算的截面设计简化方法。

正截面受弯承载力计算方法已如前述,现着重分析剪、扭共同作用下构件的抗扭和抗剪承载力计算问题。

1)受剪扭的构件承载力计算

目前钢筋混凝土剪扭构件的承载力一般按受扭和受剪构件分别计算承载力,然后叠加起来。但是剪、扭共同作用的构件,剪力和扭矩对混凝土和钢筋的承载力均有一定影响。如果采取简单地叠加,对钢筋和混凝土,尤其混凝土,是偏于不安全的。试验表明,构件在剪、扭共同作用下,其截面的某一受压区内承受剪切和扭转应力的双重作用,这必将降低构件内混凝土的抗剪和抗扭能力,且分别小于单独受剪和受扭时相应的承载力。由于受扭构件的受力情况比较复杂,目前钢筋所承担的承载力采取简单叠加,而混凝土的抗扭和抗剪承载力考虑其相互影响,因而在混凝土的抗扭承载力计算公式中引入剪扭构件混凝土受扭承载力的降低系数β_t。

《公路桥规》在试验研究的基础上,对在剪、扭共同作用下矩形截面构件的抗剪和抗扭承载力分别采用了如下的计算公式:

(1)剪扭构件抗剪承载力

$$V_u = 0.5\times10^{-4}\alpha_1\alpha_3(10-2\beta_t)bh_0\sqrt{(2+0.6p)\sqrt{f_{cu,k}}\rho_{sv}f_{sv}} \quad (\mathrm{kN}) \tag{5-22}$$

$$\beta_t = \frac{1.5}{1+0.5\dfrac{V_d W_t}{T_d b h_0}} \tag{5-23}$$

上述式中:V_u——剪扭构件的抗剪承载力(kN);

β_t——剪扭构件混凝土抗扭承载力降低系数,当$\beta_t<0.5$时,取$\beta_t=0.5$;当$\beta_t>1.0$时,取$\beta_t=1.0$;

W_t——矩形截面受扭塑性抵抗矩(mm^3),$W_t=\dfrac{b^2}{6}(3h-b)$;

T_d、V_d——分别为剪扭构件的扭矩设计值(N·mm)和剪力设计值(N);

其他符号参见钢筋混凝土受弯构件斜截面抗剪承载力计算式[式(4-5)]。

(2)剪扭构件抗扭承载力

$$T_u = 0.35\beta_t f_{td} W_t + 1.2\sqrt{\zeta}\frac{f_{sv}A_{sv1}A_{cor}}{s_v} \tag{5-24}$$

式中的β_t意义同前,而T_u为剪扭构件的抗扭承载力(N·mm)。

2)弯剪扭构件承载力计算的限制条件

(1)截面尺寸限制条件

当构件抗扭钢筋配筋量过大时,构件将由于混凝土首先被压碎而破坏,因此必须规定截面的限制条件,以防止出现这种破坏现象。

《公路桥规》规定,在弯、剪、扭共同作用下,矩形截面构件的截面尺寸必须符合下列条件。

$$\frac{\gamma_0 V_d}{bh_0} + \frac{\gamma_0 T_d}{W_t} \leqslant 0.51\sqrt{f_{cu,k}} \quad (\mathrm{N/mm^2}) \tag{5-25}$$

式中:V_d——剪力设计值(N);

T_d——扭矩设计值(N·mm);

b——垂直于弯矩作用平面的矩形或箱形截面腹板总宽度(mm);

h_0——平行于弯矩作用平面的矩形或箱形截面的有效高度(mm);

W_t——截面受扭塑性抵抗矩($\mathrm{mm^3}$);

$f_{cu,k}$——混凝土立方体抗压强度标准值(MPa)。

(2)构造配筋的条件

《公路桥规》规定承受弯、剪、扭共同作用的矩形截面构件,当符合式(5-26)时,可不进行构件的抗扭承载力计算,仅需按构造要求配置钢筋

$$\frac{\gamma_0 V_d}{bh_0} + \frac{\gamma_0 T_d}{W_t} \leqslant 0.50 f_{td} \quad (\mathrm{N/mm^2}) \tag{5-26}$$

式中的f_{td}为混凝土抗拉强度设计值(MPa);其余符号意义详见式(5-25)。

《公路桥规》规定,剪扭构件箍筋配筋率应满足

$$\rho_{sv} \geqslant \rho_{sv,min} = \left[(2\beta_t - 1)\left(0.055\frac{f_{cd}}{f_{sv}} - c\right) + c\right] \tag{5-27}$$

式中的β_t按式(5-23)计算;c值当箍筋采用HPB300钢筋时取0.0014,当箍筋采用HRB400钢筋时取0.0011。

纵向受力钢筋配筋率应满足

$$\rho_{st} \geqslant \rho_{st,min} = \frac{A_{st,min}}{bh} = 0.08(2\beta_t - 1)\frac{f_{cd}}{f_{sd}} \tag{5-28}$$

式中:$A_{st,min}$——纯扭构件全部纵向钢筋最小截面面积($\mathrm{mm^2}$);

h——矩形截面的长边长度(mm);

b——矩形截面的短边长度(mm);

ρ_{st}——纵向抗扭钢筋配筋率,$\rho_{st} = \frac{A_{st}}{bh}$;

A_{st}——全部纵向抗扭钢筋截面面积($\mathrm{mm^2}$)。

3)在弯矩、剪力和扭矩共同作用下的配筋计算

对于在弯矩、剪力和扭矩共同作用下的构件,其纵向钢筋和箍筋应按下列规定计算并分别

进行配置。

(1)抗弯纵向钢筋应按受弯构件正截面承载力计算所需的钢筋面积配置在构件截面受拉区边缘。

(2)按剪扭构件计算纵向钢筋和箍筋。由抗扭承载力计算公式计算所需的纵向抗扭钢筋面积,钢筋应均匀、对称布置在矩形截面的周边,其间距不应大于300mm,在矩形截面的四角必须配置纵向钢筋;箍筋按抗剪和抗扭承载力计算所需的截面面积之和进行布置。

在具体进行配筋计算时应注意:

(1)抗弯受拉纵向钢筋 A_s 和受压纵向钢筋 A_s' 分别配置在截面受拉边缘区和受压边缘区,称为集中配筋布置,而抗扭纵向钢筋则在截面周边对称均匀布置。如果抗扭纵向钢筋所需计算面积 A_{st} 设计为沿截面高度方向上分 n 层均匀布置,则每层的抗扭纵向钢筋所需计算面积为 A_{st}/n,再与所需抗弯受拉纵向钢筋面积叠加,则配置在截面受拉边缘区的纵筋所需面积为 $A_s+(A_{st}/n)$,配置在截面受压边缘区的纵筋所需面积为 $A_s'+(A_{st}/n)$,即按叠加后所需纵向钢筋面积截面来选择钢筋直径和布置;而沿截面高度方向上按每层抗扭纵向钢筋所需计算面积 A_{st}/n 来选择钢筋直径和布置(图5-13)。

(2)抗剪所需的受剪箍筋 A_{sv} 是指同一截面上箍筋各肢的全部截面面积 nA_{sv1}(n 为同一截面上箍筋的肢数,A_{sv1} 为单肢箍筋面积),而抗扭所需的受扭箍筋 A_{st1} 是沿截面周边配置的单肢箍筋截面面积(图5-14),因此按式(5-22)和式(5-24)分别求得所需的受剪箍筋 A_{sv}/s_v 和受扭箍筋 A_{st1}/s_v 是不能直接叠加的,只能以 A_{sv1}/s_v 和受扭箍筋 A_{st1}/s_v 相加后统一配置箍筋。采用复合箍筋时位于截面内部的箍筋只能抗剪而不能抗扭。

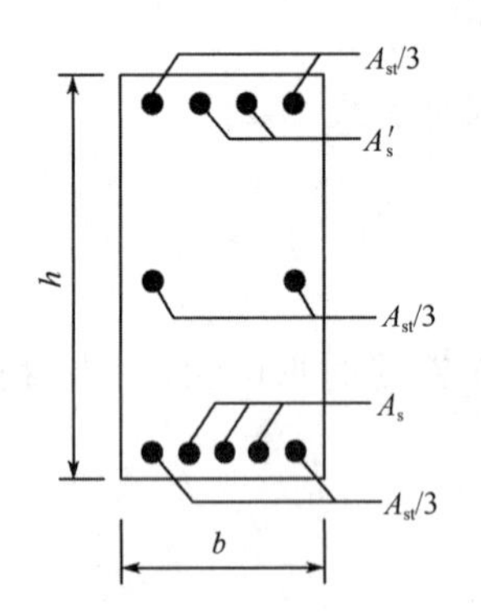

图5-13 弯扭剪构件的纵向钢筋($n=3$)配置示意图

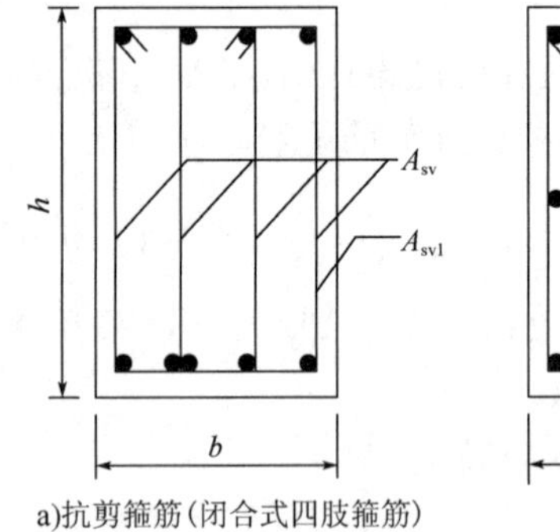

a)抗剪箍筋(闭合式四肢箍筋)

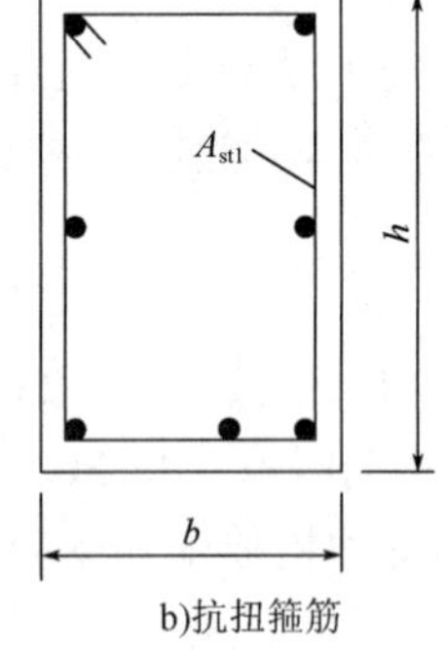

b)抗扭箍筋

图5-14 弯扭剪构件的纵向钢筋配置示意图

(3)矩形截面弯剪扭构件的截面纵向钢筋配筋率,不应小于按单独受弯构件截面的纵向受力钢筋最小配筋率与按单独受扭构件的纵向受力钢筋最小配筋率之和。按单独受弯构件截面的纵向受力钢筋最小配筋率规定值见附表1-8;对按单独受扭构件的纵向受力钢筋最小配筋率规定分别见式(5-21)(受纯扭时)或式(5-28)(受剪扭时)。

箍筋的配筋率 ρ_{sv},不应小于箍筋的最小配筋率规定值,箍筋的最小配筋率规定分别见式(5-20)(受纯扭时)或式(5-27)(受剪扭时)。

5.3 T形、工字形截面和箱形截面受扭构件

5.3.1 T形、工字形截面受扭构件的截面配筋计算

T形、工字形截面是带翼缘板截面，可以看作由矩形肋板和翼缘板等组成的整体截面，已有的试验结果表明，T形、工字形截面受扭构件破坏时截面的受扭塑性抵抗矩与肋板、翼缘板的分块矩形截面受扭塑性抵抗矩的总和接近，因此可以把T形、工字形截面按规定原则划分成分块矩形，这样就可以利用矩形截面受扭构件计算方法进行T形、工字形截面构件受扭或受弯剪扭的计算。

(1)截面划分原则。首先按T形或工字形截面的总高度划分出肋板并保持其在总高度上完整性的矩形截面，然后再分别划出受压或受拉翼缘板的矩形截面(图5-15)。

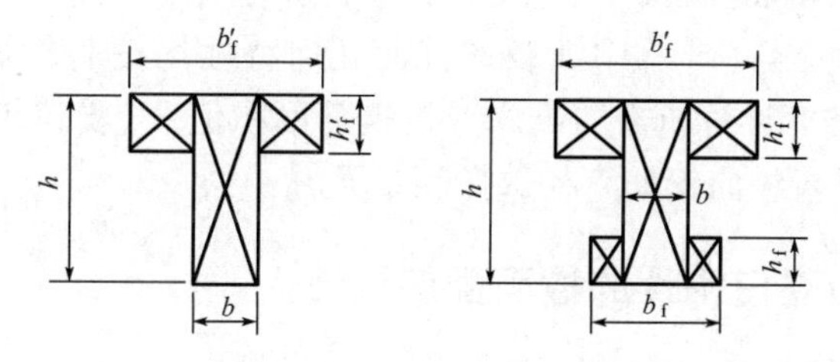

图5-15 T形、工字形截面分块示意图

(2)划分的各矩形截面所承担的扭矩设计值。按各矩形截面的受扭塑性抵抗矩与截面总的受扭塑性抵抗矩的比值进行分配：

$$T_{wd}=\frac{W_{tw}}{W_t}T_d \qquad W_{tw}=\frac{b^2}{6}(3h-b) \tag{5-29}$$

$$T'_{fd}=\frac{W'_{tf}}{W_t}T_d \qquad W'_{tf}=\frac{h'^2_f}{2}(b'_f-b) \tag{5-30}$$

$$T_{fd}=\frac{W_{tf}}{W_t}T_d \qquad W_{fd}=\frac{h_f^2}{2}(b_f-b) \tag{5-31}$$

上述式中：T_{wd}、T'_{fd}、T_{fd}——分别为肋板矩形分块、受压翼缘板矩形分块和受拉翼缘板矩形分块承受的扭矩设计值；

T_d——T形或工字形截面构件承受的扭矩设计值；

W_{tw}、W'_{tf}、W_{tf}——分别为肋板矩形分块、受压翼缘板矩形分块和受拉翼缘板矩形分块受扭塑性抵抗矩；

W_t——截面总的受扭塑性抵抗矩，对T形截面 $W_t=W_{tw}+W'_{tf}$；对工字形截面 $W_t=W_{tw}+W'_{tf}+W_{tf}$。

式中其他符号详见图5-15。应当注意的是，进行矩形分块受扭塑性抵抗矩计算时，T形或工字形截面的受压翼缘板矩形分块宽度和厚度应符合 $b'_f\leqslant b+6h'_f$；工字形截面的受拉翼缘板矩形分块宽度和厚度应符合 $b_f\leqslant b+6h_f$。

在弯、剪、扭共同作用下,T形和工字形截面构件的计算还是采用按受弯和受剪扭、受扭分别计算,然后进行叠加的近似计算方法。对T形和工字形截面,以前述将截面划分成多个矩形分块为基础,在配筋设计计算上具体做法是:

(1)弯矩计算值 $M=\gamma_0 M_d$ 作用下,按T形、工字形截面受弯构件正截面(考虑受压翼缘板有效宽度)计算所需的纵向受拉钢筋面积 A_s。

(2)划分的受压和受拉翼缘板矩形分块,由于所承受的剪力很小,可按受纯扭作用计算。所受扭矩为按式(5-30)、式(5-31)分别计算由截面总扭矩设计值 T_d 划分到受压和受拉翼缘板矩形分块的扭矩设计值 T'_{fd} 和 T_{fd},得到相应的扭矩计算值 $T'_f=\gamma_0 T'_{fd}$ 和 $T_f=\gamma_0 T_{fd}$,再按5.1节介绍的方法分别对受压和受拉翼缘板矩形分块进行抗扭纵向钢筋和箍筋计算。

(3)划分的肋板矩形分块按受剪扭作用计算。所受剪力为构件截面的剪力计算值 $V=\gamma_0 V_d$,所受扭矩为按式(5-29)计算划分到肋板矩形分块的扭矩计算值 $T_w=\gamma_0 T_{wd}$。按式(5-22)和式(5-24)分别求得所需的受剪箍筋 A_{sv}/s_v 和受扭箍筋 A_{st1}/s_v,以 A_{sv1}/s_v 和受扭箍筋 A_{st1}/s_v 相加后统一配置肋板箍筋。

(4)假设抗扭构件的配筋强度比 ζ,把受扭箍筋计算值 A_{st1}/s_v 代入式(5-3),求得所需的抗扭纵向钢筋所需计算面积 A_{st}(计算中涉及的截面几何特性均按肋板矩形分块取用)。再按5.2.2节方法与正截面抗弯计算所需的纵向受拉钢筋面积值 A_s、受拉翼缘板矩形分块所需的抗扭纵向钢筋叠加后,进行纵向钢筋直径选择和布置。

5.3.2 箱形截面受扭构件的截面配筋计算

根据国内外对钢筋混凝土箱形截面抗扭及抗弯剪扭受力的计算模型分析和承载力计算的研究资料,《公路桥规》对箱形截面抗扭及抗弯剪扭承载力的简化计算介绍如下:

(1)对箱壁厚满足 $t_2 \geq 0.1b$ 和 $t_1 \geq 0.1h$ 的箱形截面纯扭构件(图5-16),其抗扭承载力可按式(5-32)计算:

$$T_u=0.35\beta_a\beta_t f_{td}W_t+1.2\sqrt{\zeta}\frac{f_{sv}A_{sv1}A_{cor}}{s_v} \quad (\mathrm{N\cdot mm}) \tag{5-32}$$

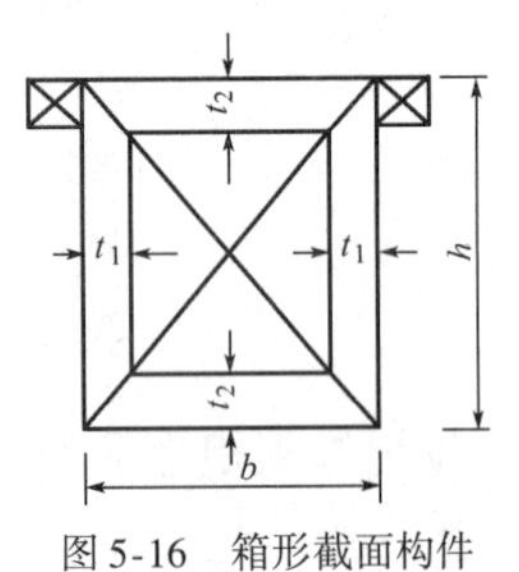

图5-16 箱形截面构件

式中的 β_a 为箱形截面有效壁厚折减系数。当 $0.1b \leq t_2 \leq 0.25b$ 或 $0.1h \leq t_1 \leq 0.25h$ 时,取 $\beta_a=4t_2/b$ 或 $\beta_a=4t_1/h$ 两者较小值;当 $t_2>0.25b$ 或 $t_1>0.25h$ 时,取 $\beta_a=1.0$。

由图5-16可见,当箱壁厚满足一定条件时,可以将钢筋混凝土箱形截面视作截面宽度为 b、高度为 h 的矩形截面来抗扭,但抗扭承载力计算中要考虑折减系数 β_a。

(2)当钢筋混凝土箱形截面承受弯剪扭作用时,仍采用T形、工字形截面弯剪扭构件的计算方法,这时把箱形截面视作截面宽度为 b、高度为 h 的矩形(图5-16),类似于T形、工字形截面划分的肋板分块,按承受剪扭作用计算,而受压翼缘板按承受纯扭作用计算。

在箱梁桥中,大多采用单箱单室截面且箱梁顶、底板的厚度都做得较薄,因此 $t_1/h<1/10$ 或 $t_2/b<1/10$ 的情况也是存在的,由于此时壁厚较薄,截面有可能发生扭曲或发生腹板翘曲,从而导致箱梁局部混凝土被压碎,而这种破坏是脆性的、不可预见的。因此,对于受弯、扭共同作用的钢筋混凝土箱形截面构件,在确定其壁厚时,应持慎重态度,尤其是在支点截面处底板

厚度更不宜太薄，在必要的时候，可考虑对箱壁进行局部加厚或采取其他可行的构造措施，以防止发生脆性压碎。

5.4　构 造 要 求

由于外荷载扭矩是靠抗扭钢筋的抵抗矩来平衡的，因此在保证必要的保护层的前提下，箍筋与纵筋均应尽可能地布置在构件周边的表面处，以增大抗扭效果。此外，由于位于角隅、棱边处的纵筋受到主压应力的作用，易弯出平面，使混凝土保护层向外侧推出而剥落，因此，纵向钢筋必须布置在箍筋的内侧，靠箍筋来限制其外鼓（图5-17）。

《公路桥规》规定**抗扭纵筋间距不宜大于300mm，直径不应小于8mm，数量至少要有4根，布置在矩形截面的四个角隅处**；纵筋末端应留有足够的锚固长度。

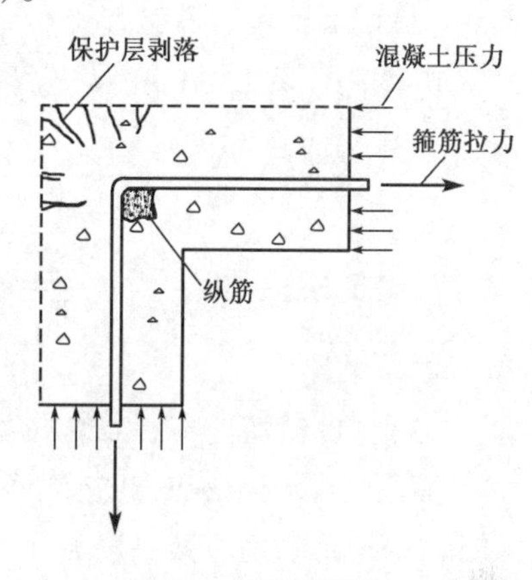

图5-17　配筋位置图

为保证箍筋在扭坏的连续裂缝面上都能有效地承受主拉应力作用，**抗扭箍筋必须做成闭合式箍筋（图5-18），并且将箍筋在角端用135°弯钩锚固在混凝土核心内，锚固长度约等于10倍的箍筋直径**。为防止箍筋间纵筋向外屈曲而导致保护层剥落，箍筋间距不宜过大，箍筋最大间距根据抗扭要求不宜大于梁高的1/2且不大于400mm，也不宜大于抗剪箍筋的最大间距。箍筋的直径不小于8mm，且不小于1/4主钢筋直径。

在梁的截面拐角处，由于箍筋受拉，有可能使混凝土保护层开裂，甚至向外推出而剥落（图5-17），因此，在进行抗扭承载力计算时，都是取混凝土核心面积作为有效计算面积。

对于由若干个矩形截面组成的T形、L形、工字形等复杂截面的受扭构件，必须将各个矩形截面的抗扭钢筋配成笼状骨架，且使复杂截面内各个矩形单元部分的抗扭钢筋互相交错地牢固连成整体，如图5-19所示。

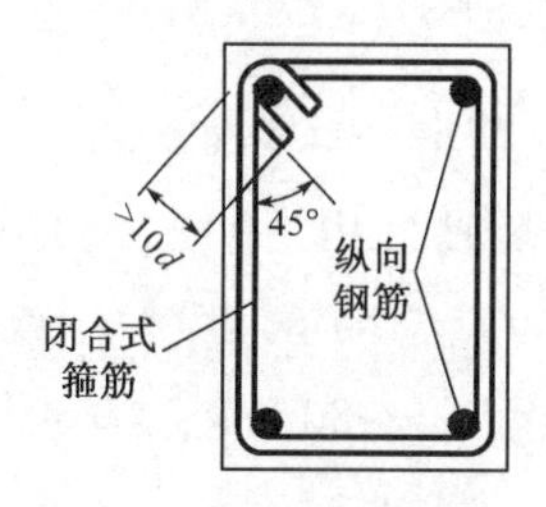

图5-18　闭合式箍筋示意图

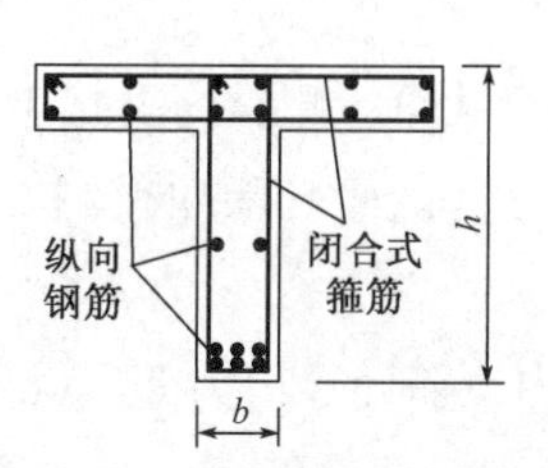

图5-19　复杂截面箍筋配置图

例5-1　简支钢筋混凝土斜梁的矩形截面短边尺寸 $b=250\text{mm}$，长边尺寸 $h=600\text{mm}$，截面上弯矩设计值 $M_d=117\text{kN}\cdot\text{m}$、剪力设计值 $V_d=109\text{kN}$、扭矩设计值 $T_d=9.23\text{kN}\cdot\text{m}$；Ⅰ类环境条件，安全等级为二级，设计使用年限50年；假定 $a_s=40\text{mm}$，箍筋内表皮至构件表面距离为30mm；采用C30混凝土，HRB400级钢筋（纵向钢筋）和HPB300级钢筋（箍筋），试进行截面的配筋设计。

解:由附表1-1查得C30混凝土$f_{cd}=13.8\text{MPa}$,$f_{td}=1.39\text{MPa}$,$f_{cu,k}=30\text{MPa}$;由附表1-3查得HRB400钢筋$f_{sd}=330\text{MPa}$,HPB300钢筋$f_{sd}=250\text{MPa}$。

(1)相关参数的计算

根据已知条件取截面核心混凝土尺寸$b_{cor}=250-2\times30=190(\text{mm})$、$h_{cor}=600-2\times30=540(\text{mm})$,则截面核心混凝土周长$U_{cor}=2(b_{cor}+h_{cor})=2\times(190+540)=1460(\text{mm})$,截面核心混凝土面积$A_{cor}=b_{cor}h_{cor}=190\times540=102600(\text{mm}^2)$。

矩形截面的抗扭塑性抵抗矩

$$W_t=b^2(3h-b)/6=250^2\times(3\times600-250)/6=1.615\times10^7(\text{mm}^3)。$$

(2)截面适用条件检查

因$0.51\sqrt{f_{cu,k}}=0.51\times\sqrt{30}=2.79(\text{N/mm}^2)$,$0.5f_{td}=0.5\times1.39=0.695(\text{N/mm}^2)$,而

$$\frac{\gamma_0V_d}{bh_0}+\frac{\gamma_0T_d}{W_t}=\frac{1.0\times109\times10^3}{250\times560}+\frac{1.0\times9.23\times10^6}{1.615\times10^7}=1.35\ (\text{N/mm}^2)$$

故满足$0.5f_{td}<\dfrac{\gamma_0V_d}{bh_0}+\dfrac{\gamma_0T_d}{W_t}<0.51\sqrt{f_{cu,k}}$,构件截面尺寸符合要求,但需通过计算来配置抗剪扭钢筋。

(3)构件截面受弯所需纵向受拉钢筋面积的计算

截面受弯纵向受拉钢筋按单筋截面且按一层布置(绑扎钢筋骨架),根据已知条件取$a_s=40\text{mm}$,则矩形截面有效高度$h_0=h-a_s=600-40=560(\text{mm})$。

将各已知值代入式(3-14)整理后得到关于截面受压区高度x的方程

$$x^2-1120x-67826=0$$

解得$x_1=1056(\text{mm})$(大于梁高,舍去);$x_2=64(\text{mm})<\xi_bh_0[=0.53\times560=297(\text{mm})]$。

取截面受压区高度$x=64\text{mm}$代入式(3-13),得到需要的截面受弯纵向钢筋计算值为

$$A_s=\frac{f_{cd}bx}{f_{sd}}=\frac{13.8\times250\times64}{330}=669(\text{mm}^2)$$

对受弯构件,规定截面一侧纵向受拉钢筋最小配筋率(%)为$45f_{td}/f_{sd}=45\times1.39/330=0.19$且应不小于0.2,故截面一侧纵向受拉钢筋最小配筋面积为$A_{s,min}=0.002bh_0=0.002\times250\times560=280(\text{mm}^2)$。

现截面受弯纵向钢筋计算值为$A_s=669\text{mm}^2>A_{s,min}(=280\text{mm}^2)$,满足要求。

(4)构件所需抗剪箍筋的计算

由式(5-23)计算剪扭构件混凝土受扭承载力降低系数β_t为

$$\beta_t=\frac{1.5}{1+0.5\dfrac{V_dW_t}{T_dbh_0}}=\frac{1.5}{1+\dfrac{0.5\times109\times1.615\times10^7}{9.23\times10^3\times250\times560}}=0.89$$

构件只设置抗剪箍筋,在斜截面投影长度范围内正截面纵向钢筋的计算配筋率为$p=100A_s/(bh_0)=100\times669/(250\times560)=0.48$。

已知构件为矩形截面的简支钢筋混凝土斜梁，故式(5-22)中系数 $\alpha_1=1.0$、$\alpha_3=1.0$，由式(5-22)计算构件所需抗剪箍筋配筋率为

$$\rho_{sv}=\left[\frac{\gamma_0 V_d}{0.5\times10^{-4}\alpha_1\alpha_3(10-2\beta_t)bh_0}\right]^2\div\left[(2+0.6p)\sqrt{f_{cu,k}}f_{sv}\right]$$

$$=\left[\frac{1.0\times109}{0.5\times10^{-4}\times(10-2\times0.89)\times250\times560}\right]^2\div$$

$$\left[(2+0.6\times0.48)\sqrt{30}\times250\right]\approx0.00115$$

选用双肢闭合箍筋，肢数 $n=2$，可以得到所需抗剪箍筋数量为

$$\frac{A_{sv1}}{s_v}=\frac{b\rho_{sv}}{2}=\frac{250\times0.00115}{2}=0.14(\mathrm{mm^2/mm})$$

(5)构件所需抗扭箍筋的计算

按式(5-24)且取配筋强度比 $\zeta=1.2$ 进行计算，得到

$$\frac{A_{sv1}}{s_v}=\frac{\gamma_0 T_d-0.35\beta_t f_{td}W_t}{1.2\sqrt{\zeta}f_{sv}A_{cor}}=\frac{1.0\times9.23\times10^6-0.35\times0.89\times1.39\times1.615\times10^7}{1.2\sqrt{1.2}\times250\times102600}$$

$$=0.066(\mathrm{mm^2/mm})$$

(6)构件抗剪扭箍筋配置设计计算

由已取得的所需抗剪箍筋计算值和抗扭箍筋计算值，可以得到构件所需箍筋总配置计算值为 $A_{sv1}/s_v=0.14+0.066=0.206(\mathrm{mm^2/mm})$，现取 $s_v=120\mathrm{mm}$，则所需箍筋截面面积 $A_{sv1}=0.206\times120=24.72(\mathrm{mm^2})$。选用双肢 ϕ8 闭合式箍筋，$A_{sv1}=50.30\mathrm{mm^2}>24.72\mathrm{mm^2}$，箍筋的相应配筋率 ρ_{sv} 为

$$\rho_{sv}=\frac{2A_{sv1}}{bs_v}=\frac{2\times50.3}{250\times120}=0.34\%$$

由式(5-26)计算《公路桥规》要求的最小箍筋配筋率 $\rho_{sv,min}$ 为

$$\rho_{sv,min}=(2\beta_t-1)(0.055\frac{f_{cd}}{f_{sv}}-c)+c=(2\times0.89-1)(\frac{0.055\times13.8}{250}-0.0014)+0.0014$$

$$=0.27\%<\rho_{sv}=(0.34\%)$$

故满足要求。

(7)构件所需抗扭纵向钢筋计算与布置

按配筋强度比 $\zeta=1.2$、箍筋布置间距 $s_v=120\mathrm{mm}$ 和箍筋截面面积 $A_{sv1}=50.30\mathrm{mm^2}$，由式(5-3)求得所需抗扭纵向钢筋面积为

$$A_{st}=\frac{\zeta f_{sv}A_{sv1}U_{cor}}{f_{sd}s_v}=\frac{1.2\times250\times50.3\times1460}{330\times120}\approx556(\mathrm{mm^2})$$

相应的抗扭纵向钢筋配筋率 $\rho_{st}=\frac{A_{st}}{bh}=\frac{556}{250\times600}=0.37\%$，而由式(5-27)计算《公路桥规》要求的最小抗扭纵向钢筋配筋率 $\rho_{st,min}$ 为

$$\rho_{st,min}=0.08(2\beta_t-1)f_{cd}/f_{sd}=0.08(2\times0.89-1)13.8/330=0.261\%$$

计算的抗扭纵筋配筋率 $\rho_{st}=0.37\%>\rho_{st,min}$，故满足要求。

按构造要求,抗扭纵筋之间的间距不应大于300mm,而矩形截面高600mm,故抗扭纵筋沿截面高度可以布置三层或四层,现按四层布置,每层所需抗扭纵筋面积为$A_{st}/4$。按所需截面抗弯纵筋面积和抗扭纵筋面积叠加进行截面纵筋选择与设计布置如下:

①截面底层纵筋。由单筋矩形截面受弯计算得到所需的纵筋面积$A_s = 669\text{mm}^2$,而分配到截面底层所需纵筋面积为$A_{st}/4 = 556/4 = 139\text{mm}^2$,故截面底层所需的总纵筋面积$A_{s,sum} = 669 + 139 = 808\text{mm}^2$。选用3 ф20($A_{s,sum} = 942\text{mm}^2$),经检查混凝土保护层厚度和纵筋横向净距均满足按受弯构件的构造要求。

②截面上层纵筋。为一层抗扭纵筋,截面上层所需抗扭纵筋面积为$A_{st}/4 = 139\text{mm}^2$,选用2 ф12($A_{s,sum} = 226\text{mm}^2$)。

③截面中间层纵筋。为二层抗扭纵筋,每层所需抗扭纵筋面积为$A_{st}/4 = 139\text{mm}^2$,考虑与截面上层纵筋规格一致,选用2 ф12($A_{s,sum} = 226\text{mm}^2$)。

截面纵向钢筋布置图见图5-20,由图可见抗扭纵筋沿截面高度布置最大间距为180mm,满足构造要求。

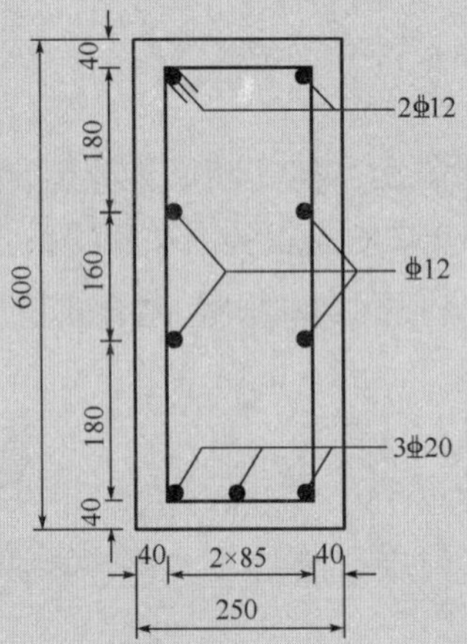

图5-20 例5-1截面配筋布置图(尺寸单位:mm)

【复习思考题与习题】

5-1 钢筋混凝土纯扭构件有哪几种破坏形式?钢筋配置量是如何影响纯扭构件的破坏形式?

5-2 受扭构件设计时,如何避免出现少筋构件和完全超筋构件?什么情况下可不进行剪、扭承载力计算而仅按构造配置抗剪、扭钢筋?

5-3 受弯、剪、扭共同作用的构件箍筋和纵筋最小配筋率在《公路桥规》中是如何规定的?

5-4 已知钢筋混凝土矩形截面纯扭构件截面尺寸$b \times h = 200\text{mm} \times 400\text{mm}$,扭矩设计值$T_d = 8.5\text{kN} \cdot \text{m}$,C30混凝土,纵筋HRB400级,箍筋HPB300级;Ⅰ类环境条件,安全等级为二级,设计使用年限50年,试求所需钢筋的数量。

5-5 已知钢筋混凝土矩形截面梁截面尺寸 $b \times h = 200\text{mm} \times 400\text{mm}$，承受弯矩设计值 $M_d = 50\text{kN} \cdot \text{m}$，扭矩设计值 $T_d = 5.0\text{kN} \cdot \text{m}$，剪力设计值 $V_d = 25\text{kN}$；C30 混凝土，纵筋 HRB400 级，箍筋 HPB300 级；Ⅰ类环境条件，设计使用年限 100 年，安全等级为二级，试求所需钢筋的数量。

5-6 钢筋混凝土 T 形截面构件的截面尺寸见图 5-21，其中受压翼缘板几何宽度和有效宽度均为 $b_f' = 950\text{mm}$。截面上弯矩设计值 $M_d = 1000\text{kN} \cdot \text{m}$，剪力设计值 $V_d = 225\text{kN}$，扭矩设计值 $T_d = 40\text{kN} \cdot \text{m}$。采用 C40 混凝土，箍筋和水平纵向钢筋采用 HPB300 级钢筋，纵向受力钢筋采用 HRB400 级钢筋。Ⅰ类环境条件，设计使用年限 100 年，结构安全等级为二级，试进行构件截面的配筋计算并绘制钢筋布置图。

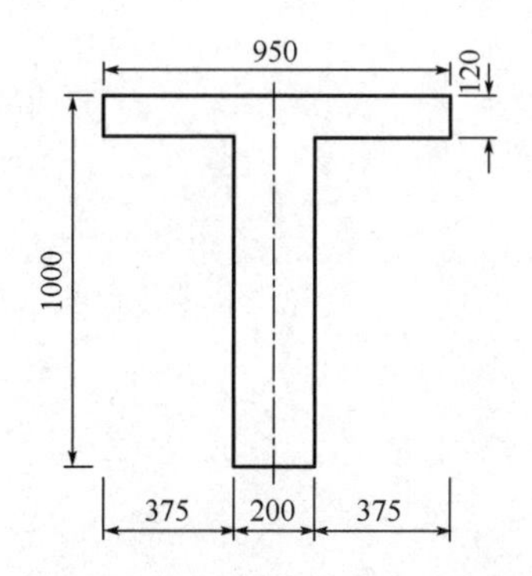

图 5-21 题 5-6 构件截面尺寸图(尺寸单位：mm)

第6章 轴心受压构件正截面承载力计算

当构件受到位于截面形心的轴向压力作用时,称为轴心受压构件。在实际结构中,严格的轴心受压构件是很少的。通常由于实际存在的结构节点构造、混凝土组成的非均匀性、纵向钢筋的布置以及施工中的误差等原因,轴心受压构件截面都或多或少存在弯矩的作用。但是,在实际工程中,例如钢筋混凝土桁架拱中的某些杆件(如受压腹杆)是可以按轴心受压构件设计的;同时,由于轴心受压构件计算简便,故可作为受压构件初步估算截面和承载力的手段。

按照箍筋的功能和配置方式的不同,钢筋混凝土轴心受压构件可分为:

(1)配有纵向钢筋和普通箍筋的轴心受压构件(普通箍筋柱),如图6-1a)所示。

(2)配有纵向钢筋和螺旋箍筋的轴心受压构件(螺旋箍筋柱),如图6-1b)所示。

普通箍筋柱的截面形状多为正方形、矩形和圆形等,纵向钢筋在柱截面上对称布置,沿构件高度设置等间距的箍筋。构件的承载力主要由混凝土提供,**设置纵向钢筋的目的是:①协助混凝土承受压力,可减小构件截面尺寸;②承受可能存在的弯矩;③防止构件的突然脆性破坏。普通箍筋的作用是防止纵向钢筋局部压屈并与纵向钢筋形成钢筋骨架,便于施工。**

螺旋箍筋柱的截面形状多为圆形或正多边形,**纵向钢筋外围设有连续环绕的间距较密的螺旋箍筋(或间距较密的焊接环形箍筋)**。螺旋箍筋的作用是使**截面中间部分(核心)混凝土成为横向可约束混凝土(约束混凝土)**,从而提高构件的承载力和延性。

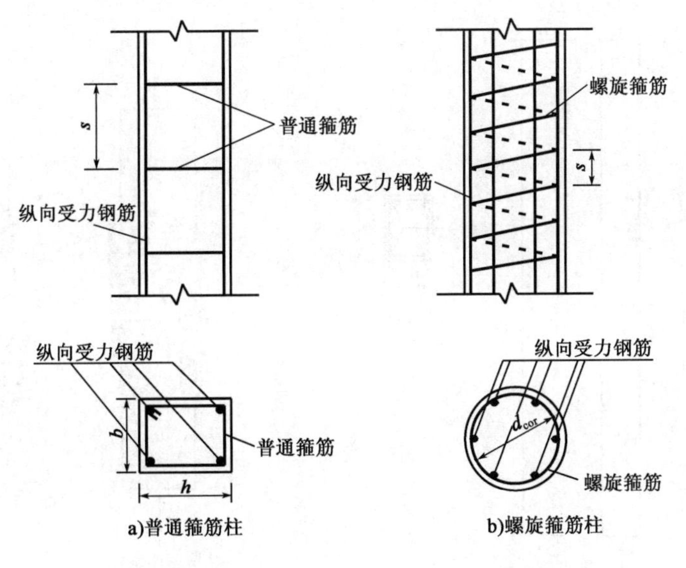

图6-1 两种钢筋混凝土轴心受压构件

6.1 配有纵向钢筋和普通箍筋的轴心受压构件

6.1.1 破坏形态

按照构件的长细比不同,轴心受压构件可分为短柱和长柱两种,它们受力后的侧向变形和破坏形态各不相同,下面结合有关试验研究来分别介绍。

在轴心受压构件试验中,试件的材料强度级别、截面尺寸和配筋均相同,但柱长度不同(图6-2)。轴心力P用油压千斤顶施加,并用电子秤量测压力大小。由平衡条件可知,压力P的读数就等于试验柱截面所受到的轴心压力N值。同时,在柱长度一半处设置百分表,测量其横向挠度u。通过对比试验的方法,观察长细比不同的轴心受压构件的破坏形态。

1)短柱

当轴向力P逐渐增加时,试件A柱(图6-2)也随之缩短,测量结果证明混凝土全截面和纵向钢筋均发生压缩变形。

当轴向力P达到破坏荷载的90%左右时,柱中部四周混凝土表面出现纵向裂缝,部分混凝土保护层剥落,最后是箍筋间的纵向钢筋发生屈曲(向外鼓出),混凝土被压碎而整个试验柱破坏(图6-3)。破坏时,测得的混凝土压应变大于1.8×10^{-3},而柱中部的横向挠度很小。**钢筋混凝土短柱的破坏是材料破坏,即混凝土压碎破坏。**

许多试验证明,钢筋混凝土短柱破坏时混凝土的压应变均在2×10^{-3}附近,由混凝土受压时的应力—应变曲线(图1-10)可知,混凝土已达到其轴心抗压强度;同时,采用普通热轧的纵向钢筋,均能达到抗压屈服强度。对于高强度钢筋,混凝土应变达到2×10^{-3}时,钢筋可能尚未达到屈服强度,在设计时如果采用这样的钢筋,则它的抗压强度设计值仅为$0.002E_s=0.002\times2.0\times10^5=400(\mathrm{MPa})$。

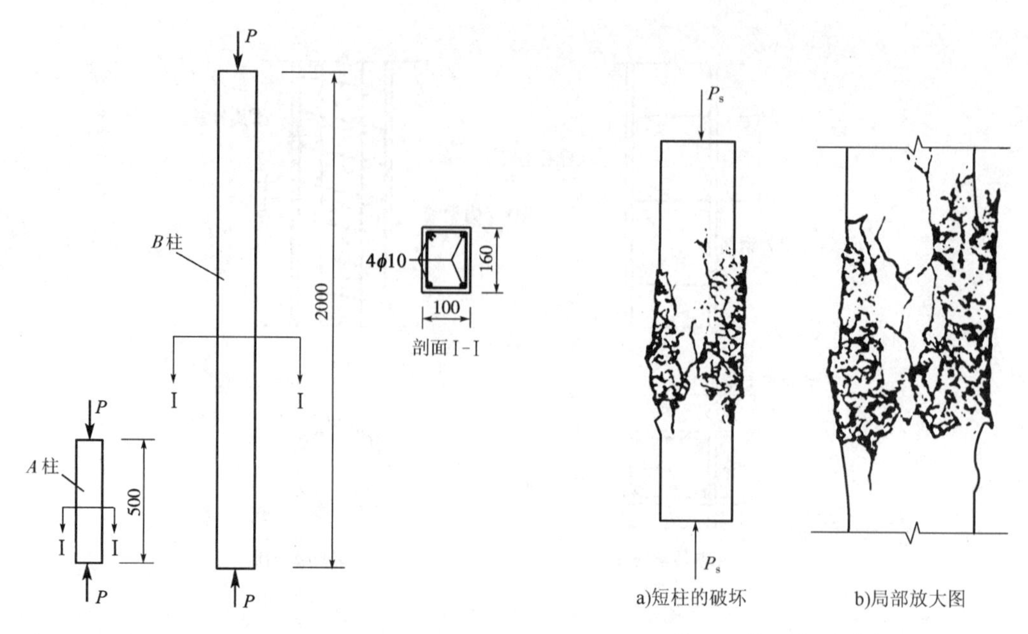

图6-2　轴心受压构件试件(尺寸单位:mm)

图6-3　轴心受压短柱的破坏形态

根据钢筋混凝土短柱的受力图式和破坏形态,可以得到短柱的抗压承载力表达式为

$$P_s = f_c A + f'_s A'_s \tag{6-1}$$

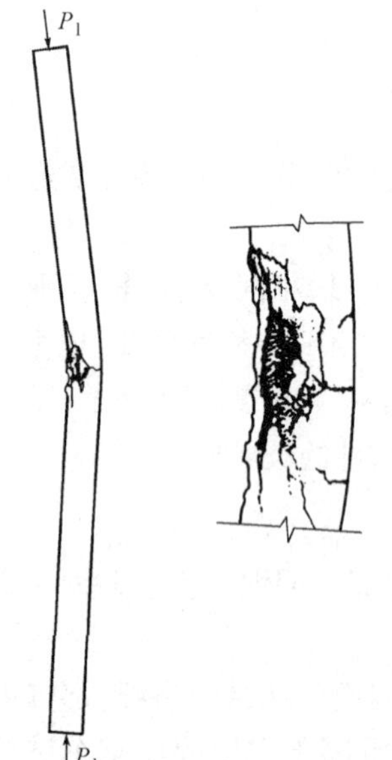

图6-4　轴心受压长柱的破坏形态

2)长柱

试件B柱在压力P较小时,仍是全截面受压,但随着压力增大,长柱不仅发生压缩变形,同时长柱中部产生较大的横向挠度u,凹侧压应力较大,凸侧较小。**长细比较大的长柱在破坏前,横向挠度增加得较快,使长柱的破坏来得比较突然,导致失稳破坏**。破坏时,凹侧的混凝土首先被压碎,混凝土表面有纵向裂缝,纵向钢筋被压弯而向外鼓出,混凝土保护层脱落;凸侧则由受压突然转变为受拉,出现横向裂缝(图6-4)。

图6-5为短柱和长柱试验的横向挠度u与轴向力P的关系对比图。

由图6-5及大量的其他试验可知,短柱总是受压破坏,长柱则是失稳破坏;长柱的承载力要小于相同截面、配筋、材料的短柱承载力。因此,可以将短柱的承载力乘以折减系数φ^0来表示相同截面、配筋和材料的长柱承载力P_l。

$$P_l = \varphi^0 P_s \tag{6-2}$$

式中:P_s——短柱破坏时的轴心压力;

P_l——相同截面、配筋和材料的长柱失稳时的轴心压力。

6.1.2　稳定系数φ

钢筋混凝土轴心受压构件计算中,考虑构件长细比增大的附加效应使构件承载力降低的

计算系数称为轴心受压构件的稳定系数,用符号 φ 表示。如前所述,稳定系数就是长柱失稳破坏时的临界承载力 P_l 与短柱压坏时的轴心力 P_s 的比值,表示长柱承载力降低的程度。

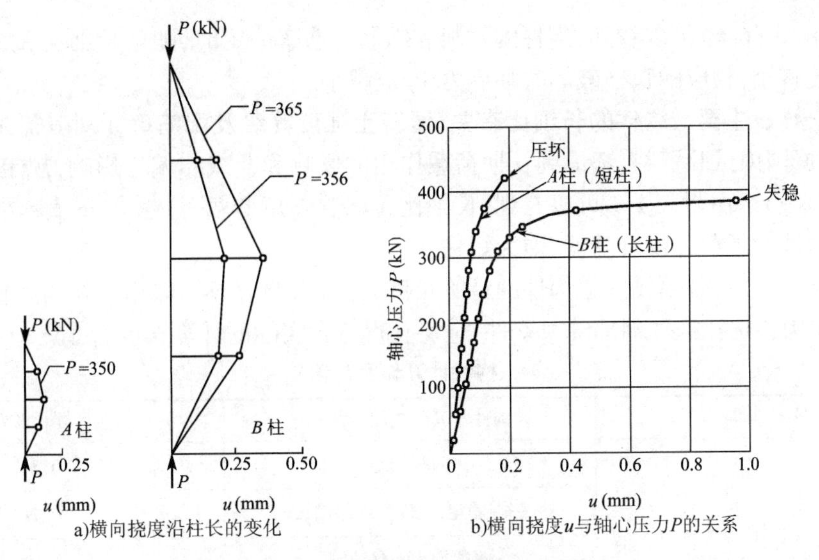

图6-5　轴心受压构件的横向挠度 u

根据材料力学,各种支承条件柱的临界压力计算式为

$$P_l = \frac{\pi^2 EI}{l_0^2} \tag{6-3}$$

式中:EI——柱截面的抗弯刚度;

l_0——柱的计算长度。

将式(6-3)和式(6-1)代入式(6-2)中,可得到

$$\varphi^0 = \frac{P_l}{P_s} = \frac{\pi^2 EI}{l_0^2(f_c A + f'_s A'_s)} = \frac{\pi^2 EI}{l_0^2 A(f_c + f'_s \rho')} \tag{6-4}$$

$$\rho' = \frac{A'_s}{A}$$

式中:A——柱截面混凝土面积;

A'_s——纵向钢筋截面面积。

在式(6-4)中,EI 为柱截面的抗弯刚度,是材料在弹性阶段的刚度。对钢筋混凝土来说,由于长柱失稳时截面往往已经开裂,刚度大大降低,为弹性阶段的30%~50%,所以式(6-4)中的 EI 值要改用柱裂缝出现后的刚度,即用 $\beta_1 E_c I_c$ 来代替式(6-4)中的 EI,β_1 为柱刚度折减系数。于是,可将式(6-4)进一步表达为

$$\varphi^0 = \frac{\pi^2 \beta_1 E_c I_c}{l_0^2 A(f_c + f'_s \rho')} = \frac{\pi^2 \beta_1 E_c}{f_c + f'_s \rho'} \cdot \frac{I_c}{A l_0^2} \tag{6-5}$$

柱截面回转半径 $r = \sqrt{I_c / A}$,长细比 $\lambda = l_0 / r$,以 φ、f_{cd}、f'_{sd} 分别代替 φ^0、f_c、f'_s,则式(6-5)成为

$$\varphi=\frac{\pi^2\beta_1E_c}{f_{cd}+f'_{sd}\rho'}\cdot\frac{1}{\lambda^2} \tag{6-6}$$

显然,由式(6-6)可以看到,当柱的材料和纵筋含筋率一定时,随着长细比 λ 的增加,稳定系数 φ 值就减小,相应的长柱破坏时临界力 P_l 也越小。

稳定系数 φ 主要与构件的长细比有关,混凝土强度等级及配筋率 ρ 对其影响较小。《公路桥规》根据国内试验资料,考虑到长期荷载作用的影响和荷载初偏心影响,规定了稳定系数 φ 值(附表1-9)。由附表1-9可以看到,长细比 $\lambda=l_0/b$(矩形截面)越大,φ 值越小,当 $l_0/b\leq8$ 时,$\varphi\approx1$,构件的承载力没有降低,即为短柱。

查表求 φ 值时,必须要知道构件的计算长度 l_0,可参照表6-1取用。在实际桥梁设计中,应根据具体构造选择构件端部约束条件,进而获得符合实际的计算长度 l_0 值。

构件计算长度 l_0 值 表6-1

杆　件	构件及其两端固定情况	计算长度 l_0
直杆	两端固定	$0.5l$
	一端固定,一端为不移动铰	$0.7l$
	两端均为不移动铰	$1.0l$
	一端固定,一端自由	$2.0l$

注:l 为构件支点间长度。

6.1.3　正截面承载力计算

《公路桥规》规定配有纵向受力钢筋和普通箍筋的轴心受压构件正截面承载力计算式(图6-6)为

$$N_u=0.9\varphi(f_{cd}A+f'_{sd}A'_s) \tag{6-7}$$

式中:φ——轴心受压构件稳定系数,按附表1-9取用;

A——构件毛截面面积;

A'_s——全部纵向钢筋截面面积;

f_{cd}——混凝土轴心抗压强度设计值;

f'_{sd}——纵向普通钢筋抗压强度设计值。

当纵向钢筋配筋率 $\rho'=A'_s/A>3\%$ 时,式(6-7)中 A 应改用混凝土截面净面积 $A_n=A-A'_s$。

普通箍筋柱的正截面承载力计算分为截面设计和截面复核两种情况。

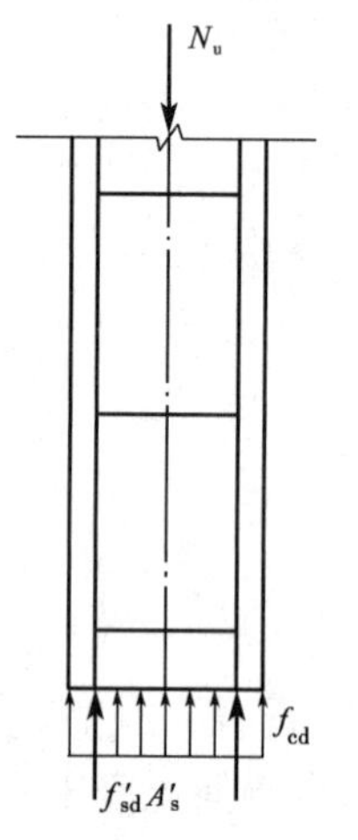

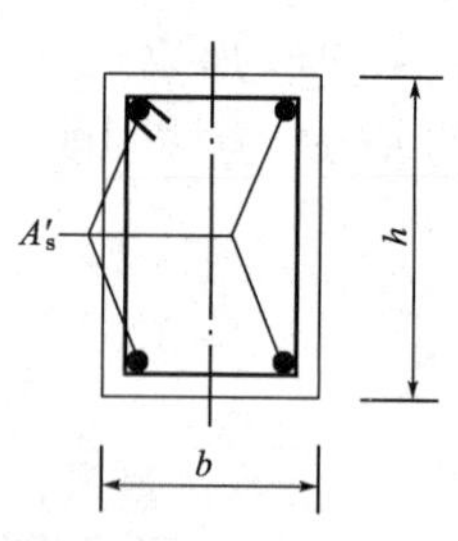

图6-6　普通箍筋柱正截面承载力计算图式

1)截面设计

已知截面尺寸、计算长度 l_0、混凝土轴心抗压强度和钢筋抗压强度设计值、轴向压力设计值 N_d,求纵向钢筋所需面积 A'_s。

首先计算长细比,由附表1-9查得相应的稳定系数 φ。

在式(6-7)中,令 $N_u=\gamma_0N_d$,γ_0 为结构重要性系数,则可得到

$$A'_s = \frac{1}{f'_{sd}}\left(\frac{\gamma_0 N_d}{0.9\varphi} - f_{cd}A\right) \tag{6-8}$$

由 A'_s计算值及构造要求选择并布置钢筋。

2)截面复核

已知截面尺寸、计算长度 l_0、全部纵向钢筋的截面面积 A'_s、混凝土轴心抗压强度和钢筋抗压强度设计值、轴向力设计值 N_d,求截面承载力 N_u。

首先应检查纵向钢筋及箍筋布置构造是否符合要求;再由已知截面尺寸和计算长度 l_0 计算长细比,由附表1-9查得相应的稳定系数 φ;最后由式(6-7)计算轴心压杆正截面承载力 N_u,且应满足 $N_u > \gamma_0 N_d$。

6.1.4 构造要求

1)混凝土

轴心受压构件的正截面承载力主要由混凝土提供,故一般多采用C30级及以上强度等级的混凝土。

2)截面尺寸

轴心受压构件截面尺寸不宜过小,因长细比越大,φ 值越小,承载力降低较多,不能充分利用材料强度。构件截面尺寸不宜小于250mm。

3)纵向受力钢筋

纵向受力钢筋的直径不应小于12mm,在构件截面上,纵向受力钢筋至少应有4根并且在截面每一角隅处必须布置一根。

纵向受力钢筋的净距不应小于50mm,也不应大于350mm;对水平浇筑混凝土预制构件,其纵向钢筋的最小净距采用受弯构件的规定要求。钢筋最小混凝土保护层厚度规定详见附表1-7。

对于纵向受力钢筋的配筋率要求,一般是从轴心受压构件中不可避免地存在混凝土徐变、可能存在的较小偏心弯矩等非计算因素提出的。

实际工程结构上,结构自重、附加结构自重作用下钢筋混凝土受压构件所受到的轴向压力 N 是长期不变的,在 N 的作用下构件混凝土会产生随时间增长的徐变变形,而在常温条件下钢筋并不会发生类似变形,由于构件截面钢筋和混凝土的变形必须协调,故会在钢筋和混凝土之间出现徐变引起的应力重分布现象。

如图6-7a)所示轴心受压构件受到轴心压力 N 的作用,构件截面会产生瞬时弹性变形 $\varepsilon_c(t_0)$($t = t_0$ 时)且 $N = \sigma_{c,0}A_c + \sigma_{s,0}A_s$,其中 $\sigma_{c,0}$ 和 $\sigma_{s,0}$ 分别为此时的混凝土和钢筋的压应力,A_c 和 A_s 分别为截面混凝土面积和钢筋面积。在轴心压力 N 持续作用下混凝土发生徐变,由于钢筋与混凝土要共同变形,混凝土徐变将迫使钢筋的受压变形随之增加,时间 $t = t_1(>t_0)$ 后钢筋的压应力增量为 $\Delta\sigma_{s,t}$,而对混凝土相当于产生了一拉应力增量 $\Delta\sigma_{c,t}$,但钢筋混凝土截面受到的合力 N 不变,得到 $N = (\sigma_{c,0} - \Delta\sigma_{c,t})A_c + (\sigma_{s,0} + \Delta\sigma_{s,t})A_s = \sigma_{c,t}A_c + \sigma_{s,t}A_s$[图6-7b)],因此,**徐变作用使得受压构件的混凝土截面压力减小和钢筋截面压力增加,且两者数值相等,产生了钢筋和混凝土之间应力分布的变化(应力重分布)**。研究表明,受压构件的截面配筋率 ρ

与徐变引起的应力重分布程度有密切关系。

图6-8为徐变作用在不同截面配筋率的钢筋混凝土短柱引起混凝土应力和纵向钢筋应力随持续时间的变化图。由图6-8可见,随着作用持续时间的增加,混凝土的压应力逐渐减小及钢筋的压应力逐渐增大,一开始变化较快,经过一定的时间(约150d)后逐步稳定;截面配筋率较小时钢筋压应力值较大、混凝土压应力值减少较小,当截面配筋率很小时,就不能按钢筋混凝土受压构件来设计,同时为了承受可能存在的较小弯矩以及混凝土收缩、温度变化引起的拉应力,《公路桥规》规定了纵向钢筋的最小配筋率ρ'_{min}(%),详见附表1-8。

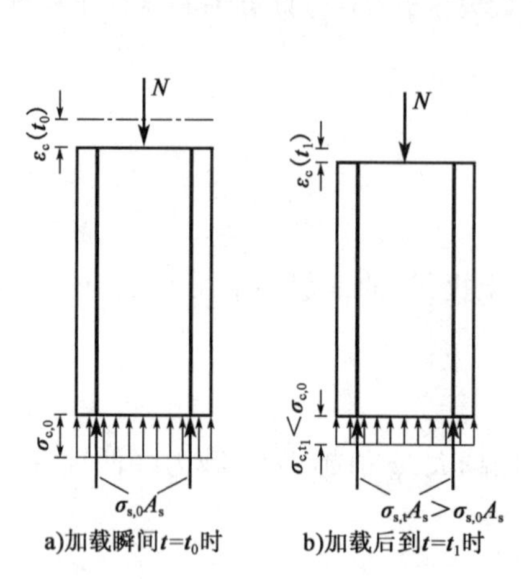

图6-7 徐变引起的应力分布变化

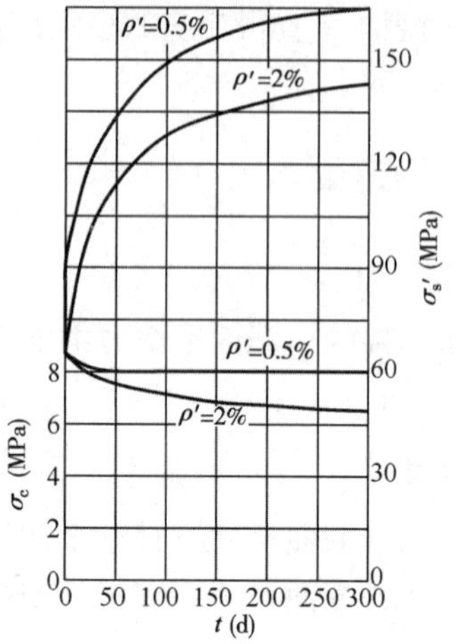

图6-8 徐变引起的应力重分布比较

构件截面的全部纵向钢筋配筋率$\rho'=A'_s/A$(A'_s为截面全部纵向钢筋截面面积,A为构件截面混凝土面积),不宜超过5%,一般纵向钢筋的配筋率ρ'为1%~2%。

钢筋混凝土受压构件与其他混凝土构件相连时,受压构件的纵向受力钢筋应伸入与受压构件相连接的构件内,伸入长度不应小于表4-1的规定锚固长度。

4)箍筋

普通箍筋柱中的箍筋必须做成闭合式,箍筋直径应不小于纵向钢筋直径的1/4,且不小于8mm。

箍筋的间距应不大于纵向受力钢筋直径的15倍,且不大于构件截面的短边尺寸(圆形截面采用0.8倍直径)并不大于400mm。

在纵向钢筋搭接范围内,箍筋的间距应不大于纵向钢筋直径的10倍,且不大于200mm。

当纵向钢筋截面面积超过混凝土截面面积3%时,箍筋间距应不大于纵向钢筋直径的10倍,且不大于200mm。

《公路桥规》将位于箍筋折角处的纵向钢筋定义为角筋。沿箍筋设置的纵向钢筋距离角筋间距s不大于150mm或15倍箍筋直径(取较大者)。若超过此范围设置纵向受力钢筋,应设复合箍筋(图6-9)。在图6-9中,箍筋A、B与C、D两组设置方式可根据实际情况选用图6-9a)、b)或c)的方式。复合箍筋是指沿构件纵轴方向同一截面按一定间距配置由两种或两种以上形式共同组成的箍筋。

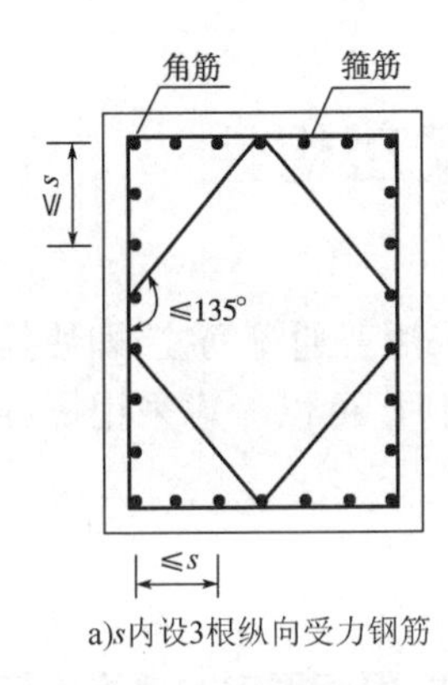

a)s内设3根纵向受力钢筋

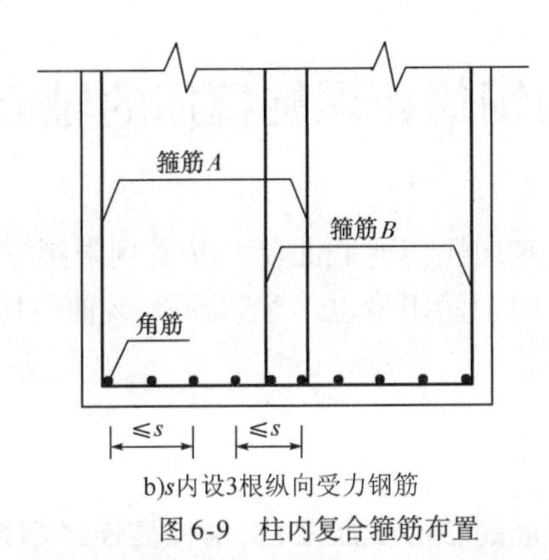

b)s内设3根纵向受力钢筋

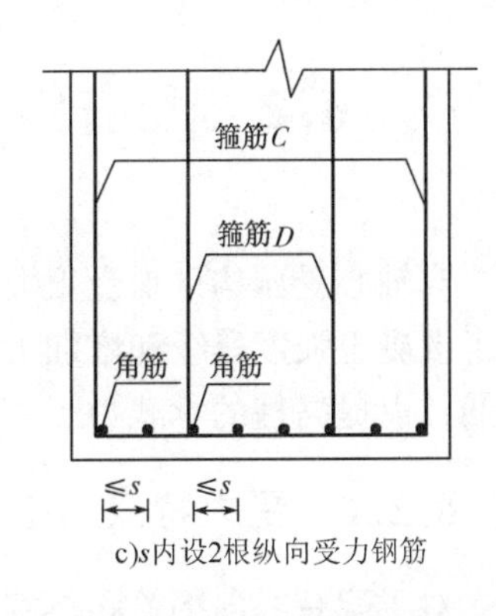

c)s内设2根纵向受力钢筋

图6-9　柱内复合箍筋布置

例6-1　预制的钢筋混凝土轴心受压构件截面尺寸 $b \times h = 300\text{mm} \times 350\text{mm}$，计算长度 $l_0 = 4.5\text{m}$；采用C30级混凝土，HRB400级钢筋（纵向钢筋）和HPB300级钢筋（箍筋直径 $d_2 = 8\text{mm}$）；作用的轴向压力设计值 $N_d = 1600\text{kN}$；Ⅰ类环境条件，设计使用年限为100年，安全等级为二级，试进行构件的截面设计。

解：轴心受压构件截面短边尺寸 $b = 300\text{mm}$，则计算长细比 $\lambda = l_0/b = 4.5 \times 10^3/300 = 15$，查附表1-9可得到稳定系数 $\varphi = 0.895$。混凝土抗压强度设计值 $f_{cd} = 13.8\text{MPa}$，纵向钢筋的抗压强度设计值 $f'_{sd} = 330\text{MPa}$，现取轴心压力计算值 $N = \gamma_0 N_d = 1600\text{kN}$，由式(6-8)可得所需要的纵向钢筋数量 A'_s 为

$$A'_s = \frac{1}{f'_{sd}}\left(\frac{N}{0.9\varphi} - f_{cd}A\right)$$

$$= \frac{1}{330} \times \left(\frac{1600 \times 10^3}{0.9 \times 0.895} - 13.8 \times 300 \times 350\right)$$

$$= 1628(\text{mm}^2)$$

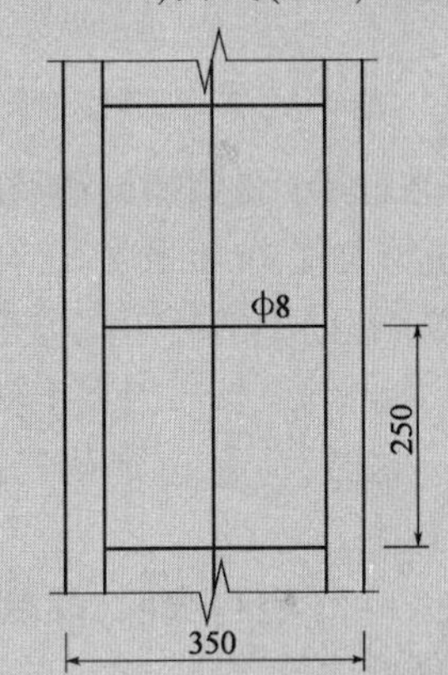

现选用纵向钢筋为6 ⌀20，$A'_s = 1884\ \text{mm}^2$，截面配筋率

$$\rho' = \frac{A'_s}{A} \times 100\% = \frac{1884}{300 \times 350} \times 100\% = 1.79\% > \rho'_{min}(=0.5\%),$$

且 $< \rho'_{max}(=5\%)$。而截面一侧的纵筋配筋率 $\rho' = \frac{628}{300 \times 350} = 0.60\% > 0.2\%$（附表1-8）。

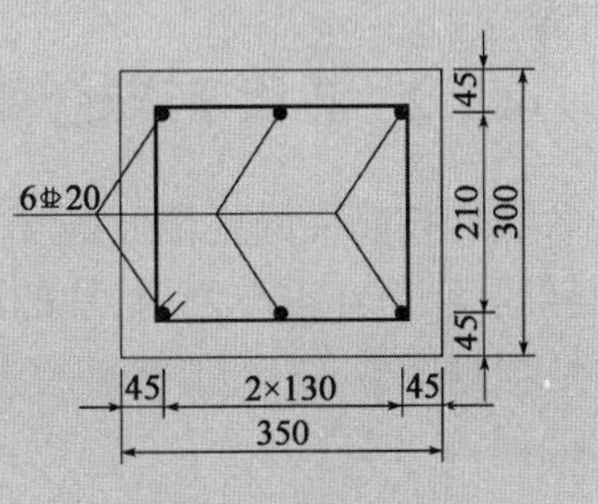

图6-10　例6-1纵向钢筋在截面上的布置(尺寸单位：mm)

纵向钢筋的截面布置见图6-10。ϕ8闭合式箍筋的混凝土保护层厚度 $c_2 = 45 - (22.7/2) - 8 = 25.7(\text{mm}) > c_{min}(=20\text{mm})$；纵向钢筋之间的最小净距 $s_n = 130 - 22.7 \approx 107(\text{mm}) > 50\text{mm}$，且 $< 350\text{mm}$，故满足要求。

闭合式箍筋选用ϕ8，满足直径大于 $d/4 = 20/4 = 5(\text{mm})$，且不小于8mm的要求。根据构造要求，箍筋间距 s 应满足：$s \leqslant 15d = 15 \times 20 = 300(\text{mm})$；$s \leqslant b = 300\text{mm}$；$s \leqslant 400\text{mm}$，故选用箍筋间距 $s = 250\text{mm}$（图6-10）。

6.2 配有纵向钢筋和螺旋箍筋的轴心受压构件

当轴心受压构件承受很大的轴向压力而截面尺寸又受到限制,或采用普通箍筋柱,即使提高了混凝土强度等级和增加了纵向钢筋用量也不足以承受该轴向压力时,可以考虑采用螺旋箍筋柱以提高柱的承载力。

6.2.1 受力特点与破坏特性

对于**配有纵向钢筋和螺旋箍筋的轴心受压短柱,沿柱高连续缠绕的、间距很密的螺旋箍筋犹如一个套筒,将核心部分的混凝土约束住,有效地限制了核心混凝土的横向变形,从而提高了柱的承载力**。

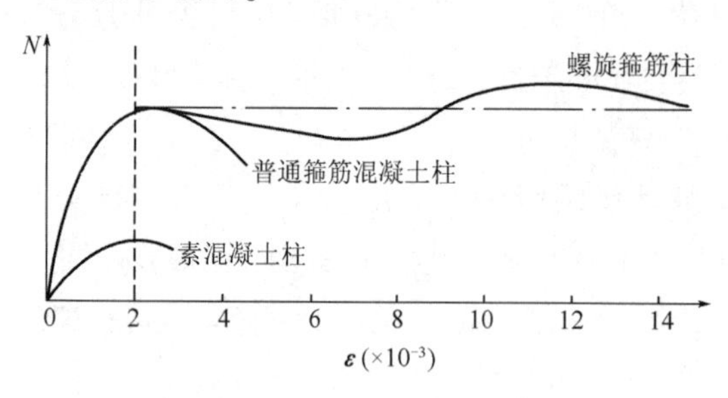

图6-11 轴心受压柱的轴力—应变曲线

由图6-11中所示的螺旋箍筋柱混凝土轴力—压应变曲线可见,在混凝土压应变$\varepsilon=0.002$以前,螺旋箍筋柱的混凝土轴力—应变变化曲线与普通箍筋混凝土柱基本相同。当轴力继续增加,直至混凝土和纵筋的压应变ε达到$0.003 \sim 0.0035$时,纵筋已经开始屈服,箍筋外面的混凝土保护层开始崩裂剥落,混凝土的截面面积减小,轴力略有下降。这时,核心部分混凝土由于受到螺旋箍筋的约束,仍能继续受压。核心混凝土处于三向受压状态,其抗压强度超过了轴心抗压强度f_c,补偿了剥落的外围混凝土,压力曲线逐渐回升。随着轴力不断增大,螺旋箍筋中的环向拉力也不断增大,直至螺旋箍筋达到屈服,不能再约束核心混凝土横向变形,混凝土被压碎,构件即告破坏。这时,荷载达到第二次峰值,柱的纵向压应变可达到0.01以上。

图6-11也可表明,**螺旋箍筋柱具有很好的延性**,在承载力未降低的情况下,其变形能力比普通箍筋柱提高很多。

6.2.2 正截面承载力计算

螺旋箍筋柱的正截面破坏时,核心混凝土压碎、纵向钢筋已经屈服,而在破坏之前,柱的混凝土保护层早已剥落。

根据图6-12所示螺旋箍筋柱截面受力图式,由平衡条件可得到

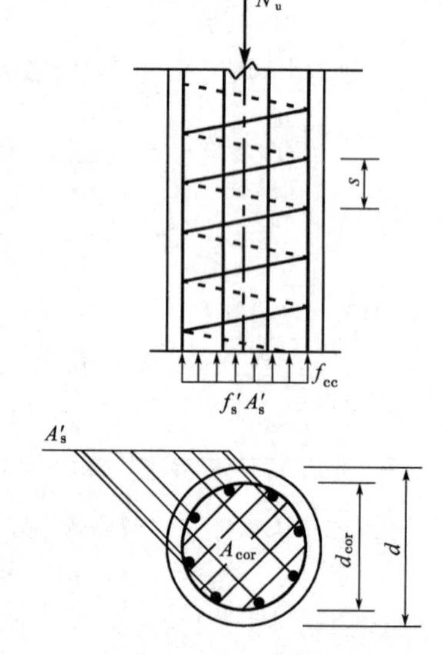

图6-12 螺旋箍筋柱受力计算图式

$$N_u = f_{cc}A_{cor} + f'_sA'_s \tag{6-9}$$

式中:f_{cc}——处于三向压应力作用下核心混凝土的抗压强度;

A_{cor}——核心混凝土面积;

f'_s——纵向钢筋抗压强度；

A'_s——纵向钢筋面积。

螺旋箍筋对其核心混凝土的约束作用，使混凝土抗压强度提高。根据圆柱体三向受压试验结果，约束混凝土的轴心抗压强度由式(1-2)可得到下述近似表达式

$$f_{cc}=f_c+k'\sigma_2 \tag{6-10}$$

式中的 σ_2 为作用于核心混凝土的径向压应力值。

螺旋箍筋柱破坏，螺旋箍筋达到了屈服强度，它对核心混凝土提供了最后的侧压应力 σ_2。现取螺旋箍筋间距 s 范围内构件，沿螺旋箍筋的直径切开成脱离体(图6-13)，由隔离体的平衡条件可得到

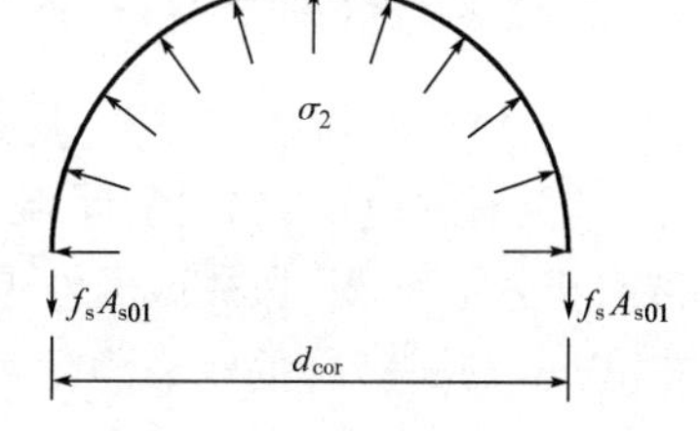

图6-13　螺旋箍筋的受力状态

$$\sigma_2 d_{cor}s=2f_sA_{s01}$$

整理后为

$$\sigma_2=\frac{2f_sA_{s01}}{d_{cor}s} \tag{6-11}$$

式中：A_{s01}——单根螺旋箍筋的截面面积；

f_s——螺旋箍筋的抗拉强度；

s——螺旋箍筋的间距(图6-12)；

d_{cor}——截面核心混凝土的直径，$d_{cor}=d-2c$，其中 c 为纵向钢筋至柱截面边缘的径向混凝土保护层厚度。

现将间距为 s 的螺旋箍筋，按钢筋体积相等的原则换算成纵向钢筋的面积，称为螺旋箍筋柱的间接钢筋换算截面面积 A_{s0}，即 $\pi d_{cor}A_{s01}=A_{s0}s$，整理后为

$$A_{s0}=\frac{\pi d_{cor}A_{s01}}{s} \tag{6-12}$$

将式(6-12)代入式(6-11)，则可得到

$$\sigma_2=\frac{2f_sA_{s01}}{d_{cor}s}=\frac{2f_s}{d_{cor}s}\cdot\frac{A_{s0}s}{\pi d_{cor}}=\frac{2f_sA_{s0}}{\pi d_{cor}^2}=\frac{f_sA_{s0}}{2\frac{\pi d_{cor}^2}{4}}=\frac{f_sA_{s0}}{2A_{cor}}$$

将 $\sigma_2=\frac{f_sA_{s0}}{2A_{cor}}$ 代入式(6-10)，可得到

$$f_{cc}=f_c+\frac{k'f_sA_{s0}}{2A_{cor}} \tag{6-13}$$

将式(6-13)代入式(6-9)，整理并考虑实际间接钢筋作用影响，即得到螺旋箍筋柱正截面承载力的计算式并应满足

$$\gamma_0N_d\leqslant N_u=0.9(f_{cd}A_{cor}+kf_{sd}A_{s0}+f'_{sd}A'_s) \tag{6-14}$$

式中各符号意义见式(6-9)～式(6-13)。k 称为间接钢筋影响系数，$k=k'/2$，混凝土强度

等级为 C50 及以下时,取 $k=2.0$;C50 ~ C80 时,取 $k=2.0\sim1.70$,中间值直线插入取用。

对于式(6-14)的使用,《公路桥规》有如下规定条件:

(1)为了保证在使用荷载作用下,螺旋箍筋混凝土保护层不致过早剥落,螺旋箍筋柱的承载力计算值[按式(6-14)计算]不应比按式(6-7)计算的普通箍筋柱承载力大 50%,即满足

$$0.9(f_{cd}A_{cor}+kf_{sd}A_{s0}+f'_{sd}A'_s)\leqslant1.35\varphi(f_{cd}A+f'_{sd}A'_s) \tag{6-15}$$

(2)当遇到下列任意一种情况时,不考虑螺旋箍筋的作用,而按式(6-7)计算构件的承载力。

①当构件长细比 $\lambda=\frac{l_0}{i}>48$(i 为截面最小回转半径)时,对圆形截面柱,长细比 $\lambda=\frac{l_0}{d}>12$(d 为圆形截面直径时)。这是由于长细比较大的影响,螺旋箍筋不能发挥其作用。

②当按式(6-14)计算承载力小于按式(6-7)计算的承载力时,因为式(6-14)中只考虑了混凝土核心面积,当柱截面外围混凝土较厚时,核心面积相对较小,会出现这种情况,这时就应按式(6-7)进行柱的承载力计算。

③当 $A_{s0}<0.25A'_s$时,螺旋钢筋配置得过少,不能起显著作用。

螺旋箍筋柱的截面设计和截面复核均依照式(6-14)的要求来进行,详见例题。

6.2.3 构造要求

(1)螺旋箍筋柱的纵向钢筋应沿圆周均匀分布,其截面面积应不小于箍筋圈内核心截面面积的 0.5%。常用的配筋率 $\rho'=A'_s/A_{cor}$取 0.8% ~1.2%。

(2)构件核心截面面积 A_{cor}应不小于构件整个截面面积 A 的 2/3。

(3)螺旋箍筋的直径不应小于纵向钢筋直径的 1/4 且不小于 8mm。**为了保证螺旋箍筋的作用,螺旋箍筋的间距 s 应满足:**

①s 应不大于核心直径 d_{cor} 的 1/5,即 $s\leqslant\frac{1}{5}d_{cor}$。

②s 应不大于 80mm 且不小于 40mm,以便施工。

例 6-2 圆形截面轴心受压构件直径 $d=400$mm,计算长度 $l_0=2.75$m。混凝土强度等级为 C30,纵向钢筋采用 HRB400 级钢筋,箍筋采用 HPB300 级钢筋,轴心压力设计值$N_d=1640$kN。Ⅰ类环境条件,设计使用年限 50 年,安全等级为二级,试按照螺旋箍筋柱进行截面设计和截面复核。

解:混凝土抗压强度设计值$f_{cd}=13.8$MPa,HRB400 级钢筋的抗压强度设计值 $f'_{sd}=330$MPa,HPB300 级钢筋的抗拉强度设计值$f_{sd}=250$MPa,轴心压力计算值 $N=\gamma_0N_d=1640$kN。

(1)截面设计

由于长细比 $\lambda=l_0/d=2750/400=6.88<12$,故可以按螺旋箍筋柱设计。

①计算所需要的纵向钢筋截面面积

圆柱直径 $d=400$mm,则圆柱的截面面积 $A=\pi d^2/4=3.14\times400^2/4=125600(\text{mm}^2)$。

假设选用 ϕ10 的箍筋。由已知的环境类别 I 等查附表 1-7 得到箍筋的混凝土保护层最小厚度 $c_{min}=20$mm,而纵向钢筋的混凝土保护层厚度为 $c_1=c_{min}+10=20+10=30$(mm),柱截面核心混凝土直径 $d_{cor}=d-2c_1=400-2\times30=340$(mm),计算得到混凝土核心面积 A_{cor}为

$$A_{cor}=\frac{\pi d_{cor}^2}{4}=\frac{3.14\times340^2}{4}=90746(\text{mm}^2)>\frac{2}{3}A(=83733\ \text{mm}^2)$$

假定纵向钢筋配筋率$\rho'=0.010$，则可得到$A'_s=\rho' A_{cor}=0.010\times90746=907(\text{mm}^2)$，现选用6⌀14，$A'_s=924\ \text{mm}^2$。

②确定箍筋的直径和间距s

取$N_u=N=1640\text{kN}$，由式(6-14)可得到螺旋箍筋换算截面面积A_{s0}为

$$A_{s0}=\frac{N/0.9-f_{cd}A_{cor}-f'_{sd}A'_s}{kf_{sd}}$$

$$=\frac{1640000/0.9-13.8\times90746-330\times924}{2\times250}$$

$$=530(\text{mm}^2)>0.25A'_s[=0.25\times924=231(\text{mm}^2)]$$

ϕ10 单肢箍筋的截面面积$A_{s01}=78.5\ \text{mm}^2$，这时，螺旋箍筋所需的间距为

$$s=\frac{\pi d_{cor}A_{s01}}{A_{s0}}=\frac{3.14\times340\times78.5}{530}=158(\text{mm})$$

由构造要求，螺旋箍筋的间距s应满足$s\leq d_{cor}/5(=68\text{mm})$和$s\leq80\text{mm}$，故取$s=60\text{mm}>40\text{mm}$。截面设计布置如图6-14所示。

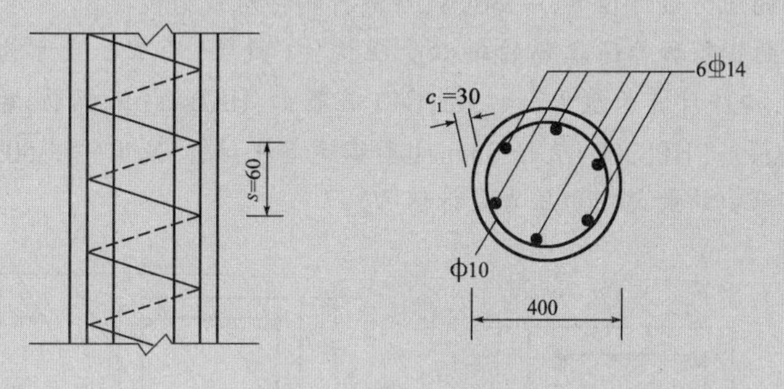

图6-14 例6-2图(尺寸单位:mm)

(2)截面复核

经检查，如图6-14所示截面构造布置符合构造要求。实际设计截面$A_{cor}=90746\ \text{mm}^2$，$A'_s=924\ \text{mm}^2$，$\rho'=924/90746=1.02\%>0.5\%$，$A_{s0}=\frac{\pi d_{cor}A_{s01}}{s}=\frac{3.14\times340\times78.5}{60}=1397(\text{mm}^2)$，取间接钢筋影响系数$k=2.0$，则由式(6-14)可得到

$$N_u=0.9(f_{cd}A_{cor}+kf_{sd}A_{s0}+f'_{sd}A'_s)$$

$$=0.9(13.8\times90746+2\times250\times1397+330\times924)$$

$$=2030\times10^3(\text{N})=2030\text{kN}>N(=1640\text{kN})$$

检查混凝土保护层是否会剥落。由式(6-7)可得到

$$N'_u = 0.9\varphi(f_{cd}A + f'_{sd}A'_s)$$
$$= 0.9 \times 1 \times (13.8 \times 125600 + 330 \times 924)$$
$$= 1834 \times 10^3(N) = 1834kN$$

$1.5N'_u = 1.5 \times 1834 = 2751(kN) > N_u (= 2030kN)$，故混凝土保护层不会剥落。

【复习思考题与习题】

6-1 配有纵向钢筋和普通箍筋的轴心受压短柱与长柱的破坏形态有何不同？什么叫作长柱的稳定系数φ？影响稳定系数φ的主要因素有哪些？

6-2 对于轴心受压普通箍筋柱，《公路桥规》为什么规定纵向受压钢筋的最大配筋率和最小配筋率？对于纵向钢筋在截面上的布置以及复合箍筋设置，《公路桥规》有什么规定？

6-3 配有纵向钢筋和普通箍筋的轴心受压构件与配有纵向钢筋和螺旋箍筋的轴心受压构件的正截面承载力计算有何不同？

6-4 试说明式(6-14)中各符号的物理意义。

6-5 配有纵向钢筋和普通箍筋的轴心受压构件(墩柱)的截面尺寸为$b \times h = 250mm \times 250mm$(图6-15)，构件计算长度$l_0 = 5m$；C30混凝土，HRB400级钢筋，纵向钢筋面积$A'_s = 804mm^2$(4⌽16)，$a_s = 40mm$，箍筋(HPB300)直径8mm；I类环境条件，设计使用年限50年，安全等级为二级；轴向压力设计值$N_d = 560kN$，试进行构件承载力校核。

6-6 配有纵向钢筋和普通箍筋的轴心受压构件(墩柱)的截面尺寸为$b \times h = 200mm \times 250mm$(图6-16)，构件计算长度$l_0 = 4.3m$；C40混凝土，HRB400级钢筋，纵向钢筋面积$A'_s = 678mm^2$(6⌽12)，箍筋(HPB300)直径8mm；I类环境条件，设计使用年限50年，安全等级为二级，试求该构件可承受的最大轴向压力设计值N_d。

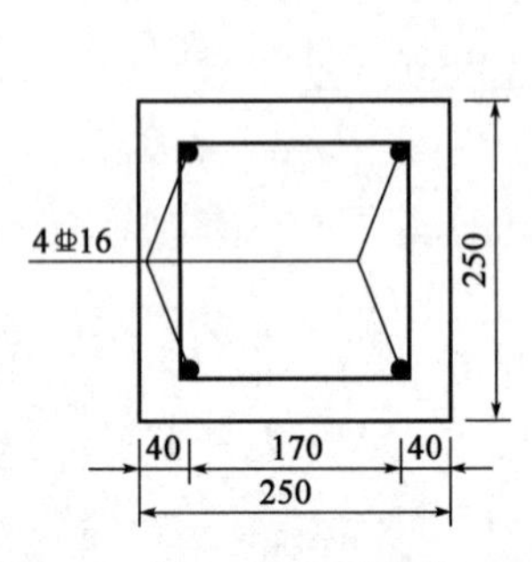

图6-15 题6-5图(尺寸单位:mm)

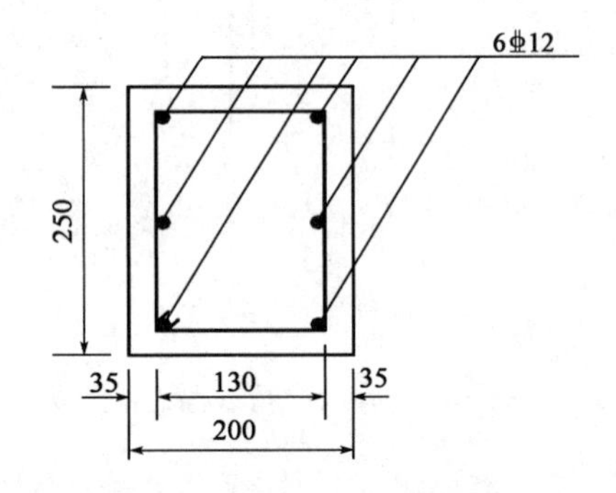

图6-16 题6-6图(尺寸单位:mm)

6-7 配有纵向钢筋和螺旋箍筋的轴心受压构件(墩柱)的截面为圆形，直径$d = 450mm$，构件计算长度$l_0 = 3m$；C30混凝土，纵向钢筋采用HRB400级钢筋，箍筋采用HPB300级钢筋；Ⅱ类环境条件，设计使用年限50年，安全等级为一级；轴向压力设计值$N_d = 1560kN$，试进行构件的截面设计和承载力复核。

第 7 章

偏心受压构件正截面承载力计算

当轴向压力 N 的作用线偏离受压构件的轴线时[图 7-1a)],这类构件称为偏心受压构件。压力 N 的作用点离构件截面形心的距离 e_0 称为偏心距。截面上同时承受轴心压力和弯矩的构件[图 7-1b)],称为压弯构件。根据力的平移法则,截面承受偏心距为 e_0 的偏心压力 N 相当于承受轴心压力 N 和弯矩 $M(=Ne_0)$ 的共同作用,故压弯构件与偏心受压构件的基本受力特性是一致的。

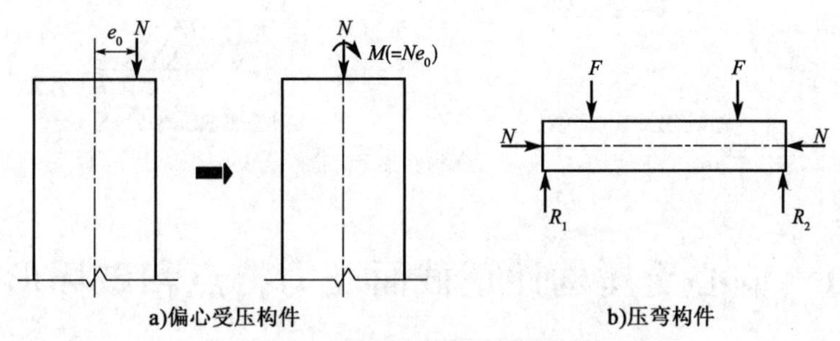

图 7-1　偏心受压构件与压弯构件

钢筋混凝土偏心受压(或压弯)构件是实际工程中应用较广泛的受力构件之一。例如,拱桥的钢筋混凝土拱肋,桁架的上弦杆、刚架的立柱、柱式墩(台)的墩(台)柱等均属偏心受压构件,在荷载作用下,构件截面上同时存在轴心压力和弯矩。

钢筋混凝土偏心受压构件的截面形式如图7-2所示。矩形截面为最常用的截面形式。截面高度 h 大于600mm的偏心受压构件多采用工字形或箱形截面。圆形截面主要用于柱式墩台、桩基础中。

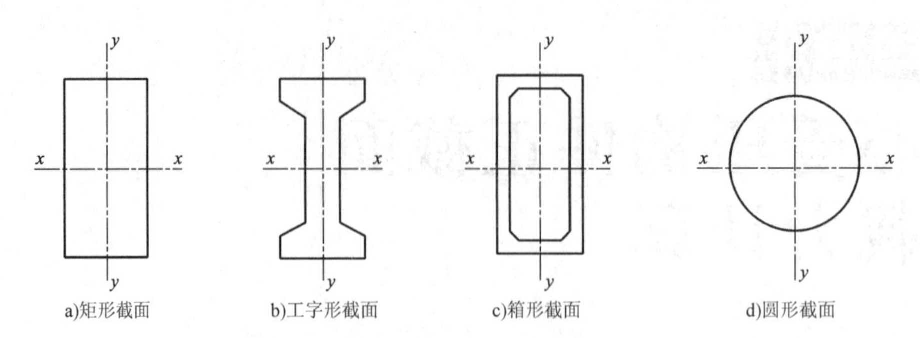

图7-2 偏心受压构件截面形式

在钢筋混凝土偏心受压构件截面上,布置有纵向受力钢筋和箍筋。纵向受力钢筋在截面中最常见的配置方式是将纵向钢筋集中放置在截面偏心方向最外两侧[图7-3a)],其数量通过正截面承载力计算确定。对于圆形截面,则采用沿截面周边均匀配筋的方式[图7-3b)]。**箍筋的作用与轴心受压构件中普通箍筋的作用基本相同**。此外,偏心受压构件中还存在一定的剪力,可由箍筋负担。但因剪力的数值一般较小,故一般不予计算。箍筋数量及间距按普通箍筋柱的构造要求确定。

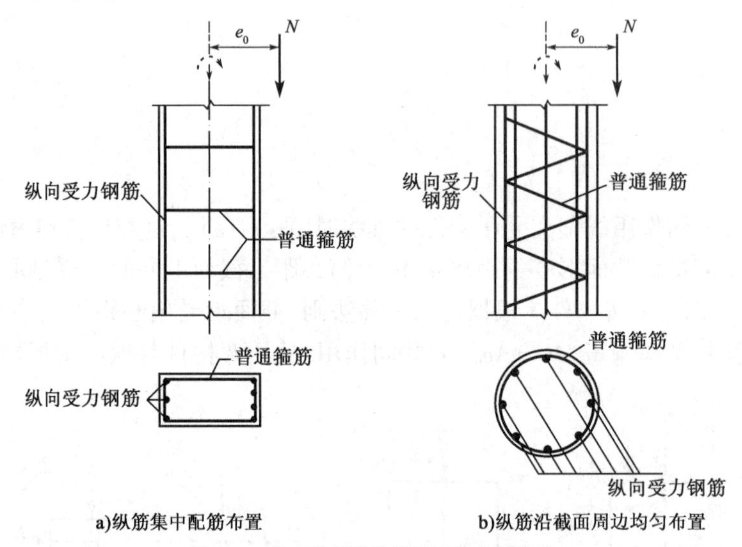

图7-3 偏心受压构件截面钢筋布置形式

7.1 偏心受压构件正截面受力特点和破坏形态

钢筋混凝土偏心受压构件也有短柱和长柱之分。本节根据矩形截面的偏心受压短柱的试验结果,介绍截面集中配筋情况下偏心受压构件的受力特点和破坏形态。

7.1.1　偏心受压构件的破坏形态

钢筋混凝土偏心受压构件随着偏心距的大小及纵向钢筋配筋情况的不同,有以下两种主要破坏形态。

1)*受拉破坏——大偏心受压破坏*

在相对偏心距 e_0/h 较大,且受拉钢筋配置得不太多时,会发生这种破坏形态。图7-4为矩形截面大偏心受压短柱试件在试验荷载 N 作用下截面混凝土应变、应力及柱侧向变位的发展情况。短柱受力后,截面靠近偏心压力 N 的一侧(钢筋为 A_s')受压,另一侧(钢筋为 A_s)受拉。随着荷载增大,截面受拉区混凝土先出现横向裂缝,裂缝的开展使受拉钢筋 A_s 的应力增长较快,首先达到屈服。截面中和轴向受压边移动,受压区混凝土压应变迅速增大,最后,受压区钢筋A_s'屈服,混凝土达到极限压应变而压碎(图7-5),其破坏形态与双筋矩形截面梁的破坏形态相似。

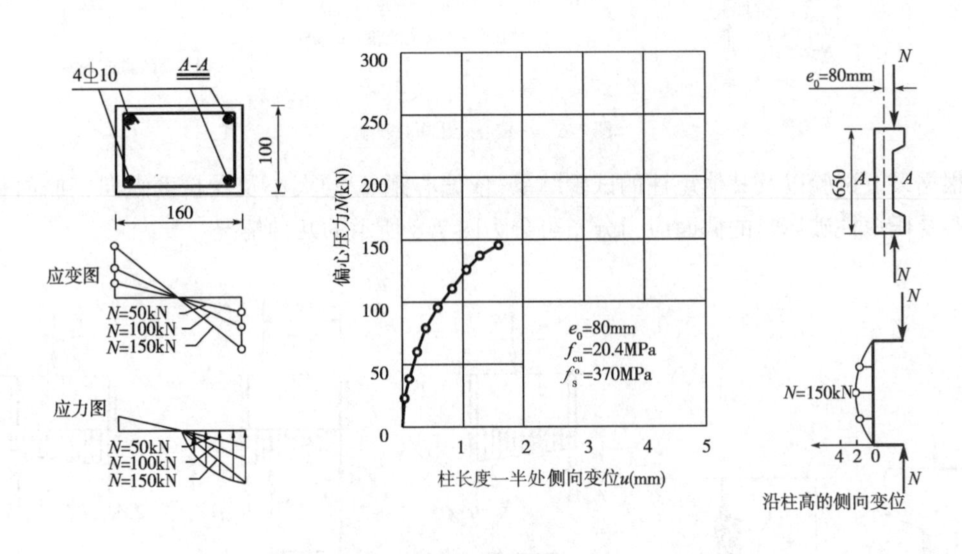

图7-4　大偏心受压短柱试验(尺寸单位:mm)

许多大偏心受压短柱试验都表明,**当偏心距较大,且受拉钢筋配筋率不高时,偏心受压构件的破坏是受拉钢筋首先到达屈服强度,然后受压混凝土被压坏,称为受拉破坏。**临近破坏时有明显的预兆,裂缝显著开展,构件的承载能力取决于受拉钢筋的强度和数量。

2)*受压破坏——小偏心受压破坏*

小偏心受压就是压力 N 的初始偏心距 e_0 较小的情况。

图7-6为矩形截面小偏心受压短柱试件的试验结果。该试件的截面尺寸、配筋均与图7-4所示试件相同,但偏心距较小,$e_0=25$mm。由图7-6可见,短柱受力后,截面全部受压,其中,靠近偏心压力 N 的一侧(钢筋为 A_s')受到的压应力较大,另一侧(钢筋为 A_s)压应力较小。随着偏心压力 N 的逐渐增

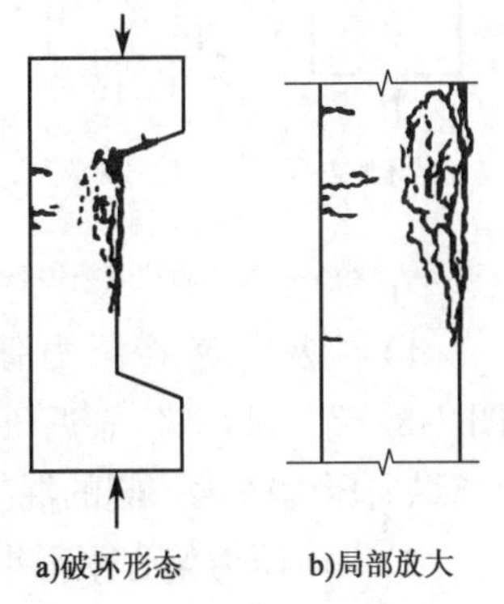

图7-5　大偏心受压短柱的破坏形态

加,混凝土应力也增大。当靠近 N 一侧的混凝土压应变达到其极限压应变时,压区边缘混凝土被压碎,同时,该侧的受压钢筋 A_s' 也达到屈服;但是,破坏时另一侧的混凝土和钢筋 A_s 的应力都很小,在临近破坏时,受拉一侧才出现短而小的裂缝(图 7-7)。

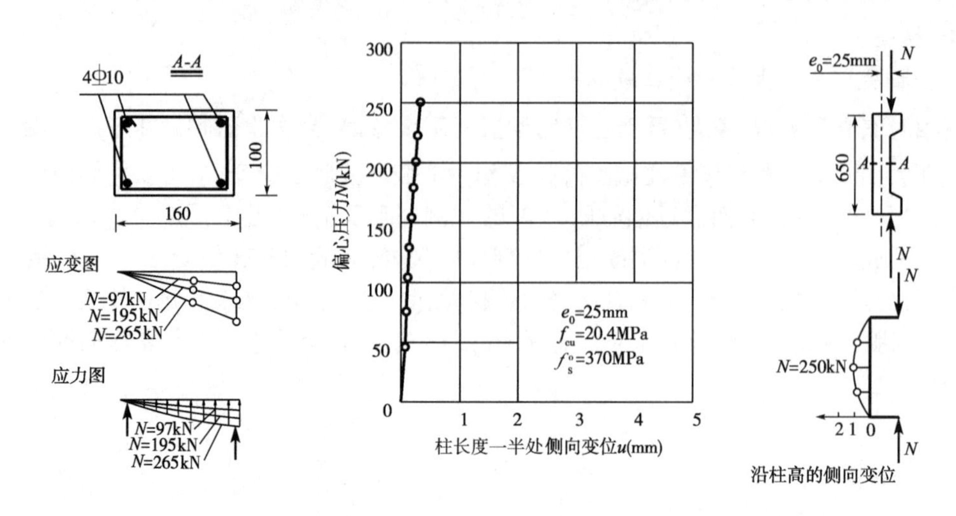

图 7-6 小偏心受压短柱试验

根据以上试验以及其他短柱的试验结果,依偏心距 e_0 的大小及受拉区纵向钢筋面积 A_s,小偏心受压短柱破坏时的截面应力分布可分为图 7-8 所示的几种情况。

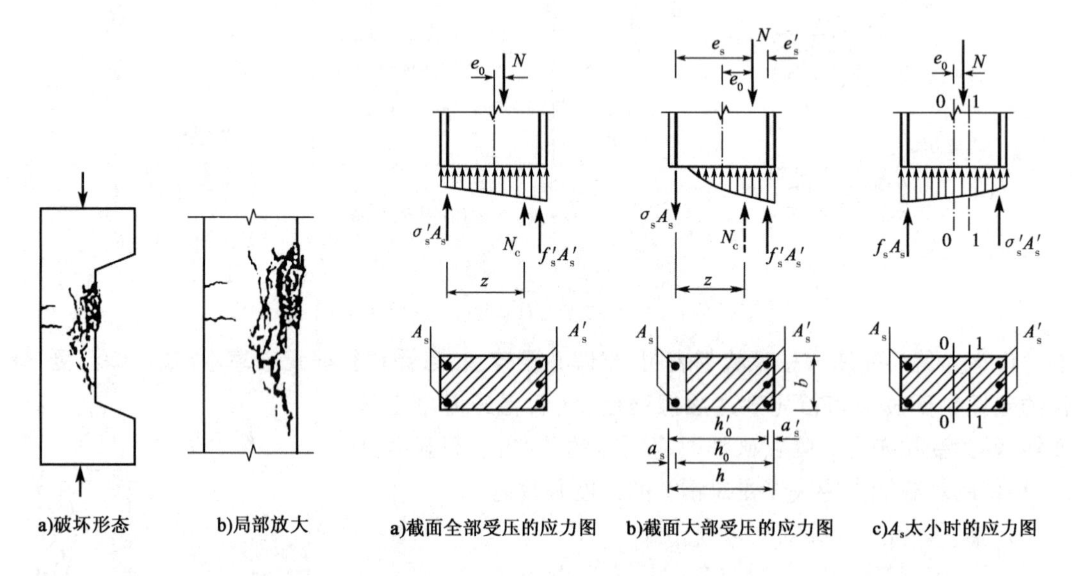

图 7-7 小偏心受压短柱破坏形态

图 7-8 小偏心受压短柱截面受力的几种情况

(1)当纵向偏心压力偏心距很小时,构件截面将全部受压,中和轴位于截面以外[图 7-8a)]。破坏时,靠近压力 N 一侧混凝土应变达到极限压应变,钢筋 A_s' 达到屈服强度,而距离纵向压力较远一侧的混凝土和受压钢筋均未达到其抗压强度。

(2)纵向压力偏心距很小,同时距离纵向压力较远一侧钢筋面积 A_s 过小而靠近纵向力 N 一侧钢筋面积 A_s' 较大时,截面的实际重心轴就不在混凝土截面形心轴 0-0 处[图 7-8c)],而向右偏移至1-1轴。这样,截面远离纵向力 N 的一侧,即原来压应力较小而 A_s 布置得过少的一侧,将负担较大的压应力。于是,尽管仍是全截面受压,但远离纵向力 N 一侧的钢筋 A_s 将由于混凝土的应变达到极限压应变而屈服,而靠近纵向力 N 一侧的钢筋 A'_s 的应力有可能达不到屈服强度。

(3)当纵向力偏心距较小时,或偏心距较大但受拉钢筋 A_s 较多时,截面大部分受压而小部分受拉[图7-8b)]。中和轴距受拉钢筋 A_s 很近,钢筋 A_s 中的拉应力很小,达不到屈服强度。

总而言之,**小偏心受压构件的破坏一般是受压区边缘混凝土的应变达到极限压应变,受压区混凝土被压碎;同一侧的钢筋压应力达到屈服强度,而另一侧的钢筋,不论受拉还是受压,其应力可能达不到屈服强度,破坏前构件横向变形无明显的急剧增长,这种破坏被称为"受压破坏"**,其正截面承载力取决于受压区混凝土抗压强度和受压钢筋强度。

综上所述,**钢筋混凝土偏心受压构件的"受拉破坏"和"受压破坏"都属于材料破坏。两种破坏形态的相同之处是,构件截面破坏都是截面受压区边缘混凝土达到极限压应变而压碎;不同之处是截面破坏的起因,"受拉破坏"起因于受拉钢筋屈服,"受压破坏"起因于截面受压区边缘混凝土被压碎。**

7.1.2 大、小偏心受压的界限

图7-9表示矩形截面偏心受压构件的混凝土应变分布图形,图中 ab、ac 线表示在大偏心受压状态下的截面应变状态。随着纵向压力的偏心距减小或受拉钢筋配筋率的增加,在破坏时形成斜线 ad 所示的应变分布状态,即当受拉钢筋达到屈服应变 ε_y 时,受压边缘混凝土也刚好达到极限压应变值 ε_{cu},这就是界限状态。若纵向压力的偏心距进一步减小或受拉钢筋配筋量进一步增大,则截面破坏时将形成斜线 ae 所示的受拉钢筋达不到屈服的小偏心受压状态。

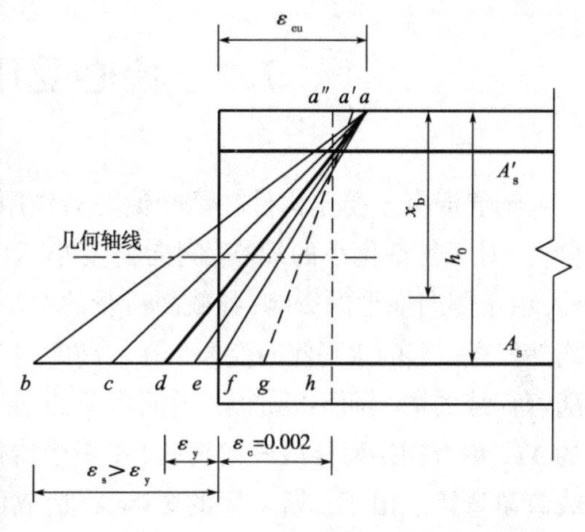

图7-9 偏心受压构件的截面应变分布

当进入全截面受压状态后,混凝土受压较大一侧的边缘极限压应变将随着纵向压力 N 偏心距的减小而逐步下降,其截面应变分布如斜线 af、$a'g$ 和垂直线 $a''h$ 所示顺序变化,在变化的过程中,受压边缘的极限压应变将由 ε_{cu} 逐步下降到接近轴心受压时的0.002。

上述偏心受压构件截面部分受压、部分受拉时的应变变化规律与受弯构件截面应变变化是相似的,因此,与受弯构件正截面承载力计算相同,可用受压区界限高度 x_b 或相对界限受压区高度 ξ_b 来判别两种不同偏心受压破坏形态:当 $\xi \leq \xi_b$ 时,截面为大偏心受压破坏;当 $\xi > \xi_b$ 时,截面为小偏心受压破坏,ξ_b 值可由表3-2查得。

7.1.3 偏心受压构件的 N_u-M_u 相关曲线

偏心受压构件是轴心压力和弯矩共同作用的构件,对具有相同截面尺寸与配筋的钢筋混

凝土偏心受压构件,当轴向压力的偏心距 e_0 不同时,构件破坏截面会有不同的承载力 N_u 及相应的 M_u,这已经在相关的试验研究结果中得到证实。

对钢筋混凝土偏心受压构件(短柱)截面承载力进一步的计算分析可以得到图 7-10 中曲线 abc 所示的偏心受压构件正截面承载力 N_u 与相应的 M_u 之间的关系,简称为 N_u-M_u 相关曲线。

(1)在图 7-10 中,ab 段为大偏心受压时的 N_u-M_u 相关曲线,两者之间是二次函数关系,随着 N_u 的增大,M_u 也增大;bc 段为小偏心受压时的 N_u-M_u 相关曲线,两者之间也是二次函数关系,但是与大偏心受压不同,随着 N_u 的增大,M_u 却减小。

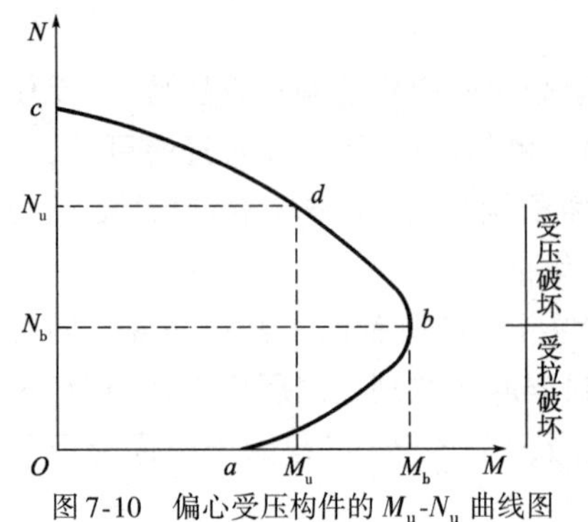

图 7-10　偏心受压构件的 M_u-N_u 曲线图

(2)图 7-10 中 N_u-M_u 相关曲线的 a 点,其纵坐标值 $N_u=0$,横坐标值 M_u 为受弯构件的正截面承载力;N_u-M_u 相关曲线的 c 点,其横坐标值 $M_u=0$,纵坐标值 N_u 为轴心受压构件的正截面承载力;N_u-M_u 相关曲线的 b 点是大偏心受压和小偏心受压的分界点,表示偏心受压构件界限破坏时的正截面承载力,这时 M_u 值最大。

(3)图 7-10 中 N_u-M_u 相关曲线上的任意一点 d 点的坐标就代表给定截面尺寸、材料强度及配筋的偏心受压构件正截面承载力 N_u 和相应的 M_u(或正截面承载力 M_u 和相应的 N_u)。当作用组合的效应设计值 N_d 和相应的 M_d 得到的坐标位于 N_u-M_u 相关曲线的外侧时,就表示构件的正截面承载力不满足。

7.2　偏心受压构件的纵向弯曲

钢筋混凝土受压构件在承受偏心力作用后,将产生纵向弯曲变形,即会产生侧向变形(变位)。对于长细比小的短柱,侧向挠度小,计算时一般可忽略其影响。而对长细比较大的长柱,由于侧向变形的影响,各截面所受的弯矩不再是 Ne_0,而变成 $N(e_0+y)$(图 7-11),其中 y 为构件任意一点的水平侧向变形。在柱高度中点处,侧向变形最大,截面上的弯矩为 $N(e_0+u)$。u 随着荷载的增大而不断加大,因而弯矩的增长也越来越快。**一般把偏心受压构件截面弯矩中的 Ne_0 称为初始弯矩或一阶弯矩(不考虑构件侧向变形时的弯矩),将 Nu 或 Ny 称为附加弯矩或二阶弯矩。**由于二阶弯矩的影响,将造成偏心受压构件不同的破坏类型。

7.2.1　偏心受压构件的破坏类型

钢筋混凝土偏心受压构件按长细比可分为短柱、长柱和细长柱。

1)短柱

偏心受压短柱中,虽然偏心力作用将产生一定的侧向变形,但其 u 值很小,一般可忽略不计。即可以不考虑二阶弯矩,各截面中的弯矩均可认为等于 Ne_0,弯矩 M 与轴向力 N 呈线性关系。

随着荷载的增大,当短柱达到极限承载力时,柱的截面由于材料达到其极限强度而破坏。在 M_u-N_u 曲线图中，从加载到破坏的路径为直线，当直线与截面承载力线相交于 B 点时就发生材料破坏，即图 7-12 中的 OB 直线。

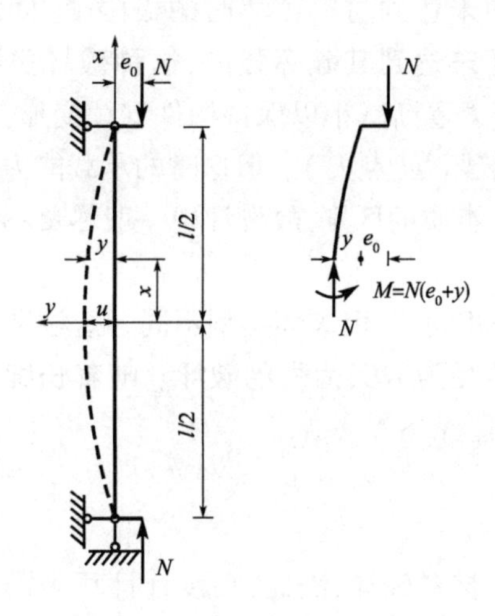

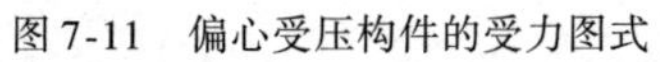

图 7-11　偏心受压构件的受力图式

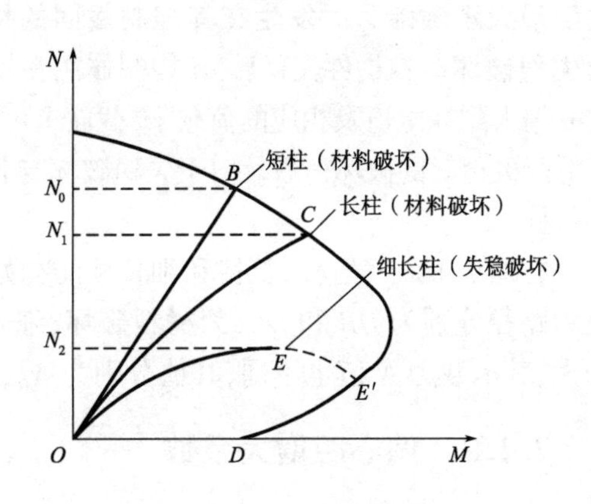

图 7-12　构件长细比的影响

2) 长柱

矩形截面柱，当 $5 < l_0/h \leq 30$ 时即为长柱。**长柱受偏心力作用时的侧向变形 u 较大，二阶弯矩影响已不可忽视**，因此，实际偏心距是随荷载的增大而非线性增加，**构件控制截面最终仍然是由于截面中材料达到其强度极限而破坏，属材料破坏**。图 7-13 为偏心受压长柱的试验结果，其截面尺寸、配筋与图 7-6 所示短柱相同，偏心距相近，但其长细比为 $l_0/h = 15.6$，最终破坏形态仍为小偏心受压，但偏心距已随 N 值的增加而变大。

偏心受压长柱在 M_u-N_u 相关图上从加载到破坏的受力路径为曲线，与截面承载能力曲线相交于 C 点而发生材料破坏，即图 7-12 中的 OC 曲线。

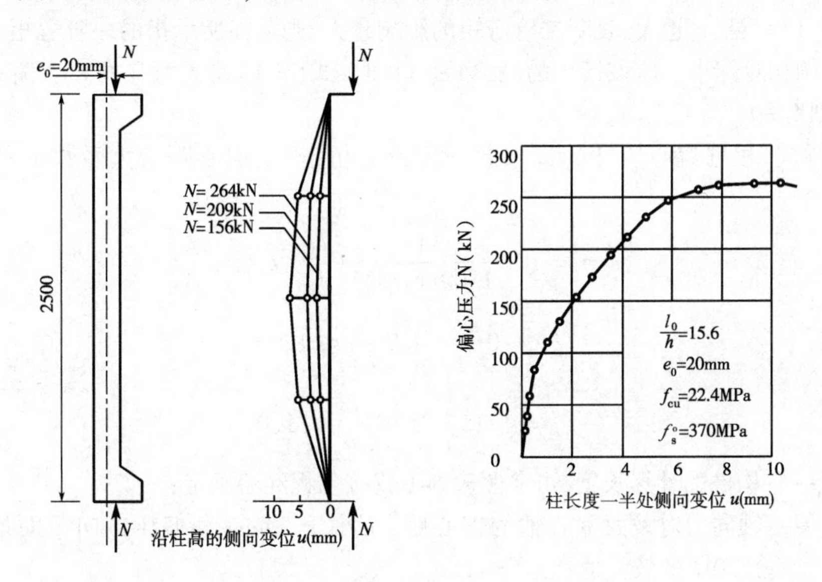

图 7-13　偏心受压长柱的试验与破坏(尺寸单位:mm)

3)细长柱

长细比很大的柱。当偏心压力 N 达到最大值时(图 7-12 中 E 点),侧向变形 u 突然剧增,此时,偏心受压构件截面上钢筋和混凝土的应变均未达到材料破坏时的极限值,即**压杆达到最大承载能力时发生在其控制截面的材料强度还未达到其破坏强度,这种破坏类型称为失稳破坏**。在构件失稳后,若控制作用在构件上的压力逐渐减小以保持构件继续变形,则随着 u 增大到一定值及相应的荷载下,截面也可达到材料破坏点(点 E')。但这时的承载能力已明显低于失稳时的破坏荷载。由于失稳破坏与材料破坏有本质的区别,故设计中一般尽量不采用细长柱。

在图 7-12 中,短柱、长柱和细长柱的初始偏心距是相同的,但破坏类型不同。**短柱和长柱**受力路径分别为 OB 和 OC,**为材料破坏;细长柱**受力路径为 OE,**为失稳破坏**。随着长细比的增大,其承载力 N 值也不同,其值分别为 N_0、N_1 和 N_2,且 $N_0 > N_1 > N_2$。

7.2.2 偏心距增大系数

实际工程中最常遇到的是长柱,由于其最终破坏是材料破坏,因此,在设计计算中需考虑由于构件侧向变形(变位)而引起的二阶弯矩的影响。

偏心受压构件控制截面的实际弯矩应为

$$M = N(e_0 + u) = N\frac{e_0 + u}{e_0}e_0$$

令

$$\eta = \frac{e_0 + u}{e_0} = 1 + \frac{u}{e_0} \tag{7-1}$$

则

$$M = N \cdot \eta e_0$$

式中,η 称为偏心受压构件考虑纵向挠曲影响(二阶效应)的轴向力偏心距增大系数。

由式(7-1)可见,η 越大,表明二阶弯矩的影响越大,则截面所承担的一阶弯矩 Ne_0 在总弯矩中所占比例相对越小。应该指出的是,当 $e_0 = 0$ 时,式(7-1)是无意义的。当偏心受压构件为短柱时,则 $\eta = 1$。

《公路桥规》根据偏心压杆的极限曲率理论分析,规定偏心距增大系数 η 的计算表达式为

$$\eta = 1 + \frac{1}{1300(e_0/h_0)}\left(\frac{l_0}{h}\right)^2\zeta_1\zeta_2 \tag{7-2}$$

$$\zeta_1 = 0.2 + 2.7\frac{e_0}{h_0} \leqslant 1.0 \tag{7-3a}$$

$$\zeta_2 = 1.15 - 0.01\frac{l_0}{h} \leqslant 1.0 \tag{7-3b}$$

上述式中:l_0——构件的计算长度,可参照表 6-1 或按工程经验确定;

e_0——轴向力对截面重心轴的偏心距,不小于 20mm 和偏压方向截面最大尺寸的 1/30中的较大值;

h_0——截面的有效高度,对圆形截面取 $h_0 = r + r_s$,其中 r 及 r_s 意义详见 7.5 节;

h——截面的高度，对圆形截面取 $h=d_1$，其中 d_1 为圆形截面直径；

ζ_1——荷载偏心率对截面曲率的影响系数；

ζ_2——构件长细比对截面曲率的影响系数。

《公路桥规》规定，计算偏心受压构件正截面承载力时，对长细比 $l_0/i>17.5$（i 为构件截面回转半径）的构件或长细比 l_0/h（矩形截面）>5、长细比 l_0/d_1（圆形截面）>4.4 的构件，应考虑构件在弯矩作用平面内的变形（变位）对轴向力偏心距的影响。此时，应将轴向力对截面重心轴的偏心距 e_0 乘以偏心距增大系数 η。

偏心受压构件的弯矩作用平面的意义见图7-14。应该指出的是，前述偏心受压构件的破坏类型及破坏形态，均指在弯矩作用平面的受力情况。

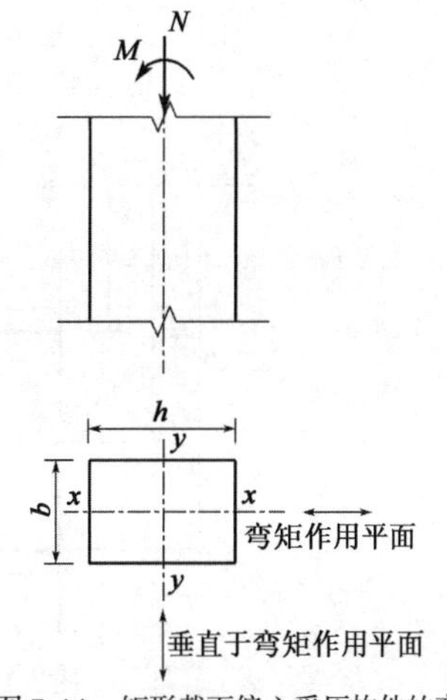

图7-14 矩形截面偏心受压构件的弯矩作用平面示意图

7.3 矩形截面偏心受压构件

钢筋混凝土矩形截面偏心受压构件是工程中应用最广泛的构件，其截面长边为 h，短边为 b。**在设计中，应该以长边方向的截面主轴面 x-x 为弯矩作用平面**（图7-14）。

矩形偏心受压构件的纵向钢筋一般集中布置在弯矩作用方向的截面两对边位置上，以 A_s 和 A'_s 来分别代表距离偏心压力较远一侧和较近一侧的钢筋面积。当 $A_s \neq A'_s$ 时，称为非对称布筋；当 $A_s=A'_s$ 时，称为对称布筋。

7.3.1 矩形截面偏心受压构件正截面承载力计算的基本公式

与受弯构件相似，偏心受压构件的正截面承载力计算采用下列基本假定：

(1) 截面应变分布符合平截面假定。

(2) 不考虑混凝土的抗拉强度。

(3) 受压混凝土的极限压应变 $\varepsilon_{cu}=0.003\sim0.0033$，详见3.3.2节。

(4) 混凝土的压应力图形为矩形，应力集度为 f_{cd}，矩形应力图的高度 x 等于按平截面假定的受压区高度 x_c 乘以系数 β，即 $x=\beta x_c$。

矩形截面偏心受压构件正截面承载力计算图式如图7-15所示。

对于矩形截面偏心受压构件，用 ηe_0 表示纵向弯曲的影响。只要是材料破坏类型，无论是大偏心受压破坏，还是小偏心受压破坏，受压区边缘混凝土都达到极限压应变，同一侧的受压钢筋 A'_s，一般都能达到抗压强度设计值 f'_{sd}，而对面一侧的钢筋 A_s 的应力，可能受拉（达到或未达到抗拉强度设计值 f_{sd}），也可能受压，故在图7-15中以 σ_s 表示 A_s 钢筋中的应力，从而可以建立一种包括大、小偏心受压情况的统一正截面承载力计算图式。

取沿构件纵轴方向的内外力之和为零，可得到

$$N_u=f_{cd}bx+f'_{sd}A'_s-\sigma_sA_s \tag{7-4}$$

由截面上所有对钢筋 A_s 合力点的力矩之和等于零，可得到

$$N_u e_s = f_{cd} bx(h_0 - \frac{x}{2}) + f'_{sd} A'_s (h_0 - a'_s) \tag{7-5}$$

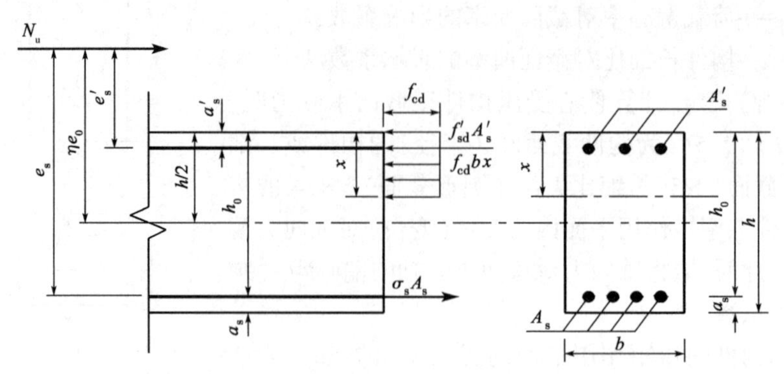

图 7-15　矩形截面偏心受压构件正截面承载力计算图式

由截面上所有力对钢筋 A'_s 合力点的力矩之和等于零,可得到

$$N_u e'_s = -f_{cd} bx(\frac{x}{2} - a'_s) + \sigma_s A_s (h_0 - a'_s) \tag{7-6}$$

由截面上所有力对 N_u 作用点力矩之和为零,可得到

$$f_{cd} bx(e_s - h_0 + \frac{x}{2}) = \sigma_s A_s e_s - f'_{sd} A'_s e'_s \tag{7-7}$$

式中:x——混凝土受压区高度;

e_s、e'_s——分别为偏心压力 N_u 作用点至钢筋 A_s 合力作用点和钢筋 A'_s 合力作用点的距离,计算公式为

$$e_s = \eta e_0 + h/2 - a_s \tag{7-8}$$

$$e'_s = \eta e_0 - h/2 + a'_s \tag{7-9}$$

e_0——轴向力对截面重心轴的偏心距,$e_0 = M_d / N_d$;

η——偏心距增大系数,按式(7-2)计算。

关于式(7-4)~式(7-7)的使用要求及有关说明如下。

(1)钢筋 A_s 的应力 σ_s 取值。

当 $\xi = x/h_0 \leq \xi_b$ 时,构件属于大偏心受压构件,取 $\sigma_s = f_{sd}$。

当 $\xi = x/h_0 > \xi_b$ 时,构件属于小偏心受压构件,σ_s 应按式(7-10)计算,但应满足 $-f'_{sd} \leq \sigma_{si} \leq f_{sd}$,其中 σ_{si} 为

$$\sigma_{si} = \varepsilon_{cu} E_s (\frac{\beta h_{0i}}{x} - 1) \tag{7-10}$$

式中:σ_{si}——第 i 层普通钢筋的应力,按公式计算,正值表示拉应力;

E_s——受拉钢筋的弹性模量;

h_{0i}——第 i 层普通钢筋截面重心至受压较大边边缘的距离;

x——截面受压区高度。

ε_{cu} 和 β 值可按表 3-1 取用,截面相对界限受压区高度 ξ_b 值见表 3-2。

(2)为了保证构件破坏时,大偏心受压构件截面上的受压钢筋能达到抗压强度设计值 f'_{sd},必须满足

$$x \geqslant 2a'_s \tag{7-11}$$

当 $x < 2a'_s$ 时，受压钢筋 A'_s 的应力可能达不到 f'_{sd}。与双筋截面受弯构件类似，这时近似取 $x = 2a'_s$，截面应力分布如图 7-16 所示。受压区混凝土所承担的压力作用位置与受压钢筋承担的压力 $f'_{sd}A'_s$ 作用位置重合。由截面受力平衡条件（对受压钢筋 A'_s 合力点的力矩之和为零）可写出

$$N_u e'_s = f_{sd} A_s (h_0 - a'_s) \tag{7-12}$$

（3）当偏心轴向力作用的偏心距很小时，即小偏心受压情况下，全截面受压。若靠近偏心压力一侧的纵向钢筋 A'_s 配置较多，而远离偏心压力一侧的纵向钢筋 A_s 配置较少时，钢筋 A_s 的应力可能达到受压屈服强度，距离偏心受力较远一侧的混凝土也有可能压坏，这时的截面应力分布如图 7-17 所示。为使钢筋 A_s 数量不致过少，防止出现如图 7-8c）所示的破坏，《公路桥规》规定：对于小偏心受压构件，若偏心轴向力作用于钢筋 A_s 合力点和 A'_s 合力点之间时（满足 $\eta e_0 < h/2 - a'_s$），尚应符合下列条件

$$N_u e' \leqslant f_{cd} bh\left(h'_0 - \frac{h}{2}\right) + f'_{sd} A_s (h'_0 - a_s) \tag{7-13}$$

式中：h'_0——纵向钢筋 A'_s 合力点距离偏心压力较远一侧边缘的距离，即 $h'_0 = h - a'_s$（图 7-17）；

e'——按 $e' = h/2 - e_0 - a'_s$ 计算。

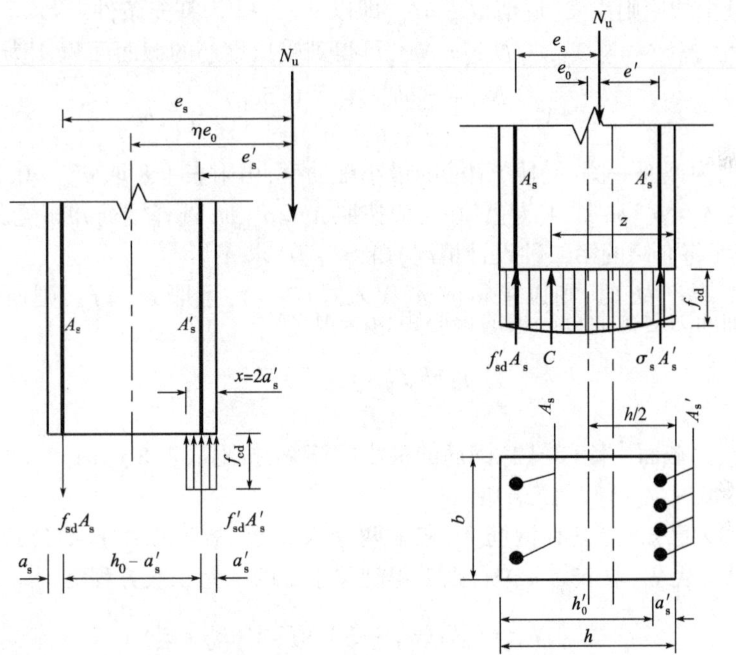

图 7-16 当 $x < 2a'_s$ 时，大偏心受压截面计算图式　　图 7-17 偏心距很小时截面计算图式

7.3.2 矩形截面偏心受压构件非对称配筋的计算方法

1）截面设计

（1）大、小偏心受压的初步判别

在进行偏心受压构件的截面设计时，通常已知轴向力设计值 N_d 和相应的弯矩设计值 M_d 或偏心距 e_0、材料强度等级、截面尺寸 $b \times h$，以及弯矩作用平面内构件的计算长度，要求确定

纵向钢筋数量。

首先需要判别构件截面应该按照哪一种偏心受压情况来设计。

如前所述,当 $\xi = x/h_0 \leqslant \xi_b$ 时为大偏心受压,当 $\xi = x/h_0 > \xi_b$ 时为小偏心受压。但是,现在纵向钢筋数量未知,ξ 值尚无法计算,故还不能利用上述条件直接进行判定。

在偏心受压构件截面设计时,可采用下述方法来**初步判定大、小偏心受压**:

当 $\eta e_0 \leqslant 0.3h_0$ 时,可先按小偏心受压构件进行设计计算;当 $\eta e_0 > 0.3h_0$ 时,则可按大偏心受压构件进行设计计算。

这种初步判定的方法,是对于常用混凝土强度、常用热轧钢筋级别的偏心受压在界限破坏形态计算图式的基础上进行计算分析及简化得到的近似方法,仅适用于矩形偏心受压构件截面设计时初步判断大小偏心。

(2)当 $\eta e_0 > 0.3h_0$ 时,可以按照大偏心受压构件来进行设计。

①第一种情况:A_s 和 A'_s 均未知

根据偏心受压构件计算的基本公式,独立公式为式(7-4)、式(7-5)或式(7-6),即仅有两个独立公式。但未知数却有三个,即 A'_s、A_s 和 x(或 ξ),不能求得唯一的解,必须补充设计条件。

与双筋矩形截面受弯构件截面设计相仿,从充分利用混凝土的抗压强度、使受拉和受压钢筋的总用量最少的原则出发,近似取 $\xi = \xi_b$,即以 $x = \xi_b h_0$ 为补充条件。

由式(7-5),令 $N = \gamma_0 N_d$,取 $N_u e_s = Ne_s$,可得到受压钢筋的截面面积 A'_s 为

$$A'_s = \frac{Ne_s - f_{cd} b h_0^2 \xi_b (1 - 0.5\xi_b)}{f'_{sd}(h_0 - a'_s)} \geqslant \rho'_{min} bh \tag{7-14}$$

式中,ρ'_{min} 为截面一侧(受压)钢筋的最小配筋率,由附表 1-8 取 $\rho'_{min} = 0.2\% = 0.002$。

当计算的 $A'_s < \rho'_{min} bh$ 或 A'_s 为负值时,应按照 $A'_s \geqslant \rho'_{min} bh$ 选择钢筋并布置 A'_s,然后按 A'_s 为已知的情况(后面将介绍的第二种设计情况)继续计算,求 A_s。

当计算 $A'_s \geqslant \rho'_{min} bh$ 时,则以求得的 A'_s 代入式(7-4),且取 $\sigma_s = f_{sd}$,则所需要的钢筋面积 A_s 为

$$A_s = \frac{f_{cd} b h_0 \xi_b + f'_{sd} A'_s - N}{f_{sd}} \geqslant \rho_{min} bh \tag{7-15}$$

式中,ρ_{min} 为截面一侧(受拉)钢筋的最小配筋率,按附表 1-8 选用。

②第二种情况:A'_s 已知,A_s 未知

当钢筋 A'_s 为已知时,只有钢筋 A_s 和 x 两个未知数,故可以用基本公式来直接求解。由式(7-5),令 $N = \gamma_0 N_d$,取 $N_u e_s = Ne_s$,则可得到关于 x 的一元二次方程为

$$Ne_s = f_{cd} bx\left(h_0 - \frac{x}{2}\right) + f'_{sd} A'_s (h_0 - a'_s)$$

解此方程,可得到受压区高度为

$$x = h_0 - \sqrt{h_0^2 - \frac{2[Ne_s - f'_{sd} A'_s (h_0 - a'_s)]}{f_{cd} b}} \tag{7-16}$$

当计算的 x 满足 $2a'_s \leqslant x \leqslant \xi_b h_0$ 时,则由式(7-4),取 $\sigma_s = f_{sd}$,可得到受拉区所需钢筋数量 A_s 为

$$A_s = \frac{f_{cd} bx + f'_{sd} A'_s - N}{f_{sd}} \tag{7-17}$$

当计算的 x 满足 $x \leq \xi_b h_0$，但 $x < 2a'_s$ 时，则按式(7-12)计算得到所需的受拉钢筋数量 A_s。令 $N_u e'_s = Ne'_s$，可求得

$$A_s = \frac{Ne'_s}{f_{sd}(h_0 - a'_s)} \tag{7-18}$$

$$N = \gamma_0 N_d$$

(3)当 $\eta e_0 \leq 0.3h_0$ 时，可按照小偏心受压进行设计计算。

①第一种情况：A'_s 与 A_s 均未知

要利用基本公式进行计算，只有两个独立的基本公式，而存在 A_s、A'_s 和 x 三个未知数的情况，不能得到唯一的解。这时，和解决大偏压构件截面设计方法的思路一样，必须补充条件以便求解。

试验表明，对于小偏心受压的一般情况，即图7-8a)、b)所示的受力情况，远离偏心压力一侧的纵向钢筋无论受拉还是受压，其应力一般均未达到屈服强度，显然，A_s 可取等于受压构件截面一侧钢筋的最小配筋量，由附表1-8可得 $A_s = \rho'_{min} bh = 0.002bh$。

按照 $A_s = 0.002bh$ 这个补充条件，剩下两个未知数 x 与 A'_s，则可利用基本公式来进行设计计算。

首先，应该计算受压区高度 x 的值。令 $N = \gamma_0 N_d$，由式(7-6)和式(7-10)可得到以 x 为未知数的方程为

$$Ne'_s = -f_{cd} bx\left(\frac{x}{2} - a'_s\right) + \sigma_s A_s (h_0 - a'_s) \tag{7-19}$$

以及 $\sigma_s = \varepsilon_{cu} E_s \left(\frac{\beta h_0}{x} - 1\right)$，可得到关于 x 的一元三次方程为

$$Ax^3 + Bx^2 + Cx + D = 0 \tag{7-20}$$

$$A = -0.5f_{cd} b \tag{7-21a}$$

$$B = f_{cd} ba'_s \tag{7-21b}$$

$$C = \varepsilon_{cu} E_s A_s (a'_s - h_0) - Ne'_s \tag{7-21c}$$

$$D = \beta \varepsilon_{cu} E_s A_s (h_0 - a'_s) h_0 \tag{7-21d}$$

式中，$e'_s = \eta e_0 - h/2 + a'_s$。由式(7-20)求得 x 值后，即可得到相应的相对受压区高度 $\xi = x/h_0$。

当 $h/h_0 > \xi > \xi_b$ 时，截面为部分受压、部分受拉，这时以 $\xi = x/h_0$ 代入式(7-10)求得钢筋面积 A_s 中的应力值 σ_s。再将钢筋面积 A_s、钢筋应力计算值 σ_s 以及 x 值代入式(7-4)中，即可得所需钢筋面积 A'_s 且应满足 $A'_s \geq \rho'_{min} bh$。

当 $\xi \geq h/h_0$ 时，截面为全截面受压，受压混凝土应力图形渐趋丰满，但实际受压区最多也只能为截面高度 h。所以，在这种情况下，可近似取 $x = h$，则钢筋面积 A'_s 计算式为

$$A'_s = \frac{Ne_s - f_{cd} bh(h_0 - h/2)}{f'_{sd}(h_0 - a'_s)} \geq \rho'_{min} bh$$

上述按照小偏心受压构件进行的截面设计计算中，必须先求解 x 的一元三次方程[式(7-20)]，计算工作麻烦，主要是由钢筋 A_s 中应力 σ_s 的计算式为 ξ 的双曲线函数造成的。

下面介绍用经验公式来计算钢筋应力 σ_s 及求解截面混凝土受压区高度 x 的方法。

根据我国关于小偏心受压构件大量试验资料分析并且考虑边界条件：当 $\xi = \xi_b$ 时，$\sigma_s = f_{sd}$；当 $\xi = \beta$ 时，$\sigma_s = 0$，依此可以将式(7-10)转化为近似的线性关系式

$$\sigma_s = \frac{f_{sd}}{\xi_b - \beta}(\xi - \beta) \qquad (-f'_{sd} \leqslant \sigma_s \leqslant f_{sd}) \tag{7-22}$$

以式(7-22)代入式(7-6)可得到关于 x 的一元二次方程为

$$Ax^2 + Bx + C = 0 \tag{7-23}$$

方程中的各系数计算表达式为

$$A = -0.5f_{cd}bh_0 \tag{7-24a}$$

$$B = \frac{h_0 - a'_s}{\xi_b - \beta}f_{sd}A_s + f_{cd}bh_0a'_s \tag{7-24b}$$

$$C = -\beta\frac{h_0 - a'_s}{\xi_b - \beta}f_{sd}A_sh_0 - Ne'_sh_0 \tag{7-24c}$$

$$N = \gamma_0N_d$$

由于式(7-22)中钢筋应力 σ_s 与 ξ 的关系近似为线性关系,因而,利用式(7-23)来求近似解 x,就避免了按式(7-20)来解 x 的一元三次方程的麻烦。这种近似方法适用于构件混凝土强度等级为C50以下的普通强度混凝土情况。

②第二种情况:A'_s已知,A_s 未知

这时,欲求解的未知数(x 和 A_s)个数与独立基本公式数目相同,故可以直接求解。

由式(7-5)求截面受压区高度 x,并得到截面相对受压区高度 $\xi = x/h_0$。当 $h/h_0 > \xi > \xi_b$ 时,截面部分受压、部分受拉。

以计算得到的 ξ 值代入式(7-10),求得钢筋 A_s 的应力 σ_s。由式(7-4)计算得到所需钢筋 A_{s1} 的数量。

当 $\xi \geqslant h/h_0$ 时,则全截面受压。用计算的 ξ 值代入式(7-10),求得钢筋 A_s 的应力 σ_s,再以 $\xi = \frac{h}{h_0}$ 代入式(7-4)可求得钢筋面积 A_{s1}。

小偏心受压时,若偏心轴向力作用于钢筋 A_s 合力点和 A'_s合力点之间,这时,$\eta e_0 < h/2 - a'_s$,钢筋数量 A_s 还应当满足式(7-13)的要求。变换式(7-13)可得到

$$A_s \geqslant \frac{Ne' - f_{cd}bh(h'_0 - \frac{h}{2})}{f'_{sd}(h'_0 - a_s)} \tag{7-25}$$

式中各符号意义见式(7-13),而 $N = \gamma_0N_d$。

由式(7-25)可求得截面需要钢筋一侧的钢筋数量 A_{s2}。而设计所采用的钢筋面积 A_s 应取上述计算值 A_{s1} 和 A_{s2} 中的较大值,以防止出现远离偏心压力作用点的一侧混凝土边缘先破坏的情况。

2)截面复核

进行截面复核,必须已知偏心受压构件截面尺寸、构件的计算长度、纵向钢筋和混凝土强度设计值、钢筋面积 A_s 和 A'_s以及在截面上的布置,并已知轴向力设计值 N_d 和相应的弯矩设计值 M_d,然后复核偏心压杆截面是否能承受已知的作用组合效应的设计值。

偏心受压构件需要进行截面在两个方向上的承载力复核,即弯矩作用平面内和垂直于弯矩作用平面的截面承载力复核。

(1)弯矩作用平面内截面承载力复核

①大、小偏心受压的判别

进行偏心受压构件截面设计时,采用 ηe_0 与 $0.3h_0$ 之间的关系来选择按何种偏心受压情

况进行配筋设计,这是一种近似和初步的判定方法,并不一定能确认是大偏心受压还是小偏心受压。判定偏心受压构件是大偏心受压还是小偏心受压的充要条件是 ξ 与 ξ_b 之间的关系。**即当 $\xi \leqslant \xi_b$ 时,为大偏心受压;当 $\xi > \xi_b$ 时,为小偏心受压。在截面承载力复核中,因截面的钢筋布置已定,故必须采用这个充要条件来判定偏心受压的性质。**

进行截面承载力复核时,可先假设为大偏心受压。这时,钢筋 A_s 中的应力 $\sigma_s = f_{sd}$,代入式(7-7),即

$$f_{cd}bx(e_s - h_0 + \frac{x}{2}) = f_{sd}A_se_s - f'_{sd}A'_se'_s \tag{7-26}$$

解得受压区高度 x,再由 x 求得 $\xi = \frac{x}{h_0}$。当 $\xi \leqslant \xi_b$ 时,为大偏心受压;当 $\xi > \xi_b$ 时,为小偏心受压。

②当 $\xi \leqslant \xi_b$ 时

若 $2a'_s \leqslant x \leqslant \xi_b h_0$,则由式(7-26)计算得到的 x 即为大偏心受压构件截面受压区高度,然后按式(7-4)进行截面承载力复核。

若 $2a'_s > x$,则由式(7-12)求截面承载力 N_u。

③当 $\xi > \xi_b$ 时

此时为小偏心受压构件。这时,截面受压区高度 x 不能由式(7-26)来确定,因为在小偏心受压情况下,距离偏心压力较远一侧钢筋 A_s 中的应力往往达不到屈服强度。

这时,要联合使用式(7-7)和式(7-10)来确定小偏心受压构件截面受压区高度 x,即

$$f_{cd}bx(e_s - h_0 + \frac{x}{2}) = \sigma_sA_se_s - f'_{sd}A'_se'_s$$

及 $\sigma_s = \varepsilon_{cu}E_s(\frac{\beta h_0}{x} - 1)$,可得到 x 的一元三次方程为

$$Ax^3 + Bx^2 + Cx + D = 0 \tag{7-27}$$

式(7-27)中各系数计算表达式为

$$A = 0.5f_{cd}b \tag{7-28a}$$

$$B = f_{cd}b(e_s - h_0) \tag{7-28b}$$

$$C = \varepsilon_{cu}E_sA_se_s + f'_{sd}A'_se'_s \tag{7-28c}$$

$$D = -\beta\varepsilon_{cu}E_sA_se_sh_0 \tag{2-28d}$$

其中,$e'_s = \eta e_0 - h/2 + a'_s$。

若钢筋 A_s 中的应力 σ_s 采用 ξ 的线性表达,即式(7-22),则可得到关于 x 的一元二次方程为

$$Ax^2 + Bx + C = 0 \tag{7-29}$$

式(7-29)中各系数计算表达式为

$$A = 0.5f_{cd}bh_0 \tag{7-30a}$$

$$B = f_{cd}bh_0(e_s - h_0) - \frac{f_{sd}A_se_s}{\xi_b - \beta} \tag{7-30b}$$

$$C = (\frac{\beta f_{sd}A_se_s}{\xi_b - \beta} + f'_{sd}A'_se'_s)h_0 \tag{7-30c}$$

由式(7-27)或式(7-29),可得到小偏心受压构件截面受压区高度 x 及相应的 ξ 值。

当 $h/h_0 > \xi > \xi_b$ 时,截面部分受压,部分受拉。将计算的 ξ 值代入式(7-10)或式(7-22),可求得钢筋 A_s 的应力 σ_s 值。然后,按照基本公式(7-4),求截面承载力 N_{u1} 并且复核截面承载力。

当 $\xi > h/h_0$ 时,截面全部受压。这种情况下,偏心距较小。首先考虑靠近纵向压力作用点一侧的截面边缘混凝土破坏,取计算的 ξ 值代入式(7-10)或式(7-22)中,求得钢筋 A_s 中的应力 σ_s,然后由式(7-4)求得截面承载力 N_{u1}。

若偏心轴向力作用于钢筋 A_s 合力点和 A'_s 合力点之间,则应由式(7-13)求得截面承载力 N_{u2}。

构件承载力 N_u 应取 N_{u1} 和 N_{u2} 中较小值,其意义为既然截面破坏有这种可能性,则截面承载力也可能由其决定。

(2)垂直于弯矩作用平面的截面承载力复核

偏心受压构件,除了在弯矩作用平面内可能发生破坏外,还可能在垂直于弯矩作用平面内发生破坏,例如设计轴向压力 N_d 较大而在弯矩作用平面内偏心距较小时。垂直于弯矩作用平面的构件长细比 $\lambda = l_0/b$ 较大时,有可能是垂直于弯矩作用平面的承载力起控制作用。因此,当偏心受压构件在两个方向的截面尺寸 b、h 及长细比 λ 值不同时,应对垂直于弯矩作用平面进行承载力复核。

《公路桥规》规定,对于偏心受压构件除应计算弯矩作用平面内的承载力外,还应按轴心受压构件复核垂直于弯矩作用平面的承载力。这时不考虑弯矩作用,而按轴心受压构件考虑稳定系数 φ,并取 b(图 7-14)来计算相应的长细比。

7.3.3 矩形截面偏心受压构件的构造要求

矩形偏心受压构件的构造要求及其基本原则,与配有纵向钢筋及普通箍筋的轴心受压构件相仿,轴心受压构件对箍筋直径、间距的构造要求,也适用于偏心受压构件。

1)截面尺寸

矩形截面的最小尺寸不宜小于 300mm,同时截面的长边 h 与短边 b 的比值常选用 $h/b = 1.5 \sim 3$。为了模板尺寸的模数化,边长宜采用 50mm 的倍数。

矩形截面的长边应设在弯矩作用方向。

2)纵向钢筋的配筋率

矩形截面偏心受压构件的纵向受力钢筋沿截面短边 b 配置,截面全部纵向钢筋和一侧钢筋的最小配筋率 $\rho_{min}(\%)$ 见附表 1-8。

纵向受力钢筋的常用筋配筋率(全部钢筋截面面积与构件截面面积之比),对大偏心受压构件宜为 $\rho = 1\% \sim 3\%$;对小偏心受压宜为 $\rho = 0.5\% \sim 2\%$。

当截面长边 $h \geqslant 600$mm 时,应在长边 h 方向设置直径为 10 ~ 16mm 的纵向构造钢筋,必要时相应地设置附加箍筋或复合箍筋,以保持钢筋骨架刚度(图 7-18)。复合筋设置的构造要求详见 6.1.4 节。

例 7-1 钢筋混凝土偏心受压构件,截面尺寸为 $b \times h = 300\text{mm} \times 400\text{mm}$,两个方向(弯矩作用方向和垂直于弯矩作用方向)的计算长度均为 $l_0 = 4$m;轴向力设计值 $N_d = 212$kN,相应弯矩设计值 $M_d = 135$kN·m;C30 混凝土,纵向钢筋为 HRB400 级钢筋。Ⅰ类环境条件,设计使用年限 50 年,安全等级为二级,试选择钢筋,并进行截面复核。

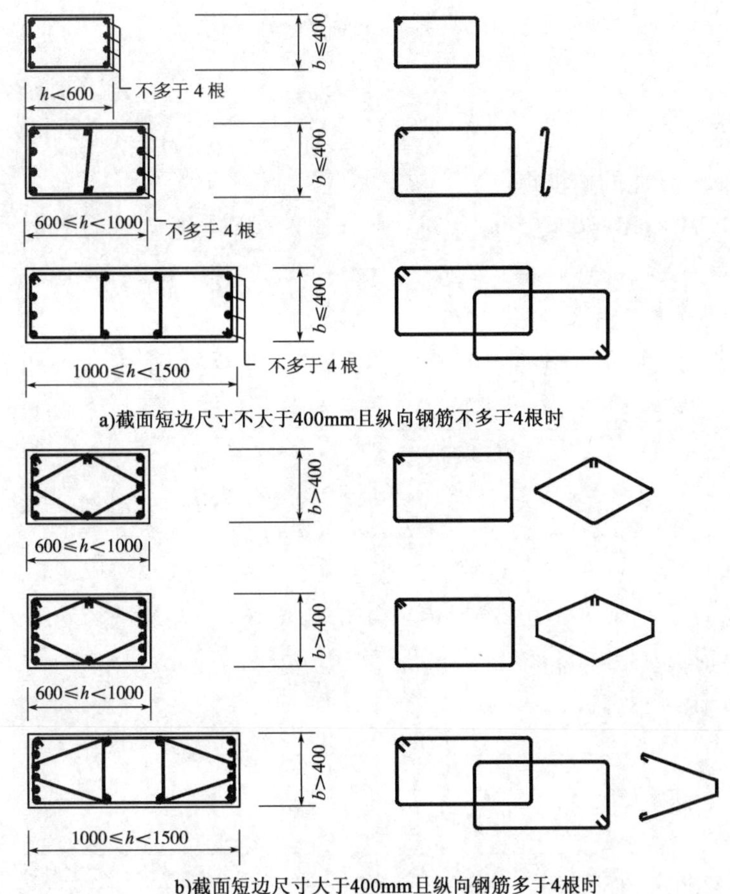

图7-18　矩形偏心受压构件的箍筋布置形式(尺寸单位:mm)

解:$f_{cd}=13.8\text{MPa}$,$f_{sd}=f'_{sd}=330\text{MPa}$,$\xi_b=0.53$,$\gamma_0=1.0$。

(1)截面设计

因偏心受压构件弯矩作用平面内的长细比 $l_0/h=4000/400=10>5$,故应进行偏心距增大系数 η 的计算。

按照式(7-2)的要求,本例计算的偏心距 e_0 值应大于 $\max\{20\text{mm},h/30=400/30=13.3(\text{mm})\}$。现已知轴向力计算值 $N=212\text{kN}$、弯矩计算值 $M=135\text{kN}\cdot\text{m}$,则计算的偏心距 $e_0=M/N=(135\times10^6)/(212\times10^3)=637(\text{mm})$,满足要求,可以按式(7-2)进行偏心距增大系数 η 的计算。

由已知的环境类别等查附表1-7得到混凝土保护层最小厚度 $c_{min}=20\text{mm}$,构件截面一侧纵向钢筋拟按一层布设,故假设 $a_s=a'_s=c_{min}+20=40(\text{mm})$,则截面有效高度 $h_0=h-a_s=400-40=360(\text{mm})$,影响系数 ζ_1 和 ζ_2 分别为

$$\zeta_1=0.2+2.7\frac{e_0}{h_0}=0.2+2.7\times\frac{637}{360}=4.98>1,取\xi_1=1.0$$

$$\zeta_2=1.15-0.01\frac{l_0}{h}=1.15-0.010\times10=1.05>1,取\xi_2=1.0$$

则由式(7-2)计算得到偏心距增大系数 η 值为

$$\eta=1+\frac{1}{1300(e_0/h_0)}\left(\frac{l_0}{h}\right)^2\zeta_1\zeta_2=1+\frac{1}{1300\times\frac{637}{360}}\times10^2=1.04$$

①大、小偏心受压的初步判定

因 $\eta e_0=1.04\times637=662(\mathrm{mm})>0.3h_0[=0.3\times360=108(\mathrm{mm})]$,故可先按大偏心受压情况进行设计,这时 $e_s=\eta e_0+h/2-a_s=662+400/2-40=822(\mathrm{mm})$。

②计算所需的纵向钢筋面积

属于大偏心受压求钢筋 A_s 和 A_s' 的情况。取 $\xi=\xi_b=0.53$,由式(7-14)可得到

$$\begin{aligned}A_s'&=\frac{Ne_s-\xi_b(1-0.5\xi_b)f_{cd}bh_0^2}{f'_{sd}(h_0-a_s')}\\&=\frac{212\times10^3\times822-0.53\times(1-0.5\times0.53)\times13.8\times300\times360^2}{330\times(360-40)}\\&=-329(\mathrm{mm}^2)\end{aligned}$$

取 $A_s'=\rho'_{\min}bh=0.002bh=0.002\times300\times400=240(\mathrm{mm}^2)$。现选择受压钢筋为 3 ⌀ 12,则实际受压钢筋面积 $A_s'=339\ \mathrm{mm}^2$,$a_s'=40\mathrm{mm}$,$\rho'=0.28\%>0.2\%$。由式(7-16)可得到截面受压区高度 x 值为

$$\begin{aligned}x&=h_0-\sqrt{h_0^2-\frac{2[Ne_s-f'_{sd}A_s'(h_0-a_s')]}{f_{cd}b}}\\&=360-\sqrt{360^2-\frac{2\times[212\times10^3\times822-330\times339\times(360-40)]}{13.8\times300}}\\&=110\mathrm{mm}\begin{cases}<\xi_bh_0[=0.53\times360=191(\mathrm{mm})]\\>2a_s'[=2\times40=80(\mathrm{mm})]\end{cases}\end{aligned}$$

取 $\sigma_s=f_{sd}$ 并代入式(7-17)可得到

$$\begin{aligned}A_s&=\frac{f_{cd}bx+f'_{sd}A_s'-N}{f_{sd}}\\&=\frac{13.8\times300\times110+330\times339-212\times10^3}{330}\\&=1077(\mathrm{mm}^2)>\rho_{\min}bh[=0.002\times300\times400=240(\mathrm{mm}^2)]\end{aligned}$$

现选受拉钢筋为 3 ⌀ 22,$A_s=1140\ \mathrm{mm}^2$,$\rho=0.95\%>0.2\%$。$\rho+\rho'=1.23\%>0.5\%$。设计的纵向钢筋沿截面短边 b 方向布置一排(图 7-19),截面布置中取 $a_s=a_s'=45\mathrm{mm}$,拟取普通箍筋(HPB300)直径 8mm,箍筋的混凝土保护层厚度为 $45-25.1/2-8=24(\mathrm{mm})$,满足规范要求。由图 7-19 可得到截面纵向钢筋的最小净距为 $105-25.1\approx80(\mathrm{mm})>50\mathrm{mm}$,且 $<350\mathrm{mm}$,也满足要求。

(2)截面复核

①垂直于弯矩作用平面的截面复核

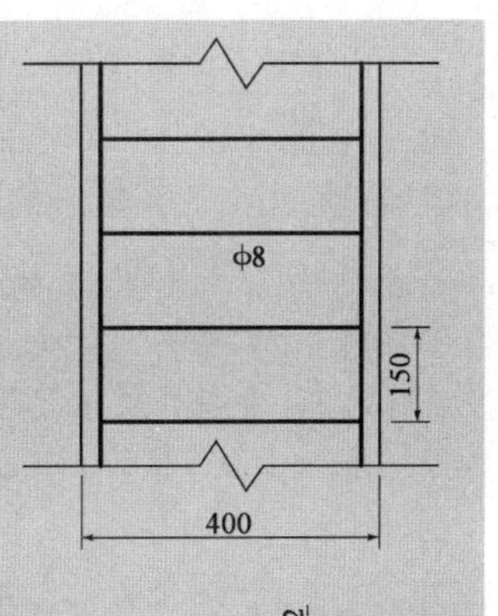

因为长细比$l_0/b=4000/300=13>8$，故由附表1-9可查得$\varphi=0.935$，则

$$N_u=0.9\varphi[f_{cd}bh+f'_{sd}(A_s+A'_s)]$$
$$=0.9\times0.935\times[13.8\times300\times400+330\times(1140+339)]$$
$$=1804.23\times10^3(\text{N})$$
$$=1804.23\text{kN}>N(=212\text{kN})$$

满足承载力要求。

②弯矩作用平面的截面复核

截面实际有效高度$h_0=400-45=355(\text{mm})$，计算得$\eta=1.04$。$\eta e_0=662\text{mm}$，则

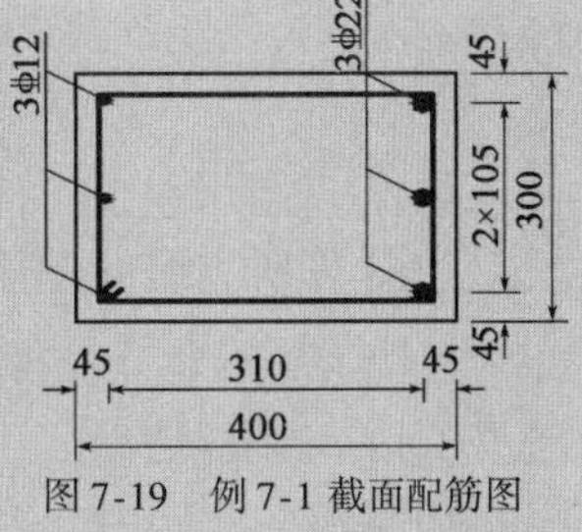

图7-19　例7-1截面配筋图（尺寸单位：mm）

$$e_s=\eta e_0+\frac{h}{2}-a_s=662+\frac{400}{2}-45=817(\text{mm})$$

$$e'_s=\eta e_0-\frac{h}{2}+a'_s=662-\frac{400}{2}+45=507(\text{mm})$$

假定为大偏心受压，即取$\sigma_s=f_{sd}$，由式(7-26)可解得截面受压区高度x为

$$x=(h_0-e_s)+\sqrt{(h_0-e_s)^2+2\frac{f_{sd}A_se_s-f'_{sd}A'_se'_s}{f_{cd}b}}$$

$$=(355-817)+\sqrt{(355-817)^2+2\times\frac{330\times1140\times817-330\times339\times507}{13.8\times300}}$$

$$=116.4(\text{mm})\begin{cases}<\xi_bh_0[=0.53\times355=188.2(\text{mm})]\\>2a'_s[=2\times45=90(\text{mm})]\end{cases}$$

计算表明为大偏心受压。由式(7-4)可得截面承载力为

$$N_u=f_{cd}bx+f'_{sd}A'_s-\sigma_sA_s$$
$$=13.8\times300\times116.4+330\times339-330\times1140$$
$$=217.57\times10^3(\text{N})=215.57\text{kN}>N(=212\text{kN})$$

经截面复核，确认图7-19的截面设计，箍筋采用ф8，间距按照普通箍筋柱构造要求选用。

例7-2　钢筋混凝土偏心受压构件截面尺寸$b\times h=400\text{mm}\times500\text{mm}$，轴向压力计算值为$N=200\text{kN}$，弯矩计算值为$M=120\text{kN}\cdot\text{m}$；弯矩作用方向的计算长度$l_{0y}=4\text{m}$，垂直于弯矩作用方向的计算长度$l_{0x}=5.71\text{m}$；Ⅰ类环境条件，设计使用年限100年；截面受压区已配置4ф22（图7-20），$A'_s=1520\text{ mm}^2$；采用C30混凝土现浇构件，纵向钢筋为HRB400级，试进行配筋计算，并复核偏心受压构件截面承载能力。

解：$f_{cd}=13.8\text{MPa}$，$f_{sd}=f'_{sd}=330\text{MPa}$，$\xi_b=0.53$，$\gamma_0=1.0$。

(1)截面设计

因偏心受压构件弯矩作用平面内的长细比$l_0/h=4000/500=8>5$，故应进行偏心距增大系数η的计算。

由轴向力计算值 $N=200\text{kN}$、弯矩计算值 $M=120\text{kN}\cdot\text{m}$，计算得到偏心距 $e_0=M/N=(120\times10^6)/(200\times10^3)=600(\text{mm})$，大于 $\max\{20\text{mm}, h/30=500/30=17(\text{mm})\}$，故可按式(7-2)进行偏心距增大系数 η 的计算。

由图 7-20 可知 $a_s'=45\text{mm}$，现取 $a_s=45\text{mm}$，则 $h_0=h-a_s=500-45=455(\text{mm})$，由式(7-2)计算得 $\eta=1.037$。

①大、小偏心受压的初步判定

$\eta e_0=1.037\times600=622(\text{mm})>0.3h_0[=0.3\times455=137(\text{mm})]$，故可先按大偏心受压构件进行设计计算。

$$e_s=\eta e_0+\frac{h}{2}-a_s=622+\frac{500}{2}-45=827(\text{mm})$$

$$e_s'=\eta e_0-\frac{h}{2}+a_s'=622-\frac{500}{2}+45=417(\text{mm})$$

②计算所需纵向钢筋 A_s 的面积

由式(7-16)，计算得到受压区高度 $x=-15.8\text{mm}$。计算的受压区高度 x 为负值，可以认为是 $x<2a_s'$ 的情况。由式(7-18)可得到

$$A_s=\frac{Ne_s'}{f_{sd}(h_0-a_s')}=\frac{200\times10^3\times417}{330\times(455-45)}=616\ (\text{mm}^2)$$

由此，现选择 3 Φ 18，$A_s=763\ \text{mm}^2>\rho_{\min}bh[=0.002\times400\times500=400(\text{mm}^2)]$，截面的钢筋布置见图 7-21。经检查，纵筋间距符合构造要求，$a_s=45\text{mm}$，$a_s'=45\text{mm}$。而 $\rho+\rho'=(1520+763)/(400\times500)=1.14\%>0.5\%$，满足要求。

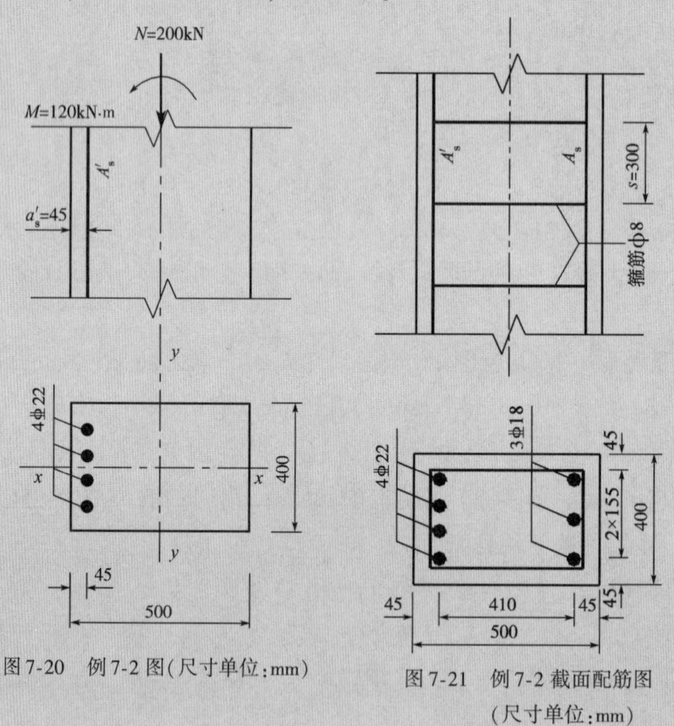

图 7-20　例 7-2 图(尺寸单位：mm)

图 7-21　例 7-2 截面配筋图(尺寸单位：mm)

(2)截面复核

①垂直于弯矩作用平面内的截面复核

构件在垂直于弯矩作用方向上的长细比$l_0/b=5710/400=14.3$,查附表1-9得到$\varphi=0.91$,则可得到

$$\begin{aligned}N_u&=0.9\varphi[f_{cd}bh+f'_{sd}(A_s+A'_s)]\\&=0.9\times0.91\times[13.8\times400\times500+330\times(763+1520)]\\&=2877.47\times10^3(\mathrm{N})\\&=2877.47\mathrm{kN}>N(=200\mathrm{kN})\end{aligned}$$

满足要求。

②弯矩作用平面内的截面复核

由图7-21可知,$a_s=45\mathrm{mm}$,$a'_s=45\mathrm{mm}$,$A_s=763\mathrm{mm}^2$,$A'_s=1520\mathrm{mm}^2$,$h_0=455\mathrm{mm}$,计算得到$\eta=1.037$,$\eta e_0=622\mathrm{mm}$,$e_s=827\mathrm{mm}$,$e'_s=417\mathrm{mm}$。

假定为大偏心受压,即取$\sigma_s=f_{sd}$,由式(7-26)可解得截面受压区高度$x=-0.46\mathrm{mm}$,表明确为大偏心受压,但受压区高度$x<2a'_s$,则由式(7-12)计算得到截面承载力为

$$\begin{aligned}N_u&=\frac{f_{sd}A_s(h_0-a'_s)}{e'_s}\\&=\frac{330\times763\times(455-45)}{417}\\&=247.56\times10^3(\mathrm{N})=247.56\mathrm{kN}>N(=200\mathrm{kN})\end{aligned}$$

偏心受压构件在弯矩作用平面内的承载力复核满足要求。

例7-3 钢筋混凝土偏心受压构件,截面尺寸$b\times h=400\mathrm{mm}\times600\mathrm{mm}$,弯矩作用方向及垂直于弯矩作用方向的构件计算长度$l_0$均为4.5m;作用在构件截面上的轴向力计算值$N=2200\mathrm{kN}$,弯矩计算值$M=293\mathrm{kN\cdot m}$;Ⅰ类环境条件,设计使用年限100年;现浇构件欲采用C30混凝土,纵向钢筋为HRB400级钢筋,试进行配筋设计并进行截面复核。

解:$f_{cd}=13.8\mathrm{MPa}$,$f_{sd}=f'_{sd}=330\mathrm{MPa}$,$E_s=2.0\times10^5\mathrm{MPa}$,$\xi_b=0.53$,$\beta=0.8$。

(1)截面设计

偏心受压构件弯矩作用平面内的长细比$l_0/h=4500/600=7.5>5$,故应进行偏心距增大系数η的计算。

本例轴向力计算值$N=2200\mathrm{kN}$、弯矩计算值$M=293\mathrm{kN\cdot m}$,则偏心距$e_0=M/N=(293\times10^6)/(2200\times10^3)=133(\mathrm{mm})$,大于$\max\{20\mathrm{mm},h/30=600/30=20(\mathrm{mm})\}$,可按式(7-2)进行偏心距增大系数$\eta$的计算。

由已知的环境类别等查附表1-7得到混凝土保护层最小厚度$c_{min}=20\mathrm{mm}$,构件截面一侧纵向钢筋拟按一层布设,故假设$a_s=a'_s=c_{min}+20=40(\mathrm{mm})$,则截面有效高度$h_0=h-a_s=600-40=560(\mathrm{mm})$,由式(7-2)计算得到$\eta=1.153$。

①大、小偏心受压初步判定

因$\eta e_0=1.153\times133=153(\mathrm{mm})<0.3h_0(=168\mathrm{mm})$,初步判定构件可以按小偏心受压进行截面设计。

②计算所需的纵向钢筋面积

本例属于小偏心受压构件欲求钢筋A_s和钢筋A'_s的情况。取$A_s = 0.002bh = 0.002 \times 400 \times 600 = 480(\text{mm}^2)$，而$e_s = \eta e_0 + h/2 - a_s = 153 + 600/2 - 40 = 413(\text{mm})$，$e'_s = \eta e_0 - h/2 + a_s = 153 - 600/2 + 40 = -107(\text{mm})$。

式(7-20)是求解截面受压区高度x的一元三次方程$Ax^3 + Bx^2 + Cx + D = 0$，由已知数据计算方程各项系数如下：

$$A = -0.5f_{cd}b = -0.5 \times 13.8 \times 400 = -2760$$

$$B = f_{cd}ba'_s = 13.8 \times 400 \times 40 = 220800$$

$$C = \varepsilon_{cu}E_sA_s(a'_s - h_0) - Ne'_s = 0.0033 \times 2 \times 10^5 \times 480(40 - 560) - 2200 \times 10^3(-107) = 70664000$$

$$D = \beta\varepsilon_{cu}E_sA_s(h_0 - a'_s)h_0 = 0.8 \times 0.0033 \times 2 \times 10^5 \times 480(560 - 40)560 = 7.3802 \times 10^{10}$$

采用牛顿迭代法解方程得到$x = 359(\text{mm})$，而按式(7-23)计算得到的近似解为$x \approx 348(\text{mm})$，误差为4%。

现取截面受压区高度$x = 359(\text{mm})$，则截面相对受压区高度为$\xi = x/h_0 = 359/560 = 0.641$，大于相对界限受压区高度$\xi_b = 0.53$，小于$h/h_0 = 1.08$，故属于截面部分受压的小偏心受压构件。

将截面相对受压区高度计算值$\xi = 0.641$代入式(7-10)，计算纵向受拉钢筋A_s的应力为

$$\sigma_s = \varepsilon_{cu}E_s\left(\frac{\beta}{\xi} - 1\right) = 0.0033 \times 2 \times 10^5\left(\frac{0.8}{0.641} - 1\right) = 163.7(\text{MPa})(\text{拉应力})$$

把$A_s = 480\text{mm}^2$、$\sigma_s = 163.7\text{MPa}$、$x = 359\text{mm}$及有关已知值代入式(7-4)，计算得到$A'_s = 900\text{mm}^2 > \rho'_{min}bh[= 0.002 \times 400 \times 600 = 480(\text{mm}^2)]$。

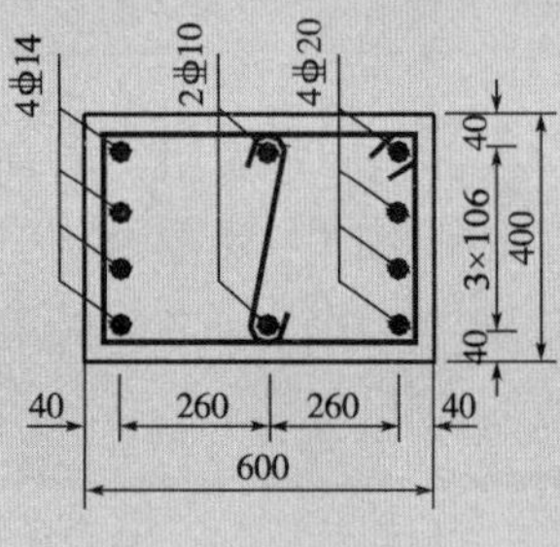

图7-22　例7-3截面配筋图(尺寸单位：mm)

现选择纵向受拉钢筋为4Φ14，$A_s = 616\text{mm}^2$；纵向受压钢筋为4Φ20，$A'_s = 900\text{mm}^2$，取$a_s = a'_s = 40\text{mm}$，截面布置见图7-22。

采用ϕ8闭合式箍筋，这时截面箍筋混凝土保护层最小厚度为$40 - 22.7/2 - 8 = 20.65(\text{mm}) > c_{min}(= 20\text{mm})$；纵向钢筋之间最小间距(图7-22)为$106 - 22.7 \approx 83(\text{mm}) > 50\text{mm}$，且$< 350\text{mm}$，满足要求。

因截面长边$h = 600\text{mm}$，参照图7-18要求设置了2Φ10纵向构造钢筋。

(2)截面复核

①垂直于弯矩作用平面内的截面复核

构件在垂直于弯矩作用方向上的长细比$l_0/b = 4500/400 = 11.25$。查附表1-9得到稳定系数$\varphi = 0.96$。由式(6-7)计算得到在垂直于弯矩作用平面的正截面承载能力$N_u = 3395.3\text{kN} > N(= 2200\text{kN})$，满足要求。

②弯矩作用平面内的截面复核

由图 7-22 可知，$a_s = 40\text{mm}$，$A_s = 616\ \text{mm}^2$；$a'_s = 40\text{mm}$，$A'_s = 1256\ \text{mm}^2$，$h_0 = 600 - 40 = 560(\text{mm})$。

由式(7-2)计算得到 $\eta = 1.153$，$\eta e_0 = 153\text{mm}$，得到$e_s = \eta e_0 + h/2 - a_s = 413(\text{mm})$，$e'_s = \eta e_0 - h/2 + a'_s = -107(\text{mm})$。

假定为大偏心受压构件，即取$\sigma_s = f_{sd}$。由式(7-26)可求得受压区高度 $x = 408\text{mm} > \xi_b h_0$ ($=314\text{mm}$)，故截面应为小偏心受压。

按小偏心受压，由式(7-27)重新计算截面受压区高度 x，即

$$Ax^3 + Bx^2 + Cx + D = 0$$

$$A = 0.5 f_{cd} b = 0.5 \times 13.8 \times 400 = 2760$$

$$B = f_{cd} b(e_s - h_0) = 13.8 \times 400 \times (413 - 560) = -811440$$

$$\begin{aligned} C &= \varepsilon_{cu} E_s A_s e_s + f'_{sd} A'_s e'_s \\ &= 0.0033 \times 2 \times 10^5 \times 616 \times 413 + 330 \times 1256 \times (-107) \\ &= 12.235 \times 10^7 \end{aligned}$$

$$\begin{aligned} D &= -\beta \varepsilon_{cu} E_s A_s e_s h_0 \\ &= -0.8 \times 0.0033 \times 2 \times 10^5 \times 616 \times 413 \times 560 \\ &= -7.522 \times 10^{10} \end{aligned}$$

由牛顿迭代法解得 $x = 372(\text{mm}) > \xi_b h_0 (=314\text{mm})$。而由式(7-29)解得近似解 $x = 375\text{mm}$。

现取截面受压区高度 $x = 372\text{mm}$，则可得到 $\xi = 0.664$，且大于$\xi_b (=0.53)$，故本例为截面部分受压的小偏心受压构件。

由式(7-10)求钢筋A_s中的应力$\sigma_s = 135\text{MPa}$(拉应力)。由式(7-4)可求得截面承载力 N_{u1} 为

$$\begin{aligned} N_{u1} &= f_{cd} bx + f'_{sd} A'_s - \sigma_s A_s = 13.8 \times 400 \times 372 + 330 \times 1256 - 135 \times 616 \\ &= 2384.7 \times 10^3(\text{N}) = 2384.7\text{kN} \end{aligned}$$

因 $\eta e_0 = 153\text{mm}$，$h/2 - a'_s = 600/2 - 40 = 260(\text{mm})$，满足 $\eta e_0 \leqslant h/2 - a'_s$，故偏心轴力作用于钢筋$A_s$合力点和$A'_s$合力点之间，应再由式(7-13)求截面承载力$N_{u2}$。

现$h'_0 = h - a'_s = 600 - 40 = 560(\text{mm})$，$e' = h/2 - e_0 - a'_s = 600/2 - 133 - 40 = 127(\text{mm})$，则由式(7-13)可计算得到

$$\begin{aligned} N_{u2} &= \frac{f_{cd} bh(h'_0 - h/2) + f'_{sd} A_s (h'_0 - a_s)}{e'} \\ &= \frac{13.8 \times 400 \times 600 \times (560 - 300) + 330 \times 616 \times (560 - 40)}{127} \\ &= 7612.8 \times 10^3(\text{N}) = 7612.8\text{kN} \end{aligned}$$

因$N_{u2} > N_{u1}$，故本例小偏心受压构件截面承载力为$N_u = 2384.7\text{kN} > N(=2200\text{kN})$，满足承载力要求。

7.3.4 矩形截面偏心受压构件对称配筋的计算方法

在实际工程中，偏心受压构件在不同荷载作用下，可能会产生方向相反的两个弯矩，当两者数值相差不大时，或即使相差较大，但按对称配筋设计求得的纵筋总量比按非对称设计所得纵筋的总量增加不多时，为使构造简单及便于施工，宜采用对称配筋。装配式偏心受压构件，为了保证安装时不会出错，一般也宜采用对称配筋。

对称配筋是指截面的两侧用相同钢筋等级和数量的配筋，即 $A_s = A'_s$，$f_{sd} = f'_{sd}$，$a_s = a'_s$。

对于矩形截面对称配筋的偏心受压构件，仍依据前述基本公式(7-4) ~ 式(7-13)进行计算，也可分为截面设计和截面复核两种情况。

1)截面设计

(1)大、小偏心受压构件的判别

现假定为大偏心受压，由于是对称配筋，$A_s = A'_s$，$f_{sd} = f'_{sd}$，相当于补充了一个设计条件。现令轴向力计算值 $N = \gamma_0 N_d$，则由式(7-4)可得到

$$N = f_{cd} b x$$

以 $x = \xi h_0$ 代入整理后可得到

$$\xi = \frac{N}{f_{cd} b h_0} \tag{7-31}$$

当按式(7-31)计算得到的 $\xi \leqslant \xi_b$ 时，按大偏心受压构件设计；当 $\xi > \xi_b$ 时，按小偏心受压构件设计。

(2)大偏心受压构件($\xi \leqslant \xi_b$)的计算

当 $2a'_s \leqslant x \leqslant \xi_b h_0$ 时，直接利用式(7-5)可得到

$$A_s = A'_s = \frac{N e_s - f_{cd} b h_0^2 \xi (1 - 0.5\xi)}{f'_{sd}(h_0 - a'_s)} \tag{7-32}$$

式中，$e_s = \eta e_0 + \frac{h}{2} - a_s$。当 $x < 2a'_s$ 时，按照式(7-18)计算钢筋。

(3)小偏心受压构件($\xi > \xi_b$)的计算

对称配筋的小偏心受压构件，由于 $A_s = A'_s$，即使在全截面受压情况下，也不会出现远离偏心压力作用点一侧混凝土先破坏的情况。

首先应计算截面受压区高度 x。《公路桥规》建议矩形截面对称配筋的小偏心受压构件截面相对受压区高度 ξ 按式(7-33)计算

$$\xi = \frac{N - f_{cd} b h_0 \xi_b}{\dfrac{N e_s - 0.43 f_{cd} b h_0^2}{(\beta - \xi_b)(h_0 - a'_s)} + f_{cd} b h_0} + \xi_b \tag{7-33}$$

式中的 β 为截面受压区矩形应力图高度与实际受压区高度的比值，取值详见表 3-1。求得 ξ 的值后，由式(7-32)可求得所需的钢筋面积。

2)截面复核

截面复核仍是对偏心受压构件垂直于弯矩作用方向和弯矩作用方向都进行计算，计算方法与截面非对称配筋方法相同。

例 7-4 钢筋混凝土偏心受压构件,截面尺寸为 $b \times h = 400\text{mm} \times 500\text{mm}$,构件在弯矩作用方向和垂直于弯矩作用方向上的计算长度均为 4m;Ⅰ类环境条件,设计使用年限 50 年;轴向力计算值 $N = 600\text{kN}$,弯矩计算值 $M = 300\text{kN} \cdot \text{m}$;C30 级混凝土,纵向钢筋采用 HRB400 级钢筋,试求对称配筋时所需钢筋数量并复核截面。

解: $f_{cd} = 13.8\text{MPa}$,$f_{sd} = f'_{sd} = 330\text{MPa}$,$\xi_b = 0.53$。

(1)截面设计

因偏心受压构件弯矩作用平面内的长细比 $l_0/h = 4000/500 = 8 > 5$,故应进行偏心距增大系数 η 的计算。

按照式(7-2)的要求,本例计算的偏心距 e_0 值应大于 $\max\{20\text{mm}, h/30 = 500/30 = 17(\text{mm})\}$,现轴向力计算值 $N = 600\text{kN}$、弯矩计算值 $M = 300\text{kN} \cdot \text{m}$,计算得到偏心距 $e_0 = M/N = (300 \times 10^6)/(600 \times 10^3) = 500(\text{mm})$,满足式(7-2)的要求。

由环境类别Ⅰ等已知条件查附表 1-7 得到混凝土保护层最小厚度 $c_{min} = 20\text{mm}$,构件截面一侧纵向钢筋拟按一层布设,故假设 $a_s = a'_s = c_{min} + 20 = 40(\text{mm})$,则截面有效高度 $h_0 = h - a_s = 500 - 40 = 460(\text{mm})$。

由式(7-2)计算得到 $\eta = 1.045$,$\eta e_0 = 523\text{mm}$,并进一步计算得到 $e_s = \eta e_0 + h/2 - a_s = 523 + 500/2 - 40 = 733(\text{mm})$。

①判断大、小偏心受压

由式(7-31)可得截面相对受压区高度 ξ 为

$$\xi = \frac{N}{f_{cd} b h_0} = \frac{600 \times 10^3}{13.8 \times 400 \times 460} = 0.236 < \xi_b (= 0.53)$$

故可按大偏心受压构件设计。

②求纵向钢筋面积

由截面相对受压区高度 $\xi = 0.236$ 和截面有效高度 $h_0 = 460\text{mm}$ 计算得到截面受压区高度 $x = \xi h_0 = 0.236 \times 460 = 109(\text{mm}) > 2a'_s (= 80\text{mm})$,因此可以采用式(7-32)进行配筋计算,得到

$$\begin{aligned} A_s = A'_s &= \frac{N e_s - f_{cd} b h_0^2 \xi (1 - 0.5\xi)}{f_{cd}(h_0 - a'_s)} \\ &= \frac{600 \times 10^3 \times 733 - 13.8 \times 400 \times 460^2 \times 0.236(1 - 0.5 \times 0.236)}{330(460 - 40)} \\ &= 1419(\text{mm}^2) \end{aligned}$$

选截面一侧纵向钢筋为 4 ⌀ 22,钢筋面积 $A_s = A'_s = 1520\text{mm}^2 > 0.002bh [= 0.002 \times 400 \times 500 = 400(\text{mm}^2)]$,满足要求。

由截面布置图(图 7-23)可见,纵向钢筋截面重心至截面边缘距离 $a_s = a'_s = 45\text{mm}$,⌀ 8 闭合式箍筋,则箍筋的混凝土保护层厚度为 $c_2 = 45 - 25.1/2 - 8 = 24.5(\text{mm}) > c_{min} (= 20\text{mm})$,满足要求;纵向钢筋之间的净距 $= 310/3 - 25.1 = 78(\text{mm}) > 50\text{mm}$,且 $< 350\text{mm}$,满足要求。

(2)截面复核

①在垂直于弯矩作用平面内的截面复核

长细比$l_0/b=4000/400=10$,由附表1-9查得$\varphi=0.98$,则由式(6-7)可求得$N_u=3319\text{kN}>N(=600\text{kN})$,满足要求。

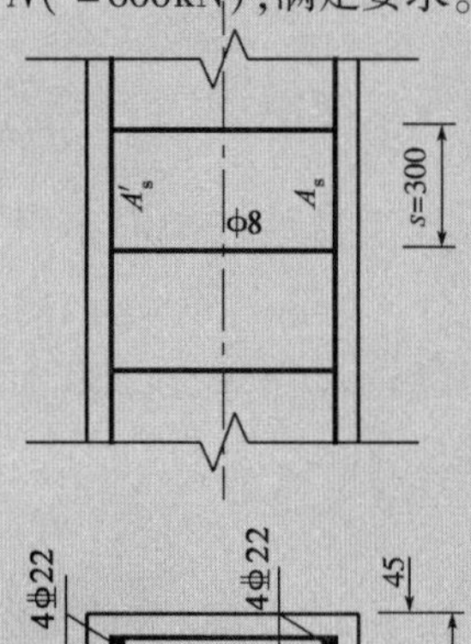

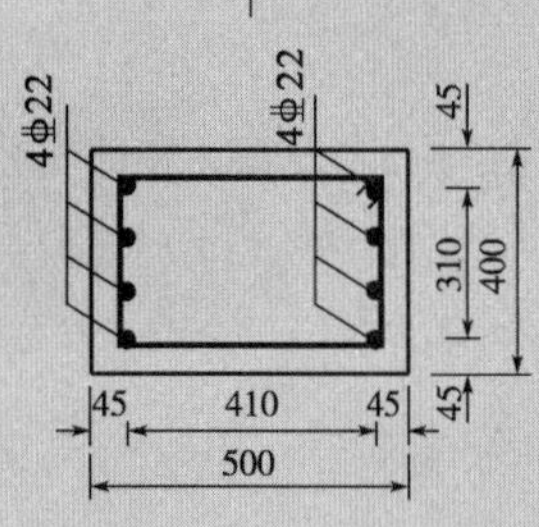

图7-23 例7-4截面配筋图(尺寸单位:mm)

②在弯矩作用平面内的截面复核

由图7-23可得到$a_s=a'_s=45\text{mm}$,$A_s=A'_s=1520\text{ mm}^2$,$h_0=455\text{mm}$。由式(7-2)求得$\eta=1.045$,则$\eta e_0=523\text{mm}$。$e_s=728\text{mm}$,$e'_s=\eta e_0-h/2+a'_s=522-500/2+45=318(\text{mm})$。

假定为大偏心受压,即取$\sigma_s=f_{sd}$,由式(7-26)可解得混凝土受压区高度x为

$$x=(h_0-e_s)+\sqrt{(h_0-e_s)^2+\frac{2f_{sd}A_s(e_s-e'_s)}{f_{cd}b}}$$

$$=(455-728)+\sqrt{(455-728)^2+\frac{2\times330\times1520\times(728-318)}{13.8\times400}}$$

$$=113(\text{mm})\begin{cases}<\xi_b h_0[=0.53\times455=241(\text{mm})]\\>2a'_s[=2\times45=90(\text{mm})]\end{cases}$$

故确为大偏心受压构件。由式(7-4)可得截面承载力为

$$N_u=f_{cd}bx=13.8\times400\times113=623.76\times10^3(\text{N})$$
$$=623.76\text{kN}>N(=600\text{kN})$$

满足要求。

例7-5 已知钢筋混凝土偏心受压构件截面尺寸$b\times h=400\text{mm}\times600\text{mm}$,在弯矩作用平面及垂直于弯矩作用平面的计算长度均为$l_0=4.5\text{m}$;Ⅱ类环境条件,设计使用年限50年;承受轴向力计算值$N=3000\text{kN}$,弯矩计算值$M=235\text{kN}\cdot\text{m}$;采用C35级混凝土,纵向钢筋为HRB400级钢筋,对称布筋,试求纵向钢筋所需面积。

解: $f_{cd}=16.1\text{MPa}$,$f_{sd}=f'_{sd}=330\text{MPa}$,$\xi_b=0.53$,$\beta=0.8$。

因偏心受压构件弯矩作用平面内的长细比$l_0/h=4500/600=7.5>5$,故应进行偏心距增大系数η的计算。

轴向力计算值$N=3000\text{kN}$、弯矩计算值$M=235\text{kN}\cdot\text{m}$,则计算得到偏心距$e_0=M/N=(235\times10^6)/(3000\times10^3)=78(\text{mm})>\max\{20\text{mm},h/30=600/30=20(\text{mm})\}$,故可按式(7-2)进行偏心距增大系数$\eta$的计算。

由已知的环境类别等查附表1-7得到混凝土保护层最小厚度$c_{min}=25\text{mm}$,构件截面一侧纵向钢筋拟按一层布设,故假设$a_s=a'_s=c_{min}+20=45\text{mm}$,则截面有效高度$h_0=h-a_s=600-45=555(\text{mm})$。由式(7-2)计算得到$\eta=1.178$,则$\eta e_0=92\text{mm}$。

(1)判别大、小偏心受压

由式(7-31)可得到

$$\xi=\frac{N}{f_{cd}bh_0}=\frac{3000\times10^3}{16.1\times400\times555}=0.839>\xi_b(=0.53)$$

故可按照小偏心受压构件设计。

(2)求纵向钢筋面积

由 $\eta e_0 = 92\text{mm}$,可求得 $e_s = \eta e_0 + h/2 - a_s = 92 + 600/2 - 45 = 347(\text{mm})$,$e'_s = \eta e_0 - h/2 + a'_s = 92 - 600/2 + 45 = -163(\text{mm})$,按式(7-33)计算 ξ 值,即

$$\xi = \frac{N - f_{cd}bh_0\xi_b}{\dfrac{Ne_s - 0.43f_{cd}bh_0^2}{(\beta - \xi_b)(h_0 - a'_s)} + f_{cd}bh_0} + \xi_b$$

$$= \frac{3000 \times 10^3 - 16.1 \times 400 \times 555 \times 0.53}{\dfrac{3000 \times 10^3 \times 347 - 0.43 \times 16.1 \times 400 \times 555^2}{(0.8 - 0.53)(555 - 45)} + 16.1 \times 400 \times 555} + 0.53$$

$$= 0.754 > \xi_b(= 0.53)$$

将 $\xi = 0.754$ 代入式(7-32)可得到

$$A_s = A'_s = \frac{Ne_s - f_{cd}bh_0^2\xi(1 - 0.5\xi)}{f'_{sd}(h_0 - a'_s)}$$

$$= \frac{3000 \times 10^3 \times 347 - 16.1 \times 400 \times 555^2 \times 0.754(1 - 0.5 \times 0.754)}{330(555 - 45)}$$

$$= 649(\text{mm}^2)$$

选截面一侧的纵向钢筋为 3 ⏀18,钢筋面积 $A_s = A'_s = 763\text{mm}^2 > 0.002bh(=480\text{mm}^2)$,满足要求。由截面布置图(图 7-24)可见,纵向钢筋截面重心至截面边缘距离 $a_s = a'_s = 45\text{mm}$,ϕ8 闭合式箍筋,则箍筋的混凝土保护层厚度为 $45 - 20.5/2 - 8 \approx 27(\text{mm}) > c_{min}(=25\text{mm})$,满足要求;纵向钢筋之间的净距 $= 155 - 20.5 \approx 135(\text{mm}) > 50\text{mm}$,且 $< 350\text{mm}$,满足要求。

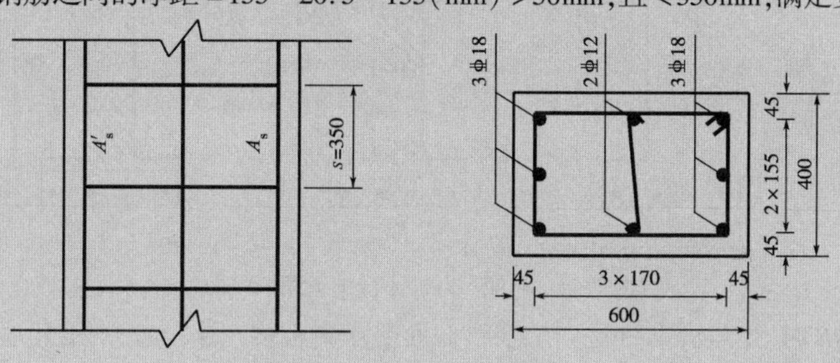

图 7-24 例 7-5 截面配筋图(尺寸单位:mm)

7.4 工字形和 T 形截面偏心受压构件

为了减少混凝土用量和减轻自重,对于截面尺寸较大的偏心受压构件,例如大跨径钢筋混凝土拱桥的拱肋、刚架桥的立柱等,一般采用工字形、箱形和 T 形截面。

对于工字形、箱形和 T 形截面偏心受压构件的构造要求,与矩形偏心受压构件相同。**在箍筋的布置上,应注意不允许采用有内折角的箍筋[图 7-25b)],因为有内折角的箍筋受力后有拉直的趋势,其合力使内折角处混凝土崩裂,应采用叠套箍筋形式[图 7-25a)],并要求在箍**

筋转角处设置纵向钢筋,以形成骨架。

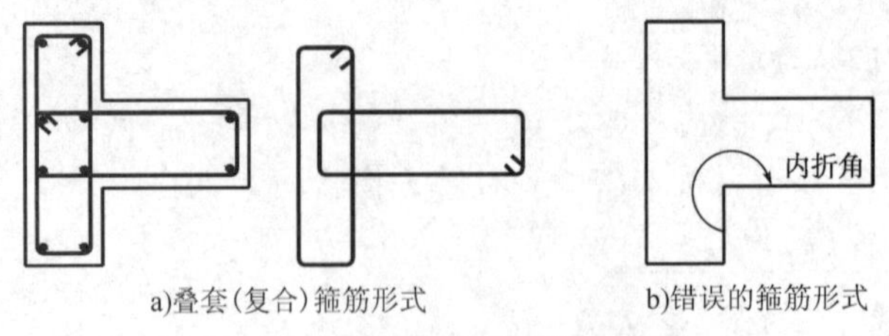

图 7-25 T 形截面偏压构件箍筋形式

试验研究和计算分析表明,工字形、箱形和 T 形截面偏心受压构件的破坏形态、计算方法及原则均与矩形截面偏心受压构件相同,也分为大偏心受压和小偏心受压两类偏心受压构件,仅截面的几何特征值不同。

工字形截面除去其受拉翼板,即成为具有受压翼板的 T 形截面,而箱形截面也很容易化为等效工字形截面来计算,可以说工字形截面偏心受压构件具有 T 形截面和箱形截面偏心受压构件的共性,故本节以工字形截面偏心受压构件来介绍这一类截面形式的偏压构件计算原理。

7.4.1 正截面承载力基本计算公式

工字形截面偏心受压构件,也有大偏心受压和小偏心受压两种情况,取决于截面受压区高度 x。但是,与矩形截面不同之处是受压区高度 x 不同,受压区的形状不同(图 7-26),因而计算公式有所不同。

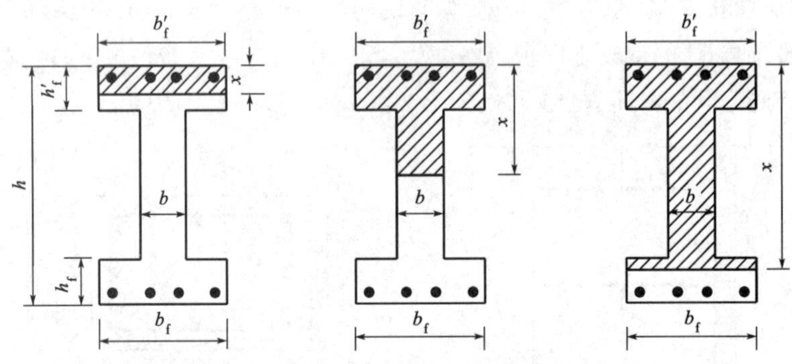

图 7-26 不同受压区高度 x 的工字形截面

(1)当 $x \leqslant h_f'$ 时,受压区高度位于工字形截面受压翼板内(图 7-27),属于大偏心受压。这时可按照翼板有效宽度为 b_f'、有效高度为 h_0、受压区高度为 x 的矩形截面偏心受压构件来计算其正截面承载能力。

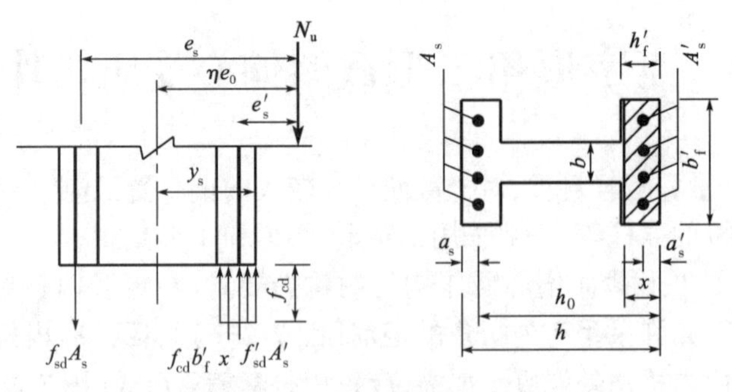

图 7-27 $x \leqslant h_f'$ 时截面计算图式

基本计算公式为

$$N_u = f_{cd} b_f' x + f_{sd}' A_s' - f_{sd} A_s \tag{7-34}$$

$$N_u e_s = f_{cd} b_f' x \left(h_0 - \frac{x}{2}\right) + f_{sd}' A_s' (h_0 - a_s') \tag{7-35}$$

$$f_{cd} b_f' x \left(e_s - h_0 + \frac{x}{2}\right) = f_{sd} A_s e_s - f_{sd}' A_s' e_s' \tag{7-36}$$

$$e_s = \eta e_0 + h_0 - y_s$$

$$e_s' = \eta e_0 - y_s + a_s'$$

式中：y_s——截面形心轴至截面受压区边缘的距离。

公式的适用条件是

$$x \leqslant \xi_b h_0$$

及

$$2a_s' \leqslant x \leqslant h_f' \tag{7-37}$$

式中的 h_f'为截面受压翼板厚度。

当 $x < 2a_s'$时，应按式(7-12)来进行计算。

(2)当 $h_f' < x \leqslant (h - h_f)$时，受压区高度 x 位于肋板内(图 7-28)，基本计算公式为

$$N_u = f_{cd}[bx + (b_f' - b)h_f'] + f_{sd}' A_s' - \sigma_s A_s \tag{7-38}$$

$$N_u e_s = f_{cd}\left[bx\left(h_0 - \frac{x}{2}\right) + (b_f' - b)h_f'\left(h_0 - \frac{h_f'}{2}\right)\right] + f_{sd}' A_s' (h_0 - a_s') \tag{7-39}$$

$$f_{cd} bx\left(e_s - h_0 + \frac{x}{2}\right) + f_{cd}(b_f' - b)h_f'\left(e_s - h_0 + \frac{h_f'}{2}\right) = \sigma_s A_s e_s - f_{sd}' A_s' e_s' \tag{7-40}$$

式中各符号意义与前相同。

在式(7-38)和式(7-40)中，钢筋 A_s 的应力 σ_s 取值规定为：当 $x \leqslant \xi_b h_0$ 时，取 $\sigma_s = f_{sd}$；当 $x > \xi_b h_0$时，取 $\sigma_s = \varepsilon_{cu} E_s\left(\frac{\beta}{\xi} - 1\right)$。

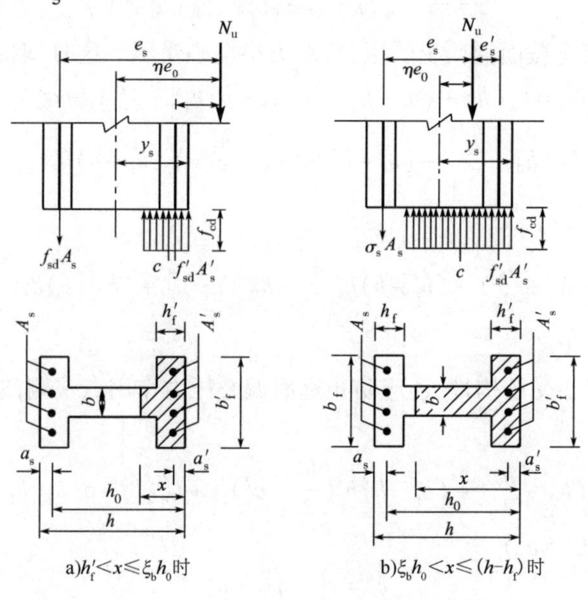

图 7-28　$h_f' < x \leqslant (h - h_f)$时截面计算图式

(3)当$(h-h_f)<x\leq h$时,受压区高度x进入工字形截面受拉或受压较小的翼板内(图7-29)。这时,显然为小偏心受压,基本计算公式为

$$N_u=f_{cd}[bx+(b_f'-b)h_f'+(b_f-b)(x-h+h_f)]+f_{sd}'A_s'-\sigma_sA_s \tag{7-41}$$

$$N_ue_s=f_{cd}[bx(h_0-\frac{x}{2})+(b_f'-b)h_f'(h_0-\frac{h_f'}{2})+(b_f-b)(x-h+h_f)(h_f-a_s-\frac{x-h+h_f}{2})]+f_s'A_s'(h_0-a_s') \tag{7-42}$$

$$f_{cd}[bx(e_s-h_0+\frac{x}{2})+(b_f'-b)h_f'(e_s-h_0+\frac{h_f'}{2})+(b_f-b)(x-h+h_f)(e_s+a_s-h_f+\frac{x-h+h_f}{2})]=\sigma_sA_se_s-f_{sd}'A_s'e_s' \tag{7-43}$$

式中,e_s和e_s'物理意义同前;σ_s为钢筋应力,$\sigma_s=\varepsilon_{cu}E_s(\frac{\beta}{\xi}-1)$;$h_f$、$h_f'$、$b_f$和$b_f'$分别为截面的某些尺寸,见图7-29。

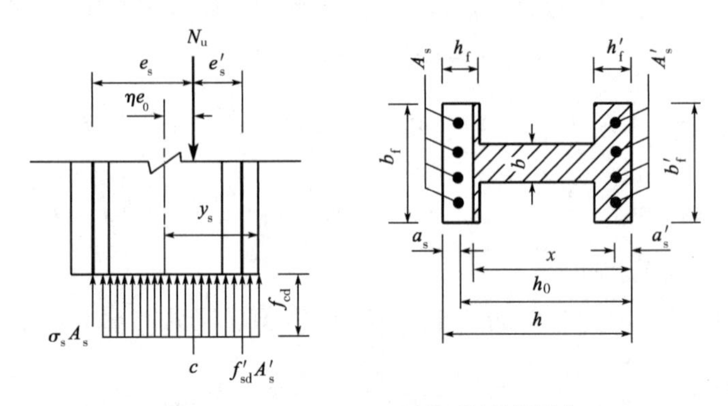

图7-29　$(h-h_f)<x\leq h$时截面的计算图式

(4)当$x>h$时,则全截面混凝土受压,显然为小偏心受压。这时,取$x=h$,基本公式为

$$N_u=f_{cd}[bh+(b_f-b)h_f'+(b_f-b)h_f]+f_{sd}'A_s'-\sigma_sA_s \tag{7-44}$$

$$N_ue_s=f_{cd}[bh(h_0-\frac{h}{2})+(b_f'-b)h_f'(h_0-\frac{h_f'}{2})+(b_f-b)h_f(\frac{h_f}{2}-a_s)]+f_{sd}'A_s'(h_0-a_s') \tag{7-45}$$

$$f_{cd}[bh(e_s-h_0+\frac{h}{2})+(b_f'-b)h_f'(e_s-h_0+\frac{h_f'}{2})]+(b_f-b)h_f(e_s+a_s-\frac{h_f}{2})=\sigma_sA_se_s-f_{sd}'A_s'e_s' \tag{7-46}$$

对于$x>h$的小偏心受压构件,还应防止远离偏心压力作用点一侧截面边缘混凝土先压坏的可能性,即应满足

$$N_ue_s'=f_{cd}[bh(h_0'-\frac{h}{2})+(b_f'-b)h_f'(\frac{h_f'}{2}-a_s')]+f_{cd}(b_f-b)h_f(h_0'-\frac{h_f}{2})+f_{sd}'A_s(h_0'-a_s) \tag{7-47}$$

$$e_s'=y_s'-\eta e_0-a_s'$$
$$h_0'=h-a_s'$$

式中，y_s'为截面形心轴至偏心压力作用一侧截面边缘的距离。

式(7-34)～式(7-47)给出了工字形偏心受压构件正截面承载力计算公式，当 $h_f=0,b_f=b$ 时，即为T形截面承载力计算公式；当 $h_f'=h_f=0,b_f'=b_f=b$ 时，即为矩形截面承载力计算公式。

7.4.2 计算方法

在工字形、箱形和T形截面的偏心受压构件中，T形截面一般采用非对称配筋形式；工字形和箱形截面可采用非对称配筋形式，也可采用对称配筋形式。在实际工程中，工字形截面偏心受压构件一般采用对称配筋，因此，以下仅介绍对称配筋的工字形截面的计算方法。

对称配筋截面指的是截面对称且钢筋配置对称，对于对称配筋的工字形和箱形截面，就是 $b_f'=b_f,h_f'=h_f,A_s'=A_s,f_{sd}'=f_{sd},a_s=a_s'$。

1)截面设计

对于对称配筋截面，可由式(7-38)并且取 $N_u=\gamma_0N_d=N$ 和 $\sigma_s=f_{sd}$，可得到

$$\xi=\frac{N-f_{cd}(b_f'-b)h_f'}{f_{cd}bh_0} \tag{7-48}$$

当 $\xi\leqslant\xi_b$ 时，按大偏心受压计算；当 $\xi>\xi_b$ 时，按小偏心受压计算。

(1)当 $\xi\leqslant\xi_b$ 时

若 $h_f'<x\leqslant\xi_bh_0$，截面中和轴位于肋板中，则可将 x 代入式(7-39)，求得钢筋截面面积为

$$A_s=A_s'=\frac{Ne_s-f_{cd}\left[bx\left(h_0-\frac{x}{2}\right)+(b_f'-b)h_f'\left(h_0-\frac{h_f'}{2}\right)\right]}{f_{sd}'(h_0-a_s')} \tag{7-49}$$

其中 $e_s=\eta e_0+\frac{h}{2}-a_s$。

若 $2a_s'\leqslant x\leqslant h_f'$，截面中和轴位于受压翼板内，应该重新计算截面受压区高度：

$$x=\frac{N}{f_{cd}b_f'} \tag{7-50}$$

则所需钢筋截面面积为

$$A_s=A_s'=\frac{Ne_s-f_{cd}b_f'x(h_0-0.5x)}{f_{sd}'(h_0-a_s')} \tag{7-51}$$

当 $x<2a_s'$时，则可按矩形截面方法计算，即用式(7-18)来计算所需钢筋 $A_s=A_s'$。

(2)当 $\xi>\xi_b$ 时

这时必须重新计算截面受压区高度 x，然后代入相应公式求得 $A_s=A_s'$。

计算截面受压区高度 x 时，采用 $\sigma_s=\varepsilon_{cu}E_s\left(\frac{\beta}{\xi}-1\right)$ 与相应的基本公式联立求解。例如，当 $h_f'<x\leqslant(h-h_f)$时，应与式(7-38)和式(7-39)联立求解；当 $(h-h_f)<x\leqslant h$ 时，应与式(7-41)和式(7-42)联立求解，将导致关于 x 的一元三次方程的求解。

在设计时，也可以近似采用下式求截面受压区相对高度 ξ。

①当 $\xi_bh_0<x\leqslant(h-h_f)$时

$$\xi=\frac{N-f_{cd}\left[(b_f'-b)h_f'+b\xi_bh_0\right]}{\dfrac{Ne_s-f_{cd}\left[(b_f'-b)h_f'\left(h_0-\frac{h_f'}{2}\right)+0.43bh_0^2\right]}{(\beta-\xi_b)(h_0-a_s')}+f_{cd}bh_0}+\xi_b \tag{7-52}$$

②当$(h-h_f)<x\leq h$时

$$\xi=\frac{N+f_{cd}[(b_f-b)(h-2h_f)-b_f\xi_b h_0]}{\frac{Ne_s+f_{cd}[0.5(b_f-b)(h-2h_f)(h_0-a_s')-0.43b_f h_0^2]}{(\beta-\xi_b)(h_0-a_s')}+f_{cd}b_f h_0}+\xi_b \tag{7-53}$$

③当$x>h$时,取$x=h$,但在计算σ_s时用计算的x值代入。

2)截面复核

截面复核方法与矩形截面对称配筋截面复核方法相似,只是计算公式不同。

例7-6 已知工字形截面的钢筋混凝土偏心受压构件,截面尺寸如图7-30a)所示。构件的计算长度$l_{0x}=l_{0y}=11.5\text{m}$;轴向力计算值$N=1900\text{kN}$,弯矩计算值$M=783\text{kN}\cdot\text{m}$;Ⅰ类环境条件,安全等级为二级,设计使用年限50年;采用C35级混凝土和HRB400级钢筋(纵向钢筋)、HPB300级钢筋(箍筋,ϕ8),按对称配筋进行截面设计。

解:$f_{cd}=16.1\text{MPa}$,$f_{sd}=330\text{MPa}$,$\xi_b=0.53$,$\beta=0.8$,$\gamma_0=1.0$。图7-30b)为计算截面,$b_f=b_f'=500\text{mm}$,$h_f=h_f'=120\text{mm}$,$b=100\text{mm}$,$h=1000\text{mm}$。

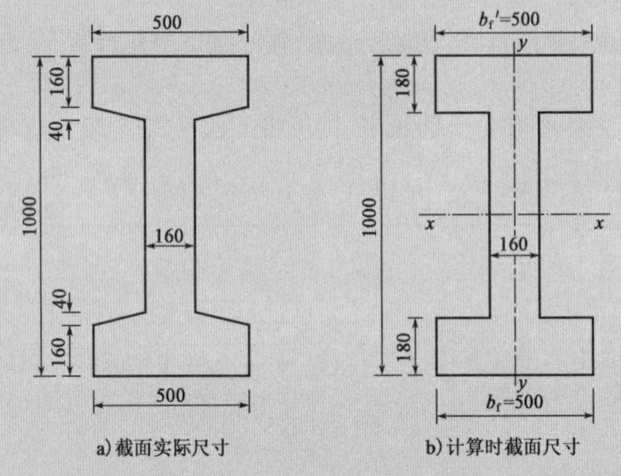

图7-30 例7-6截面尺寸图(尺寸单位:mm)

(1)截面设计

由图7-30b)计算得到工字形截面对$x-x$轴的惯性矩$I_{hx}=342392.53\times10^5\text{mm}^4$、截面面积$A_h=2.824\times10^5\text{mm}^2$,回转半径$r_x=348.2\text{mm}$。因偏心受压构件弯矩作用平面内的长细比$l_{0x}/r_x=11500/348.2=33.03>17.5$,故应进行偏心距增大系数$\eta$的计算。

由轴向力计算值$N=1900\text{kN}$、弯矩计算值$M=783\text{kN}\cdot\text{m}$,计算得到偏心距$e_0=M/N=(783\times10^6)/(1900\times10^3)=412(\text{mm})>\max\{20\text{mm},h/30=1000/30=33.3(\text{mm})\}$,故可按式(7-2)进行偏心距增大系数$\eta$的计算。

由已知的环境类别Ⅰ查附表1-7得到混凝土保护层最小厚度$c_{\min}=20\text{mm}$,构件截面一侧纵向钢筋拟按一层布设,故假设$a_s=a_s'=c_{\min}+20=40(\text{mm})$,则截面有效高度$h_0=h-a_s=1000-40=960(\text{mm})$。由式(7-2)计算得到$\eta=1.237$,则$\eta e_0\approx510\text{mm}$。

①大、小偏心受压的初步判定

假设为大偏心受压,且截面受压区高度$x>h_f'$,则由式(7-48)可以得到

$$\xi=\frac{N-f_{cd}(b_f'-b)h_f'}{f_{cd}bh_0}$$

$$=\frac{1900\times10^3-16.1(500-160)180}{16.1\times160\times960}$$

$$=0.37<\xi_b(=0.53)$$

故可按大偏心受压构件来设计，这时 $e_s=\eta e_0+h/2-a_s=510+500-40=970(\text{mm})$。

②计算所需截面纵向受力钢筋面积

由 $\xi=0.37$ 得到工字形截面的截面受压区高度 $x=0.37h_0=0.37\times960=355.2(\text{mm})>h'_f(=180\text{mm})$。C35 混凝土抗压强度设计值 $f_{cd}=16.1\text{MPa}$，HRB400 钢筋抗压设计强度值 $f'_{sd}=330\text{MPa}$，故按式(7-49)来计算所需的截面纵向受拉钢筋面积为

$$A_s=A_s'=\frac{Ne_s-f_{cd}[bx(h_0-\frac{x}{2})+(b_f'-b)h_f'(h_0-\frac{h_f'}{2})]}{f_{sd}'(h_0-a_s')}$$

$$=\frac{1900\times10^3\times970-16.1[160\times355.2(960-355.2/2)+(500-160)180(960-180/2)]}{330(960-40)}$$

$$=888.93(\text{mm}^2)$$

选择工字形截面的受压和受拉纵向钢筋均为 6 ⏀ 16，$A_s=A'_s=1206\text{mm}^2$，一侧纵向钢筋的配筋率 $\rho=\rho'=1206/(2.824\times10^5)=0.427\%>\rho_{min}=0.2\%$；全部纵向钢筋配筋率 $\rho+\rho'=0.854\%>\rho_{min}=0.5\%$，满足要求。

截面纵向受拉钢筋 A_s 和受压钢筋 A'_s 分别按一层布置，钢筋重心距截面边缘的距离 $a_s=a'_s=40\text{mm}$，箍筋采用 ϕ8 钢筋，现箍筋外侧混凝土保护层厚度为 $40-18.4/2-8=22.8(\text{mm})>c_{min}(=20\text{mm})$，满足要求。截面纵向钢筋布置图见图 7-31，由图中可见，相邻纵向钢筋的间距为 80mm，净距为 $80-18.4=61.6(\text{mm})>50\text{mm}$，且 $<350\text{mm}$，满足要求。

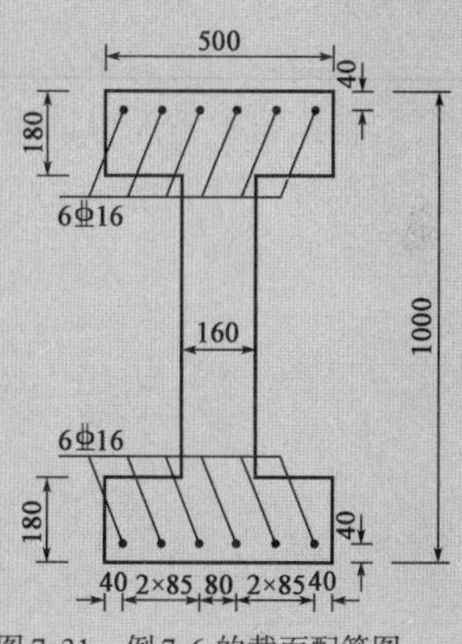

图 7-31 例 7-6 的截面配筋图
(尺寸单位：mm)

(2)截面复核

①弯矩作用平面内的截面复核

仍取 $\eta e_0=510\text{mm}$，而工字形截面高度 $h=1000\text{mm}$，由图 7-31 得到 $a_s=a'_s=40\text{mm}$，则 $e_s=970(\text{mm})$，$e'_s=\eta e_0-h/2+a'_s=510-500+40=50(\text{mm})$；$A_s=A'_s=1206\text{mm}^2$，截面有效高度 $h_0=960\text{mm}$；C35 混凝土抗压强度设计值 $f_{cd}=16.1\text{MPa}$，取纵向受拉钢筋的应力 $\sigma_s=f_{sd}$，代入式(7-40)进行构件截面大、小偏心受压的判定：

$$f_{cd}bx(e_s-h_0+\frac{x}{2})+f_{cd}(b_f'-b)h_f'(e_s-h_0+\frac{h_f'}{2})=f_{sd}A_se_s-f'_{sd}A_s'e'_s$$

$$16.1\times160x(970-960+0.5x)+16.1(500-160)180(970-960+0.5\times180)$$
$$=330\times1206(970-50)$$

整理得到关于截面受压区高度 x 的方程 $x^2+20x-207771.4286=0$，可以解得：

$x = 446(\text{mm}) < 0.53h_0[= 0.53 \times 960 = 509(\text{mm})]$,且 $> h_f' = 180(\text{mm})$

构件截面确为大偏心受压。

由式(7-38)进行截面复核计算,得到:

$$N_u = f_{cd}[bx + (b_f' - b)h_f']$$

$$= 16.1[160 \times 446 + (500 - 160)180]$$

$$= 2134216(\text{N}) = 2134.216\text{kN} > N = 1900\text{kN}$$

②垂直于弯矩作用平面内的截面复核

由图 7-31 计算得到工字形截面对 y-y 轴的惯性矩 $I_{hy} = 39684.53 \times 10^5\text{mm}^4$、截面面积 $A = 2.824 \times 10^5\text{mm}^2$,回转半径 $r_y = 118.5\text{mm}$,则垂直于弯矩作用平面内的长细比 $l_{0y}/r_y = 11500/118.5 = 97.05$,查附表 1-9 得 $\varphi = 0.56$,则可得到

$$N_u = 0.9\varphi[f_{cd}A + f_{sd}'(A_s + A_s')]$$

$$= 0.9 \times 0.56 \times [16.1 \times 282400 + 330 \times (1206 + 1206)]$$

$$= 2692670.4(\text{N}) = 2692.6704\text{kN} > N = 1900\text{kN}$$

故满足设计要求。

截面纵向受力钢筋的截面布置图见图 7-32,图中⏀16 钢筋为计算受力的纵向钢筋,其余的是构造设置的纵向钢筋,采用⏀12 钢筋;闭合式箍筋(ϕ8 钢筋)采用叠套箍筋,按普通箍筋布置,其间距 $s = 200\text{mm}$,满足要求。

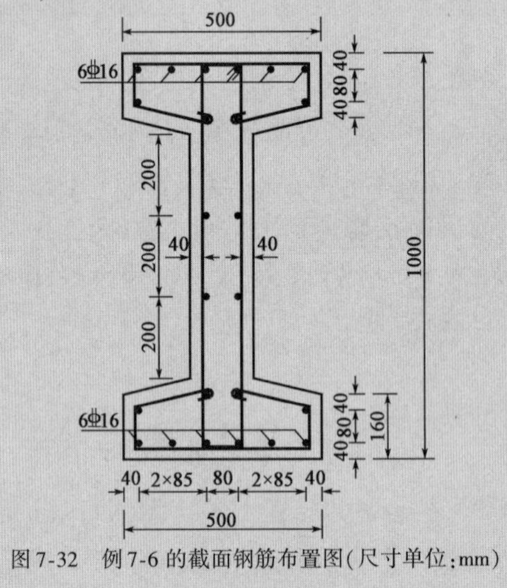

图 7-32 例 7-6 的截面钢筋布置图(尺寸单位:mm)

7.5 圆形截面偏心受压构件

对于配有普通箍筋的钢筋混凝土圆形截面偏心受压构件[钻(挖)孔桩除外],其纵向受力钢筋沿截面圆周均匀布置,总根数不应少于 6 根,钢筋公称直径不应小于 12mm;箍筋采用连

续的螺旋形布置的普通箍筋,对配有普通箍筋的钢筋混凝土圆形截面偏心受压构件设计的构造要求参见6.1.4节。

圆形截面的钻(挖)孔桩的截面尺寸一般较大(直径 $D=800\sim1500$mm),每根桩的纵向受力钢筋数量不应少于8根,钢筋直径不应小于16mm,相邻纵向受力钢筋之间净距不小于80mm,且不大于350mm。闭合式箍筋或螺旋筋(普通箍筋)直径不应小于纵向受力钢筋直径的1/4,且不小于8mm,其中距不应大于纵向受力钢筋直径的15倍,且不应大于300mm。

7.5.1　正截面承载力计算的基本假定

试验研究表明,钢筋混凝土圆形截面偏心受压构件的破坏,最终表现为受压区混凝土压碎。作用的轴向力对截面形心的偏心距不同,也会出现类似矩形截面偏心受压构件那样的"受拉破坏"和"受压破坏"两种破坏形态。但是,对于钢筋沿圆周均匀布置的圆形截面来说,构件破坏时各根钢筋的应变是不等的,应力也不完全相同。随着轴向压力偏心距的增加,构件的破坏由"受压破坏"向"受拉破坏"的过渡基本上是连续的。

国内外对于环形和圆形截面偏心受压构件的试验表明,均匀配筋的截面到达破坏时,其截面应变分布比集中配筋截面更为符合直线关系,相应的混凝土极限压应变实测值为0.0027~0.0046,平均值是0.0035,《公路桥规》根据试验研究结果,对混凝土强度等级C50及以下的圆形截面偏心受压构件,取混凝土极限压应变为0.0033。

沿周边均匀配筋的圆形截面偏心受压构件,其正截面承载力计算的基本假定如下:

(1)截面变形符合平截面假定。

(2)构件达到破坏时,受压边缘处混凝土的极限压应变取为 $\varepsilon_{cu}=0.0033$。

(3)受压区混凝土应力分布采用等效矩形应力图,正应力集度为 f_{cd}。

(4)不考虑受拉区混凝土参加工作,拉力由钢筋承受。

(5)将钢筋视为理想的弹塑性体,应力—应变关系表达式为式(3-3a)和式(3-3b)。

上述假定,提供了圆形截面偏心受压构件截面的变形协调关系和材料的应力—应变物理条件(本构关系),因而可以建立正截面承载力的计算图式,由内外力平衡关系来推导出承载力计算的基本公式。

对于周边均匀配筋的圆形偏心受压构件,当纵向钢筋不少于6根时,可以将纵向钢筋化为总面积为 $\sum_{i=1}^{n}A_{si}$(A_{si}为单根钢筋面积,n为钢筋根数)、半径为 r_s 的等效钢环(图7-33),这样的处理,可为采用连续函数的数学方法推导钢筋的抗力提供很大便利。

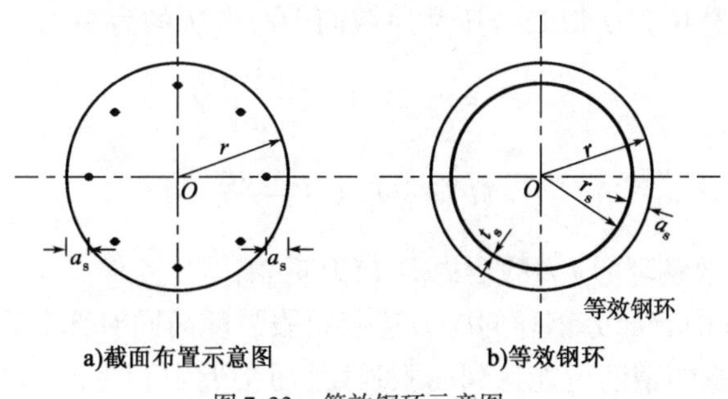

图7-33　等效钢环示意图

7.5.2 正截面承载力计算的基本公式

根据基本假定,可以建立圆形截面偏心受压构件正截面承载力计算图式(图7-34),同时,根据平衡条件可写出以下方程。

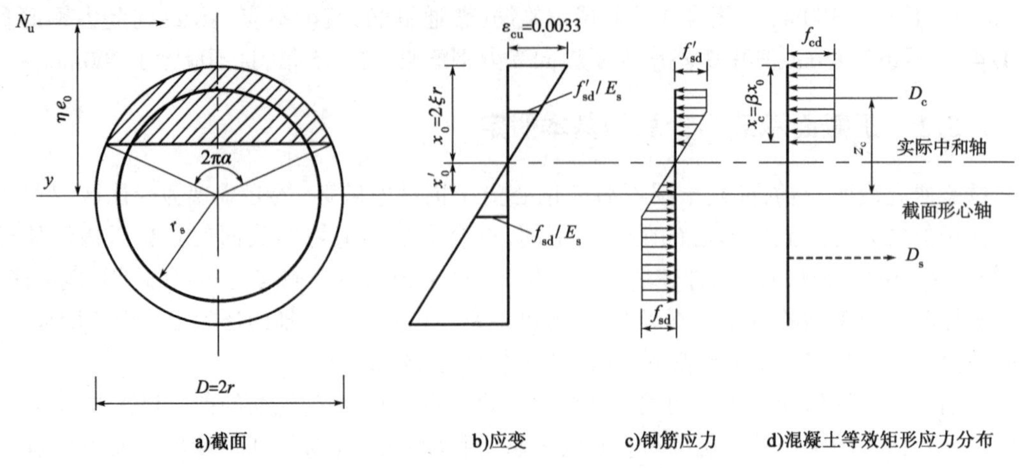

图7-34 圆形截面偏心受压构件计算简图

由截面上沿构件纵轴方向力平衡条件

$$N_u = D_c + D_s \tag{7-54}$$

由截面上所有力对截面形心轴 y-y 的合力矩平衡条件

$$M_u = M_c + M_s \tag{7-55}$$

式中:D_c、D_s——分别为受压区混凝土压应力的合力和所有钢筋的应力合力;

M_c、M_s——分别为受压区混凝土应力的合力对 y 轴力矩和所有钢筋应力合力对 y 轴的力矩。

(1)截面受压混凝土压应力的合力 D_c 与力矩 M_c

由图7-34可见,圆形截面偏心受压构件正截面的受压区为弓形,若以 r 表示圆截面的半径,$2\pi\alpha$ 表示受压区对应的圆心角(rad),则截面受压区混凝土面积 A_c 可以表示为

$$A_c = \alpha\left(1 - \frac{\sin 2\pi\alpha}{2\pi\alpha}\right)A \tag{7-56}$$

式中,A 为截面总面积,$A = \pi r^2$。

按照截面受压区等效矩形应力简化,假设受压区混凝土应力相等,均为混凝土抗压强度 f_c,则受压区混凝土的合压力 D_c 以及合压力对截面中心产生的力矩 M_c 可以表示为

$$D_c = \alpha f_{cd} A\left(1 - \frac{\sin 2\pi\alpha}{2\pi\alpha}\right) \tag{7-57}$$

$$M_c = \frac{2}{3} f_{cd} A r \frac{\sin^3 \pi\alpha}{\pi} \tag{7-58}$$

(2)截面钢筋(等效钢环)应力的合力 D_s 与力矩 M_s

一般情况下,截面中有部分钢环的应力达到屈服强度而同时部分钢环的应力达不到屈服,即靠近受压或受拉边缘的钢筋可能达到屈服强度,而接近中和轴的钢筋一般达不到屈服强度[图7-34c)]。为简化计算,近似将受拉区和受压区钢环的应力等效为钢筋强度 f_s 和 f_s' 的均匀

分布,等效后受压区钢环所对应的圆心角近似也取为α,受拉区钢环所对应的圆心角α_t近似表示为

$$\alpha_t = 1.25 - 2\alpha \geqslant 0 \tag{7-59}$$

若以A_s表示截面钢筋的总面积,则等效后受压区钢环和受拉区钢环的面积分别为αA_s和$\alpha_t A_s$。假设$f_s = f'_s$,截面中钢筋的合压力D_s以及合压力对截面中心产生力矩M_s可以表示为

$$D_s = (\alpha - \alpha_t) f_{sd} A_s \tag{7-60}$$

$$M_s = f_{sd} A_s r_s \frac{\sin\pi\alpha + \sin\pi\alpha_t}{\pi} \tag{7-61}$$

式中,r_s为钢环的半径。

将式(7-57)、式(7-58)、式(7-60)和式(7-61)分别代入式(7-54)、式(7-55)中,可以得到圆形截面偏心受压构件正截面承载力计算表达式。

$$N_u = \alpha f_{cd} A\left(1 - \frac{\sin2\pi\alpha}{2\pi\alpha}\right) + (\alpha - \alpha_t) f_{sd} A_s \tag{7-62}$$

$$N_u e_i = \frac{2}{3} f_{cd} A r \frac{\sin^3\pi\alpha}{\pi} + f_{sd} A_s r_s \left(\frac{\sin\pi\alpha + \sin\pi\alpha_t}{\pi}\right) \tag{7-63}$$

$$\alpha_t = 1.25 - 2\alpha$$

$$e_i = \eta e_0$$

式中:A——圆形截面面积;

A_s——全部纵向普通钢筋截面面积;

r——圆形截面的半径;

r_s——纵向普通钢筋重心所在圆周的半径(等效钢环半径);

e_0——轴向力对截面重心的偏心距;

α——对应于圆形截面受压区混凝土截面面积的圆心角(rad)与2π的比值;

α_t——纵向受拉普通钢筋截面面积与全部纵向普通钢筋截面面积的比值,当α大于0.625时,α_t取为0;

η——偏心受压构件轴向力偏心距增大系数,按式(7-2)、式(7-3)计算。

当采用手算法进行圆形截面偏心受压构件正截面承载力计算时,一般需对α值进行假设并对式(7-62)和式(7-63)采用迭代法来进行计算。

在工程计算中,为了避免圆形截面偏心受压构件正截面承载力迭代法计算的麻烦,使用查表计算方法。表格计算法基于式(7-62)和式(7-63)进行数学处理,即由式(7-63)除以式(7-62)可以得到

$$\eta \frac{e_0}{r} = \frac{\frac{2}{3}\frac{\sin^3\pi\alpha}{\pi} + \rho \frac{f_{sd}}{f_{cd}} \frac{r_s}{r} \frac{\sin\pi\alpha + \sin\pi\alpha_t}{\pi}}{\alpha\left(1 - \frac{\sin2\pi\alpha}{2\pi\alpha}\right) + (\alpha - \alpha_t)\rho \frac{f_{sd}}{f_{cd}}} \tag{7-64}$$

取

$$n_u = \alpha\left(1 - \frac{\sin2\pi\alpha}{2\pi\alpha}\right) + (\alpha - \alpha_t)\rho \frac{f_{sd}}{f_{cd}}$$

则得到

$$\eta\frac{e_0}{r}=\frac{\frac{2}{3}\frac{\sin^3\pi\alpha}{\pi}+\rho\frac{f_{sd}}{f_{cd}}\frac{r_s}{r}\frac{\sin\pi\alpha+\sin\pi\alpha_t}{\pi}}{n_u} \tag{7-65}$$

式中:ρ——截面纵向钢筋配筋率,$\rho=\sum_{i=1}^{n}A_{si}/\pi r^2$;

$\sum_{i=1}^{n}A_{si}$——圆形截面纵向钢筋截面面积之和;

A_{si}——单根纵向钢筋截面面积;

n——圆形截面上全部纵向钢筋根数;

r——混凝土圆形截面的半径。

由式(7-62)可以得到圆形截面偏心受压构件正截面承载力计算表达式为

$$N_u=n_uAf_{cd} \tag{7-66}$$

在式(7-65)中,可以把工程上常用的钢筋所在钢环半径r_s与构件圆形截面半径r之比r_s/r值取为代表值,这样,只要给定$\eta e_0/r$和$\rho f_{sd}/f_{cd}$的值,由式(7-65)可求得相应的α和n_u值,并可由式(7-66)计算得到圆形截面偏心受压构件正截面承载力N_u。

对于混凝土强度等级为C30~C50、纵向钢筋配筋率ρ在0.5%~4%之间,沿周边均匀配置纵向钢筋(钢筋根数大于8根以上)的圆形截面钢筋混凝土偏心受压构件,《公路桥规》采用式(7-65)以及相应的数值计算,给出了由计算表格(附表1-10)直接确定或经内插得到计算参数的正截面抗压承载力计算方法。通过查表计算的圆形截面钢筋混凝土偏心受压构件正截面抗压承载力应符合以下要求

$$\gamma_0N_d\leqslant N_u=n_uAf_{cd} \tag{7-67}$$

式中:γ_0——结构重要性系数;

N_d——构件轴向压力的设计值;

n_u——构件相对抗压承载力,按附表1-10确定;

A——构件截面面积;

f_{cd}——混凝土抗压强度设计值。

7.5.3 计算方法

圆形截面偏心受压构件的正截面承载力计算方法分为截面设计和截面复核。由附表1-10可以看到,计算表格的参数有$\eta e_0/r$、$\rho f_{sd}/f_{cd}$和构件相对抗压承载力n_u,因此,根据已知条件和计算要求,可以计算得到相应的参数计算值,再查表得到未知的参数计算值,进一步计算可以完成截面设计和截面复核。

1)截面设计

已知圆形截面直径、构件几何长度和端约束条件(或计算长度),混凝土和钢筋设计强度,轴向力计算值$N=\gamma_0N_d$及相应的弯矩计算值M,求所需的纵向钢筋面积A_s。

(1)计算截面偏心距e_0。判断是否要考虑纵向弯曲对偏心距的影响,需要考虑时,假定纵向钢筋沿圆周连续布置的半径r_s,再按式(7-2)计算偏心距增大系数η,进而得到参数$\eta e_0/r$计算值。

由式(7-67)计算得到参数计算值$n_u=N/(Af_{cd})$,其中A为圆形截面面积,f_{cd}为混凝土抗压设计强度。

(2)由参数计算值 $\eta e_0/r$ 和 n_u 查附表1-10得到相应的表格参数 $\rho f_{sd}/f_{cd}$ 的值。当不能直接查到时,可以采用内插法来得到与已知参数计算 $\eta e_0/r$ 和 n_u 值一致的参数表格值。

(3)由查表得到的参数 $\rho f_{sd}/f_{cd}$ 值计算所需的纵向钢筋的配筋率 ρ,并计算得到所需的纵向钢筋截面面积 $A_s=\sum_{i=1}^{n}A_{si}$。

(4)选择钢筋并进行截面布置。

2)截面复核

已知圆形截面直径和实际纵向钢筋面积及布置,构件几何长度和端约束条件(或计算长度),混凝土和钢筋强度设计值,轴向力计算值 $N=\gamma_0 N_d$ 及相应的弯矩计算值 M,要求复核截面抗压承载力。

(1)计算截面偏心距 e_0;判断是否要考虑纵向弯曲对偏心距的影响,需要考虑时,由纵向钢筋沿圆周连续布置的半径 r_s,再按式(7-2)计算偏心距增大系数 η,计算得到参数 $\eta e_0/r$ 的计算值。

由已知圆形截面直径和实际纵向钢筋面积、混凝土和钢筋强度设计值计算得到参数 $\rho f_{sd}/f_{cd}$ 的计算值。

(2)由参数 $\rho f_{sd}/f_{cd}$ 和 $\eta e_0/r$ 计算值查附表1-10得到相应的表格参数 n_u 的值。当不能直接查到时,可以采用内插法来得到 n_u 值。

(3)由查表得到的 n_u 值代入式(7-67)计算,得到圆形截面钢筋混凝土偏心受压构件正截面抗压承载力 N_u,并满足式(7-67)的要求。

例7-7　已知柱式桥墩(图7-35)的柱直径 $d_1=1.2$m,计算长度 $l_0=7.5$m;柱控制截面的轴向力计算值 $N=9720$kN,弯矩计算值为 $M=2002.3$kN·m;采用C30级混凝土,HRB400级钢筋(纵向钢筋),Ⅱ类环境条件,设计使用年限100年,试进行配筋计算。

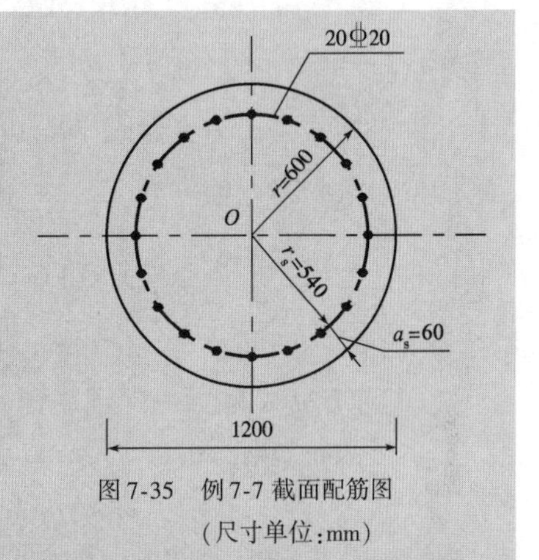

图7-35　例7-7截面配筋图
(尺寸单位:mm)

解:由已知条件,得到 $f_{cd}=13.8$MPa,$f_{sd}=330$MPa。

(1)计算偏心距增大系数

因圆形截面偏心受压构件的长细比 $l_0/d_1=7500/1200=6.25>4.4$,故应进行偏心距增大系数 η 的计算。

按照式(7-2)的要求,本例计算的偏心距 e_0 值应大于 $\max\{20\text{mm}, d_1/30=1200/30=40(\text{mm})\}$,现已知轴向力计算值 $N=9720$kN、弯矩计算值 $M=2002.3$kN·m,则计算得到偏心距 $e_0=M/N=(2002.3\times10^6)/(9720\times10^3)=206(\text{mm})$,可以用式(7-2)进行偏心距增大系数 η 的计算。

由已知的环境类别等查附表1-7得到混凝土保护层最小厚度 $c_{min}=35$mm,圆形截面纵向钢筋沿周长按一层布设,故可假设 $a_s=c_{min}+20=55(\text{mm})$,本例假设 $a_s=60(\text{mm})$。纵向受力钢筋重心所在圆周的半径 $r_s=600-60=540(\text{mm})$,圆形截面有效高度 $h_0=r+r_s=600+540=1140(\text{mm})$。由式(7-2)计算得到 $\eta=1.106$,则 $\eta e_0=228$mm。

(2)有关计算参数

圆形截面面积 $A=\pi D^2/4=3.14\times1200^2/4=113.04\times10^4(\mathrm{mm}^2)$,半径 $r=600\mathrm{mm}$。

参数 $\eta e_0/r$ 计算值为 $\eta e_0/r=228/600=0.38$。令 $N_u=\gamma_0 N_d$,由式(7-67)得到参数 n_u 的计算值

$$n_u=\frac{N}{Af_{cd}}=\frac{9.72\times10^6}{113.04\times10^4\times13.8}=0.623$$

(3)求参数 $\rho f_{sd}/f_{cd}$ 值

满足参数 $\eta e_0/r=0.38$ 及相应的参数 $n_u=0.623$ 计算值,位于附表 1-10 的参数 $\eta e_0/r$ 表格值为 0.35 和 0.4,参数 $\rho f_{sd}/f_{cd}$ 表格值为 0.06 ~ 0.09,因此要通过附表 1-10 所列参数值的内插计算才能得到对应计算参数 $\rho f_{sd}/f_{cd}$ 的值。

参数 $\rho f_{sd}/f_{cd}$ 为表格值 0.06,参数 $\eta e_0/r$ 分别为表格值 0.35 和 0.4 时,内插与计算参数 $\eta e_0/r=0.38$ 对应的 n_{u1} 值为

$$\begin{aligned}n_{u1}&=0.6432+\frac{(0.5878-0.6432)\times(0.38-0.35)}{0.4-0.35}\\&=0.6432-0.0332=0.61\end{aligned}$$

参数 $\rho f_{sd}/f_{cd}$ 为表格值 0.09,参数 $\eta e_0/r$ 分别为表格值 0.35 和 0.4 时,内插与计算参数 $\eta e_0/r=0.38$ 对应的 n_{u2} 值为

$$\begin{aligned}n_{u2}&=0.6684+\frac{(0.6142-0.6684)\times(0.38-0.35)}{0.4-0.35}\\&=0.6684-0.0325=0.6359\end{aligned}$$

在参数 $\rho f_{sd}/f_{cd}$ 为表格值 0.06 和 0.09 分别对应的 n_{u1} 和 n_{u2} 之间内插,计算 $n_u=0.6231$ 时对应的参数 $\rho f_{sd}/f_{cd}$ 值

$$\begin{aligned}\rho\frac{f_{sd}}{f_{cd}}&=0.06+\frac{(0.6231-0.61)\times(0.09-0.06)}{0.6359-0.61}\\&=0.06+0.015=0.075\end{aligned}$$

(4)求所需的截面纵向钢筋配筋率与截面面积

由参数 $\rho f_{sd}/f_{cd}=0.075$ 可以计算所需的纵向钢筋配筋率为

$$\rho=\frac{0.075f_{cd}}{f_{sd}}=\frac{0.075\times13.8}{330}=0.0031<0.005$$

由于 $\rho=0.0031$ 小于规定的最小配筋率 $\rho_{min}=0.005$,故采用 $\rho=0.005$ 计算得到

$$A_s=\rho\pi r^2=0.005\times3.14\times600^2=5652(\mathrm{mm}^2)$$

现选用 20 ⌀ 20,$A_s=6283\mathrm{mm}^2$,实际配筋率 $\rho=A_s/(\pi r_1^2)=6283/(3.14\times600^2)=0.56\%>0.5\%$,钢筋布置如图 7-35所示,$a_s=60\mathrm{mm}$,箍筋采用 ϕ10 钢筋,箍筋的混凝土保护层厚度为 $60-25.1/2-10=37.5(\mathrm{mm})>c_{min}(=35\mathrm{mm})$,满足要求;纵向钢筋间净距为 152mm,满足规定的净距不应小于 50mm 且不应大于 350mm 的要求。

例 7-8　钻孔灌注桩截面直径 1200mm，桩的计算长度 l_0 为 5200mm。轴向力计算值 $N=11500\text{kN}$，弯矩计算值 $M=2415\text{ kN}\cdot\text{m}$，C25 混凝土，$f_{cd}=11.5\text{MPa}$，HRB400 钢筋，$f_{sd}=330\text{MPa}$。Ⅱ类环境条件，设计使用年限 100 年，桩圆形截面布置 29 ⌀28 纵向钢筋，钢筋面积 $A_s=17855\text{mm}^2$，实际截面配筋率 $\rho=0.01578$，箍筋采用 ϕ12 钢筋，要求复核桩截面抗压承载力。

解：由图 7-36 桩截面纵向钢筋布置图，圆形截面半径 $r=600\text{mm}$，纵向钢筋的根数大于 6 根，净距 s_n 为 82mm；r_s 为 524mm，箍筋的混凝土保护层厚度为 $76-31.6/2-14=46.2(\text{mm})>c_{min}(=45\text{mm})$，满足要求。

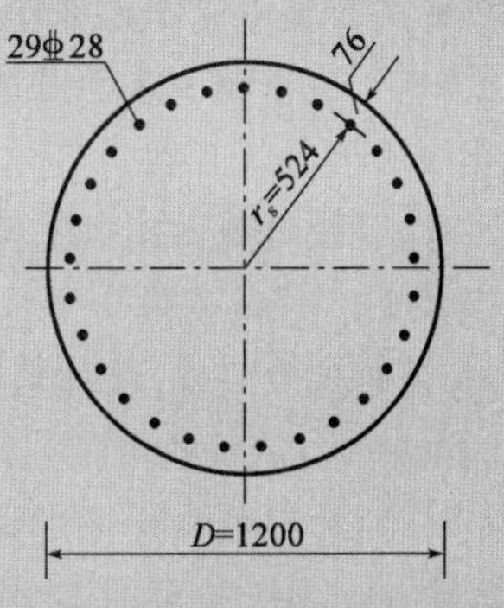

图 7-36　例 7-8 截面钢筋布置图（尺寸单位：mm）

（1）在垂直于弯矩作用平面内

桩的计算长细比 $l_0/D=5200/1200=4.33\leq 7$，故稳定系数 $\varphi=1$。桩混凝土截面面积 $A_c=1130400\text{mm}^2$，纵向钢筋截面面积 $A_s=17855\text{mm}^2$，则在垂直于弯矩作用平面内的截面抗压承载力为

$$\begin{aligned}N_u &=0.9\varphi(f_{cd}A_c+f'_{sd}A_s)\\&=0.9\times1\times(11.5\times1130400+330\times17855)\\&=17002.575(\text{kN})>N(=11500\text{kN})\end{aligned}$$

（2）在弯矩作用平面内

因桩的计算长细比 $l_0/D=5200/1200=4.33$，小于 4.4，故偏心距增大系数 $\eta=1$，而截面偏心距 $e_0=M/N=2415\times10^6/11500\times10^3=210(\text{mm})$，查表法计算参数如下：

$$\eta\frac{e_0}{r}=1.0\times\frac{210}{600}=0.35$$

$$\rho\frac{f_{sd}}{f_{cd}}=0.01578\times\frac{330}{11.5}=0.4528$$

满足计算参数 $\eta e_0/r=0.35$ 和 $\rho f_{sd}/f_{cd}=0.4528$ 的 n_u 值，位于附表 1-10 参数 $\eta e_0/r$ 的表格值 0.35、参数 $\rho f_{sd}/f_{cd}$ 的表格值 0.4 和 0.5 之间，内插计算得到构件相对抗压承载力 n_u 为

$$\begin{aligned}n_u &=0.9008+\frac{(0.9712-0.9008)\times(0.4528-0.4)}{0.5-0.4}\\&=0.9008+0.0372=0.938\end{aligned}$$

由式（7-67）计算得到

$$\begin{aligned}N_u &=n_uAf_{cd}\\&=0.938\times1130400\times11.5\\&=12194(\text{kN})>N(=11500\text{kN})\end{aligned}$$

桩截面抗压承载力满足要求。

【复习思考题与习题】

7-1　钢筋混凝土偏心受压构件截面形式与纵向钢筋布置有什么特点?

7-2　简述钢筋混凝土偏心受压构件的破坏形态和破坏类型。

7-3　试根据式(7-2)说明偏心距增大系数 η 与哪些因素有关。

7-4　在钢筋混凝土矩形截面(非对称配筋)偏心受压构件的截面设计和截面复核中,如何判断是大偏心受压还是小偏心受压?

7-5　试根据7.3.2节的内容,写出矩形截面偏心受压构件非对称配筋的计算流程图和截面复核的计算流程图。

7-6　矩形截面偏心受压构件的截面尺寸为 $b \times h = 300\text{mm} \times 600\text{mm}$,弯矩作用平面内的构件计算长度 $l_0 = 6\text{m}$;C30混凝土,纵向钢筋HRB400级钢筋,箍筋(HPB300)直径8mm;I类环境条件,安全等级为二级,设计使用年限50年;轴向力设计值 $N_d = 542.8\text{kN}$,相应弯矩设计值 $M_d = 326.6\text{kN} \cdot \text{m}$,试按截面非对称布筋进行截面设计。

7-7　矩形截面偏心受压构件的截面尺寸为 $b \times h = 300\text{mm} \times 400\text{mm}$,弯矩作用平面内的构件计算长度 $l_0 = 4\text{m}$;C30混凝土,纵向钢筋HRB400级钢筋,箍筋(HPB300)直径8mm;I类环境条件,安全等级为二级,设计使用年限50年;轴向力设计值 $N_d = 188\text{kN}$,相应弯矩设计值 $M_d = 120\text{kN} \cdot \text{m}$,现截面受压区已配置了3ⲫ20钢筋(单排),$a_s' = 40\text{mm}$,试计算所需的受拉钢筋面积 A_s,并选择与布置受拉钢筋。

7-8　图7-37所示矩形截面偏心受压构件的截面尺寸为 $b \times h = 300\text{mm} \times 450\text{mm}$,弯矩作用平面内的构件计算长度 $l_{0x} = 3.5\text{m}$,垂直于弯矩作用平面方向的计算长度 $l_{0y} = 6\text{m}$。C30混凝土,HRB400级钢筋,I类环境条件,安全等级为二级,设计使用年限50年。截面钢筋布置如图7-37所示,$A_s = 339\text{mm}^2$(3ⲫ12),$A_s' = 308\text{mm}^2$(2ⲫ14),箍筋(HPB300)直径8mm。轴向力设计值 $N_d = 174\text{kN}$,相应弯矩设计值 $M_d = 54.8\text{kN} \cdot \text{m}$,试进行截面复核。

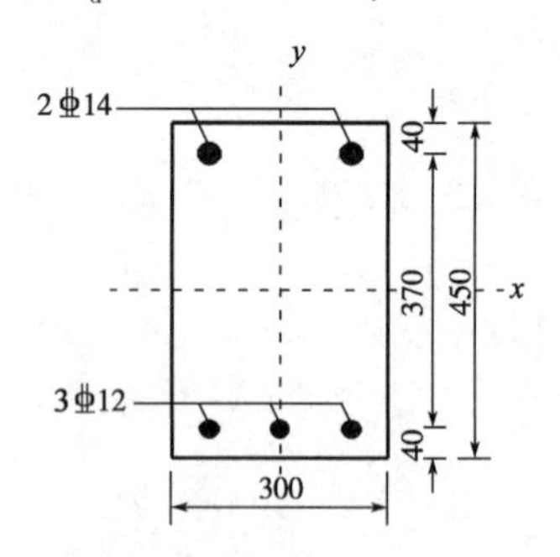

图7-37　题7-8图(尺寸单位:mm)

7-9　矩形截面偏心受压构件的截面尺寸为 $b \times h = 300\text{mm} \times 600\text{mm}$,弯矩作用平面内和垂直于弯矩作用平面的计算长度 $l_0 = 6\text{m}$;C30混凝土和HRB400级钢筋(纵向钢筋)、HPB300级钢筋(箍筋,ϕ8);I类环境条件,设计使用年限50年,安全等级为一级;轴向力设计值 $N_d = 2645\text{kN}$,相应弯矩设计值 $M_d = 119\text{kN} \cdot \text{m}$,试按非对称布筋进行截面设计和截面复核。

7-10　与非对称布筋的矩形截面偏心受压构件相比,对称布筋设计时的大、小偏心受压的判别方法有何不同之处?

7-11　矩形截面偏心受压构件的截面尺寸为 $b \times h = 250\text{mm} \times 300\text{mm}$,弯矩作用平面内和

垂直于弯矩作用平面的计算长度均为 $l_0=2.2\mathrm{m}$；C30 混凝土和 HRB400 级钢筋（纵向钢筋）、HPB300 级钢筋（箍筋，ϕ8）；I 类环境条件，安全等级为二级，设计使用年限 50 年；轴向力设计值 $N_\mathrm{d}=122\mathrm{kN}$，相应弯矩设计值 $M_\mathrm{d}=58.5\mathrm{kN\cdot m}$，试按对称布筋进行截面设计和截面复核。

7-12　工字形截面偏心受压构件的截面如图 7-38 所示，弯矩作用平面内的计算长度 $l_{0x}=5.5\mathrm{m}$，垂直于弯矩作用平面方向的计算长度 $l_{0y}=7.0\mathrm{m}$；C30 混凝土和 HRB400 级钢筋（纵向钢筋）、HPB300 级钢筋（箍筋，ϕ8）；$A_\mathrm{s}=A'_\mathrm{s}=1257\mathrm{mm}^2$（4 ⌀20）；I 类环境条件，安全等级为二级，设计使用年限 50 年；轴向力设计值 $N_\mathrm{d}=368\mathrm{kN}$，相应弯矩设计值 $M_\mathrm{d}=275\mathrm{kN\cdot m}$，试进行截面复核。

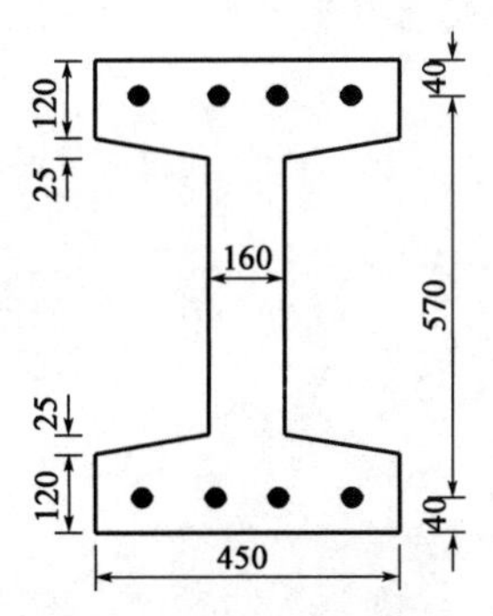

图 7-38　题 7-12 图（尺寸单位：mm）

7-13　圆形截面偏心受压构件的纵向受力钢筋布置有何特点和要求？箍筋布置有何构造要求？能不能设计为类似于 6.2 节介绍的螺旋箍筋受压构件？为什么？

7-14　圆形截面偏心受压构件（墩柱）的截面半径 $r=400\mathrm{mm}$，计算长度 $l_0=8.8\mathrm{m}$；C30 混凝土和 HRB400 级钢筋（纵向钢筋）、HPB300 级钢筋（箍筋，ϕ8）；I 类环境条件，安全等级为二级，设计使用年限 100 年；轴向力设计值 $N_\mathrm{d}=1454\mathrm{kN}$，相应弯矩设计值 $M_\mathrm{d}=465\mathrm{kN\cdot m}$，试按查表法进行截面设计。

第8章

受拉构件正截面承载力计算

8.1 概　　述

当纵向拉力作用线与构件截面形心轴线相重合时,此构件为轴心受拉构件。当纵向拉力作用线偏离构件截面形心轴线时,或者构件上既作用有拉力,同时又作用有弯矩时,则为偏心受拉构件。

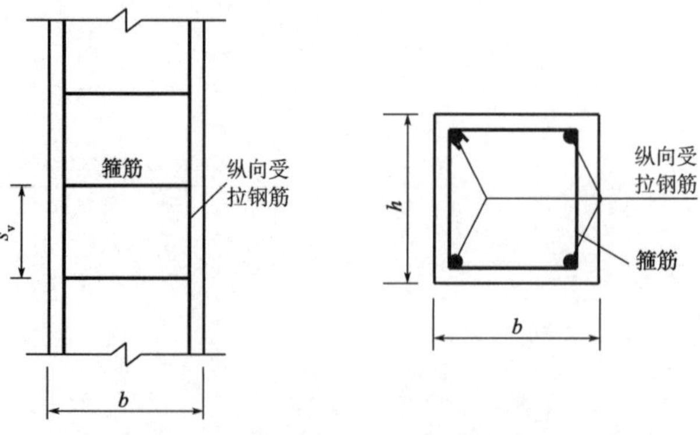

图8-1　钢筋混凝土受拉构件的钢筋

在钢筋混凝土桥中,常见的受拉构件有桁架拱、桁梁中的拉杆和系杆拱的系杆等。

钢筋混凝土受拉构件需配置纵向钢筋和箍筋,箍筋直径应不小于8mm,间距一般为150~200mm(图8-1)。由于混凝土的抗拉强度很低,所以,钢筋混凝土受拉构件即使在外力不是很大时,混凝土表面就会出现裂缝。为此,可对受拉构件施加一定的预应力而形成预应力混凝土受拉构件,以改善受拉构件的抗裂性能。

8.2 轴心受拉构件

钢筋混凝土轴心受拉构件,在混凝土开裂以前,混凝土与钢筋共同负担拉力;当构件开裂后,裂缝截面处的混凝土已完全退出工作,拉力全部由钢筋承担;而当钢筋拉应力到达屈服强度时,构件也到达其极限承载能力。轴心受拉构件的正截面承载力计算式如下

$$N_u = f_{sd} A_s \tag{8-1}$$

式中:f_{sd}——钢筋抗拉强度设计值;

A_s——截面上全部纵向受拉钢筋截面面积。

取轴向力计算值 $N(=\gamma_0 N_d)=N_u$,则由式(8-1)可得轴心受拉构件所需的纵向钢筋面积为

$$A_s = \frac{N}{f_{sd}}$$

《公路桥规》规定轴心受拉构件一侧纵筋的配筋率(%)应按毛截面面积计算,其值应不小于 $45f_{td}/f_{sd}$,同时不小于0.2。

8.3 偏心受拉构件

按照纵向拉力作用位置的不同,偏心受拉构件可分为两种情况:**当偏心拉力作用点在截面钢筋 A_s 合力点与 A'_s 合力点之间时,属于小偏心受拉情况;当偏心拉力作用点在截面钢筋 A_s 合力点与 A'_s 合力点范围以外时,属于大偏心受拉情况。**

由于偏心受拉构件一般采用矩形截面,故本节仅介绍矩形截面偏心受拉构件的正截面承载力计算。

8.3.1 小偏心受拉构件的正截面承载力计算

对于矩形截面偏心受拉构件,当偏心距 $e_0 \leqslant (h/2-a_s)$ 时,即偏心拉力作用点在截面钢筋 A_s 和 A'_s 位置之间时,按小偏心受拉构件计算。在小偏心受拉情况下,构件临破坏前截面混凝土已全部裂通,拉力全部由钢筋承担。因此,在小偏心受拉构件的正截面承载力计算图式(图8-2)中,不考虑混凝土的受拉工作;构件破坏时,钢筋 A_s 及 A'_s 的应力均达到抗拉强度设计值 f_{sd},正截面承载力基本计算式如下

$$N_u e_s = f_{sd} A'_s (h_0 - a'_s) \tag{8-2}$$

$$N_u e'_s = f_{sd} A_s (h_0 - a'_s) \tag{8-3}$$

式(8-2)和式(8-3)中的 e_s 和 e'_s分别按下列公式计算：

$$e_s = \frac{h}{2} - e_0 - a_s \tag{8-4}$$

$$e'_s = e_0 + \frac{h}{2} - a'_s \tag{8-5}$$

式(8-2)～式(8-5)中的符号意义详见图 8-2。

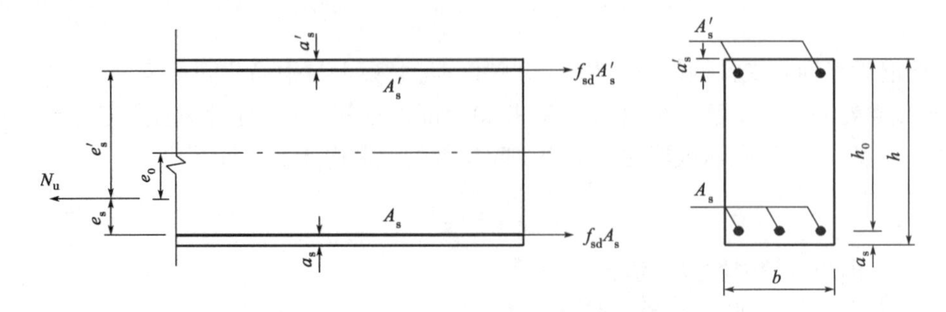

图 8-2　小偏心受拉构件正截面承载力计算图式

对于偏心拉力的作用,可看成是轴向拉力和弯矩的共同作用,在设计中,如有若干组不同的内力组合(M_d、N_d)时,应按作用组合最大的轴向拉力设计值 N_d 与相应的弯矩设计值 M_d 计算钢筋面积。**当对称布筋时,离轴向力较远一侧钢筋 A'_s的应力可能达不到其抗拉强度设计值,因此,截面设计时,钢筋 A_s 和 A'_s值均按式(8-3)来求解。**

《公路桥规》规定小偏心受拉构件一侧受拉纵筋的配筋率(%)应按构件毛截面面积计算,其值应不小于 $45f_{td}/f_{sd}$,同时不小于 0.2。

例 8-1　已知一偏心受拉构件,承受轴向拉力设计值 $N_d = 672\text{kN}$,弯矩设计值 $M_d = 60.5\text{kN}\cdot\text{m}$;Ⅰ类环境条件,设计使用年限 50 年,结构安全等级为二级($\gamma_0 = 1.0$);截面尺寸为$b \times h = 350\text{mm} \times 450\text{mm}$;采用 C30 混凝土和 HRB400 级钢筋(纵向钢筋)、HPB300 级钢筋(箍筋,φ8),$f_{td} = 1.39\text{MPa}$,$f_{sd} = 330\text{MPa}$,求截面配筋。

解:由已知的环境类别等查附表 1-7 得到混凝土保护层最小厚度 $c_{min} = 20\text{mm}$,构件截面一侧纵向钢筋拟按一层布设,故假设 $a_s = a'_s = c_{min} + 20 = 40(\text{mm})$,则截面有效高度 $h_0 = h - a_s = 450 - 40 = 410(\text{mm})$。

(1)截面设计时对偏心受拉情况判别

由已知条件得到轴向拉力计算值 $N = \gamma_0 N_d = 672\text{kN}$,弯矩计算值 $M = \gamma_0 M_d = 60.5\text{kN}\cdot\text{m}$,计算的偏心距 e_0值如下且满足

$$e_0 = \frac{M}{N} = \frac{60.5 \times 10^6}{672 \times 10^3} = 90(\text{mm}) < \frac{h}{2} - a_s\left[= \frac{450}{2} - 40 = 185(\text{mm})\right]$$

表明偏心拉力作用点在截面钢筋 A_s合力点与钢筋 A'_s合力点之间,故按小偏心受拉构件进行截面设计。

(2)计算所需的钢筋面积 A_s' 与钢筋面积 A_s

由式(8-4)和式(8-5)求得 $e_s=450/2-90-40=95$(mm)、$e_s'=90+450/2-40=275$(mm)。下面由式(8-2)且取 $N_u=N=672$kN 计算,可得到所需的截面钢筋面积 A_s'值为

$$A_s'=\frac{Ne_s}{f_{sd}(h_0-a_s')}=\frac{672\times10^3\times95}{330(410-40)}=523(\text{mm}^2)$$

再由式(8-3),仍取 $N_u=N=672$kN 计算,可得到所需的截面钢筋面积 A_s值为

$$A_s=\frac{Ne_s'}{f_{sd}(h_0-a_s')}=\frac{672\times10^3\times275}{330(410-40)}=1514(\text{mm}^2)$$

(3)选择钢筋与截面布置

根据计算结果,现选择 3 ⌀16,$A_s'=603\text{mm}^2>523\text{mm}^2$;选择 4 ⌀22,$A_s=1520\text{mm}^2>1514\text{mm}^2$,截面布置见图 8-3。根据偏心受拉构件截面一侧受拉纵向钢筋最小配筋率规定 $\rho_{min}=\max\{45f_{td}/f_{sd},0.2\}=\max\{45\times1.39/330,0.2\}=\max\{0.19,0.2\}$,取 $\rho_{min}=0.2\%$,现一侧受拉纵向钢筋最小钢筋面积为 $0.2\%bh=0.2\%\times350\times450=315(\text{mm}^2)$,故截面布置的一侧受拉纵向钢筋面积满足规定。

由图 8-3 可见,受拉纵向钢筋重心距截面边缘的距离 $a_s=a_s'=45$mm,箍筋的混凝土保护层最小厚度 $=45-25.1/2-8=24.45(\text{mm})>c_{min}(=20\text{mm})$,满足要求;纵向钢筋之间的最小间距 $260/3-25.1\approx62(\text{mm})>50$mm,且 <350mm,满足要求。

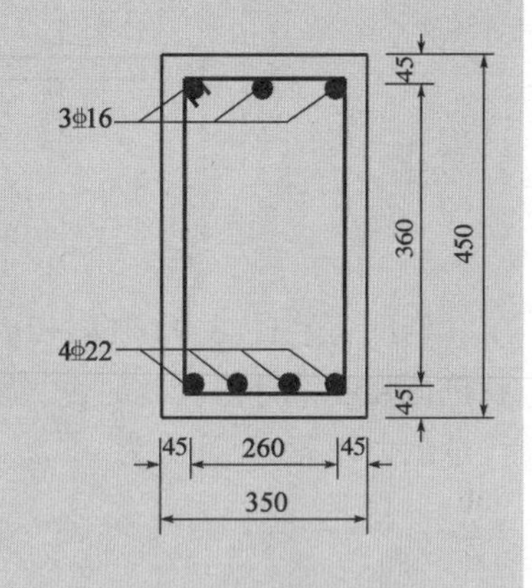

图 8-3　例 8-1 钢筋布置图(尺寸单位:mm)

8.3.2　大偏心受拉构件的正截面承载力计算

当矩形截面偏心距 $e_0>(h/2-a_s)$ 时,即轴向拉力作用在截面钢筋 A_s 和 A_s'范围以外时,称为大偏心受拉构件。 对于正常配筋的矩形截面,当轴向力作用在钢筋 A_s 合力点和 A_s'合力点范围以外时,离轴向力较近一侧将产生裂缝,而离轴向力较远一侧的混凝土仍然受压,因此,裂缝不会贯通整个截面。破坏时,钢筋 A_s 的应力达到其抗拉强度,裂缝开展很大,受压区混凝土被压碎;当受拉钢筋配筋率不很大时,受压区混凝土压碎程度往往不明显,在这种情况下,一般以裂缝开展宽度超过某一限值作为截面破坏的标志。这种破坏特征称为大偏心受拉破坏。

矩形截面大偏心受拉构件正截面承载力计算图式如图 8-4 所示,纵向受拉钢筋 A_s 的应力达到其抗拉强度设计值 f_{sd},受压区混凝土应力图形可简化为矩形,其应力为混凝土抗压强度设计值 f_{cd}。受压钢筋 A_s'的应力可假定达到其抗压强度设计值。根据平衡条件可得基本计算式如下

$$N_u=f_{sd}A_s-f_{sd}'A_s'-f_{cd}bx \tag{8-6}$$

$$N_ue_s=f_{cd}bx(h_0-\frac{x}{2})+f_{sd}'A_s'(h_0-a_s') \tag{8-7}$$

$$f_{sd}A_se_s - f'_{sd}A'_se'_s = f_{cd}bx\left(e_s + h_0 - \frac{x}{2}\right) \tag{8-8}$$

其中 $e_s = e_0 - \frac{h}{2} + a_s$，而公式的适用条件是

$$2a'_s \leqslant x \leqslant \xi_b h_0 \tag{8-9}$$

式中，ξ_b 为截面相对界限受压区高度，其值见表 3-2。

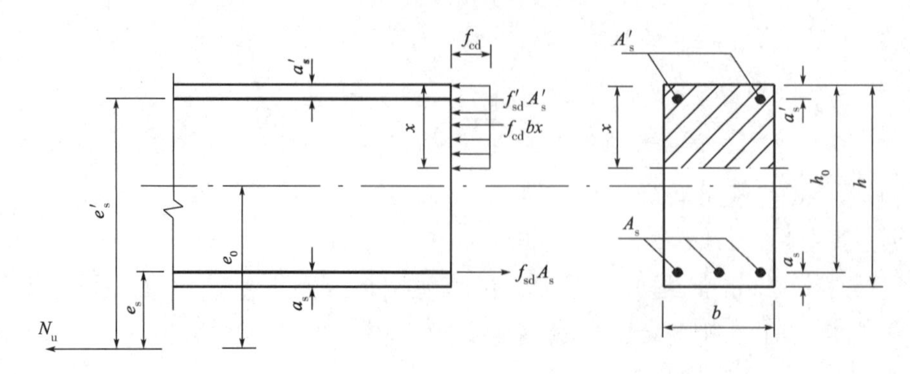

图 8-4　大偏心受拉构件计算图式

当不满足式(8-9)中 $x \geqslant 2a'_s$ 的要求时，因受压钢筋距离中和轴很近，破坏时其应力不能达到抗压强度设计值。此时，可假定混凝土合力中心与受压钢筋 A'_s 重合，即近似地取 $x = 2a'_s$ 进行承载力计算，计算式为

$$N_ue'_s = f_{sd}A_s(h_0 - a'_s) \tag{8-10}$$

当已知截面尺寸 $b \times h$、偏心拉力设计值 N_d、偏心距 e_0，求钢筋面积时，为了能充分发挥材料的强度，宜取 $x = \xi_b h_0$，此时的设计当为最经济。由此，从式(8-6)和式(8-7)可得到

$$A'_s = \frac{\gamma_0 N_d e_s - f_{cd}bh_0^2\xi_b(1 - 0.5\xi_b)}{f'_{sd}(h_0 - a'_s)} \tag{8-11}$$

$$A_s = \frac{\gamma_0 N_d + f'_{sd}A'_s + f_{cd}bh_0\xi_b}{f_{sd}} \tag{8-12}$$

若按式(8-11)求得的 A'_s 过小或为负值，可按最小配筋率或有关构造要求配置 A'_s，然后按式(8-6)～式(8-8)计算 A_s。

当为对称配筋的大偏心受拉构件时，由于 $f_{sd} = f'_{sd}$，$A_s = A'_s$，若将上述各值代入式(8-6)后，必然会求得负值 x，即属于 $x < 2a'_s$ 的情况。此时，可按式(8-10)求得 A_s 值。

《公路桥规》规定大偏心受拉构件一侧受拉纵筋的配筋率(%)按 A_s/bh_0 计算(h_0 为截面有效高度)，其值应不小于 $45f_{td}/f_{sd}$，同时不小于 0.2，详见附表 1-8“注”。

例 8-2　已知偏心受拉构件的截面尺寸为 $b \times h = 350\text{mm} \times 600\text{mm}$，采用 C30 混凝土和 HRB400 级钢筋(纵向钢筋)、HPB300 级钢筋(箍筋，ϕ8)；承受轴拉力设计值 $N_d = 140.6\text{kN}$，弯矩设计值 $M_d = 115\text{kN}\cdot\text{m}$；Ⅰ类环境条件，设计使用年限 50 年；结构安全等级为二级($\gamma_0 = 1.0$)；$f_{cd} = 13.8\text{MPa}$，$f_{td} = 1.39\text{MPa}$，$f_{sd} = 330\text{MPa}$，试进行截面配筋计算。

解:由已知的环境类别等查附表 1-7 得到混凝土保护层最小厚度 $c_{\min}=20\text{mm}$,构件截面一侧纵向钢筋拟按一层布设,故假设 $a_s=a'_s=c_{\min}+20=40(\text{mm})$,这时截面有效高度 $h_0=h-a_s=600-40=560(\text{mm})$。

(1)截面设计时对偏心受拉情况判别

由已知条件得到轴向拉力计算值 $N=\gamma_0 N_d=140.6\text{kN}$,弯矩计算值 $M=\gamma_0 M_d=115\text{kN}\cdot\text{m}$,计算的偏心距 e_0值如下且满足

$$e_0=\frac{M}{N}=\frac{115\times10^6}{140.6\times10^3}=818(\text{mm})>\frac{h}{2}-a_s\left[=\frac{600}{2}-40=260(\text{mm})\right]$$

表明偏心拉力作用点不在截面钢筋 A_s合力点与钢筋 A'_s合力点之间,故按大偏心受拉构件进行截面设计。

(2)计算所需的钢筋面积 A'_s与钢筋面积 A_s

计算 $e_s=e_0-h/2+a_s=818-600/2+40=558(\text{mm})$、$e'_s=e_0+h/2-a'_s=818+600/2-40=1078(\text{mm})$。这时取截面相对受压区高度 $\xi=\xi_b=0.53$,将 ξ 及 $N=140.6\text{kN}$ 代入式(8-11),计算所需的纵向钢筋 A'_s值为

$$A'_s=\frac{Ne_s-f_{cd}bh_0^2\xi_b(1-0.5\xi_b)}{f'_{sd}(h_0-a'_s)}$$

$$=\frac{140.6\times10^3\times558-13.8\times350\times560^2\times0.53(1-0.5\times0.53)}{330(560-40)}$$

$$=-2981(\text{mm}^2)$$

计算所得的 A'_s为负值,表明此时可不必配置受压钢筋。一侧受压钢筋最小配筋率为0.2%,则最小配筋面积为 $A'_s=0.002bh=0.002\times350\times600=420(\text{mm}^2)$,现选用2 ⌀18,$A'_s=509\text{mm}^2$。

由式(8-7)计算混凝土受压区高度 x 为

$$x=h_0-\sqrt{h_0^2-2\frac{Ne_s-f'_{sd}A'_s(h_0-a'_s)}{f_{cd}b}}$$

$$=560-\sqrt{560^2-2\frac{140.6\times10^3\times558-330\times509(560-40)}{13.8\times350}}$$

$$=-3.28(\text{mm})<2a'_s[=2\times40=80(\text{mm})]$$

此时应按式(8-10)计算所需的 A_s 值,即

$$A_s=\frac{Ne'_s}{f_{sd}(h_0-a'_s)}=\frac{140600\times1078}{330(560-40)}=883(\text{mm}^2)$$

选用4 ⌀18,$A_s=1018\text{mm}^2$,截面纵向受拉钢筋布置见图 8-5。

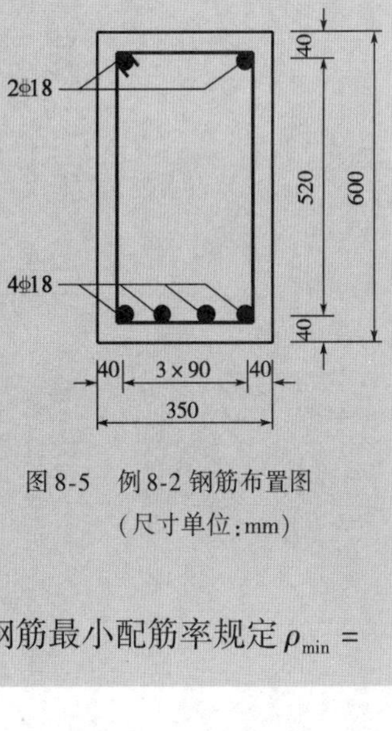

图 8-5　例 8-2 钢筋布置图
(尺寸单位:mm)

(3)截面布置检查

截面布置见图 8-5。根据偏心受拉构件截面一侧受拉纵向钢筋最小配筋率规定 $\rho_{\min}=$

$\max\{45f_{td}/f_{sd},0.2\}=\max\{45\times1.39/330,0.2\}=\max\{0.19,0.2\}$,取$\rho_{min}=0.20\%$,一侧受拉纵向钢筋最小钢筋面积为$0.20\%bh_0=0.20\%\times350\times560\approx392(mm^2)$,现截面设计的一侧受拉纵向钢筋面积均大于最小钢筋面积$431mm^2$,满足要求。

由图8-3可见,受拉纵向钢筋重心距截面边缘距离$a_s=a'_s=40mm$,箍筋的混凝土保护层最小厚度$=40-20.5/2-8=21.75(mm)>c_{min}(=20mm)$,满足要求;纵向钢筋之间的最小间距$90-20.5\approx70(mm)>50mm$,且$<350mm$,满足要求。

【复习思考题与习题】

8-1　大、小偏心受拉构件的界限如何区分?它们的受力特点与破坏特征各有何不同?

8-2　试从破坏形态、截面应力、计算公式及计算步骤,来分析大、小偏心受拉与受压有什么不同之处。

8-3　《公路桥规》对大、小偏心受拉构件纵向钢筋的最小配筋率有哪些要求?

8-4　分析矩形截面受弯构件、偏心受压构件和偏心受拉构件正截面承载能力基本计算公式的异同性。

8-5　钢筋混凝土桁架拱的偏心受拉构件,截面$b\times h=250mm\times450mm$;Ⅰ类环境条件,结构安全等级为二级,设计使用年限50年;C30混凝土,纵筋HRB400级,箍筋HPB300级(ϕ8);已知$N_d=500kN$,$e_0=150mm$,求不对称配筋时的钢筋面积。

8-6　在题8-5中,若$e_0=300mm$,其他条件不变,求非对称配筋时的钢筋面积。

8-7　条件同题8-6,求对称配筋时的钢筋面积。

8-8　试对例题8-2进行截面复核。

第 9 章

钢筋混凝土受弯构件截面应力、裂缝宽度和挠度计算

9.1 概　　述

在前面几章里,根据持久状况承载能力极限状态计算原则,已详细介绍了钢筋混凝土构件的承载力计算及设计方法。但是,钢筋混凝土构件除了可能由于材料强度破坏或失稳等原因达到承载能力极限状态以外,还可能由于构件变形或混凝土裂缝过大影响构件的适用性及耐久性,而达不到结构正常使用要求。因此,钢筋混凝土构件除要求进行持久状况承载能力极限状态计算外,还要进行持久状况正常使用极限状态的计算,以及短暂状况的构件截面应力计算。

本章以钢筋混凝土受弯构件为例,介绍《公路桥规》对钢筋混凝土构件进行这类计算的要求与方法。

对公路桥涵钢筋混凝土受弯构件设计,持久状况正常使用极限状态的计算内容是构件的混凝土最大裂缝宽度和挠度验算;短暂状况的构件应力计算内容是桥涵施工阶段构件的截面混凝土和钢筋的应力验算。

与承载能力极限状态计算相比,钢筋混凝土受弯构件的正常使用极限状态计算有如下

特点:

(1)持久状况承载能力极限状态计算是取钢筋混凝土受弯构件截面的受力破坏阶段,例如,其正截面受弯承载力的计算取如图3-11b)所示的III_a的状态为计算图式基础;而持久状况正常使用极限状态计算是取钢筋混凝土受弯构件的正常使用受力阶段,一般取如图3-10、图3-11所示的受力第Ⅱ阶段,即钢筋混凝土受弯构件带裂缝工作阶段的受力状态为计算图式基础。

(2)钢筋混凝土受弯构件设计计算中,承载力计算决定了构件设计尺寸、要求的材料设计强度、所需钢筋数量和布置,以满足构件承载能力极限状态要求,计算内容分为构件截面设计和截面复核。

正常使用极限状态计算是按照钢筋混凝土受弯构件的正常使用受力情况对已满足承载力要求的构件进行计算,看是否能满足构件正常使用极限状态的要求,即在正常使用的受力阶段,计算构件的变形(挠度)和混凝土最大裂缝宽度是否小于《公路桥规》规定的限值,这种结构计算称为“结构验算”。当构件验算不满足要求时,必须对设计的构件进行修正和调整,直至满足两种极限状态的设计要求。

(3)持久状况承载能力极限状态计算时,采用作用基本组合,其中汽车荷载作用要计入冲击系数;而持久状况正常使用极限状态计算时,根据计算的不同要求采用作用频遇组合和准永久组合,其中汽车荷载作用不计冲击系数,相关概念参见第2章的内容。

短暂状况构件的应力验算是按照桥涵结构设计、施工及使用过程的全寿命设计理念和桥涵已有设计习惯而进行的设计计算。设计上构件截面应力计算的实质是构件的强度验算,是对构件承载力计算的补充,是结构承载能力极限状态表现之一。与持久状况承载能力极限状态计算不同,在结构设计上短暂状况构件的截面应力验算对应于构件的施工阶段,计算采用结构弹性理论,并且要满足《公路桥规》规定的限值。

在钢筋混凝土受弯构件的正常使用极限状态计算和短暂状况构件的截面应力验算中,要用到构件“换算截面”的概念,因此,本章将先介绍钢筋混凝土受弯构件换算截面的概念及计算方法,然后介绍短暂状况钢筋混凝土受弯构件的应力验算和持久状况的混凝土裂缝宽度及变形(挠度)验算的方法,最后介绍桥梁混凝土结构耐久性设计问题。

9.2 换算截面

钢筋混凝土受弯构件受力进入第Ⅱ工作阶段的特征是弯曲竖向裂缝已形成并开展,截面中和轴以下大部分混凝土已退出工作,由钢筋承受拉力,钢筋应力σ_s远小于其屈服强度,受压区混凝土的压应力图形大致是抛物线形。而受弯构件的荷载—挠度(跨中)关系曲线是一条接近于直线的曲线。因而,钢筋混凝土受弯构件的第Ⅱ工作阶段又可称为开裂后弹性阶段。

对于第Ⅱ工作阶段的计算,一般有下面的三项基本假定。

(1)平截面假定。即认为梁的正截面在梁受力并发生弯曲变形以后,仍保持为平面。

根据平截面假定,平行于梁中和轴的各纵向纤维的应变与其到中和轴的距离成正比。同时,由于钢筋与混凝土之间的粘结力,钢筋与其同一水平线的混凝土应变相等,因此,由图9-1可得到

$$\frac{\varepsilon_c'}{x}=\frac{\varepsilon_c}{h_0-x} \tag{9-1}$$

$$\varepsilon_s=\varepsilon_c \tag{9-2}$$

上述式中:ε_c、ε_c'——分别为混凝土的受拉和受压平均应变;

ε_s——与混凝土的受拉平均应变为 ε_c 的同一水平位置处的钢筋平均拉应变;

x——受压区高度;

h_0——截面有效高度。

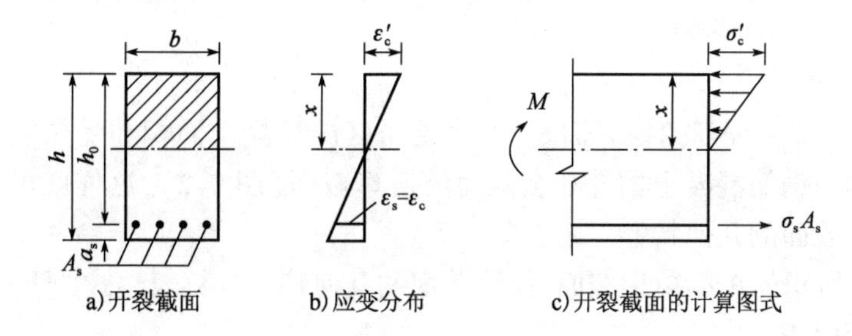

图 9-1 受弯构件的开裂截面

(2)弹性体假定。钢筋混凝土受弯构件在第Ⅱ工作阶段时,混凝土受压区的应力分布图形是曲线形,但此时曲线并不丰满,与直线形相差不大,可以近似地看作直线分布,即受压区混凝土的应力与平均应变成正比。故有

$$\sigma_c'=\varepsilon_c'E_c \tag{9-3}$$

同时,假定在受拉钢筋水平位置处混凝土的平均拉应变与应力成正比,即

$$\sigma_c=\varepsilon_cE_c \tag{9-4}$$

(3)受拉区混凝土完全不能承受拉应力。拉应力完全由钢筋承受。

由上述三个基本假定作出的钢筋混凝土受弯构件在第Ⅱ工作阶段的计算图式见图 9-1。由式(9-2)和式(9-4)可得到

$$\sigma_c=\varepsilon_cE_c=\varepsilon_sE_c$$

因为

$$\varepsilon_s=\frac{\sigma_s}{E_s}$$

故有

$$\sigma_c=\frac{\sigma_s}{E_s}E_c=\frac{\sigma_s}{\alpha_{Es}} \tag{9-5}$$

式中的 **α_{Es} 为钢筋混凝土构件截面的换算系数,等于钢筋弹性模量与混凝土弹性模量的比值,$\alpha_{Es}=E_s/E_c$。**

式(9-5)表明在钢筋同一水平位置处混凝土拉应力 σ_c 为钢筋应力 σ_s 的 $1/\alpha_{Es}$ 倍。换言之,**钢筋的拉应力 σ_s 是同一水平位置处混凝土拉应力 σ_c 的 α_{Es} 倍。**

由钢筋混凝土受弯构件第Ⅱ工作阶段计算假定而得到的计算图式与材料力学中匀质梁计算图式非常接近,主要区别是钢筋混凝土梁的受拉区混凝土不参与工作。因此,如果能**将钢筋和受压区混凝土两种材料组成的实际截面换算成一种拉压性能相同的假想材料组成的匀质截面(称换算截面)**,即将实际截面看作由匀质弹性材料组成的截面,从而能采用材料力学公式

进行截面计算。

通常,将钢筋截面面积 A_s 换算成假想的受拉混凝土截面面积 A_{sc},位于钢筋的重心处(图 9-2)。

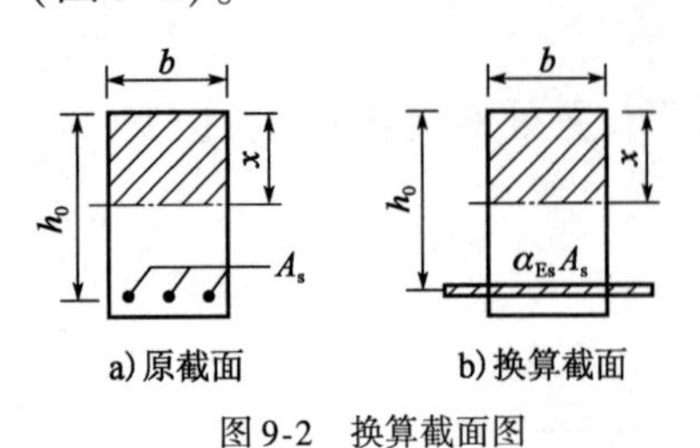

图 9-2　换算截面图

假想的混凝土所承受的总拉力应该与钢筋承受的总拉力相等,故

$$A_s\sigma_s = A_{sc}\sigma_c$$

又由式(9-5)知 $\sigma_c = \sigma_s/\alpha_{Es}$,则可得到

$$A_{sc} = A_s\frac{\sigma_s}{\sigma_c} = \alpha_{Es}A_s \tag{9-6}$$

将 $A_{sc} = \alpha_{Es}A_s$ 称为钢筋的换算面积,而将受压区的混凝土面积和受拉区的钢筋换算面积所组成的截面称为钢筋混凝土构件开裂截面的换算截面(图 9-2),这样就可以按材料力学的方法来计算换算截面的几何特性。

对于图 9-2 所示的单筋矩形截面,换算截面的几何特性计算表达式如下:

①换算截面面积

$$A_0 = bx + \alpha_{Es}A_s \tag{9-7}$$

②换算截面对中和轴的静矩

受压区

$$S_{0c} = \frac{1}{2}bx^2 \tag{9-8}$$

受拉区

$$S_{0t} = \alpha_{Es}A_s(h_0 - x) \tag{9-9}$$

③换算截面惯性矩

$$I_{cr} = \frac{1}{3}bx^3 + \alpha_{Es}A_s(h_0 - x)^2 \tag{9-10}$$

对于受弯构件,开裂截面的中和轴通过其换算截面的形心轴,即 $S_{0c} = S_{0t}$,可得到

$$\frac{1}{2}bx^2 = \alpha_{Es}A_s(h_0 - x)$$

解得换算截面的受压区高度为

$$x = \frac{\alpha_{Es}A_s}{b}\left(\sqrt{1 + \frac{2bh_0}{\alpha_{Es}A_s}} - 1\right) \tag{9-11}$$

图 9-3 是受压翼缘有效宽度为 b_f'时,T 形截面的换算截面计算图式。

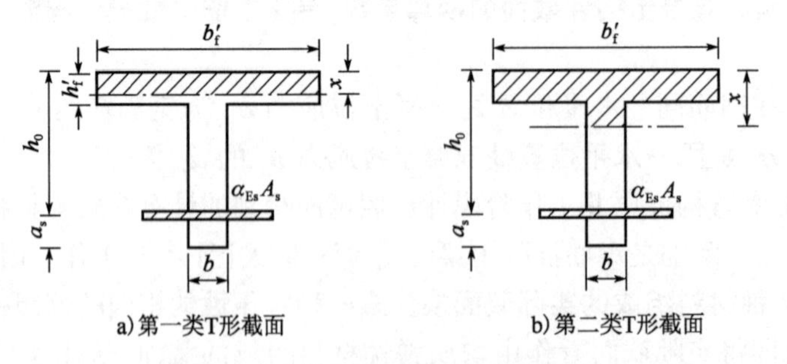

图 9-3　开裂状态下 T 形截面换算计算图式

当截面受压区高度 $x \leq$ 受压翼板高度 h_f' 时，为第一类T形截面，可按宽度为 b_f' 的矩形截面，应用式(9-7)～式(9-11)来计算开裂截面的换算截面几何特性。

当截面受压区高度 $x > h_f'$ 时，表明中和轴位于T形截面的肋部，为第二类T形截面，这时，换算截面的受压区高度 x 计算式为

$$x = \sqrt{A^2 + B} - A \tag{9-12}$$

$$A = \frac{\alpha_{Es}A_s + (b_f' - b)h_f'}{b}, B = \frac{2\alpha_{Es}A_s h_0 + (b_f' - b)(h_f')^2}{b}$$

开裂截面的换算截面对其中和轴的惯性矩 I_{cr} 为

$$I_{cr} = \frac{b_f' x^3}{3} - \frac{(b_f' - b)(x - h_f')^3}{3} + \alpha_{Es}A_s(h_0 - x)^2 \tag{9-13}$$

在钢筋混凝土受弯构件的使用阶段和施工阶段的计算中，有时会遇到全截面换算截面的概念。

全截面的换算截面是混凝土全截面面积和钢筋的换算面积所组成的截面。对于图9-4所示的T形截面，全截面的换算截面几何特性计算式为

①换算截面面积

$$A_0 = bh + (b_f' - b)h_f' + (\alpha_{Es} - 1)A_s \tag{9-14}$$

②换算截面受压区高度

$$x = \frac{\frac{1}{2}bh^2 + \frac{1}{2}(b_f' - b)(h_f')^2 + (\alpha_{Es} - 1)A_s h_0}{A_0} \tag{9-15}$$

③换算截面对中和轴的惯性矩

$$I_0 = \frac{1}{12}bh^3 + bh(\frac{1}{2}h - x)^2 + \frac{1}{12}(b_f' - b)(h_f')^3 + (b_f' - b)h_f'(\frac{h_f'}{2} - x)^2 + (\alpha_{Es} - 1)A_s(h_0 - x)^2 \tag{9-16}$$

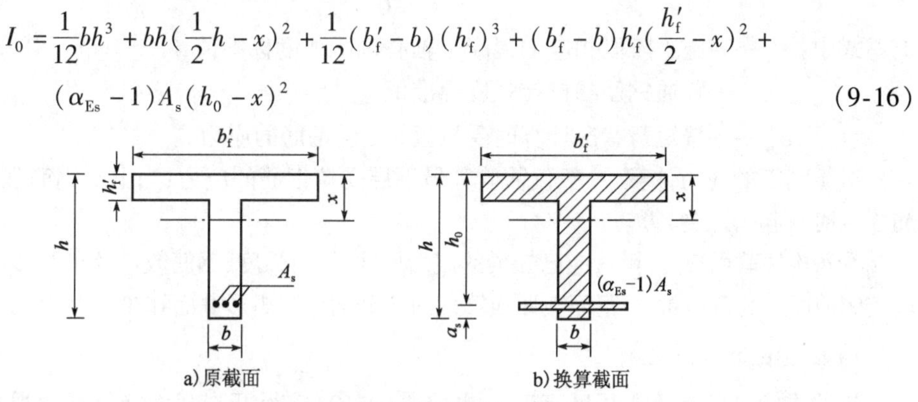

图9-4　全截面换算示意图

9.3　截面应力计算

对于钢筋混凝土受弯构件，《公路桥规》要求进行施工阶段的截面应力计算，即短暂状况的应力验算。

钢筋混凝土梁在施工阶段，特别是梁的运输、安装过程中，梁的支承条件、受力图式会发生变化。例如，图9-5b)所示简支梁的吊装，吊点的位置并不在梁设计的支座截面，当吊点距梁

端距离 a(悬架)较大时,将会在吊点截面处引起较大负弯矩。又如图 9-5c)所示,采用“钓鱼法”架设简支梁,在安装施工中,其受力简图不再是简支体系,因此,应该根据受弯构件在施工中的实际受力体系进行截面的应力计算。

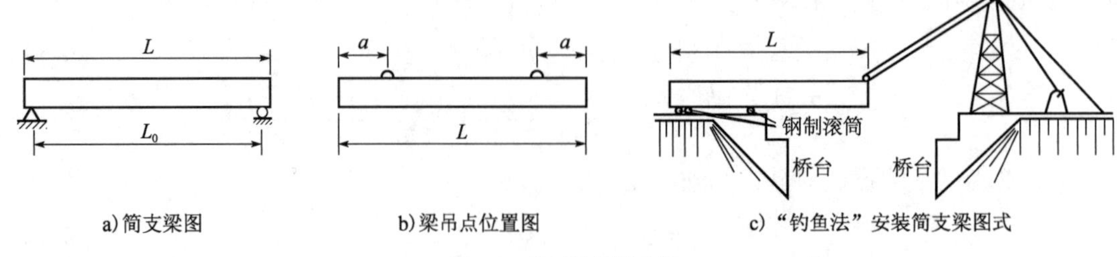

a)简支梁图　　b)梁吊点位置图　　c)“钓鱼法”安装简支梁图式

图 9-5　施工阶段受力图

《公路桥规》规定进行施工阶段验算,施工荷载除有特别规定外均采用标准值,当有荷载组合时不考虑荷载组合系数。构件在吊装时,构件重力应乘以动力系数 1.2 或 0.85,并可视构件具体情况适当增减。当用吊机(吊车)行驶于桥梁上进行安装时,应对已安装的构件进行验算,吊机(车)应乘以 1.15 的荷载系数。但当由吊机(车)产生的效应设计值小于按持久状况承载能力极限状态计算的荷载效应设计值时,则可不必验算。

对于**钢筋混凝土受弯构件施工阶段的应力计算,可按第Ⅱ工作阶段(图 3-10)进行**。《公路桥规》规定受弯构件正截面应力应符合下列条件:

(1)受压区混凝土边缘纤维应力

$$\sigma_{cc}^{t} \leqslant 0.80 f_{ck}'$$

(2)受拉钢筋应力

$$\sigma_{si}^{t} \leqslant 0.75 f_{sk}$$

上述式中:f_{ck}'——施工阶段相应的混凝土轴心抗压强度标准值;

f_{sk}——普通钢筋的抗拉强度标准值;

σ_{si}^{t}——按短暂状况计算时受拉区第 i 层钢筋的应力。

对于钢筋的应力计算,一般仅需验算最下层受拉钢筋的应力;当上层钢筋强度小于下层钢筋强度时,则应分层验算。

受弯构件截面应力计算,应已知梁的截面尺寸、材料强度、钢筋数量及布置,以及梁在施工阶段控制截面上的弯矩 M_k^t。下面按照换算截面法分别介绍矩形截面和 T 形截面正应力验算方法。

1)矩形截面(图 9-2)

按照式(9-11)计算受压区高度 x,再按式(9-10)求得开裂截面换算截面惯性矩 I_{cr}。截面应力验算按式(9-17)和式(9-18)进行:

(1)受压区混凝土边缘

$$\sigma_{cc}^{t} = \frac{M_k^t x}{I_{cr}} \leqslant 0.80 f_{ck}' \tag{9-17}$$

(2)受拉钢筋的面积重心处

$$\sigma_{si}^{t} = \alpha_{Es} \frac{M_k^t (h_{0i} - x)}{I_{cr}} \leqslant 0.75 f_{sk} \tag{9-18}$$

式中:I_{cr}——开裂截面换算截面的惯性矩;

M_k^t——由结构自重和临时的施工荷载标准值产生的弯矩值。

2)T形截面

在施工阶段,T形截面在弯矩作用下,其翼板可能位于受拉区[图9-6a)],也可能位于受压区[图9-6b)、c)]。

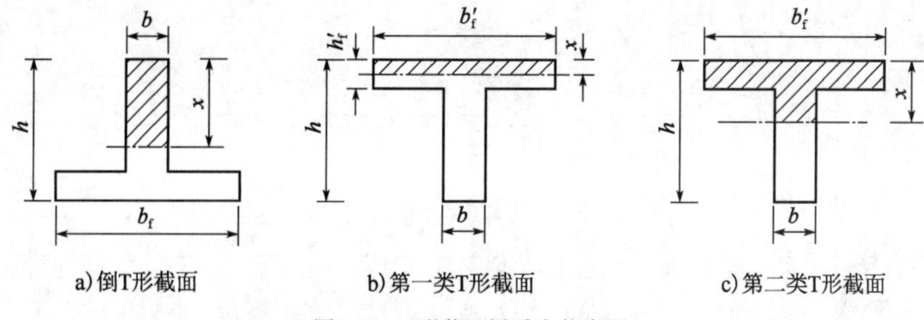

图9-6　T形截面梁受力状态图

当翼板位于受拉区时,按照宽度为b、高度为h的矩形截面进行应力验算。

当翼板位于受压区时,则先应按式(9-19)进行计算判断。

$$\frac{1}{2}b_f' x^2 = \alpha_{Es}A_s(h_0 - x) \tag{9-19}$$

式中:b_f'——受压翼缘有效宽度;

α_{Es}——截面换算系数。

若按式(9-19)计算的$x \leqslant h_f'$,表明中和轴在翼板中,为第一类T形截面,则可按宽度为b_f'的矩形梁计算。

若按式(9-19)计算的$x > h_f'$,为第二类T形截面,这时应按式(9-12)重新计算受压区高度x,再按式(9-13)计算换算截面惯性矩I_{cr}。

截面应力验算表达式及应满足的要求,仍按式(9-17)和式(9-18)进行。

当钢筋混凝土受弯构件施工阶段应力不满足式(9-17)和式(9-18)时,应该调整施工方法,或者补充、调整某些钢筋。

对于钢筋混凝土受弯构件在施工阶段的主应力验算详见《公路桥规》规定,这里不再复述。

例9-1　钢筋混凝土简支T梁梁长$L = 19.96$m,计算跨径$l_0 = 19.50$m;C30混凝土,$f_{ck} = 20.1$MPa。

主梁截面尺寸及纵向受拉钢筋布置见图9-7a)。跨中截面主筋为HRB400级,钢筋截面面积$A_s = 6836\text{mm}^2$(8ⱠΦ32+2Φ16),$a_s = 111$mm,$f_{sk} = 400$MPa。

简支梁吊装时,其吊点设在距梁端$a = 400$mm处[图9-7a)],梁自重在跨中截面引起的弯矩$M_{G1} = 505.69\text{kN}\cdot\text{m}$。

试进行钢筋混凝土简支T梁截面应力的验算。

解:根据图9-7b)所示梁的吊点位置及主梁自重(看作均布荷载),可以看到在吊点截面处有最大负弯矩,在梁跨中截面有最大正弯矩,均为正应力验算截面。本例以梁跨中截面正应力验算为例介绍计算方法。

(1)梁跨中截面的换算截面惯性矩I_{cr}计算

根据《公路桥规》规定计算得到的梁受压翼板的有效宽度$b_f' = 1500$mm,而受压翼板平均厚度为110mm,截面有效高度 $h_0 = h - a_s = 1300 - 111 = 1189(\mathrm{mm})$;截面的换算系数 $\alpha_{Es} = E_s/E_c = 2\times10^5/3\times10^4 = 6.667$。

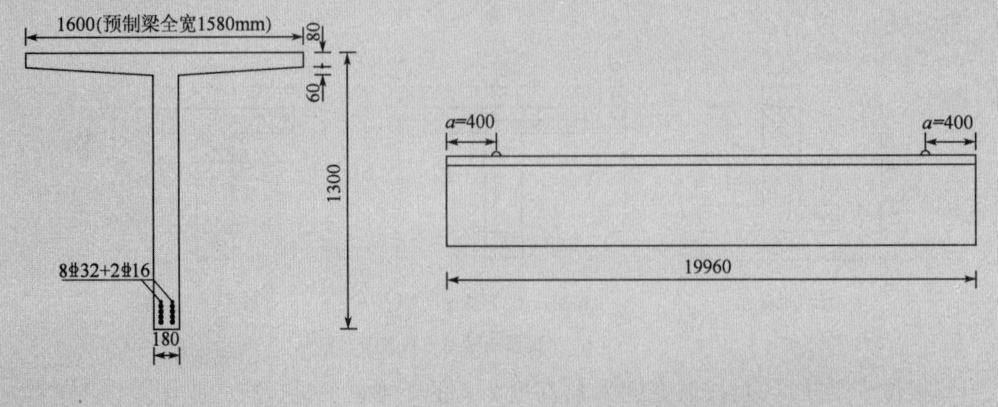

a)梁跨中截面图

b)梁吊装位置示意图

图9-7　例9-1图(尺寸单位:mm)

由式(9-19)计算来判定T形截面的类型,设截面受压区高度为 x,则

$$\frac{1}{2}\times1500x = 6.667\times6836(1189 - x)$$

解得 $x = 240.12(\mathrm{mm}) > h'_f(=110\mathrm{mm})$,故为第二类T形截面。

现按第二类T形截面求解其换算截面几何特性,由式(9-12)计算得到换算截面受压区高度 x 为

$$A = \frac{\alpha_{Es}A_s + h'_f(b'_f - b)}{b} = \frac{6.667\times6836 + 110(1500 - 180)}{180} = 1060$$

$$B = \frac{2\alpha_{Es}A_s h_0 + (b'_f - b)h'^2_f}{b} = \frac{2\times6.667\times6836\times1189 + (1500 - 180)110^2}{180} = 690838$$

故得 $x = \sqrt{A^2 + B} - A = \sqrt{1060^2 + 690838} - 1060 = 287(\mathrm{mm}) > h'_f(=110\mathrm{mm})$。

按式(9-13)计算开裂截面的换算截面惯性矩 I_{cr} 为

$$I_{cr} = \frac{b'_f x^3}{3} - \frac{(b'_f - b)(x - h'_f)^3}{3} + \alpha_{Es}A_s(h_0 - x)^2$$

$$= \frac{1500\times287^3}{3} - \frac{(1500 - 180)(287 - 110)^3}{3} + 6.667\times6836(1189 - 287)^2$$

$$= 46460.55\times10^6(\mathrm{mm}^4)$$

(2)截面正应力验算

吊装时动力系数为1.2(起吊时主梁超重),则跨中截面计算弯矩为

$$M_k^t = 1.2M_{G1} = 1.2 \times 505.69 \times 10^6 = 606.828 \times 10^6 (\text{N} \cdot \text{mm})$$

由式(9-17)算得截面受压区混凝土边缘正应力为

$$\sigma_c^t = \frac{M_k^t x}{I_{cr}} = \frac{606.828 \times 10^6 \times 287}{46460.55 \times 10^6}$$

$$= 3.75(\text{MPa}) < 0.8f'_{ck}[=0.8 \times 20.1 = 16.08(\text{MPa})]$$

由式(9-18)算得纵向受拉钢筋的面积重心处的拉应力为

$$\sigma_s^t = \alpha_{Es}\frac{M_k^t(h_0 - x)}{I_{cr}} = 6.667 \times \frac{606.828 \times 10^6 \times (1189 - 287)}{46460.55 \times 10^6}$$

$$= 78.54(\text{MPa}) < 0.75f_{sk}[=0.75 \times 400 = 300(\text{MPa})]$$

最下面一层纵向受拉钢筋(2Φ32)重心距受压边缘高度为 $h_{01} = 1300 - (\frac{35.8}{2} + 35) = 1247(\text{mm})$,则钢筋应力为

$$\sigma_s = \alpha_{Es}\frac{M_k^t}{I_{cr}}(h_{01} - x)$$

$$= 6.667 \times \frac{606.828 \times 10^6}{46460.55 \times 10^6} \times (1247 - 287)$$

$$= 83.6(\text{MPa}) < 0.75f_{sk}(=300\text{MPa})$$

验算结果表明,吊装时主梁跨中截面混凝土正应力和钢筋拉应力均小于规范限值,可取图9-7b)的吊点位置。

9.4　受弯构件的裂缝及最大裂缝宽度验算

混凝土的抗拉强度很低,在不大的拉应力作用下就可能出现裂缝。

钢筋混凝土结构的裂缝,按其产生的原因可分为以下几类:

(1)直接作用效应(如弯矩、剪力、扭矩及拉力等)引起的裂缝。其裂缝形态描述见第3章、第4章、第5章和第8章。由直接作用引起的裂缝一般是与受力钢筋以一定角度相交的横向裂缝。但是,应该指出的是,由于局部粘结应力过大引起的、沿钢筋长度出现的粘结裂缝(图4-31)也是由直接作用引起的一种裂缝,这种裂缝通常是针脚状及劈裂裂缝。

(2)由外加变形或约束变形引起的裂缝。外加变形一般有地基的不均匀沉降、混凝土的收缩及温度差等。约束变形越大,裂缝宽度也越大。例如在钢筋混凝土薄腹T梁的肋板表面上出现中间宽两端窄的竖向裂缝,这是混凝土结硬时,肋板混凝土受到四周混凝土及钢筋骨架约束而引起的裂缝。

(3)钢筋锈蚀裂缝。由于保护层混凝土碳化或氯离子侵入导致钢筋锈蚀。锈蚀产物的体积比钢筋被侵蚀的体积大2~3倍,这种体积膨胀使外围混凝土产生相当大的拉应力,引

起混凝土开裂，甚至保护层混凝土剥落。钢筋锈蚀裂缝是沿钢筋长度方向劈裂的纵向裂缝。

过多的裂缝或过大的裂缝宽度会影响结构的外观，造成使用者的不安。从结构本身来看，某些裂缝的发生或发展，将影响结构的使用寿命。为了保证钢筋混凝土构件的耐久性，必须从设计、施工等方面控制裂缝。

对外加变形或约束变形引起的裂缝，往往是通过在构造上提出要求和在施工工艺上采取相应的措施予以控制。例如，混凝土收缩引起的裂缝，往往发生在混凝土的结硬初期，因此需要良好的初期养护条件和合适的混凝土配合比设计，所以在施工规程中，提出要严格控制混凝土的配合比，保证混凝土的养护条件和时间，同时，《公路桥规》还规定，为防止过宽的混凝土收缩裂缝，对于钢筋混凝土薄腹梁，应沿梁肋的两侧分别设置直径为6～8mm的水平纵向钢筋，并且具有规定的配筋率$(0.001\sim0.002)bh$，其中b为肋板宽度，h为梁的高度。

对于钢筋锈蚀裂缝，由于它的出现将影响结构的使用寿命，危害性较大，故必须防止其出现。钢筋锈蚀裂缝是目前正在研究的一种裂缝，在实际工程中，为了防止它的出现，一般认为必须有足够厚度的混凝土保护层和保证混凝土的密实性，严格控制早凝剂的掺入量，一旦钢筋锈蚀裂缝出现，应当及时处理。

在钢筋混凝土结构的使用阶段，直接作用引起的混凝土裂缝，只要不是沿混凝土表面延伸过长或裂缝宽度的发展处于不稳定状态，均属正常的(指一般构件)。但在直接作用下，若裂缝宽度过大，仍会造成裂缝处钢筋锈蚀。

钢筋混凝土构件在荷载作用下产生的裂缝宽度，主要通过设计上进行理论验算和构造措施上加以控制。由于裂缝发展的影响因素很多，例如荷载作用及构件性质、环境条件、钢筋种类等，且裂缝的种类也很多，不能一一详加讨论，因此，本节将主要介绍常见的对结构安全影响较大的钢筋混凝土受弯构件弯曲裂缝宽度的验算及控制方法。

9.4.1 受弯构件弯曲裂缝宽度计算理论和方法简介

裂缝宽度是指混凝土构件裂缝的横向尺寸。对于钢筋混凝土受弯构件弯曲裂缝宽度问题，各国均做了大量的试验和理论研究工作，提出了各种不同的裂缝宽度计算理论和方法。总的来说，可以归纳为两大类：第一类是计算理论法。它是根据某种理论来建立计算图式，最后得到裂缝宽度计算公式，然后对公式中一些不易通过计算获得的系数，利用试验资料加以确定。第二类是分析影响裂缝宽度的主要因素，然后利用数理统计方法来处理大量的试验数据而建立计算公式。

下面介绍三种计算理论法。

1)粘结滑移理论法

粘结滑移理论法是由D. Watstein等人在1940—1960年间建立和发展起来的裂缝计算理论，一直被认为是"经典的裂缝理论"。这个理论认为裂缝控制主要取决于钢筋和混凝土之间的粘结性能。其理论要点是钢筋应力通过钢筋与混凝土之间的粘结应力传给混凝土，当混凝土裂缝出现以后，由于钢筋和混凝土之间产生了相对滑移、变形不一致而导致裂缝开展。因此，在一个裂缝区段(裂缝间距l_{cr})内，钢筋伸长和混凝土伸长之差就是裂缝开展平均宽度W_f，而且还意味着混凝土表面裂缝宽度与钢筋表面处的裂缝宽度是一样的[图9-8a)]。

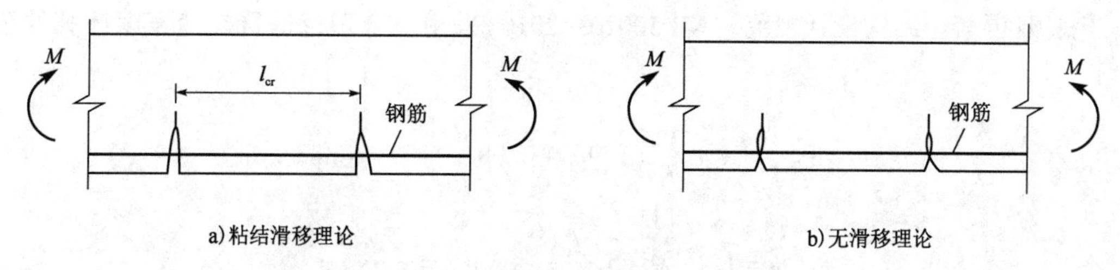

a)粘结滑移理论　　　b)无滑移理论

图9-8　裂缝宽度计较的理论方法示意图

按这一理论建立的裂缝平均宽度 W_f 的计算式为

$$W_f = l_{cr}(\bar{\varepsilon}_s - \bar{\varepsilon}_c) = l_{cr}\bar{\varepsilon}_s(1 - \bar{\varepsilon}_c/\bar{\varepsilon}_s) = l_{cr}\bar{\varepsilon}_s\alpha$$

式中：l_{cr}——平均裂缝间距，与钢筋直径 d 和配筋率有关；

$\bar{\varepsilon}_s$、$\bar{\varepsilon}_c$——分别为裂缝间的钢筋和混凝土的平均应变。

式中的钢筋平均应变$\bar{\varepsilon}_s$进一步可表达为$\bar{\varepsilon}_s = \frac{\sigma_{ss}}{E_s}\psi$，其中 ψ 为裂缝间混凝土参与受拉工作的程度，即裂缝间距内受拉钢筋应变不均匀系数，$\psi \leqslant 1.0$。另外，由于$\bar{\varepsilon}_c$通常远远小于$\bar{\varepsilon}_s$，常可忽略不计。由此得到裂缝平均宽度为

$$W_f = \psi \cdot \frac{\sigma_{ss}}{E_s} l_{cr} \tag{9-20}$$

式中：σ_{ss}——钢筋在裂缝处的应力；

ψ——钢筋应变不均匀系数。

2)无滑移理论

1966年英国水泥混凝土学会 G. D. Base、J. b. Read 等人提出了无滑移理论。这一理论认为，在通常允许的裂缝宽度范围内，钢筋与混凝土之间的粘结力并不破坏，相对滑移很小，可以忽略不计，钢筋表面处裂缝宽度要比构件表面裂缝宽度小得多，这表明裂缝的形状如图9-8b)所示。该理论要点是表面裂缝宽度是由钢筋至构件表面的应变梯度控制的，即裂缝宽度随着离钢筋距离的增大而增大，钢筋的混凝土保护层厚度是影响裂缝宽度的主要因素。

G. D. Base 等学者通过理论与试验导出钢筋侧面的最大裂缝宽度(W_{fmax})为

$$W_{fmax} = kc\frac{\sigma_{ss}}{E_s} \tag{9-21}$$

式中：c——裂缝观测点距最近一根钢筋表面的距离，若 c 点位于构件表面，则 c 为保护层厚度；

k——最大裂缝宽度与平均裂缝宽度的扩大倍数。

3)综合理论

综合理论是粘结滑移理论和无滑移理论的综合。1971年日本的 Y. Goto 在轴心拉杆的钢筋周围预埋导管并注入墨水，试验后剖开试件发现在主裂缝附近变形钢筋周围形成如图9-9所示的内部微裂，主裂缝附近区段粘结力遭到破坏，同时证明裂缝宽度在构件外表处最大，钢筋表面处最小。这为综合理论的研究提供了试验观察现象。综合理论既考虑了混凝土保护层厚度对裂缝宽度 W_f 的影响，也考虑了钢筋和混凝土之间可能出现的滑移，这无疑比前两种理论更为合理。

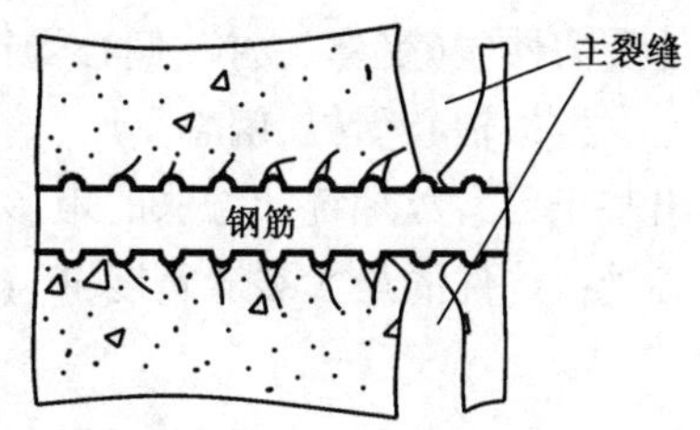

图9-9　综合理论示意图

我国《混凝土结构设计规范》(GB 50010—2010)采用综合理论进行裂缝宽度计算的公式如下

$$W_{fmax}=\alpha_{cr}\psi\frac{\sigma_s}{E_s}(1.9c_s+0.08\frac{d_{eq}}{\rho_{te}})\qquad(mm) \tag{9-22}$$

$$\psi=1.1-0.65\frac{f_{tk}}{\rho_{te}\sigma_s}\qquad d_{eq}=\frac{\sum n_i d_i^2}{\sum n_i v_i d_i}$$

$$\rho_{te}=\frac{A_q}{A_{te}}\qquad \sigma_s=\frac{M_q}{0.87h_0A_s}$$

式中:M_q——按荷载准永久组合计算的弯矩值;

σ_s——钢筋混凝土受弯构件受拉区纵向钢筋的应力;

ψ——裂缝间纵向受拉钢筋应变不均匀系数,当 $\psi<0.2$ 时,取 $\psi=0.2$;当 $\psi>1.0$ 时,取 $\psi=1.0$;对直接承受重复荷载的构件,取 $\psi=1.0$;

c_s——最外层纵向受拉钢筋保护层厚度(mm),当 $c_s<20$mm 时,取 $c_s=20$mm;当 $c_s>65$mm 时,取 $c_s=65$mm;

A_{te}——有效受拉混凝土面积,对轴拉构件为构件截面面积,对受弯构件则取1/2梁高以下的混凝土截面面积;

ρ_{te}——按有效受拉混凝土截面面积计算的纵向受拉钢筋配筋率,当 $\rho_{te}<0.01$ 时,取$\rho_{te}=0.01$;

A_s——纵向受拉钢筋截面面积;

d_{eq}——纵向受拉钢筋等效直径(mm);

n_i、d_i——分别为第 i 种纵向受拉钢筋的根数和公称直径;

v_i——第 i 种纵向受拉钢筋的相对粘结特征系数,对带肋钢筋取1.0,对光面钢筋取0.7。

在式(9-22)中括号内数值相当于平均裂缝间距,其第一项反映保护层厚度 c 的影响,一般指主筋侧面的保护层厚度;第二项反映钢筋与混凝土相对滑移对裂缝宽度的影响。这些都反映了综合理论方法的特点。

影响裂缝宽度的因素很多,裂缝机理也十分复杂。近数十年来人们已积累了相当多的研究裂缝问题的试验资料,利用这些已有的试验资料,分析影响裂缝宽度的各种因素,找出主要的因素,舍去次要因素,再用数理统计方法给出简单适用而又有一定可靠性的裂缝宽度计算公式,这种方法称为数理统计方法。

根据大连理工大学和东南大学的试验结果,分析影响裂缝宽度的主要因素有:钢筋应力 σ_{ss}、钢筋直径 d、配筋率 ρ、保护层厚度 c、钢筋外形、荷载作用性质(短期、长期、重复作用)、构件受力性质(受弯、受拉、偏心受拉等)。

根据轴心受拉、偏心受压、偏心受拉构件裂缝宽度的试验资料和以往的设计经验,由此给出基于因素数理统计方法的矩形、T形、倒T形和工字形截面的受弯、轴心受拉、偏心受压、偏心受拉构件的最大裂缝宽度 W_{fk}(mm)的计算公式为

$$W_{fk}=c_1c_2c_3\frac{\sigma_{ss}}{E_s}\cdot\frac{30+d}{0.28+10\rho} \tag{9-23}$$

式中：c_1——考虑钢筋表面形状的系数，对带肋钢筋，取 $c_1=1.0$；对光圆钢筋，取 $c_1=1.4$；

c_2——考虑荷载作用的系数，短期静力荷载作用时，取 $c_2=1.0$；荷载长期或重复作用时，取 $c_2=1.5$；

c_3——考虑构件受力特征的系数，对受弯构件，取 $c_3=1.0$；对大偏心受压构件，取 $c_3=0.9$；对偏心受拉构件，取 $c_3=1.1$；对轴心受拉构件，取 $c_3=1.2$；

d——纵向钢筋直径(mm)；

ρ——截面配筋率；

σ_{ss}——按短期效应组合计算的构件裂缝处纵向受拉钢筋应力(MPa)；

E_s——受拉钢筋弹性模量(MPa)。

9.4.2 《公路桥规》关于最大裂缝宽度计算方法和裂缝宽度限值

《公路桥规》对于钢筋混凝土构件的最大裂缝宽度计算公式，是以式(9-23)为基础加以修订提出的。

在研究分析中，选用了包括式(9-23)在内的国内外6个裂缝宽度计算公式，对40根公路钢筋混凝土T形简支梁受拉主筋(采用螺纹钢筋)进行计算，并以CEB-FIP《国际标准规范》公式为准绳进行比较。其结论是式(9-23)的计算值接近于CEB-FIP《国际标准规范》值，但略大。同时，与钢筋混凝土其他构件的试验资料进行对比后，对式(9-23)系数进行了修正，《公路桥规》规定矩形、T形和工字形截面的钢筋混凝土受弯构件，其最大裂缝宽度(mm)可按式(9-24)计算：

$$W_{cr}=c_1c_2c_3\frac{\sigma_{ss}}{E_s}\cdot\frac{c+d}{0.36+1.7\rho_{te}}\qquad(\text{mm})\tag{9-24}$$

式中：c_1——钢筋表面形状系数，对于光圆钢筋，$c_1=1.4$；对于带肋钢筋，$c_1=1.0$；对环氧树脂涂层带肋钢筋，$c_1=1.15$；

c_2——长期效应影响系数，$c_2=1+0.5M_l/M_s$，其中 M_l 和 M_s 分别为按作用准永久组合和作用频遇组合计算的弯矩设计值；

c_3——与构件受力性质有关的系数，当为钢筋混凝土板式受弯构件时，$c_3=1.15$；当为其他受弯构件时，$c_3=1.0$；

c——最外排纵向受拉钢筋的混凝土保护层厚度(mm)，当 $c>50$mm 时，取50mm；

d——纵向受拉钢筋的直径(mm)，当用不同直径的钢筋时，改用换算直径 d_e，$d_e=\frac{\sum n_id_i^2}{\sum n_id_i}$，对钢筋混凝土构件，$n_i$ 为受拉区第 i 种普通钢筋的根数，d_i 为受拉区第 i 种普通钢筋的公称直径；对于焊接钢筋骨架，式(9-24)中的 d 或 d_e 应乘以1.3的系数；

ρ_{te}——纵向受拉钢筋的有效配筋率，$\rho_{te}=A_s/A_{te}$，对钢筋混凝土构件，当 $\rho_{te}>0.1$ 时，取 $\rho_{te}=0.1$；当 $\rho_{te}<0.01$ 时，取 $\rho_{te}=0.01$；

A_{te}——有效受拉混凝土截面面积(mm^2)(图9-10)，对受弯构件取 $2a_sb$，其中 a_s 为受拉钢筋重心至受拉边缘的距离；对矩形截面，b 为截面宽度，而对有受拉翼缘的倒T形、I形截面，b 为受拉区有效翼缘宽度；

σ_{ss}——由作用频遇组合引起的开裂截面纵向受拉钢筋应力(MPa),对于钢筋混凝土受弯构件,$\sigma_{ss}=\frac{M_s}{0.87A_sh_0}$;其他受力性质构件的$\sigma_{ss}$计算式参见《公路桥规》;

M_s——按作用频遇组合计算的弯矩值(N·mm);

E_s——钢筋弹性模量(MPa)。

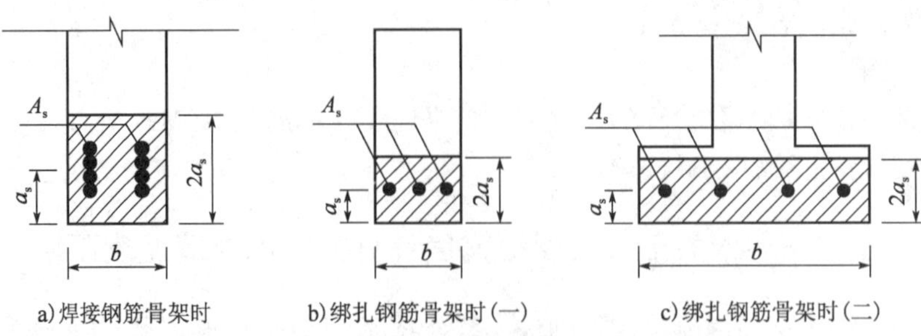

a)焊接钢筋骨架时　b)绑扎钢筋骨架时(一)　c)绑扎钢筋骨架时(二)

图9-10　有效受拉混凝土截面面积计算取法示意图

在式(9-24)中采用了纵向受拉钢筋的有效配筋率ρ_{te}及有效受拉混凝土截面面积A_{te},而不是式(9-23)的一般截面配筋率ρ,主要原因是基于粘结滑移理论对钢筋混凝土构件的混凝土裂缝间距和裂缝宽度推求过程中,揭示出纵向受拉钢筋的作用仅影响到它周围的有限区域混凝土,裂缝出现后距钢筋较远的混凝土受到钢筋的约束影响很小,只有钢筋周围有限范围内的混凝土受到钢筋的约束并且参与共同作用,就把纵向受拉钢筋周围有限范围内的这部分混凝土面积称为有效受拉混凝土截面面积。目前,许多国家的混凝土结构设计规范都引入了有效受拉混凝土截面面积的概念并反映在构件混凝土裂缝宽度计算公式中,但对于有效受拉混凝土截面面积尚没有统一的取值方法,《公路桥规》对受弯构件的截面有效受拉混凝土截面面积A_{te}的取值规定见式(9-24)。

《公路桥规》规定,在正常使用极限状态下钢筋混凝土构件的最大裂缝宽度,应按作用(或荷载)频遇组合并考虑长期效应组合影响进行验算,且不得超过规定的裂缝限值[W_f]:

(1)在Ⅰ类(一般环境)、Ⅱ类(冻融环境)和Ⅶ类(磨蚀环境)环境条件下的钢筋混凝土构件,算得的最大裂缝宽度不应超过0.2mm。

(2)处于Ⅲ类(海洋氯化物环境)、Ⅳ类(除冰盐等其他氯化物环境)和Ⅵ类(化学腐蚀环境)环境条件下的钢筋混凝土受弯构件,容许裂缝宽度不应超过0.15mm。

(3)处于Ⅴ类(盐结晶环境)环境下的钢筋混凝土受弯构件,容许裂缝宽度不应超过0.1mm。

应强调的是,《公路桥规》规定的混凝土裂缝宽度限值,是对在作用(或荷载)频遇组合并考虑长期效应组合影响下与构件轴线方向呈垂直的裂缝而言,不包括施工中混凝土收缩、养护不当及钢筋锈蚀等引起的其他非受力裂缝。

例9-2　钢筋混凝土简支T梁梁长$L=19.96$m,计算跨径$l_0=19.50$m;C30混凝土,$f_{ck}=20.1$MPa,$f_{tk}=2.01$MPa,$E_c=3.00\times10^4$MPa;Ⅰ类环境条件。

主梁截面尺寸及受拉纵向钢筋布置见图9-7a):跨中截面主筋为HRB400级,钢筋截面面积$A_s=6832\text{mm}^2$(8Φ32+2Φ16),$a_s=111$mm,$E_s=2\times10^5$MPa,$f_{sk}=400$MPa。

T梁跨中截面使用阶段汽车荷载标准值产生的弯矩为$M_{Q1}=596.04$kN·m(未计入汽车冲

击系数)，人群荷载标准值产生的弯矩 $M_{Q2}=55.30\text{kN}\cdot\text{m}$，结构重力(包括结构附加重力)标准值产生的弯矩 $M_G=751\text{kN}\cdot\text{m}$。

试进行钢筋混凝土简支 T 梁最大弯曲裂缝宽度的验算。

解：按式(9-24)进行钢筋混凝土简支 T 梁弯曲最大裂缝宽度 W_{cr} 计算。

(1)系数 c_1、c_2 和 c_3 的计算

带肋钢筋系数 $c_1=1.0$。

作用频遇组合的弯矩计算值为

$$\begin{aligned}M_s &= M_G+\psi_{f1}M_{Q1}+\psi_{q2}M_{Q2}\\&=751+0.7\times596.04+0.4\times55.30\\&=1190.35(\text{kN}\cdot\text{m})\end{aligned}$$

作用准永久组合的弯矩计算值为

$$\begin{aligned}M_l &= M_G+\psi_{q1}M_{Q1}+\psi_{q2}M_{Q2}\\&=751+0.4\times596.04+0.4\times55.30\\&=1011.54(\text{kN}\cdot\text{m})\end{aligned}$$

系数 $c_2=1+0.5\dfrac{M_l}{M_s}=1+0.5\times\dfrac{1011.54}{1190.35}=1.42$，系数 c_3，非板式受弯构件 $c_3=1.0$。

(2)钢筋应力 σ_{ss} 的计算

由作用频遇组合的弯矩计算值 $M_s=1190.35\text{kN}\cdot\text{m}$，计算开裂截面纵向受拉钢筋的应力为

$$\sigma_{ss}=\frac{M_s}{0.87h_0A_s}=\frac{1190.35\times10^6}{0.87\times1189\times6836}=168(\text{MPa})$$

(3)换算直径 d 的计算

因为受拉区采用不同的钢筋直径，按式(9-24)要求，d 应取用换算直径 d_e，则可得到

$$d=d_e=\frac{8\times32^2+2\times16^2}{8\times32+2\times16}=30.2(\text{mm})$$

对于焊接钢筋骨架，则为 $d=d_e=1.3\times30.2=39.26(\text{mm})$。

(4)纵向受拉钢筋的有效配筋率 ρ_{te} 的计算

如图 9-7a)所示 T 梁截面相关尺寸，计算有效受拉混凝土截面面积为 $A_{te}=2a_sb=2\times111\times180=39960(\text{mm}^2)$，得到纵向受拉钢筋的有效配筋率 ρ_{te} 的计算值为：

$$\rho_{te}=\frac{A_s}{A_{te}}=\frac{6836}{39960}=0.171>0.1$$

取 $\rho_{te}=0.1$。

(5)简支 T 梁混凝土最大弯曲裂缝宽度 W_{cr} 的计算

由式(9-24)计算可得到

$$W_{cr}=c_1c_2c_3\frac{\sigma_{ss}}{E_s}\cdot\frac{c+d}{0.36+1.7\rho_{te}}$$
$$=1\times1.42\times1\times\frac{168}{2\times10^5}\times\frac{35+39.26}{0.36+1.7\times0.1}$$
$$=0.17(\text{mm})<[W_f](=0.2\text{mm})$$

满足要求。

9.5 受弯构件的挠度验算

钢筋混凝土受弯构件在使用阶段,因作用(或荷载)使构件产生挠曲变形,而过大的挠曲变形将影响结构的正常使用。因此,为了确保桥梁的正常使用,设计上把受弯构件的变形计算列为持久状况正常使用极限状态计算的一项主要内容,要求受弯构件具有足够刚度,使得构件在使用荷载作用下的最大变形(挠度)计算值不得超过容许的限值。

对于公路桥梁的钢筋混凝土受弯构件挠度验算,《公路桥规》有以下规定:

(1)受弯构件在使用阶段的挠度应考虑作用(荷载)长期效应的影响,即按作用频遇组合和给定的刚度计算的挠度值,还应再乘以挠度长期增长系数 η_θ。

挠度长期增长系数取用规定是:采用 C40 以下混凝土时,$\eta_\theta=1.60$;采用 C40 ~ C80 混凝土时,$\eta_\theta=1.45\sim1.35$,中间强度等级可按线性内插取用。

(2)按上述(1)要求的计算,由汽车荷载(不计冲击力)和人群荷载频遇组合在梁式桥主梁产生的最大挠度不应超过计算跨径 l_0 的 1/600;在梁式桥主梁的悬臂端产生的最大挠度不应超过悬臂长度 l_1 的 1/300。

本节将介绍公路桥梁钢筋混凝土受弯构件的刚度计算、作用频遇组合下构件挠度的计算和预拱度的设置及计算的方法。

9.5.1 钢筋混凝土受弯构件的刚度

在使用阶段,钢筋混凝土受弯构件是带裂缝工作的。对这个工作阶段的计算,前已介绍有三个基本假定,即平截面假定、弹性体假定和不考虑受拉区混凝土参与工作,故可以采用与材料力学相类似的平均曲率和平均刚度方法,但应考虑到钢筋混凝土构件在受力第Ⅱ阶段的带裂缝工作特性。

钢筋混凝土梁在弯曲变形时,纯弯段的各横截面将绕中和轴转动一个角度 φ,但截面仍保持平面(图 9-11),这时,按材料力学可得到挠度曲线的曲率为

$$\varphi=\frac{1}{\rho}=\frac{\mathrm{d}^2y}{\mathrm{d}x^2}=\frac{M}{B} \tag{9-25}$$

式中的 B 为梁的抗弯刚度,对匀质弹性梁,$B=EI$(截面和材料确定后,截面刚度就是常数)。

构件截面抵抗弯曲变形的能力称为抗弯刚度。构件截面的弯曲变形是用曲率 φ 来度量的,$\varphi=1/\rho$,ρ 是变形曲线(指平均的截面中和轴)在该截面处的曲率半径,因此,曲率 φ 也就

等于构件单位长度上两截面间的相对转角(图9-11)。

但是,钢筋混凝土受弯构件各正截面纵向钢筋的配置量并不一样,承受的弯矩值也不相等,作用弯矩小的截面也可能不出现弯曲裂缝,其刚度要较作用弯矩大的开裂截面大得多,因此沿钢筋混凝土梁长度方向的抗弯刚度是个变值。

如图9-12所示,将一根带裂缝的钢筋混凝土梁视为一根不等刚度的构件,混凝土裂缝处截面刚度小,两裂缝间截面刚度大,图中实线表示截面刚度变化规律。为简化起见,把图中变刚度构件等效为图9-12c)中的等刚度构件,采用结构力学方法,按在两端部弯矩作用下构件转角相等的原则,则可求得等刚度受弯构件的等效刚度 B,即为开裂钢筋混凝土构件等效截面的抗弯刚度,《公路桥规》采用的就是这种等效刚度法。

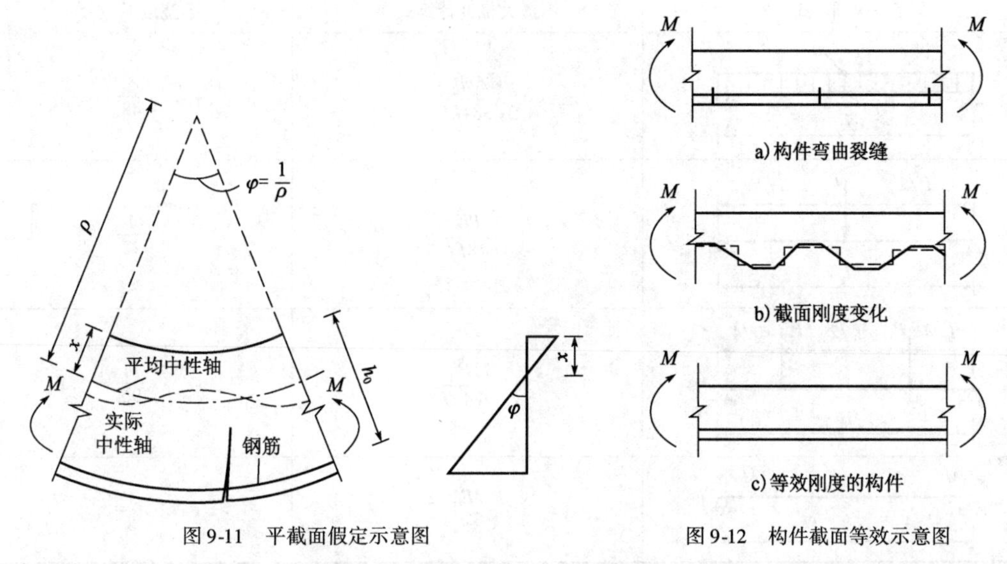

图9-11　平截面假定示意图　　　　图9-12　构件截面等效示意图

对钢筋混凝土受弯构件,《公路桥规》规定计算挠度(变形)时的开裂构件抗弯刚度 B 为

$$B=\frac{B_0}{\left(\frac{M_{cr}}{M_s}\right)^2+\left[1-\left(\frac{M_{cr}}{M_s}\right)^2\right]\frac{B_0}{B_{cr}}} \tag{9-26}$$

式中:B——开裂构件等效截面的抗弯刚度;

B_0——全截面的抗弯刚度,$B_0=0.95E_cI_0$;

B_{cr}——开裂截面的抗弯刚度,$B_{cr}=E_cI_{cr}$;

E_c——混凝土的弹性模量;

I_0——全截面的换算截面惯性矩;

I_{cr}——开裂截面的换算截面惯性矩;

M_s——按作用频遇组合计算的弯矩设计值。

在式(9-26)中,M_{cr} 被称为钢筋混凝土受弯构件截面的开裂弯矩,可按下式计算

$$M_{cr}=\gamma f_{tk}W_0 \tag{9-27}$$

式中:f_{tk}——混凝土轴心抗拉强度标准值;

γ——构件受拉区混凝土塑性影响系数,$\gamma = 2S_0/W_0$;

S_0——全截面换算截面重心轴以上(或以下)部分面积对重心轴的面积矩;

W_0——全截面换算截面抗裂验算边缘的弹性抵抗矩。

9.5.2 作用频遇组合下受弯构件挠度的验算

《公路桥规》规定钢筋混凝土受弯构件的挠度可根据给定的构件刚度用结构力学的方法计算。表9-1列出了常见荷载作用下等截面的简支梁最大弹性挠度 w 的力学解析公式,不同类型荷载同时作用时,可以采用叠加原理求解。

常见荷载作用下受弯构件最大弹性挠度 w 表9-1

荷 载 形 式	最大挠度计算式	挠度系数 α
q; l_0	$\dfrac{5ql_0^4}{384EI}$	$\dfrac{5}{48}$
$l_0/2$, P, $l_0/2$; l_0	$\dfrac{Pl_0^3}{48EI}$	$\dfrac{1}{12}$
$l_0/4$, P, $l_0/2$, P, $l_0/4$; l_0	$\dfrac{11Pl_0^3}{384EI}$	$\dfrac{11}{96}$
M, M; l_0	$\dfrac{Ml_0^2}{8EI}$	$\dfrac{1}{8}$

对于汽车荷载作用下的梁挠度计算,要注意公路桥梁上汽车荷载计算模式的特点,即设计上采用的是车道荷载,计算模式是由均布荷载 q'_k 和一个集中荷载 P'_k 组成,作用在桥面及桥梁上部结构上。对于由多根主梁组成的上部结构,借助于桥梁结构计算方法(桥梁工程课程中会介绍)可以近似得到一根主梁上的均布荷载 q'_k 和一个集中荷载 P'_k;对人群荷载,设计上采用均布荷载 q_{rk} 计算图式,也采用同样方法可以得到一根主梁上的人群均布荷载 q'_{rk}。当为等截面简支梁时就可以从表9-1中分别得到汽车荷载的均布荷载 q'_k 和一个集中荷载 P'_k 作用下梁的跨中挠度[按式(9-26)计算的刚度],分别记为 w_q 和 w_p,而人群荷载作用时记为 w_{qr}。

按照频遇组合的要求,取汽车荷载频遇值系数 ψ_{f1} 和人群荷载频遇值系数 ψ_{q2},取挠度长期增长系数 η_θ,可以得到钢筋混凝土简支梁(板)跨中截面处挠度验算的表达式为

$$w_{Ql} = w_{Qs} \cdot \eta_\theta = (\psi_{f1} w_{Q1} + \psi_{q2} w_{Q2})\eta_\theta = [\psi_{f1}(w_q + w_p) + \psi_{q2} w_{qr}]\eta_\theta \leqslant \frac{l_0}{600} \quad (9\text{-}28)$$

式中 w_{Qs} 被称为可变作用频遇组合的挠度设计值。

由式(9-28)可以看到,计算的挠度值 w_l 是挠度设计值(又称短期挠度值 w_s)乘以挠度长期增长系数 η_θ,是荷载作用下梁长期挠度的计算值。设计规范要求对长期挠度计算值进行验算,主要是在长期荷载作用下,因构件截面受压区混凝土徐变而导致受压应变随时间而增大、受拉混凝土和受拉钢筋间的粘结滑移徐变而导致受拉钢筋平均应变随时间增大、构件截面受

压区与受拉区混凝土收缩不一致等影响，会出现钢筋混凝土受弯构件的刚度随时间降低、挠度随时间增大的现象，必须在设计上控制。设计规范上采用挠度长期增长系数 η_θ 来反映长期荷载作用下受弯构件挠度的增大程度，η_θ 的物理意义是长期荷载作用下的挠度 w_l 与短期荷载作用下的挠度 w_s 的比值。

在工程设计计算中，对于等截面受弯构件也常采用一些实用计算方法，例如，对表9-1中的简支梁最大挠度计算公式也可以化为下面的表达式：

$$y = w = \alpha \frac{Ml_0^2}{B} \tag{9-29}$$

式中：M——梁截面弯矩计算值；

l_0——梁的计算跨径；

α——与荷载形式、支承条件有关的挠度系数，例如承受均布荷载的简支梁，$\alpha = 5/48$（表9-1）。

如果汽车荷载（不计入冲击系数）和人群荷载作用的频遇组合下截面的弯矩设计值为 M_{Qs}，B 是按式(9-26)计算得到的开裂构件等效截面的抗弯刚度，取挠度长期增长系数 η_θ，也可以得到钢筋混凝土简支梁（板）跨中截面处挠度近似计算的结果，验算的表达式为

$$w_{Ql} = \frac{5}{48} \cdot \frac{M_{Qs}{l_0}^2}{B} \cdot \eta_\theta \leqslant \frac{l_0}{600} \tag{9-30}$$

采用式(9-30)进行简支梁（板）挠度的计算较简便且计算结果偏于安全。

9.5.3　预拱度的设置

对于钢筋混凝土梁式桥，梁的挠度（变形）是由结构重力（包括结构附加重力）和可变荷载两部分作用产生的。

《公路桥规》规定对受弯构件要计算汽车荷载（不计冲击力）和人群荷载频遇组合下并考虑长期效应影响的挠度值，且应满足限值，这是要保证梁（板）具有足够的抗弯刚度。另外，为了使桥梁建成后能提供平顺行车的条件，《公路桥规》还规定了梁的预拱度设置要求。

钢筋混凝土梁的预拱度是在梁浇筑混凝土施工前预先设置的、与梁的下挠方向相反的上拱值。预拱度最大值 Δ 应设置在梁的跨中位置（图9-13），沿梁长的方向各点的预拱度，可按二次抛物线方程计算得到。

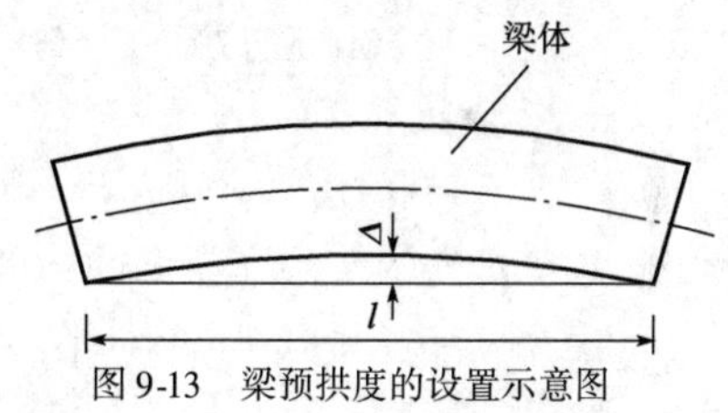

图9-13　梁预拱度的设置示意图

《公路桥规》规定：当由荷载频遇组合并考虑长期效应影响产生的长期挠度不超过 $l_0/1600$（l_0 为计算跨径）时，可不设预拱度；当不符合上述规定时则应设预拱度，即当

$$w_l = w_{Gl} + w_{Ql} > l_0/1600 \tag{9-31}$$

时，应设置预拱度。式(9-31)中的 w_{Gl} 为结构重力产生的长期竖向挠度，$w_{Gl} = w_G \cdot \eta_\theta$，$w_G$ 为结构重力作用下最大挠度的标准值，w_{Ql} 的计算参见式(9-28)和式(9-30)。

钢筋混凝土受弯构件预拱度值 Δ 采用结构自重和1/2可变荷载频遇值计算的长期挠度值之和，即

$$\Delta = w_{Gl} + \frac{1}{2} w_{Ql} \tag{9-32}$$

式中符号意义见式(9-31)。

由式(9-32)可以看到,对结构重力引起的变形,一般采用设置预拱度来加以消除;在桥上没有汽车等可变荷载作用时梁的跨中可以维持上拱值 $w_{Ql}/2(\uparrow)$,在桥上有汽车等可变荷载作用时梁下挠 $w_{Ql}/2(\downarrow)$,使梁在纵向水平线的上下以最小幅度位移,对桥梁的美观和桥面行车的平顺性都有利。

例 9-3 钢筋混凝土简支 T 梁已知条件与例 9-2 相同,试进行钢筋混凝土简支 T 梁跨中挠度验算。

解:在进行梁变形计算时,应取梁与相邻梁横向连接后截面的全宽度受压翼板计算,即为 $b'_{f1}=1600\text{mm}$,而 h'_f 仍为 110mm。

(1)T 梁跨中截面换算截面的惯性矩 I_{cr} 和 I_0 计算

由例 9-1 可知,系数 $\alpha_{Es}=6.667$,对 T 梁的开裂截面,由式(9-19)计算

$$\frac{1}{2}\times1600x^2=6.667\times6836(1189-x)$$

$$x=233(\text{mm})>h'_f(=110\text{mm})$$

因此,梁跨中截面为第二类 T 形截面。这时,开裂截面受压区 x 高度由式(9-12)确定

$$\begin{aligned}A&=\frac{\alpha_{Es}A_s+h'_f(b'_{f1}-b)}{b}\\&=\frac{6.667\times6836+110(1600-180)}{180}=1121\end{aligned}$$

$$\begin{aligned}B&=\frac{2\alpha_{Es}A_sh_0+(b'_{f1}-b)h'^2_f}{b}\\&=\frac{2\times6.667\times6836\times1189+(1600-180)110^2}{180}\\&=697560\end{aligned}$$

则 $x=\sqrt{A^2+B}-A=\sqrt{1121^2+697560}-1121=277(\text{mm})>h'_f(=110\text{mm})$

开裂截面的换算截面惯性矩 I_{cr} 为

$$\begin{aligned}I_{cr}&=\frac{1600\times277^3}{3}-\frac{(1600-180)(277-110)^3}{3}+6.667\times6836(1189-277)^2\\&=47038.1\times10^6(\text{mm}^4)\end{aligned}$$

T 梁的全截面换算截面面积 A_0 为

$$A_0=180\times1300+(1600-180)110+(6.667-1)6836=428940(\text{mm}^2)$$

受压区高度 x 为

$$\begin{aligned}x&=\frac{\frac{1}{2}\times180\times1300^2+\frac{1}{2}(1600-180)110^2+(6.667-1)6836\times1189}{428940}\\&=482(\text{mm})\end{aligned}$$

全截面换算惯性矩 I_0 为

$$\begin{aligned}I_0&=\frac{1}{12}bh^3+bh(\frac{h}{2}-x)^2+\frac{1}{12}(b'_{f1}-b)(h'_f)^3+(b_{f1}-b)h'_f(x-\frac{h'_f}{2})^2+(\alpha_{Es-1})A_s(h_0-x)^2\\&=\frac{1}{12}\times180\times1300^3+180\times1300(\frac{1300}{2}-482)^2+\frac{1}{12}(1600-180)110^3+\end{aligned}$$

$$(1600-180)110(482-\frac{110}{2})^2+(6.667-1)6836\ (1189-482)^2$$

$$=8.76\times10^{10}(\mathrm{mm}^4)$$

(2)计算开裂构件的抗弯刚度

全截面抗弯刚度为 $B_0=0.95E_cI_0=0.95\times3.0\times10^4\times8.76\times10^{10}=2.5\times10^{15}(\mathrm{N\cdot mm^2})$。

开裂截面抗弯刚度为 $B_{cr}=E_cI_{cr}=3.0\times10^4\times47038.1\times10^6=1.41\times10^{15}(\mathrm{N\cdot mm^2})$。

全截面换算截面受拉区边缘的弹性抵抗矩为

$$W_0=\frac{I_0}{h-x}=\frac{8.76\times10^{10}}{1300-482}=1.07\times10^8(\mathrm{mm}^3)$$

全截面换算截面的面积矩为

$$\begin{aligned}S_0&=\frac{1}{2}b'_{f1}x^2-\frac{1}{2}(b_{f1}-b)(x-h'_f)^2\\&=\frac{1}{2}\times1600\times482^2-\frac{1}{2}(1600-180)(482-110)^2\\&=8.76\times10^7(\mathrm{mm}^3)\end{aligned}$$

塑性影响系数为

$$\gamma=\frac{2S_0}{W_0}=\frac{2\times8.76\times10^7}{1.07\times10^8}=1.64$$

开裂弯矩为

$$M_{cr}=\gamma f_{tk}W_0=1.64\times2.01\times1.07\times10^8=3.5271\times10^8(\mathrm{N\cdot mm})=352.71\mathrm{kN\cdot m}$$

开裂构件的抗弯刚度为

$$\begin{aligned}B&=\frac{B_0}{(\frac{M_{cr}}{M_s})^2+[1-(\frac{M_{cr}}{M_s})^2]\frac{B_0}{B_{cr}}}\\&=\frac{2.5\times10^{15}}{(\frac{352.71}{1190.35})^2+[1-(\frac{352.71}{1190.35})^2]\times\frac{2.50\times10^{15}}{1.41\times10^{15}}}\\&=1.47\times10^{15}(\mathrm{N\cdot mm^2})\end{aligned}$$

(3)钢筋混凝土简支T梁跨中的挠度验算

由例9-2得到作用频遇组合的弯矩设计值(梁跨中截面) $M_s=1190.35\mathrm{kN\cdot m}$,其中结构重力(包括结构附加重力)的弯矩标准值 $M_{Gk}=751\mathrm{kN\cdot m}$,则可变荷载频遇组合的弯矩设计值 $M_{Qs}=M_s-M_{Gk}=1190.35-751=439.35(\mathrm{kN\cdot m})$。取挠度长期增长系数 $\eta_\theta=1.60$(C30混凝土),按式(9-30)进行梁跨中挠度验算:

$$\begin{aligned}w_{Ql}&=\frac{5}{48}\cdot\frac{M_{Qs}l_0{}^2}{B}\cdot\eta_\theta=\frac{5}{48}\times\frac{439.35\times10^6\ (19.5\times10^3)^2}{1.46\times10^{15}}\times1.6\\&=19.1(\mathrm{mm})<l_0/600[=19.5\times10^3/600=33(\mathrm{mm})]\end{aligned}$$

满足要求。

(4)预拱度设置计算

参照式(9-31),由荷载频遇组合并考虑长期效应影响产生的长期挠度 w_l 计算如下:

$$w_l = \frac{5}{48} \cdot \frac{M_s l_0^{\ 2}}{B} \cdot \eta_\theta = \frac{5}{48} \times \frac{1190.35 \times 10^6 \ (19.5 \times 10^3)^2}{1.46 \times 10^{15}} \times 1.6$$

$$= 51.7(\text{mm}) > l_0/1600[\ = 19.5 \times 10^3/1600 = 12.2(\text{mm})\ ]$$

故需设置预拱度。现可变荷载频遇组合计算的长期挠度值 $w_{Ql} = 19.1$mm,也可以计算得到结构自重作用的长期挠度值 $w_{Gl} = 33$mm,由式(9-32)得到预拱度设置值(梁跨中截面处)为

$$\Delta = w_{Gl} + (w_{Ql}/2) = 33 + 19.1/2 = 43(\text{mm})$$

9.6 混凝土结构的耐久性

在配筋混凝土应用于土木工程结构的上百年间,相当数量的配筋混凝土结构由于各种各样的原因而提前失效,达不到规定的使用年限。这其中有的是由于结构设计上考虑不周和施工质量缺陷造成的,有的是由于使用荷载的不利变化引起的,但更多的是由于结构的耐久性不足导致的,虽不会立即造成桥梁安全性问题,但会降低使用功能。因此,保证混凝土结构能在自然和人为的化学和物理环境下满足耐久性的要求,是一个十分重要的问题。在设计桥梁混凝土结构时,除了进行混凝土结构和构件承载力计算、变形和裂缝验算外,还应在设计上考虑混凝土结构耐久性问题。

9.6.1 混凝土结构耐久性与耐久性损伤现象

从工程角度来看,混凝土结构的耐久性是指混凝土结构和构件在自然环境、使用环境及材料内部因素的作用下,长期保持材料性能以及安全使用和外观要求的能力。

配筋混凝土结构及构件是用混凝土和钢筋两种材料建造的。其中,混凝土的基本组成材料是水泥、石子、砂和水,水泥与水发生水化反应而生成的水化物(称为水泥石)自身具有强度,同时将散粒状的砂和石子粘结起来成为坚硬的整体,但是混凝土又是多孔性的材料,水泥石和集料都含有各种大小的孔隙及微裂缝、内部缺陷等。而自然环境的作用,例如温度和湿度及其变化(干湿交替、冻融循环等),环境中水、汽、盐、酸等介质作用,就会通过混凝土的孔隙、微裂缝等,以及混凝土结构表面裂缝和其他质量缺陷进入混凝土,与水泥石发生化学作用或者物理作用,造成混凝土材料劣变或整体性受损,称之为混凝土结构耐久性损伤。

随着时间的推移,混凝土结构耐久性损伤的积累与发展将导致混凝土结构耐久性下降,严重时会降低结构的安全性,甚至破坏。

根据国内外广泛的现场调查资料及研究,桥梁混凝土结构和构件耐久性损伤的现象主要是钢筋锈蚀和混凝土的劣化。

1)钢筋锈蚀

钢筋锈蚀指埋置在混凝土中的钢筋表面出现均匀锈蚀(锈蚀分布于钢筋整个表面且以相同速率使钢筋截面减小的现象)和局部锈蚀(钢筋表面上各处锈蚀程度不同,即一小部分表面锈蚀速率和锈蚀梯度远大于整个表面锈蚀平均值的现象)并出现褐红锈皮现象。

混凝土是一种强碱性材料,新浇筑混凝土的 pH 值一般为 12 ~ 13。在这样强碱性环境中,埋置在其中的钢筋表面会生成一层钝化膜,这层钝化膜对钢筋有良好的保护作用,免于锈蚀。

一旦这层钝化膜受到破坏，钢筋的锈蚀就会发生。

钢筋锈蚀是一个电化学过程，需要阳极、阴极和电解液。潮湿的混凝土是电解液，而钢筋提供了阳极和阴极。电流在阳极和阴极间流动并使得钢筋发生化学反应。在这个反应过程中，铁 Fe 被氧化成 $Fe(OH)_2$ 和 $Fe(OH)_3$，还生成了沉淀物 FeO · OH(褐红锈皮)。水和氧气是这个电化学反应的必要条件，没有水和氧气的存在，这个电化学反应就不会发生。

钢筋锈蚀沉淀物(褐红锈皮)的体积比被锈蚀的钢筋相应部分的体积要大 2 ~6 倍，以致能产生足够膨胀挤压力使混凝土开裂，即**钢筋所在位置的混凝土表面出现沿钢筋方向的裂缝**(图 9-14)。**这是钢筋严重锈蚀最早可看见的外观征兆。随着时间的推移，开裂的混凝土保护层剥离**(指混凝土表面出现片块状的混凝土脱落，且剥离面上粗集料外露的现象)，**使钢筋表面裸露在大气环境中，处于自由锈蚀状态。**

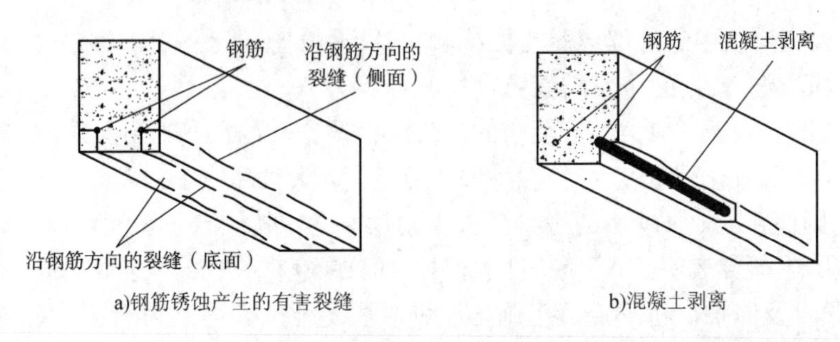

图 9-14　钢筋锈蚀裂缝与混凝土剥离

钢筋锈蚀是一种随时间而发展的渐进性病害，它造成了混凝土结构耐久性损伤和结构破坏，主要有以下几个方面：

(1)钢筋锈蚀使混凝土和钢筋之间的粘结性能退化和下降。

(2)钢筋锈蚀造成钢筋截面减少。

(3)钢筋混凝土构件的承载力受到影响，已有研究发现，当纵向受拉钢筋的锈蚀率超过 1.5% 时，钢筋混凝土梁的承载力下降约 12%。

2)*混凝土的劣化*

这里的**混凝土劣化是指结构混凝土材料物理力学性能变差、混凝土整体性削弱甚至混凝土破碎。**

在混凝土桥梁上，主要现象是混凝土强度和弹性模量降低、混凝土分层变色、混凝土剥落(结构或构件混凝土表面水泥浆流失、集料外露的现象)、混凝土剥离、混凝土表面磨损(局部混凝土表面的粗细集料以及水泥浆都被均匀磨掉的现象)、混凝土破碎以及宽度超过限值且仍在发展的混凝土裂缝等。

9.6.2　混凝土结构耐久性损伤产生原因

1)*混凝土碳化*

大气中的二氧化碳通过混凝土的毛细孔及孔隙中液相表面向混凝土内部扩散，与混凝土中的氢氧化钙发生作用，生成碳酸钙和水，使这部分混凝土由强碱性变为中性，pH 值由原来约为 13 下降到 8.5 左右，这就是混凝土碳化。

当混凝土保护层完全被碳化后,混凝土中埋置的钢筋表面钝化膜被逐渐破坏,在同时有潮气和氧气存在的情况下,钢筋就会发生锈蚀(图9-15)。图9-15中的c为混凝土保护层。

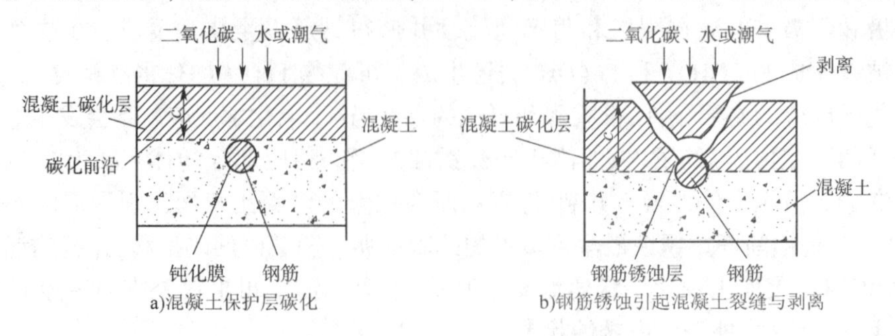

a)混凝土保护层碳化

b)钢筋锈蚀引起混凝土裂缝与剥离

图9-15 混凝土碳化引起的钢筋锈蚀及混凝土开裂

处于一般大气环境中的桥梁混凝土结构和构件,混凝土碳化是引起钢筋锈蚀的重要原因。在工程上,影响混凝土碳化的主要因素有:

(1)环境条件。处于一般大气环境中的混凝土桥梁,对混凝土碳化速度产生影响的环境条件主要是环境中的二氧化碳浓度、环境温度和环境湿度。大气环境中二氧化碳浓度越高,混凝土碳化速度越快,因而在工业环境中的桥梁混凝土碳化速度比较快。环境相对湿度对混凝土碳化速度也有很大影响,研究表明,当环境条件的相对湿度在50%~70%时,混凝土碳化速度最快。

(2)施工质量及养护。桥梁混凝土施工质量对混凝土抗碳化能力有很大影响。混凝土浇筑及振捣不仅影响混凝土的强度,而且直接影响混凝土的密实性。实际调查结果表明,在其他条件相同时,施工质量好,混凝土密实性好,其抗碳化能力强;施工质量差,混凝土构件表面不平整,内部有裂缝、蜂窝、麻面孔洞等,增加了二氧化碳在混凝土中的扩散路径,使混凝土碳化速度加快。桥梁混凝土构件在浇筑完混凝土后的养护状况对混凝土碳化也有一定影响,混凝土早期养护不良,水泥的水化不充分,使构件表层混凝土渗透性增大,混凝土碳化也加快。

2)氯离子侵蚀

氯离子进入混凝土中并到达钢筋表面附近或表面处,当氯离子浓度达到临界浓度,钢筋表面的局部钝化膜开始破坏。而局部钝化膜的破坏使钢筋表面相应部位(局部区域、点)露出了铁基体,与尚完好的钝化膜区域之间构成电位差,加之混凝土内一般有水或潮气存在,钢筋锈蚀就由局部区域或点逐渐在钢筋表面扩散,钢筋锈蚀程度逐渐严重,锈蚀层范围不断增加。

引起混凝土内钢筋锈蚀的氯盐主要来源是:

(1)由混凝土桥梁结构所处的环境及环境条件渗入

处于近海或海洋环境、除冰盐等其他氯化物环境和盐结晶环境的混凝土桥梁,氯离子会渗入桥梁混凝土结构内部。

氯盐渗透始于桥梁混凝土结构表面,然后逐渐向混凝土内部发展,渗透的速度取决于与混凝土接触的氯离子浓度、混凝土本身的渗透性以及大气环境的潮湿度等。

当有潮气和氧气存在时,沉淀在混凝土内钢筋表面的氯化物就会引起钢筋锈蚀,锈蚀层不断地增加,其产生的张力就会使混凝土开裂和分层。

图9-16为氯盐侵入混凝土引起钢筋锈蚀的示意图,图中的c为混凝土保护层厚度。

对于处于氯离子环境下的混凝土桥梁而言,氯离子侵入混凝土有不同的方式。对未开裂的混凝土,氯离子的渗透主要靠毛细管吸收和扩散;当相对干燥的混凝土与盐水接触,混凝土吸收盐水相对快；干湿交替能够在混凝土中积累高浓度的氯离子；对已有混凝土裂缝或施工不良的接缝，则氯离子可以渗透到结构混凝土内部并接近钢筋，这时，即使结构混凝土的碱性很强，钢筋也会发生锈蚀。在锈蚀过程中，氯离子起的是一种催化剂作用，它并不直接参与锈蚀反应，因此在反应过程中氯离子不会被消耗，而是长期保留在桥梁混凝土结构中，继续起到破坏作用。

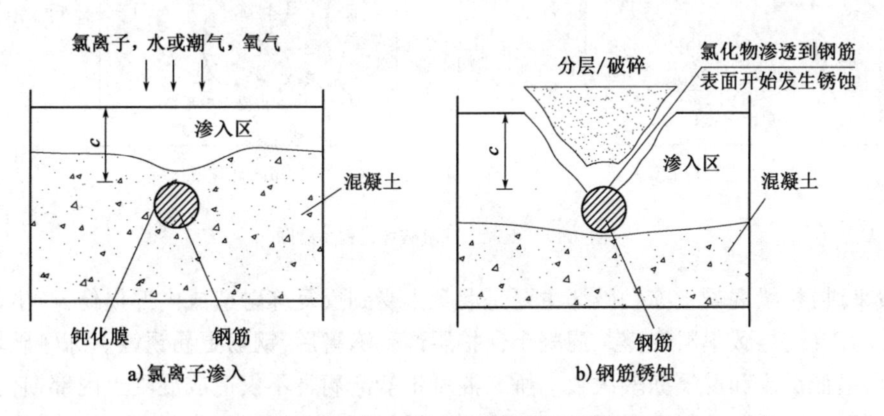

图 9-16　氯离子侵入引起的钢筋锈蚀及混凝土开裂

(2)在一般大气环境条件下混入(渗入)混凝土的氯化物

不处于氯离子环境下的混凝土桥梁，有时在桥梁混凝土结构上出现因氯离子浓度超过临界浓度而导致钢筋锈蚀的现象，最大的可能是在混凝土施工时氯化物被掺入到混凝土中，例如使用了含氯盐的速凝剂，也可能是某些集料的天然成分中含超标的氯盐，例如含氯盐的砂(如海砂)、含氯盐(超标)施工水等。

3)*混凝土冻融破坏*

桥梁处于Ⅱ类环境条件(表 9-1)下，潮湿或水饱和的混凝土结构在冻融循环的反复作用下产生的混凝土冻害，称为混凝土冻融破坏。

冻融破坏通常发生在经常与水接触的结构表面，对结构立面造成的破坏多发生在淹没在水中的结构的水线附近。当温度下降，结构孔隙中的水转化成冰时，体积逐渐膨胀，这种膨胀会产生一种局部张力，使其周围的水泥基质断裂，造成结构破损。这种破损是从外向里混凝土一小片、一小片地破碎。

图 9-17 为混凝土冻融破坏过程示意图。混凝土是由水泥砂浆和粗集料组成的多孔材料，其孔隙(又称孔结构)主要由凝胶孔、毛细孔和非毛细孔(水泥石内部缺陷和微裂缝的总称)组成。其中毛细孔对混凝土渗透性的影响最大，见图 9-17a)。在拌制混凝土时，为了得到必要的和易性，加入的拌和水总是要多于水泥所需的水化水，这部分多余的水便以游离水的形式滞留于混凝土中形成连通的毛细孔，并占有一定的体积。当处于饱和水状态时，如图 9-17b)所示，混凝土的饱和浸润区的毛细孔中水结冰，凝胶孔中处于过冷状态的水分子向压力毛细孔中冰的界面处渗透，于是在毛细孔中又产生了一种渗透压力，其结果使毛细孔中自由水结冰膨胀情况更严重。处于饱和水状态的混凝土受冻时，其毛细孔壁同时承受膨胀压和渗透压两种压力，这时对毛细孔壁截面的混凝土产生的是拉力，此拉力如超过混凝土的抗拉强度，混凝土就会产生微裂缝。如果裂缝在构件表面，混凝土就会出现破碎，见图 9-17b)。

盐冻破坏是盐溶液与冻融的共同作用引起的混凝土破坏，比单纯冻融严酷得多。一般把

盐冻破坏看作冻融破坏的一种特殊形式,即最严酷的冻融破坏,混凝土的破坏程度和速率比普通冻融的大数倍。

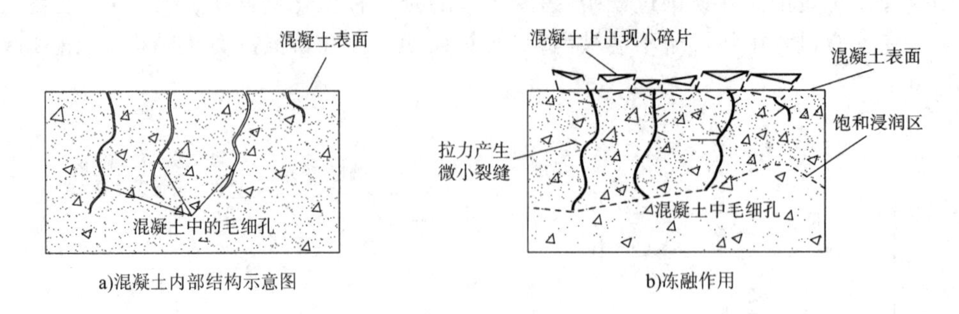

图 9-17　混凝土冻融破坏过程示意图

一般来讲,桥梁混凝土冻融破坏主要是混凝土受到反复冻融造成内部损伤,产生开裂甚至混凝土表面破碎,导致集料裸露。**混凝土保护层遭受冻害后,钢筋更易锈蚀**。冻融破坏的主要条件是水、最低温度和反复冻融次数。桥梁混凝土盐冻病害不仅造成混凝土内部损伤,而且使混凝土表面破碎,盐中的氯离子还引起钢筋严重锈蚀。

除冰盐环境的作用程度与混凝土湿度和混凝土表面累积的氯离子浓度有关,后者取决于冬季撒盐的频度、除冰盐的类别和用量以及受雨水冲淋等许多因素,不同构件及部位,由于方向、位置不同,受除冰盐直接、间接污染或溅射的程度也会有很大差别。

除了上述混凝土碳化、氯离子侵蚀和冻融破坏外,造成桥梁混凝土结构和构件耐久性损伤的原因还有硫酸盐侵蚀(指混凝土结构所处的土壤及水中富含硫酸钠、硫酸钙和硫酸镁等硫酸盐,通过混凝土表面裂缝和孔隙进入混凝土内部而产生的物理、化学破坏作用)、混凝土碱—集料反应(指水泥或混凝土中的碱与某些集料发生化学反应,引起混凝土的内部膨胀开裂,甚至破坏)、气蚀和磨损等。

从混凝土结构耐久性问题的成因机理来看,混凝土结构耐久性问题主要涉及两个方面:一个方面是结构所处的环境条件(外因),另一个方面是结构本身材料和工程质量(内因)。因此,在混凝土结构的设计和施工中,根据混凝土结构所处环境条件考虑细部构造和施工工艺,最重要的是保证混凝土密实度和足够的混凝土保护层厚度,同时,在混凝土结构使用阶段保证正常维修,才能解决混凝土结构耐久性问题。

在混凝土桥梁的耐久性问题中,水的作用应当充分注意,除桥梁墩台和基础会直接受到河水和土壤侵蚀性介质的腐蚀外,桥梁上部承重结构和构件、墩台帽顶面混凝土都会受到桥梁伸缩缝等连接部位桥面渗漏水的作用,引起和加速混凝土结构耐久性损伤。

9.6.3　混凝土结构耐久性设计基本要求

混凝土结构在设计确定的环境作用和维修、使用条件下,应能满足在设计使用年限内保持其适用性和安全性,即具有足够的耐久性。因此,对混凝土结构和构件设计,除了进行承载能力极限状态和正常使用极限状态计算外,还应进行结构耐久性设计。

混凝土结构的耐久性设计按正常使用极限状态控制。

公路混凝土桥涵耐久性设计应根据其设计使用年限、环境类别及其作用等级进行。耐久性设计包含下列内容：

(1)确定结构和构件的设计使用年限。

(2)确定结构和构件所处的环境类别及其作用等级。

(3)提出原材料、混凝土和水泥基灌浆材料的性能和耐久性控制指标。

(4)有利于减轻环境作用的结构形式、布置和构造措施。

(5)对于严重腐蚀环境条件下的混凝土结构，除了对混凝土本身提出相关的耐久性要求外，还应进一步采取必要的防腐蚀附加措施。

《公路桥规》对公路桥涵混凝土结构及构件的耐久性设计提出了基本要求，行业推荐性标准《公路工程混凝土结构耐久性设计规范》(JTG/T 3310—2019)对常见环境下的公路桥涵混凝土耐久性设计制定了详细技术规定，包括设计使用年限的选用、环境作用等级、基于混凝土结构耐久性的混凝土材料要求、桥梁混凝土结构耐久性构造措施以及防腐蚀附加措施等。以下简介桥梁混凝土结构耐久性设计中的设计使用年限的选用、环境类别与作用等级等基本规定。

1)设计使用年限的选用

结构设计使用年限是结构耐久性设计的依据，公路桥涵结构设计使用年限应根据实际工程的重要性或可更换程度参照表2-1的规定选用。

(1)设计使用年限应由业主或用户与设计人员共同确定，并满足有关法规的最低要求。因此对于一些特别重要的公路桥梁或在业主有特殊要求时，可在表2-1的基础上经过技术经济论证后调整，其设计使用年限可以大于100年。

同一座公路桥梁中，不同构件的设计使用年限也可以不同，例如，桥梁主体结构构件和护栏、桥面铺装等可有不同的设计使用年限。

(2)公路桥梁结构构件，应依据其更换难易程度确定不同的设计使用年限。

行业推荐性标准《公路工程混凝土结构耐久性设计规范》(JTG/T 3310—2019)按公路桥梁的不同受力体系和组成，把公路桥梁结构构件划分为不可更换构件和可更换构件(根据构件在使用过程中不同的退化模式和在维护管理及更换方面的不同要求，需要周期性更换的构件)，这里的不可更换构件是对应于表2-1的主体结构构件，桥梁混凝土结构构件基本属于不可更换构件，但公路桥梁上的钢筋混凝土护栏、栏杆等属于可更换构件。

行业推荐性标准《公路工程混凝土结构耐久性设计规范》(JTG/T 3310—2019)又进一步把可更换构件划分为难更换构件和易更换构件，规定不可更换构件的设计使用年限根据其重要性按照表2-1的要求选用，难更换构件的设计使用年限不宜小于20年，易更换构件不应小于15年。

(3)桥梁结构及构件的使用年限可以通过维修而延长。维修是指为维持结构或其构件在使用年限内所需结构性能而采取的各种技术和管理活动，包括维护和修理(修复)。修理(修复)是指通过修补、更换或加固，使损伤的结构或构件恢复到可接受的状态。按修理(修复)的规模，费用及其对结构正常使用的影响，可将修理分为大修和小修。**当修理(修复)需在一定期限内停止结构的正常使用，或需大面积置换结构构件中的受损材料(例如混凝土)、加固或更换结构的主要构件时称为大修**。

(4)当技术条件不能保证结构的所有部件或构件均能达到与结构设计使用年限相同的耐久性时，或从经济角度考虑认为有必要时，中国土木工程学会标准《混凝土结构耐久性设计与施工指南》(CCES 01—2004)建议,在业主认可的前提下,可在设计中规定结构的某些构件需在结构设计使用年限内进行 1 ~ 2 次或更多次数的大修,并应在设计文件中对工程的业主与用户明确交代。

2)桥梁结构使用环境类别与环境作用等级

混凝土结构的耐久性应根据使用环境类别和设计使用年限进行设计。根据工程经验,并参考国外有关规范,《公路桥规》将混凝土结构的使用环境分为 7 类(表 9-2)。

桥梁结构及构件所处环境类别 表 9-2

环境类别	环境条件
Ⅰ类:一般环境	混凝土碳化引起钢筋锈蚀的环境
Ⅱ类:冻融环境	最冷月平均气温低于 2.5℃、长期与水直接接触并会发生反复冻融的环境
Ⅲ类:海洋氯化环境	海洋环境下海水或大气中的氯盐侵蚀的环境
Ⅳ类:除冰盐等其他氯化物环境	除冰盐环境是指依靠喷洒盐水除冰化雪,构件受到侵蚀的环境;其他氯化物环境是指地下水、土及含氯盐消毒剂中的氯盐对混凝土侵蚀的环境
Ⅴ类:盐结晶环境	土及水中富含硫酸盐的侵蚀环境
Ⅵ类:化学腐蚀环境	SO_4^{2-}、Mg^{2+}、酸雨和腐蚀性气体等化学腐蚀物长期侵蚀的环境
Ⅶ类:磨蚀环境	风或水中夹杂物的摩擦、切削、冲击等作用,或因高速水流速度变化产生的压力降形成的气蚀的环境

环境对桥涵混凝土结构的作用程度采用环境作用等级(根据环境作用对混凝土及结构破坏或腐蚀程度的不同而划分的若干等级)来表达,行业推荐性标准《公路工程混凝土结构耐久性设计规范》(JTG/T 3310—2019)划分的环境作用等级见表 9-3。

环 境 作 用 等 级 表 9-3

环境类别	环境作用等级					
	A 轻微	B 轻度	C 中度	D 严重	E 非常严重	F 极端严重
一般环境(Ⅰ)	Ⅰ-A	Ⅰ-B	Ⅰ-C	—	—	—
冻融环境(Ⅱ)	—	—	Ⅱ-C	Ⅱ-D	Ⅱ-E	—
近海或海洋氯化物环境(Ⅲ)	—	—	Ⅲ-C	Ⅲ-D	Ⅲ-E	Ⅲ-F
除冰盐等其他氯化物环境(Ⅳ)	—	—	Ⅳ-C	Ⅳ-D	Ⅳ-E	—
盐结晶环境(Ⅴ)	—	—	—	Ⅴ-D	Ⅴ-E	Ⅴ-F
化学腐蚀环境(Ⅵ)	—	—	Ⅵ-C	Ⅵ-D	Ⅵ-E	Ⅵ-F
磨蚀环境(Ⅶ)	—	—	Ⅶ-C	Ⅶ-D	Ⅶ-E	—

桥涵混凝土结构的耐久性设计,应根据结构所处区域位置和构件表面的局部环境特点,判断其所属的环境类别,根据进一步环境调研结果判定结构所属的环境作用等级,要求在设计上:

(1)混凝土结构和构件应根据其表面直接接触的环境并按表 9-2 的规定,选择所处环境类别。

(2)当结构构件受到多种环境共同作用时,应分别满足每种环境类别单独作用下的耐久性要求。

(3)当结构的不同部位所受环境作用变化较大时,宜对不同部位所处环境类别和作用等级分别进行确定,并分段进行耐久性设计。

3)《公路桥规》对混凝土桥梁结构耐久性设计的基本要求

(1)各类环境桥梁结构混凝土强度等级最低要求应符合表9-4的规定。

混凝土强度等级最低要求　　表9-4

环境类别	设计使用年限	
	100年	50年、30年
Ⅰ	C30	C25
Ⅱ	C35	C30
Ⅲ	C35	C30
Ⅳ	C35	C30
Ⅴ	C40	C35
Ⅵ	C40	C35
Ⅶ	C35	C30

(2)钢筋的混凝土最小保护层厚度要满足规范的要求,见附表1-7。

(3)有抗渗要求的混凝土结构,混凝土的抗渗等级要符合有关标准的要求。

(4)严寒和寒冷地区的潮湿环境中,混凝土应满足抗冻要求,混凝土抗冻等级符合有关标准的要求。

混凝土耐久性设计与混凝土材料、结构构造和裂缝控制措施、施工要求和必要的防腐蚀附加措施等内容有关,并且混凝土结构的耐久性在很大程度上取决于结构施工过程中的质量控制与质量保证以及结构使用过程中的正确维修与例行检测,单独采取某一种措施可能效果不理想,需要根据混凝土结构物的使用环境、使用年限采取综合防治措施,结构才能取得较好的耐久性。

【复习思考题与习题】

9-1　对于钢筋混凝土构件,为什么《公路桥规》规定必须进行持久状况正常使用极限状态计算和短暂状况应力计算?与持久状况承载能力极限状态计算有何不同之处?

9-2　什么是钢筋混凝土构件的换算截面?将钢筋混凝土开裂截面化为等效的换算截面的基本前提是什么?

9-3　影响钢筋混凝土受弯构件弯曲裂缝最大宽度的主要因素有哪些?如果不满足裂缝宽度限值,减小裂缝宽度有哪些可能的措施?

9-4　桥梁混凝土结构耐久性损伤的主要现象有哪些?混凝土结构耐久性设计应考虑哪些问题?

9-5　已知矩形截面钢筋混凝土简支梁的截面尺寸为 $b \times h = 200\text{mm} \times 500\text{mm}$, $a_s = 40\text{mm}$;

C30 混凝土,HRB400 级钢筋;在截面受拉区配有纵向抗弯受拉钢筋 3 ⏀16($A_s = 603\text{mm}^2$);结构重力作用产生的弯矩标准值 $M_G = 40\text{kN}\cdot\text{m}$,汽车荷载产生的弯矩标准值 $M_{Q1} = 15\text{kN}\cdot\text{m}$(未计入汽车冲击系数)。Ⅰ类环境条件,试求:

(1)钢筋混凝土梁的最大弯曲裂缝宽度;

(2)当配筋改为 2 ⏀20($A_s = 628\text{mm}^2$)时,求梁的最大弯曲裂缝宽度。

9-6 已知一钢筋混凝土 T 形截面梁计算跨径 $L = 19.5\text{m}$,截面尺寸为 $b_f' = 1580\text{mm}$,$h_f' = 110\text{mm}$,$b = 180\text{mm}$,$h = 1300\text{mm}$,$h_0 = 1180\text{mm}$;C30 混凝土,HRB400 级钢筋;在截面受拉区配有纵向抗弯受拉钢筋为 6 ⏀32 + 6 ⏀16,$A_s = 6031\text{mm}^2$;结构重力作用产生的弯矩标准值 $M_G = 750\text{kN}\cdot\text{m}$,汽车荷载产生的弯矩标准值 $M_{Q1} = 710\text{kN}\cdot\text{m}$(未计入汽车冲击系数)。Ⅰ类环境条件,试验算此梁跨中挠度并确定是否应设计预拱度。

第 10 章

局部承压

局部承压是指在构件的表面上仅有部分面积承受压力的受力状态(图 10-1)。

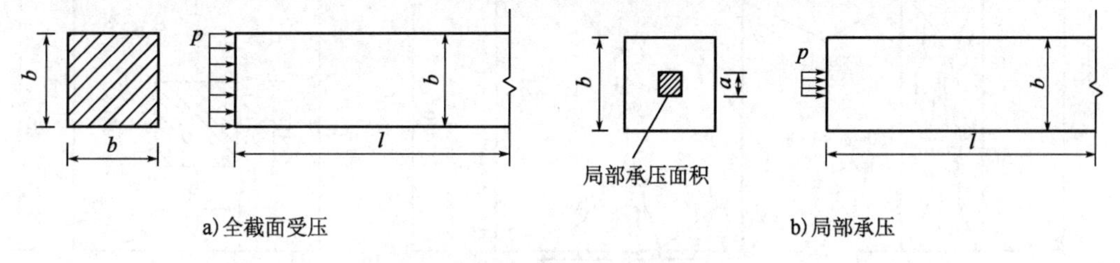

图 10-1　全部受压和局部承压

如图 10-2a)所示,设构件截面面积为 A,正方形截面的宽度为 b,在构件端面 AB 中心部分的较小面积 A_l(宽度为 a)上作用有压力 N,其平均压力集度为 p_1,相应的压应力从构件端面向构件内逐步扩散到一个较大的截面面积上。分析表明,在离端面距离 H 约等于 b 处的横截面 CD 上,压应力基本上已均匀分布,其压应力集度为 $p<p_1$。也就是说,构件的 CD 面以下截面已属于全截面受压,一般把图 10-2b)中所示的 $ABCD$ 区称为局部承压区。

局部承压区的应力状态较为复杂。当近似按平面应力问题分析时,局部承压区中任何一点将产生三种应力,即 σ_x、σ_y 和 τ。σ_x 为沿 x 方向(图 10-2 所示试件横向)的正应力,在局部承压区的 $AOBGFE$ 部分,σ_x 为压应力,在其余部分为拉应力[图 10-2c)],最大横向拉应力

$\sigma_{x\max}$发生在局部承压区$ABCD$的中点附近。σ_y为沿y方向的正应力,在局部承压区内,绝大部分的σ_y都是压应力,Oy轴处的压应力σ_y较大,其中又以O点处为最大,即等于p_1。当b/a值较大时,在试件A、B点附近,σ_x和σ_y都为拉应力,但其值都不大。

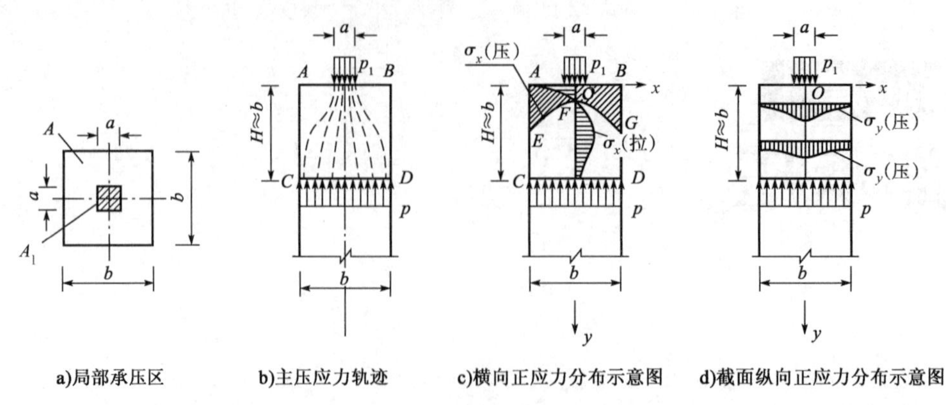

a)局部承压区
b)主压应力轨迹
c)横向正应力分布示意图
d)截面纵向正应力分布示意图

图 10-2 构件端部的局部承受压区

局部受压区内混凝土的抗压强度情况,可用图 10-3 所示承压面积相同(150mm × 150mm)而试件外形尺寸不同的混凝土轴心受压试验的抗压强度对比来说明,其中局部承压试件尺寸为 450mm × 450mm × 450mm,局部承压面积(以钢垫板计)为 150mm × 150mm。试验结果表明,局部承压试件的抗压强度远高于同样承压面积的棱柱体抗压强度(全截面受压),这主要是垫板下直接受压的混凝土的横向变形,不仅受钢垫板与试件表面之间摩擦力的约束,而且更主要的是受试件外围混凝土的约束,中间部分混凝土纵向受压引起的横向变形,使外围混凝土受拉,其反作用力又使中间混凝土侧向受压,限制了纵向裂缝的开展,因而其强度比棱柱体抗压强度大很多。

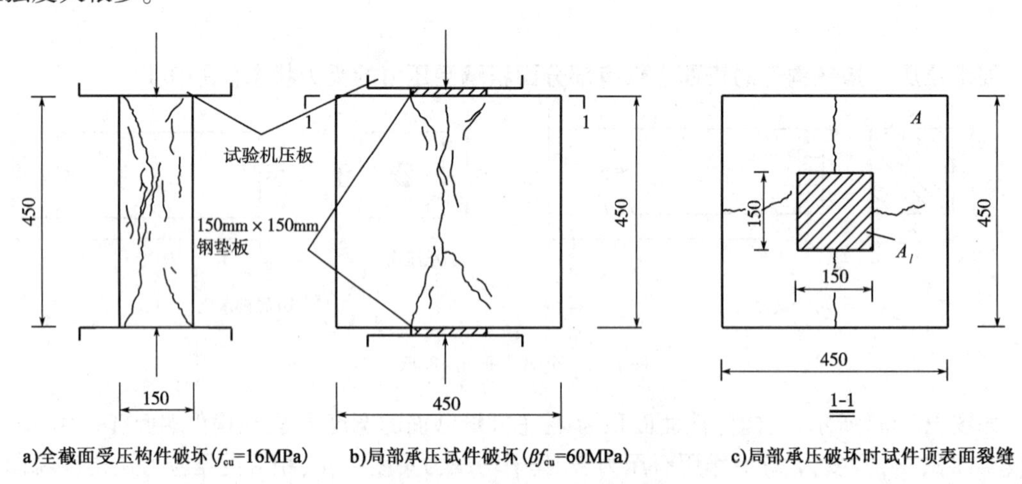

图 10-3 局部承压试件破坏图(尺寸单位:mm)

综合上述可知,与全面积受压相比,混凝土构件局部承压有如下特点:

(1)构件表面受压面积小于构件截面面积。

(2)局部承压面积部分的混凝土抗压强度比全面积受压时混凝土抗压强度高。

(3)在局部承压区的中部有横向拉应力σ_x(图 10-2),这种横向拉应力可使混凝土产生裂缝。

局部承压是混凝土和钢筋混凝土结构中常见的受力形式之一。例如:直接承受由支座垫板传来的局部集中荷载的桥梁墩(台)帽、拱或刚架的铰接支承点、后张法预应力混凝土构件端部锚固区等,都是局部承压的典型部位。在工程实践中,因局部承压区混凝土开裂或局部承压能力不足而引起的事故也屡有发生,因此,局部承压的计算是工程设计中必须予以注意的问题之一。

10.1 混凝土局部承压破坏形态和破坏机理

对于混凝土局部承压的破坏形态,国内外进行了大量的研究。研究表明,**混凝土局部受压的破坏形态主要与 A_l/A(A_l 为局部受压面积,A 为试件截面面积)以及 A_l 在表面上的位置有关**。对于 A_l 对称布置于构件端面上的轴心局部承压,其破坏形态主要有如下三种。

1)先开裂后破坏

当试件截面面积与局部受压面积比较接近时(一般 $A/A_l \leqslant 9$),在50% ~90%破坏荷载时,试件某一侧面首先出现纵向裂缝,随着荷载增加,裂缝逐渐延伸,其他侧面也相继出现类似裂缝,最后承压面下的混凝土被冲切出一个楔形体[图10-4a)],试件被劈成数块而发生劈裂破坏。

2)一开裂即破坏

当试件截面面积与局部受压面积相比较大时(一般 $9 < A/A_l \leqslant 36$),试件一开裂就破坏,破坏很突然,裂缝从顶面向下发展,裂缝宽度上大下小,局部受压面积外围混凝土被劈成数块,而局部承压面下的混凝土被冲剪成一个楔形体[图10-4b)]。

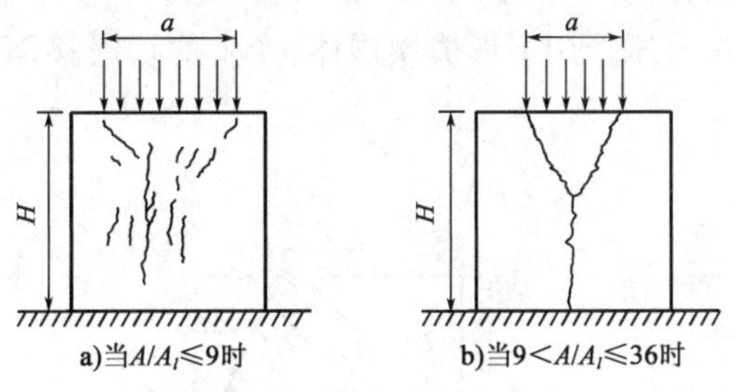

图10-4 局部受压的破坏形态

3)局部混凝土下陷

当试件的截面面积与局部受压面积相比很大(一般 $A/A_l > 36$)时,在试件整体破坏前,局部受压面下的混凝土先局部下陷,沿局部受压面四周的混凝土出现剪切破坏,但此时外围混凝土尚未劈裂,荷载还可以继续增加,直至外围混凝土被劈成数块而最终破坏。

在局部承压试验中,试验荷载是通过局部承压钢垫板作用在试件上,这与实际工程中局部承压作用形式是一致的。局部承压板与混凝土接触面间有摩擦阻力,在破坏时,承压垫板下将出现楔形体。当 $A/A_l > 36$ 时,破坏是由于这个楔形体下陷而破坏,但这时试件并未劈裂;当 $9 < A/A_l \leqslant 36$ 时,试件因楔形体的滑移使试件劈裂破坏;当 $A/A_l \leqslant 9$ 时,横向拉应力先使试件表面形成裂缝,然后形成楔形体,最后,试件由楔形体劈裂而破坏。

关于混凝土局部受压的工作机理,国内外学者提出过许多看法,主要有两种理论,分别为套箍理论和剪切理论。

(1)套箍理论

这个理论认为,局部受压区的混凝土可看作承受侧压力作用的混凝土芯块,当局部荷载作用增大时,受挤压的混凝土向外膨胀,而周围混凝土起着套箍作用而阻止其横向膨胀,因此,挤压区混凝土处于三向受压状态,提高了芯块混凝土的抗压强度。当周围混凝土环向拉应力达到抗拉极限强度时,试件即告破坏,其受力模型如图10-5所示。

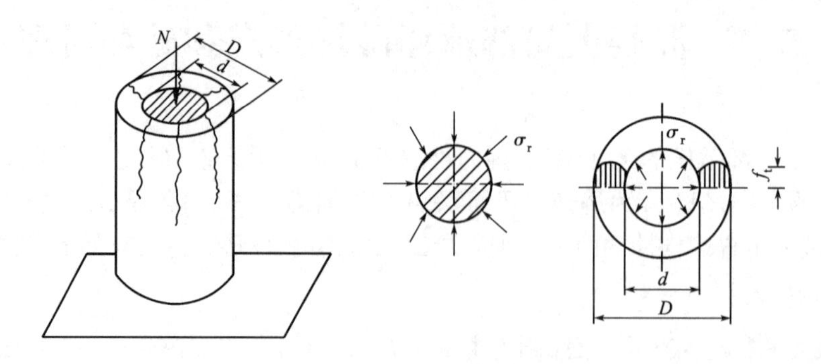

图10-5 套箍理论的局部受压受力模型

(2)剪切理论

这个理论认为,在局部荷载作用下,局部受压区的受力特性犹如一个带多根拉杆的拱结构[图10-6a)],紧靠承压板下面的混凝土,亦即位于拉杆部位的混凝土承受横向拉力。当局部受压荷载达到开裂荷载时,部分拉杆由于局部受压区中横向拉应力 σ_x 大于混凝土极限抗拉强度 f_t 而断裂,从而产生了局部纵向裂缝,但此时尚未形成破坏机构[图10-6b)]。随着荷载继续增加,更多的拉杆被拉断,裂缝进一步增多和延伸,内力进一步重分配。当荷载达到破坏荷载时,承压板下的混凝土在剪压作用下形成楔形体,产生剪切滑移面,楔形体的劈裂最终导致拱机构破坏,见图10-6c)。

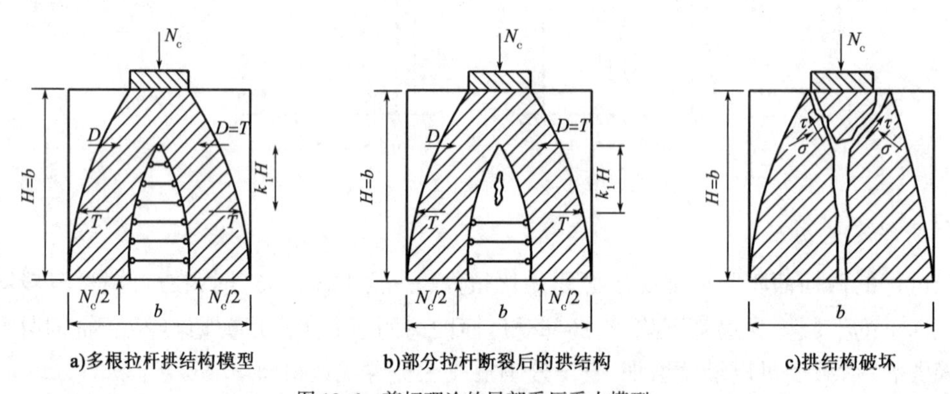

图10-6 剪切理论的局部受压受力模型

剪切理论较合理地反映了混凝土局部受压的破坏机理及受力过程。由这种理论建立的受力模型可以看到,局部受压区在不同受力阶段存在两种类型的劈裂力。第一种是拱作用引起的横向劈裂拉力,它作用在拱拉杆部位,这种拉力自加载开始至破坏前都存在;第二种劈裂力是楔形体形成时引起的,它仅仅在接近破坏阶段才产生,作用部位在楔形体高度范围内。

10.2　混凝土局部承压强度提高系数

1）混凝土局部承压提高系数β

局部受压时混凝土的抗压强度高于棱柱体抗压强度，试验与研究表明，轴心局部承压混凝土强度提高系数β（即混凝土局部承压强度与混凝土棱柱体抗压强度之比），与局部受压的分布面积A_b和局部受压面积A_l之比（A_b/A_l）有重要关系。β值随A_b/A_l增加而增大，但不按线性增大，而是以接近二次曲线的规律增大。因而，《公路桥规》规定β按式（10-1）计算

$$\beta=\sqrt{\frac{A_b}{A_l}} \tag{10-1}$$

式中：A_l——局部受压面积（考虑在钢垫板中沿45°刚性角扩大的面积），当有孔道时（对圆形承压面积而言）不扣除孔道面积；

A_b——局部受压的计算底面积，可根据图10-7来确定。

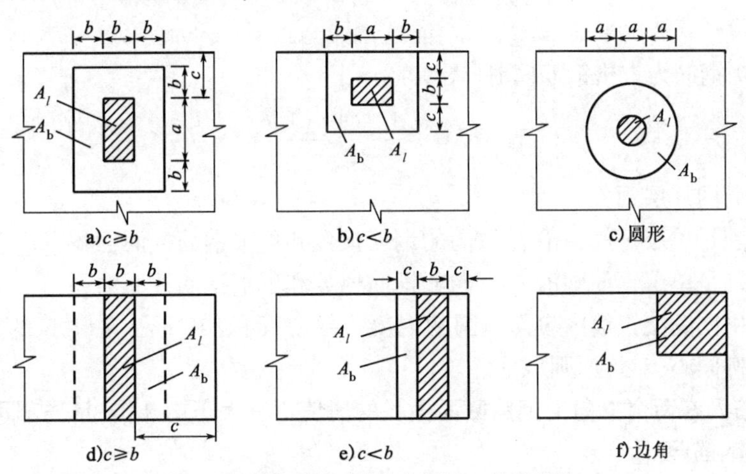

图10-7　局部受压时计算底面积A_b的示意图

关于局部受压计算底面积A_b的确定，是采用"同心对称有效面积法"，即A_b应与局部受压面积A_l具有相同的形心位置，且要求相应对称。具体计算时，规定沿A_l各边向外扩大的有效距离不超过A_l窄边尺寸b（矩形）或直径a（圆形）等，详见图10-7。图10-7中的c为局部受压面到最靠近的截面边缘（又称临空面）的距离。

2）配置间接钢筋的混凝土局部承压强度提高系数β_{cor}

在实际工程中，遇到混凝土局部受压时，一般都要求在局部承压区内配置间接钢筋。大量试验证明，这样的配筋措施能使局部承压的抗裂性和极限承载能力都有显著提高。

局部承压区内配置间接钢筋可采用方格钢筋网或螺旋式钢筋两种形式（图10-8）。

间接钢筋宜选HPB300钢筋，其直径一般为8～10mm。间接钢筋应尽可能接近承压表面布置，其距离不宜大于35mm。

间接钢筋体积配筋率ρ_v是指核心面积A_{cor}范围内单位体积所含间接钢筋的体积，应按下列公式计算。

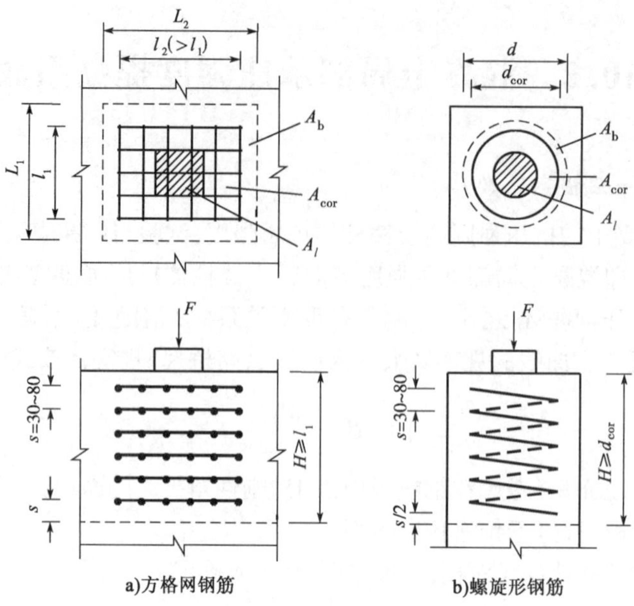

图 10-8　局部承压区内的间接钢筋配筋形式(尺寸单位:mm)

(1)当间接钢筋为方格钢筋网时[图 10-8a)]

$$\rho_v = \frac{n_1 A_{s1} l_1 + n_2 A_{s2} l_2}{A_{cor} s} \tag{10-2}$$

式中:s——钢筋网片层距;

n_1、A_{s1}——分别是单层钢筋网沿 l_1 方向的钢筋根数和单根钢筋截面面积;

n_2、A_{s2}——分别是单层钢筋网沿 l_2 方向的钢筋根数和单根钢筋截面面积;

A_{cor}——方格网间接钢筋内表面范围的混凝土核心面积,其重心应与 A_l 的重心重合,计算时按同心、对称原则取值。

此外,**钢筋网在两个方向上钢筋截面面积的比值不宜大于 1.5 倍,且局部承压区间接钢筋不应少于 4 层钢筋网。**

(2)当间接钢筋为螺旋形钢筋时[图 10-8b)]

$$\rho_v = \frac{4A_{ss1}}{d_{cor} s} \tag{10-3}$$

式中:A_{ss1}——单根螺旋形钢筋的截面面积;

d_{cor}——螺旋形间接钢筋内表面范围内混凝土核心的直径;

s——螺旋形钢筋的间距。

螺旋形钢筋不应少于 4 圈。

在局部承压区中配置间接钢筋,其作用类似于螺旋箍筋柱中螺旋箍筋的作用,使得核心混凝土的抗压强度增加,**采用 β_{cor} 来反映配置间接钢筋后混凝土局部承压强度提高的程度。**《公路桥规》规定 β_{cor} 按式(10-4)计算

$$\beta_{cor} = \sqrt{\frac{A_{cor}}{A_l}} \geqslant 1 \tag{10-4}$$

式中的 A_{cor} 为间接钢筋网或螺旋钢筋范围内混凝土核心面积,其值可参照图 10-8 所示进行计算,但是,应满足 $A_b > A_{cor} > A_l$ 且 A_{cor} 的面积重心应与 A_l 的面积重心重合。在实际工程中,

若出现 $A_{cor}>A_b$，则应取 $A_{cor}=A_b$。

10.3 局部承压区的计算

《公路桥规》要求必须进行局部承压区承载能力计算和截面尺寸验算。

1)局部承压区的承载力计算

对于配置间接钢筋的局部承压区，当符合 $A_{cor}>A_l$ 且 A_{cor} 的重心与 A_l 的重心相重合的条件时，其局部承压承载力可按式(10-5)计算：

$$\gamma_0 F_{ld} \leqslant F_u = 0.9(\eta_s \beta f_{cd} + k\rho_v \beta_{cor} f_{sd})A_{ln} \tag{10-5}$$

式中：F_{ld}——局部受压面积上的局部压力设计值，对后张法预应力混凝土构件的锚头局部受压区，可取1.2倍张拉时的最大压力；

η_s——混凝土局部承压修正系数，按表10-1采用；

β——混凝土承压强度的提高系数，按式(10-1)计算；

k——间接钢筋影响系数，混凝土强度等级C50及以下时，取 $k=2.0$；C50～C80，取 $k=2.0\sim1.70$，中间直接插值取用，见表10-1；

ρ_v——间接钢筋的体积配筋率，当为方格钢筋网时，按式(10-2)计算；当为螺旋形钢筋时，按式(10-3)计算；

β_{cor}——配置间接钢筋时局部承压承载能力提高系数，按式(10-4)计算；

f_{sd}——间接钢筋的抗拉强度设计值；

A_{ln}——当局部受压面有孔洞时，扣除孔洞后的混凝土局部受压面积(计入钢垫板中按45°刚性角扩大的面积)，即 A_{ln} 为局部受压面积 A_l 减去孔洞的面积。

混凝土局部承压计算系数 η_s 与 k 表10-1

混凝土强度等级	≤C50	C55	C60	C65	C70	C75	C80
η_s	1.0	0.96	0.92	0.88	0.84	0.80	0.76
k	2.0	1.95	1.90	1.85	1.80	1.75	1.70

2)局部受压区截面尺寸验算

当局部承压区段配筋过多时，局部承压垫板底面的混凝土产生过大下沉变形，为防止出现这种情况，《公路桥规》规定局部受压区的截面尺寸应满足

$$\gamma_0 F_{ld} \leqslant F_{cr} = 1.3\eta_s \beta f_{cd} A_{ln} \tag{10-6}$$

式中，f_{cd} 为混凝土轴心抗压强度设计值；其余符号的意义与式(10-5)相同。

例10-1 某钢筋混凝土双铰桁架拱桥，台帽承受主拱拱脚作用的支承力设计值 $F_{ld}=2500\text{kN}$，其局部受压面积为250mm×300mm(已考虑矩形钢垫板厚度且沿45°刚性角扩大的后面积)，如图10-9所示。台帽采用C30混凝土，$f_{cd}=13.8\text{MPa}$；配置方格网的间接钢筋，采用HPB300级钢筋 ϕ8，$f_{cd}=250\text{MPa}$。Ⅰ类环境条件，设计使用年限50年，试按结构设计安全等级为一级进行台帽的局部承压设计计算。

解：混凝土局部承压的设计计算，主要是进行局部承压区混凝土内间接钢筋的设计计算，

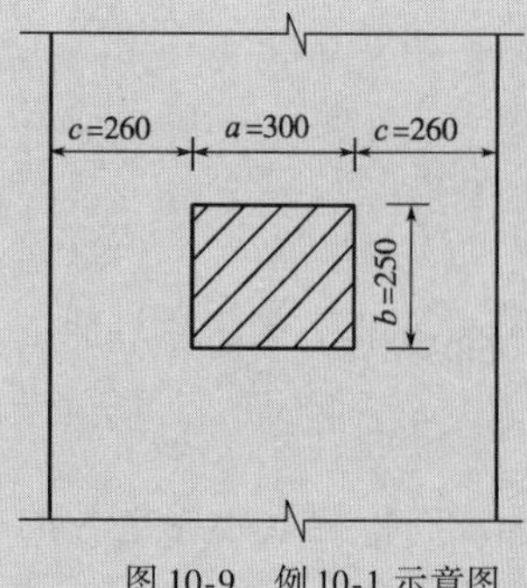

图 10-9 例 10-1 示意图（尺寸单位：mm）

包括确定间接钢筋的数量与布置，以及保证设计承载力必须满足式(10-5)。

本例拟采用以下步骤来求解混凝土局部承压的设计计算问题：首先由已知条件验算是否满足式(10-6)的要求；其次根据构造要求等进行间接钢筋的初步设计与布置；最后采用式(10-5)进行局部承压的承载力验算，看是否满足，若不满足就调整间接钢筋直至满足要求。

取结构重要性系数 $\gamma_0=1.1$，则局部压力计算值 $F=\gamma_0 F_{ld}=1.1\times2500=2750(\mathrm{kN})$。

1)局部受压区的截面尺寸检查

由图 10-9 得到混凝土局部受压面积(矩形面积) $A_l=300\times250=75000(\mathrm{mm}^2)$；而局部受压区边缘至台帽边缘的最小距离 $c=260\mathrm{mm}>b(=250\mathrm{mm})$，符合图 10-7 所示的 $c\geqslant b$ 的情况，可得到局部受压时的计算底面边长 $L_1=250+2\times250=750(\mathrm{mm})$、$L_2=300+2\times250=800(\mathrm{mm})$，且计算底面积 $A_b=L_1\cdot L_2=750\times800=600000(\mathrm{mm}^2)$。

由式(10-1)计算得到混凝土局部承压强度提高系数 β 为

$$\beta=\sqrt{\frac{A_b}{A_l}}=\sqrt{\frac{600000}{75000}}=2.83$$

台帽混凝土强度等级为 C30，由表 10-1 取混凝土局部承压修正系数 $\eta_s=1.0$；因局部受压面没有孔洞，故混凝土局部受压面积 $A_{ln}=A_l=75000\mathrm{mm}^2$，由式(10-6)的不等号右部分得到

$$1.3\eta_s\beta f_{cd}A_{ln}=1.3\times1.0\times2.83\times13.8\times75000=3807.765\times10^3(\mathrm{N})=3807.765\mathrm{kN}$$

而局部压力计算值 $F=2750\mathrm{kN}$，故局部受压区的截面尺寸满足要求。

2)间接钢筋的设计

(1)钢筋网片平面布置初步设计

由于方格网格钢筋内表面范围内的混凝土核心面积 A_{cor} 应大于混凝土局部受压面积 A_l，同时小于局部受压时的计算底面积 A_b，同时 A_{cor} 的形心应与 A_l 的形心重合且对称，因此，这里选择方格网片两个方向各自的最外侧钢筋内表面之间的距离分别为 $l_1=500\mathrm{mm}$(短边)、$l_2=600\mathrm{mm}$(长边)(图 10-10)，满足要求。这时，间接钢筋的核心混凝土面积 $A_{cor}=l_1\times l_2=500\times600=300000(\mathrm{mm}^2)>A_l(=75000\mathrm{mm}^2)$，且小于计算底面积 $A_b=600000\mathrm{mm}^2$。

相应地考虑方格网片最外侧两根 ϕ8 钢筋的放置，取单根钢筋长度为 520mm(l_1 方向)和 620mm(l_2方向)。选择钢筋的间距为 100mm，这样沿 l_1 方

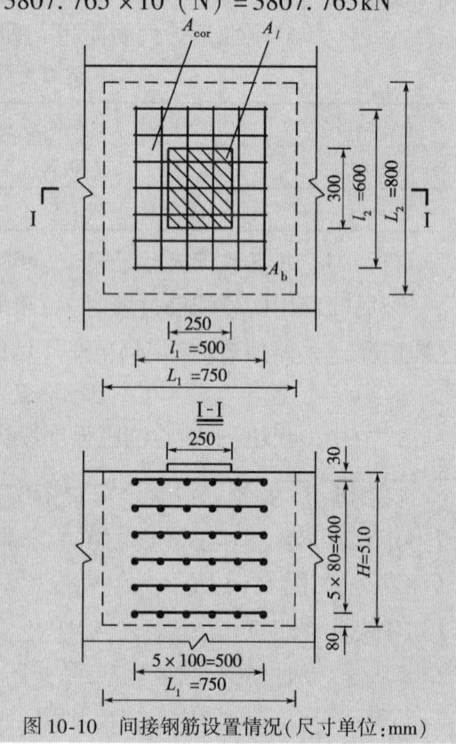

图 10-10 间接钢筋设置情况(尺寸单位：mm)

向的钢筋根数 $n_1=7$ 根，沿 l_2 方向的钢筋根数 $n_2=6$ 根，钢筋网片设计布置平面图见图 10-10。ϕ8 钢筋截面面积 $A_{s1}=50.3\text{mm}$，钢筋网片两个方向上钢筋截面面积的比值为 $(n_1A_{s1})/(n_2A_{s2})=(7\times50.3)/(6\times50.3)=1.17<1.5$，故满足要求。

(2)间接钢筋网片埋置深度

根据《公路桥规》的规定，间接钢筋网片埋置的深度 $H\geqslant l_1$(图 10-8)，l_1 为矩形核心混凝土面的较小边长，本例为 $l_1=500\text{mm}$，故局部受压面向下间接钢筋网片埋置的深度应该满足 $H\geqslant500\text{mm}$。

《公路桥规》还要求沿埋置深度方向方格网片之间的间距 s 应满足 $s=30\sim80\text{mm}$。初选 $s=80\text{mm}$，则需要设置 6 层方格网片。因已知Ⅰ类环境条件，设计使用年限 50 年，查附表 1-7得到混凝土保护层最小厚度 $c_{\min}=20\text{mm}$，现取最顶层方格网片距墩帽表面的净距为 30mm，大于 $c_{\min}$，满足要求。由图 10-10 可见间接钢筋的设计埋置深度 $H=510\text{mm}>500\text{mm}$。

3)局部承压承载力计算

由以上计算和图 10-10 所示间接钢筋的设计布置可见，间接钢筋的核心混凝土面积 $A_{cor}=300000\text{mm}^2$、局部受压面积 $A_l=75000\text{mm}^2$，由式(10-4)计算配置间接钢筋时局部承压强度提高系数 β_{cor} 为

$$\beta_{cor}=\sqrt{\frac{A_{cor}}{A_l}}=\sqrt{\frac{300000}{75000}}=2$$

由式(10-2)计算得到方格网间接钢筋体积配筋率 ρ_v 为

$$\rho_v=\frac{n_1A_{s1}l_1+n_2A_{s2}l_2}{A_{cor}s}=\frac{7\times50.3\times500+6\times50.3\times600}{300000\times80}=0.0149$$

C30 混凝土，由表 10-1 取间接钢筋影响系数 $k=2.0$，由式(10-5)计算设置间接钢筋的局部承压的承载力 F_u 为

$$\begin{aligned}F_u&=0.9(\eta_s\beta f_{cd}+k\rho_v\beta_{con}f_{sd})A_{ln}\\&=0.9(1\times2.83\times13.8+2\times0.0149\times2\times250)75000\\&=3641895(\text{N})=3641.895\text{kN}\end{aligned}$$

大于局部受压面积上的局部压力计算值 $F=2750\text{kN}$，局部承压区设计满足要求。

【复习思考题与习题】

10-1　什么是混凝土构件的局部受压？试说明符号 β、β_{cor}、A_b、A_l、A_{cor} 和 A_{ln} 的意义。

10-2　局部承压区段混凝土内设置间接钢筋的作用是什么？常用的间接钢筋有哪几种配筋形式？

10-3　对局部承压的计算包括哪些计算内容？

10-4　图 10-11 为混凝土简支梁板式橡胶支座的支座垫石的配筋图。板式橡胶支座的长边

360mm、短边 200mm,支座垫石平面长边 360mm、短边 330mm。支座垫石采用 C30 混凝土,采用方格钢筋网形式的间接钢筋,为 HPB300 级钢筋,直径 8mm,支承力设计值 $F_{ld}=602.47\text{kN}$,Ⅰ类环境条件,设计使用年限 50 年,试对支座垫石的混凝土局部承压进行复核计算。

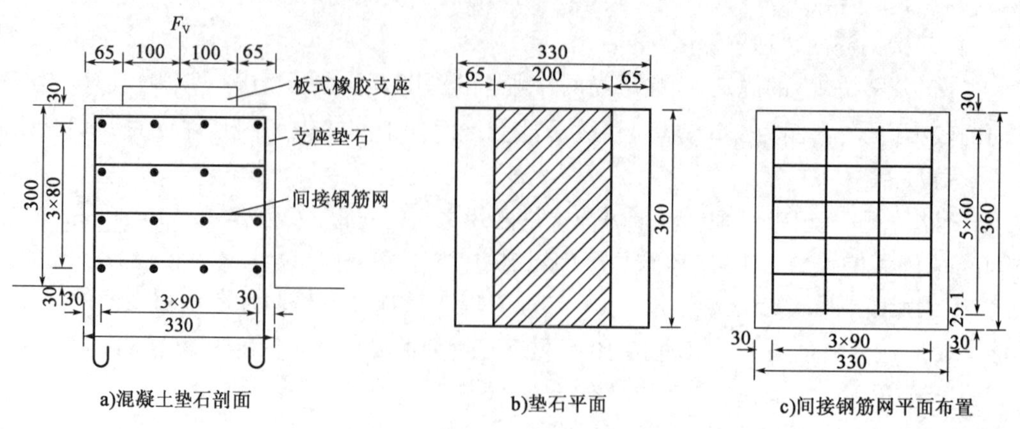

图 10-11　题 10-4 图(尺寸单位:mm)

10-5　预应力混凝土梁端锚具布置如图 10-12 所示,梁体混凝土为 C40,张拉预应力钢束时对梁体局部压力设计值 $F_{ld}=534.68\text{kN}$;锚具直径 $D=110\text{mm}$,孔道直径 $d_1=50\text{mm}$,锚具下钢板厚度 $t=20\text{mm}$;端部锚下混凝土中设置的间接钢筋为螺旋钢筋,螺旋圈直径 $d=200\text{mm}$,螺距 $s=30\text{mm}$,埋置深度 $h_1=210\text{mm}$;间接钢筋均为 HPB300 级钢筋,直径 8mm。试进行主梁端部锚下混凝土局部承压承载力计算。

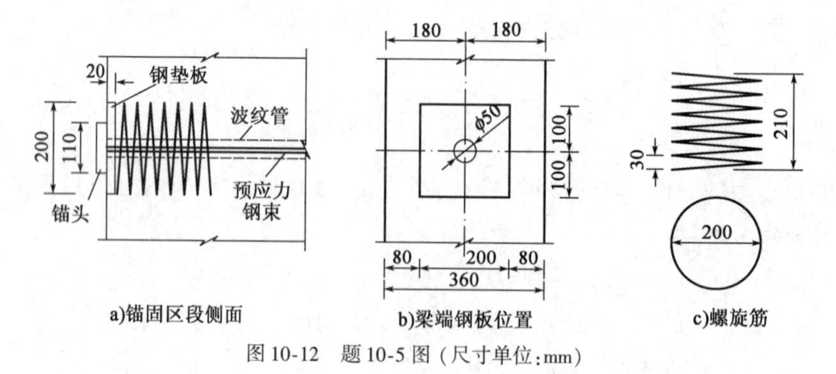

图 10-12　题 10-5 图 (尺寸单位:mm)

第 11 章

深受弯构件

钢筋混凝土深受弯构件通常是指跨度与其截面高度之比较小的梁。按照《公路桥规》的规定，**梁的计算跨径 l_0 与梁的高度 h 之比 $l_0/h \leqslant 5$ 的受弯构件称为深受弯构件**。深受弯构件又可分为深梁和短梁：**$l_0/h \leqslant 2$ 的简支梁和 $l_0/h \leqslant 2.5$ 的连续梁定义为深梁；$2 < l_0/h \leqslant 5$ 的简支梁和 $2.5 < l_0/h \leqslant 5$ 的连续梁称为短梁**。

钢筋混凝土深受弯构件因其跨高比较小，且**在受弯作用下梁正截面上的应变分布和开裂后的平均应变分布不符合平截面假定**，故构件的破坏形态、计算方法与一般梁（定义为跨高比 $l_0/h > 5$ 的受弯构件）有较大差异。

11.1 深受弯构件破坏形态

11.1.1 深梁的破坏形态

简支深梁主要有三种破坏形态：弯曲破坏、剪切破坏以及局部承压破坏和锚固破坏。

1）弯曲破坏

当深梁的纵向受拉钢筋配筋率 ρ 较低时，随着荷载的增加，一般在最大弯矩作用截面附近首先出现垂直于梁底的弯曲裂缝并发展成为临界裂缝,纵向受拉钢筋首先达到屈服强度,最后,梁顶混凝土被压碎,深梁即丧失承载力,被称为正截面弯曲破坏,见图11-1a)。

当深梁的纵向受拉钢筋配筋率ρ稍高时,在梁跨中出现垂直裂缝后,随着荷载的增加,梁跨中垂直裂缝的发展缓慢,在弯剪区段内由于斜向主拉应力超过混凝土的抗拉强度出现斜裂缝。梁腹斜裂缝两侧混凝土的主压应力,由于主拉应力的卸荷作用而显著增大,梁内产生明显的应力重分布,形成以纵向受拉钢筋为拉杆、斜裂缝上部混凝土为拱腹的拉杆拱受力体系,见图11-1c)。在此拱式受力体系中,受拉钢筋首先达到屈服而使梁破坏,这种破坏称为斜截面弯曲破坏,见图11-1b)。

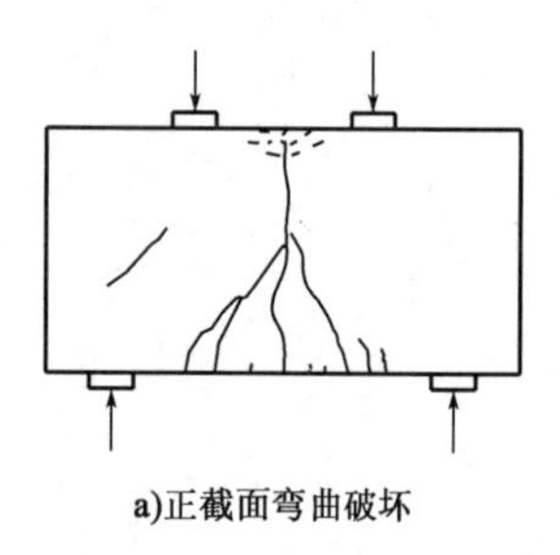

a)正截面弯曲破坏

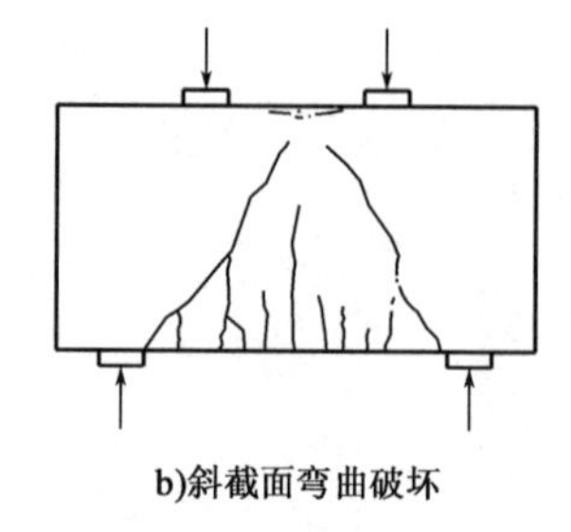

b)斜截面弯曲破坏

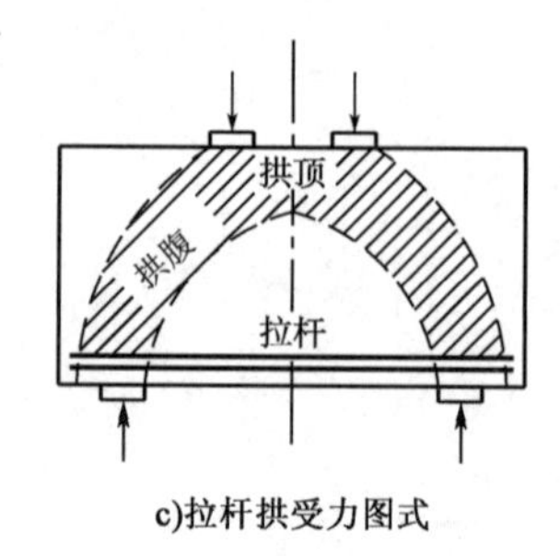

c)拉杆拱受力图式

图11-1　简支深梁的弯曲破坏

2)剪切破坏

当深梁的纵向受拉钢筋配筋率ρ较高时,拱式受力体系形成后,随着荷载的增加,拱腹和拱顶(梁顶受压区)的混凝土压应力亦随之增加,在梁腹出现许多大致平行于支座中心至加载点连线的斜裂缝,最后梁腹混凝土首先被压碎,这种破坏称为斜压破坏,见图11-2a)。

深梁产生斜裂缝之后,随着荷载的增加,主要的一条斜裂缝会继续斜向延伸。临近破坏时,在主要斜裂缝的外侧,突然出现一条与它大致平行的通长劈裂裂缝,随之深梁破坏,这种破坏被称为劈裂破坏,见图11-2b)。

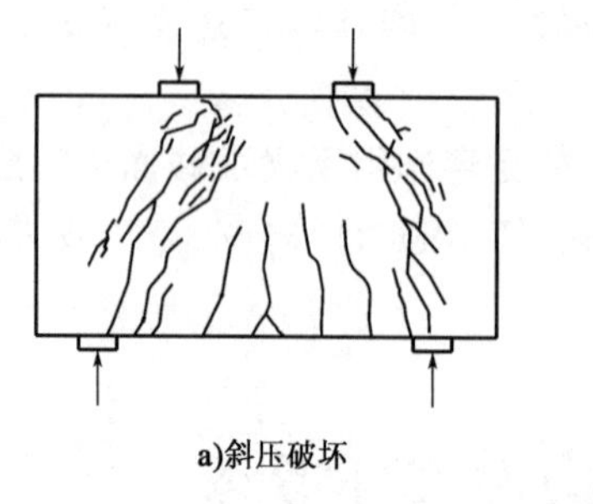

a)斜压破坏

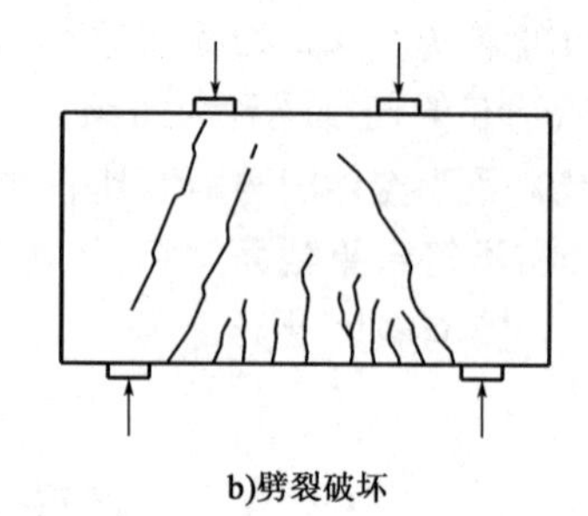

b)劈裂破坏

图11-2　深梁的剪切破坏

3)局部承压破坏和锚固破坏

深梁的支座处于竖向压应力与纵向受拉钢筋锚固区应力组成的复合应力作用区,局部应力很大。试验表明,在达到受弯和受剪承载能力之前,深梁发生局部承压破坏的可能性比普通梁要大得多。深梁在斜裂缝发展时,支座附近的纵向受拉钢筋应力增加迅速,因此,深梁支座处容易发生纵向受拉钢筋锚固破坏。

11.1.2 短梁的破坏形态

钢筋混凝土短梁的破坏形态主要有弯曲破坏、剪切破坏两种形态,也可能发生局部受压和锚固破坏。

1)弯曲破坏

短梁发生弯曲破坏时,随其纵向受拉钢筋配筋率的不同,会发生以下破坏形态:

(1)超筋破坏。短梁与深梁不同,当纵向受拉钢筋配筋率较大时,会发生纵向受拉钢筋未屈服之前,梁的受压区混凝土先被压坏的超筋破坏现象。

(2)适筋破坏。当钢筋混凝土短梁纵向受拉钢筋配筋率适当时,纵向受拉钢筋首先屈服,然后受压区混凝土被压坏,短梁即告破坏,其破坏形态类似于普通梁的适筋破坏。

(3)少筋破坏。当纵向受拉钢筋配筋率较小时,短梁受拉区出现弯曲裂缝,纵向受拉钢筋即屈服,但受压混凝土未被压碎,短梁由于挠度过大或裂缝过宽而失效。

2)剪切破坏

根据斜裂缝发展的特征,钢筋混凝土短梁会发生斜压破坏、剪压破坏和斜拉破坏的剪切破坏形态。集中荷载作用于钢筋混凝土短梁的试验与分析表明,当剪跨比小于1时,一般发生斜压破坏;当剪跨比为1~2.5时,一般发生剪压破坏;当剪跨比大于2.5时,一般发生斜拉破坏。

短梁的局部受压破坏和锚固破坏情况与深梁相似。

综上所述,可见短梁的破坏特征基本上介于深梁和普通梁之间。

11.2 深受弯构件设计计算方法

由深受弯构件的定义可见,深受弯构件是其尺寸比例超过一般受弯构件范围的构件。在荷载作用下钢筋混凝土深受弯构件的跨中截面的应变沿高度的分布和开裂后的平均应变都不再为线性分布(图11-3),因为受力性能与一般钢筋混凝土梁有较大差异,不能直接采用一般钢筋混凝土梁的结构设计计算方法,并要对钢筋配置方法提出不同的要求。

对于钢筋混凝土深受弯构件的设计计算方法,主要问题之一是要解决构件的受力钢筋配筋计算问题,故称配筋计算。工程界对钢筋混凝土深受弯构件的设计计算方法进行了大量的研究,在工程上使用的计算方法有按弹性应力图形面积配筋法、基于试验资料及分析结果的公式法、拉压杆模型法和钢筋混凝土非线性有限单元法。本节主要介绍前面三种计算方法的原理,对于钢筋混凝土非线性有限单元法,有专门的教材和课程介绍,故不重复。

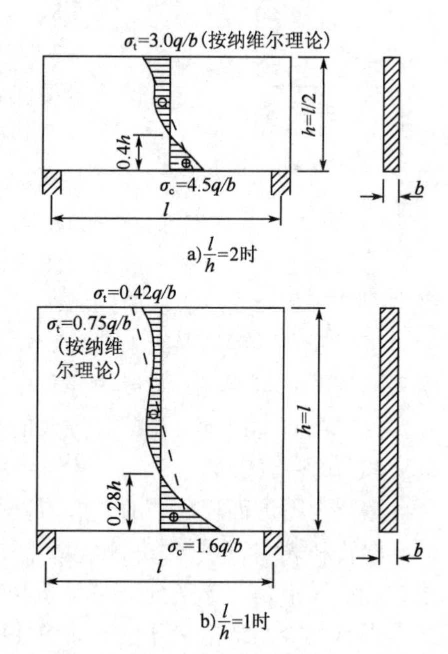

图11-3 简支深梁跨中截面正应力的非线性分布

11.2.1 按弹性应力图形面积配筋法

按弹性应力图形面积配筋法是以混凝土结构不开裂的弹性理论为基础的方法,又称应力图形法。计算方法的思路是,先按结构弹性理论方法(例如弹性有限单元法或弹性模型试验等)得到结构的线弹性应力,再根据结构关注截面的拉应力图形面积,计算出拉应力的合力,按拉力的全部或部分由钢筋承担的原则计算所需钢筋的用量。

应力图形法是工程界常用的方法,有关应力图形法的要求有:

(1)当结构截面应力图形接近线性分布时,可换算为内力,按一般构件的配筋公式进行配筋和混凝土裂缝控制计算。

(2)当应力图形偏离线性分布较大时,可按主拉应力在配筋方向投影图形的总面积计算钢筋截面面积 A_s,行业标准《水工混凝土结构设计规范》(SL 191—2008)规定要符合以下要求

$$A_s \geqslant \frac{KT}{f_y} \tag{11-1}$$

式中:K——承载力安全系数;

f_y——钢筋抗拉强度设计值;

T——由钢筋承担的拉力设计值,$T=\omega b$,其中 b 为结构计算截面的宽度。

ω 为截面主拉应力在配筋方向投影图形的总面积扣除其中拉应力值小于 $0.45f_t$ 的应力图形面积(在图11-4中用阴影线表示的应力图形区域面积)后的应力图形面积,但扣除面积不宜超过总面积的15%。这里,f_t 为混凝土轴心抗拉强度设计值,而把 $0.45f_t$ 作为混凝土的容许拉应力。

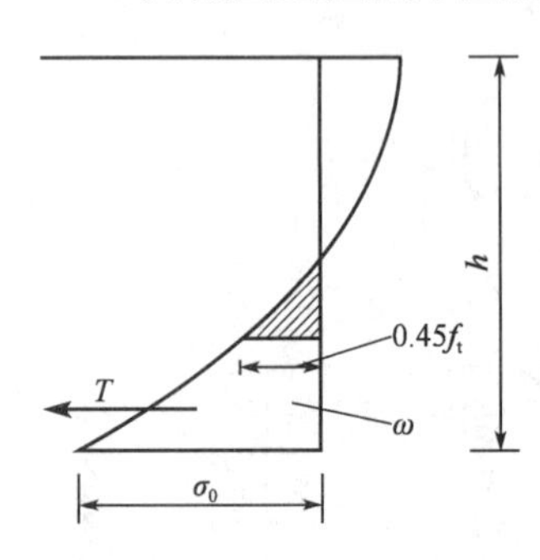

图11-4 弹性应力图形面积 ω

(3)当弹性应力图形的受拉区高度大于结构截面高度的2/3时,应按弹性主拉应力在配筋方向上投影图形的全面积计算受拉钢筋截面面积。

当弹性应力图形的受拉区高度小于结构截面高度的2/3且截面边缘最大拉应力 $\sigma_l \leqslant 0.45f_t$ 时,可仅配置构造钢筋。

(4)钢筋的配置方式应根据应力图形及结构受力特点确定。

当配筋主要是由结构承载力控制,且结构或构件具有较明显弯曲破坏特征时,受拉钢筋可集中配置在截面受拉边缘的区域。

当配筋主要考虑混凝土裂缝宽度及分布时,钢筋可在拉应力较大的范围内分层布置,各层钢筋的数量宜与拉应力图形的分布相对应。

关于截面主拉应力在配筋方向的投影计算方法,详见行业标准《水工混凝土结构设计规范》(SL 191—2008)。

按应力图形面积配筋的方法,工程设计上使用比较方便直观,钢筋混凝土深梁和坝内孔口的试验资料表明,总的来讲,按应力图形面积配筋的方法是偏于保守的。但按应力图形面积配筋的方法并不是一个完全反映钢筋混凝土结构实际工作状态的方法,因为它所依据的应力图形是钢筋混凝土结构未开裂前的弹性应力图形,一旦混凝土开裂,钢筋发挥其受拉作用,结构的应力图形可能完全改变,这对混凝土开裂前后应力状态有明显改变的结构有时也会偏于不

安全。同时,应力图形面积配筋的方法难以对混凝土的裂缝控制作出应有的估计。

11.2.2　公式法

公式法指基于不同加载和边界条件下钢筋混凝土深受弯构件的试件试验资料,根据观测到的构件破坏形态及结构力学特征测试数据,通过对主要影响因素的分析和总结归纳提出构件承载力、裂缝宽度等计算公式,用于进行配筋计算及混凝土裂缝宽度计算的方法。

对于工程上常遇到的钢筋混凝土深受弯构件,例如短梁、深梁、牛腿、实心厚板等,国家标准《混凝土结构设计规范》(GB 50010)、行业标准《水工混凝土结构设计规范》(SL 191)以及《公路桥规》都分别有相应的承载力计算公式,包括钢筋混凝土深受弯构件正截面承载力计算、斜截面受剪承载力计算及构件截面几何尺寸要求,也有构件混凝土裂缝宽度计算公式。

采用公式法进行钢筋混凝土深受弯构件设计计算的重要问题是钢筋布置的构造要求。由于钢筋混凝土深受弯构件,特别是深梁,其受力特性与一般钢筋混凝土受弯构件不同,故钢筋的布置及构造要求有较大的差异,下面以钢筋混凝土简支深梁来介绍深梁钢筋的布置特点和相关构造要求。

(1)荷载作用在深梁顶面时,钢筋混凝土简支深梁的钢筋布置如图 11-5 所示。

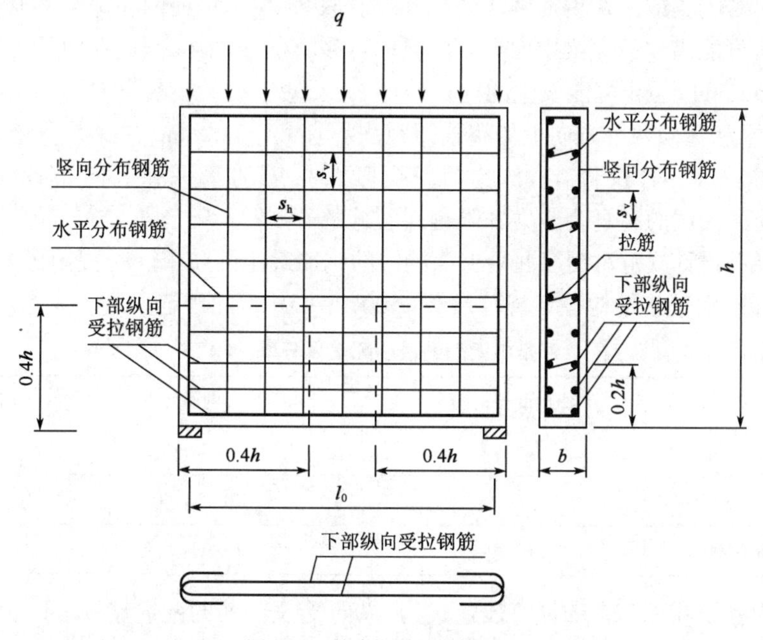

图 11-5　简支深梁的钢筋配置

由梁的侧面来看,钢筋混凝土简支深梁内的钢筋布置类似钢筋网片,实际上是由沿梁的跨度方向钢筋和高度方向钢筋形成的钢筋网和纵向受拉钢筋组成,即钢筋网由梁底部区域布置的纵向受拉钢筋、水平分布钢筋和竖向分布钢筋组成。

由梁的正面来看,钢筋混凝土简支深梁内截面上是双排钢筋网,它们之间设置专门的拉筋形成整体受力的钢筋骨架。

(2)梁底部区域布置的纵向受拉钢筋宜均匀布置在梁底边缘以上0.2h(h为梁高度)的高度范围内。由于深梁在混凝土斜裂缝出现后形成类似拉杆拱的受力体系,此时纵向受拉钢筋在靠近支座的截面钢筋的拉应力与跨中区段钢筋的拉应力渐趋相等,**故深梁纵向受拉钢筋应全部伸入支座,不得在跨间弯起或截断。**

伸入支座的纵向受拉钢筋应采用水平弯折锚固(图11-5),不宜使用竖向的弯折。这一要求是由于已有的室内试验梁观测到竖向弯折钢筋受力时会在内侧混凝土产生水平向的劈裂力,其方向与纵向受拉钢筋锚固区在竖向压力(支座反力)作用下产生的混凝土水平拉力方向一致,使锚固区混凝土容易过早开裂,对纵向受拉钢筋锚固不利而提出的。

伸入支座的纵向受拉钢筋沿水平方向弯折锚固的长度应按规范规定计算得到的受拉钢筋锚固长度l_a再乘以系数1.1或增加5d(d为受拉钢筋公称直径)。当不满足上述锚固长度时,应采用专门的锚固措施,例如在钢筋上加焊横向短筋、加焊锚固钢板或将纵向受拉钢筋末端搭焊成环形等有效锚固措施。

(3)水平分布钢筋和竖向分布钢筋的直径均不应小于8mm,布置间距不应大于200mm,也不宜小于100mm。

竖向分布钢筋宜做成封闭式。

(4)钢筋混凝土深梁应配置不少于两片由水平分布钢筋和竖向分布钢筋组成的钢筋网片。

试验表明,若配置的两片钢筋网之间相互没有联系,由于钢筋网在深梁平面外的变形没有专门的约束,有可能出现沿深梁中面劈开的侧向劈裂型斜压破坏,因此在两片钢筋网之间必须设置拉筋(图11-5)以防止可能发生的这种破坏。

拉筋沿水平和竖向两个方向上的布置间距均不宜大于600mm,在深梁支座区域在高度和宽度各为0.4h的范围内(图11-5所示虚线区),拉筋的水平和竖向布置间距不宜大于300mm,以承受该区域的高复合应力并限制斜裂缝的开展。

(5)我国相关设计规范对钢筋混凝土深梁中的钢筋最小配筋率(%)提出了要求,如表11-1所示为国家标准《混凝土结构设计规范》(GB 50010—2010)的规定。

深梁中钢筋的最小配筋百分率(%) 表11-1

钢筋种类	纵向受拉钢筋	水平分布钢筋	竖向分布钢筋
HPB300	0.25	0.25	0.20
HRB400,HRBF400,RRB400	0.20	0.20	0.15
HRB500,HRBF500	0.15	0.15	0.10

表11-1中各钢筋配筋率的计算表达式为:纵向受拉钢筋的配筋率$\rho = A_s/bh$;水平分布钢筋的配筋率$\rho_{sh} = A_{sh}/bs_v$,其中s_v为水平分布钢筋的间距;竖向分布钢筋的配筋率$\rho_{sv} = A_{sv}/bs_h$,其中s_h为竖向分布钢筋的间距。

对于除深梁以外的钢筋混凝土深受弯构件,国家标准《混凝土结构设计规范》(GB 50010—2010)规定,其纵向受拉钢筋、箍筋及纵向构造钢筋的构造规定与一般受弯构件相同,但其截面下部1/2高度范围内和中间支座(对连续深受弯构件)上部1/2高度范围内布置的纵向构造钢筋宜较一般受弯构件适当加强。

11.2.3 拉压杆模型法

拉压杆模型是针对混凝土结构及构件存在的应力扰动区(指混凝土结构构件中截面应变分布不符合平截面假定的区域)而提出的、反映其内部力流传递路径的桁架计算模型。出现于20世纪80年代的欧洲,它从混凝土结构受力的桁架分析与计算模型演化而来,经过Marti、Schlaich、Breen等学者的研究,提出了混凝土结构设计中的拉压杆模型计算方法,主要用于解决构件在集中力作用区域、构件几何形状和尺寸发生较大变化(几何不连续)区域,以及深受弯构件的配筋计算,目前,混凝土结构设计中的"拉压杆"模型计算方法已被美国、加拿大、欧洲各国等写入设计规范。

混凝土结构设计中的拉压杆模型计算方法将混凝土受力构件分为B区(指构件截面应变分布符合平截面假定程度较高的区域,字母B代表伯努尼假定)和D区(指构件截面应变分布出现非线性的区域,即不满足平截面假定的区域,字母D代表受扰动或不连续)。钢筋混凝土构件的B区部位,在弹性工作阶段可以应用初等理论来推算截面应力,在破坏阶段可以采用基于截面破坏模型来推算截面的承载力;构件的D区在弹性工作阶段截面应力分布较紊乱,需借助弹性力学或结构有限元进行计算,在破坏阶段难以采用基于截面破坏模型来推算截面的承载力。

通常,**构件在集中力作用区域、构件几何形状和尺寸发生较大变化区域都属于构件的D区范围**。从构件立面看,构件D区是高度为构件截面高度,长度为沿构件长度方向上距离集中力作用点或几何不连续处等于截面高度的区域;对于深受弯构件,整个构件均为D区。

美国ACI318委员会对混凝土结构分析计算的拉压杆模型定义为(它是)结构混凝土D区的桁架模型,由相交于节点的拉杆和压杆组成,能够把荷载传递到支座或相邻的B区。

以下进一步介绍深受弯构件的拉压杆模型和计算的方法。

1)拉压杆模型的组成

如图11-6所示,简支钢筋混凝土深梁在集中力作用下,根据深梁受力的力流建立的深梁拉压杆模型。深梁的纵向受拉钢筋为拉杆、受压的混凝土为压杆,而在集中力作用点和支座反力作用处为节点,将拉杆和压杆连接为受力桁架的计算模型,这与如图11-1所示的拉杆拱受力图式非常相似,但计算会更简捷。

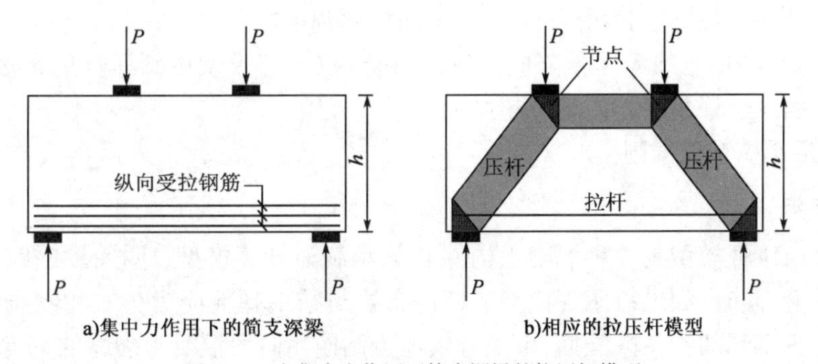

图11-6 在集中力作用下简支深梁的拉压杆模型

拉压杆模型中的拉杆是由构件的受拉钢筋构成,位置与全部受拉钢筋的截面重心线位置相同。

压杆是拉压杆模型中理想化的混凝土受压构件,可以看作在构件接近破坏时混凝土受压部分,用折线杆件近似反映混凝土连续体中的主要力流走向。压杆的形状根据压力扩散情况,可以是棱柱形、瓶形或者扇形。简支钢筋混凝土深梁的拉压杆模型中采用的是棱柱形压杆(图 11-6)。

节点是位于压杆、拉杆轴线、集中力位置相互交汇处的一个受力混凝土区,是力流转向区域。根据节点区交汇杆件的类型,节点可分为 CCT 型(压—压—拉,由多根压杆与一根拉杆围成的节点区)、CCC 型(压—压—压,仅由压杆围成的节点区)、CTT 型(压—拉—拉,由 1 根压杆及 2 根或 2 根以上拉杆围成的节点区)和 TTT 型(拉—拉—拉,全部由拉杆围成的节点区)。在如图 11-6 所示简支钢筋混凝土深梁的拉压杆模型中,集中力作用位置下的节点区为 CCC 型,而在支座位置上方的节点区为 CCT 型。

2)拉压杆模型的构形方法

在建立拉压杆模型时,应注意拉压杆模型应满足受力平衡和正确反映混凝土结构内部力流传递特征,即两个原则:一是静力平衡条件,就是模型中各节点满足平衡方程;二是材料屈服准则,就是模型中各杆件和节点的应力小于材料屈服应力。

从理论上讲,拉压杆模型是一种塑性力学下限分析方法,会给出偏于保守的承载力估计。针对同一应力扰动区问题,可以有多种拉压杆模型的选择,然而,由于混凝土结构的特点,并不是任意的模型都是合适的。为避免结构中出现超出混凝土塑性变形能力的应力重分布,压杆和拉杆的位置和走向应反映混凝土结构内部的力流传递路径,这是拉压杆模型构建时应遵循的基本原则。以如图 11-6 所示的钢筋混凝土深梁为例,拉杆、压杆的布置分别反映了主拉应力和主压应力的走向,拉杆、压杆的内力大小与关键截面弹性应力的合力一致,依据这样的构形进行结构配筋设计,并结合合理构造配筋,既可满足承载力需求,也能有效地控制使用阶段的混凝土裂缝宽度,减少结构在受力过程中的应力重分布。

目前常用的拉压杆模型构形方法有荷载路径法、应力迹线法、力流线法、最小应变能准则法及最大强度准则法。

在建立拉压杆模型过程中,应注意模型的拉杆与压杆之间的最小夹角不宜小于 25°。

设计者在拉压杆模型建立中有一定的自主权,加上拉压杆模型没有变形协调条件的限制,而只需满足静力平衡条件和屈服准则,即满足塑性下限定理,因此对同一构件可建立多个拉压杆模型,如何判定模型的适用性,Schlaich 提出两个评判准则:

(1)拉杆和压杆的轴线应尽量与应力迹线重合;拉压杆模型中斜压杆的角度与根据应力合力计算得到的斜压杆角度相差不应超过 15°。

(2)满足最小应变能准则。

3)验算方法

在本质上拉压杆模型是一种混凝土构件 D 区承载力计算模型,应按持久状况承载能力极限状态进行计算,同时,如果拉压杆模型的杆件布置与结果弹性应力分布相吻合的话,那么按承载力要求计算得到的受拉区配筋,也能有效地控制使用阶段混凝土裂缝的宽度。

采用拉压杆模型对混凝土构件 D 区承载力验算的内容包括压杆、拉杆和节点的验算,《公路桥规》参照美国 AASHTO LRFD 的相关规定,并按《公路桥规》的材料指标进行了换算,给出了验算的公式和方法。

《公路桥规》还规定,按照拉压杆模型设计计算的应力扰动区(构件 D 区),应在表面配置正交的钢筋网,网格间距不得超过 300mm,钢筋面积对混凝土毛截面面积的比值在各个方向上不应小于 0.3%。

11.3 桥梁墩台盖梁按深受弯构件的计算

因钢筋混凝土深受弯构件具有与普通钢筋混凝土梁不同的受力特点和破坏特征,因此,对于跨高比 $l_0/h<5$ 的钢筋混凝土梁要按深受弯构件进行设计计算。同时,对于钢筋混凝土深梁,除应符合深受弯构件的设计计算一般规定外,还必须满足深梁设计构造上的规定,详见《混凝土结构设计规范》(GB 50010—2010)。

广泛用于公路桥梁的钢筋混凝土排架墩台在横桥向是由钢筋混凝土盖梁与柱(桩)组成的框架结构(图 11-7),实际工程中,往往按简化图式来计算钢筋混凝土盖梁。**当盖梁的线刚度 EI/l_0 与柱的线刚度之比大于 5 时,双柱式墩台盖梁可按简支梁计算,**多柱式墩台盖梁可按连续梁计算;当盖梁的线刚度与柱的线刚度之比等于或小于 5 时可按刚架计算,符号 E、I 和 l 分别为梁或柱混凝土的弹性模量、截面惯性矩、计算跨径或高度。对圆形截面柱可换算成边长等于 0.8 倍直径的方形截面柱计算。

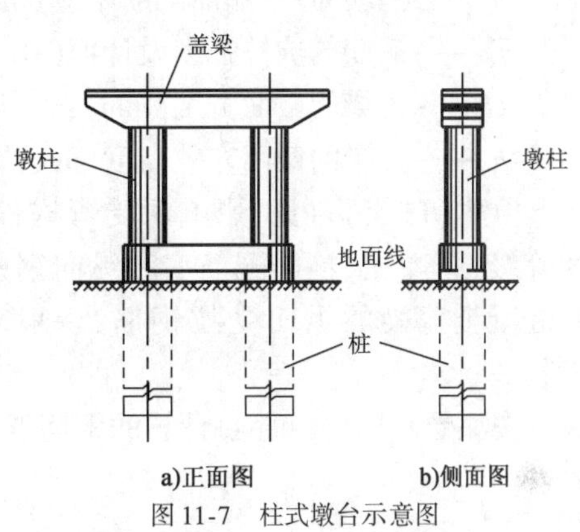

图 11-7 柱式墩台示意图

按刚架来计算墩台盖梁与柱时,盖梁的计算跨径 l_0 取盖梁支承中心(同一盖梁下相邻两柱中心)之间的距离。

《公路桥规》规定,当钢筋混凝土盖梁计算跨径 l_0 与盖梁高度 h 之比 $l_0/h>5$ 时,按钢筋混凝土一般受弯构件进行承载力计算;当盖梁的跨高比 l_0/h 为 $2.5<l_0/h\leqslant 5$ 时,钢筋混凝土盖梁应作为深受弯构件(短梁)进行承载力计算。

11.3.1 深受弯构件(短梁)的计算

以桩柱式墩台钢筋混凝土盖梁为例,介绍深受弯构件(短梁)的截面承载力计算的公式法。

1)深受弯构件的正截面抗弯承载力计算

钢筋混凝土盖梁作为深受弯构件(短梁),当正截面受弯破坏时,取受力隔离体如图 11-8 所示。因此,可得到正截面抗弯承载力 M_u 的计算式:

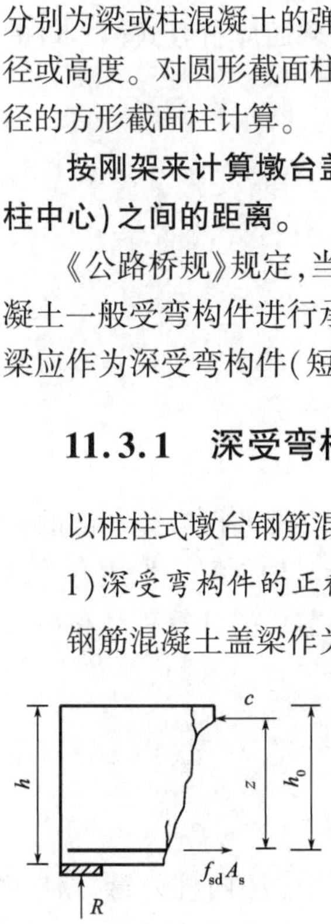

图 11-8 深受弯构件正截面承载力的计算图式

$$M_u=f_{sd}A_sz \tag{11-2}$$

$$z=\left(0.75+0.05\frac{l_0}{h}\right)(h_0-0.5x) \tag{11-3}$$

式中:x——截面受压区高度,按一般钢筋混凝土受弯构件计算;

h_0——截面有效高度。

2)斜截面抗剪承载力计算

《公路桥规》根据有关试验资料及有关设计规范资料,规定了深受弯构件(短梁)的钢筋混凝土盖梁进行斜截面抗剪承载力计算的公式并应满足

$$\gamma_0 V_d \leqslant 0.5 \times 10^{-4} \alpha_1 (14 - l_0/h) b h_0 \sqrt{(2 + 0.6p)\sqrt{f_{cu,k}} \rho_{sv} f_{sv}} \tag{11-4}$$

式中:V_d——验算截面处的剪力设计值(kN);

α_1——连续梁异号弯矩影响系数,计算近边支点梁段的抗剪承载力时,取 $\alpha_1 = 1.0$;计算中间支点梁段及刚构各节点附近时,$\alpha_1 = 0.9$;

p——受拉区纵向受拉钢筋的配筋百分率,$p = 100\rho$,$\rho = A_s/bh_0$,当 $p > 2.5$ 时,取 $p = 2.5$;

ρ_{sv}——箍筋配筋率,$\rho_{sv} = A_{sv}/bs_v$,此处,A_{sv} 为同一截面内的箍筋各肢的总截面面积,s_v 为箍筋间距,箍筋配筋率应符合4.5.2节要求;

f_{sv}——箍筋的抗拉强度设计值(MPa);

b——盖梁的截面宽度(mm);

h_0——盖梁的截面有效高度(mm)。

由式(11-4)可见,影响深受弯构件斜截面承载力的主要因素为截面尺寸、混凝土强度等级、跨高比、箍筋配筋率和纵向钢筋配筋率。应该注意的是,作为短梁设计计算的钢筋混凝土盖梁的纵向受拉钢筋,一般均应沿盖梁长度方向通长布置,中间不要切断或弯起。

按深受弯构件(短梁)计算的钢筋混凝土盖梁,依受剪要求,抗剪截面应符合式(11-5)的要求:

$$\gamma_0 V_d \leqslant 0.33 \times 10^{-4} [(l_0/h) + 10.3] \sqrt{f_{cu,k}} b h_0 \tag{11-5}$$

式中:V_d——验算截面处的剪力设计值(kN);

b——盖梁的截面宽度(mm);

h_0——盖梁的截面有效高度(mm);

$f_{cu,k}$——混凝土立方体的抗压强度标准值(MPa)。

3)深受弯构件的最大裂缝宽度验算

按深受弯构件(短梁)计算的钢筋混凝土盖梁,要对其正常使用阶段进行裂缝宽度的验算。最大裂缝宽度 W_{fk} 的计算公式见式(9-24),但式中的系数 c_3(c_3 为与构件受力性质有关的系数)应取为 $c_3 = [(0.4l_0/h) + 1]/3$,其中 l_0 和 h 分别为钢筋混凝土盖梁的计算跨径和截面高度。

计算的最大裂缝宽度不应超过《公路桥规》规定的限值。

11.3.2 悬臂深受弯构件的计算

公路桥梁柱式墩台的钢筋混凝土盖梁,除墩台柱之间盖梁外,往往还向柱外悬臂伸出(图11-7)。钢筋混凝土盖梁两端位于柱外的悬臂部分上设置有桥梁上部结构的外边梁时(图11-9),当外边梁作用点至柱边缘的距离(圆形截面柱可换算为边长等于0.8倍直径的方

形柱)大于盖梁截面高度时,属于一般的钢筋混凝土悬臂梁,其正截面和斜截面的持久状况承载力计算按第3章和第4章介绍的方法计算。但是,**当外边梁的作用点至柱边缘的距离小于或等于盖梁截面高度 h 时,应按悬臂深受弯构件(深梁)计算**。

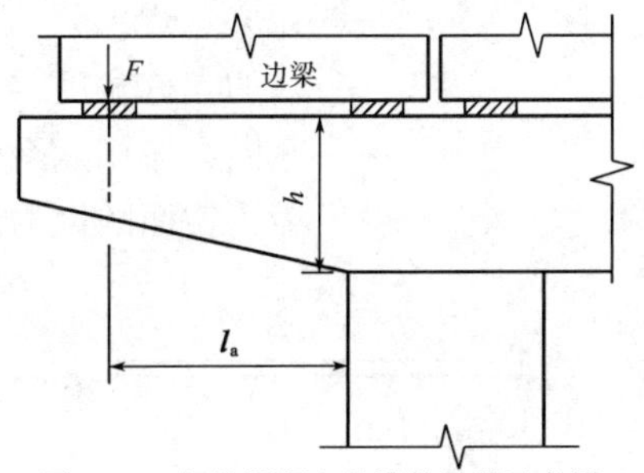

图11-9　钢筋混凝土盖梁外悬臂示意图

对于钢筋混凝土悬臂深梁,其受力特征仍为沿截面高度的混凝土平均应变不符合平截面假定,因此,在竖向力 F 作用下钢筋混凝土悬臂深梁的破坏特征与一般钢筋混凝土悬臂梁是不同的。

对类似于钢筋混凝土盖梁的悬臂深梁专门试验研究很少,但对与之受力情况很相近的钢筋混凝土牛腿(图11-10),进行过许多试验、结构分析等研究,研究结果表明:

(1)在竖向力 F 作用下,钢筋混凝土牛腿的破坏特征主要与剪跨比 a/h(a 为竖向力 F 至下柱边缘的水平距离,h 为牛腿截面高度)及纵向受拉钢筋数量等有关。

(2)钢筋混凝土牛腿的破坏形态有斜压破坏[图11-11a)]、斜剪破坏、剪切破坏[图11-11b)]和弯压破坏,常见的是斜压破坏和剪切破坏。斜压破坏多发生在 $a/h>0.2$ 时,破坏时纵向钢筋受拉屈服,混凝土斜压破坏;剪切破坏多发生在 $a/h<0.2$ 时,其特征是在牛腿与下柱交界面附近出现一系列短斜裂缝,最后牛腿沿此截面剪切破坏,而纵向钢筋的应力相对较低。

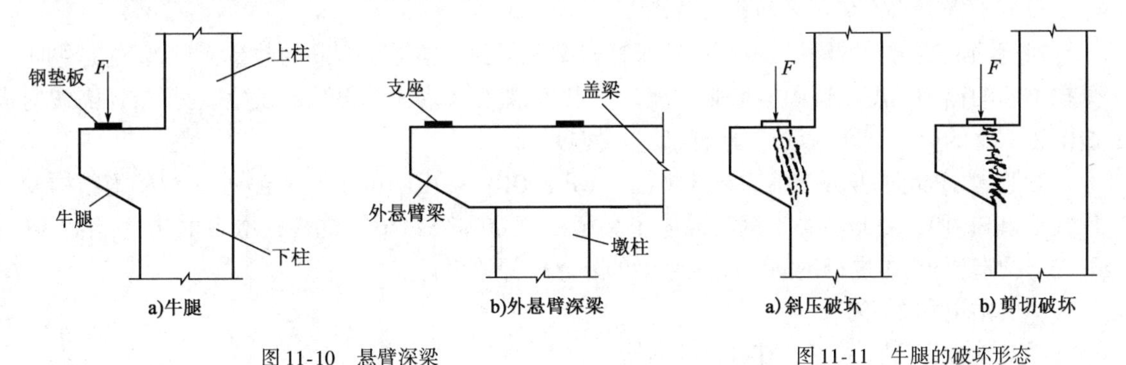

图11-10　悬臂深梁

图11-11　牛腿的破坏形态

1)钢筋混凝土悬臂深梁的配筋计算

钢筋混凝土悬臂深梁的配筋计算是指纵向受拉钢筋 A_s 数量的确定方法。与其他钢筋混凝土深梁配筋计算一样,可以采用类似11.3.1节深受弯构件(短梁)计算采用的公式法,另一种方法就是拉压杆模型计算方法。

《公路桥规》对钢筋混凝土盖梁的悬臂深梁采用拉压杆计算模型进行承载力计算,见图11-12。在图11-12中,拉杆是纵向受拉钢筋、受压的混凝土为压杆,相应于集中力作用点的位置和墩柱中心位置分别为拉压杆模型的节点。由图11-12的拉压杆模型可以进行钢筋混凝土盖梁的悬臂深梁承载力计算并应满足

$$\gamma_0 T_{t,d} \leqslant f_{sd} A_s \tag{11-6}$$

$$T_{t,d}=\frac{a+0.5b_c}{z}F_d$$

上述式中：$T_{t,d}$——盖梁顶部的横向拉力设计值；

F_d——盖梁悬臂部分的竖向力设计值，按基本组合取用；

b_c——柱的支撑宽度，方形柱取截面边长，圆形柱取0.8倍的直径长；

a——竖向力作用点至柱边缘的距离；

z——盖梁截面的内力臂，可取 $z=0.9h_0$，其中 h_0 为盖梁截面的有效高度。

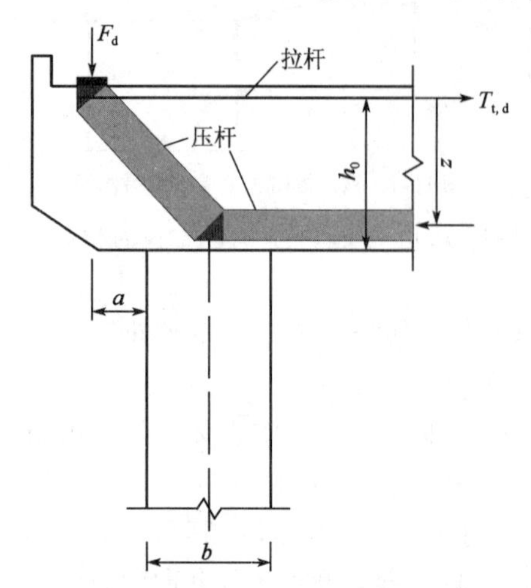

图11-12　盖梁外悬臂深梁的拉压杆计算模型

图11-12所示的拉压杆计算模型中混凝土压杆形状实际上是瓶形且压杆与墩柱相接的节点是弥散性节点，故混凝土压杆的承载力不控制设计。

利用式(11-6)进行钢筋混凝土盖梁的悬臂深梁的配筋计算，首先可按照盖梁在柱顶段截面抵抗负弯矩设计的受拉钢筋位置得到截面有效高度 h_0、内力臂 z 和已知的盖梁悬臂部分竖向力设计值 F_d，计算出拉力设计值 $T_{t,d}$，再由式(11-6)求钢筋混凝土盖梁的悬臂深梁所需的纵向受拉钢筋数量为

$$A_s \geqslant \frac{\gamma_0 T_{t,d}}{f_{sd}} \tag{11-7}$$

式中符号意义与式(11-6)相同。

2)钢筋混凝土悬臂深梁的钢筋构造

对钢筋混凝土悬臂深梁，可以由拉压杆模型等得到纵向受拉钢筋的数量，更重要的是纵向受拉钢筋的锚固长度或锚固构造必须满足要求，以避免锚固失效情况的发生。另外，还需按构造配置一定的分布钢筋，以控制压杆裂缝的宽度。

参照国家标准《混凝土结构设计规范》(GB 50010—2010)和行业规范《水工混凝土结构设计规范》(SL 191—2008)关于钢筋混凝土牛腿的规定和公路桥梁桩柱式墩台的构造，给出以下钢筋构造要求，供进行钢筋混凝土盖梁的外悬臂深梁设计参考。

(1)纵向受拉钢筋

纵向受拉钢筋宜采用HRB400级钢筋。

宜将钢筋混凝土盖梁在柱部位的纵向受力钢筋沿悬臂深梁顶部水平弯入悬臂深梁，作为悬臂深梁纵向受拉钢筋使用，全部纵向受力钢筋宜沿悬臂深梁外边缘向下伸入柱内150mm后再截断(图11-13)。

当悬臂深梁纵向受拉钢筋与盖梁的纵向钢筋分开配置时，悬臂深梁的纵向受拉钢筋伸过柱截面后，应与盖梁纵向钢筋可靠搭接(图11-13所示纵向受拉钢筋①)，搭接做法及搭接长度应符合设计规范规定；也可以纵向受拉钢筋伸过柱截面后，再向下弯折(图11-13所示纵向受拉钢筋②)，经弯折后的水平投影长度不应小于 $0.4l_a$(l_a 为受拉钢筋锚固长度)，竖直长度不小于 $15d$(d 为纵向受拉钢筋的公称直径)。

承受竖向力作用所需的纵向受拉钢筋的配筋率 A_s/bh_0 不应小于0.2%及 $0.45f_t/f_s$，也不宜大于0.6%，其根数不宜少于4根，直径不宜小于12mm。

(2)水平与竖向箍筋

悬臂深梁应设置水平箍筋。水平箍筋直径宜取用6~12mm，间距宜取用100~150mm，且

在悬臂深梁上部 $2h_0/3$ 范围内的水平箍筋总截面面积不宜小于承受竖向力的纵向受拉钢筋截面面积 A_s（不计入水平拉力所需纵向受拉钢筋）的1/2。

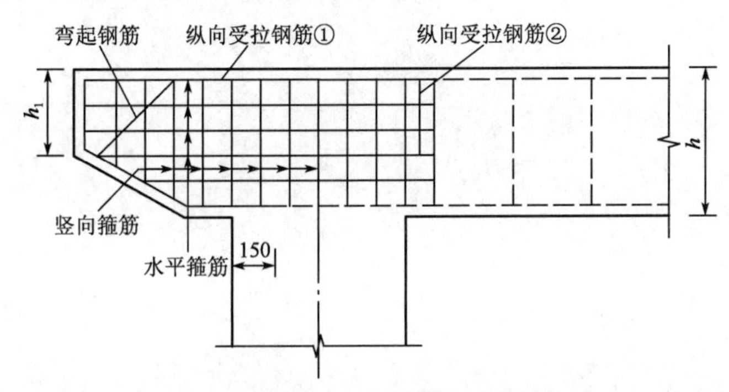

图 11-13 悬臂深梁的钢筋构造（尺寸单位：mm）

悬臂深梁还应设置竖向箍筋，以与水平箍筋形成钢筋网格。竖向箍筋直径可取与水平箍筋相同直径，其间距不大于300mm。

当满足上述箍筋构造要求后，一般均能满足受剪承载力的要求。

(3) 弯起钢筋

试验表明，弯起钢筋对悬臂深梁的抗裂性能影响不大，但对限制斜裂缝开展的效果较显著。试验还表明当剪跨比 $a/h_0 \geqslant 0.3$ 时，弯起钢筋可提高悬臂深梁的承载力，但剪跨比较小时，弯起钢筋要在悬臂深梁的 $l/6 \sim l/2$ 的范围内通过是较困难的，它往往伸入柱内，对提高牛腿的承载力起不到应有的作用。因此，当悬臂深梁的剪跨比 $a/h_0 \geqslant 0.3$ 时，宜设置弯起钢筋。

弯起钢筋宜采用HRB400级钢筋，并宜使其与集中荷载作用点和牛腿斜边下端点连线的交点位于悬臂深梁上部 $l/6 \sim l/2$ 的范围内（图 11-13），l 为该连线的长度，其截面面积不宜小于承受竖向力的纵向受拉钢筋截面面积 A_s（不计入水平拉力所需的纵向受拉钢筋）的1/2，根数不少于2根，直径不宜小于12mm。

由于钢筋混凝土悬臂深梁出现斜裂缝后，纵向受拉钢筋的应力沿钢筋全长基本上是相同的，因而纵向受拉钢筋不得兼作弯起钢筋。

【复习思考题与习题】

11-1 什么是深受弯构件？《公路桥规》如何划分深受弯构件和普通受弯构件？

11-2 试从正截面应变分布及破坏形态等方面阐述深受弯构件和普通受弯构件受力特性的不同之处。

11-3 深受弯构件的设计计算一般都包括哪些内容？

11-4 已知钢筋混凝土盖梁（短梁）的截面尺寸、材料强度和最大弯矩设计值，试根据式(11-2)和式(11-3)写出截面设计的一般方法、步骤。

PART 2 第 2 篇 预应力混凝土结构

第12章

预应力混凝土结构的概念及其材料

12.1 概　　述

钢筋混凝土构件由于混凝土的抗拉强度低，而采用钢筋来代替混凝土承受拉力。但是，混凝土的极限拉应变也很小，每米仅能伸长0.10～0.15mm，若混凝土伸长值超过该极限值就要出现裂缝。如果要求构件在使用时混凝土不开裂，则钢筋的拉应力只能达到20～30MPa；即使允许开裂，为了保证构件的耐久性，常需将裂缝宽度限制在0.2～0.25mm，此时钢筋拉应力也只能达到150～250MPa。可见，高强度钢筋是无法在钢筋混凝土结构中充分发挥其抗拉强度的。

由上可知，钢筋混凝土结构在使用中存在如下两个问题：一是需要带裂缝工作，由于裂缝的存在，不仅使构件刚度下降，而且使得钢筋混凝土构件不能应用于不允许开裂的场合；二是无法充分利用高强材料。当荷载增加时，靠增加钢筋混凝土构件的截面尺寸或增加钢筋用量的方法来控制构件的裂缝和变形是不经济的，因为这必然使结构自重增加，特别是对于桥梁结构，随着跨度的增大，自重作用所占的比例也增大，这使得钢筋混凝土结构在桥梁工程中的使用范围受到很大限制。要使钢筋混凝土结构得到进一步的发展,就必须克服构件受拉混凝土过早开裂这一缺点,于是人们在长期的工程实践及研究中,创造出了预应力混凝土结构。

12.1.1 预应力混凝土结构的基本原理

所谓预应力混凝土结构,就是事先人为地在混凝土或钢筋混凝土结构中引入内部应力,且其数值和分布恰好能将使用荷载产生的应力抵消到一个合适程度的配筋混凝土结构。例如,对混凝土或钢筋混凝土梁的受拉区预先施加压应力,使之建立一种人为的应力状态,这种应力的大小和分布规律,能有利于抵消使用荷载作用下产生的拉应力,因而使混凝土构件在使用荷载作用下不致开裂,或推迟开裂,或者使裂缝宽度减小。**这种由配置预应力钢筋再通过张拉或其他方法建立预应力的混凝土结构,称为预应力混凝土结构**。

现以图12-1所示的简支梁为例,进一步说明预应力混凝土结构的基本原理。

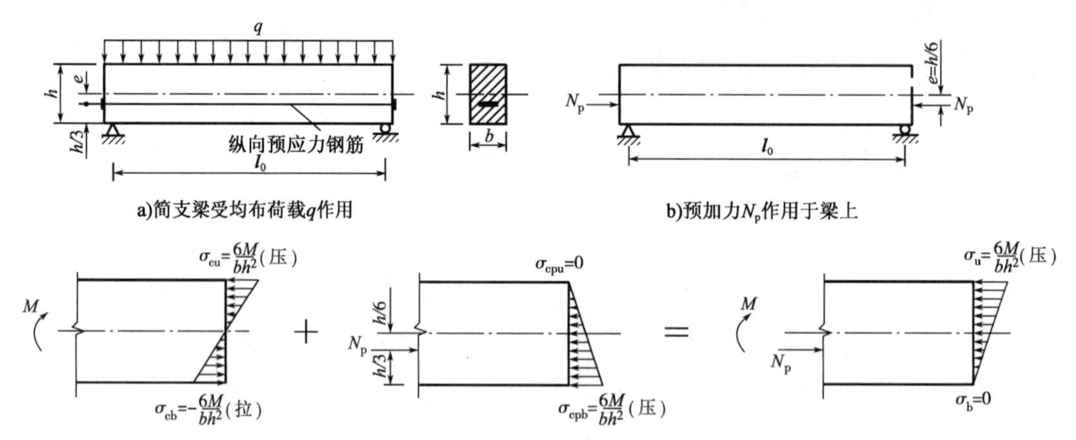

图12-1 预应力混凝土结构基本原理图

设混凝土梁跨径为 l_0,截面为 $b\times h$,承受均布荷载 q(含自重在内),其跨中最大弯矩 $M=ql_0^2/8$,此时跨中截面上、下缘的应力[图12-1c)]为

上缘
$$\sigma_{cu}=\frac{6M}{bh^2}(\text{压应力})$$

下缘
$$\sigma_{cb}=\frac{-6M}{bh^2}(\text{拉应力})$$

现预先在距离该梁截面下缘 $h/3$(即偏心距 $e=h/6$)处,设置纵向预应力钢筋,并在梁的两端对拉锚固[图12-1a)],使预应力钢筋中产生拉力 N_p,其弹性回缩的压力将作用于梁端混凝土截面与预应力钢筋同高的水平处[图12-1b)],回缩力的大小亦为 N_p。如令 $N_p=3M/h$,则同样可求得 N_p 作用下,梁截面上、下缘所产生的应力[图12-1d)]为

上缘
$$\sigma_{cpu}=\frac{N_p}{bh}-\frac{N_p\cdot e}{bh^2/6}=\frac{3M}{bh^2}-\frac{1}{bh^2/6}\cdot\frac{3M}{h}\cdot\frac{h}{6}=0$$

下缘
$$\sigma_{cpb}=\frac{N_p}{bh}+\frac{N_p\cdot e}{bh^2/6}=\frac{6M}{bh^2}(\text{压应力})$$

将上述两项应力叠加，即可求得梁在 q 和 N_p 共同作用下，跨中截面上、下缘的总应力［图 12-1e)］为

上缘 $$\sigma_u=\sigma_{cu}+\sigma_{cpu}=0+\frac{6M}{bh^2}=\frac{6M}{bh^2}(\text{压应力})$$

下缘 $$\sigma_b=\sigma_{cb}+\sigma_{cpb}=\frac{6M}{bh^2}-\frac{6M}{bh^2}=0$$

由于预先给混凝土梁施加了预压应力，使混凝土梁在均布荷载 q 作用时截面下边缘所产生的拉应力全部被抵消，因而可避免混凝土出现裂缝，混凝土梁可以全截面参加工作，这就相当于改善了梁中混凝土的抗拉性能，而且可以达到充分利用高强钢材的目的，上述概念就是预应力混凝土结构的基本原理。其实，预应力原理的应用早就有了，而且在日常事务中的例子也很多，例如在建筑工地用砖钳装卸砖块，被钳住的一叠水平砖块不会掉落；用铁箍紧箍木桶，木桶盛水而不漏等。这些都是运用预应力原理的浅显事例。

从图 12-1 还可看出，预压力 N_p 必须针对外荷载作用下可能产生的应力状态有计划地施加，因为要有效地抵消外荷载作用所产生的拉应力，不仅与 N_p 的大小有关，而且也与 N_p 所施加的位置（即偏心距 e 的大小）有关。预加力 N_p 所产生的反弯矩与偏心距 e 成正比例，为了节省预应力钢筋的用量，设计中常常尽量减小 N_p 值，因此在弯矩最大的跨中截面就必须尽量加大偏心距 e 值。如果沿全梁 N_p 值保持不变，对于外弯矩较小的截面，则需将 e 值相应地减小，以免由于预加力弯矩过大，使梁的上缘出现拉应力，甚至出现裂缝。预加力 N_p 在各截面的偏心距 e 值的调整工作，在设计时通常是通过曲线配筋的形式来实现的，这在后面的受弯构件设计中将作进一步介绍。

12.1.2　配筋混凝土结构的分类

我国通常把全预应力混凝土、部分预应力混凝土和钢筋混凝土结构总称为配筋混凝土结构系列。

1）国外配筋混凝土结构的分类

1970 年国际预应力混凝土协会（FIP）和欧洲混凝土委员会（CEB）建议，将配筋混凝土按预加应力的大小划分为四级。

Ⅰ级：全预应力——在全部荷载最不利组合作用下，正截面上混凝土不出现拉应力。

Ⅱ级：有限预应力——在全部荷载最不利组合作用下，正截面上混凝土允许出现拉应力，但不超过其抗拉强度（即不出现裂缝）；在长期持续荷载作用下，混凝土不出现拉应力。

Ⅲ级：部分预应力——在全部荷载最不利组合作用下，构件正截面上混凝土允许出现裂缝，但裂缝宽度不超过规定容许值。

Ⅳ级：钢筋混凝土结构。

这一分类方法，由于对部分预应力混凝土结构的优越性强调不够，容易给人们造成误解，认为这是质量的分等，似乎Ⅰ级比Ⅱ级好、Ⅱ级比Ⅲ级好等，形成盲目去追求Ⅰ级的不正确倾向。事实上应根据结构使用的要求，区别情况选用不同的预应力度。针对这种分类方法存在的缺点，国际上已逐步改用按结构功能要求合理选用预应力度的分类方法。

2)国内配筋混凝土结构的分类

根据国内工程习惯,我国对以钢材为配筋的配筋混凝土结构系列,采用按其预应力度分成全预应力混凝土、部分预应力混凝土和钢筋混凝土三种结构的分类方法。

(1)预应力度的定义

《公路桥规》将受弯构件的预应力度(λ)定义为由预加应力大小确定的消压弯矩 M_0 与外荷载产生的弯矩 M_s 的比值,即

$$\lambda = \frac{M_0}{M_s}$$

式中:M_0——消压弯矩,也就是构件抗裂边缘预压应力抵消到零时的弯矩;

M_s——按作用频遇组合计算的弯矩;

λ——预应力混凝土构件的预应力度。

(2)配筋混凝土构件的分类

全预应力混凝土构件——在作用频遇组合下控制的正截面受拉边缘不允许出现拉应力(不得消压),即 $\lambda \geq 1$。

部分预应力混凝土构件——在作用频遇组合下控制的正截面受拉边缘出现拉应力或出现不超过规定宽度的裂缝,即 $0 < \lambda < 1$。

钢筋混凝土构件——不预加应力的混凝土构件,即 $\lambda = 0$。

(3)部分预应力混凝土构件的分类

由上可知,部分预应力混凝土构件是指其预应力度介于以全预应力混凝土构件和钢筋混凝土构件为两个界限的中间广阔领域内的预应力混凝土构件。这一定义是采用了包括 CEB-FIP 规范中的有限预应力和部分预应力这两部分的广义定义。可以看出,对于部分预应力混凝土构件,如何根据结构使用要求,合理地确定构件的预应力度 λ 是一个非常重要的问题。

为了方便设计,《公路桥规》又将在作用频遇组合下控制的正截面受拉边缘允许出现拉应力的部分预应力混凝土构件分为以下两类:

A 类:**当对构件控制截面受拉边缘的拉应力加以限制时,为 A 类预应力混凝土构件。**

B 类:**当构件控制截面受拉边缘拉应力超过限值直到出现不超过限值宽度的裂缝时,为 B 类预应力混凝土构件。**

12.1.3 预应力混凝土结构的优缺点

与钢筋混凝土结构相比,预应力混凝土结构主要具有下列优点:

(1)提高了构件的抗裂度和刚度。对构件施加预应力后,使构件在使用荷载作用下可不出现裂缝,或可使裂缝大大推迟出现,有效地改善了构件的使用性能,提高了构件的刚度,增加了结构的耐久性。

(2)合理使用了高性能(高强度)材料,减轻了结构自重。由于预应力混凝土结构和构件采用高性能(高强度)混凝土和高强度钢筋,可以使配筋混凝土结构和构件的截面尺寸适当降低,这就降低了结构自重,这对以承受结构自重作用为主的大跨径混凝土桥梁结构来说,更有着显著的优越性。

(3)预应力可以作为结构构件连接的手段,通过预应力钢筋,结合构件或节段悬臂拼装、悬臂现浇、预制拼装等现代施工方法,可以可靠地将混凝土节段装配成为整体结构或整体构

件，用于大跨径预应力混凝土桥梁建造。

此外，预应力还可以提高结构的耐疲劳性能，这对承受动荷载的桥梁结构来说是很有利的。

应当看到，预应力混凝土结构施工工艺较复杂，对施工质量要求甚高，同时，需要有专门设备，如张拉机具、孔道压浆设备等，先张预应力需要有张拉台座，因而需要配备技术较熟练的专业队伍。

预应力混凝土结构主要缺点有：

(1)预应力上拱度不易控制。预制梁存梁时间过久再进行安装，就可能因预应力作用使上拱度很大，造成桥面不平顺。

(2)预应力混凝土结构的开工费用较大，对于跨径小、构件数量少的工程，成本较高。

12.2　预加应力的方法与设备

12.2.1　预加应力的主要方法

1)先张法

先张法，即先张拉钢筋，后浇筑构件混凝土的方法。 如图12-2所示，先在张拉台座上按设计规定的拉力张拉预应力钢筋，并进行临时锚固，再浇筑构件混凝土，待混凝土达到要求强度(一般不低于强度设计值的75%)后，放张(将临时锚固松开，缓慢放松张拉力)，让预应力钢筋回缩，通过预应力钢筋与混凝土间的粘结作用，将钢筋的回缩力传递给混凝土，使混凝土获得预压应力。**这种在台座上张拉预应力筋后浇筑混凝土并通过粘结力传递而建立预加应力的混凝土构件，就是先张法预应力混凝土构件。**

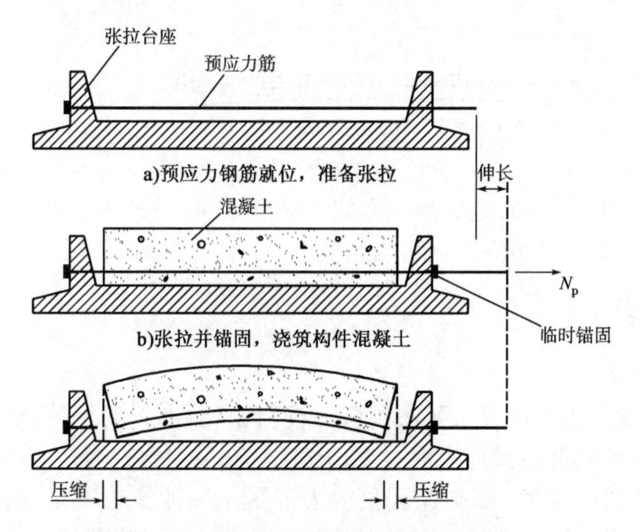

图12-2　先张法工艺流程示意图

先张法所用的预应力钢筋一般可用高强钢丝、钢绞线等。先张法不专设永久锚具，预应力钢筋借助与混凝土的粘结力以获得较好的自锚性能。

先张法施工工序简单,预应力钢筋靠粘结力自锚,临时固定所用的锚具(一般称为工具式锚具或夹具)可以重复使用,因此大批量生产先张法预应力构件比较经济,质量也比较稳定。目前,先张法在我国一般仅用于生产直线配筋的中小型构件。大型构件因需配合弯矩与剪力沿梁长度的分布而采用曲线配筋,使施工设备和工艺复杂化,且需配备庞大的张拉台座,因而很少采用先张法。

2)后张法

后张法是先浇筑构件混凝土,待混凝土结硬后,再张拉预应力钢筋并锚固的方法。如图12-3所示,先浇筑构件混凝土,并在其中预留管道(预埋套管),待混凝土达到要求强度后,将预应力钢筋穿入预留的管道内,将千斤顶支承于混凝土构件端部,张拉预应力钢筋,使构件也同时受到反力压缩。待张拉到控制拉力后,即用特制的锚具将预应力钢筋锚固于混凝土构件上,使混凝土获得并保持其预压应力。最后,在预留管道内压注水泥浆,以保护预应力钢筋不致锈蚀,并使预应力钢筋与混凝土粘结成为整体。**这种在混凝土结硬后通过张拉预应力筋并锚固而建立预加应力的构件称为后张法预应力混凝土构件。**

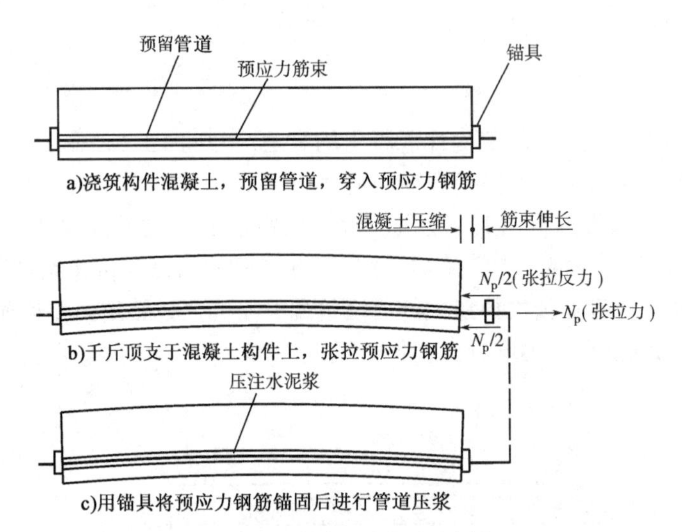

图12-3　后张法工艺流程示意图

由上可知,施工工艺不同,建立预应力的方法也不同:后张法是靠工作锚具来传递和保持预加应力的;先张法则是靠预应力钢筋与混凝土的粘结力来传递并保持预加应力的。

12.2.2　锚具

1)对锚具的要求

临时夹具(在制作先张法或后张法预应力混凝土构件时,为保持预应力筋拉力的临时性锚固装置)和锚具(在后张法预应力混凝土构件中,为保持预应力筋的拉力并将其传递到混凝土上所用的永久性锚固装置)都是保证预应力混凝土构件施工安全、结构可靠的关键设备。因此,在设计、制造或选择锚具时应注意满足下列要求:受力安全可靠;预应力损失要小;构造简单、紧凑,制作方便,用钢量少;张拉锚固方便迅速,设备简单。

2)锚具的分类

锚具的类型繁多,按其传力锚固的受力原理可分为:

(1)依靠摩阻力锚固的锚具。如楔形锚、锥形锚和用于锚固钢绞线的 JM 锚与夹片式群锚等,都是借张拉预应力钢筋的回缩或千斤顶顶压,带动锥销或夹片将预应力钢筋楔紧于锥孔中而锚固的。

(2)依靠承压锚固的锚具。如镦头锚、钢筋螺纹锚等,是利用钢丝的镦粗头或钢筋螺纹承压进行锚固。

(3)依靠粘结力锚固的锚具。如先张预应力的预应力钢筋锚固,以及后张预应力固定端的钢绞线压花锚具等,都是利用预应力钢筋与混凝土之间的粘结力进行锚固的。

对于不同形式的锚具,往往需要配套使用专门的张拉设备。因此,在设计施工中,锚具与张拉设备的选择应同时考虑。

3)目前桥梁结构中几种常用的锚具

(1)锥形锚

锥形锚又称为弗式锚,主要用于钢丝束的锚固。它由锚圈和锚塞(又称锥销)两部分组成。

锥形锚是通过张拉钢束时顶压锚塞,把预应力钢丝楔紧在锚圈与锚塞之间,借助摩阻力锚固的(图 12-4)。在锚固时,利用钢丝的回缩力带动锚塞向锚圈内滑进,使钢丝被进一步楔紧,此时,锚圈承受着很大的横向(径向)张力(一般约等于钢丝束张拉力的 4 倍),故对锚圈的设计、制造应足够重视。锚具的承载力一般不应低于钢丝束的极限拉力,或不低于钢丝束控制张拉力的 1.5 倍,可在压力机上试验确定。此外,对锚具的材质、几何尺寸、加工质量,均必须做严格的检验,以保证安全。

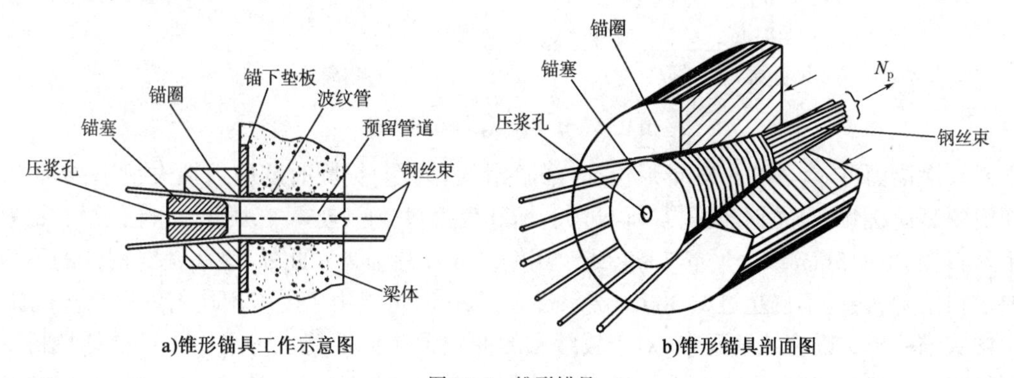

图 12-4　锥形锚具

在桥梁中使用的锥形锚有锚固 18 ϕ^P5mm 和锚固 24 ϕ^P5mm 的钢丝束两种,并配用 60t 双作用千斤顶或 YZ85 型三作用千斤顶张拉。锚塞用 45 号优质碳素结构钢经热处理制成,其硬度一般要求为洛氏硬度 HRC55 ~ 58,以便顶塞后,锚塞齿纹能稍微压入钢丝表面,而获得可靠的锚固。锚圈用 5 号或 45 号钢冷作旋制而成,不作淬火处理。

锥形锚的优点是锚固方便,锚具面积小,便于在梁体上分散布置。但锚固时钢丝的回缩量较大,应力损失较其他锚具大,同时,它不能重复张拉和接长,使预应力钢筋设计长度受到千斤顶行程的限制。为防止预应力钢丝受振松动,必须及时给预留孔道压浆。

国外同类型的弗式锚具已有较大改进和发展,不仅能用于锚固钢丝束,而且也能锚固钢绞线束,其最大锚固能力已达到 10000kN。

(2)镦头锚

镦头锚主要用于锚固钢丝束,也可锚固直径在 14mm 以下的预应力螺纹钢筋。钢丝的根数和锚具的尺寸依设计张拉力的大小选定。钢丝束镦头锚具是1949年由瑞士4名工程师研制而成的,并以他们名字的头一个字母命名为BBRV体系锚具。我国镦头锚有锚固12～133根$\phi^P 5$mm和12～84根$\phi^P 7$mm两种锚具系列,配套的镦头机有LD-10型和LD-20型两种类型。

镦头锚的工作原理如图12-5所示。先以钢丝逐一穿过锚杯的蜂窝眼,然后用镦头机将钢丝端头镦粗如蘑菇形,借助镦头直接承压将钢丝锚固于锚杯上。锚杯的外圆车有螺纹,穿束后,在固定端将锚圈(大螺母)拧上,即可将钢丝束锚固于梁端。在张拉端,先将与千斤顶连接的拉杆旋入锚杯内,用千斤顶支承于梁体上进行张拉,待达到设计张拉力时,将锚圈(螺母)拧紧,再慢慢放松千斤顶,退出拉杆,于是钢丝束的回缩力就通过锚圈、垫板传递到梁体混凝土而获得锚固。

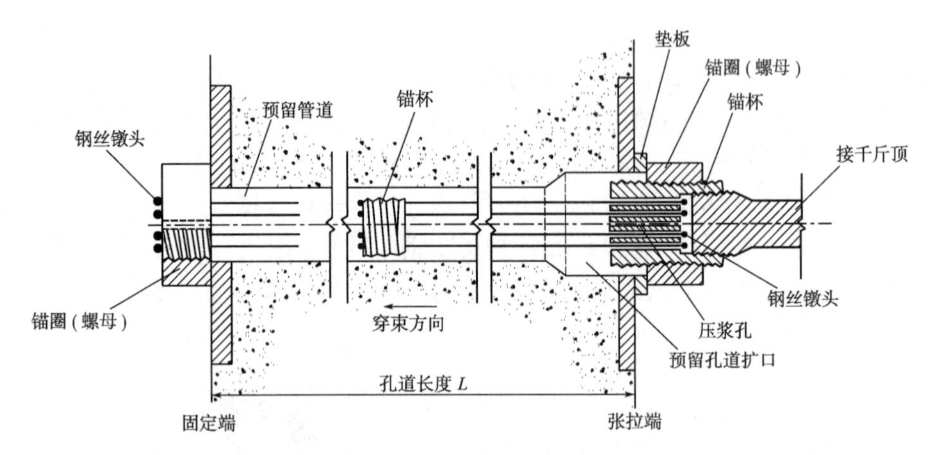

图12-5　镦头锚锚具工作示意图

镦头锚锚固可靠,不会出现锥形锚那样的"滑丝"问题;锚固时的应力损失很小;镦头工艺操作简便迅速,但预应力钢筋张拉吨位过大,钢丝数很多,施工亦显麻烦,故大吨位镦头锚宜加大钢丝直径,由$\phi^P 5$mm改为用$\phi^P 7$mm,或改用钢绞线夹片锚具。此外,镦头锚对钢丝的下料长度要求很精确,误差不得超过1/300。误差过大,张拉时可能由于受力不均匀发生断丝现象。

镦头锚适于锚固直线式配束,对于较缓和的曲线预应力钢筋也可采用。目前斜拉桥中锚固斜拉索的高振幅锚具——HiAm式冷铸镦头锚,因锚杯内填入了环氧树脂、锌粉和钢球的混合料,具有较好的抗疲劳性能。

(3)钢筋螺纹锚具

当采用预应力螺纹钢筋作为预应力钢筋时,可采用螺纹锚具固定。即借助于钢筋两端的螺纹,在钢筋张拉后直接拧上螺母进行锚固,钢筋的回缩力由螺母经支承垫板承压传递给梁体而获得预应力(图12-6)。

螺纹锚具的制造关键在于螺纹的加工。为了避免端部螺纹削弱钢筋截面,常采用特制的钢模冷轧而成,使其阴纹压入钢筋圆周之内,而阳纹则挤到钢筋原圆周之外,这样可使平均直径与原钢筋直径相差无几(约小2%),而且冷轧还可以提高钢筋的强度。由于螺纹系冷轧而成,故又将这种锚具称为轧丝锚。

20世纪70年代以来,国内外相继采用可以直接拧上螺母和连接套筒(用于钢筋接长)的预应力螺纹钢筋,它沿通长都具有规则、但不连续的凸形螺纹,可在任何位置进行锚固和连接,故可不必再在施工时临时轧丝。国际上采用的迪维达格(Dywidag)锚具[图12-6b)],就是采用特殊的锥形螺母和钟式垫板来锚固这种钢筋的螺纹锚具。

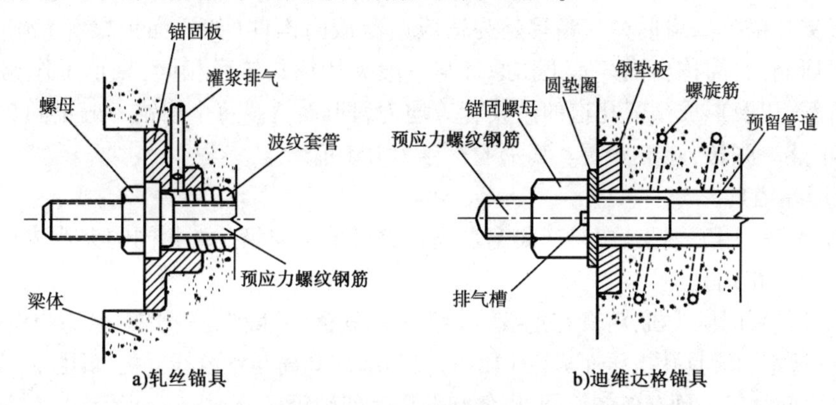

图12-6 钢筋螺纹锚具

钢筋螺纹锚具的受力明确,锚固可靠;构造简单,施工方便;能重复张拉、放松或拆卸,并可以简便地采用套筒接长。

(4)夹片锚具

夹片锚具体系主要作为锚固钢绞线之用。由于钢绞线与周围接触的面积小,且强度高、硬度大,故对其锚具的锚固性能要求很高。JM锚是我国20世纪60年代研制的钢绞线夹片锚具。随着钢绞线的大量使用和钢绞线强度的大幅度提高,仅JM锚具已难以满足要求。20世纪80年代,除进一步改进了JM锚具的设计外,特别着重进行钢绞线群锚体系的研究与试制工作。中国建筑科学研究院先后研制出了XM锚具和QM锚具系列;中交公路规划设计研究院研制出了YM锚具系列;柳州建筑机械总厂与同济大学合作,在QM锚具系列的基础上又研制出了OVM锚具系列等。这些锚具体系都经过严格检测、鉴定后定型,锚固性能均达到国际预应力混凝土协会(FIP)标准,并已广泛地应用于桥梁、水利、房屋等各种土建结构工程中。

①钢绞线夹片锚。夹片锚具的配套示意图如图12-7所示。夹片锚由带锥孔的锚板和夹片所组成。张拉时,每个锥孔放置1根钢绞线,张拉后各自用夹片将锚孔中的钢绞线抱夹锚固,每个锥孔各自成为一个独立的锚固单元。每个夹片锚具一般是由多个独立锚固单元所组成,它能锚固由1~55根不等的公称直径为$\phi^{s}15.2$mm与$\phi^{s}12.7$mm钢绞线所组成的预应力钢束,其最大锚固吨位可达到1100t(张拉力11000kN),故夹片锚又称为大吨位钢绞线群锚体系。其特点是每根钢绞线均为单独工作,即1根钢绞线锚固失效也不会影响全锚,只需对失效锥孔的

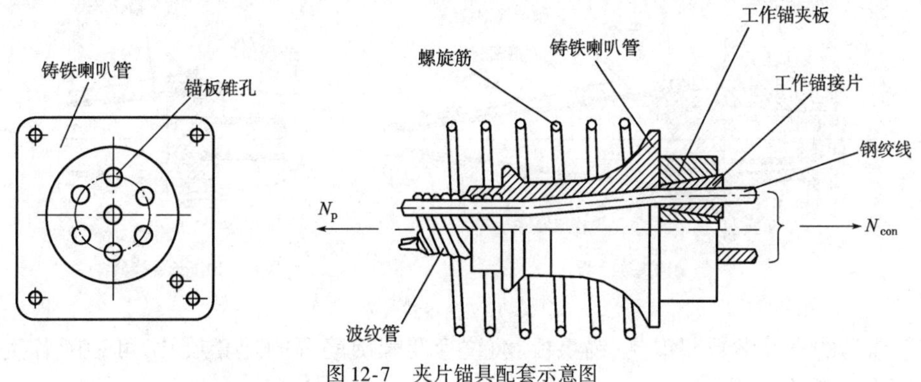

图12-7 夹片锚具配套示意图

钢绞线进行补拉即可。但预留孔端部,因锚板锥孔布置的需要,必须扩孔,故工作锚下的一段预留孔道一般需设置成喇叭形,或配套设置专门的铸铁喇叭形锚垫板。

②扁形夹片锚具。扁形夹片锚具是为适应扁薄截面构件(如桥面板梁等)预应力钢筋锚固的需要而研制的,简称扁锚。其工作原理与一般夹片锚具体系相同,只是工作锚板、锚下钢垫板和喇叭管,以及形成预留孔道的波纹管等均为扁形而已。每个扁锚一般锚固2~5根钢绞线,采用单根逐一张拉,施工方便。其一般符号为BM锚。

(5)固定端锚具

预应力钢筋采用一端张拉时,其固定端锚具除可采用与张拉端相同的夹片锚具外,还可采用挤压锚具和压花锚具。

挤压锚具是利用压头机,将套在钢绞线端头上的软钢(一般为45号钢)套筒与钢绞线一起强行顶压,通过规定的模具孔挤压而成(图12-8)。为增加套筒与钢绞线间的摩阻力,挤压前,在钢绞线与套筒之间衬置一硬钢丝螺旋圈,以便在挤压后使硬钢丝分别压入钢绞线与套筒内壁之内。

压花锚具是用压花机将钢绞线端头压制成梨形花头的一种粘结型锚具(图12-9),张拉前预先埋入构件混凝土中。

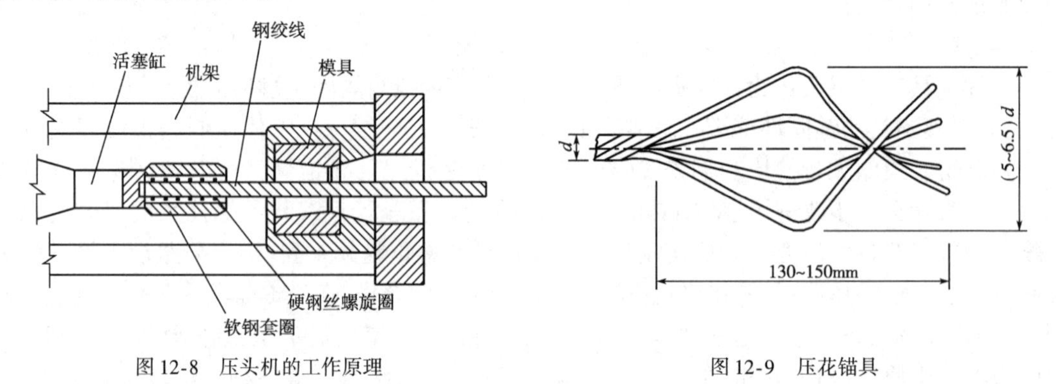

图12-8　压头机的工作原理　　　　图12-9　压花锚具

(6)连接器

连接器有两种:钢绞线束N1锚固后,用来再连接钢绞线束N2的叫作锚头连接器[图12-10a)];当两段未张拉的钢绞线束N1、N2需直接接长时,则可采用接长连接器[图12-10b)]。

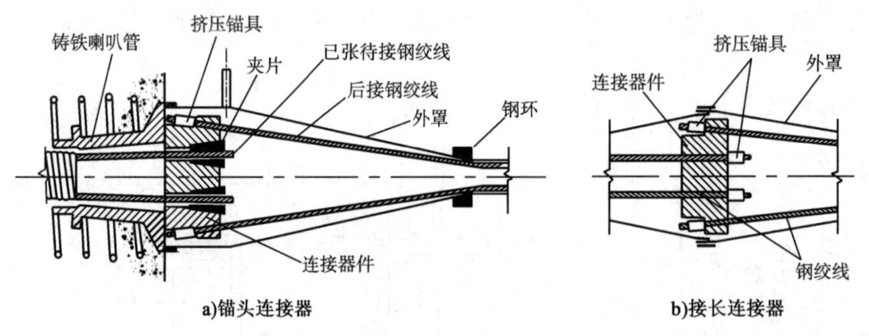

图12-10　连接器构造

以上锚具的设计参数和锚具、锚垫板、波纹管及螺旋筋等的配套尺寸,可参阅各生产厂家的“产品介绍”选用。

应当特别指出，为保证施工与结构的安全，锚具必须按现行国家标准《预应力筋用锚具、夹具和连接器》(GB/T 14370)规定程序进行试验验收，验收合格者方可使用。工作锚具使用前，必须逐件擦洗干净，表面不得残留铁屑、泥沙、油垢及各种减摩剂，防止锚具回松和降低锚具的锚固效率。

12.2.3　千斤顶

各种锚具都必须配置相应的张拉设备，才能顺利地进行张拉、锚固。与夹片锚具配套的张拉设备，是一种大直径的穿心单作用千斤顶(图12-11)，它常与夹片锚具配套研制。其他各种锚具也都有各自适用的张拉千斤顶，需要时可查阅各生产厂家的产品目录。

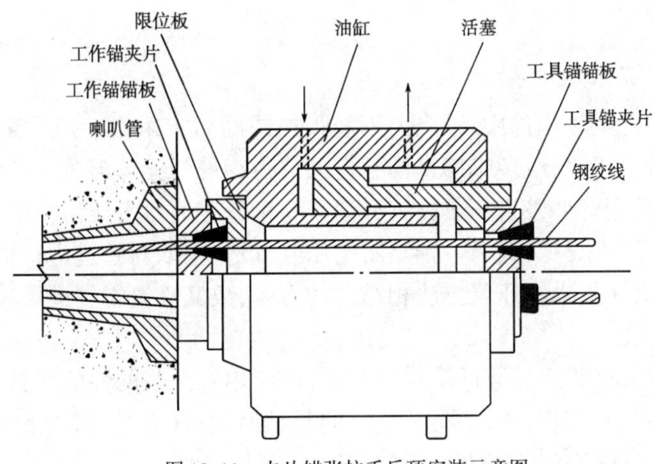

图12-11　夹片锚张拉千斤顶安装示意图

12.2.4　预加应力的其他设备

按照施工工艺的要求，预加应力尚需有以下一些设备或配件。

1)制孔器

后张法构件预制时，需预先留好待混凝土结硬后穿入预应力钢筋的孔道。目前，我国桥梁构件预留孔道所用的制孔器主要有抽拔橡胶管与波纹管。

(1)抽拔橡胶管

在钢丝网胶管内事先穿入钢筋(称为芯棒)，再将胶管(连同芯棒一起)放入模板内，待浇筑混凝土达到一定强度后，抽去芯棒，再拔出胶管，则预留孔道形成。

(2)波纹管

在浇筑混凝土之前，将波纹管按预应力钢筋设计位置，绑扎在与箍筋焊连的钢筋托架上，再浇筑混凝土，结硬后即可形成穿束的孔道。使用波纹管制孔的穿束方法，有先穿法与后穿法两种。先穿法即在浇筑混凝土之前将预应力钢筋穿入波纹管中，绑扎就位后再浇筑混凝土；后穿法即是浇筑混凝土成孔之后再穿预应力钢筋。

波纹管按材料的不同分为金属波纹管和塑料波纹管，金属波纹管是用薄钢带经卷管机压波后卷成，其质量轻，纵向弯曲性能好，径向刚度较大，连接方便，与混凝土粘结良好，与预应力钢筋的摩阻系数也小，是后张法预应力混凝土构件一种较理想的制孔器。塑料波纹管由聚丙烯或高密度聚乙烯制成。使用时,波纹管外表面的螺旋肋与周围的混凝土具有较高的粘结力。这种塑料波纹管具有耐腐蚀性能好、孔道摩擦损失小以及有利于提高结构抗疲劳性能的优点。

2)穿索(束)机

在桥梁悬臂施工和尺寸较大的构件中,一般都采用后穿法穿束。对于大跨桥梁有的预应力钢筋很长,人工穿束十分吃力,故采用穿索(束)机。

穿索(束)机有两种类型:一是液压式;二是电动式。桥梁中多用前者。它一般采用单根钢绞线穿入,穿索(束)时应在钢绞线前端套一子弹形帽子,以减小穿束阻力。穿索(束)机由马达带动用4个托轮支承的链板,钢绞线置于链板上,并用4个与托轮相对应的压紧轮压紧,则钢绞线就可借助链板的转动向前穿入构件的预留孔中。穿索(束)机最大推力为3kN,最大水平传送距离可达150m。

3)管道压浆用水泥浆及压浆机

在后张法预应力混凝土构件中,预应力钢筋张拉锚固后宜采用专用压浆料或专用压浆剂配制的水泥浆进行管道压浆,以免钢筋锈蚀并使预应力钢筋与梁体混凝土结合为一个整体。

目前,在工程上采用两种管道压浆施工方法。一种是普通压力压浆方法,采用压浆泵将水泥浆在一定的压力下压入管道中;另一种是真空压浆方法,采取对管道进行抽真空处理后再注入水泥浆,是把真空吸浆技术与压浆方法相结合的方法,故又称真空辅助压浆法。

(1)水泥浆

为保证后张预应力筋管道压浆的质量和耐久性,所用水泥浆的性能应具备以下特征:①具有高流动度;②不泌水,不离析,无沉降;③适宜的凝结时间;④在塑性阶段具有良好的补偿收缩能力,且硬化后产生微膨胀;⑤具有一定的强度。

压浆用水泥浆的水胶比以0.26~0.28为宜,拌和后24h自由泌水率和3h钢丝间泌水率都为0;另外,可在水泥浆中掺入适量膨胀剂,使水泥浆在硬化过程中膨胀,但其自由膨胀率应小于3%。

所用的水泥应采用性能稳定、强度等级不低于42.5级的低碱硅酸盐或低碱普通硅酸盐水泥。拌和用的水不应含有对预应力筋或水泥有害的成分,每升水不得含350mg以上的氯化物离子或任何一种其他有机物,宜采用符合国家卫生标准的清洁饮用水。

浆液的充盈度、强度应符合规范和设计规定。

水泥浆制备应采用高速搅拌机,不得采用普通的砂浆搅拌机,《公路桥规》规定应采用转速不低于1000r/min的搅拌机,搅拌叶的形状应与转速相匹配,其叶片的线速度不宜小于10m/s,最高线速度宜限制在20m/s以内,且应能满足在规定的时间内搅拌均匀的要求。

(2)压浆机

压浆机是孔道压浆的主要设备,主要由水泥浆、储浆桶和压送浆液的压浆泵以及供水系统组成。

压浆机应采用活塞式可连续作业的压浆泵,其压力表的最小分度值不大于0.1MPa,最大量程应使实际工作压力在其25%~75%的量程范围内。压浆泵需要的压力,以能将水泥浆压入并充满管道孔隙为原则,一般在出浆口应先后排出空气、水、稀浆及浓浆。

用于临时储存水泥浆的储料罐亦应具有搅拌功能,且应设置网格尺寸不大于3mm的过滤网。

真空辅助压浆工艺中采用的真空泵应能达到0.10MPa的负压力。

4)张拉台座

生产先张法预应力混凝土构件时,则需设置用作张拉和临时锚固预应力钢筋的张拉台座。台座因需要承受张拉预应力钢筋巨大的回缩力,设计时应保证它具有足够的强度、刚度和稳定性。批量生产时,有条件的尽量设计成长线式台座,以提高生产效率。张拉台座的台面(即预制构件的底模),为了提高产品质量,有的构件厂已采用了预应力混凝土滑动台面,可防止在使用过程中台面开裂。

12.3 预应力混凝土结构的材料

12.3.1 混凝土

1)强度要求

用于预应力结构的混凝土抗压强度必须比较高。《公路桥规》规定预应力混凝土构件的混凝土强度等级不应低于C40。而且,钢材强度越高,混凝土强度级别也相应要求提高。只有这样才能充分发挥高强钢材的抗拉强度,有效地减小构件截面尺寸,因而也可减轻结构自重。

预应力混凝土结构所用混凝土不仅要求高强度,而且还要求能快硬、早强,以便能及早施加预应力,加快施工进度,提高设备、模板等的利用率。

混凝土的强度设计值和强度标准值见附表1-1;混凝土的弹性模量见附表1-2。

近年在预应力混凝土结构设计中,主要采用高强混凝土,以使结构设计达到技术先进、经济合理、安全适用、确保质量的目的。目前所说的**高强混凝土,一般是指采用水泥、砂石原料和常规工艺配制,依靠添加高效减水剂或掺加粉煤灰、磨细矿渣、F矿粉或硅粉等活性矿物材料,使新拌混凝土具有良好的工作性能,并在硬化后具有高强度、高密实性的强度等级为C50及以上的混凝土**。高强混凝土的抗渗性和抗冻性均优于普通混凝土,其力学性能与普通混凝土相比也有所不同。在使用高强混凝土材料时,所取的计算参数应能反映高强混凝土比普通混凝土具有较小的塑性或更大的脆性等特点,以保证结构安全。

2)收缩、徐变的影响及其计算

预应力混凝土构件除了混凝土在结硬过程中会产生收缩变形外,由于混凝土长期承受着预压应力,还要产生徐变变形。混凝土的收缩和徐变,使预应力混凝土构件缩短,因而将引起预应力钢筋中的预拉应力的下降,通常称此为预应力损失。显然,预应力钢筋的预应力损失,也相应地使混凝土中的预压应力减小。混凝土的收缩、徐变值越大,则预应力损失值就越大,对预应力混凝土结构就越不利。因此,在预应力混凝土结构的设计、施工中,应尽量减少混凝土的收缩和徐变并应尽量准确地确定混凝土的收缩变形与徐变变形值。

(1)混凝土徐变变形

混凝土产生徐变变形的原因已于第1章述及。但目前对徐变的解释不尽相同,因而其计算理论有多种,计算方法也不一。影响混凝土徐变值大小的主要因素是截面应力、持荷时间、混凝土的品质与加载龄期,以及构件尺寸和工作的环境等。混凝土徐变试验的结果表明,当混凝土所承受的持续应力 $\sigma_c \leqslant 0.5f_{ck}$ 时，其徐变应变值 ε_c 与混凝土应力 σ_c 之间存在线性关系，在此范围内的徐变变形则称为线性徐变，即 $\varepsilon_c = \varphi\varepsilon_e$，或写成

$$\varphi = \frac{\varepsilon_c}{\varepsilon_e} \tag{12-1}$$

式中：ε_c——徐变应变值；

ε_e——加载(σ_c 作用)时的弹性应变(即急变)值；

φ——徐变应变与弹性应变的比例系数，一般称为徐变系数(亦称徐变特征值)。

徐变是随时间延续而增加的，但又随加载龄期 t_0 的增大而减小，故一般将其表示为 $\varphi(t,t_0)$，其中 t_0 为加载时的混凝土龄期，t 为计算所考虑时刻的混凝土龄期。

由式(12-1)可知，只要知道徐变系数 $\varphi(t,t_0)$，就可以算出在混凝土应力 σ_c 作用下的徐变应变值 ε_c。《公路桥规》建议的徐变系数计算式为

$$\varphi(t,t_0) = \varphi_0 \cdot \beta_c(t-t_0) \tag{12-2}$$

式中，$\varphi(t,t_0)$ 为加载龄期为 t_0、计算考虑龄期为 t 时的混凝土徐变系数；φ_0 为混凝土名义徐变系数，按式(12-3)计算，即

$$\varphi_0 = \varphi_{RH} \cdot \beta(f_{cm}) \cdot \beta(t_0) \tag{12-3}$$

$$\varphi_{RH} = 1 + \frac{1 - RH/RH_0}{0.46(h/h_0)^{\frac{1}{3}}} \tag{12-4}$$

$$\beta(f_{cm}) = \frac{5.3}{(f_{cm}/f_{cm0})^{0.5}} \tag{12-5}$$

$$\beta(t_0) = \frac{1}{0.1 + (t_0/t_1)^{0.2}} \tag{12-6}$$

式中：RH——环境年平均相对湿度(%)；

h——构件理论厚度(mm)，$h = 2A/u$(mm)，其中 A 为构件截面面积，u 为构件与大气接触的周边长度；

f_{cm}——强度等级 C25 ~ C50 混凝土在 28d 龄期时的平均圆柱体抗压强度(MPa)，$f_{cm} = 0.8f_{cu,k} + 8\text{MPa}$；

$f_{cu,k}$——混凝土立方体抗压强度标准值(MPa)，即混凝土强度等级；

t_0——加载时的混凝土龄期(d)；

t——计算考虑时刻的混凝土龄期(d)。

根据《公路桥规》，式中取 $RH_0 = 100\%$，$h_0 = 100\text{mm}$，$t_1 = 1\text{d}$，$f_{cm0} = 10\text{MPa}$。

$\beta_c(t-t_0)$ 为加载后徐变随时间发展的系数，按式(12-7)计算，即

$$\beta_c(t-t_0) = \left[\frac{(t-t_0)/t_1}{\beta_H + (t-t_0)/t_1}\right]^{0.3} \tag{12-7}$$

$$\beta_H = 150\left[1 + \left(1.2\frac{RH}{RH_0}\right)^{18}\right]\frac{h}{h_0} + 250 \leqslant 1500 \tag{12-8}$$

式(12-7)和式(12-8)的符号意义同式(12-4) ~ 式(12-6)。

在实际桥梁设计中需考虑徐变影响或计算阶段预应力损失时，强度等级 C25 ~ C50 混凝

土的名义徐变系数 φ_0 可按表 12-1 采用。

混凝土名义徐变系数 φ_0　　表 12-1

加载龄期(d)	40% ≤RH <70%				70% ≤RH <99%			
	理论厚度 h(mm)				理论厚度 h(mm)			
	100	200	300	≥600	100	200	300	≥600
3	3.90	3.50	3.31	3.03	2.83	2.65	2.56	2.44
7	3.33	3.00	2.82	2.59	2.41	2.26	2.19	2.08
14	2.92	2.62	2.48	2.27	2.12	1.99	1.92	1.83
28	2.56	2.30	2.17	1.99	1.86	1.74	1.69	1.60
60	2.21	1.99	1.88	1.72	1.61	1.51	1.46	1.39
90	2.05	1.84	1.74	1.59	1.49	1.39	1.35	1.28

注:1. 本表适用于一般硅酸盐类水泥或快硬水泥配制而成的混凝土。

2. 本表适用于季节性变化的平均温度 -20 ~ +40℃。

3. 对强度等级 C50 及以上混凝土,表列数值应乘以 $\sqrt{32.4/f_{ck}}$,式中 f_{ck} 为混凝土轴心抗压强度标准值(MPa)。

4. 构件的实际理论厚度和加载龄期为表列中间值时,混凝土名义徐变系数可按直线内插法求得。

混凝土的徐变系数值可按下列步骤计算:

①按式(12-8)计算 β_H,计算时公式中的年平均相对湿度在 40% ≤RH <70% 时,取 RH = 55%;在 70% ≤RH <99% 时,取 RH = 80%。

②根据计算徐变所考虑的龄期 t、加载龄期 t_0 及已算得的 β_H,按式(12-7)计算徐变发展系数 $\beta_c(t-t_0)$。

③根据 $\beta_c(t-t_0)$ 和表 12-1 所列名义徐变系数(必要时用内插求得),按式(12-2)计算徐变系数 $\varphi(t,t_0)$。

当实际的加载龄期超过表 12-1 给出的 90d 时,其混凝土名义徐变系数可按 $\varphi_0' = \varphi_0 \cdot \beta(t_0')/\beta(t_0)$ 求得,式中 φ_0 为表 12-1 所列名义徐变系数,$\beta(t_0')$ 和 $\beta(t_0)$ 按式(12-6)计算,其中 t_0 为表列加载龄期,t_0' 为 90d 以外计算所需的加载龄期。

一般当混凝土应力 $\sigma_c > 0.6f_{ck}$,则徐变应变不再与 σ_c 成正比例关系,此时称为非线性徐变。在非线性徐变范围内,如果 σ_c 过大,则徐变应变急剧增加,不再收敛,将导致混凝土破坏。铁道科学研究院曾做过这样一个试验,将混凝土试件加压至应力为 $0.8f_{ck}$,持续 6h 后,试件突然爆裂破坏。这说明混凝土构件长期处于高压状态是很危险的,故一般取 $(0.75 \sim 0.80)f_{ck}$ 作为混凝土的长期极限强度(也称为徐变极限强度)。因此,预应力混凝土构件的预压应力不是越高越好,压应力过高对结构安全不利。

在桥梁结构中,混凝土的持续应力一般都小于 $0.5f_{ck}$,不会因徐变造成破坏,且可按线性关系计算徐变应变。考虑到在露天环境下工作的桥梁结构,影响混凝土徐变的各项因素不易确定,因此,对于用硅酸盐水泥配制的中等稠度的普通混凝土,在要求不十分精确时,其徐变系数终极值 $\varphi(t_u,t_0)$ 可按表 12-3 取用,表中数值按 10 年的延续期计算。

(2)混凝土的收缩变形

混凝土的硬化收缩变形是非受力变形。它的变形规律和徐变相似,也是随时间延续而增加,初期硬化时收缩变形明显,以后逐渐变缓,一般第一年的应变可达到$(0.15\sim0.4)\times10^{-3}$。收缩变形可延续至数年,其终值可达$(0.2\sim0.6)\times10^{-3}$。

混凝土收缩应变计算式为

$$\varepsilon_{cs}(t,t_s)=\varepsilon_{cs0}\cdot\beta_s(t-t_s) \tag{12-9}$$

式中:$\varepsilon_{cs}(t,t_s)$——收缩开始时的龄期为t_s、计算考虑的龄期为t时的收缩应变;

t——计算考虑时刻的混凝土龄期(d);

t_s——收缩开始时的混凝土龄期(d),可假定为3~7d;

ε_{cs0}——名义收缩系数,计算公式为

$$\varepsilon_{cs0}=\varepsilon_s(f_{cm})\cdot\beta_{RH} \tag{12-10}$$

$$\varepsilon_s(f_{cm})=[160+10\beta_{sc}(9-f_{cm}/f_{cm0})]\times10^{-6} \tag{12-11}$$

β_{sc}——依水泥种类而定的系数,对一般的硅酸盐类水泥或快硬水泥,$\beta_{sc}=5.0$;

β_{RH}——与年平均相对湿度相关的系数,当$40\%\leqslant RH<99\%$时,计算公式为

$$\beta_{RH}=1.55[1-(RH/RH_0)^3] \tag{12-12}$$

β_s——收缩随时间发展的系数,计算公式为

$$\beta_s(t-t_s)=\left[\frac{(t-t_s)/t_1}{350(h/h_0)^2+(t-t_s)/t_1}\right]^{0.5} \tag{12-13}$$

其余符号同徐变计算公式。

在桥梁设计中,当需要考虑收缩影响或计算阶段预应力损失时,混凝土收缩应变值可按下列步骤计算:

①按式(12-13)计算从t_s到t、t_s到t_0的收缩应变发展系数$\beta_s(t-t_s)$、$\beta_s(t_0-t_s)$,当计算$\beta_s(t_0-t_s)$时,式中的t均改用t_0。其中t为计算收缩应变考虑时刻的混凝土龄期(d),t_0为桥梁结构开始受收缩影响时刻或预应力钢筋传力锚固时刻的混凝土龄期(d),t_s为收缩开始时(养护期结束时)的混凝土龄期,设计时可取3~7d,$t_s\leqslant t_0\leqslant t$。

②按式(12-14)计算自t_0至t时的收缩应变值$\varepsilon_{cs}(t,t_0)$,即

$$\varepsilon_{cs}(t,t_0)=\varepsilon_{cs0}[\beta_s(t-t_s)-\beta_s(t_0-t_s)] \tag{12-14}$$

对于强度等级C25~C50混凝土,式中的名义收缩系数ε_{cs0}可按表12-2所列数值采用。

混凝土名义收缩系数ε_{cs0} 表12-2

$40\%\leqslant RH<70\%$	$70\%\leqslant RH<99\%$
0.529×10^{-3}	0.310×10^{-3}

注:1. 本表适用于一般硅酸盐类水泥或快硬水泥配制而成的混凝土。

2. 本表适用于季节性变化的平均温度$-20\sim+40$℃。

3. 对强度等级为C50及以上混凝土,表列数值应乘以$\sqrt{32.4/f_{ck}}$,式中f_{ck}为混凝土轴心抗压强度标准值(MPa)。

4. 计算时,表中年平均相对湿度$40\%\leqslant RH<70\%$,取$RH=50\%$;$70\%\leqslant RH<99\%$,取$RH=80\%$。

同样地,对于用硅酸盐水泥配制的中等稠度的普通混凝土,在要求不十分精确时,其收缩

应变终极值 $\varepsilon_{cs}(t_u,t_0)$ 可按表 12-3 取用,表中的数值按 10 年的延续期计算。

混凝土徐变系数终极值 $\varphi(t_u,t_0)$ 和收缩应变终极值 $\varepsilon_{cs}(t_u,t_0)$ 表 12-3

项目	受荷时混凝土龄期 t_0 (d)	大气条件							
		40% ≤RH < 70%				70% ≤RH < 99%			
		构件理论厚度 $h=2A/u$(mm)				构件理论厚度 $h=2A/u$(mm)			
		100	200	300	≥600	100	200	300	≥600
徐变系数终极值 $\varphi(t_u,t_0)$	3	3.78	3.36	3.14	2.79	2.73	2.52	2.39	2.20
	7	3.23	2.88	2.68	2.39	2.32	2.15	2.05	1.88
	14	2.83	2.51	2.35	2.09	2.04	1.89	1.79	1.65
	28	2.48	2.20	2.06	1.83	1.79	1.65	1.58	1.44
	60	2.14	1.91	1.78	1.58	1.55	1.43	1.36	1.25
	90	1.99	1.76	1.65	1.46	1.44	1.32	1.26	1.15
收缩应变终极值 $\varepsilon_{cs}(t_u,t_0)\times10^{-3}$	3~7	0.50	0.45	0.38	0.25	0.30	0.26	0.23	0.15
	14	0.43	0.41	0.36	0.24	0.25	0.24	0.21	0.14
	28	0.38	0.38	0.34	0.23	0.22	0.22	0.20	0.13
	60	0.31	0.34	0.32	0.22	0.18	0.20	0.19	0.12
	90	0.27	0.32	0.30	0.21	0.16	0.19	0.18	0.12

注:1. 表中 RH 代表桥梁所处环境的年平均相对湿度(%),表中数值按 40% ≤RH < 70% 取 55%,70% ≤RH < 99% 取 80% 计算求得。

2. 表中理论厚度 $h=2A/u$,其中 A 为构件截面面积,u 为构件与大气接触的周边长度。当构件为变截面时,A 和 u 均可取其平均值。

3. 本表适用于由一般的硅酸盐类水泥或快硬水泥配制而成的混凝土,表中数值系按强度等级 C40 混凝土计算求得,对 C50 及以上混凝土,表列数值应乘以 $\sqrt{32.4/f_{ck}}$,式中 f_{ck} 为混凝土轴心抗压强度标准值(MPa)。

4. 本表适用于季节性变化的平均温度 -20 ~ +40℃。

5. 构件的实际传力锚固龄期、加载龄期或理论厚度为表列数值中间值时,收缩应变和徐变系数终极值可按直线内插法取值。

3)混凝土的配制要求与措施

为了获得强度高和收缩、徐变小的混凝土,应尽可能地采用高强度等级水泥,减少水泥用量,降低水灰比,选用优质坚硬的集料,并注意采取以下措施:

(1)严格控制水灰比。高强混凝土的水灰比一般宜取 0.25 ~0.35。为增加和易性,可掺加适量的高效减水剂。

(2)注意选用高强度等级水泥并宜控制水泥用量不大于 500kg/m^3。水泥品种以硅酸盐水泥为宜,不得已需要采用矿渣水泥时,则应适当掺加早强剂,以改善其早期强度较低的缺点。火山灰水泥不适于拌制预应力混凝土,因为早期强度过低,收缩率又大。

(3)注意选用优质活性掺和料,如硅粉、F 矿粉等。尤其是硅粉混凝土不仅可使收缩减小,而且可使徐变显著减小。

(4)加强混凝土振捣与养护。

同时,混凝土在材料选择、拌制以及养护过程中还应考虑混凝土耐久性的要求。

12.3.2 预应力钢筋

预应力混凝土构件中设置有预应力钢筋和非预应力钢筋(即普通钢筋)。普通钢筋已在第1章中作了介绍,这里对预应力钢筋作一简要介绍。

1)对预应力钢筋的要求

(1)强度要高。预应力钢筋必须采用高强度钢材,这已从预应力混凝土结构本身的发展历史作了极好的说明。早在一百余年前,就有人提出了在钢筋混凝土梁中建立预应力的设想,并进行了试验。但当时采用的是普通钢筋,强度不高,经过一段时间,由于混凝土的收缩、徐变等原因,所施加的预应力丧失殆尽,使这种努力一度遭到失败。又过了约半个世纪,直到1928年,法国工程师E·弗莱西奈采用高强钢丝进行试验才获得成功,并使预应力混凝土结构有了实用的可能。这说明,不采用高强度预应力筋,就无法克服由于各种因素所造成的应力损失(见第13章),也就不可能有效地建立预应力。

(2)有较好的塑性。为了保证结构物在破坏之前有较大的变形能力,必须保证预应力钢筋有足够的塑性性能。

(3)要与混凝土具有良好的粘结性能。

(4)应力松弛损失要小。与混凝土一样,钢筋在持久不变的应力作用下,也会产生随持续加荷时间延长而增加的徐变变形(又称蠕变);在一定拉应力值和恒定温度下,钢筋长度固定不变,则钢筋中的应力将随时间延长而降低,一般称这种现象为钢筋的松弛或应力松弛。

预应力钢材今后发展的总要求就是高强度、低松弛和耐腐蚀。

2)预应力钢筋的种类

我国生产的预应力钢筋有高强度钢丝、钢绞线和预应力螺纹钢筋。

(1)高强度钢丝

预应力混凝土用高强度钢丝(图12-12)是用优质碳素钢(含碳量为0.7%~1.4%)轧制成盘圆条后,用盘圆条通过拔线模或轧辊经冷加工而成的产品,以盘卷供货的钢丝,又称冷拉钢丝,对冷拉钢丝进行一次性连续消除应力处理生产的钢丝,称为消除应力钢丝。

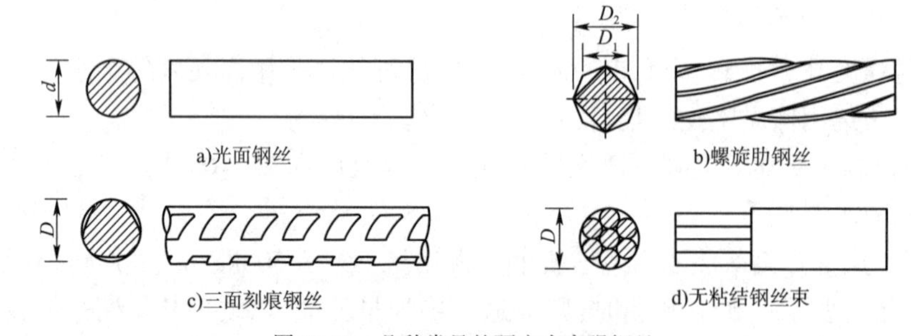

图12-12 几种常见的预应力高强钢丝

高强钢丝按其外形分为光面钢丝[图12-12a)]、螺旋肋钢丝和刻痕钢丝[图12-12b)、c)]。

图12-12中,d为公称直径,D_1为基圆直径,D和D_2为外接圆直径,螺旋肋钢丝和刻痕钢丝的公称直径是同于光圆钢丝横截面面积所对应的直径。

我国生产的冷拉钢丝公称直径为4~8mm,消除应力光圆钢筋及螺旋肋钢筋的公称直径为4～12mm。

(2)钢绞线

钢绞线是由2根、3根、7根或19根高强钢丝扭结而成并经消除内应力后的盘卷钢丝束[图12-13a)、b)]。最常用的是6根钢丝围绕一根芯丝顺一个方向扭结而成的七股钢绞线。

根据国家标准《预应力混凝土用钢绞线》(GB/T 5224—2014)生产的钢绞线有用2根钢丝、3根钢丝、7根钢丝和19根钢丝捻制的,其代号分别为1×2、1×3、1×7和1×19,其抗拉强度标准值为1470～1960MPa。

预应力钢绞线的产品标记由预应力钢绞线、结构代号、公称直径、强度级别和标准号组成,例如预应力钢绞线1×7-15.20-1860-GB/T 5224—2014,表示公称直径为15.20mm,强度级别为1860MPa的7根钢丝捻制的标准型钢绞线,其中公称直径为钢绞线外接圆直径的名义尺寸D_n[图12-13d)]。

钢绞线具有截面集中,比较柔软、盘弯运输方便,与混凝土粘结性能良好等特点,可大大简化现场成束的工序,是一种较理想的预应力钢筋。据国外统计,钢绞线在预应力筋中的用量约占75%,而钢丝与粗钢筋共约占25%。我国使用高强度、低松弛钢绞线也已经成为主流。

我国目前生产了一种模拔成型钢绞线[图12-13c)],它是在捻制成型时通过模孔拉拔而成。钢丝互相挤紧成近于六边形,使钢绞线的内部空隙和外径大大减小,在相同预留孔道的条件下,可增加预拉力约为20%,且周边与锚具接触的面积增加,有利于锚固。

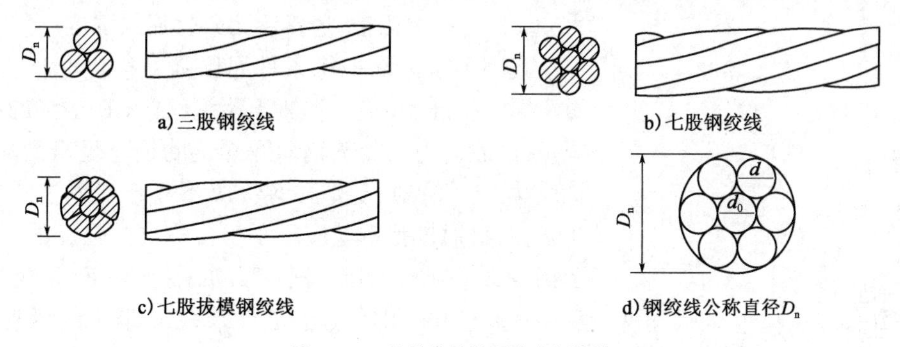

图12-13　几种常见的预应力钢绞线

(3)预应力螺纹钢筋

预应力螺纹钢筋是一种热轧成沿钢筋纵向带有不连续的外螺纹的直条钢筋,钢筋在任意截面处均可用带有匹配形状的内螺纹的连接器或锚具进行连接或锚固。因此,不需要再加工螺丝,也不需要焊接。目前,这种高强钢筋仅用于中、小型预应力混凝土构件或作为箱梁的竖向、横向预应力钢筋。

按照我国国家标准《预应力混凝土用螺纹钢筋》(GB/T 20065—2016),预应力螺纹钢筋的公称直径为18～50mm,该标准推荐的钢筋公称直径为25mm和32mm,这里的公称直径是不含螺纹高度的基圆直径。

值得一提的是,近年来,非金属材料如玻璃纤维增强塑料(GFRP)、芳纶纤维增强塑料(AFRP)及碳纤维增强塑料(CFRP)等制成的预应力筋已开始在处于某些特殊环境和条件下的桥梁中使用。这些材料的特点是:强度高、质量轻、抗腐蚀、抗磁性、耐疲劳、热膨胀系数与混凝土接近、弹性模量低、抗剪强度低等。目前,FRP 预应力筋以及 FRP 预应力混凝土结构的力学性能仍处于研究和试用阶段,但可以预言,FRP 预应力筋在未来将具有广阔的应用前景。

我国公路桥梁预应力混凝土构件采用的预应力钢筋种类有 1×7 的钢绞线、光圆和螺旋肋钢丝、预应力螺纹钢筋。

3)预应力钢筋的强度和变形

(1)高强度钢丝和钢绞线

高强度钢丝和钢绞线试件单向拉伸试验的典型应力—应变曲线如图 12-14 所示。由图 12-14可以看到,在试件拉伸应力达到其比例极限(大约为其极限抗拉强度 σ_b 的 0.65 倍)a 点之前,拉伸应力—应变关系呈直线变化,钢筋具有理想的弹性性质。超过曲线上的 a 点之后,钢筋的应力和应变持续增长,但应力—应变关系已经偏离了 a 点之前的直线关系,且**应力—应变曲线上没有明显屈服流幅,**到达极限拉伸强度 σ_b(图 12-14中曲线的 b 点)后,出现钢筋的颈缩现象,应力—应变曲线出现下降段至 c 点,钢筋试件被拉断。

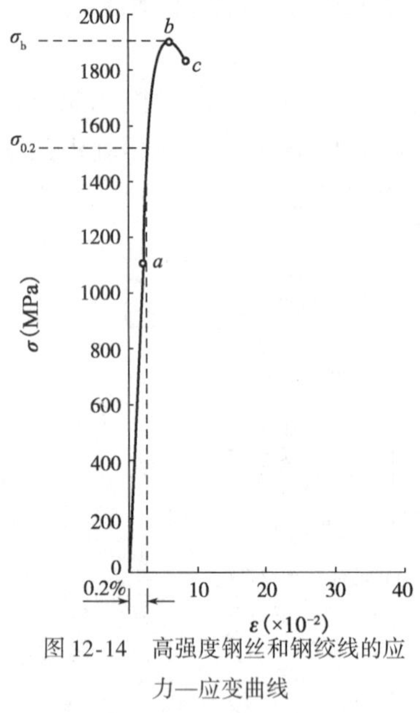

图 12-14　高强度钢丝和钢绞线的应力—应变曲线

因此,对单向拉伸试验的应力—应变曲线上无明显(屈服)流幅的高强度钢丝和钢绞线,其力学性能的强度指标只有图 12-14 所示曲线 b 点所对应的抗拉强度 σ_b。在工程设计计算中,抗拉强度不能作为钢筋强度取值的依据,一般**取残余应变为 0.2%**(图 12-14 中虚线所示)**所对应的应力 $\sigma_{0.2}$ 作为强度限值,**通常**称为条件屈服强度**。

我国国家标准中将条件屈服强度称为非比例伸长应力。国家标准《预应力混凝土用钢丝》(GB/T 5223—2014)规定,消除应力的光圆钢丝及螺旋肋钢丝规定的非比例伸长应力 $\sigma_{0.2}$ 值对低松弛钢丝应不小于公称抗拉强度的 88%,对普通松弛钢丝应不小于公称抗拉强度的 85%。对于钢绞线,国家标准《预应力混凝土用钢绞线》(GB/T 5224—2014)采用的是整根钢绞线的非比例延伸力 $F_{p0.2}$(概念与非比例伸长应力是一致的),规定非比例延伸力 $F_{p0.2}$ 值不小于整根钢绞线实际最大力 F_{ma} 的 88% ~95%。

消除应力光圆钢丝或螺旋肋钢丝力学性能的变形指标用长度 L_0 = 200mm 的试件最大力下总伸长率 A_{gt} 描述,A_{gt} 应不小于 3.5%。采用不同规定长度 L_0 的钢绞线时,试件最大力下总伸长率 A_{gt} 应不小于 3.5%。

(2)预应力螺纹钢筋

预应力螺纹钢筋是采用热轧、轧后余热处理或热处理等工艺生产的预应力混凝土用螺纹钢筋。

与普通热轧钢筋相近,预应力螺纹钢筋试件单向拉伸试验的应力—应变曲线具有明显的屈服点和流幅,因此,预应力螺纹钢筋也是以屈服强度划分级别,其代号为"PSB"加上规定屈服强度最小值表示。P、S、B 分别为 Prestressing、Screw、Bars 的英文首位字母,例如,PSB830 表示屈服强度最小值为 830MPa 的预应力螺纹钢筋。我国国家标准提供的预应力螺纹钢筋的强度级别有 PSB785、PSB830、PSB930 和 PSB1080。

预应力螺纹钢筋力学性能的变形指标也采用规定长度试件的最大拉力下总伸长率 A_{gt} 来描述，A_{gt} 应不小于3.5%。

对于无明显流幅的钢筋，如钢丝、钢绞线等，钢筋强度标准值是按国家标准中规定的极限抗拉强度值确定，其保证率不小于95%。这里应注意，对钢丝、钢绞线是取 $0.85\sigma_b$（σ_b 为国家标准中规定的极限抗拉强度）作为设计时取用的条件屈服强度（指相应于残余应变为0.2%时的钢筋应力）。

《公路桥规》对钢丝、钢绞线的材料分项系数取1.47，将钢丝和钢绞线的强度标准值除以材料分项系数1.47，即得到抗拉强度的设计值；预应力螺纹钢筋材料分项系数取1.2。

《公路桥规》对预应力混凝土用钢筋的强度标准值和强度设计值的规定分别见附表2-1、附表2-2；预应力钢筋的弹性模量见附表2-3。

12.4　预应力混凝土结构的三种概念

本章所涉及的内容为体内有粘结的预应力混凝土结构，它是先张预应力混凝土结构和孔道内灌浆后实现粘结的后张预应力结构的总称。

为了全面理解体内有粘结预应力混凝土结构的基本概念，可以引用林同炎提出的三种概念来分析预应力混凝土受弯构件。

1）预加应力的目的是将混凝土变成弹性材料

这种概念认为预应力混凝土与普通钢筋混凝土是两种完全不同的材料，预应力钢筋的作用不是配筋而是施加预压应力以改变混凝土性能的一种手段。如果预压应力大于荷载产生的拉应力，则混凝土就不承受拉应力。这种概念要求将无拉应力作为预应力混凝土设计准则。这样可以用材料力学公式计算混凝土的应力、应变和挠度、上拱，并在需要时可采用叠加原理，计算十分方便。

现考察一简支矩形梁。如果预应力钢筋偏离混凝土截面重心（图12-15）。预压力 F 作用在预应力钢筋的重心处，距梁重心轴的距离为 e，由于是偏心的预压力，混凝土截面除承受轴压作用外还要承受弯矩作用。预压力产生的弯矩 Fe，在混凝土截面上任意一点处引起的应力为

$$\sigma = \frac{Fey}{I} \tag{12-15}$$

而叠加后的应力表示为

$$\sigma = \frac{F}{A} \pm \frac{Fey}{I} \pm \frac{My}{I} \tag{12-16}$$

如果预应力钢筋是弯曲的或弯折的[图12-16a)]，为了方便，常常取构件的左边或右边部分作为隔离体来计算预应力效应。此时，混凝土上的预压力和作用在偏心距为 e 处的预应力钢筋的预拉力 F 相等，因此，在图12-16b）中可由水平力平衡条件得出混凝土所受的压力等于钢筋中的预拉力 F，因此偏心力 F 在混凝土内引起的应力可表示为

$$\sigma = \frac{F}{A} \pm \frac{Fey}{I} \tag{12-17}$$

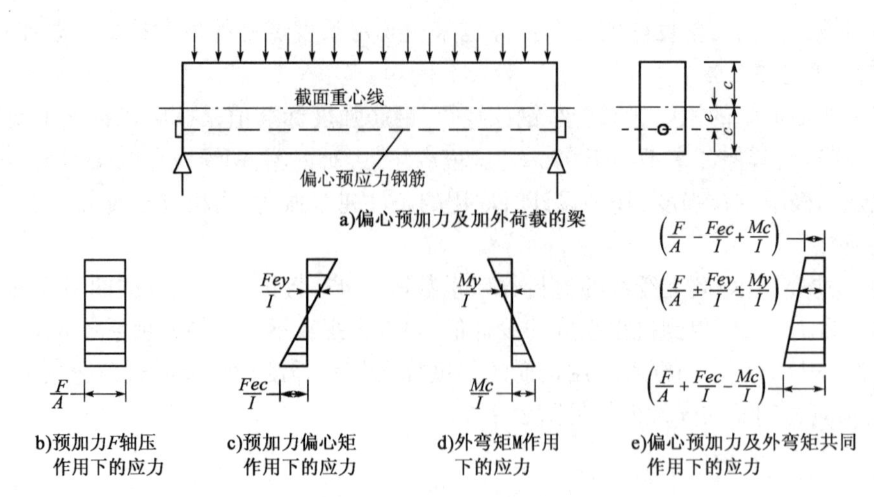

图 12-15　偏心预应力混凝土截面的应力分布

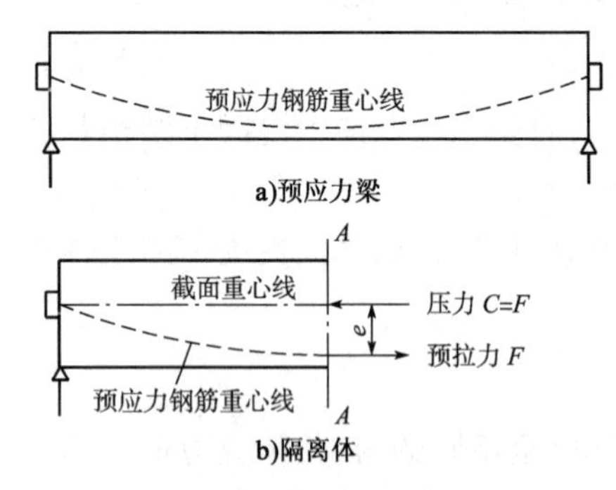

图 12-16　等高度预应力混凝土简支梁

2)预加应力的目的是使高强度钢筋和混凝土能够共同工作

这种概念是将预应力混凝土看作高强钢筋与混凝土两种材料组成的一种特殊的钢筋混凝土。预先将预应力钢筋张拉到一定的应力状态,在使用阶段预应力钢筋的应力(应变)增加的幅度较小,混凝土不开裂或裂缝较细,这样高强钢材就可以与混凝土一起正常工作。

在钢筋混凝土梁中,用钢筋承受拉力、混凝土承受压力以形成一抵抗外弯矩的力偶,如图 12-17a)所示。在预应力混凝土中也存在同样的性能,如图 12-17b)所示。在预应力混凝土中采用的是高强度钢筋,在其强度被充分利用之前将必须有很大的伸长。若此高强度钢筋还像在普通钢筋混凝土梁中那样简单地埋置于混凝土内,周围的混凝土必将在钢筋全部被利用之前非常严重地开裂,如图 12-18a)所示,因此需要将高强钢筋相对于混凝土预张拉。抵着混凝土张拉钢筋并加以锚固,就可以在结构中产生预期的应力和应变——混凝土中的压应力和压应变及钢筋中的拉应力和拉应变,这样就可以防止荷载作用下裂缝的出现,使结构的挠度得以控制,如图 12-18b)所示。这种联合作用使得有可能安全经济地利用两种材料,而这是把钢筋简单地埋于混凝土之中所不能达到的。

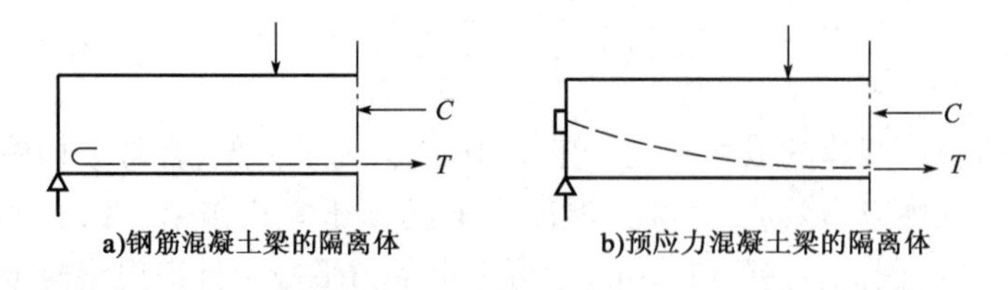

图 12-17　预应力混凝土梁和钢筋混凝土梁的内部抵抗力矩

根据这种观点可以得出,预应力混凝土与钢筋混凝土之间有着基本相似性。这样,就可以大大简化预应力结构的设计和计算。同时,根据两者的相似性,可以将预应力钢筋与普通钢筋作等强代换,减少用钢量,这在很多情况下是经济可行的。

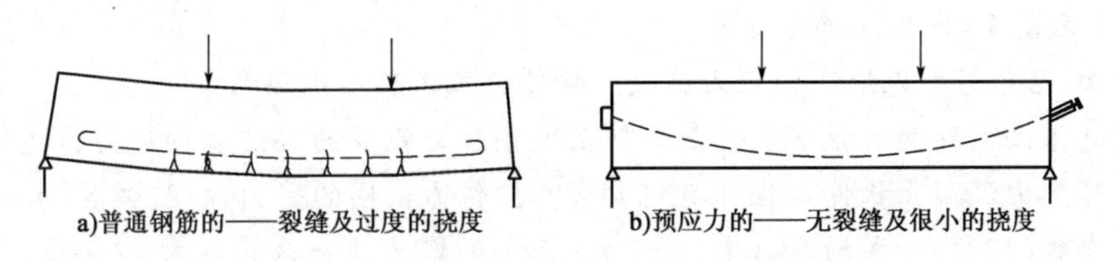

图 12-18　采用高强度钢筋的混凝土梁

3)预加应力的目的是实现荷载平衡

预加应力可认为是对混凝土构件预先施加与使用荷载相反的荷载以抵消部分或全部工作荷载,使受弯构件(如板、梁)在给定的荷载条件下不受挠曲应力,这就能把一挠曲构件转换成一受轴向力的构件,大大简化结构的设计和计算。

用荷载平衡的概念调整预应力与外荷载的关系,概念清晰,计算简单。应用这个概念,要求以混凝土为分离体并且用一些力来代替预应力钢筋沿跨度的作用。例如,取一采用抛物线形预应力钢筋的简支梁(图 12-19),设 F 为预张拉力、L 为跨长、h 为抛物线垂度,则预应力钢筋向上作用的均匀荷载可以用式(12-18)表示,即

$$w_{\mathrm{b}} = \frac{8Fh}{L^2} \tag{12-18}$$

因而,对于一给定向下的均匀荷载 w,由于预应力钢筋作用在梁上产生的横向荷载而得到平衡,使梁仅受轴力 F,它在混凝土内产生均匀的应力 $\sigma = F/A$。从这个平衡条件出发,应力可以很容易地用 $\sigma = My/I$ 计算。此时的弯矩是由未被平衡的荷载 $w - w_{\mathrm{b}}$ 引起的。

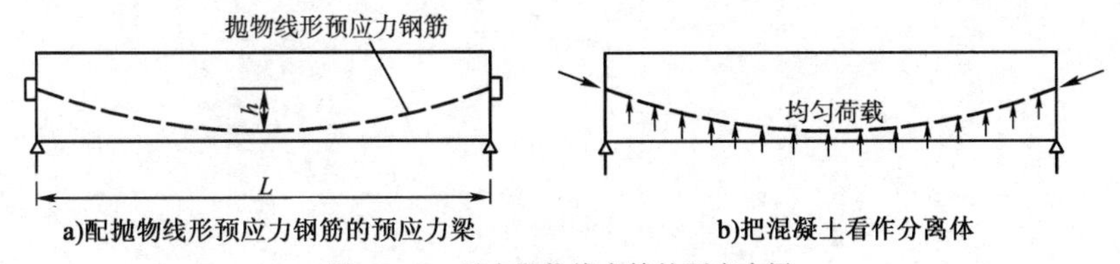

图 12-19　具有抛物线力筋的预应力梁

上述三种概念表达了理解预应力混凝土结构的三种观点,它们在分析和设计预应力混凝土时都是有用的。第一种概念是全预应力混凝土构件弹性分析的依据,指出了预应力混凝土构件的主要工作状态;第二种概念反映了预应力对发挥高强度钢筋作用的必要性,指出了预应力混凝土也不能超越其本身材料强度的极限;第三种概念揭示了预加力和使用荷载作用效应相等的关系,有助于预应力混凝土超静定结构选择合理的预应力钢筋布置和预加力大小,理解使用荷载作用下梁挠度计算分析的方法。

【复习思考题与习题】

12-1　什么是预应力混凝土结构?它与钢筋混凝土结构相比,有何优点与缺点?

12-2　由图 12-3 可以写出后张法预应力混凝土构件施工工艺一般流程为:在施工场地上浇筑构件混凝土并预留孔道(设置管道)→混凝土达到设计要求的强度后预留孔道内穿入预

应力钢筋→安装千斤顶后张拉预应力钢筋,达到设计规定的张拉值后用锚具将预应力钢筋锚固→孔道(设置管道)内压注满水泥浆。

试参照图12-2写出先张法预应力混凝土构件施工工艺一般流程。

12-3　先张法构件和后张法构件是如何实现预应力钢筋的锚固和预应力传递的?

12-4　预应力混凝土构件对锚具有何要求?按传力锚固的受力原理,锚具如何分类?

12-5　在式(12-2)和式(12-9)中,符号t、t_0和t_s的定义是什么?在表12-3中,符号t_u又表示什么?

12-6　公路桥梁上采用的预应力钢筋有哪些种类?试写出它们的符号。

12-7　如何理解预应力混凝土结构的三种概念?它们在结构受力分析和设计中有何作用?

第 13 章

预应力混凝土受弯构件设计与计算

13.1 受力阶段与设计计算方法

预应力混凝土构件由于事先被施加了一个预加力 N_p,使其受力过程具有与普通钢筋混凝土构件不同的特点,因此在具体设计计算之前,须对各受力阶段进行分析,以便了解其相应的计算目的、内容与方法。本章介绍的预应力混凝土受弯构件设计与计算方法主要是针对全预应力混凝土构件和 A 类部分预应力混凝土构件,B 类部分预应力混凝土构件的设计和计算方法详见第 14 章。

13.1.1 预应力混凝土受弯构件受力及工作阶段

预应力混凝土受弯构件从预加应力到承受外荷载,直至最后破坏,可分为三个主要阶段,即施工阶段、使用阶段和破坏阶段。这三个阶段又各包括若干不同的受力过程,现分别叙述如下。

1)施工阶段

预应力混凝土构件在制作、运输和安装施工中,将承受不同的荷载作用。在这一过程中,构件在预应力作用下,全截面参与工作并处于弹性工作阶段,可采用材料力学的方法并根据《公路桥规》的要求进行设计计算。计算中应注意采用构件混凝土的实际强度和相应的截面特性,例如后张预应力构件,在孔道灌浆前应按混凝土净截面计算,孔道灌浆并结硬后则可按换算截面计算。施工阶段依构件受力条件不同,又可分为预加应力阶段和运输、安装阶段两个阶段。

(1)预加应力阶段

预加应力阶段,是指从预加应力开始至预加应力结束(即传力锚固)为止的受力阶段。构件所承受的作用主要是偏心预压力(即预加应力的合力)N_p;对于简支梁,由于 N_p 的偏心作用,构件将产生向上的反拱,形成以梁两端为支点的简支梁,因此梁的重力作用 G_1 也在施加预加力 N_p 的同时一起参加作用(图 13-1)。

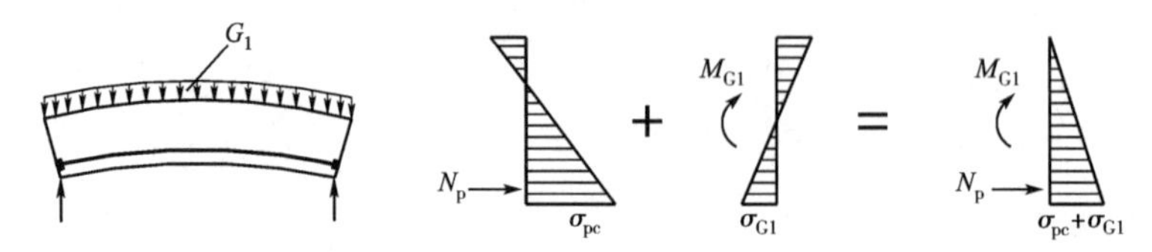

图 13-1 预加应力阶段截面应力分布

本阶段的设计计算要求是:

①受弯构件控制截面上、下缘混凝土的最大拉应力和压应力都不应超出《公路桥规》的规定值。

②控制预应力筋的最大张拉应力。

③保证锚固区混凝土局部承压承载力大于实际承受的压力并有足够的安全度,且保证梁体不出现水平纵向裂缝。

由于各种因素的影响,预应力钢筋中的预拉应力将产生部分损失,通常把扣除应力损失后预应力筋中实际存余的预应力称为本阶段的有效预应力 σ_{pe}。

(2)运输、安装阶段

在运输、安装阶段,混凝土梁所承受的荷载仍是预加力 N_p 和梁的自重力作用。但由于引起预应力损失的因素相继增加,使 N_p 要比预加应力阶段小;同时,预制梁的自重力作用应根据《公路桥规》的规定计入 1.20 或 0.85 的动力系数。构件在运输中的支点或安装时的吊点位置常与正常使用阶段的支承点不同,故应按梁起吊时自重力作用下的计算图式进行验算,特别需注意验算构件支点或吊点截面上缘混凝土的拉应力。

2)使用阶段

使用阶段是指桥梁建成运营通车整个工作阶段。使用阶段构件除承受偏心预加力 N_p 和梁的自重力 G_1 外,还要承受桥面铺装、人行道、栏杆等后加的结构附加重力 G_2 和车辆、人群等荷载 Q。试验研究表明,在使用阶段预应力混凝土梁基本处于弹性工作阶段,因此,梁截面的正应力为偏心预加力 N_p 与以上各项荷载所产生的应力之和(图 13-2)。

使用阶段各项预应力损失将相继发生并全部完成,最后在预应力钢筋中建立相对不变的预拉应力(即扣除全部预应力损失后所存余的预应力)σ_{pe},这即为永存预应力。显然,永存预应力要小于施工阶段的有效预应力值。根据构件受力后的特征,使用阶段又可分为如下几个受力过程。

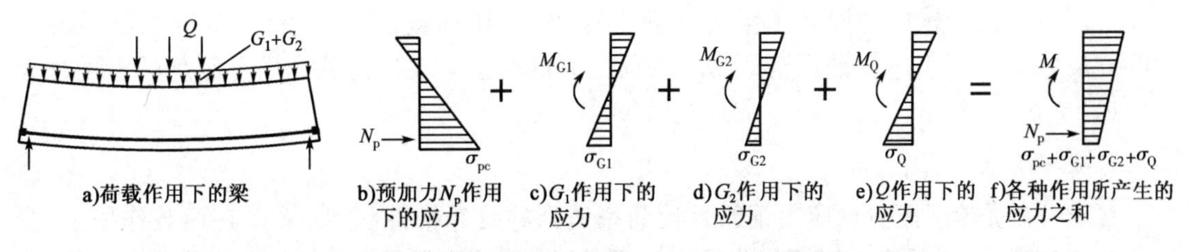

图 13-2　使用阶段各种作用下的截面应力分布

(1)加载至受拉边缘混凝土预压应力为零

构件仅在永存预加力 N_p(即永存预应力 σ_{pe} 的合力)作用下,其下边缘混凝土的有效预压应力为 σ_{pc}。**当受弯构件被加载至某一特定荷载,截面下边缘混凝土的预压应力 σ_{pc} 恰被抵消为零,此时在控制截面上所产生的弯矩 M_0 称为消压弯矩**[图 13-3b)],则有

$$\sigma_{pc}-\frac{M_0}{W_0}=0 \tag{13-1}$$

或写成

$$M_0=\sigma_{pc}\cdot W_0 \tag{13-2}$$

式中:σ_{pc}——由永存预加力 N_p 引起的梁下边缘混凝土的有效预压应力;

W_0——换算截面对受拉边的弹性抵抗矩。

一般把在 M_0 作用下控制截面上的应力状态,称为消压状态。应当注意,**受弯构件在消压弯矩 M_0 和预加力 N_p 的共同作用下,只有控制截面下边缘纤维的混凝土应力为零(消压),而截面上其他点的应力都不为零(并非全截面消压)**。

(2)加载至受拉区裂缝即将出现

构件截面在消压后继续加载,当作用弯矩达到一定数值时,构件正截面会处于裂缝即将出现的受力状态[图 13-3c)],这时构件截面受拉边缘混凝土达到极限拉应变且受拉区部分混凝土应力达到抗拉标准强度 f_{tk}。**构件出现裂缝时的理论临界弯矩称为开裂弯矩 M_{cr}**,如果把受拉区边缘混凝土应力从零增加到应力为 f_{tk} 所需的外弯矩用 $M_{cr,c}$ 表示,则 M_{cr} 为 M_0 与 $M_{cr,c}$ 之和,即

预应力混凝土受弯构件开裂弯矩 M_{cr} 的计算

$$M_{cr}=M_0+M_{cr,c} \tag{13-3}$$

式中,$M_{cr,c}$ 相当于同样截面钢筋混凝土梁的开裂弯矩。

(3)带裂缝工作

继续增大荷载,则主梁截面下缘开始开裂,弯曲竖向裂缝向截面上缘发展,梁进入带裂缝工作阶段,见图 13-3d)。

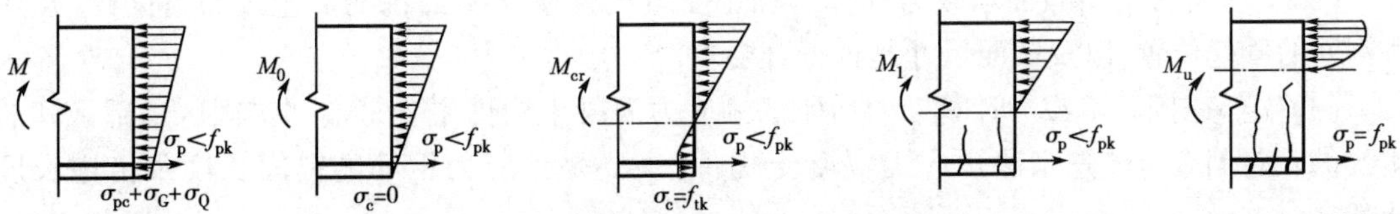

图 13-3　梁使用阶段及破坏阶段的截面应力图

可以看出,在消压状态出现后,预应力混凝土梁的受力情况就如同普通钢筋混凝土梁

一样了。但是由于预应力混凝土梁的开裂弯矩 M_{cr} 要比同截面、同材料的普通钢筋混凝土梁的开裂弯矩 $M_{cr,c}$ 大一个消压弯矩 M_0,故预应力混凝土梁在外荷载作用下裂缝的出现被大大推迟。

3)破坏阶段

对于只在受拉区配置预应力钢筋且配筋率适当的受弯构件(适筋梁),在荷载作用下,受拉区全部钢筋(包括预应力钢筋和非预应力钢筋)将先达到屈服强度,裂缝迅速向上延伸,而后受压区混凝土被压碎,构件即告破坏[图 13-3e)]。破坏时,截面的应力状态与钢筋混凝土受弯构件相似,其计算方法也基本相同。

试验表明,在正常配筋的范围内,预应力混凝土梁的破坏弯矩主要与构件的组成材料受力性能有关,其破坏弯矩值与同条件普通钢筋混凝土梁的破坏弯矩值几乎相同,而是否在受拉区钢筋中施加预拉应力对梁的破坏弯矩的影响很小。这说明预应力混凝土结构并不能创造出超越其本身材料强度能力之外的奇迹,只是大大改善了结构在正常使用阶段的工作性能。

13.1.2 设计计算方法

与桥梁钢筋混凝土结构设计计算一样,桥梁预应力混凝土结构设计计算也采用近似概率极限状态设计法。具体设计计算应满足《公路桥规》规定的承载能力极限状态和正常使用极限状态设计计算的各项要求,以使桥梁预应力混凝土结构在正常施工过程和建成正常使用期间能安全地承受各种可能出现的作用,在偶然事件发生时,承重结构仍能保证正常的稳定和使用,或加以修补就能使用。

由 13.1.1 节可看到,预应力混凝土受弯构件设计计算需要特别考虑的问题之一是构件在受力全过程中经历不同的受力阶段,其中某些受力阶段在钢筋混凝土受弯构件也有发生,但是另外有些阶段仅是由于预加应力作用才存在,因此,**必须根据预应力混凝土结构或构件采用的施工方法以及预应力钢筋布置,确定设计状况及相应的极限状态后进行设计计算,以反映结构或构件的实际受力阶段和受力状况,这是至关重要的。**

对预应力混凝土受弯构件的设计计算,《公路桥规》规定的计算内容如下。

1)持久状况构件截面承载力计算

持久状况承载能力极限状态计算是基于预应力混凝土受弯构件的受力破坏阶段进行的设计计算,包括:

(1)受弯构件的正截面承载力计算。确定所需要的纵向受力钢筋(预应力钢筋和非预应力钢筋)数量及在正截面上的布置。

(2)受弯构件的斜截面承载力计算。确定受弯构件所需要的箍筋数量及布置间距、预应力钢筋的弯起位置,以及截面尺寸是否符合要求。

(3)端部锚固区承载力计算。对后张法预应力混凝土构件主要是端部锚固区局部区和总体区的设计计算;对先张法预应力混凝土构件,主要是预应力钢筋的锚固长度及传递长度计算。

2)持久状况和短暂状况的构件截面应力计算(截面强度验算)

根据预应力混凝土受弯构件的受力特点及工程设计上所关注的问题,《公路桥规》将构件的应力计算分为持久状况和短暂状况分别计算。

无论是持久状况还是短暂状况的构件应力计算,都要进行预应力钢筋的预加力计算与预应力损失的估算,以获得预应力钢筋的张拉控制应力和有效预应力值。

(1)持久状况构件的应力计算。持久状况构件的应力计算是基于预应力混凝土受弯构件受力的使用阶段而进行的设计计算,包括受弯构件截面的混凝土法向正应力、预应力钢筋的拉应力和截面的混凝土主应力计算,不得超过规定的限值。

(2)短暂状况构件的应力计算。短暂状况构件的应力计算是基于预应力混凝土受弯构件的施工阶段而进行的设计计算,在设计上主要是进行短暂状况构件截面的混凝土应力计算,必要时进行构件的变形计算。

3)持久状况正常使用阶段的计算

(1)受弯构件的抗裂性验算。对全预应力混凝土和 A 类部分预应力混凝土构件,要进行构件正截面和斜截面的抗裂性验算。

对 B 类部分预应力混凝土构件,要进行构件混凝土最大弯曲裂缝宽度的验算。

(2)受弯构件的变形(挠度)验算。

13.2　预应力混凝土受弯构件截面承载力计算

预应力混凝土受弯构件持久状况承载力极限状态计算包括正截面承载力计算和斜截面承载力计算,作用组合采用基本组合[式(2-20)]。

13.2.1　正截面承载力计算

当预应力钢筋的含筋量适当时,预应力混凝土受弯构件正截面破坏形态一般为适筋梁破坏,正截面承载力计算图式中的受拉区预应力钢筋和非预应力钢筋的应力将分别取其抗拉强度设计值f_{pd}和f_{sd};受压区的混凝土应力用等效的矩形应力分布图代替实际的曲线分布图并取轴心抗压强度设计值f_{cd};受压区非预应力钢筋亦取其抗压强度设计值f'_{sd}。

1)受压区不配置钢筋的矩形截面受弯构件

对于仅在受拉区配置预应力钢筋和非预应力钢筋而受压区不配钢筋的矩形截面(包括翼缘位于受拉边的T形截面)受弯构件,正截面抗弯承载力的计算采用图13-4所示的计算简图。

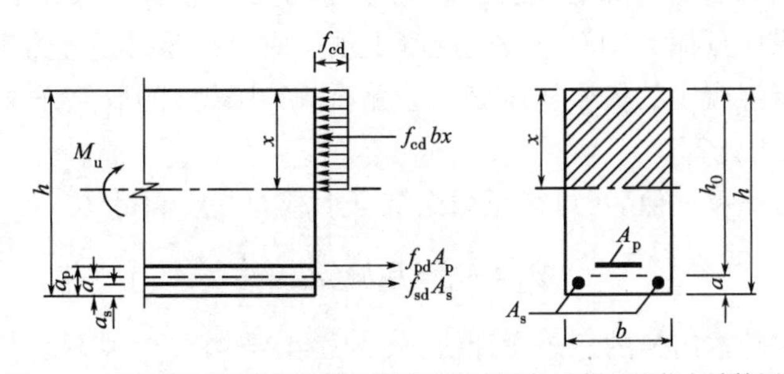

图13-4　受压区不配置钢筋的矩形截面受弯构件正截面承载力计算图

(1)求截面受压区高度 x

可由图13-4所示隔离体水平方向受力平衡建立关于 x 的方程[式(13-4)]求解:

$$f_{sd}A_s + f_{pd}A_p = f_{cd}bx \tag{13-4}$$

式中:A_s、f_{sd}——分别为受拉区纵向非预应力钢筋的截面面积和抗拉强度设计值;

A_p、f_{pd}——分别为受拉区预应力钢筋的截面面积和抗拉强度设计值;

f_{cd}——混凝土轴心抗压强度设计值。

为防止出现超筋梁及脆性破坏,预应力混凝土梁的截面受压区高度 x 应满足《公路桥规》的规定

$$x \leqslant \xi_b h_0 \tag{13-5}$$

式中:ξ_b——预应力混凝土受弯构件截面相对界限受压区高度,按表13-1采用;

h_0——截面有效高度,$h_0 = h - a$;

h——构件全截面高度;

a——受拉区钢筋 A_s 和 A_p 的合力作用点至受拉区边缘的距离;当不配非预应力受力钢筋(即 $A_s = 0$)时,则以 a_p 代替 a,a_p 为受拉区预应力钢筋 A_p 的合力作用点至截面最近边缘的距离,一般可以不考虑按局部受力需要和按构造要求配置的纵向非预应力钢筋截面面积。

预应力混凝土梁截面相对界限受压区高度 ξ_b 表13-1

钢筋种类	混凝土强度等级			
	C50及以下	C55、C60	C65、C70	C75、C80
钢绞线、钢丝	0.40	0.38	0.36	0.35
预应力螺纹钢筋	0.40	0.38	0.36	—

注:1. 截面受拉区内配置不同种类钢筋的受弯构件,其 ξ_b 值应选用相应于各种钢筋的较小者。

2. $\xi_b = x_b/h_0$,x_b 为纵向受拉钢筋和受压区混凝土同时达到各自强度设计值时的受压区计算高度。

表13-1中采用钢丝和钢绞线为预应力钢筋时,相对界限受压区高度 ξ_b(x_b/h_0)按式(13-6)计算确定:

$$\xi_b = \frac{\beta}{1 + \frac{0.002}{\varepsilon_{cu}} + \frac{f_{pd} - \sigma_{p0}}{\varepsilon_{cu}E_p}} \tag{13-6}$$

式中:β——受压区矩形应力块高度 x 与中和轴高度(实际受压区高度)x_0 之比值,它随混凝土强度等级的提高而降低,《公路桥规》中规定的取值详见表3-1;

σ_{p0}——受拉区纵向预应力钢筋重心处混凝土预压应力为零时预应力钢筋的应力;

ε_{cu}——受压边缘混凝土的极限压应变,《公路桥规》中规定的取值详见表3-1。

(2)正截面承载力计算

求得截面受压区高度 x 值后,可得正截面抗弯承载力并应满足

$$\gamma_0 M_d \leqslant M_u = f_{cd}bx\left(h_0 - \frac{x}{2}\right) \tag{13-7}$$

式中,M_d 为作用基本组合的弯矩设计值;γ_0 为桥梁结构重要性系数,按表2-4取值;其余符号意义与式(13-4)相同。

2)受压区配置预应力钢筋和非预应力钢筋的矩形截面受弯构件

受压区配置预应力钢筋的矩形截面(包括翼缘位于受拉边的T形截面)构件,抗弯承载力的计算与普通钢筋混凝土双筋矩形截面构件的抗弯承载力计算相似。

预应力混凝土梁破坏时,受压区预应力钢筋 A'_p 的应力可能是拉应力,也可能是压应力,因而将其应力称为计算应力 σ'_{pa}。当 σ'_{pa} 为压应力时,其值也较小,一般达不到钢筋 A'_p 的抗压设计强度 $f'_{pd}=\varepsilon_c E'_p=0.002E'_p$,$\sigma'_{pa}$ 值主要决定于 A'_p 中预应力的大小。

构件在承受外荷载前,钢筋 A'_p 中已存在有效预拉应力 σ'_p(扣除全部预应力损失),钢筋 A'_p 重心水平向的混凝土有效预压应力为 σ'_c,相应的混凝土压应变为 σ'_c/E_c;在构件破坏时,受压区混凝土应力为 f_{cd},相应的压应变增加至 ε_c。因此,构件从开始受荷载作用到破坏的过程中,A'_p 重心水平向的混凝土压应变增量也即钢筋 A'_p 的压应变增量为($\varepsilon_c-\sigma'_c/E_c$),也相当于在钢筋 A'_p 中增加了一个压应力 $E'_p(\varepsilon_c-\sigma'_c/E_c)$,将此与 A'_p 中的预拉应力 σ'_p 相叠加可求得 σ'_{pa}。设压应力为正号,拉应力为负号,则有

$$\sigma'_{pa}=E'_p\left(\varepsilon_c-\frac{\sigma'_c}{E_c}\right)-\sigma'_p=f'_{pd}-\alpha'_{Ep}\sigma'_c-\sigma'_p \tag{13-8}$$

或写成

$$\sigma'_{pa}=f'_{pd}-(\alpha'_{Ep}\sigma'_c+\sigma'_p)=f'_{pd}-\sigma'_{p0} \tag{13-9}$$

式中:σ'_{p0}——钢筋 A'_p 当其重心水平向混凝土应力为零时的有效预应力(扣除不包括混凝土弹性压缩在内的全部预应力损失),对先张法构件,$\sigma'_{p0}=\sigma'_{con}-\sigma'_l+\sigma'_{l4}$,对后张法构件,$\sigma'_{p0}=\sigma'_{con}-\sigma'_l+\alpha'_{Ep}\sigma'_{pc}$,此处,$\sigma'_{con}$ 为受压区预应力钢筋的控制应力,σ'_l 为受压区预应力钢筋的全部预应力损失(预应力损失的计算详见13.3节),σ'_{l4} 为先张法构件受压区弹性压缩损失,σ'_{pc} 为受压区预应力钢筋重心处由预应力产生的混凝土法向压应力;

α'_{Ep}——受压区预应力钢筋与混凝土的弹性模量之比。

由上可知,建立式(13-8)的前提条件是构件破坏时,A'_p 重心处混凝土应变达到 $\varepsilon_c=0.002$。

在明确了破坏阶段各项应力值后,则可得到计算简图,如图13-5所示,仿照普通钢筋混凝土双筋截面受弯构件,由静力平衡方程可计算预应力混凝土受弯构件正截面承载力。

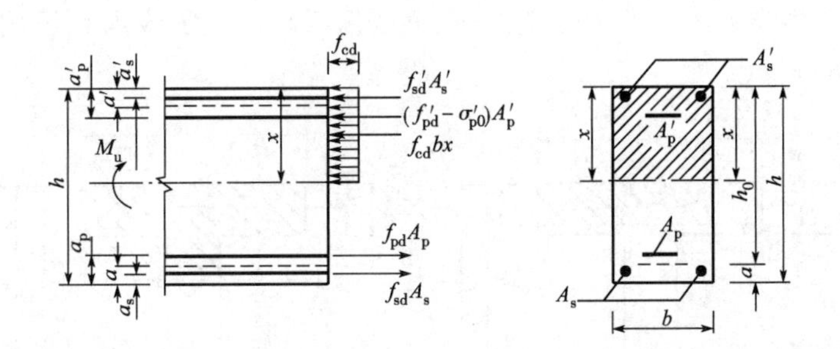

图13-5　受压区配置预应力钢筋的矩形截面受弯构件正截面承载力计算图

(1)求截面受压区高度 x

可由图13-5所示隔离体水平方向受力平衡建立关于 x 的方程[式(13-10)]求解:

$$f_{sd}A_s+f_{pd}A_p=f_{cd}bx+f'_{sd}A'_s+(f'_{pd}-\sigma'_{p0})A'_p \tag{13-10}$$

式中,A'_p、f'_{pd}分别为受压区预应力钢筋的截面面积和抗压强度设计值;其余符号意义同前。

计算所得的受压区高度 x 也应满足《公路桥规》的规定:

$$x < \xi_b h_0 \tag{13-11}$$

当受压区预应力钢筋受压,即$(f'_{pd} - \sigma'_{p0}) > 0$ 时,应满足

$$x \geqslant 2a' \tag{13-12a}$$

当受压区预应力钢筋受拉,即$(f'_{pd} - \sigma'_{p0}) < 0$ 时,应满足

$$x \geqslant 2a'_s \tag{13-12b}$$

式中:a'——受压区钢筋 A'_s和 A'_p的合力作用点至截面最近边缘的距离;

a'_s——受压区普通钢筋 A'_s的合力作用点至截面最近边缘的距离;

其余符号意义同前。

为防止构件的脆性破坏,必须满足条件式(13-11),而条件式(13-12)则是为了保证在构件破坏时,钢筋 A'_s的应力达到f'_{sd},同时也是保证前述式(13-8)或式(13-9)成立的必要条件。

(2)正截面承载力计算

由式(13-10)求得截面受压区高度 x 后,可得到正截面抗弯承载力并应满足

$$\gamma_0 M_d \leqslant f_{cd} b x (h_0 - \frac{x}{2}) + f'_{sd} A'_s (h_0 - a'_s) + (f'_{pd} - \sigma'_{p0}) A'_p (h_0 - a'_p) \tag{13-13}$$

由承载力计算式可以看出,构件的截面承载力与受拉区钢筋是否施加预应力无关,但对受压区钢筋 A'_p施加预应力后,式(13-13)等号右边末项的钢筋应力f'_{pd}下降为 σ'_{pa}(或为拉应力),将比钢筋 A'_p不加预应力时的构件承载力有所降低,同时,使用阶段的抗裂性也有所降低。因此,只有在截面受压区确有需要设置预应力钢筋 A'_p时,才予以设置。

3)T 形截面受弯构件

同普通钢筋混凝土梁一样,先按下列条件判断属于哪一类 T 形截面(图 13-6)。

截面复核时

$$f_{sd} A_s + f_{pd} A_p \leqslant f_{cd} b'_f h'_f + f'_{sd} A'_s + (f'_{pd} - \sigma'_{p0}) A'_p \tag{13-14}$$

截面设计时

$$\gamma_0 M_d \leqslant f_{cd} b'_f h'_f (h_0 - \frac{h'_f}{2}) + f'_{sd} A'_s (h_0 - a'_s) + (f'_{pd} - \sigma'_{p0}) A'_p (h_0 - a'_p) \tag{13-15}$$

当符合上述条件时为第一类 T 形截面(截面受压区高度在翼缘内),可按宽度为 b'_f的矩形截面计算[图13-6a)]。

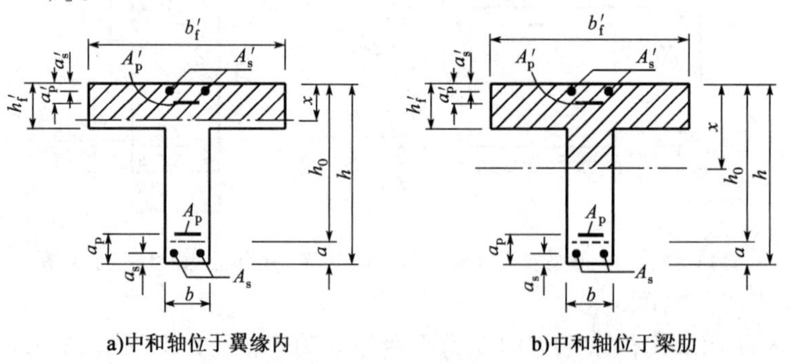

图 13-6　T 形截面预应力梁受弯构件中和轴位置图

当不符合上述条件时，表明截面受压区高度大于翼缘板厚度，为第二类 T 形截面，计算时需考虑梁肋受压区混凝土的工作[图 13-6b)]：

(1)求截面受压区高度 x

$$f_{sd}A_s + f_{pd}A_p = f_{cd}[bx + (b'_f - b)h'_f] + f'_{sd}A'_s + (f'_{pd} - \sigma'_{p0})A'_p \tag{13-16}$$

(2)承载力计算

$$\gamma_0 M_d \leqslant f_{cd}\left[bx\left(h_0 - \frac{x}{2}\right) + (b'_f - b)h'_f\left(h_0 - \frac{h'_f}{2}\right)\right] + f'_{sd}A'_s(h_0 - a'_s) + (f'_{pd} - \sigma'_{p0})A'_p(h_0 - a'_p) \tag{13-17}$$

适用条件与矩形截面一样，计算步骤与非预应力混凝土梁类似。

以上公式也适用于工字形截面、Π 形截面等情况。

13.2.2 斜截面承载力计算

1)斜截面抗剪承载力计算

对配置箍筋和弯起预应力钢筋的矩形、T 形和 I 形截面的预应力混凝土受弯构件，斜截面抗剪承载力计算的基本表达式且应满足的要求为

$$\gamma_0 V_d \leqslant V_u = V_{cs} + V_{pb} \tag{13-18}$$

式中：V_d——斜截面受压端正截面上作用基本组合产生的最大剪力设计值(kN)；

V_{cs}——斜截面内混凝土和箍筋共同的抗剪承载力(kN)；

V_{pb}——与斜截面相交的预应力弯起钢筋抗剪承载力(kN)。

对于箱形截面受弯构件斜截面抗剪承载力的验算，也可参照式(13-18)进行。式(13-18)右边为受弯构件斜截面上各项抗剪承载力之和，以下逐一介绍各项抗剪承载力的计算方法。

(1)斜截面内混凝土和箍筋共同的抗剪承载力(V_{cs})

构件的预应力能够阻止斜裂缝的发生和发展，使混凝土的剪压区高度增大，从而提高了混凝土所承担的抗剪能力；对于带翼缘的预应力混凝土梁(如 T 形梁)，由于受压翼缘的存在，也提高了梁的抗剪承载力。连续梁斜截面抗剪的试验表明，连续梁靠近边支点梁段，其混凝土和箍筋共同抗剪的性质与简支梁相同，斜截面抗剪承载力可按简支梁的规定计算，连续梁靠近中间支点梁段，则有异号弯矩的影响，抗剪承载力有所降低。综合以上因素，《公路桥规》采用的斜截面内混凝土和箍筋共同的抗剪承载力 V_{cs}(kN)的计算公式为

$$V_{cs} = 0.45 \times 10^{-3}\alpha_1\alpha_2\alpha_3 bh_0\sqrt{(2 + 0.6p)\sqrt{f_{cu,k}}\rho_{sv}f_{sv}} \quad (\text{kN}) \tag{13-19}$$

式中：α_2——预应力提高系数，对预应力混凝土受弯构件，$\alpha_2 = 1.25$，但当由钢筋合力引起的截面弯矩与外弯矩的方向相同时，或允许出现裂缝的预应力混凝土受弯构件，取 $\alpha_2 = 1.0$；

p——斜截面内纵向受拉钢筋的计算配筋百分率，$p = 100\rho$，$\rho = (A_p + A_s)/bh_0$，当$p > 2.5$时，取 $p = 2.5$；

ρ_{sv}——斜截面内箍筋配筋率，$\rho_{sv} = A_{sv}/(s_v b)$；

s_v——斜截面内箍筋的间距(mm)；

f_{sv}——箍筋抗拉强度设计值(MPa);

A_{sv}——斜截面内配置在同一截面的箍筋截面面积(mm^2);

其他符号的意义详见式(4-5)。

在公路桥梁上,有些大型预应力混凝土构件,例如预应力混凝土箱梁,除设置纵向预应力钢筋和箍筋外,还设置箱梁腹板内沿梁高度方向的竖向预应力钢筋,以提高箱梁的抗受剪开裂性能。当考虑竖向预应力钢筋对构件抗剪承载力的作用时,以 $\rho_{sv}f_{sv}+0.6\rho_{pv}f_{pv}$ 取代式(13-19)中的 $\rho_{sv}f_{sv}$ 项,其中 ρ_{pv} 为斜截面内竖向预应力钢筋的配筋率,$\rho_{pv}=A_{pv}/(s_p b)$,A_{pv} 和 s_p 分别为斜截面内配置在同一截面的竖向预应力钢筋截面面积和斜截面内竖向预应力钢筋的间距(mm)。

(2)预应力弯起钢筋的抗剪承载力(V_{pb})

预应力弯起钢筋的斜截面抗剪承载力计算按式(13-20)进行:

$$V_{pb}=0.75\times10^{-3}f_{pd}\sum A_{pb}\sin\theta_p \qquad (kN) \tag{13-20}$$

式中:θ_p——预应力弯起钢筋(在斜截面剪压区对应正截面处)的切线与水平线的夹角;

A_{pb}——斜截面内在同一弯起平面的预应力弯起钢筋的截面面积(mm^2);

f_{pd}——预应力钢筋抗拉强度设计值(MPa)。

预应力混凝土受弯构件抗剪承载力计算,所需满足的公式上、下限值与普通钢筋混凝土受弯构件相同,详见第4章。

2)斜截面抗弯承载力计算

根据斜截面的受弯破坏形态,仍取斜截面以左部分为脱离体(图13-7),并以受压区混凝土合力作用点 O(转动铰)为中心取矩,由 $\sum M_O=0$,得到矩形、T形和I形截面的受弯构件斜截面抗弯承载力计算公式为

$$M_u=f_{sd}A_sZ_s+f_{pd}A_pZ_p+\sum f_{pd}A_{pb}Z_{pb}+\sum f_{sv}A_{sv}Z_{sv} \tag{13-21}$$

式中:M_u——斜截面抗弯承载力;

Z_s、Z_p——纵向普通受拉钢筋合力点、纵向预应力受拉钢筋合力点至剪压区正截面中心点 O 的距离;

Z_{pb}——与斜截面相交的同一弯起平面内预应力弯起钢筋合力点至剪压区正截面中心点 O 的距离;

Z_{sv}——与斜截面相交的同一平面内箍筋合力点至斜截面剪压区正截面的水平距离。

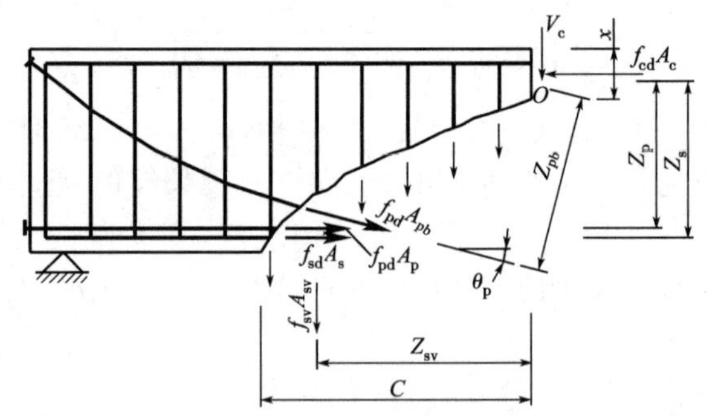

图13-7 斜截面抗弯承载力计算图

计算斜截面抗弯承载力时,其最不利斜截面的位置需选在预应力钢筋数量变少、箍筋截面或间距变化处,以及构件混凝土截面腹板厚度变化处等。但其斜截面的水平投影长度 C,仍需自下而上,按不同倾斜角度试算确定。最不利的斜截面水平投影长度按式(13-22)试算确定:

$$\gamma_0 V_d = \sum f_{pd} A_{pb} \sin\theta_p + \sum f_{sv} A_{sv} \tag{13-22}$$

假设最不利斜截面与水平方向的夹角为 α,水平投影长度为 C,则该斜截面上箍筋截面面积为 $\sum A_{sv} = A_{sv} \cdot C/s_v$,代入式(13-22)可得到最不利水平投影长度 C 的表达式为

$$C = \frac{\gamma_0 V_d - \sum f_{pd} A_{pb} \sin\theta_p}{f_{sv} \cdot A_{sv}/s_v} \tag{13-23}$$

式中:V_d——斜截面剪压区正截面上相应于最大弯矩设计值的剪力设计值;

s_v——箍筋间距(mm);

其余符号意义同前。

水平投影长度 C 确定后,尚应确定剪压区正截面合力作用点的位置 O,以便确定各力臂的长度。由斜截面的受力平衡条件 $\sum H = 0$ 可得到

$$\sum f_{pd} A_{pb} \cos\theta_p + f_{sd} A_s + f_{pd} A_p = f_{cd} A_c \tag{13-24}$$

由此可求出混凝土截面受压区的面积 A_c。因 A_c 是受压区高度 x 的函数,故截面形式确定后,斜截面受压区高度 x 也就不难求得,剪压区正截面合力作用点的位置也随之可以确定。

预应力混凝土梁斜截面抗弯承载力的计算比较麻烦,因此也可以同普通钢筋混凝土受弯构件一样,用构造措施来加以保证,具体要求可参照钢筋混凝土梁的有关内容。

13.3 预加力的计算与预应力损失的估算

设计预应力混凝土受弯构件时,需要事先根据承受外荷载的情况,估算其预加应力的大小。由于施工因素、材料性能和环境条件等的影响,钢筋中的预拉应力会逐渐减小。这种**预应力钢筋的预应力随着张拉、锚固过程和时间推移而降低的现象称为预应力损失**。设计中所需的钢筋预应力值,应是扣除相应阶段的应力损失后,钢筋中实际存余的预应力(有效预应力 σ_{pe})值。如果钢筋初始张拉的预应力(一般称为张拉控制应力)为 σ_{con},相应的应力损失值为 σ_l,则它们与有效预应力 σ_{pe} 间的关系为

$$\sigma_{pe} = \sigma_{con} - \sigma_l \tag{13-25}$$

13.3.1 钢筋的张拉控制应力

张拉控制应力 σ_{con} 是指预应力钢筋锚固前张拉钢筋的千斤顶所显示的总拉力除以预应力钢筋截面面积所求得的钢筋应力值。对于有锚圈口摩阻损失的锚具,σ_{con} 应为扣除锚圈口摩擦损失后的锚下拉应力值,故《公路桥规》特别指出,σ_{con} 为张拉钢筋的锚下控制应力。

从提高预应力钢筋的利用率来说,张拉控制应力 σ_{con} 应尽量定高些,使构件混凝土获得较大的预压应力值以提高构件的抗裂性,同时可以减少钢筋用量。但 σ_{con} 又不能定得过高,以免个别钢筋在张拉或施工过程中被拉断,而且 σ_{con} 值增高,钢筋的应力松弛损失也将增大。另外,高应力状态可能使构件出现纵向裂缝,并且过高的应力也降低了构件的延性。因此,σ_{con} 不宜定得过高,一般宜定在钢筋的比例极限以下。不同性质的预应力筋应分别确定其 σ_{con} 值,

对于钢丝与钢绞线,因拉伸应力—应变曲线无明显的屈服台阶,其 σ_{con} 与抗拉强度标准值 f_{pk} 的比值应相应地定得低些;而预应力螺纹钢筋,因其受拉应力—应变曲线具有较明显的屈服台阶,塑性性能较好,故其比值可相应地定得高些。《公路桥规》规定,构件预加应力时预应力钢筋在构件端部(锚下)的控制应力 σ_{con} 应符合下列规定:

对于钢丝、钢绞线

$$\sigma_{con} \leqslant 0.75 f_{pk} \tag{13-26}$$

对于预应力螺纹钢筋

$$\sigma_{con} \leqslant 0.85 f_{pk} \tag{13-27}$$

上述式中:f_{pk}——预应力钢筋的抗拉强度标准值。

在实际工程中,对于仅需在短时间内保持高应力的钢筋,例如为了减少一些因素引起的应力损失,而需要进行超张拉的钢筋,可以适当提高张拉应力。但在任何情况下,钢筋的最大张拉控制应力,对于钢丝、钢绞线,不应超过 $0.8f_{pk}$;对于预应力螺纹钢筋,不应超过 $0.9f_{pk}$。

13.3.2 钢筋预应力损失的估算

预应力损失与施工工艺、材料性能及环境影响等有关,影响因素复杂,一般应根据试验数据确定,如无可靠试验资料,则可按《公路桥规》的规定估算。

一般情况下,可主要考虑以下6项应力损失值。但对于不同锚具、不同施工方法,可能还存在其他预应力损失,如锚圈口摩阻损失等,应根据具体情况逐项考虑其影响。

1)预应力筋与管道壁间摩擦引起的应力损失(σ_{l1})

后张法的预应力筋,一般由直线段和曲线段组成。张拉时,预应力筋将沿管道壁滑移而产生摩擦力[图13-8a)],使钢筋中的预拉应力形成张拉端高、向构件跨中方向逐渐减小[图13-8b)]的情况。钢筋在任意两个截面间的应力差值,就是这两个截面间由摩擦所引起的预应力损失值。从张拉端至计算截面的摩擦应力损失值以 σ_{l1} 表示。

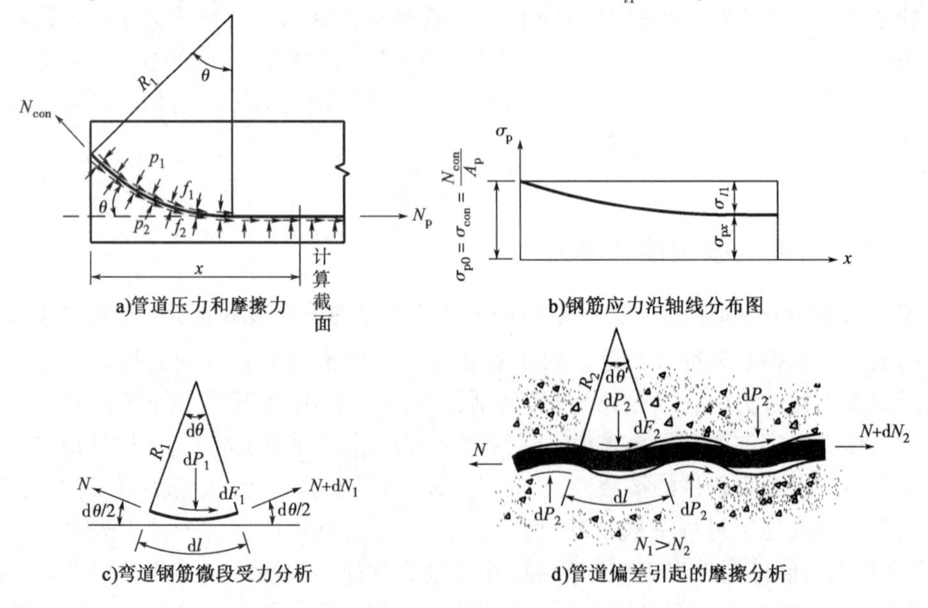

图13-8 管道摩擦引起的钢筋预应力损失计算简图

摩擦损失主要由管道的弯曲和管道位置偏差引起。对于直线管道，由于施工中位置偏差和孔壁不光滑等原因，在钢筋张拉时，局部孔壁也将与钢筋接触从而引起摩擦损失，一般称此为管道偏差影响（或称长度影响）摩擦损失，其数值较小；对于弯曲部分的管道，除存在上述管道偏差影响之外，还存在因管道弯转，预应力筋对弯道内壁的径向压力所引起的摩擦损失，将此称为弯道影响摩擦损失，其数值较大，并随钢筋弯曲角度之和的增加而增加。曲线部分摩擦损失是由以上两个部分影响构成的，故要比直线部分摩擦损失大得多。

（1）弯道影响引起的摩擦力

设钢筋与曲线管道内壁相贴，并取微段钢筋 dl 为脱离体[图 13-8c）]，其相应的弯曲角为 $d\theta$，曲率半径为 R_1，则 $dl = R_1 d\theta$。由此求得微段钢筋与弯道壁间的径向压力（dP_1）为

$$dP_1 = p_1 dl = N\sin\frac{d\theta}{2} + (N + dN_1)\sin\frac{d\theta}{2} \approx Nd\theta \tag{13-28}$$

钢筋与管道壁间的摩擦系数设为 μ，则微段钢筋 dl 的弯道影响摩擦力（dF_1）为

$$dF_1 = f_1 \cdot dl = p_1\mu dl = \mu dP_1 \approx \mu N d\theta \tag{13-29}$$

由图 13-8c）可得到

$$N + dN_1 + dF_1 = N \tag{13-30}$$

故

$$dF_1 = -dN_1 \approx \mu N d\theta \tag{13-31}$$

上述式中：N——预应力筋的张拉力；

p_1——单位长度内预应力筋对弯道内壁的径向压力；

f_1——单位长度内预应力筋对弯道内壁的摩擦力（由 p_1 引起）。

（2）管道偏差影响引起的摩擦力

假设管道具有正负偏差并假定其平均曲率半径为 R_2[图 13-8d）]，同理，假定钢筋与平均曲率半径为 R_2 的管道壁相贴，且与微段直线钢筋 dl 相应的弯曲角为 $d\theta'$，则钢筋与管壁间在 dl 段内的径向压力（dP_2）为

$$dP_2 = p_2 dl \approx Nd\theta' = N\frac{dl}{R_2} \tag{13-32}$$

故 dl 段内的摩擦力（dF_2）为

$$dF_2 = \mu \cdot dP_2 \approx \mu \cdot N\frac{dl}{R_2} \tag{13-33}$$

令 $k = \mu/R_2$ 为管道的偏差系数，则

$$dF_2 = k \cdot N \cdot dl = -dN_2 \tag{13-34}$$

（3）弯道部分的总摩擦力

预应力钢筋在管道弯曲部分微段 dl 内的摩擦力为上述两部分之和，即

$$dF = dF_1 + dF_2 = N \cdot (\mu d\theta + k dl) \tag{13-35}$$

（4）钢筋计算截面处因摩擦力引起的应力损失值 σ_{l1}

由微段钢筋轴向力的平衡可得到

$$dN_1 + dN_2 + dF_1 + dF_2 = 0 \tag{13-36}$$

故

$$dN = dN_1 + dN_2 = -dF_1 - dF_2 = -N(\mu d\theta + k dl)$$

或写成

$$\frac{\mathrm{d}N}{N}=-(\mu\mathrm{d}\theta+k\mathrm{d}l) \tag{13-37}$$

将式(13-37)两边同时积分可得到

$$\ln N=-(\mu\theta+kl)+c$$

张拉端边界条件:$\theta=\theta_0=0,L=L_0=0$ 时,则 $N=N_{\mathrm{con}}$,代入上式可得到 $c=\ln N_{\mathrm{con}}$,于是

$$\ln N=-(\mu\theta+kl)+\ln N_{\mathrm{con}} \tag{13-38}$$

亦即

$$\ln\frac{N}{N_{\mathrm{con}}}=-(\mu\theta+kl)$$

故

$$N=N_{\mathrm{con}}\cdot \mathrm{e}^{-(\mu\theta+kl)} \tag{13-39}$$

为计算方便,式中 l 近似地用其在构件纵轴上的投影长度 x 代替,则式(13-39)为

$$N_x=N_{\mathrm{con}}\cdot \mathrm{e}^{-(\mu\theta+kx)} \tag{13-40}$$

式中的 N_x 为距张拉端为 x 的计算截面处钢筋实际的张拉力。

由此可求得因摩擦所引起的预应力损失值 σ_{l1} 为

$$\sigma_{l1}=\frac{N_{\mathrm{con}}-N_x}{A_{\mathrm{p}}}=\sigma_{\mathrm{con}}[1-\mathrm{e}^{-(\mu\theta+kx)}] \tag{13-41}$$

式中:σ_{con}——锚下张拉控制应力,$\sigma_{\mathrm{con}}=N_{\mathrm{con}}/A_{\mathrm{p}}$,其中 N_{con} 为钢筋锚下张拉控制力;

A_{p}——预应力钢筋的截面面积;

θ——从张拉端至计算截面间管道平面曲线的夹角[图13-8a)]之和,即曲线包角,按绝对值相加,单位以弧度计;如管道为竖平面内和水平面内同时弯曲的三维空间曲线管道,则 θ 可按式(13-42)计算

$$\theta=\sqrt{\theta_{\mathrm{H}}^2+\theta_{\mathrm{V}}^2} \tag{13-42}$$

θ_{H}、θ_{V}——分别为在同段管道水平面内的弯曲角与竖向平面内的弯曲角;

x——从张拉端至计算截面的管道长度在构件纵轴上的投影长度,或为三维空间曲线管道的长度(m);

k——管道每米长度的局部偏差对摩擦的影响系数,可按附表2-5采用;

μ——钢筋与管道壁间的摩擦系数,可按附表2-5采用。

为减少摩擦损失,一般可采取如下措施:

(1)采用两端张拉,以减小 θ 值及管道长度 x 值。

(2)后张法预应力钢筋张拉施工且采用非自锚的锚具时,可采用超张拉工艺,行业推荐性标准《公路桥涵施工技术规范》(JTG/T 3650—2020)规定的张拉程序为:对钢绞线束,0→初应力 σ_0→$1.05\sigma_{\mathrm{con}}$(持荷5min)→$\sigma_{\mathrm{con}}$(锚固);对钢丝束,0→初应力 σ_0→$1.05\sigma_{\mathrm{con}}$(持荷5min)→0→$\sigma_{\mathrm{con}}$(锚固)。

由于超张拉,使构件其他截面应力也相应提高,当张拉力回降至 σ_{con} 时,钢筋因要回缩而受到反向摩擦力的作用,对于简支梁来说,这个回缩影响一般不能传递到受力最大的跨中截面(或者影响很小),这样跨中截面的预加应力也就因超张拉而获得了稳定的提高。

应当注意,采用具有自锚性能的夹片式锚具时,不宜采用超张拉工艺。因为它是一种钢筋

回缩自锚式锚具，超张拉后的钢筋拉应力无法在锚固前回降至 σ_{con}，一回降钢筋就回缩，同时就会带动夹片进行锚固，这样就相当于提高了 σ_{con} 值，而与超张拉的意义不符，这时对低松弛预应力钢束和钢绞线的张拉程序为：0→初应力 σ_0→σ_{con}（持荷 5min 锚固）。

初应力 σ_0 是预应力钢筋张拉工艺中必不可少的重要环节，其目的是在多根预应力钢筋同时张拉时，调整其每根预应力筋的应力，使其一致，同时使预应力钢筋初步拉直。对初应力值的选择，行业推荐性标准《公路桥涵施工技术规范》（JTG/T 3650—2020）规定预应力钢筋张拉时，初应力 σ_0 宜为张拉控制应力 σ_{con} 的 0.10～0.25 倍。在此范围内，《公路桥涵施工技术规范》（JTG/T 3650—2020）进一步建议：预应力钢筋（束）长度在 30m 以下时，初应力一般取（0.10～0.15）σ_{con}；长度为 30～60m 时，初应力取（0.15～0.20）σ_{con}；长度大于 60m 时，初应力取 0.25 σ_{con}。预应力钢筋（束）长度过长（例如超过 100m）时，0.25 σ_{con} 的上限有可能达不到初应力的要求，对这种情况，则需要通过现场试验来确定其初应力的大小。

2）锚具变形、钢筋回缩和接缝压缩引起的应力损失（σ_{l2}）

后张法构件和先张法构件，当张拉结束并进行锚固时，锚具将受到巨大的压力并使锚具自身及锚下垫板压密而变形，同时有些锚具的预应力钢筋还要向内回缩；此外，拼装式构件的接缝，在锚固后也将继续被压密变形，所有这些变形都将使锚固后的预应力钢筋放松，因而引起应力损失，其值用 σ_{l2} 表示，按式（13-43）计算：

$$\sigma_{l2}=\frac{\sum\Delta l}{l}E_{\mathrm{P}} \tag{13-43}$$

式中：$\sum\Delta l$——张拉端锚具变形、钢筋回缩和接缝压缩值之和（mm），可根据试验确定，当无可靠资料时，按附表 2-6 采用；

l——张拉端至锚固端之间的距离（mm）；

E_{P}——预应力钢筋的弹性模量。

对后张法构件，由于锚具变形所引起的钢筋回缩同样也会受到管道摩擦力的影响，这种摩擦力与钢筋张拉时的摩擦力方向相反，称之为反摩擦（反向摩擦）。式（13-43）未考虑钢筋回缩时的摩擦影响，所以 σ_{l2} 沿钢筋全长不变。这种计算方法只能近似适用于直线管道的情况，而对于曲线管道则与实际情况不符，应考虑摩擦影响。《公路桥规》规定：后张法预应力混凝土构件应计算由锚具变形、钢筋回缩等引起反摩擦后的预应力损失。反向摩擦的管道摩擦系数可假定与正向摩擦的相同。

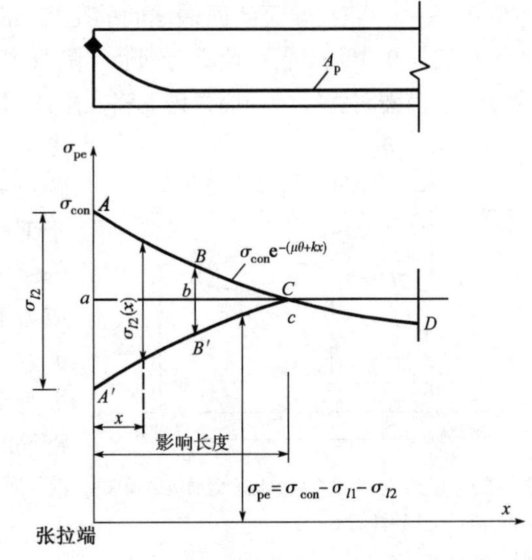

图 13-9　考虑反摩擦后钢筋预应力损失计算示意图

图 13-9 为张拉和锚固钢筋时钢筋中的应力沿梁长方向变化的示意图。设张拉端锚下钢筋张拉控制应力 σ_{con}（图 13-9 中所示的 A 点），由于管道摩擦力的影响，预应力钢筋的应力由梁端向跨中逐渐降低为图中 $ABCD$ 曲线。在锚固传力时，由于锚具变形引起应力损失，使梁端锚下钢筋的应力降到图 13-9 中的

A'点,应力降低值为$\sigma_{\text{con}}-\sigma_{l2}$,考虑反摩擦的影响,并假定反向摩擦系数与正向摩擦系数相等,钢筋应力将按图中$A'B'CD$曲线变化。锚具变形损失的影响长度为ac,两曲线间的纵距即为该截面锚具变形引起的应力损失$\sigma_{l2}(x)$。例如,在b处截面的锚具变形损失为$\overline{BB'}$,在交点c处该项损失为零。

从张拉端a点至c点的范围为回缩影响区,总回缩量$\sum\Delta l$应等于其影响区内各微分段$\mathrm{d}x$回缩应变的累计,即

$$\sum\Delta l=\int_a^c\varepsilon\mathrm{d}x=\frac{1}{E_{\mathrm{p}}}\int_a^c\sigma_{l2}(x)\mathrm{d}x \tag{13-44}$$

所以

$$\int_a^c\sigma_{l2}(x)\mathrm{d}x=E_{\mathrm{p}}\sum\Delta l \tag{13-45}$$

式中,$\int_a^c\sigma_{l2}(x)\mathrm{d}x$为图形$ABCB'A'$的面积,即图形$ABca$面积的2倍。根据已知的$E_{\mathrm{p}}\sum\Delta l$值,用试算法确定一个等于$E_{\mathrm{p}}\sum\Delta l/2$的面积$ABca$,即求得回缩影响长度$ac$。在回缩影响长度$ac$内,任一截面处的锚具变形损失为以$ac$为基线向上垂直距离的2倍。例如,$b$截面处的锚具变形损失$\sigma_{l2}=\overline{BB'}=2\overline{Bb}$。

应该指出,上述计算方法概念清楚,但使用时不太方便,故《公路桥规》在附录中推荐了一种考虑反摩擦后预应力钢筋应力损失的简化计算方法,现简述如下。

《公路桥规》中考虑反摩擦后预应力损失的简化计算方法是,假定张拉端至锚固端范围内由管道摩擦引起的预应力损失沿梁长方向均匀分配,则扣除管道摩擦损失后钢筋应力沿梁长方向的分布曲线简化为直线(图13-10中caa')。直线caa'的斜率为

$$\Delta\sigma_{\mathrm{d}}=\frac{\sigma_0-\sigma_l}{l} \tag{13-46}$$

式中:$\Delta\sigma_{\mathrm{d}}$——单位长度由管道摩擦引起的预应力损失(MPa/mm);

σ_0——张拉端锚下控制应力(MPa);

σ_l——预应力钢筋扣除沿途管道摩擦损失后锚固端的预应力(MPa);

l——张拉端至锚固端之间的距离(mm)。

图13-10中caa'表示预应力钢筋扣除管道正摩擦损失后锚固前瞬间的应力分布线,其斜率为$\Delta\sigma_{\mathrm{d}}$。锚固时张拉端预应力钢筋将发生回缩,由此引起预应力钢筋张拉端预应力损失为$\Delta\sigma$。考虑反摩擦的作用,此项预应力损失将随着离开张拉端距离x的增加而逐渐减小,并假定按直线规律变化。由于钢筋回缩发生的反向摩擦力和张拉时发生的摩擦力的摩擦系数相等,因此,代表锚固前和锚固后瞬间的预应力钢筋应力变化的两根直线caa'和ea的斜率相等,但方向相反。两根直线的交点a至张拉端的水平距离即为反摩擦影响长度l_{f}。当$l_{\mathrm{f}}<l$时,锚固后整根预应力钢筋的预应力变化线可用折线eaa'表示。确定这根折线,需要求出两个未知量,一个是张拉端预应力损失$\Delta\sigma$,另一个是预应力钢筋回缩影响长度l_{f}。

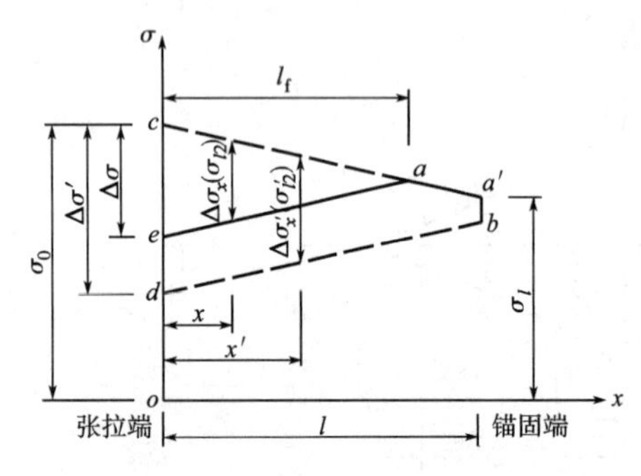

图13-10 考虑反摩擦后预应力钢筋应力损失计算简图

由于直线caa'和直线ea斜率相同,则$\triangle cae$为等腰三角形,可将底边$\Delta\sigma$通过高l_{f}和直线

ca 的斜率 $\Delta\sigma_{\mathrm{d}}$ 来表示,钢筋回缩引起的张拉端预应力损失为

$$\Delta\sigma = 2\Delta\sigma_{\mathrm{d}} l_{\mathrm{f}} \tag{13-47}$$

钢筋总回缩量等于回缩影响长度 l_{f} 范围内各微分段应变的累计,并应与锚具变形值 $\sum\Delta l$ 相协调,即

$$\sum\Delta l = \int_0 \Delta\varepsilon \mathrm{d}x = \int_0^{l_{\mathrm{f}}} \frac{\Delta\sigma_x}{E_{\mathrm{p}}}\mathrm{d}x = \int_0^{l_{\mathrm{f}}} \frac{2\Delta\sigma_{\mathrm{d}} x}{E_{\mathrm{p}}}\mathrm{d}x = \frac{\Delta\sigma_{\mathrm{d}}}{E_{\mathrm{p}}} l_{\mathrm{f}}^2 \tag{13-48}$$

式(13-48)移项可得到回缩影响长度 l_{f} 的计算公式为

$$l_{\mathrm{f}} = \sqrt{\frac{\sum\Delta l \cdot E_{\mathrm{p}}}{\Delta\sigma_{\mathrm{d}}}} \tag{13-49}$$

求得回缩影响长度后,即可按不同情况计算考虑反摩擦后预应力钢筋的应力损失。

(1)当 $l_{\mathrm{f}} \leqslant l$ 时,预应力钢筋距离张拉端 x 处考虑反摩擦后的预拉力损失 $\Delta\sigma_x(\sigma_{l2})$ 可按式(13-50)计算

$$\Delta\sigma_x(\sigma_{l2}) = \Delta\sigma \frac{l_{\mathrm{f}} - x}{l_{\mathrm{f}}} \tag{13-50}$$

式中:$\Delta\sigma_x(\sigma_{l2})$——距离张拉端 x 处由锚具变形等产生的考虑反摩擦后的预拉力损失;

$\Delta\sigma$——张拉端由锚具变形等引起的考虑反摩擦后的预应力损失,按式(13-47)计算;若 $x \geqslant l_{\mathrm{f}}$,则表示该截面不受锚具变形等的影响,即 $\sigma_{l2} = 0$。

(2)当 $l_{\mathrm{f}} > l$ 时,预应力钢筋的全长均处于反摩擦影响长度以内,扣除管道摩擦和钢筋回缩等损失后的预应力线以直线 db 表示(图 13-10),距张拉端 x' 处考虑反摩擦后的预拉力损失 $\Delta\sigma_x'(\sigma_{l2}')$ 可按式(13-51)计算

$$\Delta\sigma_x'(\sigma_{l2}') = \Delta\sigma' - 2x'\Delta\sigma_{\mathrm{d}} \tag{13-51}$$

式中:$\Delta\sigma_x'(\sigma_{l2}')$——距张拉端 x' 处由锚具变形等引起的考虑反摩擦后的预应力损失;

$\Delta\sigma'$——当 $l_{\mathrm{f}} > l$ 时,预应力钢筋考虑反摩擦后张拉端锚下的预应力损失值,其数值可按以下方法求得:令图 13-10 中的 $ca'bd$ 等腰梯形面积 $A = \sum\Delta l \cdot E_{\mathrm{p}}$,计算得到 cd,则 $\Delta\sigma' = cd$。

两端张拉(分次张拉或同时张拉)且反摩擦损失影响长度有重叠时,在重叠范围内同一截面扣除正摩擦和回缩反摩擦损失后预应力钢筋的应力,可按两端分别张拉、锚固的情况,分别计算正摩擦和回缩反摩擦损失,分别将张拉端锚下控制应力减去上述应力所得计算结果的较大值。

减小 σ_{l2} 值的方法:

(1)采用超张拉。

(2)注意选用 $\sum\Delta l$ 值小的锚具,对于短小构件尤为重要。

3)钢筋与台座间的温差引起的应力损失(σ_{l3})

此项应力损失,仅在先张法构件采用蒸汽或其他加热方法养护混凝土时才予以考虑。

假设张拉时钢筋与台座的温度均为 t_1,混凝土加热养护时的最高温度为 t_2,此时钢筋尚未与混凝土粘结,温度由 t_1 升为 t_2 后钢筋可在混凝土中自由变形,产生了一个温差变形 Δl_{t},即

$$\Delta l_{\mathrm{t}} = \alpha \cdot (t_2 - t_1) \cdot l \tag{13-52}$$

式中:α——钢筋的线膨胀系数(℃$^{-1}$),一般可取 $\alpha = 1 \times 10^{-5}$℃$^{-1}$;

l——钢筋的有效长度;

t_1——张拉钢筋时制造场地的温度(℃);

t_2——混凝土加热养护时已张拉钢筋的最高温度(℃)。

如果在对构件加热养护时,台座长度也能因升温而相应地伸长一个 Δl_t,则锚固于台座上的预应力钢筋的拉应力将保持不变,仍与升温之前的拉应力相同。但是,张拉台座一般埋置于土中,其长度并不会因对构件加热而伸长,而是保持原长不变,并约束预应力钢筋的伸长,这就相当于将预应力钢筋压缩了一个 Δl_t 长度,使其应力下降。当停止升温养护时,混凝土已与钢筋粘结在一起,钢筋和混凝土将同时随温度变化而共同伸缩,因养护升温所降低的应力已不可恢复,于是形成温差应力损失 σ_{l3},即

$$\sigma_{l3}=\frac{\Delta l_t}{l}\cdot E_p=\alpha(t_2-t_1)\cdot E_p \tag{13-53}$$

取预应力钢筋的弹性模量 $E_p=2\times10^5\text{MPa}$,则有

$$\sigma_{l3}=2(t_2-t_1)\qquad(\text{MPa}) \tag{13-54}$$

为了减小温差应力损失,一般可采用两次升温的养护方法,即第一次由常温 t_1 升温至 t_2' 进行养护。初次升温的温度一般控制在20℃以内,待混凝土达到一定强度(例如7.5~10MPa)能够阻止钢筋在混凝土中自由滑移后,再将温度升至 t_2 进行养护。此时,钢筋将和混凝土一起变形,不会因第二次升温而引起应力损失,故计算 σ_{l3} 的温差只是 $t_2'-t_1$,比 t_2-t_1 小很多(因为 $t_2>t_2'$),所以 σ_{l3} 也可小多了。

如果张拉台座与被养护构件是共同受热、共同变形时,则不应计入此项应力损失。

4)混凝土弹性压缩引起的应力损失(σ_{l4})

当预应力混凝土构件受到预压应力而产生压缩变形时,则对于已张拉并锚固于该构件上的预应力钢筋来说,将产生一个与该预应力钢筋重心水平处混凝土同样大小的压缩应变 $\varepsilon_p=\varepsilon_c$,因而也将产生预拉应力损失,这就是混凝土弹性压缩损失 σ_{l4},它与构件预加应力的方式有关。

(1)先张法构件

先张法构件的预应力钢筋张拉与对混凝土施加预压应力是先后完全分开的两个工序,当预应力钢筋被放松(称为放张)对混凝土预加压力时,混凝土所产生的全部弹性压缩应变将引起预应力钢筋的应力损失,其值为

$$\sigma_{l4}=\varepsilon_p\cdot E_p=\varepsilon_c\cdot E_p=\frac{\sigma_{pc}}{E_c}\cdot E_p=\alpha_{Ep}\cdot\sigma_{pc} \tag{13-55}$$

式中:α_{Ep}——预应力钢筋弹性模量 E_p 与混凝土弹性模量 E_c 的比值;

σ_{pc}——在先张预应力构件计算截面钢筋重心处,由预加力 N_{p0} 产生的混凝土预压应力,可按 $\sigma_{pc}=\frac{N_{p0}}{A_0}+\frac{N_{p0}e_p^2}{I_0}$ 计算;

N_{p0}——全部钢筋的预加力(扣除相应阶段的预应力损失);

A_0、I_0——构件全截面的换算截面面积和换算截面惯性矩;

e_p——预应力钢筋重心至换算截面重心轴间的距离。

(2)后张法构件

后张法构件预应力钢筋张拉时混凝土所产生的弹性压缩是在张拉过程中完成的,故对于一次张拉完成的后张法构件,混凝土弹性压缩不会引起应力损失。但是,由于后张预应力构件

预应力钢筋的根数往往较多,一般是采用分批张拉锚固并且多数情况是采用逐束进行张拉锚固的,这样,当张拉后批钢筋时所产生的混凝土弹性压缩变形将使先批已张拉并锚固的预应力钢筋产生应力损失,通常称此为分批张拉应力损失,也以 σ_{l4} 表示。《公路桥规》规定 σ_{l4} 按式(13-56)计算:

$$\sigma_{l4} = \alpha_{Ep} \sum \Delta\sigma_{pc} \tag{13-56}$$

式中:α_{Ep}——预应力钢筋弹性模量与混凝土的弹性模量的比值;

$\sum\Delta\sigma_{pc}$——在计算截面上先张拉的钢筋重心处,由后张拉各批钢筋所产生的混凝土法向应力之和。

后张法构件多为曲线配筋,钢筋在各截面的相对位置不断变化,使各截面的"$\sum\Delta\sigma_{pc}$"也不相同,要详细计算,非常麻烦。为使计算简便,对简支梁,可采用如下近似简化方法进行:

①取按应力计算需要控制的截面作为全梁的平均截面进行计算,其余截面不另计算,简支梁可以取 $l/4$ 截面。

②假定同一截面(如 $l/4$ 截面)内的所有预应力钢筋都集中布于其合力作用点(一般可近似为所有预应力钢筋的重心点)处,并假定各批预应力钢筋的张拉力都相等,其值等于各批钢筋张拉力的平均值,这样可以较方便地求得各批钢筋张拉时,在先批张拉钢筋重心(即假定的全部预应力钢筋重心)点处所产生的混凝土正应力($\Delta\sigma_{pc}$),即

$$\Delta\sigma_{pc} = \frac{N_p}{m}\left(\frac{1}{A_n} + \frac{e_{pn} \cdot y_i}{I_n}\right) \tag{13-57}$$

式中:N_p——所有预应力钢筋预加应力(扣除相应阶段的应力损失 σ_{l1} 与 σ_{l2} 后)的合力;

m——张拉预应力钢筋的总批数;

e_{pn}——预应力钢筋预加应力的合力 N_p 至净截面重心轴间的距离;

y_i——先批张拉钢筋重心(即假定的全部预应力钢筋重心)处至混凝土净截面重心轴间的距离,故 $y_i \approx e_{pn}$;

A_n、I_n——混凝土梁的净截面面积和净截面惯性矩。

由上可知,张拉各批钢筋所产生的混凝土正应力 $\Delta\sigma_{pc}$ 之和,等于由全部(m 批)钢筋的合力 N_p 在其作用点(或全部筋束的重心点)处所产生的混凝土正应力 σ_{pc},即

$$\sum\Delta\sigma_{pc} = m\Delta\sigma_{pc} = \sigma_{pc}$$

或写成

$$\Delta\sigma_{pc} = \frac{\sigma_{pc}}{m} \tag{13-58}$$

③为便于计算还可进一步假定,以同一截面上($l/4$ 截面)全部预应力筋重心处混凝土弹性压缩应力损失的总平均值,作为各批钢筋由混凝土弹性压缩引起的应力损失值。

因为在张拉第 i 批钢筋之后,还将张拉 $m-i$ 批钢筋,故第 i 批钢筋的应力损失 $\sigma_{l4(i)}$ 应为

$$\sigma_{l4(i)} = (m-i)\alpha_{Ep}\Delta\sigma_{pc} \tag{13-59}$$

据此可知,第一批张拉的钢筋,其弹性压缩损失值最大,为 $\sigma_{l4(1)} = (m-1)\alpha_{Ep}\Delta\sigma_{pc}$;而第 m 批(最后一批)张拉的钢筋无弹性压缩应力损失,其值为 $\sigma_{l4(m)} = (m-m)\alpha_{Ep}\Delta\sigma_{pc} = 0$。因此,计算截面上各批钢筋弹性压缩损失平均值可按式(13-60)求得

$$\sigma_{l4} = \frac{\sigma_{l4(1)} + \sigma_{l4(m)}}{2} = \frac{m-1}{2}\alpha_{Ep}\Delta\sigma_{pc} \tag{13-60}$$

对于各批张拉预应力钢筋根数相同的情况，将式(13-58)代入式(13-60)可得到分批张拉引起的各批预应力钢筋平均应力损失为

$$\sigma_{l4} = \frac{m-1}{2m} \cdot \alpha_{Ep}\sigma_{pc} \tag{13-61}$$

式中，σ_{pc}为计算截面全部钢筋重心处由张拉所有预应力钢筋产生的混凝土法向应力。

5）钢筋松弛引起的应力损失(σ_{l5})

与混凝土一样，钢筋在持久不变的应力作用下，也会产生随持续加荷时间延长而增加的徐变变形(又称为蠕变)。如果**钢筋在一定拉应力值下，将其长度固定不变，则钢筋中的应力将随时间延长而降低，一般称这种现象为钢筋的松弛或应力松弛**。图13-11为典型的预应力钢筋松弛曲线。钢筋松弛一般有如下特点：

(1)**钢筋初拉应力越高，其应力松弛越甚。**

(2)钢筋松弛量的大小主要与钢筋的品质有关。例如，预应力螺纹钢筋采用的是热轧及轧后热处理生产的钢筋，其松弛量与预应力钢丝不同，后者是采用冷拉及消除应力生产的钢丝。

(3)钢筋松弛与时间有关。初期发展最快，第一小时内松弛最大，24h内可完成50%，以后渐趋稳定，但在持续5～8年的试验中，仍可测到其影响。

(4)采用超张拉，即用超过张拉控制应力值5%～10%的应力张拉并保持数分钟后，再回降至设计拉应力值，可使钢筋应力松弛减少40%～60%。

(5)钢筋松弛与温度变化有关，它随温度升高而增加，这对采用蒸汽养护的预应力混凝土构件会有所影响。

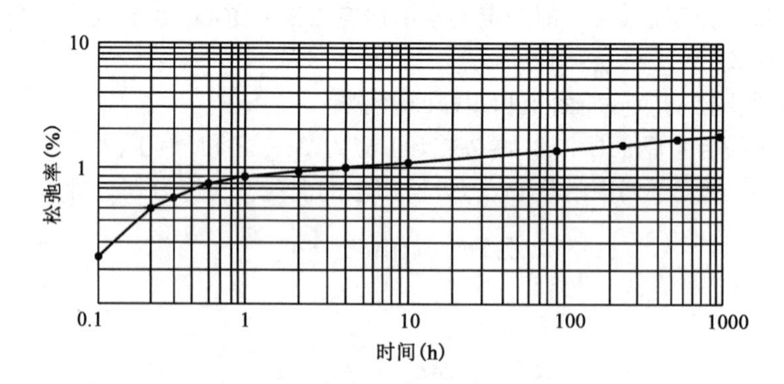

图13-11　典型的预应力钢筋松弛曲线

根据国家标准，目前我国工厂生产的预应力钢丝分为普通松弛产品和低松弛产品，而预应力钢绞线只有低松弛产品。

对于预应力钢筋应力松弛性能指标，国家标准采用规定条件下且环境温度为20℃时，初始拉力或拉应力作用持续1000小时后的应力松弛率r(%)来描述。

对预应力钢丝和钢绞线，国家标准《预应力混凝土用钢丝》(GB/T 5223—2014)和国家标准《预应力混凝土用钢绞线》(GB/T 5224—2014)规定：当初始拉力分别为公称最大力(破坏

力)的60%、70%和80%时,相应的应力松弛率 r 分别不大于1%、2.5%和4.5%,就被称为低松弛钢丝和钢绞线,否则为普通松弛。

对预应力螺纹钢筋,国家标准《预应力混凝土用螺纹钢筋》(GB/T 20065—2016)规定:初始拉应力为 $0.8R_{eL}$(R_{eL}为钢筋屈服强度)时,应力松弛率 r 应满足不大于3%。

由预应力钢筋松弛引起的预应力损失终值,按下列规定计算:

对于预应力螺纹钢筋

$$\sigma_{l5} = 0.05\sigma_{con} \quad \text{(一次张拉时)} \tag{13-62}$$

$$\sigma_{l5} = 0.035\sigma_{con} \quad \text{(超张拉时)} \tag{13-63}$$

式中的 σ_{con} 为张拉控制应力。

对于预应力钢丝、钢绞线

$$\sigma_{l5} = \psi\zeta\left(\frac{0.52\sigma_{pe}}{f_{pk}} - 0.26\right)\sigma_{pe} \tag{13-64}$$

式中:ψ——张拉系数,一次张拉时,$\psi=1.0$;超张拉时,$\psi=0.9$;

ζ——钢筋松弛系数,$\zeta=0.3$(低松弛)或1.0(普通松弛);

σ_{pe}——传力锚固时的预应力钢筋应力,对后张法构件,$\sigma_{pe}=\sigma_{con}-\sigma_{l1}-\sigma_{l2}-\sigma_{l4}$;对先张法构件,$\sigma_{pe}=\sigma_{con}-\sigma_{l2}$。

《公路桥规》还规定,对碳素钢丝、钢绞线,当 $\sigma_{pe}/f_{pk}\leqslant 0.5$ 时,应力松弛损失值为零。

钢筋松弛应力损失的计算,应根据构件不同受力阶段的持荷时间进行。对于先张法构件,在预加应力(即从钢筋张拉到与混凝土粘结)阶段,一般按松弛损失值的一半计算,其余一半认为在随后的使用阶段中完成;对于后张预应力构件,其松弛损失值则认为全部在使用阶段中完成。若按时间计算,对于预应力钢筋为钢丝或钢绞线的情况,可自建立预应力时开始,按照2d完成松弛损失终值的50%,10d完成61%,20d完成74%,30d完成87%,40d完成100%来确定。

6)混凝土收缩和徐变引起的应力损失(σ_{l6})

混凝土收缩、徐变会使预应力混凝土构件缩短,因而引起应力损失。收缩与徐变的变形性质相似,影响因素也大都相同,故将混凝土收缩与徐变引起的应力损失值综合在一起进行计算。

由混凝土收缩、徐变引起的钢筋的预应力损失值可按下面介绍的方法计算。

(1)受拉区预应力钢筋的预应力损失为

$$\sigma_{l6}(t) = \frac{0.9[E_p\varepsilon_{cs}(t,t_0) + \alpha_{Ep}\sigma_{pc}\varphi(t,t_0)]}{1+15\rho\rho_{ps}} \tag{13-65}$$

式中:$\sigma_{l6}(t)$——构件受拉区全部纵向钢筋截面重心处由混凝土收缩、徐变引起的预应力损失;

σ_{pc}——构件受拉区全部纵向钢筋截面重心处由预应力(扣除相应阶段的预应力损失)和结构自重力产生的混凝土法向应力(MPa),对于简支梁,一般可取跨中截面和$l/4$截面的平均值作为全梁各截面的计算值;σ_{pc}不得大于$0.5f'_{cu}$,f'_{cu}为预应力钢筋传力锚固时混凝土立方体抗压强度;

E_p——预应力钢筋的弹性模量;

α_{Ep}——预应力钢筋弹性模量与混凝土弹性模量的比值;

ρ——构件受拉区全部纵向钢筋配筋率,对先张法构件,$\rho=(A_p+A_s)/A_0$;对于后张法构件,$\rho=(A_p+A_s)/A_n$;其中 A_p、A_s 分别为受拉区的预应力钢筋和非预应力

筋的截面面积,A_0 和 A_n 分别为换算截面面积和净截面面积;

ρ_{ps}——$\rho_{ps}=1+\frac{e_{ps}^2}{i^2}$;

i——截面回转半径,$i^2=I/A$,先张法构件取 $I=I_0$,$A=A_0$;后张法构件取 $I=I_n$,$A=A_n$;其中 I_0 和 I_n 分别为换算截面惯性矩和净截面惯性矩;

e_{ps}——构件受拉区预应力钢筋和非预应力钢筋截面重心至构件截面重心轴的距离,$e_{ps}=(A_pe_p+A_se_s)/(A_p+A_s)$;

e_p——构件受拉区预应力钢筋截面重心至构件截面重心的距离;

e_s——构件受拉区纵向非预应力钢筋截面重心至构件截面重心的距离;

$\varepsilon_{cs}(t,t_0)$——预应力钢筋传力锚固龄期为 t_0,计算考虑的龄期为 t 时的混凝土收缩应变,其终极值 $\varepsilon_{cs}(t_u,t_0)$ 可按表12-3取用;

$\varphi(t,t_0)$——加载龄期为 t_0,计算考虑的龄期为 t 时的徐变系数,其终极值 $\varphi(t_u,t_0)$ 可按表12-3取用。

对于受压区配置预应力钢筋 A'_p 和非预应力钢筋 A'_s 的构件,其受拉区预应力钢筋的预应力损失也可取 $A'_p=A'_s=0$,近似地按式(13-65)计算。

(2)受压区配置预应力钢筋 A'_p 和非预应力钢筋 A'_s 的构件,由混凝土收缩、徐变引起构件受压区预应力钢筋的预应力损失为

$$\sigma'_{l6}(t)=\frac{0.9[E_p\varepsilon_{cs}(t,t_0)+\alpha_{Ep}\sigma'_{pc}\varphi(t,t_0)]}{1+15\rho'\rho'_{ps}} \tag{13-66}$$

式中:$\sigma'_{l6}(t)$——构件受压区全部纵向钢筋截面重心处由混凝土收缩、徐变引起的预应力损失;

σ'_{pc}——构件受压区全部纵向钢筋截面重心处由预应力(扣除相应阶段的预应力损失)和结构自重力产生的混凝土法向应力(MPa);σ'_{pc} 不得大于 $0.5f'_{cu}$;当 σ'_{pc} 为拉应力时,应取其为零;

ρ'——构件受压区全部纵向钢筋配筋率;对先张法构件,$\rho=(A'_p+A'_s)/A_0$;对于后张法构件,$\rho=(A'_p+A'_s)/A_n$;其中 A'_p、A'_s 分别为受压区的预应力钢筋和非预应力筋的截面面积;

ρ'_{ps}——$\rho'_{ps}=1+\frac{e'^2_{ps}}{i^2}$;

e'_{ps}——构件受压区预应力钢筋和非预应力钢筋截面重心至构件截面重心轴的距离,$e'_{ps}=(A'_pe'_p+A'_se'_s)/(A'_p+A'_s)$;

e'_p——构件受压区预应力钢筋截面重心至构件截面重心的距离;

e'_s——构件受压区纵向非预应力钢筋截面重心至构件截面重心的距离。

应当指出,混凝土收缩、徐变应力损失与钢筋的松弛应力损失等是相互影响的,目前采用分开单独计算的方法不够完善。国际预应力混凝土协会(FIP)和国内的学者已注意到这一问题。

13.3.3 钢筋的有效预应力计算

预应力钢筋的有效预应力 σ_{pe} 的定义为预应力钢筋锚下控制应力 σ_{con} 扣除相应阶段的应力损失 σ_l 后实际存余的预拉应力值。但应力损失在各个阶段出现的项目是不同的,故应按受力阶段进行组合,然后才能确定不同受力阶段的有效预应力。

1)预应力损失值组合

根据应力损失出现的先后次序以及完成终值所需的时间,分先张法、后张法并按两个阶段进行组合,具体如表13-2所示。

各阶段预应力损失值的组合　　表13-2

预应力损失值的组合	先张法构件	后张法构件
传力锚固时的损失(第一批)$\sigma_{l\mathrm{I}}$	$\sigma_{l2}+\sigma_{l3}+\sigma_{l4}+0.5\sigma_{l5}$	$\sigma_{l1}+\sigma_{l2}+\sigma_{l4}$
传力锚固后的损失(第二批)$\sigma_{l\mathrm{II}}$	$0.5\sigma_{l5}+\sigma_{l6}$	$\sigma_{l5}+\sigma_{l6}$

2)预应力钢筋的有效预应力σ_{pe}

在预加应力阶段,预应力筋中的有效预应力为

$$\sigma_{pe}=\sigma_{con}-\sigma_{l\mathrm{I}} \tag{13-67}$$

在使用阶段,预应力筋中的有效预应力,即永存预应力为

$$\sigma_{pe}=\sigma_{con}-(\sigma_{l\mathrm{I}}+\sigma_{l\mathrm{II}})==\sigma_{con}-\sigma_{l} \tag{13-68}$$

13.4　预应力混凝土受弯构件截面应力计算

预应力混凝土受弯构件在各个受力阶段均有其不同受力特点(第13.1节),施加预应力后,预应力钢筋和构件混凝土就已处于高应力状态,预应力损失造成预应力钢筋拉应力和截面混凝土应力在施工和使用阶段的变化较大。为了保证构件在各个受力阶段的结构安全,《公路桥规》规定设计上除了必须进行预应力混凝土构件截面承载力计算外,还应对预应力混凝土构件进行相应受力阶段的应力计算。由于构件截面应力计算是在构件截面承载力计算完成后进行,故又称强度验算,对构件截面承载力计算起补充作用。

与钢筋混凝土构件截面应力计算(见第9.3节)相比,全预应力混凝土和A类部分预应力混凝土构件截面应力计算要求的不同之处为:①按构件截面的全截面(构件混凝土不开裂)计算;②把预加力视为对构件的作用,采用弹性理论计算其效应(截面应力),且采用叠加原理与其他作用标准值产生的应力组合。③除应进行短暂状况的截面应力计算外,还应进行持久状况的截面应力计算;④对超静定结构的预应力混凝土构件截面应力计算应包括结构的主效应和次效应在内。

13.4.1　短暂状况的应力计算

对第3.1.1节所述的预应力混凝土构件施工阶段,应进行短暂状况下截面应力计算,《公路桥规》对构件短暂状况的应力计算的作用代表值、动力系数等的规定详见第9.3节。

1)预加应力阶段的正应力计算

预应力钢筋传力锚固时是构件在预加应力阶段的最不利受力工况,这时构件所承受的预加力最大(预应力钢筋仅发生第一批预应力损失$\sigma_{l\mathrm{I}}$)而承受的竖向荷载最小(仅构件自重及

施工临时荷载),易发生构件截面的预拉区混凝土开裂和预压区混凝土压坏,因此构件预加应力阶段的应力验算主要是传力锚固时截面预拉区和预压区混凝土正应力验算。

这时构件主要承受偏心的预加力 N_p 和构件自重力 G_1 作用,还有施工临时荷载的作用。偏心的预加力 N_p 作用、构件自重力 G_1 作用及施工临时荷载作用产生的截面正应力分别可按材料力学的偏心受压构件和受弯构件截面应力公式计算。

下面介绍截面上配置受拉预应力钢筋和非预应力钢筋、构件承受偏心的预加力 N_p 和构件自重力 G_1 作用时(图 13-12)截面正应力计算。

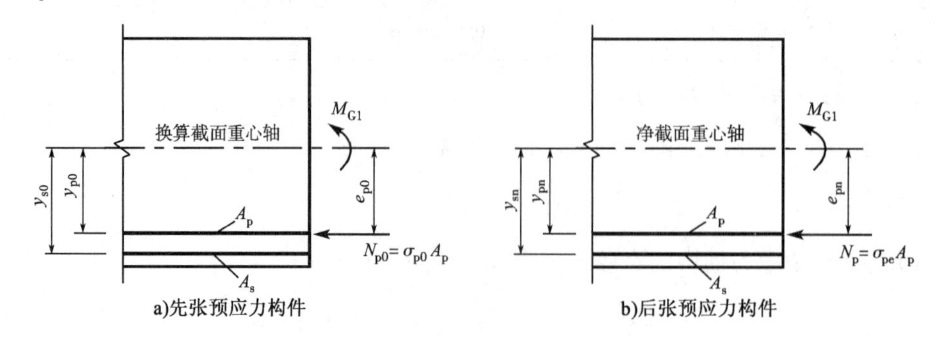

图 13-12　预加应力阶段正应力计算的力学图式

(1)由预加力 N_p 作用产生的截面混凝土正应力

对于先张法构件

$$\left.\begin{aligned}\sigma_{pc} &= \frac{N_{p0}}{A_0} + \frac{N_{p0}e_{p0}}{I_0}y_0 \\ \sigma_{pt} &= \frac{N_{p0}}{A_0} - \frac{N_{p0}e_{p0}}{I_0}y_0\end{aligned}\right\} \tag{13-69}$$

式中:N_{p0}——先张法构件的预应力钢筋的合力[图 13-12a)],按式(13-70)计算

$$N_{p0} = \sigma_{p0}A_p \tag{13-70}$$

σ_{p0}——受拉区预应力钢筋合力点处混凝土法向应力等于零时的预应力钢筋应力,$\sigma_{p0} = \sigma_{con} - \sigma_{lI} + \sigma_{l4}$,其中 σ_{l4} 为受拉区预应力钢筋由混凝土弹性压缩引起的预应力损失,σ_{lI} 为受拉区预应力钢筋传力锚固时的预应力损失;

A_p——受拉区预应力钢筋的截面面积;

e_{p0}——预应力钢筋的合力对构件全截面换算截面重心的偏心距;

y_0——截面计算纤维处至构件全截面换算截面重心轴的距离;

A_0、I_0——分别为全截面换算截面面积和惯性矩。

对于后张法构件

$$\left.\begin{aligned}\sigma_{pc} &= \frac{N_p}{A_n} + \frac{N_pe_{pn}}{I_n}y_n \\ \sigma_{pt} &= \frac{N_p}{A_n} - \frac{N_pe_{pn}}{I_n}y_n\end{aligned}\right\} \tag{13-71}$$

式中：N_p——后张法构件的预应力钢筋的合力[图13-12b)]，按式(13-72)计算

$$N_p = \sigma_{pe} A_p \tag{13-72}$$

σ_{pe}——受拉区预应力钢筋的有效预应力，$\sigma_{pe} = \sigma_{con} - \sigma_{lI}$，其中 σ_{lI} 为受拉区预应力钢筋传力锚固时的预应力损失(包括 σ_{l4} 在内)；

e_{pn}——预应力钢筋的合力对构件净截面重心的偏心距；

y_n——截面计算纤维处至构件净截面重心轴的距离；

A_n、I_n——分别为净截面面积和惯性矩。

(2)由结构构件自重 G_1 产生的混凝土正应力(σ_{G1})

先张法构件

$$\sigma_{G1} = \pm M_{G1} \cdot y_0 / I_0 \tag{13-73}$$

后张法构件

$$\sigma_{G1} = \pm M_{G1} \cdot y_n / I_n \tag{13-74}$$

式中，M_{G1} 为受弯构件的自重作用产生的弯矩标准值。

(3)预加应力阶段的总应力

将式(13-69)、式(13-71)与式(13-73)、式(13-74)分别相加，则可得预加应力阶段截面上、下缘混凝土的正应力(σ_{cu}、σ_{cb})为

先张法构件

$$\left.\begin{aligned} \sigma_{cu} &= \frac{N_{p0}}{A_0} - \frac{N_{p0} e_{p0}}{W_{0u}} + \frac{M_{G1}}{W_{0u}} \\ \sigma_{cb} &= \frac{N_{p0}}{A_0} + \frac{N_{p0} e_{p0}}{W_{0b}} - \frac{M_{G1}}{W_{0b}} \end{aligned}\right\} \tag{13-75}$$

后张法构件

$$\left.\begin{aligned} \sigma_{cu} &= \frac{N_p}{A_n} - \frac{N_p e_{pn}}{W_{nu}} + \frac{M_{G1}}{W_{nu}} \\ \sigma_{cb} &= \frac{N_p}{A_n} + \frac{N_p e_{pn}}{W_{nb}} - \frac{M_{G1}}{W_{nb}} \end{aligned}\right\} \tag{13-76}$$

上述式中：W_{0u}、W_{0b}——构件全截面换算截面对上、下缘的截面抵抗矩；

W_{nu}、W_{nb}——构件净截面对上、下缘的截面抵抗矩。

2)运输、吊装阶段的正应力计算

此阶段构件应力计算方法与预加应力阶段相同。应该注意的是，预加力 N_p 已变小；计算构件自重作用时产生的弯矩应考虑计算图式的变化，并考虑动力系数(参见13.1.1节)。

3)施工阶段混凝土的限制应力

《公路桥规》要求，按式(13-75)、式(13-76)算得的混凝土正应力或由运输、吊装阶段算得的混凝土正应力应符合下列规定。

(1)混凝土压应力 σ_{cc}^t

施工阶段混凝土预压应力最大。混凝土的预压应力越高，沿梁轴方向的变形越大，相应引

起的构件横向拉应变也越大;压应力过高将使构件出现过大的上拱值,而且可能产生沿钢筋方向的裂缝;此外,压应力过高,也可能引起徐变破坏(见12.3.1节)。为此《公路桥规》规定,在预应力和构件自重等施工荷载作用下预应力混凝土受弯构件截面边缘混凝土的法向压应力应满足

$$\sigma_{cc}^{t} \leqslant 0.70f'_{ck} \tag{13-77}$$

式中,f'_{ck}为制作、运输、安装各施工阶段的混凝土轴心抗压强度标准值,可按强度标准值表直线内插得到。

(2)混凝土拉应力 σ_{ct}^{t}

《公路桥规》根据预拉区边缘混凝土的拉应力大小,通过规定的预拉区配筋率来防止出现裂缝,具体规定为:

当 $\sigma_{ct}^{t} \leqslant 0.70f'_{tk}$时,预拉区应配置配筋率不小于0.2%的纵向非预应力钢筋。

当 $\sigma_{ct}^{t} = 1.15f'_{tk}$时,预拉区应配置配筋率不小于0.4%的纵向非预应力钢筋。

当 $0.70f'_{tk} < \sigma_{ct}^{t} < 1.15f'_{tk}$时,预拉区应配置的纵向非预应力钢筋配筋率按以上两者直线内插取用。

拉应力 σ_{ct}^{t}不应超过 $1.15f'_{tk}$。

对于预拉区没有配置预应力钢筋的构件,预拉区的非预应力钢筋的配筋率为 A'_s/A,其中 A 为构件全截面面积。f'_{tk}是制作、运输、安装各施工阶段混凝土轴心抗拉强度标准值,可按强度标准值表直线内插得到。预拉区的纵向非预应力钢筋宜采用带肋钢筋,其直径不宜大于14mm,沿预拉区的外边缘均匀布置。

对于预拉区也配置预应力钢筋的构件,应力计算也可采用以上公式进行,但公式中的预应力钢筋合力 N_{p0} 或 N_p 还应计入受压区预应力钢筋的作用力;预拉区的配筋率计算式则为 $(A'_s + A'_p)/A$。

13.4.2 持久状况的应力计算

与预应力混凝土短暂状况的应力计算相比,持久状况的应力计算主要是针对构件使用阶段的受力进行计算,这时构件所承受的预加力 N_p 最小(预应力钢筋的应力损失已经全部完成),而在构件承受的竖向荷载,除了结构重力(包括结构附加重力)作用外,还有其他永久作用和可变作用,《公路桥规》规定应按持久状况进行构件使用阶段的截面混凝土正应力验算、受拉预应力钢筋的拉应力验算、混凝土主应力验算。本节按使用阶段的截面正应力计算和混凝土主应力计算来介绍持久状况应力计算方法,而截面正应力计算介绍中包括截面混凝土正应力计算、预应力钢筋的拉应力计算。

持久状况的应力计算时,汽车荷载应计入冲击系数,各作用采用标准值且组合时各分项系数取1.0。

1)使用阶段的截面正应力计算

使用阶段构件(简支梁)截面正应力状况示意见图13-2。构件主要承受偏心的预加力 N_p 和设计上其他永久作用和可变作用,而构件(全预应力混凝土和A类部分预应力混凝土)截面不开裂,应力按弹性理论计算。

在配有非预应力钢筋的预应力构件中,混凝土的收缩和徐变会使非预应力钢筋产生与截面预压力相反的力,从而减小了受拉区混凝土的法向预压应力,为简化计算,《公路桥规》规定

非预应力钢筋的应力值均取混凝土收缩和徐变引起的预应力损失值来计算。

下面以截面上配置受拉预应力钢筋和非预应力钢筋(图 13-13)的预应力混凝土受弯构件,介绍截面正应力计算。

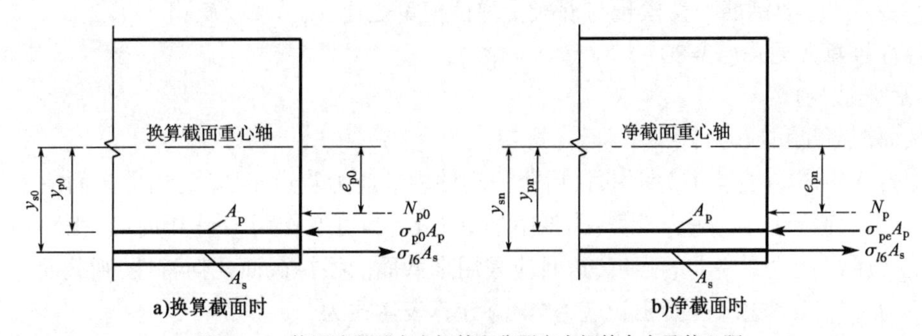

图 13-13 使用阶段预应力钢筋和非预应力钢筋合力及偏心距

(1)先张法构件

①截面混凝土正应力计算

构件截面采用全截面的换算截面几何特性,则截面上边缘混凝土正应力(σ_{cu})、下边缘混凝土正应力(σ_{cb})计算表达式为:

$$\left.\begin{aligned}\sigma_{cu}&=\left(\frac{N_{p0}}{A_0}-\frac{N_{p0}e_{p0}}{W_{0u}}\right)+\frac{M_{G1}+M_{G2}+M_Q}{W_{0u}}\\\sigma_{cb}&=\left(\frac{N_{p0}}{A_0}+\frac{N_{p0}e_{p0}}{W_{0b}}\right)-\frac{M_{G1}+M_{G2}+M_Q}{W_{0b}}\end{aligned}\right\}\tag{13-78}$$

式中:N_{p0}——使用阶段截面预应力钢筋和非预应力钢筋的合力[图 13-13a)],按式(13-79)计算

$$N_{p0}=\sigma_{p0}A_p-\sigma_{l6}A_s\tag{13-79}$$

σ_{p0}——受拉区预应力钢筋合力点处混凝土法向应力等于零时的预应力钢筋应力,$\sigma_{p0}=\sigma_{con}-\sigma_l+\sigma_{l4}$,其中 σ_{l4} 为截面受拉区由混凝土弹性压缩引起的预应力损失值,σ_l 为受拉区预应力钢筋全部预应力损失值;

σ_{l6}——受拉区预应力钢筋在合力点处由混凝土收缩和徐变引起的预应力损失值;

A_p、A_s——分别为受拉区的预应力钢筋和非预应力钢筋截面面积;

e_{p0}——受拉区预应力钢筋与非预应力钢筋合力作用点至截面换算截面重心轴的距离,可按式(13-80)计算

$$e_{p0}=\frac{\sigma_{p0}A_py_{p0}-\sigma_{l6}A_sy_{s0}}{\sigma_{p0}A_p-\sigma_{l6}A_s}\tag{13-80}$$

y_{p0}、y_{s0}——分别为受拉区预应力钢筋合力点、非预应力钢筋重心至换算截面重心轴的距离;

W_{0u}、W_{0b}——分别为换算截面对截面上边缘和下边缘的弹性抵抗矩;

M_{G1}、M_{G2}——分别为构件自重力和结构附加重力(桥面铺装、护栏、人行道等重力)标准值在构件截面上产生的弯矩;

M_Q——可变荷载标准值组合在构件截面上产生的弯矩。

②预应力钢筋的最大拉应力计算

构件受拉区预应力钢筋的最大拉应力 σ_{pmax},是扣除全部预应力损失后预应力钢筋的有效预应力 σ_{pe} 与由作用标准值组合引起的钢筋应力 σ_p 之和,对先张法受弯构件,计算表达式为

$$\sigma_{pmax}=\sigma_{pe}+\alpha_{Ep}\cdot\frac{M_{G1}+M_{G2}+M_{Q}}{I_0}\cdot y_{p0} \tag{13-81}$$

式中：σ_{pe}——使用阶段受拉区预应力钢筋的有效预应力值，$\sigma_{pe}=\sigma_{con}-\sigma_l$；

α_{Ep}——预应力钢筋弹性模量与混凝土弹性模量之比，$\alpha_{Ep}=E_p/E_c$；

其余符号意义见式(13-80)。

(2)后张法构件

①截面混凝土正应力计算

预加力 N_p 和构件自重 G_1 作用时，后张法构件内预应力管道未压浆，构件截面应采用全截面的净截面几何特性进行应力计算；构件附加重力 G_2 和可变作用 Q 作用时，后张法构件内预应力管道已压浆且达到要求的强度，这时应采用全截面的换算截面几何特性，则截面上边缘混凝土正应力(σ_{cu})、下边缘混凝土正应力(σ_{cb})计算表达式为

$$\left.\begin{aligned}\sigma_{cu}&=(\frac{N_p}{A_n}-\frac{N_pe_{pn}}{W_{nu}})+\frac{M_{G1}}{W_{nu}}+\frac{M_{G2}+M_Q}{W_{0u}}\\\sigma_{cb}&=(\frac{N_p}{A_n}+\frac{N_pe_{pn}}{W_{nb}})-\frac{M_{G1}}{W_{nb}}-\frac{M_{G2}+M_Q}{W_{0b}}\end{aligned}\right\} \tag{13-82}$$

式中：N_p——使用阶段截面预应力钢筋和非预应力钢筋的合力[图13-13a)]，按式(13-83)计算

$$N_p=\sigma_{pe}A_p-\sigma_{l6}A_s \tag{13-83}$$

σ_{pe}——使用阶段预应力钢筋的有效预应力，$\sigma_{pe}=\sigma_{con}-\sigma_l$；

σ_{l6}——受拉区预应力钢筋在合力点处由混凝土收缩和徐变引起的预应力损失值；

e_{pn}——受拉区预应力钢筋与非预应力钢筋合力作用点至截面的净截面重心轴的距离，可按式(13-84)计算

$$e_{pn}=\frac{\sigma_{pe}A_py_{pn}-\sigma_{l6}A_sy_{sn}}{\sigma_{pe}A_p-\sigma_{l6}A_s} \tag{13-84}$$

y_{pn}、y_{sn}——分别为受拉区预应力钢筋合力点、非预应力钢筋重心至净截面重心轴的距离；

其余符号意义详见式(13-76)、式(13-78)。

②预应力钢筋的最大拉应力计算

后张法构件受拉区预应力钢筋的最大拉应力 σ_{pmax} 仍为扣除全部预应力损失后预应力钢筋的有效预应力 σ_{pe} 与由作用标准值组合引起的钢筋应力 σ_p 之和，计算表达式为

$$\sigma_{pmax}=\sigma_{pe}+\alpha_{Ep}\cdot\frac{M_{G2}+M_{Q}}{I_0}\cdot y_{p0} \tag{13-85}$$

式中符号 σ_{pe}、α_{Ep} 意义见式(13-83)，其余符号意义详见式(13-81)。

当截面受压区也配置预应力钢筋 A_p' 时，则以上计算式还需考虑 A_p' 的作用。由于混凝土的收缩和徐变，使受压区非预应力钢筋产生与预压力相反的内力，从而减小了截面混凝土的法向预压应力，受压区非预应力钢筋的应力值取混凝土收缩和徐变作用引起的 A_p' 预应力损失 σ_{l6}' 来计算。

2)混凝土主应力计算

预应力混凝土受弯构件在斜截面开裂前，基本上处于构件整体、弹性工作状态，所以主应力可按材料力学方法计算。预应力混凝土受弯构件由作用(或荷载)标准值和预加力作用产生的混凝土主压应力 σ_{cp} 和主拉应力 σ_{tp} 可按式(13-86)计算，即

$$\begin{matrix}\sigma_{tp}\\ \sigma_{cp}\end{matrix}=\frac{\sigma_{cx}+\sigma_{cy}}{2}\mp\sqrt{\left(\frac{\sigma_{cx}-\sigma_{cy}}{2}\right)^2+\tau^2} \tag{13-86}$$

对式(13-86)中的符号意义及计算介绍如下。

(1)σ_{cx}是在计算的主应力点上,由预加力和作用标准值产生的混凝土法向正应力。先张预应力混凝土受弯构件可按式(13-87)计算,后张预应力混凝土受弯构件可按式(13-88)计算,即

$$\sigma_{cx}=\frac{N_{p0}}{A_0}-\frac{N_{p0}e_{p0}}{I_0}y_0+\frac{M_{G1}+M_{G2}+M_Q}{I_0}y_0 \tag{13-87}$$

$$\sigma_{cx}=\frac{N_p}{A_n}-\frac{N_p e_{pn}}{I_n}y_n+\frac{M_{G1}}{I_n}y_n+\frac{M_{G2}+M_Q}{I_0}y_0 \tag{13-88}$$

上述式中:y_0、y_n——分别为计算主应力点至换算截面、净截面重心轴的距离,利用式(13-87)、式(13-88)计算时,当主应力点位于重心轴之上时,取为正,反之取为负;

I_0、I_n——换算截面惯性矩、净截面惯性矩;

其余符号意义详见式(13-78)和式(13-82)。

(2)σ_{cy}是在计算的主应力点上的混凝土竖向应力。

对于σ_{cy}的计算,应根据构件受力、截面布置等,考虑在计算的主应力点上产生混凝土竖向应力的作用。例如,配置竖向预应力钢筋的预应力混凝土箱梁,竖向预应力将对箱梁腹板计算的主应力点上的产生混凝土竖向压应力,就应在σ_{cy}的计算中考虑它的贡献;同样,在混凝土箱梁的某些情况中,箱梁的横向温度梯度、横向预应力钢筋的预加力、汽车荷载也会对箱梁腹板计算的主应力点上产生混凝土竖向应力,也应在σ_{cy}的计算中考虑它的影响。

σ_{cy}的计算应采用竖向预应力等与汽车荷载产生的混凝土竖向应力标准值。

对于工程上常见的配置竖向预应力钢筋的预应力混凝土箱梁,仅由竖向预应力钢筋的预加力产生的混凝土竖向压应力可按式(13-89)计算,即

$$\sigma_{cy,pv}=0.6\frac{n\sigma'_{pe}A_{pv}}{bs_p} \tag{13-89}$$

式中:n——同一截面上竖向预应力钢筋的肢数;

σ'_{pe}——竖向预应力钢筋扣除全部预应力损失后的有效预应力;

A_{pv}——单肢竖向预应力钢筋的截面面积;

s_p——竖向预应力钢筋的间距。

(3)τ是在计算主应力点,按作用(或荷载)标准值计算的剪力产生的混凝土剪应力,当计算截面作用有扭矩时,尚应考虑由扭矩引起的剪应力。对于等高度梁截面上任意一点在作用(或荷载)标准值计算的剪应力τ为

先张法构件

$$\tau=\frac{V_{G1}S_0}{bI_0}+\frac{(V_{G2}+V_Q)S_0}{bI_0} \tag{13-90}$$

后张法构件

$$\tau=\frac{V_{G1}S_n}{bI_n}+\frac{(V_{G2}+V_Q)S_0}{bI_0}-\frac{\sum\sigma''_{pe}A_{pb}\sin\theta_p S_n}{bI_n} \tag{13-91}$$

上述式中:V_{G1}、V_{G2}——分别为结构构件自重和结构附加重力作用标准值引起的剪力;

V_Q——可变作用(或荷载)标准值引起的剪力,对于简支梁,V_Q计算式为

$$V_Q = V_{Q1} + V_{Q2} \tag{13-92}$$

V_{Q1}、V_{Q2}——分别为汽车荷载标准值(计入冲击系数)和人群荷载标准值引起的剪力;

S_0、S_n——计算主应力点以上(或以下)部分换算截面面积对截面重心轴、净截面面积对截面重心轴的面积矩;

θ_p——计算截面上预应力弯起钢筋的切线与构件纵轴线的夹角(图13-14);

b——计算主应力点处截面肋(腹)板的宽度;

σ''_{pe}——纵向预应力弯起钢筋扣除全部预应力损失后的有效预应力;

A_{pb}——计算截面上同一弯起平面内预应力弯起钢筋的截面面积。

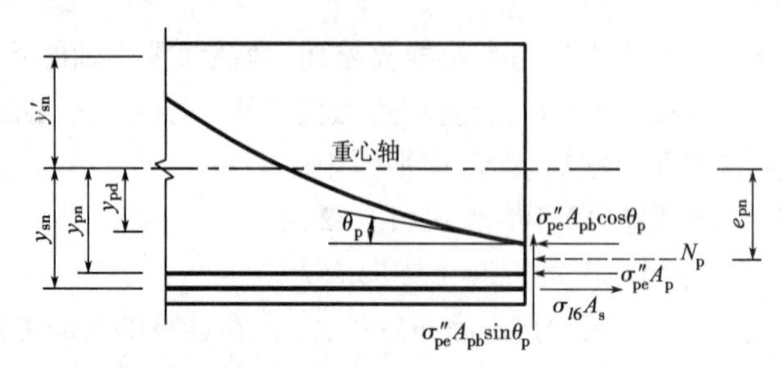

图13-14　剪力计算图

以上公式中均取压应力为正,拉应力为负。

对连续梁等超静定结构,应计入预加力、温度作用等引起的次效应。对变高度预应力混凝土连续梁,计算由作用(或荷载)引起的剪应力时,应计算截面上弯矩和轴向力产生的附加剪应力。

3)持久状况的钢筋和混凝土的应力限值

对于按全预应力混凝土和A类部分预应力混凝土设计的受弯构件,《公路桥规》中对持久状况应力计算的限值规定如下:

(1)使用阶段预应力混凝土受弯构件正截面混凝土的最大压应力限值

在使用阶段预应力混凝土受弯构件正截面混凝土的最大压应力应满足

$$\sigma_{kc} + \sigma_{pt} \leqslant 0.5f_{ck} \tag{13-93}$$

式中:σ_{kc}——作用(或荷载)标准值产生的混凝土法向压应力;

σ_{pt}——预加力产生的混凝土法向拉应力;

f_{ck}——混凝土轴心抗压强度标准值。

(2)使用阶段受拉区预应力钢筋的最大拉应力限值

在使用荷载作用下,预应力混凝土受弯构件中的钢筋与混凝土经常承受着反复应力,而材料在较高的反复应力作用下,将使其强度下降,甚至造成疲劳破坏。为了避免这种不利影响,铁路桥梁对使用荷载下的材料容许应力规定较低,但对于公路桥梁来说,钢筋最小应力与最大应力之比ρ值均为0.85以上,一般不计疲劳影响,故《公路桥规》将上述应力限值相应地规定得比铁路桥梁高些,具体规定为

对钢绞线、钢丝

$$\sigma_{pe} + \sigma_p \leqslant 0.65f_{pk} \tag{13-94}$$

对预应力螺纹钢筋

$$\sigma_{pe} + \sigma_p \leqslant 0.75f_{pk} \tag{13-95}$$

上述式中:σ_{pe}——受拉区预应力钢筋扣除全部预应力损失后的有效预应力;

σ_p——作用(或荷载)产生的预应力钢筋应力增量;

f_{pk}——预应力钢筋抗拉强度标准值。

预应力混凝土受弯构件受拉区的非预应力钢筋,其使用阶段的应力很小,可不必验算。

(3)使用阶段预应力混凝土受弯构件混凝土主应力限值

混凝土的主压应力应满足

$$\sigma_{cp} \leqslant 0.6f_{ck} \tag{13-96}$$

式中:f_{ck}——混凝土轴心抗压强度标准值。

对计算所得的混凝土主拉应力 σ_{tp},作为对构件斜截面抗剪计算的补充,按下列规定设置箍筋:

在 $\sigma_{tp} \leqslant 0.5f_{tk}$ 区段,箍筋可仅按构造要求配置。

在 $\sigma_{tp} > 0.5f_{tk}$ 区段,箍筋的间距 s_v 可按式(13-97)计算

$$s_v = \frac{f_{sk}A_{sv}}{\sigma_{tp}b} \tag{13-97}$$

式中:f_{sk}——箍筋的抗拉强度标准值;

f_{tk}——混凝土轴心抗拉强度标准值;

A_{sv}——同一截面内箍筋的总截面面积;

b——矩形截面宽度、T形或I形截面的腹板宽度。

当按式(13-97)计算的箍筋用量少于按斜截面抗剪承载力计算的箍筋用量时,构件箍筋按抗剪承载力计算要求配置。

13.5 预应力混凝土受弯构件抗裂验算

预应力混凝土构件的抗裂性验算都是以构件混凝土拉应力是否超过规定的限值来表示的,属于结构正常使用极限状态计算的范畴。《公路桥规》规定,对于全预应力混凝土和A类部分预应力混凝土构件,必须进行正截面抗裂性验算和斜截面抗裂性验算;对于B类部分预应力混凝土构件,必须进行斜截面抗裂性验算。

13.5.1 正截面抗裂性验算

预应力混凝土受弯构件正截面抗裂性验算按作用频遇组合和准永久组合两种情况进行。

1)作用频遇组合下构件边缘混凝土的正应力计算

作用频遇组合是永久作用标准值与汽车荷载的频遇值、其他可变作用准永久值的组合。

(1)预加力作用下受弯构件抗裂验算边缘混凝土的预压应力 σ_{pc},对于先张法和后张法构件,其计算式分别为

先张法构件

$$\sigma_{pc} = \frac{N_{p0}}{A_0} + \frac{N_{p0}e_{p0}}{W_0} \tag{13-98}$$

后张法构件

$$\sigma_{pc} = \frac{N_p}{A_n} + \frac{N_pe_{pn}}{W_n} \tag{13-99}$$

式(13-98)和式(13-99)中各符号的意义分别见式(13-78)和式(13-82)。

对于连续梁等超静定预应力结构,还需考虑预加应力扣除相应阶段预应力损失后在结构中产生的次弯矩 M_{p2},当 M_{p2} 与 $\sigma_{pe}A_py_{pn}$ 的弯矩方向相同时取正号,相反时取负号。$\sigma_{pe}A_py_{pn}$ 中的 y_{pn} 为受拉区预应力钢筋合力点至净截面重心的距离。

(2)由作用频遇组合产生的构件抗裂验算边缘混凝土的法向拉应力 σ_{st},对于先张法预应力和后张法预应力构件,其计算式分别为

先张法构件

$$\sigma_{st}=\frac{M_s}{W}=\frac{M_{G1}+M_{G2}+M_{Qs}}{W_0} \tag{13-100}$$

后张法构件

$$\sigma_{st}=\frac{M_s}{W}=\frac{M_{G1}}{W_n}+\frac{M_{G2}+M_{Qs}}{W_0} \tag{13-101}$$

上述式中:σ_{st}——按作用频遇组合计算的构件抗裂验算边缘混凝土法向拉应力;

M_s——按作用频遇组合计算的弯矩值;

M_{Qs}——按作用频遇组合计算的可变荷载弯矩值,即汽车荷载的频遇值及其他可变作用准永久值产生的弯矩值,对于简支梁

$$M_{Qs}=\psi_{f1}M_{Q1}+\psi_{q2}M_{Q2}=0.7M_{Q1}+0.4M_{Q2} \tag{13-102}$$

ψ_{f1}、ψ_{q2}——分别为汽车荷载频遇值系数和人群荷载的准永久值系数;

M_{Q1}、M_{Q2}——分别为汽车荷载标准值(不计冲击系数)和人群荷载标准值产生的弯矩值;

W_0、W_n——分别为构件换算截面和净截面对抗裂验算边缘的弹性抵抗矩。

对于预应力混凝土连续梁和连续刚构,除了考虑如结构重力、汽车直接施加于梁上的荷载外,还应考虑如日照温差、混凝土收缩和徐变等间接作用的影响。

2)作用准永久组合下边缘混凝土的正应力计算

作用准永久组合中考虑的可变作用仅为直接施加于桥上的汽车、人群等荷载,不考虑间接施加于桥上的其他作用,作用准永久组合是永久作用标准值和可变作用准永久值的组合。作用准永久组合下预应力混凝土构件边缘混凝土的正应力 σ_{lt} 计算与作用频遇组合下的计算基本一致。

(1)预加力作用下受弯构件抗裂验算边缘混凝土的预压应力 σ_{pc},对于先张法和后张法构件,分别按式(13-98)和式(13-99)计算。

(2)由作用准永久组合产生的构件抗裂验算边缘混凝土的法向拉应力 σ_{lt},对于先张法和后张法构件,其计算式分别为

先张法构件

$$\sigma_{lt}=\frac{M_l}{W}=\frac{M_{G1}+M_{G2}+M_{Ql}}{W_0} \tag{13-103}$$

后张法构件

$$\sigma_{lt}=\frac{M_l}{W}=\frac{M_{G1}}{W_n}+\frac{M_{G2}+M_{Ql}}{W_0} \tag{13-104}$$

上述式中:σ_{lt}——按作用准永久组合计算构件抗裂验算边缘混凝土的法向拉应力;

M_l——按作用准永久组合计算的弯矩值;

M_{Ql}——按作用准永久组合计算的可变作用弯矩值,仅考虑汽车、人群等直接作用于构件的荷载产生的弯矩值,可按式(13-105)计算:

$$M_{Ql}=\psi_{q1}M_{Q1}+\psi_{q2}M_{Q2}=0.4M_{Q1}+0.4M_{Q2} \tag{13-105}$$

M_{Q1}、M_{Q2}——分别为汽车荷载(不计冲击系数)标准值和人群荷载标准值产生的弯矩值；

ψ_{q1}、ψ_{q2}——分别为汽车荷载准永久值系数和人群荷载的准永久值系数；

其余符号意义同前。

3)混凝土正应力的限值

正截面抗裂应对构件正截面混凝土的拉应力进行验算，并应符合下列要求：

(1)全预应力混凝土构件在作用频遇组合下

对预制构件

$$\sigma_{st}-0.85\sigma_{pc}\leqslant 0 \tag{13-106}$$

对于分段浇筑或砂浆接缝的纵向分块构件，应满足 $\sigma_{st}-0.80\sigma_{pc}\leqslant 0$。

(2)A 类部分预应力混凝土构件在作用频遇组合下

$$\sigma_{st}-\sigma_{pc}\leqslant 0.7f_{tk} \tag{13-107}$$

但在作用准永久组合下

$$\sigma_{lt}-\sigma_{pc}\leqslant 0 \tag{13-108}$$

式中，f_{tk}为混凝土轴心抗拉强度标准值。

13.5.2　斜截面抗裂性验算

预应力混凝土梁的肋(腹)板出现混凝土斜裂缝是不能自动闭合的，它不像梁的混凝土弯曲裂缝，在使用阶段的大多数情况下可能是闭合的。因此，对梁的斜截面抗裂控制更严格些，无论是全预应力混凝土还是部分预应力混凝土受弯构件，都要进行斜截面抗裂验算。

预应力混凝土梁斜截面的抗裂性验算是通过梁体混凝土主拉应力验算来实现的。主应力验算在跨径方向应选择剪力与弯矩均较大的最不利区段截面进行，且应选择计算截面重心处和宽度剧烈变化处作为计算点进行验算。斜截面抗裂性验算只需验算在作用频遇组合下的混凝土主拉应力。

1)作用频遇组合下的混凝土主拉应力的计算

预应力混凝土受弯构件由作用频遇组合和预加力产生的混凝土主拉应力 σ_{tp}计算式为

$$\sigma_{tp}=\frac{\sigma_{cx}+\sigma_{cy}}{2}-\sqrt{\left(\frac{\sigma_{cx}-\sigma_{cy}}{2}\right)^2+\tau^2} \tag{13-109}$$

式中的正应力 σ_{cx}、σ_{cy}和剪应力 τ 的计算方法见式(13-86)，具体计算的有关说明如下：

(1)σ_{cx}是在计算的主应力点上，由预加力和作用频遇组合计算的弯矩 M_s 产生的混凝土法向应力，$\sigma_{cx}=\sigma_{pc}+M_s y_0/I_0$，式中 σ_{pc} 参照式(13-98)或式(13-99)计算，但等号右端第二项 $N_{p0}e_0/W_0$ 或 $N_p e_{pn}/W_n$ 分别以 $N_{p0}e_0y_0/I_0$ 或 $N_p e_{pn}y_n/I_n$ 取代。

(2)σ_{cy}是在计算的主应力点上的混凝土竖向应力。

σ_{cy}的计算应采用竖向预应力等与汽车荷载产生的混凝土竖向应力频遇值。

由竖向预应力钢筋的预加力产生的混凝土竖向压应力计算式见式(13-89)。

(3)τ 是在计算主应力点上，由预应力弯起钢筋的预加力和按作用频遇组合计算的剪力 V_s 产生的混凝土剪应力，当计算截面作用有扭矩时，尚应计入由扭矩引起的剪应力。

剪应力 τ 计算表达式仍采用式(13-90)或式(13-91)，但式中的 V_{Qk} 以剪力 V_{Qs}取代。V_{Qs}为作用频遇组合的剪力计算值，对于简支梁，$V_{Qs}=\psi_{f1}V_{Q1}+\psi_{q2}V_{Q2}=0.7V_{Q1}+0.4V_{Q2}$，其中 V_{Q1}和

V_{Q2}分别为汽车荷载(不计冲击系数)和人群荷载产生的剪力值,ψ_{f1}和ψ_{q2}分别为作用频遇组合中的汽车荷载频遇值系数和人群荷载的准永久值系数。

2)混凝土主拉应力限值

验算混凝土主拉应力的目的是防止开始产生自受弯构件腹板中间的混凝土斜裂缝,并要求至少应具有与正截面同样的抗裂安全度。

当算出的混凝土主拉应力σ_{tp}不符合下列规定时,则应修改构件截面尺寸:

(1)全预应力混凝土构件在作用频遇组合下

预制构件

$$\sigma_{tp} \leqslant 0.6f_{tk} \tag{13-110}$$

现场现浇(包括预制拼装)构件

$$\sigma_{tp} \leqslant 0.4f_{tk} \tag{13-111}$$

(2)A类和B类预应力混凝土构件在作用频遇组合下

预制构件

$$\sigma_{tp} \leqslant 0.7f_{tk} \tag{13-112}$$

现场现浇(包括预制拼装)构件

$$\sigma_{tp} \leqslant 0.5f_{tk} \tag{13-113}$$

式中,f_{tk}为混凝土轴心抗拉强度标准值。

预应力混凝土受弯构件抗裂验算与应力验算的区别

对比应力验算和抗裂验算可以发现,全预应力混凝土及A类部分预应力混凝土构件的抗裂验算与持久状况应力验算的计算方法相同,只是所用的作用(荷载)代表值及作用组合系数不同,截面应力限值不同:应力验算是计算在作用(荷载)标准值(汽车荷载考虑冲击系数)下的构件截面应力,对构件的混凝土法向压应力、受拉区钢筋拉应力及混凝土主压应力规定限值;抗裂验算是计算在作用(荷载)频遇组合及准永久组合(汽车荷载不计冲击系数)下的构件截面应力,对构件截面混凝土法向拉应力、主拉应力规定限值。

13.6 预应力混凝土受弯构件的挠度(变形)计算

预应力混凝土构件采用高强度材料,构件长度相同时,其截面尺寸较普通钢筋混凝土构件小,而且预应力混凝土受弯构件所适用的跨径范围一般也较大,因此,设计中应注意预应力混凝土梁的挠度(变形)验算,以避免因挠度或变形过大而影响使用功能。

预应力混凝土受弯构件的挠度(变形)是由偏心预加力N_p引起的上拱值和外荷载(结构重力与汽车荷载等)所产生的(下)挠度两部分所组成,对于跨径不大的预应力混凝土简支梁,其总挠度一般是比较小的。

预应力混凝土梁挠度及变形的精确计算,应同时考虑混凝土收缩、徐变以及弹性模量等随时间而变化的影响因素,计算时常需借助于计算机,但对于预应力混凝土简支梁等,采用以下实用计算方法得到的变形计算结果已能满足要求。

13.6.1 预应力混凝土受弯构件的挠度验算

按照《公路桥规》的规定,对于公路桥梁的预应力混凝土受弯构件挠度验算,要求由汽车荷载(不计冲击力)和人群荷载频遇组合在梁式桥主梁产生的最大挠度(考虑长期效应影响后)不应超过计算跨径 l_0的 1/600;在梁式桥主梁的悬臂端产生的最大挠度不应超过悬臂长度 l_1的 1/300。对简支梁,验算表达式为

$$w_{Ql} = w_{Qs}\eta_\theta \leqslant \frac{l_0}{600} \tag{13-114}$$

式中:w_{Ql}——构件考虑荷载长期效应的挠度值;

w_{Qs}——按汽车荷载(不计冲击力)和人群荷载作用频遇组合得到的挠度设计值;

η_θ——构件挠度的长期增长系数,按表 13-3 取值。

受弯构件挠度的长期增长系数　　表 13-3

混凝土强度等级	C40 以下	C40	C45	C50	C55	C60	C65	C70	C75	C80
η_θ	1.60	1.45	1.44	1.43	1.41	1.40	1.39	1.38	1.36	1.35

按作用(荷载)频遇组合得到的挠度设计值 w_{Qs}可以参照第 9.5.2 节介绍的材料力学方法计算,这里,对于简支梁,也可参照式(9-30)得到类似的验算表达式为

$$w_{Ql} = \frac{5}{48} \cdot \frac{M_{Qs} l_0^2}{B_0} \cdot \eta_\theta \leqslant \frac{l_0}{600} \tag{13-115}$$

式中:　l_0——简支梁的计算跨径;

M_{Qs}——可变荷载作用频遇组合的弯矩设计值,$M_{Qs} = \psi_{f1} M_{Q1} + \psi_{q2} M_{Q2} = 0.7M_{Q1} + 0.4M_{Q2}$;

M_{Q1}、M_{Q2}——分别为汽车荷载标准值(不计冲击系数)和人群荷载标准值得到的构件截面弯矩标准值;

B_0——预应力混凝土受弯构件的抗弯刚度,对全预应力混凝土和 A 类部分预应力混凝土构件,$B_0 = 0.95E_c I_0$;

I_0——构件截面的全截面换算截面惯性矩。

13.6.2 预加力引起的上拱值计算

预应力混凝土受弯构件的上拱变形又称为反拱,是由预加力 N_p作用引起的,它与竖向荷载作用引起的挠度方向相反。

在计算预应力混凝土受弯构件由预加力引起的上拱值 δ 时,按照《公路桥规》的规定,抗弯刚度可采用 $B_p = E_c I_0$;而考虑长期作用效应,预加力引起的长期上拱值 $\delta_l = \delta \cdot \eta_{\theta,p}$,长期增长系数 $\eta_{\theta,p} = 2.0$。

在预加力作用下,预应力混凝土受弯构件的上拱值可根据给定的构件刚度用结构力学的方法计算,以下介绍两种计算方法。

1)基于图乘法的计算方法

是一种对后张法且配置弯起预应力钢筋的简支梁上拱值的近似计算方法。

这种近似计算方法注意到梁中预应力钢筋弯起部分的曲率半径比较大,可以近似视为斜直线,同时大部分预应力钢筋弯起位置都在梁的跨径 1/4 处截面区段附近范围,剩余的预应力钢筋在接近支座的区段弯起,因此近似取预加力 N_{pe} 作用下梁截面弯矩图(沿跨径方向)如图 13-15所示,图中 $M_{p,0}$和 $M_{p,m}$分别为梁支点截面和跨中截面预加力产生的弯矩,弯矩图变化点在计算跨径 l_0的 1/4 处,由结构力学计算直线构件挠度变形的图乘法可以得到预加力作用

引起的梁上拱计算表达式为

$$\delta = \frac{a^2}{6B_p}(M_{p,0} + 11M_{p,m}) \tag{13-116}$$

$$M_{p,0} = N_{pe,0} \cdot e_{pn,0}; \qquad M_{p,m} = N_{pe,m} \cdot e_{pn,m}$$

式中：B_p——计算由预加力引起的上拱值时采用的抗弯刚度，$B_p = E_c I_0$；

a——计算跨径 l_0 的 1/4 处截面距支点的距离，$a = l_0/4$；

$N_{pe,0}$、$N_{pe,m}$——分别为梁支点截面和跨中截面有效预加力，对使用阶段进行计算时，取永存预应力；

$e_{pn,0}$、$e_{pn,m}$——分别为梁支点截面和跨中截面预应力钢筋截面重心至净截面重心轴的距离。

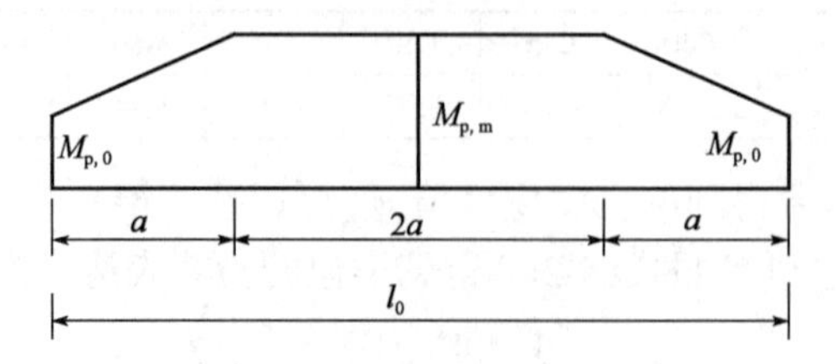

图 13-15　简支梁预加力产生的弯矩图

2）等效荷载法

等效荷载是用来代替预应力作用的荷载，这样就可以把预应力作用下的梁看作在等效荷载作用下的梁，采用结构力学中计算挠度的方法来计算梁的上拱值 δ。

表 13-4 为简支梁几种预应力筋线形的等效荷载，由表 13-4 可见等效荷载是由梁跨的等效荷载和预应力钢筋锚固端的等效荷载组成。

简支梁几种预应力筋线形的等效荷载及上拱值计算　　表 13-4

预应力筋布置线形	等效荷载图	预加力引起的上拱值
直线形布筋 A_p，e_p，l_0	$N_{pe}e_p$，$N_{pe}e_p$，N_{pe}，N_{pe}，l_0	$\frac{N_{pe}e_p l_0^2}{8EI}$
折线形布筋 θ，θ，A_p，$l_0/2$，$l_0/2$	$N_{pe}\sin\theta$，$N_{pe}\sin\theta$，$N_{pe}\cos\theta$，$N_{pe}\cos\theta$，$P_p=2N_{pe}\sin\theta$，$l_0/2$，$l_0/2$	$\frac{N_{pe}\sin\theta}{24EI}l_0^3$
折线形布筋 θ，A_p，θ，a，l_0-2a，a，l_0	$N_{pe}\sin\theta$，$N_{pe}\sin\theta$，$N_{pe}\cos\theta$，$N_{pe}\cos\theta$，$P_p=N_{pe}\sin\theta$，$P_p=N_{pe}\sin\theta$，a，l_0-2a，a	$\frac{N_{pe}\sin\theta}{24EI}\cdot a(3l_0^2-4a^2)$
抛物线形布筋 θ，A_p，e_m，θ，l_0	l_0，$N_{pe}\cos\theta$，$N_{pe}\sin\theta$，$N_{pe}\sin\theta$，$N_{pe}\cos\theta$，$q_p=\frac{8N_{pe}e_m}{l_0^2}$	$\frac{5N_{pe}e_m l_0^2}{48EI}$

续上表

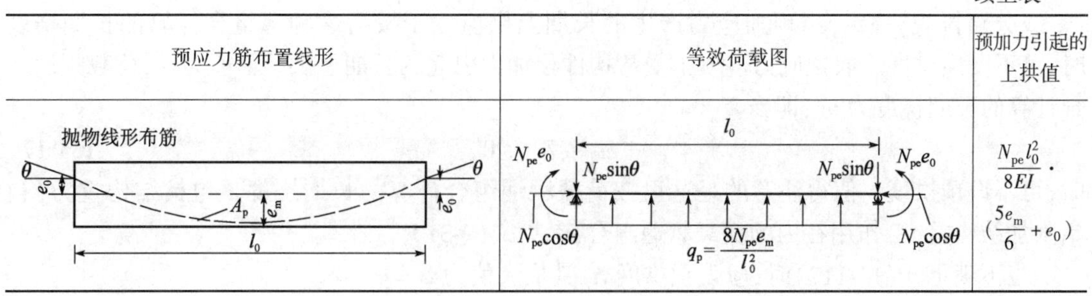

预应力筋布置线形	等效荷载图	预加力引起的上拱值
抛物线形布筋		$\frac{N_{pe}l_0^2}{8EI}\cdot(\frac{5e_m}{6}+e_0)$

在梁跨受力计算简图上,等效荷载可能是分布荷载、集中荷载或者是弯矩,可以根据预应力钢筋的形状、位置以及预应力值的大小来确定。例如,当预应力钢筋采用二次抛物线且锚固位置在梁端截面形心处,预应力钢筋的有效预加力为 N_{pe}(并假定 N_{pe} 沿预应力钢筋长度方向上不变),则梁跨受力简图的等效荷载为均布荷载 q_p,作用方向与梁上拱变形方向一致,作用大小 $q_p=2N_{pe}\sin\theta/l_0$, l_0为梁锚固预应力钢筋两端面的水平距离,为计算方便,一般取梁的计算跨径。

在受力计算简图的梁端(预应力钢筋锚固截面),等效荷载可能是集中力或者是弯矩。当预应力钢筋锚固位置在梁端截面形心处,等效荷载是集中力 N_{pe},方向与预应力钢筋轴线相切,若集中力 N_{pe} 方向与梁纵向轴线的夹角为 θ,则可分解为水平分力 $N_{pe,h}=N_{pe}\cos\theta$,竖直分力 $N_{pe,v}=N_{pe}\sin\theta$;当预应力钢筋锚固位置不在梁端截面形心处,而有偏心距 e_0时,这时在梁端处的等效荷载除了上述的集中力 N_{pe}外,还有端弯矩 $N_{pe,h}e_0$。

在工程计算中,由于预应力混凝土简支梁的跨高比一般在 15 左右,θ 值很小,通常可取 $\sin\theta=\theta$,$\cos\theta=1$,这样,表 13-4 所示预应力钢筋锚固截面的等效集中力及其引起的力矩可以简化,且当竖直分力 $N_{pe,v}=N_{pe}\sin\theta=N_{pe}\theta$ 作用点在支座中心线上时,认为该竖直分力可通过支座直接传递,可以不计。同样,对于跨间的等效荷载也可以简化,例如当预应力钢筋采用二次抛物线且锚固位置在梁端截面形心处,由于 $\sin\theta=\theta=4e_m/l_0$,故等效的均布荷载可写成$q_p=8N_{pe}e_m/l_0^2$,其中 e_m为梁跨中截面预应力钢筋重心到截面形心的偏心距。

当梁体同时布置有不同形状、位置的预应力钢筋时,可以分别按相应等效荷载计算上拱值,再叠加。

对于直线、折线布置预应力钢筋受弯构件,采用等效荷载方法计算上拱值比较方便。

采用等效荷载法计算使用阶段预应力引起的上拱值时,假定有效预加力 N_{pe}(即预应力钢筋的预加力应扣除全部预应力损失)沿预应力钢筋长度方向上不变,因此在具体计算中,一般取预应力钢筋锚固截面(端面)、梁跨 $l/4$ 处截面和跨中截面的有效预加力的平均值作为该梁段预应力钢筋的有效预加力值。

关于等效荷载的概念与应用,是与第 12.4 节中"3)预加应力的目的是实现荷载平衡"介绍内容相呼应的。除了可用于预应力作用下受弯构件的上拱值计算外,还更多地用于正确进行预应力钢筋的布置分析和进行超静定预应力混凝土梁的次内力分析等,这里不展开介绍,可阅读相关文献。

13.6.3　预应力混凝土受弯构件的长期总挠度及预拱度的设置

预应力混凝土受弯构件的长期总挠度是指按荷载频遇组合计算的长期挠度与预加应力产

生的长期上拱值之和,计算目的与预拱度的设置有关。

《公路桥规》规定,当预加应力产生的长期上拱值大于按荷载频遇组合计算的长期挠度时,可不设预拱度。取预应力混凝土受弯构件预加力引起的长期上拱计算值为 δ_l,荷载频遇组合计算的长期挠度为 w_l,即当

$$w_l - \delta_l < 0 \tag{13-117}$$

时,可不设预拱度。值得注意的是这里按荷载频遇组合计算的长期挠度是包括结构重力(包括附加结构重力)作用在内的荷载频遇组合,参见式(9-31)。

当不满足式(13-117)时,应设预拱度 Δ,其最大值为 $\Delta = w_l - \delta_l$。

设置预拱度时,应按预应力混凝土受弯构件最大的预拱值沿顺桥向做成平顺的曲线。

对于结构重力(包括结构附加重力)相对于汽车荷载等活载较小的预应力混凝土受弯构件,应考虑预加力作用会使梁的上拱值过大进而可能造成的不利影响,必要时在预应力混凝土受弯构件施工中采用设置倒拱的方法,或采取设计和施工上的措施,避免成桥后桥面隆起高程不满足设计的线形要求或桥面铺装下混凝土垫层厚薄相差较大。。

13.7 端部锚固区计算

13.7.1 后张预应力混凝土构件端部锚固区计算

1)后张预应力混凝土构件端部锚固区

在构件端部或其他布置锚具的地方,巨大的预加压力 N_p 将通过锚具及其下面不大的钢垫板面积传递给混凝土,要将这个集中预加力均匀地传递到梁体的整个截面,需要一个过渡区段才能完成,试验和理论研究表明,这个过渡区段长度约等于构件的高度 h(图 13-16),称为构件的端部锚固区。

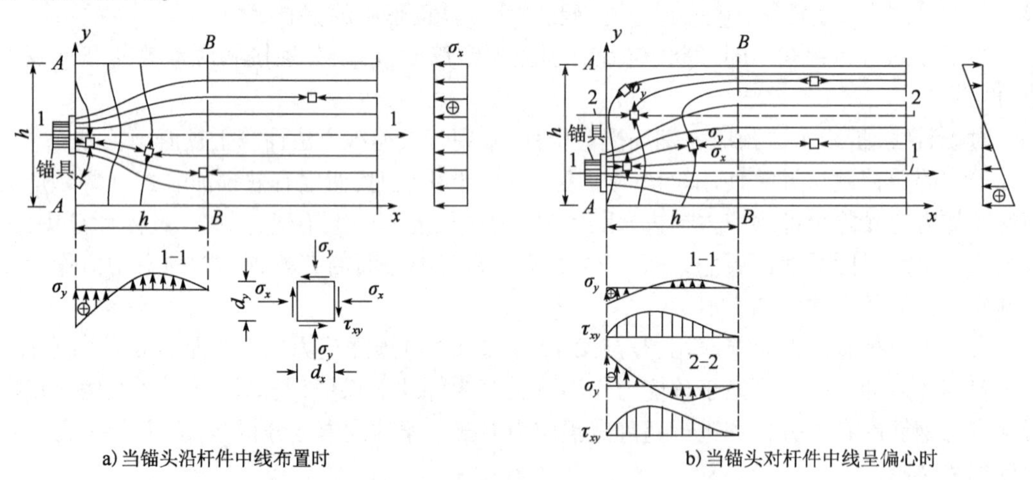

图 13-16　梁端布置锚头时,构件截面上主应力线分布图形的特性

图 13-16 为锚具布置在构件端面中心线位置和偏于端面中心线位置时构件截面上主应力线(应力迹线)分布图。

由图 13-16 可见,在构件的过渡段的 B-B 截面后,预加压力作用下构件截面的正应力分布就与材料力学分析结果一致,但是,在构件端面 A-A 面与 B-B 截面之间的过渡段内正应力线呈曲线,表明出现不均匀分布的横向(y 方向)正应力,还有不均匀分布的剪应力,应力分布复杂,难以用材料力学来分析。同时,由图 13-16b)可以看到,在锚具垫板位置下主要是混凝土受压(表现为双向受压或三向受压),但再沿构件纵向一定距离的单元体(不超过 B-B 截面)就有拉应力 σ_y,构件的端部锚固区这个区域的应力分布与第 10 章局部承压的图 10-2 相似;在锚具垫板位置附近以外的部分截面,例如,图 13-16b)所示 2-2 线以上的部分截面的应力分布尽管也复杂,但与锚具垫板位置下情况是显然不同,实际上这是构件端面(A-A 截面,又称锚固面)在受到锚具垫板位置处预加压力作用时端部锚固区本身变形引起的应力迹线变化,又称应力扰动。

针对后张预应力混凝土构件的端部锚固区的以上受力特点,《公路桥规》给出了以下关于端部锚固区的界定:

(1)后张预应力混凝土构件端部锚固区的范围,纵向取由锚固面起 1.0~1.2 倍的构件截面高度 h[图 13-17a)]或截面宽度中的较大值,横向取构件端部全截面。

(2)端部锚固区受力分析和计算时划分为局部区和总体区两个区域。

端部锚固区的局部区(local zone)是指锚具垫板及附近周围混凝土的区域。在端部锚固区的结构分析和设计上,《公路桥规》取局部区的范围是纵向在锚具垫板下方深度为 1.2 倍的锚垫板长边尺寸,横向取锚下局部受压面积尺寸(图 10-7)。局部区主要是锚具垫板下混凝土局部承压计算与间接钢筋配置设计问题。

端部锚固区的总体区(general zone)是局部区以外的端部锚固区域。在分析和设计上,端部锚固区的总体区存在某些局部位置的较大混凝土拉应力,《公路桥规》指出总体区有三个位置存在不均匀分布拉应力,即在锚具垫板下且距锚固面一定距离处、产生的与锚固力方向垂直的横向拉应力,以及在锚固面附近边缘区(角区)两侧面下产生的拉应力。由拉应力分布积分可分别得到相应拉应力的合力,即劈裂力 $T_{b,d}$、边缘拉力 $T_{et,d}$ 和剥裂力 $T_{s,d}$[图 13-17b)]。端部锚固区的结构分析和设计上,总体区主要是拉应力过大而可能导致混凝土开裂的问题。

2)后张预应力混凝土构件端部锚固区计算

对于后张预应力混凝土构件端部锚固区的设计计算,《公路桥规》规定应根据锚固区局部区和总体区各自的受力特点分别进行计算。

对后张预应力混凝土构件端部锚固区的局部区,锚具垫板下混凝土承受三向压应力作用,需进行锚下混凝土局部承压验算,局部区的锚下抗压承载力满足式(10-5)和式(10-6)的要求。

对后张预应力混凝土构件端部锚固区的总体区,混凝土承受预加力扩散引起的拉应力,《公路桥规》采用了拉压杆计算模型[图 13-17c)]给出了总体区计算方法,以及抗裂钢筋设置与布置的设计要求。

总体区各受拉部位承载力的计算应符合式(13-118)的要求:

$$\gamma_0 T_d \leq f_{sd} A_s \tag{13-118}$$

式中:T_d——总体区各受拉部位的拉力设计值;

A_s——总体区内相应计算位置的普通钢筋截面面积;

f_{sd}——普通钢筋的抗拉强度设计值。

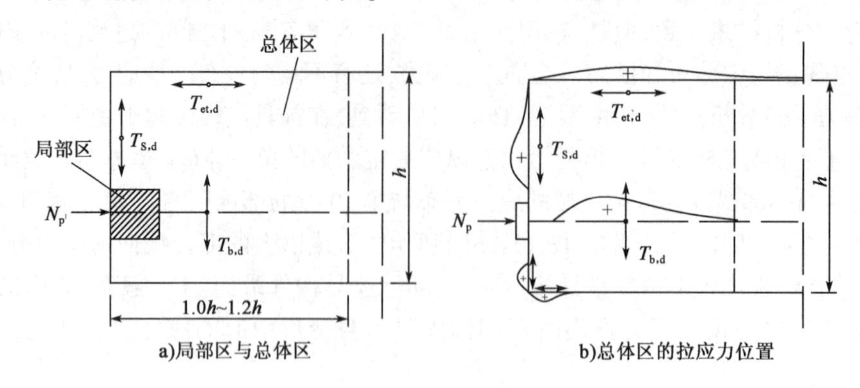

a)局部区与总体区　　b)总体区的拉应力位置

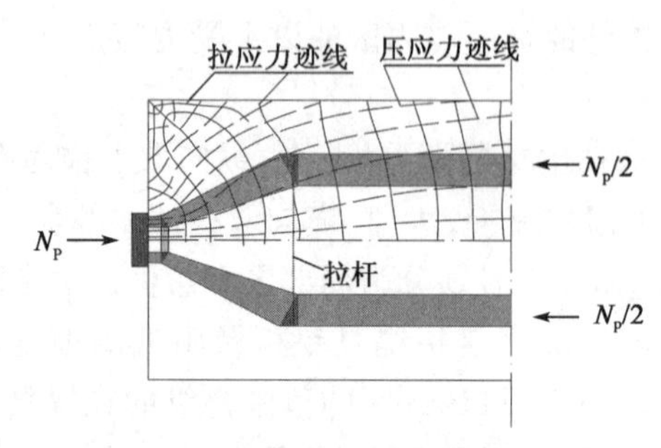

c)拉压杆模型及应力迹线

图 13-17　后张预应力构件端部锚固区

式(13-118)中的 T_d 为预应力钢筋张拉锚固力在总体区内相应计算位置处的拉力设计值,可按下列公式计算。

(1)单个集中张拉锚固力所引起的锚下劈裂力设计值 $T_{b,d}$ 计算式为

$$T_{b,d} = 0.25P_d(1+\gamma)^2\left[(1-\gamma)-\frac{a}{h}\right]+0.5P_d\left|\sin\alpha\right| \tag{13-119}$$

劈裂力作用位置至锚固面的水平距离 d_b(图 13-18)为

$$d_b = 0.5(h-2e)+e\sin\alpha \tag{13-120}$$

上述式中:P_d——预应力锚固力设计值,取 1.2 倍张拉控制力;

a——锚垫板宽度;

h——锚固面截面高度;

e——锚固力偏心距,取锚固力作用点距截面形心的距离;

γ——锚固力在截面上的偏心率,$\gamma=2e/h$;

α——预应力钢筋的倾角,一般取 $-5°\sim+20°$;当锚固力作用线从起点指向截面形心时取正值[图 13-18a)],逐渐远离截面形心时取负值。

当后张预应力混凝土构件端部有多个锚固力作用时,《公路桥规》规定,若锚固面内多个锚固力作用的间距较近,即相邻锚具的中心距小于 2 倍锚垫板宽度时(又称为密集锚头),一组锚固力宜等效为一个集中力 P_d,并按式(13-119)和式(13-120)进行劈裂力的计算。等效计算时,垫板总宽度 a 取该组锚具两个最外侧垫板外缘的间距[图 13-19a)]。

对非密集锚头引起的锚下劈裂力设计值,应按单个锚头分别计算,再取各劈裂力的最大值。

(2)端部锚固区的边缘拉力设计值 $T_{\mathrm{et,d}}$[图 13-19b)]的计算式为

$$T_{\mathrm{et,d}} = \begin{cases} 0 & (\gamma \leqslant 1/3) \\ \dfrac{(3\gamma - 1)^2}{12\gamma} P_{\mathrm{d}} & (\gamma > 1/3) \end{cases} \tag{13-121}$$

式中符号意义与式(13-119)相同,边缘拉力的作用位置取角区受力侧边缘受拉钢筋中心。

(3)由锚垫板局部压陷引起的周边剥裂力设计值 $T_{\mathrm{s,d}}$[图 13-19c)]的计算式为

$$T_{\mathrm{s,d}} = 0.02\max\{P_{\mathrm{d}i}\} \tag{13-122}$$

式中,$P_{\mathrm{d}i}$ 为同一端面上,第 i 个锚固力设计值;$T_{\mathrm{s,d}}$ 为单个锚头锚固力所引起的周边剥裂力。边缘剥裂力的作用位置取锚固面边缘受拉钢筋中心。

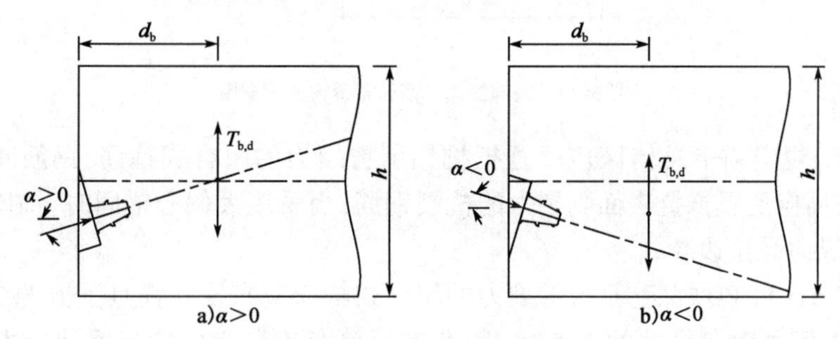

图 13-18　预应力钢筋的正负倾角示意图

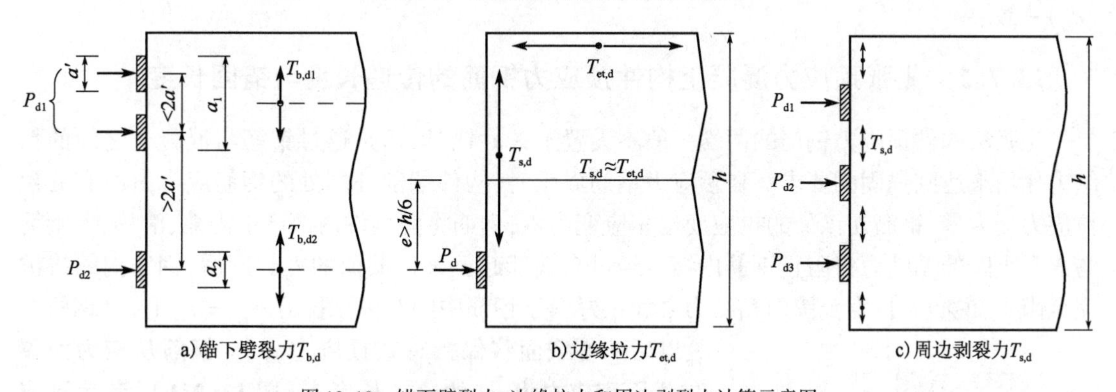

图 13-19　锚下劈裂力、边缘拉力和周边剥裂力计算示意图

构件端部相邻两个锚头的中心距大于锚固端截面高度一半时,边缘剥裂力设计值 $T_{\mathrm{s,d}}$ 可按 $T_{\mathrm{s,d}} = 0.45\overline{P}_{\mathrm{d}}(2s/h - 1)$ 计算,且不小于最大锚固力设计值的 0.002 倍,其中 $\overline{P}_{\mathrm{d}}$ 为两锚头锚固力设计值的平均值,即 $\overline{P}_{\mathrm{d}} = (P_{\mathrm{d1}} + P_{\mathrm{d2}})/2$;$s$ 为两个锚头的中心距;h 为锚固端截面高度。

在后张预应力混凝土构件端部锚固区的设计上,除了设计计算外,很重要的是锚固面上锚具布置和端部锚固区设计的构造要求,以下介绍相关研究的建议和《公路桥规》的要求:

(1)对后张预应力混凝土构件,应该力求只在构件端面并沿截面高度均匀地布置锚具;当锚具数量少且预加力较大时,宜在端部锚固区范围内加厚混凝土截面。

(2)局部区的构造要求详见第10章局部承压相关内容。

(3)总体区抵抗混凝土拉应力主要采用配置非预应力钢筋。抵抗锚下劈裂力的非预应力钢筋长度(以箍筋形式时其长肢)必须贯通端部锚固区高度,钢筋沿受弯构件纵向的布置应根据锚下劈裂应力图形来决定(图13-20)。

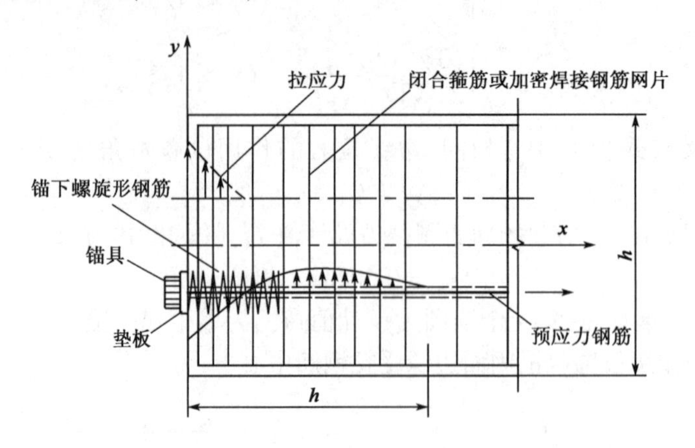

图13-20 端部锚固区钢筋布置构造示意图

《公路桥规》规定锚下总体区应配置抵抗锚下劈裂力的闭合式箍筋,钢筋间距不应大于100mm;梁端截面应配置抵抗表面剥裂力的抗裂钢筋,当采用大偏心锚固时,锚固端面钢筋宜弯起并延伸至纵向受拉边缘。

美国AASHTO LRFD规定,抵抗劈裂力的闭合式箍筋应布置在锚具下方的2.5 d_b范围之内,且不应大于截面横向尺寸的1.5倍,闭合式箍筋布置形心位置与劈裂应力合力点位置(d_b)一致。

13.7.2 先张预应力混凝土构件预应力钢筋的传递长度与锚固长度

先张法构件预应力钢筋的两端一般不设置永久性锚具,而是通过钢筋与混凝土之间的粘结力作用来达到锚固的要求。在预应力钢筋放张时,构件端部外露处的钢筋应力由原有的预拉应力变为零,钢筋在该处的拉应变也相应变为零,钢筋将向构件内部产生内缩、滑移,但钢筋与混凝土间的粘结力将阻止钢筋内缩。经过自端部起至某一截面的l_{tr}长度后,钢筋内缩将被完全阻止,说明l_{tr}长度范围内粘结力之和正好等于钢筋中的有效预拉力$N_{pe}=\sigma_{pe}A_p$,且钢筋在l_{tr}以后的各截面将保持有效预应力σ_{pe}。**钢筋从应力为零的端面到应力为σ_{pe}的这一长度l_{tr}[图13-21b)]称为预应力钢筋的传递长度**。同理,当构件达到承载能力极限状态时,预应力筋应力将达到其抗拉设计强度f_{pd},可以想象此时钢筋将继续内缩(因$f_{pd}>\sigma_{pe}$),直到内缩长度达到l_a时才会完全停止。于是**把钢筋从应力为零的端面至钢筋应力为f_{pd}的截面为止的这一长度l_a称之为锚固长度**。这一长度可保证钢筋在应力达到f_{pd}时不致被拔出。

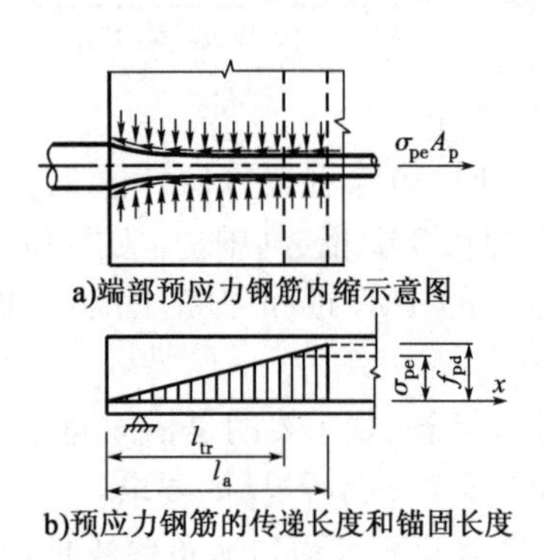

图13-21 先张法预应力筋的锚固

钢筋在内缩过程中,使传递长度范围内的胶结力一部分遭到破坏。但钢筋内缩也使其直径变粗,且越近端部越粗,形成锚楔作用。由于周围混凝土限制其直径变粗而引起较大的径向压力[图13-21a)],由此所产生的相应摩擦力要比普通钢筋混凝土中由于混凝土收缩所产生的摩擦力要大得多,这是预应力钢筋应力传递的有利因素。可以看出,先张法构件端部整个应力传递长度范围内受力情况比较复杂。为了设计计算的方便,《公路桥规》考虑以上各因素后对预应力钢筋的传递长度 l_{tr} 和锚固长度 l_a 的规定取值见附表2-7。同时假定传递长度和锚固长度范围内的预应力钢筋的应力(从零至 σ_{pe} 或 f_{pd})按直线变化计算[图13-21b)]。因此,**在端部锚固长度 l_a 范围内计算正截面和斜截面抗弯承载力时,预应力筋的应力 σ_{pe} 应根据斜截面所处位置按直线内插求得,不能直接采用抗拉设计强度值 f_{pd};在端部预应力传递长度 l_{tr} 范围内进行抗裂性计算时,预应力钢筋的实际应力值也应根据验算截面所处位置按直线内插求得。**

此外还应注意的是,传递长度或锚固长度的起点,与放张的方法有关。当采用骤然放张(例如剪断)时,由于钢筋回缩的冲击将使构件端部混凝土的粘结力破坏,故其起点应自离构件端面 $0.25l_{tr}$ 处开始计算。

先张法构件的端部锚固区也需采取局部加强措施。对预应力钢筋端部周围混凝土通常采取的加强措施是:单根钢筋时,其端部宜设置长度不小于150mm的螺旋筋;当为多根预应力钢筋时,其端部在 $10d$(预应力筋直径)范围内,设置3~5片钢筋网。

13.8 预应力混凝土简支梁设计

前面已介绍了预应力混凝土受弯构件有关截面承载力、应力、抗裂性和变形等方面的计算方法。本节将以预应力混凝土简支梁为例,介绍整个预应力混凝土受弯构件的设计计算方法,其中包括设计计算步骤、截面设计、钢筋数量的估算与布置,以及构造要求等内容。

13.8.1 设计计算步骤

预应力混凝土梁的设计计算步骤和钢筋混凝土梁相类似。现以后张法预应力混凝土简支梁为例,其设计计算步骤如下:

(1)根据设计要求,参照已有设计的图纸与资料,选定构件的截面形式与相应尺寸;或者直接对弯矩最大截面,根据截面抗弯要求初步估算构件混凝土截面尺寸。

(2)根据结构可能出现的作用组合,计算控制截面最大的设计弯矩和剪力。

(3)根据正截面抗裂性及抗弯要求和已初定的混凝土截面尺寸,估算预应力钢筋及非预应力钢筋的数量,并进行合理地布置。

(4)计算主梁截面几何特性。

(5)进行正截面与斜截面承载力计算。

(6)确定预应力钢筋的张拉控制应力,估算各项预应力损失并计算各阶段相应的有效预应力。

(7)按短暂状况和持久状况进行构件的截面应力验算。

(8)进行正截面与斜截面的抗裂验算。

(9)主梁的挠度与变形计算。

(10)端部锚固区设计计算。

13.8.2 预应力混凝土简支梁的截面设计

1)预应力混凝土梁抗弯效率指标

预应力混凝土梁抵抗外弯矩的机理与钢筋混凝土梁不同。钢筋混凝土梁的抵抗弯矩主要是由变化的钢筋应力的合力(或变化的混凝土压应力的合力)与固定的内力偶臂 Z 的乘积形成;而预应力混凝土梁是由基本不变的预加力 N_{pe}(或混凝土预压应力的合力)与随外弯矩变化而变化的内力偶臂 Z 的乘积组成。因此,对于预应力混凝土梁来说,其内力偶臂 Z 所能变化的范围越大,则在预加力 N_{pe} 相同的条件下,其所能抵抗外弯矩的能力也就越大,也即抗弯效率越高。在保证上、下缘混凝土不产生拉应力的条件下,内力偶臂 Z 可能变化的最大范围只能在上核心距 K_u 和下核心距 K_b 之间。因此,截面抗弯效率可用参数 $\rho = (K_u + K_b)/h$(h 为梁的全截面高度)来表示,并将 ρ 称为抗弯效率指标。ρ 值越高,表示所设计的预应力混凝土梁截面经济效率越高,ρ 值实际上也反映截面混凝土材料沿梁高分布的合理性。它与截面形式有关,例如,矩形截面的 ρ 值为1/3,而空心板梁则随挖空率而变化,一般为0.4～0.55,T形截面梁亦可达到0.50左右。故在预应力混凝土梁截面设计时,应在设计与施工要求的前提下考虑选取合理的截面形式。

2)预应力混凝土梁的常用截面形式

(1)预制预应力混凝土T形梁[图13-22a)]。公路桥梁上一般采用后张法,按全预应力混凝土或A类部分预应力混凝土构件设计。

简支T形梁的截面高度通常取为 $h = (1/16 \sim 1/13)l$,l 为梁的标准跨径,跨径较大时 h/l 取较小值。T形梁的肋板要承受剪应力和主拉应力,同时应满足弯起的预应力钢筋预留孔道的需要,肋板最小宽度 b 一般为160mm,另外,为了满足布置预应力钢束(及预留孔道)和承受强大预压力的需求,截面肋板的下部,常加宽成"马蹄"形,其宽度做到 $(2 \sim 4)b$。T形梁的上翼板宽度,一般为1.6～2.1m。

在公路桥梁上,简支预应力混凝土T形梁的标准跨径 l 为20～50m,每5m为一级差。

(2)预制预应力混凝土空心板[图13-22b)、c)]。在公路桥梁上,先张法或后张法预应力混凝土空心板均按A类部分预应力混凝土构件设计。

先张法预应力混凝土空心板截面[图13-22b)]宽度一般取1m(预制宽度0.99m),截面圆形挖孔,顶板或底板的最小厚度不得小于80mm。空心板截面高度一般为 $h = (1/22 \sim 1/20)l$,l 为空心板的标准跨径。

后张法预应力混凝土空心板截面[图13-22c)]宽度一般为1.25～1.50m,顶板和底板厚度一般为120mm。空心板截面高度一般为 $h = (1/21 \sim 1/16)l$,l 为空心板的标准跨径。

在公路桥梁上,简支预应力混凝土空心板的标准跨径 l 一般为10m、13m和16m。

(3)预制预应力混凝土小箱梁[图13-22d)]。采用后张法且按照A类部分预应力混凝土构件设计。

预制预应力混凝土小箱梁的预制顶板宽一般为2.4m,而梁相邻翼缘板间的现浇混凝土段板宽为1.025m,如图13-22d)所示的阴影斜线所示板段。顶板厚度为180mm。

小箱梁采用斜腹板,跨中截面腹板厚度一般采用180mm,而在梁端区段腹板厚度采用250mm。

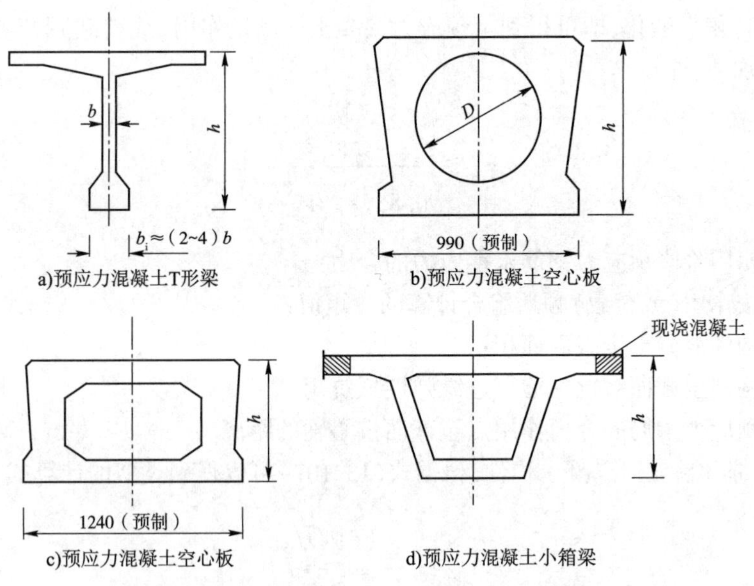

a)预应力混凝土T形梁　b)预应力混凝土空心板　c)预应力混凝土空心板　d)预应力混凝土小箱梁

图13-22　预应力混凝土梁的常用截面形式(尺寸单位:mm)

小箱梁底板厚度,跨中截面一般采用180mm,梁端区段采用250mm。

预制预应力混凝土小箱梁的截面高度通常取 $h=(1/20\sim1/16)l$,l 为小箱梁的标准跨径。

在公路桥梁上,预制预应力混凝土小箱梁用于先简支后结构连续的体系,标准跨径 l 为20m、25m、30m、35m和40m。

13.8.3　截面尺寸和预应力钢筋数量的选定

1)截面尺寸

截面尺寸的选择,一般是根据已有设计资料、经验方法及桥梁设计中的具体要求事先拟定的,然后根据有关规范的要求进行配筋验算,如计算结果表明预估的截面尺寸不符合要求时,则需再作必要的修改。

2)预应力钢筋截面面积的估算

预应力混凝土梁应进行承载能力极限状态计算和正常使用极限状态计算,并满足《公路桥规》中对不同受力状态下规定的设计要求(如承载力、应力、抗裂性和变形等),预应力钢筋截面面积估算就是根据这些限值条件进行的。预应力混凝土梁一般以抗裂性(全预应力混凝土或A类部分预应力混凝土)控制设计。在截面尺寸确定以后,结构的抗裂性主要与预加力的大小有关。因此,预应力混凝土梁钢筋数量估算的一般方法是,首先根据结构正截面抗裂性确定预应力钢筋的数量(A类部分预应力混凝土),然后再由构件承载能力极限状态要求确定非预应力钢筋数量。预应力钢筋数量估算时截面特性可取全截面特性。

(1)按构件正截面抗裂性要求估算预应力钢筋数量

全预应力混凝土梁按作用(或荷载)频遇组合进行正截面抗裂性验算,计算所得的正截面混凝土法向拉应力应满足式(13-106)的要求,由式(13-106)可得到

$$\frac{M_s}{W}-0.85N_{pe}\left(\frac{1}{A}+\frac{e_p}{W}\right)\leqslant 0 \tag{13-123}$$

式(13-123)稍做变化,即可得到全预应力混凝土梁满足作用(或荷载)频遇组合抗裂验算所需的有效预加力,即

$$N_{pe} \geqslant \frac{\frac{M_s}{W}}{0.85(\frac{1}{A}+\frac{e_p}{W})} \tag{13-124}$$

式中:N_{pe}——使用阶段预应力钢筋永存应力的合力;

M_s——按作用(或荷载)频遇组合计算的弯矩值;

A——构件混凝土全截面面积;

W——构件全截面对抗裂验算边缘弹性抵抗矩;

e_p——预应力钢筋的合力作用点至截面重心轴的距离。

对于A类部分预应力混凝土构件,根据式(13-107)可以得到类似的计算式,即

$$N_{pe} \geqslant \frac{\frac{M_s}{W}-0.7f_{tk}}{\frac{1}{A}+\frac{e_p}{W}} \tag{13-125}$$

求得N_{pe}的值后,再确定适当的张拉控制应力σ_{con}并扣除相应的应力损失σ_l(对于配高强钢丝或钢绞线的后张法构件σ_l约为$0.2\sigma_{con}$),就可以估算出所需要的预应力钢筋的总面积$A_p=N_{pe}/(1-0.2)\sigma_{con}$。

A_p确定之后,则可按一束预应力钢筋的面积A_{p1}算出所需的预应力钢筋束数(n_1)为

$$n_1=\frac{A_p}{A_{p1}} \tag{13-126}$$

式中的A_{p1}为一束预应力钢筋的截面面积。

(2)按构件承载能力极限状态要求估算非预应力钢筋数量

在确定预应力钢筋的数量后,非预应力钢筋根据正截面承载能力极限状态的要求来确定。对仅在受拉区配置预应力钢筋和非预应力钢筋的预应力混凝土梁(以T形截面梁为例),由13.2.1节可知,两类T形截面,其正截面承载力计算式分别为

第一类T形截面

$$f_{sd}A_s+f_{pd}A_p=f_{cd}b_f'x \tag{13-127}$$

$$\gamma_0M_d\leqslant f_{cd}b_f'x(h_0-\frac{x}{2}) \tag{13-128}$$

第二类T形截面

$$f_{sd}A_s+f_{pd}A_p=f_{cd}[bx+(b_f'-b)h_f'] \tag{13-129}$$

$$\gamma_0M_d\leqslant f_{cd}[bx(h_0-\frac{x}{2})+(b_f'-b)h_f'(h_0-\frac{h_f'}{2})] \tag{13-130}$$

估算时,先假定为第一类T形截面按式(13-128)计算受压区高度x,若计算所得x满足$x\leqslant h_f'$,则由式(13-127)可得受拉区非预应力钢筋截面面积为

$$A_s=\frac{f_{cd}b_f'x-f_{pd}A_p}{f_{sd}} \tag{13-131}$$

若按式(13-128)计算所得的受压区高度为 $x > h_f'$,则为第二类 T 形截面,需按式(13-130)重新计算受压区高度 x,若所得 $x > h_f'$且满足 $x \leqslant \xi_b h_0$ 的限值条件,则由式(13-129)可得受拉区非预应力钢筋截面面积为

$$A_s = \frac{f_{cd}[bx + (b_f' - b)h_f'] - f_{pd}A_p}{f_{sd}} \tag{13-132}$$

若按式(13-130)计算所得的受压区高度为 $x > h_f'$并且 $x > \xi_b h_0$,则需修改截面尺寸,增大梁高。

矩形截面梁按正截面承载能力极限状态估算非预应力钢筋的方法与第一类 T 形截面梁方法相同,只需将式(13-127)和式(13-128)中的 b_f'改为 b。

以上式中符号意义详见 13.2.1 节。

(3)防止预应力混凝土受弯构件开裂时发生脆性断裂的要求

预应力纵向受拉钢筋因预应力张拉而处于较高拉应力状态,预应力混凝土受弯构件正截面预压区下边缘混凝土产生很大的预压应力 σ_{pc}。由 13.1.1 节"2)使用阶段"的介绍可知,在竖向荷载产生的弯矩作用下,先要抵消 σ_{pc} 才能在正截面预压区下边缘混凝土形成拉应力,并且在拉应力相当大以后截面混凝土才开裂,相应的弯矩值为 M_{cr},此时预应力纵向受拉钢筋仍处于较高拉应力状态。在预应力混凝土受弯构件正截面开裂的瞬间,原来由截面混凝土承受的全部拉应力都因截面混凝土开裂而转移到预应力纵向受拉钢筋上,如果此时纵向受拉钢筋的数量不够或达到(甚至超过)屈服强度,就会发生预应力混凝土受弯构件的"截面开裂即失效"的现象,这种脆性破坏是很危险的。

为使预应力混凝土受弯构件具有应有的延性,以防止构件截面开裂后突然脆断,由前述预应力纵向受拉钢筋估算方法确定的纵向受拉钢筋(以及非预应力纵向钢筋)数量计算得到的预应力混凝土受弯构件正截面抗弯承载力,还应满足《公路桥规》如下要求:

$$\frac{M_u}{M_{cr}} \geqslant 1.0 \tag{13-133}$$

式中:M_u——受弯构件正截面抗弯承载力,按式(13-128)或式(13-130)中不等号右边的式子计算;

M_{cr}——受弯构件正截面开裂弯矩值,M_{cr}的计算式为 $M_{cr} = (\sigma_{pc} + \gamma f_{tk})W_0$;

σ_{pc}——扣除全部预应力损失预应力钢筋和普通钢筋合力 N_{p0} 在构件抗裂边缘产生的混凝土预压应力;

W_0——换算截面抗裂边缘的弹性抵抗矩;

γ——计算参数,按式 $\gamma = 2S_0/W_0$ 计算,其中 S_0 为全截面换算截面重心轴以上(或以下)部分面积对重心轴的面积矩。

式(13-133)是根据"预应力混凝土受弯构件正截面开裂时,构件不致立即失效"的原则规定的,其中隐含了关于预应力纵向受拉钢筋最小配筋百分率的要求。对式(13-133),当取 $M_u = M_{cr}$时可得到正截面预应力纵向受拉钢筋最小配筋百分率的计算表达形式,但即使是对矩形截面、先张法直线布筋构件,计算表达式也比较复杂,对此进行的相关研究分析表明:

①预应力纵向受拉钢筋最小配筋百分率不仅取决于钢筋与混凝土的强度,还与张拉控制应力、预应力损失等诸多因素有关,很难直接确定,而预应力的影响是一个不可忽视的因素。

②当设计计算不满足式(13-133)时,比较简单、有效的调整方法是在满足构件截面承载力、变形和抗裂性的前提下,适当降低张拉控制应力,或者将一部分预应力钢筋改为非预应力

钢筋来满足式(13-133)要求,对防止构件“截面开裂即失效”的脆性破坏是有利的。

《公路桥规》规定部分预应力混凝土受弯构件中受拉普通钢筋的截面面积不应小于$0.003bh_0$,其中b为截面宽度,h_0为受弯构件截面有效高度。

13.8.4 预应力钢筋的布置

1)束界

合理确定预加力作用点(一般近似地取为预应力钢筋截面重心)的位置对预应力混凝土梁是很重要的。以全预应力混凝土简支梁为例,在弯矩最大的跨中截面处,应尽可能使预应力钢筋的重心降低(即尽量增大偏心距e_p值),使其产生较大的预应力负弯矩($M_p=-N_pe_p$)来平衡外荷载引起的正弯矩。如令N_p沿梁近似不变,则对于弯矩较小的其他截面,应相应地减小偏心距e_p值,以免由于过大的预应力负弯矩M_p而引起构件上缘的混凝土出现拉应力。

根据全预应力混凝土构件截面上、下缘混凝土不出现拉应力的原则,可以按照在最小外荷载(即结构重力G_1)作用下和最不利荷载(即结构重力G_1、结构附加重力G_2和可变荷载)作用下的两种情况,分别确定N_p在各截面上偏心距的极限。由此可以绘出如图13-23所示两条e_p的限值线E_1和E_2。只要N_p作用点(即近似为预应力钢筋的截面重心)的位置,落在由E_1及E_2所围成的区域内,就能保证构件在最小外荷载和最不利荷载作用下,其上、下缘混凝土均不会出现拉应力。因此,把由E_1和E_2两条曲线所围成的布置预应力钢筋时的钢筋重心界限,称为束界(或索界)。

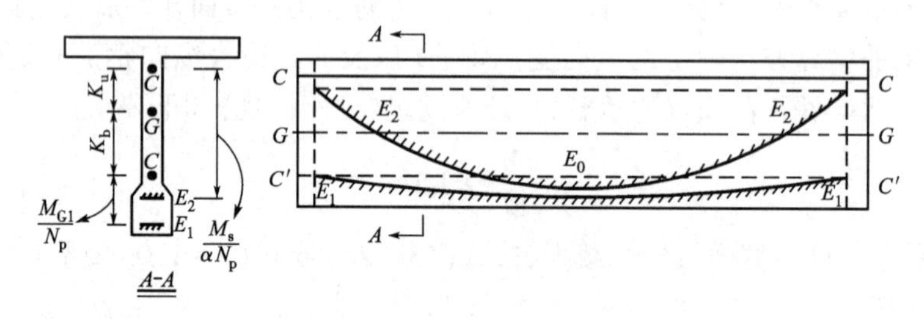

图13-23 全预应力混凝土简支梁的束界图

根据上述原则,可以容易地按下列方法绘制全预应力混凝土等截面简支梁的束界。为使计算方便,近似地略去孔道削弱和灌浆后粘结力的影响,一律按混凝土全截面特性计算,并设压应力为正,拉应力为负。

在预加应力阶段,保证梁的上缘混凝土不出现拉应力的条件为

$$\sigma_{ct}=\frac{N_{pI}}{A}-\frac{N_{pI}e_{pI}}{W_u}+\frac{M_{G1}}{W_u}\geqslant 0 \tag{13-134}$$

由此求得

$$e_{pI}\leqslant E_1=K_b+\frac{M_{G1}}{N_{pI}} \tag{13-135}$$

上述式中:e_{pI}——预加力合力的偏心距,合力点位于截面重心轴以下时e_{pI}取正值,反之取负值;

K_b——混凝土截面下核心距,$K_b=W_u/A$;

W_u——构件全截面对截面上缘的弹性抵抗矩;

N_{pI}——传力锚固时预加力的合力。

同理,在作用(或荷载)频遇组合计算的弯矩值作用下,根据构件下缘不出现拉应力的条件,同样可以求得预加力合力偏心距 e_{p2} 为

$$e_{p2} \geqslant E_2 = \frac{M_s}{\alpha N_{pI}} - K_u \tag{13-136}$$

式中:M_s——按作用(或荷载)频遇组合计算的弯矩值;

α——使用阶段的永存预加力 N_{pe} 与传力锚固时的有效预加力 N_{pI} 之比值,可近似地取 $\alpha = 0.8$;

K_u——混凝土截面上核心距,$K_u = W_b/A$;

W_b——构件全截面对截面下缘的弹性抵抗矩。

由式(13-135)、式(13-136)可以看出:e_{p1}、e_{p2} 分别具有与弯矩 M_{G1} 和弯矩 M_s 相似的变化规律,都可视为沿跨径而变化的抛物线,其上、下限值 E_2、E_1 之间的区域就是束筋配置范围。由此可知,预应力钢筋重心位置(即 e_p)所应遵循的条件为

$$\frac{M_s}{\alpha N_{pI}} - K_u \leqslant e_p \leqslant K_b + \frac{M_{G1}}{N_{pI}} \tag{13-137}$$

只要预应力钢筋重心线的偏心距 e_p 满足式(13-137)的要求,就可以保证构件在预加力阶段和使用荷载阶段,其上、下缘混凝土都不会出现拉应力。这对于检验预应力钢筋配置是否得当,无疑是一个简便而直观的方法。

显然,对于允许出现拉应力或允许出现裂缝的部分预应力混凝土构件,只要根据构件上、下缘混凝土拉应力(包括名义拉应力)的不同限制值做相应的验算,则其束界也同样不难确定。

2)预应力钢筋的布置原则

(1)预应力钢筋的布置,应使其重心线不超出束界范围。因此,大部分预应力钢筋在靠近支点时,均需逐步弯起。只有这样,才能保证构件无论是在施工阶段还是在使用阶段,其任意截面上、下缘混凝土的法向应力都不致超过规定的限制值。同时,构件端部逐步弯起的预应力钢筋将产生预剪力,这对抵消支点附近较大的外荷载剪力也是非常有利的;而且从构造上来说,预应力钢筋的弯起,可使锚固点分散,有利于锚具的布置。锚具的分散,使梁端部承受的集中力也相应地分散,这对改善锚固区的局部承压也是有利的。

(2)预应力钢筋弯起的角度,应与所承受的剪力变化规律相配合。根据受力要求,预应力钢筋弯起后所产生的预剪力 V_p 应能抵消作用(或荷载)组合产生的剪力设计值 V_d 的一部分。抵消后所剩余的外剪力,通常称为减余剪力,将其绘制成图,则称为减余剪力图,它是配置抗剪钢筋的依据。

(3)预应力钢筋的布置应符合构造要求。许多构造规定,一般虽未经详细计算,但却是根据长期设计、施工和使用的实践经验而确定的,这对保证构件的耐久性和满足设计、施工的具体要求,都是必不可少的。

3)预应力钢筋弯起点的确定

预应力钢筋的弯起点,应从兼顾剪力与弯矩两方面的受力要求来考虑。

(1)从受剪考虑,理论上应从 $\gamma_0 V_d \geqslant V_{cs}$ 的截面开始起弯,以提供一部分预剪力 V_p 来抵抗作用产生的剪力。但实际上,受弯构件跨中部分的梁腹混凝土已足够承受荷载作用的剪力,因此一般是根据经验,在跨径的三分点到四分点之间开始弯起。

(2) 从受弯考虑,由于预应力钢筋弯起后,其重心线将往上移,使偏心距 e_p 变小,即预加力弯矩 M_p 将变小。因此,应注意预应力钢筋弯起后的正截面抗弯承载力的要求。

(3) 预应力钢筋的起弯点尚应考虑满足斜截面抗弯承载力的要求,即保证预应力钢筋弯起后斜截面上的抗弯承载力不低于斜截面顶端所在的正截面的抗弯承载力。

4) 预应力钢筋弯起角度

从减小曲线预应力钢筋张拉时摩阻应力损失出发,弯起角度 θ_p 不宜大于 20°,一般在梁端锚固时都不会达到此值,而对于弯出梁顶锚固的钢筋,则往往超过 20°,θ_p 常在 25°~30°之间。θ_p 角较大的预应力钢筋,应注意采取减小摩擦系数值的措施,以减少由此而引起的摩擦应力损失。

5) 预应力钢筋弯起的曲线形状

预应力钢筋弯起的曲线可采用圆弧线、抛物线或悬链线三种形式。公路桥梁中多采用圆弧线。《公路桥规》规定,后张预应力混凝土构件的曲线形预应力钢筋,其曲率半径应符合下列规定:

(1) 钢丝束、钢绞线束的钢丝直径 $d \leqslant 5$mm 时,不宜小于 4m;钢丝直径 $d > 5$mm 时,不宜小于 6m。

(2) 预应力螺纹钢筋直径 $d \leqslant 25$mm 时,不宜小于 12m;直径 $d > 25$mm 时,不宜小于 15m。

对于具有特殊用途的预应力钢筋(如斜拉桥桥塔中围箍用的半圆形预应力钢筋,其半径在 1.5m 左右),因采取特殊的措施,可以不受此限。

6) 预应力钢筋布置的具体要求

(1) 后张预应力混凝土构件

对于后张法构件,预应力钢筋预留管道之间的水平净距,应保证混凝土中最大集料在浇筑混凝土时能顺利通过,同时也要保证预留管道间不致串孔(金属预埋波纹管除外)和锚具布置的要求等。后张法构件预应力钢筋管道的设置应符合下列规定:

①直线管道之间的水平净距不应小于 40mm,且不宜小于管道直径的 0.6 倍;对于预埋的金属或塑料波纹管和铁皮管,在直线管道的竖直方向可将两管道叠置。

②曲线形预应力钢筋管道在曲线平面内相邻管道间的最小距离(图 13-24)计算式为

$$c_{in} \geqslant \frac{P_d}{0.266r\sqrt{f'_{cu}}} - \frac{d_s}{2} \tag{13-138}$$

式中:c_{in}——相邻两曲线管道外缘在曲线平面内净距(mm);

d_s——管道外缘直径(mm);

P_d——相邻两管道曲线半径较大的一根预应力钢筋的张拉力设计值(N),张拉力可取扣除锚圈口摩擦、钢筋回缩及计算截面处管道摩擦损失后的张拉力乘以 1.2;

r——相邻两管道曲线半径较大的一根预应力钢筋的曲线半径(mm),其计算式为

$$r = \frac{l}{2}\left(\frac{1}{4\beta} + \beta\right) \tag{13-139}$$

l——曲线弦长(mm);

β——曲线矢高 f 与弦长 l 之比;

f'_{cu}——预应力钢筋张拉时,边长为 150mm 立方体混凝土抗压强度(MPa)。

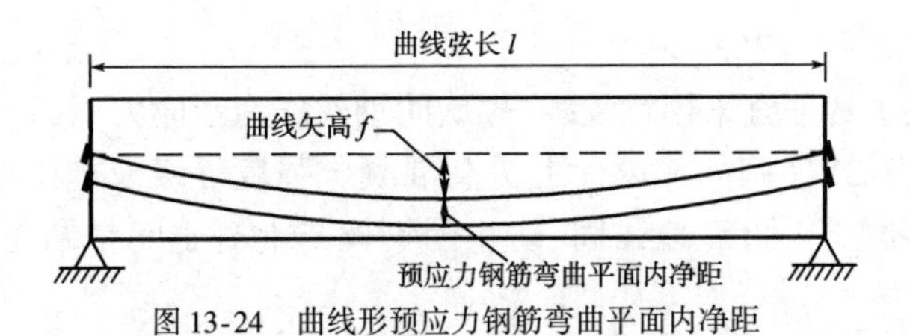

图 13-24　曲线形预应力钢筋弯曲平面内净距

当按上述计算的净距小于相应直线管道净距时，应取用直线管道最小净距。

③曲线形预应力钢筋管道在曲线平面外相邻管道间的最小距离 c_{out} 计算式为

$$c_{out} \geqslant \frac{P_d}{0.266\pi r\sqrt{f'_{cu}}} - \frac{d_s}{2} \tag{13-140}$$

式中，c_{out} 为相邻两曲线管道外缘在曲线平面外净距(mm)；P_d、r、f'_{cu} 意义同上。

④管道内径的截面面积不应小于预应力钢筋截面面积的两倍。

⑤按计算需要设置预拱度时，预留管道也应同时起拱。

⑥后张预应力混凝土构件，其预应力管道的混凝土保护层厚度，应符合《公路桥规》的下列要求。

普通钢筋和预应力直线形钢筋的最小混凝土保护层厚度(钢筋外缘或管道外缘至混凝土表面的距离)不应小于钢筋公称直径，后张预应力混凝土构件直线形钢筋不应小于管道直径的1/2且应符合附表1-7的规定。

对外形呈曲线形且布置有曲线预应力钢筋的构件(图13-25)，其曲线平面内的管道的最小混凝土保护层厚度，应根据施加预应力时曲线预应力钢筋的张拉力，按式(13-138)计算，其中 c_{in} 为管道外边缘至曲线平面内混凝土表层的距离(mm)。当按式(13-138)计算的保护层厚度过多的超过上述规定的直线管道保护层厚度时，也可按直线管道设置最小保护层厚度，但应在管道曲线段弯曲平面内设置箍筋(图13-25)。箍筋单肢的截面面积计算式为

$$A_{sv1} \geqslant \frac{P_d s_v}{2rf_{sv}} \tag{13-141}$$

式中：A_{sv1}——箍筋单肢截面面积(mm^2)；

s_v——箍筋间距(mm)；

f_{sv}——箍筋抗拉强度设计值(MPa)。

曲线平面外的管道最小混凝土保护层厚度按式(13-140)计算，其中 c_{out} 为管道外边缘至曲线平面外混凝土表面的距离(mm)。

按上述公式计算的保护层厚度，如小于各类环境的直线管道的保护层厚度，应取相应环境条件的直线管道的保护层厚度。

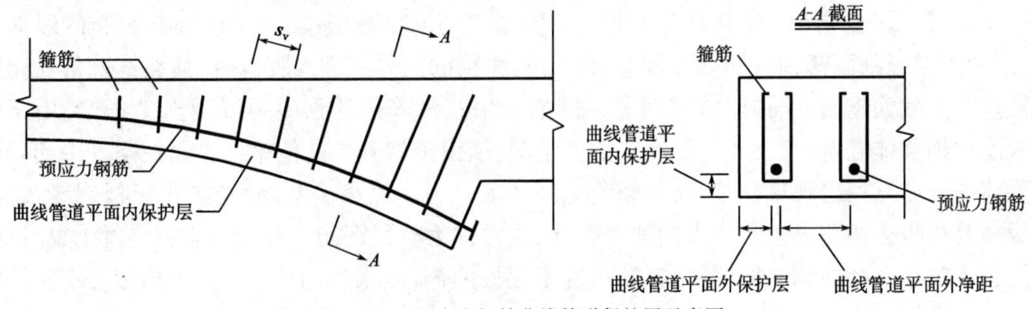

图 13-25　预应力钢筋曲线管道保护层示意图

(2)先张预应力混凝土构件

先张预应力混凝土构件宜采用钢绞线、螺旋肋钢丝作为预应力钢筋,当采用光面钢丝作预应力筋时,应采取适当措施(例如在设计上提高混凝土强度等级及施工中采用缓慢放张的工艺等),保证钢丝在混凝土中可靠地锚固,防止因钢丝与混凝土间粘结力不足而使钢丝滑动,丧失预应力。

在先张预应力混凝土构件中,预应力钢绞线(1×7)之间的净距不应小于其直径的1.5倍,且不应小于25mm。预应力钢丝间净距不应小于15mm。

在先张预应力混凝土构件中,对于单根预应力钢筋,其端部应设置长度不小于150mm的螺旋筋;对于多根预应力钢筋,在构件端部10倍预应力钢筋直径范围内,应设置3~5片钢筋网。

普通钢筋和直线形预应力钢筋的最小混凝土保护层厚度(钢筋外缘至混凝土表面的距离)不应小于钢筋公称直径,且应符合附表1-7的规定。

13.8.5 非预应力钢筋的布置

在预应力混凝土受弯构件中,除了预应力钢筋外,还需要配置各种形式的非预应力钢筋。

1)箍筋

箍筋与弯起预应力钢筋同为预应力混凝土梁的腹筋,与混凝土一起共同承担着荷载剪力,故应按抗剪要求来确定箍筋数量(包括直径和间距的大小)。在剪力较小的梁段,按计算要求的箍筋数量很少,但为了防止混凝土受剪时的意外脆性破坏,《公路桥规》仍要求按下列规定配置构造箍筋:

(1)预应力混凝土T形、工字形截面梁和箱形截面梁腹板内应分别设置直径不小于10mm和12mm的箍筋,且应采用带肋钢筋,间距不应大于200mm;自支座中心起长度不小于一倍梁高范围内,应采用闭合式箍筋,间距不应大于120mm。

(2)在T形、工字形截面梁下部的"马蹄"内,应另设直径不小于8mm的闭合式箍筋,间距不应大于200mm。另外,"马蹄"内还应设直径不小于12mm的定位钢筋。这是因为"马蹄"在预加应力阶段承受着很大的预压应力,为防止混凝土横向变形过大和沿梁轴方向发生纵向水平裂缝,而予以局部加强。

2)水平纵向辅助钢筋

T形截面预应力混凝土梁,截面上边缘有翼缘、下边缘有"马蹄",它们在梁横向的尺寸都比腹板厚度大,在混凝土硬化或温度骤降时,腹板将受到翼缘与"马蹄"的钳制作用(因翼缘和"马蹄"部分尺寸较大,温度下降引起的混凝土收缩较慢),而不能自由地收缩变形,因而有可能产生裂缝。经验指出,对于未设水平纵向辅助钢筋的薄腹板梁,其下缘因有密布的纵向钢筋,出现的裂缝细而密,而过下缘(即"马蹄")与腹板的交界处进入腹板后,其裂缝就常显得粗而稀。梁的截面越高,这种现象越明显。例如采用蒸汽养护的预应力混凝土T形梁,由于施工未注意到梁体温度较高、大气温度较低的情况,结束蒸汽养护就使梁体暴露在空气中而导致在梁体的三分点处出现这种裂缝,且裂缝宽度较大。为了缩小裂缝间距,防止腹板裂缝较宽,一般需要在腹板两侧设置水平纵向辅助钢筋,通常称为防裂钢筋。对于预应力混凝土梁,这种钢筋宜采用小直径的钢筋网,紧贴箍筋布置于腹板两侧,以增加与混凝土的粘结力,使裂缝的间距和宽度均减小。从这个意义上讲,将这种构造钢筋称为裂缝分散钢筋似更为合适。

3)局部加强钢筋

对于局部受力较大的部位,应设置加强钢筋,如“马蹄”中的闭合式箍筋和梁端锚固区的加强钢筋等。除此之外,梁底支座处亦设置钢筋网加强。

4)架立钢筋与定位钢筋

架立钢筋是用于支撑箍筋的,一般采用直径为12~20mm的圆钢筋;定位钢筋是指用于固定预留孔道制孔器位置的钢筋,常做成网格式。

13.8.6　锚具的防护

对于埋入梁体的锚具,在孔道压浆完成后,对梁端混凝土凿毛并将其周围冲洗干净,设置钢筋网片与梁体连接,然后浇筑封锚混凝土。封锚混凝土强度等级不应低于构件本身混凝土强度等级的80%,且不低于C30。锚固端的混凝土保护层厚度应不小于50mm或符合设计规定。

对长期外露的锚具,应采取有效的防锈措施。

13.9　预应力混凝土简支梁计算示例

13.9.1　设计资料

(1)简支梁跨径:跨径30m;计算跨径 $l_0=28.66\text{m}$ 。

(2)设计荷载:汽车荷载按公路—Ⅱ级;人群荷载为3.0kN/m^2;结构重要性系数取$\gamma_0=1.1$。

(3)环境:桥址位于野外一般地区,Ⅰ类环境条件,年平均相对湿度为75%。

(4)设计使用年限:100年。

(5)材料:预应力钢筋采用标准型低松弛钢绞线(1×7标准型),抗拉强度标准值$f_{pk}=1860\text{MPa}$,抗拉强度设计值$f_{pd}=1260\text{MPa}$,公称直径15.2mm,公称面积139mm^2,弹性模量$E_p=1.95\times10^5\text{MPa}$;锚具采用夹片式群锚。

非预应力钢采用HRB400级钢筋,抗拉强度标准值$f_{sk}=400\text{MPa}$,抗拉强度设计值$f_{sd}=330\text{MPa}$。直径$d<12\text{mm}$者,一律采用HPB300级钢筋,抗拉强度标准值$f_{sk}=300\text{MPa}$,抗拉强度设计值$f_{sd}=250\text{MPa}$。钢筋弹性模量均为$E_s=2.0\times10^5\text{MPa}$。

主梁混凝土采用C50,$E_c=3.45\times10^4\text{MPa}$,抗压强度标准值$f_{ck}=32.4\text{MPa}$,抗压强度设计值$f_{cd}=22.4\text{MPa}$;抗拉强度标准值$f_{tk}=2.65\text{MPa}$,抗拉强度设计值$f_{td}=1.83\text{MPa}$。

(6)设计要求:根据《公路钢筋混凝土及预应力混凝土桥涵设计规范》(JTG 3362—2018)要求,按A类部分预应力混凝土构件设计此梁。

(7)施工方法:采用后张法施工,预制主梁时,预留管道采用预埋成型金属波纹管,钢绞线采用TD双作用千斤顶两端同时张拉;主梁安装就位后现浇400mm宽的湿接缝。最后施工80mm厚的沥青桥面铺装层。

13.9.2　主梁尺寸

主梁各部分尺寸如图13-26所示。

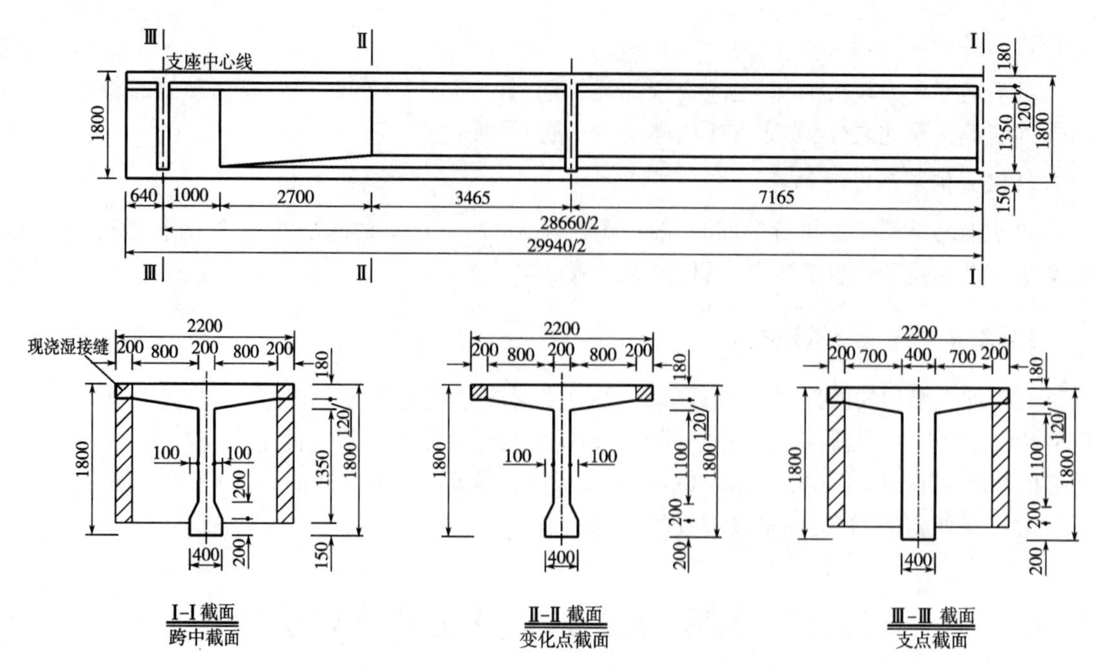

图 13-26　主梁各部分尺寸图(尺寸单位:mm)

13.9.3　主梁全截面几何特性

1)受压翼缘有效宽度 b'_f的计算

按《公路桥规》规定,T 形截面梁受压翼缘有效宽度 b'_f,取下列三者中的最小值:

(1)简支梁计算跨径的 $l_0/3$,即 $l_0/3=28660/3=9553$(mm)。

(2)相邻两梁的平均间距,对于中梁为 2200mm。

(3) $b+2b_h+12h'_f$,其中 b 为梁腹板宽度,b_h 为承托长度,这里 $b_h=0$,h'_f为受压区翼缘悬出板的厚度,h'_f可取跨中截面翼板厚度的平均值,即 $h'_f\approx(1000\times180+800\times120/2)/1000=228$(mm)。所以有 $b+6h_h+12h'_f=200+6\times0+12\times228=2936$(mm)。

所以,受压翼缘的有效宽度取 $b'_f=2200$mm。

2)全截面几何特性的计算

在工程设计中,主梁几何特性多采用分块数值求和法进行,其计算式为:

全截面面积

$$A=\sum A_i$$

全截面重心至梁顶的距离

$$y_u=\frac{\sum A_i y_i}{A}$$

式中:A_i——分块面积;

y_i——分块面积的重心至梁顶边的距离。

主梁跨中Ⅰ-Ⅰ截面的全截面几何特性如表 13-5 所示。根据图 13-26 可知变化点处的截面几何尺寸与跨中截面相同,故几何特性也相同,为

I-I 截面(跨中与 $L/4$ 截面)全截面几何特性　　表 13-5

分块号	分块面积 A_i (mm²)	y_i (mm)	$S_i = A_i \cdot y_i$ (mm³)	$(y_u - y_i)$ (mm)	$I_x = A_i(y_u - y_i)^2$ (mm⁴)	I_i (mm⁴)	截面分块示意图
①	$2 \times 1000 \times 180 = 360000$	90	32400×10^3	454	74.202×10^9	$\frac{2000 \times 180^3}{12} = 0.972 \times 10^9$	(尺寸单位：mm)
②	$800 \times 120 = 96000$	220	21120×10^3	324	10.078×10^9	$\frac{2 \times 800 \times 120^3}{36} = 0.077 \times 10^9$	
③	$1600 \times 200 = 320000$	800	256000×10^3	−256	20.972×10^9	$\frac{200 \times 1600^3}{12} = 68.267 \times 10^9$	
④	$100 \times 200 = 20000$	1533	30660×10^3	−989	19.562×10^9	$\frac{2 \times 100 \times 200^3}{36} = 0.044 \times 10^9$	
⑤	$200 \times 400 = 80000$	1700	136000×10^3	−1156	106.907×10^9	$\frac{400 \times 200^3}{12} = 0.267 \times 10^9$	
合计	$A = \sum A_i = 876000$	$y_u = \frac{\sum S_i}{A} = 544$ $y_b = 1800 - 544 = 1256$	$\sum S_i = 476180 \times 10^3$		$\sum I_x = 231.721 \times 10^9$	$\sum I_i = 69.627 \times 10^9$	
					$I = \sum I_x + \sum I_i = 301.348 \times 10^9$		

$$A=\sum A_i=876000\text{mm}^2 \qquad \sum S_i=\sum A_i y_i=476180\times10^3\text{mm}^3$$

$$y_u=\frac{\sum S_i}{A}=544\text{mm} \qquad I=\sum I_x+\sum I_i=301.348\times10^9\text{mm}^4$$

式中:I_i——分块面积 A_i 对其自身重心轴的惯性矩;

I_x——A_i 对 x-x(重心)轴的惯性矩。

13.9.4 主梁内力计算

公路简支梁桥主梁的内力,由永久作用(如结构重力、桥面铺装、护栏等)与可变作用(包括汽车荷载、人群荷载等)所产生。主梁各截面的最大内力,是考虑了车道荷载对计算主梁的最不利荷载位置,并通过各主梁间的内力横向分配而求得。具体计算方法,将在"桥梁工程"课程中介绍,这里仅列出中梁的计算结果,如表13-6所示。

13.9.5 钢筋面积的估算及钢束布置

1)预应力钢筋截面面积估算

按构件正截面抗裂性要求估算预应力钢筋数量。

对于A类部分预应力混凝土构件,根据跨中截面抗裂要求,由式(13-125)可得跨中截面所需的有效预加力为

$$N_{pe}\geqslant\frac{M_s/W-0.7f_{tk}}{1/A+e_p/W}$$

式中的 M_s 为正常使用极限状态按作用频遇组合计算的弯矩值,由表13-6有 $M_s=M_{G1}+M_{G2}+M_{Qs}=2261.3+697.5+826.3=3785.1$ (kN·m)。

设预应力钢筋截面重心距截面下缘为 $a_p=100$mm,则预应力钢筋的合力作用点至截面重心轴的距离为 $e_p=y_b-a_p=1156$mm;钢筋估算时,截面性质近似取用全截面的性质来计算,由表13-5可得跨中截面全截面面积 $A=876000\text{mm}^2$,全截面对抗裂验算边缘的弹性抵抗矩为 $W=I/y_b=301.348\times10^9/1256=239.927\times10^6(\text{mm}^3)$,所以有效预加力合力为

$$N_{pe}\geqslant\frac{M_s/W-0.7f_{tk}}{1/A+e_p/W}=\frac{3785.1\times10^6/239.927\times10^6-0.7\times2.65}{1/876000+1156/(239.927\times10^6)}=2.33586\times10^6(\text{N})$$

预应力钢筋的张拉控制应力为 $\sigma_{con}=0.75f_{pk}=0.75\times1860=1395$(MPa),预应力损失按张拉控制应力的20%估算,则可得需要预应力钢筋的面积为

$$A_p=\frac{N_{pe}}{(1-0.2)\sigma_{con}}=\frac{2.33586\times10^6}{0.8\times1395}=2093(\text{mm}^2)$$

采用3束6ϕ^S15.2钢绞线,预应力钢筋的截面面积为 $A_p=3\times6\times139=2502(\text{mm}^2)$。采用夹片式群锚,$\phi$70金属波纹管成孔。

2)预应力钢筋布置

(1)跨中截面预应力钢筋的布置

后张预应力混凝土受弯构件的预应力管道布置应符合《公路桥规》中的有关构造要求(详见13.8.4节)。参考已有的设计图纸并按《公路桥规》中的构造要求,对跨中截面的预应力钢筋进行初步布置(图13-27)。

主梁作用组合的效应计算值　　表 13-6

荷载作用标准值与作用组合			跨中截面（Ⅰ-Ⅰ）				l/4　截　面				变化点截面（Ⅱ-Ⅱ）		支点截面
			M_{max}	相应 V	V_{max}	相应 M	M_{max}	相应 V	V_{max}	相应 M	M_{max}	V_{max}	V_{max}
结构自重标准值 G_1		①	2261.3	0.0	0.0	2261.3	1695.9	150.8	150.8	1695.9	1119.2	214.3	301.5
结构附加自重标准值 G_2	现浇湿接缝 $G_{2,1}$	②	209.3	0.0	0.0	209.3	156.9	14.0	14.0	156.9	103.6	19.8	27.9
	桥面及栏杆 $G_{2,2}$	③	488.2	0.0	0.0	488.2	366.2	32.5	32.5	366.2	241.6	46.3	65.1
人群荷载标准值 Q_2		④	65.8	0.0	2.2	32.9	45.2	4.6	4.9	37.0	26.0	6.4	8.2
公路—Ⅱ级汽车荷载标准值（不计冲击系数）		⑤	1142.8	64.4	101.6	857.1	850.0	215.9	215.9	850.0	400.6	274.1	326.3
公路—Ⅱ级汽车荷载标准值（计冲击系数 0.083）		⑥	1237.7	69.7	110.0	928.2	920.6	233.8	233.8	920.6	433.8	296.9	353.4
持久状况应力计算的可变作用标准值组合（汽+人）		⑦	1303.5	69.7	112.2	961.1	965.8	238.4	238.7	957.6	459.8	303.3	361.6
承载能力极限状态计算的基本组合 1.1（1.2 结构重力 +1.4 汽 +0.75×1.4 人）		⑧	5887.7	107.3	171.9	5373.0	4399.0	625.8	626.1	4389.5	2631.1	834.7	1074.4
正常使用极限状态按作用频遇组合计算的可变荷载设计值（0.7 汽 +0.4 人）		⑨	826.3	45.1	72.0	613.1	613.1	153.0	153.1	609.8	290.8	194.4	231.7
正常使用极限状态按作用准永久组合计算的可变荷载设计值（0.4 汽 +0.4 人）		⑩	483.4	25.8	41.5	356.0	358.1	88.2	88.3	354.8	170.6	112.2	133.8

注：1. 表中单位：kN·m（弯矩 M）；kN（剪力 V）。
2. 表中数值：⑦、⑧栏中汽车荷载考虑冲击系数；⑨、⑩栏中汽车荷载不计冲击系数。

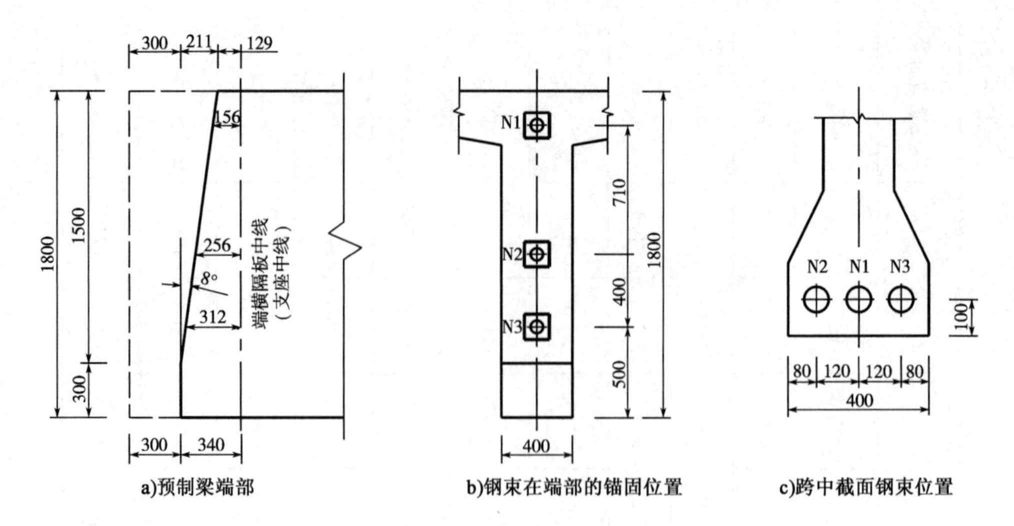

图 13-27　端部及跨中预应力钢筋布置图(尺寸单位:mm)

(2)锚固面钢束布置

为使施工方便,全部三束预应力钢筋均锚于梁端[图 13-27a)、b)],这样布置符合均匀分散的原则,不仅能满足张拉的要求,而且 N1、N2 在梁端均弯起较高,可以提供较大的预剪力。

(3)其他截面钢束位置及倾角计算

①钢束弯起形状、弯起角 θ 及其弯曲半径。采用直线段中接圆弧曲线段的方式弯曲;为使预应力钢筋的预加力垂直作用于锚垫板,N1、N2 和 N3 弯起角 θ 均取 $\theta_0=8°$;各钢束的弯曲半径为 $R_{N1}=45000\text{mm}$,$R_{N2}=30000\text{mm}$,$R_{N3}=15000\text{mm}$。

②钢束各控制点位置的确定。以 N3 号钢束为例,其弯起布置如图 13-28 所示。

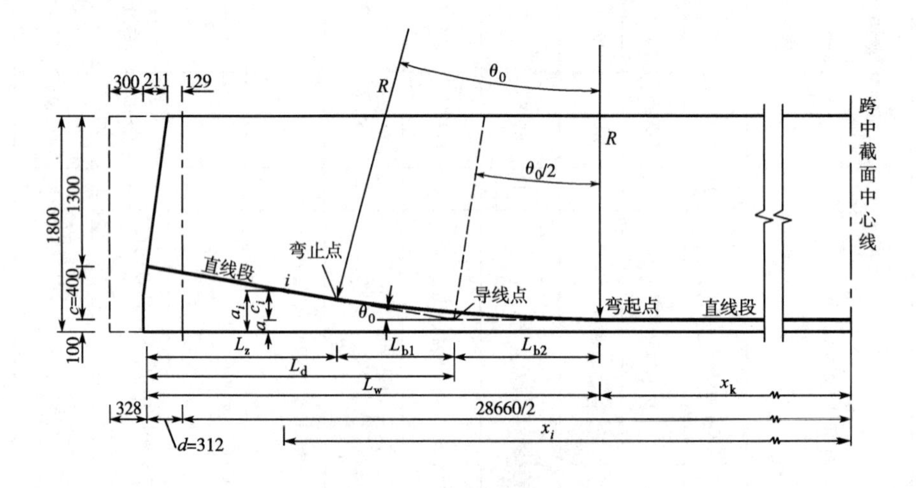

图 13-28　曲线预应力钢筋计算图(尺寸单位:mm)

由 $L_d = c \cdot \cot\theta_0$ 确定导线点距锚固点的水平距离

$$L_d = c \cdot \cot\theta_0 = 400 \cdot \cot 8° = 2846(\text{mm})$$

由 $L_{b2}=R\cdot\tan\frac{\theta_0}{2}$ 确定弯起点至导线点的水平距离

$$L_{b2}=R\cdot\tan\frac{\theta_0}{2}=15000\times\tan4^\circ=1049(\mathrm{mm})$$

所以弯起点至锚固点的水平距离为

$$L_w=L_d+L_{b2}=2846+1049=3895(\mathrm{mm})$$

则弯起点至跨中截面的水平距离为

$$x_k=28660/2+312-L_w=14642-3895=10747(\mathrm{mm})$$

根据圆弧切线的性质,图13-28中弯止点沿切线方向至导线点的距离与弯起点至导线点的水平距离相等,所以弯止点至导线点的水平距离为

$$L_{b1}=L_{b2}\cdot\cos\theta_0=1049\times\cos8^\circ=1039(\mathrm{mm})$$

故弯止点至跨中截面的水平距离为

$$x_k+L_{b1}+L_{b2}=10747+1039+1049=12835(\mathrm{mm})$$

同理可以计算N1、N2的控制点位置,将各钢束的控制参数汇总于表13-7中。

各钢束弯曲控制要素表 表13-7

钢束号	升高值 c(mm)	弯起角 θ_0(°)	弯起半径 R(mm)	支点至锚固点的水平距离 d(mm)	弯起点距跨中截面水平距离 x_k(mm)	弯止点距跨中截面水平距离(mm)
N1	1510	8	45000	156	595	6858
N2	800	8	30000	256	6796	10972
N3	400	8	15000	312	10747	12835

③各截面钢束位置及其倾角计算。仍以N3号钢束为例(图13-28),计算钢束上任意一点 i 离梁底距离 $a_i=a+c_i$ 及该点处钢束的倾角 θ_i,其中 a 为钢束弯起前其重心至梁底的距离,$a=100\mathrm{mm}$,c_i 为 i 点所在计算截面处钢束位置的升高值。

计算时,首先应判断出 i 点所在处的区段,然后计算 c_i 及 θ_i,即

当 $(x_i-x_k)\leqslant0$ 时,i 点位于直线段还未弯起,$c_i=0$,故 $a_i=a=100\mathrm{mm}$;$\theta_i=0$。

当 $0<(x_i-x_k)\leqslant(L_{b1}+L_{b2})$ 时,i 点位于圆弧弯曲段,c_i 及 θ_i 按下式计算,即

$$c_i=R-\sqrt{R^2-(x_i-x_k)^2}$$

$$\theta_i=\sin^{-1}\frac{x_i-x_k}{R}$$

当 $(x_i-x_k)>(L_{b1}+L_{b2})$ 时,i 点位于靠近锚固端的直线段,此时 $\theta_i=\theta_0=8^\circ$,$c_i$ 按下式计算,即

$$c_i=(x_i-x_k-L_{b2})\tan\theta_0$$

各截面钢束位置 a_i 及其倾角 θ_i 计算值详见表13-8。

各截面钢束位置(a_i)及其倾角(θ_i)计算表　　表 13-8

计算截面	钢束编号	x_k (mm)	$L_{b1}+L_{b2}$ (mm)	x_i-x_k (mm)	$\theta_i=\sin^{-1}\frac{x_i-x_k}{R}$ (°)	c_i (mm)	$a_i=a+c_i$ (mm)
跨中截面(Ⅰ-Ⅰ) $x_i=0$	N1	595	6263	为负值,钢束尚未弯起	0	0	100
	N2	6796	4176				
	N3	10747	2088				
$l/4$ 截面 $x_i=7165$mm	N1	595	6263	$x_i-x_k>L_{b1}+L_{b2}$	8	481	581
	N2	6796	4176	$0<x_i-x_k(=369)<4176$	0.705	2	102
	N3	10747	2088	为负值,钢束尚未弯起	0	0	100
变化点截面(Ⅱ-Ⅱ) $x_i=10630$mm	N1	595	6263	$x_i-x_k>L_{b1}+L_{b2}$	8	968	1068
	N2	6796	4176	$0<x_i-x_k(=3834)<4176$	7.342	246	346
	N3	10747	2088	为负值,钢束尚未弯起	0	0	100
支点截面 $x_i=14330$mm	N1	595	6263	$x_i-x_k>L_{b1}+L_{b2}$	8	1488	1588
	N2	6796	4176	$x_i-x_k>L_{b1}+L_{b2}$	8	764	864
	N3	10747	2088	$x_i-x_k>L_{b1}+L_{b2}$	8	356	456

④钢束平弯段的位置及平弯角。N1、N2、N3 三束预应力钢绞线在跨中截面布置在同一水平面上,而在锚固端三束钢绞线则都在肋板中心线上。为实现钢束的这种布筋方式,N2、N3 在主梁肋板中必须从两侧平弯到肋板中心线上。为了便于施工中布置预应力管道,N2、N3 在梁中的平弯采用相同的形式,其平弯位置如图 13-29 所示。平弯段有两段曲线弧,每段曲线弧的弯曲角为 $\theta=\frac{638}{8000}\times\frac{180}{\pi}=4.569°$。

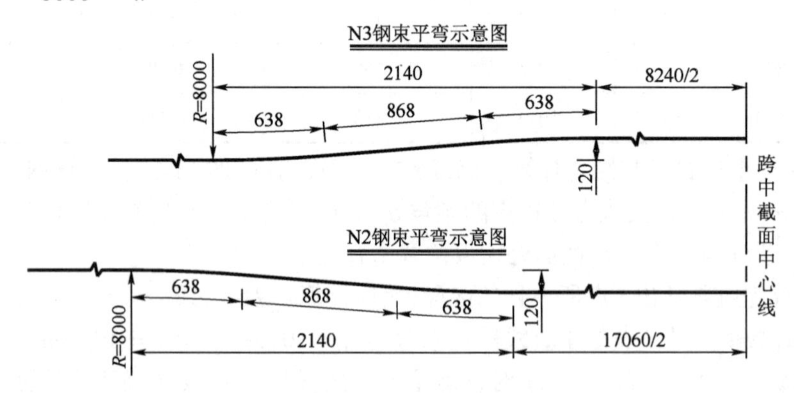

图 13-29　钢束平弯示意图(尺寸单位:mm)

3)非预应力钢筋截面面积估算及布置

按构件承载能力极限状态要求估算非预应力钢筋数量。

在确定预应力钢筋数量后,非预应力钢筋根据正截面承载能力极限状态的要求来确定。

设预应力钢筋和非预应力钢筋的合力点到截面底边的距离为 $a=80$mm,则有

$$h_0=h-a=1800-80=1720(\mathrm{mm})$$

先假定为第一类 T 形截面,由公式 $\gamma_0 M_d \leqslant f_{cd}b_f'x(h_0-x/2)$ 计算受压区高度 x,即

$$5887.1\times10^{6}=22.4\times2200x(1720-\frac{x}{2})$$

求得 $x=71(\text{mm})<h'_{\text{f}}(=228\text{mm})$，则根据正截面承载力计算需要的非预应力钢筋截面面积为

$$A_{\text{s}}=\frac{f_{\text{cd}}b'_{\text{f}}x-f_{\text{pd}}A_{\text{p}}}{f_{\text{sd}}}=\frac{22.4\times2200\times71-1260\times2502}{330}=1050(\text{mm}^2)$$

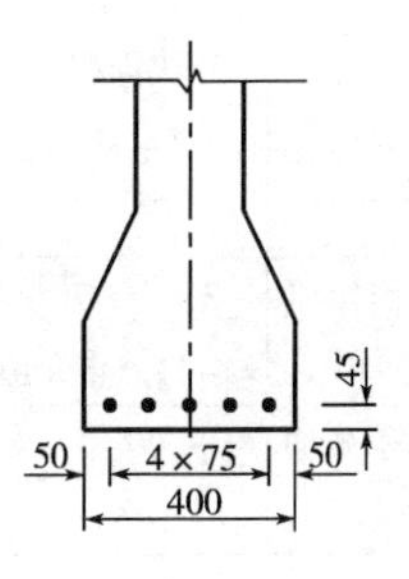

图 13-30 非预应力钢筋布置图(尺寸单位:mm)

采用 5 根直径为 18mm 的 HRB400 钢筋，提供的钢筋截面面积为 $A_{\text{s}}=1272\text{mm}^2[>0.003bh_0=0.003\times200\times1720=1032(\text{mm}^2)]$。在梁底布置成一排(图 13-30)，其间距为 75mm，钢筋重心到底边的距离为 $a_{\text{s}}=45\text{mm}$，假设箍筋取⌀10，则箍筋的混凝土保护层厚度 $c_1=45-(20.5/2)-11.6=23.2(\text{mm})>c_{\min}(=20\text{mm})$，满足要求。

13.9.6 主梁截面几何特性计算

后张法预应力混凝土梁主梁截面几何特性应根据不同的受力阶段分别计算。本示例中的 T 梁从施工到运营经历了如下三个阶段。

(1)主梁预制并张拉预应力钢筋

主梁混凝土达到设计强度的 90% 后，进行预应力的张拉，此时管道尚未压浆，所以其截面特性为计入非预应力钢筋影响(将非预应力钢筋换算为混凝土)的净截面。该截面的截面特性计算中应扣除预应力管道的影响，T 梁翼板宽度为 1800mm。

(2)灌浆封锚，主梁吊装就位并现浇 400mm 湿接缝

预应力钢筋张拉完成并进行管道压浆、封锚后，预应力钢筋能够参与截面受力。主梁吊装就位后现浇 400mm 湿接缝，但湿接缝还没有参与截面受力，所以此时的截面特性计算采用计入非预应力钢筋和预应力钢筋影响的换算截面，T 梁翼板宽度仍为 1800mm。

(3)桥面、栏杆及人行道施工和运营阶段

桥面湿接缝结硬后，主梁即为全截面参与工作，此时截面特性计算采用计入非预应力钢筋和预应力钢筋影响的换算截面，T 梁翼板有效宽度为 2200mm。

截面几何特性的计算可以列表进行，以第一阶段跨中截面为例列表于 13-9 中。同理，可求得其他受力阶段计算截面几何特性如表 13-10 所示。

第一阶段跨中截面几何特性计算表　　表 13-9

分块名称	分块面积 A_i (mm²)	A_i 重心至梁顶距离 y_i (mm)	对梁顶边的面积矩 $S_i=A_iy_i$ (mm³)	自身惯性矩 I_i (mm⁴)	$y_{\text{u}}-y_i$ (mm)	$I_x=A_i(y_{\text{u}}-y_i)^2$ (mm⁴)	截面惯性矩 $I=I_i+I_x$ (mm⁴)
混凝土全截面	804×10^3	584.2	469.700×10^6	285.013×10^9	$577.0-584.2=-7.2$	0.042×10^9	
非预应力钢筋换算面积	$(\alpha_{\text{Es}}-1)A_{\text{s}}=6.104\times10^3$	1755	10.709×10^6	≈0	$577.0-1755=-1178.0$	8.468×10^9	

续上表

分块名称	分块面积 A_i (mm^2)	A_i 重心至梁顶距离 y_i (mm)	对梁顶边的面积矩 $S_i=A_iy_i$ (mm^3)	自身惯性矩 I_i (mm^4)	y_u-y_i (mm)	$I_x=A_i(y_u-y_i)^2$ (mm^4)	截面惯性矩 $I=I_i+I_x$ (mm^4)
预留管道面积	$-3\times\pi\times70^2/4=-11.545\times10^3$	1700	-19.627×10^6	≈0	$577.0-1700=-1123.0$	-14.560×10^9	
净截面面积	$A_n=798.557\times10^3$	$y_{nu}=\sum S_i/A_n=577.0$	$\sum S_i=460.782\times10^6$	285.013×10^9		-6.050×10^9	278.963×10^9

注:$\alpha_{Es}=E_s/E_c=2.0\times10^5/3.45\times10^4=5.797$;$E_s$ 值查附表 2-2,E_c 值查附表 1-2。

各控制截面不同阶段各计算截面几何特性汇总表 表 13-10

受力阶段	计算截面	A(mm^2)	y_u(mm)	y_b(mm)	e_p(mm)	I(mm^4)	W(mm^3)		
							$W_u=I/y_u$	$W_b=I/y_b$	$W_p=I/e_p$
阶段 1:孔道压浆前	跨中截面	798.557×10^3	577.0	1223.0	1123.0	278.963×10^9	4.835×10^8	2.281×10^8	2.484×10^8
	L/4 截面	798.557×10^3	579.3	1220.7	959.7	282.834×10^9	4.882×10^8	2.317×10^8	2.947×10^8
	变化点截面	798.557×10^3	582.9	1217.1	712.4	287.538×10^9	4.933×10^8	2.362×10^8	4.036×10^8
	支点截面	1050.557×10^3	657.1	1142.9	173.6	341.727×10^9	5.201×10^8	2.990×10^8	19.685×10^8
阶段 2:管道结硬后至湿接缝结硬前	跨中截面	821.741×10^3	608.7	1191.3	1091.3	307.375×10^9	5.050×10^8	2.580×10^8	2.817×10^8
	L/4 截面	821.741×10^3	606.4	1193.6	932.6	303.582×10^9	5.006×10^8	2.543×10^8	3.255×10^8
	变化点截面	821.741×10^3	603.0	1197.0	692.3	298.973×10^9	4.958×10^8	2.498×10^8	4.319×10^8
	支点截面	1073.741×10^3	660.8	1139.2	169.9	342.412×10^9	5.182×10^8	3.006×10^8	20.154×10^8
阶段 3:湿接缝结硬后	跨中截面	893.741×10^3	566.9	1233.1	1133.1	325.380×10^9	5.740×10^8	2.639×10^8	2.872×10^8
	L/4 截面	893.741×10^3	564.8	1235.2	974.2	321.432×10^9	5.691×10^8	2.602×10^8	3.299×10^8
	变化点截面	893.741×10^3	561.6	1238.4	733.7	316.587×10^9	5.637×10^8	2.556×10^8	4.315×10^8
	支点截面	1145.741×10^3	624.9	1175.1	205.8	364.591×10^9	5.834×10^8	3.103×10^8	17.716×10^8

注:表中符号下角标“u”表示对截面上边缘,“b”表示对截面下边缘,“p”表示对预应力钢筋。

13.9.7 持久状况承载能力极限状态计算

1)正截面承载力计算

一般取弯矩最大的跨中截面进行正截面承载力计算。

(1)求截面受压区高度 x

先按第一类 T 形截面梁,略去构造钢筋影响,由式(13-127)计算混凝土受压区高度 x,即

$$x=\frac{f_{pd}A_p+f_{sd}A_s}{f_{cd}b_f'}=\frac{1260\times2502+330\times1272}{22.4\times2200}=72.5(\text{mm})<h_f'(=180\text{mm})$$

截面受压区位于翼缘板内,说明确实是第一类 T 形截面梁。

跨中截面的预应力钢筋和非预应力钢筋的布置见图 13-27 和图 13-30,预应力钢筋和非预应力钢筋的合力作用点到截面底边距离(a)为

$$a=\frac{f_{pd}A_pa_p+f_{sd}A_sa_s}{f_{pd}A_p+f_{sd}A_s}=\frac{1260\times2502\times100+330\times1272\times45}{1260\times2502+330\times1272}=93.5(\text{mm})$$

因此得到截面有效高度 $h_0 = h - a = 1800 - 93.5 = 1706.5$(mm)。预应力混凝土梁采用C50混凝土和钢绞线,查表13-1得到截面相对界限受压区高度 $\xi_b = 0.4$,$\xi_b h_0 = 0.4 \times 1706.5 = 682.6$(mm) $> x$(=72.5mm),满足要求。

(2)正截面承载力计算

由式(13-128)计算截面抗弯承载力为

$$\begin{aligned} M_u &= f_{cd} b'_f x(h_0 - x/2) \\ &= 22.4 \times 2200 \times 72.5(1706.5 - 72.5/2) \\ &= 5967.469 \times 10^6 (\text{N} \cdot \text{mm}) = 5967.469\text{kN} \cdot \text{m} \end{aligned}$$

由表13-6⑧查到作用基本组合下梁跨中截面弯矩计算值 $M = 5887.7\text{kN} \cdot \text{m}$,小于截面抗弯承载力计算值,满足要求。

现按式(13-133)来检查预应力混凝土受弯构件正截面是否满足防止发生脆性破坏的要求。已计算得到梁跨中截面抗弯承载力为 $M_u = 5967.469\text{kN} \cdot \text{m}$,因此需要按式(13-133)介绍的公式来计算梁跨中处正截面开裂弯矩值 M_{cr}。

由"13.9.10节抗裂性验算"可以查到后张预应力混凝土梁跨中截面下边缘的混凝土预压应力计算值为 $\sigma_{pc} = 17.30\text{MPa}$(压应力);由表13-10查到跨中截面的换算截面的截面模量(对截面下边缘)计算值为 $W_{0b} = 2.639 \times 10^8 \text{mm}^3$,换算截面重心轴距截面上边缘距离为 $y_{0u} = 566.9\text{mm}$。

参照表13-5的梁跨中截面布置尺寸、图13-27c)钢束布置和图13-30非预应力钢筋布置,可以计算得到全截面换算截面重心轴以上部分面积对重心轴的面积矩 $S_0 = 2.371 \times 10^8 \text{mm}^3$;取 $W_0 = W_{0b} = 2.639 \times 10^8 \text{mm}^3$,则计算参数 γ 为

$$\gamma = \frac{2S_0}{W_0} = \frac{2 \times 2.371 \times 10^8}{2.639 \times 10^8} = 1.80$$

查附表1-1得到C50混凝土轴心抗拉强度标准值 $f_{tk} = 2.65\text{MPa}$,开裂弯矩 M_{cr} 计算如下:

$$\begin{aligned} M_{cr} = (\sigma_{pc} + \gamma f_{tk}) W_0 &= (17.30 + 1.80 \times 2.65) \times 2.639 \times 10^8 \\ &= 58.243 \times 10^8 (\text{N} \cdot \text{mm}) = 5824.3\text{kN} \cdot \text{m} \end{aligned}$$

则 $\dfrac{M_u}{M_{cr}} = \dfrac{5967.469}{5824.3} = 1.025 > 1$,满足式(13-133)要求。

2)箍筋设计与斜截面承载力计算

(1)抗剪钢筋设计

预应力混凝土简支梁的抗剪钢筋包括预应力弯起钢筋和箍筋(普通钢筋),由于预应力弯起钢筋已在预应力钢筋布置中确定,故抗剪钢筋设计主要是箍筋的设计。

①梁截面尺寸检查

由表13-6查到梁支座处截面的计算剪力 $V_0 = 1074.4\text{kN}$。支座处截面的肋板宽度 $b = 400\text{mm}$,截面有效高度 $h_0 = 1800 - 45 = 1755$(mm)(只能计非预应力纵向受拉钢筋);C50混凝土,$f_{cu,k} = 50\text{MPa}$,则

$$(0.51 \times 10^{-3})\sqrt{f_{cu,k}}\, b h_0 = (0.51 \times 10^{-3})\sqrt{50} \times 400 \times 1775 = 2560.43(\text{kN})$$

大于计算剪力 $V_0 = 1074.4\text{kN}$,梁支座处截面尺寸满足要求。

②剩余剪力计算

梁计算截面的作用组合的剪力计算值减去弯起预应力钢筋的抗剪力(称为预剪力)后的剪力计算值,称为剩余剪力,应当由箍筋和混凝土承受。

计算得到距支座中心 $h/2$ 处截面剪力计算值为 $V_0 = 1017.80\text{kN}$;截面 N1、N2 和 N3 钢束均为弯起钢束(与支座中心截面处相同),且弯起角均为 $\theta_i = 8°$(表 13-8),$\sin8° = 0.139$。由式(13-20)计算相应的预剪力 $V_{pb} = 0.75 \times 10^{-3} f_{pd} \sum A_{pb} \sin\theta_p = (0.75 \times 10^{-3})1260(3 \times 840 \times 0.139) = 331.02(\text{kN})$,则剩余剪力 $V_0' = 1017.80 - 331.02 = 686.78(\text{kN})$,梁各计算截面的剩余剪力计算值见表 13-11。

梁各计算截面的剩余剪力计算值(kN) 表 13-11

截面	距支座 $h/2$ 处	截面变化处	$l/4$ 截面	跨中截面
剪力计算值 V	1017.80	834.7	626.1	171.9
预剪力值 V_p	331.02	211.94	119.86	0
剩余剪力值 V'	686.78	622.76	506.24	171.9

③箍筋设计

取箍筋为⌀10,双肢箍筋,箍筋面积 $A_{sv} = 157\text{mm}^2$。

由表 13-11 在梁各计算截面的剩余剪力计算值情况可见,距支座中心 $h/2$ 处截面至梁 $l/4$ 截面的区段剩余剪力计算值相差不大,故全梁箍筋设计计算分为两个区段进行,即距支座中心 $h/2$ 处截面至梁 $l/4$ 截面的区段,取剩余剪力值 $V_0' = 686.78\text{kN}$ 计算;$l/4$ 截面至跨中截面区段,由于该区段内预剪力很小,故可按剪力计算值 $V_{l/4} = 506.24\text{kN}$ 计算。

各计算截面的截面有效高度 h_0 和纵向受拉钢筋配筋率 $p = 100(A_p + A_s)/bh_0$ 计算为:

跨中截面:$h_0 = 1706.5\text{mm}$,$p = 100(2520 + 1272)/(200 \times 1706.5) = 1.111 < 2.5$;$l/4$ 截面:$h_0 = 1715.7\text{mm}$,$p = 100(834 + 1272)/(200 \times 1715.7) = 0.614 < 2.5$;距支座中心 $h/2$ 处截面(近似按支座中心处截面计算):$h_0 = 1755\text{mm}$,$p = 100(0 + 1272)/(400 \times 1755) = 0.181 < 2.5$。

所需箍筋间距 s_v 按下式计算

$$s_v = \frac{(0.201 \times 10^{-6})\alpha_1^2 \alpha_2^2 \alpha_3^2 b h_0^2 (2 + 0.6p) \sqrt{f_{cu,k}} A_{sv} f_{sv}}{V'^2}$$

式中各符号的物理意义见式(13-19)。在箍筋设计计算时,式中的有效高度 h_0 和纵向受拉钢筋配筋率 p 采用区段的两端截面的平均值计算,见表 13-12。

取系数 $\alpha_1 = 1.0$,$\alpha_2 = 1.0$(配筋计算时暂不考虑预应力作用),$\alpha_3 = 1.1$;C50 混凝土,$f_{cu,k} = 50\text{MPa}$;箍筋(HRB400 级钢筋),$f_{sv} = 330\text{MPa}$;$b = 200\text{mm}$,计算所需的箍筋间距 s_v 见表 13-12。

梁各区段所需箍筋间距的计算 表 13-12

计算箍筋的梁区段	距支座中心 $h/2$ 截面 ~ $l/4$ 截面	$l/4$ 截面 ~ 跨中截面
采用的截面有效高度值(mm)	$(1755 + 1715.7)/2 = 1735.35$	$(1715.7 + 1706.5)/2 = 1711.1$
采用的纵向受拉钢筋配筋率	$(0.181 + 0.614)/2 = 0.3975$	$(0.614 + 1.111)/2 = 0.8625$
所需箍筋间距 s_v(mm)	255	513

根据《公路桥规》的规定,距支座中心 1800mm(一倍梁高范围内)范围内取用闭合式箍筋,$s_v = 120\text{mm}$。因其余梁段计算所需箍筋的间距值(表 13-12)均大于 200mm 的限值,故其余梁

段取 $s_v = 200\text{mm}$。

(2)斜截面抗剪承载力复核

以预应力混凝土梁的截面变化处(Ⅱ-Ⅱ截面)的斜截面抗剪承载力复核为例。

①验算的斜截面顶端位置

由表13-8的“计算截面”列查到截面变化处(Ⅱ-Ⅱ截面)截面的位置横坐标 $x_i = 10630(\text{mm})$。

在截面变化处只有N3钢束未弯起,属于纵向受拉的预应力钢筋,面积 $A_p = 834\text{mm}^2$,同时还有非预应力纵向钢筋(图13-30),面积 $A_s = 1272\text{mm}^2$,故计算截面有效高度 h_0 为

$$h_0 = h - \frac{f_{pd}A_p a_p + f_{sd}A_s a_s}{f_{pd}A_p + f_{sd}A_s} = 1800 - \frac{1260 \times 834 \times 100 + 330 \times 1272 \times 45}{1260 \times 834 + 330 \times 1272}$$
$$= 1800 - 84 = 1716(\text{mm})$$

现采用简单迭代法来进行斜截面投影长度计算。假设斜截面投影长度为 $c_1 = 1.5h_0 = 2574\text{mm}$ 进行迭代计算。当 $c_n = 3089\text{mm}$ 时,得到选择的斜截面顶端正截面的位置横坐标 $x_n = x_i - c_n = 10630 - 3089 = 7541(\text{mm})$,该正截面上的剪力计算值 V_x 及相应的弯矩计算值 M_x 分别参照式(4-15)和式(4-14)计算如下

$$V_x = V_{l/2} - (V_0 - V_{l/2})(2x_n/l_0)$$
$$= 171.9 + (1074.4 - 171.9)(2 \times 7541/28660) = 646.83(\text{kN})$$

$$M_x = M_{l/2}[1 - (4x_n^2/l_0^2)] = 5373[1 - (4 \times 7541^2/28660^2)] = 3885.07(\text{kN} \cdot \text{m})$$

斜截面顶端位置的正截面有效高度仍为 $h_0 = 1716\text{mm}$,因此,计算得到实际广义剪跨比 m 为

$$m = \frac{M_x}{V_x h_0} = \frac{3885.07}{646.83 \times 1.716} = 3.47 > 3$$

取 $m = 3$,则斜截面水平投影长度计算值 $c_{n+1} = 0.6mh_0 = 0.6 \times 3 \times 1.716 = 3.089(\text{m})$,与 c_n 值相等,故认可斜截面水平投影长度 $c_n = 3089\text{mm}$,相应的斜截面的斜角 $\beta = \tan^{-1}(h_0/c) = \tan^{-1}(1716/3089) \approx 29°$。

②抗剪承载力 V_{cs} 的计算

计算的纵向受拉钢筋配筋率 $p = 100\rho = 100(A_p + A_s)/bh_0 = 100(834 + 1272)/200 \times 1716 = 0.614$。$\Phi$10的双肢箍筋面积 $A_{sv} = 157\text{mm}^2$,布置间距 $s_v = 200\text{mm}$,则箍筋的配筋率为 $\rho_{sv} = A_{sv}/s_v b = 157/(200 \times 200) = 0.0093$。

取异号弯矩影响系数 $\alpha_1 = 1.0$,预应力提高系数 $\alpha_2 = 1.25$,受压翼缘的影响系数 $\alpha_3 = 1.1$,计算截面宽度 $b = 200\text{mm}$、有效高度 $h_0 = 1716\text{mm}$,混凝土立方体抗压强度标准值 $f_{cu,k} = 50\text{MPa}$,箍筋的抗拉强度设计值 $f_{sv} = 330\text{MPa}$,由式(13-19)得到

$$V_{cs} = (0.45 \times 10^{-3})\alpha_1\alpha_2\alpha_3 bh_0\sqrt{(2 + 0.6p)\sqrt{f_{cu,k}}\rho_{sv}f_{sv}}$$
$$= (0.45 \times 10^{-3}) \times 1 \times 1.25 \times 1.1 \times 200 \times 1716\sqrt{(2 + 0.6 \times 0.614)\sqrt{50} \times 0.00393 \times 330}$$
$$= 989.66(\text{kN})$$

③抗剪承载力 V_{pb} 的计算

斜截面内预应力钢筋为钢束N1和钢束N2,由表13-7可以查到钢束N1、钢束N2的弯起位置分别为 $x_1 = 595\text{mm}$ 和 $x_2 = 6796\text{mm}$,弯曲半径分别 $R_{N1} = 45000\text{mm}$、$R_{N2} = 30000\text{mm}$,计算在斜截面顶端位置处正截面的钢束倾角的正弦值 $\sin\theta_i$ 分别是:钢束N1,$\sin\theta_1 = (x_i - x_1)/R_{N1} =$

$(8830-595)/45000=0.139$;钢束 N2,$\sin\theta_2=(x_i-x_2)/R_{N2}=(8830-6796)/30000=0.068$,则抗剪承载力 V_{pb} 为

$$V_{pb}=0.75\times10^{-3}f_{pd}\sum A_{pb}\sin\theta_p$$
$$=(0.75\times10^{-3})\times1260\times834(0.139+0.068)=164.316(\text{kN})$$

④斜截面抗剪承载力的复核

$$V_{u1}=V_{cs}+V_{pb}=989.66+164.316=1153.98(\text{kN})>V_x[=646.83\text{kN}]$$

现再对斜截面顶端处正截面,按式(4-6)计算抗剪承载力。前面计算已得到斜截面顶端处正截面的有效高度 $h_0=1716\text{mm}$,截面宽度 $b=200\text{mm}$,则可得到

$$V_{u2}=(0.51\times10^{-3})\sqrt{f_{cu,k}}bh_0=(0.51\times10^{-3})\sqrt{50}\times200\times1716=1237.66(\text{kN})$$

而截面剪力计算值 $V_x=646.83\text{kN}$,故抗剪截面的尺寸满足要求。该斜截面抗剪承载力 $V_u=\min\{V_{u1},V_{u2}\}=1153.98\text{kN}$。

(3)斜截面抗弯承载力

由于钢束均锚固于梁端,钢束数量沿跨长方向没有变化,且弯起角度缓和,其斜截面抗弯强度一般不控制设计,故不另行验算。

13.9.8 钢束预应力损失估算

1)预应力钢筋张拉(锚下)控制应力 σ_{con}

按《公路桥规》规定采用

$$\sigma_{con}=0.75f_{pk}=0.75\times1860=1395(\text{MPa})$$

2)钢束应力损失

(1)预应力钢筋与管道间摩擦引起的预应力损失 σ_{l1}

由式(13-41)有

$$\sigma_{l1}=\sigma_{con}[1-e^{-(\mu\theta+kx)}]$$

对于跨中截面:$x=l/2+d$,d 为锚固点到支点中线的水平距离(图 13-27);μ、k 分别为预应力钢筋与管道壁的摩擦系数及管道每米局部偏差对摩擦的影响系数,采用预埋成型金属波纹管时,由附表2-5查得 $\mu=0.25$,$k=0.0015$;θ 为从张拉端到跨中截面间,管道平面转过的角度,这里N1只有竖弯,其角度为 $\theta_{N1}=\theta_0=8°$,N2和N3不仅有竖弯还有平弯(图13-28),其角度应为管道转过的空间角度,其中竖弯角度为 $\theta_V=8°$,平弯角度为 $\theta_H=2\times4.569=9.138°$,所以空间转角为 $\theta_{N2}=\theta_{N3}=\sqrt{\theta_H^2+\theta_V^2}=\sqrt{9.138^2+8^2}=12.145°$。

跨中截面(Ⅰ-Ⅰ)各钢束摩擦应力损失值 σ_{l1} 见表 13-13。

跨中截面(Ⅰ-Ⅰ)各钢束摩擦应力损失 σ_{l1} 计算 表 13-13

钢束编号	θ		$\mu\theta$	x	kx	$\beta=1-e^{-(\mu\theta+kx)}$	σ_{con}	σ_{l1}
	(°)	rad		(m)			(MPa)	(MPa)
N1	8	0.1396	0.0349	14.486	0.0217	0.0550	1395	76.73
N2	12.145	0.2120	0.0530	14.586	0.0219	0.0722	1395	100.72
N3	12.145	0.2120	0.0530	14.642	0.0220	0.0723	1395	100.86
平均值								92.77

同理,可算出其他控制截面处的 σ_{l1} 值。各截面摩擦应力损失值 σ_{l1} 的平均值的计算结果,列于表 13-14。

各设计控制截面 σ_{l1} 平均值 表 13-14

截面	跨中(Ⅰ-Ⅰ)	$L/4$	变化点(Ⅱ-Ⅱ)	支点
σ_{l1} 平均值(MPa)	92.77	54.06	25.04	0.50

(2)锚具变形、钢丝回缩引起的应力损失(σ_{l2})

计算锚具变形、钢筋回缩引起的应力损失,后张法曲线布筋的构件应考虑锚固后反摩擦的影响。首先根据式(13-49)计算反摩擦影响长度 l_f,即

$$l_f = \sqrt{\frac{\sum \Delta l \cdot E_p}{\Delta \sigma_d}}$$

式中,$\sum \Delta l$ 为张拉端锚具变形值,由附表 2-6 查得夹片式锚具顶压张拉时 Δl 为 4mm;$\Delta \sigma_d$ 为单位长度由管道摩阻引起的预应力损失,$\Delta \sigma_d = (\sigma_0 - \sigma_l)/l$;$\sigma_0$ 为张拉端锚下张拉控制应力,σ_l 为扣除沿途管道摩擦损失后锚固端预拉应力,$\sigma_l = \sigma_0 - \sigma_{l1}$;$l$ 为张拉端至锚固端的距离,这里的锚固端为跨中截面。将各束预应力钢筋的反摩擦影响长度列表计算于表 13-15中。

反摩擦影响长度计算表 表 13-15

钢束编号	$\sigma_0 = \sigma_{con}$ (MPa)	σ_{l1} (MPa)	$\sigma_l = \sigma_0 - \sigma_{l1}$ (MPa)	l (mm)	$\Delta \sigma_d = (\sigma_0 - \sigma_l)/l$ (MPa/mm)	l_f (mm)
N1	1395	76.73	1318.27	14486	0.005297	12135
N2	1395	100.72	1294.28	14586	0.006905	10628
N3	1395	100.86	1294.14	14642	0.006888	10641

求得 l_f 后可知三束预应力钢绞线均满足 $l_f \leqslant l$,所以距张拉端为 x 处的截面由锚具变形和钢筋回缩引起的考虑反摩擦后的预应力损失 $\Delta \sigma_x(\sigma_{l2})$ 按式(13-50)计算,即

$$\Delta \sigma_x(\sigma_{l2}) = \Delta \sigma \frac{l_f - x}{l_f}$$

式中,$\Delta \sigma$ 为张拉端由锚具变形引起的考虑反摩擦后的预应力损失,$\Delta \sigma = 2\Delta \sigma_d l_f$。若 $x > l_f$,则表示该截面不受反摩擦影响。将各控制截面 $\Delta \sigma_x(\sigma_{l2})$ 的计算列于表 13-16 中。

锚具变形引起的预应力损失计算表 表 13-16

截　面	钢束编号	x (mm)	l_f (mm)	$\Delta \sigma$ (MPa)	σ_{l2} (MPa)	各控制截面 σ_{l2} 平均值 (MPa)
跨中截面	N1	14486	12135	128.56	$x > l_f$ 截面不受反摩擦影响	0
	N2	14586	10628	146.77		
	N3	14642	10641	146.59		
$l/4$ 截面	N1	7321	12135	128.56	51.00	46.29
	N2	7421	10628	146.77	44.29	
	N3	7477	10641	146.59	43.59	
变化点截面	N1	3856	12135	128.56	87.71	90.39
	N2	3956	10628	146.77	92.14	
	N3	4012	10641	146.59	91.32	

续上表

截　面	钢束编号	x (mm)	l_f (mm)	$\Delta\sigma$ (MPa)	σ_{l2} (MPa)	各控制截面σ_{l2}平均值 (MPa)
支点截面	N1	156	12135	128.56	126.91	137.48
	N2	256	10628	146.77	143.24	
	N3	312	10641	146.59	142.29	

(3)预应力钢筋分批张拉时混凝土弹性压缩引起的应力损失(σ_{l4})

混凝土弹性压缩引起的应力损失按应力计算需要控制的截面进行计算。对于简支梁可取$l/4$截面按式(13-56)进行计算,并以其计算结果作为全梁各截面预应力钢筋应力损失的平均值。也可直接按简化式(13-61)进行计算,即

$$\sigma_{l4} = \frac{m-1}{2m}\alpha_{Ep}\sigma_{pc}$$

式中:m——张拉批数,$m=3$;

α_{Ep}——预应力钢筋弹性模量与混凝土弹性模量的比值,按张拉时混凝土的实际强度等级f'_{ck}计算,f'_{ck}假定为设计强度的90%,即$f'_{ck}=0.9\times C50=C45$,查附表1-2得$E'_c=3.35\times10^4$MPa,故$\alpha_{Ep}=\dfrac{E_p}{E'_c}=\dfrac{1.95\times10^5}{3.35\times10^4}=5.82$;

σ_{pc}——全部预应力钢筋(m批)的合力N_p在其作用点(全部预应力钢筋重心点)处所产生的混凝土正应力,$\sigma_{pc}=\dfrac{N_p}{A}+\dfrac{N_p e_p^2}{I}$,截面特性按表13-10中"阶段1"取用,则

$$N_p=(\sigma_{con}-\sigma_{l1}-\sigma_{l2})A_p=(1395-54.06-46.29)\times2502=3239.214(\text{kN})$$

$$\sigma_{pc}=\frac{N_p}{A}+\frac{N_p e_p^2}{I}=\frac{3239.214\times10^3}{798.557\times10^3}+\frac{3239.214\times10^3\times959.7^2}{282.834\times10^9}=14.60(\text{MPa})$$

所以

$$\sigma_{l4}=\frac{m-1}{2m}\alpha_{Ep}\sigma_{pc}=\frac{3-1}{2\times3}\times5.82\times14.60=28.32(\text{MPa})$$

(4)钢筋松弛引起的预应力损失(σ_{l5})

张拉低松弛钢绞线(夹片式锚具)采用一次张拉工艺,取张拉系数$\psi=1$,钢筋松弛系$\zeta=0.3$,由附表2-2得到1×7(7股)钢绞线的抗拉强度标准值$f_{pk}=1860$MPa。

采用简支梁$l/4$截面处的传力锚固时钢束应力作为全梁的平均值来计算,可以得到$\sigma_{pe}=\sigma_{con}-\sigma_{l1}-\sigma_{l2}-\sigma_{l4}=1395-54.06-46.29-28.32=1266.33$(MPa),代入式(13-64),计算得到

$$\sigma_{l5}=\psi\xi\left(\frac{0.52\sigma_{pe}}{f_{pk}}-0.26\right)\sigma_{pe}$$

$$=1.0\times0.3\left(\frac{0.52\times1266.33}{1860}-0.26\right)\times1266.33=35.72(\text{MPa})$$

(5)混凝土收缩、徐变引起的损失(σ_{l6})

混凝土收缩、徐变终极值引起的受拉区预应力钢筋的应力损失可按式(13-65)计算,即

$$\sigma_{l6}(t_u) = \frac{0.9[E_p\varepsilon_{cs}(t_u,t_0) + \alpha_{Ep}\sigma_{pc}\varphi(t_u,t_0)]}{1 + 15\rho\rho_{ps}}$$

式中：$\varepsilon_{cs}(t_u,t_0)$、$\varphi(t_u,t_0)$——加载龄期为 t_0 时混凝土收缩应变终极值和徐变系数终极值；

t_0——加载龄期，即达到设计强度为90%的龄期，近似按标准养护条件计算则有 $0.9f_{ck}=f_{ck}\frac{\lg t_0}{\lg 28}$，可得 $t_0\approx 20\text{d}$；对于结构附加重力 G_2 的加载龄期 t_0'，假定为 $t_0'=90\text{d}$。

该梁所属的桥位于野外一般地区，相对湿度为75%，其构件理论厚度由图13-25中Ⅰ-Ⅰ截面可得 $2A_c/u\approx 2\times 876000/5466\approx 321$，由此可查表12-3并插值得相应的徐变系数终极值为 $\varphi(t_u,t_0)=\varphi(t_u,20)=1.69$，$\varphi(t_u,t_0')=\varphi(t_u,90)=1.25$；混凝土收缩应变终极值为 $\varepsilon_{cs}(t_u,20)=2\times 10^{-4}$。

σ_{pc} 为传力锚固时在跨中和 $l/4$ 截面的全部受力钢筋（包括预应力钢筋和纵向非预应力受力钢筋，为简化计算不计构造钢筋影响）截面重心处由 N_{pI}、M_{G1}、M_{G2} 所引起的混凝土正应力的平均值。考虑到加载龄期不同，M_{G2} 产生的正应力按计算值乘以折减系数 $\varphi(t_u,t_0')/\varphi(t_u,20)$ 来近似处理。计算 N_{pI} 和 M_{G1} 引起的应力时采用"阶段1"截面特性，计算 M_{G2} 引起的应力时采用"阶段3"截面特性。对梁的跨中截面：

$$N_{pI}=(\sigma_{con}-\sigma_{lI})A_p=(1395-92.77-0-28.32)\times 2502=3187.32\ (\text{kN})$$

$$\sigma_{pc,l/2}=\left(\frac{N_{pI}}{A_n}+\frac{N_{pI}e_p^2}{I_n}\right)-\frac{M_{G1}}{W_{np}}-\frac{\varphi(t_u,90)}{\varphi(t_u,20)}\cdot\frac{M_{G2}}{W_{0p}}$$

$$=\frac{3187.32\times 10^3}{798.557\times 10^3}+\frac{3187.32\times 10^3\times 1123.0^2}{278.963\times 10^9}-\frac{2261.3\times 10^6}{2.484\times 10^8}-\frac{1.25}{1.69}\times\frac{697.5\times 10^6}{2.872\times 10^8}$$

$$=7.50(\text{MPa})$$

对梁的 $l/4$ 截面：

$$N_{pI}=(1395-54.06-46.29-28.32)\times 2502=3168.36(\text{kN})$$

$$\sigma_{pc,l/4}=\frac{3168.36\times 10^3}{798.557\times 10^3}+\frac{3168.36\times 10^3\times 959.7^2}{282.834\times 10^9}-\frac{1695.91\times 10^6}{2.947\times 10^8}-\frac{1.25}{1.69}\times\frac{523.1\times 10^6}{3.299\times 10^8}$$

$$=7.36(\text{MPa})$$

所以梁跨中和 $l/4$ 截面计算的 σ_{pc} 平均值为 $\overline{\sigma}_{pc}=(7.50+7.36)/2=7.43(\text{MPa})$。

计算 $\alpha_{Ep}=5.65$，而 $\rho=\frac{A_p+A_s}{A}=\frac{2502+1272}{893.741\times 10^3}=0.00422$（未计构造钢筋影响）。

对 $\rho_{ps}=1+\frac{e_{ps}^2}{i^2}=1+\frac{e_{ps}^2}{I_0/A_0}$，本例取跨中与 $l/4$ 截面的平均值来计算，则有

跨中截面

$$e_{ps}=\frac{A_pe_p+A_se_s}{A_p+A_s}=\frac{2502\times 1131.1+1272\times 1188.1}{2502+1272}=1151.6(\text{mm})$$

$l/4$ 截面

$$e_{ps}=\frac{A_pe_p+A_se_s}{A_p+A_s}=\frac{2502\times974.2+1272\times1190.2}{2502+1272}=1047.0(\text{mm})$$

故跨中和 $l/4$ 截面 e_{ps} 的平均值为 $\bar{e}_{ps}=(1151.6+1047.2)/2=1099.3(\text{mm})$。

而跨中与 $l/4$ 截面换算截面面积平均值 $\bar{A}_0=893.741\times10^3\text{mm}^2$，换算截面惯性矩平均值 $\bar{I}_0=(325.380+321.432)\times10^9/2=323.406\times10^9(\text{mm}^4)$，代入 ρ_{ps} 计算式得到

$$\rho_{ps}=1+\frac{1099.3^2}{(323.406\times10^9/893.741\times10^3)}=4.34$$

将以上各项代入式(13-65)即可得到

$$\sigma_{l6}=\frac{0.9\times(1.95\times10^5\times2\times10^{-4}+5.65\times7.43\times1.69)}{1+15\times0.00422\times4.34}=77.63(\text{MPa})$$

各截面钢束预应力损失平均值及有效预应力汇总见表13-17。

各截面钢束预应力损失平均值及有效预应力汇总表 表13-17

计算截面	预加应力阶段 $\sigma_{lI}=\sigma_{l1}+\sigma_{l2}+\sigma_{l4}$(MPa)				使用阶段 $\sigma_{lII}=\sigma_{l5}+\sigma_{l6}$(MPa)			钢束有效预应力(MPa)	
	σ_{l1}	σ_{l2}	σ_{l4}	σ_{lI}	σ_{l5}	σ_{l6}	σ_{lII}	预加力阶段 $\sigma_{pI}=\sigma_{con}-\sigma_{lI}$	使用阶段 $\sigma_{pII}=\sigma_{con}-\sigma_{lI}-\sigma_{lII}$
跨中截面(Ⅰ-Ⅰ)	92.77	0	28.32	121.09	35.72	77.63	113.35	1273.91	1160.56
$l/4$ 截面	54.06	46.29	28.32	128.67	35.72	77.63	113.35	1266.33	1152.98
变化点截面(Ⅱ-Ⅱ)	25.04	90.39	28.32	143.75	35.72	77.63	113.35	1251.25	1137.90
支点截面	0.50	137.48	28.32	166.30	35.72	77.63	113.35	1228.70	1115.35

13.9.9 应力验算

1)短暂状况的截面正应力验算

预应力混凝土受弯构件的制作、运输及安装等施工阶段的验算都属于短暂状况下构件截面强度计算。限于篇幅，本例介绍后张法预应力混凝土受弯构件的预应力钢束张拉锚固后跨中截面的混凝土正应力验算。

这时，梁受到本身结构自重作用和预加力作用：跨中截面预加力阶段钢束的有效预应力由表13-17查到 $\sigma_{pI}=1273.91\text{MPa}$，预加力 $N_{pI}=\sigma_{pI}A_p=1273.91\times2502=3187.32(\text{kN})$；因预加力作用预制梁段产生上拱，因此梁结构自重作用可按简支梁计算，由表13-6查到跨中截面的结构自重 G_1 产生的弯矩标准值 $M_{G1}=2261.3\text{kN}\cdot\text{m}$。截面混凝土正应力计算时采用表13-10“阶段1”中跨中截面几何特性，例如跨中截面的净截面面积 $A_n=798.557\times10^3\text{mm}^2$。

后张法预应力混凝土梁的跨中截面边缘混凝土正应力按式(13-76)计算，得到如下结果：

(1)截面上边缘(预拉区边缘)最大混凝土应力 σ_{ct}^t

$$\sigma_{ct}^t=\frac{N_{pI}}{A_n}-\frac{N_{pI}e_{pu}}{W_{nu}}+\frac{M_{G1}}{W_{nu}}$$

$$=\frac{3187.32\times10^3}{798.557\times10^3}-\frac{3187.32\times10^3\times1123}{4.835\times10^8}+\frac{2261.3\times10^6}{4.835\times10^8}=1.27(\text{MPa})(\text{压应力})$$

(2)截面下边缘(预压区边缘)最大混凝土应力 σ_{cc}^{t}

$$\sigma_{cc}^{t}=\frac{N_{pI}}{A_n}+\frac{N_{pI}e_{pu}}{W_{nu}}-\frac{M_{G1}}{W_{nu}}$$

$$=\frac{3187.32\times10^3}{798.557\times10^3}+\frac{3187.32\times10^3\times1123}{4.835\times10^8}-\frac{2261.3\times10^6}{4.835\times10^8}=9.77(\mathrm{MPa})(压应力)$$

跨中截面边缘混凝土均为压应力。预制主梁混凝土达到设计强度90%后张拉并锚固钢束,这时按C45混凝土计算,$f'_{ck}=29.6\mathrm{MPa}$,《公路桥规》规定的混凝土压应力限值为 $0.7f'_{ck}=0.7\times29.6=20.72(\mathrm{MPa})$,跨中截面正应力验算满足要求。

2)持久状况的截面正应力验算

持久状况下预应力混凝土梁截面的正应力验算包括截面混凝土应力验算和预应力钢束的拉应力验算。这里以梁跨中截面(Ⅰ-Ⅰ截面)正应力验算介绍方法。

(1)计算取值

这时,预应力混凝土梁受到结构重力(包括结构附加重力)、可变荷载和预加力的作用。因本例预应力混凝土梁由施工到成桥运营经历截面几何特性变化、相应的荷载作用历程不同,因此需要按第13.9.6节的三个阶段正确取值。

①结构重力(包括结构附加重力)和可变荷载作用的弯矩标准值

可查表13-6得到结构自重 G_1 的弯矩标准值 $M_{G1}=2261.3\mathrm{kN\cdot m}$、现浇湿接缝重力 $G_{2,1}$ 的弯矩标准值 $M_{G2,1}=209.3\mathrm{kN\cdot m}$ 和桥面栏杆重力 $G_{2,2}$ 的弯矩标准值 $M_{G2,2}=488.2\mathrm{kN\cdot m}$,计算截面应力时采用的跨中截面几何特性,分别由表13-10按"阶段1""阶段2"和"阶段3"查用。

汽车荷载和人群荷载组合的弯矩标准值可查表13-6⑦项得到 $M_Q=1303.5\mathrm{kN\cdot m}$,计算截面应力时采用的跨中截面几何特性,由表13-10按"阶段3"查用。

②预加力的计算值

由表13-17可以查到跨中截面处使用阶段时钢束有效预应力 $\sigma_{pII}=1160.56\mathrm{MPa}$、预应力损失 $\sigma_{l6}=77.63\mathrm{MPa}$,则预加力计算值 $N_{pII}=\sigma_{pII}A_p-\sigma_{l6}A_s=1160.56\times2502-77.63\times1272=2804.98(\mathrm{kN})$,其中 $\sigma_{pII}A_p=2903.72(\mathrm{kN})$、$\sigma_{l6}A_s=98.75(\mathrm{kN})$;预加力至截面的净截面重心轴距离 e_{pu} 计算为

$$e_{pn}=\frac{\sigma_{pII}A_p(y_{nb}-a_p)-\sigma_{l6}A_s(y_{nb}-a_s)}{\sigma_{pII}A_p-\sigma_{l6}A_s}$$

$$=\frac{2903.72\times10^3(1223-100)-98.75\times10^3(1223-45)}{(2903.72-98.75)\times10^3}=1121.1(\mathrm{mm})$$

(2)截面混凝土正应力验算

对于后张法预应力混凝土梁,参照式(13-82)进行截面混凝土正应力计算,跨中截面上边缘混凝土压应力 σ_{cu} 为

$$\sigma_{cu}=\frac{N_{pII}}{A_n}-\frac{N_{pII}e_{pn}}{W_{nu}}+\frac{M_{G1}}{W_{nu}}+\frac{M_{G2,1}}{W_{0u}}+\frac{M_{G2,2}+M_Q}{W_{0u}}$$

$$=\frac{2804.98\times10^3}{798.557\times10^3}-\frac{2804.98\times10^3\times1121.1}{4.835\times10^8}+\frac{2261.3\times10^6}{4.835\times10^8}+$$

$$\frac{209.3\times10^6}{5.0550\times10^8}+\frac{488.2\times10^6+(65.8+1237.7)\times10^6}{5.74\times10^8}$$

$$=5.22(\mathrm{MPa})$$

C50 混凝土轴心抗压强度标准值$f_{ck}=32.4\mathrm{MPa}$,规定的混凝土压应力限值为$0.5f_{ck}=0.5\times32.4=16.2(\mathrm{MPa})$,故梁跨中截面上边缘混凝土压应力验算满足要求。

(3)预应力钢束的拉应力验算

结构附加重力($G_{2,1}$和$G_{2,2}$)、可变荷载(汽车荷载和人群荷载)作用下,梁跨中截面预应力钢束截面重心处混凝土的正应力为

$$\sigma_{kt}=\frac{M_{G2,1}}{W'_{0p}}+\frac{M_{G2,2}+M_{Q}}{W_{0p}}$$

$$=\frac{209.3\times10^{6}}{2.817\times10^{8}}+\frac{488.2\times10^{6}+(65.8+1237.7)\times10^{6}}{2.872\times10^{8}}=6.98(\mathrm{MPa})$$

弹性模量比$\alpha_{Ep}=E_{p}/E_{c}=1.95\times10^{5}/3.45\times10^{4}=5.652$,跨中截面处使用阶段时钢束有效预应力$\sigma_{p\mathrm{II}}=1160.56\mathrm{MPa}$,参照式(13-85)计算预应力钢束的最大拉应力为

$$\sigma_{pmax}=\sigma_{p\mathrm{II}}+\alpha_{Ep}\sigma_{kt}=1160.56+5.652\times6.98=1200.01(\mathrm{MPa})$$

A 类部分预应力混凝土梁体内预应力钢绞线的最大拉应力限值为$0.65f_{pk}=0.65\times1860=1209(\mathrm{MPa})$,故预应力钢束的最大拉应力计算值满足要求。

3)持久状况下的混凝土主应力验算

本例取剪力和弯矩都有较大的变化点(Ⅱ-Ⅱ)截面(图 13-31)为例进行计算。实际设计中,应根据需要增加验算截面。

(1)截面面积矩计算

按图 13-31 进行计算,其中计算点分别取上梗肋 a-a 处、"阶段 3"截面重心轴 x_0-x_0 处及下梗肋 b-b 处。

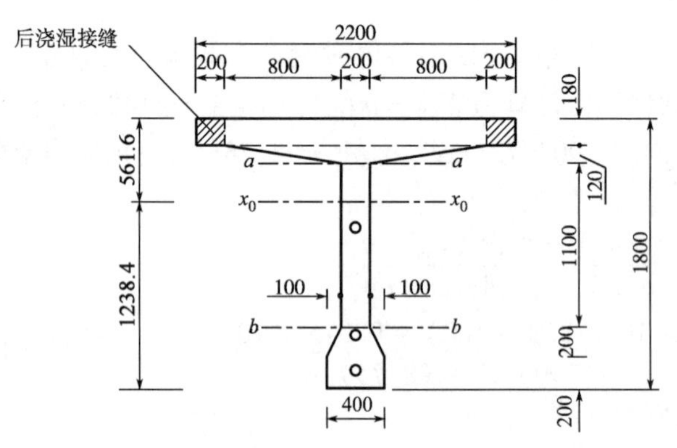

图 13-31 变化点截面(尺寸单位:mm)

现以"阶段 1"时截面梗肋 a-a 以上面积对净截面重心轴 x_n-x_n 的面积矩 S_{na} 计算为例,计算如下:

$$S_{na}=1800\times180(582.9-180/2)+\frac{1}{2}(1800-200)120(582.9-180-120/3)+$$

$$200\times120(582.9-180-120/2)=2.028\times10^{8}(\mathrm{mm}^{3})$$

同理可得,不同计算点处的面积矩,现汇总于表 13-18。

面积矩计算表　　表 13-18

截面类型	阶段1净截面对其重心轴（重心轴位置 $x=582.9$mm）			阶段2换算截面对其重心轴（重心轴位置 $x'_0=603.0$mm）			阶段3换算截面对其重心轴（重心轴位置 $x_0=561.6$mm）		
计算点位置	a-a	x_0-x_0	b-b	a-a	x_0-x_0	b-b	a-a	x_0-x_0	b-b
面积矩符号	S_{na}	S_{nx0}	S_{nb}	S'_{0a}	S'_{0x0}	S'_{0b}	S_{0a}	S_{0x0}	S_{0b}
面积矩（mm^3）	2.028×10^8	2.107×10^8	1.446×10^8	2.117×10^8	2.207×10^8	1.559×10^8	2.273×10^8	2.341×10^8	1.618×10^8

（2）主应力计算

以图 13-31 所示梁Ⅱ-Ⅱ截面的上梗腋 a-a 处主应力计算为例，介绍计算方法。

①上梗腋 a-a 处混凝土剪应力计算

由表 13-6 的变化点截面（Ⅱ-Ⅱ）查到结构自重标准值 G_1 产生的剪力 $V_{G1}=214.3$kN、现浇湿接缝自重标准值 $G_{2,1}$ 产生的剪力 $V_{G2,1}=19.8$kN、桥面及栏杆自重标准值 $G_{2,2}$ 产生的剪力 $V_{G2,2}=46.3$kN；由表 13-6⑦项查到汽车荷载（计冲击系数）和人群荷载标准值产生的剪力 $V_Q=303.3$kN，得到 $V_{G2,2}+V_Q=46.3+303.3=349.6$(kN)。

由表 13-8 可见预应力钢束 N1 和 N2 已弯起并与梁Ⅱ-Ⅱ截面相交，平均弯起角的 $\sin\theta_p=0.1335$；由表 13-17 查到使用阶段Ⅱ-Ⅱ截面处钢束有效预应力 $\sigma''_{pe}=\sigma_{p\text{II}}=1137.90$MPa，弯起钢束总面积 $A_{pb}=1668mm^2$，则预剪力 $\sum\sigma''_{pe}A_{pb}\sin\theta_p=1137.90\times1668\times0.1335=253385$(N)。

各阶段截面对其截面重心轴的面积矩见表 13-18，由式（13-91）计算上梗腋 a-a 处混凝土剪应力为

$$\begin{aligned}\tau &=\frac{V_{G1}S_n}{bI_n}+\frac{V_{G2,1}S'_0}{bI'_0}+\frac{V_{G2,2}+V_Q}{bI_0}-\frac{\sum\sigma''_{pe}A_{pe}\sin\theta_pS_n}{bI_n}\\ &=\frac{214.3\times10^3\times2.028\times10^8}{200\times287.538\times10^9}+\frac{19.8\times10^3\times2.117\times10^8}{200\times298.973\times10^9}+\\ &\quad\frac{349.6\times10^3\times2.273\times10^8}{200\times316.587\times10^9}-\frac{253385\times2.028\times10^8}{200\times287.538\times10^9}\\ &=1.19(\text{MPa})\end{aligned}$$

②上梗腋 a-a 处混凝土正应力计算

参照式（13-84）计算预应力钢筋和非预应力钢筋的合力 $N_{p\text{II}}$ 为

$$\begin{aligned}N_{p\text{II}}&=\sigma_{p\text{II}}A_{pb}\cos\theta_p+\sigma_{p\text{II}}A_p-\sigma_{l6}A_s\\ &=1137.90\times1668\times0.9910+1137.90\times834-77.63\times1272\\ &=2829.94\times10^3-98.75\times10^3\\ &=2731.20\times10^3(\text{N})\end{aligned}$$

$$\begin{aligned}e_{pn}&=\frac{(\sigma_{p\text{II}}A_{pb}\cos\theta_p+\sigma_{p\text{II}}A_p)(y_{nb}-a_p)-\sigma_{l6}A_s(y_{nb}-a_s)}{\sigma_{p\text{II}}A_{pb}\cos\theta_p+\sigma_{p\text{II}}A_p-\sigma_{l6}A_s}\\ &=\frac{2829.94\times10^3(1217.1-504.7)-98.75\times10^3(1217.1-45)}{2731.20\times10^3}\\ &=737.7(\text{mm})\end{aligned}$$

$$\begin{aligned}\sigma_{cx}&=\frac{N_{p\text{II}}}{A_n}-\frac{N_{p\text{II}}e_{pn}y_{na}}{I_n}+\frac{M_{G1}y_{na}}{I_0}+\frac{M_{G2,1}y'_{na}}{I'_0}+\frac{(M_{G2,2}+M_Q)y_{0a}}{I_0}\\ &=\frac{2731.20\times10^3}{798.557\times10^3}-\frac{2731.20\times10^3\times737.7(582.9-300)}{287.538\times10^9}+\frac{1119.2\times10^6(582.9-300)}{287.538\times10^9}+\\ &\quad\frac{103.6\times10^6(603.0-300)}{298.973\times10^9}+\frac{(241.6+459.8)\times10^6(561.6-300)}{316.587\times10^9}\end{aligned}$$

$$= 342 - 1.98 + 1.10 + 0.10 + 0.58$$
$$= 3.22(\mathrm{MPa})$$

③上梗腋 a-a 处混凝土主应力计算

$$\sigma_{tp} = \frac{\sigma_{cx}}{2} - \sqrt{\left(\frac{\sigma_{cx}}{2}\right)^2 + \tau^2} = \frac{3.22}{2} - \sqrt{\left(\frac{3.22}{2}\right)^2 + 1.19^2} = -0.39(\mathrm{MPa})$$

$$\sigma_{cp} = \frac{\sigma_{cx}}{2} + \sqrt{\left(\frac{\sigma_{cx}}{2}\right)^2 + \tau^2} = \frac{3.22}{2} + \sqrt{\left(\frac{3.22}{2}\right)^2 + 1.19^2} = 3.61(\mathrm{MPa})$$

同理,可得 x_0-x_0 及下梗腋 b-b 处的主应力见表 13-19。

变化点截面(Ⅱ-Ⅱ)主应力计算表　　表 13-19

计算纤维	面积矩(mm^3)			剪应力 τ (MPa)	正应力 σ (MPa)	主应力(MPa)	
	阶段 1 净截面 S_n	阶段 2 换算截面 S_0'	阶段 3 换算截面 S_0			σ_{tp}	σ_{cp}
a-a	2.028×10^8	2.117×10^8	2.273×10^8	1.19	3.22	-0.39	3.61
x_0-x_0	2.107×10^8	2.207×10^8	2.341×10^8	1.22	3.37	-0.40	3.76
b-b	1.446×10^8	1.559×10^8	1.618×10^8	0.85	3.83	-0.18	4.01

(3)主压应力的限制值

混凝土的主压应力限值为 $0.6f_{ck}=0.6\times32.4=19.44(\mathrm{MPa})$,与表 13-19 的计算结果比较,可见混凝土主压应力计算值均小于限值,满足要求。

(4)主应力验算

将表(13-19)中的主压应力值与主压应力限值进行比较,均小于相应的限制值。最大主拉应力为 $\sigma_{tpmax}=0.38\mathrm{MPa}<0.5f_{tk}[=0.5\times2.65=1.33(\mathrm{MPa})]$,按《公路桥规》的要求,仅需按构造布置箍筋。

13.9.10 抗裂性验算

1)作用频遇组合作用下的正截面抗裂验算

取预应力混凝土简支梁跨中截面的下边缘(受拉边缘)进行正截面抗裂验算,对 A 类预应力混凝土梁的正截面抗裂验算应同时分别满足作用频遇组合下和准永久组合下的验算要求。

(1)截面下边缘的混凝土预压应力

由前面"持久状况的截面正应力验算"得到预加力计算值 $N_{p\mathrm{II}}=2804.98(\mathrm{kN})$,预加力至截面的净截面重心轴距离 $e_{pn}=1121.1\mathrm{mm}$,按式(13-99)计算后张预应力混凝土梁跨中截面下边缘的混凝土预压应力为

$$\sigma_{pc} = \frac{N_{p\mathrm{II}}}{A_n} + \frac{N_{p\mathrm{II}}e_{pn}}{W_{nb}}$$
$$= \frac{2804.98\times10^3}{798.557\times10^3} + \frac{2804.98\times10^3\times1121.1}{2.281\times10^8}$$
$$= 17.30(\mathrm{MPa})$$

(2)作用频遇组合、准永久组合产生的截面下边缘混凝土拉应力

由表 13-6⑨查到可变作用频遇组合在跨中截面产生的弯矩设计值 $M_{Qs}=826.3\mathrm{kN\cdot m}$,参照式(13-101)计算得到

$$\sigma_{st} = \frac{M_{G1}}{W_{nb}} + \frac{M_{G2,1}}{W'_{0b}} + \frac{M_{G2,2}+M_{Qs}}{W_{0b}}$$
$$= \frac{2261.3\times10^6}{2.281\times10^8} + \frac{209.3\times10^6}{2.580\times10^8} + \frac{488.2\times10^6+826.3\times10^6}{2.639\times10^8} = 15.71(\mathrm{MPa})$$

由表13-6⑩查到可变作用准永久组合在跨中截面产生的弯矩设计值 $M_{Ql}=483.4\text{kN}\cdot\text{m}$，参照式(13-104)计算得到

$$\sigma_{lt}=\frac{M_{G1}}{W_{nb}}+\frac{M_{G2,1}}{W'_{0b}}+\frac{M_{G2,2}+M_{Ql}}{W_{0b}}$$

$$=\frac{2261.3\times10^6}{2.281\times10^8}+\frac{209.3\times10^6}{2.580\times10^8}+\frac{488.2\times10^6+483.4\times10^6}{2.693\times10^8}=14.41(\text{MPa})$$

(3)正截面抗裂验算

预加力与作用频遇组合共同作用产生的截面下边缘混凝土应力为 $\sigma_{st}-\sigma_{pc}=15.71-17.30=-1.59(\text{MPa})$，压应力，满足式(13-107)的要求。

预加力与作用准永久组合共同作用产生的截面下边缘混凝土应力为 $\sigma_{lt}-\sigma_{pc}=14.41-17.30=-2.89(\text{MPa})<0$，满足式(13-108)的要求。

2)作用频遇组合作用下的斜截面抗裂验算

斜截面抗裂验算应取剪力和弯矩均较大的最不利区段截面进行，这里仍取剪力和弯矩都较大的变化点Ⅱ-Ⅱ截面(图13-25)为例进行计算，该截面的面积矩见表13-18。实际设计中，应根据需要增加验算截面。

(1)主应力计算

仍以图13-30所示梁Ⅱ-Ⅱ截面的上梗腋 a-a 处主应力计算为例，介绍计算方法。与“持久状况下混凝土主应力验算”相比，斜截面抗裂计算的方法、计算取值与之基本相同，唯一不同的是可变荷载应采用频遇组合的剪力及相应弯矩计算值，由表13-6⑨项查到梁Ⅱ-Ⅱ截面上 $V_{Qs}=194.4\text{kN}$，$M_{Qs}=290.8\text{kN}\cdot\text{m}$。

①上梗腋 a-a 处混凝土剪应力计算

由“持久状况下混凝土主应力验算”的混凝土正应力计算得到预剪力 $\sum\sigma''_{pe}A_{pb}\sin\theta_p=253385\text{N}$，而 $V_{G2,2}+V_{Qs}=46.3+194.4=240.7(\text{kN})$，则计算频遇组合下截面上梗腋 a-a 处混凝土剪应力为

$$\tau=\frac{V_{G1}S_n}{bI_n}+\frac{V_{G2,1}S'_0}{bI_0}+\frac{V_{G2,2}+V_{Qs}}{bI_0}-\frac{\sum\sigma''_{pe}A_{pe}\sin\theta_pS_n}{bI_n}$$

$$=\frac{214.3\times10^3\times2.028\times10^8}{200\times287.538\times10^9}+\frac{19.8\times10^3\times2.117\times10^8}{200\times298.973\times10^9}+$$

$$\frac{240.7\times10^3\times2.273\times10^8}{200\times316.587\times10^9}-\frac{253385\times2.028\times10^8}{200\times287.538\times10^9}$$

$$=0.80(\text{MPa})$$

②上梗腋 a-a 处混凝土正应力计算

取 $M_{G2,2}+M_{Qs}=241.6+290.8=532.4(\text{kN}\cdot\text{m})$，则计算频遇组合下截面上梗腋 a-a 处混凝土正应力为

$$\sigma_{cx}=\frac{N_{p\text{Ⅱ}}}{A_n}-\frac{N_{p\text{Ⅱ}}e_{pn}y_{na}}{I_n}+\frac{M_{G1}y_{na}}{I_n}+\frac{M_{G2,1}y'_{0a}}{I'_0}+\frac{(M_{G2,2}+M_{Qs})y_{0a}}{I_0}$$

$$=\frac{2731.20\times10^3}{798.557\times10^3}-\frac{2014.806\times10^6(582.9-300)}{287.538\times10^9}+\frac{1119.2\times10^6(582.9-300)}{287.538\times10^9}+$$

$$\frac{103.6\times10^6(603-300)}{298.973\times10^9}+\frac{532.4\times10^6(561.6-300)}{316.587\times10^9}$$

$$=3.42-1.98+1.10+0.1+0.44=3.08(\text{MPa})$$

③上梗腋 $a\text{-}a$ 处混凝土主应力计算

将以上计算的上梗腋 $a\text{-}a$ 处混凝土剪应力计算值 $\tau = 0.79\text{MPa}$ 和正应力计算值 $\sigma_{cx} = 3.21\text{MPa}$代入式(13-86),得到上梗腋 $a\text{-}a$ 处混凝土主拉应力 σ_{tp}为

$$\sigma_{tp} = \frac{\sigma_{cx}}{2} - \sqrt{(\frac{\sigma_{cx}}{2})^2 + \tau^2} = \frac{3.08}{2} - \sqrt{(\frac{3.08}{2})^2 + 0.80^2} = -0.19(\text{MPa})$$

同理,可得 $x_0\text{-}x_0$ 及下梗腋 $b\text{-}b$ 的主应力见表 13-20。

变化点截面(Ⅱ-Ⅱ)主应力计算表 表 13-20

计算纤维	面积矩(mm^3)			剪应力 τ (MPa)	正应力 σ (MPa)	主拉应力 σ_{tp} (MPa)
	阶段 1 净截面 S_n	阶段 2 换算截面 S'_0	阶段 3 换算截面 S_0			
$a\text{-}a$	2.028×10^8	2.117×10^8	2.273×10^8	0.80	3.08	-0.19
$x_0\text{-}x_0$	2.107×10^8	2.207×10^8	2.341×10^8	0.82	3.37	-0.19
$b\text{-}b$	1.446×10^8	1.559×10^8	1.618×10^8	0.56	4.28	-0.07

(2)主拉应力的限制值

作用频遇组合下抗裂验算的混凝土主拉应力限值为

$$0.7f_{tk} = 0.7 \times 2.65 = 1.86(\text{MPa})$$

从表 13-18 中可以看出,以上主拉应力均符合要求,所以变化点截面满足作用频遇组合作用下的斜截面抗裂验算要求。

13.9.11 主梁挠度(变形)计算

1)主梁挠度验算

主梁计算跨径 $l_0 = 28.66\text{m}$,C50 混凝土抗压弹性模量 $E_c = 3.45 \times 10^4\text{MPa}$,由表 13-10 查到跨中截面的全截面换算截面 $I_0 = 325.38 \times 10^9\text{mm}^4$,挠度验算时取 A 类预应力混凝土受弯构件的抗弯刚度为 $B_0 = 0.95E_cI_0 = 0.95 \times 3.45 \times 10^4 \times 325.38 \times 10^9 = 10.66433 \times 10^{15}(\text{N} \cdot \text{mm}^2)$。

由表 13-6 查到跨中截面处可变荷载作用频遇组合的弯矩设计值 $M_{Qs} = 826.3\text{kN} \cdot \text{m}$;由表 13-3查得 C50 混凝土梁体的挠度增长系数 $\eta_\theta = 1.43$,代入式(13-115)进行主梁挠度验算如下

$$w_{Ql} = \frac{5}{48} \cdot \frac{M_{Qs}l_0^2}{B_0} \cdot \eta_\theta = \frac{5}{48} \times \frac{826.3 \times 10^6 \times 28660^2}{10.66433 \times 10^{15}} \times 1.43 = 9.5(\text{mm})$$

简支梁挠度限值为 $l_0/600 = 28660/600 = 47.8(\text{mm})$,故验算满足要求。

2)主梁预拱度设置计算

(1)考虑长期效应的作用频遇组合下主梁挠度计算

由表 13-6 查到跨中截面结构自重弯矩 $M_{G1} = 2261.3\text{kN} \cdot \text{m}$、现浇湿接缝自重弯矩 $M_{G2,1} = 209.3\text{kN} \cdot \text{m}$、桥面及栏杆自重弯矩 $M_{G2,2} = 488.2\text{kN} \cdot \text{m}$,故结构重力作用产生的弯矩 $M_G = 2261.3 + 209.3 + 488.2 = 2958.8(\text{kN} \cdot \text{m})$。

作用频遇组合的弯矩值 $M_s = M_G + M_{Qs} = 2958.8 + 826.3 = 3785.1(\text{kN} \cdot \text{m})$,考虑长期效应的作用频遇组合下主梁挠度 w_l为

$$w_l = \frac{5}{48} \cdot \frac{M_s l_0^2}{B_0} \cdot \eta_\theta = \frac{5}{48} \times \frac{3785.1 \times 10^6 \times 28660^2}{10.66433 \times 10^{15}} \times 1.43 = 43.4(\text{mm})$$

(2)预加力作用引起的梁上拱值的计算

本算例采用式(13-116)计算预加力作用引起的梁上拱值。

①梁支点截面预加力产生的弯矩 $M_{p,0}$

在支点截面,由表13-17中得到N1、N2和N3钢束有效预应力为$\sigma_{pe}=\sigma_{p\mathrm{II}}=1115.35\mathrm{MPa}$,预应力钢束因混凝土收缩、徐变引起的损失 $\sigma_{l6}=77.63\mathrm{MPa}$,而每束钢束面积为 $A_i=834\mathrm{mm}^2$,由表13-8得到钢束的倾角均为$\theta_i=8°$;非预应力钢筋为5 ф18(图13-30),面积$A_s=1272\mathrm{mm}^2$。

按式(13-83)计算得到预应力钢束和非预应力钢筋的合力 $N_{pe,0}=2664.70\times10^3\mathrm{N}$。

由表13-8得到N1、N2和N3钢束重心至梁底面距离a_i分别为1588mm、864mm和456mm。按式(13-84)计算得到预应力钢束和非预应力钢筋的合力作用点至构件净截面重心轴的距离$e_{pn,0}=140\mathrm{mm}$。

梁支点截面预加力产生的弯矩$M_{p,0}$为

$$M_{p,0}=N_{pe,0}\cdot e_{pn,0}=2664.70\times10^3\times140=373.058\times10^6(\mathrm{N\cdot mm})$$

②梁跨中截面预加力产生的弯矩 $M_{p,m}$

由第13.9.9节"2)持久状况的截面正应力验算"可以得到跨中截面预应力钢束和非预应力钢筋的合力 $N_{pe,m}=2804.98\times10^3\mathrm{N}$,预应力钢束和非预应力钢筋的合力作用点至构件净截面重心轴的距离 $e_{pn,m}=1121.1\mathrm{mm}$。

梁跨中截面预加力产生的弯矩 $M_{p,m}$为

$$M_{p,m}=N_{pe,m}\cdot e_{pn,m}=2804.98\times10^3\times1121.1=3144.66\times10^6(\mathrm{N\cdot mm})$$

③预应力作用引起的梁上拱值δ计算

由预加力引起的上拱值计算采用梁跨中截面抗弯刚度B_p,C50混凝土抗压弹性模量$E_c=3.45\times10^4\mathrm{MPa}$,跨中截面的换算截面惯性矩$I_0=325.38\times10^9\mathrm{mm}^4$,梁跨中截面抗弯刚度$B_p=E_cI_0=3.45\times10^4\times325.38\times10^9=11.22561\times10^{15}(\mathrm{N\cdot mm^2})$。取$a=28660/4=7165(\mathrm{mm})$,预应力作用引起的梁上拱值$\delta$计算为

$$\begin{aligned}\delta&=\frac{a^2}{6B_p}(M_{p,0}+11M_{p,m})\\&=\frac{7165^2}{6\times11.22561\times10^{15}}(373.058\times10^6+11\times3144.66\times10^6)\\&=1794.97\times10^{15}/67.35366\times10^{15}=27(\mathrm{mm})\end{aligned}$$

考虑长期效应,预加力引起的梁跨中上拱值为$\delta_l=\eta_{\theta,p}\delta=2\times27=54(\mathrm{mm})$。

(3)预拱度的设置计算

由以上考虑长期效应的作用频遇组合下主梁挠度计算值$w_l=43.4\mathrm{mm}(\downarrow)$,与考虑长期效应的预加力引起的梁跨中上拱值$\delta_l=54\mathrm{mm}(\uparrow)$叠加,得到$w_l-\delta_l=43.4-54=-10.6(\mathrm{mm})<0$。

《公路桥规》规定当预加应力产生的长期反拱值大于按荷载频遇组合计算的长期挠度时,可不设预拱度。

13.9.12 锚固区计算

1)局部区计算

根据对三束预应力钢筋锚固点的分析,N2钢束的锚固端局部承压条件最不利,现对N2

锚固端进行局部承压验算。图 13-32 为 N2 钢束梁端锚具及间接钢筋的构造布置图。

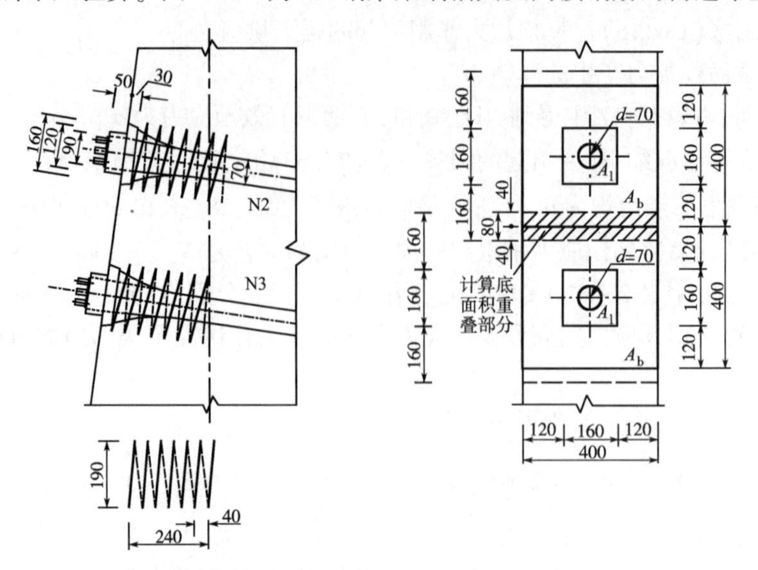

图 13-32 锚固区局部承压计算图(尺寸单位:mm)

注:图中钢筋均为直径是 12mm 的 HPB300 钢筋。

(1)局部受压区尺寸要求

配置间接钢筋的混凝土构件,其局部受压区的尺寸应满足式(10-6)的要求,即:

$$\gamma_0 F_{ld} \leqslant 1.3\eta_s \beta f_{cd} A_{ln}$$

式中:γ_0——结构重要性系数,这里 $\gamma_0 = 1.1$;

F_{ld}——局部受压面积上的局部压力设计值,后张法锚头局压区应取 1.2 倍张拉时的最大压力,所以局部压力计算值为

$$\gamma_0 F_{ld} = 1.1 \times 1.2 \times 1395 \times 834 = 1535.732 \times 10^3 (\text{N})$$

η_s——混凝土局部承压修正系数,$\eta_s = 1.0$;

f_{cd}——张拉锚固时混凝土轴心抗压强度设计值,混凝土强度达到设计强度的 90% 时张拉,此时混凝土强度等级相当于 0.9×C50=C45,由附表 1-1 查得 $f_{cd} = 20.5\text{MPa}$;

A_{ln}、A_l——混凝土局部受压面积,A_{ln} 为扣除孔洞后面积,A_l 为不扣除孔洞面积;对于具有喇叭管并与垫板连成整体的锚具,A_{ln} 可取垫板面积扣除喇叭管尾端内孔面积,本示例中采用的即为此类锚具,喇叭管尾端内孔直径为 70mm,所以

$$A_l = 160 \times 160 = 25600 (\text{mm}^2)$$

$$A_{ln} = 160 \times 160 - \frac{\pi \cdot 70^2}{4} = 21752 (\text{mm}^2)$$

A_b——局部受压计算底面积,局部受压面为边长是 160mm 的正方形,根据《公路桥规》中的计算方法(参见图 10-7),局部承压计算底面为宽 400mm、长 480mm 的矩形(图 13-32),此时 N2 和 N3 的局部承压计算底面有重叠(图中阴影部分),考虑到局部承压计算底面积重叠的情况及《公路桥规》对其取“同心、对称”的原则,这里取 N2 的局部承压计算底面为 400mm×(120+160+120)mm 的矩形。

$$A_{\mathrm{b}}=400\times400=160000(\mathrm{mm}^2)$$

β——混凝土局部承压修正系数，现 $A_{\mathrm{b}}=160000\mathrm{mm}^2$、$A_l=25600\mathrm{mm}^2$，由式(10-1)计算得到

$$\beta=\sqrt{\frac{A_{\mathrm{b}}}{A_l}}=\sqrt{\frac{160000}{25600}}=2.5$$

计算得到 $\gamma_0F_{ld}=1535.732\times10^3\mathrm{N}$，现计算 $1.3\eta_s\beta f_{\mathrm{cd}}A_{\mathrm{ln}}=1.3\times1.0\times2.5\times20.5\times21752=1449.23\times10^3(\mathrm{N})$，小于 γ_0F_{ld}值，不满足要求。

本例采用修改原设计条件方法，要求混凝土强度达到设计强度时张拉预应力钢束，此时混凝土强度等级为C50，张拉锚固时混凝土轴心抗压强度设计值 $f_{\mathrm{cd}}=22.4\mathrm{MPa}$，计算得到 $1.3\eta_s\beta f_{\mathrm{cd}}A_{\mathrm{ln}}1.3\times1.0\times2.5\times22.4\times21752=1583.546\times10^3\mathrm{N}$，大于 $\gamma_0F_{ld}(=1535.732\times10^3\mathrm{N})$，满足要求。

(2)局部抗压承载力计算

配置间接钢筋的局部受压构件，其局部抗压承载力计算公式为

$$\gamma_0F_{ld}\leqslant0.9(\eta_s\beta f_{\mathrm{cd}}+k\rho_{\mathrm{v}}\beta_{\mathrm{cor}}f_{\mathrm{sd}})A_{ln}$$

式中：F_{ld}——局部受压面积上的局部压力设计值，$F_{ld}=1396.12\times10^3\mathrm{N}$；

A_{cor}——混凝土核心面积，可取局部受压计算底面积范围以内的间接钢筋所包围的面积，这里配置螺旋钢筋(图13-32)，得 $A_{\mathrm{cor}}=\pi\cdot190^2/4=28353(\mathrm{mm}^2)$；

β_{cor}——配置间接钢筋时局部抗压承载力提高系数，现 $A_{\mathrm{cor}}=28353\mathrm{mm}^2$，$A_l=25600\mathrm{mm}^2$，由式(10-4)计算得到

$$\beta_{\mathrm{cor}}=\sqrt{\frac{A_{\mathrm{cor}}}{A_l}}=\sqrt{\frac{28353}{25600}}=1.052;$$

k——间接钢筋影响系数，混凝土强度等级为C50及以下时，取 $k=2.0$；

ρ_{v}——间接钢筋体积配筋率，局部承压区配置直径为10mm的HPB300钢筋，单根钢筋截面面积为78.54 mm²，所以

$$\rho_{\mathrm{v}}=\frac{4A_{\mathrm{ss1}}}{d_{\mathrm{cor}}s}=\frac{4\times78.54}{190\times40}=0.0413$$

取张拉锚固时混凝土轴心抗压强度设计值 $f_{\mathrm{cd}}=22.4\mathrm{MPa}$(C50混凝土)，由式(10-5)计算局部承压的抗压承载力 F_{u}为：

$$\begin{aligned}F_{\mathrm{u}}&=0.9(\eta_s\beta f_{\mathrm{cd}}+k\rho_{\mathrm{v}}\beta_{\mathrm{cor}}f_{\mathrm{sd}})A_{\mathrm{ln}}\\&=0.9(1\times2.5\times22.4+2\times0.0413\times1.052\times250)21752\\&=1521.583\times10^3(\mathrm{N})\end{aligned}$$

小于 $\gamma_0F_{ld}=1535.732\times10^3\mathrm{N}$，但相差不到1%，故认为满足要求。同理可对N1、N3号钢束进行局部承压计算。

2)总体区的计算

(1)抗劈裂力的验算

锚头下正方形钢垫板宽度 $a'=160\mathrm{mm}$(图13-32)，$2a'=320\mathrm{mm}$，而N1与N2锚头中心距、N2与N3锚头中心距分别为710mm和400mm(图13-27)，故属于非密集锚头布置，应按单个锚头分别计算并取各劈裂力中的最大值计算。

近似取支点截面,由表13-10得到截面形心位置为$y_b = 1142.9$mm,由图13-27可得N1锚头位置距截面形心的垂直距离,即偏心距$e_1 = (710 + 400 + 500) - 1142.9 = 467.1$(mm);锚固力在截面上的偏心率为$\gamma_1 = 2e_1/h = 2 \times 467.1/1800 = 0.519$,预应力锚固力设计值$P_d = 1.2 \times 1395 \times 834 = 1396.12$(kN),由式(13-119)计算得到锚头N1引起的锚下劈裂力设计值为

$$T_{b1,d} = 0.25P_d(1 + \gamma_1)^2[(1 - \gamma_1) - \frac{a_1}{h}] + 0.5P_d|\sin\alpha_1|$$

$$= 0.25 \times 1396.12 \times (1 + 0.519)^2 \times (1 - 0.519 - \frac{160}{1800}) + 0.5 \times 1396.12 \times |\sin 8°|$$

$$= 412.932(\text{kN})$$

由式(13-120)计算得到劈裂力作用位置至锚固面的水平距离d_{b1}为

$$d_{b1} = 0.5(h - 2e_1) + e_1\sin\alpha = 0.5 \times (1800 - 2 \times 467.1) + 467.1 \times \sin 8°$$

$$= 498(\text{mm})$$

对N2锚头与N3锚头单独计算,结果见表13-21。

单个锚头引起的锚下劈裂力设计值计算结果 表13-21

锚头编号	偏心距e_i(mm)	偏心率γ_i	劈裂力设计值$T_{b1,d}$(kN)	水平距离d_{bi}(mm)
N1	467.1	0.519	412.932	498
N2	242.9	0.270	530.246	623
N3	642.9	0.714	339.666	167

由表13-21可见,N2锚头引起的锚下劈裂力设计值最大,取$T_{b,d} = 530.246$kN进行端部锚固区锚下抗劈裂力的设计计算。

在预应力混凝土简支梁斜截面抗剪设计中,在支点至距支点的1/2梁高[1/2 × 1800 = 900(mm)]处的梁段上已设置了直径为12mm的HPB400闭合式四肢箍筋,间距为100mm,其布置长度(距N2锚头下起算)约为256 + 900 = 1156(mm)(图13-26),而劈裂力作用位置至锚固面的水平距离$d_b = 623$mm,恰在布置闭合式四肢箍筋梁段内。参照美国AASHTO LRFD,在$1.5b = 1.5 \times 400 = 600$(mm)的长度内布置有5道四肢箍筋可以视为抗锚下劈裂钢筋,钢筋的总面积$A_s = 5 \times 4 \times 113.10 = 2262(\text{mm}^2)$,按式(13-118)进行抗锚下劈裂的承载力计算,得到

$$f_{sd}A_s = 330 \times 2262 = 746.46(\text{kN}) > \gamma_0 T_{b,d}[= 1.1 \times 530.246 = 583.27(\text{kN})]$$

故满足要求。

(2)抗边缘拉力的验算

N3锚头位于锚固端截面靠近下边缘附近,距截面形心的偏心距$e_3 = 642.9\text{mm} > h/6 = 300$mm,锚固力作用下梁端部顶面边缘拉力很大。N3锚头的预应力锚固力设计值$P_d = 1396.12$kN,由表13-19可查到N3锚头的偏心率$\gamma_3 = 0.714$,由式(13-121)可以求得端部锚固区的边缘拉力设计值$T_{et,d}$为

$$T_{et,d} = \frac{(3\gamma - 1)^2}{12\gamma}P_d = \frac{(3 \times 0.714 - 1)^2}{12 \times 0.714} \times 1396.12 = 212.51(\text{kN})$$

现梁段配有4ф22的架立钢筋,可视为抵抗边缘拉力的钢筋,总面积$A_s = 1520\text{mm}^2$,按式(13-118)进行梁端部顶面抗边缘拉力的承载力计算,得到:

$$f_{sd}A_s = 330 \times 1520 = 501.6(\text{kN}) > \gamma_0 T_{b,d}(=1.1 \times 212.51 = 233.76\text{kN})$$

故满足要求。

(3)抗周边剥裂力的验算

由图13-27可见,相邻锚头的N3锚头与N2锚头中心距、N2锚头与N锚头中心距分别为400mm和700mm,均小于$h/2 = 900$mm,故应按式(13-122)计算周边剥裂力的设计值$T_{s,d}$;而各锚头的预应力锚固力设计值相等且$P_d = 1396.12$kN,故得到:

$$T_{s,d} = 0.02\max\{P_{di}\} = 0.02 \times 1396.12 = 27.92(\text{kN})$$

梁锚固端头面设计是4ф22的架立钢筋下弯并沿端头面设置,至梁下边附近与非预应力纵向受力钢筋焊接,故视4ф22为抗周边剥裂力的钢筋,抗周边剥离的承载力为$f_{sd}A_s = 330 \times 1520 = 501.6(\text{kN})$,而$\gamma_0 T_{s,d} = 1.1 \times 27.92 = 30.71$kN,故满足要求。

【复习思考题与习题】

13-1 预应力混凝土受弯构件在施工阶段和使用阶段的受力有何特点?

13-2 预应力混凝土梁的优越性是什么?决定预应力混凝土梁破坏弯矩的主要因素是什么?

13-3 何谓预应力损失?何谓张拉控制应力?张拉控制应力的高低对构件有何影响?

13-4 《公路桥规》中考虑的预应力损失主要有哪些?引起各项预应力损失的主要原因是什么?如何减小各项预应力损失?

13-5 预应力钢筋的应力松弛与哪些因素有关?如何区分普通松弛和低松弛预应力钢丝?

13-6 预应力钢筋的张拉程序中,为什么要设置"0→初应力"这一必不可少的环节?规定的初应力范围是多少?为什么预应力钢筋越长,初应力值越定得高?

13-7 预应力混凝土受弯构件截面受压区配置预应力钢筋对构件的受力性能有何影响?

13-8 已经按持久状况承载力进行了设计及复核计算并满足要求的预应力混凝土受弯构件,为什么还必须要进行构件应力验算?

13-9 预应力混凝土受弯构件的截面抗裂计算与截面应力验算有何异同之处?

13-10 与钢筋混凝土受弯构件比较,预应力混凝土受弯构件的挠度(变形)计算以及预拱度设置计算上有哪些不同之处?

13-11 什么叫作后张法预应力混凝土受弯构件的端部锚固区?有什么受力特点?在进行受力分析和计算时把端部锚固区划分为哪两个区域?试简述这两个区域分析计算的基本方法。

对于直线布筋的先张法预应力混凝土受弯构件,也能采用后张法预应力混凝土受弯构件端部锚固区的分析计算方法吗?

13-12 预应力混凝土受弯构件纵向受拉钢筋的布置原则是什么?对后张法预应力混凝土梁,如何确定预应力钢筋的弯起位置?

13-13 计算图13-33所示后张预应力混凝土梁截面的净截面及换算截面几何特性。

已知预留管道直径为50mm,每束高强钢丝束为24ф^{P}5,混凝土强度等级为C50。高强钢丝和混凝土的弹性模量分别为$E_p = 2.05 \times 10^5$MPa和$E_c = 3.45 \times 10^4$MPa。

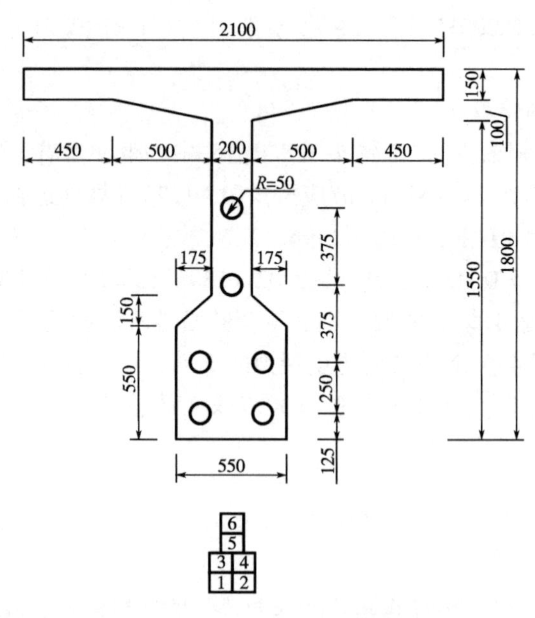

图 13-33　题 13-13 图(尺寸单位:mm)

13-14　后张预应力混凝土等截面简支 T 形截面梁如图 13-34 所示,主梁预制长度为 $L=14.60\text{m}$。主梁采用 C45 混凝土,配置了三束预应力钢筋(每束 6 根 7 股 $\phi^{S}15.2$ 低松弛钢绞线),夹片式锚具,顶压张拉,预埋金属波纹管成孔,孔洞直径 $d=67\text{mm}$。主梁各计算控制截面的几何特性见表 13-22,全部预应力钢筋截面面积 $A_{p}=2919\text{mm}^{2}$。当混凝土达到设计强度后,分批张拉各预应力钢绞线,两端张拉。先张拉预应力钢绞线束 N1,再同时张拉 N2 和 N3,张拉控制应力为 $\sigma_{con}=0.75f_{pk}=0.75\times1860=1395\text{MPa}$。

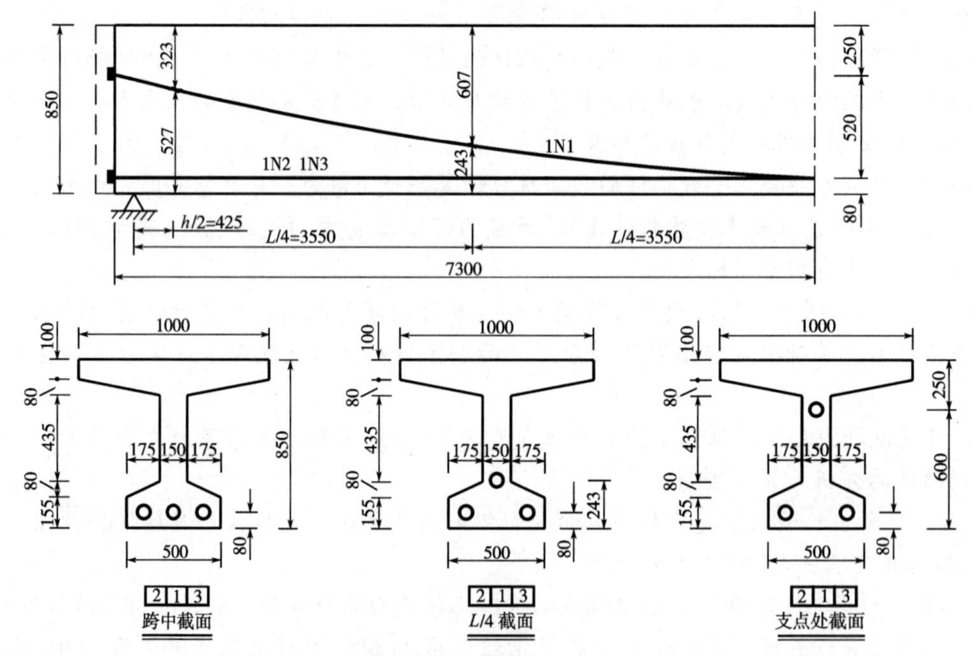

图 13-34　题 13-14 图(尺寸单位:mm)

截面几何特性表　　　　表 13-22

项　　目	跨中截面	$L/4$ 截面	距支座 $h/2$ 截面	支点处截面
N1 钢束曲线与 x 轴夹角 α 值(rad)	0	0.087	0.175	0.192
净截面面积 A_n(mm^2)	304173	304173	304173	304173
净截面对自身重心轴的惯性矩 I_n(mm^4)	29.822326×10^9	29.936277×10^9	29.786814×10^9	
净截面重心轴距主梁上边缘距离 y_{nu}(mm)	352	354	357	
预应力钢束重心轴距净截面重心的距离 e_{pn}(mm)	418	362	264	

①试计算梁 $L/4$ 截面处预应力钢筋与管道间摩擦引起的预应力损失 σ_{l1}。

②已知梁 $L/4$ 截面处锚具变形引起的应力损失 $\sigma_{l2}=0$、分批张拉时混凝土弹性压缩引起的应力损失 $\sigma_{l4}=45.77$MPa,试计算钢筋松弛引起的应力损失 σ_{l5}。

13-15　先张预应力混凝土简支空心板,跨中截面尺寸与配筋如图 13-35 所示,已知条件为:C40 混凝土,$f_{cd}=18.4$MPa,预应力钢筋为预应力螺纹钢筋,$f_{pd}=650$MPa,$A_p=1781mm^2$,$a_p=45$mm;换算截面面积 $A_0=341550mm^2$,换算截面惯性矩 $I_0=1.668\times10^{10}mm^4$,换算截面重心轴距截面上边缘距离 $y_{0u}=318$mm。A_p 的张拉控制应力 $\sigma_{con}=705$MPa,总预应力损失$\sigma_l=276$MPa,其中由于混凝土弹性压缩引起的应力损失为 $\sigma_{l4}=72.3$MPa 。

空心板跨中截面弯矩标准值为:结构自重 $M_{G1}=147.7$kN·m,附加结构自重 $M_{G2}=65.2$kN·m,汽车荷载 $M_Q=141.7$kN·m(冲击系数为 0.243)。

①试进行空心板梁跨中截面的持久状况下混凝土正应力验算和正截面抗裂性验算。

②结构设计安全等级为一级,进行正截面承载力复核。

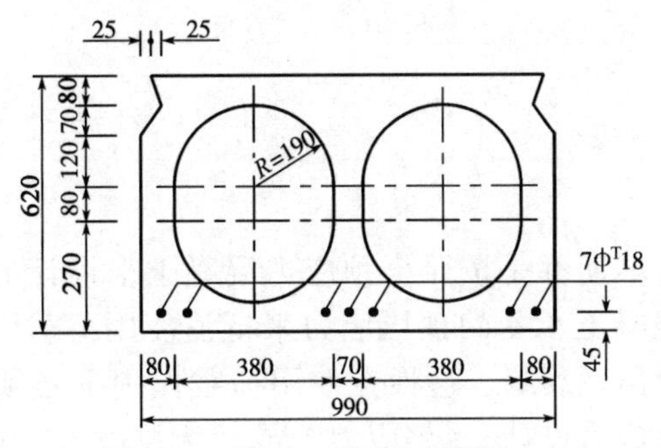

图 13-35　题 13-15 图(尺寸单位:mm)

13-16　具有弯起钢束的后张法预应力混凝土简支 T 梁,有一种计算预加力作用产生梁上拱值的近似简化方法:用梁 $L/4$ 处截面上预加力产生的弯矩 $M_{p,1/4}$ 作为全梁预加力作用产生的弯矩,再由式子 $\delta=\eta_{\theta,p}\dfrac{M_{p,1/4}l_0^2}{8B_p}$计算梁上拱值 δ。其中 B_p 为跨中截面抗弯刚度,$B_p=E_cI_0$;$\eta_{\theta,p}$ 为预加力引起的梁上拱值的长期增长系数,$\eta_{\theta,p}=2$;l_0 为简支梁的计算跨径。

已知计算跨径为 $l_0=28.66$m 的后张法预应力混凝土简支 T 梁,截面尺寸及材料设计强度、预应力钢束规格及布置详见 13.9 节,试根据 13.9 节的计算资料和计算结果的图表,按照本题介绍的近似简化方法计算预加力作用产生梁的上拱值。

(提示:在梁 $L/4$ 处 N1、N2 钢束已弯起,计算截面预应力钢束和非预应力钢筋的合力 $N_{pe,1/4}$、合力作用点至净截面重心轴的距离 $e_{pn,1/4}$时,应分别考虑 N1、N2 钢束的倾角)

第 14 章

B 类部分预应力混凝土受弯构件

预应力混凝土结构，早期都是按照全预应力混凝土来设计的。根据当时的认识，预应力的目的只是为了用混凝土承受的预压应力来抵消使用荷载引起的混凝土拉应力，混凝土不受拉，当然就不会出现裂缝。这种在使用荷载作用下必须保持构件截面混凝土受压的设计，通常称为全预应力设计，“零应力”或“无拉应力”则为全预应力混凝土的设计基本准则。

全预应力混凝土结构虽有刚度大、抗疲劳、抗裂和防渗漏等优点，但是在工程实践中也发现一些严重缺点，例如，主梁的反拱变形大，以至于桥面铺装施工的实际厚度变化较大，易造成桥面损坏，影响行车顺适；当预加力过大时，锚下混凝土横向拉应变超出了极限拉应变，易出现沿预应力钢筋纵向不能恢复的裂缝。

部分预应力混凝土结构的出现是工程实践的结果，它是介于全预应力混凝土结构和钢筋混凝土结构之间的预应力混凝土结构。部分预应力混凝土结构在工程中不仅充分发挥预应力钢筋的作用，而且注意了利用非预应力钢筋的作用，从而节省了预应力钢筋，进一步改善了预应力混凝土的使用性能。同时，它也促进了预应力混凝土结构设计思想的重大发展，使设计人员可以根据结构使用要求来选择预应力度的高低，进行合理的结构设计。

在第 13 章介绍的内容基础上，本章先介绍部分预应力混凝土结构的受力性能，然后着重介绍 B 类预应力混凝土受弯构件的计算与设计特点及方法。

14.1 部分预应力混凝土结构受力特性

《公路桥规》按预应力度 λ 的不同,将预应力混凝土结构分为两类:全预应力混凝土结构和部分预应力混凝土结构。全预应力混凝土结构是指构件在作用(或荷载)频遇组合下控制截面的受拉边缘不出现拉应力的预应力混凝土结构,其 $\lambda \geqslant 1$;部分预应力混凝土结构是指构件在作用(或荷载)频遇组合下控制截面的受拉边缘可出现拉应力的预应力混凝土结构,即 $1 > \lambda > 0$。《公路桥规》将部分预应力混凝土结构分为 A 类构件和 B 类构件这两类,详见 12.1.2 节。

14.1.1 部分预应力混凝土受弯构件的弯矩—挠度(变形)曲线

弯矩—挠度曲线是梁工作性能的综合反映。为了理解部分预应力混凝土梁的性能,需要观察不同预应力程度条件下梁的弯矩—挠度曲线。图 14-1 中,曲线 1、2 和 3 分别表示具有相同正截面承载力 M_u 的全预应力混凝土、部分预应力混凝土和钢筋混凝土梁的弯矩—挠度关系示意图。

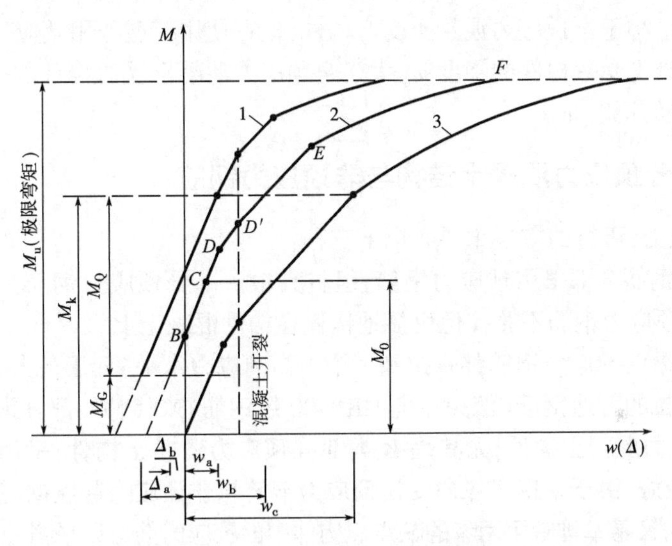

图 14-1 弯矩—挠度关系曲线

在荷载作用较小时,部分预应力混凝土梁(曲线 2)受力特性与全预应力混凝土梁(曲线 1)相似:在自重恒载与有效预加力 N_{pe}(扣除相应的预应力损失)作用下,它具有上拱值 Δ_b,但其值较全预应力混凝土梁的上拱值 Δ_a 小;随着外加荷载作用增加,弯矩 M 达到 B 点,这时表示外荷载作用下产生的梁下挠度与预加力产生的上拱值相等,两者正好相互抵消,此时梁的挠度为零,但此时受拉区边缘的混凝土应力并不为零。

当荷载作用继续增加达到曲线 2 的 C 点时,外荷载作用产生的梁底混凝土拉应力正好与梁底有效预压应力 σ_{pc} 互相抵消,使梁底受拉边缘的混凝土应力为零,此时相应的外荷载作用产生的弯矩,就称为消压弯矩 M_0。

梁的截面下边缘消压后,如继续加载至 D 点,截面边缘混凝土的拉应力达到极限抗拉强度。随着外荷载增加,受拉区混凝土就进入塑性阶段,构件的刚度下降,达到 D'点时表示构件即将出现裂缝,此时相应的弯矩就称为部分预应力混凝土构件的开裂弯矩 M_{pcr},显然 $M_{pcr}-M_0$ 就相当于相应的钢筋混凝土梁的截面开裂弯矩 M_{cr},即 $M_{cr}=M_{pcr}-M_0$。

从曲线 2 的 D'点开始,外荷载作用加大,裂缝开展,刚度继续下降,挠度增加速度加快。而到达 E 点时,受拉钢筋屈服。E 点以后裂缝进一步扩展,刚度进一步降低,挠度增加速度更快,直到 F 点,这时构件达到承载能力极限状态而破坏。

由图 14-1 可以看到:

(1)在竖向荷载作用下,与全预应力混凝土、钢筋混凝土受弯构件一样,部分预应力混凝土受弯构件的弯矩—挠度曲线也是由三段组成,表明部分预应力混凝土受弯构件受力的三个阶段,即梁没有混凝土裂缝阶段、梁混凝土裂缝出现及开展阶段和破坏阶段。

(2)部分预应力混凝土受弯构件的弯矩—挠度曲线(图 14-1 所示曲线 2)位于全预应力混凝土受弯构件和钢筋混凝土受弯构件(分别为图 14-1 所示曲线 1 和曲线 3)之间,说明部分预应力混凝土受弯构件的受力特性介于全预应力混凝土受弯构件和钢筋混凝土受弯构件之间。部分预应力混凝土受弯构件截面开裂弯矩高于相应的钢筋混凝土受弯构件,但低于全预应力混凝土受弯构件。

(3)与全预应力混凝土受弯构件相比,在预加力和构件自重作用下,部分预应力混凝土受弯构件的上拱值 Δ_b 小于全预应力混凝土受弯构件,但在使用荷载作用效应 M_k(图 14-1)作用下,部分预应力混凝土受弯构件的挠度 w_b 大于全预应力混凝土受弯构件的挠度 w_a,但小于钢筋混凝土受弯构件的挠度 w_c。

14.1.2 部分预应力混凝土结构与非预应力钢筋

实现部分预应力,可行的方法主要有以下三种:

(1)纵向受拉钢筋全部采用预应力钢筋,但将其中一部分预应力钢筋张拉最大容许张拉应力,剩余部分的预应力钢筋不张拉但可靠地锚固在构件混凝土上。

(2)将全部的纵向预应力钢筋都张拉到一个不高的应力水平(低于最大容许张拉应力)。

(3)用纵向受拉的普通钢筋(例如热轧 HRB400 级钢筋)来代替一部分预应力钢筋。

对于部分预应力混凝土构件,尤其是 B 类部分预应力混凝土构件,采用第三种配筋方法(混合配筋)效果最好,由于采用了纵向受拉预应力钢筋与非预应力普通钢筋的混合配筋,既具有两种配筋的优点,又基本排除了两者的缺点。构件中的预应力筋可以平衡一部分荷载,提高抗裂度,减小挠度,并提供部分或大部分的承载力;非预应力钢筋则可分散裂缝,提高承载能力和破坏时的延性,以及加强结构中难以配置预应力钢筋的那些部分。非预应力钢筋的主要作用是:

(1)协助受力

为了获得较大的抵抗弯矩力臂,应该使预应力钢筋尽可能在靠近受拉边缘处布置,受压边缘应相应配置非预应力钢筋来承担偏心过大的预加力引起的拉应力和控制裂缝;对直线形预应力钢筋的梁,梁端上部亦可布置非预应力钢筋来承担可能出现的拉应力;如预压区预压应力过高,也可设置非预应力钢筋来分担预应力。

(2)承受意外荷载

对预制梁的某些部位配置非预应力钢筋来承担运输、堆置和吊装过程中的特殊或意外荷载。

(3)改善梁的正常使用性能和增加梁的承载力

在受拉区配置非预应力钢筋有利于分散裂缝和约束裂缝宽度,并能增加梁的抗弯承载力。

国内外的工程研究表明,部分预应力混凝土结构的优势之一是改善了结构的性能,特别是采用混合配筋的部分预应力混凝土结构,表现在:

(1)改善结构性能

与全预应力混凝土受弯构件相比,由于预加力的减小,部分预应力混凝土受弯构件由弹性变形和徐变变形所引起的反拱度减小(图14-1),锚下混凝土的局部应力降低。

部分预应力混凝土受弯构件开裂前刚度较大,而开裂后刚度降低,但卸荷后,刚度部分恢复,裂缝闭合能力强,故综合使用性能优于普通钢筋混凝土。

(2)节省预应力钢筋与锚具

与全预应力混凝土结构比较,可以减小预压力,因此,预应力钢筋用量可以减少,相应也减少了张拉预应力钢筋、设置管道和压浆等施工工作量,既节省了建设费用,又方便了施工。

部分预应力混凝土构件,由于配置了非预应力钢筋,提高了结构的延性和反复荷载作用下结构的能量耗散能力,这对结构抗震极为有利。

14.2 B类部分预应力混凝土受弯构件的计算

部分预应力混凝土受弯构件的持久状况正截面承载能力计算与全预应力混凝土受弯构件相同,本节以简支梁为例主要介绍B类预应力混凝土构件持久状况和短暂状况计算中的一些特殊问题。

14.2.1 B类构件在使用阶段的截面正应力计算

允许开裂的B类部分预应力混凝土受弯构件与全预应力混凝土及A类部分预应力混凝土受弯构件在使用阶段的计算不同点在于截面已开裂。开裂截面的中和轴位置和有效截面的几何特性,不仅取决于材料与截面尺寸,而且还取决于轴向力(预加力)与作用(荷载)的大小和位置、预应力钢筋和非预应力钢筋数量的多少,这使计算工作比较复杂。

从预应力混凝土梁的弯矩—挠度曲线可以明确看出,梁开裂后仍具有一个良好的弹性工作性能阶段,即开裂弹性阶段,因此,部分预应力混凝土梁开裂后使用阶段的应力计算可以采用弹性分析方法。

1)开裂截面的弹性分析法

以矩形截面梁为例,在截面受拉区布置有预应力钢筋 A_p 和非预应力钢筋 A_s[图14-2a)],其截面弯矩 M 大于开裂弯矩 M_{cr} 时,开裂截面上预应力筋中的拉力为 T_p,非预应力筋中的拉力为 T_s,中和轴以上混凝土压应力为三角形分布,合力为 N_c[图14-2c)]。在弯矩 M 作用下,若截面上边缘纤维混凝土的压应变为 ε_c,则相应的混凝土应力(σ_c)为

$$\sigma_c = E_c\varepsilon_c \tag{14-1}$$

混凝土压应力的合力 N_c 为

$$N_c = 0.5\sigma_c bx = 0.5E_c\varepsilon_c bx \tag{14-2}$$

预应力钢筋与普通钢筋的拉应变可用开裂截面受压区高度 x 和上边缘混凝土压应变 ε_c [图 14-2b)]分别表达如下

$$\varepsilon_p = \varepsilon_{pe} + \varepsilon_{ce} + \varepsilon_{p1} = \varepsilon_{pe} + \varepsilon_{ce} + \varepsilon_c\left(\frac{h_p - x}{x}\right) \tag{14-3}$$

$$\varepsilon_s = \varepsilon_c\left(\frac{h_s - x}{x}\right) \tag{14-4}$$

式中:ε_{pe}、ε_{ce}——分别为预应力梁在承受自重恒载作用和外荷载作用之前,预应力筋中的有效拉应变和它周围混凝土的压应变,计算表达式为

$$\varepsilon_{pe} = \frac{\sigma_{pe}}{E_p} \tag{14-5}$$

$$\varepsilon_{ce} = \frac{A_p\sigma_{pe}}{E_c}\left(\frac{1}{A} + \frac{e^2}{I}\right) \tag{14-6}$$

e——预应力筋重心线到未开裂截面重心轴距离。

由于两种钢材均处于弹性范围内,因此预应力筋和普通钢筋中的拉应力的合力分别为

$$T_p = A_p E_p \varepsilon_p = A_p E_p\left[\varepsilon_{pe} + \varepsilon_{ce} + \varepsilon_c\left(\frac{h_p - x}{x}\right)\right] \tag{14-7}$$

$$T_s = A_s E_s \varepsilon_s = A_s E_s \varepsilon_c\left(\frac{h_s - x}{x}\right) \tag{14-8}$$

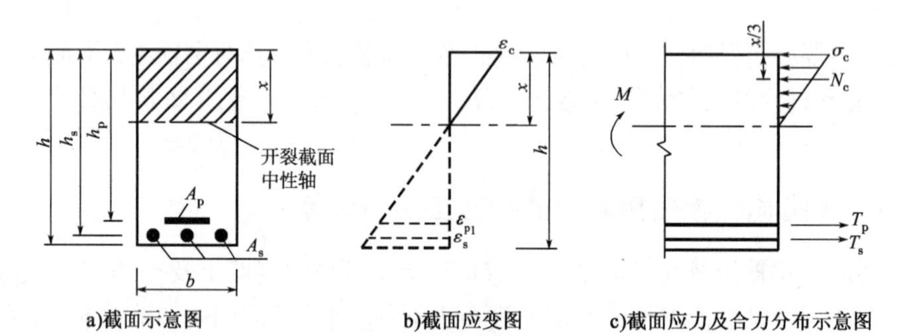

图 14-2　开裂截面的应变

式(14-2)、式(14-7)和式(14-8)分别为用混凝土压应变和开裂截面受压区高度表示的开裂截面混凝土压应力合力 N_c、预应力钢筋拉力 T_p 和普通钢筋拉力 T_s。当给定一个 ε_c 或 σ_c 值时,根据截面内力平衡条件,就可以用试算法求出受压区高度 x。求得 x 值后,即可得到预应力钢筋和普通钢筋的应变和应力,则相应于给定 ε_c 值的弯矩值就可以求出

$$M = T_p\left(h_p - \frac{x}{3}\right) + T_s\left(h_s - \frac{x}{3}\right) \tag{14-9}$$

相应于弯矩 M 的曲率为

$$\varphi = \frac{\varepsilon_c}{x} \tag{14-10}$$

以上分析方法并不能从某一给定弯矩直接求出混凝土及钢筋的应变和应力,所以在实际

应用中，一般需选定两个有较大差距的 ε_c 或 σ_c 值，以求出相应的钢筋应力、弯矩和曲率，而任何中间的数值则可以通过线性比例关系来求得。考虑到混凝土应力—应变曲线的特性，选用的 σ_c 值上限不宜超过 $0.67f_{ck}$。

弹性分析法是根据内力平衡和应变协调两个条件通过试算分析开裂截面的方法。这个方法的优点是概念清楚，但计算比较麻烦。

2）给定弯矩直接求出开裂截面应力的消压分析法

B类部分预应力混凝土梁开裂后的截面正应力状态（图14-2），与钢筋混凝土大偏心受压构件使用阶段开裂后截面应力状态很相似，而后者可以采用弹性设计计算公式求解开裂截面的钢筋和混凝土应力。显然，利用钢筋混凝土大偏心受压构件开裂后截面来计算部分预应力混凝土梁开裂截面的应力是一条途径。

但应该注意到，当使用荷载作用效应值为零时，钢筋混凝土大偏心受压构件截面混凝土应力也为零，其开裂截面应力的计算公式是以此为前提得到的；但截面开裂后的B类部分预应力混凝土梁，这时截面上还存在由预应力所引起的混凝土正应力。为此，需要从计算方法上进行相应的处理，使截面上由预加力引起的混凝土正应力退压成全截面混凝土“零应力”状态，再由力的平移法将截面由预加力与使用荷载作用产生的效应值等效为对构件截面的大偏心受压，进而借助钢筋混凝土大偏心受压构件使用阶段开裂后截面应力计算方法来求解，这就是B类部分预应力混凝土受弯构件开裂截面应力计算的消压分析法的基本思路。

图14-3为消压分析法对B类部分预应力混凝土受弯构件自施加预应力到截面开裂全过程截面应变变化的分析示意图。

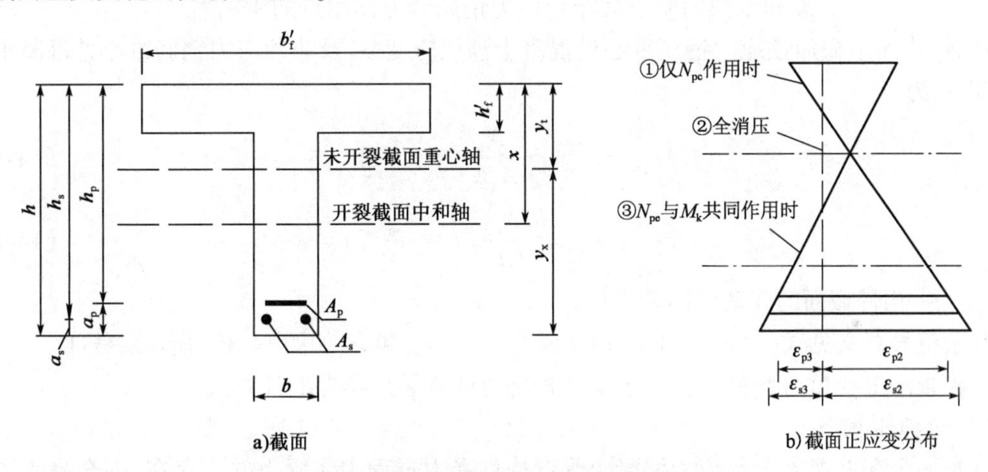

图14-3 B类构件的截面应变变化分析图

图14-3b）所示的线③为B类部分预应力混凝土受弯构件开裂截面混凝土应变沿截面高度方向上的分布，图14-3b）所示的线①是由预加力 N_{pe} 单独作用时的B类部分预应力混凝土受弯构件截面应变的分布。在所受弯矩作用下由截面应变的线①分布要达到线③位置的分布，一定会经过图14-3b）所示的虚线②状态，即截面上的混凝土应变均为零，称为“全消压”，这个状态就可以与钢筋混凝土大偏心受压构件计算的起始状态一致。下面结合后张法B类部分预应力混凝土T形截面受弯构件从预加力作用到使用阶段截面开裂的受力，介绍消压分析法原理和相应的B类预应力混凝土受弯构件开裂截面应力的计算公式，以下分析中，钢筋拉应力取正号，压应力取负号；混凝土拉应力取负号，压应力取正号。

(1)有效预加力 N_{pe} 作用

截面受拉区的预应力钢筋的拉应力 σ_{p1} 为不计受弯构件自重作用的有效预应力 $\sigma_{pe}=\sigma_{con}-\sigma_l$,相应的预应力钢筋拉应变为 ε_{p1}[图 14-3b)中未示出],有效预拉力为 $N_{pe}=\sigma_{pe}A_p$。在后张法 B 类预应力混凝土受弯构件截面受拉区配有一定数量的非预应力钢筋,可以认为非预应力钢筋的应力(压应力)近似取为混凝土的收缩和徐变引起的预应力损失值,即非预应力钢筋的应力 σ_{s1} 为压应力 $\sigma_s=-\sigma_{l6}$。

这时,预应力钢筋和非预应力钢筋的合力 N_p 和合力作用点至构件净截面重心轴的距离(偏心距)e_{pn} 分别为

$$N_p=\sigma_{pe}A_p-\sigma_{l6}A_s,\quad e_{pn}=\frac{\sigma_{pe}A_py_{pn}-\sigma_{l6}A_sy_{sn}}{\sigma_{pe}A_p-\sigma_{l6}A_s}$$

式中符号意义见式(13-84)和式(13-85)。

在 N_p 作用下截面预应力钢筋重心处混凝土预压应力 σ_{pc} 及非预应力钢筋重心处混凝土预压应力 σ_{sc} 为

$$\sigma_{pc}=\frac{N_p}{A_n}+\frac{N_pe_{pn}}{I_n}y_{pn} \tag{14-11}$$

$$\sigma_{sc}=\frac{N_p}{A_n}+\frac{N_pe_{pn}}{I_n}y_{sn} \tag{14-12}$$

上述式中:A_n、I_n——分别为后张法构件截面的净截面面积和净截面惯性矩;

y_{pn}、y_{sn}——分别为后张法构件截面的净截面重心至截面受拉区预应力钢筋合力作用点和至截面受拉区非预应力钢筋合力作用点的距离。

在 N_p 作用下截面预应力钢筋重心处混凝土预压应变 ε_{p2} 及非预应力钢筋重心处混凝土预压应变 ε_{s2} 为

$$\varepsilon_{pc}=\varepsilon_{p2}=\frac{N_p}{A_nE_c}\left(1+\frac{e_{pn}^2}{r_n^2}\right) \tag{14-13}$$

$$\varepsilon_{sc}=\varepsilon_{s2}=\frac{N_p}{A_nE_c}\left(1+\frac{e_{pn}y_{sn}}{r_n^2}\right) \tag{14-14}$$

式中:r_n——构件截面的净截面回转半径;

其余符号意义见式(14-11)和式(14-12),压应变 ε_{p2} 和 ε_{s2} 如图 14-3b)所示的线①。

对先张法 B 类部分预应力混凝土受弯构件也能推导出类似的计算式。

(2)全消压状态

这是一个在 B 类部分预应力混凝土受弯构件受力过程中实际上并不存在,完全是为了方便计算而虚拟的作用状态,假定全截面混凝土消压,即全截面混凝土的应变(应力)均为零,见图 14-3中虚线②。

为了达到全截面消压的状态,就必须在预应力钢筋重心位置对换算截面施加一个量值为 N_{p0} 的虚拟拉力,又称为消压力[图 14-4a)],以平衡截面上混凝土的已有预压应力。截面混凝土全消压后,在预应力钢筋重心处混凝土应变值由原来的压应变 ε_{pc} 降为零,而预应力钢筋的应变随着消压过程中的拉伸而增加了拉应变 ε_{p2},相应地,预应力钢筋的拉应力增量为

$$\sigma_{p2}=E_p\varepsilon_{p2}=E_p\varepsilon_{pc}=\alpha_{Ep}\sigma_{pc} \tag{14-15}$$

式中,$\alpha_{Ep}=E_p/E_c$ 为预应力钢筋与混凝土的弹性模量比。在截面全消压状态下,预应力

钢筋中的总拉应力 σ_{p0} 为

$$\sigma_{p0} = \sigma_{pe} + \sigma_{p2} = \sigma_{con} - \sigma_l + \alpha_{Ep}\sigma_{pc} \tag{14-16}$$

截面全消压状态下,有效预加力引起非预应力钢筋重心处混凝土的压应变 ε_{s2} 消失,但由混凝土的收缩变形和徐变变形引起的非预应力钢筋压应变 ε_s 依然存在,其值仍近似取为混凝土的收缩和徐变引起的预应力损失值,相应地,存在的非预应力钢筋压力 $N_{s2} = -\sigma_{l6}A_s$。因此,截面全消压状态下,预应力钢筋和非预应力钢筋的合力 N_{p0} 为

$$N_{p0} = \sigma_{p0}A_p - \sigma_{l6}A_s \tag{14-17}$$

图 14-4 中所示预应力钢筋和非预应力钢筋合力 N_{p0} 距换算截面重心轴距离 e_{p0} 和距截面受压边缘的距离 h_{ps} 分别为

$$e_{p0} = \frac{\sigma_{p0}A_p y_{p0} - \sigma_{l6}A_s y_{s0}}{N_{p0}} \tag{14-18}$$

$$h_{ps} = e_{p0} + y_{t0} \tag{14-19}$$

式中,y_{t0} 为换算截面重心轴至换算截面受压边缘的距离。

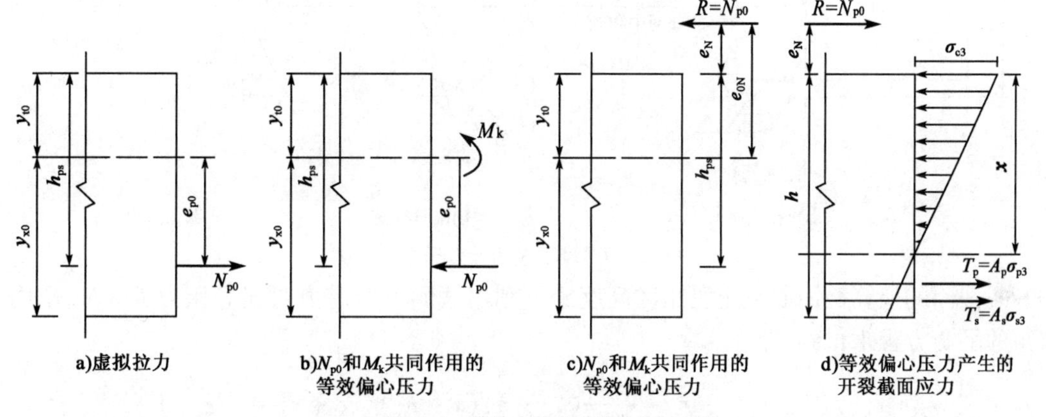

图 14-4 等效大偏心受压分析过程图

(3)等效偏心力作用阶段

在构件使用阶段,使用荷载(包括结构自重、汽车荷载等)作用产生构件截面的弯矩 M_k,同时还有预应力作用。应当注意的是,在进行截面全消压时曾引入了一个虚拟拉力 N_{p0},它是为了计算处理而虚设的,必须在预应力钢筋和非预应力钢筋合力作用点处施加一个与 N_{p0} 数值相等、方向相反的压力[图 14-4b)],再有截面上的使用荷载作用产生的弯矩 M_k。

截面上的使用荷载作用产生的弯矩 M_k 和偏心力 N_{p0} 的综合效应可以进一步用距构件换算截面重心轴距离为 e_{0N} 的等效偏心压力 R 来代替[图 14-4c)]。计算中往往采用等效偏心压力 R 距构件受压边缘的距离 e_N 值,可以由构件受力隔离体上对 N_{p0} 作用点的力矩平衡得到 $M_k = R(h_{ps} + e_N) = N_{p0}(h_{ps} + e_N)$,解得

$$e_N = \frac{M_k}{N_{p0}} - h_{ps} \tag{14-20}$$

这样,B 类预应力混凝土受弯构件使用阶段的截面应力计算就可以按照钢筋混凝土偏心受压构件使用阶段的计算图式进行[图 14-4d)]。

(4)按钢筋混凝土大偏心受压构件计算开裂截面的应力

截面开裂后的 B 类部分预应力混凝土受弯构件,按照钢筋混凝土偏心受压构件使用阶段

的计算图式进行计算时,采用以下假定:

①截面变形符合平截面假定。

②截面受压区混凝土平均应变沿截面高度方向呈线性变化,即受压区混凝土正应力分布取三角形。

③截面受拉区混凝土不考虑参与工作,拉力全部由受拉钢筋承受。

以布置有受拉区预应力钢筋和非预应力钢筋的T形截面为例,假定开裂截面的中和轴位于T形截面的肋板内(图14-5),介绍计算方法。

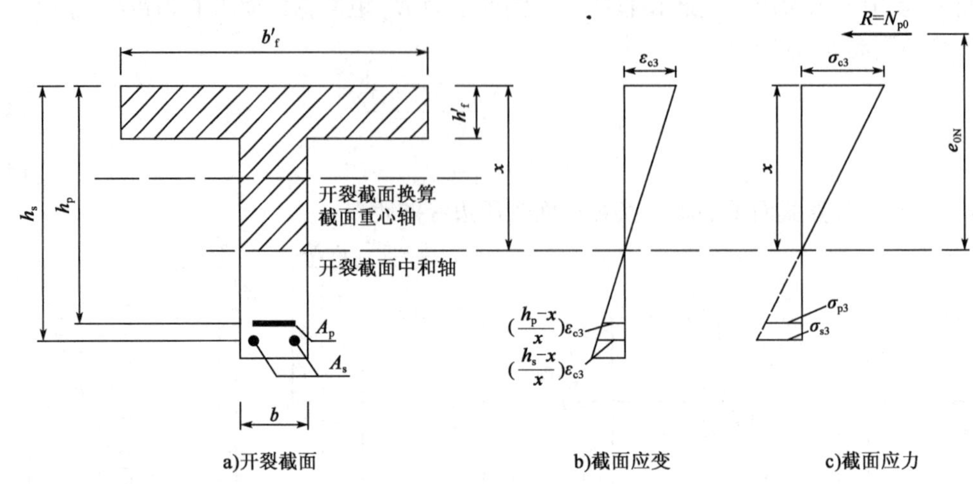

图14-5 开裂截面应力计算图式

开裂截面的换算截面混凝土受压区高度 x 可利用截面上所有力对偏心压力 $R = N_{p0}$ 作用点取矩的平衡方程来得到,即

$$\frac{1}{2}\sigma_{c3}b'_f x\left(e_N + \frac{x}{3}\right) - \frac{1}{2}\sigma_{c3}\frac{x - h'_f}{x}(b'_f - b)(x - h'_f)\left(e_N + h'_f + \frac{x - h'_f}{3}\right) -$$

$$\sigma_{p3}A_p(e_N + h_p) - \sigma_{s3}A_s(e_N + h_s) = 0 \tag{14-21}$$

式中的 σ_{p3} 和 σ_{s3} 分别为受拉区预应力钢筋 A_p 和非预应力钢筋 A_s 的拉应力,可由图14-5b)的截面应变直线分布图求得

$$\sigma_{p3} = \alpha_{Es}\sigma_{c3}\frac{h_p - x}{x} \tag{14-22}$$

$$\sigma_{s3} = \alpha_{Es}\sigma_{c3}\frac{h_s - x}{x} \tag{14-23}$$

将式(14-22)和式(14-23)代入式(14-21)中并取 $g_p = h_p + e_N$、$g_s = h_s + e_N$ 和 $b_0 = b'_f - b$,可以得到以开裂截面的混凝土受压区高度 x 为未知数的一元三次方程

$$Ax^3 + Bx^2 + Cx + D = 0 \tag{14-24}$$

式中:$A = b$

$B = 3be_N$

$C = 3b_0h'_f(2e_N + h'_f) + 6\alpha_{Ep}A_pg_p + 6\alpha_{Es}A_sg_s$

$D = -b_0h_f'^2(3e_N + 2h'_f) - 6\alpha_{Ep}A_ph_pg_p - 6\alpha_{Es}A_sh_sg_s$

解方程可以得到混凝土受压区高度 x 值。再由截面上所有力水平投影之和为零的平衡方

程可计算开裂截面受压边缘混凝土应力 σ_{c3} 为

$$\sigma_{c3} = \frac{N_{p0}x}{S_0} \tag{14-25}$$

S_0 为换算截面对开裂截面中和轴的面积矩,计算式为

$$S_0 = \frac{1}{2}b_f'x^2 - \frac{1}{2}(b_f' - b)(x - h_f')^2 - \alpha_{Ep}A_p(h_p - x) - \alpha_{Es}A_s(h_s - x) \tag{14-26}$$

这时,受拉区预应力钢筋的拉应力 σ_{p3} 和非预应力钢筋的拉应力 σ_{s3} 可分别由式(14-22)和式(14-23)求得。

(5)B 类部分预应力混凝土梁截面开裂应力验算

B 类部分预应力混凝土梁截面开裂应力验算属于构件截面强度的验算,在前述消压分析法提到的弯矩值 M_k 是使用荷载(包括结构重力、汽车荷载等)作用产生的构件截面弯矩值。在设计计算上,一般取荷载作用标准值产生的弯矩值 $M_k = M_{Gk} + M_{Q1k} + M_{Q2k}$,而 M_{Gk}、M_{Q1k} 和 M_{Q2k} 分别为结构重力、汽车荷载和人群荷载作用标准值产生的弯矩值。对后张预应力混凝土连续梁等超静定结构梁,还应计入由预加力引起的次弯矩 M_{p2},即式(14-20)中的 M_k 以 $M_k \pm M_{p2}$ 取代。

对 B 类部分预应力混凝土构件进行持久状况设计计算,《公路桥规》要求验算其使用阶段正截面的混凝土法向压应力和受拉区钢筋拉应力,并不得超过规定的限值。

①开裂截面最大混凝土法向压应力验算

B 类部分预应力混凝土构件开裂截面总的最大混凝土法向压应力 σ_{cc} 为截面混凝土全消压后产生的混凝土法向压应力 σ_{c3},因此可采用式(14-25)进行验算,即

$$\sigma_{cc} = \sigma_{c3} = \frac{N_{p0}x}{S_0} \leqslant 0.5f_{ck} \tag{14-27}$$

式中的 N_{p0} 为截面混凝土法向应力等于零时预应力钢筋和非预应力钢筋的合力,后张法构件可按式(14-17)计算;x 为开裂截面的混凝土受压区高度,可解方程(14-24)得到;换算截面对开裂截面中和轴的面积矩 S_0 可按式(14-26)计算。

②开裂截面预应力钢筋拉应力验算

B 类部分预应力混凝土构件开裂截面受拉区预应力钢筋总的拉应力 σ_p 为截面混凝土全消压时预应力钢筋的拉应力 σ_{p0} 与截面混凝土全消压后产生的预应力钢筋拉应力 σ_{p3} 之和,即

$$\sigma_p = \sigma_{p0} + \sigma_{p3} \tag{14-28}$$

式中的 σ_{p0} 可按式(14-16)计算(后张法构件),σ_{p3} 可按式(14-22)计算。受拉区预应力钢筋总的拉应力 σ_p 计算值应满足 $\sigma_p \leqslant 0.65f_{pk}$(构件体内设置的钢绞线和钢丝)、$0.75f_{pk}$(预应力螺纹钢筋)。

14.2.2　裂缝宽度计算

在正常使用阶段,B 类部分预应力混凝土受弯构件允许出现弯曲裂缝,因此,如何控制其裂缝宽度,并使之不超过规定的限值,就成为部分预应力混凝土构件设计的一项重要内容。

1)裂缝宽度的计算

对使用阶段允许出现裂缝的 B 类部分预应力混凝土受弯构件,《公路桥规》采用的最大裂缝宽度(mm)计算式为式(9-24)。

采用式(9-24)进行 B 类部分预应力混凝土受弯构件由作用(或荷载)频遇组合并考虑长

期效应影响引起的最大裂缝宽度计算时,开裂截面纵向受拉钢筋的应力 σ_{ss} 计算式为:

$$\sigma_{ss}=\frac{M_s-N_{p0}(z-e_p)}{(A_p+A_s)z} \tag{14-29}$$

$$z=[0.87-0.12(1-\gamma_f')(\frac{h_0}{e})^2]h_0 \tag{14-30}$$

$$\gamma_f'=\frac{(b_f'-b)h_f'}{bh_0} \tag{14-31}$$

$$e=e_p+\frac{M_s}{N_{p0}} \tag{14-32}$$

上述式中:M_s——按作用(或荷载)频遇组合计算的弯矩值;

N_{p0}——混凝土法向应力等于零时,预应力钢筋和普通钢筋的合力,先张法构件和后张法构件均按式(13-80)计算,该式中的 σ_{p0},对先张法构件按 $\sigma_{p0}=\sigma_{con}-\sigma_l+\sigma_{l4}$ 计算;对后张法构件按 $\sigma_{p0}=\sigma_{con}-\sigma_l+\alpha_{Ep}\sigma_{pc}$ 计算;

z——受拉区纵向预应力钢筋和非预应力钢筋合力点至截面受压区合力点的距离;

γ_f'——受压翼缘截面面积与肋板有效截面面积的比值;

b_f'、h_f'——受压翼缘的宽度和厚度,当 $h_f'>0.2h_0$ 时,取 $h_f'=0.2h_0$;

e_p——混凝土法向应力等于零时,预应力钢筋和非预应力钢筋的合力 N_{p0} 的作用点至受拉区预应力钢筋和普通钢筋合力点的距离。

应当指出,对于超静定B类部分预应力混凝土受弯构件,在计算 σ_{ss} 时,尚应考虑由预加力 N_p 产生的次弯矩 M_{p2} 的影响,故式(14-29)和式(14-32)应改写为

$$\sigma_{ss}=\frac{M_s\pm M_{p2}-N_{p0}(z-e_p)}{(A_p+A_s)z} \tag{14-33}$$

$$e=e_p+\frac{M_s\pm M_{p2}}{N_{p0}} \tag{14-34}$$

上述式中,当 M_{p2} 与 M_s 方向相同时取正值,相反时取负值。

2)裂缝宽度的限值

《公路桥规》规定,B类部分预应力混凝土构件计算的最大裂缝宽度不应超过下列规定限值:

(1)采用预应力螺纹钢筋的预应力混凝土构件,Ⅰ类、Ⅱ类和Ⅶ类环境条件下为0.20mm;Ⅲ类、Ⅳ类和Ⅵ类环境条件下为0.15mm;Ⅴ类环境条件下为0.1mm。

(2)采用钢丝或钢绞线的预应力混凝土构件,Ⅰ类、Ⅱ类、Ⅲ类、Ⅳ类、Ⅵ类和Ⅶ类环境条件下为0.10mm;Ⅴ类环境条件下不得使用带裂缝工作的B类构件。

14.2.3 变形计算

允许开裂的B类部分预应力混凝土受弯构件,在正常使用极限状态下的挠度,仍可根据给定的构件刚度用结构力学的方法计算。

《公路桥规》规定,预应力混凝土受弯构件的变形计算,应采用作用频遇组合并考虑长期效应的影响。关于考虑长期效应的影响,《公路桥规》是采用按作用频遇组合和规定的刚度计算的变形值,乘以变形长期增长系数 η_θ 方法处理的,η_θ 值详见13.6节。《公路桥规》规定允许开裂的B类部分预应力混凝土构件的抗弯刚度按作用频遇组合计算的弯矩值 M_s 分段取用:

在开裂弯矩 M_{cr} 作用下

$$B_0 = 0.95E_c I_0 \tag{14-35}$$

在 $M_s - M_{cr}$ 作用下

$$B_{cr} = E_c I_{cr} \tag{14-36}$$

上述式中，I_0、I_{cr} 分别为构件全截面换算截面惯性矩和开裂截面换算截面的惯性矩。

由式(14-35)和式(14-36)可见，对于允许开裂的B类部分预应力混凝土构件的刚度取用，实际上是把作用频遇组合计算的弯矩值 $M_s(>M_{cr})$ 分成两部分，即 M_s 中的开裂弯矩 M_{cr} 作用取 $B=B_0$，而 $M_s - M_{cr}$ 作用取 $B=B_{cr}$，因此，具体设计计算选用前，应计算构件的开裂弯矩 M_{cr}，即

$$M_{cr} = (\sigma_{pc} + \gamma f_{tk}) W_0 \tag{14-37}$$

$$\gamma = \frac{2S_0}{W_0} \tag{14-38}$$

上述式中：σ_{pc}——扣除全部预应力损失的预应力钢筋和普通钢筋合力 N_{p0} 在构件抗裂边缘混凝土的预压应力，对先张法和后张法构件分别按下列公式计算：

先张法构件 $\sigma_{pc} = \frac{N_{p0}}{A_0} + \frac{N_{p0}e_{p0}}{W_0}$

后张法构件 $\sigma_{pc} = \frac{N_{p0}}{A_n} + \frac{N_{p0}e_{pn}}{W_n}$

A_0、A_n——分别为构件换算截面面积、净截面面积；

e_{p0}、e_{pn}——分别为换算截面重心、净截面重心至预应力钢筋和普通钢筋合力点的距离；

γ——受拉区混凝土塑性影响系数；

S_0——全截面换算截面重心轴以上(或以下)部分面积对重心轴的面积矩；

W_0、W_n——分别为换算截面、净截面抗裂验算边缘的弹性抵抗矩。

允许开裂的B类部分预应力混凝土受弯构件计算的长期挠度值与预拱度设置方法，详见13.6.3节和13.6.4节。

14.2.4 疲劳计算

近年来疲劳试验结果表明，构件的疲劳强度主要取决于各组成部分的疲劳强度，而且通常是在高应力区发生钢筋断裂，显然，它直接与受拉区混凝土的裂缝有关。没有裂缝的构件是不会发生疲劳破坏的。

部分预应力混凝土受弯构件，只要预应力度选择得当，对于预应力混凝土梁来说，一般不会发生疲劳破坏。在可变作用效应与永久作用效应之比较大且可变作用重复次数多的场合，疲劳问题就不可忽视。

目前，对于部分预应力混凝土受弯构件的疲劳校核，主要是验算B类部分预应力混凝土构件受拉区钢筋的应力；斜截面的疲劳验算主要是控制箍筋的应力问题。

受拉钢筋的疲劳按计算应力变化幅 $\Delta\sigma_m = \sigma_{pmax} - \sigma_{pmin}$ 校核，其允许值 $[\Delta\sigma_p]$ 应由试验确定；当缺少该项试验数据时，可参照表14-1采用。

钢筋应力变化幅度容许值(MPa) 表14-1

钢筋种类	光圆钢筋	带肋钢筋	光面预应力钢丝	钢绞线	高强钢筋
$[\Delta\sigma_p]$	250	150	200	200	80

14.3 B类部分预应力混凝土受弯构件的设计

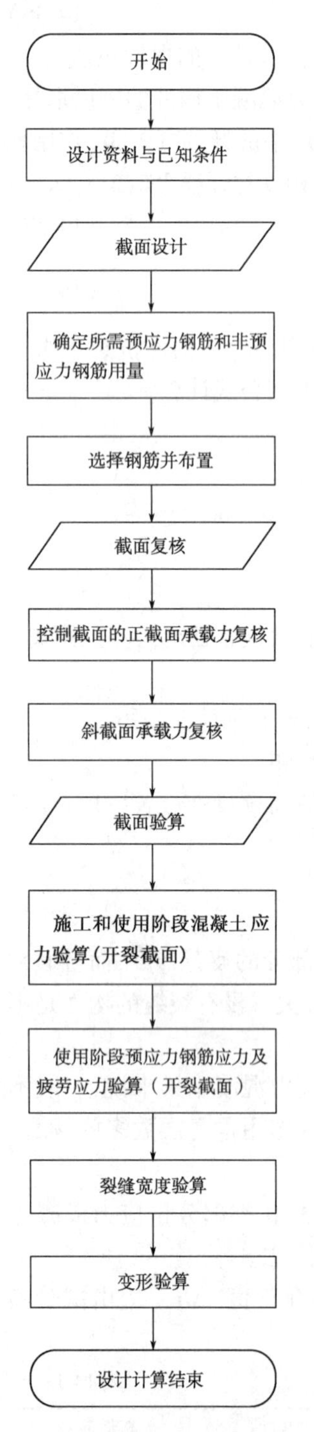

图14-6 B类预应力混凝土受弯构件的设计流程图

部分预应力混凝土受弯构件的设计内容包括:以确定所需的预应力钢筋、非预应力钢筋的面积及其布置为主要计算目标的截面设计;对初步设计的梁进行承载能力极限状态计算(截面复核)和正常使用极限状态计算(截面验算)。

B类部分预应力混凝土受弯构件设计步骤参见图14-6所示的设计流程图。

部分预应力混凝土受弯构件的截面尺寸,通常是参考已有的设计资料及桥梁总体布置予以确定。因而,截面设计的主要内容是确定预应力钢筋和非预应力钢筋的用量及其布置。

一般的设计方法是,先根据构件使用性能的要求,确定预应力钢筋的数量,然后再由构件控制截面的正截面承载力要求,确定非预应力钢筋的数量。本节主要介绍按预应力度法和按名义拉应力法来进行截面配筋设计的方法。

14.3.1 截面配筋设计的预应力度法

由印度学者G. S. Ramaswamy提出部分预应力混凝土构件截面配筋设计的预应力度法,是以预应力度$\lambda = M_0/M_s$(符号意义见第12.1.2节)为基础。注意消压弯矩$M_0 = \sigma_{pc} W_0$,而对预应力混凝土受弯构件来说,σ_{pc}为预加力N_{pe}作用下构件的截面抗裂边缘混凝土预压应力。对先张法或后张法构件,截面配筋设计时可近似取构件截面为混凝土全截面,按照材料力学偏心受压构件计算方法可整理得到截面抗裂边缘混凝土预压应力σ_{pc}为$\sigma_{pe} = \frac{N_{pe}}{A}\left(1 + \frac{e_p y_x}{i^2}\right)$,符号意义详见式(13-124),整理得到

$$N_{pe} \geqslant \frac{\lambda M_s}{W_0} \cdot \frac{A}{1 + \frac{e_p \cdot y_x}{i^2}} \tag{14-39}$$

$$A_p \geqslant \frac{N_{pe}}{\sigma_{con} - \sigma_l} \tag{14-40}$$

式中:σ_{con}——预应力钢筋的张拉控制应力;

σ_l——预应力总损失值,估算时,对先张预应力构件可取张拉控制应力的20% ~30%;对后张预应力构件除摩擦损失外可取张拉控制应力的15% ~25%。

当由式(14-40)确定了预应力钢筋面积 A_p 后,则由受弯构件正截面承载力来求所需非预应力钢筋 A_s,例如,对于仅在受拉区配置预应力钢筋 A_p 和非预应力钢筋 A_s 的单筋矩形截面,截面宽度为 b,高度为 h,由基本静力平衡方程可得到联立方程

$$f_{cd}bx = f_{pd}A_p + f_{sd}A_s \tag{14-41}$$

$$\gamma_0 M_d = f_{pd}A_p\left(h - a_p - \frac{x}{2}\right) + f_{sd}A_s\left(h - a_s - \frac{x}{2}\right) \tag{14-42}$$

式中,M_d 为弯矩设计值。

由联立方程(14-41)和式(14-42)可求得受压区高度 x 和非预应力钢筋面积 A_s,求得的 x 应满足 $x < \xi_b h_p$。

综合上述,采用预应力度法进行预应力钢筋和非预应力钢筋的用量计算时,可分以下步骤(以矩形截面受弯构件为例):

(1)计算混凝土毛截面的几何特征 A、I、W 和 y_x。

(2)假定预应力钢筋的合力作用点位置 a_p,求得偏心距 e_p;假定预应力钢筋和非预应力钢筋合力作用点位置 a,计算有效高度 h_0。

(3)选择预应力度。

(4)由式(14-40)求得所需预应力钢筋面积,解联立方程式(14-41)和式(14-42)求得相应的非预应力钢筋的面积。

(5)选择预应力钢筋和非预应力钢筋并布置在截面上,按正截面抗弯承载能力要求,进行截面复核。

在设计中,预应力度 λ 的选择是重要的。但是,对于B类部分预应力混凝土受弯构件,采用预应力度法时,很不容易看到预应力度 λ 大小与裂缝宽度之间的关系,造成选择的困难。国外试验研究及设计经验表明,当 $\lambda = 0.6 \sim 0.8$ 时,预应力钢筋和非预应力钢筋用量之和较小,且可以满足B类部分预应力混凝土受弯构件裂缝宽度限制要求,故可参考上述数值范围初选预应力度 λ 值。

14.3.2　截面配筋设计的名义拉应力法

在目前裂缝公式繁多且都不够完善的条件下,名义拉应力法计算简便且具有一定试验基础。该方法是根据部分预应力混凝土构件在使用阶段的裂缝宽度要求,计算控制截面上预应力钢筋和非预应力钢筋所需面积的方法,引自英国规范。其方法是:把带裂缝的构件假设为未开裂的构件,用一般材料力学公式算出构件受拉边缘的最大拉应力,因为构件已开裂,所以这个拉应力必定大于混凝土的弯曲抗拉强度,成为名义上的概念,故称为“名义拉应力”。在大量试验的基础上,可以定出对应于不同裂缝宽度限值的容许名义拉应力。

在使用荷载阶段的部分预应力混凝土梁,按匀质未开裂混凝土截面,用材料力学公式计算,仅由使用荷载作用引起的截面边缘最大拉应力 σ_{st} 与相应位置混凝土截面边缘所受的有效预应力 σ_{pc} 叠加,其结果就是相应截面混凝土边缘所受的总的拉应力,也就是名义拉应力。这个名义拉应力值是有限制的,应满足

$$\sigma_{st} - \sigma_{pc} \leqslant [\sigma_{ct}] \tag{14-43}$$

式中,$[\sigma_{ct}]$为混凝土的容许名义拉应力,按式(14-45)、式(14-46)的要求选用。

采用名义拉应力法进行配筋估算的步骤大致如下:

(1)按照前述预应力度法配筋设计步骤的第1、2步进行混凝土截面几何特性等计算。

(2)计算σ_{st},即

$$\sigma_{st}=\frac{M_s}{W} \tag{14-44}$$

式中:M_s——由荷载频遇组合产生的弯矩值;

W——截面受拉边缘的弹性抵抗矩,计算时可按毛截面计算。

(3)确定混凝土的容许名义拉应力$[\sigma_{ct}]$。根据构件的使用要求及环境条件,由14.2.2节介绍的裂缝宽度限值规定,$[\sigma_{ct}]$可用以下简单公式计算,即

后张法构件

$$[\sigma_{ct}]=\beta[\sigma'_{ct}]+4\rho\leqslant\frac{f_{cu,k}}{4} \tag{14-45}$$

先张法构件

$$[\sigma_{ct}]=\beta[\sigma'_{ct}]+3\rho\leqslant\frac{f_{cu,k}}{4} \tag{14-46}$$

式中的$[\sigma'_{ct}]$称为混凝土基本容许名义拉应力,可查表14-2得到。它仅与预加应力方式、混凝土强度级别和裂缝宽度三个因素有关。β称为构件的高度修正系数,可从表14-3中查到。ρ为受弯构件受拉区非预应力钢筋的配筋率($\rho=A_s/bh_0$),对于每1%的ρ值,先张预应力构件容许值$[\sigma'_{ct}]$提高3MPa,后张法构件容许值$[\sigma'_{ct}]$提高4MPa。$f_{cu,k}$为混凝土强度级别。

混凝土基本容许名义拉应力$[\sigma'_{ct}]$(MPa) 表14-2

构件名称	裂缝宽度限值(mm)	混凝土强度等级			构件名称	裂缝宽度限值(mm)	混凝土强度等级		
		C30	C40	≥C50			C30	C40	≥C50
先张预应力构件	0.1	—	4.6	5.5	后张预应力构件	0.1	3.2	4.1	5.0
	0.15	—	5.3	6.2		0.15	3.5	4.6	5.6
	0.20	—	6.0	6.9		0.20	2.8	5.1	6.2

注:仅适用于C60以下混凝土。

混凝土容许名义拉应力的构件高度修正系数 表14-3

构件高度(mm)	≤200	400	600	800	≥1000
修正系数	1.1	1.0	0.9	0.8	0.7

(4)求所需的有效预加力N_{pe}及相应的预应力钢筋面积A_p。

根据式(14-43)计算梁受拉边缘混凝土所需要的有效预压应力σ_{pc},即

$$\sigma_{pc}\geqslant\sigma_{st}-[\sigma_{ct}] \tag{14-47}$$

而

$$\sigma_{pc}=N_{pe}\left(\frac{1}{A}+\frac{e_p}{W}\right) \tag{14-48}$$

由式(14-47)和式(14-48),并用式(14-44)表示σ_{st},可得到

$$N_{pe} \geqslant \frac{\frac{M_s}{W} - [\sigma_{ct}]}{\frac{1}{A} + \frac{e_p}{W}} \tag{14-49}$$

相应所需要的预应力钢筋面积为

$$A_p = \frac{N_{pe}}{\sigma_{con} - \sum \sigma_l} \tag{14-50}$$

上述式中：e_p——预应力钢筋对截面(未开裂)重心轴的偏心距，$e_p = y - a_p$，其中 y 和 a_p 分别为截面重心轴和预应力钢筋重心至截面受拉边缘的距离，a_p 可预先假定；

A——构件截面面积，可采用毛截面面积；

$\sum \sigma_l$——预应力损失总值，估算时对先张预应力构件可取$(0.2 \sim 0.3)\sigma_{con}$，对后张预应力构件可取$(0.25 \sim 0.35)\sigma_{con}$。

(5)根据受弯构件正截面承载力要求，计算所需的非预应力钢筋面积A_s。

(6)按正截面承载力计算，检查受压区高度 x 是否满足 $x \leqslant \xi_b h_p$，防止超筋破坏。

14.4 构造要求

针对部分预应力混凝土受弯构件的设计，《公路桥规》提出相应的构造要求：

(1)**部分预应力混凝土梁应采用混合配筋。位于受拉区边缘的非预应力钢筋宜采用直径较小的带肋钢筋，以较密的间距布置。**

(2)部分预应力混凝土受弯构件中普通受拉钢筋的截面面积，不应小于$0.003bh_0$。

以上《公路桥规》的构造要求适用于A类部分预应力混凝土受弯构件，也适用于B类部分预应力混凝土受弯构件。但B类部分预应力混凝土受弯构件在使用荷载作用下允许出现一定宽度的混凝土裂缝，因此需要对B类部分预应力混凝土受弯构件从配筋上采取一定的措施来限制裂缝的开展，满足构件延性和耐久性的要求。

针对B类部分预应力混凝土受弯构件混合配筋的设计，中国土木工程学会混凝土及预应力混凝土学会部分预应力混凝土委员会的《部分预应力混凝土结构设计建议》建议在采用混合配筋时，非预应力钢筋根据预应力度 λ 的大小按以下原则配置：

(1)当 λ 较高时，非预应力钢筋宜采用较小的直径及较密的间距；

(2)当 $\lambda < 0.3$ 时，可按钢筋混凝土构件的构造规定布置。

【复习思考题与习题】

14-1 按截面混凝土应力控制条件，部分预应力混凝土结构可分为几类？各有什么不同？

14-2 部分预应力混凝土受弯结构受力特性与全预应力混凝土受弯结构的受力特性主要有哪些不同？部分预应力混凝土结构主要应用范围是什么？

14-3　按预应力度法进行部分预应力混凝土结构截面配筋设计的主要步骤有哪些?

14-4　部分预应力混凝土结构抗疲劳的主要特点有哪些?

14-5　在混合配筋的预应力混凝土结构中,非预应力钢筋的作用是什么?

PART 3 第3篇

圬工结构

第 15 章

圬工结构的概念与材料

15.1 圬工结构的概念

在公路桥涵中,石材、混凝土预制块用砂浆等砌筑制成的砌体来建成的结构称为砌体结构;用整体浇筑的混凝土或片石混凝土等构成的结构,称为混凝土结构,通常把以上两种结构统称为圬工结构。在公路桥涵结构中,因为砖的强度低、耐久性差而较少应用,故本教材未纳入砖材料相关内容。

圬工结构中的石材及混凝土预制块等称为块材。块材的共同特点是抗压强度高而抗拉、抗剪强度低,因此,在桥涵工程中圬工结构常用作以承压为主的结构构件,例如拱桥的拱圈、重力式墩台及扩大基础、涵洞及重力式挡土墙等。

圬工结构常以砌体形式出现。**砌体是用砂浆将具有一定规格的块材按要求的砌筑规则砌筑而成,并满足构件既定尺寸和形状要求的受力整体**。砌筑规则是要保证砌体的受力尽可能均匀。如果块材排列不合理,使各层块材的竖向砌缝或灰缝重合于几条垂直线上,则这些重合的竖向灰缝将砌体分割成彼此间不相联系和咬合的几个独立部分,因而不能共同整体地承受外力,削弱甚至破坏结构物的整体性。为保证砌体的整体性和受力性能,必须使砌体中的竖向灰缝互相咬合和错缝。

圬工结构之所以在桥涵结构中能得到广泛应用,是因为它有着下述主要优点:

(1)天然石料、砂等原材料分布广,易于就地取材。

(2)有较强的耐久性、良好的耐火性及稳定性,维修养护费用低。

(3)施工简便,不需特殊设备,施工的适应性较强。

(4)由于圬工结构一般体积较大,重量大,刚度大,当构件受力时,其结构重力与汽车荷载等可变作用相比,以结构重力作用为主,因而抗冲击能力强,超载能力大。

除以上主要优点外,圬工结构也存在明显的缺点,限制了其应用范围,例如:

(1)由于砌体强度不高,特别是抗拉、抗剪强度很低,故构件截面尺寸大,造成结构自重大。

(2)施工周期长,机械化程度低;砌筑工作相当繁重,操作主要靠手工方式。

(3)抗拉、抗弯强度和抗剪强度较低,抗震性能力差。

15.2 圬工材料

15.2.1 材料种类

桥涵圬工结构的材料主要有石材、混凝土、砂浆和小石子混凝土。

1)*石材*

石材是无明显风化的天然岩石经过人工开采和加工后外形规则的建筑用材,具有强度高、抗冻与抗气性能好等优点。在有开采和加工能力的地区,石材广泛用于建造桥梁基础、墩台、挡土墙等。桥涵结构所用石材应选择质地坚硬、均匀、无裂纹且不易风化的石料。常用天然石料的种类主要有花岗岩、石灰岩等。石材根据开采方法、形状、尺寸及表面粗糙度的不同,可分为下列几类:

(1)片石。片石是由爆破或楔劈法开采的不规则石块。使用时,一般形状不受限制,但厚度不得小于150mm,卵形和薄片不得采用。

(2)块石。块石一般是按岩石层理放炮或楔劈而成的石材。块石形状大致方正,上下面大致平整,厚度为200~300mm,宽度为厚度的1.0~1.5倍,长度为厚度的1.5~3.0倍。块石一般不修凿,但应敲去尖角凸出部分。

(3)细料石。细料石是由岩层或大块石材开劈并经修凿而成。细料石外形方正,呈六面体,表面凹陷深度不大于10mm,其厚度为200~300mm,宽度为厚度的1.0~1.5倍,长度为厚度的2.5~4.0倍。

(4)半细料石。同细料石,但表面凹陷深度不大于15mm。

(5)粗料石。同细料石,但表面凹陷深度不大于20mm。

桥涵结构中所用的石材强度等级有MU30、MU40、MU50、MU60、MU80、MU100和MU120,其中符号MU表示石材强度等级,后面的数字是边长70mm的含水饱和立方体试件的抗压强度,以MPa为计量单位。抗压强度取三块试件的平均值。试件采用规定的其他尺寸时,应乘以规定的换算系数。不同强度等级石材的设计强度值和不同尺寸的石材试件强度换算系数分别见附表3-1和附表3-2。

石材多为就地取材,依上述石材所耗加工量不同,同样强度等级砂浆砌筑的不同石材,其砌体抗压极限强度、砌体表面美观程度和造价也不同，所以石材选择应根据当地情况、施工工期和美观要求综合确定。

2）混凝土

在圬工桥涵结构中，通常采用的混凝土强度等级为C20、C25、C30、C35和C40，其定义可见第2章。混凝土强度设计值详见附表3-3。

（1）混凝土预制块。混凝土预制块是根据结构构造与施工要求，设计成一定形状与尺寸，浇筑普通混凝土而成的预制实心块，技术要求与细料石相同。应用混凝土预制块，可节省石料的开采加工工作，加快施工进度。对于形状复杂的块材，当难以用石料加工时，更可显示出其优越性。另外，由于混凝土预制块形状、尺寸统一，故砌体表面整齐美观。

（2）整体浇筑的混凝土。整体浇筑的素混凝土结构，混凝土收缩变形较大，施工期间容易产生收缩裂缝或温度收缩裂缝，而且工期长，质量较难控制，故较少采用。在圬工桥涵结构中，不属于钢筋混凝土的低配筋结构可归于此类。对于大体积混凝土，如桥梁墩台身等，为了节省水泥，可在其中分层掺入含量不多于20%的片石（即为片石混凝土），其中片石强度等级要求不应低于表15-1规定的石材最低强度等级且不低于混凝土强度等级（现浇混凝土），此时，片石混凝土各项强度等级取值、弹性模量和剪变模量可按同强度等级的混凝土采用。

（3）小石子混凝土。小石子混凝土是由胶结料（水泥）、粗集料（细卵石或碎石，粒径不大于20mm）、细粒料（砂）加水拌和而成。在砌筑片石、块石砌体时，若用小石子混凝土代替砂浆，则建成的砌体称为小石子混凝土砌体，它比同强度等级砂浆砌筑的片石和块石砌体的抗压极限强度高，可以节省水泥和砂，在一定条件下是水泥砂浆的代用品。

3）砂浆

砂浆是由一定比例的胶结料（水泥、石灰等）、细集料（砂）及水配制而成的砌筑材料。砂浆在砌体结构中的作用是将块材粘结成整体，并在铺砌时抹平块材不平的表面而使块材在砌体受压时能比较均匀地受力。此外，砂浆填满了块材间隙，减少了砌体的透气性，从而提高了砌体的密实性、保温性与抗冻性。

砂浆按其胶结料的不同，主要分以下几类：

（1）无塑性掺料的（纯）水泥砂浆。由一定比例的水泥和砂加水配制而成的砂浆，强度较高。

（2）有塑性掺料的混合砂浆。由一定比例的水泥、石灰和砂加水配制而成的砂浆，又称水泥石灰砂浆。

（3）石灰（石膏、粘土）砂浆。胶结料为石灰（石膏、粘土）的砂浆，强度较低。

桥涵结构中所用的砂浆强度等级有M5、M7.5、M10、M15和M20，其中符号M表示砂浆强度等级，后面的数字是以边长70.7mm的标准立方体试块，标准养护28d，按统一的标准试验方法测得的抗压强度，以MPa为计量单位。抗压强度取三块试件平均值。

由于石灰砂浆及混合砂浆的强度较低，使用性能较差，故在桥涵工程中主要采用水泥砂浆。

对砌体所用砂浆的基本要求主要是强度、可塑性和保水性。

在工程上要求砂浆的强度要与块材的强度相配合，即块材强度高应配用强度较高的砂浆，块材强度低宜配用强度低的砂浆。

为使砌筑时能将砂浆很均匀地铺开,能使砌缝均匀和密实,保证砌体质量,从而提高砌体强度和砌筑效率,砂浆必须具有适当的可塑性(流动性)。砌筑时新拌砂浆在自身与外力作用下流动的性能为砂浆的流动性,它由标准圆锥体沉入砂浆的深度测定。用于石砌体时,流动性指标宜为50～70mm,气温较高时可适当增大。硬化后的砂浆应具有所需的强度以及与块材间良好的粘结力。

砂浆的质量在很大程度上取决于其保水性,亦即在运输、砌筑过程中保持相等质量的能力。若砂浆保水性好,就能在块材面上铺设均匀,若砂浆保水性差,砂浆易发生离析现象,新铺在块材上砂浆的水分很快散失或被块材吸去,使砂浆难以抹平,影响正常硬化作用,从而降低砌体的砌筑质量。同时,砂浆因失去过多水分而不能正常硬化,降低砂浆强度。因此,对吸水性很大的干燥块材,在砌筑砌体前必须对其砌筑表面洒水湿润。砂浆的保水性一般用分层度仪测定的分层度表示。

总体而言,对砌体所用砂浆的基本要求为:

(1)砂浆应满足砌体强度、耐久性的要求,并与块材间有良好的粘结力。

(2)砂浆的可塑性应保证砂浆在砌筑时能很容易且较均匀地铺开,以提高砌体强度和施工效率。

(3)砂浆应具有足够的保水性。在砌体结构中,砂浆强度低于设计强度等级和强度离散性过大是经常发生的。其原因主要是配料计量不准、砂含水率变化、掺入的塑性材料质量差、配合比不当以及砂浆试块的制作、养护方法和强度取值等不符合规范的规定。

对于圬工材料的选择,《公路桥规》综合考虑承载力和耐久性等方面要求,规定圬工结构所用的石、混凝土材料及其砌筑砂浆的最低强度等级要求见表15-1。

圬工材料的最低强度等级 表15-1

结构物种类	材料最低强度等级	砌筑砂浆最低强度等级
拱圈	MU50石材 C25混凝土(现浇) C30混凝土(预制块)	M10(大、中桥) M7.5(小桥涵)
大、中桥墩台及基础,轻型桥台	MU40石材 C25混凝土(现浇) C30混凝土(预制块)	M7.5
小桥涵墩台、基础	MU30石材 C20混凝土(现浇) C25混凝土(预制块)	M5

砌体中的石及混凝土材料,除应符合规定的强度要求外,还应具有耐风化和抗侵蚀性能。石材及混凝土材料受水浸湿后,冬季冻结,春季融化,引起材料风化侵蚀。若水汽充满材料内部毛细孔,毛细孔水冻结膨胀有可能使孔壁破裂而导致砌体材料表面破损,因此累年最冷月平均气温等于或低于-10℃的地区,所选用的石材还应符合表15-2的抗冻性指标要求,以保证在多次冻融循环之后块体不至于出现表面剥落和强度降低。**抗冻性指标系指材料在含水饱和**

状态下经过 -15℃的冻结与 20℃融化的循环次数。试验后的材料应无明显损伤(裂缝、脱层),其强度不低于试验前的 0.75 倍。

石材抗冻性指标 表 15-2

结构物部位	大、中桥	小桥及涵洞
镶面或表面石材	50	25

用于浸水或气候潮湿地区(年平均相对湿度平均值大于 80% 的地区)的受力结构的石材,软化系数不应低于 0.8。**软化系数是指石材在含水饱和状态下与干燥状态下试块极限抗压强度的比值。**

位于侵蚀性水中的结构物,配制砂浆或混凝土的水泥应采用具有抗侵蚀性的特种水泥,或采用其他防护措施。

15.2.2 砌体种类

工程中根据选用块材的不同,常用的砌体可分为以下几类(图 15-1):

(1)片石砌体。砌筑时,片石应平稳放置,交错排列且相互咬紧,避免过大空隙,并用小石块填塞空隙。片石应分层砌筑,以 2~3 层为一个工作层,各工作层的水平缝应大致找平,竖缝应相互错开。砌筑缝宽一般不应大于 40mm,用小石子混凝土砌筑时,可为 30~70mm。

(2)块石砌体。块石应平砌,每层石料高度大致相等,并应错缝砌筑,上下层错开距离不小于 80mm。砌筑缝宽不宜过大,一般水平缝不大于 30mm,竖缝不超过 40mm。

(3)粗料石砌体。砌筑时石料应安放端正,严格控制平面位置和高度,保证砌缝横平竖直。为保证强度要求和外观整齐,砌筑缝宽不大于 20mm,上下层竖缝错开距离不小于 100mm。

(4)半细料石砌体。同粗料石砌体,但表面凹陷深度不大于 15mm,砌筑缝宽不大于 15mm。

(5)细料石砌体。同粗料石砌体,但表面凹陷深度不大于 10mm,砌筑缝宽不大于 10mm。

(6)混凝土预制块砌体。同粗料石砌体,要求砌筑缝宽不大于 10mm。

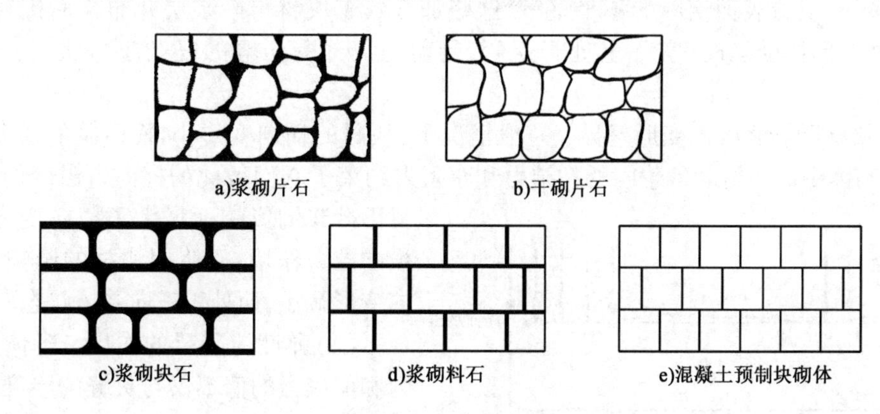

图 15-1 砌体种类

在桥涵工程中,应根据结构的重要程度、尺寸大小、工程环境、施工条件以及材料供应情况等综合考虑来选用砌体的种类。

15.3 砌体的强度与变形

15.3.1 砌体的抗压强度

1)砌体的受压破坏特征

砌体是由单块块材用砂浆粘结而成。它受压时的工作性能与单一均质的整体结构有很大的差别,而且砌体的抗压强度一般低于单块块材的抗压强度。

试验研究发现,砌体从荷载作用开始受压到破坏大致分为下列三个阶段:

第Ⅰ阶段为整体工作阶段。是从砌体开始加载到个别单块块材内第一批裂缝出现的阶段。作用荷载大致为砌体极限荷载的50%~70%。此时,如外荷载不增加,裂缝也不再发展。

第Ⅱ阶段为带裂缝工作阶段。在这个受力阶段中,砌体随荷载继续增大,单块块材内裂缝不断发展,并逐渐连接起来形成连续的裂缝。此时外荷载不增加,而已有裂缝会缓慢继续发展。

第Ⅲ阶段为破坏阶段。当荷载再稍微增加,裂缝急剧发展,并连成几条贯通的裂缝,将砌体分成若干独立压柱,各压柱受力极不均匀,最后,柱被压碎或丧失稳定导致砌体的破坏。

2)砌体受压时应力状态

从砌体受压的试验可以看到,砌体受压的一个重要的特征是单块材料先开裂,在受压破坏时,砌体的抗压强度低于所使用的块材的抗压强度。这主要是因为砌体即使承受轴向均匀压力,砌体中的块材实际上不是均匀受压,而是处于复杂应力状态。通过试验观测和分析,在砌体中的单块块材内产生复杂应力状态的原因是:

(1)砂浆层的非均匀性及块材表面的不平整。在砌筑时,砂浆的铺砌不可能很均匀,拌和的砂浆也有不均匀性,使砌缝砂浆层各部位成分不均匀,砂多的部位收缩小,而砂少的部位收缩大。另外,块材表面实际的不平整等,这些都导致了块材与砂浆层并非全面接触。因此,单个块材在砌体受压时,实际上处于受弯、受剪与局部受压等的复杂应力状态,如图15-2所示。

(2)块材和砂浆横向变形差异。一般情况下,块材的横向变形小,而砂浆的横向变形大,但是,在砌体中的块材和砂浆间的粘结力和摩阻力约束了它们彼此的横向自由变形,这样,块材因砂浆的影响而增大了横向变形,会受到横向拉力作用;砂浆因块材的影响又使其横向变形减小,而处于三向受压状态。

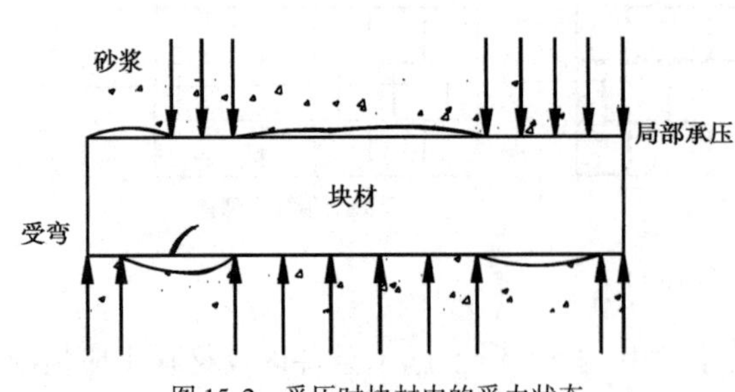

图15-2 受压时块材中的受力状态

(3)弹性地基梁的作用。砌体内弯曲应力和剪应力的值不仅与灰缝的厚度和密实性不均匀有关,而且还与砂浆的弹性性质有关。在压力作用下,水平砂浆层将产生压缩变形,每一砌块可视为作用在弹性地基上的梁

(板),上表面承受由上部砌体传来的压力,下表面则支撑于具有竖向变形的地基(砂浆层)上,其内部将产生弯剪应力。这一"地基"的弹性模量越小,砌块的变形越大,因而在砌块内产生的弯剪应力亦越大。

(4)竖向灰缝上的应力集中。砌体的竖向灰缝未能很好地填满,同时竖向灰缝内砂浆和砌块的粘结力也不能保证砌体的整体性,因此,在竖向灰缝上的砌块内将发生横向拉应力和剪应力的集中,因而又加快砌块的开裂,将引起砌体强度的降低。

因此,在均匀压力作用下砌体中的块材并不是处于均匀受压状态,而是处于受弯、受剪、局部受压及横向受拉等的复杂应力状态。块材的抗弯、抗拉及抗剪强度较低,砌体受压时,往往在远小于块材抗压强度时就出现裂缝,裂缝的扩展损害了砌体的整体工作,导致砌体破坏。所以,砌体的抗压强度总是远低于块材的抗压强度。

3)影响砌体抗压强度的主要因素

根据砌体受压特点及应力状态分析,影响砌体抗压强度的主要因素有以下几个方面:

(1)块材的强度。块材和砂浆的强度是影响砌体抗压强度的主要因素,块材和砂浆的强度高,其砌体的抗压强度亦高,反之,其砌体的抗压强度则低。块材在砌体中处于复杂受力状态,因此,块材的抗压、抗拉、抗剪等都会影响砌体的抗压强度。

试验证明,当块材强度等级一定,砂浆强度等级不是很高时,提高砂浆强度等级,砌体的抗压强度有较明显的增长;当砂浆强度等级过高时,提高砂浆的强度等级对砌体的抗压强度的提高并不明显。

(2)块材形状和尺寸。块材形状规则的程度也显著影响着砌体的抗压强度。块材表面不平整,形状不规则,则会造成砌缝厚度不均匀,从而使砌体抗压强度降低。砌体强度随块材厚度的增大而增加。这是由于随着块材厚度的增加,其截面面积和抵抗矩相应加大,砌缝数量减少,提高了块材抗弯、抗剪及抗拉能力,这样砌体的抗压强度也得到提高。

(3)砂浆的物理力学性能。除砂浆的强度直接影响砌体的抗压强度外,砂浆的强度等级越低,块材与砂浆的横向变形差异越大,从而降低砌体的强度。但单纯提高砂浆强度等级并不能使砌体抗压强度有很大提高。

砂浆的可塑性和流动性对砌体的强度也有影响。可塑性和流动性好的砂浆,容易铺成厚度和密实性均匀的砌体,因而可减小块材内的弯剪应力,使砌体强度提高。但若砂浆内水分过多,可塑性和流动性虽好,由于砌缝的密实性降低,砌体的强度反而下降。

砂浆的弹性模量的大小对砌体强度亦具有决定性的影响,砂浆的弹性模量越大,相应砌体的强度越高。

(4)砌缝厚度。砂浆水平砌缝越厚,砌体强度越低。因为砌缝越厚,施工时越难密实均匀,导致块材的复杂应力状态更严重。另外,砌缝越厚,将加大砂浆砌缝与块材横向变形的差异,块材的横向拉应力越大。实践证明灰缝厚度在10~12mm为宜。

(5)砌筑质量。砌筑灰缝的施工质量也影响砌体的抗压强度。砂浆铺砌均匀、饱满可以改善块材在砌体内的受力性能,使之较均匀受压,因而可提高砌体的抗压强度,反之则降低砌体强度。

4)砌体抗压强度设计值

《公路桥规》中规定的石材及混凝土预制块砌体抗压强度的设计值详见附表3-4~附

表3-6、附表3-8和附表3-9。

施工阶段砂浆尚未硬化的新砌的砌体强度,可按砂浆强度为零进行验算,强度为零的砂浆是指施工阶段尚未凝结或用冻结法施工解冻阶段的砂浆。

15.3.2 砌体的抗拉、抗弯与抗剪强度

砌体的抗拉、抗弯和抗剪强度远低于其抗压强度,因此,应尽可能使圬工砌体主要用于承受压力为主的结构中。但在实际工程中,砌体受拉、受弯或受剪情况也常会遇到,如图15-3a)所示挡土墙,在墙后土的侧压力作用下,使挡土墙砌体发生沿通缝截面1-1的弯曲受拉;图15-3b)所示有扶壁挡土墙,在垂直截面中将发生沿齿缝截面2-2的弯曲受拉;图15-3c)所示的拱脚附近,由于水平推力的作用,将发生沿通缝截面3-3的受剪。

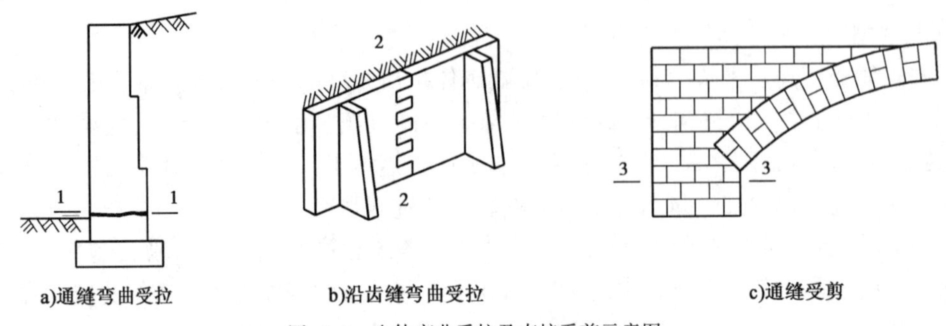

图15-3 砌体弯曲受拉及直接受剪示意图

试验表明,在多数情况下,砌体的受拉、受弯及受剪破坏一般发生于砂浆与块材的连接面上,因此,砌体的抗拉、抗弯与抗剪强度取决于砌缝强度,亦即取决于砌缝间块材与砂浆的粘结强度。只有在砂浆与块材间的粘结强度很大时,才可能产生沿块材本身的破坏。

按照砌体受力方向的不同,砂浆与块材间的粘结强度分为两类。一类是平行于砌缝的切向粘结强度[图15-4a)];另一类是垂直于砌缝的法向粘结强度[图15-4b)]。在正常情况下,粘结强度和砂浆强度有关。但砂浆与块材间的法向粘结强度不易保证,所以在实际工程中不允许设计利用法向粘结强度的受拉构件。

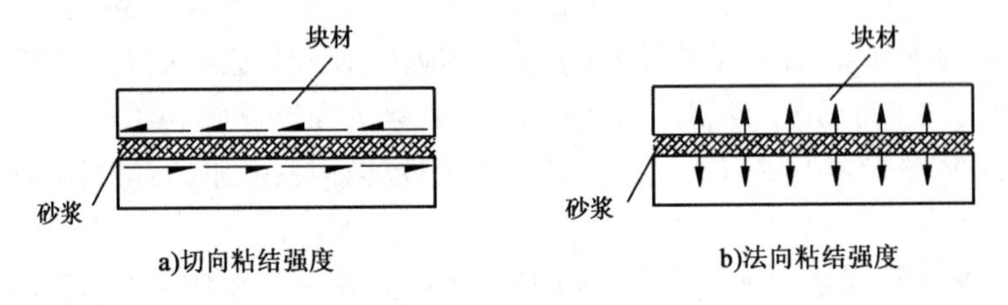

图15-4 砌缝的粘结强度

1)轴向受拉

在平行于水平砌缝的轴向拉力作用下,砌体可能有两种破坏情况:一种是沿砌体齿缝截面发生破坏,破坏面呈齿状,如图15-5a)所示,其强度主要取决于砌缝与块材间切向粘结强度;另一种是砌体沿竖向砌缝和块材破坏,如图15-5b)所示,其强度主要取决于块材的抗拉强度。

当拉力 F 作用方向与水平砌缝垂直时,砌体可能沿通缝截面发生破坏,见图15-5c),其强

度主要取决于砌缝与块材的法向粘结强度。

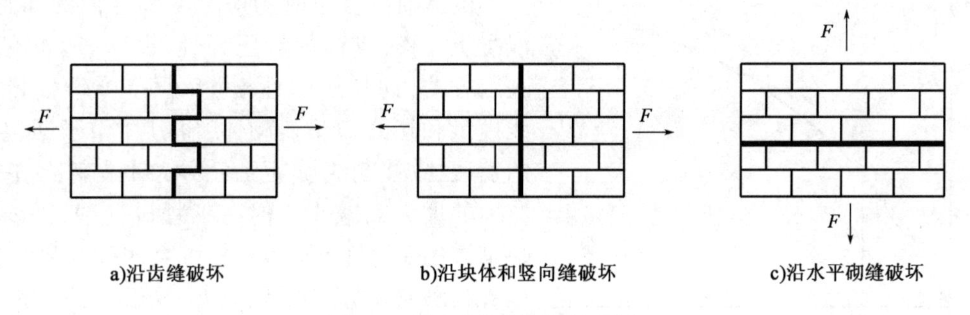

图 15-5　轴心受拉砌体的破坏形式

2）弯曲抗拉

砌体处于弯曲状态时，可能沿图 15-3a）所示通缝截面发生破坏，此时砌体弯曲抗拉强度主要取决于砂浆与块材间的法向粘结强度。亦可能沿图 15-3b）所示的齿缝截面发生破坏，其强度主要取决于砌体中砌块与砂浆间的切向粘结强度。

3）抗剪

砌体处于剪切状态时，则有可能发生通缝截面受剪破坏，如图 15-6a）所示，其抗剪强度主要取决于块材间砂浆的切向粘结强度。也可能发生沿如图 15-6b）所示的截面破坏，其抗剪强度与块材的抗剪强度和砂浆与块材之间的切向粘结强度有关。对规则块材，砌体的齿缝抗剪强度取决于块材的抗剪强度，不计灰缝的抗剪作用。

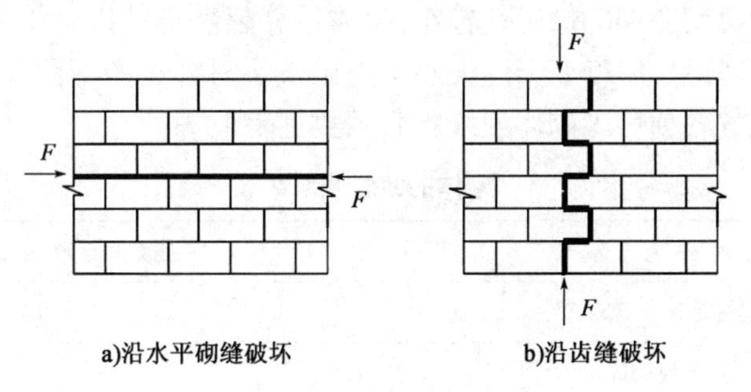

图 15-6　受剪砌体的破坏形式

砂浆砌体的轴心抗拉、弯曲抗拉和直接抗剪强度设计值见附表 3-7；小石子混凝土砌块石、片石砌体的轴心抗拉、弯曲抗拉和直接抗剪强度设计值见附表 3-10。

15.3.3　砌体的其他性能

1）砌体的弹性模量

圬工砌体受压应力—应变关系是砌体结构的基本力学性能之一，它是砌体结构破坏机理、内力分析、承载力计算乃至进行非线性全过程分析的重要依据。从各类无筋砌体轴心受压试验中发现，虽然各类砌体的应力—应变曲线不完全相同，但从总的趋势看，都具有混凝土应力应变曲线的特点。由于砌体具有弹塑性性质，当应力很小时，可以近似地认为砌体具有弹性性质。随着荷载的增加，变形增加速度加快，应力与应变具有越来越明显的非线性关系。在接近破坏时,荷载即使增加很少,其变形也急剧增加,如图15-7所示。

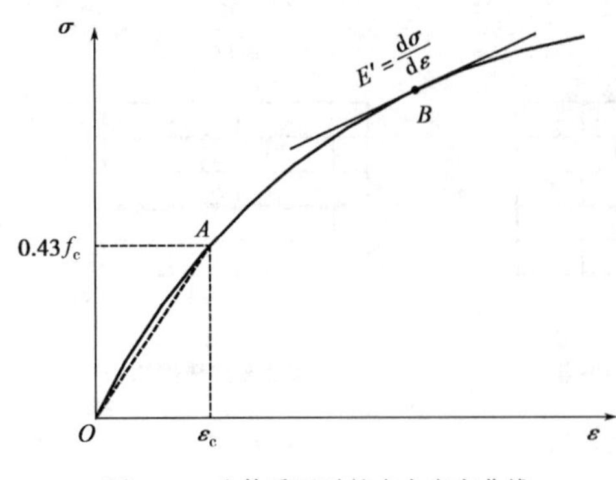

图15-7 砌体受压时的应力应变曲线

根据砌体受压时的应力—应变曲线可知,与混凝土一样,砌体的受压弹性模量一般也有三种表示方法,即初始弹性模量(原点弹性模量)、割线模量和切线模量。砌体受压后,由于塑性变形的发展,砌体割线模量及切线模量是变量,它们随应力的增大而减小。但在工程设计中,需要能反映砌体的受力性能而取值标准又明确的弹性模量。试验和研究表明,当受压应力上限为砌体抗压强度平均值的40%~50%时,砌体经反复加卸载5次后的应力—应变关系趋于直线。此时的割线模量接近初始弹性模量,称为砌体受压弹性模量,常简称为弹性模量。因此,可以采用较为简化的结果,如取应力为0.43倍的砌体抗压强度值的割线模量作为设计中取用的"砌体弹性模量E_m"。

《公路桥规》采用了更为简化的方法,即按不同强度等级的砂浆,以砌体弹性模量与砌体抗压强度成正比的关系来确定砌体弹性模量。对于石砌体,因为石材的强度和弹性模量均远大于砂浆的强度和弹性模量,其砌体的受压变形主要取决于水平灰缝砂浆的变形,因此仅按砂浆强度等级确定石砌体的弹性模量。各类砌体的受压弹性模量E_m取值见附表3-11,混凝土的受压弹性模量E_c取值见附表1-2。

2)砌体的线膨胀系数、收缩变形与摩擦系数

虽然砌体材料对温度变形的敏感性较小,但在计算超静定结构由于温度变化等引起的附加内力时则必须予以考虑。温度变形的大小是随砌筑块材种类的不同而不同,当温度每升高1℃,用水泥砂浆砌筑的各种圬工砌体的线膨胀系数见表15-3。

砌体的线膨胀系数 表15-3

砌体种类	线膨胀系数($\times10^{-6}$℃$^{-1}$)
混凝土	10
混凝土预制块砌体	9
细料石、半细料石、粗料石、块石、片石砌体	8

砌体浸水时体积膨胀,失水时体积收缩(干缩变形),后者比前者大得多,因此在工程中较为关心的是砌体的干缩变形。干缩变形常常在结构中产生较严重的裂缝。干缩变形是指砌体在不承受应力的情况下,因体积变化而产生的变形。一般通过砌体收缩试验确定干缩变形的大小,如对混凝土预制块砌体,其28d的干缩变形约为2×10^{-4}m/m。

国内外的许多研究结果表明,砌体截面上作用的垂直压应力是影响砌体抗剪强度的重要因素。由于水平灰缝中砂浆产生较大的剪切变形,剪切面将出现相对水平滑移,当受剪面上还作用有垂直压应力,垂直压应力所产生的摩擦力可减小或阻止砌体剪切面的水平滑移。砌体摩擦系数的大小,取决于砌体摩擦面的材料种类、干湿情况等。《公路桥规》对砌体的摩擦系数μ_f取值见表15-4。

砌体的摩擦系数 μ_f 表15-4

材料种类	摩擦面情况	
	干燥	潮湿
砌体沿砌体或混凝土滑动	0.70	0.60
木材沿砌体滑动	0.60	0.50
钢材沿砌体滑动	0.45	0.35
砌体沿砂或卵石滑动	0.60	0.50
砌体沿粉土滑动	0.55	0.40
砌体沿粘性土滑动	0.50	0.30

混凝土和砌体的剪切模量 G_c 和 G_m 分别取其受压弹性模量的0.4倍。

【复习思考题与习题】

15-1 圬工结构分为哪两类？试指出下面的砌体属于哪一类圬工结构：块石砂浆砌体、混凝土预制块砂浆砌体、小石子混凝土浆砌块石砌体、片石混凝土砌体。

15-2 在砌体结构中砂浆主要起什么作用？要求保证砂浆的强度、可塑性和保水性满足要求的意义是什么？

15-3 试指出下列符号的意义：MU50、M15、C30。

15-4 附表3-6和附表3-9分别是片石砂浆砌体和小石子混凝土砌片石砌体的抗压强度设计值，仔细比较表中对应数值后能得出什么结论？

15-5 为什么圬工砌体的抗压强度一般低于块材的抗压强度？

15-6 影响砌体抗压强度的主要因素有哪些？

第 16 章

圬工结构构件承载力计算

16.1 计 算 方 法

《公路桥规》对圬工结构采用以概率理论为基础的极限状态设计方法，根据构件的使用要求和结构特性，圬工桥涵构件按承载能力极限状态设计，并满足正常使用极限状态的要求。根据桥涵圬工结构的特点，一般情况下其正常使用极限状态的要求可采取相应的构造措施予以保证。

圬工桥涵结构按承载能力极限状态设计时，采用如下表达式。

$$\gamma_0 S_d \leqslant R(f_d, a_d) \tag{16-1}$$

式中：γ_0——桥梁结构的重要性系数，对应于表 2-4 规定的一级、二级和三级的设计安全等级，分别取用 1.1、1.0 和 0.9；

S_d——作用基本组合的效应设计值，详见式(2-18)；

$R(\cdot)$——构件承载力设计值函数；

f_d——材料强度设计值；

a_d——几何参数设计值，可采用几何参数标准值 a_k，即设计文件规定值。

16.2　受压构件承载力计算

受压构件是圬工结构中应用最为广泛的构件,如重力式墩台身、圬工拱桥的拱圈等。受压构件按轴向压力在截面上作用位置的不同,可分为轴向受压、单向偏压和双向偏压;按构件长细比的不同,可分为短柱和长柱。

理想的轴向受压构件在轴心力作用下截面产生均匀的压应力。但当构件的长细比较大时,由于构件实际轴线的偏位、材料的不均匀性、轴向力的实际作用点偏离截面的几何重心轴等原因使构件产生侧向变形,会在截面内引起相当大的附加应力,使构件的承载力大大降低。

偏心受压构件截面上同时存在轴压应力和弯曲应力,与相同条件的理想轴向受压构件相比,受压承载力将减小,减小的程度与偏心距 e 有关。较长的偏心受压构件承载力将同时受到偏心距 e 和构件长细比的影响。

16.2.1　砌体受压短柱的受力与破坏形态

砌体受压短柱是指其高厚比 $\beta = l_0/b \leqslant 3$ 的轴心受压或偏心受压构件,这里的 l_0 是受压砌体构件的计算长度,b 为砌体截面的短边长度。

根据国内外所进行的大量试验资料,砌体受压短柱的受力及破坏形态如下:

(1)当构件承受轴心压力时,砌体全截面上产生均匀的压应力[图 16-1a)],截面最大压应力达到砌体轴心抗压极限强度时,砌体发生材料压碎破坏。

(2)构件承受偏心压力时,偏心受压砌体截面上的正应力分布是不均匀的。

当构件上作用的偏心压力的偏心距较小时,砌体全截面受压,由于砌体材料的弹塑性性能,压应力分布图呈曲线[图 16-1b)]。随着偏心压力的加大(偏心距 e 固定不变),砌体首先在截面压应力较大一侧出现竖向裂缝,并逐渐扩展,最后,砌体因截面压应力较大一侧的块体被压碎而破坏。

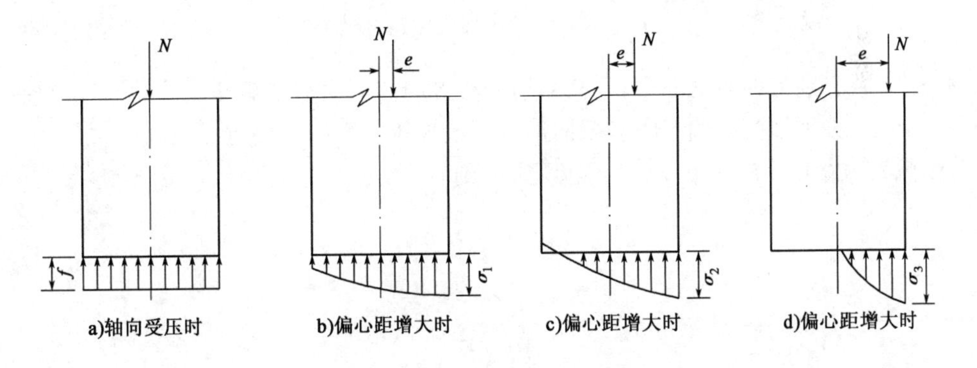

图 16-1　砌体受压时的截面应力变化

随着构件上作用的偏心压力的偏心距 e 的增大,在远离偏心压力作用的砌体截面边缘,由受压逐步变成受拉[图 16-1c)],但只要在受压边压碎之前截面受拉边的拉应力尚未达到砌体通缝的抗拉极限强度,则截面的受拉边就不会开裂,直至破坏为止仍为全截面受力。试验表明，其破坏特征与上述全截面受压相似，但砌体承载力有所下降。

当构件上作用的偏心压力的偏心距 e 较大时，砌体截面上受拉边的拉应力大于砌体通缝抗拉极限强度，砌体截面受拉侧出现水平裂缝，部分截面退出工作[图 16-1d)]，从而使砌体实际受压截面减小。在继续加大的偏心压力作用下，砌体的水平裂缝继续发展，最终，砌体压应力较大侧出现竖向裂缝，块体压碎破坏。

(3)偏心受压短柱随着偏心距的增大，砌体截面边缘最大压应变及最大压应力均大于轴心受压短柱，但由于随偏心距增大，截面正应力分布越不均匀，以及部分截面受拉退出工作，偏心受压短柱极限承载力较轴心受压短柱明显降低。为了反映偏心距 e 对砌体受压短柱承载力的影响，可以引入纵向力偏心影响系数(又称为偏心距影响系数 α_e)。

纵向力偏心影响系数 α_e 是偏心受压砌体短柱承载力与轴心受压砌体短柱承载力的比值，其中轴心受压砌体短柱承载力为 $N_u=f_cA$，f_c 为砌体的轴心抗压强度，而 A 为砌体全截面面积。

我国所做矩形截面、T 形截面及环形截面砌体短柱偏心受压破坏试验的散点图见图 16-2。图中纵坐标为砌体偏心受压承载力与轴心受压试件承载力比值 α_e，横坐标为偏心率，即偏心距 e 和截面回转半径 i 之比。由图 16-2 可以看出，砌体试件受压承载力随偏心距的增大而降低，即 α_e 是小于或等于 1 的系数。

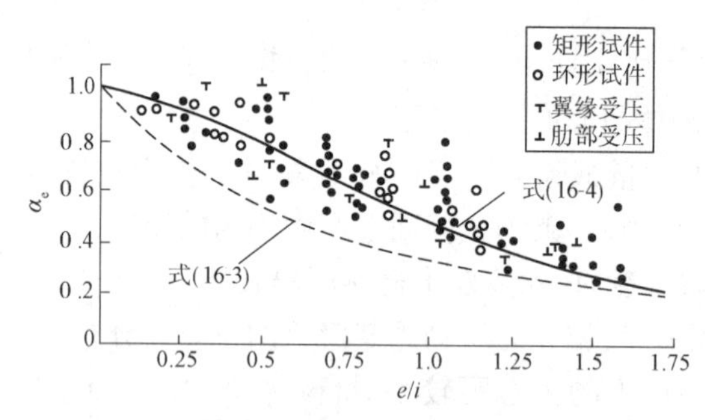

图 16-2 偏心距影响系数 α_e 与偏心率 e/i 的关系图

为了建立 α_e 计算公式形式，假设偏心受压砌体从加荷至破坏时截面压应力呈直线分布，按材料力学公式砌体截面边缘最大压应力为

$$\sigma = \frac{N}{A} + \frac{Ne}{I}y = \frac{N}{A}\left(1 + \frac{ey}{i^2}\right) \tag{16-2}$$

式中：A、I、i——分别为砌体截面面积、截面沿偏心方向的截面惯性矩和截面的回转半径；

e、y——分别为截面偏心距和截面形心至最大压应力的截面边缘距离。

若设截面边缘最大应力 $\sigma=f_c$ 为强度条件，则有

$$\frac{N_u}{A}\left(1 + \frac{ey}{i^2}\right) = f_c$$

$$N_u = \frac{f_cA}{1 + ey/i^2} = \alpha_e f_cA$$

$$\alpha_e = \frac{1}{1 + ey/i^2} \tag{16-3}$$

图 16-2 中虚线为按式(16-3)计算的 α_e 值，可以看出，按材料力学公式计算，考虑砌体全截面参加工作的偏心受压砌体承载力，由于没有计算砌体材料的弹塑性性能和破坏时截面边

缘应力的提高,计算值均小于试验值。当偏心距较大时,尽管截面的塑性性能表现得更为明显,但由于随着偏心距增大,受拉区截面退出工作的面积增加,使得按公式(16-3)算得的承载力与试验值逐渐接近。为此,若对式(16-3)进行修正,假设砌体破坏时是在纵向压力加载点处(即偏心距 e 处)的应力为 f_c,即

$$\frac{N_u}{A}+\frac{N_u e^2}{I}=\frac{N_u}{A}\left(1+\frac{e^2}{i^2}\right)=f_c$$

$$N_u=\left(1+\frac{e^2}{i^2}\right)fA=\alpha_e f_c A$$

得到

$$\alpha_e=\frac{1}{1+(e/i)^2} \tag{16-4}$$

图16-2中实线为按式(16-4)计算的 α_e 值,可以看出,它与试验结果符合较好,可以作为砌体受压短柱的纵向力偏心影响系数的基本表达形式。

在材料力学偏心距影响系数公式形式的基础上,根据我国大量的试验资料,经过统计分析,对砌体受压截面两个主轴方向,《公路桥规》采用的纵向力的偏心影响系数为

$$\alpha_x=\frac{1-(e_x/x)^m}{1+(e_x/i_y)^2} \tag{16-5}$$

$$\alpha_y=\frac{1-(e_y/y)^m}{1+(e_y/i_x)^2} \tag{16-6}$$

上述式中:α_x、α_y——分别为 x 方向和 y 方向的纵向力偏心影响系数;

x、y——分别为 x 方向、y 方向截面重心至偏心方向的截面边缘的距离,见图16-3;

e_x、e_y——轴向力在 x 方向和 y 方向的截面偏心距,$e_x=M_{d(y)}/N_d$,$e_y=M_{d(x)}/N_d$,其值不应超过表16-4和图16-6所示在 x 方向和 y 方向的规定值,其中 $M_{d(y)}$ 和 $M_{d(x)}$ 分别为绕 y 轴和 x 轴的弯矩设计值,N_d 为轴向力设计值,见图16-3;

m——截面形状系数,对于圆形截面取2.5,对于T形或U形截面取3.5,对于箱形截面或矩形截面(包括两端设有曲线形或圆弧形的矩形墩身截面)取8.0;

i_x、i_y——弯曲平面内的截面回转半径,$i_x=\sqrt{I_x/A}$ 和 $i_y=\sqrt{I_y/A}$,其中 I_x 和 I_y 分别为截面绕 x 轴和绕 y 轴的惯性矩,A 为截面面积。对于组合截面,A、I_x、I_y 应按弹性模量比换算,即 $A=A_0+\psi_1 A_1+\psi_2 A_2+\cdots$,$I_x=I_{0x}+\psi_1 I_{1x}+\psi_2 I_{2x}+\cdots$,$I_y=I_{0y}+\psi_1 I_{1y}+\psi_2 I_{2y}+\cdots$,其中 A_0 为标准层截面面积,A_1、A_2…为其他层截面面积,I_{0x}、I_{0y} 为绕 x 轴和绕 y 轴的标准层惯性矩,I_{1x}、I_{2x}…和 I_{1y}、I_{2y}…为绕 x 轴和绕 y 轴的其他层惯性矩;$\psi_1=E_1/E_0$、$\psi_2=E_2/E_0$…,其中 E_0 为标准层弹性模量,E_1、E_2…为其他层的弹性模量。对于矩形截面,$i_y=b/\sqrt{12}$,$i_x=h/\sqrt{12}$,其中 b 和 h 为截面尺寸,详见图16-3。

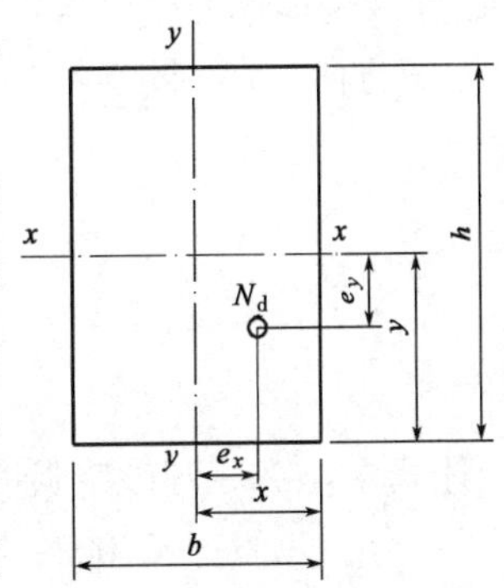

图16-3　砌体构件偏心受压

式(16-5)和式(16-6)是半理论半经验公式,它满足轴向受压和偏心受压两个受力边界条件,即当 $e_x=0$ 和 $e_y=0$ 时,$\alpha_x=1$ 和

$\alpha_y = 1$,构件为轴向受压,承载力不受偏心距的影响;当 e_x 和 e_y 有一个不等于 0 时,构件为单向偏心受压;当 e_x 和 e_y 都不等于 0 时,构件为双向偏心受压。

16.2.2 砌体受压长柱的受力与破坏特征

砌体受压长柱是指其高厚比 $\beta = l_0/h > 3$ 的轴心受压或偏心受压砌体。

砌体在承受轴心压力时,由于材料不均匀和施工误差等的影响,轴向力不可能完全作用在砌体截面中心,即产生了一定的初始偏心,会出现附加弯矩和相应的初始侧向挠曲变形。当砌体高厚比较小时($\beta \leqslant 3$),附加弯矩引起的侧向挠曲变形很小,可以忽略不计;但当砌体的高厚比较大时($\beta > 3$),由附加弯矩引起的侧向变形不能忽略,因为侧向挠曲又会进一步加大附加弯矩,进而会使侧向挠曲增大,致使砌体的承载力明显下降,当砌体的高厚比很大时,还可能发生失稳破坏。

砌体偏心受压长柱在偏心压力作用下会发生侧向挠曲,随着构件长细比的增大,细长构件在偏心压力下的侧向挠曲现象越来越明显,如图 16-4 所示。在偏心压力下,细长柱在原有轴向力作用偏心距 e 的基础上将产生附加偏心距 u,并随偏心压力的增大而不断增大。对控制截面来说,实际的偏心距已达到 $e+u$,从而在构件截面上产生相当大的附加应力,使构件承载力大大降低,这样的相互作用加剧了构件的破坏。此外,在砌体构件中,水平砂浆缝削弱了砌体的整体性,故纵向弯曲现象较钢筋混凝土更为明显。构件的长细比越大,这种纵向弯曲的影响就越大。试验与理论分析证明,除高厚比很大(一般超过 30)的砌体细长柱发生失稳破坏,其余均发生纵向弯曲破坏,破坏时截面的应力分布图形及破坏特征与偏心受压短柱基本相同。

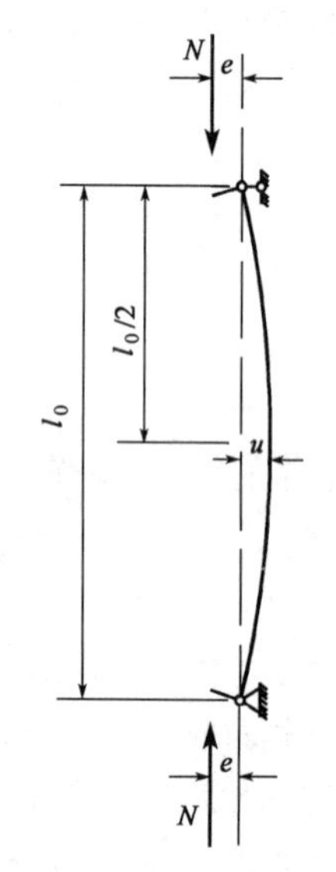

图 16-4　偏心受压构件的附加偏心距

这样,对于砌体受压长柱,不论是轴向受压还是偏心受压,砌体长细比 λ 的变化将影响砌体的承载能力。所以,应根据砌体构件长细比 λ 的大小、砂浆的强度等来考虑纵向弯曲对砌体构件承载能力的影响。**一般采用考虑纵向弯曲的偏心距系数 φ 来描述,φ 为相同条件下,砌体长柱承载力与相应砌体短柱承载力的比值,我国《公路桥规》称为纵向弯曲系数 φ。**

《公路桥规》采用四川省建筑科学研究院通过大量试验比较的结果,建议砌体偏心受压构件的纵向弯曲系数的计算式为

x 方向

$$\varphi_x = \frac{1}{1+\alpha\lambda_x(\lambda_x-3)[1+1.33(e_x/i_y)^2]} \tag{16-7}$$

y 方向

$$\varphi_y = \frac{1}{1+\alpha\lambda_y(\lambda_y-3)[1+1.33(e_y/i_x)^2]} \tag{16-8}$$

上述式中:α——与砂浆强度有关的系数,当砂浆强度等级大于或等于 M5 或为组合构件时,α 为0.002;当砂浆强度等级为 0 时,α 为 0.013;

λ_x、λ_y——构件在 x 方向、y 方向的长细比,按下列公式计算:

$$\lambda_x = \frac{\gamma_\beta l_0}{3.5 i_y} \quad (\lambda_x < 3 \text{ 时取 } 3) \tag{16-9}$$

$$\lambda_y = \frac{\gamma_\beta l_0}{3.5 i_x} \quad (\lambda_y < 3 \text{ 时取 } 3) \tag{16-10}$$

γ_β——不同砌体材料构件的长细比修正系数,按表 16-1 取用;

l_0——构件计算长度,按表 16-2 取用;

i_x、i_y——弯曲平面内的截面回转半径,对于等截面构件,见式(16-5)和式(16-6)中的规定;对于非矩形截面,可取等代截面(等代为矩形截面,保持惯性矩和面积不变)的回转半径。

长细比修正系数 γ_β 表 16-1

砌体材料类别	γ_β	砌体材料类别	γ_β
混凝土预制块砌体或组合构件	1.0	粗料石、块石、片石	1.3
细料石、半细料石砌体	1.1		

构件计算长度 l_0 表 16-2

构件及其两端约束情况		计算长度 l_0
直杆	两端固结	$0.5l$
	一端固定,一端为不移动的铰	$0.7l$
	两端均为不移动的铰	$1.0l$
	一端固定,一端自由	$2.0l$

注:l 为构件支点间长度。

16.2.3 砌体受压构件的承载力计算

根据以上对砌体受压短柱和长柱的分析,对砌体受压构件,可以采用一个系数 φ 来综合考虑纵向弯曲和轴向力的偏心距对受压构件承载力的影响。在《公路桥规》中规定的受压偏心距限值(表 16-4)范围内,砌体(包括砌体与混凝土的组合截面)受压构件的承载力按式(16-11)计算

$$N_u = \varphi_0 A f_{cd} \tag{16-11}$$

式中:A——构件的截面面积,对于组合截面按强度比换算,即 $A = A_0 + \eta_1 A_1 + \eta_2 A_2 + \cdots$,其中 A_0 为标准层截面面积,A_1、A_2…为其他层截面面积,$\eta_1 = f_{cd1}/f_{cd0}$、$\eta_2 = f_{cd2}/f_{cd0}$…,f_{cd0} 为标准层轴心抗压强度设计值,f_{cd1}、f_{cd2}…为其他层的轴心抗压强度设计值;

f_{cd}——砌体或混凝土轴心抗压强度设计值,按附表 3-3 ~ 附表 3-6、附表 3-8 和附表 3-9 采用;

φ_0——构件轴向力的偏心距 e 和长细比 λ 对砌体受压构件承载力的影响系数。

式(16-11)适用于砌体轴向受压和偏心受压。

砌体偏心受压构件承载力影响系数 φ_0 是同时考虑偏心距和砌体构件的长细比影响,采用尼克勤(N. V. Nikitin)提出的混凝土构件半经验半理论公式经转换后确定的。尼克勤公式表达如下

$$N_d \leqslant \frac{1}{\frac{1}{N_{uxd}}+\frac{1}{N_{uyd}}-\frac{1}{N_{u0d}}} \tag{16-12}$$

式中:N_{uxd}、N_{uyd}——分别为轴向力作用于 x 轴或 y 轴,考虑相应承载力影响系数 φ_0(偏心影响系数和长细比影响系数)后的偏心受压承载力设计值,$N_{uxd}=\varphi_{0x}Af_{cd}$,$N_{uyd}=\varphi_{0y}Af_{cd}$;

N_{u0d}——轴向受压构件承载力,其偏心影响系数 $\varphi_0=1$ 并不考虑长细比的影响,于是 $N_{u0d}=Af_{cd}$。

把 N_{uxd}、N_{uyd}和 N_{u0d}代入式(16-12),并将不等号右半部分式子的分子、分母分别乘以 Af_{cd},得

$$N_d \leqslant \frac{Af_{cd}}{\frac{1}{\varphi_{0x}}+\frac{1}{\varphi_{0y}}-1} \tag{16-13}$$

式中,$\frac{N_d}{Af_{cd}}=\varphi_0$,于是,可得出《公路桥规》给出的砌体偏心受压构件承载力影响系数

$$\varphi_0=\frac{1}{\frac{1}{\varphi_{0x}}+\frac{1}{\varphi_{0y}}-1} \tag{16-14}$$

$$\varphi_{0x}=\frac{1-\left(\frac{e_x}{x}\right)^m}{1+\left(\frac{e_x}{i_y}\right)^2}\cdot\frac{1}{1+\alpha\lambda_x(\lambda_x-3)[1+1.33(e_x/i_y)^2]} \tag{16-15}$$

$$\varphi_{0y}=\frac{1-\left(\frac{e_y}{y}\right)^m}{1+\left(\frac{e_y}{i_x}\right)^2}\cdot\frac{1}{1+\alpha\lambda_y(\lambda_y-3)[1+1.33(e_y/i_x)^2]} \tag{16-16}$$

式中,φ_{0x}、φ_{0y}分别为 x 方向和 y 方向偏心受压构件承载力影响系数;其余符号的物理意义及计算方法详见式(16-5)~式(16-8)。

构件截面由两种或两种以上强度或弹性模量不同的材料所组成的截面为组合截面,例如双曲拱桥的主拱圈就是由拱肋、拱波、拱板组成的组合截面,由于受力特点和构造的原因,拱肋、拱波、拱板通常采用强度等级和弹性模量不同的混凝土。

对于组合截面,由于塑性变形的影响,只有当各层材料均达到承载力时,组合截面才达到其承载力。这时必须保证组合截面有足够的整体性,因此,组合截面各部分的混凝土强度等级应尽量接近,砌筑砂浆强度等级不宜低于 M10,如果采用小石子混凝土填筑接缝时,小石子混凝土强度等级不应低于被连接构件的强度等级。此外,当需计算组合截面的惯性矩 I、回转半径 i 等时,均应按强度换算的截面进行计算。

例 16-1 已知截面为 370mm×620mm(图 16-5)的轴向受压柱,安全等级为二级,采用 MU50 粗料石、M7.5 水泥砂浆砌筑,柱高 5m,两端铰支,该柱承受的最大纵向力设计值 N_d = 550kN。试计算该柱的承载力。

解:由粗料石和砂浆强度等级查附表 3-5,得到$f_{cd}=3.45\times1.2=4.14$(MPa);桥梁安全等级为二级,则结构重要性系数 $\gamma_0=1.0$。

矩形截面回转半径为

$$i_x=\frac{h}{\sqrt{12}}=\frac{620}{\sqrt{12}}=179(\text{mm})$$

$$i_y=\frac{b}{\sqrt{12}}=\frac{370}{\sqrt{12}}=107(\text{mm})$$

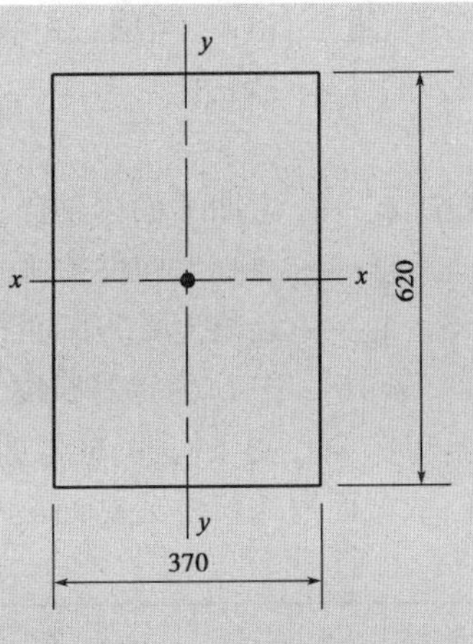

图16-5 例16-1图(尺寸单位:mm)

该柱两端为铰支,查表16-2可知 $l_0=1\times l=5000\text{mm}$;查表16-1得长细比修正系数 $\gamma_\beta=1.3$。

由式(16-9)得构件在 x 方向的长细比为

$$\lambda_x=\frac{\gamma_\beta l_0}{3.5i_y}=\frac{1.3\times5000}{3.5\times107}=17.36$$

由式(16-10)得构件在 y 方向的长细比为

$$\lambda_y=\frac{\gamma_\beta l_0}{3.5i_x}=\frac{1.3\times5000}{3.5\times179}=10.38$$

对轴向受压构件,$e_x=e_y=0$;砂浆强度等级大于M5,$\alpha=0.002$。由式(16-15)得 x 方向受压构件承载力影响系数为

$$\begin{aligned}\varphi_{0x}&=\frac{1-(e_x/x)^m}{1+(e_x/i_y)^2}\cdot\frac{1}{1+\alpha\lambda_x(\lambda_x-3)[1+1.33(e_x/i_y)^2]}\\&=\frac{1}{1+0.002\times17.36\times(17.36-3)}\\&=0.6673\end{aligned}$$

由式(16-16)可得 y 方向受压构件承载力影响系数为

$$\begin{aligned}\varphi_{0y}&=\frac{1-(e_y/y)^m}{1+(e_y/i_x)^2}\cdot\frac{1}{1+\alpha\lambda_y(\lambda_y-3)[1+1.33(e_y/i_x)^2]}\\&=\frac{1}{1+0.002\times10.38\times(10.38-3)}\\&=0.8671\end{aligned}$$

由式(16-14)可得受压构件承载力影响系数为

$$\varphi_0=\frac{1}{\dfrac{1}{\varphi_{0x}}+\dfrac{1}{\varphi_{0y}}-1}=\frac{1}{\dfrac{1}{0.6673}+\dfrac{1}{0.8671}-1}=0.6054$$

由式(16-11)可得轴向受压柱的承载力为

$$\begin{aligned}N_\text{u}&=\varphi_0Af_\text{cd}=0.6054\times370\times620\times4.14\\&=574.96\times10^3(\text{N})=574.96\text{kN}>\gamma_0N_\text{d}(=550\text{kN})\end{aligned}$$

故该柱的承载力满足要求。

16.2.4 混凝土受压构件的承载力计算

砌体构件是由块材用砂浆垫衬粘结而成,两种材料通过规则砌筑形成构件整体,而整体浇筑的混凝土、片石混凝土等是混凝土浇筑形成的混凝土构件,相比而言,混凝土构件材质较为均匀且整体性较好,因此不宜直接将砌体受压构件承载力计算方法用于混凝土受压构件。

根据对混凝土偏心受压构件破坏阶段截面应力分布的试验资料分析,截面主要是受压区混凝土工作,且压应力分布趋于均匀,并且可以认为截面受压区压应力的合力作用点与轴向力

作用点重合,由此,当偏心距满足表16-4的限值时,《公路桥规》对混凝土偏心受压构件截面承载力的计算规定为

$$N_u = \varphi_e A_c f_{cd} \tag{16-17}$$

式中:φ_e——弯曲平面内轴向受压构件弯曲系数,按表16-3采用;

f_{cd}——混凝土构件抗压强度设计值,按附表3-3的规定采用;

A_c——混凝土受压区面积。

表16-3中 l_0 为计算长度,可按表16-2采用。在计算 l_0/b 或 l_0/i 时,对 b 或 i 的取值规定为:单向偏心受压构件,取弯曲平面内截面高度或回转半径;轴向受压构件及双向偏心受压构件,取截面短边尺寸或截面最小回转半径。

混凝土轴向受压构件弯曲系数 φ_e 表16-3

l_0/b	<4	4	6	8	10	12	14	16	18	20	22	24	26	28	30
l_0/i	<14	14	21	28	35	42	49	56	63	70	76	83	90	97	104
φ_e	1.00	0.98	0.96	0.91	0.86	0.82	0.77	0.72	0.68	0.63	0.59	0.55	0.51	0.47	0.44

对于截面受压区面积 A_c 的计算,下面以矩形截面的偏心受压混凝土构件来介绍。

1)单向偏心受压

根据混凝土截面受压区压应力的合力作用点与轴向力作用点重合原则,可得到 $e_c = e$(图16-6)。设截面受压区高度为 h_c,则 $h_c = h - 2e_c = h - 2e$,相应的截面受压区面积为 $A_c = b(h-2e)$,由式(16-17)可得到截面承载力表达式为

$$N_u = \varphi_e f_{cd} b(h - 2e) \tag{16-18}$$

式中:e——轴向力的偏心距,$e = M_d/N_d$;

b、h——分别为矩形截面的宽度和高度;

其余符号意义见式(16-17)。

当构件垂直于弯曲平面方向的长细比大于弯曲平面方向的长细比时,还应按轴心受压构件进行承载力验算。

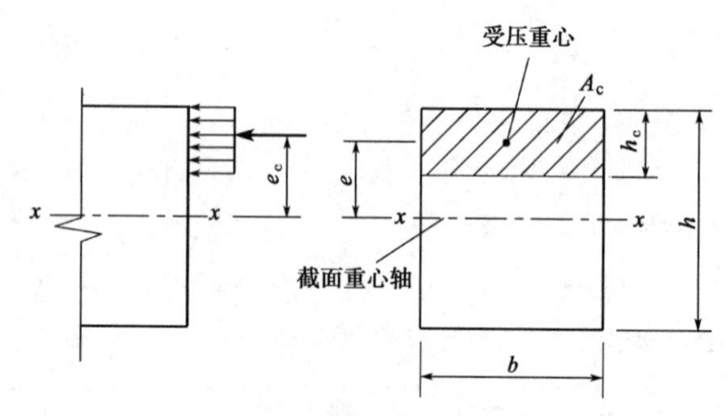

图16-6 混凝土构件偏心受压(单向偏心)

2)双向偏心受压

试验表明,双向偏心受压构件在两个方向上偏心率(沿构件截面某方向的轴向力偏心距与该方向边长的比值)的大小及其相对关系的改变,影响着构件的性能,使其有不同的破坏形态和特点。双向偏心受压构件的承载力计算,比前述单向偏心受压构件更为复杂,计算方法尚不成熟,一般采用近似的计算公式。

双向偏心受压构件的混凝土截面受压区仍然为矩形(图 16-7),其高度 $h_c = h - 2e_y$,宽度 $b_c = b - 2e_x$,截面受压区面积 $A_c = (b - 2e_x)(h - 2e_y)$。

由式(16-17)可得到截面承载力表达式为

$$N_u = \varphi_e f_{cd}(b - 2e_x)(h - 2e_y) \tag{16-19}$$

式中,e_x 和 e_y 分别为轴向力沿 x 轴方向和沿 y 轴方向的偏心距;其余符号意义见式(16-17)。

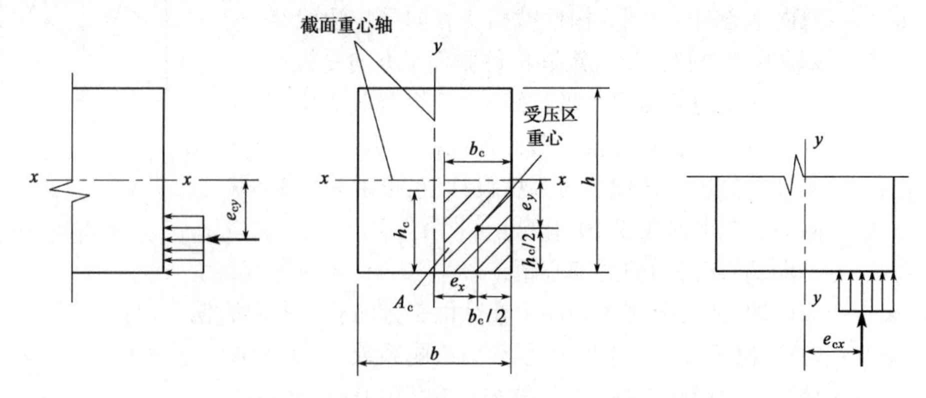

图 16-7　混凝土构件偏心受压(双向偏心受压)

16.2.5　偏心距验算

试验结果表明,若轴向力作用点的偏心距较大,当轴向力增加致使截面受拉边缘的应力大于圬工砌体的弯曲抗拉强度时,构件的受拉边会出现水平裂缝,截面的受压区逐渐减小,截面刚度相应地削弱,纵向弯曲的不利影响随之增加,进而导致构件的承载力显著降低。这样,结构就不安全,而且材料强度利用率很低,也不经济。

为了控制受拉区水平裂缝的过早出现与开展,应该对轴向力作用的偏心距 e 有所限制。根据试验结果并参考国内外有关规范,《公路桥规》建议砌体和混凝土的单向和双向偏心受压构件,其偏心距 e 的限值应符合表 16-4 的规定。

受压构件偏心距限值　　表 16-4

作用组合	偏心距限值 e	作用组合	偏心距限值 e
基本组合	$\leqslant 0.6s$	偶然组合	$\leqslant 0.7s$

表 16-4 中,当混凝土偏心受压构件截面的受拉区设有不少于截面面积 0.05% 的纵向钢筋时,表内规定值可增加 $0.1s$,其中 s 为截面或换算截面重心轴至偏心方向截面边缘的距离(图 16-8)。

当轴向力的偏心距 e 超过表 16-4 规定的偏心距限值时,构件承载力应按下列公式计算

单向偏心

$$N_u = \varphi \frac{Af_{tmd}}{\dfrac{Ae}{W} - 1} \tag{16-20}$$

双向偏心

$$N_u = \varphi \frac{Af_{tmd}}{\dfrac{Ae_x}{W_y} + \dfrac{Ae_y}{W_x} - 1} \tag{16-21}$$

上述式中:A——构件的截面面积,对于组合截面应按弹性模量比换算为换算截面面积;

W——单向偏心时,构件截面受拉边缘的弹性抵抗矩,对于组合截面应按弹性模量比换算为换算截面弹性抵抗矩;

W_y、W_x——双向偏心时,分别为构件截面 x 方向受拉边缘绕 y 轴的截面弹性抵抗矩和构件截面 y 方向受拉边缘绕 x 轴的截面弹性抵抗矩,对于组合截面应按弹性模量比换算为换算截面弹性抵抗矩;

f_{tmd}——构件受拉边层弯曲抗拉强度设计值,按附表3-3、附表3-7和附表3-10中的 f_{tmd} 采用;

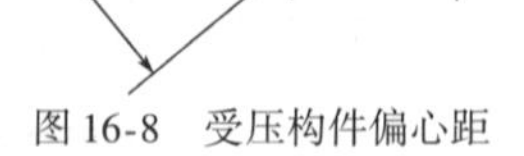

图16-8　受压构件偏心距

e——单向偏心时,轴向力偏心距;

e_x、e_y——双向偏心时,分别为轴向力在截面 x 方向和 y 方向的偏心距;

φ——对砌体偏心受压构件,为承载力影响系数 φ_0;对混凝土受压构件,为轴向受压构件弯曲影响系数 φ_e,见式(16-14)和表16-3。

按弹性模量比换算截面面积、弹性抵抗矩(或惯性矩)的方法见式(16-9)和式(16-10)的说明。满足式(16-20)和式(16-21)计算要求,构件将不会出现裂缝,也就不需要通过限制偏心距的方法来控制构件的裂缝。

例16-2　圬工拱桥拱上建筑的现浇矩形截面混凝土立柱,截面尺寸为 $b \times h = 500 \times 680\text{mm}$(图16-9),立柱几何高度 $l = 6000\text{mm}$,柱两端按铰支考虑,采用C25混凝土。作用基本组合的轴向力设计值 $N_d = 900\text{kN}$、弯矩设计值 $M_{dx} = 150\text{kN} \cdot \text{m}$。

结构重要性系数 $\gamma_0 = 1.1$,试进行混凝土立柱的截面复核。

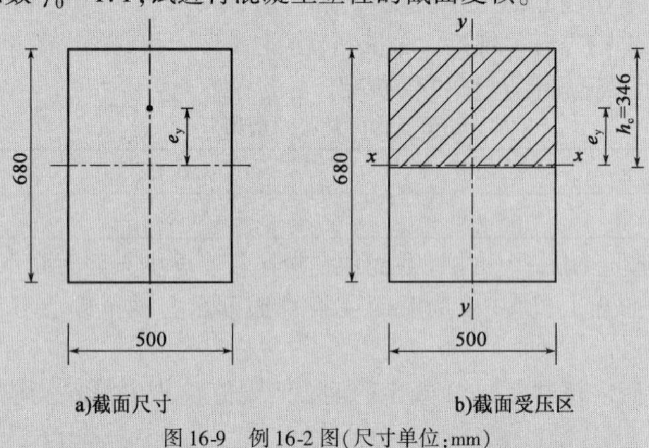

图16-9　例16-2图(尺寸单位:mm)

解:本示例为矩形截面现浇混凝土偏心受压构件(单向偏心受压)的截面复核计算,计算应按式(16-18)进行。

计算的轴向力偏心距 e_y 为

$$e_y = \frac{M_{dx}}{N_d} = \frac{150}{900} = 0.167(\text{m}) = 167\text{mm}$$

截面重心轴至偏心方向截面边缘的距离 $s = h/2 = 680/2 = 340(\text{mm})$,查表16-4,容许偏心距$[e]=0.6s=0.6\times340=204(\text{mm})>e_y(=167\text{mm})$,即计算的偏心距在容许值内,满足要求。

弯矩作用平面内的截面回转半径为$i_x=h/\sqrt{12}=680/\sqrt{12}=196(\text{mm})$;立柱几何高度$l=6000\text{mm}$,柱两端按铰支考虑,则立柱的计算长度$l_0=6000\text{mm}$,得到立柱的计算长细比$l_0/i=6000/196=30.6$。

查表16-3可得到弯矩作用平面内轴心受压构件弯曲系数$\varphi_e=0.891$。

由图16-6和轴向力作用点与受压区混凝土法向应力的合力作用点重合的原则,截面混凝土受压区高度$h_c=h-2e=680-2\times167=346(\text{mm})$,见图16-9b)。

由C25混凝土查附表3-3得到混凝土轴心抗压设计值$f_{cd}=9.78\text{MPa}$,由式(16-18)可以计算得到混凝土立柱截面的受压承载力为

$$\begin{aligned}N_u&=\varphi_e f_{cd}bh_c=0.891\times9.78\times500\times346\\&=1507.52\times10^3(\text{N})=1507.52\text{kN}>\gamma_0N_d(=990\text{kN})\end{aligned}$$

由于立柱在垂直于弯矩作用平面内的截面回转半径为$i_y=b/\sqrt{12}=144(\text{mm})$,计算长细比$l_0/i=6000/144=41.67$,大于弯矩作用平面内的计算长细比30.6,故还应按轴心受压构件进行承载力复核。

这时,由垂直于弯矩作用平面内计算长细比$l_0/i=41.67$,查表16-3得到轴心受压构件弯曲系数$\varphi_e=0.822$,取立柱截面全面积,计算截面承载力为

$$\begin{aligned}N_u&=\varphi_e f_{cd}bh=0.822\times9.78\times500\times680\\&=2733.31\times10^3(\text{N})=2733.31\text{kN}>\gamma_0N_d(=990\text{kN})\end{aligned}$$

故混凝土立柱截面承载力满足要求。

16.2.6　拱的承载力计算

拱桥的拱圈是等截面或变截面的偏心受压构件。拱圈每个截面的弯矩M、轴向力N和偏心距$e(e=M/N)$都是变数。为了使上述圬工直杆受压计算公式应用于拱,有必要考虑受力不利的各个方面对上述公式进行适当修正和补充,因此,《公路桥规》规定对圬工拱圈要进行各阶段的截面强度验算和拱的整体"强度—稳定"验算,即拱的承载力计算。

1)拱的截面承载力验算

(1)砌体拱圈截面的承载力应按式(16-22)计算

$$N_u=\varphi_0Af_{cd}\tag{16-22}$$

式中符号意义与式(16-11)相同。

拱的截面承载力验算是考虑拱的各截面内力悬殊,取其受力较为不利者分别予以验算。仅考虑受力不利截面轴向力和偏心距对承载力的影响,计算时不计长细比对受压构件承载力的影响,即令式(16-15)和式(16-16)中的λ_x和λ_y取为3。同时,按表16-4进行偏心距验算,当偏心距e超过表16-4规定的偏心距限值时,构件承载力应按式(16-20)和式(16-21)计算。

(2)混凝土拱圈截面的承载力按式(16-23)计算,即

$$N_u=\varphi_eA_cf_{cd}\tag{16-23}$$

式中符号意义与式(16-17)相同,但计算时取混凝土轴向受压构件弯曲系数$\varphi_e=1.0$。同时,按表16-4进行偏心距验算,当偏心距e超过表16-4规定的偏心距限值时,构件承载力应按式(16-20)和式(16-21)计算。

2)拱的整体承载力(“强度—稳定”)验算

拱的整体“强度—稳定”验算是将拱换算为直杆,按直杆承载力计算公式验算拱的承载力。这种换算方法是近似的模拟直杆方法,在验算时考虑偏心距和长细比的双重影响。

(1)砌体拱圈的“强度—稳定”验算按式(16-24)进行,即

$$\gamma_0 N_d \leqslant \varphi_0 A f_{cd} \tag{16-24}$$

式中符号意义与式(16-11)相同。

采用式(16-9)、式(16-10)计算砌体构件长细比 λ_x 和 λ_y 时,拱圈纵向(弯曲平面内)计算长度 l_0 的取值为:$0.58L_a$(三铰拱)、$0.54L_a$(双铰拱)、$0.36L_a$(无铰拱),L_a 为拱轴线长度。无铰板拱拱圈横向(弯曲平面外)计算长度 l_0 见表16-5。

无铰板拱横向稳定计算长度　　表16-5

矢跨比 f/l	1/3	1/4	1/5	1/6	1/7	1/8	1/9	1/10
计算长度 l_0	$1.167r$	$0.962r$	$0.797r$	$0.577r$	$0.495r$	$0.452r$	$0.425r$	$0.406r$

注:r 为圆曲线半径。当为其他曲线时,可近似地取 $r=\frac{l}{2}\left(\frac{1}{4\beta}+\beta\right)$,其中 β 为拱圈的矢跨比。

如果考虑拱上建筑与拱圈的联合作用时,由于拱上建筑的约束作用,可不考虑纵向长细比对承载力的影响,取纵向长细比 $\lambda_y=3$;当板拱拱圈宽度大于或等于1/20计算跨径时,对砌体拱可取横向长细比 $\lambda_x=3$(即不考虑横向长细比的影响)。

同时,应进行偏心距限值(表16-4)验算。

(2)混凝土拱圈的“强度—稳定”验算按式(16-25)进行,即

$$\gamma_0 N_d \leqslant \varphi_e A_c f_{cd} \tag{16-25}$$

式中符号意义与式(16-17)相同。

当按表16-3查取混凝土轴向受压构件弯曲系数 φ_e 时,拱圈纵向(弯曲平面内)计算长度 l_0 和无铰板拱拱圈横向(弯曲平面外)计算长度 l_0 取法与砌体拱圈相同。如果考虑拱上建筑与拱圈的联合作用时,纵向稳定可不予考虑,即取纵向轴向受压构件弯曲系数 $\varphi_e=1$;当板拱拱圈宽度大于或等于1/20计算跨径时,对混凝土拱可不考虑横向稳定,即可取轴向受压构件横向弯曲系数 $\varphi_e=1$。

在用式(16-24)或式(16-25)进行拱圈的整体承载力验算时,由于是近似的模拟直杆方法,全拱只能取一个轴向力和一个偏心距,故《公路桥规》建议拱的轴向力设计值按式(16-26)计算,即

$$N_d=\frac{H_d}{\cos\varphi_m} \tag{16-26}$$

式中:N_d——拱的轴向力设计值;

H_d——拱的水平推力值;

φ_m——拱顶与拱脚的连线与跨径的夹角。

按式(16-26)的轴向力取值实际近似于各截面平均轴向力。轴向力作用的偏心距 e 可取与水平推力计算时同一荷载布置的拱跨1/4处弯矩设计值 M_d 除以 N_d,其值可以认为是各截面平均轴向力的平均偏心距。

同时应进行偏心距限值(表16-4)的验算。

对变截面拱圈在整体承载力(“强度—稳定”)验算中的截面取值,可采用拱的换算等代截面惯性矩方法,即可将半个拱圈弧长取直为一简支梁,取一跨径相同的等截面简支梁,在两者跨中加载一单位集中力,当该点挠度彼此相等时,后者的惯性矩即视为该拱的换算等代截面惯

性矩,由此确定换算等代截面的宽度和高度。

例 16-3 一等截面悬链线无铰石拱桥采用早期脱架施工,安全等级为二级,已知其标准跨径(计算跨径)$L=40\text{m}$,矢跨比 $f/L=1/5$,拱轴长度 $L_a=44.93\text{m}$,拱圈厚度 $h=900\text{mm}$,拱圈全宽 $B=8\text{m}$(图 16-10),拱圈采用 M10 水泥砂浆,MU40 块石砌筑,拱脚截面上每米宽拱圈承受自重弯矩设计值 $M_{d(y)}=135\text{kN}\cdot\text{m/m}$,轴向力设计值 $N_d=753\text{kN/m}$;拱的自重水平推力设计值$H_d=654\text{kN/m}$,相应的拱跨 1/4 处的弯矩设计值 $M_{d(y)}=73\text{kN}\cdot\text{m/m}$,试复核拱脚截面处的承载力以及该拱的整体承载力。

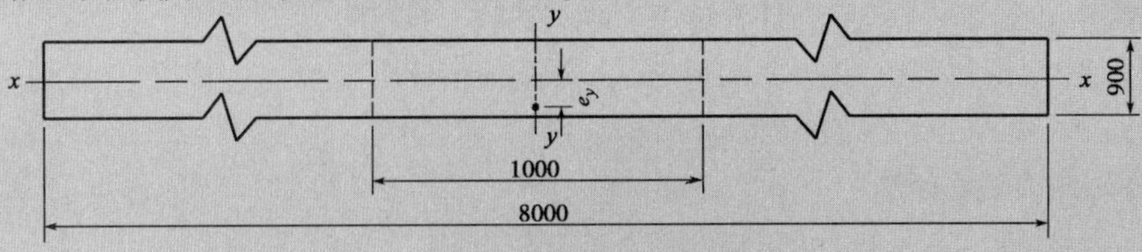

图 16-10 例 16-3 图(尺寸单位:mm)

解:(1)拱脚截面承载力验算

轴向力偏心距为

$$e_x=0$$

$$e_y=\frac{M_{d(y)}}{N_d}=\frac{135}{753}=0.179(\text{m})=179\text{mm}$$

查表 16-4,容许偏心距$[e]=0.6s=0.6\times900/2=270(\text{mm})>e_y(=179\text{mm})$,满足偏心距限值要求。

由块石和水泥砂浆强度等级,查附表 3-5 得到$f_{cd}=3.44\text{MPa}$;结构安全等级为二级,则结构重要性系数 $\gamma_0=1.0$。

矩形截面回转半径为

$$i_x=h/\sqrt{12}=900/\sqrt{12}=260(\text{mm})$$

不计长细比对受压构件承载力的影响,即 $\lambda_x=\lambda_y=3$。

对矩形截面,截面形状系数 $m=8.0$。由式(16-15)得 x 方向受压构件承载力影响系数φ_{0x}为

$$\varphi_{0x}=\frac{1-(e_x/x)^m}{1+(e_x/i_y)^2}\cdot\frac{1}{1+\alpha\lambda_x(\lambda_x-3)[1+1.33(e_x/i_y)^2]}=1$$

由式(16-16)得 y 方向受压构件承载力影响系数 φ_{0y}为

$$\varphi_{0y}=\frac{1-(e_y/y)^m}{1+(e_y/i_x)^2}\cdot\frac{1}{1+\alpha\lambda_y(\lambda_y-3)[1+1.33(e_y/i_x)^2]}$$
$$=\frac{1-(179/450)^8}{1+(179/260)^2}$$
$$=0.6780$$

由式(16-14)得受压构件承载力影响系数 φ_0 为

$$\varphi_0=\frac{1}{\frac{1}{\varphi_{0x}}+\frac{1}{\varphi_{0y}}-1}=\frac{1}{\frac{1}{1}+\frac{1}{0.6780}-1}=0.6780$$

由式(16-22)可得每米宽拱圈拱脚(砌体)截面的承载力为

$$N_u = \varphi_0 A f_{cd} = 0.6780 \times 900 \times 1000 \times 3.44$$
$$= 2099.09 \times 10^3 (\mathrm{N}) = 2099.1\mathrm{kN} > \gamma_0 N_d (=753\mathrm{kN})$$

满足截面承载力要求。

(2)拱的整体承载力验算

拱圈轴向力设计值按式(16-26)计算,即

$$\cos\varphi_m = \frac{1}{\sqrt{1+4(\frac{f}{L})^2}} = \frac{1}{\sqrt{1+4\times(\frac{1}{5})^2}} = 0.9285$$

$$N_d = \frac{H_d}{\cos\varphi_m} = \frac{654}{0.9285} = 704.4(\mathrm{kN})$$

拱圈轴向力偏心距为

$$e_x = 0$$

$$e_y = \frac{M_{d(y)}}{N_d} = \frac{73}{704.4} = 0.1036(\mathrm{m}) = 104\mathrm{mm}$$

查表16-4,容许偏心距$[e] = 0.6s = 0.6\times 900/2 = 270(\mathrm{mm}) > e_y(=104\mathrm{mm})$,满足偏心距限值要求。

无铰拱拱圈纵向计算长度为

$$l_0 = 0.36L_a = 0.36\times 44.93 = 16.1748(\mathrm{m})$$

因为拱圈宽度$B = 8\mathrm{m} > L/20(=2\mathrm{m})$,故不考虑横向长细比$\lambda_x$对构件承载力的影响,取$\lambda_x = 3$。

查表16-1,得长细比修正系数$\gamma_\beta = 1.3$。由式(16-10)可得构件在y方向的长细比为

$$\lambda_y = \frac{\gamma_\beta l_0}{3.5 i_x} = \frac{1.3\times 16174.8}{3.5\times 260} = 23.11$$

砂浆强度等级大于M5,取$\alpha = 0.002$。由式(16-15)得x方向受压构件承载力影响系数$\varphi_{0x} = 1$,由式(16-16)得y方向受压构件承载力影响系数φ_{0y}为

$$\varphi_{0y} = \frac{1-(e_y/y)^m}{1+(e_y/i_x)^2}\cdot\frac{1}{1+\alpha\lambda_y(\lambda_y-3)[1+1.33(e_y/i_x)^2]}$$
$$= \frac{1-(104/450)^8}{1+(104/260)^2}\cdot\frac{1}{1+0.002\times 23.11\times(23.11-3)\times[1+1.33\times(104/260)^2]}$$
$$= 0.4052$$

由式(16-14)得受压构件承载力影响系数为

$$\varphi_0 = \frac{1}{\frac{1}{\varphi_{0x}}+\frac{1}{\varphi_{0y}}-1} = \frac{1}{1+\frac{1}{0.4052}-1} = 0.4052$$

由式(16-11),可得

$$N_u = \varphi_0 A f_{cd} = 0.4052\times 900\times 1000\times 3.44$$
$$= 1254.5\times 10^3(\mathrm{N}) = 1254.5\mathrm{kN} > \gamma_0 N_d(=704.4\mathrm{kN})$$

满足拱的整体承载力要求。

16.3 局部承压以及受弯、受剪构件承载力计算

16.3.1 局部承压承载力计算

局部承压是砌体结构中常见的一种受力形式,其特点是竖向压力仅作用于砌体表面的部分面积上。试验研究结果表明,砌体局部承压大致有三种破坏形态:因竖向裂缝发展而引起的破坏;劈裂破坏;与支座垫板直接接触的砌体局部破坏。

(1)竖向裂缝发展引起的破坏

如图16-11a)所示的局部受压砌体,当局部压力达到一定数值时,在离垫板下方150~250mm处首先出现竖向裂缝,随着局部压力的增大,竖向裂缝数量增多的同时,在垫板两侧附近还出现斜向裂缝。部分竖向裂缝向砌体的向上方向和向下方向延伸并开展形成一条明显的主裂缝使砌体丧失承载力而破坏,这是砌体局部承压破坏中的基本破坏形态。

(2)劈裂破坏

当砌体表面面积大而局部承压面积很小时,砌体初始出现竖向裂缝时的局部压力值与砌体破坏时的局部压力值很接近,砌体一旦出现竖向裂缝,就立即成为一条主裂缝而发生劈裂破坏[图16-11b)],这种破坏是突然发生的脆性破坏,危害极大。

(3)局部破坏

当砌体的块材强度很低时,出现在垫板下的块材受压破坏,见图16-11c)。

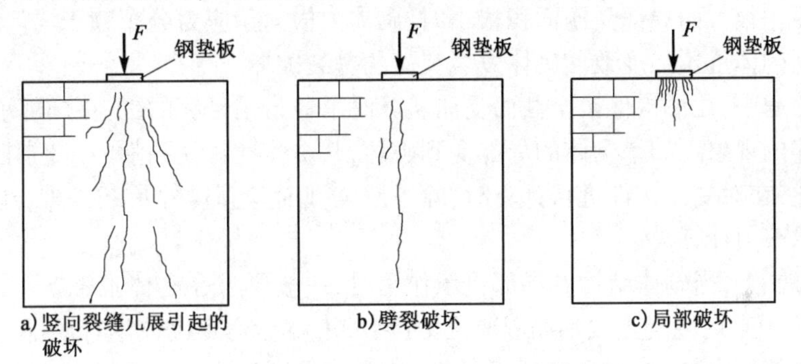

图16-11 砌体局部受压的破坏形态

局部受压试验证明,砌体局部受压的承载力大于砌体抗压强度与局部受压面积的乘积,即砌体局部受压强度较普通受压强度有所提高。这是由于砌体局部受压时未直接受压的外围砌体对直接受压的内部砌体的横向变形具有约束作用,同时力的扩散作用也是提高砌体局部受压强度的重要原因。

由砌体局部受压应力状态理论分析和试验测试可得出一般砌体段在中部局部承压荷载作用下,试件中线上横向应力 σ_x 和竖向应力 σ_y 的分布以及竖向应力扩散分别如图16-12a)、b)所示。由图16-12a)可以看出横向应力 σ_x 在钢垫板下面一段为压应力,此段受局部压力的砌体处于双向或三向(当中心局部受压时)受力状态,因而提高了该处砌体的抗压强度。横向应力 σ_x 在垫板下最大,向下很快变小至零,进而转为横向拉应力。当横向拉应力超过砌体的抗

拉强度时即出现垂直裂缝。横向拉应力的最大值一般在垫板下 150 ~ 200mm 处,这与试验中竖向裂缝首先在垫板下约 200mm 处出现是一致的。在试件中线上产生横向压应力和拉应力的原因,可从图 16-12b)竖向应力扩散现象给出解释。图中 O 点是力线的拐点,其上面曲线向内凹,说明有向内的压应力存在;拐点以下力线向外凸,说明有向外的拉应力存在。

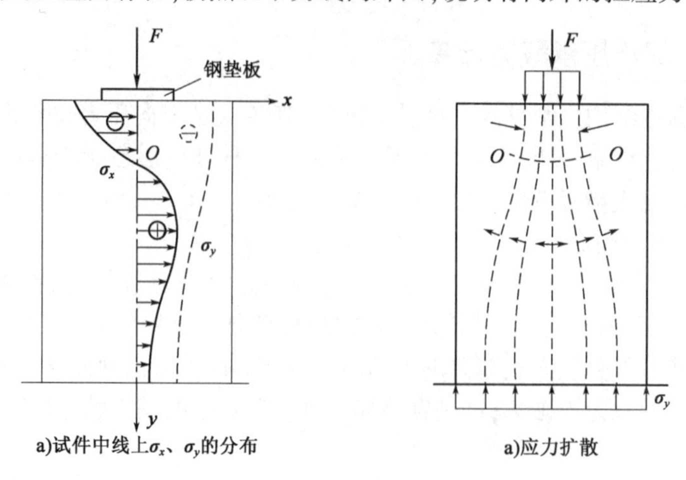

图 16-12　砌体局部受压的应力状态

可以看出,当第一条竖向裂缝出现时,砌体并没有破坏,因为仅在小范围内砌体达到抗拉强度。随着荷载的增加,竖向裂缝向上、下发展并有新的竖向裂缝和斜裂缝产生,将砌体分割为许多条带,当条带达到其竖向承载能力时砌体破坏。

当砌体面积很大而局部受压面积很小时,砌体内横向拉应力分布趋于均匀,沿纵向较长的一段同时达到砌体抗拉强度致使砌体发生突然的劈裂破坏。

在实际工程中,往往构件按全截面受压验算时承载力是足够的,但在局部承压面下会出现构件局部压碎的现象。如果砌体的局部受到破坏,其整体性将受到削弱,可能在工程中造成重大事故。因此,在对受压构件进行计算时,除了按全截面验算构件承载力外,还必须进行构件的局部承压承载力计算。

在公路桥涵上,当砌体结构有局部受压作用时,一般要求在砌体上浇筑一层混凝土,例如在砌体墩(台)顶采用混凝土或钢筋混凝土墩(台)帽,尽量避免砌体本身局部受压,这样,混凝土上作用的局部压力以 45°扩散角向下分布,使砌体受到的分布后压力尽量均匀且压力强度小于砌体的强度设计值,故《公路桥规》规定**仅对直接承受局部受压的混凝土进行承载力计算**,计算式为

$$N_{\mathrm{u}} = 0.9\beta A_l f_{\mathrm{cd}} \tag{16-27}$$

$$\beta = \sqrt{\frac{A_{\mathrm{b}}}{A_l}} \tag{16-28}$$

上述式中:N_{u}——混凝土局部承压承载力;

β——局部承压强度提高系数;

A_l——局部承压面积;

A_{b}——局部承压计算底面积,根据底面积重心与局部受压面积重心相重合的原则,按图 10-7 确定;

f_{cd}——混凝土轴心抗压强度设计值,按附表 3-3 采用。

16.3.2　受弯构件承载力计算

图 15-3a)、b)所示的挡土墙在水平力的作用下,截面内产生弯矩,它们属受弯构件。在弯矩作用下砌体可能沿通缝截面或齿缝截面产生弯曲受拉而破坏。对受弯构件正截面的承载力,要求截面的受拉边缘最大计算拉应力必须小于弯曲抗拉强度设计值,即

$$\frac{M}{W}\leqslant f_{tmd}$$

考虑到结构的设计安全等级,计入桥梁结构重要性系数,《公路桥规》规定按式(16-29)计算,即

$$M_u = Wf_{tmd} \tag{16-29}$$

式中:M_u——截面抗弯承载力;

W——截面受拉边缘的弹性抵抗矩,对于组合截面,应按弹性模量比换算为换算截面受拉边缘弹性抵抗矩;

f_{tmd}——构件受拉边缘的弯曲抗拉强度设计值,依砌体种类按附表 3-1、附表 3-3、附表 3-7 和附表 3-10 采用。

16.3.3　构件受剪承载力计算

如图 15-3c)所示拱座截面处,由于拱的水平推力使拱座水平截面受剪。当拱脚处采用砌块砌体,可能产生沿水平通缝截面的受剪破坏;当拱脚处采用片石砌体,则可能产生沿齿缝截面的受剪破坏。在受剪构件中,除水平剪力外,还作用有垂直压力。砌体构件的受剪试验表明,砌体沿水平向缝的抗剪承载能力为砌体沿通缝的抗剪承载能力及作用在截面上的压力所产生的摩擦力的总和。这是由于随着剪力的增大,砂浆产生很大的剪切变形,一层块材对另一层块材产生移动,当有压力时,内摩擦力将参加抵抗滑移。因此,对砌体沿通缝或沿阶梯形截面破坏时的受剪承载力进行计算。《公路桥规》规定砌体构件或混凝土构件直接受剪时,抗剪承载力按式(16-30)计算,即

$$V_u = Af_{vd} + \frac{1}{1.4}\mu_f N_k \tag{16-30}$$

式中:A——受剪截面面积;

f_{vd}——砌体或混凝土抗剪强度设计值,按附表 3-3、附表 3-7 和附表 3-10 采用;

μ_f——摩擦系数,采用 $\mu_f = 0.7$;

N_k——与受剪截面垂直的压力标准值。

例 16-4　已知一安全等级为二级的石砌悬链线板拱,其拱脚处水平推力设计值 V_d = 15224kN,桥台台口受剪截面面积 $A = 103\text{m}^3$,在其受剪面上承受的垂直压力标准值 N_k = 14882kN(图 16-13)。桥台采用 M7.5 水泥砂浆浆砌片石,求台口的抗剪承载力。

解:由附表 3-7 查得 $f_{vd} = 0.147\text{MPa}$,安全等级为二级 $\gamma_0 = 1.0$,由式(16-30)可得台口的抗剪承载力为

$$
\begin{aligned}
V_{\mathrm{u}} &= Af_{\mathrm{vd}} + \frac{1}{1.4}\mu_{\mathrm{f}}N_{\mathrm{k}} \\
&= 103 \times 10^{6} \times 0.147 + 0.7 \times 14882000/1.4 \\
&= 22582 \times 10^{3}(\mathrm{N}) = 22582\mathrm{kN} > \gamma_0 V_{\mathrm{d}}(=15224\mathrm{kN})
\end{aligned}
$$

台口的抗剪承载力满足要求。

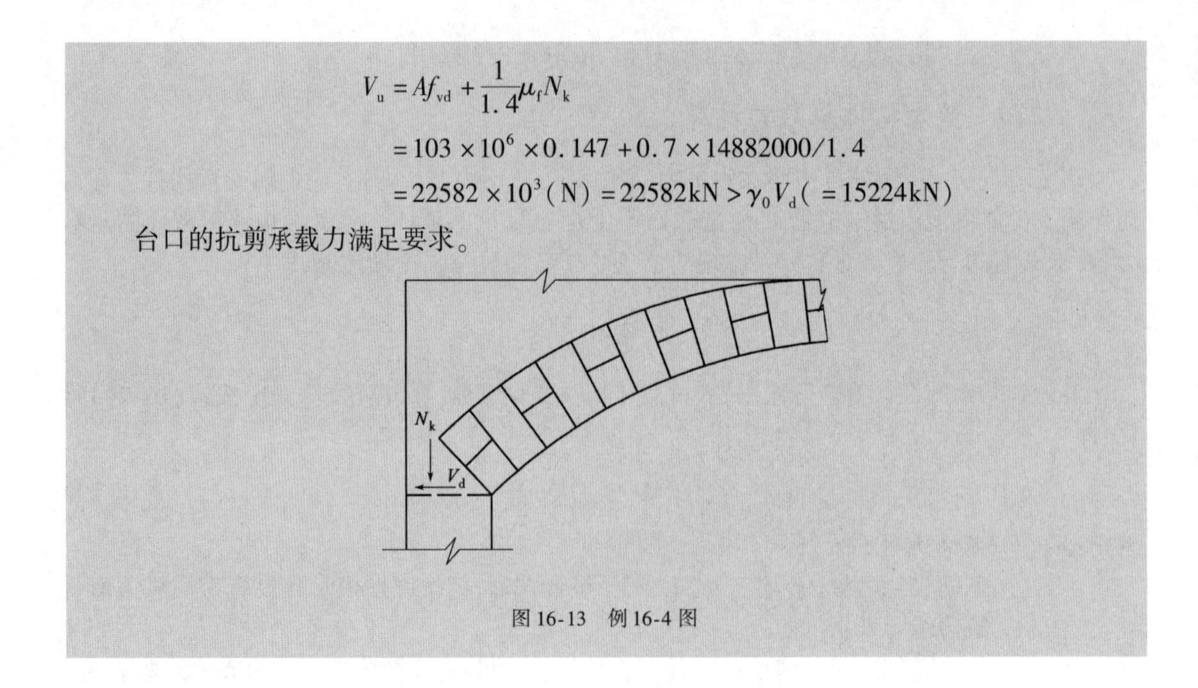

图16-13　例16-4图

【复习思考题与习题】

16-1　根据第16.2节内容,总结一下圬工结构受压构件承载力计算公式分成为那几类?有何相同之处?有什么不同之处?

16-2　构件的长细比对砌体受压的承载力有何影响?《公路桥规》规定是如何考虑此影响的?

16-3　为什么圬工结构偏心受压构件必须进行偏心距验算?若验算不满足时应该如何处理?

16-4　与钢筋混凝土局部承压计算相比,石砌体局部承压计算有何不同之处?假如是现浇混凝土砌体,如何进行混凝土局部承压计算?

16-5　空腹式无铰拱桥的拱上横墙为矩形截面,厚度 $h=500\mathrm{mm}$,宽度 $b=8.5\mathrm{m}$。拱上横墙采用M7.5水泥砂浆、MU40块石砌筑。横墙沿宽度方向的单位长度上作用基本组合的弯矩设计值 $M_{\mathrm{d}(y)}=13.59\mathrm{kN\cdot m}$,轴向力设计值 $N_{\mathrm{d}}=234.86\mathrm{kN}$,横墙的计算长度 $l_0=4.34\mathrm{m}$。结构安全等级为一级,试复核该横墙的承载力。

16-6　主孔净跨径为30m的等截面悬链线空腹式无铰石拱桥,安全等级为一级,主拱圈厚度 $h=800\mathrm{mm}$,宽度 $b=8.5\mathrm{m}$,矢跨比1/5,拱轴长度 $s=33.879\mathrm{m}$。主拱圈采用M10水泥砂浆,MU60块石砌筑。作用基本组合下得到在拱顶截面单位宽度作用的弯矩设计值 $M_{\mathrm{d}(y)}=142.689\mathrm{kN\cdot m/m}$,轴向力设计值 $N_{\mathrm{d}}=1083.064\mathrm{kN/m}$;相应拱的水平推力设计值的拱跨1/4处的弯矩设计值 $M_{\mathrm{d}(y)}=86.671\mathrm{kN\cdot m/m}$,拱的轴向力设计值为 $N_{\mathrm{d}}=935.482\mathrm{kN/m}$。试复核拱顶截面处的承载力以及该拱的整体承载力。

PART 4 第 4 篇 钢　结　构

第 17 章 钢结构的概念与材料

17.1 钢结构的特点及应用

钢结构是由型钢和钢板采用焊接或螺栓连接方法制作成基本构件,并按照设计构造要求连接组成的承重结构。钢结构与其他材料的结构相比较,具有如下优点:

(1)材质均匀,可靠性高

钢材组织均匀,接近于各向同性匀质体,为理想的弹塑性材料。目前采用的计算理论能够较好地反映钢结构的实际工作性能,因此其可靠性高。

(2)强度高,重量轻

钢材与混凝土材料相比,其强度高,并且弹性模量也高。钢材虽然比其他建筑材料的重度大,但其重度与强度的比值一般比混凝土小,因此在同样受力的情况下,钢结构构件截面较小,重量较轻,可用于跨度较大的结构,且便于运输和安装。

(3)材料塑性和韧性好

钢材的良好塑性,使结构在一般条件下不会因超载而突然断裂,在破坏之前变形会明显增大,易于被发现,并且有利于局部应力重分布。钢材的良好韧性,使结构适于承受冲击荷载和动力荷载,具有良好的抗震性能。在国内外的历次地震中,钢结构是损坏程度最轻的结构,被认为是抗震设防地区特别是强震区最合适的结构。

(4)制造与安装方便

钢结构一般在工厂制作,具备成批大量生产和加工精度高等特点;采用工厂制造、工地安装的施工方法,可有效地缩短工期,为降低造价、发挥投资效益创造了条件。

(5)具有可焊性和密封性

由于钢材具有可焊性,使钢结构的连接大为简化,不仅可满足各种复杂结构形状的需要,而且采用焊接连接后可以做到安全密封,适用于对气密性和水密性要求较高的结构。

(6)耐热性较好

结构表面温度在200℃以内时,钢材的屈服强度和弹性模量变化很小。

钢结构也有许多缺点,具体如下:

(1)耐火性差

钢材的耐火性较差,当温度超过200℃时,钢材材质变化较大,不仅强度降低,而且出现蓝脆现象。当钢材表面温度为300~400℃时,其强度和弹性模量显著下降,达到600℃时,钢材进入塑性状态并丧失承载能力。

(2)耐腐蚀性差

钢结构耐腐蚀性较差,特别在潮湿和有腐蚀介质的环境中,容易腐蚀,需要定期维护。因此钢结构的维修养护费用比混凝土结构高。

由于钢结构的上述特点,钢结构广泛应用于土木工程中。尤其是钢结构材料强度高而质量轻的优点,在大跨度桥梁结构中尤为突出,因为结构跨度越大,结构自重作用效应在全部荷载作用效应中所占的比重就越大,减轻自重作用可以获得明显的经济效果。随着钢结构计算理论以及新技术的发展,对钢桥结构腐蚀环境的研究和桥梁防腐工程对策的研究均有大步进展,除了防腐蚀涂料及涂装技术外,还发展了钢桥自动工装电弧喷铝、电弧喷锌长效防腐技术,这些都促进了桥梁钢结构的发展与应用。

17.2 钢材的主要力学性能

钢材的力学性能通常是指钢材试件在标准试验条件下均匀拉伸、冷弯和冲击等单独作用下表现出的各种力学性能。

17.2.1 钢材在单向均匀受拉时的工作性能

钢材的拉伸试验通常是用规定形状和尺寸的标准试件,在常温20℃左右下以规定的应力或应变速度施加荷载进行的。钢材拉伸试验的力学性能可以用试件拉伸应力—应变关系曲线来说明,图17-1为低碳结构钢材拉伸试验的典型的应力—应变(σ-ε)曲线。在整个试验过程中,钢材的受力大致可分为以下五个阶段。

1)弹性阶段

钢材拉伸试验的加、卸载过程中,对应于B点[图17-1b)]的应力称为弹性极限f_e。当应力不超过f_e时,试件应力的增或减引起应变的增或减,卸除荷载后试件的变形能完全恢复,没有残余变形，故此阶段称为弹性阶段。弹性阶段 OB 又可分为直线 OA 段和曲线 AB 段，A 点对应的应力称为比例极限 f_p。在 OA 段（$\sigma \leqslant f_p$）时，应力 σ 与应变 ε 呈正比例关系，即 $\sigma = E\varepsilon$，E 为该直线的斜率，称为钢材的弹性模量。钢材的弹性模量随钢种的变化很小，故一般对所有的钢材统一取 $E = 2.06 \times 10^5$ MPa。曲线 AB 段（$f_p < \sigma \leqslant f_e$）钢材仍处于弹性状态，但应力 σ 与应变 ε 关系呈非线性关系。钢材的比例极限 f_p 与弹性极限 f_e 一般较为接近。

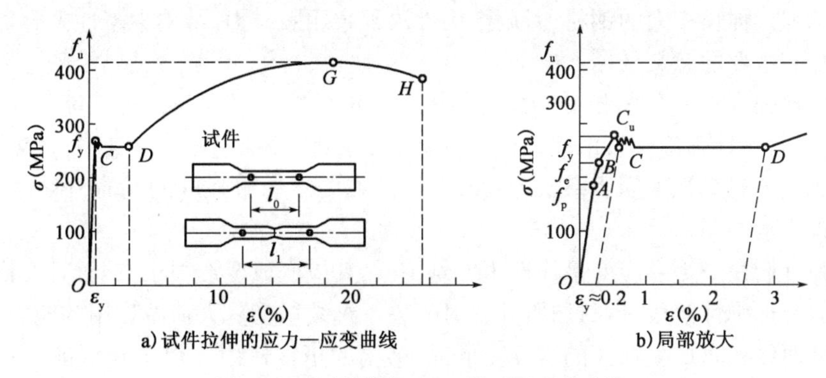

图 17-1 碳素结构钢（Q235 钢）单向拉伸曲线

2）弹塑性阶段

当应力超过弹性极限，即 $\sigma > f_e$ 以后，钢材不再是完全弹性，处于图 17-1b）中 BC 段。此时钢材的变形包括弹性变形和塑性变形两部分，其中塑性变形在卸除荷载后不能恢复，因此构件将留有残余变形。弹塑性阶段的变形增长率 $d\varepsilon/d\sigma$ 继续随应力 σ 的增加而加大，图 17-1 中 C 点为屈服强度 f_y。

3）屈服阶段

当应力 σ 达到屈服强度 f_y 后，应力基本没有变化，但变形持续增长，σ-ε 曲线形成屈服平台[图 17-1b）中 CD 段]。这时，应变急剧增长，而应力却在很小的范围内波动，变形模量近似为零，这个阶段称为屈服阶段。在屈服阶段钢材的残余应变从 $\varepsilon_y = 0.2\%$ 一直增长到 2.5% 的 D 点。对于碳含量较高的钢或高强度钢，常没有明显的屈服平台，规定用其对应于残余应变 $\varepsilon_y = 0.2\%$ 的应力 $\sigma_{0.2}$ 作为该钢材的屈服强度。

4）强化阶段

钢材经过屈服阶段较大的塑性变形以后，其内部组织因受力得到了调整，又部分恢复了承受更大荷载的能力。σ-ε 曲线又呈上升趋势[图 17-1a）中 DG 段]，这个阶段称为钢材的强化阶段，变形增长率比弹性阶段和弹塑性阶段大得多，即其变形模量很低。试件对应于强化阶段最高点的应力就是钢材的抗拉强度 f_u。

5）颈缩阶段

当钢材应力达到抗拉强度 f_u 以后，在试件承载能力最弱的截面处，横截面急剧收缩，局部明显变细，出现颈缩现象，曲线进入图 17-1a）中 GH 段。在这个阶段，试件的伸长量 Δl 迅速增长，并且应力也随之下降，最后在颈缩处断裂。

图 17-1a）中，试件拉断后标距长度的伸长量 Δl 与原标距长度 l_0 的比值 δ（常用百分数表示）称为钢材拉伸的伸长率，即

$$\delta = \frac{\Delta l}{l_0} \times 100\% = \frac{l_1 - l_0}{l_0} \times 100\% \tag{17-1}$$

式中的 l_1 为试件拉断后标距部分的长度。

伸长率和试件标距的长短有关,当试件标距长度与试件直径之比为 10 时,以 δ_{10} 表示伸长率;比值为 5 时,以 δ_5 表示伸长率。伸长率越大,表示钢材破断前产生的永久塑性变形和吸收能量的能力越强。伸长率大的钢材,对调整构件局部超屈服应力、结构中塑性内力重分布和减少脆性破坏都有重要的意义。

钢材的抗拉强度 f_u 是钢材抗破断能力的极限。钢材屈服强度与抗拉强度之比 f_y/f_u 称为屈强比,它是钢材设计强度储备的反映。f_y/f_u 越大,强度储备越小,f_y/f_u 越小,强度储备越大。但钢材屈强比过小时其强度利用率低、不经济,因此在要求屈服强度的同时,还应要求钢材具有适当的抗拉强度。

钢材在弹性阶段应力—应变呈线性正比例关系,其应变或变形很小,钢材具有持续承受荷载的能力。但在非弹性阶段,钢材屈服并暂时失去了继续承受更大荷载作用的能力,钢材应力达到屈服强度时结构将产生很大的塑性变形,故结构的正常使用会得不到保证,因此,在设计时常常控制钢材应力不超过屈服强度 f_y。

显然,**钢材的屈服强度 f_y、抗拉强度 f_u 以及伸长率 δ 是桥梁结构用钢材的三项主要力学性能指标**。

17.2.2 钢材的冷弯性能

钢材的冷弯性能是衡量钢材在常温下弯曲加工产生塑性变形时对出现裂纹的抵抗能力的一项指标。如图 17-2 所示,用具有弯心直径 d 的冲头对标准试件中部施加荷载使之弯曲 180°,要求弯曲部位不出现裂纹或分层现象。钢材的冷弯性能取决于钢材的质量和弯心直径 d 对钢材厚度 a 的比值。

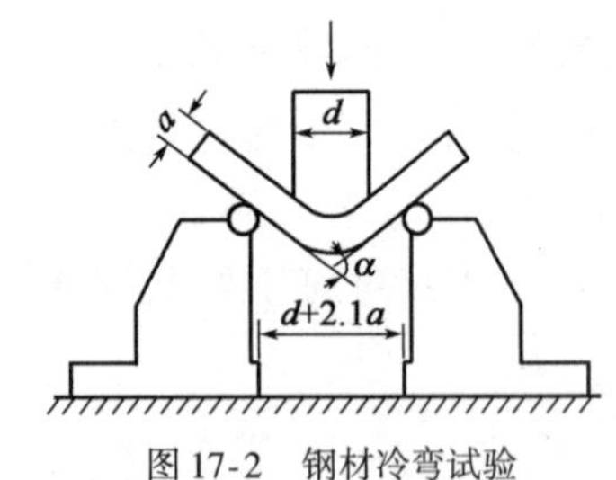

图 17-2 钢材冷弯试验

钢材的冷弯试验可以检验钢材能否适应构件制作中的冷加工工艺过程,另外,通过试验还能暴露出钢材的内部冶金和轧制缺陷。由于冷弯试验时试件中部受到冲头挤压以及弯曲和剪切的复杂作用,因此冷弯性能也是反映钢材在复杂应力状态下塑性变形能力和质量的一项综合指标。

17.2.3 钢材的冲击韧性

钢材的冲击韧性是指钢材在冲击荷载作用下吸收机械能的能力,是衡量钢材抵抗可能因低温、应力集中、冲击作用而导致脆性断裂的一项力学性能指标。钢材的冲击韧性通常采用有特定缺口的标准试件,在试验机上进行冲击荷载试验使构件断裂来测定(图 17-3)。常用标准试件的形式有梅氏(Mesnager)U 形缺口试件和夏比(Charpy)V 形缺口试件,我国采用后者。V 形缺口试件的冲击韧性指标用试件被冲击破坏时断面单位面积上所吸收的能量表示,其单位为 J(N · m)。

钢材的冲击韧性与钢材质量、试件缺口、加载速度以及温度有关,尤其是低温的影响较大。当温度低于某一负温值时,冲击韧性将急剧降低。钢材的冲击韧性还与构件的厚度有关,较大厚度钢材的冲击韧性较差。此外，钢结构或构件的脆性断裂常常是从应力集中处开始的，因此，**钢结构应选用无缺陷，特别是无缺口和裂纹的钢材；在负温条件下使用的钢结构应尽量采用较小厚度的钢材；对在常温或低温下工作的结构用钢材应满足其冲击韧性的要求。**

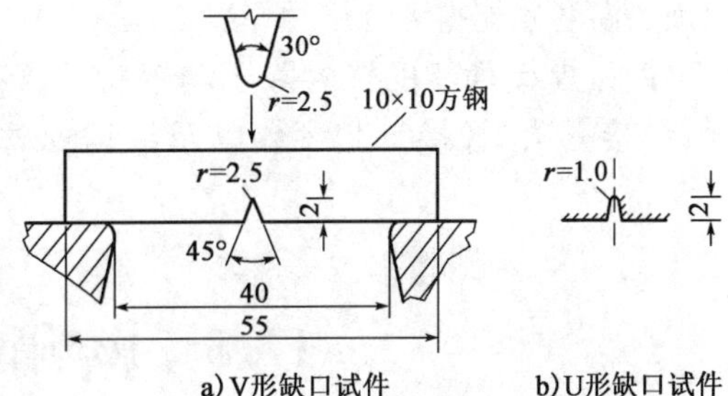

图 17-3 钢材冲击韧性试验（尺寸单位：mm）

我国公路钢桥推荐使用的 Q235、Q345、Q390 和 Q420 钢材，冲击韧性应符合以下规定：

对于需要验算疲劳的焊接构件，当桥梁工作温度 $-20℃ < T \leqslant 0℃$ 时，Q235 和 Q345 应满足表 17-1 中试验温度 0℃对应的冲击韧性要求，Q390 和 Q420 应满足试验温度 −20℃时的冲击韧性要求；当桥梁工作温度低于 −20℃时，Q235 和 Q345 应满足表 17-1 中试验温度 −20℃对应的冲击韧性要求，Q390 和 Q420 应满足试验温度 −40℃时的冲击韧性要求。

钢 材 冲 击 韧 性　　表 17-1

钢材牌号	Q235		Q345		Q390		Q420	
质量等级	C	D	C	D	D	E	D	E
试验温度(℃)	0	−20	0	−20	−20	−40	−20	−40
冲击韧性(J)	27	27	34	34	34	27	34	27

对于需要验算疲劳的非焊接构件，当桥梁工作温度低于 −20℃时，Q235 和 Q345 应满足表 17-1中试验温度 0℃对应的冲击韧性要求，而 Q390 和 Q420 应满足试验温度 −20℃时的冲击韧性要求。

17.2.4 钢材的可焊性

钢材的可焊性好是指在一定的工艺和构造条件下，钢材经过焊接后能够获得良好的性能，主要表现为焊接安全、可靠，不会发生焊接裂缝，焊接接头和焊缝的冲击韧性以及热影响区的延伸性和力学性能都不低于母材。

钢材的焊接性能受含碳量和合金元素含量的影响，对于碳素结构钢，当含碳量为 0.12% ~ 0.20% 时，焊接性能最好，含碳量超过 0.20% 时，焊缝及热影响区容易变脆。Q235A 的含碳量较高，通常不能用于焊接构件，含碳量为 0.12% ~ 0.20% 的 Q235B、Q235C、Q235D，是适合焊接使用的碳素结构钢牌号。对于低合金高强度结构钢需视其碳当量 C_E 而定，计算公式如下

$$C_E = \mathrm{C} + \frac{\mathrm{Mn}}{6} + \frac{\mathrm{Cr} + \mathrm{Mo} + \mathrm{V}}{5} + \frac{\mathrm{Ni} + \mathrm{Cu}}{15} \tag{17-2}$$

式(17-2)中的 C、Mn、Cr、Mo、V、Ni 和 Cu 分别为碳、锰、铬、钼、钒、镍和铜的百分含量。

当 C_E 不超过 0.38% 时，钢材的可焊性很好，可以不采取措施直接施焊；当 C_E 为 0.38% ~ 0.45% 时，钢材呈现淬硬倾向，施焊时需要控制焊接工艺，采取预热措施并使热影响区缓慢冷却，以免发生淬硬开裂；当 C_E 大于 0.45% 时，钢材的淬硬倾向更加明显，需严格控制焊接工艺

和预热温度才能得到合格的焊缝。

钢材焊接性能的优劣除了与钢材的含碳量或碳当量有直接的关系外,还与母材的厚度、焊接方法、焊接工艺参数以及结构形式有关。钢材的可焊性可以采用可焊性试验方法获得。

17.3 影响钢材性能的因素

影响钢材性能的因素比较多,一部分影响因素与钢材本身所含化学成分、钢材的生产工艺及方法有关,另一部分影响因素与钢构件加工、使用环境和受力性质有关,本节主要介绍后一类影响钢材性能的因素。

17.3.1 温度的影响

钢材的力学性能随温度的不同而有所变化。当温度下降时,钢材的强度略有提高而塑性和冲击韧性有所降低,即钢材的脆性倾向逐渐增大。**当温度降低到某一数值时(冷脆临界温度),钢材的冲击韧性急剧下降,钢材的破坏特征明显地由塑性破坏变为脆性破坏,这种现象称为钢材的低温冷脆现象。冷脆临界温度与钢材的韧性有关,韧性越好的钢材冷脆临界温度越低**,钢材在整个使用过程中,可能出现的最低温度应高于钢材的冷脆临界温度。

当温度升高时,钢材的屈服强度、抗拉强度和弹性模量等均随着降低,但在150℃以下时变化不大。当温度在250℃左右时,钢材的抗拉强度反而有较大的提高,但伸长率和冲击韧性变差,钢材在此温度范围内呈脆性破坏特征,这种现象称为“蓝脆”。应避免在“蓝脆”温度范围内进行钢材的机械加工,以防钢材产生裂纹。当温度超过300℃时,钢材的屈服强度、抗拉强度和弹性模量开始显著下降,而伸长率明显增大。当温度超过400℃时,钢材的强度和弹性模量都开始急剧降低,当温度达到600℃时其强度几乎完全丧失。

17.3.2 冷作硬化和时效硬化的影响

钢材在弹性工作阶段内重复加、卸荷载一般不会引起钢材性能的改变,但超过此范围重复加载将改变钢材的性能,主要表现为钢材在线弹性范围内所能承受的最大荷载将增大、屈服强度提高、塑性和伸长率降低,钢材的这一性质称为硬化。钢材在冷弯、冲孔、剪切等冷加工时都存在很大的塑性变形,因此产生冷作硬化。冷作硬化虽然可以提高钢材的屈服强度,但同时也降低塑性和增加钢材的脆性,对钢结构特别是承受动力荷载的钢结构不利。因此,钢结构设计中一般不利用冷作硬化提高钢材屈服强度,对直接承受较大动力荷载的钢结构还应消除冷作硬化的影响。

由于在高温时溶入纯铁中的极少量的氮和碳随着时间的延长从纯铁体中析出,形成自由氮化物和碳化物而存在于纯铁粒晶体间的滑动面上,阻止了纯铁晶粒间的滑移,从而约束了钢材的塑性发展。这种**钢材随时间的进展而产生的屈服强度和抗拉强度提高、伸长率和冲击韧性降低的效应,称为时效硬化。不同种类钢材的时效硬化过程和时间长短不同,可从几小时到数十年。**

17.3.3 应力集中的影响

在钢结构构件中不可避免地存在孔洞、槽口、裂缝、厚度变化以及内部缺陷等，致使构件截面突然改变，在外力作用下，这些截面突变的某些部位将产生局部峰值应力，而同一截面其余部位的应力却较低且分布极不均匀，这种现象称为应力集中(图17-4)。

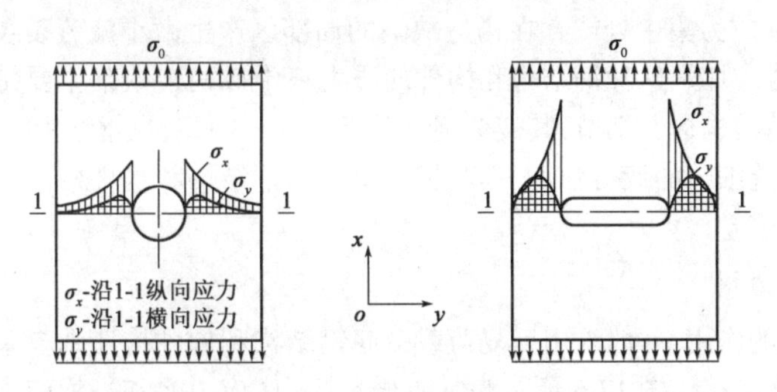

图17-4 孔洞及槽孔处的应力集中现象

应力集中的严重程度取决于构件截面形状变化的急剧程度，以应力集中系数 ξ 来表示，ξ 值越大，说明其应力集中的程度越严重。

应力集中系数 ξ 的表达式为

$$\xi = \frac{\sigma_{max}}{\sigma_0} \tag{17-3}$$

式中：σ_{max}——孔洞边缘的最大应力；

σ_0——轴向拉力 N 除以构件的净截面面积 A_n 的平均应力。

由于应力集中处应力线曲折，应力的方向与构件受力的方向不一致，除产生纵向应力 σ_x 外，还产生横向应力 σ_y；若构件较厚，还将产生垂直于 xy 平面的横向应力 σ_z。在双向或三向同号应力状态下，钢材不易进入塑性状态而导致脆性增加，截面变化越急剧，应力集中就越严重，钢材变脆的程度也就越厉害。

应力集中现象在实际结构中是不可能完全避免的，当结构所受的静力荷载不断增加时，峰值应力处钢材将首先达到屈服强度，继续增加荷载将使该处应力保持不变而塑性变形发展，所增加的荷载由邻近尚未达到屈服强度的钢材承担，然后塑性区不断扩展，直到构件全截面都达到屈服强度。因此，应力集中一般不影响截面的静力极限承载力，只要在构造上尽可能使截面的变化比较平缓，设计时可不予考虑。但在动力荷载和反复荷载作用下，应力集中是钢结构发生脆性破坏的重要原因之一，因此构造设计中应尽量避免构件截面的急剧改变，以减小应力集中。

17.3.4 反复荷载的影响

钢材在连续反复荷载作用下，其应力虽然没有达到抗拉强度，甚至还低于屈服强度，也可能发生突然破坏，这种现象称为疲劳破坏。钢材在疲劳破坏之前，没有明显的变形，是一种突然发生的断裂，所以疲劳破坏属于反复荷载作用下的脆性破坏。

金属材料学的研究表明，钢材的疲劳破坏是经过长时间的发展过程才出现，从出现疲劳裂纹到疲劳破坏的全过程可分为疲劳裂纹的形成、疲劳裂纹的缓慢扩展和最后迅速断裂破坏三个阶段。钢材疲劳破坏主要是由钢材存在的内部微小缺陷和应力集中引起的,应力集中导致钢材局部区域很快出现塑性变形和硬化,进而大大降低钢材的疲劳强度,同时,反复荷载引起的钢材应力循环形式及最大应力性质(拉应力还是压应力)、应力循环次数对钢材的疲劳强度也有很大影响。

通过对钢结构疲劳进行力学研究、试验和工程观察发现,反复变化的应力(通常称为疲劳应力)会使钢结构在应力集中处或存在构造缺陷的局部区产生微小疲劳裂纹并且裂纹会继续扩展,最终导致疲劳破坏。这种钢结构和构件的应力集中或构造缺陷主要是由构造细节造成的,应力集中较大的结构构造细节,其疲劳强度就低一些。因此,在钢结构疲劳问题上,关注点是钢结构和构件构造细节的疲劳强度,本节将简单介绍钢结构和构件构造细节疲劳强度的有关概念。

1)应力比与应力幅

对于反复荷载的作用,一般采用反复荷载引起钢结构和构件构造细节某点上应力的重复变化,即循环应力来描述。图17-5所示为常幅循环应力(应力幅和平均应力不随时间变化的稳定交变应力),图中横坐标表示时间t,纵坐标表示不同时刻的应力σ,拉应力为正值,画在横坐标的上方,压应力为负值,画在横坐标的下方。

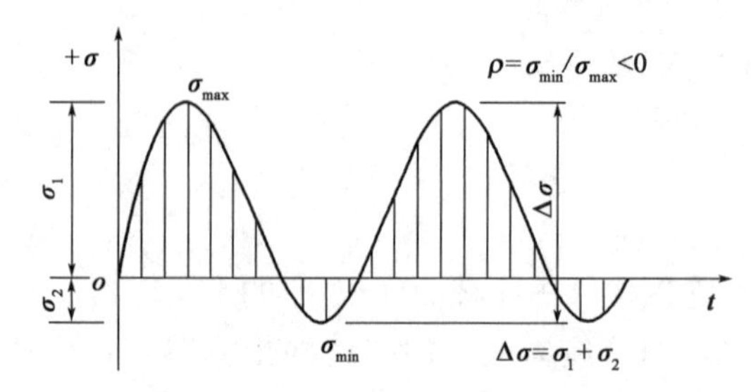

图17-5 常幅循环应力的应力比与应力幅

为了更好地表达循环应力和疲劳应力的主要特征,工程上通常采用以下两个参数描述:

(1)应力比ρ,$\rho=\sigma_{min}/\sigma_{max}$,其中$\sigma_{max}$和$\sigma_{min}$分别为循环应力中绝对值最大的峰值应力和绝对值最小的峰值应力,拉应力时取正号、压应力时取负号,代入求解得到应力比ρ。例如,图17-5中,循环应力中绝对值最大的峰值应力$\sigma_{max}=\sigma_1$(拉应力),绝对值最小的峰值应力$\sigma_{min}=\sigma_2$(压应力),则计算的应力比$\rho=\sigma_{min}/\sigma_{max}=-\sigma_2/\sigma_1<0$。

当$\rho<0$时为异号应力循环,当$\rho>0$时为同号应力循环;当$\rho=-1$时为对称应力循环。

(2)应力幅$\Delta\sigma$,$\Delta\sigma=\sigma_{max}-\sigma_{min}$,其中$\sigma_{max}$为最大拉应力,取正值;$\sigma_{min}$为最小拉应力或压应力,拉应力取正值,压应力取负值。例如,图17-5中,循环应力中最大的拉应力$\sigma_{max}=\sigma_1$,峰值压应力$\sigma_{min}=-\sigma_2$,则计算的应力幅为$\Delta\sigma=\sigma_{max}-\sigma_{min}=\sigma_1-(-\sigma_2)=\sigma_1+\sigma_2$。

2)疲劳应力与应力循环次数的关系

基于钢结构疲劳理论和构件疲劳试验进行的疲劳强度研究特别注意到疲劳应力范围与应力循环次数的关系,这里的疲劳应力范围S_r是指常幅循环应力的应力幅$\Delta\sigma$或最大应力水平σ_{max},**而把钢结构构造细节在循环应力下产生疲劳裂纹,直到疲劳破坏所承受的循环次数称为应力循环次数N,N又称为钢结构构造细节的疲劳寿命**。常幅循环应力的疲劳应力范围与应力循环次数的关系曲线称为“S-N曲线”,它表示常幅循环应力与钢结构构造细节的疲劳寿命之间的关系，下面以应力比 ρ 描述的应力循环和疲劳应力来介绍 S-N 曲线概念。

图 17-6 是根据钢结构构造细节相关疲劳试验资料绘制的疲劳 S-N 曲线示意图，图中的纵坐标为循环应力的最大应力水平 σ_{max}，由图 17-6 可见：

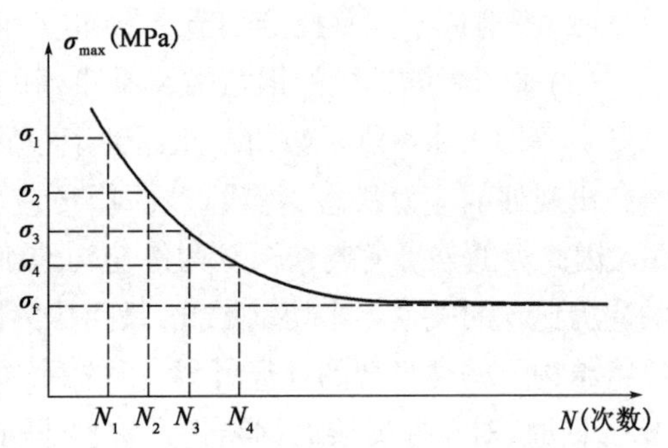

图 17-6　疲劳强度与应力循环次数的关系

(1)疲劳 S-N 曲线由下降曲线段和水平直线段组成。

(2)下降曲线段上的每个点都有循环应力的最大应力水平 $\sigma_{max,i}$(纵坐标)和对应的发生疲劳破坏时的应力循环次数 N_i(横坐标)。反过来可以理解为给定应力循环次数 N_i，则相应的循环应力的最大应力水平 $\sigma_{max,i}$ 为钢结构构造细节的疲劳强度。

疲劳 S-N 曲线的下降曲线段通常满足 $N = c\sigma_{max}^{-k}$ 关系，其中 c、k 为关系式参数，可由疲劳试验点($\sigma_{max,i}$，N_i)($i = 1,2,\cdots,n$)进行拟合得到。

(3)疲劳 S-N 曲线的水平直线段是钢结构构造细节 S-N 曲线的一个重要特征，它意味着常幅应力循环的最大应力低于该应力水平，钢结构构造细节就可以承受无限多次的应力循环而不发生疲劳破坏，因此，将此水平段相应的最大应力值称为疲劳强度极限，简称疲劳极限。

当以常幅循环的应力幅 $\Delta\sigma$ 来描应力循环和疲劳应力幅时也可得到相应的疲劳 S-N 曲线及与上述相近的结论，即在图 17-6 中以应力幅 $\Delta\sigma$ 取代 σ_{max}，以 $\Delta\sigma_i$ 取代 σ_i。

3)疲劳强度曲线

在工程设计和钢结构疲劳分析上，目前国内外工程界均采用应力幅疲劳强度曲线(图 17-7)。

图 17-7 所示的斜直线及水平直线为某一构造细节(又称疲劳构造细节类别)的疲劳强度曲线(两段线)示意图。疲劳强度曲线是根据不同的典型构造细节、在给定应力水平下进行不同应力幅 $\Delta\sigma$ 的常幅应力疲劳试验结果整理得到的。

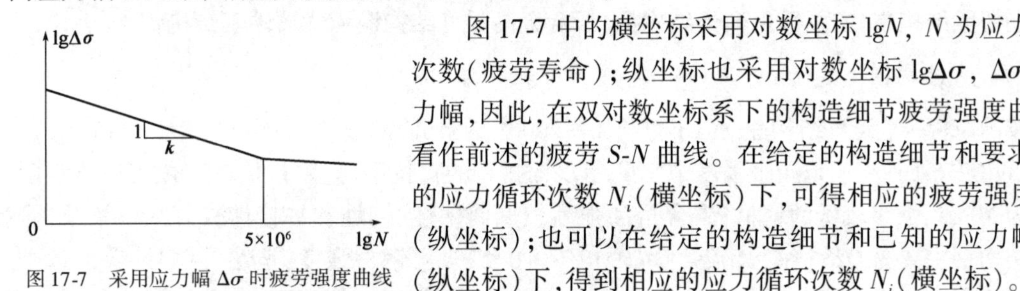

图 17-7　采用应力幅 $\Delta\sigma$ 时疲劳强度曲线

图 17-7 中的横坐标采用对数坐标 $\lg N$，N 为应力循环次数(疲劳寿命)；纵坐标也采用对数坐标 $\lg\Delta\sigma$，$\Delta\sigma$ 为应力幅，因此，在双对数坐标系下的构造细节疲劳强度曲线可看作前述的疲劳 S-N 曲线。在给定的构造细节和要求满足的应力循环次数 N_i(横坐标)下，可得相应的疲劳强度 $\Delta\sigma_i$(纵坐标)；也可以在给定的构造细节和已知的应力幅 $\Delta\sigma_i$(纵坐标)下，得到相应的应力循环次数 N_i(横坐标)。

双对数坐标系下的构造细节疲劳强度曲线的斜直线方程为

$$\lg N = \lg C - k\lg\Delta\sigma \tag{17-4}$$

在图 17-7 中 $1/k$ 为斜直线的斜率，而 C 为斜直线在横坐标轴上的截距，参数 C 是由应力集中、连接类型和要求的可信度等因素确定的常数。

双对数坐标系下构造细节疲劳强度曲线的水平直线对应的最大应力幅即为常幅疲劳极限。可根据 S-N 曲线的斜线段进行有限寿命设计，根据 S-N 曲线的水平段进行无限寿命设计。

由以上介绍的钢结构及构件构造细节疲劳强度问题，可以见到：

(1)钢结构及构件的构造细节疲劳强度与钢材的牌号关系不大。

(2)把对应于某一疲劳细节类别和应力循环次数 N 的应力幅 $\Delta\sigma_p$ 称为疲劳强度。

(3)采用焊缝连接的钢结构及构件,由于焊缝附近钢板存在较高的焊接残余应力峰值(详见第19章19.1.4节),数值甚至达到钢板屈服强度 f_y,名义上的应力比 ρ 值并不能代表疲劳裂缝出现处的应力状态。实际上的循环应力是从受拉屈服强度 f_y 开始、变动了一个应力幅 $\Delta\sigma$,因此焊缝连接的钢结构及构件的构造细节疲劳计算直接与应力幅 $\Delta\sigma$ 有关,而与名义上的应力比 ρ 的关系不密切。因此,**采用应力比 ρ 值表达的疲劳应力 σ_p 仅适合轧制钢板或非焊接钢结构及构件场合的计算,而焊接的钢结构及构件必须采用应力幅 $\Delta\sigma$ 表达的疲劳应力幅 $\Delta\sigma_p$,同时,对于非焊接的钢结构及构件也可以采用修正的方法得到相应的疲劳应力幅 $\Delta\sigma_p$,故在钢结构及构件、节点等的抗疲劳验算中,采用应力幅 $\Delta\sigma$ 表达的疲劳应力幅 $\Delta\sigma_p$ 及疲劳强度使用更广泛。**

17.4 钢材种类、规格及其选用

17.4.1 钢材的种类

钢材的种类可按不同的分类方法进行区分。按用途可分为结构钢、工具钢和特殊用途钢;按冶炼方法可分为转炉钢和平炉钢;按脱氧方法可分为沸腾钢(代号为F)、半镇静钢(代号为b)、镇静钢(代号为Z)以及特殊镇静钢(代号为TZ);按硫、磷含量和质量控制可分为高级优质钢(硫含量≤0.035%和磷含量≤0.03%并具有较好的力学性能)、优质钢(硫含量≤0.045%和磷含量≤0.04%并具有较好的力学性能)和普通钢(硫含量≤0.05%和磷含量≤0.045%);按成型方法可分为轧制钢(热轧、冷轧)、锻钢和铸钢;按化学成分可分为碳素结构钢和低合金高强度结构钢。

在桥梁结构中,主要采用碳素结构钢、低合金高强度结构钢和优质碳素结构钢。

1)*碳素结构钢*

按国家标准《碳素结构钢》(GB/T 700—2006)的规定,碳素结构钢共分为Q195、Q215、Q235和Q275四种(Q是屈服强度中“屈”字汉语拼音的首位字母,阿拉伯数字代表屈服强度,单位为MPa),数字较低的钢材,碳含量和强度较低而塑性、韧性和焊接性较好。桥梁结构用碳素结构钢主要为Q235钢,其碳含量(0.12%~0.22%),钢材强度、塑性、可焊性等均适中。碳素结构钢按照质量等级可分为A、B、C、D四级,A级钢只保证抗拉强度、屈服强度和伸长率 δ_s,必要时可附加冷弯试验的要求;B、C、D级钢均保证抗拉强度、屈服强度、伸长率 δ_s、冷弯和冲击韧性等力学性能;碳、硫、磷、硅和锰(A级钢的碳、锰含量可不作为交货条件)等化学成分的含量必须符合相关国家标准的规定。

碳素结构钢按其含碳量的不同可分为低碳钢、中碳钢和高碳钢。低碳钢常用于制造铆钉、钢筋、钢桥材料及一般钢结构。中碳钢强度较高,塑性、韧性和可焊性略差,主要用于制造机械零件及节点螺栓。高碳钢因硬度大,一般用于切削工具、弹簧、轴承等。

2)低合金高强度结构钢

低合金高强度结构钢是在冶炼碳素结构钢时加入一种或几种适量合金元素而制成的钢,目的是为了提高钢材强度、常温或低温下的冲击韧性、耐腐蚀性,并且要求对钢材的塑性影响不大。推荐使用的低合金高强度结构钢有Q345、Q390、Q420三种,其质量应符合《低合金高强度结构钢》(GB/T 1591—2018)的规定。它们具有强度高,塑性、韧性和可焊性都好等优点,桥梁结构中主要采用这种钢材。

低合金高强度结构钢交货时,应有碳、锰、硅、硫、磷、合金元素等化学成分和屈服强度、抗拉强度、伸长率δ_s、冷弯等力学性能的合格保证书。质量等级分为A、B、C、D、E五级,由A到E也表示质量由低到高。A级无冲击韧性要求,由B级到E级分别有+20℃、0℃、-20℃和-40℃冲击韧性要求。

3)优质碳素结构钢

优质碳素结构钢是碳素结构钢经过热处理得到的优质钢,与碳素结构钢的主要区别在于钢中含杂质元素较少,硫、磷含量都不大于0.035%,并且严格限制其他缺陷,因此具有较好的综合性能。优质碳素结构钢(如45钢)在钢结构中主要用于高强度螺栓及其连接。

17.4.2　钢材的规格

钢结构常用的钢材主要为热轧成型的钢板和型钢,以及冷加工成型的冷轧薄壁钢板和冷弯薄壁型钢等。钢结构构件可采用单一型钢,也可采用几件型钢或钢板通过焊缝、螺栓、铆钉连接而成的组合截面。

1)钢板

钢板包括薄钢板、厚钢板、特厚钢板和扁钢等,钢板规格采用"—宽×厚×长"或"—宽×厚"的表示方法。薄钢板一般采用冷轧法轧制,厚度为0.35~4mm;厚钢板厚度为4.5~60mm;特厚钢板厚度大于60mm;扁钢厚度为4~60mm,宽度为12~200mm。

2)型钢

钢结构常用的型钢如图17-8所示,有角钢[图17-8a)、b)]、工字钢[图17-8c)]、槽钢[图17-8d)]、H型钢[图17-8e)]、T型钢[图17-8f)]以及钢管[图17-8g)]等。

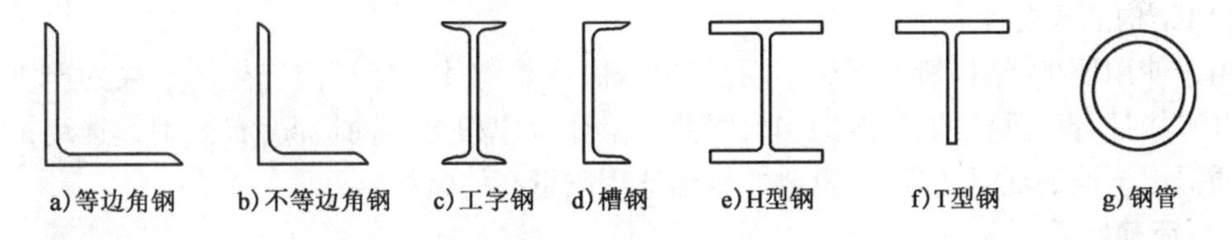

图17-8　型钢的截面形式

(1)角钢

角钢有等边角钢和不等边角钢两种。等边角钢以"∟肢宽×肢厚"表示,如"∟100×12"表示肢宽100mm、肢厚12mm的等边角钢;不等边角钢是以"∟长肢宽×短肢宽×肢厚"表示,如"∟100×80×10"表示长肢宽100mm、短肢宽80mm、肢厚10mm的不等边角钢。角钢可以用来组成独立的受力构件,也可作为受力构件之间的连接构件。

(2)工字钢

工字钢分为普通工字钢和轻型工字钢两种,主要用于在其腹板平面内受弯的构件或由几个工字钢组成的组合构件。

工字钢的型号以工字钢符号“Ⅰ”及其高度表示,当为轻型工字钢时,前面加注“Q”。20号以上的工字钢,同一号数有三种腹板厚度,分为a、b、c三类,如Ⅰ25a表示工字钢的高度为250mm,腹板厚度为a类。a类腹板最薄、翼缘最窄,b类腹板较厚、翼缘较宽,c类腹板最厚、翼缘最宽。

同样高度的轻型工字钢的翼缘比普通工字钢的翼缘宽且薄,腹板也比普通工字钢薄,因此其回转半径略大,质量较轻。

(3)槽钢

槽钢的型号以槽钢符号“[”和高度表示,当为轻型槽钢时,前面加注“Q”。同一号数的槽钢,根据翼缘宽度和腹板厚度的不同也分为a、b、c三类,如[40a表示其截面高度为400mm,a类。

(4)H型钢和T型钢

与普通工字钢相比,H型钢翼缘内外侧面平行,便于连接。各种H型钢可割分为T型钢。H型钢可分为宽翼缘(HW表示)、中翼缘(HM)、窄翼缘(HN)和H型钢柱(HP)四类。T型钢可分为宽、中、窄翼缘三类,分别用TW、TM和TN表示。H型钢和T型钢规格标记为高度(H)×宽度(B)×腹板厚度(t_1)×翼缘厚度(t_2),如“HM340×250×9×14”表示中翼缘H型钢,其高度为340mm,宽度为250mm,腹板厚度9mm,翼缘厚度为14mm;其割分T型钢为TM170×250×9×14。

(5)钢管

钢管分热轧无缝钢管和焊接钢管两种。焊接钢管由钢板卷焊而成,又可分为直焊缝钢管和螺旋焊缝钢管。钢管用“ϕ外径×壁厚”表示,如“ϕ102×5”表示外径102mm,壁厚5mm的钢管。

上述各种型钢的详细尺寸及其截面几何特征可查型钢表。

17.4.3 钢材的选用

钢材选用的原则应该是保证结构安全可靠,满足使用要求以及节省钢材,降低造价。选用钢材应考虑下列因素。

(1)结构的重要性

由于使用要求、结构所处部位不同,可按结构及其构件破坏可能产生的后果的严重性,将结构及其构件分为重要的、一般的和次要的。设计时应根据不同情况,有区别地选用钢材,并对材质提出不同的项目要求,对重要的结构选用质量高的钢材。

(2)荷载性质

桥梁钢结构所承受的荷载分为静力荷载、动力荷载,其中动力荷载又分为经常满载和不经常满载。对直接承受动力荷载的钢结构构件,应选择质量和韧性较好的钢材,对承受静力和间接动力荷载的构件,可采用一般质量的钢材;根据不同的荷载性质对钢材可提出不同的项目要求。

(3)连接方法

钢结构的连接可分为焊接和非焊接(螺栓连接或铆钉连接)两类。对于焊接结构,由于在焊接过程中的不均匀加热和冷却使构件内产生焊接残余应力、残余变形以及其他焊接缺陷，如咬边、气孔、裂纹和夹渣等，可能导致结构产生裂缝和发生脆性断裂。此外，碳和硫的含量过高会严重影响钢材的焊接性能，因此焊接结构的材质要求应高于同样情况下的非焊接结构，同时应严格控制碳、硫、磷的含量。当焊接结构采用 Z 向钢时，其材质应符合现行国家标准《厚度方向性能钢板》(GB/T 5313—2010)的规定。

(4)工作环境

钢材的塑性和韧性随温度的降低而降低，尤其是在冷脆临界温度以下韧性急剧降低，容易发生脆性断裂。因此对经常处于或可能处于较低负温环境下工作的钢结构，特别是焊接结构应选择化学成分和力学性能较好、冷脆临界温度低于结构工作环境温度的钢材。

(5)钢材的厚度

厚度大的钢材由于轧制时压缩比小，不但强度较低，冲击韧性和焊接性能也较差，并且容易产生三向残余应力。因此，厚度大的焊接结构应采用材质较好的钢材。

桥梁钢结构采用的钢材有普通低合金高强度结构钢 Q345(16Mn、16Mnq)钢、Q390(15MnV、15MnVq)钢和普通碳素结构钢 Q235 钢。Q345 钢具有强度高，塑性、韧性比较适宜和可焊性能良好等优点，但对于临时结构、施工支架和加固构件等，采用 Q235 钢具有更好的技术、经济效果。

支座通常承受较大的冲击力，选材时应避免采用强度较低、塑性较差、冲击功很低的铸钢。多推荐使用 ZG230-450、ZG270-500 和 ZG310-570 三个牌号的铸钢。

高强度螺栓的杆身、螺母和垫圈都要采用抗拉强度很好的钢材制作。通常推荐使用 10.9 级高强度螺栓，采用 20MnTi 钢或 35VB 钢制作。高强度螺栓、螺母、垫圈的技术条件应符合《钢结构用高强度大六角头螺栓》(GB/T 1228—2006)、《钢结构用高强度大六角头螺母》(GB/T 1229—2006)、《钢结构用高强度垫圈》(GB/T 1230—2006)、《钢结构用高强度大六角头螺栓、大六角螺母、垫圈技术条件》(GB/T 1231—2006)、《钢结构用扭剪型高强度螺栓连接副》(GB/T 3632—2008)的规定。

【复习思考题与习题】

17-1　钢结构对钢材性能有哪些要求？这些要求用哪些指标来衡量？

17-2　影响钢材机械性能的主要因素有哪些？为何低温以及复杂应力作用下的钢结构要求采用质量较高的钢材？

17-3　什么叫钢材的疲劳破坏？有哪些主要因素影响钢材疲劳强度？

17-4　钢材选用应考虑哪些因素？

第 18 章 钢结构的计算方法

钢结构设计必须满足结构的安全性、适用性和耐久性，并且结构构件在运输、安装和使用过程中具有足够的强度、刚度和稳定性，本章先介绍钢结构设计计算基本方法，再介绍公路桥梁钢结构设计的计算原则与方法。

18.1 钢结构设计计算基本方法

18.1.1 容许应力法

基于弹性理论的容许应力设计计算法，是要求在规定的荷载标准值作用下，计算得到构件截面最大应力不应大于规定的容许应力，而容许应力是由钢材强度(例如钢材的屈服强度)除以一个安全系数 K 得到的方法，钢结构设计采用的容许应力法计算式为

$$\sigma \leqslant [\sigma] \tag{18-1}$$

式中：σ ——构件截面计算应力；

$[\sigma]$——钢材的容许应力，$[\sigma]=f_y/K$；

f_y——材料的标准强度，对钢材为屈服强度；

K ——大于 1 的安全系数,用于考虑各种不确定性,依工程经验来取值。

由式(18-1)可以看到,容许应力设计计算法实际上是把影响结构设计的诸因素取为定值,采用一个凭工程经验判定的安全系数来考虑结构设计的诸影响因素和衡量结构的安全度,这种方法称为定值法。

容许应力法计算简单,但不能衡量结构的可靠度,因此随着工程研究的发展,结构的设计计算方法也开始由长期使用的定值法转向概率设计法,在转向的过程中认识到影响结构性能的诸多因素都具有不确定性,而定值法无法反映,因此对容许应力法进行了研究与调整,即考虑荷载和材料强度的不确定性,用概率方法或数理统计方法确定它们的取值,再根据经验确定分项的安全系数,例如分别取用荷载系数、材料系数等来获得综合安全系数 K,这样,设计表达式仍采用容许应力法的设计式

$$\sigma \leqslant \gamma \frac{f_{yk}}{k_1 k_2 k_3} = \gamma \frac{f_{yk}}{K} = \gamma[\sigma] \tag{18-2}$$

式中:$[\sigma]$——钢材的基本容许应力;

f_{yk}——钢材为屈服强度的标准值;

K——综合安全系数;

k_1、k_2、k_3——分别为荷载系数、材料系数和调整系数 ;

γ——不同荷载组合的容许应力提高系数。

式(18-2)即为我国行业标准《铁路桥梁钢结构设计规范》(TB 10091—2017)进行强度计算的容许应力法设计式。

行业标准《铁路桥梁钢结构设计规范》(TB 10091—2017)中系数 k_1 是考虑实际荷载可能有变动而与设计荷载存在偏差、并留有一定安全储备的系数,包括了恒载(结构重力)超载系数和活载(车辆荷载等)超载系数:恒载超载系数考虑到钢结构的自重变异性,一般取 1.1 ~ 1.5,活载超载系数取 1.4,两者综合取 $k_1 = 1.35$。系数 k_2 是考虑钢材强度变异的系数,根据对有代表性的钢厂的钢材强度统计分析结果并考虑设计经验,对常用的低合金钢钢材取 $k_2 = 1.25$。系数 k_3 是荷载的特殊变异、结构受力状况和工作条件等特殊变异因素的调整系数,一般的钢结构取 $k_3 = 1.0$。因此,对钢材的综合安全系数 $K = k_1 k_2 k_3 = 1.35 \times 1.25 \times 1.0 \approx 1.7$,规范进而制定了钢材的基本容许应力。

尽管把式(18-2)称为容许应力法设计式,但与式(18-1)相比,本质上发生重大变化,实际上已经成为结构概率设计法中的半概率法,但采用容许应力法表达式。

18.1.2 概率极限状态设计法

结构设计的概率极限状态法的基本概念和用分项系数的设计表达式进行计算方法,详见第 2 章的介绍。

目前结构设计的概率极限状态法,由于在分析中忽略或简化了基本变量随时间变化的关系,确定基本变量的分布时有一定的近似性,且为了简化计算而将一些复杂关系进行了线性化,所以是一种近似的概率设计法。我国国家标准《钢结构设计标准》(GB 50017—2017),对采用近似概率设计法的钢结构设计制定了相应的规定,其中,在承载能力极限状态下的钢结构设计计算用强度计算表达,并采用钢材强度设计值为限值,钢材强度设计值(用符号 f 表示)是钢材的屈服强度 f_y 除以抗力分项系数 γ_R。

18.2 公路桥梁钢结构设计计算原则与方法

桥梁钢结构设计计算有多系数分析,单一系数表达的容许应力方法和以概率论为基础的极限状态设计方法,《公路桥规》规定公路钢结构桥梁采用以概率论为基础的极限状态设计方法,按照分项系数的设计表达式并且考虑四种设计状况(见2.2节内容)进行设计计算。

《公路桥规》规定公路桥梁钢结构设计计算要满足承载能力极限状态和正常使用极限状态的要求,同时,应根据需要按承载能力极限状态进行抗疲劳设计。

《公路桥规》规定公路钢结构桥梁应进行耐久性设计,特大桥、大桥和中桥的主体结构应按不小于100年设计使用年限进行设计;高速公路、一级公路和二级公路上的小桥主体结构宜按不小于100年设计使用年限进行设计。

18.2.1 结构构件的强度、稳定性和抗倾覆计算

公路桥梁钢结构构件及连接的强度、稳定性和抗倾覆计算属于钢结构承载能力极限状态的设计计算,采用作用基本组合的效应设计值,即永久作用与可变作用组合的效应设计值,具体表达式见第2章式(2-20)。

根据钢结构构件和连接的受力特点及材料特性,公路桥梁钢结构承载能力极限状态设计计算有以下特点与要求:

(1)《公路桥规》规定公路桥梁的承载能力极限状态设计计算应按 $\gamma_0 S_d \leqslant R_d$ 进行验算,其中 R_d 为结构或构件的抗力设计值。在具体的**钢桥构件和连接计算中,采用强度计算来代表承载能力极限状态验算**,计算表达式中的抗力相应采用材料强度设计值,表达式为

$$\sigma = \frac{\gamma_0 N_d}{S} \leqslant f_d \tag{18-3}$$

式中:γ_0——结构重要性系数,根据公路桥涵设计安全等级按表2-4取用;

N_d——作用基本组合的效应设计值;

S——构件截面几何特性;

f_d——钢结构构件及连接的材料强度设计值,不同厚度和受力特征的钢材强度设计值见附表4-1~附表4-4。

(2)钢结构及其构件的稳定性验算是承载能力极限状态设计计算的重要内容,钢结构及其构件的稳定性验算包括结构构件整体稳定验算和板件局部稳定验算,必须满足《公路桥规》规定的要求。

(3)公路钢桥上部结构为整体式截面梁时,《公路桥规》要求进行横桥向抗倾覆性能验算。横桥向抗倾覆性能验算属于承载能力极限状态设计计算,计算要求:

①在作用基本组合下,单向受压支座始终保持受压状态;

②当整联只采用单向受压支座支承时,验算应符合下式要求:

$$\frac{\sum S_{bk,i}}{\sum S_{sk,i}} \geqslant k_{qf} \tag{18-4}$$

式中：k_{qf}——横桥向抗倾覆稳定性系数，取 $k_{qf}=2.5$；

$\sum S_{bk,i}$——使上部结构稳定的作用基本组合（分项系数均为1.0）的效应设计值；

$\sum S_{sk,i}$——使上部结构失稳的作用基本组合（分项系数均为1.0）的效应设计值。

梁桥整体式截面的上部结构横桥向倾覆破坏类似于整个结构或其中一部分作为刚体失去静力平衡，破坏过程表现为单向受压支座依次脱离正常受压状态，上部结构的支承体系不再提供正常的有效约束，梁体横向失稳与垮塌，支座及桥梁墩台连带破坏，**对于单支座、曲线钢连续箱梁桥必须进行抗横向倾覆的承载能力极限状态验算。**

18.2.2 结构构件的刚度验算

竖向荷载作用下钢梁的挠度验算、受压构件和受拉构件等的刚度验算属于钢结构正常使用极限状态的设计计算。

(1)结构竖向挠度采用不计冲击力的汽车车道荷载频遇值（频遇值系数取1.0），并按结构力学方法计算的最大竖向挠度应小于规定的挠度限制，《公路桥规》规定的限值为：钢桁架和钢板梁为 $l/500$（l 为计算跨径）；斜拉桥主梁为 $l/400$；悬索桥加劲梁为 $l/250$；梁的悬臂端部为 $l_1/300$（l_1 为悬臂长度）。

汽车荷载作用下，如果结构同一截面出现正负挠度，计算挠度应为正负挠度最大绝对值之和。

(2)轴心受力构件和偏心受力构件的刚度采用长细比来衡量，长细比 λ 是指构件的计算长度 l_0 与构件截面回转半径 i 的比值，即 $\lambda=l_0/i$。

验算构件刚度时，绕构件截面两个主轴（即 x 轴和 y 轴）的长细比 λ_x 和 λ_y 都不允许超过规定的构件容许最大长细比[λ]（表18-1）。

构件容许最大长细比[λ] 表18-1

类别	杆件	长细比
主桁架	受压弦杆、受压腹杆或受压—拉腹杆	100
	仅受拉力的弦杆	130
	仅受拉力的腹杆	180
联结系构件	纵向联结系、支点处横向联结系和制动联结系的受压构件或受压—拉构件	130
	中间横向联结系的受压构件或受压—拉构件	150
	各种联结系的受拉构件	200

18.2.3 结构构件的抗疲劳验算

《公路桥规》规定承受汽车荷载的钢桥结构构件与连接，应按结构疲劳细节类别进行抗疲劳验算，计算的基本原则是：

①公路桥梁钢结构抗疲劳设计计算按承载能力极限状态要求进行，作用组合的分项系数为1.0。

②公路桥梁钢结构抗疲劳设计计算应根据计算要求采用规定的疲劳荷载计算模型。

③结构疲劳细节计算的疲劳作用效应和疲劳抗力均按应力幅表示。

结构疲劳细节指的是钢构件本身、构件的连接和节点，在设计上或制作上可能会出现应力

集中与残余应力情况,进而可能导致在疲劳荷载作用下出现疲劳裂纹甚至疲劳破坏的典型结构构造细节。《公路桥规》列出了基材构件和机械紧固接头、焊接截面、横向对接焊缝、焊接附连件与加劲肋等9种情况的结构疲劳细节。本书节选了部分情况的结构疲劳细节,见附表4-5~附表4-7,表中"细节类别"全称是疲劳细节类别,该列数字(疲劳细节类型号)代表对应于2×10^6次常幅疲劳循环的疲劳强度参考值,最高值为160MPa,依次降低,最小值为35MPa。

《公路桥规》规定的疲劳荷载计算模型分成Ⅰ、Ⅱ、Ⅲ类计算模型,本节主要结合疲劳荷载计算模型Ⅰ和计算模型Ⅱ介绍抗疲劳验算要求。

(1)疲劳荷载模型Ⅰ及抗疲劳验算

疲劳荷载模型Ⅰ采用等效的车道荷载,集中荷载为$0.7P_k$,均布荷载为$0.3q_k$。P_k和q_k按公路—Ⅰ级车道荷载标准取值;应考虑多车道的影响,横向车道布载系数按《公路桥规》的相关规定选用。

疲劳荷载模型Ⅰ对应于无限寿命设计方法,这种方法考虑的是构件永不出现疲劳破坏的情况。采用疲劳荷载模型Ⅰ时,按式(18-5)和式(18-6)进行抗疲劳验算:

对正应力幅

$$\gamma_{Ff}\Delta\sigma_p \leqslant K_s\frac{\Delta\sigma_D}{\gamma_{Mf}} \tag{18-5}$$

对剪应力幅

$$\gamma_{Ff}\Delta\tau_p \leqslant \frac{\Delta\tau_L}{\gamma_{Mf}} \tag{18-6}$$

式中:γ_{Ff}——疲劳荷载分项系数,取1.0;

$\Delta\sigma_p$、$\Delta\tau_p$——分别为按疲劳荷载模型Ⅰ计算得到的正应力幅(MPa)和剪应力幅(MPa),计算表达式为

$$\Delta\sigma_p = (1+\Delta\phi)(\sigma_{pmax}-\sigma_{pmin}) \tag{18-7}$$

$$\Delta\tau_p = (1+\Delta\phi)(\tau_{pmax}-\tau_{pmin}) \tag{18-8}$$

σ_{pmax}、σ_{pmin}——分别为在疲劳荷载模型Ⅰ上按最不利情况加载于影响线得到的最大和最小正应力(MPa);

τ_{pmax}、τ_{pmin}——分别为在疲劳荷载模型Ⅰ上按最不利情况加载于影响线得到的最大和最小剪应力(MPa);

$\Delta\phi$——放大系数,对桥梁伸缩装置附近的构件,用于考虑额外动力作用影响的系数,要进行抗疲劳验算的构件截面到伸缩装置的距离为D(m),$D\leqslant6$m时,$\Delta\phi=0.3(1-D/6)$;$D>6$m时,$\Delta\phi=0$;

K_s——尺寸效应折减系数,按附表4-5~附表4-7给出的公式计算,未说明时,$K_s=1.0$;

γ_{Mf}——疲劳抗力分项系数,对重要构件取1.35,次要构件取1.15;

$\Delta\sigma_D$——正应力常幅疲劳极限(MPa),根据附表4-5~附表4-7查得疲劳细节类别$\Delta\sigma_C$,按图18-1取用;

$\Delta\tau_L$——剪应力常幅疲劳截止限(MPa),根据附表4-5~附表4-7查得疲劳细节类别$\Delta\tau_C$,按图18-2取用。

本书将式(18-5)和式(18-6)不等号左边部分称为最大疲劳应力幅(MPa),将不等号右边部分称为疲劳抗力值(MPa)。

《公路桥规》规定的疲劳强度曲线见图 18-1 和图 18-2，分别对应于名义正应力幅 $\Delta\sigma$ 和名义剪应力幅 $\Delta\tau$ 情况。

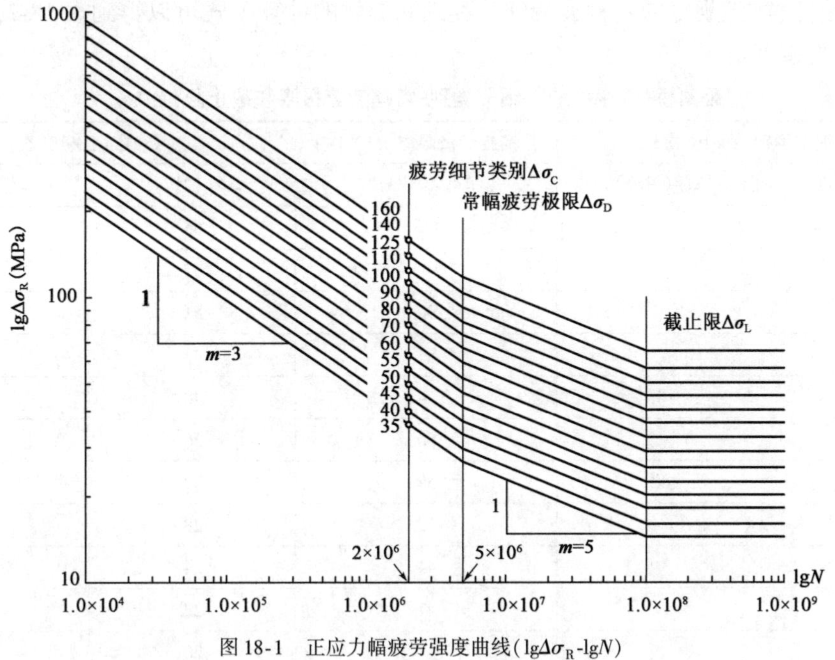

图 18-1 正应力幅疲劳强度曲线（$\lg\Delta\sigma_R$-$\lg N$）

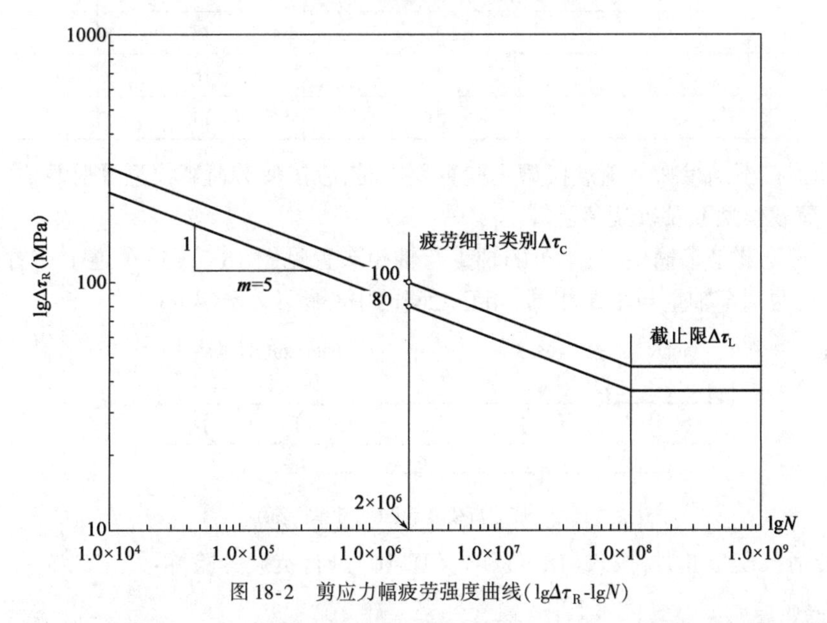

图 18-2 剪应力幅疲劳强度曲线（$\lg\Delta\tau_R$-$\lg N$）

①在双对数坐标系下，对应每个疲劳细节类别 $\Delta\sigma_C$ 的正应力幅疲劳强度曲线由两段斜直线和水平直线组成，各直线的斜率 $1/m$ 中的 m 值分别为 $m=3$、$m=5$ 和 $m=\infty$，转折点分别在 $N=5\times10^6$ 次处（对应于正应力常幅疲劳极限 $\Delta\sigma_D$）和 $N=1\times10^8$ 次处（对应于截止限 $\Delta\sigma_L$）。

当由附表 4-5 ~ 附表 4-7 查到结构疲劳细节类别 $\Delta\sigma_C$ 后，在图 18-1 疲劳强度曲线上找到相应的常幅疲劳极限 $\Delta\sigma_D$ 点，其纵坐标即为式（18-5）要求的正应力常幅疲劳极限 $\Delta\sigma_D$ 值。

②在双对数坐标系下，对应每个疲劳细节类别 $\Delta\tau_C$ 的剪应力幅疲劳强度曲线由一段斜直

线和水平直线组成,各直线的斜率 $1/m$ 中的 m 值分别为 $m=5$ 和 $m=\infty$,转折点在 $N=1\times10^8$ 次处(对应于截止限 $\Delta\tau_L$)。

根据《公路桥规》规定的结构疲劳细节类别和提供的计算公式可以得到表 18-2,在抗疲劳验算中可以直接查用。

《公路桥规》中的疲劳细节类别、常幅疲劳极限和截止限(MPa) 表 18-2

疲劳细节类别(2×10^6次)		常幅疲劳极限(5×10^6次)	截止限(1×10^8次)	
$\Delta\sigma_C$(MPa)	$\Delta\tau_C$(MPa)	$\Delta\sigma_D$(MPa)	$\Delta\sigma_L$(MPa)	$\Delta\tau_L$(MPa)
160		118	65	
140		103	57	
125		92	51	
110		81	45	
100	100	74	40	46
90		66	36	
80	80	59	32	37
70		52	28	
60		44	24	
55		41	22	
50		37	20	
45		32	18	
40		29	16	
35		29	14	

当构件和连接不满足疲劳荷载模型Ⅰ验算要求时,应按疲劳荷载模型Ⅱ验算。

(2)疲劳荷载模型Ⅱ及抗疲劳验算

疲劳荷载模型Ⅱ是车辆模型,单车的轴重与轴距布置见图 18-3。单车道上布置前后两辆车(双车模型),两辆车轴重与轴距相同,相互之间的中心距不小于 40m。

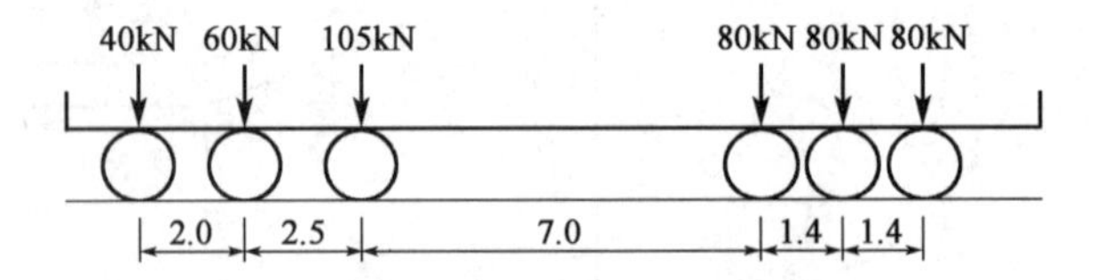

图 18-3 疲劳荷载模型Ⅱ(尺寸单位:m)

采用疲劳荷载模型Ⅱ时,按式(18-9)和式(18-10)进行抗疲劳验算:

对正应力幅

$$\gamma_{Ff}\Delta\sigma_{E2}\leqslant K_s\frac{\Delta\sigma_C}{\gamma_{Mf}} \tag{18-9}$$

对剪应力幅

$$\gamma_{Ff}\Delta\tau_{E2}\leqslant\frac{\Delta\tau_C}{\gamma_{Mf}} \tag{18-10}$$

式中: γ_{Ff}——疲劳荷载分项系数,取 1.0;

$\Delta\sigma_{E2}$、$\Delta\tau_{E2}$——分别为按 2×10^6 次常幅疲劳循环换算得到的等效常值正应力幅(MPa)和剪应力幅(MPa),计算表达式分别为

$$\Delta\sigma_{E2} = (1+\Delta\phi)\gamma(\sigma_{pmax} - \sigma_{pmin}) \tag{18-11}$$

$$\Delta\tau_{E2} = (1+\Delta\phi)\gamma(\tau_{pmax} - \tau_{pmin}) \tag{18-12}$$

γ——损伤等效系数。由验算构件、交通流量、设计寿命以及多车道效应综合确定,计算方法详见《公路桥规》;

$\Delta\phi$——放大系数,对桥梁伸缩装置附近的构件,用于考虑额外动力作用影响的系数,要进行抗疲劳验算的构件截面到伸缩装置的距离为 D(m),$D\leqslant6$m 时,$\Delta\phi=0.3(1-D/6)$;$D>6$m 时,$\Delta\phi=0$;

K_s——尺寸效应折减系数,按附表4-5~附表4-7给出的公式计算,未说明时,$K_s=1.0$;

$\Delta\sigma_C$、$\Delta\tau_C$——疲劳细节类别(MPa),对应于 2×10^6 次常幅疲劳循环的疲劳强度,按附表4-5~附表4-7中疲劳细节类别取用;

γ_{Mf}——疲劳抗力分项系数,对重要构件取1.35,次要构件取1.15。

《公路桥规》规定,对非焊接构件和消除残余应力后的焊接构件,当疲劳荷载产生的正应力循环为拉—压循环时,σ_{pmin}应按0.6倍折减,其正应力幅 $\Delta\sigma_p$ 按式(18-13)计算:

$$\Delta\sigma_p = \sigma_{pmax} + 0.6|\sigma_{pmin}| \tag{18-13}$$

【复习思考题与习题】

18-1 我国现行公路桥梁钢结构设计采用的是什么设计计算方法?一般应考虑哪些计算内容?

18-2 查看行业标准《公路钢结构桥梁设计规范》(JTG D64—2015)关于横桥向抗倾覆性能验算条文及条文说明,结合相关学术和工程研究论文,试说明什么是钢桥结构的横桥向倾覆?为什么会发生这样的破坏?计算分析的力学图式是什么?

18-3 结合式(18-5)和式(18-6),写出下列符号的意义:γ_{Ff} 和 γ_{Mf};$\Delta\sigma_p$ 和 $\Delta\sigma_D$;$\Delta\tau_p$ 和 $\Delta\tau_L$。

第19章 钢结构的连接

桥梁钢结构的基本构件如梁、柱、桁架等，是由钢板、型钢等连接而成，而基本构件则通过安装连接成整体结构。钢结构的连接方式可分为焊接连接、螺栓连接和铆钉连接三种（图19-1）。螺栓连接又分为普通螺栓连接和高强度螺栓连接两种。早期的钢结构常采用铆钉连接，但这种连接构造复杂，用钢量大，施工周期长，因此，目前已被焊缝连接和高强度螺栓连接所替代。

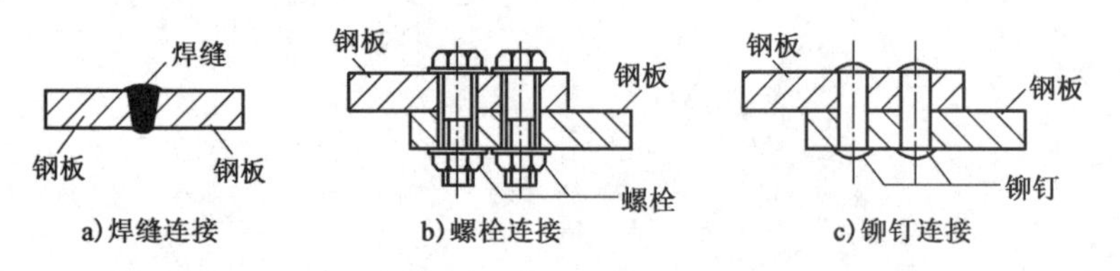

图19-1　钢结构的连接方法

钢结构的连接不仅用于将钢板部件组成杆件、将杆件组成承重结构，更重要的是将杆件的内力传递给节点板或另一段杆件（当用于构件拼接时）。若连接和接头的承载能力小于构件的承载能力，则构件的承载能力就不能充分发挥。工程实践证明，连接设计是否合理和连接部位质量的好坏，直接影响着钢结构的安全和使用寿命，而且钢结构连接和接头的维修和加固往往比结构本身的维修和加固更困难。因此，连接在钢结构中占有很重要的地位，将直接影响钢结构的制造、安装、经济指标及使用性能。连接的设计应符合安全可靠、传力明确、构造简单以及节约钢材的原则。

19.1 焊缝连接

焊缝连接是以手工弧焊或自动、半自动埋弧焊接作为连接手段并用金属焊条或焊丝作为材料将钢构件或钢板部件连接成整体的方法。它的优点在于不需要在钢材上开孔，截面不会受到削弱；构造简单，施工方便；节省钢材；易于采用自动化操作，生产效率高。

焊接连接的缺点是在焊缝附近的热影响区内，钢材的金相组织和力学性能会发生变化，使材料局部变脆；焊接过程中钢材受到不均匀的高温和冷却，会产生焊接残余应力和残余变形，对结构的承载力有不利影响；焊接结构对裂纹很敏感，低温冷脆问题较突出，此外，焊缝质量易受操作人员技术熟练程度的影响，但这些缺点都可以采用科学合理的焊接工艺来解决。

19.1.1 钢结构中的焊接方法和焊缝连接的形式

1）*焊接方法*

钢结构的焊接方法很多，如电弧焊、电渣焊和电阻焊，其中主要采用电弧焊。电弧焊又分为手工电弧焊、埋弧焊以及气体保护焊。

（1）手工电弧焊

手工电弧焊是最常用的一种焊接方法。其原理是将包有药皮的焊条和焊件分别作为电源的两极形成电弧，电弧的温度可达3000℃。在高温作用下，电弧周围的金属熔化成液态，形成熔池，同时焊条中的焊丝熔化进入熔池中，与焊件的熔融金属相互结合，冷却后形成焊缝。焊条药皮则在焊接过程中产生气体以保护电弧和熔化金属，并形成焊渣覆盖在焊缝表面，以防止氧、氮等有害气体与熔化金属结合形成脆性化合物。

手工电弧焊的设备简单、操作方便，适用范围大，但其生产效率低、劳动强度大，焊接质量在一定程度上取决于施焊者的熟练程度。

手工电弧焊应选用与焊接构件钢材的强度相适应、焊缝的塑性及冲击韧性较高、抗裂性较好的焊条型号。对于Q235钢应采用E43型焊条（E4300～E4316），对Q345（16Mn，16Mnq）钢应采用E50型焊条（E5000～E5018），对Q390（15MnV，15MnVq）钢和Q420（15MnVN，15MnVNq）钢应采用E55焊条（E5500～E5518）。其中，符号E表示焊条；型号中的前两位数字表示熔敷金属的抗拉强度最小值，以43、50和55（单位：MPa）计；第三位数字表示焊条的焊接位置，“0”和“1”表示焊条适用于俯焊（又称为平焊）、立焊、横焊和仰焊等全位置焊接；第三、四位数字组合表示药皮类型和适用的焊接电源要求（如交流、直流和正接、反接）。

（2）埋弧焊

埋弧焊是电弧在焊剂层下燃烧的一种电弧焊。焊丝进入和电弧沿焊接方向的移动由专门设备控制完成的称为埋弧自动电弧焊；焊丝进入有专门设备控制，而电弧沿焊焊接方向的移动靠人工操作完成的称为埋弧半自动电弧焊。

埋弧焊的优点是工艺条件稳定，与大气隔离保护效果好，电弧热量集中；熔深大、焊缝的化学成分均匀;焊缝质量好,塑性和韧性较高,生产效率高。

(3)气体保护焊

气体保护焊是利用二氧化碳(CO_2)气体或其他惰性气体作为保护介质的一种电弧熔焊方法,依靠保护气体在电弧周围形成局部的隔离区,以防止有害气体的侵入,保证了焊接过程的稳定性。

气体保护焊的优点是电弧热量集中,焊接速度快,焊件熔深大,热影响区较小,焊接变形较小;由于焊缝熔化区不产生焊渣,焊接过程中能清楚地看到焊缝成型的全过程;气体保护焊所形成的焊缝强度比手工电弧焊高,塑性和抗腐蚀性较好,特别适用于厚钢板或厚度100mm以上的特厚钢板的连接。其缺点是设备较复杂,不适于在野外或有风的地方施焊。

2)焊缝连接的形式

焊缝连接接头形式及焊缝类型可按板件相对位置、构造和施焊位置来划分。

按板件的相对位置可分为对接(将连接的构件、部件或板件在同一平面内相互连接成整体的连接方式)、搭接(将连接的构件、部件或板件相互重叠连接成整体的方式)、T形连接和角部连接等类型(图19-2)。

焊缝按构造可分为对接焊缝和角焊缝两种形式。如图19-2a)所示,对接连接采用对接焊缝,特点是用料省、传力平顺、应力集中小、疲劳强度高和承受动力荷载性能好,但截面要开坡口,制造较费工。如图19-2b)所示对接连接采用角焊缝与盖板拼接,制造简单,但用料费,通过盖板传力,应力集中现象较明显,故疲劳强度低。如图19-2c)所示,搭接连接采用角焊缝,其特点与图19-2b)相同,但施工更简单,故在临时结构应用较多。图19-2d)所示T形连接和图19-2f)所示角部连接采用角焊缝,加工简单,但腹板焊不透,受力性能稍差。而图19-2e)所示T形连接采用K形坡口对接焊缝和图19-2g)所示的角部连接采用单边V形坡口对接焊缝,可使连接部位焊透,因此疲劳强度高。

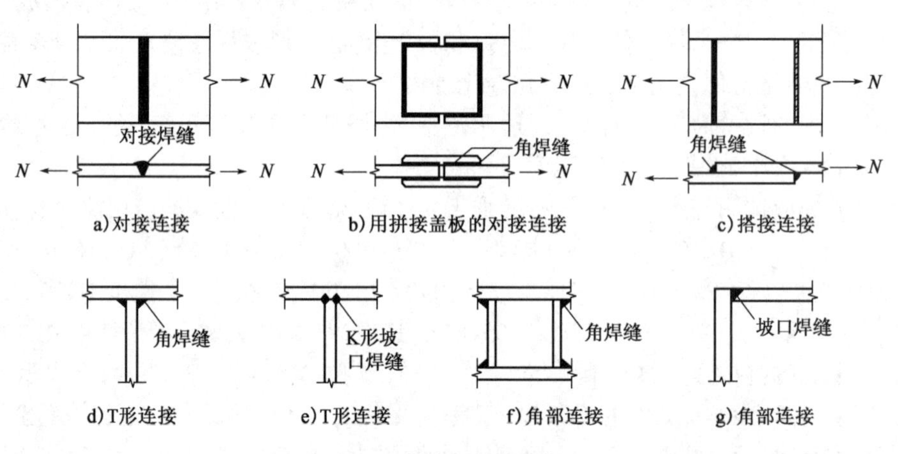

图19-2　焊缝连接的形式

焊缝按施焊位置可分为俯焊、立焊、横焊和仰焊等(图19-3)。俯焊施焊方便、焊缝质量容易得到保证,应尽量采用。立焊和横焊因施焊较困难,焊缝质量和焊接效率均较俯焊低。仰焊施焊最为困难,焊缝质量不易得到保证,因此在设计和制作中应使大多数焊缝能用俯焊完成,尽量避免仰焊。

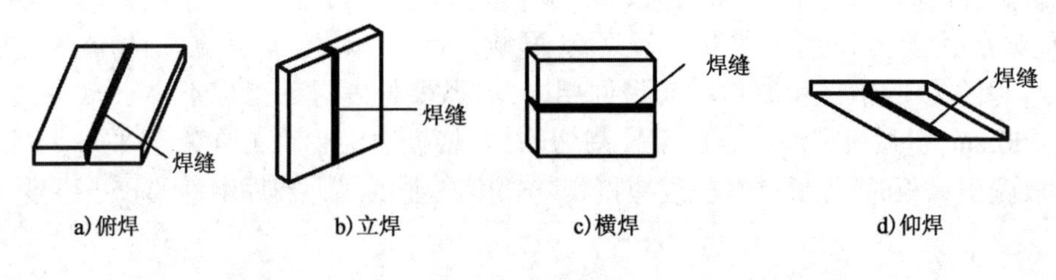

图 19-3 施焊的位置

3)焊缝连接的缺陷及质量检验

焊接接头产生不符合设计或工艺要求的现象称为焊缝缺陷。

常见的焊缝缺陷有裂纹、焊瘤(熔化的金属流淌在焊缝以外的母材上所形成的金属瘤)、烧穿(熔化金属自坡口背面流出形成穿孔的现象)、弧坑、气孔(焊接后残留在焊缝中的空气所形成的空穴)、夹渣(焊接后残留在焊缝中的熔渣)、咬边(沿焊趾处母材部位产生的沟槽或凹槽)、未熔合、未焊透以及焊缝外形尺寸不符合要求、焊缝成形不良等。

缺陷的存在将削弱焊缝的受力面积、引起应力集中,对连接的强度、塑性和冲击韧性等受力性能产生不利影响,其中裂纹的危害最大,它会导致产生严重的应力集中并易于扩展引起断裂。因此,必须对焊缝的质量按连接的受力性能和所处部位进行分级检验。

焊缝质量检验的方法一般可采用外观检查和无损检验。前者是用肉眼或低倍放大镜等来检查焊缝的外观缺陷和几何尺寸,后者用超声探伤、射线探伤、磁粉探伤及可渗透探伤等手段,在不损坏被检查焊缝性能和完整性的情况下,对焊缝质量是否符合规定要求和设计要求所进行的检验。

焊缝的质量要求可分为一级、二级和三级。三级焊缝只要求对焊缝作外观检查并应符合三级质量标准,二级、一级焊缝则除外观检查外,还要求一定数量的超声波检验并应符合相应级别的质量标准,当超声波探伤不能对缺陷做出判断时,应采用射线探伤。

19.1.2 对接焊缝的构造与计算

1)对接焊缝的构造

对接焊缝是在两焊件坡口面之间或一焊件的坡口面与另一焊件表面之间焊接的焊缝,应根据焊件厚度和施工条件将焊件边缘加工成适当形式和尺寸的坡口(指在焊接部位加工成一定形状的沟槽),以保证焊件在全厚度内焊透,坡口形式的选用应按国家标准《气焊、焊条电弧焊、气体保护焊和高能束焊的推荐坡口》(GB/T 985.1—2008)和《埋弧焊的推荐坡口》(GB/T 985.2—2008)的要求进行。

常见的坡口形式有V形、U形、X形、K形、单边V形等(图19-4)。各种坡口中,沿焊件厚度方向通常有高度为p、间隙为c的部分不开坡口,称为钝边。当采用手工焊,焊件厚度t很小(≤10mm)时,可不开设坡口,但焊件应保证间隙c的要求。对于一般厚度$t = 10 \sim 20$mm的焊件可采用V形坡口,对于厚度$t > 20$mm的焊件可采用U形、K形或X形坡口,其中V形和U形坡口为单面施焊,背面需清根补焊。在T形或角接接头中,以及对接接头一边焊件不便开设坡口时,可采用K形、单边V形或单边U形坡口。

在每条焊缝的两端,经常因焊接起弧及灭弧的影响而出现弧坑和未熔透等缺陷,容易引起应力集中,对承受动力作用的结构产生不利影响。因此,对接焊缝应在两端设置引弧板(图 19-5)。引弧板的钢材和坡口应与焊件相同,引弧板长度对手工焊不小于 60mm,对自动焊不小于 150mm,引弧板在焊接完后用气割切除,并将板边沿受力方向修磨平整。当受条件限制无法放置引弧板时,焊缝计算长度应按实际长度减去 $2t$,t 为被焊钢件的较小厚度。

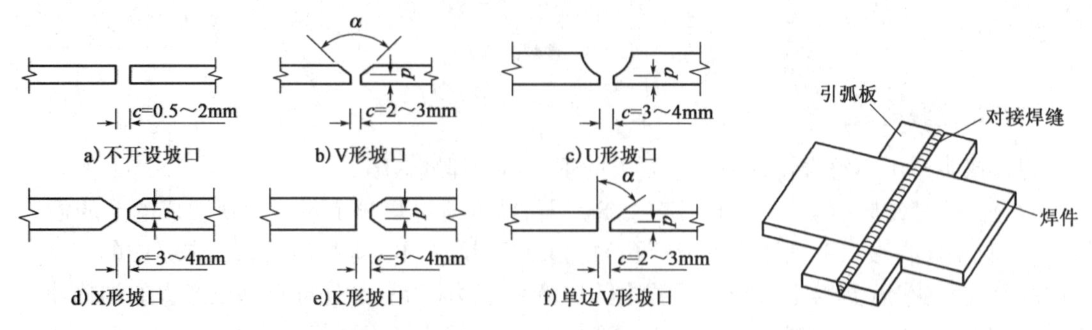

图 19-4 对接焊缝的坡口形式

图 19-5 对接焊缝施焊的引弧板

在钢板宽度和厚度有变化的焊接中,当焊件宽度不等或厚度相差 4mm 以上时,为了使构件受力均匀,应将较宽或较厚板的一侧或两侧做成坡度不大于 1:5 的斜角,形成平缓的过渡,以减小应力集中(图 19-6)。当对接焊接的两钢板厚度之差不超过 4mm 时,则可采用焊缝表面斜坡来过渡。

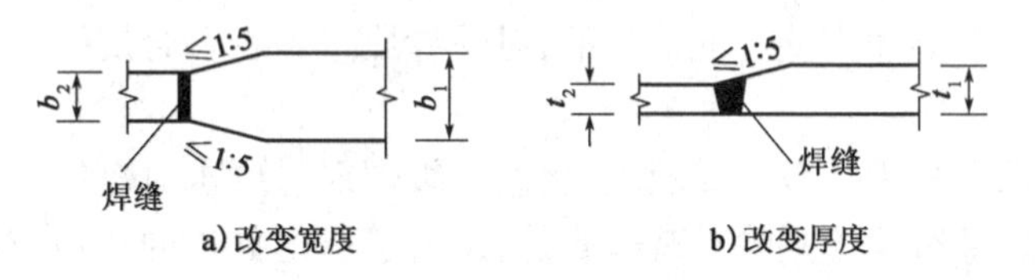

图 19-6 钢板的对接(对接焊缝)

2)对接焊缝的计算

(1)轴向受力的对接焊缝

当为直对接焊缝时[图 19-7a)],假设对接焊缝中的应力分布与被连接构件的应力分布相同,则与轴向拉力或压力垂直的对接焊缝强度验算式为

$$\sigma = \frac{N}{l_w t} \leqslant f_{td}^{w} 或 f_{cd}^{w} \tag{19-1}$$

式中:N——轴向拉力或轴向压力计算值,$N = \gamma_0 N_d$;

l_w——焊缝的计算长度,采用引弧板时取焊缝实际长度,未采用引弧板时取实际长度减去 $2h_f$;

t——在对接接头中为连接件的较小厚度,在 T 形接头中为腹板厚度;

f_{cd}^{w}、f_{td}^{w}——分别为对接焊缝的抗压强度设计值和抗拉强度设计值,见附表 4-4。

采用如图 19-7b)所示的斜对接焊缝时,应把轴向拉力分解为 $N\sin\theta$ 和 $N\cos\theta$,分别验算斜对接焊缝的正应力和剪应力,即

$$\sigma = \frac{N\sin\theta}{l_w t} \leqslant f_{td}^w \tag{19-2}$$

$$\tau = \frac{N\cos\theta}{l_w t} \leqslant f_{vd}^w \tag{19-3}$$

式中：θ——作用力方向与焊缝长度方向间的夹角；

f_{vd}^w——对接焊缝抗剪强度设计值，见附表4-4；

其余符号意义与式(19-1)相同。

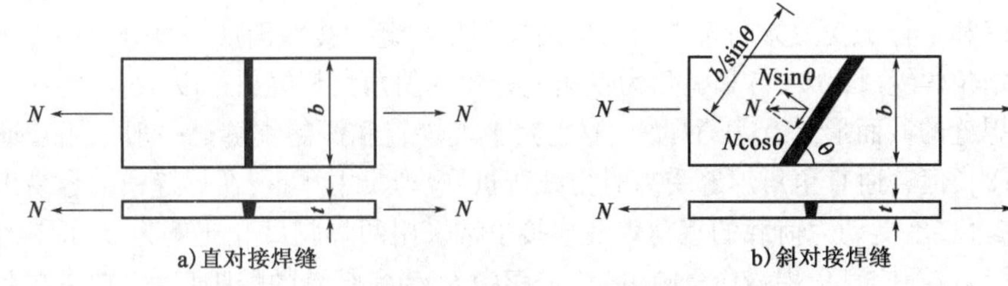

图19-7 轴向受力的对接焊缝

对接焊缝的抗压强度设计值f_{cd}^w、抗剪强度设计值f_{vd}^w和一、二级检验的抗拉强度设计值f_{td}^w均与被连接钢材相应的强度设计值相同。但由于三级检验的对接焊缝质量不易保证，其抗拉强度设计值低于被连接钢材的抗拉强度设计值（约为85%），因此，只有三级检验承受轴向拉力的对接焊缝才需按式(19-1)～式(19-3)进行强度验算。

(2)弯矩和剪力共同作用的对接焊缝

对于采用对接焊缝的钢板拼接[图19-8a)]，受到弯矩和剪力共同作用时，对接焊缝的最大正应力和最大剪应力不在同一点出现，可分别进行焊缝强度验算：

$$\sigma = \frac{M}{W_w} \leqslant f_{td}^w \tag{19-4}$$

$$\tau = \frac{VS_w}{I_w t} \leqslant f_{vd}^w \tag{19-5}$$

式中：M、V——弯矩和剪力的计算值，$M = \gamma_0 M_d$、$V = \gamma_0 V_d$；

W_w——焊缝截面模量；

S_w——焊缝截面面积矩；

I_w——焊缝截面惯性矩。

采用对接焊缝的T形或工字形截面梁，当正应力和剪应力在同一位置均较大，例如，如图19-8b)所示腹板与翼缘的交接处，除应按式(19-4)和式(19-5)分别验算对接焊缝最大正应力和剪应力外，还应验算腹板和翼缘交接处对接焊缝的折算应力。

$$\sqrt{\sigma_1^2 + 3\tau_1^2} \leqslant 1.1 f_{td}^w \tag{19-6}$$

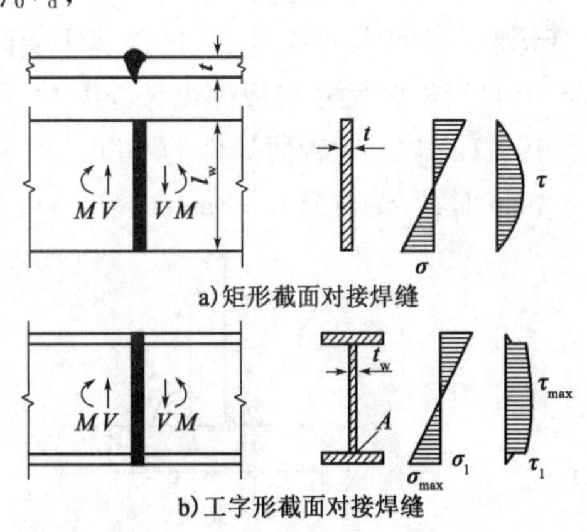

图19-8 对接焊缝承受弯矩和剪力共同作用

式中的 σ_1、τ_1 分别为腹板与翼缘交接处 A 点焊缝的正应力和剪应力;而式中的 1.1 是考虑最大折算应力只在局部出现的强度提高系数值。

19.1.3 角焊缝的构造与计算

1)角焊缝的构造

(1)角焊缝的形式

角焊缝是指两焊件形成一定角度相交面上的焊缝,按受力方向和位置可分为垂直于受力方向的正面角焊缝、平行于受力方向的侧面角焊缝、倾斜于受力方向的斜向角焊缝、垂直于受力方向角焊缝和平行于受力方向角焊缝组成的周围角焊缝。按截面形式可分为两焊脚边夹角为直角的直角角焊缝(图 19-9)和夹角为锐角或钝角的斜角角焊缝(图 19-10)。

直角角焊缝的截面形式有普通焊缝(等边)、平坡焊缝和深熔焊缝。一般采用普通直角焊缝[图 19-9a)],但普通直角角焊缝受力时力线弯折,应力集中严重,在焊缝根部容易出现开裂现象,因此在直接承受动力荷载的直角焊缝连接中常采用两焊脚尺寸比例为 1:1.5 的平坡焊缝[图 19-9b)]或深熔直角焊缝[图 19-9c)]。**图中 h_f 为角焊缝的焊脚尺寸,它是在角焊缝横截面中画出最大等腰三角形的等腰边长度,而把 $h_e = h_f\cos45° \approx 0.7h_f$ 称为角焊缝的有效厚度(指在角焊缝横截面中所画出最大等腰三角形的等腰高度)。**

斜角角焊缝(图 19-10)常用于钢管结构中。对于 $\alpha > 120°$ 或 $\alpha < 60°$ 的斜角角焊缝,除了钢管结构外,不宜用作受力焊缝,计算时取有效厚度 $h_e = h_f\cos(\alpha/2)$(当 $\alpha \geqslant 60°$ 时)。

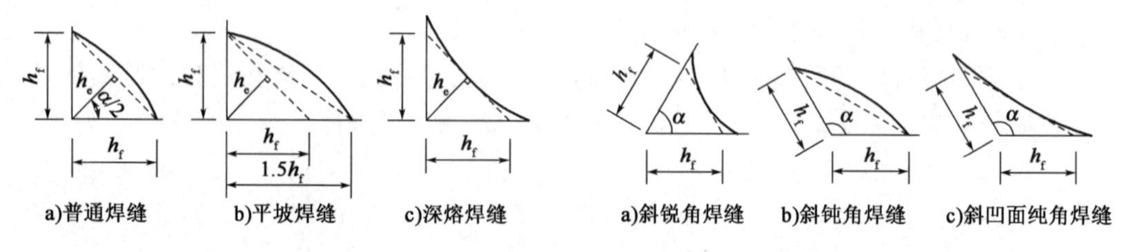

图 19-9 直角角焊缝截面

图 19-10 斜角角焊缝截面

(2)角焊缝尺寸的构造要求

①最大焊脚尺寸

如果焊脚尺寸 h_f 过大,在施焊时导致热量集中,焊缝冷却收缩时容易产生较大的焊接残余变形和三向焊接残余应力,还使热影响区扩大,容易产生脆性断裂,还可能使较薄的焊件烧穿。并且当焊脚尺寸与板件边缘等厚时,易产生咬边现象,因此,要求最大焊脚尺寸 $h_f \leqslant 1.2t_1$[图 19-11a)],t_1 为较薄焊件的厚度。对于如图 19-11b)所示的板件边缘的角焊缝应满足:当 $t_1 < 8$mm 时,$h_f \leqslant t_1$;当 $t_1 \geqslant 8$mm 时,$h_f \leqslant (t_1 - 2)$mm,t_1 为较薄焊件的厚度。

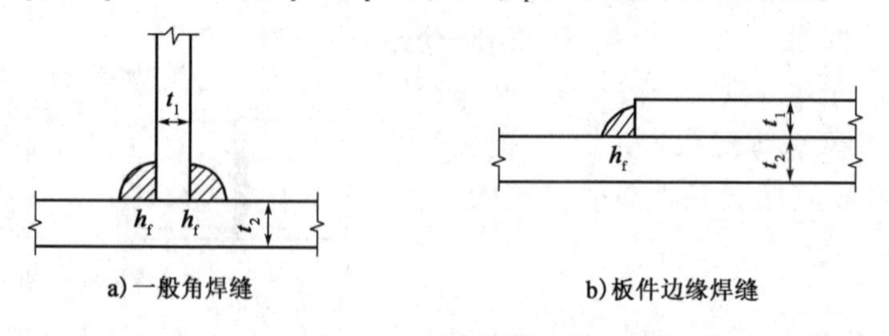

图 19-11 最大焊脚尺寸

②最小焊脚尺寸

焊脚尺寸太小会因焊缝存在缺陷或尺寸不足而影响承载能力，另外，若焊件较厚，焊脚尺寸小的焊缝冷却速度快，会在焊缝内部产生淬硬组织，容易形成收缩裂纹，因此，角焊缝的最小焊脚尺寸应满足 $h_f \geq 1.5\sqrt{t_{max}}$(mm)，$t_{max}$为较厚焊件的厚度。对角接和T形连接不开坡口的角焊缝，当 $t_{max} \leq 20$mm 时，$h_f \geq 6$mm；当 $t_{max} > 20$mm 时，$h_f \geq 8$mm。

③侧面角焊缝的最大计算长度

侧面角焊缝的应力沿焊缝长度分布不均匀，焊缝两端头应力大、中间段应力小。焊缝越长其应力分布不均匀的现象就越严重。因此规定侧面角焊缝承受动载时，计算长度 $l_w \leq 50h_f$，承受静载时，计算长度 $l_w \leq 60h_f$，当大于此规定时，超过的部分在计算中不予考虑。若内力沿侧面角焊缝全长分布时（如焊接工字形梁翼缘与腹板的连接缝），其计算长度不受此限制。

④角焊缝的最小计算长度

焊缝的计算长度太小会使施焊时起弧点与灭弧点的距离太近，将使焊件的局部加热严重，焊缝缺陷集中造成应力集中，使焊缝不够可靠。因此，正面角焊缝或侧面角焊缝的计算长度应满足 $l_w \geq 8h_f$。

⑤搭接连接的构造要求

在搭接连接中，搭接长度应不小于 $5t_{min}$（图19-12），t_{min}为接头较薄焊件的厚度，且不应只采用一条正面角焊缝来传力，以保证更好地传力、减少焊接收缩应力和搭接接头偏心影响产生的次应力。

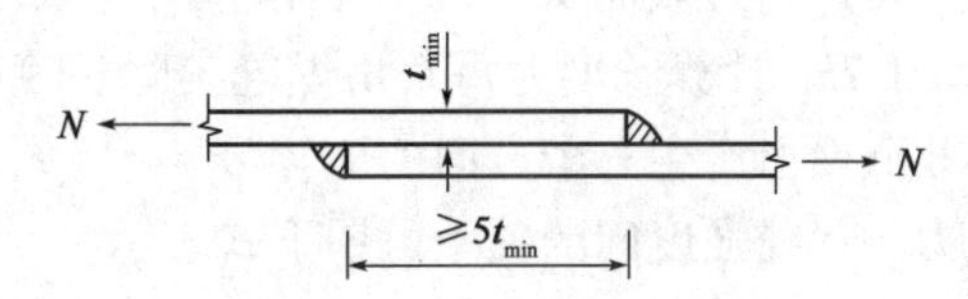

图19-12 搭接连接的角焊缝

当板件端部仅有两条侧面角焊缝连接时（图19-13），为了避免应力传递过分弯折而使构件中的应力不均匀，每条侧面角焊缝的计算长度应大于两侧面焊缝之间的间距，即 $l_w \geq b$。为了避免焊缝横向收缩时引起板件拱曲过大，间距 b 应满足$b \leq 16t_{min}$（$t_{min} > 12$mm 时）或 200mm（$t_{min} \leq 12$mm 时）。当不满足此规定时，应加正面角焊缝。

构件转角处截面突变，会产生应力集中。当角焊缝的端部在构件转角处时，为避免起灭弧的缺陷加剧应力集中的影响，可按图19-13作长度为 $2h_f$ 的绕角焊，且必须连续施焊，不能断焊。

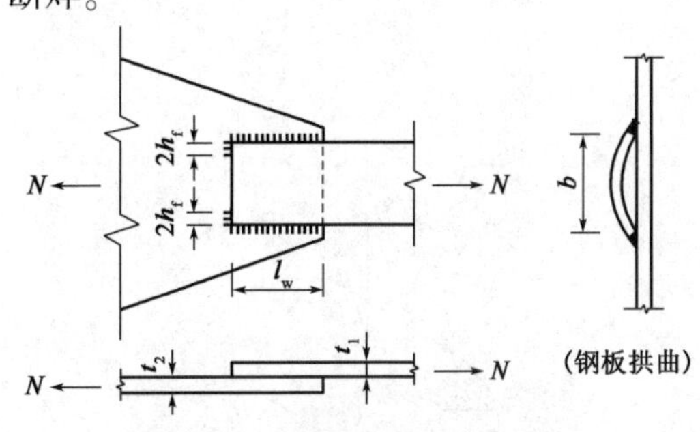

图19-13 焊缝长度及两侧焊缝间距

(3)角焊缝的受力特点

侧面角焊缝主要承受平行于焊缝长度方向的剪应力 $\tau_{//}$作用。在弹性阶段，应力沿焊缝长度方向分布不均匀，两端大、中间小[图19-14a)]，但塑性较好，可产生应力重分布。进入弹塑性阶段后，在不超过最大计算长度的规定时，应力分布可趋于均匀。破坏常由两端开始，在出现裂纹后，即很快地沿焊缝有效截面（最小截面）迅速断裂。

正面角焊缝内应力沿焊缝长度方向比较均匀，两端比中间略低。但应力状态比侧面角焊缝复杂，两焊脚边均有拉应力、压应力和剪应力作用，且分布不均匀[图19-14b)]。在有效截面上有垂直于焊缝长度方向的剪应力 $\tau_{\perp}$和正应力 $\sigma_{\perp}$的作用。由于在焊缝根角处存在应力集中，故裂纹首先在此处产生，随即整条焊缝断裂。正面角焊缝的破坏可能发生在两焊脚边或沿角焊缝45°方向的焊缝有效截面(最小截面)上。正面角焊缝刚度大、塑性差,破坏时变形小,但强度较高,其平均破坏强度是侧面角焊缝强度的1.35~1.55倍。

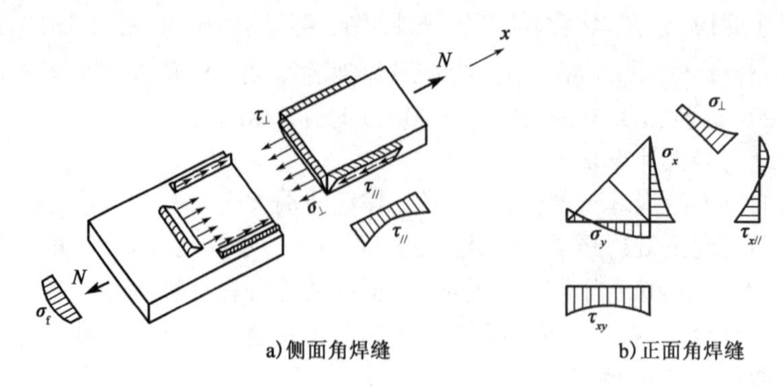

图19-14 角焊缝及其应力分布

2)角焊缝的计算

角焊缝的受力状态比较复杂,一般认为直角角焊缝不论是正面角焊缝受力还是侧面角焊缝受力,均以沿角焊缝45°方向的焊缝有效截面作为计算破坏截面。

角焊缝有效面积为每条角焊缝的有效厚度和计算长度的乘积,其中角焊缝的有效厚度 $h_e = 0.7h_f$,计算长度为每条角焊缝实际长度减去规定的减小值。在外力作用下,直角角焊缝有效截面上产生三个方向的应力 $\sigma_{\perp}$、$\tau_{\perp}$、$\tau_{//}$[图19-15a)]。根据试验研究结果知,三个方向应力与焊缝强度间的关系可用下式表示

$$\sqrt{\sigma_{\perp}^2 + 3(\tau_{\perp}^2 + \tau_{//}^2)} \leqslant \sqrt{3} f_{fd}^{w} \tag{19-7}$$

式中:$\sigma_{\perp}$——垂直于焊缝有效截面的正应力;

$\tau_{\perp}$——有效截面上垂直于焊缝长度方向的剪应力;

$\tau_{//}$——有效截面上平行于焊缝长度方向的剪应力;

f_{fd}^{w}——角焊缝的抗拉、抗压或抗剪强度设计值。

由式(19-7)得到的角焊缝计算公式使用不方便,通过下述变换得到实用的计算公式。

图19-15b)中,外力 $N_y = \gamma_0 N_{yd}$ 垂直于焊缝长度方向,且通过焊缝重心,沿焊缝长度方向产生平均应力 σ_f 值为

$$\sigma_f = \frac{N_y}{h_e l_w} \tag{19-8}$$

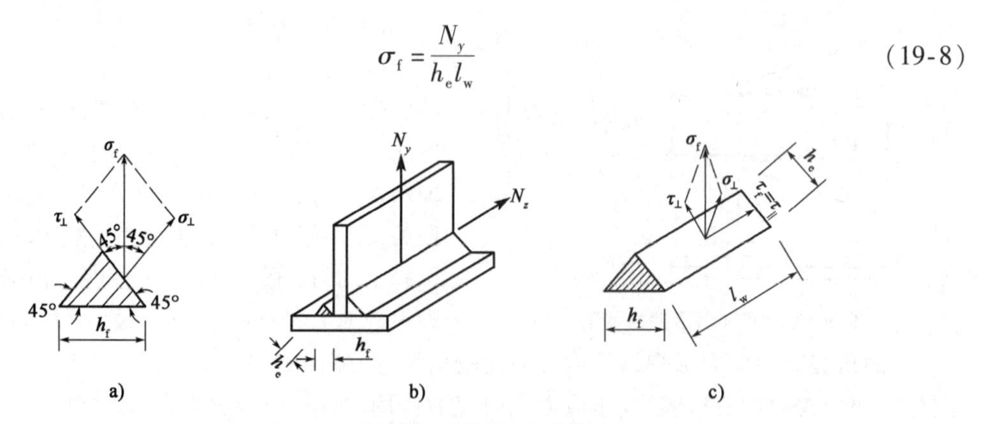

图19-15 角焊缝有效截面上的应力

σ_f 不是正应力,也不是剪应力,可分解为 $\sigma_{\perp}$ 与 $\tau_{\perp}$,对于直角角焊缝,有

$$\sigma_{\perp}=\tau_{\perp}=\frac{\sigma_{\mathrm{f}}}{\sqrt{2}} \tag{19-9}$$

另外,外力 $N_z=\gamma_0 N_{zd}$ 平行于焊缝长度方向,且通过焊缝重心,沿焊缝长度方向产生的平均剪应力 τ_{f} 值为

$$\tau_{\mathrm{f}}=\frac{N_z}{h_{\mathrm{e}}l_{\mathrm{w}}}=\tau_{//} \tag{19-10}$$

式中:h_{e}——焊缝的有效厚度,对直角角焊缝取 $h_{\mathrm{e}}=0.7h_{\mathrm{f}}$;

l_{w}——焊缝的计算长度。

将 $\sigma_{\perp}$、$\tau_{\perp}$、$\tau_{//}$ 代入到式(19-7),则得到直角角焊缝在各种应力综合作用下,σ_{f} 和 τ_{f} 共同作用处的计算公式,整理后可得

$$\sqrt{\left(\frac{\sigma_{\mathrm{f}}}{\beta_{\mathrm{f}}}\right)^2+\tau_{\mathrm{f}}^2}\leqslant f_{\mathrm{fd}}^{\mathrm{w}} \tag{19-11}$$

式中的 β_{f} 为正面角焊缝的强度设计值增大系数,$\beta_{\mathrm{f}}=\sqrt{3/2}=1.22$。在公路桥梁钢结构设计中一般不考虑正面角焊缝强度设计值的提高,通常取 $\beta_{\mathrm{f}}=1.0$,故得到

$$\sqrt{\sigma_{\mathrm{f}}^2+\tau_{\mathrm{f}}^2}\leqslant f_{\mathrm{fd}}^{\mathrm{w}} \tag{19-12}$$

式中:σ_{f}——按焊缝有效截面计算,垂直于焊缝长度方向的应力;

τ_{f}——按焊缝有效截面计算,平行于焊缝长度方向的剪应力。

(1)轴向力作用下拼接板角焊缝的计算

当构件承受轴向力且轴向力通过焊缝形心时,一般认为角焊缝的应力是均匀分布的。

如图19-16a)所示的矩形拼接板中,侧面角焊缝连接。此时,作用力 N 与焊缝长度平行,式(19-12)中垂直于焊缝长度方向的应力 $\sigma_{\mathrm{f}}=0$,则

$$\tau_{\mathrm{f}}=\frac{N}{h_{\mathrm{e}}\sum l_{\mathrm{w}}}\leqslant f_{\mathrm{fd}}^{\mathrm{w}} \tag{19-13}$$

式中:N——作用于构件的轴向力计算值,$N=\gamma_0 N_{\mathrm{d}}$;

h_{e}——角焊缝的有效厚度;

$\sum l_{\mathrm{w}}$——连接一侧侧面角焊缝的计算长度之和;

$f_{\mathrm{fd}}^{\mathrm{w}}$——角焊缝的抗拉、抗压或抗剪强度设计值,按附表4-4采用。

同理,如图19-16b)所示的矩形拼接板中,正面角焊缝连接。此时,作用力 N 与焊缝长度垂直,式(19-12)中平行于焊缝长度方向的应力 $\tau_{\mathrm{f}}=0$,则

$$\sigma_{\mathrm{f}}=\frac{N}{h_{\mathrm{e}}\sum l_{\mathrm{w}}}\leqslant f_{\mathrm{fd}}^{\mathrm{w}} \tag{19-14}$$

式中的 $\sum l_{\mathrm{w}}$ 为连接一侧正面角焊缝的计算长度之和;其余符号意义与式(19-13)相同。

如图19-16c)所示的矩形拼接板中,三面围焊。此时可按作用力 N 由连接一侧的角焊缝有效截面面积平均承担计算

$$\frac{N}{h_{\mathrm{e}}\sum l_{\mathrm{w}}}\leqslant f_{\mathrm{fd}}^{\mathrm{w}} \tag{19-15}$$

式中的 $\sum l_{\mathrm{w}}$ 为连接一侧所有角焊缝的计算长度之和。

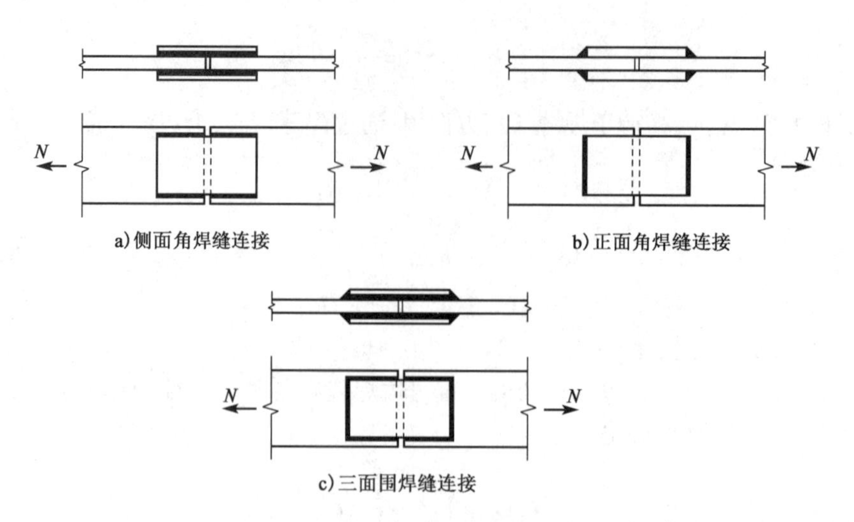

图 19-16　轴向力作用下角焊缝的计算

例 19-1　试设计如图 19-16 所示的双盖板连接。已知被拼接的板宽 $b=500$mm，厚 14mm；两块拼接板块板宽 $b_1=450$mm，厚 10mm。钢材采用 Q235 钢，焊条为 E43 型，手工焊，结构安全等级为一级，轴向拉力设计值 $N_d=1118.6$kN。

解：查附表 4-4 可知采用 Q235 钢时角焊缝的强度设计值 $f_{fd}^{w}=140$MPa。轴向力计算值 $N=\gamma_0 N_d=1.1\times1118.6=1230.46$(kN)。

①采用两面侧焊缝连接

由于 $h_{max}=10-2=8$(mm)，$h_{min}=1.5\sqrt{t_{max}}=6$mm，取焊脚尺寸 $h_f=8$mm，角焊缝的有效厚度 $h_e=0.7h_f=5.6$mm。

计算连接一侧一条侧面角焊缝的长度为

$$l_1=\frac{N}{4h_e f_{fd}^{w}}+2h_f=\frac{1230.46\times10^3}{4\times5.6\times140}+2\times8=408(\text{mm})$$

取 $l_1=410$mm，侧面角焊缝长度 $l_w=410-16=394$(mm)大于 $8h_f=64$mm，小于 $60h_f=480$mm，满足要求。

②采用三面围焊连接

正面焊缝承载力为

$$N'=f_{fd}^{w}h_e\sum l_w=140\times5.6\times450\times2=705.6(\text{kN})$$

计算连接一侧一条侧面角焊缝的长度为

$$l_1=\frac{N-N'}{4h_e f_{fd}^{w}}+h_f=\frac{(1230.46-705.6)\times10^3}{4\times5.6\times140}+8=175(\text{mm})$$

取 $l_1=180$mm，侧面角焊缝长度 $l_w=172$mm 大于 $8h_f=64$mm，小于 $60h_f=480$mm，满足要求。

(2)轴向力作用下角钢角焊缝的计算

在钢桁架中，角钢腹杆与节点板的连接一般采用两面侧焊缝，也可采用三面围焊，在特殊情况下也允许采用 L 形围焊。腹杆受到轴向力作用时，为避免焊缝偏心受力而产生附加弯矩，焊缝所传递的合力的作用线应与角钢杆件的轴线重合（图 19-17）。

当承受轴向力的角钢用两面侧焊缝连接时[图 19-17a)]，利用 $N_1+N_2=N$ 和 $N_1e_1=N_2e_2$ 两个平衡条件，可以解得

$$\left.\begin{aligned} N_1 &= \frac{e_2}{e_1+e_2}\cdot N = k_1N \\ N_2 &= \frac{e_1}{e_1+e_2}\cdot N = k_2N \end{aligned}\right\} \tag{19-16}$$

式中：k_1、k_2——角钢肢背和肢尖的焊缝分配系数，实际设计时，对各种尺寸的角钢，k_1 和 k_2 可取作常数，由表 19-1 直接查得；

e_1、e_2——角钢肢背与角钢肢尖分别至角钢构件形心的距离。

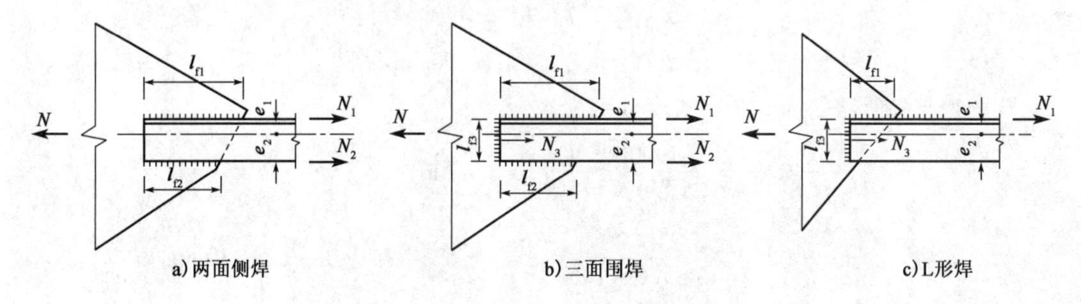

图 19-17　角钢焊接的角焊缝及轴力作用分配

角钢角焊缝的内力分配系数表　　表 19-1

角钢类型	连接形式	内力分配系数	
		肢背 k_1	肢尖 k_2
等肢角钢连接		0.70	0.30
不等肢角钢短肢连接		0.75	0.25
不等肢角钢长肢连接		0.65	0.35

当采用三面围焊时[图 19-17b)]，可先选定端焊缝的厚度 h_f，并计算出它所能承受的内力

$$N_3 = h_e l_{f3} f_{fd}^{w}$$

再通过平衡关系，可以解得

$$\left.\begin{aligned} N_1 &= \frac{e_2}{e_1+e_2}N - \frac{N_3}{2} = k_1N - \frac{N_3}{2} \\ N_2 &= \frac{e_1}{e_1+e_2}N - \frac{N_3}{2} = k_2N - \frac{N_3}{2} \end{aligned}\right\} \tag{19-17}$$

对于如图 19-17c）所示的 L 形焊缝，则不需先选定端焊缝的厚度 h_f，而令式（19-17）的 $N_2=0$，可得

$$\left.\begin{aligned}N_1 &= (1-2k_2)N\\ N_3 &= 2k_2N\end{aligned}\right\} \tag{19-18}$$

例 19-2 如图 19-17a)所示的两面侧焊缝连接中,作用力设计值 $N_d=700\text{kN}$,角钢为 2 ∟100×10,连接板厚度 $t=10\text{mm}$,钢材采用 Q345 钢,焊条为 E50 型,手工焊,安全等级为二级,试设计角钢与连接板之间的连接角焊缝。

解:查附表 4-4 可知采用 Q345 钢时角焊缝的强度设计值 $f_{fd}^{w}=175\text{N/mm}^2$。

取 $h_f=8\text{mm}$,满足 $h_{max}=10-2=8(\text{mm})$ 及 $h_{min}=5\text{mm}$ 的要求。则角焊缝的有效厚度 $h_e=0.7h_f=5.6\text{mm}$。作用力计算值 $N=\gamma_0 N_d=1.0\times700=700(\text{kN})$。

两面侧焊,肢背和肢尖分担的内力分别为

$$N_1=k_1N=0.7\times700=490(\text{kN})$$

$$N_2=k_2N=0.3\times700=210(\text{kN})$$

肢背和肢尖所需的焊缝实际长度分别为

$$l_{w1}=\frac{N_1}{2h_e f_{fd}^{w}}+2h_f=\frac{490000}{2\times5.6\times175}+2\times8=266(\text{mm}),\text{取 } l_{w1}=270\text{mm}$$

$$l_{w2}=\frac{N_2}{2h_e f_{fd}^{w}}+2h_f=\frac{210000}{2\times5.6\times175}+2\times8=123(\text{mm}),\text{取 } l_{w2}=130\text{mm}$$

侧焊缝长度 l_w 满足大于 $8h_f=64\text{mm}$ 及小于 $60h_f=480\text{mm}$ 的要求。

(3)扭矩和剪力共同作用下角焊缝的计算

图 19-18 表示用三面围焊缝连接的两块钢板,在焊缝平面内作用着一个不通过围焊缝形心的偏心力 N。假定被连接的构件是绝对刚性的,只有焊缝是弹性的,并且被连接的构件绕围焊缝的形心 O 旋转,焊缝上任意一点的变形发生在垂直于该点与形心 O 点的连线方向上,其大小与这两点之间的距离 r 成正比。将外力 N 移至通过焊缝形心 O 的 y 轴上,等效为作用于围焊缝形心上的竖向力 N 和扭矩 $T=Ne$。图 19-18 中,A 点和 B 点距形心 O 点的距离最远,由扭矩 T 在 A 点、B 点引起的剪应力 τ_T 最大,故 A 点和 B 点为设计控制点。

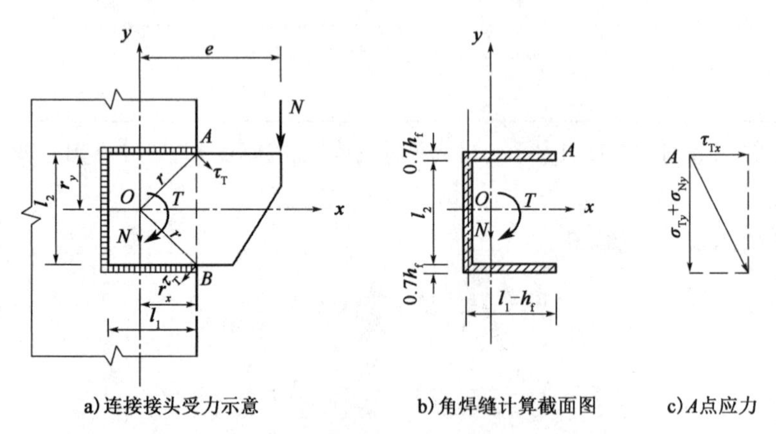

图 19-18 承受扭矩和剪力的角焊缝连接

由作用于焊缝形心上的竖向力 $N=\gamma_0 N_d$ 在 A 点产生的应力为

$$\sigma_{Ny}=\frac{N}{h_e\sum l_w} \tag{19-19}$$

由扭矩 $T=Ne$ 在 A 点产生的应力为

$$\tau_T=\frac{Tr}{J} \tag{19-20}$$

将 τ_T 分解成为 x 轴和 y 轴的分力为

$$\tau_{Tx}=\tau_T\cdot\frac{r_y}{r}=\frac{Tr_y}{J}$$

$$\sigma_{Ty}=\tau_T\cdot\frac{r_x}{r}=\frac{Tr_x}{J}$$

式中：r——围焊缝的形心 O 至焊缝最远点 A 的距离；

J——围焊缝的计算截面面积对其形心 O 点的极惯性矩，$J=I_x+I_y$；

I_x——围焊缝对 Ox 轴的惯性矩；

I_y——围焊缝对 Oy 轴的惯性矩。

A 点应力由 σ_{Ny}、σ_{Ty}、τ_{Tx}组合而成。因此，焊缝中最大应力组合验算公式为

$$\sqrt{(\sigma_{Ny}+\sigma_{Ty})^2+\tau_{Tx}^2}\leqslant f_{fd}^w \tag{19-21}$$

A 点(或 B 点)处应力为焊缝的最大应力，保证了 A 点(或 B 点)应力不大于 f_{fd}^w，则焊缝其余各处的强度均可得到满足。

例 19-3 如图 19-19 所示连接中，$l_1=300\text{mm}$，$l_2=400\text{mm}$。钢材采用 Q235 钢，焊条为 E43 型，手工焊，焊脚尺寸为 $h_f=8\text{mm}$，安全等级为二级。偏心力设计值 $N_d=118\text{kN}$，偏心距 $e=400\text{mm}$。试验算该焊缝的强度。

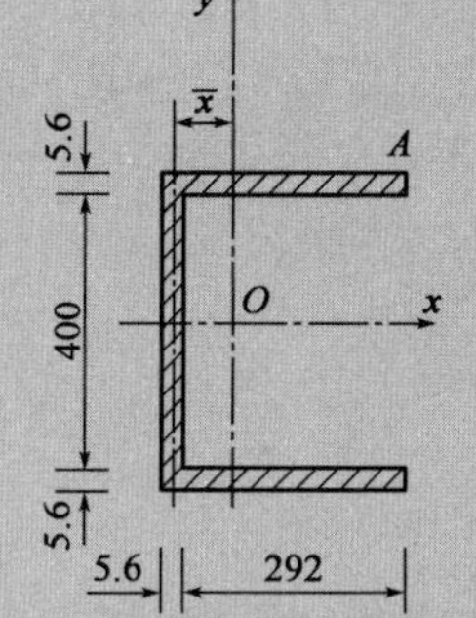

图 19-19 角焊缝有效计算截面图(尺寸单位：mm)

解：查附表 4-4 可知采用 Q235 钢时角焊缝的强度设计值 $f_{fd}^w=140\text{N/mm}^2$。角焊缝有效厚度 $h_e=0.7h_f=5.6\text{mm}$。连续角焊缝长度，减去两端弧坑 $2h_f$ 后，得到焊缝有效截面计算图(图 19-19)。

①焊缝有效截面几何特性

形心位置

$$\bar{x}=\frac{2\times5.6\times292\times(\frac{1}{2}\times292+2.8)}{5.6\times(2\times292+411.2)}=87(\text{mm})$$

$$I_x=\frac{1}{12}\times5.6\times411.2^3+2\times5.6\times292\times202.8^2=166.95\times10^6(\text{mm}^4)$$

$$I_y=2\times(\frac{1}{12}\times5.6\times292^3+5.6\times292\times61.8^2)+411.2\times5.6\times87^2=53.16\times10^6(\text{mm}^4)$$

$$J=I_x+I_y=166.95\times10^6+53.16\times10^6=220.11\times10^6(\text{mm}^4)$$

$$r_x=292-87+2.8=207.8(\text{mm})\qquad r_y=205.6\text{mm}$$

②角焊缝强度验算

从角焊缝应力分布来看,最危险点为 A 点。

$$N=\gamma_0 N_d=1.0\times118=118(\text{kN})$$

$$T=Ne=118\times10^3\times400=47.2\times10^6(\text{N}\cdot\text{mm})$$

$$\tau_{Tx}=\frac{Tr_y}{J}=\frac{47.2\times10^6\times205.6}{220.11\times10^6}=44.09(\text{MPa})$$

$$\sigma_{Ty}=\frac{Tr_x}{J}=\frac{47.2\times10^6\times207.8}{220.11\times10^6}=44.56(\text{MPa})$$

$$\sigma_{Ny}=\frac{N}{h_e l_w}=\frac{118\times10^3}{0.7\times8\times(292\times2+411.2)}=21.17(\text{MPa})$$

$$\sqrt{(\sigma_{Ty}+\sigma_{Ny})^2+\tau_{Tx}{}^2}=\sqrt{(44.56+21.17)^2+44.09^2}=79.1(\text{MPa})<f_{fd}^{w}(=140\text{MPa})$$

满足要求。

(4)弯矩、剪力和轴向力共同作用下角焊缝的计算

如图19-20所示,轴向拉力引起角焊缝中垂直于焊缝长度方向应力 σ_N,剪力引起平行于焊缝长度方向应力 τ_V,弯矩引起按三角形分布的垂直于焊缝长度方向应力 σ_M,最大应力在角焊缝的上端 A 点。

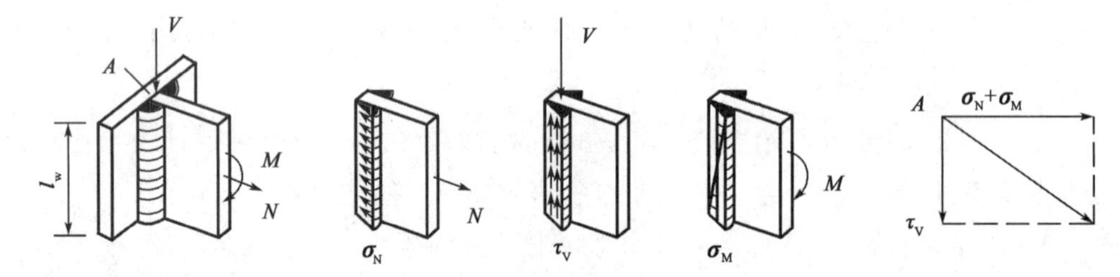

图19-20　复杂受力下的角焊缝

由于

$$\sigma_N=\frac{N}{A_f}=\frac{N}{2h_e l_w}$$

$$\tau_V=\frac{V}{A_f}=\frac{V}{2h_e l_w}$$

$$\sigma_M=\frac{M}{W_f}=\frac{3M}{h_e l_w^2}$$

则角焊缝 A 点处强度验算公式为

$$\sqrt{(\sigma_M+\sigma_N)^2+\tau_V^2}\leqslant f_{fd}^{w} \tag{19-22}$$

由此,也可得到以下焊缝接头各种受力情况的角焊缝计算公式,即

弯矩和剪力共同作用时

$$\sqrt{\sigma_M^2+\tau_V^2}\leqslant f_{fd}^{w} \tag{19-23}$$

弯矩和轴力共同作用时

$$\sigma_M+\sigma_N\leqslant f_{fd}^{w} \tag{19-24}$$

仅受弯矩作用时

$$\sigma_M\leqslant f_{fd}^{w} \tag{19-25}$$

例 19-4　钢柱和支托连接接头的构造和受力见图 19-21。钢材采用 Q235 钢，焊条为 E43 型，手工焊，焊脚尺寸为 $h_f=8\text{mm}$，安全等级为一级，试验算该焊缝的强度。

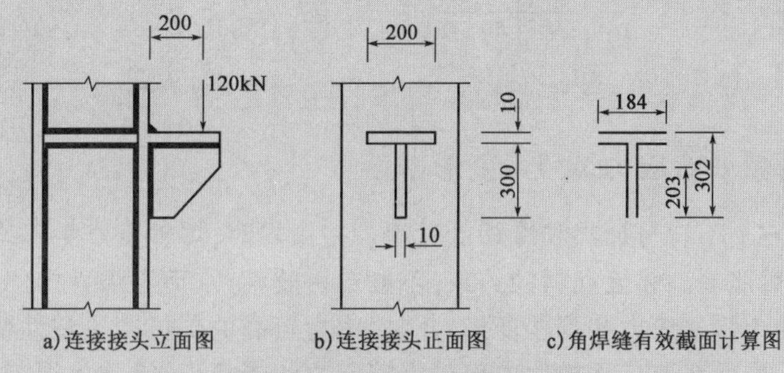

图 19-21　例 19-4 图(尺寸单位:mm)

解：查附表 4-4 可知采用 Q235 钢时角焊缝的强度设计值 $f_{fd}^{w}=140\text{MPa}$。

钢柱和支托连接受弯矩和剪力的共同作用。剪力计算值 $V=\gamma_0 V_d=1.1\times120\text{kN}=132\times10^3\text{N}$；弯矩计算值 $M=\gamma_0 M_d=1.1\times120000\times200=26.4\times10^6(\text{N}\cdot\text{mm})$。

角焊缝的有效厚度 $h_e=0.7h_f=5.6\text{mm}$。其计算简图可近似地用图 19-21c)表示。

①角焊缝有效截面几何特性

水平角焊缝的有效面积

$$A_f'=h_e l_w'=5.6\times[(200-2\times8)+(200-2\times8-10)]=1030.4+974.4=2004.8(\text{mm}^2)$$

垂直角焊缝的有效面积

$$A_f''=h_e l_w''=5.6\times2\times(300-8)=3270.4(\text{mm}^2)$$

全部角焊缝的有效面积

$$A_f=A_f'+A_f''=2004.8+3270.4=5275.2(\text{mm}^2)$$

角焊缝的重心位置

$$y_1=\frac{1}{5275.2}\times(1030.4\times302+974.4\times292+3270.4\times\frac{292}{2})=203(\text{mm})$$

$$I_f=(\frac{1}{12}\times2\times5.6\times292^3+3270.4\times57^2)+1030.4\times99^2+974.4\times89^2$$

$$=51.68\times10^6(\text{mm}^4)$$

$$W_f=\frac{51.68\times10^6}{203}=25.46\times10^4(\text{mm}^3)$$

②角焊缝强度验算

弯矩计算值由接头全部角焊缝承担，但支托翼缘的刚度较小，假定剪力 V 仅由垂直角焊缝承担，角焊缝的最大应力产生在下端点，即

$$\sigma_M=\frac{M}{W_f}=\frac{26.4\times10^6}{25.46\times10^4}=103.69(\text{MPa})$$

$$\tau_{\mathrm{V}}=\frac{V}{A_{\mathrm{f}}''}=\frac{132\times10^{3}}{3270.4}=40.36(\mathrm{MPa})$$

$$\sqrt{\sigma_{\mathrm{M}}^{2}+\tau_{\mathrm{V}}^{2}}=\sqrt{103.69^{2}+40.36^{2}}=117.27(\mathrm{MPa})<f_{\mathrm{fd}}^{\mathrm{w}}(=140\mathrm{MPa})$$

满足要求。

19.1.4　焊接残余应力及残余变形

焊接过程是一个不均匀加热和冷却的过程。在施焊时,焊件上产生不均匀的温度场,高温部分的钢材膨胀受到邻近钢材的约束,不能自由收缩,从而在焊件内部引起较大的温度应力和变形,称为焊接应力和焊接变形。焊接应力较高的部位产生塑性变形,冷却后将残存于构件内部,因而将**残存于构件内部的焊接应力和焊接变形,称为焊接残余应力和焊接残余变形。**

1)焊接残余应力

焊接残余应力是一种内应力,会在焊缝构件截面上自相平衡。焊接残余应力包括纵向应力、横向应力和构件厚度方向的应力。

(1)纵向焊接残余应力

纵向焊接残余应力是指沿焊缝长度方向的应力。在施焊时,焊件上产生不均匀的温度场,焊缝附近的温度可高达1600℃以上,邻近区域则温度急剧降低。不均匀的温度场产生了不均匀的膨胀,焊缝附近高温处的钢材膨胀最大,温度较低区域膨胀较小。膨胀大的区域受到周围膨胀小的区域的限制,产生了热塑性压缩。焊缝冷却时,产生热塑性压缩的焊缝趋向于缩短,但受到两侧钢材限制而产生了纵向拉应力,两侧钢材因中间焊缝收缩而产生纵向压应力[图19-22a)]。

(2)横向焊接残余应力

横向焊接残余应力是指垂直于焊缝长度方向且平行于构件表面的应力。以钢板焊接为例,横向焊接残余应力由两部分组成:一部分是焊缝纵向收缩,它除产生上述纵向应力外,还使两块钢板趋向于形成反方向的弯曲变形,但焊缝已将其连成整体,因此在两块板的中部产生横向拉应力,两端产生压应力[图19-22c)];另一部分由于焊缝在施焊过程中冷却时间的不同,先焊的焊缝已经凝固,会阻止后焊焊缝在横向自由膨胀,使它发生横向塑性压缩变形。当先焊部分凝固后,中间焊缝部分逐渐冷却,后焊部分开始冷却,这三部分产生杠杆作用,使后焊部分收缩而受拉,先焊部分因杠杆作用也受拉,中间部分则受压[图19-22d)]。总的横向焊接残余应力如图19-22e)所示。

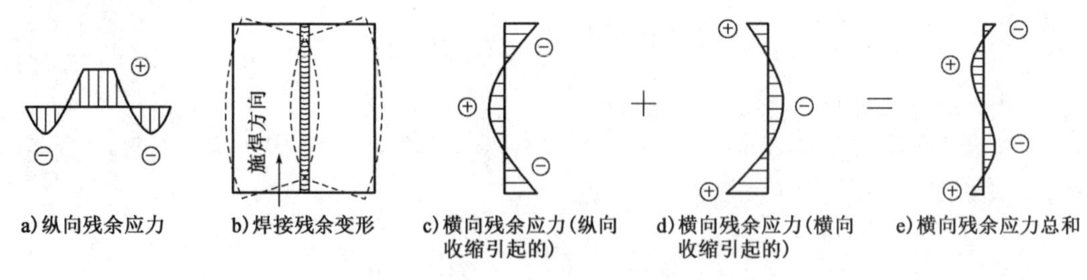

图19-22　焊接残余应力(压应力为负)

(3)厚度方向焊接残余应力

厚度方向焊接残余应力是指垂直于焊缝长度方向且垂直于构件表面的应力。较厚钢板焊接时,焊缝厚度方向中部冷却比表面缓慢,形成中间焊缝受拉,四周受压的状态。因此,焊缝除了纵向和横向应力之外,在厚度方向还存在焊接残余应力(图 19-23)。

由图 19-22 和图 19-23 可见,焊接残余应力是自相平衡的内应力,其拉应力合力与压应力合力相等。因此,对于没有严重应力集中的焊接构件,在静力荷载作用下,只要钢材具有一定的塑性变形能力,焊接残余应力不会影响构件的承载能力。

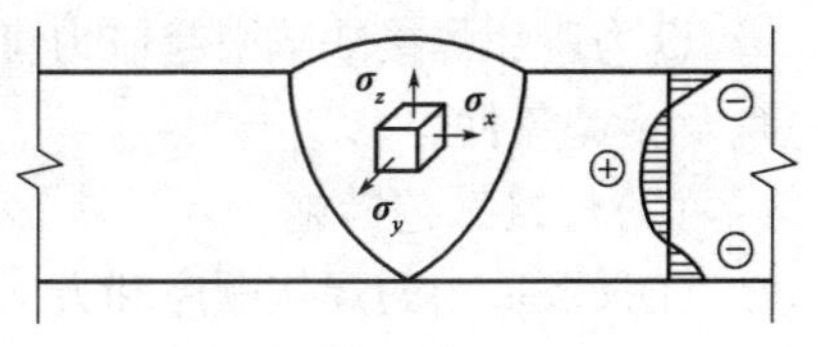

图 19-23 厚度方向残余应力

焊接残余应力与外荷载产生的应力组合后将使构件截面的一部分提前进入塑性状态(该部分的刚度降为零)而丧失继续承受荷载的能力,此后的荷载增加仅由弹性部分承担,因此,焊接残余应力将使焊接构件的变形增大、刚度降低。

如前所述,对于有残余应力的受压杆件,残余压应力区域提前进入塑性状态,截面的弹性区域逐渐缩小,杆件的抗弯刚度也相应减小,因此降低了压杆的稳定承载力。

在焊接构件中均存在双向或三向残余应力,当形成同号应力,尤其是同号拉应力时,由于塑性变形受到约束,焊缝附近的材料变脆,裂纹容易产生和开展,因而降低了焊缝及其附近钢材的疲劳强度,尤其是在低温情况下,冷脆现象更明显。另一方面,最大焊接残余应力常达到或接近钢材的屈服点,这将促使疲劳裂纹更容易形成和扩展,从而降低了构件的疲劳强度。

2)焊接残余变形

在焊接过程中,焊件不均匀受热和不均匀冷却将产生焊接残余应力和焊接残余变形。焊接残余变形包括纵向和横向收缩、弯曲变形、角变形、波浪变形和扭曲变形等,如图 19-24 所示。

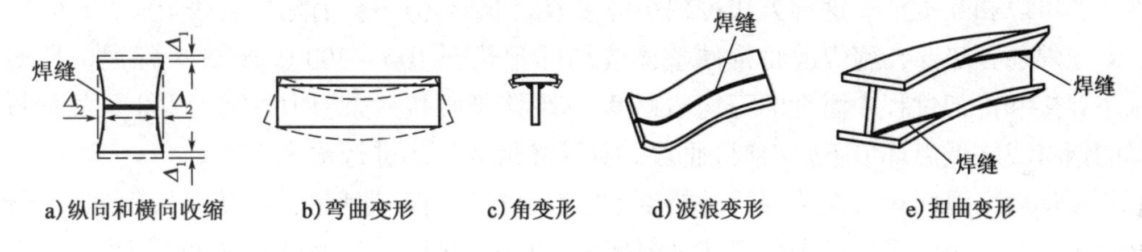

图 19-24 焊接变形

焊接残余变形影响结构的尺寸精度和外观,并可能导致构件产生初弯曲、初扭曲及初偏心等,从而使构件受力时产生附加弯矩、扭矩和变形,引起其承载能力降低。

3)减小焊接残余应力和残余变形的方法

减少焊接残余应力和焊接残余变形应从构造和焊接工艺两方面采取措施。

(1)构造措施

①为避免焊接热量集中引起焊接应力过于集中,应尽量减少焊缝数量以及焊缝的厚度和长度。搭接角焊缝一般焊脚尺寸设计得适当小些而焊缝长度相应长些;焊缝尽量对称布置,尽量避免焊缝过于集中或多方向焊缝相交于一点,例如桁架杆件交叉的节点上,焊缝间留一定的间距;拼接梁的翼缘对接处与腹板对接处应错开一定的距离,加劲肋内面切角应避免其焊缝与

翼缘和腹板间的主要受力焊缝交叉。

②为避免截面突变引起应力集中现象,连接过渡应尽量平缓。如宽度和厚度不同的钢板拼接时采用不大于 1∶5 的坡度过渡;直接承受动力荷载结构的角焊缝采用凹形或平坡形角焊缝;搭接连接中搭接长度应不小于 $5t_{min}$,并且不应只采用一条正面角焊缝来传力。

③为避免焊接缺陷引起应力集中,焊缝应布置在便于施焊的位置,并且有合适的空间和角度,尽量避免仰焊。

(2)焊接工艺措施

①采取适当的焊接顺序和方向(图 19-25),例如为了使每次施焊产生的残余应力和残余变形有所抵消,应尽量采用对称焊、分段焊、厚度方向分层焊、钢板分块拼焊,工字形顶接时采用对角跳焊。为使收缩量或受力较大的焊缝留有伸缩余地,减小残余变形,先焊收缩量较大的焊缝,后焊收缩量较小的焊缝;先焊受力较大的焊缝,后焊受力较次要的焊缝;钢板分块拼接先焊短焊缝,后焊直通长焊缝。图 19-25 中的阿拉伯数字表示了施焊的顺序。

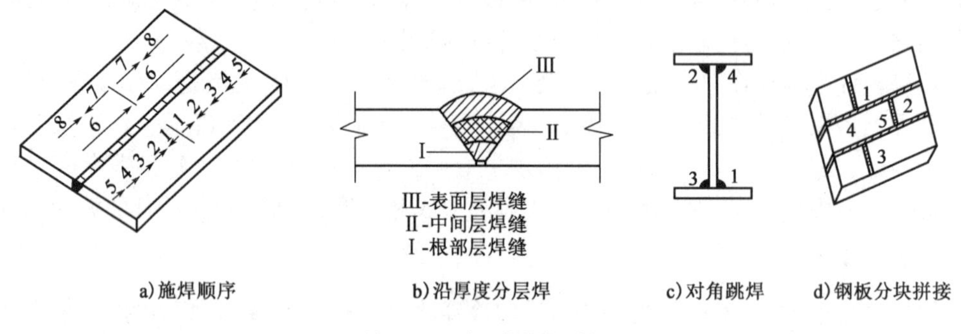

图 19-25 合理的施焊顺序

②施加反变形。施焊前使构件有一个和焊接变形相反的预变形,焊接后产生的焊接变形与预变形可以相互抵消。这种方法可减小焊接残余变形,但不会消除焊接残余应力。

③施焊前预热。在施焊前将构件整体或局部预热至 100 ~ 300℃,施焊后保温一段时间,以减小焊接和冷却过程中温度的不均匀程度,从而降低焊接残余应力并减少发生裂纹的危险。较厚的钢材或在低温环境下焊接时,通常应对焊缝附近局部进行预热。

④施焊后高温回火。在施焊后加热到 600℃左右进行高温回火,保持一段恒温后缓慢冷却。对于尺寸较小的焊件可进行整体高温回火,由于加热已达到钢材的热塑性温度,可消除大部分残余应力,而对尺寸较大焊件可对焊缝附近或残余应力较大部位进行局部高温回火,以减小残余应力。

⑤锤击。用小锤轻击焊缝,使焊缝得到舒张,可降低焊接残余应力。

19.2 普通螺栓连接

普通螺栓连接是用普通螺栓将构件或板部件连成整体的连接方式。普通螺栓是由墩粗的头部、带螺纹的圆柱形杆身,配合螺母、垫圈组成并可拆卸的紧固件。普通螺栓分为 A、B 和 C 三级,其中 A 和 B 级为精制螺栓,C 级为粗制螺栓。

A和B级精制螺栓的杆身在车床上加工制成,表面光滑,尺寸精确;螺栓孔是在装配好的构件上钻成或用钻模钻成(称为Ⅰ类孔),孔壁光滑,对孔准确,孔径与螺栓杆径相等(但分别允许正负公差)。A级螺栓是栓径 $d \leq 24$mm、栓长 $l \leq 150$mm 及 $10d$ 的螺栓(d、l 分别为螺杆的公称直径与长度),而B级螺栓是栓径 $d > 24$mm、栓长 $l > 150$mm 及 $10d$ 的螺栓。

按国际有关标准规定,螺栓的性能统一用材料性能等级来表示,A、B级螺栓材料性能等级为5.6级或8.8级。小数点前的数字,如"5"表示其抗拉强度不小于500N/mm²,小数点后的数字,如"0.6"表示螺栓材料的屈强比(屈服点与抗拉强度的比值)为0.6。

C级粗制螺栓用未加工的圆钢制成,杆身粗糙,螺栓孔是在单个零件上一次冲成或不用钻模钻成(称为Ⅱ类孔),孔径比螺杆直径大1.5~3mm。C级螺栓材料性能等级为4.6级或4.8级。

A、B级螺栓的螺杆与孔壁之间的间隙小,故受剪性能好,连接变形小,抗疲劳性能较好,但制造与安装都较费工,可以用在直接承受较大动力荷载的重要结构的普通螺栓连接上。C级螺栓受剪性能较差,剪切滑移变形较大,但安装方便,故一般用于承受拉力的螺栓连接、次要结构或安装时的临时连接。

与焊缝相比较,螺栓连接的缺点是需要在构件上开孔,使构件截面削弱,并增加了制造工作量。此外被连接的构件还需要拼接板、角钢等附加连接件,使材料用量增多。

19.2.1 螺栓的排列和构造要求

螺栓的排列应简单紧凑,构造合理,安装方便,通常采用并列和错列两种形式(图19-26),并列较简单,错列较紧凑。

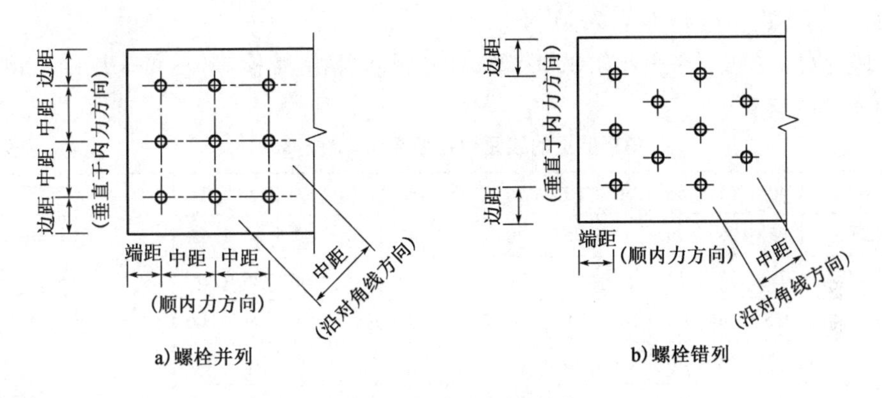

图19-26 螺栓的排列

螺栓孔使构件截面受到削弱,因此螺栓的中距不应过小,螺栓排列应符合最小距离要求,否则会使构件截面削弱过多或应力集中严重。为防止构件端部钢板被剪坏,顺内力方向最外一排螺栓应有足够的端距,同时,为施工方便,螺栓间应保持足够的距离,以便用扳手拧螺母时有必要的操作空间。

当构件承受压力作用时,顺压力方向的中距不宜太大,否则被连接板件间易产生鼓曲,同时,外排螺栓中距太大,会使接触面不够紧密,以致潮气侵入引起锈蚀。因此,螺栓排列应符合最大距离要求。

根据上述要求,在公路钢桥中一般规定的螺栓容许间距见表19-2。

螺栓的容许间距 表 19-2

名称	方向		构件应力种类	容许间距	
				最大	最小
中心间距	沿对角线方向		拉力或压力	—	$3.5d_0$
	靠边行列			$7d_0$ 和 $16t$ 的较小者	$3d_0$
	中间行列	垂直内力方向		$24t$	
		顺内力方向	拉力	$24t$	
			压力	$16t$	

注:1. 表中符号 d_0 为螺栓的孔径,t 为外层较薄钢板或型钢厚度。

2. 表中所列“靠边行列”是指沿板边一行的螺栓线;对于角钢,距角钢背最近一行的螺栓线也作为“靠边行列”。

3. 有角钢镶边的翼肢上交叉排列的螺栓,其靠边行列最大中心间距可取 $14d_0$ 或 $32t$ 中较小者。

4. 由两个角钢或两个槽钢中间夹以垫板(或垫圈)并用螺栓连接组成的构件,顺内力方向的螺栓之间的最大中距:对于受压或受压—拉构件规定为 $40r$,但不应大于 160mm;对于受拉构件规定 $80r$,但不应大于 240mm。其中 r 为一个角钢或槽钢绕平行于垫板或垫圈所在平面轴线的回转半径。

螺栓中心垂直内力方向、顺内力方向和沿对角线方向至边缘的最大距离不大于 $8t$ 或 120mm 的较小值;垂直内力方向至边缘的最小距离不小于 $1.3d_0$,顺内力方向或沿螺栓对角线方向不小于 $1.5d_0$。

角钢上设置螺栓时,除应符合螺栓的最大与最小距离要求外,因角钢宽度较窄,故螺栓(孔)直径不能太大,而且应设置在适中的位置,设计时应符合表 19-3 规定的线距 e 和最大孔径 d_0 的要求。为使传力均匀,对肢宽大于 125mm 的角钢采用双行螺栓错列,对肢宽大于 160mm 的角钢采用双行并列。同理,在普通工字钢或槽钢上设置螺栓时,可按照表 19-4 和图 19-27规定的线距和最大孔径要求设计。

为了制造安装方便,同一结构的同类型螺栓(粗制、精制螺栓等)尽量采用同一规格(即钢种、直径等相同)。

角钢肢上的线距和孔径要求(单位:mm) 表 19-3

单行排列	角钢肢宽	40	45	50	56	63	70	75	80	90	100	110	125
	线距 e	25	28	30	30	35	40	40	45	50	55	60	65
	最大孔径 d_0	12	12	14	17	17	20	20	23	23	26	26	26
双行错排	角钢肢宽	125	140	160	180	200	双行并列	角钢肢宽			160	180	200
	e_1	55	60	70	70	80		e_1			60	70	80
	e_2	90	100	120	140	160		e_2			130	140	160
	最大孔径 d_0	24	24	26	26	26		最大孔径 d_0			24	26	26

a)

b)

c)

工字钢和槽钢上的线距和孔径要求(单位:mm) 表 19-4

型钢型号		10	12.6	14	16	18	20	22	25	28	32	36	40	45	50	56	63
工字钢	e_{min}	—	40	45	45	45	45	50	50	55	65	65	70	70	75	75	75
	e	35	40	45	45	50	55	65	65	65	75	80	80	85	90	95	95
	最大孔径 d_0	9	11	13	15	17	17	19	21.5	21.5	21.5	23.5	23.5	25.5	25.5	25.5	25.5

续上表

型钢型号		10	12.6	14	16	18	20	22	25	28	32	36	40	45	50	56	63	
槽钢	e_{min}	—	40	45	50	50	55	55	60	60	65	70	75	—	—	—	—	
	e	30	30	35	35	40	40	45	45	45	50	55	60	—	—	—	—	
	最大孔径 d_0	11	13	17	21.5	21.5	21.5	21.5	21.5	25.5	25.5	25.5	25.5	—	—	—	—	

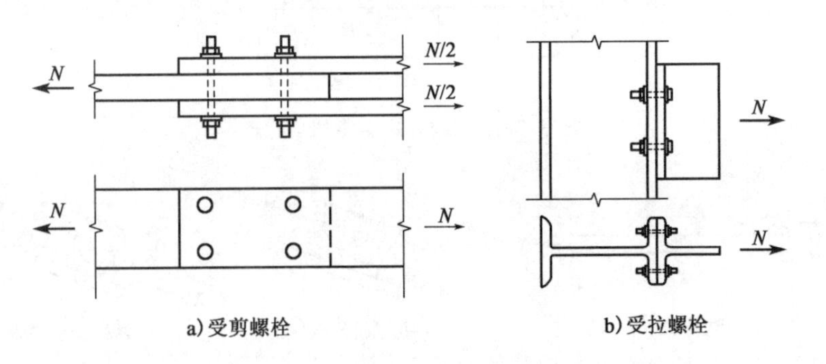

a)受剪螺栓　　b)受拉螺栓

图 19-27　普通螺栓连接

19.2.2　普通螺栓连接的计算

普通螺栓按受力情况可以分为受剪螺栓连接[图 19-27a)]、受拉螺栓连接[图 19-27b)]和同时受剪与受拉螺栓连接三种。受剪螺栓依靠螺杆的承压和抗剪来传递垂直于螺杆的外力,受拉螺栓则依靠螺杆受拉来传递平行于螺杆的外力。

1)受剪螺栓连接

受剪螺栓连接在受力后,当外力不大时,由被连接构件之间的摩擦力来传递外力[图 19-28a)]。当外力继续增大超过静摩擦力后,构件之间将出现相对滑移,螺杆开始接触孔壁而受剪,孔壁则受压[图 19-28b)]。当连接处于弹性阶段时,螺栓群中的各螺栓受力不相等,两端的螺栓比中间的螺栓受力大[图 19-29b)],这是由于被连接的构件在各区段中所传递的荷载不同,各螺栓的剪切变形也不同导致的。当外力再继续增大,连接的受力达到塑性阶段时,各螺栓承担的荷载逐渐接近,最后趋于相等直到破坏[图 19-29c)]。因此,当外力作用于螺栓群中心时,在计算中可以认为所有螺栓受力是相同的。

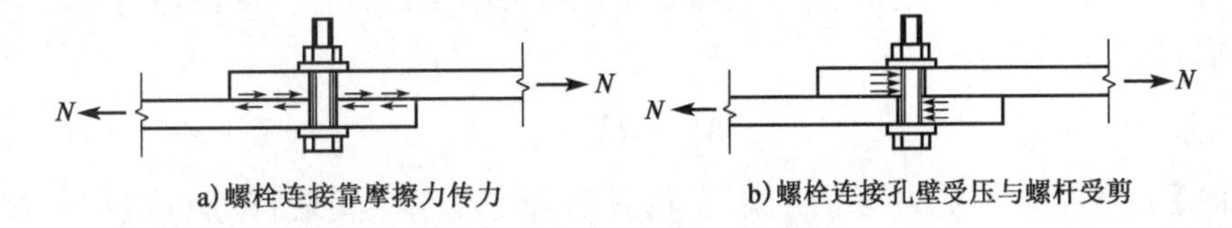

a)螺栓连接靠摩擦力传力　　b)螺栓连接孔壁受压与螺杆受剪

图 19-28　螺栓连接的工作性能

受剪普通螺栓连接有五种可能的破坏形式:①当螺栓直径较小而板件相对较厚时可能发生螺栓剪断破坏[图 19-30a)];②当螺栓直径较大而板件相对较薄时可能发生孔壁挤压破坏[图 19-30b)];③当板件因螺孔削弱太多,可能沿开孔截面发生钢板拉断破坏[图 19-30c)];④当沿受力方向的端距过小时可能发生端部钢板剪切破坏[图 19-30d)];⑤当螺栓过长时可能发生螺栓受弯破坏[图 19-30e)]。

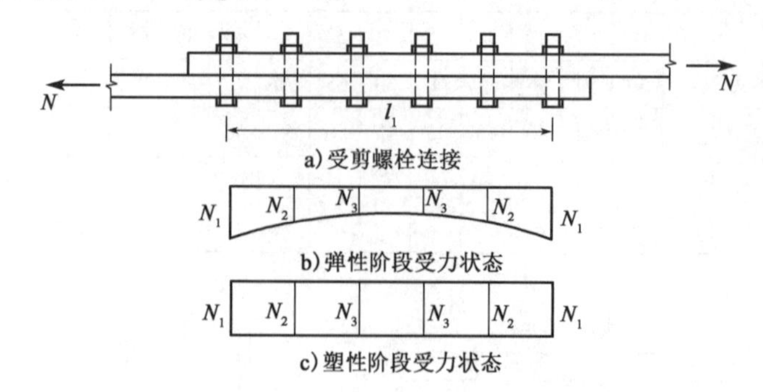

图 19-29 螺栓群的不均匀受力状态

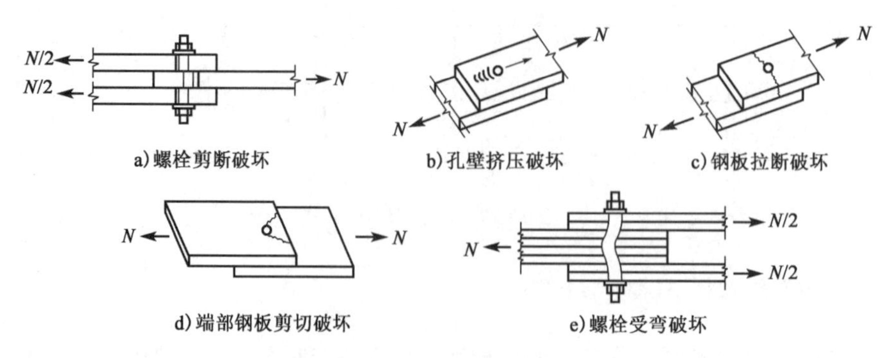

图 19-30 受剪螺栓连接的破坏形式

上述五种破坏形式中,有些破坏形式可以采取相应的构造措施加以防止,例如规定端距大于 $1.5d_0$ 可防止端部钢板剪切破坏;限制螺栓长度 $l<5d_0$(d_0 为栓孔直径)可防止螺杆受弯破坏。但对其他破坏形式,则需通过计算来避免发生,而其中钢板拉断破坏的计算也属于构件计算。

假定螺栓受剪面上的剪应力均匀分布,则单个螺栓的抗剪承载力为

$$N_{vu}^{b}=n_{v}\frac{\pi d^{2}}{4}f_{vd}^{b} \tag{19-26}$$

式中的 n_v 为每只螺栓受剪面数量,单剪 $n_v=1$(图 19-28),双剪 $n_v=2$[图 19-30a)];d 为螺栓杆直径。

螺栓与孔壁的挤压应力分布很复杂,假定承压应力沿螺栓直径投影面均匀分布,则单个螺栓的承压承载力为

$$N_{cu}^{b}=d\sum tf_{cd}^{b} \tag{19-27}$$

式中的 $\sum t$ 为在同一受力方向的承压构件较小总厚度;其余符号与式(19-26)相同。式(19-26)和式(19-27)中的 f_{vd}^{b} 和 f_{cd}^{b} 分别为普通螺栓抗剪强度设计值和承压强度设计值,按附表 4-3 采用。

在普通螺栓受剪连接中,应取 N_{vu}^{b} 和 N_{cu}^{b} 两者较小值 N_{umin}^{b} 作为单个螺栓的承载力。

当外力通过螺栓群形心时,可以认为每个螺栓平均受力,则轴向力作用下受剪螺栓连接所需要的螺栓数目为

$$n = \frac{N}{N_{\text{umin}}^{\text{b}}} \tag{19-28}$$

式中：N——连接承受的轴向拉力或轴向压力计算值，$N = \gamma_0 N_{\text{d}}$；

$N_{\text{umin}}^{\text{b}}$——$N_{\text{vu}}^{\text{b}}$和$N_{\text{cu}}^{\text{b}}$中的较小值，分别按式(19-26)和式(19-27)计算。

当节点处或拼接接头一端，螺栓群沿受力方向的连接长度$l_1 > 15d_0$时(图19-29)，d_0为螺栓孔径，螺栓的受力很不均匀，端部螺栓受力最大，往往首先破坏，然后依次向内逐个破坏。因此可将单个螺栓的承载力N_{vu}^{b}或N_{cu}^{b}乘以下列折减系数β：

当$l_1 \leqslant 15d_0$时　　$\beta = 1.0$　　(19-29a)

当$15d_0 < l_1 \leqslant 60d_0$时　　$\beta = 1.1 - \dfrac{l_1}{150d_0}$　　(19-29b)

当$l_1 > 60d_0$时　　$\beta = 0.7$　　(19-29c)

由于螺栓孔削弱了构件的截面，因此在排列好所需的螺栓后，还需按下式验算构件的净截面强度(图19-31)

$$\sigma = \frac{N}{A_{\text{n}}} \leqslant f_{\text{d}} \tag{19-30}$$

式中的A_{n}为构件在螺栓孔削弱处的净截面面积。当螺栓并列布置时，如图19-31a)所示，净截面面积按最危险正交截面Ⅰ-Ⅰ计算；当螺栓孔交错布置时，如图19-31b)所示，净截面面积按垂直截面Ⅰ-Ⅰ、齿状截面Ⅱ-Ⅱ或Ⅲ-Ⅲ三者中的较小值取用。f_{d}为钢材的强度设计值。

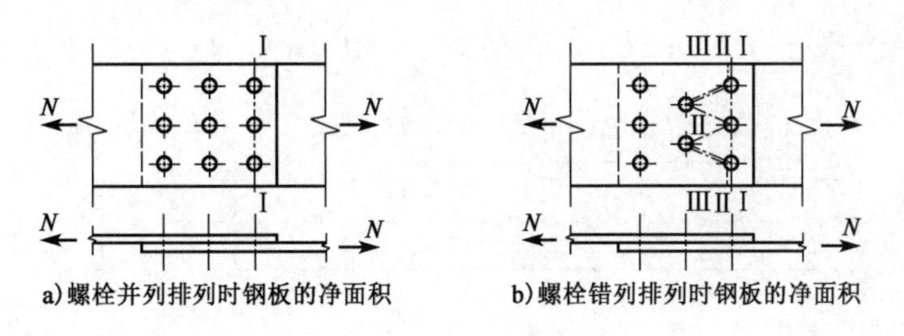

图19-31　构件净截面面积

2)受拉螺栓连接

在受拉螺栓连接中[图19-32a)]，外力会使被连接构件的接触面互相脱开而使螺栓受拉，最后因为螺杆被拉断而破坏。假定拉应力在螺栓螺纹处截面上均匀分布，因此，单个螺栓的抗拉承载力N_{tu}^{b}按下式计算

$$N_{\text{tu}}^{\text{b}} = \frac{\pi d_{\text{e}}^2}{4} f_{\text{td}}^{\text{b}} \tag{19-31}$$

式中：d_{e}——普通螺栓螺纹处的有效直径(螺栓内径)，有效直径及其计算面积见附表4-8；

f_{td}^{b}——螺栓的抗拉强度设计值，按附表4-3采用。

在T形连接中，若连接件刚度较小，如图19-32a)所示角钢连接件，当受拉时，在与拉力方向垂直的角钢肢会产生较大变形，从而出现杠杆作用，在角钢肢尖产生反力R，从而使螺栓受力增大。

连接件刚度越小,R越大。由于反力R的计算比较复杂,设计中为简化起见,通常不计算R力,而将螺栓抗拉强度设计值适当降低作为补偿。在设计时可采取一些构造措施,例如,采用如图19-32b)所示设置加劲肋的方法来增加连接件的刚度,以减小螺栓中附加力的影响。

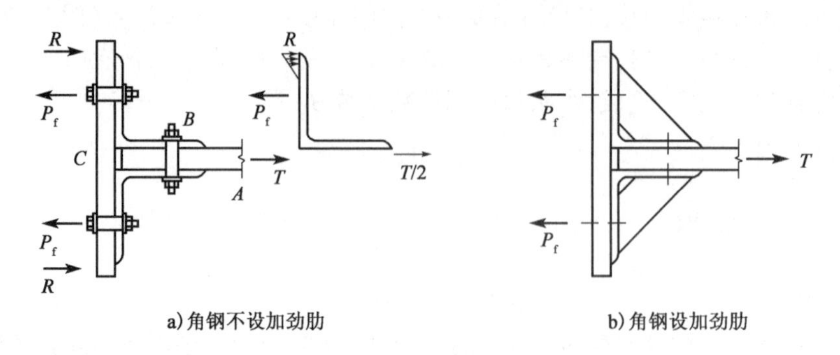

图19-32　受拉螺栓受力状态

当外力作用在螺栓群形心时,假定每个螺栓所受拉力相等,则轴向拉力作用下受拉螺栓连接所需要的螺栓数目为

$$n = \frac{N}{N_{tu}^{b}} \tag{19-32}$$

例19-5　两角钢拼接采用4.8级C级普通螺栓连接,如图19-33所示。角钢截面为∟75×5,材料为Q235钢,轴向拉力设计值为$N_d = 100kN$,拼接角钢采用与构件相同的截面,安全等级为二级。螺栓直径$d = 20mm$,孔径为$d_0 = 21.5mm$。试对该连接进行设计。

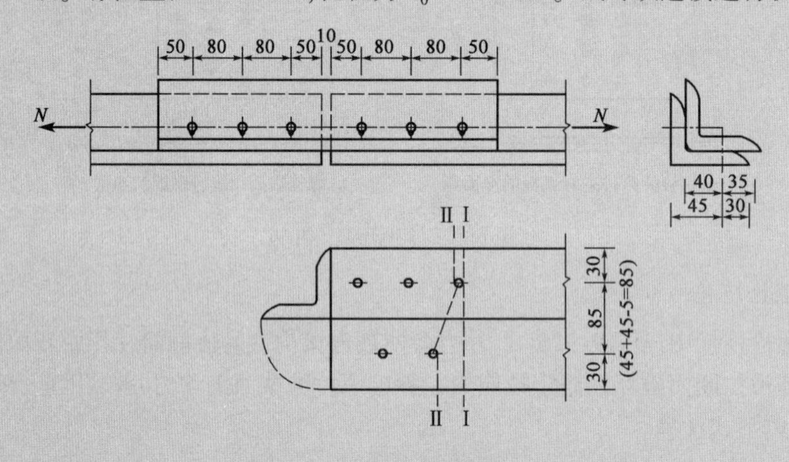

图19-33　例19-5图(尺寸单位:mm)

解:查附表4-3知,$f_{vd}^{b} = 120N/mm^2$,$f_{cd}^{b} = 265N/mm^2$。

(1)螺栓的连接计算

单个螺栓的抗剪承载力为

$$N_{vu}^{b} = n_v \frac{\pi d^2}{4} f_{vd}^{b} = 1 \times \frac{\pi \times 20^2}{4} \times 120 = 37699(N)$$

单个螺栓的承压承载力为

$$N_{cu}^{b}=d\sum t f_{cd}^{b}=20\times 5\times 265=26500(\mathrm{N})$$

取 N_{vu}^{b} 和 N_{cu}^{b} 的较小值 $N_{umin}^{b}=26500\mathrm{N}$。

构件一侧所需要的螺栓数目为

$$n=\frac{N}{N_{umin}^{b}}=\frac{1.0\times 100\times 10^{3}}{26500}=3.8(\text{个})$$

每侧用 5 个螺栓,为了安排紧凑,在角钢两侧上交错排列。

(2)构件强度验算

将角钢展开(图 19-33),角钢的截面面积为 $A=741.2\mathrm{mm}^2$。

Ⅰ-Ⅰ截面的净面积

$$A_n'=741.2-1\times 21.5\times 5=633.7(\mathrm{mm}^2)$$

Ⅱ-Ⅱ截面的净面积

$$A_n''=741.2-85\times 5+(\sqrt{40^2+85^2}-2\times 21.5)\times 5=570.9(\mathrm{mm}^2)$$

取Ⅱ-Ⅱ截面为破坏截面,则

$$\sigma=\frac{N}{A_n''}=\frac{1.0\times 100000}{570.9}=175.2(\mathrm{MPa})<f_d(=190\mathrm{MPa})$$

满足要求。

3)受剪螺栓连接在扭矩、剪力和轴力共同作用下的计算

在梁与梁或梁与柱的连接处,以及在钢板梁腹板的接头处,往往同时承受弯矩 M 和剪力 V,有时还要承受轴向力 N 的作用。在进行连接设计时,应首先分别计算各种内力对螺栓所产生的剪力值,而后再按矢量叠加求出同一螺栓在几种内力共同作用下所承受的合力,并使其不超过单个螺栓的承载力。

如图 19-34 所示螺栓连接(螺栓群),将竖向力 V 向螺栓群形心简化后,螺栓群承受扭矩 $T=Ve$、竖向力 V 和水平力 N。假定连接的钢板是绝对刚性的,在扭矩 T 单独作用下,连接钢板只发生绕螺栓群的形心 O 点的相对转动。由于各个螺栓距形心 O 的距离 r 各不相同,因此,转动时各螺栓处的相对位移也不相等。距形心越远,其相对位移越大,螺栓所受的力也越大,即各个螺栓受力的大小与其到形心 O 点的距离 r 成正比,方向与其到 O 点的连线相垂直。即

$$\frac{N_1}{r_1}=\frac{N_2}{r_2}=\cdots=\frac{N_i}{r_i}=\cdots=\frac{N_n}{r_n}$$

根据平衡条件 $\sum M_0=0$,并将上式代入,得

$$T=N_1r_1+N_2r_2+\cdots+N_nr_n=\frac{N_1}{r_1}\sum r_i^2 \tag{19-33}$$

距形心 O 点最远的螺栓“1”受力最大,其值为

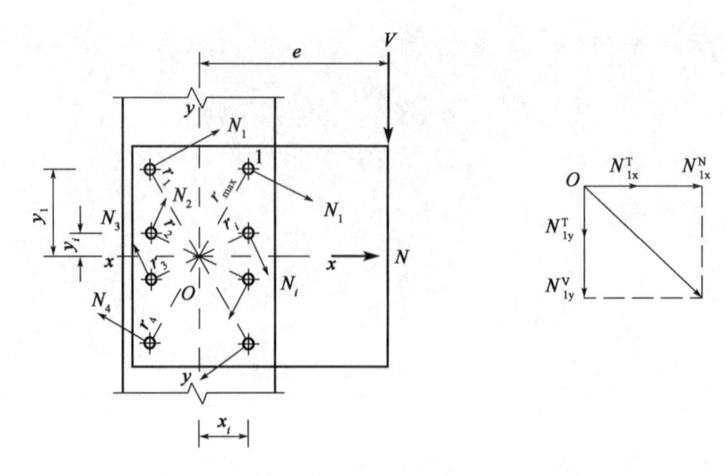

图 19-34　在扭矩、剪力和轴力共同作用下的剪力螺栓群

$$N_1^{\mathrm{T}}=\frac{Tr_1}{\sum r_i^2}=\frac{Tr_1}{\sum(x_i^2+y_i^2)} \tag{19-34}$$

由扭矩 T 产生的剪力 N_1^{T} 的水平分力 N_{1x}^{T} 及垂直分力 N_{1y}^{T} 分别为

$$N_{1x}^{\mathrm{T}}=\frac{Ty_1}{\sum(x_i^2+y_i^2)} \tag{19-35}$$

$$N_{1y}^{\mathrm{T}}=\frac{Tx_1}{\sum(x_i^2+y_i^2)} \tag{19-36}$$

由竖向力 V 产生的螺栓"1"的剪力为

$$N_{1y}^{\mathrm{V}}=\frac{V}{n} \tag{19-37}$$

由水平力 N 产生的螺栓"1"的剪力为

$$N_{1x}^{\mathrm{N}}=\frac{N}{n} \tag{19-38}$$

最不利螺栓"1"的合成剪力应不超过其承载力,即

$$N_1=\sqrt{(N_{1x}^{\mathrm{T}}+N_{1x}^{\mathrm{N}})^2+(N_{1y}^{\mathrm{T}}+N_{1y}^{\mathrm{V}})^2}\leqslant N_{\mathrm{umin}}^{\mathrm{b}} \tag{19-39}$$

当螺栓群布置成一狭长带状,即 $y_1>3x_1$ 或 $x_1>3y_1$ 时,可取式(19-35)中 $\sum x_i^2=0$ 或式(19-36)中 $\sum y_i^2=0$,即忽略 y 方向或 x 方向的分力,因此式(19-35)和式(19-36)简化为

当 $y_1>3x_1$ 时

$$N_{1x}^{\mathrm{T}}=\frac{Ty_1}{\sum y_i^2} \tag{19-40}$$

当 $x_1>3y_1$ 时

$$N_{1y}^{\mathrm{T}}=\frac{Tx_1}{\sum x_i^2} \tag{19-41}$$

计算不同力共同作用下的螺栓群,一般需先按排列要求布置好螺栓,然后按式(19-39)验算。由于螺孔削弱了截面,也应验算构件的净截面强度。

例 19-6　某钢板梁腹板的高度 $h=1500\mathrm{mm}$,厚度 $t=12\mathrm{mm}$。在腹板接缝处承受弯矩设计值 $M_{\mathrm{d}}=420\mathrm{kN\cdot m}$ 和剪力设计值 $V_{\mathrm{d}}=392\mathrm{kN}$。腹板为 Q235 钢,采用 A 级 5.6 级普通螺栓连接,安全等级为一级。试对该连接进行设计。

解:选用与腹板同样高度的两块钢板作为拼接板,其厚度均为 8mm,螺栓直径 $d=20$mm,孔径 $d_0=21.5$mm,其布置如图 19-35 所示。

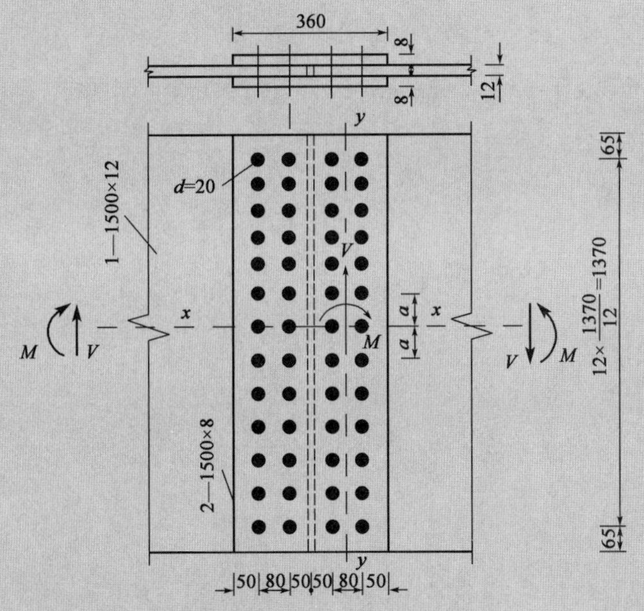

图 19-35 螺栓连接计算(尺寸单位:mm)

查附表 4-3 知,$f_{cd}^{b}=350\text{N/mm}^2$,$f_{vd}^{b}=165\text{N/mm}^2$。

(1)螺栓连接设计

单个螺栓的承压承载力为

$$N_{cu}^{b}=d\sum tf_{cd}^{b}=20\times12\times350=84000(\text{N})$$

单个螺栓按双剪计算时的抗剪承载力为

$$N_{vu}^{b}=n_v\frac{\pi d^2}{4}f_{vd}^{b}=2\times\frac{\pi\times20^2}{4}\times165=103673(\text{N})$$

单个螺栓的承载力取 N_{vu}^{b}和 N_{cu}^{b}的较小值:$N_{umin}^{b}=84000\text{N}$。

螺栓的布置如图 19-35 所示,螺栓的间距及螺栓至板边缘的距离均满足表 19-2 的规定。

因螺栓被排成狭长的行距($y_1=685\text{mm}$,$x_1=40\text{mm}$,即 $y_1>3x_1$),由弯矩作用在最不利螺栓上的最大内力可按近似公式(19-40)计算。可得到

$$\begin{aligned}\sum y_i^2&=4\times[a^2+(2a)^2+(3a)^2+(4a)^2+(5a)^2+(6a)^2]\\&=4\times(1+4+9+16+25+36)a^2\\&=364a^2=364\times(\frac{1370}{12})^2=4.74\times10^6(\text{mm}^2)\end{aligned}$$

而

$$y_1=685\text{mm}$$

则

$$N_{1x}^{T}=\frac{My_1}{\sum y_i^2}=\frac{1.1\times420\times10^6\times685}{4.74\times10^6}=66766(\text{N})$$

由剪力作用 V_d 在一只螺栓上的内力为

$$N_{1x}^{V}=\frac{V}{n}=\frac{1.1\times392000}{26}=16585(\mathrm{N})$$

则螺栓群中受力最大的一个螺栓所承受的内力为

$$N_1=\sqrt{(N_{1x}^{T})^2+(N_{1x}^{V})^2}=\sqrt{66766^2+16585^2}=68795(\mathrm{N})<N_{\mathrm{dmin}}^{\mathrm{b}}(=84000\mathrm{N})$$

满足要求。

(2)腹板强度验算

腹板全截面惯性矩

$$I_x=\frac{1}{12}\times12\times1500^3=3375\times10^6(\mathrm{mm}^4)$$

螺栓削弱的惯性矩

$$\begin{aligned}I'&=21.5\times12\times2\times[a^2+(2a)^2+(3a)^2+(4a)^2+(5a)^2+(6a)^2]\\&=516\times(1+4+9+16+25+36)a^2\\&=612\times10^6(\mathrm{mm}^4)\end{aligned}$$

净截面惯性矩

$$I_n=I_x-I'=3375\times10^6-612\times10^6=2763\times10^6(\mathrm{mm}^4)$$

净截面抵抗矩

$$W_{\mathrm{n}}=\frac{2763\times10^6}{750}=3.684\times10^6(\mathrm{mm}^3)$$

净截面静矩

$$\begin{aligned}S_{\mathrm{n}}&=\frac{12\times1500^2}{8}-21.5\times12\times(a+2a+3a+4a+5a+6a)\\&=3.375\times10^6-5418a\\&=2.756\times10^6(\mathrm{mm}^3)\end{aligned}$$

腹板的弯曲应力

$$\sigma_{\max}=\frac{M}{W_{\mathrm{n}}}=\frac{1.1\times420\times10^6}{3.684\times10^6}=125.4(\mathrm{MPa})<f_{\mathrm{d}}(=190\mathrm{MPa})$$

满足要求。

腹板的剪应力

$$\tau_{\max}=\frac{VS_{\mathrm{n}}}{I_{\mathrm{n}}b}=\frac{1.1\times392000\times2.756\times10^6}{27632\times10^6\times12}=35.84(\mathrm{MPa})<f_{\mathrm{vd}}(=110\mathrm{MPa})$$

满足要求。

4)受拉螺栓连接在弯矩作用下的计算

在弯矩 M 作用下,被连接构件有顺弯矩方向旋转的趋势。外力矩是由螺栓的拉力和构件间的挤压力形成的弯矩来平衡。计算时可假定旋转中心位于最下一排螺栓的轴线处,螺栓所受拉力的大小与其到旋转中心的距离 y_i 成正比,因此,最上一排螺栓所受拉力最大(图19-36)。

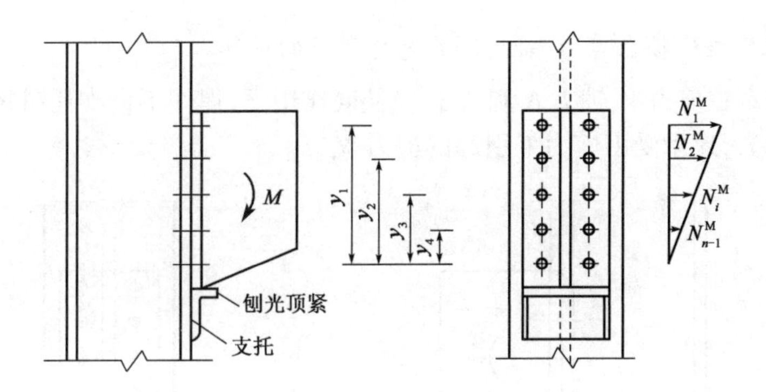

图 19-36 弯矩作用下的受拉螺栓连接

由平衡条件

$$M = m(N_1^{\mathrm{M}} y_1 + N_2^{\mathrm{M}} y_2 + \cdots + N_{n-1}^{\mathrm{M}} y_{n-1}) \tag{19-42}$$

式中 n 为每列螺栓数目,m 为螺栓列数。

由于$\dfrac{N_1}{y_1} = \dfrac{N_2}{y_2} = \cdots = \dfrac{N_{n-1}}{y_{n-1}}$,故螺栓"1"所受的拉力 N_1^{M} 应满足

$$N_1^{\mathrm{M}} = \frac{My_1}{m\sum y_i^2} \leqslant N_{\mathrm{tu}}^{\mathrm{b}} \tag{19-43}$$

5)受拉螺栓连接在弯矩和轴力共同作用下的计算

如图 19-37 所示螺栓群,由于剪力 V 由焊在柱上的支托承受,故螺栓群只承受弯矩 M 和水平力 N。当螺栓群所受的弯矩 M 较小时,螺栓全部受拉,端板与柱分离。轴向力 N 使各螺栓均匀受拉,弯矩 M 使上部螺栓受拉,下部螺栓受压,中和轴与形心轴重合。因此,当 $N_{\min} = \dfrac{N}{mn} - \dfrac{My_1}{m\sum y_{\mathrm{i}}^2} \geqslant 0$ 时,受力最大的螺栓的拉力应满足

$$N_{\max} = \frac{N}{mn} + \frac{My_1}{m\sum y_i^2} \leqslant N_{\mathrm{tu}}^{\mathrm{b}} \tag{19-44}$$

当螺栓群所受弯矩 M 较大、轴力 N 较小时,螺栓也全部受拉,但端板与柱有分离的趋势,偏于安全地假定中和轴位于最下排螺栓处,即端板绕最下排螺栓转动。因此,当 $N_{\min} = \dfrac{N}{mn} - \dfrac{My_1}{m\sum y_i^2} < 0$ 时,对 O 点取矩(图 19-37),受力最大的螺栓的拉力应满足

$$N_{\max} = \frac{(M + Ne)y_1}{m\sum y_i^2} \leqslant N_{\mathrm{tu}}^{\mathrm{b}} \tag{19-45}$$

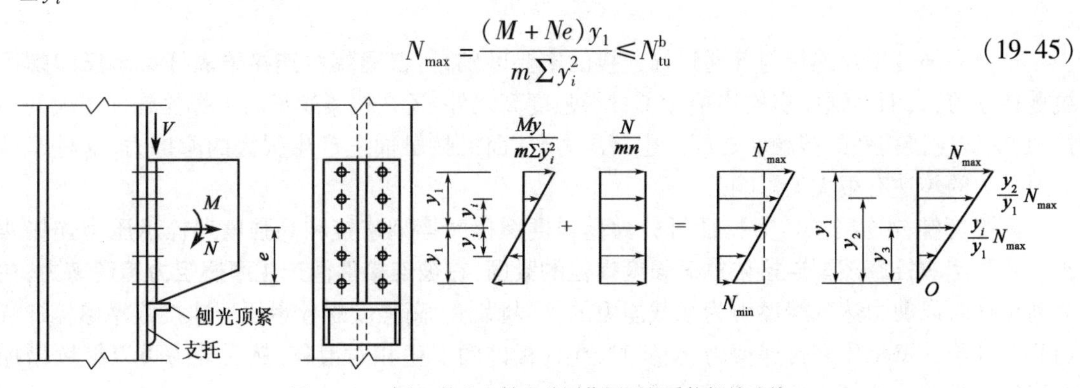

图 19-37 弯矩、剪力和轴力共同作用下的受拉螺栓连接

6)受剪—拉螺栓连接在剪力、轴力和弯矩作用下的计算

图19-38表示在剪力V、轴力N和弯矩M共同作用下,焊件不设支托时螺栓群的受力,此时螺栓不仅受拉力,还承受由剪力V引起的剪力N_v。

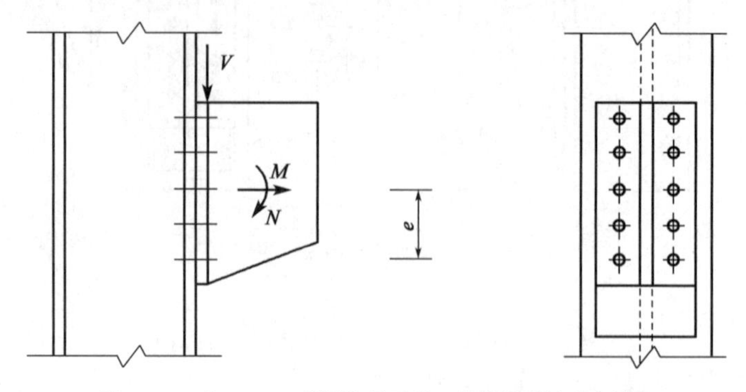

图19-38 在M、N、V共同作用下剪—拉螺栓群的受力情况

螺栓在拉力和剪力共同作用下,应分别符合下列公式的要求:

验算剪—拉作用

$$\sqrt{\left(\frac{N_v}{N_{vu}^b}\right)^2+\left(\frac{N_t}{N_{tu}^b}\right)^2}\leqslant 1 \tag{19-46}$$

验算孔壁承压

$$N_v\leqslant N_{cu}^b \tag{19-47}$$

式中:N_v——单个螺栓所承受的剪力计算值;

N_t——单个螺栓所承受的拉力计算值,按式(19-44)、式(19-45)计算;

N_{vu}^b——单个螺栓的抗剪承载力,按式(19-26)计算;

N_{tu}^b——单个螺栓的抗拉承载力,按式(19-31)计算;

N_{cu}^b——单个螺栓的承压承载力,按式(19-27)计算。

19.3 高强度螺栓连接

高强度螺栓连接是通过对高强度螺栓施加紧固轴力将构件或板件连成整体的连接方式。

抗剪高强度螺栓连接与普通螺栓连接的主要区别是:**普通螺栓连接依靠杆身承压和螺栓抗剪传递剪力**,而高强度螺栓连接除了材料强度高之外,还在扭紧螺母时给螺栓施加很大的预拉力,使被连接构件的接触面之间产生挤压力,从而沿接触面上产生很大的摩擦力,这种摩擦力对外力的传递有很大的影响。

高强度螺栓连接按传力特征可分为高强度螺栓摩擦型连接和高强度螺栓承压型连接两种。**高强度螺栓摩擦型连接依靠高强度螺栓的紧固,在被连接件间产生摩擦阻力传递剪力**,在受剪设计时以剪力达到摩擦力为承载能力的极限状态。高强度螺栓承压型连接依靠螺栓杆抗剪和螺杆与孔壁承压来传递剪力,受剪时,允许板件间发生相对滑移,然后外力可以继续增加并以螺栓受剪或孔壁承压破坏为极限状态。

高强度螺栓在生产上全称叫作**高强度螺栓连接副**，一般不简称为高强度螺栓。每个连接副包括一个螺栓，一个螺母，两个垫圈，均是同一批生产，并且是用同一热处理工艺处理过的产品。高强度螺栓、螺母和垫圈均采用高强度钢材，桥梁钢结构中常采用材料强度等级为10.9级的40硼钢（40B）和20锰钛硼（20MnTiB）钢制作高强度螺栓。高强度螺栓分两种，一种是头部六角形的高强度螺栓[图19-39a）]；另一种是扭剪型高强度螺栓[图19-39b）]，螺栓尾部带有扭剪装置，在承受规定的扭矩时能自动剪断的高强度螺栓。螺母、垫圈采用45号优质碳素钢。

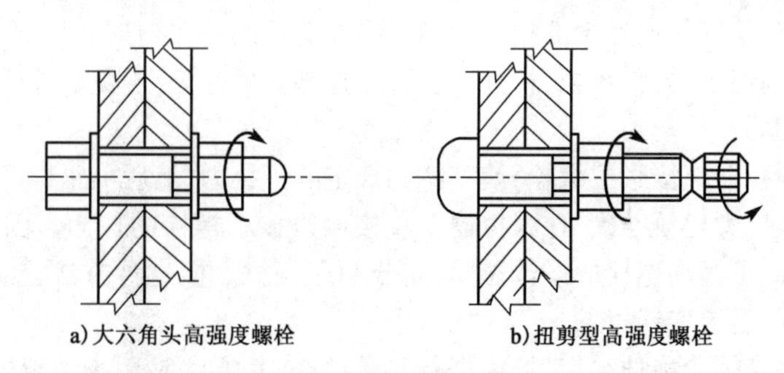

图19-39 高强度螺栓

高强度螺栓摩擦型连接因不发生相对滑移，刚度和整体性好，传力可靠，耐疲劳，特别适用于承受动力荷载的钢结构连接。虽然高强度螺栓承压型连接的承载能力高于摩擦型连接，但剪切变形大，不适用于承受动力荷载的钢结构中，因此，**在桥梁钢结构中一般只使用高强度螺栓摩擦型连接**，本节也将重点介绍这种连接形式。

19.3.1 高强度螺栓连接的施工

1）*高强度螺栓的预拉力与施拧方法*

高强度螺栓是通过紧固螺母在螺栓内产生尽量大的预拉力以使被连接构件压紧，故在构件接触面产生很大的摩擦力，但应控制螺栓不会在拧紧过程中屈服或断裂，因此要控制高强度螺栓的预拉力值。高强度螺栓的预拉力值见表19-5，按下式确定

$$P_d=\frac{k_1k_2}{\alpha}f_yA_e=\frac{0.9\times0.9}{1.2}\times0.9f_uA_e=0.6f_uA_e \tag{19-48}$$

式中：A_e——螺栓的有效截面面积；

k_1——考虑钢材实际强度可能低于规定值的折减系数，取$k_1=0.9$；

k_2——考虑螺栓预拉力可能松弛，在施工时超张拉5%～10%，取$k_2=0.9$；

α——考虑螺栓在受拉时还承受由扭矩引起的剪应力不利影响系数，根据试验取$\alpha=1.2$；

f_u——经热处理后高强度螺栓的最小抗拉强度，对8.8S级螺栓取$f_u=830\text{MPa}$，对10.9S级螺栓取$f_u=1040\text{MPa}$。

10.9S级高强度螺栓的预拉力P_d 表19-5

螺栓公称直径（mm）	M20	M22	M24	M27	M30
预拉力P_d（kN）	155	190	225	290	355

拧紧大六角头高强度螺栓的常用方法有扭矩法、转角法和张拉法等。

扭矩法是根据扭矩与预拉力成正比的关系,先用普通扳手将螺母逐个拧紧,然后用直接显示或控制扭矩的特制扳手拧到规定的扭矩值。特制扳手事先按规定扭矩值经过标定。螺栓群施拧顺序从中间螺栓开始向外进行,初拧完后,按原顺序复拧,最后终拧。施拧中,对拧过的螺栓要做出标记,防止漏拧或重复拧。

转角法是根据在板层间紧密接触后,螺母的旋转角度与螺栓预拉力成正比的关系确定的一种方法。转角法分三步进行,即初拧、复拧和终拧。初拧的目的是使板层间紧密接触,在初拧之后要复拧,以消除拧紧过程中的相互影响。终拧的目的是在初拧的基础上,将螺母旋转一个角度,使螺栓达到规定的预拉力。初拧、复拧、终拧都要做标记,避免漏拧或重复拧。螺栓拧紧顺序与扭矩法相同。

张拉法是用张拉器直接张拉螺栓,使其达到规定的预拉力,然后上紧螺母加以固定。这种方法控制螺栓的预拉力比较准确,在张拉器上直接可以显示螺栓的拉力。因直接张拉螺栓无扭剪应力影响,因此可提高螺栓的设计拉力,充分利用钢材。但这种方法施工速度慢,且螺栓要增加一定的长度,会浪费钢材。

大六角头高强度螺栓施拧结束后,要进行质量检查,其方法是用小锤轻击螺栓,由声音判断是否有漏拧的螺栓,检查螺母的转动角度是否足够,用0.3mm厚的试插器插入连接板层之间看是否紧密,用更精确的扭力扳手抽查5%的螺栓。

2)构件的表面处理

采用高强度螺栓连接时,构件的接触面要经过特殊处理,使其洁净并粗糙,以提高摩擦面的抗滑移系数,常用的处理方法和相应的摩擦面抗滑移系数见表19-6。

摩擦面的抗滑移系数 表19-6

在连接处构件接触面的分类	μ	在连接处构件接触面的分类	μ
没有浮锈且经喷丸处理或喷铝的表面	0.45	喷锌的表面	0.4
涂抗滑型无机富锌漆的表面	0.45	涂硅酸锌漆的表面	0.35
没有轧钢氧化皮和浮锈的表面	0.45	仅涂防锈底漆的表面	0.25

19.3.2 单个摩擦型高强度螺栓的承载力

1)单个摩擦型连接高强度螺栓的抗剪承载力

高强度螺栓摩擦型连接完全是靠被连接构件接触面的摩擦力来传递内力的,高强度螺栓承受剪力时的计算原则是使设计荷载引起的剪力不超过摩擦力,而不考虑栓杆的受剪和承压作用,因此,单个摩擦型连接高强度螺栓的抗剪承载力为

$$N_{vu}^{b}=0.9n_{f}\mu P_{d} \tag{19-49}$$

式中:P_d——高强度螺栓的预拉力,按表19-5取用;

μ——摩擦面的抗滑移系数,按表19-6取用;

n_f——传力摩擦面数目,图19-40中,则$n_f=2$。

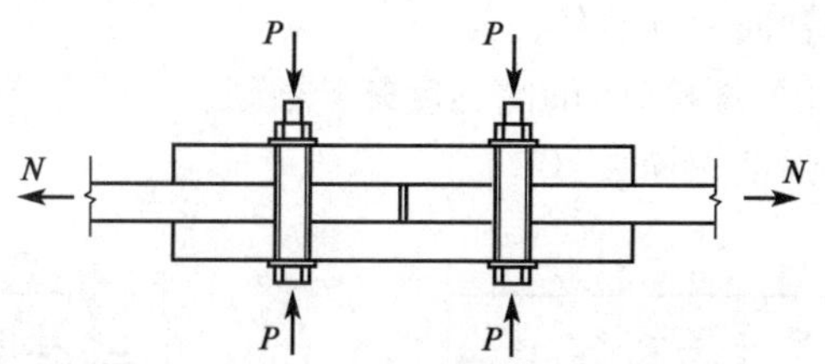

图 19-40　高强度螺栓的连接中的内力传递($n_f=2$)

2)单个摩擦型连接高强度螺栓的抗拉承载力

高强度螺栓摩擦型连接是靠预拉力使被连接构件夹紧并在接触面产生摩擦力来传递内力的,试验证明,若在高强度螺栓轴向施加外拉力 N_t 且 $N_t>0.9P_d$ 时,高强度螺栓可能屈服或连接出现松弛现象,而当 $N_t<0.9P_d$ 时,不会出现上述现象且在卸荷后高强度螺栓的预拉力基本不变。为安全起见,单个摩擦型连接高强度螺栓的抗拉承载力为

$$N_{tu}^{b}=0.8P_d \tag{19-50}$$

式中的 P_d 为高强度螺栓的预拉力,按表 19-5 取用。

3)单个摩擦型连接高强度螺栓同时承受剪力和拉力时的承载力

当螺栓沿轴向施加有外拉力 N_t 时,构件接触面上的挤压力减小到(P_d-N_t),此时接触面上的抗滑移系数 μ 也略有降低,这就降低了接触面上的最大摩擦力,从而降低了螺栓的抗剪承载力。为了计算简便,高强度螺栓摩擦型连接同时承受剪力 N_v 和拉力 N_t 时,单个螺栓的承载力应满足

$$\frac{N_v}{N_{vu}^{b}}+\frac{N_t}{N_{tu}^{b}}\leqslant 1 \tag{19-51}$$

式中:N_v——单个高强度螺栓所承受的剪力计算值;

N_t——单个高强度螺栓所承受的拉力计算值。

19.3.3　摩擦型连接高强度螺栓连接的计算

1)摩擦型连接高强度螺栓群接头承受轴向力作用时的计算

在构件轴向力 N 作用下,所需的高强度螺栓数为

$$n=\frac{N}{N_{vu}^{b}} \tag{19-52}$$

式中的 N_{vu}^{b} 按式(19-49)计算。

高强度螺栓摩擦型连接中构件净截面强度验算与普通螺栓连接不同,被连接钢板的最危险截面在最外列螺栓孔[如图 19-41a)所示的 A-A 处孔]处,但在此处,连接所传递的力 N 已有一部分由于摩擦作用在孔前接触面传递[图 19-41b)],假定高强度螺栓摩擦型连接传力所依靠的摩擦力均匀分布于螺孔四周,因此,钢板净截面上拉力减少到 N',最外列螺栓孔截面的净截面强度应按下式计算

$$\sigma=\frac{N'}{A_n}\leqslant f_d \tag{19-53}$$

$$N'=N\left(1-0.5\frac{n_1}{n}\right)$$

式中:N——螺栓群承受的轴向力计算值;

n_1——计算截面(最外列螺栓处)的高强度螺栓数目;

n——连接一侧的高强度螺栓数目。

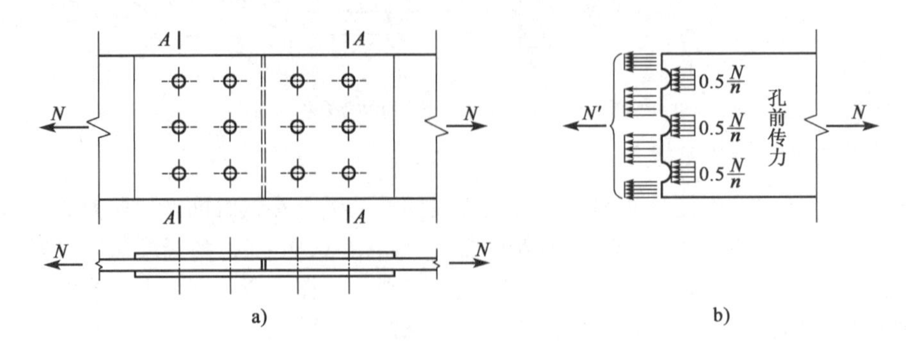

图 19-41　轴向力作用下的摩擦型高强度螺栓连接

孔前传力系数为0.5。

对高强度螺栓摩擦型连接的构件,除按上式验算净截面强度外,尚应验算构件的毛截面强度。

例 19-7　有一计算截面为340mm×12mm的钢板,采用高强度螺栓和两块尺寸为340mm×8mm的连接板连接(图19-42)。承受轴向拉力设计值 $N_d = 700\text{kN}$,钢材为Q235钢,螺栓材料为20MnTiB,安全等级为一级。试对该连接进行设计。

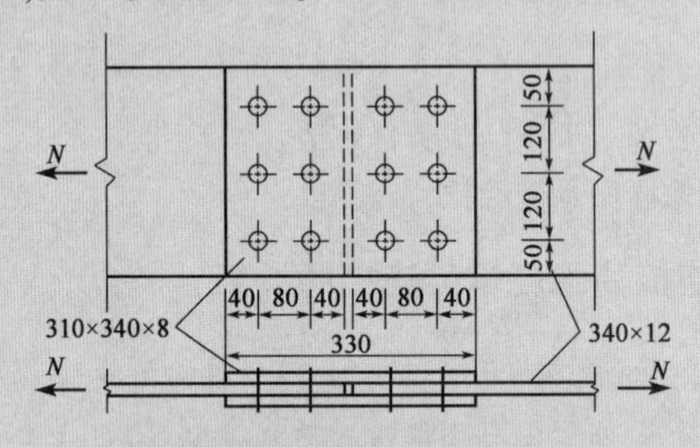

图 19-42　高强度螺栓尺寸连接(尺寸单位:mm)

解:(1)高强度螺栓连接设计

选用螺栓的直径为 $d = 22\text{mm}$,孔径为 $d_0 = 24\text{mm}$,钢板接触面涂抗滑型无机富锌漆,按表19-6,$\mu = 0.45$;按表19-5,一个M22的高强度螺栓的预拉力为 $P_d = 190\text{kN}$;摩擦面数为 $n_f = 2$。

单个高强度螺栓的承载力为

$$N_{vu}^{b} = 0.9 n_f \mu P_d = 0.9 \times 2 \times 0.45 \times 190000 = 153900(\text{N})$$

$$n = \frac{N}{N_{vu}^{b}} = \frac{1.1 \times 700000}{153900} = 5.0(\text{个})$$

采用6个。

螺栓的排列如图19-42所示,螺栓的间距及螺栓至板边缘的距离符合布置要求。

(2)钢板的承载力验算

按附表4-1,Q235的抗拉强度设计值$f_d=190\text{MPa}$,因被连接件间承受拉力,钢板受螺栓孔削弱后的净截面面积为

$$A_n = 12 \times (340 - 3 \times 24) = 3216(\text{mm}^2)$$

$$N' = N(1 - 0.5\frac{n_1}{n}) = 1.1 \times 700000 \times (1 - 0.5 \times \frac{3}{6}) = 577500(\text{N})$$

被连接钢板净截面强度为

$$\sigma = \frac{N'}{A_n} = \frac{577500}{3216} = 179.6(\text{MPa}) < f_d(=190\text{MPa})$$

满足要求。

连接板的厚度之和(16mm)大于被连接板的厚度(12mm),故不需要验算连接板承载力。

被连接板全截面强度为

$$\sigma = \frac{N}{A} = \frac{1.1 \times 700000}{12 \times 340} = 188.7(\text{MPa}) < f_d(=190\text{MPa})$$

满足要求。

2)摩擦型连接高强度螺栓群受拉力作用时的计算

高强度螺栓群承受螺栓轴向拉力作用时,和普通螺栓一样可用式(19-32)计算连接所需螺栓数目,只需将式中单个螺栓的抗拉承载力按$N_{td}^b=0.8P_d$替代。

在弯矩作用下,摩擦型连接高强度螺栓群的计算方法与普通螺栓稍有不同。高强度螺栓连接的特点是在弯矩M作用下,构件的接触面一直保持密合,其旋转中心始终与螺栓群的形心轴重合(图19-43),故计算最不利螺栓群所受拉力仍可用式(19-43),只需将式中y_i取为各个螺栓距形心轴的距离。

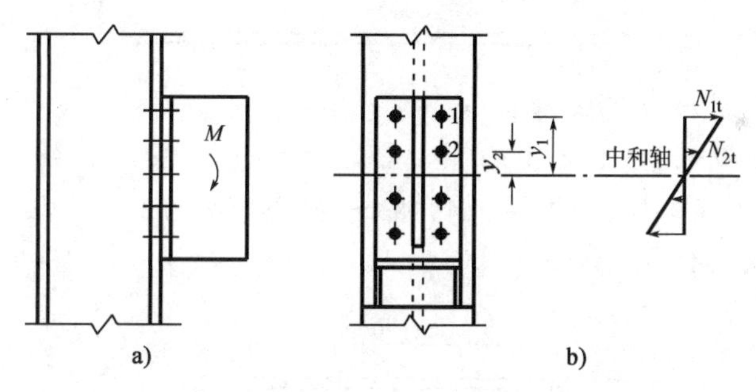

图19-43 弯矩作用下的高强度螺栓摩擦型连接

【复习思考题与习题】

19-1 钢结构的焊缝有哪两种形式?它们各自有何优缺点?它们适用哪些连接部位?

19-2 什么叫作角焊缝的有效厚度与有效截面?角焊缝有效厚度h_e与直角焊缝较小焊脚尺寸h_f之间关系是什么?角焊缝尺寸有哪些构造要求?

19-3　手工焊采用的焊条型号应如何选择？角焊缝的焊脚尺寸是否越大越好？

19-4　焊缝残余应力和残余变形是怎样产生的？有何危害？在设计和施工中如何防止或减少焊缝残余应力和残余变形的产生？

19-5　普通螺栓连接适用于哪些结构的连接？普通螺栓连接对于螺栓的布置有何构造要求？

19-6　受剪普通螺栓连接的传力机理是什么？高强度螺栓摩擦型连接和承压型连接的传力机理又是什么？各有何特点？

19-7　在施工中如何控制高强度螺栓连接的质量？

19-8　已知钢板梁腹板 $t=10\text{mm}$,Q235 钢,采用焊透对接焊缝(使用了引弧板)连接,焊缝质量为一级检验,安全等级为二级。钢板梁 I-I 截面(图 19-44)处作用弯矩设计值为 1200kN · m,剪力设计值为 205kN。试验算对接焊缝的强度。

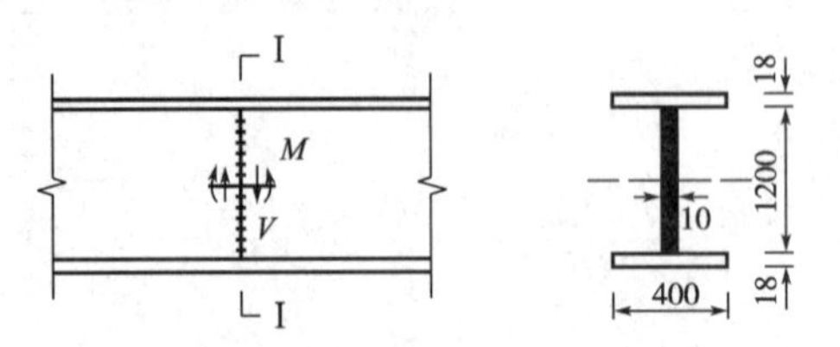

图 19-44　题 19-8 图(尺寸单位:mm)

19-9　已知两块等厚不等宽的钢板(Q345 钢)用焊透的对接焊缝(X 形坡口)连接(图 19-45),焊接中采用引弧板,焊缝质量为三级检验;焊缝所在构件为重要构件,安全等级为二级。焊缝承受变化轴向拉力作用,$N_{\max}=1600\text{kN}$,$N_{\min}=1240\text{kN}$,放大系数 $\Delta\Phi=0$,试按疲劳荷载模型 I 进行对接焊缝的抗疲劳验算。

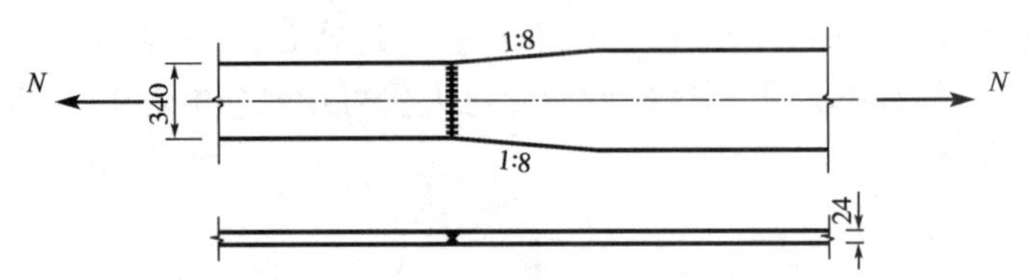

图 19-45　题 19-9 图(尺寸单位:mm)

19-10　已知两块钢板 2-340 × 14 采用双盖板的对接(图 19-46),钢板材料为 Q235 钢。盖板与钢板采用三面围焊角焊缝,手工焊,E43 焊条,安全等级为一级。接头承受轴向拉力设计值 490kN,试进行连接接头的设计。

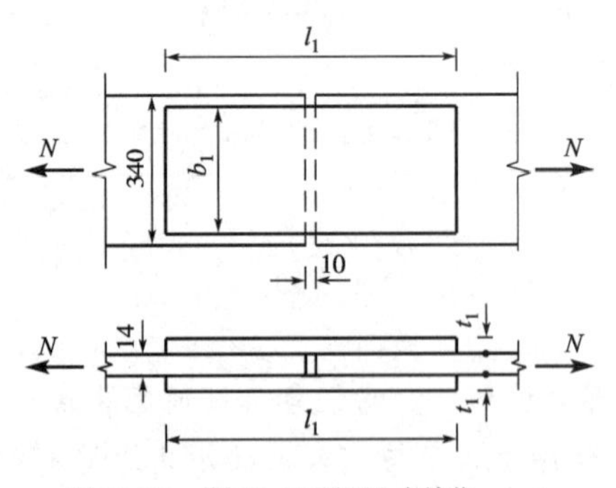

图 19-46　题 19-10 图(尺寸单位:mm)

19-11 支承角钢($\llcorner 200\times125\times16$)两边采用侧面角焊缝与柱连接,构造如图19-47所示。已知钢材为Q345钢,手工焊,E50焊条,安全等级为一级。偏心力F设计值为320kN,偏心距$e=30$mm,求角焊缝焊脚尺寸h_f。

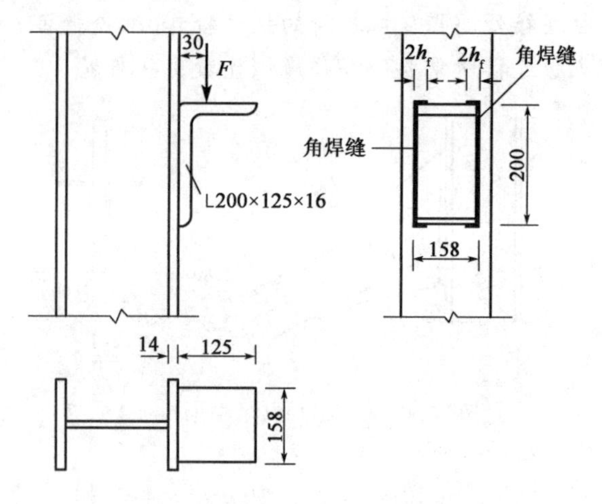

图19-47 题19-11图(尺寸单位:mm)

19-12 已知等肢角钢$\llcorner 80\times8$与节点板搭接(图19-48),采用A级5.6级普通螺栓,螺栓直径$d=20$mm,孔径$d_0=22$mm,钢材为Q235钢,安全等级为一级。设计轴向力设计值为120kN,试进行普通螺栓连接设计。

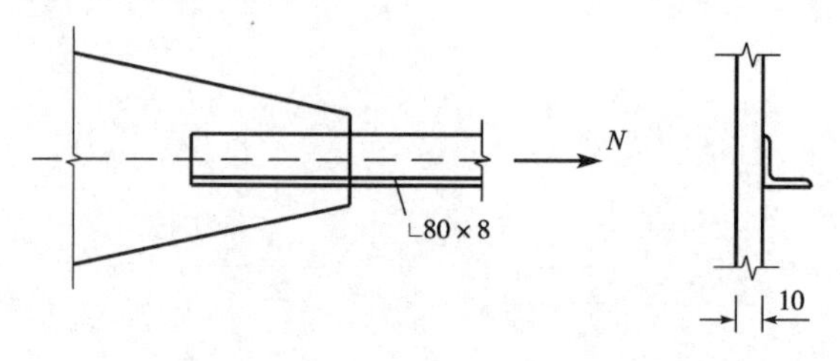

图19-48 题19-12图(尺寸单位:mm)

19-13 钢梁与柱接头构造如图19-49所示。钢梁支承在焊接于钢柱的承托上,并且钢梁与柱采用A级5.6级普通螺栓连接。已知钢材为Q345钢,普通螺栓直径$d=20$mm,孔径$d_0=22$mm,安全等级为二级。接头处弯矩设计值118.4kN·m,剪力设计值530kN,试对螺栓连接进行强度验算。

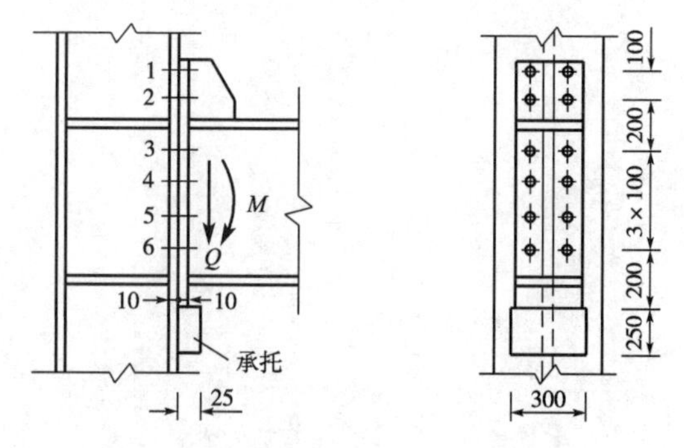

图19-49 题19-13图(尺寸单位:mm)

19-14　图 19-50 中节点板与拉杆(2 ∟80×6)、柱的连接均采用高强度螺栓连接。高强度螺栓直径 $d=20$mm，孔径 $d_0=22$mm，10.9 级的 20MnTiB 钢。接触面喷锌处理。钢材均为 Q235 钢，安全等级为二级，轴向拉力设计值 $N_d=320$kN。

(1)进行节点板与柱连接处高强度螺栓群的强度验算(螺栓数目 $n=8$)；

(2)计算杆件与节点板连接所需要的高强度螺栓数目并布置。

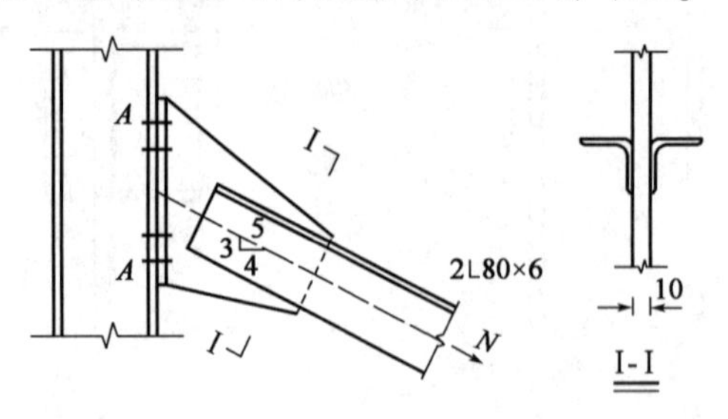

图 19-50　题 19-14 图(尺寸单位：mm)

第 20 章

钢桁架

20.1 钢桁架的构造

20.1.1 钢桁架梁桥的组成

较大跨径的钢桥,常采用钢桁架梁桥,尤其是下承式钢桁架梁桥应用较广泛(图 20-1),此外悬索桥的钢加劲梁、斜拉桥的钢主梁、拱桥的钢拱肋等结构也常采用钢桁架。钢桁架梁桥是由主桁架、联结系、桥面系等组成的空间结构,其中桥面系由纵梁、横梁、桥面板及纵梁之间的联结系组成,桥面系的作用是提供行车的桥面,并将桥面荷载传递给主桁架。

主桁架是钢桁架梁桥的主要承重结构,它是由上、下弦杆和腹杆组成的平面桁架结构,各杆件交汇处为节点,用节点板连接。主桁架在荷载作用下,各杆件中主要产生轴向力,但由于节点的刚性和杆件的自重作用,杆件中也产生弯矩,引起次应力,设计时必须注意。

为了使钢桁架梁桥形成空间几何不变结构,并能承受各种横向荷载,必须在主桁架上弦或下弦平面内设置水平桁架,将主桁架连成空间受力结构,这种设在主桁架上弦或下弦平面内的水平桁架称为上弦或下弦纵向联结系。

上弦或下弦纵向联结系的作用,主要是承受作用于钢桁架梁桥的横向水平荷载,包括作用于主桁架、桥面系和车辆上的横向风力、车辆的摇摆力和曲线梁桥上的离心力。纵向联结系的另一种作用是在横向支撑弦杆,减小弦杆在主桁架平面外的计算长度,因此,可以防止受压弦杆在主桁架平面外的失稳。

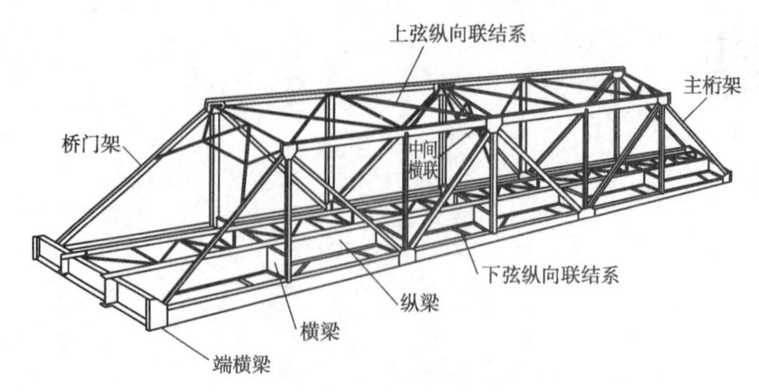

图 20-1　钢桁架桥的组成

纵向联结系由主桁架的弦杆及弦杆之间的水平腹杆组成(图 20-2),常见的结构形式有:三角形体系[图 20-2a)]、菱形体系[图 20-2b)]、交叉式体系[图 20-2c)]及 K 形体系[图 20-2d)]等。三角形腹杆体系的斜腹杆计算长度较大,且在横向风力作用下弦杆侧向弯曲也较大,但构造简单,适合于小桥。菱形体系的斜腹杆中点固结在刚度较大的横向腹杆上,斜腹杆的计算长度减少一半;又由于弦杆的计算长度也较小,适用于简支桁架梁桥的上部纵向联结系。交叉式体系,由于弦杆的侧向弯曲很小,我国铁路桁架梁桥的标准图均采用此形式。K 形体系的计算长度比较小,一般适用于宽度较大的钢桁架梁桥中。

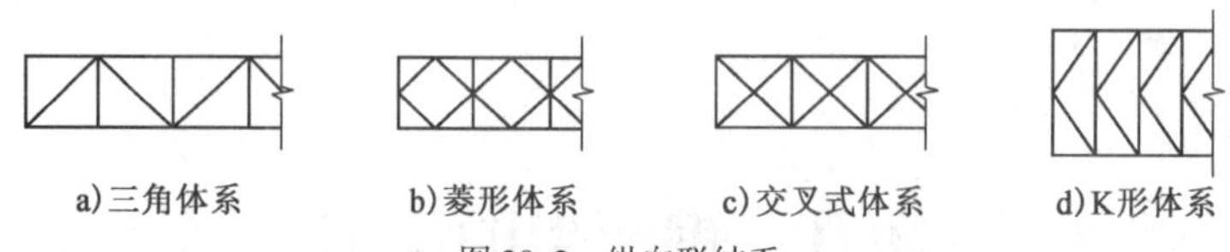

图 20-2　纵向联结系

为了增加钢桁架梁桥的抗扭刚度,使各片主桁架共同受力,在与主桁架平面垂直的主桁架竖杆平面内应设置横向联结系。位于钢桁架梁桥中部的横向联结系简称为中间横联,位于钢桁架梁桥端部的横向联结系简称为端横联,上弦或下弦纵向联结系和横向联结系将各片主桁架联结起来,共同组成稳定的空间结构。

横向联结系可做成交叉式、三角形和菱形等体系。图 20-3 为上承式钢桁架梁桥的横向联结系,其斜杆的角度一般在 30° ~ 50°之间。对于下承式钢桁架梁桥,为了保证行车净空的要求,横向联结系应设置在行车净空以上(图 20-4),因此下承式钢桁架梁桥的横向联结系又称为桥门架。为了使上弦纵向联结系所受的风荷载能有效地经由桥门架直接传给支座,一般应在下承式钢桁架梁桥的端斜杆平面内设置桥门架。

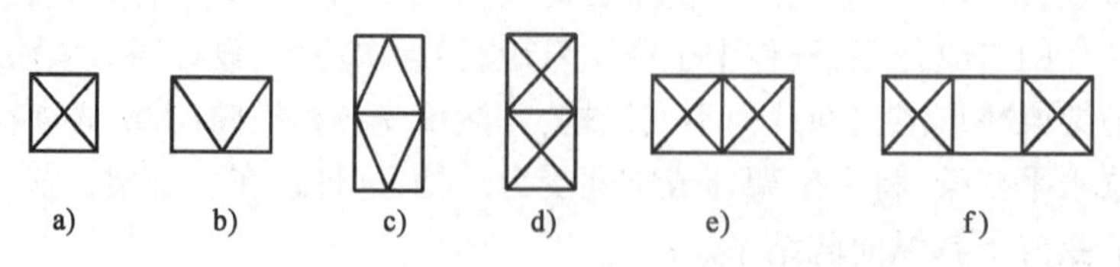

图 20-3　上承式钢桁架梁桥的横向联结系

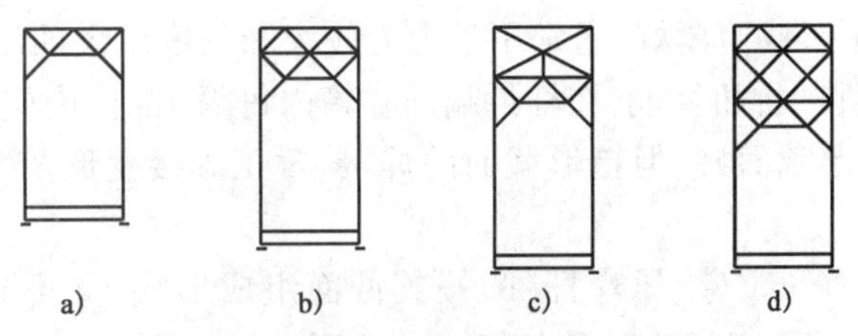

图 20-4 下承式钢桁架梁桥的横向联结系

20.1.2 主桁架杆件的截面形式

钢桁架梁桥的主桁架构件主要是轴心受力构件和拉弯、压弯构件。轴心受力构件是指承受通过构件截面形心的轴向力作用的构件,包括轴心受拉构件和轴心受压构件。若构件在轴心受拉或受压的同时,还承受横向力产生的弯矩或端弯矩作用,则称为拉弯或压弯构件。进行钢桁架梁桥的内力分析时,为简化计算,一般假设钢桁架梁桥的节点为铰接,因此,若荷载作用在主桁架的节点上,则所有杆件均可作为轴心受拉或轴心受压构件;若主桁架作用有非节点荷载,则承受该荷载的上弦是压弯构件,承受该荷载的下弦是拉弯构件;若考虑节点的刚性,主桁架的杆件就是压弯构件或拉弯构件。

主桁架杆件的截面分为单壁式和双壁式两种。其中单壁式截面一般由角钢组合而成,这种杆件在两角钢之间夹以垫板并用螺栓或焊缝连接成整体,一般用于次要杆件或内力较小的轻型桁架杆件[图 20-5a)、b)]。当荷载较大、主桁架采用重型桁架时,杆件截面较大,故一般采用双肢截面,即双壁式截面,双壁式截面主要包括 H 形截面和箱形截面[图 20-5c) ~ j)]。双壁式截面的截面面积主要集中于两个平行的竖肢上,节点处采用双节点板可以布置较多的连接螺栓,而且在垂直于桁架平面有较大的刚度。

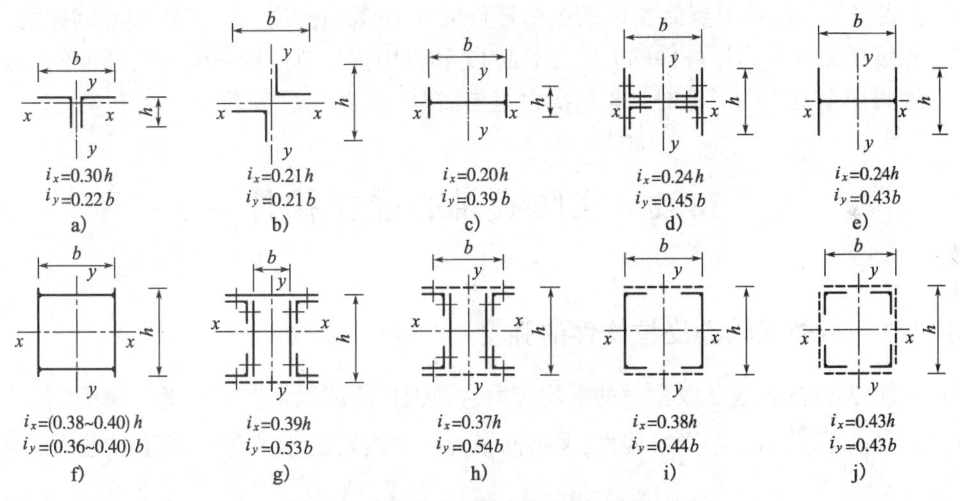

图 20-5 构件的截面形式及回转半径近似值

H 形截面由两块翼缘板和一块腹板组合而成,该截面的优点是构造简单,便于采用自动焊,校正焊接变形较容易,采用螺栓连接时施工也较方便。H 形截面的主要缺点是截面绕 x 轴的刚度较小,用作压杆时不太经济,因此,对内力不很大的杆件和长度不太大的压杆,采用 H 形截面比较适宜,H 形截面在我国钢桁架梁桥中应用已十分普遍。

箱形截面由两块翼缘板和两个腹板组成。由于箱形截面对两个主轴的回转半径相近,因此,它的受压性能比H形截面要好,通常用于内力较大和长度较大的压杆(或拉—压杆件)。为了提高箱形截面杆件的抗扭性能,在杆件端部和箱内每隔3m以内应设置横隔板。箱形截面在力学性能上比H形截面好,但箱形截面的焊接、矫正焊接变形及安装等都比H形截面复杂。

主桁架的轴心受力和拉弯、压弯杆件,按其截面组成形式,又可分为实腹式和格构式两种。实腹式构件的截面腹板为整体钢板,如H形截面、型钢或钢板连接而成的组合截面[图20-5a)~f)]。格构式构件一般指由两个或多个分肢用缀件联结组合成整体的构件,但采用较多的是两分肢格构式构件[图20-5g)~j)],分肢通常采用型钢,承受较大荷载时分肢也可采用型钢或钢板的组合截面。对于在一个方向承受较大弯矩的拉弯或压弯构件,还可采用单轴对称截面[图20-5g)]。在格构式构件截面中,通过分肢腹板的主轴称为实轴[图20-5 g)~j)中的x-x轴],通过分肢缀件的主轴称为虚轴[图20-5g)~j)中的y-y轴]。缀件有缀条(用于连接肢体并承受剪力的条状腹杆,一般采用单角钢)和缀板(用于连接肢体并承受剪力的横向板状腹杆,一般采用钢板)两种,一般设置在分肢翼缘板两侧平面内,其作用是将各分肢连成整体,使其共同受力,并承受绕虚轴弯曲时产生的剪力。实腹式构件比格构式构件构造简单,制作方便,整体受力和抗剪性能好,但截面尺寸较大时钢材用量较多;而格构式构件可以调整分肢间的距离,容易实现两个主轴方向的等稳定性,其刚度较大,抗扭性能较好,用料较省。当构件的计算长度较大时,为减小其长细比,采用格构式截面较为合适。对长细比较大而受力不大的压杆,可采用4根角钢组成的格构式截面[图20-5j)],这种压杆的截面面积不大,但刚度较大。此时两主轴x-x和y-y皆为虚轴。

构件截面宽度则应考虑到节点板的联结,所有杆件应采用相同宽度,并应满足节点施工所需的工作宽度。由于节点刚性的影响,随着杆件截面高度的增加,杆件中的次应力将随之增大。因此,当采用非整体节点简支桁梁主桁杆件的h/l(截面高度与其节点中心间距之比)大于1/10、连续桁梁支点附近杆件的h/l大于1/15和采用整体节点钢桁梁主桁杆件的h/l大于1/15时,需将由节点刚性引起的0.8倍次力矩与轴力一起进行强度验算。

20.2 实腹式轴心受拉构件

20.2.1 实腹式轴心受拉构件的强度

轴心受拉构件的强度是以截面的平均应力达到钢材的屈服强度f_y作为计算准则。

对无孔洞等削弱的轴心受力构件,毛截面平均应力达到设计强度f_d,按下式进行截面强度计算

$$\sigma = \frac{N}{A_m} \leqslant f_d \tag{20-1}$$

式中:N——验算截面承受的轴心拉力计算值,$N = \gamma_0 N_d$;

A_m——构件的毛截面面积;

f_d——钢材的抗拉强度设计值。

对于普通螺栓(或铆钉)连接的轴心受力构件,孔洞不但削弱了构件的截面面积,在孔洞处截面上的应力分布是不均匀的,靠近孔边处将产生应力集中现象(图 20-6)。在弹性阶段,孔壁边缘的最大应力 σ_{max} 可能达到构件毛截面平均应力 σ_a 的 3 倍。若轴心力继续增加,当孔壁边缘的最大应力达到材料的屈服强度以后,应力不再继续增加而截面发展塑性变形,净截面上的应力渐趋均匀,并达到屈服强度 f_y(图 20-6)。因此,对于有孔洞削弱的轴心受力构件,以其净截面的平均应力达到设计强度 f_d,应按式(19-30)进行截面强度计算。

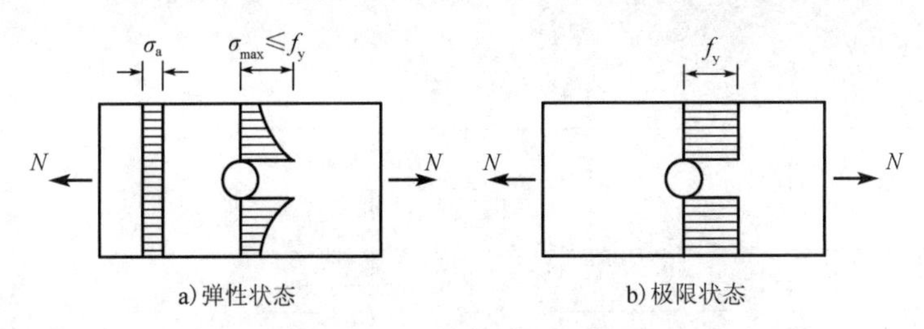

图 20-6　孔洞处截面的应力分布

高强度螺栓摩擦型连接处的强度计算仍采用式(19-53)进行。

对于单面连接的单角钢轴心受拉构件,实际处于双向偏心受力状态(图 20-7),试验表明其承载力约为轴心受拉构件承载力的 85%。因此单面连接的单角钢按轴心受拉计算强度时,钢材和连接的设计强度 f_d 可乘以折减系数 0.85。

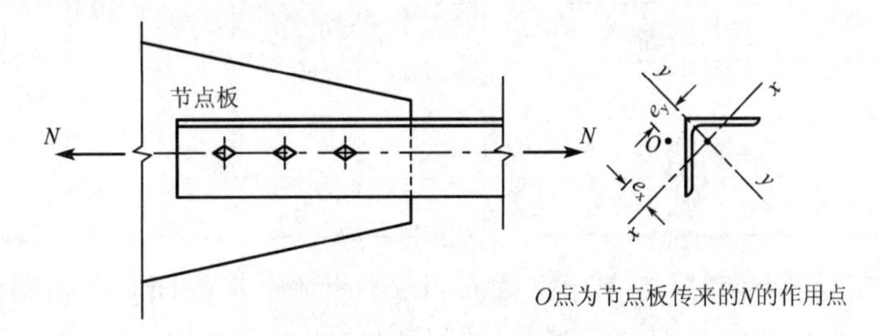

图 20-7　单面连接的单角钢轴心受拉构件

焊接构件和轧制型钢构件均会产生残余应力,但残余应力在构件内是自相平衡的内应力,它对构件的静力强度,除了使构件部分截面较早地进入塑性状态外,并无影响。所以,在验算轴心受拉构件强度时,不必考虑焊接残余应力的影响。

当构件和连接承受动力荷载反复作用时,应按疲劳细节类别进行抗疲劳验算,相关计算参考第 18 章内容。

选择轴心受拉构件的截面时,其毛截面面积 A_m 由净截面面积 A_n 增加 10% ~15% 得到,根据式(19-30),轴心受拉构件所需要的毛截面面积为

$$A_m = (1.10 \sim 1.15)\frac{N}{f_d} \tag{20-2}$$

20.2.2　实腹式轴心受拉构件的刚度

轴心受拉构件的刚度通常用长细比来衡量。当轴心受拉构件刚度不足时,在本身自重作用下容易产生过大的挠度,在动力荷载作用下容易产生振动,在运输和安装过程中容易产生弯曲。因此,设计时应对轴心受拉构件的长细比进行控制。轴心受拉构件对截面主轴 x 轴、y 轴

的长细比 λ_x 和 λ_y 应满足下式要求

$$\lambda_x = \frac{l_{0x}}{i_x} \leqslant [\lambda] \qquad \lambda_y = \frac{l_{0y}}{i_y} \leqslant [\lambda] \tag{20-3}$$

式中的 l_{0x}、l_{0y} 分别为构件对截面 x 轴和 y 轴的计算长度,取决于其两端支承情况(表 20-1);i_x、i_y 分别为截面对 x 轴、y 轴的回转半径。钢桁架桥主桁架及联结系构件的容许长细比[λ]按表 18-1 采用,例如:主桁架的受拉弦杆[λ] = 130;主桁架的受拉腹杆[λ] = 180;纵向联结系的受拉构件[λ] = 200。

杆件的计算长度 表 20-1

<table>
<tr><th colspan="3" rowspan="2">杆　　件</th><th colspan="2">弯曲平面</th><th rowspan="2">附　　注</th></tr>
<tr><th>平面内</th><th>平面外</th></tr>
<tr><td rowspan="5">主桁</td><td colspan="2">弦杆</td><td>l_0</td><td>l_0</td><td rowspan="8">l_0——主桁各杆件的几何长度(即杆端节点中距),如杆件全长被横向结构分割时,则为其较长段长度;
l_1——从相交点至杆端节点中较长段长度;
l_2——纵向(横向)联结系杆件轴线与节点板连在主桁杆件的固着线交点之间的距离</td></tr>
<tr><td colspan="2">端斜杆、端立杆、连续梁中间支点处立柱或斜杆作为桥门架时</td><td>$0.9\,l_0$</td><td>l_0</td></tr>
<tr><td rowspan="3">桁架的腹杆</td><td>无相交和无交叉</td><td>$0.8\,l_0$</td><td>l_0</td></tr>
<tr><td>与杆件相交或相交叉(不包括与拉杆相交叉)</td><td>l_1</td><td>l_0</td></tr>
<tr><td>与拉杆相交叉</td><td>l_1</td><td>$0.7\,l_0$</td></tr>
<tr><td rowspan="3">纵向及横向联结系</td><td colspan="2">无交叉</td><td>l_2</td><td>l_2</td></tr>
<tr><td colspan="2">与拉杆相交叉</td><td>l_1</td><td>$0.7l_2$</td></tr>
<tr><td colspan="2">与杆件相交或相交叉(不包括与拉杆相交叉)</td><td>l_1</td><td>l_2</td></tr>
</table>

当截面主轴在倾斜方向时(如单角钢截面和双角钢十字形截面),其主轴常标为 x_0 轴和 y_0 轴,应计算 $\lambda_{x0} = l_0/i_{x0}$ 和 $\lambda_{y0} = l_0/i_{y0}$,或只计算其中的最大长细比 $\lambda_{max} = l_0/i_{min}$。

例 20-1 钢桁架梁桥主桁架的斜腹杆在结构重力和汽车荷载作用下,构件的最大轴向拉力计算值为 $N_{max} = 2300$kN;在疲劳荷载模型 I 作用下,构件的最不利轴力计算值从 $N_{pmin} = 525$kN(拉)变至 $N_{pmax} = 976$kN(拉),位于伸缩装置 8m 外。拟采用焊接工字形截面(图 20-8),钢材采用 Q345 钢材,宽度 $b = 460$mm,斜腹杆计算长度 $l_{0x} = 10.88$m,$l_{0y} = 13.6$m,斜腹杆与节点板采用直径 $d = 22$mm 的高强度螺栓连接,螺栓孔径直径 $d_0 = 24$mm,试进行斜腹杆截面设计。

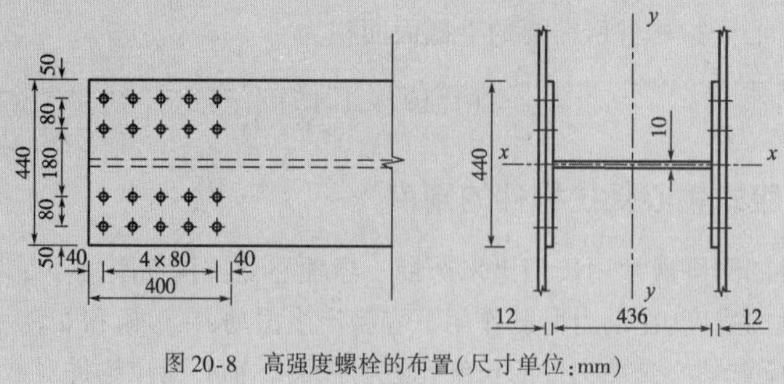

图 20-8 高强度螺栓的布置(尺寸单位:mm)

解:查附表4-1得到钢材的强度设计值均为$f_d = 275\text{MPa}$。

(1)确定斜腹杆截面尺寸

①需要的净截面和毛截面面积

$$A_m = 1.15\frac{N_{max}}{f_d} = 1.15\times\frac{2300\times10^3}{275} = 9618\ (\text{mm}^2)$$

$$A_n \geqslant \frac{N_{max}}{f_d} = \frac{2300\times10^3}{275} = 8364\ (\text{mm}^2)$$

②确定截面尺寸

选用腹板厚度$t_w = 10\text{mm}$,翼缘板厚度$t_f = 12\text{mm}$。则腹板的宽度为

$$b_w = b - 2t_f = 460 - 2\times12 = 436(\text{mm})$$

现取翼缘板宽度$h = 440\text{mm}$,则实际的工字形截面的毛截面面积为

$$A_m = b_w t_w + 2ht_f = 436\times10 + 2\times440\times12 = 14920\ (\text{mm}^2) > 9618\ \text{mm}^2$$

单面摩擦$n_f = 1$,摩擦面的抗滑移系数$\mu = 0.35$,高强度螺栓的预拉力$P_d = 190\text{kN}$,单个摩擦型高强度螺栓的抗剪承载力为

$$N_{vu}^b = 0.9n_f\mu P = 0.9\times1\times0.35\times190\times10^3 = 59850(\text{N})$$

$$n = \frac{N_{max}}{N_{vu}^b} = \frac{2300\times10^3}{59850} = 38.4\ (\text{个})$$

取$n = 40$个,每块翼缘板上采用20个螺栓并列布置,具体布置如图20-8所示,按高强度螺栓布置的要求,沿一块翼缘板宽度上可布置4排高强度螺栓,孔径为$d_0 = 24\text{mm}$,则实际净截面面积为

$$A_n = A_m - 2\times(4\times24\times12) = 14920 - 2304 = 12616\ (\text{mm}^2) > 8364\ \text{mm}^2$$

(2)强度验算

由式(19-53)计算

$$N' = N_{max}(1 - 0.5\frac{n_1}{n}) = 2300\times(1 - 0.5\times\frac{4}{20}) = 2070(\text{kN})$$

由式(19-30)计算

$$\sigma = \frac{N'}{A_n} = \frac{2070\times10^3}{12616} = 164(\text{MPa}) < f_d = (275\text{MPa})$$

满足要求。

(3)刚度验算

斜杆绕截面x轴和y轴的惯性矩为

$$I_x = 2\times(\frac{1}{12}\times12\times440^3) = 170.368\times10^6\ (\text{mm}^4)$$

$$I_y = \frac{1}{12}\times10\times436^3 + 2\times(440\times12\times224^2) = 598.927\times10^6\ (\text{mm}^4)$$

相应的回转半径分别为

$$i_x = \sqrt{\frac{I_x}{A_m}} = \sqrt{\frac{170.368\times10^6}{14920}} = 106.86(\text{mm})$$

$$i_y=\sqrt{\frac{I_y}{A_m}}=\sqrt{\frac{598.926\times10^6}{14920}}=200.36(\text{mm})$$

相应的长细比

$$\lambda_x=\frac{l_{0x}}{i_x}=\frac{10.88\times10^3}{106.86}=102<[\lambda](=180)$$

$$\lambda_y=\frac{l_{0y}}{i_y}=\frac{13.6\times10^3}{200.36}=68<[\lambda](=180)$$

满足要求。

(4)抗疲劳验算

构件与节点板采用高强度螺栓连接,由附表4-5中构造细节⑩可得到高强度螺栓单面连接的疲劳细节类别 $\Delta\sigma_C=90\text{MPa}$,且应力按构件毛截面计算。构件采用疲劳荷载模型Ⅰ,按式(19-6)进行验算。

①疲劳抗力值计算

正应力常幅疲劳极限 $\Delta\sigma_D$ 由表18-2查得 $\Delta\sigma_D=66\text{MPa}$。取疲劳抗力分项系数 $\gamma_{Mf}=1.35$,则疲劳抗力值为 $\Delta\sigma_D/\gamma_{Mf}=66/1.35=48.89(\text{MPa})$。

②最大疲劳应力幅计算

应力幅 $\Delta\sigma_p$ 为疲劳荷载模型作用下构件最大正(拉)应力与最小正应力之差。由题目已知条件计算拉弯构件截面最大正(拉)应力 $\Delta\sigma_{pmax}$ 与最小正应力 $\Delta\sigma_{pmin}$ 值后,再计算应力幅 $\Delta\sigma_p$,计算如下

$$\sigma_{pmax}=\frac{N_{pmax}}{A_m}=\frac{976\times10^3}{14920}=65.42(\text{MPa})$$

$$\sigma_{pmin}=\frac{N_{pmin}}{A_m}=\frac{525\times10^3}{14920}=35.19(\text{MPa})$$

$$\sigma_{pmax}-\sigma_{pmin}=65.42-35.19=30.23(\text{MPa})$$

由于验算的主桁受拉构件距桥梁伸缩装置距离 $D=8\text{m}>6\text{m}$,故动力系数 $\Delta\phi=0$;疲劳荷载分项系数 γ_{Ff} 取1.0,则最大疲劳应力幅为 $\gamma_{Ff}(1+\Delta\phi)(\sigma_{pmax}-\sigma_{pmin})=1.0\times1.0\times30.23=30.23(\text{MPa})$。

因最大疲劳应力幅小于疲劳抗力,故验算结果满足要求。

20.3 实腹式轴心受压构件

20.3.1 实腹式轴心受压构件的强度

轴心受压构件在进行截面强度验算时,利用有效截面的方式来考虑局部稳定对其强度的影响,计算中以其考虑局部稳定影响后的有效截面应力达到设计强度 f_d 作为计算准则,按下式进行截面强度计算

$$\sigma = \frac{N}{A_{\mathrm{eff,p}}} \leqslant f_{\mathrm{d}} \tag{20-4}$$

式中：N——验算截面承受的轴心压力计算值，$N=\gamma_0 N_{\mathrm{d}}$；

$A_{\mathrm{eff,p}}$——**轴心受压构件的有效截面面积，采用考虑板件局部稳定折减系数 ρ 的有效宽度进行计算。**

受压板局部稳定折减系数 ρ 采用佩利公式形式的表达式，其值介于福本(M-$2S$)曲线和日本《道路桥示方书》(2002)相关规定之间，计算公式如下

$\overline{\lambda}_{\mathrm{p}} \leqslant 0.4$ 时

$$\rho = 1$$

$\overline{\lambda}_{\mathrm{p}} > 0.4$ 时

$$\rho = \frac{1}{2}\left\{1+\frac{1}{\overline{\lambda}_{\mathrm{p}}^2}(1+\varepsilon_{0\mathrm{p}}) - \sqrt{\left[1+\frac{1}{\overline{\lambda}_{\mathrm{p}}^2}(1+\varepsilon_{0\mathrm{p}})\right]^2 - \frac{4}{\overline{\lambda}_{\mathrm{p}}^2}}\right\} \tag{20-5}$$

式中：$\overline{\lambda}_{\mathrm{p}}$——相对宽厚比，$\overline{\lambda}_{\mathrm{p}} = \sqrt{\frac{f_{\mathrm{y}}}{\sigma_{\mathrm{cr}}}} = 1.05\left(\frac{b}{t}\right)\sqrt{\frac{f_{\mathrm{y}}}{E}\left(\frac{1}{k}\right)}$；

$\varepsilon_{0\mathrm{p}}$——等效相对初弯曲，$\varepsilon_{0\mathrm{p}} = 0.8(\overline{\lambda}_{\mathrm{p}} - 0.4)$；

σ_{cr}——受压板弹性屈曲欧拉应力；

b——受压板局部稳定计算宽度，取相邻腹板中心线间距离或腹板中心线至悬臂端距离计算；

k——受压板弹性屈曲系数，三边简支一边自由受压板，k 取 0.425；四边简支受压板，k 取 4。

以工字形截面为例，说明有效宽度计算方法如下(图 20-9)：

单侧受压翼缘板有效宽度 $b_{\mathrm{e,f}}^{\mathrm{p}}$ 为

$$b_{\mathrm{e,f}}^{\mathrm{p}} = \rho_{\mathrm{f}} b_{\mathrm{f}} \tag{20-6}$$

式中：ρ_{f}——翼缘板的局部稳定折减系数，按式(20-5)计算，k 取 0.425；

b_{f}——单侧翼缘板宽度。

受压腹板有效宽度 $b_{\mathrm{e,w}}^{\mathrm{p}}$ 为

$$b_{\mathrm{e,w}}^{\mathrm{p}} = \rho_{\mathrm{w}} b_{\mathrm{w}} \tag{20-7}$$

式中：ρ_{w}——腹板的局部稳定折减系数，按式(20-5)计算，k 取 4；

b_{w}——腹板宽度。

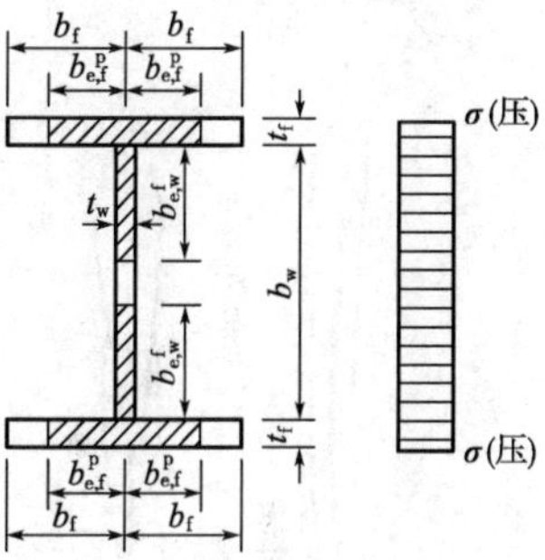

图 20-9 工字形截面翼缘板和腹板有效宽度

工字形截面(图 20-9)轴心受压构件的有效截面面积 $A_{\mathrm{eff,p}}$ 为

$$A_{\mathrm{eff,p}} = 4b_{\mathrm{e,f}}^{\mathrm{p}} t_{\mathrm{f}} + b_{\mathrm{e,w}}^{\mathrm{p}} t_{\mathrm{w}} \tag{20-8}$$

20.3.2 实腹式轴心受压构件的刚度

如果轴心受压构件刚度不足，一旦发生弯曲变形后，因变形而增加的附加弯矩影响远比受拉构件严重。轴心受压构件的刚度同样采用长细比来衡量，长细比过大会使稳定承载力降低很多，因而其容许最大长细比[λ]限制应更严格。轴心受压构件对截面 x 轴、y 轴的长细比 λ_x、λ_y 需满足式(20-3)的要求。

钢桁架桥主桁架及联结系构件的容许最大长细比[λ]按表18-1采用,如主桁架的受压构件[λ]=100;纵向联结系的受压构件[λ]=130,中间横向联结系的受压构件[λ]=150。

20.3.3 实腹式轴心受压构件的整体稳定

轴心受压构件除应满足强度和刚度要求外,还需满足整体稳定性要求。实际上,只有长细比很小及有孔洞削弱的轴心受压构件,才可能发生强度破坏,一般情况下,由整体稳定控制其承载力。轴心受压构件整体失稳常常是突发性的,容易造成严重后果,应予以特别重视。

1)轴心受压构件的整体失稳现象

对于无缺陷的轴心受压构件,当轴心压力 N 较小时,构件只产生轴向压缩变形,保持直线平衡状态。此时如有干扰力使构件产生微小弯曲,当干扰力移去后,构件将恢复到原来的直线平衡状态,这种直线平衡状态下构件的外力和内力间的平衡是稳定的。当轴心压力 N 逐渐增加到一定大小,如有干扰力使构件发生微弯,当干扰力移去后,构件仍保持微弯状态而不能恢复到原来的直线平衡状态,此时构件的外力和内力间的平衡是随遇的,称为随遇平衡状态或中性平衡状态。如轴心压力 N 再稍微增加,则弯曲变形迅速增大而使构件丧失承载能力,这种现象称为构件的弯曲屈曲或弯曲失稳[图20-10a)]。中性平衡是从稳定平衡过渡到不稳定平衡的临界状态,中性平衡时的轴心压力称为临界力 N_{cr},相应的截面应力称为临界应力 σ_{cr},σ_{cr} 常低于钢材屈服应力 f_y,即构件在到达强度极限状态前就会丧失整体稳定。**无缺陷的轴心受压构件发生弯曲屈曲时,构件变形发生了性质上的变化,即构件变形由直线形式变为弯曲形式,且这种变化带有突然性,这种在丧失稳定过程中,构件平衡路径有分支点的现象,称为第一类稳定问题或称为平衡分支失稳。**

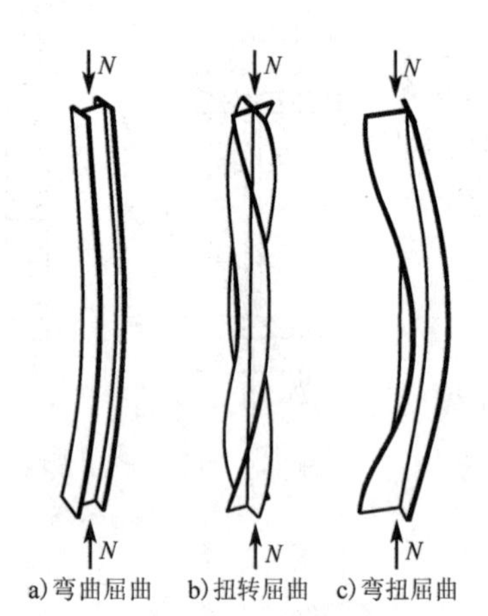

a)弯曲屈曲　b)扭转屈曲　c)弯扭屈曲

图20-10　两端铰接轴心受压构件的屈曲状态

对某些抗扭刚度较差的轴心受压构件(如十字形截面),当轴心压力 N 达到临界值时,稳定平衡状态不再保持而发生微扭转。当 N 再稍微增加,则扭转变形迅速增大而使构件丧失承载能力,这种现象称为扭转屈曲或扭转失稳[图20-10b)]。

截面为单轴对称(如T形截面)的轴心受压构件绕对称轴失稳时,由于截面形心与截面剪切中心(或称扭转中心与弯曲中心,即构件弯曲时截面剪应力合力作用点通过的位置)不重合,在发生弯曲变形的同时必然伴随有扭转变形,故称为弯扭屈曲或弯扭失稳[图20-10c)]。同理,截面没有对称轴的轴心受压构件,其屈曲形态也属弯扭屈曲。

钢结构中常用截面的轴心受压构件,由于其板件较厚,构件的抗扭刚度也相对较大,失稳时主要发生弯曲屈曲;单轴对称截面的构件绕对称轴弯扭屈曲时,当采用考虑扭转效应的换算长细比后,也可按弯曲屈曲计算。因此弯曲屈曲是确定轴心受压构件稳定承载力的主要依据,本节将主要讨论弯曲屈曲问题。

2)轴心受压构件的整体稳定计算

无缺陷的理想轴心受压构件实际上是不存在的。实际轴心受压构件在制造、运输和安装过程中,不可避免地会产生微小的初弯曲;又由于构造、施工和加载等方面的原因,可能产生一定程度的偶然初偏心(初弯曲和初偏心统称为构件的几何缺陷),另外,由于钢材热轧、板边火焰切割、构件焊接和校正调直等加工制造过程中不均匀的高温加热和冷却还会产生残余应力(称为力学缺陷),其中焊接残余应力数值很大,通常可达到或接近钢材的屈服强度 f_y。实际轴心受压构件的各种缺陷总是同时存在的,但各种不利因素同时出现最大值的概率较小,故常取初弯曲作为几何缺陷的代表值。这样,在理论分析中,只考虑残余应力和初弯曲。

有几何缺陷的轴心受压构件,其侧向弯曲变形从加载开始就随荷载增大而不断增加,其平衡路径没有分支点,即构件的弯曲平衡形式没有发生质的变化。这种最终因构件侧向弯曲变形过大而丧失承载能力的现象,属于第二类稳定问题或称为极值点失稳。因为构件除轴心力作用外,还存在因构件弯曲产生的弯矩,实质上,几何缺陷使理想轴心受压构件变成了偏心受压构件。

轴心受压构件的整体稳定承载力与上述初始缺陷因素有关,而这些因素的影响程度又与截面的形状、尺寸和屈曲方向有关,这就使得轴心受压构件整体稳定承载力的计算非常复杂。确定轴心受压构件整体稳定承载力的理论方法,一般有下列三种:

(1)**压屈曲理论** 以无缺陷的理想轴心受压构件为分析对象,在弹性阶段以欧拉临界力为基础,在弹塑性阶段以切线模量临界力为基础,通过提高安全系数来考虑初偏心、初弯曲等因素的不利影响。这种理论采用压曲荷载(欧拉临界力或切线模量临界力)作为表征轴心受压构件承载力的指标(图 20-11 中 N_{cr})。

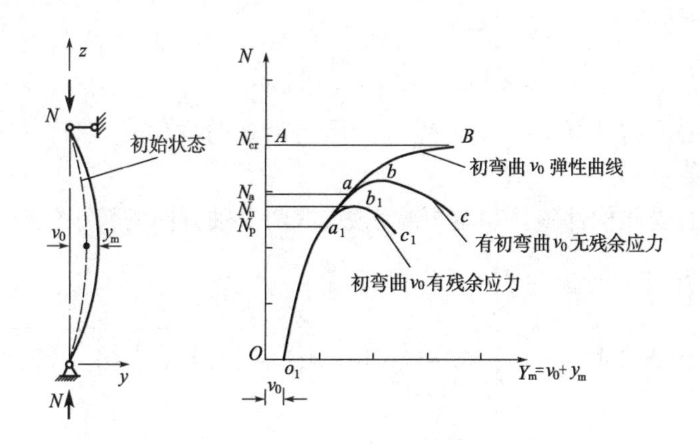

图 20-11 极限承载力理论

(2)**边缘纤维屈服理论** 以有几何缺陷但无残余应力的轴心受压构件为分析对象,采用截面边缘纤维应力达到屈服点时的荷载作为表征轴心受压构件承载力的指标(图 20-11 中 N_a)。显然,边缘纤维屈服理论确定的轴心受压构件承载力并非最大承载力。因为边缘纤维屈服以后截面塑性还可以深入发展,压力还可以继续增加。实质上,为了简便起见,边缘纤维屈服理论用构件的强度承载力代替了稳定承载力。

(3)**压溃理论**(也称为最大强度理论或极限荷载理论) 以有初始缺陷(初偏心、初弯曲和残余应力等)的轴心受压构件为分析对象,并考虑截面塑性深入发展,以构件最后破坏时所能承受的最大荷载(压溃荷载)值作为构件的极限承载能力值(图 20-11 中 N_u)。

考察图 20-11 中两端铰接的轴心受压构件。当构件为无缺陷的理想轴心受压构件且在弹性阶段失稳时,荷载—挠度曲线沿着 OAB 变化,其平衡状态在达到压曲荷载 N_{cr} 时突然由直线形式变成弯曲形式,这是第一类稳定问题。当轴心受压构件既有几何缺陷(如初弯曲)又有残余应力时,荷载—挠度曲线沿着 $o_1a_1b_1c_1$ 变化。其中 o_1a_1 为弹性阶段,在 a_1 点以后,构件截面开始进入弹塑性状态。随着轴心荷载 N 的增加,截面塑性继续深入发展,挠度随 N 的增加而增加的速率加快,直到 b_1 点,继续增加 N 已不可能,要维持平衡,只能卸载,出现曲线的下降段 b_1c_1。荷载—挠度曲线的极值点 b_1 表示由稳定平衡过渡到不稳定平衡,相应于 b_1 点的荷载 N_u 是临界荷载,即极限荷载或压溃荷载,它是构件不能维持内外力平衡时的极限承载力。由此模型建立的计算理论叫作压溃理论(极限荷载理论)。当轴心受压构件有几何缺陷(如初弯曲)但无残余应力时,荷载—挠度曲线沿着 o_1abc 变化,其中 o_1a 为弹性阶段,a 点相应的荷载为边缘纤维屈服荷载 N_a。曲线 o_1abc 变化与 $o_1a_1b_1c_1$ 的变化类似,但由于前者不存在残余应力,其极限荷载高于后者。显然,实际轴心受压构件的平衡状态在失稳前后都是弯曲形式,没有发生突变,这是第二类稳定问题。

理想轴心受压构件的临界应力 σ_{cr} 在弹性阶段是长细比 λ 的单一函数,在弹塑性阶段采用切线模量理论计算也并不复杂。实际轴心受压构件受残余应力、初弯曲、初偏心的影响,且影响程度还因截面形状、尺寸和屈曲方向而不同,因此每个实际构件都有各自的 σ_{cr}-λ 曲线。另外,当实际构件处于弹塑性阶段,其应力—应变关系不但在同一截面各点而且沿构件轴线方向各截面都有变化,因此按极限承载力理论计算比较复杂,一般需要采用数值方法用计算机求解。设计中,轴心受压构件的整体稳定可按下式计算

$$\frac{N}{\chi A_{\mathrm{eff,p}}} + \frac{Ne_y}{W_{x,\mathrm{eff}}} + \frac{Ne_x}{W_{y,\mathrm{eff}}} \leqslant f_{\mathrm{d}} \tag{20-9}$$

式中: N——轴心压力计算值($N=\gamma_0 N_d$),当压力沿轴向变化时,取构件中间 1/3 部分的最大值;

χ——轴心受压构件整体稳定折减系数,取两主轴方向的较小值;

$$\begin{cases} \bar{\lambda} \leqslant 0.2 \text{ 时}: \chi = 1 \\ \bar{\lambda} > 0.2 \text{ 时}: \chi = \dfrac{1}{2}\left\{1 + \dfrac{1}{\bar{\lambda}^2}(1+\varepsilon_0) - \sqrt{\left[1 + \dfrac{1}{\bar{\lambda}^2}(1+\varepsilon_0)\right]^2 - \dfrac{4}{\bar{\lambda}^2}}\right\} \end{cases} \tag{20-10}$$

$\bar{\lambda}$——相对长细比,$\bar{\lambda} = \sqrt{\dfrac{f_y}{\sigma_{\mathrm{E,cr}}}} = \dfrac{\lambda}{\pi}\sqrt{\dfrac{f_y}{E}}$;

ε_0——考虑构件初弯曲、残余应力等综合影响的等效偏心率,$\varepsilon_0 = \alpha(\bar{\lambda} - 0.2)$;

α——轴心受压整体稳定折减系数的计算参数,根据附表 4-9 确定截面分类及屈曲曲线类型后按表 20-2 选用;

e_x、e_y——毛截面形心和有效截面形心在 x 轴、y 轴方向的投影距离,如图 20-12 所示;

$W_{x,\mathrm{eff}}$、$W_{y,\mathrm{eff}}$——分别为考虑局部稳定影响的有效截面相对于 x 轴和 y 轴的截面模量。

轴心受压构件整体稳定折减系数的计算参数 α 表 20-2

屈曲曲线类型	a	b	c	d
参数 α	0.2	0.35	0.5	0.8

注:截面分类查附表 4-9。

20.3.4 实腹式轴心受压构件的局部稳定

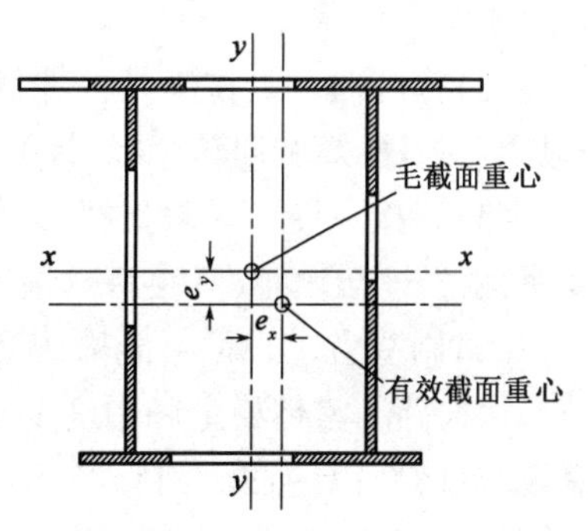

图 20-12 轴心受压构件有效截面偏心距

实腹式轴心受压构件一般由若干矩形平面板件组成，在轴心压力作用下，这些板件都承受均匀压力。如果这些板件的平面尺寸很大而厚度又相对很薄，即**宽厚比较大时，在均匀压力作用下，当压力达到某一临界值时，板件不能继续维持平面平衡状态而发生波状屈曲，如图20-13**所示。**因为板件屈曲是发生在构件的局部部位，所以把这种现象称为轴心受压构件丧失局部稳定或局部屈曲。发生局部屈曲的构件还可能继续保持整体稳定而不立即破坏，但因为有部分板件屈曲，构件的承载力会降低，或改变原来构件的受力状态导致构件较早地丧失承载能力。**因此，在轴心受压构件设计中一般不应使板件发生局部屈曲。

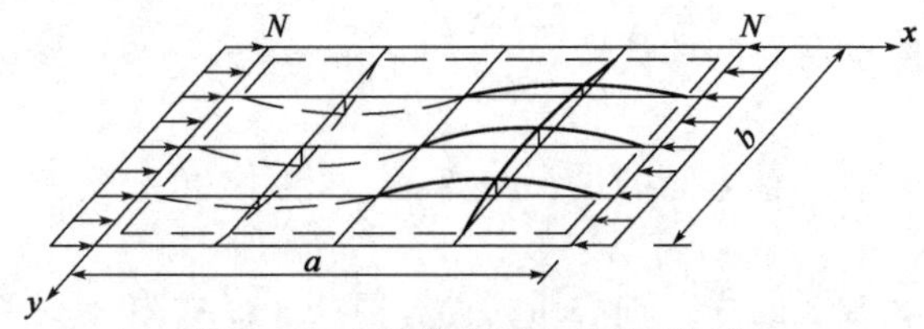

图 20-13 四边简支均匀受压板的屈曲

为了保证实腹式轴心受压构件的局部稳定，通常采用限制其板件宽(高)厚比的办法来实现。确定板件宽(高)厚比限值所采用的原则是使构件整体屈曲前其板件不发生局部屈曲，即局部屈曲临界应力不低于整体屈曲临界应力(常称作等稳定性准则)。为了在设计中使用方便，式(20-11)给出不同截面形式的构件在轴心受压情况下不发生局部失稳的宽厚比限值：

H 形截面翼缘板

$$\frac{b}{t} \leqslant 12\sqrt{\frac{345}{f_y}} \tag{20-11a}$$

H 形截面腹板、箱形截面翼缘板和腹板

$$\frac{b}{t} \leqslant 30\sqrt{\frac{345}{f_y}} \tag{20-11b}$$

除铆接角钢的伸出肢外，轧制型钢(工字钢、H 型钢、槽钢、T 形钢、角钢等)的翼缘板和腹板一般都有较大厚度，宽(高)厚比相对较小，都能满足局部稳定要求，可不作验算。

20.3.5 实腹式轴心受压构件的截面设计

实腹式轴心受压构件的截面设计是在已知构件的计算长度 l_0、轴心压力 N 和钢材牌号的情况下，确定构件的截面形式和尺寸。

为了避免弯扭失稳，实腹式轴心受压构件一般采用双轴对称截面，其常用截面形式如图 20-5 所示。

为了获得经济与合理的设计效果，选择实腹式轴心受压构件的截面时，应考虑以下几个原则：

(1)等稳定性。使构件在截面两个主轴方向的稳定承载力尽量相同，即 $\lambda_x = \lambda_y$，以达到经济的效果。

(2)宽肢薄壁。在满足板件宽(高)厚比限值的条件下,截面面积的分布应尽量开展,以增加截面的惯性矩和回转半径,提高构件的整体稳定性和刚度,达到用料合理。

(3)连接方便。一般选择开敞式截面,便于与其他构件进行连接;对封闭式的箱形和管形截面,由于连接困难,只在特殊情况下采用。

(4)制造省工。尽可能构造简单,加工方便。

从构件的整体稳定和刚度要求出发,截面的外形轮廓尺寸要大,宜选用宽度大、厚度小的钢板和型钢,以使截面回转半径加大,从而减小构件的长细比。但从构件局部稳定的要求出发,则又宜选用厚度大而宽度小的钢板,以减小构件的宽厚比。在压杆的整体稳定、局部稳定和刚度三者中,对压杆的承载能力起控制作用的,在大多数情况下是构件的整体稳定性。局部稳定通过在选择截面时满足板件宽(高)厚比的构造要求得到保证。所以在设计时可先根据整体稳定的要求来选择截面的形式和尺寸,然后验算局部稳定和刚度。

在轴心受压杆件整体稳定性的计算公式$\frac{N}{\chi A_{\mathrm{eff,p}}}+\frac{Ne_y}{W_{x,\mathrm{eff}}}+\frac{Ne_x}{W_{y,\mathrm{eff}}}\leqslant f_\mathrm{d}$中,大多数杆件的毛截面重心和有效截面重心在$y$轴、$z$轴方向的投影距离$e_y$、$e_z$很小,可忽略$\frac{Ne_y}{W_{x,\mathrm{eff}}}$和$\frac{Ne_x}{W_{y,\mathrm{eff}}}$两项的影响,故可按公式$\frac{N}{A_\mathrm{m}}\leqslant f_\mathrm{d}$拟定毛截面面积。轴心压力计算值$N=\gamma_0 N_\mathrm{d}$和钢材的设计强度$f_\mathrm{d}$已知,整体稳定折减系数$\chi$与压杆的长细比$\lambda$有关,而$\lambda$又与截面的回转半径$i$有关。因此,在截面尺寸未确定之前,$A_\mathrm{m}$和$\chi$均为未知数。常用的方法是先假定一个长细比$\lambda$值,选择截面形式,根据长细比和截面分类计算得到整体稳定折减系数χ,由公式计算得到A_m,再进行强度、刚度、整体稳定和局部稳定验算,其设计步骤如下。

(1)确定所需要的截面面积。假定构件的长细比$\lambda=50\sim100$,当压力大而计算长度小时取较小值,反之取较大值。选择截面形式,由附表4-9确定截面分类,根据截面分类查表20-2确定整体稳定折减系数χ的计算参数α,按式(20-10)计算χ,则所需要的截面面积为

$$A_\mathrm{mreq}=\frac{N}{\chi f_\mathrm{d}} \tag{20-12}$$

(2)确定两个主轴所需要的回转半径$i_\mathrm{xreq}=l_{0x}/\lambda$和$i_\mathrm{yreq}=l_{0y}/\lambda$。对于焊接组合截面,根据所需回转半径$i_\mathrm{req}$与截面高度$h$、宽度$b$之间的近似关系,即$i_x\approx\alpha_1 h$和$i_y\approx\alpha_2 b$(系数$\alpha_1$、$\alpha_2$的近似值见图20-5,例如由三块钢板焊成的工字形截面,$\alpha_1=0.24$,$\alpha_2=0.43$),求出所需截面的轮廓尺寸,即

$$h=\frac{i_\mathrm{xreq}}{\alpha_1}\qquad b=\frac{i_\mathrm{yreq}}{\alpha_2} \tag{20-13}$$

对于型钢截面,根据所需要的截面面积A_mreq和所需要的回转半径i_req查型钢表选择型钢的型号。

(3)确定截面各板件尺寸。对于焊接组合截面,根据所需的A_mreq、h、b,并考虑局部稳定和构造要求(例如采用自动焊的工字形截面,可近似取$h\approx b$)初选截面尺寸。

由于假定的λ值不一定恰当,完全按照所需要的A_mreq、h、b配置的截面可能会使板件厚度太大或太小,这时可适当调整h或b,h和b宜取10mm的倍数,翼缘板厚度t_f和腹板厚度t_w宜

取2mm的倍数，t_w应比t_f小。所选用的型钢和钢板的尺寸要符合现有的产品规格。对于H形截面的受压构件，为了保证受力较大的两块翼缘板的整体作用，腹板的厚度不宜过薄。另外，为了防止钢结构在制作、运输、安装过程中出现不利的面外变形，以及钢结构的腐蚀和重复涂装作业等对钢板厚度的不利影响，除轧制型钢、正交异性加劲板的闭口加劲肋及填板外，其他受力钢板不得小于8mm。

(4)截面验算。按照上述步骤初选截面后，分别按式(20-4)、式(20-9)、式(20-11)和式(20-3)进行受压构件的强度、整体稳定、局部稳定和刚度验算。如有孔洞削弱，还应按式(19-30)进行板件的截面强度验算。如验算结果不完全满足要求，应调整截面尺寸后重新验算，直到满足要求为止。

例20-2 有一钢桁架的上弦杆，承受的轴向压力计算值$N=4170\text{kN}$，杆长$l=8\text{m}$，焊接H形截面，钢材采用Q345钢，容许最大长细比$[\lambda]=100$。该桁架的横向联结系间距等于桁架节间长度l，试设计该弦杆。

解：(1)初选截面尺寸

设选用的钢板厚度为17~25mm，由附表4-1可知$f_d=270\text{MPa}$。

假定$\lambda=60$，则弦杆的相对长细比为

$$\overline{\lambda}=\frac{\lambda}{\pi}\sqrt{\frac{f_y}{E}}=\frac{60}{\pi}\sqrt{\frac{345}{2.06\times10^5}}=0.782>0.2$$

采用焊接H形截面，查附表4-9可知截面分类为c类，查表20-2可知计算参数$\alpha=0.5$，$\varepsilon_0=\alpha(\overline{\lambda}-0.2)=0.5\times(0.782-0.2)=0.291$，由式(20-10)计算整体稳定折减系数$\chi$为

$$\chi=\frac{1}{2}\left\{1+\frac{1}{\overline{\lambda}^2}(1+\varepsilon_0)-\sqrt{\left[1+\frac{1}{\overline{\lambda}^2}(1+\varepsilon_0)\right]^2-\frac{4}{\overline{\lambda}^2}}\right\}$$

$$=\frac{1}{2}\left\{1+\frac{1}{0.782^2}(1+0.291)-\sqrt{\left[1+\frac{1}{0.782^2}(1+0.291)\right]^2-\frac{4}{0.782^2}}\right\}=0.670$$

弦杆所需的截面面积为

$$A_{\text{mreq}}=\frac{N}{\chi f_d}=\frac{4170\times10^3}{0.670\times270}=23051.41(\text{mm}^2)$$

查表20-1的弦杆的计算长度$l_{0x}=l_{0y}=8000\text{mm}$，则所需截面回转半径$i_{x\text{req}}=i_{y\text{req}}=l_0/\lambda=8000/60=133(\text{mm})$。

由图20-5e)可得$i_x=0.24h$，$i_y=0.43b$，则有$h=133/0.24=554(\text{mm})$，$b=133/0.43=309(\text{mm})$。

选翼缘板宽度为$h=560\text{mm}$，腹板宽度为$b=320\text{mm}$，则翼缘板厚度可按式(20-11a)的局部稳定要求估算，得$\frac{b}{t}\leqslant12\sqrt{\frac{345}{f_y}}=12$。

$$t_f=\frac{h}{2\times12}=\frac{560}{24}=23.3(\text{mm})\text{，取}t_f=24\text{mm}$$

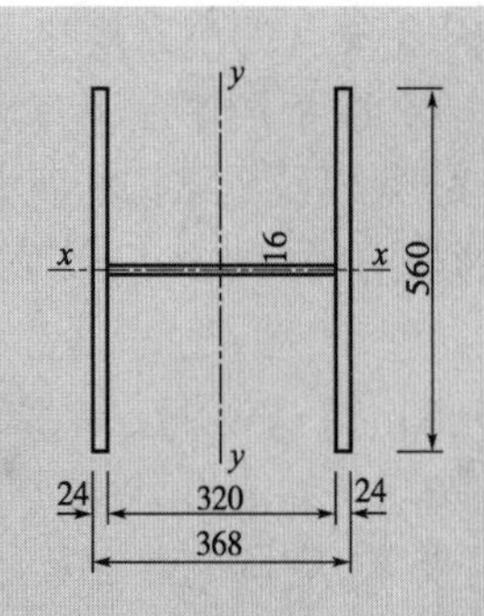

图 20-14 弦杆的截面尺寸(尺寸单位:mm)

故初步选定翼缘板 2—560 × 24,腹板 1—320 × 16,毛截面面积为 $A_m = 2\times560\times24 + 320\times16 = 32000(mm^2)$。

(2)截面强度验算

实际设计截面如图 20-14 所示,翼缘板和腹板的有效宽度分别按式(20-6)和式(20-7)计算:

①翼缘板:翼缘板为三边简支一边自由,弹性屈曲系数为 $K_f = 0.425$,$\overline{\lambda}_{pf} = 1.05\left(\frac{h/2}{t_f}\right)\sqrt{\frac{f_y}{EK_f}} = 1.05 \times \frac{560/2}{24} \times \sqrt{\frac{345}{2.06\times10^5\times0.425}} = 0.769 > 0.4$,故需要考虑局部屈曲对强度的影响。

$$\varepsilon_{0f} = 0.8 \times (\overline{\lambda}_{pf} - 0.4) = 0.8 \times (0.769 - 0.4) = 0.295$$

$$\rho_f = \frac{1}{2}\left\{1 + \frac{1}{\overline{\lambda}_{pf}^2}(1+\varepsilon_{0f}) - \sqrt{\left[1 + \frac{1}{\overline{\lambda}_{pf}^2}(1+\varepsilon_{0f})\right]^2 - \frac{4}{\overline{\lambda}_{pf}^2}}\right\}$$

$$= \frac{1}{2} \times \left\{1 + \frac{1}{0.769^2}\times(1+0.295) - \sqrt{\left[1 + \frac{1}{0.769^2}\times(1+0.295)\right]^2 - \frac{4}{0.769^2}}\right\}$$

$$= 0.671$$

翼缘板的有效宽度为 $b_{ef} = \rho_f h = 0.671 \times 560 = 376(mm)$。

②腹板:腹板为四边简支,弹性屈曲系数为 $K_w = 4$。$\overline{\lambda}_{pw} = 1.05\left(\frac{b}{t_w}\right)\sqrt{\frac{f_y}{EK_w}} = 1.05 \times \frac{320}{16} \times \sqrt{\frac{345}{2.06\times10^5\times4}} = 0.43 > 0.4$,故需要考虑局部屈曲对强度的影响。

$$\varepsilon_{0w} = 0.8 \times (\overline{\lambda}_{pw} - 0.4) = 0.8 \times (0.43 - 0.4) = 0.024$$

由式(20-5)得 $\rho_w = 0.972$,则腹板有效宽度为 $b_{ew} = \rho_w b = 0.972 \times 320 = 311.0(mm)$。

焊接 H 形截面考虑局部稳定影响的有效截面(图 20-15)面积为

$$A_{eff} = 2b_{ew}t_f + b_{ew}t_w = 2\times376\times24 + 311\times16$$

$$= 23024(mm^2)$$

由式(20-4)可得,$\sigma = \frac{N}{A_{eff,p}} = \frac{4170\times10^3}{23024} = 181.1(MPa) < f_d(=270MPa)$,强度满足要求。

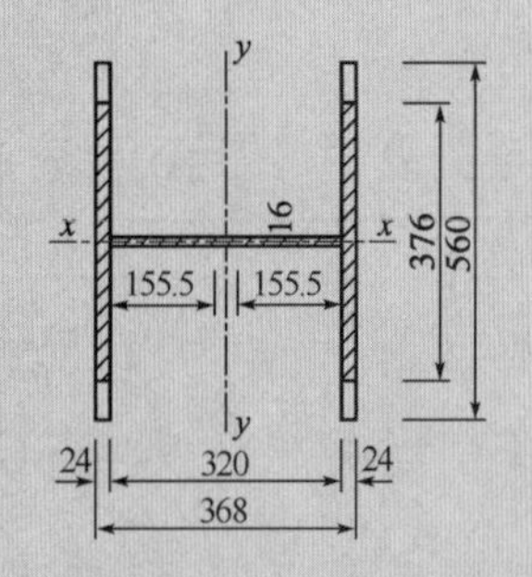

图 20-15 弦杆的有效截面示意图(尺寸单位:mm)

(3)整体稳定性验算

由图20-14可看出 $I_x < I_y$。

$$I_x = 2 \times \frac{1}{12}t_f h^3 = 2 \times \frac{1}{12} \times 24 \times 560^3 = 7.02464 \times 10^8 (\mathrm{mm}^4)$$

$$i_{\min} = i_x = \sqrt{\frac{I_x}{A_m}} = \sqrt{\frac{7.02464 \times 10^8}{32000}} = 148.2(\mathrm{mm})$$

$$\lambda_{\max} = \frac{l_0}{i_x} = \frac{8000}{148.2} = 54$$

$$\bar{\lambda} = \frac{\lambda_{\max}}{\pi}\sqrt{\frac{f_y}{E}} = \frac{54}{\pi}\sqrt{\frac{345}{2.06 \times 10^5}} = 0.703 > 0.2$$

$$\varepsilon_0 = \alpha(\bar{\lambda} - 0.2) = 0.5 \times (0.703 - 0.2) = 0.252$$

由式(20-10)计算整体稳定折减系数 $\chi = 0.719$,由式(20-9)进行整体稳定性验算,即

$$\frac{N}{\chi A_{\mathrm{eff,p}}} = \frac{4170 \times 10^3}{0.719 \times 23024} = 251.9(\mathrm{MPa}) < f_d (= 270\mathrm{MPa})$$

满足要求。

(4)局部稳定性验算

由式(20-11a)进行H形截面翼缘板的局部稳定性验算,即

$$\frac{b_f}{t_f} = \frac{560 - 16}{2 \times 24} = 11.3 < 12\sqrt{\frac{345}{f_y}} = 12$$

由式(20-11b)进行H形截面腹板的局部稳定性验算,即

$$\frac{b}{t_w} = \frac{320}{16} = 20 < 30\sqrt{\frac{345}{f_y}} = 30$$

H形截面受压构件的局部稳定验算满足要求。

(5)刚度验算

$$\lambda_{\max} = 54 < [\lambda] = 100$$

刚度满足要求。

20.4 格构式轴心受压构件

格构式轴心受压构件的设计除应考虑强度、刚度(长细比)、整体稳定和局部稳定(分肢的稳定和板件的稳定)几个方面的要求外,还应包括缀件的设计。

20.4.1 格构式轴心受压构件绕实轴的整体稳定

格构式轴心受压构件的分肢通常采用槽钢和工字钢,构件截面具有对称轴(图20-16)。

当构件丧失整体稳定时,不大可能发生扭转屈曲和弯扭屈曲,往往发生绕截面主轴的弯曲屈曲。因此计算格构式轴心受压构件的整体稳定时,只需计算绕截面实轴和虚轴抵抗弯曲屈曲的能力。

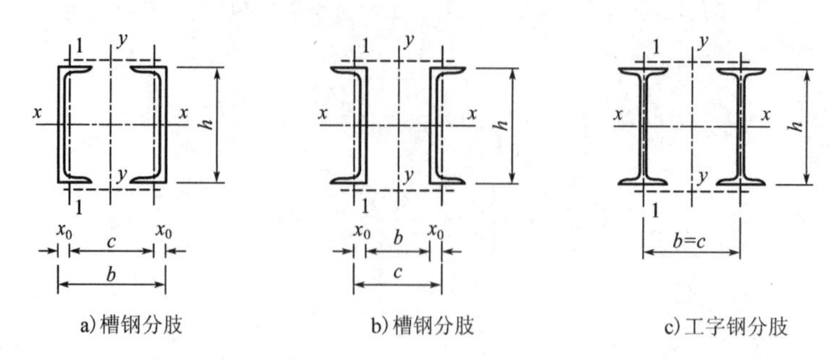

图 20-16　格构式构件截面

格构式轴心受压构件绕实轴的弯曲屈曲情况与实腹式轴心受压构件没有区别,因此其整体稳定计算也相同,可以采用式(20-9)进行计算。

20.4.2　格构式轴心受压构件绕虚轴的整体稳定

实腹式轴心受压构件在弯曲屈曲时,剪切变形影响很小,考虑剪切变形后构件临界力的降低不到1%,可以忽略不计。格构式轴心受压构件绕虚轴弯曲屈曲时,由于两个分肢不是实体相连,连接两分肢的缀件的抗剪刚度比实腹式构件的腹板弱,构件在微弯平衡状态下,除弯曲变形外,还需要考虑剪切变形的影响。

根据弹性稳定理论分析,当缀件采用缀条时,两端铰接等截面双肢缀条组合格构式构件绕虚轴弯曲屈曲的临界应力为

$$\sigma_{\mathrm{cr}} = \frac{\pi^2 E}{\lambda_y^2 + \dfrac{\pi^2}{\sin^2\theta\cos\theta} \cdot \dfrac{A}{A_{1y}}} \tag{20-14}$$

即

$$\sigma_{\mathrm{cr}} = \frac{\pi^2 E}{\lambda_{0y}^2} \tag{20-15}$$

其中

$$\lambda_{0y} = \sqrt{\lambda_y^2 + \frac{\pi^2}{\sin^2\theta\cos\theta} \cdot \frac{A}{A_{1y}}} \tag{20-16}$$

式中:λ_y——整个构件对虚轴 y 轴的长细比;

A——整个构件的毛截面面积;

A_{1y}——一个节间内两侧斜缀条毛截面面积之和;

θ——缀条与构件轴线间的夹角。

式(20-15)与实腹式轴心受压构件欧拉(Euler)临界应力计算公式的形式完全相同。由此可见,如果用 λ_{0y} 代替 λ_y,则可采用与实腹式轴心受压构件相同的公式计算格构式构件绕虚轴的稳定性,因此,称 λ_{0y} 为换算长细比。

一般斜缀条与构件轴线间的夹角 θ 为 40°~70°,在此常用范围,$\pi^2/(\sin^2\theta \cdot \cos\theta) = 25.6 \sim 32.7$,其值变化不大,为了简便,可将 $\dfrac{\pi^2}{\sin^2\theta \cdot \cos\theta}$ 取为常数 27,则式(20-16)简化为

$$\lambda_{0y} = \sqrt{\lambda_y^2 + 27\frac{A}{A_{1y}}} \tag{20-17}$$

需要注意的是,当斜缀条与柱轴线间的夹角不在40°~70°范围内时,$\pi^2/(\sin^2\theta \cdot \cos\theta)$值将比27大很多,式(20-17)是偏于不安全的,这时应按式(20-16)计算换算长细比λ_{0y}。同理,可以推出用缀条连接的三肢或四肢格构式轴心受压构件的换算长细比。

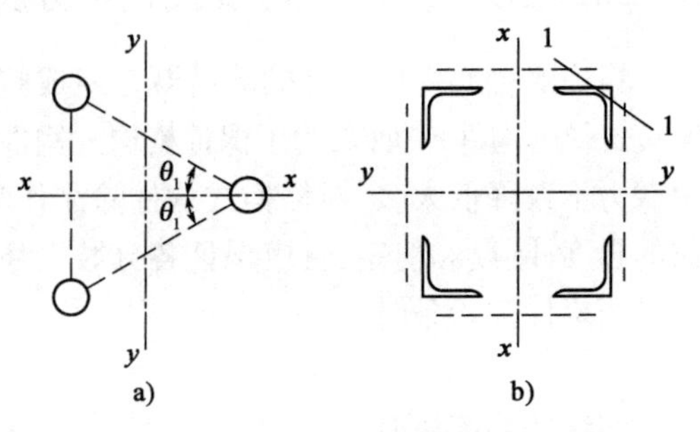

图20-17 由三肢和四肢组成的格构式压杆

用缀条连接的三肢格构式轴心受压构件[图20-17a)]的换算长细比为

$$\lambda_{0x} = \sqrt{\lambda_x^2 + \frac{42A}{A_1(1.5 - \cos^2\theta_1)}} \qquad \lambda_{0y} = \sqrt{\lambda_y^2 + \frac{42A}{A_1\cos^2\theta_1}} \tag{20-18}$$

式中:A_1——一个节间内构件截面中各斜缀条毛截面面积之和;

θ_1——缀件截面内缀条所在平面与x轴的夹角。

用缀条连接的四肢格构式轴心受压构件[图20-17b)]换算长细比为

$$\lambda_{0x} = \sqrt{\lambda_x^2 + 40\frac{A}{A_{1x}}} \qquad \lambda_{0y} = \sqrt{\lambda_y^2 + 40\frac{A}{A_{1y}}} \tag{20-19}$$

式中:A——整个构件的毛截面面积;

λ_x、λ_y——整个构件对x轴和y轴的长细比;

A_{1x}、A_{1y}——一个节间内分别垂直于x轴和y轴的两侧斜缀条毛截面面积之和。

当缀件为缀板时,用同样的原理可得双肢格构式轴心受压构件(图20-16)的换算长细比为

$$\lambda_{0y} = \sqrt{\lambda_y^2 + \frac{\pi^2}{12}\left(1 + \frac{2}{k}\right)\lambda_1^2} \tag{20-20}$$

式中:λ_1——相应分肢长细比,$\lambda_1 = l_1/i_1$;

k——缀板与分肢线刚度之比,$k = \left(\frac{I_b}{c}\right)\Big/\left(\frac{I_1}{l_1}\right)$,且$k \geqslant 6$;

l_1——相邻两缀板间的中心距;

I_1、i_1——每个分肢绕其平行于虚轴方向重心轴的惯性矩和回转半径;

I_b——构件截面中各缀板的截面面积惯性矩之和;

c——两分肢的轴线间距。

通常情况下,k值较大(两分肢不相等时,k按较大分肢计算)。当$k = 6 \sim 20$时,$\pi^2(1 + 2/k)/12 = 1.097 \sim 0.905$,即在$k \geqslant 6$的常用范围,接近于1。为简化起见,缀件为缀板时换算长细比按下式计算

$$\lambda_{0y} = \sqrt{\lambda_y^2 + \lambda_1^2} \tag{20-21}$$

式中的$\lambda_1 = l_{01}/i_1$为分肢对最小刚度轴的长细比。

缀板式构件分肢在缀板连接范围内刚度较大而变形很小,因此当缀板与分肢焊接时,计算长度l_{01}为相邻两缀板间的净距;当缀板与分肢螺栓连接时,计算长度l_{01}为最近边缘螺栓间的

距离。

20.4.3 格构式轴心受压构件分肢的稳定和强度

格构式轴心受压构件的分肢既是组成整体截面的一部分,在缀件节点之间又是一个单独的实腹式受压构件。所以,为了保证格构式构件的稳定承载力较相同长细比的实腹式构件的稳定承载力不致降低太多,对格构式构件除需作为整体计算其强度、刚度和稳定外,还应计算各分肢的强度、刚度和稳定,且应保证各分肢失稳不先于格构式构件整体失稳。因此通常规定:

当缀件为缀条时

$$\lambda_1 \leqslant 0.7\lambda_{\max}$$

当缀件为缀板时

$$\lambda_1 \leqslant \max(0.5\lambda_{\max},40)$$

式中的 $\lambda_{\max}$ 为构件两方向长细比(对虚轴取换算长细比)的较大值,当 $\lambda < 50$ 时,取 $\lambda = 50$。λ_1 按式(20-21)的规定计算,但当缀件采用缀条时,l_{01} 取缀条节点间距。

20.4.4 格构式轴心受压构件的缀件设计

1)格构式轴心受压构件的剪力

格构式轴心受压构件绕虚轴弯曲时将产生剪力 $V = \mathrm{d}M/\mathrm{d}z$,其中 $M = Ny$,如图 20-18 所示。考虑初始缺陷的影响,采用以下实用公式计算格构式轴心受压构件中可能发生的最大剪力 V,即

$$V = \frac{Af_{\mathrm{d}}}{85}\sqrt{\frac{f_{\mathrm{y}}}{235}} \tag{20-22}$$

式中的 A 为构件的毛截面面积。

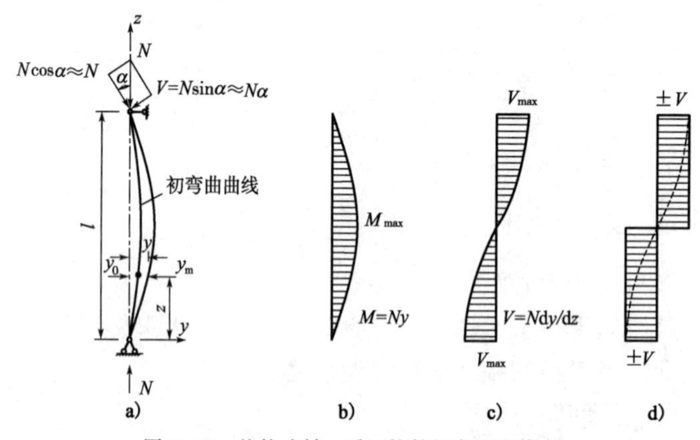

图 20-18 格构式轴心受压构件的弯矩和剪力

为了设计方便,此剪力 V 可认为沿构件全长不变,方向可以是正或负[图 20-18d)中的实线],由承受该剪力的各缀件面共同承担。对双肢格构式构件有两个缀件面,每面承担 $V_1 = V/2$。

式(20-22)只考虑了构件受压的情况,当格构式构件承受动力荷载反复作用时,构件还应按疲劳细节类别进行疲劳验算。

2)缀条设计

当缀件采用缀条时,格构式构件的每个缀件面如同缀条与构件分肢组成的平行弦桁架体系,

缀条可看作桁架的腹杆,其内力可按铰接桁架进行分析。如图 20-19 所示的斜缀条的内力为

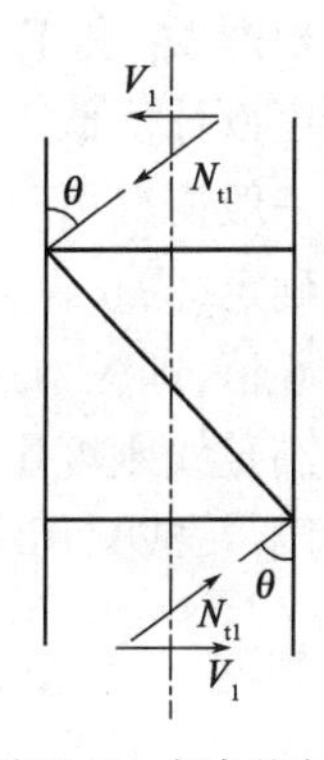

图 20-19　缀条的内力

$$N_{t1} = \frac{V_1}{\sin\theta} \tag{20-23}$$

式中:V_1——每面缀条所受的剪力;

θ——斜缀条与构件轴线间的夹角。

由于构件弯曲变形方向可能变化,因此剪力方向可以正或负,斜缀条可能受拉或受压,设计时应按最不利情况作为轴心受压构件计算。如 20.2.1 节所述,单角钢缀条通常与构件分肢单面连接,故在受力时实际上存在偏心。作为轴心受力构件计算其强度、稳定和连接时,应考虑相应的钢材强度设计值折减系数以考虑偏心受力的影响。

缀条一般采用尺寸不小于∟45×4、∟56×36×4 的角钢或厚度不小于 6mm、宽度不小于 3 倍螺钉(或铆钉)直径的扁钢。横缀条主要用来减少分肢的计算长度,其截面尺寸通常取与斜缀条相同。缀条设计时,可以先假定尺寸,然后进行稳定和刚度验算。

缀条的长细比应不超过 180,缀条的轴线与分肢的轴线应尽可能交于一点;为了增加构件的抗扭刚度并使各肢受力均匀,在缀条连接的构件两端宜设置缀板。

3)缀板设计

当缀件采用缀板时,格构式构件的每个缀件面如同缀板与构件分肢组成的单跨多层平面刚架体系。假定受力弯曲时,反弯点分布在各段分肢和缀板的中点。取如图 20-20 所示的隔离体,根据内力平衡可得每个缀板剪力 V_{b1} 和缀板与分肢连接处的弯矩 M_{b1}

$$V_{b1} = \frac{V_1 l_1}{c} \qquad M_{b1} = \frac{V_1 l_1}{2} \tag{20-24}$$

式中:l_1——两相邻缀板轴线间的距离,需根据分肢稳定和强度条件确定;

c——分肢轴线间的距离。

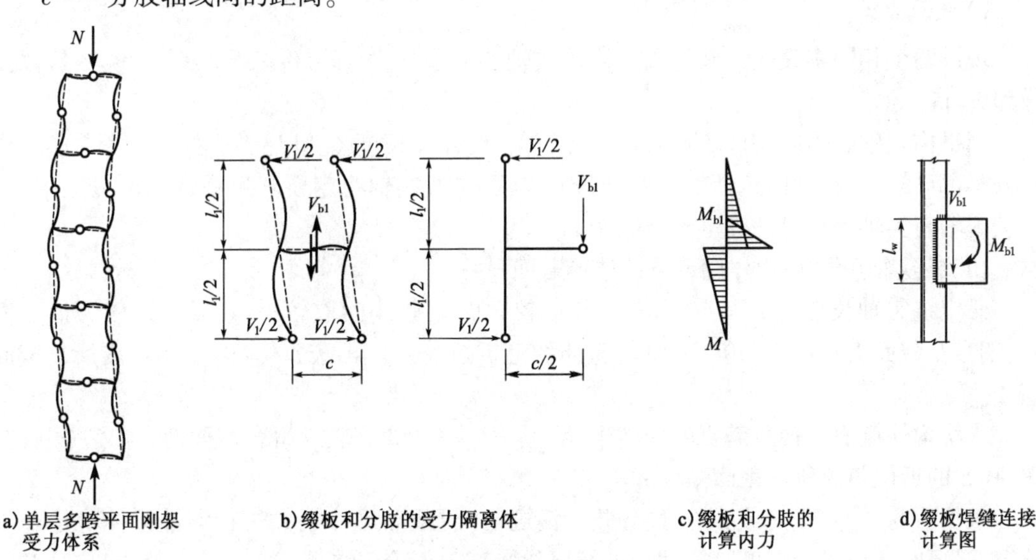

图 20-20　缀板的内力计算

根据 M_{b1} 和 V_{b1} 可验算缀板的弯曲强度、剪切强度以及缀板与分肢的连接强度。由于角焊缝强度设计值低于缀板强度设计值,故一般只需计算缀板与分肢的角焊缝连接强度。

一般情况下,格构式构件的缀板沿长度分段设置,施工比缀条更简单。缀板的尺寸由刚度要求确定,为了保证缀板的刚度,在同一截面处各缀板的线刚度之和不小于构件较大分肢线刚度的6倍,即 $\sum(I_b/c)\geqslant 6(I_1/l_1)$。当缀板的宽度 $h_b\geqslant 2c/3$、厚度 $t_b\geqslant \max(c/40,6)$ mm 时,一般可满足线刚度比、受力和连接等要求。缀板与分肢的搭接长度一般取 20 ~ 30mm,可以采用三面围焊,或只用缀板端部纵向角焊缝与分肢相连。

20.4.5 格构式轴心受压构件的横隔和缀件连接构造

为了提高格构式构件的抗扭刚度,保证运输和安装过程中截面几何形状不变,以及传递必要的内力,在受有较大水平力处和每个运送单元的两端,应设置横隔,构件较长时还应设置中间横隔。横隔的间距不得大于构件截面较大宽度的9倍或8m。格构式构件的横隔可用钢板或交叉角钢做成(图20-21)。

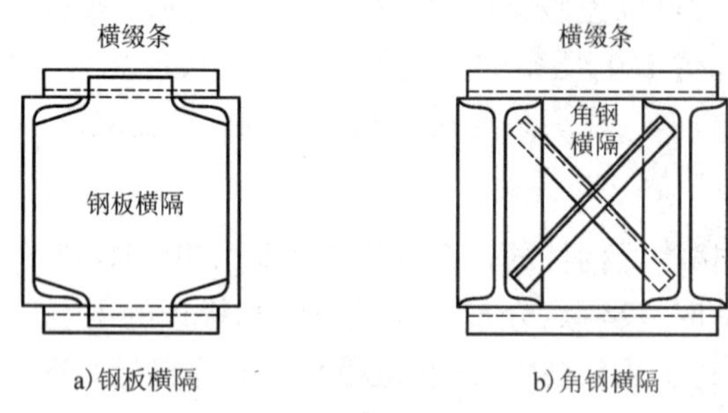

图20-21 格构式构件的横隔

20.4.6 格构式轴心受压构件的截面设计

1)截面选择

现以两个相同实腹式分肢组成的格构式轴心受压构件(图20-16)为例,来说明其截面选择和设计问题。

当格构式轴心受压构件的轴心压力计算值 N、计算长度 l_{0x} 和 l_{0y}、钢材强度设计值 f_d 和截面分类都已知时,在截面选择中主要分两大步骤,先按实轴稳定要求选择截面两分肢的尺寸,再按虚轴与实轴等稳定性确定分肢间距。

(1)按实轴(设为 x 轴)稳定条件选择截面尺寸

假定绕实轴长细比 $\lambda_x=60\sim100$,当 N 较大而 l_{0x} 较小时取较小值,反之取较大值。根据 λ_x、钢号及截面类别按式(20-10)计算整体稳定折减系数 χ,再按 $N/(\chi A_{mreq})\leqslant f_d$ 求所需截面面积 A_{mreq}。

求绕构件截面实轴所需要的回转半径 $i_{xreq}=l_{0x}/\lambda_x$(如分肢为组合截面时,则还应由 i_{xreq} 按图20-5的近似值求所需截面高度 $h=i_{xreq}/\alpha_1$)。

根据所需 A_{mreq}、i_{xreq}(或 h)初选分肢型钢规格(或截面尺寸),并进行实轴整体稳定和刚度验算,必要时还应进行强度验算和板件宽厚比验算。若验算结果不完全满足要求,应重新假定 λ_x 再试选截面,直至满意为止。

(2)按虚轴(设为 y 轴)与实轴等稳定原则确定两分肢间距

根据换算长细比 $\lambda_{0y}=\lambda_x$,则可求得所需要的 λ_{yreq}。

对缀条格构式构件

$$\lambda_{yreq}=\sqrt{\lambda_{0y}^2-27\frac{A}{A_{1y}}}=\sqrt{\lambda_x^2-27\frac{A}{A_{1y}}} \tag{20-25}$$

对缀板格构式构件

$$\lambda_{yreq}=\sqrt{\lambda_{0y}^2-\lambda_1^2}=\sqrt{\lambda_x^2-\lambda_1^2} \tag{20-26}$$

由 λ_{yreq} 可求所需 $i_{yreq}=l_{0y}/\lambda_{yreq}$,从而确定分肢间距 $b=i_{yreq}/\alpha_2$,α_2 的取值见图 20-5。

在按式(20-25)计算 λ_{yreq} 时,需先假定 A_{1y},可按 $A_{1y}=0.1A$ 预估缀条角钢型号;在按式(20-26)计算 λ_{yreq} 时,需先假定 λ_1,λ_1 可按 20.4.3 节关于格构式构件分肢长细比的要求取用。

两分肢翼缘板间的净空应大于 100~150mm,以便于油漆。b 的实际尺寸应调整为 10mm 的倍数。

2)截面验算

按照上述步骤初选截面后,按式(20-3)、式(20-9)和 20.4.3 节的规定分别进行刚度整体稳定验算及分肢长细比验算;如有孔洞削弱,还应按式(19-30)进行强度验算;缀件设计按 20.4.4节进行。如截面验算结果不完全满足要求,应调整截面尺寸后重新计算,直到满足要求为止。

例 20-3 试设计轴心受压格构式构件,已知轴心压力计算值 $N=745\text{kN}$,构件全长 $l=6\text{m}$,两端铰接,中间无支撑,采用 Q235 钢。

解:查附表 4-1 可知,16~40mm 厚的 Q235 钢材抗压、抗弯强度设计值为 $f_d=180\text{MPa}$,抗剪强度设计值为 $f_{vd}=105\text{MPa}$;构件的容许最大长细比 $[\lambda]=100$。

(1)按实轴(x 轴)的稳定条件确定分肢截面尺寸

轴心受压格构式构件采用两个翼缘板向内的槽钢,并用缀板焊接而成,见图 20-16a)。

假定 $\lambda_{x0}=60$,相对长细比 $\bar{\lambda}_{x0}=\frac{\lambda_{x0}}{\pi}\sqrt{\frac{f_y}{E}}=\frac{60}{\pi}\sqrt{\frac{235}{2.06\times10^5}}=0.65>0.2$,查附表 4-9 可知,截面类型为 c 类,再查表 20-2 得整体稳定折减系数的计算参数 $\alpha_x=0.5$。

由式(20-10)规定计算等效偏心率 $\varepsilon_0=0.225$,轴心受压构件整体稳定折减系数 $\chi=0.752$。

取 $e_x=e_y=0$,由式(20-9)计算所需截面面积和回转半径分别为

$$A_{mreq}=\frac{N}{\chi f_d}=\frac{745\times10^3}{0.752\times180}=5503(\text{mm}^2)$$

$$i_{xreq}=\frac{l_{0x}}{\lambda_{x0}}=\frac{6\times10^3}{60}=100(\text{mm})$$

根据A_{mreq}和$i_{x\text{req}}$查型钢表,试选2[22a。每一槽钢的截面几何特征为$A_1=3184\text{mm}^2$,$i_x=86.7\text{mm}$,$i_1=22.3\text{mm}$,$I_1=157.8\times10^4\text{mm}^4$,$b_1=77\text{mm}$(翼缘板宽度)。

①绕实轴方向的刚度

$$\lambda_x=\frac{l_{0x}}{i_x}=\frac{6\times10^3}{86.7}=69.2<[\lambda](=100)$$

满足刚度要求。

②整体稳定性验算

根据选择的实际截面尺寸,按式(20-10)重新计算得到$\overline{\lambda}_x=0.74>0.2$,$\varepsilon_{0x}=0.27$,$\chi_x=0.696$。

由式(20-9)进行轴心受压构件绕实轴(x轴)的整体稳定性验算

$$\frac{N}{\chi_x A_{\text{m}}}=\frac{745\times10^3}{0.696\times3184\times2}=168.1(\text{MPa})<f_{\text{d}}(=180\text{MPa})$$

满足要求。

(2)按绕虚轴(y轴)的稳定条件确定分肢间距

取$\lambda_1=40$,满足$\lambda_1\leqslant40$的分肢稳定要求。按等稳定原则$\lambda_{0y}=\lambda_x$,可得到

$$\lambda_{y\text{req}}=\sqrt{\lambda_x^2-\lambda_1^2}=\sqrt{69.2^2-40^2}=56.5<[\lambda](=100)$$

$$i_{y\text{req}}=\frac{l_{0y}}{\lambda_{y\text{req}}}=\frac{6\times10^3}{56.5}=106.2(\text{mm})$$

由图20-5查得$i_x=0.38h$,$i_y=0.44b$,则$b\approx\frac{106}{0.44}=241(\text{mm})$。

为便于在构件内部进行油漆养护,取构件的宽度$b=300\text{mm}$,则两槽钢翼缘板间的净距为$300-2\times77=146(\text{mm})>100\text{mm}$,满足构造要求。

①虚轴方向的刚度

两个槽钢采用缀板焊接,则缀板两侧焊缝间的距离取为280mm,缀板间的净距取为$l_{01}=2.5\times280=700(\text{mm})$,则

$$\lambda_1=\frac{l_{01}}{i_1}=\frac{700}{22.3}=31.4$$

$$I_y=2\left[I_1+A_1\left(\frac{b}{2}-z_0\right)^2\right]=2\left[157.8\times10^4+3184\times\left(\frac{300}{2}-21\right)^2\right]=109\times10^6(\text{mm}^4)$$

$$i_y=\sqrt{\frac{I_y}{A_{\text{m}}}}=\sqrt{\frac{109\times10^6}{2\times3184}}=130.8(\text{mm})$$

$$\lambda_y=\frac{l_{0y}}{i_y}=\frac{6\times10^3}{130.8}=45.9$$

由式(20-21)计算缀件为缀板时换算长细比λ_{0y}为

$$\lambda_{0y}=\sqrt{\lambda_y^2+\lambda_1^2}=\sqrt{45.9^2+31.4^2}=55.6<[\lambda](=100)$$

满足刚度要求。

②整体稳定性验算

构件绕虚轴(y 轴)的相对长细比为

$$\bar{\lambda}_{0y}=\frac{\lambda_{0y}}{\pi}\sqrt{\frac{f_y}{E}}=\frac{55.6}{\pi}\sqrt{\frac{235}{2.06\times10^5}}=0.598>0.2$$

由表20-2查得 $\alpha_y=0.5$,由式(20-10)规定计算等效偏心率 $\varepsilon_{0y}=0.199$,$\chi_y=0.783$,则由式(20-9)得

$$\frac{N}{\chi_y A_m}=\frac{745\times10^3}{0.783\times3184\times2}=149.4(\text{MPa})<f_d(=180\text{ MPa})$$

满足要求。

③局部稳定验算

$\lambda_1=31.4$,满足 $\lambda_1<40$ 和 $\lambda_1<\lambda_{0y}$ 的分肢稳定要求。分肢采用型钢,也不必验算其局部稳定,故认为所选截面满足要求。

(3)缀板设计

①初选缀板尺寸

缀板立面高度应满足 $h_b\geqslant\frac{2}{3}c=\frac{2}{3}\times(300-2\times21)=172(\text{mm})$,截面厚度应满足 $t_b\geqslant c/40=6.45(\text{mm})$,故中缀板取为 $h_{b1}\times t_{b1}=220\text{mm}\times8\text{mm}$,端缀板取为 $h_{b2}\times t_{b2}=350\text{mm}\times8\text{mm}$,缀板间净距取 $l_{01}=600\text{mm}<700\text{mm}$。在全长6m的格构式构件上设置2对端缀板,6对中缀板。

②缀板计算

中缀板的中心距离 $l_1=l_{01}+h_{b1}=820(\text{mm})$。

缀板线刚度之和与分肢线刚度比值 $\frac{\sum I_b/c}{I_1/l_1}=\frac{2\times8\times220^3\times820}{12\times157.8\times10^4\times258}=28.6>6$,满足缀板的刚度要求。

作用在构件上的横向剪力 $V=\frac{Af_d}{85}\sqrt{\frac{f_y}{235}}=\frac{3184\times2\times180}{85}=13485(\text{N})$,每个缀板面剪力为 $V_1=6742\text{N}$,则缀板截面上的计算内力为

弯矩 $$M_{b1}=\frac{V_1l_1}{2}=\frac{6742\times820}{2}=2.76\times10^6(\text{N}\cdot\text{mm})$$

剪力 $$V_{b1}=\frac{V_1l_1}{c}=\frac{6742\times820}{258}=2.14\times10^4(\text{N})$$

缀板强度验算如下

$$\sigma=\frac{6M_{b1}}{t_bh_{b1}^2}=\frac{6\times2.76\times10^6}{8\times220^2}=42.8(\text{MPa})<f_d(=180\text{MPa})$$

$$\tau=\frac{1.5V_{b1}}{t_bh_{b1}}=\frac{1.5\times2.14\times10^4}{8\times220}=18.2(\text{MPa})<f_{vd}(=105\text{MPa})$$

满足缀板的强度要求。

③缀板焊缝计算

取焊缝长度与缀板长度相同,即中缀板为220mm,端缀板为350mm,焊缝厚度等于缀板厚度 $h_f=8$mm,如图20-22所示。

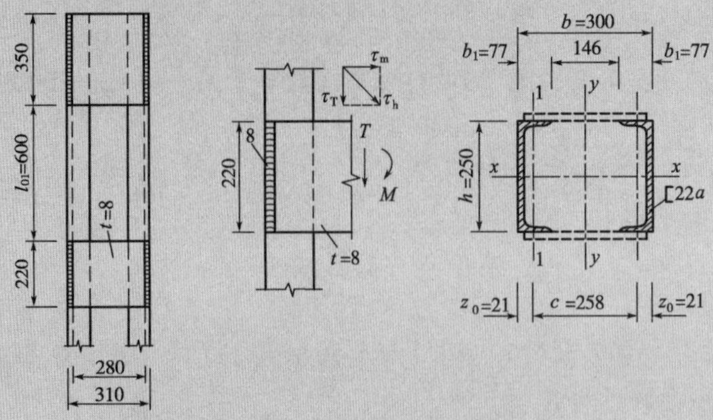

图20-22 例20-3格构式构件的设计图(尺寸单位:mm)

由缀板剪力产生的焊缝应力

$$\tau_T=\frac{1.5V_{b1}}{0.7h_f l_f}=\frac{1.5\times2.14\times10^4}{0.7\times8\times(220-2\times8)}=28.1(\text{MPa})$$

由缀板弯矩产生的焊缝应力

$$\sigma_M=\frac{6M_{b1}}{0.7h_f l_f^2}=\frac{6\times2.76\times10^6}{0.7\times8\times(220-2\times8)^2}=71.1(\text{MPa})$$

$$\sqrt{(\sigma_M)^2+(\tau_T)^2}=\sqrt{(71.1)^2+(28.1)^2}=76.5(\text{MPa})<140\text{MPa}$$

故缀板焊缝满足要求。

20.5 实腹式拉弯构件和压弯构件

构件同时承受轴心拉(或压)力和绕截面形心主轴的弯矩作用,称为拉弯(或压弯)构件。弯矩可能由轴向力的偏心作用[图20-23a)]、横向荷载作用[图20-23b)]或端弯矩作用[图20-23c)]等因素产生,弯矩由偏心轴力引起时,也称为偏拉(或压)构件。当弯矩作用在截面的一个主轴平面内时称为单向拉弯(或压弯)构件,同时作用在两个主轴平面内时称为双向拉弯(或压弯)构件。钢桁架中承受节间内荷载作用的杆件常是拉弯或压弯构件。

与轴心受力构件一样,拉弯和压弯构件也可按其截面形式分为实腹式构件和格构式构件两种,常用的截面形式有热轧型钢截面和组合截面,如图20-24所示。当受力较小时,可选用热轧型钢[图 20-24a)]。当受力较大时,可选用钢板焊接组合截面或型钢与型钢、型钢与钢板的组合截面[图 20-24b)]。除了实腹式截面外,当构件计算长度较大且受力较大时,为了提高截面的抗弯刚度,还常常采用格构式截面[图 20-24c)]。根据拉弯和压弯构件的受力特点,其截面通常做成在弯矩作用方向具有较大的截面尺寸,使在该方向有较大的截面抵抗矩、回转半径和抗弯刚度。

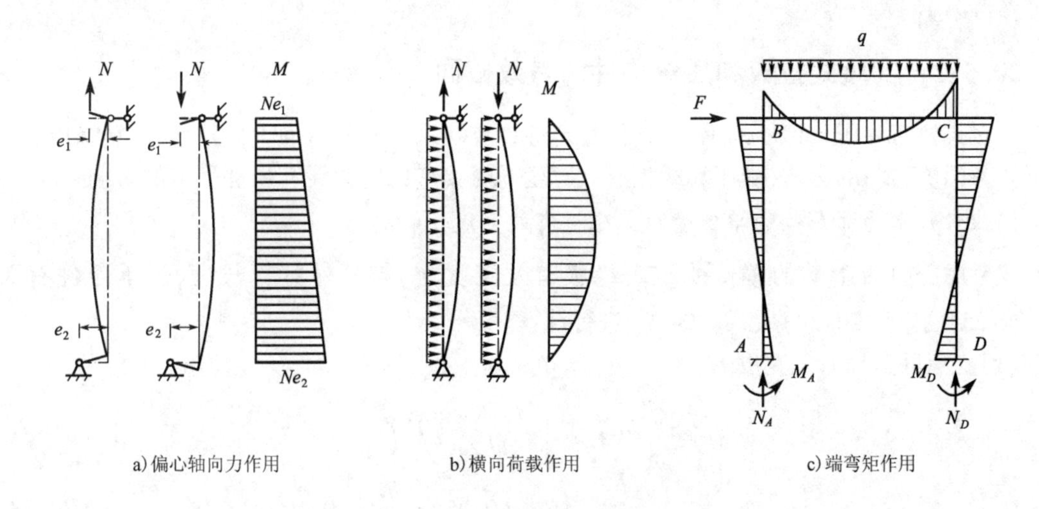

图 20-23 拉弯构件和压弯构件

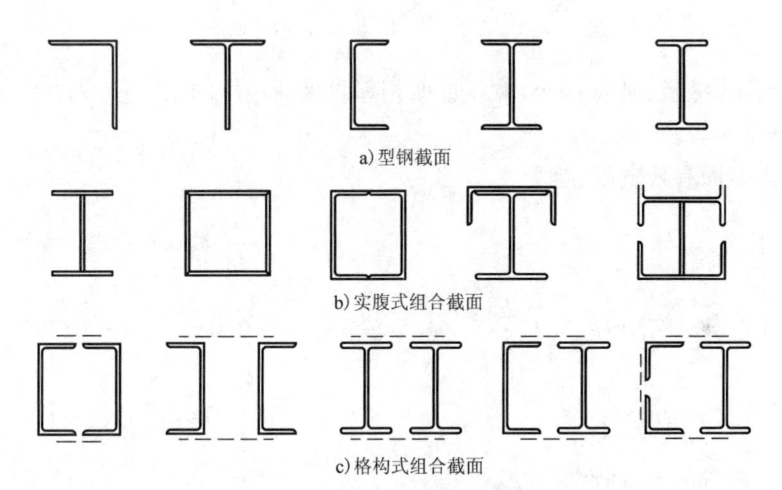

图 20-24 拉弯、压弯构件截面形式

20.5.1 实腹式拉弯和压弯构件的强度和刚度

对拉弯构件和截面有孔洞等削弱或构件端部弯矩大于跨间弯矩的压弯构件,需要进行强度计算。通常以构件弹性受力阶段的截面边缘纤维屈服作为强度计算准则,因此拉弯构件或压弯构件应按下式验算强度

$$\frac{N}{A_{\mathrm{eff}} f_{\mathrm{d}}}+\frac{M_x+Ne_y}{W_{x,\mathrm{eff}} f_{\mathrm{d}}}+\frac{M_y+Ne_x}{W_{y,\mathrm{eff}} f_{\mathrm{d}}} \leqslant 1 \tag{20-27}$$

式中：e_x、e_y——毛截面重心和有效截面重心在 x 轴和 y 轴方向的投影距离；

$W_{x,\mathrm{eff}}$、$W_{y,\mathrm{eff}}$——有效截面相对于 x 轴和 y 轴的截面模量。

拉弯构件和压弯构件的刚度要求与轴心受力构件相同。对于压弯构件除应进行强度和刚度计算外，尚应进行整体稳定性计算和局部稳定性计算。

当拉弯或压弯构件承受动力荷载反复作用时，应根据疲劳细节类别进行抗疲劳验算，相关计算参考第 18 章内容。

20.5.2 实腹式拉弯和压弯构件的有效截面

实腹式拉弯和压弯构件的强度、整体稳定性计算均采用有效截面。另外，受拉翼缘板有效宽度要考虑剪力滞的影响，受压翼缘板有效宽度同时要考虑剪力滞和局部稳定的影响。

1) *仅考虑剪力滞影响的单侧受拉翼缘板有效宽度* $b_{e,f}^{s}$

仅考虑剪力滞影响的单侧受拉翼缘板有效宽度 $b_{e,f}^{s}$ 与杆件计算长度、支承条件有关(图 20-25)，按式(20-28)或式(20-29)进行计算。

(1) 支点间截面有效宽度 $b_{e,f1}^{s}$

$$
\begin{cases}
b_{e,f1}^{s} = b_f & \left(\dfrac{b_f}{L_e} \leqslant 0.05\right) \\
b_{e,f1}^{s} = \left(1.1 - 2\dfrac{b_f}{L_e}\right)b_f & \left(0.05 < \dfrac{b_f}{L_e} < 0.30\right) \\
b_{e,f1}^{s} = 0.15L_e & \left(\dfrac{b_f}{L_e} \geqslant 0.30\right)
\end{cases}
\tag{20-28}
$$

式中：b_f——单侧翼缘板(伸臂部分)宽度或两相邻腹板间距离的一半；

L_e——等效长度。

(2) 中支点截面有效宽度 $b_{e,f2}^{s}$

$$
\begin{cases}
b_{e,f2}^{s} = b_f & \left(\dfrac{b_f}{L_e} \leqslant 0.02\right) \\
b_{e,f2}^{s} = \left[1.06 - 3.2\left(\dfrac{b_f}{L_e}\right) + 4.5\left(\dfrac{b_f}{L_e}\right)^2\right]b_f & \left(0.02 < \dfrac{b_f}{L_e} < 0.30\right) \\
b_{e,f2}^{s} = 0.15L_e & \left(\dfrac{b_f}{L_e} \geqslant 0.30\right)
\end{cases}
\tag{20-29}
$$

(3) 中支点附近截面有效宽度 $b_{e,f}^{s}$

中支点附近(0.2l 范围内)截面的有效宽度根据以上计算所得的 $b_{e,f1}^{s}$、$b_{e,f2}^{s}$(图 20-25)线性插值即可得到。

对两端简支杆件[图 20-25a)]，截面有效宽度 $b_{e,f1}^{s}$ 沿桥跨不变，等效长度与计算长度(或跨径)相同，按式(20-28)计算。

对有中间支承的杆件[图 20-25b)]，中支点处截面有效宽度 $b_{e,f2}^{s}$ 按式(20-29)计算，等效长度取相邻两段杆件长度之和的 0.2 倍；各支承点之间的截面有效宽度 $b_{e,f1}^{s}$ 按式(20-28)计算，其端支点与中支点之间的杆件等效长度取该段杆件长度的 0.8 倍，两中支点之间的杆件等效长度取相应段杆件长度的 0.6 倍；距中间支点 0.2 倍跨径的范围内，有效宽度按线性内插计算。

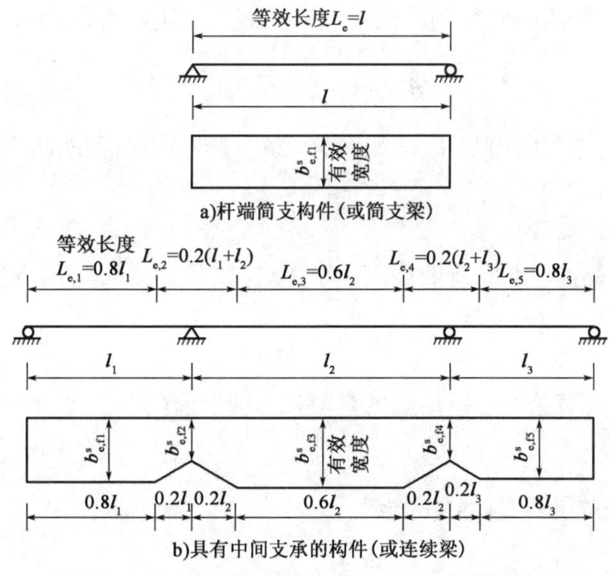

图 20-25　翼缘板的等效长度 L_e 及有效宽度变化

2)同时考虑剪力滞和局部稳定影响的单侧受压翼缘板的有效宽度 $b^{ps}_{e,f}$

$$b^{ps}_{e,f} = \rho^s_f b^p_{e,f} = \rho^s_f \rho_f b_f \tag{20-30}$$

式中的 ρ^s_f 为考虑剪力滞影响的翼缘板有效宽度折减系数,$\rho^s_f = b^s_{e,f}/b_f$;其余符号意义见式(20-6)。

3)有效截面面积 A_{eff}

以 H 形截面为例,在轴力和弯矩共同作用下,截面可能出现全截面受压、全截面受拉及截面部分受压、部分受拉三种情况(图 20-26),故分别计算三种情况下的有效截面面积 A_{eff}。

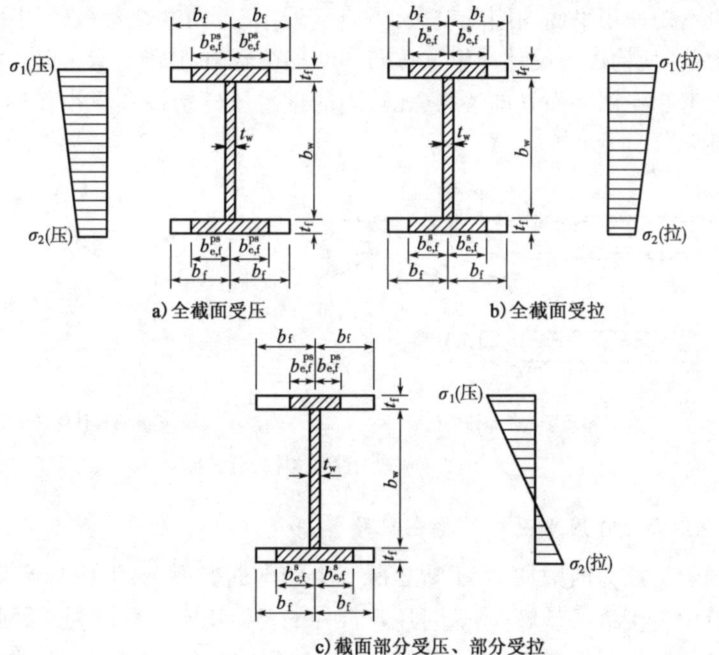

图 20-26　H 形截面翼缘板和腹板有效宽度

全截面受压时,有效截面面积A_{eff}为如图20-26a)所示阴影面积,按下式计算

$$A_{eff}=4b_{e,f}^{ps}t_f+b_wt_w \tag{20-31}$$

全截面受拉时,有效截面面积A_{eff}为如图20-26b)所示阴影面积,按下式计算

$$A_{eff}=4b_{e,f}^{s}t_f+b_wt_w \tag{20-32}$$

截面部分受压、部分受拉时,有效截面面积A_{eff}为如图20-26c)所示阴影面积,按下式计算

$$A_{eff}=2b_{e,f}^{ps}t_f+2b_{e,f}^{s}t_f+b_wt_w \tag{20-33}$$

拉弯或压弯构件计算公式中所用到的截面几何特性值(如I_{eff}、S_{eff}和W_{eff}等)均采用有效截面计算。

20.5.3 实腹式压弯构件的稳定

1)压弯构件的整体失稳现象

单向压弯构件的整体失稳分为弯矩作用平面内失稳和弯矩作用平面外失稳两种情况。弯矩作用平面内失稳是弯曲屈曲,弯矩作用平面外失稳是弯扭屈曲。但双向压弯构件只有弯扭屈曲一种可能。

如图20-27a)所示偏心受压构件,如果有足够的侧向约束或足够的侧向刚度防止弯矩作用平面外(oxz平面)的侧移和变形,则构件只在弯矩作用平面内(oyz平面)产生弯曲。加载一开始,弯曲变形就增加;当荷载达到一定数值N_u后,荷载下降而弯曲变形却继续增加,这就是压弯构件在弯矩作用平面内的失稳,N_u就是构件的极限承载力[图20-27b)]。与有缺陷的轴心受压构件类似,压弯构件在弯矩作用平面内的失稳属于第二类稳定问题。如果构件没有足够的侧向约束且弯矩作用平面内刚度较大,当荷载较小时,构件在弯矩作用平面内弯曲;当荷载增加到一定数值时,构件会突然产生x方向的弯曲变形和扭转变形,即发生了弯扭屈曲,这就是压弯构件在弯矩作用平面外的失稳,无缺陷的理想压弯构件在弯矩作用平面外的失稳属于第一类稳定问题。

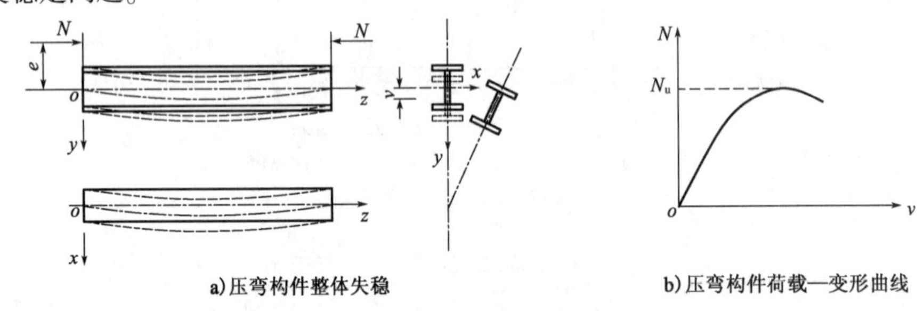

a)压弯构件整体失稳　　b)压弯构件荷载—变形曲线

图20-27　压弯构件的整体失稳现象

2)压弯构件在弯矩作用平面内的稳定性验算

压弯构件随着轴压力的增加,由于弯矩所产生的弯曲变形,会沿杆长产生新的附加弯矩,附加弯矩又使杆中挠度进一步增大,这对压弯杆件的整体稳定十分不利。因此,压弯构件在弯矩作用平面内整体稳定性验算时,常采用弯矩增大系数$1/(1-N_d/N_{cr,x})$来计入这一因素的

影响。

图 20-27a)所示的截面坐标轴下,绕毛截面重心轴 x-x 作用的弯矩 M_x 是作用在 y-y 面上,故称 y-y 面为弯矩作用平面。《公路桥规》规定实腹式压弯构件在弯矩作用平面内的整体稳定性验算公式为

$$\gamma_0\left[\frac{N_d}{\chi_x A_{eff} f_d}+\beta_{mx}\frac{M_{x,d}+N_d e_y}{W_{x,eff} f_d\left(1-\dfrac{N_d}{N_{cr,x}}\right)}\right]\leqslant 1 \tag{20-34}$$

式中:N_d——构件中间 1/3 范围内的最大轴向力设计值;

$M_{x,d}$——绕毛截面重心轴 x-x 轴作用的弯矩设计值;

e_y——轴向力设计值距有效截面重心轴 x-x 轴的偏心距;

A_{eff}、$W_{x,eff}$——分别为有效截面的截面面积和对有效截面重心轴 x-x 轴的截面模量;

$N_{cr,x}$——按轴心受压构件计算绕毛截面形心轴 x-x 轴发生弯曲失稳的临界轴向力,有

$$N_{cr,x}=\frac{\pi^2 EA}{\lambda_x^2} \tag{20-35}$$

A、λ_x——分别为按构件毛截面计算的截面面积和绕毛截面重心轴 x-x 轴的构件长细比;

χ_x——按轴心受压构件计算绕毛截面形心轴 x-x 轴发生弯曲失稳计算的整体稳定折减系数,按式(20-10)计算,以 χ_x 取代该式的 χ;

β_{mx}——相对 M_x 等效弯矩系数,可根据构件的弯矩分布类型查表 20-3 得到。

压弯构件整体稳定等效弯矩系数 β_{mx} 表 20-3

弯矩分布	β_{mx}
M ⟶ ψM $-1\leqslant\psi\leqslant1$	$0.65+0.35\Psi$
	1.0
	0.95

3)压弯构件在弯矩作用平面外的稳定性验算

《公路桥规》对实腹式压弯构件在弯矩作用平面外的稳定性验算公式为

$$\gamma_0\left[\frac{N_d}{\chi_y A_{eff} f_d}+\beta_{mx}\frac{M_{x,d}+N_d e_y}{\chi_{LT,x} W_{x,eff} f_d\left(1-\dfrac{N_d}{N_{cr,y}}\right)}\right]\leqslant 1 \tag{20-36}$$

式中:$N_{cr,y}$——按轴心受压构件计算绕 y-y 轴发生弯曲失稳的整体稳定欧拉荷载,有

$$N_{cr,y}=\frac{\pi^2 EA}{\lambda_y^2} \tag{20-37}$$

A、λ_y——按构件毛截面计算的截面面积和绕截面 y-y 轴的构件长细比;

χ_y——按轴心受压构件计算绕 y-y 轴发生弯曲失稳计算的整体稳定折减系数,按式(20-10)计算,以 χ_y 取代该式中的 χ;

$\chi_{LT,x}$——在绕截面 x-x 轴的弯矩设计值 $M_{x,d}$ 作用下,构件发生弯扭失稳模态的整体稳定折减系数,按式(20-10)计算,并以 $\chi_{LT,x}$ 取代该式的 χ,计算中,计算参数 α 由表 20-4得到屈曲曲线类型后再查表 20-2 得到;同时,以相对长细比 $\overline{\lambda}_{LT,x}$ 取代式(20-10)中的 $\overline{\lambda}$,$\overline{\lambda}_{LT,x}$ 计算式为:

$$\overline{\lambda}_{LT,x} = \sqrt{W_{x,eff} f_y / M_{cr,x}} \tag{20-38}$$

$M_{cr,x}$——在 M_x 作用平面内的弯矩单独作用下,考虑约束影响的构件弯扭失稳的整体弯扭弹性屈曲弯矩,可采用有限元方法计算。

压弯构件整体稳定的截面分类 表 20-4

横截面形式	屈 曲 方 向	屈曲曲线类型
轧制 I 形截面	$h/b \leq 2$	a
	$h/b > 2$	b
焊接 I 形截面	$h/b \leq 2$	c
	$h/b > 2$	d
其他截面	—	d

4)压弯构件的局部稳定

压弯构件的局部稳定计算与轴心受压构件相同,其局部稳定仍采用限制板件宽(高)厚比的办法来保证。

20.5.4 实腹式拉弯和压弯构件的设计计算

1)截面设计

由于构件受到轴向力和弯矩的同时作用,因此拉弯构件和压弯构件的截面设计并不能像轴心受拉或轴心受压构件那样通过计算和构造要求来选择截面各部尺寸,一般是参考已有设计资料或按轴向受力构件来初选截面尺寸,然后进行验算,不满足要求时再调整截面各部几何尺寸。

(1)截面形式可参考图 20-24 来选用。对钢桥主桁架实腹式构件应尽量选用图 20-24b)中的 H 形截面或箱形截面形式,截面高度应与汇入同一节点的其他构件截面高度尽量相同。

(2)实腹式拉弯构件可先按实腹式轴心受拉构件初步确定截面各部尺寸,同样,实腹式压弯构件可先按实腹式轴心受压构件初步确定截面各部尺寸。

2)截面验算

由 20.5.1 节可见,**实腹式拉弯构件或压弯构件的截面验算关键问题是构件有效截面确定**,而 20.5.2 节介绍了在确定有效截面时主要要解决单侧受拉(受压)翼缘板有效宽度的计算问题,同时需要根据截面上可能出现全截面受压、全截面受拉和截面部分受压部分受拉三种情况(图 20-26)进行构件有效截面面积计算。下面介绍初步判定构件截面是否处于截面部分受压、部分受拉状态的方法。

设毛截面的面积为 A_m,毛截面对截面相应一个形心轴的截面抵抗矩为 $W_{m,y}$,轴向力计算值为 $N = \gamma_0 N_d$,弯矩计算值为 $M_y = \gamma_0 M_{y,d}$,则

(1)当拉弯构件的截面受压边缘(弯矩作用下)计算应力满足$\frac{N}{A_m} < \frac{M_y}{W_{m,y}}$时,截面处于部分受压部分受拉状态;

(2)当压弯构件的截面受拉边缘(弯矩作用下)计算应力满足$\frac{N}{A_m} < \frac{M_y}{W_{m,y}}$时,截面处于部分受压部分受拉状态。

这时,应该按照图20-26c)的情况确定构件有效截面并计算有效截面的几何特性。

在得到构件有效截面计算的几何特性后,即可按要求进行构件验算。

例20-4　试验算如图20-28所示钢桁架竖杆(拉弯构件),焊接H形截面。已知构件与节点板采用4排高强度螺栓连接(孔径$d_0 = 24$mm),如图20-28所示。构件两个方向的计算长度$l_{0x} = 8.8$m、$l_{0y} = 11.0$m,钢材为Q345钢,在结构重力和汽车荷载作用下构件轴力计算值$N = 850$kN(拉),相应的弯矩计算值$M_y = 84$ kN·m。在疲劳荷载模型Ⅰ作用下构件的最不利轴力从$N_{pmax} = 255$kN(拉)变化至$N_{pmin} = 42$kN(拉),相应的最不利弯矩从$M_{ypmax} = 25.2$kN·m变化至$M_{ypmin} = 2.1$kN·m。验算的竖杆到桥梁伸缩装置的距离$D = 24$m。

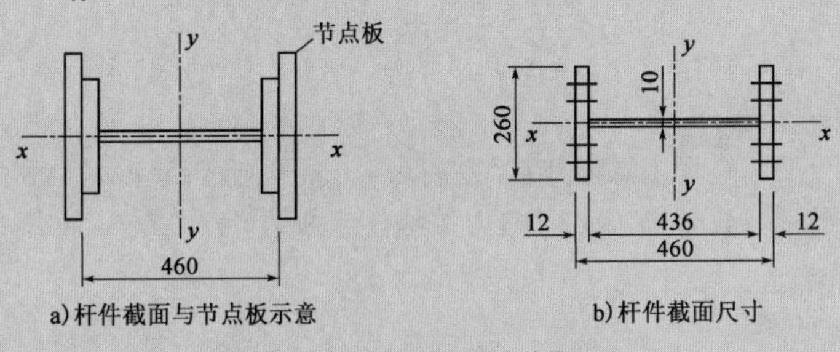

图20-28　例20-4图(尺寸单位:mm)

解:查附表4-1得到翼缘板和腹板钢材的强度设计值均为$f_d = 275$MPa。

(1)构件有效截面几何特性计算

对拉弯构件截面(图20-28)计算得到毛截面面积$A_m = 10600\text{mm}^2$,对截面重心轴y-y轴的惯性矩为$I_{y,m} = 382.17 \times 10^6\text{mm}^4$,截面模量$W_{y,m} = 1.662 \times 10^6\text{mm}^3$。当轴向拉力计算值$N = 850$kN时、相应弯矩计算值$M_y = 84$kN·m,截面上边缘处($N/A_m$)的应力计算值大于($M_y/W_{m,y}$)计算值,表明拉弯构件截面处于全截面受拉状态。

①构件有效截面

因单跨拉弯构件截面处于全截面受拉状态,故采用图20-25a)仅考虑剪力滞影响的单侧受拉翼板有效宽度的图式。由图20-25a),构件等效长度L_e可取构件在弯曲平面内的计算长度$l_{0y} = 11$m,翼缘板宽度$b_f = 130$mm,故

$$b_f/L_e = 130/(11 \times 10^3) = 0.012 < 0.05$$

按式(20-28),截面受拉翼缘板有效宽度取截面受拉翼缘板几何宽度,即拉弯构件的有效截面与原截面相同。

②构件有效截面的几何特性

构件有效截面的几何特性与原截面的毛截面几何特性相同,有效截面的截面面积$A_{eff} = 10.6 \times 10^3\text{mm}^2$,有效截面对截面主轴$y$-$y$轴的惯性矩$I_{y,eff} = 382.17 \times 10^6\text{mm}^4$。

有效截面的翼缘板边缘对截面重心轴 y-y 轴的截面抵抗矩 $W_{y,\mathrm{eff}}=1.662\times10^6\mathrm{mm}^3$。

(2)截面强度验算

构件有效截面的受拉边缘(下边缘)拉应力计算值为

$$\sigma=\frac{N}{A_{\mathrm{eff}}}+\frac{M_y}{W_{y,\mathrm{eff}}}=\frac{850\times10^3}{10.6\times10^3}+\frac{84\times10^6}{1.662\times10^6}=130.73(\mathrm{MPa})<f_{\mathrm{d}}(=275\mathrm{MPa})$$

弯拉构件截面强度验算满足要求。

(3)构件刚度验算

由构件截面的毛截面面积 $A_{\mathrm{m}}=10600\mathrm{mm}^2$,对截面形心轴 y-y 轴的惯性矩 $I_{y\mathrm{m}}=382.17\times10^6\mathrm{mm}^4$,计算得到对截面 y-y 轴的回转半径为 $i_y=189.9\mathrm{mm}$。构件在弯曲平面内的计算长度 $l_{0y}=11\mathrm{m}$,则计算长细比为 $\lambda_y=57.9$。

对截面主轴 x-x 轴的惯性矩为 $I_{x\mathrm{m}}=35.2\times10^6\mathrm{mm}^4$,计算得到对截面 x-x 轴的回转半径为 $i_x=57.6\mathrm{mm}$。构件在垂直于弯曲平面内的计算长度 $l_{0x}=8.8\mathrm{m}$,则计算长细比为 $\lambda_x=152.8$。

构件的最大计算长细比为 $\lambda_{\max}=\lambda_x=152.8<[\lambda]=180$(主桁腹杆),满足要求。

(4)构件抗疲劳验算

构件与节点板采用高强度螺栓连接,由附表4-5中构造细节⑩可得到高强度螺栓单面连接的疲劳细节类别 $\Delta\sigma_{\mathrm{c}}=90\mathrm{MPa}$,且应力按构件毛截面计算。构件采用疲劳荷载模型Ⅰ,按式(18-6)进行验算。

①疲劳抗力值计算

正应力常幅疲劳极限 $\Delta\sigma_{\mathrm{D}}$ 由表18-2查得 $\Delta\sigma_{\mathrm{D}}=66\mathrm{MPa}$。取疲劳抗力分项系数 $\gamma_{\mathrm{Mf}}=1.35$(重要构件),则疲劳抗力值为 $\Delta\sigma_{\mathrm{D}}/\gamma_{\mathrm{Mf}}=66/1.35=48.89(\mathrm{MPa})$。

②最大疲劳应力幅计算

应力幅 $\Delta\sigma_{\mathrm{p}}$ 为疲劳荷载模型作用下构件最大正(拉)应力与最小正应力之差。由题目已知条件计算拉弯构件截面最大正(拉)应力 $\Delta\sigma_{\mathrm{pmax}}$ 与最小正应力 $\Delta\sigma_{\mathrm{pmin}}$ 值后,再计算应力幅 $\Delta\sigma_{\mathrm{p}}$,计算如下

$$\sigma_{\mathrm{pmax}}=\frac{N_{\mathrm{pmax}}}{A_{\mathrm{m}}}+\frac{M_{\mathrm{pmax}}}{W_{y,\mathrm{m}}}=\frac{255\times10^3}{10.6\times10^3}+\frac{25.2\times10^6}{1.662\times10^6}=39.22(\mathrm{MPa})$$

$$\sigma_{\mathrm{pmin}}=\frac{N_{\mathrm{pmin}}}{A_{\mathrm{m}}}+\frac{M_{\mathrm{pmin}}}{W_{y,\mathrm{m}}}=\frac{42\times10^3}{10.6\times10^3}+\frac{2.1\times10^6}{1.662\times10^6}=5.23(\mathrm{MPa})$$

$$\sigma_{\mathrm{pmax}}-\sigma_{\mathrm{pmin}}=39.22-5.23=33.99(\mathrm{MPa})$$

由于验算的主桁拉弯构件距桥梁伸缩装置距离 $D=24\mathrm{m}>6\mathrm{m}$,故动力系数 $\Delta\phi=0$;疲劳荷载分项系数 γ_{Ff}取1.0,则最大疲劳应力幅为 $\gamma_{\mathrm{Ff}}(1+\Delta\phi)(\sigma_{\mathrm{pmax}}-\sigma_{\mathrm{pmin}})=1.0\times1.0\times33.99=33.99(\mathrm{MPa})$。

因最大疲劳应力幅小于疲劳抗力,故验算结果满足要求。

例 20-5 验算如图 20-29 所示的焊接 H 形截面压弯构件。钢材的材料为 Q345 钢，$\gamma_0 = 1.0$，弯曲平面内的计算长度 $l_{0y} = 10\text{m}$，垂直于弯曲平面内的计算长度 $l_{0x} = 5\text{m}$。

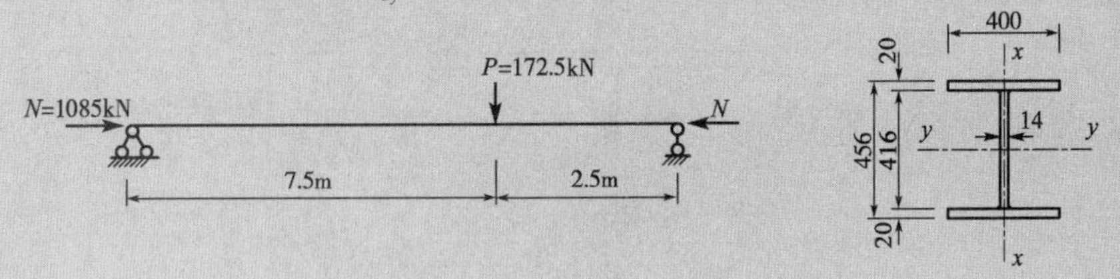

图 20-29 压弯构件计算(尺寸单位:mm)

解:查附表 4-1 得到钢板的强度设计值为 $f_d = 270\text{MPa}$。由图 20-29，构件弯矩计算值为 $M_{y1} = 1.0 \times (1/10) \times 172.5 \times 2.5 \times 7.5 = 323.4(\text{kN} \cdot \text{m})$，轴向压力计算值为 $N = 1085\text{kN}$。

(1)构件有效截面几何特性计算

由图 20-29 所示压弯构件的截面尺寸可以得到构件截面的毛截面面积 $A_m = 21824\text{mm}^2$，对截面 y-y 轴的截面惯性矩 $I_{y,m} = 844.37 \times 10^6\text{mm}^4$，截面模量 $W_{y,m} = 3.703 \times 10^6\text{mm}^3$。

现进行截面下边缘应力计算比较得到

$$\frac{N}{A_m} = \frac{1085 \times 10^3}{21824} = 49.72(\text{MPa}) < \frac{M}{W_{y,m}} = \frac{323.4 \times 10^6}{3.703 \times 10^6} = 87.33(\text{MPa})$$

故压弯构件截面处于部分受压、部分受拉状态。这时，对构件截面的受拉翼缘板采用图 20-25a)仅考虑剪力滞影响的单侧受拉翼板有效宽度的图式，而对构件截面的受压翼缘板采用同时考虑剪力滞和局部稳定影响的单侧受拉翼板有效宽度。

现构件在弯曲平面内的等效长度 $L_e = 10\text{m}$，受拉翼缘板(截面下翼缘板外伸部分)宽度 $b_f = 200\text{mm}$，而

$$\frac{b_f}{L_e} = \frac{200}{10 \times 10^3} = 0.02 < 0.05$$

故按式(20-28)，截面受拉翼缘板考虑剪力滞影响后有效宽度取截面受拉翼缘板几何宽度。

截面受压翼板(上翼缘板)为三边简支一边自由受压板，弹性屈曲系数 k 取 0.425，则上翼缘板的相对宽度比 $\overline{\lambda}_p$ 为

$$\overline{\lambda}_p = \sqrt{\frac{f_y}{\sigma_{cr}}} = 1.05\frac{b_f}{t}\sqrt{\frac{f_y}{E}\left(\frac{1}{k}\right)} = 1.05 \times \frac{200}{20} \times \sqrt{\frac{345}{2.06 \times 10^5 \times 0.425}} = 0.659 > 0.4$$

由 $\overline{\lambda}_p > 0.4$ 及式(20-5)可求得截面受压翼缘板(上翼缘板)的局部稳定折减系数 ρ_f 为 0.76，因此，截面受压翼缘板(外伸臂)同时考虑剪力滞和局部失稳影响的有效宽度 $b_{e,f}^{ps} = \rho_f^s \rho_f b_f = 1 \times 0.76 \times 200 = 152(\text{mm})$。

因此，压弯构件截面的有效截面见图 20-30，有效截面的几何特性计算结果如下:

有效截面面积 $A_{eff} = 19904\text{mm}^2$，有效截面重心轴 y'-y' 距截面下翼缘板边缘距离 $\overline{x} = 207\text{mm}$，对有效截面重心轴 y'-y'轴的惯性矩 $I_{y',eff} = 744.33 \times 10^6\text{mm}^4$，对受拉边缘截面抵抗矩 $W_{y',eff} = 3.596 \times 10^6\text{mm}^3$，对受压边缘截面抵抗矩 $W_{y',eff} = 2.989 \times 10^6\text{mm}^3$。

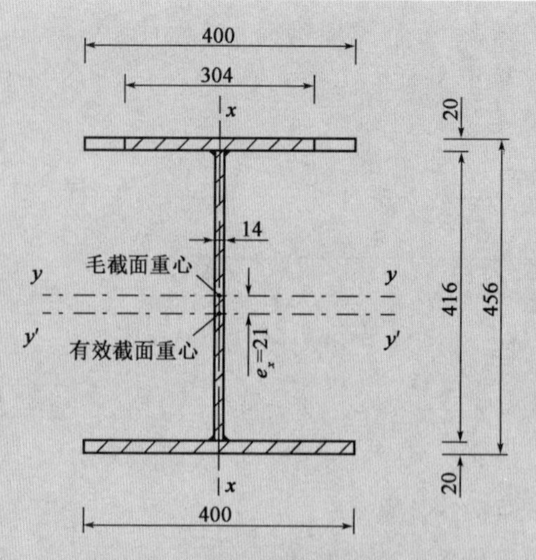

图 20-30　压弯构件截面的有效截面(尺寸单位:mm)

(2)构件截面强度验算

采用构件有效截面,同时本算例压弯构件截面的有效截面重心在 x 轴方向上距离毛截面重心的偏心距 $e_x=(456/2)-207=21(\mathrm{mm})$,来进行压弯构件截面强度计算,截面受拉翼缘板边缘的最大拉应力为

$$\sigma=\frac{N}{A_{\mathrm{eff}}}+\frac{M_{y1}+Ne_y}{W_{y',\mathrm{eff}}}=-\frac{1085\times10^3}{19904}+\frac{323.4\times10^6+1085\times10^3\times21}{3.596\times10^6}$$

$$=41.76(\mathrm{MPa})(\text{拉应力})<f_{\mathrm{d}}(=270\mathrm{MPa})$$

截面受压翼缘板边缘的最大压应力为

$$\sigma=\frac{N}{A_{\mathrm{eff}}}+\frac{M_{y1}+Ne_y}{W_{y',\mathrm{eff}}}=-\frac{1085\times10^3}{19904}-\frac{323.4\times10^6+1085\times10^3\times21}{2.989\times10^6}$$

$$=-150.78(\mathrm{MPa})(\text{压应力})<f_{\mathrm{d}}(=270\mathrm{MPa})$$

满足强度要求。

(3)在弯矩作用平面内的整体稳定性验算

压弯构件在弯矩作用平面内的整体稳定性可按式(20-34)进行验算,采用构件截面的有效截面几何特性,但在确定整体稳定折减系数时需要用到构件截面的毛截面几何特性。

由图 20-29 所示的构件受力图式,压弯构件最大弯矩计算值 $M_{y2}=323.4\mathrm{kN\cdot m}$。

①轴心受压构件绕截面 y-y 轴发生弯曲失稳模态的临界轴力 $N_{\mathrm{cr},y}$

由构件截面的毛截面面积 $A_{\mathrm{m}}=21824\mathrm{mm}^2$,对毛截面重心轴 y-y 轴的截面惯性矩 $I_{y,\mathrm{m}}=844.37\times10^6\mathrm{mm}^4$得到截面回转半径 $i_y=196.7\mathrm{mm}$。因压弯构件在弯曲平面内的计算长度 $l_{0y}=10\mathrm{m}$,计算得到相应的长细比 $\lambda_y=50.8$。已知 Q345 钢弹性模量 E 为 $2.06\times10^5\mathrm{MPa}$,屈服强度 $f_y=345\mathrm{MPa}$,取构件截面面积 $A=A_{\mathrm{m}}$,可求得 $N_{\mathrm{cr},y}$为

$$N_{\mathrm{cr},y}=\frac{\pi^2EA}{\lambda_y^2}=\frac{\pi^2\times2.06\times10^5\times21824}{50.8^2}=17194(\mathrm{kN})$$

②轴心受压构件绕截面 y-y 轴发生弯曲失稳模态的整体稳定折减系数 χ_y

相对长细比

$$\overline{\lambda_y} = \frac{\lambda_y}{\pi}\sqrt{\frac{f_y}{E}} = \frac{50.8}{\pi} \times \sqrt{\frac{345}{2.06 \times 10^5}} = 0.662 > 0.2$$

查表 20-3 可知等效弯矩系数 $\beta_{my} = 0.95$，查附表 4-9 可知截面分类为 b 类，查表 20-2 得整体稳定折减系数的计算参数 $\alpha_y = 0.35$。由式(20-10)计算等效偏心率为

$$\varepsilon_{0N} = \alpha_y(\overline{\lambda}_y - 0.2) = 0.35 \times (0.662 - 0.2) = 0.162$$

轴心受压构件整体稳定折减系数 χ_y 为

$$\chi_y = \frac{1}{2}\left[1 + \frac{1 + \varepsilon_{0N}}{\overline{\lambda}_y^2} - \sqrt{\left(1 + \frac{1 + \varepsilon_{0N}}{\overline{\lambda}_y^2}\right)^2 - \frac{4}{\overline{\lambda}_y^2}}\right]$$

$$= \frac{1}{2}\left[1 + \frac{1 + 0.162}{0.662^2} - \sqrt{\left(1 + \frac{1 + 0.162}{0.662^2}\right)^2 - \frac{4}{0.662^2}}\right] = 0.800$$

③在弯矩作用平面内的整体稳定性验算

结构重要性系数 $\gamma_0 = 1.0$，则轴向力设计值 $N_d = 1085\text{kN}$，按照式(20-34)进行在弯矩作用平面内的整体稳定性验算为

$$\frac{N}{\chi_y A_{\text{eff}} f_d} + \beta_{my}\frac{M_{y2} + Ne_x}{W_{y',\text{eff}}\, f_d(1 - N_d/N_{cr,y})}$$

$$= \frac{1085 \times 10^3}{0.800 \times 19904 \times 270} + 0.95 \times \frac{323.4 \times 10^6 + 1085 \times 10^3 \times 21}{2.989 \times 10^6 \times 270 \times \left(1 - \frac{1085}{17194}\right)}$$

$$= 0.69 < 1$$

满足要求。

(4)弯矩作用平面外的稳定性验算 $M_{cr,y}$

①弯矩单独作用时，构件发生弯扭失稳的整体稳定折减系数 $\chi_{LT,y}$ 计算

已知压弯构件在弯曲平面内的几何长度 $l = 10\text{m}$，构件毛截面高度 $h = 456\text{mm}$，毛截面面积 $A_m = 21824\text{mm}^2$，计算可得到对毛截面重心轴 x-x 轴的截面惯性矩 $I_{x,m} = 213.33 \times 10^6\ \text{mm}^4$。Q345 钢材弹性模量 E 为 $2.06 \times 10^5\text{MPa}$，剪切模量 G 为 $0.79 \times 10^5\text{MPa}$。

本算例的压弯构件可以视为双轴对称工字形截面的简支梁，来近似计算在弯矩作用下的弯扭失稳临界弯矩 $M_{cr,y}$，将各已知条件和各参数计算结果代入公式，得到

$$M_{cr,y} = \pi\sqrt{1 + \frac{\pi^2 E I_x}{G I_t}\left(\frac{h}{2l}\right)^2}\ \frac{\sqrt{EI_x GI_t}}{l}$$

$$= \pi\sqrt{1 + \frac{\pi^2 \times 2.06 \times 10^5 \times 213.33 \times 10^6}{0.79 \times 10^5 \times 2.51 \times 10^6}\left(\frac{456}{2 \times 10000}\right)^2}\ \frac{\sqrt{2.06 \times 10^5 \times 213.33 \times 10^6 \times 0.79 \times 10^5 \times 2.51 \times 10^6}}{10000}$$

$$= 1355.72(\text{kN} \cdot \text{m})$$

上述计算中,I_t 被称为构件截面的抗扭惯性矩,本算例构件截面是钢板焊接形成的工字形截面,按毛截面计算的截面抗扭惯性矩 I_t 为

$$I_t = \frac{1}{3}\sum_{i=1}^{3} b_i t_i^3 = 2 \times \frac{1}{3} \times 400 \times 20^3 + \frac{1}{3} \times 416 \times 14^3 = 2.51 \times 10^6 (\text{mm}^4)$$

绕 y 轴相对长细比为

$$\bar{\lambda}_{LT,y} = \sqrt{\frac{W_{y',eff} f_y}{M_{cr,y}}} = \sqrt{\frac{2.989 \times 10^6 \times 345}{1355.72 \times 10^6}} = 0.872 > 0.2$$

查表 20-4 可知截面分类为 c 类,查表 20-2 得 $\alpha_x = 0.5$,则

$$\varepsilon_{0M_y} = \alpha(\bar{\lambda}_{LT,y} - 0.2) = 0.5 \times (0.872 - 0.2) = 0.336$$

在弯矩单独作用时,构件发生弯扭失稳的整体稳定折减系数 $\chi_{LT,y}$ 计算为

$$\chi_{LT,y} = \frac{1}{2}\left[1 + \frac{1 + \varepsilon_{0M_y}}{\bar{\lambda}_{LT,y}^2} - \sqrt{\left(1 + \frac{1 + \varepsilon_{0M_y}}{\bar{\lambda}_{LT,y}^2}\right)^2 - \frac{4}{\bar{\lambda}_{LT,y}^2}}\right]$$

$$= \frac{1}{2}\left[1 + \frac{1 + 0.336}{0.872^2} - \sqrt{\left(1 + \frac{1 + 0.336}{0.872^2}\right)^2 - \frac{4}{0.872^2}}\right] = 0.614$$

②轴力单独作用时,构件发生平面外弯曲失稳的整体稳定折减系数 χ_x

计算相对长细比为

$$\bar{\lambda}_x = \frac{\lambda_x}{\pi}\sqrt{\frac{f_y}{E}} = \frac{50.6}{\pi} \times \sqrt{\frac{345}{2.06 \times 10^5}} = 0.659 > 0.2$$

等效偏心率为

$$\varepsilon_{0N} = \alpha_x(\bar{\lambda}_x - 0.2) = 0.5 \times (0.659 - 0.2) = 0.230$$

轴心受压构件整体稳定折减系数为

$$\chi_x = \frac{1}{2}\left[1 + \frac{1 + \varepsilon_{0N}}{\bar{\lambda}_x^2} - \sqrt{\left(1 + \frac{1 + \varepsilon_{0N}}{\bar{\lambda}_x^2}\right)^2 - \frac{4}{\bar{\lambda}_x^2}}\right]$$

$$= \frac{1}{2}\left[1 + \frac{1 + 0.230}{0.659^2} - \sqrt{\left(1 + \frac{1 + 0.230}{0.659^2}\right)^2 - \frac{4}{0.659^2}}\right] = 0.746$$

③轴力单独作用时,构件发生平面外弯曲失稳的临界荷载 $N_{cr,x}$

$$N_{cr,x} = \frac{\pi^2 EA}{\lambda_x^2} = \frac{\pi^2 \times 2.06 \times 10^5 \times 21824}{50.6^2} = 17330(\text{kN})$$

④在弯矩作用平面外的稳定性验算

则由式(20-36)进行压弯构件在弯矩作用平面外的稳定性计算为

$$\frac{N}{\chi_x A_{eff} f_d} + \beta_{my}\frac{M_y + N e_x}{\chi_{LT,y} W_{y',eff} f_d\left(1 - \frac{N_d}{N_{cr,x}}\right)}$$

$$= \frac{1085 \times 10^3}{0.746 \times 19904 \times 270} + 0.95 \times \frac{323.4 \times 10^6 + 1085 \times 10^3 \times 21}{0.614 \times 2.989 \times 10^6 \times 270 \times \left(1 - \frac{1085}{17330}\right)}$$

$$= 0.98 < 1$$

满足要求。

(5)局部稳定性验算

腹板宽度比 $b_w/t_w = 416/14 = 29.7 < 30\sqrt{345/f_y}(=30)$,满足要求。

翼缘板宽厚比 $b_f/t_f = (400-14)/(2\times20) = 9.5 < 12\sqrt{345/f_y}(=12)$,满足要求。

(6)刚度验算

由上述计算中可得 $\lambda_x = 50.6$ 和 $\lambda_y = 50.8$,均小于$[\lambda] = 100$,故构件满足刚度要求。

20.6 钢桁架节点设计

钢桁架梁的节点是钢桁架梁的重要组成部分之一,它既是主桁架杆件交汇的地方,又是纵、横联结系杆件及横梁连接于主桁架的位置,节点的作用是把交汇于节点中心的各杆件连接在一起,以传递和平衡汇集于该节点的各杆件的内力。交汇于节点的各个杆件一般是通过节点板连接的,可采用焊接、铆接或螺栓连接到节点板上。组成节点的节点板、拼接板及杆件的连接均应满足强度、刚度和构造要求,节点的设计内容包括选定节点的类型和构造、连接计算、强度验算、确定节点板的形状和尺寸等。

20.6.1 钢桁架节点类型及构造要求

根据荷载大小不同和用途的不同,钢桁架可以采用轻型桁架或重型桁架。轻型桁架的特点是杆件内力不大,杆件常采用T形截面或角钢组合截面(单壁式截面),每个节点用一块节点板传力即可[图20-31a)]。而重型桁架的特点是杆件内力较大,杆件常采用H形、工字形或箱形截面(双壁式截面),每个节点在两个竖直平面内用两块节点板传力[图20-31b)]。

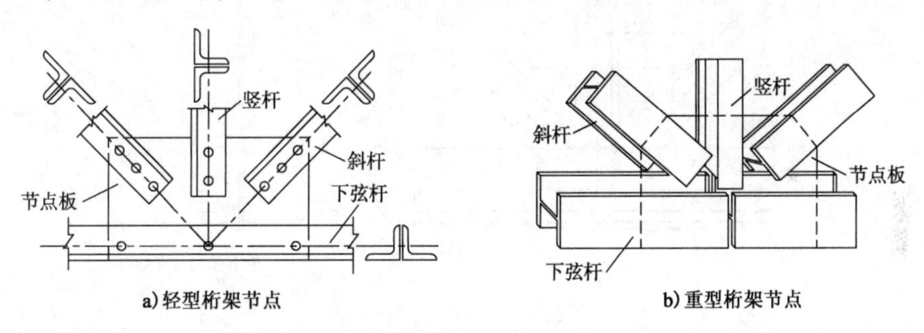

图20-31 钢桁架的节点

根据构造形式不同,钢桁架梁的节点可分为拼接式节点和整体式节点两种形式。拼接式节点(图20-32)是在杆件两侧设置节点板,然后用高强度螺栓将腹杆和弦杆拼接于节点板,拼接节点构造简单、拼装方便。整体式节点(图20-33)是将连接腹杆与弦杆的板件在工厂预先焊接成一个整体,将弦杆和腹杆与节点板焊接或采用高强度螺栓拼接起来,整体节点构造复杂,焊缝密集。

为了避免偏心引起杆件的次应力,应尽可能使同一节点的各杆截面的形心轴交汇于一点(图20-34)。杆件截面如果沿长度变化,为便于搁置,常使肢背平齐,这时形心轴必然错开,为了减少偏心的影响,通常取两条形心轴之间的中线与钢桁架杆件的几何轴线相重合。为了使杆件连接螺栓群受力均匀,应当使螺栓群的形心与杆件截面的形心轴重合。

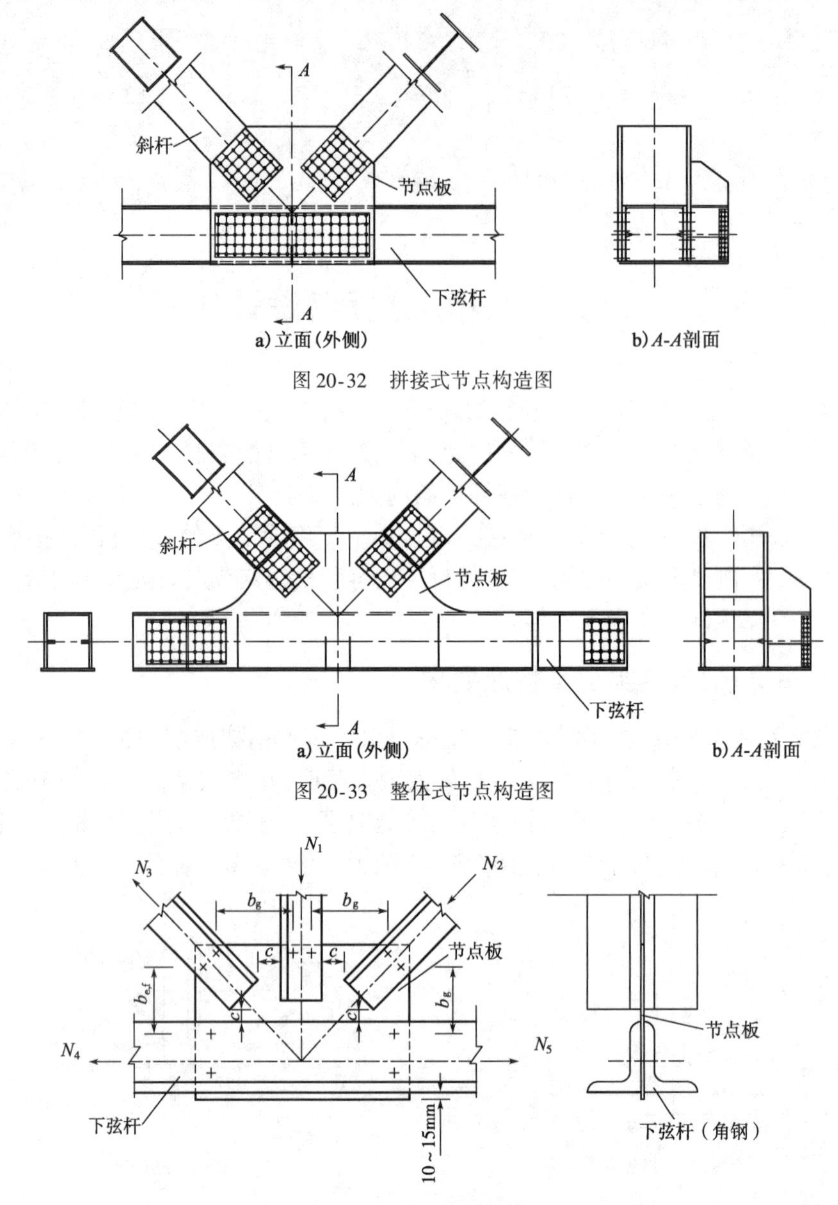

图 20-32　拼接式节点构造图

图 20-33　整体式节点构造图

图 20-34　节点交汇处板件构造

为了提高节点的桁架平面外刚度和减少节点板的用料,应将各杆件端部布置得尽量紧凑。节点板承受由弦杆和腹杆传递的压力作用时,为防止节点板发生局部失稳,节点板自由边长度 b_g(图 20-34)与厚度 t 之比不得大于 $50\sqrt{\frac{345}{f_y}}$,否则应沿自由边设置加劲肋予以加强。为便于拼装和施焊,且避免焊缝过于密集,使钢材变脆或产生严重的应力集中,腹杆与弦杆或腹杆与腹杆边缘之间的空隙 c 要大于 20mm。节点板通常可伸出角钢肢背 10~15mm,以便敷设焊缝;为便于搁置,节点板可缩进角钢肢背 5~10mm,而用塞焊连接。节点板应与杆件紧密接触,在支承位置处,为使支承反力均匀地通过节点板传递给桁架,节点板下缘不仅要磨光、与支承垫板顶紧,还要低于桁梁下弦杆 10～15mm。

桁架杆件与节点板拼接连接时,焊接 H 形截面杆件只在翼缘板两侧加设拼接板,腹板位置处不设拼接板,以使制造方便,减小工地拼装工作量。为了保证腹板的应力通过翼缘板连续传递至节点板,要求杆件腹板伸入节点板的长度不小于腹板宽度的 1.5 倍。

节点板的形状应尽量简单、规整,最好设计成矩形、有两个直角的梯形或平行四边形。节点板不容许有凹角,以免应力集中和加工不方便。节点板边缘与杆件轴线的夹角 α 不应小于 15°,逐渐放宽,使受力均匀且有足够的截面受力[图 20-35a)]。节点板的外形尺寸应尽量使连接的中心受力,不要使杆件受力交汇点在节点板以外[图 20-35b)]。一般整榀钢桁架的节点板都取相同厚度,以便于施工。为了减小节点板的尺寸,使之传力合理,可在垂直于角钢轴线裁切后,再在与节点板连接的一肢上切去一个角。

当钢桁架采用整体节点时,为使腹杆内力均匀地通过节点板传递至弦杆腹板,节点板圆弧半径宜大于二分之一弦杆高度。节点板与弦杆腹板间的对接焊缝与圆弧端、横隔板的距离均不应小于 100mm(图 20-36),以避免焊缝过于密集。在整体节点内应设置横隔板以增大节点横向刚度,当存在横梁时须与横梁腹板相对应。

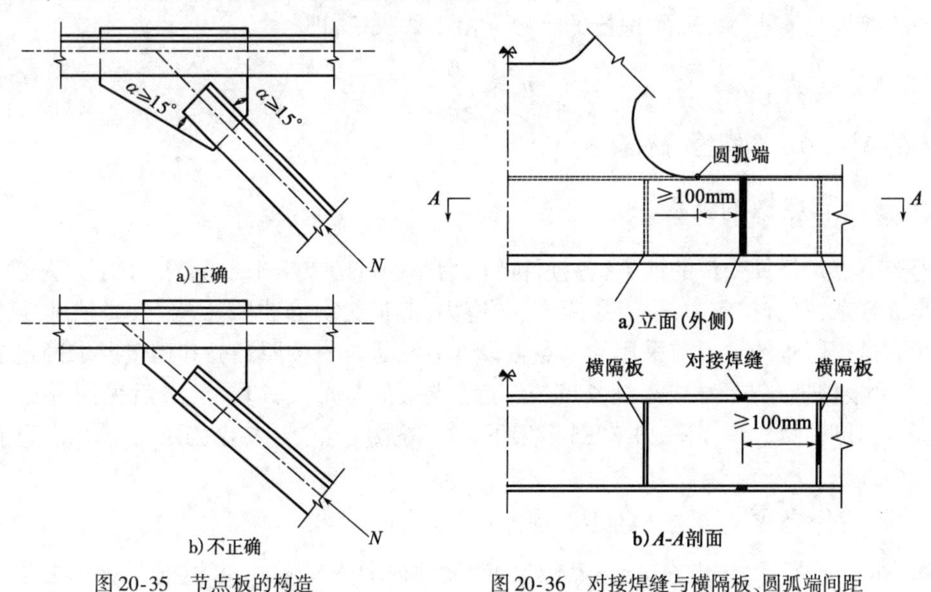

图 20-35　节点板的构造　　　图 20-36　对接焊缝与横隔板、圆弧端间距

为了便于安装,同类型的杆件除长度相同外,杆件端部的工地螺栓孔布置也应一致,杆件及节点板上工地连接的螺栓孔宜尽量与工厂已有的机器样板的栓孔位置相符,以便采用机器样板钻制成孔。

20.6.2　杆件端部连接的计算

根据钢桁架杆件的重要性,对杆件端部与节点板或拼接板的连接有两种不同的计算原则,现以杆件端部的螺栓连接为例进行说明。

1)按杆件的承载能力计算

按杆件的承载能力计算,又称等强度原则,就是使连接与杆件有相同的承载能力。对于主桁架杆件或板梁翼缘板等重要杆件的连接宜采用等强度设计。

设 N_{vu}^{b} 为单摩擦面螺栓的承载力,n 为所需单摩擦面的螺栓数,A_n、A_m 分别为杆件的净截面面积和毛截面面积,f_d 为杆件材料强度设计值,χ 为轴心压杆整体稳定折减系数。根据等强度原则,单摩擦面的螺栓个数按下式确定。

受拉杆件 $nN_{vu}^{b} \geqslant A_n f_d$,即

$$n \geqslant \frac{A_n f_d}{N_{vu}^{b}} \tag{20-39}$$

受压杆件 $nN_{vu}^{b} \geqslant A_{eff} \chi f_d$,即

$$n \geqslant \frac{A_{eff} \chi f_d}{N_{vu}^{b}} \tag{20-40}$$

2)按杆件的内力计算

联结系或次要杆件(如由安装内力或构造要求选择截面的杆件)的连接按受力最大杆件的实际内力计算,即最大内力法。对于这些杆件若按等强度原则计算连接螺栓的数量,则螺栓数目偏多,很不经济。

设 N 为杆件的轴心力计算值,n 为所需螺栓数量,按最大内力法,轴心受拉或轴心受压杆件端部的连接满足 $nN_{umin}^{b} \geqslant N$,则螺栓的个数 n 由下式决定,即

$$n \geqslant \frac{N}{N_{umin}^{b}} \tag{20-41}$$

式中的 N_{umin}^{b} 为单个螺栓的承载力。

20.6.3 节点板的强度

钢桁架节点是杆件交汇的地方,各杆件的内力是通过节点板来平衡的。因此,节点板的应力状态非常复杂,既有拉应力,也有压应力、剪应力,其应力分布也极不均匀,要精确地进行节点板的计算是很困难的。目前采用的节点板设计方法是首先按照经验和构造要求确定节点板的厚度,然后根据螺孔布置(或焊缝长度)确定节点板的外形及其尺寸,最后采用近似方法进行节点板的强度验算。现以图 20-37a)桁架下弦的高强度螺栓连接节点 E_2 为例,说明节点板强度的验算方法。

1)验算节点板在竖向截面上的法向应力

如图 20-37b)所示,节点在节点板 A 处的截面法向力 $N = \gamma_0 N_d$,可根据平衡条件得到

$$N = N_1 - N_4 \cos\theta \tag{20-42}$$

由图中可以看到,承受 N 的截面只包括节点板和拼装板的截面。现计算扣除螺栓孔洞后的净截面面积 A_n[图 20-37b)中的 a-a 截面]的应力。取隔离体如图 20-37b)所示,O 点是节点板和拼装板的净截面面积的形心,作用力 N 到形心 O 的偏心距为 e,形心到节点板上、下边缘的距离分别是 y_1 和 y_2,则节点板上边缘强度验算式为

$$\sigma_s = \frac{N}{A_n} - \frac{Ney_1}{I_n} \leqslant f_d \tag{20-43}$$

节点板下边缘强度验算式为

$$\sigma_x = \frac{N}{A_n} + \frac{Ney_2}{I_n} \leqslant f_d \tag{20-44}$$

式中：A_n——节点板和拼接板在 a-a 截面的净截面面积；

I_n——节点板和拼接板在 a-a 截面的净截面惯性矩。

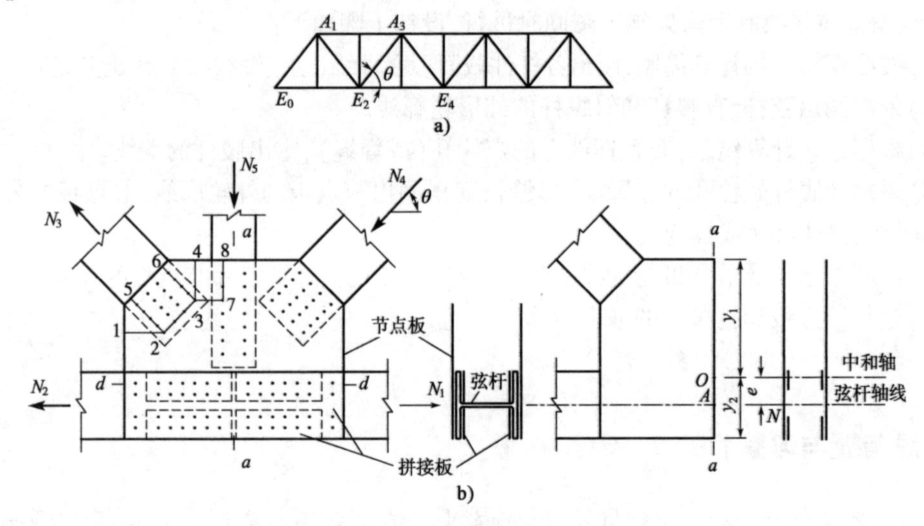

图 20-37 桁架节点板强度验算

2）验算节点板在水平截面上的剪应力

如图 20-37b）中的最不利抗剪截面 d-d 只包括两块节点板的水平截面，而不包括拼接板截面，作用于节点板 d-d 截面上的水平剪力为

$$T = (N_3 + N_4)\cos\theta \tag{20-45}$$

则 d-d 截面上的强度验算式为

$$\tau = \frac{3}{2}\frac{T}{a\delta} \leqslant 0.75f_d \tag{20-46}$$

式中：a——计算水平截面 d-d 处节点板长度（应减去栓、钉孔的长度）；

δ——节点板的厚度。

3）验算斜腹杆与节点板连接处节点板的撕裂应力

如图 20-37b）所示，斜腹杆与节点板的连接可能沿 1-2-3-4 截面撕裂，也有可能沿 5-2-3-6 或 1-2-3-7-8 截面撕裂破坏。由于节点板的受力复杂，连接受力可能出现偏心，故要求节点板的抗撕裂的强度应比杆件强度至少大 10%，即可将斜腹杆的内力 N_3 增加 10% 作为连接的计算荷载。另外，验算节点板上可能被连接杆件撕裂的危险截面上的强度时，其应力限值可按以下规定取值：

（1）撕裂截面垂直于被连接杆件的轴线方向时，采用钢材的强度设计值 f_d；

（2）撕裂截面与被连接杆件轴线成小于 90°的角度时，采用 $0.75f_d$。

现以图 20-37b）中的 1-2-3-4 截面为例说明撕裂截面的强度验算方法，其他截面的撕裂验算与此相似。1-2-3-4 截面的撕裂截面强度验算公式为

$$\sigma = \frac{1.1N_3}{0.75(A_{n1-2} + A_{n3-4}) + A_{n2-3}} \leqslant f_d \tag{20-47}$$

式中的 A_{ni-j} 为节点板撕裂截面 i-j 的净截面面积。

20.6.4 节点设计的步骤

节点设计应与绘制钢桁架施工图同时进行,设计步骤如下:

(1)按照钢桁架的计算简图,画出各杆件截面形心轴线,这些轴线在节点处应交汇于一点。

(2)依次画出弦杆、直腹杆和斜腹杆的外形轮廓线。

(3)根据连接计算结果,布置杆件上的螺栓孔(或焊缝),定出腹杆的端线。

(4)根据斜腹杆螺栓孔的布置(或焊缝长度),画出节点板的外轮廓线,节点板的外轮廓线应包络所有的螺栓孔(或焊缝)。

(5)在图纸上量取节点板轮廓线的长度,根据图纸比例计算实际节点板的尺寸。

(6)进行节点板和拼接板的强度验算。

【复习思考题与习题】

20-1 轻型钢桁架和重型钢桁架的构件截面形式有何不同之处?图20-5中哪些截面形式可用于重型桁架构件?

20-2 实腹式轴心受压构件设计应进行哪些计算?

20-3 实腹式轴心受压构件的整体稳定不能满足要求时,若不增大截面面积,是否还有其他措施,以提高其整体稳定性?

20-4 什么是实腹式轴心受压构件的局部稳定?如何提高构件的局部稳定性?

20-5 以实腹式轴心受压构件为例,说明构件强度计算与稳定计算的区别。

20-6 试指出格构式受压构件换算长细比 $\lambda_{0y}=\sqrt{\lambda_y^2+\lambda_1^2}$ 中各符号的物理意义。

20-7 怎样保证格构式轴心受压构件的分肢稳定?

20-8 试根据例题20-3总结格构式轴心受压构件设计计算的方法。

20-9 怎样提高压弯构件的整体稳定性?

20-10 拉弯和压弯构件采用什么截面形式合理?

20-11 栓焊钢桁架主桁下弦杆采用焊接的H形截面(图20-38)。已知弦杆几何长度 $l=8\text{m}$,Q345钢材,弦杆与节点板采用高强度螺栓连接,螺栓孔径 $d_0=24\text{mm}$,高强度螺栓沿翼缘板布置见图20-38,在疲劳荷载模型Ⅰ作用下,承受变化轴向力作用 $N_1^{\text{f}}=1399\text{kN}$(拉),$N_2^{\text{f}}=425\text{kN}$(拉),重要构件。验算截面处到伸缩装置的距离 $D=16\text{m}$,试进行弦杆抗疲劳验算。

20-12 如图20-39所示轴心受压构件焊接H形截面尺寸,Q345钢材,压杆的计算长度 $l_{0x}=l_{0y}=8\text{m}$,试问是否能承受轴向压力计算值为 $N=\gamma_0N_{\text{d}}=2650\text{kN}$ 的作用?

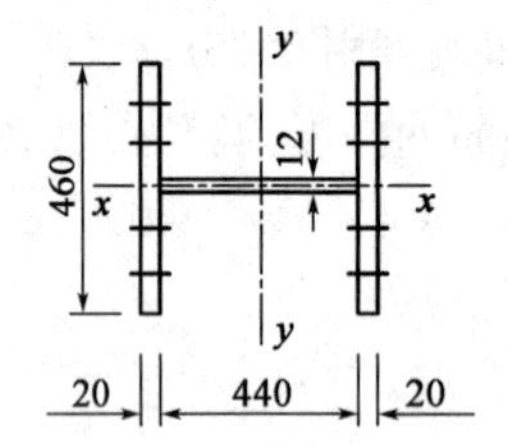

图20-38 题20-11图(尺寸单位:mm)

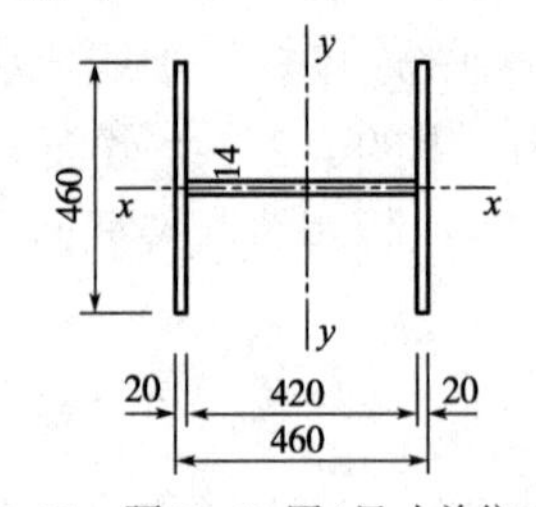

图20-39 题20-12图(尺寸单位:mm)

20-13 图 20-40 为焊接 T 形截面轴心压杆(桁架的中间横向联结系的构件),其自由长度 $l_{0x}=l_{0y}=3\mathrm{m}$,钢材为 Q235 钢,$\gamma_0$ 取 1.0,试计算该压杆能承受的最大轴向压力 N?

20-14 钢桁架桥主桁斜杆几何长度 $l=13.6\mathrm{m}$,焊接 H 形截面(图 20-41),钢材为 Q345 钢。斜杆与节点板采用高强度螺栓连接,螺栓孔径 $d_0=24\mathrm{mm}$。

(1)在结构重力和汽车荷载共同作用下构件轴向拉力计算值为 $N_1=870\mathrm{kN}$,试进行斜杆截面强度验算(不考虑高强度螺栓连接的孔前传力);

(2)在疲劳荷载模型 I 作用下,承受变化轴向力作用 $N_1^{\mathrm{f}}=480\mathrm{N}$(拉),$N_2^{\mathrm{f}}=-140\mathrm{kN}$(压),验算截面处到伸缩装置的距离 $D=4.5\mathrm{m}$,试进行斜杆抗疲劳验算。

20-15 一缀板式轴心受压构件,计算长度为 $l_{0x}=7\mathrm{m}$,$l_{0y}=3.5\mathrm{m}$。截面由 2[20a 组成,压杆宽度均为 320mm(图 20-42),单肢长细比 $\lambda_1=35$,钢材为 Q235 钢,结构重要性系数 $\gamma_0=1.0$,试按构件整体稳定确定其承载力 N。

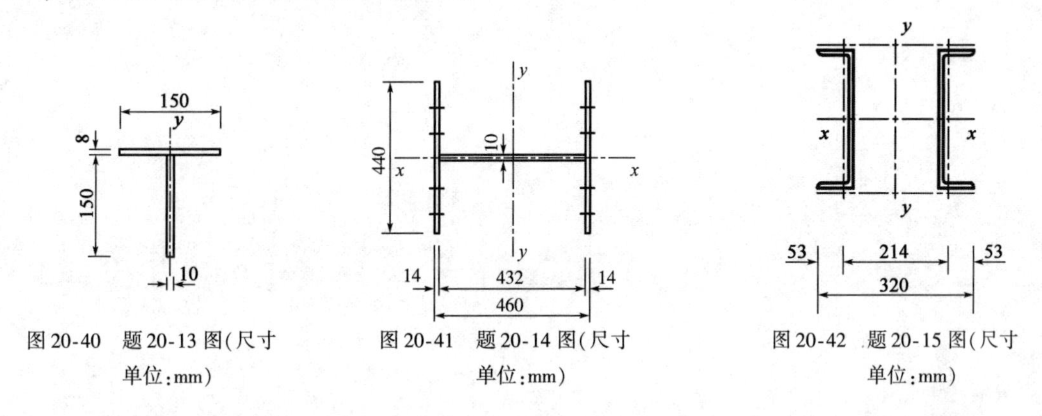

图 20-40 题 20-13 图(尺寸单位:mm)

图 20-41 题 20-14 图(尺寸单位:mm)

图 20-42 题 20-15 图(尺寸单位:mm)

20-16 试验算图 20-43 所示拉弯构件。已知构件由 2 ∟140×90×8 组成,采用普通螺栓与厚度为 10mm 的节点板连接,螺栓孔径 $d_0=21.5\mathrm{mm}$,钢材为 Q235 钢。杆件计算长度 $l_{0x}=l_{0y}=3\mathrm{m}$,轴向拉力计算值 $N=120\mathrm{kN}$,弯矩计算值 $M_x=13.76\mathrm{kN\cdot m}$。

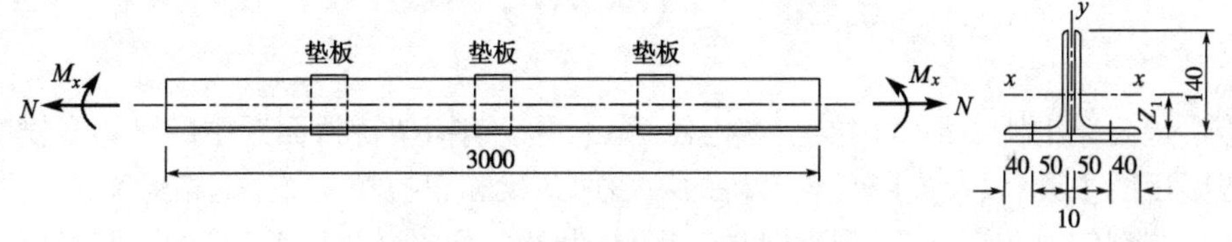

图 20-43 题 20-16 图(尺寸单位:mm)

20-17 主桁架焊接工字形截面的拉弯构件,钢材为 Q235,计算长度 $l_{0x}=l_{0y}=3\mathrm{m}$。与节点板连接的每一块翼缘板上有两行高强度螺栓孔,孔径为 $d_0=24\mathrm{mm}$(图 20-44)。作用轴向拉力计算值 $N=250\mathrm{kN}$,弯矩计算值 $M_x=21.6\mathrm{kN\cdot m}$,试进行构件截面强度验算。

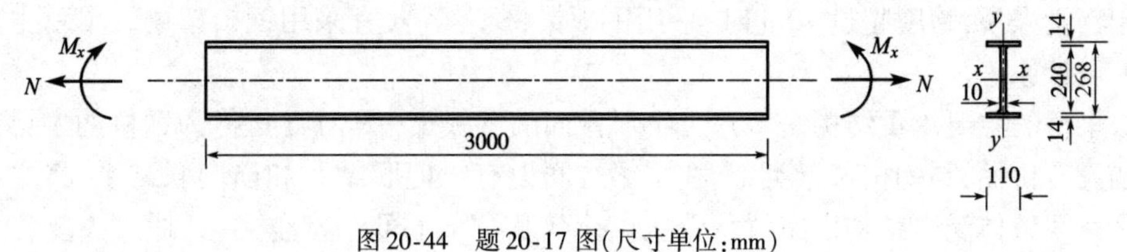

图 20-44 题 20-17 图(尺寸单位:mm)

第 21 章
钢板梁

21.1 钢板梁的构造

钢板梁是公路钢桥中最常用的基本构件，除了用于钢桁架桥桥面系中的纵梁和横梁外，还用于钢板梁桥的主梁，以及大跨径悬索桥的箱形加劲梁和斜拉桥主梁(钢箱梁)。常用的实腹式钢梁有轧制型钢梁和钢板梁，型钢梁加工简单，制造方便，但受轧制条件的限制，型钢梁的尺寸有限，只能用于跨度不大的场合。钢板梁是由三块钢板焊接或通过角钢和高强度螺栓连接而成的工字形截面梁，构造简单，制造方便，适用于中小跨度(l_0 = 10 ~ 32m)的桥梁。跨度较大时，常采用全焊接钢板梁，也可以在工厂分段焊成，然后在工地用焊缝或高强度螺栓进行拼接。从用钢量来说，跨度超过 40m 时，采用钢板梁将不经济，宜采用钢桁架梁。本章主要介绍钢板梁的设计原理。

钢板梁桥的主要承重结构是多片工字形截面的钢板梁(图 21-1)，称为钢桥的主梁。在主梁上面铺设有桥面，与钢桁架梁类似，在主梁之间设有纵向联结系和横向联结系，将主梁联结形成一个空间整体受力结构。主梁承受汽车荷载及桥梁上部结构重力，并通过支座将力传递至墩台和基础。

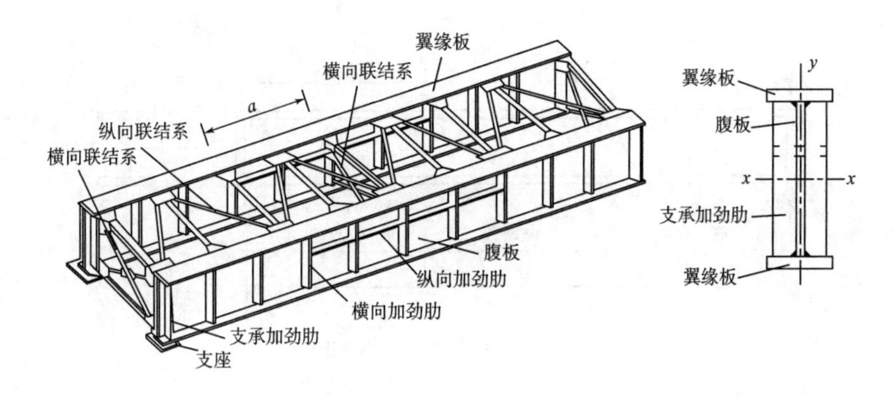

图 21-1 钢板梁桥的主梁

对于跨度不大的钢板梁,常采用等截面,而对于跨度较大的钢板梁,可采用变截面。在工程上,形成变截面钢板梁的途径是变化翼缘板的宽度或厚度。为了保证钢板梁腹板的局部稳定,通常在钢板梁腹板的两侧设置横向加劲肋或纵向加劲肋,在钢板梁的支座或集中荷载作用的位置专门设置支承加劲肋。

21.2 钢板梁的强度验算

21.2.1 截面的强度破坏

设一双轴对称工字形等截面简支钢板梁,如图 21-2 所示在梁上 B、C 位置作用两个集中荷载 P,梁 BC 段剪力为零(忽略梁自重),而弯矩为常数,属于“纯弯曲”段,以其作为主要研究对象,并设弯矩使梁截面绕强轴转动。构件材料的 σ-ε 关系如图 21-3e)所示。当弯矩较小时[图 21-3f)中的 a 点],整个截面上的正应力都小于材料的屈服点,截面处于弹性受力状态,假如不考虑残余应力的影响,这种状态可以保持到截面最外“纤维”的应力达到屈服点位置为止[图 21-3a)]。之后,随弯矩继续增大[图 21-3f)中的 b 点],截面外侧及其附近的应力相继达到和保持在屈服点的水准上,主轴附近则保持一个弹性核[图 21-3b)]。应力达到屈服点的区域称为塑性区,塑性区的应变在保持应力不变的情况下继续发展,截面弯曲刚度仅靠弹性核提供。当弯矩增长使弹性核变得非常小时,相邻两截面在弯矩作用方向几乎可以自由转动。此时,可以把截面上的应力分布简化为如图 21-3c)所示的情况,这种情况可以看作截面达到了抗弯承载力的极限[图 21-3f)中的 c 点]。截面最外边缘及其附近的应力,实际上可能超过屈服点进入强化状态,真实的应力状态如图 21-3d)所示,截面的承载能力还可能略增大一些[图 21-3f)中的 d 点],但此时因绝大部分材料已进塑形,截面曲率变得很大,对于工程设计而言,可利用的意义不大。

实际工程中,钢板梁的截面上都有剪力,例如受均布荷载作用时,梁端支座截面的剪力最大,若其最大剪应力达到材料剪切屈服值,也可视为强度破坏。有时,最大弯矩截面上会同时受到剪力和局部压力的作用,在这种多种应力同时存在的情况下,钢板梁的截面抗弯强度与只受弯矩时相比,会有所降低。此外,在反复荷载作用下,梁的受拉区还可能产生疲劳裂纹,发生疲劳破坏。

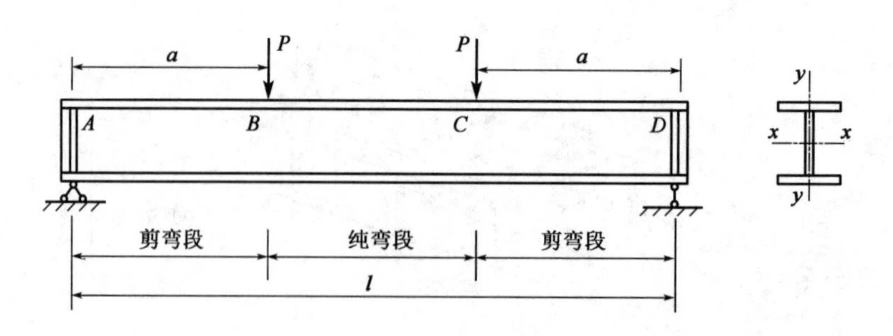

图 21-2　受对称集中力作用的钢梁

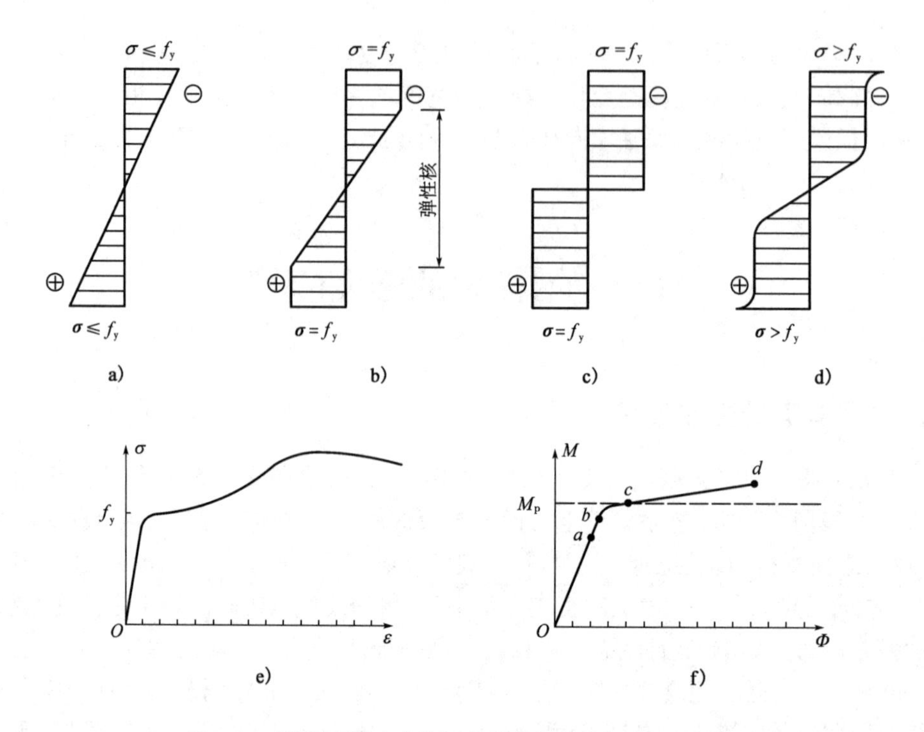

图 21-3　钢梁截面正应力分布、截面曲率 Φ 随作用弯矩变化图

因此,钢板梁应验算抗弯强度(弯曲正应力)和抗剪强度(剪应力),必要时还要包括折算强度和疲劳强度。验算中采用边缘屈服准则,即截面上边缘纤维的应力达到钢材的屈服点时,就认为构件的截面已达到强度极限,截面上的弯矩称为屈服弯矩。这时除边缘屈服以外,其余区域应力仍在屈服点之下,采取这一准则,对截面只需进行弹性分析。

21.2.2　截面抗弯强度验算

单向弯曲梁的正截面抗弯强度应满足

$$\sigma = \frac{M_x}{W_{x,\mathrm{eff}}} \leq f_{\mathrm{d}} \tag{21-1}$$

双向弯曲梁的正截面抗弯强度应满足

$$\sigma = \frac{M_x}{W_{x,\mathrm{eff}}} + \frac{M_y}{W_{y,\mathrm{eff}}} \leqslant f_\mathrm{d} \tag{21-2}$$

式中：M_x、M_y——计算截面的弯矩计算值，$M_x=\gamma_0 M_{xd}$、$M_y=\gamma_0 M_{yd}$；

$W_{x,\mathrm{eff}}$、$W_{y,\mathrm{eff}}$——分别为有效截面相对于 x 轴和 y 轴的截面模量。有效截面为受拉翼缘考虑剪力滞影响以及受压翼缘同时考虑剪力滞和局部稳定影响后的截面，计算时所需的翼缘有效宽度按式(20-28)～式(20-30)计算。

为了既保证安全又节省钢材，梁截面上的最大弯曲应力 σ 应接近并不超过其抗弯强度设计值 f_d，否则应重新选择截面尺寸并进行验算。

21.2.3　抗剪强度验算

钢板梁在剪力作用下，梁腹板上的剪应力分布如图21-4所示，其抗剪强度应满足

$$\tau = \frac{VS_\mathrm{eff}}{I_\mathrm{eff} t_\mathrm{w}} \leqslant f_\mathrm{vd} \tag{21-3}$$

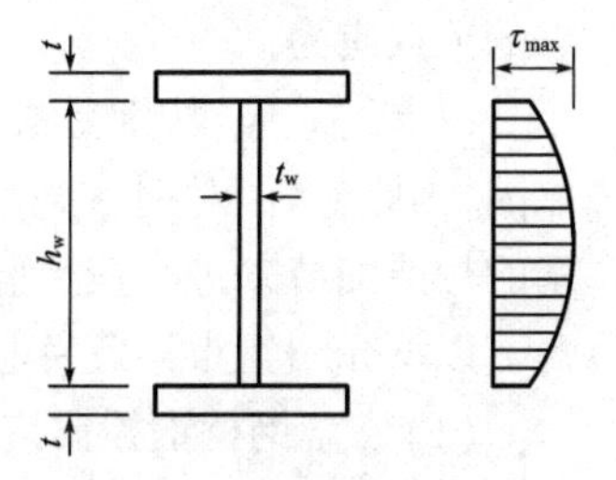

图21-4　腹板的剪应力

式中：V——计算截面的剪力计算值，$V=\gamma_0 V_\mathrm{d}$；

S_eff、I_eff——分别为计算剪应力处以上有效截面对中和轴的面积矩和惯性矩；

t_w——计算截面腹板厚度；

f_vd——钢材的抗剪强度设计值，见附表4-1。

21.2.4　折算强度验算

钢板梁中的截面，通常是同时承受弯矩和剪力。在同一个截面上，弯曲正应力最大值的点和剪应力最大值的点一般不在同一位置，对于边缘屈服准则，正应力和剪应力的强度极限可以分别独立考虑。但是截面上有些部位可能同时存在较大的弯曲应力和较大的剪应力，有时还有局部压应力或拉应力。在这种复合应力状态下，可根据材料力学第四强度理论来判定这些点的折算应力是否达到屈服，计算公式如下

$$\sqrt{\sigma^2 + \sigma_\mathrm{c}^2 - \sigma\sigma_c + 3\tau^2} \leqslant f_\mathrm{y} \tag{21-4}$$

式中：σ——弯曲正应力，以拉为正，以压为负；

σ_c——局部压应力或局部拉应力，与弯曲正应力的方向相垂直，局部应力以拉为正，以压为负；

τ——剪应力。

式(21-4)中的 σ、σ_c 和 τ 是在钢板梁截面同一计算位置上的各自应力计算值。对钢板梁腹板某些验算点，若局部压(拉)应力 σ_c 影响很小时，可对式(21-4)取 $\sigma_\mathrm{c}=0$，同时取 $f_\mathrm{y}=f_\mathrm{d}$，$f_\mathrm{d}$ 为钢材的抗弯强度设计值，得到折算应力验算式 $\sqrt{\sigma^2+3\tau^2}\leqslant f_\mathrm{d}$，进一步可得到《公路桥规》进行钢板梁腹板折算应力验算表达式为：

$$\sqrt{\left(\frac{\sigma}{f_\mathrm{d}}\right)^2 + \left(\frac{\tau}{f_\mathrm{vd}}\right)^2} \leqslant 1 \tag{21-5}$$

式中的 σ、τ 分别为验算截面上同一点的正应力和剪应力。

21.3 钢板梁的疲劳验算

在公路钢桥上部结构中,由于焊接钢板梁本身的某些构造及钢板梁之间横向连接的构造、焊缝的布置等,在桥上承受汽车荷载的作用,有时也包括风荷载作用(桥横向),钢板梁一些部位会产生较大应力幅,根据已有的文献研究,会产生的循环应力有:

①汽车经过桥梁伸缩装置时产生的冲击应力;

②次应力(又称二次应力),例如设计计算时计算模型取为铰接,实际中仍传递一些弯矩的节点中的应力;

③由于强加的位移和出平面变形引起的应力,例如在多梁式钢板梁桥中,连接钢板梁和横撑的节点应力。

以上的效应,特别是次应力和因强迫位移引起的应力,是造成桥梁钢板梁出现疲劳裂纹的原因,因此,除了对钢板梁本身进行常规的疲劳验算之外,还应根据桥梁上钢板梁之间横向联系的构造细节来进行疲劳验算。

以下介绍钢板梁疲劳验算的原则与方法。

(1)公路钢桥钢板梁应按《公路桥规》规定的疲劳荷载模型来进行疲劳验算,疲劳验算的方法参见第18.2.3节的介绍。

(2)对钢板梁疲劳验算的部位与连接的选择原则:

①钢板梁中可能承受拉—拉或拉—压应力循环的部位或连接;

②因面外变形、振动或相邻构件变形差等因素可能引起次应力的部位;

③焊缝和构件中因制造、加工及其他原因可能残留的缺陷、缺口等。

在设计上,钢板梁一般需要验算的疲劳构造细节有:焊接钢板梁的腹板与翼缘板(受拉翼缘板)的焊缝构造(连续自动双面对接纵向焊缝或角焊缝,还是间断的纵向角焊缝);梁跨间部位的竖向加劲肋与受拉翼缘板的连接构造(腹板加劲肋的设置介绍见第21.6节);钢板梁翼缘板与盖板的焊缝连接构造(盖板设置介绍见第21.7.1节)以及横(纵)向联结系与钢板梁连接构造等。

本书附表4-5~附表4-7为各类疲劳细节表,均摘自于《公路桥规》的附表,完整的各类疲劳细节表详见参考文献[28]。

21.4 钢板梁的挠度验算和预拱度计算

在竖向荷载作用下钢板梁的挠度变形反映了梁的刚度大小,梁的刚度不足就不能保证其正常使用,因此,必须对钢板梁进行挠度验算和设置预拱度的计算。

(1)钢板梁挠度验算

《公路桥规》规定采用不计冲击力的汽车车道荷载频遇值计算的挠度不应超过规定的限值,即

$$w_{s,Q1} \leqslant [w] \tag{21-6}$$

式中：$w_{s,Q1}$——不计冲击力的汽车车道荷载频遇值(频遇值系数取1.0)计算的挠度；

$[w]$——梁的竖向挠度限值，见第18.2.2节。

钢板梁的挠度可按结构力学的方法计算，对简支梁可参见表9-2计算。由于挠度是梁的整体力学行为，故计算时采用梁截面的毛截面几何特性。

(2)设置预拱度的计算

《公路桥规》规定钢桥应设置预拱度，预拱度大小应视实际需要而定，预拱度最大值Δ宜为

$$\Delta = w_G + \frac{1}{2}w_{s,Q1} \tag{21-7}$$

式中的w_G为结构重力(包括结构附加重力)标准值下梁的挠度，$w_{s,Q1}$意义见式(21-6)。

21.5 钢板梁的整体稳定

21.5.1 钢板梁整体失稳现象

如图21-5所示工字形截面钢板梁，在最大刚度平面内弯曲，当弯矩较小时，即使受到偶然的侧向干扰力作用使梁有侧向弯曲的倾向，但随着干扰力的移去，梁会恢复到原来的平面内弯曲状态；当弯矩增大到某一数值时，梁会在偶然的侧向干扰力作用下，突然发生较大的侧向弯曲和扭转，这种现象称为梁的整体失稳。相应的弯矩或荷载称为临界弯矩或临界荷载，梁受压翼缘的最大应力称为临界应力。如果临界应力低于钢材的屈服点，梁将在强度破坏前发生整体失稳。与压弯构件弯矩作用平面外的失稳一样，梁的整体失稳是一种弯扭屈曲。

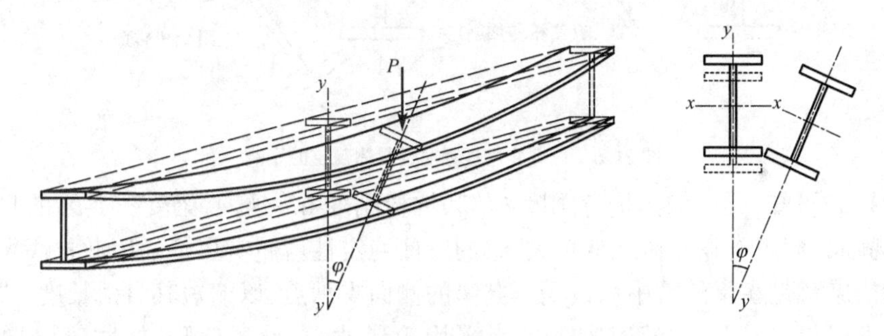

图21-5 简支梁的整体失稳现象

根据结构弹性稳定理论，双轴对称工字形截面简支梁的弯扭屈曲临界弯矩M_{cr}可表示为

$$M_{cr} = \frac{k\sqrt{EI_y GI_t}}{l_1} \tag{21-8}$$

临界应力为

$$\sigma_{cr} = \frac{M_{cr}}{W_x} = \frac{k\sqrt{EI_y GI_t}}{l_1 W_x} \tag{21-9}$$

式中：I_y——梁对y轴(弱轴)的毛截面惯性矩；

I_t——梁毛截面扭转惯性矩；

l_1——梁受压翼缘的自由长度(受压翼缘侧向支撑点之间的距离)；

W_x——梁对 x 轴(强轴)的毛截面模量；

E、G——分别为钢材的弹性模量及剪切模量；

k——梁的弯扭屈曲系数，与荷载类型、梁端支承方式以及横向荷载作用位置有关，见表 21-1。

双轴对称工字形截面简支梁的弯扭屈曲系数 k 值　　表 21-1

荷载类型	纯弯曲	均布荷载作用	跨中一个集中荷载作用
k	$\pi\sqrt{1+\pi^2\psi}$	$3.54(\sqrt{1+11.9\psi}\mp1.44\sqrt{\psi})$	$4.23(\sqrt{1+12.9\psi}\mp1.74\sqrt{\psi})$

注：1. $\psi=(\frac{h}{2l_1})^2\frac{EI_y}{GI_t}$。

2. 表中"∓"号："−"号用于荷载作用于上翼缘，"+"号用于荷载作用于下翼缘。

表 21-1 列出了双轴对称工字形截面简支梁在纯弯、均布荷载作用和集中荷载作用下的弯扭屈曲系数 k 值。可以看到，纯弯时 k 值最小，集中荷载作用时 k 值最大。如果把梁的上翼缘看作轴心压杆，则纯弯属于最不利的荷载情况，因为梁的上翼缘压应力在梁的全长范围内不变，而其他两种荷载情况，梁的上翼缘压应力沿梁长变化，以集中荷载作用时，变化最大，因此其 k 值最大。另外，局部荷载或集中荷载作用于上翼缘时，对开始弯扭屈曲的梁，会产生附加弯矩促使扭转发生，故 k 值较低，梁的稳定性差；若荷载作用于下翼缘，对开始弯扭屈曲的梁，会产生附加弯矩减缓扭转发生，故 k 值较高(图 21-6)。

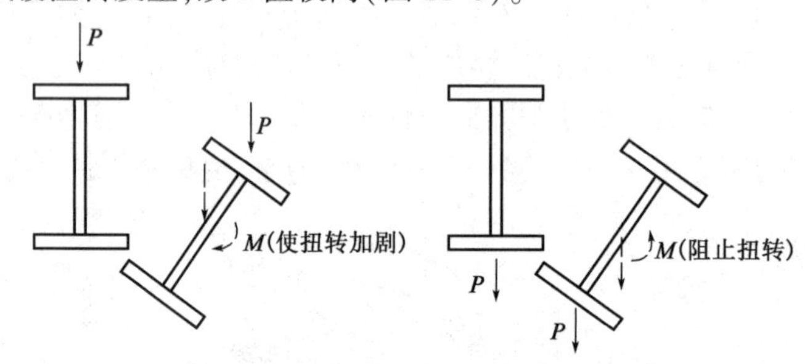

图 21-6　荷载作用位置对梁整体稳定的影响

由式(21-6)可知，梁的侧向抗弯刚度 EI_y 和抗扭刚度 GI_t 越大、梁受压翼缘的自由长度 l_1 越小，则梁的临界弯矩或临界荷载就越大，梁的整体稳定性就越有保证。因此提高梁整体稳定性最有效的措施就是在梁的跨中增设受压翼缘的侧向支承点，以缩短其自由长度，或者增加受压翼缘的宽度以提高其侧向抗弯刚度，或者采用箱形截面，设置横隔、横联等以增加其抗扭刚度。

21.5.2　钢板梁的整体稳定验算

根据持久状况下钢板梁桥的设计构造和受力状况，《公路桥规》规定符合下列情况之一时，可不计算钢板梁的整体稳定性：

(1)有铺板(各种钢筋混凝土板和钢板)密铺在梁的受压翼缘板上并与其牢固相连，能阻止梁受压翼缘的侧向位移时；

(2)工字形截面简支梁受压翼缘板的自由长度 L_1 与其宽度 B_1 之比不超过表 21-2 所规定

的数值时。

表 21-2 所指的自由长度 L_1，对钢板梁在支座位置处设置了横梁、跨间无侧向支承点的情况，L_1 为其跨度；对钢板梁在支座位置处设置了横梁、跨间有侧向支承点的情况，L_1 为受压翼缘板侧向支承点间的距离。

工字形截面简支梁不需计算整体稳定性的最大 L_1/B_1 值　　表 21-2

钢号	跨间无侧向支承点的梁		跨间受压翼缘有侧向支承点的梁，不论荷载作用于何处
	荷载作用在上翼缘	荷载作用在下翼缘	
Q235	13.0	20.0	16.0
Q345	10.5	16.5	13.0
Q390	10.0	15.5	12.5
Q420	9.5	15.0	12.0

当箱形截面简支钢梁的截面尺寸满足规定条件时，《公路桥规》规定也可不计算钢箱梁的整体稳定性，具体要求详见《公路桥规》。

若在设计状况下钢板梁的设计构造和受力不满足上述要求时，除要进行钢板梁的抗倾覆验算外，必须进行相应的整体稳定性验算。由《公路桥规》关于钢板梁整体稳定性验算的规定，可以得到单向受弯的等截面实腹式受弯构件整体稳定性验算式为

$$\frac{\beta_{mx}M_x}{\chi_{LT,x}W_{x,eff}} \leqslant f_d \tag{21-10}$$

式中：M_x——绕截面 x-x 轴作用（图 21-5）的弯矩计算值，$M_x = \gamma_0 M_{d,x}$；

β_{mx}——相对 M_x 等效弯矩系数，可根据构件的弯矩分布类型查表 20-3 得到；

$\chi_{LT,x}$——在绕截面 x-x 轴的弯矩设计值 $M_{x,d}$ 作用下，构件发生弯扭失稳模态的整体稳定折减系数，按式(20-10)计算并以 $\chi_{LT,x}$ 取代该式的 χ。计算中，计算参数 α 由表 20-4 得到屈曲曲线类型后再查表 20-2 得到；同时，以相对长细比 $\overline{\lambda}_{LT,x}$ 取代式(20-10)中的 $\overline{\lambda}$，$\overline{\lambda}_{LT,x}$ 计算式为

$$\overline{\lambda}_{LT,x} = \sqrt{\frac{W_{x,eff}f_y}{M_{cr,x}}} \tag{21-11}$$

$M_{cr,x}$——在 M_x 作用平面内的弯矩单独作用下，考虑约束影响的构件弯扭失稳的整体弯扭弹性屈曲弯矩，可采用有限元方法计算。

对于由钢板焊接、双轴对称工字形截面的简支梁（图 21-5），可近似按下式计算 $M_{cr,x}$

$$M_{cr,x} = \pi\sqrt{1 + \pi^2\frac{EI_y}{GI_t}\left(\frac{h}{2l}\right)^2}\ \frac{\sqrt{EI_yGI_t}}{l} \tag{21-12}$$

式中：I_y、I_t——分别为绕梁截面 y-y 轴的毛截面惯性矩和毛截面抗扭惯性矩，双轴对称工字形截面的抗扭惯性矩近似计算为

$$I_t = \frac{1}{3}\sum_{i=1}^{3}b_it_i^3 \tag{21-13}$$

i——组成双轴对称工字形截面的板件数，$i = 1$、2、3；

b_i、t_i——各板件矩形截面的边长与板厚度；

l、h——分别为梁受压翼缘的自由长度(受压翼缘侧向支撑点之间的距离)和梁截面高度；

E、G——分别为钢材的弹性模量和剪切模量,见附表4-2。

例21-1 如图21-1所示计算跨度 $l=16\text{m}$ 的简支钢板梁桥,其主梁的焊接工字形截面尺寸如图21-7所示,上、下纵向联结系两相邻节点间距为2.0m,钢材采用Q235钢;主梁跨中截面计算弯矩 $M_{l/2}=1657.62\text{kN}\cdot\text{m}$,计算剪力 $V_{l/2}=88.62\text{kN}$;支座截面计算剪力 $V_0=369.48\text{kN}$。试进行主梁截面强度和整体稳定性验算。

解:如图21-7所示的钢板梁为等截面简支梁。

(1)钢板梁有效截面的几何特性

翼缘板考虑剪力滞影响的有效宽度 b_e^s 按式(20-28)计算,因

$$\frac{b_i}{L_e}=\frac{200}{16000}=0.0125<0.05$$

所以 $b_e^s=400\text{mm}$,$\rho^s=\dfrac{b_e^s}{b}=1.0$。

翼缘板考虑局部稳定影响的有效宽度 b_e^p 按式(20-6)计算。工字形截面翼缘板为三边简支一边自由板,其弹性屈曲系数 $k=0.425$,由式(20-5)计算相对宽厚比 $\overline{\lambda}_p=0.604>0.4$,等效相对初弯曲 $\varepsilon_{0p}=0.163$,局部稳定折减系数 $\rho=0.81$。

截面上翼缘受压需同时考虑剪力滞和局部稳定影响

$$b_{e上}=\rho^s\rho b=1.0\times0.81\times400=324(\text{mm})$$

截面下翼缘受拉仅考虑剪力滞影响

$$b_{e下}=\rho^s b=1.0\times400=400(\text{mm})$$

得到钢板梁的有效截面见图21-8。

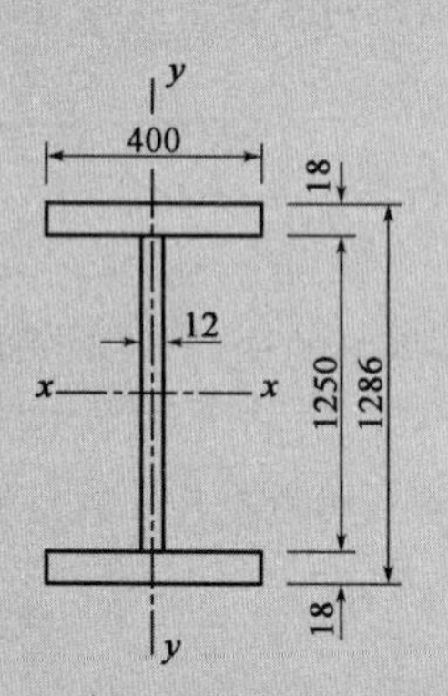

图21-7 例21-1图(尺寸单位:mm)

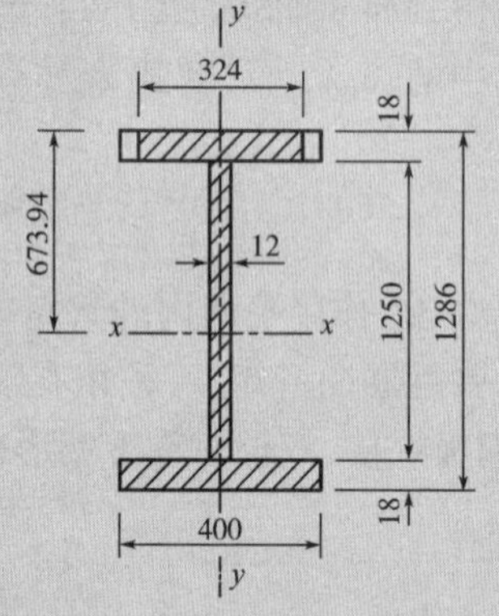

图21-8 有效截面示意图(尺寸单位:mm)

有效截面重心轴距受压翼缘边缘距离为

$$y_1=\frac{324\times18\times9+1250\times12\times(625+18)+400\times18\times(1286-9)}{324\times18+1250\times12+400\times18}$$

$$=673.94(\text{mm})$$

有效截面重心轴毛截面惯性矩为

$$I=324\times18\times(673.94-9)^2+\frac{1}{12}\times12\times1250^3+12\times1250\times(673.94-625-18)^2+400\times18\times(1286-9-673.94)^2=7.16\times10^9(\text{mm}^4)$$

有效截面重心轴以上部分面积对重心轴的面积矩为

$$S=324\times18\times(673.94-9)+(673.94-18)\times12\times\frac{673.94-18}{2}=6.46\times10^6(\text{mm}^3)$$

有效截面受压翼缘与腹板交界处以上部分对重心轴的面积矩为

$$S_1=324\times18\times(673.94-9)=3.88\times10^6(\text{mm}^3)$$

(2)强度验算

①主梁截面抗弯强度验算

取简支钢板梁的跨中截面为验算截面,计算弯矩 $M_{l/2}=1657.62\text{kN}\cdot\text{m}$,则有

$$\sigma=\frac{M_x}{W_{x,\text{eff}}}=\frac{M_{l/2}}{I}y_1=\frac{1657.62\times10^6\times673.94}{7.16\times10^9}=156.02(\text{MPa})$$

查附表4-1可知,厚度18mm的Q235钢板 $f_d=180\text{MPa}$。满足要求。

②主梁截面剪应力验算

取简支钢板梁的支点截面为验算截面,这时计算剪力 $V_0=369.48\text{kN}$,腹板厚度 $t_w=12\text{mm}$,则

$$\tau=\frac{VS}{It_w}=\frac{369.48\times10^3\times6.46\times10^6}{7.16\times10^9\times12}=27.78(\text{MPa})$$

查附表4-1可知,厚度12mm的Q235钢板 $f_{vd}=110\text{MPa}$,满足要求。

③主梁截面折算应力验算

对于简支梁可取1/4跨处截面作为验算截面,这里,根据已知截面的作用组合效应计算值,按最大计算剪力、计算弯矩分别为沿计算跨径直线变化和二次抛物线变化推算出简支梁 $l/4$截面处最大剪力 $V_{l/4}$和相应的弯矩 $M_{l/4}$为

$$M_{l/4}=M_{l/2}(1-\frac{4x^2}{l^2})=M_{l/2}[1-4(\frac{l/4}{l})^2]=1657.62\times(1-\frac{1}{4})=1243.22(\text{kN}\cdot\text{m})$$

$$V_{l/4}=\frac{1}{2}(V_0+V_{l/2})=\frac{1}{2}\times(369.48+88.62)=229.05(\text{kN})$$

截面受压翼缘与腹板交界处的应力

$$\sigma=\frac{M_x}{W_{x,\text{eff}}}=\frac{M_{l/4}}{I}y=\frac{1243.22\times10^6}{7.16\times10^9}\times(673.94-18)=113.89(\text{MPa})$$

$$\tau=\frac{V_{l/4}S_1}{It_w}=\frac{229.05\times10^3\times3.88\times10^6}{7.16\times10^9\times12}=10.34(\text{MPa})$$

查附表4-1可知厚度12mm的Q235钢板 $f_d=190\text{MPa}$,$f_{vd}=110\text{MPa}$,则

$$\sqrt{(\frac{\sigma}{f_d})^2+(\frac{\tau}{f_{vd}})^2}=\sqrt{(\frac{113.89}{190})^2+(\frac{10.34}{110})^2}=0.61<1$$

满足要求。

(3)主梁整体稳定性验算

主梁受压翼缘宽度 $b=400\text{mm}$,侧向固定点间距即为上纵向联结系相邻节点间距 $L_1=2.0\text{m}$。钢梁材料为Q235钢,则

$$\frac{L_1}{b}=\frac{2000}{400}=5<16$$

由表21-2可知,主梁的整体稳定性满足要求。

21.6 钢板梁的局部稳定和腹板加劲肋的设计

21.6.1 梁的局部失稳和腹板加劲肋的设置原则

为了提高钢板梁的抗弯强度、刚度和整体稳定性,翼缘板和腹板宜选用宽而薄的钢板以增大截面的惯性矩。但如果翼缘板和腹板的宽(高)厚比设置太大,可能在梁达到强度破坏和整体失稳前,翼缘板和腹板就发生局部失稳(图21-9)。梁的翼缘板一般在均匀压力作用下发生局部失稳[图21-9a)];靠近梁支座的腹板主要承受剪力,可能在剪应力作用下发生局部剪切失稳[图21-9b)],而跨中的腹板可能在弯曲应力作用下发生局部弯曲失稳[图21-9c)];腹板还可能在局部竖向压应力作用下失稳[图21-9d)]。

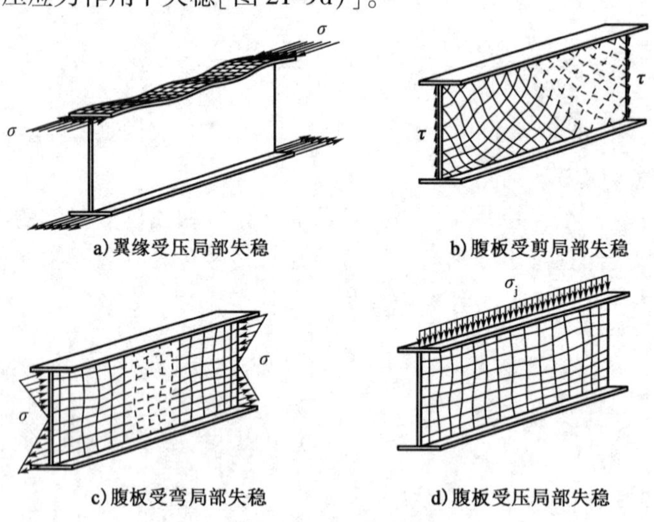

图21-9 梁的局部失稳现象

为了防止钢板梁发生局部失稳,工程上采用以下措施:①限制翼缘板和腹板的宽(高)厚比;②在垂直于钢板平面的方向,设置具有一定刚度的加劲肋。

梁的翼缘板因承受较大的正应力,为了充分发挥钢材的强度,使翼缘板的临界应力 σ_{cr} 不低于钢材的屈服点 f_y,从而使翼缘板的钢材达到屈服强度前,翼缘板不丧失局部稳定。根据这个原则,可以确定翼缘板不丧失局部稳定的宽厚比限值,可见梁的翼缘板是采用第一种措施来保证局部稳定的。通常情况下,焊接钢板梁的受压翼缘板外伸宽度不宜大于400mm,并不应大于其厚度的 $12\sqrt{345/f_y}$ 倍;受拉翼缘板外伸宽度不应大于其厚度的 $16\sqrt{345/f_y}$ 倍;翼

缘板的惯性矩宜满足 $0.1 \leq I_{yc}/I_{yt} \leq 10$,式中 I_{yc}、I_{yt} 分别为受压翼缘和受拉翼缘对竖轴的惯性矩,如果工字形截面不满足该比例要求,则其截面类似于T形截面,截面剪心会位于尺寸较大翼缘板与腹板相交位置附近。

工字形梁的腹板厚度主要由抗剪强度确定,但按抗剪强度所要求的腹板厚度一般很小,如果采用加厚腹板的办法来保证局部稳定,显然是不经济的。因此,钢板梁的腹板采用第二种措施(即设置加劲肋)来保证局部稳定。与梁跨度方向垂直的称为横向加劲肋,沿着梁的跨度方向设置的称为纵向加劲肋。从图21-10可以看到,仅设置横向加劲肋和既设置横向加劲肋又设置纵向加劲肋的腹板各区段及其受力状况的不同。

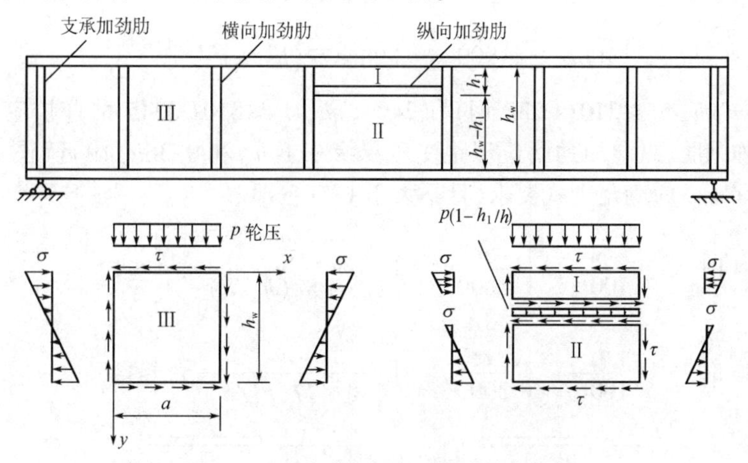

图21-10　加劲肋的布置及腹板的应力分布

理论分析表明,防止腹板剪切失稳的有效措施是设置横向加劲肋,防止腹板弯曲失稳的有效措施是设置纵向加劲肋。

根据弹性稳定理论,并考虑翼缘板对腹板的嵌固作用和钢板初始缺陷的影响,分析结果表明,当 $h_w/t_w \geq 68$(Q235钢)和 $h_w/t_w \geq 57$(Q345钢)时,梁才会发生剪切失稳;当 $h_w/t_w \geq 162$(Q235钢)和 $h_w/t_w \geq 136$(Q345钢)时,梁才会发生弯曲失稳。此处 h_w 为腹板的计算高度,t_w 为腹板厚度。因此,关于加劲肋的设置,有如下规定:

(1)当 $\eta h_w/t_w \leq 70$(Q235钢)和 $\eta h_w/t_w \leq 60$(Q345钢)时,可不设置加劲肋。其中 η 为折减系数,$\eta = \sqrt{\tau/f_{vd}}$,且不得小于0.85,$\tau$ 为基本组合下腹板的剪应力。

(2)当 $70 < \eta h_w/t_w \leq 160$(Q235钢)和 $60 < \eta h_w/t_w \leq 140$(Q345钢)时,仅设置横向加劲肋,其间距 a 应满足下式要求,且不大于 $1.5h_w$(图21-10),即

$$\text{当}\frac{a}{h_w}>1\text{时}\qquad \left(\frac{h_w}{100t_w}\right)^4\left\{\left(\frac{\sigma}{345}\right)^2+\left[\frac{\tau}{77+58(h_w/a)^2}\right]^2\right\}\leq 1 \tag{21-14}$$

$$\text{当}\frac{a}{h_w}\leq 1\text{时}\qquad \left(\frac{h_w}{100t_w}\right)^4\left\{\left(\frac{\sigma}{345}\right)^2+\left[\frac{\tau}{58+77(h_w/a)^2}\right]^2\right\}\leq 1 \tag{21-15}$$

式中:h_w——腹板的计算高度,对焊接钢板梁为腹板的全高;对螺栓连接的钢板梁为上、下翼缘角钢内排螺钉线的间距;

a——横向加劲肋的间距;

σ——基本组合下的受压翼缘处腹板正应力；

τ——基本组合下的腹板剪应力。

(3)当 $160 < \eta h_w/t_w \leqslant 280$(Q235 钢)和 $140 < \eta h_w/t_w \leqslant 240$(Q345 钢)时,除设置横向加劲肋外,尚需设置一道纵向加劲肋,纵向加劲肋位于距受压翼缘 $0.2h_w$ 附近(图 21-11),此时,横向加劲肋的间距 a 应满足下式要求,且不大于 $1.5h_w$,即

$$\text{当}\frac{a}{h_w}>0.8\text{ 时}\qquad \left(\frac{h_w}{100t_w}\right)^4\left\{\left(\frac{\sigma}{900}\right)^2+\left[\frac{\tau}{120+58(h_w/a)^2}\right]^2\right\}\leqslant 1 \tag{21-16}$$

$$\text{当}\frac{a}{h_w}\leqslant 0.8\text{ 时}\qquad \left(\frac{h_w}{100t_w}\right)^4\left\{\left(\frac{\sigma}{900}\right)^2+\left[\frac{\tau}{90+77(h_w/a)^2}\right]^2\right\}\leqslant 1 \tag{21-17}$$

(4)当 $280 < \eta h_w/t_w \leqslant 310$(Q235 钢)和 $240 < \eta h_w/t_w \leqslant 310$(Q345 钢)时,应设置横向加劲肋和两道纵向加劲肋,纵向加劲肋位于距受压翼缘 $0.14h_w$ 和 $0.36h_w$ 附近(图 21-11),此时,横向加劲肋的间距 a 应满足下式要求,且不大于 $1.5h_w$,即

$$\text{当}\frac{a}{h_w}>0.64\text{ 时}\qquad \left(\frac{h_w}{100t_w}\right)^4\left\{\left(\frac{\sigma}{3000}\right)^2+\left[\frac{\tau}{187+58(h_w/a)^2}\right]^2\right\}\leqslant 1 \tag{21-18}$$

$$\text{当}\frac{a}{h_w}\leqslant 0.64\text{ 时}\qquad \left(\frac{h_w}{100t_w}\right)^4\left\{\left(\frac{\sigma}{3000}\right)^2+\left[\frac{\tau}{140+77(h_w/a)^2}\right]^2\right\}\leqslant 1 \tag{21-19}$$

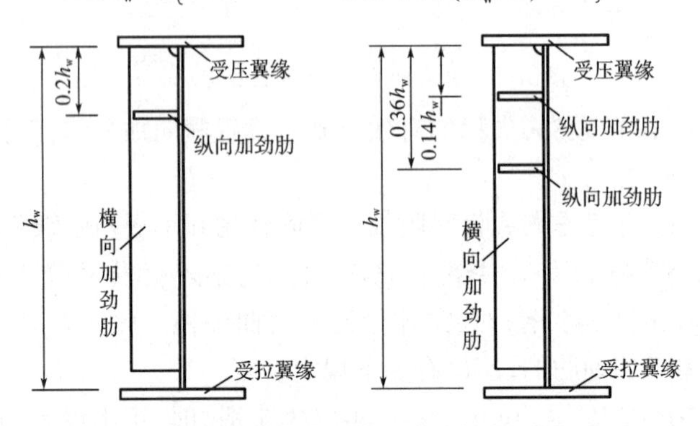

图 21-11　腹板加劲肋示意图

21.6.2　加劲肋的截面选择及构造

加劲肋一般宜在钢板梁的腹板两侧成对设置,如果有困难时也可在单侧设置,但支承加劲肋及集中荷载作用处必须在两侧成对地设置加劲肋。加劲肋应有足够的刚度才能起到支承边的作用,其截面尺寸应符合下列要求：

(1)当设置横向加劲肋加强腹板时,其每侧加劲肋的外伸宽度 b_1(mm)$\geqslant 40 + h_w/30$(腹板计算高度 h_w 以 mm 计);厚度 $\delta_1 \geqslant b_1/15$。

(2)腹板横向加劲肋惯性矩应满足

$$I_t \geqslant 3h_w t_w^3 \tag{21-20}$$

双侧对称设置横向加劲肋时,I_t 为加劲肋对于腹板水平中线(z-z 轴)的惯性矩;单侧设置横向加劲肋时,I_t 为加劲肋对腹板与加劲肋厚度方向连接线(z'-z'轴)的惯性矩,如图 21-12

所示。

(3)腹板纵向加劲肋惯性矩应满足下式要求且不小于 $1.5h_w t_w^3$，即

$$I_l \geqslant \left(\frac{a}{h_w}\right)^2 \left(2.5 - 0.45\frac{a}{h_w}\right) h_w t_w^3 \tag{21-21}$$

双侧对称设置纵向加劲肋时，I_l 为加劲肋对于腹板竖直中线(y-y 轴)的惯性矩；单侧设置纵向加劲肋时，为加劲肋对腹板与加劲肋厚度方向连接线(y'-y'轴)的惯性矩，如图 21-12 所示，图中的“1”表示横向加劲肋，“2”表示纵向加劲肋。

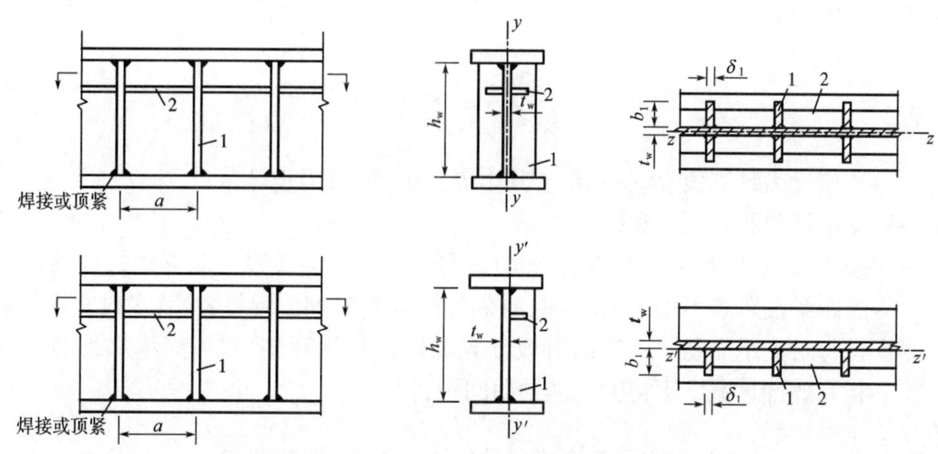

图 21-12 钢板梁的横向加劲肋和纵向加劲肋

加劲肋设计时，除应满足上述截面尺寸要求外，尚应符合以下对焊接钢板梁加劲肋的构造要求：

(1)为了避免焊缝过于接近，造成焊接热影响区和应力集中区的重叠而导致结构产生脆性破坏，与腹板对接焊缝平行的横向加劲肋，到对接焊缝的距离不应小于 $10t_w$(t_w 为腹板厚度)或不小于 100mm。

(2)为了保证加劲肋及其焊缝的连续性，且便于制造，与腹板对接焊缝相交的纵向加劲肋及其焊缝应连续通过腹板焊缝。

(3)为了避免焊缝三条交叉，减小焊接残余应力，横向加劲肋与翼缘板和腹板的焊接处，应将横向加劲肋端部切去不大于 5 倍腹板厚度的斜角，使翼缘板与腹板的焊缝连续通过。

(4)当纵向加劲肋与横向加劲肋相交时，横向加劲肋宜连续通过，两者相交处宜焊接或栓接。

21.6.3 支承加劲肋的设置与计算

支承加劲肋是指承受集中荷载或者支座反力的横向加劲肋，并且应在腹板两侧成对设置，其宽度宜与梁的翼缘板平齐。钢板梁支承处和外力集中作用处，局部应力较大，钢板梁腹板会出现屈曲现象，因此《公路桥规》规定钢板梁在支承处和外力集中处应设置成对的竖向加劲肋，加劲肋宜延伸到翼缘板的外边缘。在支承处设置的支承加劲肋应有足够的刚度，加劲肋(下)端面应打平磨光并与钢板梁下翼缘板顶紧、焊接；在外力集中处设置的腹板加劲肋应与钢板梁上翼缘板焊接，但对焊接钢板梁，加劲肋不得与钢板梁受拉翼缘板直接焊接。

1)稳定计算

腹板和支承加劲肋在竖向集中荷载作用下,有可能出现失稳现象,所以一般按承受集中荷载的轴心受压构件对支承加劲肋进行稳定验算,计算时取腹板的一部分与加劲肋共同受力。腹板参与共同受力的范围因钢材品种不同而有所变化,设计时为了简化计算,统一规定为24倍板厚,即在支承加劲肋的两侧的腹板上各取$12t_w$(t_w为板厚)与支承加劲肋组成轴心受压构件。受压杆的压应力沿高度的分布近似为三角形分布(图21-13),取腹板最下缘处的最大有效断面平均压应力进行验算。因此,支承加劲肋连同其附近腹板在腹板平面外(图21-13中z-z轴)的失稳应按下式验算

$$\frac{2R_V}{A_s + B_{ev}t_w} \leqslant f_d \tag{21-22}$$

式中:R_V——支座反力计算值,$R_V = \gamma_0 R_{Vd}$,其中R_{Vd}为支座反力设计值;

A_s——支承加劲肋面积之和;

B_{ev}——按式(21-21)计算的腹板有效宽度(图21-13),当设置一对支承加劲肋并且加劲肋距梁端距离不小于$12t_w$时,有效计算宽度按$24t_w$计算;设置多对支承加劲肋时按每对支承加劲肋求得的有效计算宽度之和计算,但相邻支承加劲肋之间的腹板有效计算宽度不得大于加劲肋间距;

$$\begin{cases} B_{ev} = (n_s - 1)b_s + 24t_w & (b_s < 24t_w \text{时}) \\ B_{ev} = 24n_s t_w & (b_s \geqslant 24t_w \text{时}) \end{cases} \tag{21-23}$$

n_s——支承加劲肋对数;

b_s——支承加劲肋间距。

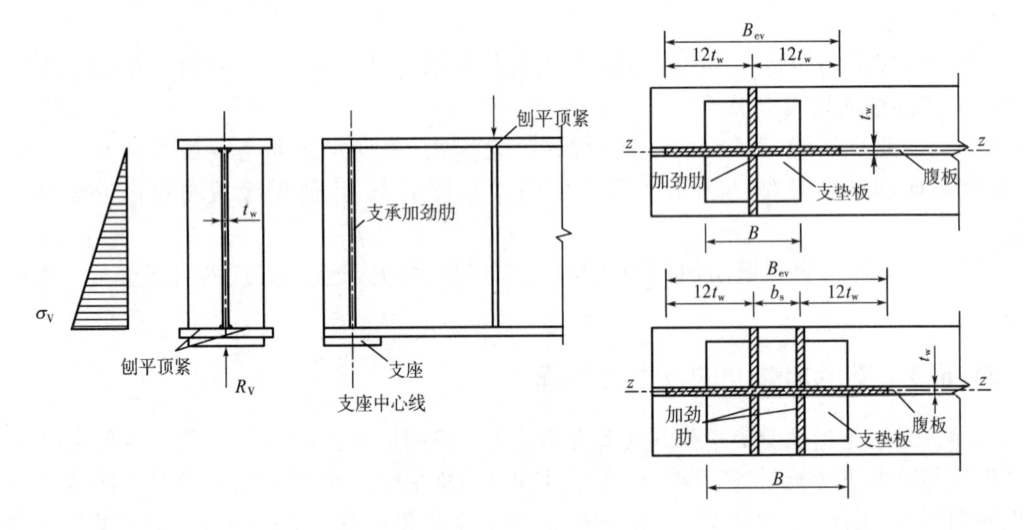

图21-13　支承加劲肋的构造

2)端面局部承压强度计算

支承加劲肋除按轴心受压构件进行稳定验算外,还要验算它与翼缘接触处的支承压应力,

即按所承受的支座反力或集中荷载计算支承加劲肋端面局部承压强度。当支承加劲肋端部刨平顶紧于梁翼缘时,其端面局部承压强度应满足

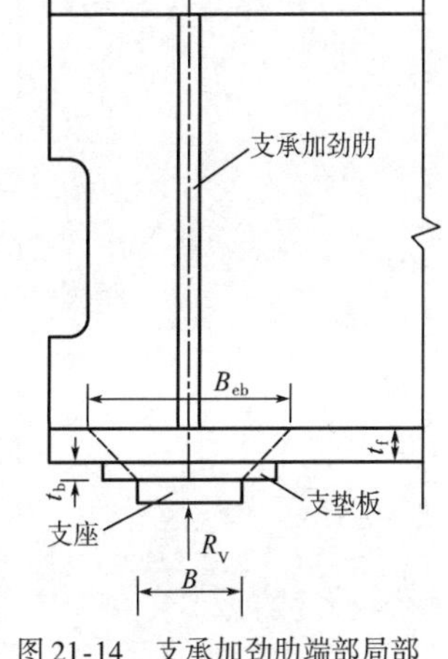

图 21-14 支承加劲肋端部局部承压面积

$$\frac{R_V}{A_s + B_{eb}t_w} \leqslant f_{cd} \tag{21-24}$$

式中:R_V——支座反力计算值,$R_V = \gamma_0 R_{Vd}$,R_{Vd}为支座反力设计值;

A_s——支承加劲肋面积之和;

B_{eb}——腹板局部承压有效计算宽度(图 21-14),$B_{eb} = B + 2(t_f + t_b)$,其中 B 为支座顶面宽度,t_f 为下翼缘厚度,t_b 为支座垫板厚度,考虑支座反力自垫板下缘至下翼缘与腹板交界处厚度范围内的45°扩散作用;

f_{cd}——端面承压强度设计值,查附表4-1得到。

如果端部为焊接时,还应计算其焊缝应力。支承加劲肋与腹板的连接焊缝或其端部与翼缘的焊缝,应按承受的支座反力或集中荷载计算,计算时可假定应力沿焊缝全长均匀分布。

当上述支承加劲肋的稳定验算或局部承压强度验算不能满足要求时,则应增大加劲肋的厚度和宽度,但宽度不能超过翼缘板的宽度。

例 21-2 已知条件与例 21-1 相同,支点最大反力 $R_v = \gamma_0 R_{v0} = 369.48\text{kN}$。试进行主梁局部稳定验算与加劲肋设计。

解:本算例对主梁受压翼缘局部稳定进行验算,对腹板加劲肋和支承加劲肋进行设计。

(1)受压翼缘的局部稳定验算

由图 21-7 可知,主梁受压翼缘伸出肢宽度为 $b/2 = 200(\text{mm}) < 400\text{mm}$,而 $t_f = 18\text{mm}$,则主梁受压翼缘板外伸肢宽厚比为$\frac{b/2}{t_f} = \frac{200}{18} = 11.11 < 12\sqrt{\frac{345}{f_y}} = 12 \times \sqrt{\frac{345}{235}} = 14.54$,故主梁受压翼缘局部稳定性满足要求。

(2)腹板加劲肋的设置

钢板梁腹板计算高度 $h_w = 1250\text{mm}$,腹板宽度 $t_w = 12\text{mm}$。由例 21-1 计算的梁支点截面最大剪应力 $\tau = 27.78\text{MPa}$,则 $\eta = \sqrt{\frac{\tau}{f_{vd}}} = \sqrt{\frac{27.78}{110}} = 0.503 < 0.85$,故得到 $\eta h_w/t_w = 0.85 \times 1250/12 = 88.54$。钢板梁采用 Q235 钢,且 $\eta h_w/t_w$ 值在区间[70,160]中,按照加劲肋设置要求,可仅设置横向加劲肋。

由于腹板所受剪力沿主梁跨长变化,简支梁梁端区段剪力较大,跨中区段剪力较小,故在梁端区段横向加劲肋布置间距较小,而在跨中区段布置间距较大。本算例从钢板梁加工方便角度考虑,先按等间距 a 布置横向加劲肋,然后根据计算结果进行调整。

由于须满足 $a \leqslant 1.5h_w = 1.5 \times 1250 = 1875(\text{mm})$,故先取 $a = 1.6\text{m}$。如图 21-15 所示,将半跨主梁划分成 $a = 1.6\text{m}$ 的五个板段,由例 21-1 中已知的内力计算值推算出各板段中点处的弯矩和剪力,然后按式(21-12)进行验算,计算表格见表 21-3。

表 21-3 中的 σ_i 为钢板梁截面上翼缘板与腹板交界处正应力计算值,τ_i 为腹板剪应力,近似取腹板的最大剪应力计算值。

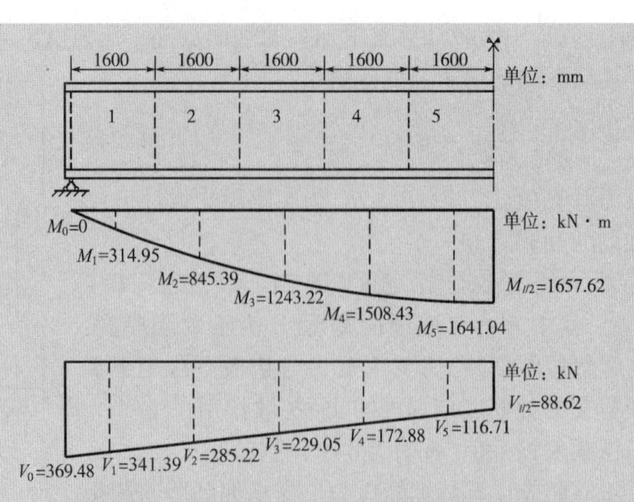

图 21-15　主梁腹板横向加劲肋设置及各板段内力图

横向加劲肋间距验算表　　表 21-3

板段号	1	2	3	4	5
M_i(kN·m)	314.95	845.39	1243.22	1508.43	1641.04
σ_i(MPa)	28.86	77.45	113.90	138.20	150.35
V_i(kN)	341.39	285.22	229.05	172.88	116.71
τ_i(MPa)	25.60	21.39	17.18	12.97	8.75
验算值	0.06	0.09	0.16	0.20	0.23

按表21-3 计算结果,横向加劲肋间距验算值均小于1.0,故取横向加劲肋间距 $a=1.6$m 进行布置是满足要求的。

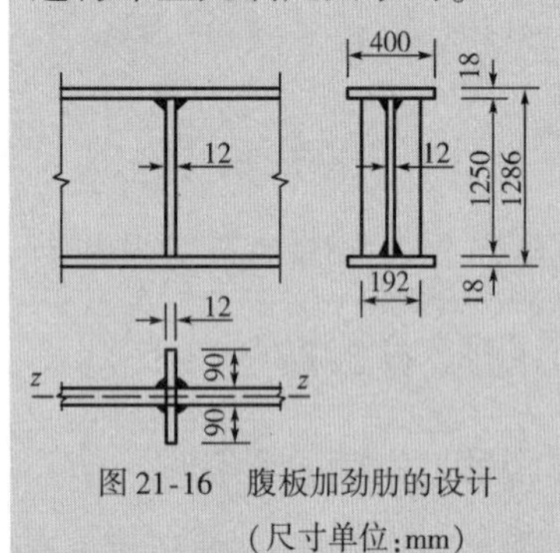

图 21-16　腹板加劲肋的设计
(尺寸单位:mm)

(3)腹板加劲肋设计

如图 21-16 所示,取横向加劲肋宽度为 90mm,厚度为 12mm。横向加劲肋与主梁受压翼缘及腹板之间采用半自动焊,而且与主梁受拉翼缘连接。横向加劲肋切出斜角边长为 $5t_w=5\times12=60$(mm),满足相关要求。

横向加劲肋外伸宽度

$$b_1=90\text{mm}>40+\frac{1}{30}h_w=40+\frac{1}{30}\times1250=81.67(\text{mm})$$

横向加劲肋厚度

$$\delta_1=12\text{mm}>\frac{1}{15}\times90=6(\text{mm})$$

腹板横向加劲肋惯性矩应满足

$$I_t=2\times\left[\frac{12\times90^3}{12}+12\times90\times\left(\frac{90}{2}+\frac{12}{2}\right)^2\right]=7.08\times10^6(\text{mm}^4)$$

$$>3h_w t_w^3=3\times1250\times12^3=6.48\times10^6(\text{mm}^4)$$

故横向加劲肋设计尺寸满足相关要求。

(4)支承加劲肋的设计

支承加劲肋初步设计尺寸为肢宽等于140mm，肢厚等于12mm。支承加劲肋的下端磨光并与主梁下翼缘顶紧焊接(图21-17)。

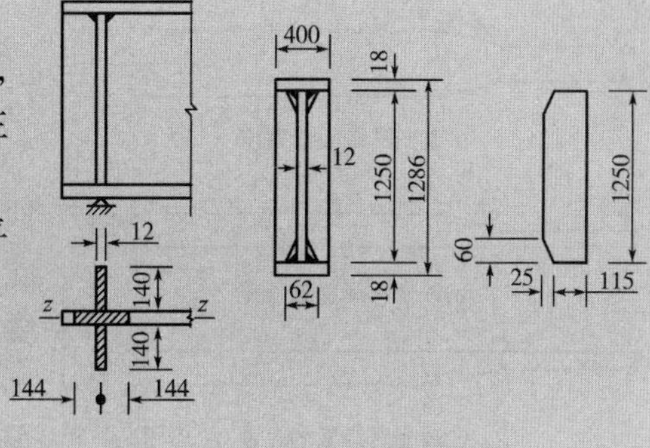

图21-17 支承加劲肋的设计(尺寸单位:mm)

①按轴心受压构件验算支承加劲肋在腹板平面外的稳定性

$$\frac{2R_{\mathrm{V}}}{A_{\mathrm{s}}+B_{\mathrm{ev}}t_{\mathrm{w}}}=\frac{2\times369.48\times10^{3}}{2\times140\times12+24\times12\times12}$$

$$=108.42(\mathrm{MPa})<f_{\mathrm{d}}(=190\mathrm{MPa})$$

故支承加劲肋满足稳定性要求。

②支承加劲肋端部局部承压强度验算

根据支座处最大控制支反力，从公路桥梁梁板式橡胶支座产品目录中选择GJZ200×250×h系列支座，该支座沿纵桥向长度为250mm，则

$$\frac{R_{\mathrm{V}}}{A_{\mathrm{s}}+B_{\mathrm{eb}}t_{\mathrm{w}}}=\frac{369.48\times10^{3}}{2\times140\times12+(250+2\times18)\times12}=54.40(\mathrm{MPa})<f_{\mathrm{cd}}(=280\mathrm{MPa})$$

故支承加劲肋满足局部承压强度要求。

21.7 钢板梁的截面变化

21.7.1 钢板梁截面沿跨长的变化

简支钢板梁的计算弯矩在跨中截面最大，越向两端越小，到支点截面处为零。因此，为了节省钢材，减轻梁的自重，梁的截面可随计算弯矩的变化而沿跨径加以改变。对于跨径较小的钢板梁，变更截面的经济效果并不显著，相反地会增加制造的工作量，因此，除构造上需要外，一般不宜改变截面。

截面改变的位置确定，除应满足所需抵抗弯矩外，还要使翼缘板的用钢量最省。若选定的变截面点距离梁跨中截面太近，因该处的弯矩值与跨中截面弯矩值相差不多，则所省钢材有限。若选定的变截面点离支点太近，虽然该处的弯矩值比跨中弯矩小很多，截面可减少很多，但减少截面部分的长度有限，经济效果也不显著。根据经济分析，在焊接钢板梁中，如翼缘板截面尺寸只改变一次时，其变截面点在离支点约1/6跨径处，所用钢材最省，可节省钢材10%~12%；翼缘板截面尺寸改变两次时则分别在1/4跨径和1/8跨径处为宜，节省钢材为13%~17%，但制造比较麻烦。为了便于制造，在实际工程中通常只对称地改变一次翼缘板截面尺寸。

对于只有一层翼缘板的焊接钢板梁，其截面的改变是用减小翼缘板的厚度或宽度的方法来实现的。在工程实践中，采用改变翼缘板厚度者较多，而使其宽度保持不变，这样对梁的总体稳定性有利。不论改变翼缘板的厚度还是宽度，为了避免由于截面的突然改变而产生局部

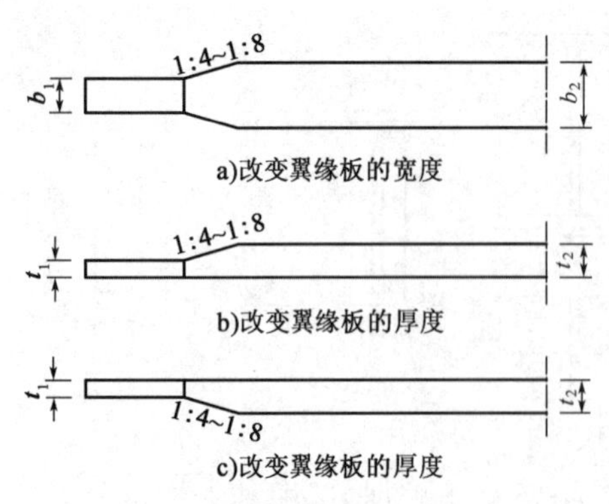

图 21-18 钢板梁翼缘板的宽度和厚度变化

应力集中,通常应使板由较大厚度(或宽度)以 1∶4(受压)~1∶8(受拉)的角度平顺地过渡到较小厚度(或宽度),如图 21-18 所示。同时要注意不等厚或不等宽两钢板间的对接焊缝的力线偏心影响,对焊缝表面应进行机械加工,以避免因焊缝不平整而出现疲劳脆裂。当两块板厚度相差 4mm 以上时,应分别在宽度方向或厚度方向将一侧或两侧做成坡度不大于 1∶5的斜角;两块厚度相差不超过 4mm 的钢板用对接焊缝连接时,其较厚的板可不做斜角而直接用焊缝变厚来调整。

通常组成钢板梁翼缘板截面的板不宜超过两块,同时焊接板束的侧面角焊缝宜采用自动焊或半自动焊,且由宽板至窄板的边缘距离 a 不应小于 50mm(图 21-19)。相互叠合的翼缘板侧面角焊缝尺寸应相等,需根据板厚来决定具体尺寸,可按表 21-4 采用。若采取在适当位置截断外层钢板的办法来改变翼缘板的面积,则其理论截断点的位置可用绘制梁的弯矩包络图和截面抵抗矩图的图解法来确定[图 21-20a)],理论截断点处的翼缘板尺寸可根据其计算弯矩确定。为了保证理论截断点至梁跨中区段的外层翼缘板能起作用,外层钢板的实际截断点应向支座方向伸出理论截断点以外,其延伸部分的焊缝长度,按该板截面强度的 50% 计算得到,并将板端沿板宽方向做成不大于 1∶2 的斜坡[图 21-20b)]。图中的 a-a 和 b-b 断面为翼缘板的理论截断点。

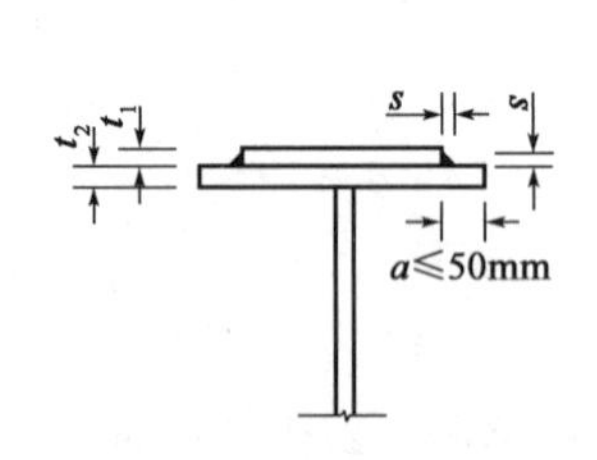

图 21-19 叠合钢板翼缘板

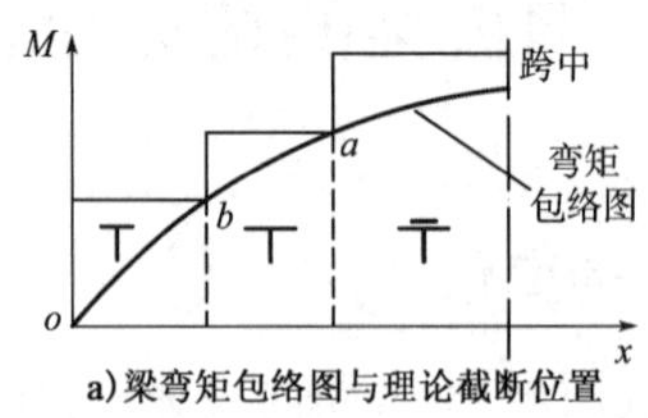
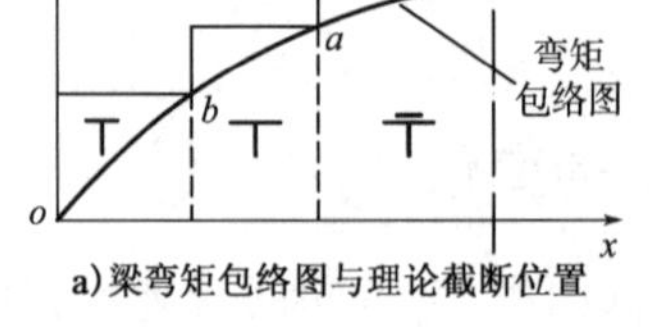

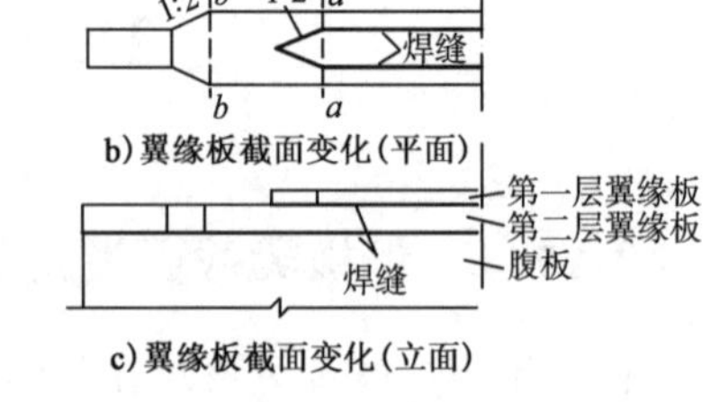

图 21-20 钢板梁多层翼缘板的变化

侧面角焊缝尺寸表 表 21-4

t(mm)	≤18	19~25	26~32	33~40	41~50
s(mm)	6	7	8	9	10

注:1. t 为两块叠合翼缘板厚度 t_1 和 t_2 大的一个。

2. 即使拼接部的板厚有所增加,仍可用原来的板厚决定焊缝的尺寸。

为了降低钢板梁的空间高度,简支梁也可在靠近支座 $l/6$ ~ $l/5$ 处减小腹板的高度,而将翼缘板截面保持不变。梁端部高度应满足抗剪强度要求,但不宜小于跨中高度的一半。

在钢板梁变截面处,应对强度(包括折算强度)和刚度进行计算。梁的刚度一般因截面改变影响不大,可近似地按等截面梁计算挠度。

21.7.2 焊接钢板梁翼缘板和腹板的连接焊缝计算

如果钢板梁翼缘板与腹板之间没有连接,梁受弯时必将各自弯曲,使翼缘板和腹板相互滑移(图21-21)。为了保证焊接钢板梁的翼缘板和腹板共同工作,翼缘板与腹板之间通过连续的焊缝联结成整体,焊缝阻止了翼缘板与腹板之间的错动,因此焊缝所受的力就是翼缘板与腹板接触面间的水平剪力。在上承式钢板梁中,由于梁翼缘板上还承受均布荷载和集中力(如汽车的轮压)的作用,上翼缘与腹板的连接焊缝还要受到竖向剪力的作用。上翼缘与腹板的连接焊缝受到两个互相垂直方向的应力作用,其计算方法如下。

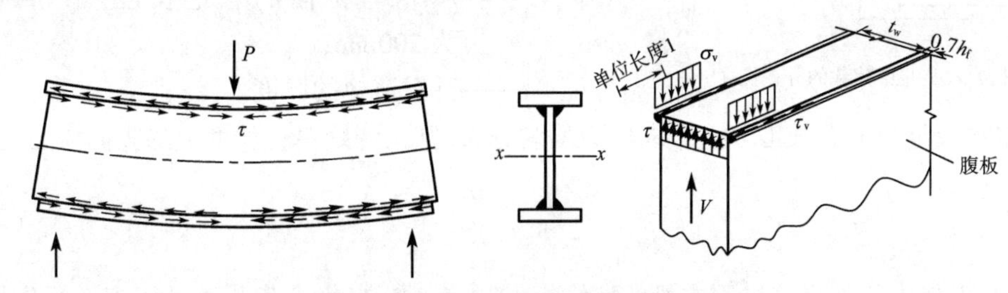

图21-21　钢板梁弯曲时焊缝所受的水平剪力

1)计算焊缝单位长度上的水平剪力 T_1

翼缘板与腹板连接处的水平剪应力为

$$\tau = \frac{VS}{I_x t_w} \tag{21-25}$$

式中:V——梁截面上所受的最大剪力计算值,一般取梁端的剪力计算;

S——上翼缘(或下翼缘)截面对钢板梁中和轴的毛截面面积矩;

I_x——钢板梁对中和轴的毛截面惯性矩;

t_w——腹板厚度。

假定钢板梁翼缘板与腹板连接处的剪应力由焊缝承担且沿长度均匀分布,则单位长度上两条焊缝所承受的水平剪力为

$$T_1 = \tau t_w = \frac{VS}{I_x} \tag{21-26}$$

2)计算焊缝单位长度上的竖向剪力 V_1

当钢板梁的上翼缘有集中荷载作用时,考虑到腹板上缘不直接顶紧翼缘板,因此由焊缝承受这个竖向压力。

当集中荷载直接作用在梁的翼缘板上时,可把翼缘板视作弹性地基梁来分析,集中荷载在焊缝处的分布长度可按下式计算

$$Z = c\sqrt[3]{\frac{I'_n}{t_w}} \tag{21-27}$$

式中:c——系数,焊接钢板梁为3.25;

I'_n——钢板梁翼缘对其本身中和轴的毛截面惯性矩;

t_w——腹板厚度。

计算出的分布长度 Z 值,对焊接钢板梁不应小于400mm,但不得大于计算车辆的轮轴间距。

当梁的上翼缘搁置有行车道板(如木桥面板或不与钢梁起联合作用的钢筋混凝土板等)

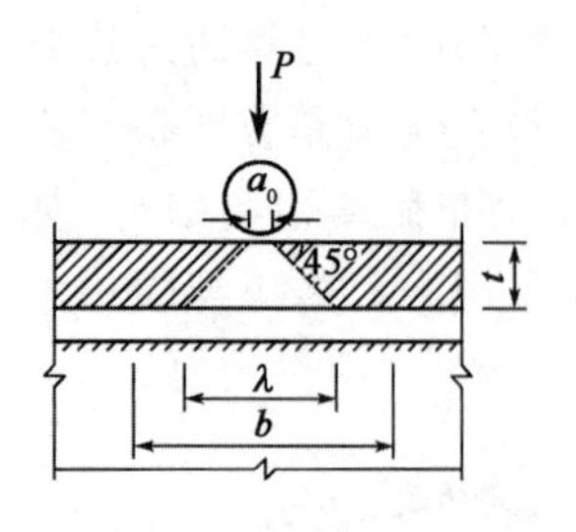

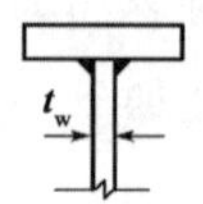

图 21-22　集中荷载的分布长度

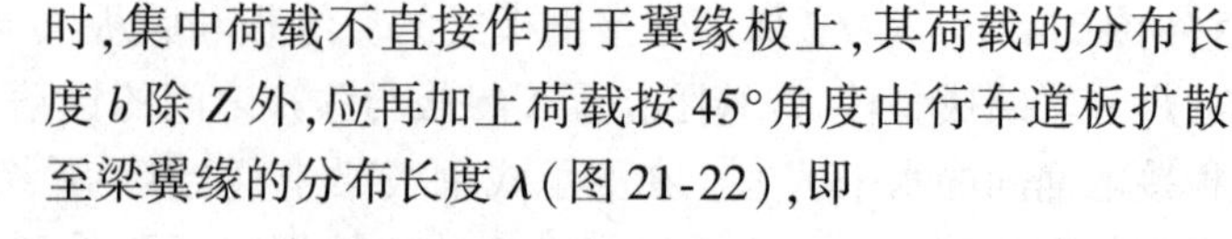
时,集中荷载不直接作用于翼缘板上,其荷载的分布长度 b 除 Z 外,应再加上荷载按 45°角度由行车道板扩散至梁翼缘的分布长度 λ(图 21-22),即

$$b = Z + \lambda = Z + a_0 + 2t \tag{21-28}$$

式中:a_0——车轮与桥面的着地长度,顺桥向时取为 200mm;

t——行车道板的厚度。

假定在焊缝处分布长度 b 上竖向应力均匀分布,则角焊缝单位长度上的竖向压力为

$$V_1 = \frac{P}{b} \tag{21-29}$$

式中,当集中荷载直接作用在梁的翼缘板上时,$b = Z$;当集中荷载通过行车道板作用于翼缘板上时,$b = Z + a_0 + 2t$。

3)验算焊缝强度或计算焊脚尺寸 h_f

单位长度上焊缝上受到两个互相垂直方向的力 T_1 和 V_1 作用,如果腹板的边缘不开坡口,两侧焊缝的有效厚度 h_e 与一般角焊缝相同,其焊缝强度应满足下式

$$\sqrt{\left(\frac{T_1}{2 \times 0.7h_f \times 1}\right)^2 + \left(\frac{V_1}{2 \times 0.7h_f \times 1}\right)^2} \leqslant f_{vd}^w \tag{21-30}$$

故所需要的焊脚尺寸 h_f 为

$$h_f \geqslant \frac{1}{1.4f_{vd}^w}\sqrt{T_1^2 + V_1^2} \tag{21-31}$$

如果腹板的边缘加工成 K 形坡口,则焊缝的有效厚度等于腹板厚度 t_w。

【复习思考题与习题】

21-1　钢板梁的强度计算包括哪些内容?什么情况下须计算梁的折算应力?如何计算?

21-2　钢板梁的强度破坏与丧失整体稳定有何区别?影响钢板梁整体稳定的主要因素有哪些?提高钢板梁整体稳定性的有效措施有哪些?

21-3　跨中集中荷载作用的钢板梁的腹板沿长度方向的各个部位可能发生哪些形式的局部失稳?在钢板梁设计中采取哪些措施来防止梁的局部失稳?

21-4　钢板梁腹板加劲肋设置的原则有哪些?这些原则是怎样确定的?

21-5　支承加劲肋的作用是什么?试说明支承加劲肋的计算、构造方面与横向加劲肋的不同之处?

21-6　图 21-23 表示了翼缘板宽度变化的简支工字形钢板梁,改变梁尺寸后如图中"A-A"所示。钢材为 Q235 钢,在截面变化处作用组合的弯矩设计值 M_d = 980.07kN·m 相应的剪力设计值 V_d = 551.72kN,结构重要性系数 γ_0 = 1.0,试对钢板梁截面变化处进行截面应力验算。

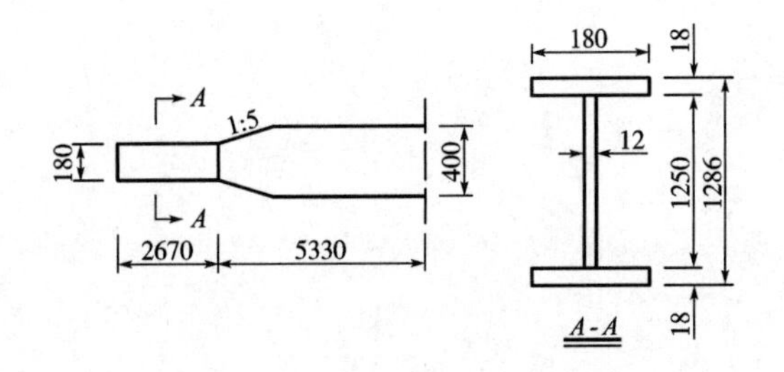

图 21-23 题 21-6 图(尺寸单位:mm)

21-7 简支钢板梁的计算跨径 $l=9.88\text{m}$,梁高 $h=1.29\text{m}$,Q345 钢材。主梁支座处剪力计算值 $V_0=597.6\text{kN}$,跨中截面剪力计算值 $V_{l/2}=195\text{kN}$,弯矩计算值 $M_{l/2}=1200\text{kN}\cdot\text{m}$。经腹板局部稳定计算,仅需要设置腹板横向加劲肋,现初步确定横向加劲肋布置情况如图 21-24 所示,试说明横向加劲肋布置间距是否满足,若不满足又如何调整。

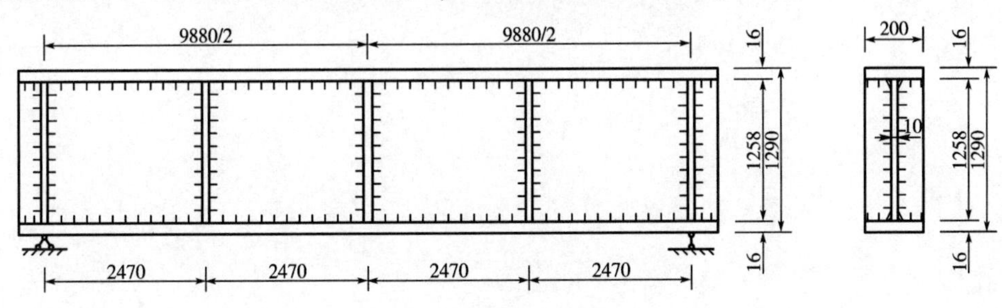

图 21-24 题 21-7 图(尺寸单位:mm)

PART 5

第 5 篇
钢—混凝土组合构件

第 22 章

钢—混凝土组合梁

22.1 概　　述

钢板梁桥一般由桥面系、钢板梁和支座组成上部承重结构,作为桥面系的行车道板,例如钢筋混凝土或预应力混凝土板,通常放置钢板梁之上,直接承受车辆荷载作用。

当混凝土板简单搁置在钢板梁上且两者接触面之间没有可靠连接措施时[图 22-1a)],在竖向荷载作用下,混凝土板和钢板梁都纵向受弯,但混凝土板的下边缘受拉、钢板梁上边缘受压,在混凝土板与钢板梁的接触面上会发生相对滑移,因此主梁截面所受弯矩分别由混凝土板和钢梁承担,并在各自的截面上分别产生弯曲应力,而主梁截面抗弯承载力取决于的钢梁抗弯承载力或混凝土板的抗弯承载力,工程上称为非组合梁或叠合梁。

如果在钢梁与混凝土板的接触面上采取可靠的构造措施,例如设置剪力连接件[图 22-1b)],把混凝土板和钢板梁紧密相连形成整体,工程上称为组合梁。这时钢板梁与混凝土板形成一个具有共同中和轴的整体截面受弯,因截面的中和轴高度大于钢梁的中和轴高度,截面的内力偶臂 z 也增大,故其截面刚度和抗弯承载力将得到增大。

钢—混凝土组合梁是指钢梁和混凝土板通过抗剪连接件组合成一个整体并能够共同受力的受弯构件,其受力的合理性就在于正弯矩作用时,组合梁的混凝土板主要承受压应力,钢梁主要承受拉应力,充分发挥了材料各自的受力特性,而混凝土板与钢板梁的接触面(又称交界面)之间的水平剪力,由设置的剪力连接件来承受。

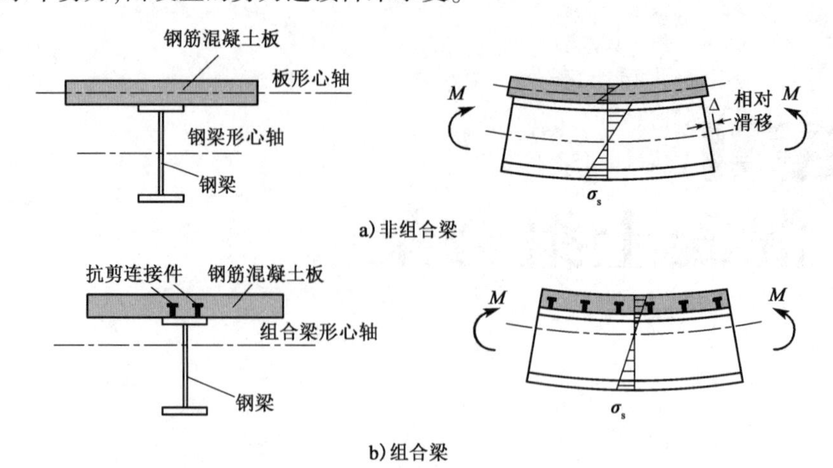

图 22-1 非组合梁和组合梁的受力

与钢梁相比,钢—混凝土组合梁具有以下主要特点:

(1)构件受力合理,可充分利用材料。在组合梁的正弯矩区,混凝土板受压,钢梁主要受拉,充分利用了混凝土和钢材两种材料的优势。

(2)整体稳定性和局部稳定性好。组合梁的受压翼缘板为较宽和较厚的混凝土板,增强了梁的侧向刚度,可以减少梁的弯扭失稳倾向;正弯矩作用下钢梁截面的大部分区域受到拉应力,在截面压应力区域内压应力值也不高,组合梁受力一般很少发生钢板局部失稳。

(3)组合梁抗弯刚度较大。由于混凝土板有效参与工作,提高了梁的抗弯刚度,减少了竖向荷载作用下梁的挠度。已有研究表明,与截面高度相等的钢梁相比,组合梁的挠度可减少20%左右。

组合梁结构不足之处表现在结构耐火等级差,焊接抗剪连接件需要专门的大功率焊接设备及现场校正工作等。

22.1.1 组合梁的截面形式与结构受力体系

1)组合梁的截面形式

目前,公路桥钢—混凝土组合梁采用的主要截面形式是焊接工字形钢梁与混凝土板的组合梁截面、箱形组合梁截面等。

(1)焊接工字形钢梁与混凝土板的组合梁截面

焊接工字形钢梁与混凝土板的组合梁截面是一种开口类型截面,在桥梁上由两个或两个以上的这种类型组合梁(主梁)形成上部结构来受力(图 22-2)。

图 22-2 所示组合梁的焊接工字形钢梁在工厂制造,焊接剪力连接件后,运输至现场并稳定安装到桥梁墩台支座上,再浇筑混凝土板,形成钢—混凝土组合梁。

组合梁的混凝土板可以采用现浇混凝土施工,也可以采用预制混凝土板装配施工,见图 22-3,剪力连接件可以沿钢梁纵向连续布置或间断集中布置。

组合梁的混凝土板多采用钢筋混凝土板,有必要时可以施加预应力,根据欧洲的研究和工程经验,公路桥组合梁的混凝土板厚度不要小于220mm。

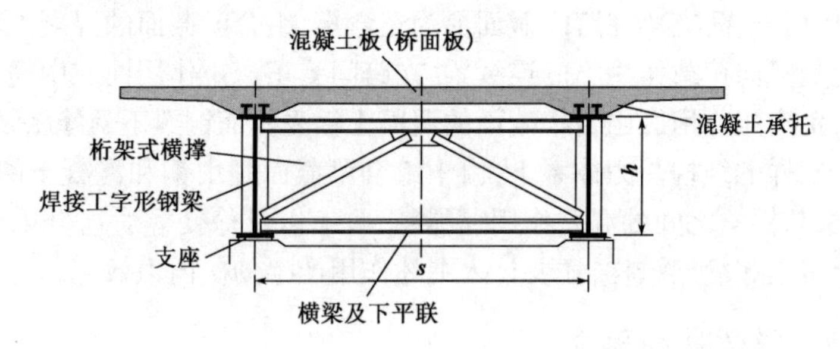

图22-2 焊接工字形钢梁与混凝土板的组合梁(双主梁)示意图

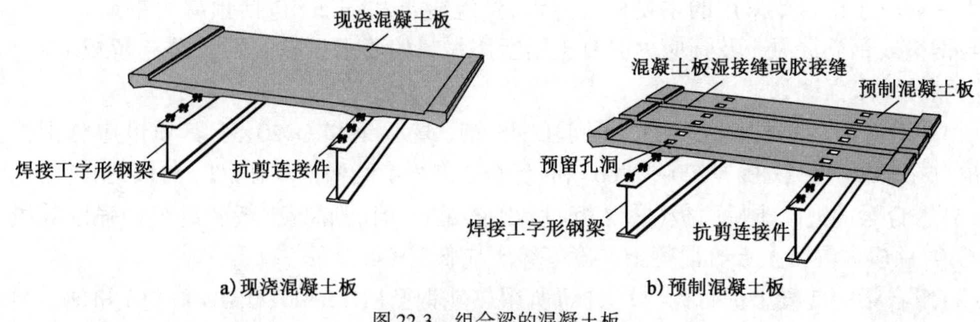

图22-3 组合梁的混凝土板

(2)箱形组合梁截面

箱形组合梁截面属于闭口类型截面,其有两种制作方法:一种是通过将混凝土桥面板与工厂制作的槽形开口钢箱连接,形成封闭的箱形组合梁截面[图22-4a)];另一种是在工厂制作的闭口钢箱翼缘板上浇筑混凝土桥面板来形成封闭的箱形组合梁截面[图22-4b)]。

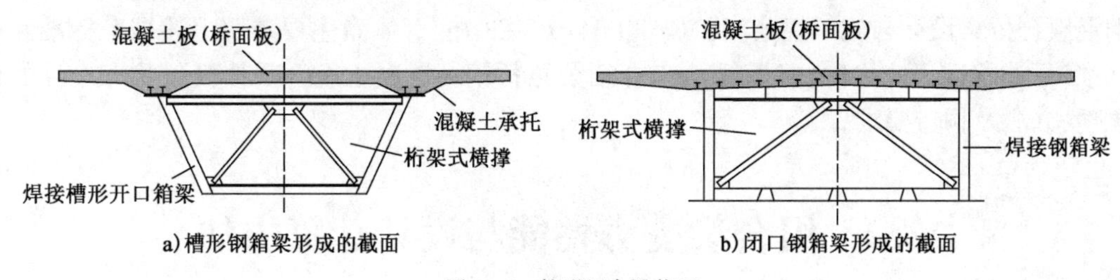

图22-4 箱形组合梁截面

采用槽形开口箱形钢梁时,在浇筑混凝土桥面板前开口钢箱梁上部需要设置临时平联,以提高施工的钢梁稳定性和截面形状保持不变。

图22-2和图22-4a)所示组合梁称为有承托组合梁,与混凝土板一体的混凝土承托是组合梁混凝土板与钢梁之间的混凝土局部过渡部分,内置剪力连接件,有关构造要求详见22.6节相关内容;混凝土板下不设置混凝土承托的组合梁称为无承托组合梁,混凝土板通过剪力连接件直接与钢梁连接。

2)组合梁的结构受力体系

在公路梁桥中,组合梁常采用简支梁和连续梁的结构受力体系。

跨径不大于30m时一般采用简支的钢—混凝土组合梁,多为焊接工字形钢梁与混凝土板组合梁;跨径大于30m(且为多孔)时一般采用连续钢—混凝土组合梁,上部结构多采用箱形组合梁,也有采用焊接工字形钢梁与混凝土板组合梁。

在竖向荷载作用下,简支梁在跨间截面上为正弯矩,组合梁截面的混凝土板受压而钢梁截面大部分受拉,但是竖向荷载作用下的连续梁,在跨间受正弯矩作用而在中间支点附近的截面上受负弯矩作用,**负弯矩作用区组合梁截面的混凝土板受拉而钢梁下翼缘板及部分腹板受压。**

与钢梁相比,同样的结构受力体系下,由于组合梁截面是由钢和混凝土两种材料组成,故应该考虑混凝土板与钢梁之间的温差作用、混凝土收缩以及徐变等对组合梁受力的影响。同时,由于连续组合梁是超静定结构,还要计入上述作用产生的次内力效应。

22.1.2 组合梁的材料要求

钢—混凝土组合梁采用的主要材料为钢材、混凝土和钢筋(包括预应力钢筋),材料性能指标与钢梁或钢筋混凝土及预应力混凝土梁所用材料的要求没有差别,《公路桥规》对组合梁的材料相关要求强调如下:

(1)组合梁所用钢材宜采用Q235钢、Q345钢、Q390钢和Q420钢,其质量应分别符合国家标准《碳素结构钢》(GB/T 700—2006)和《低合金高强度结构钢》(GB/T 1591—2018)的规定。

(2)组合梁的混凝土桥面板(翼缘板)所用混凝土,钢筋混凝土板时混凝土强度等级不应低于C30,预应力混凝土板时混凝土强度等级不应低于C40。

(3)组合梁的混凝土桥面板(翼缘板)所用热轧钢筋(HPB300、HRB400等)和预应力钢筋(钢丝、钢绞线等),其质量应分别符合国家标准的规定。

《公路桥规》规定剪力连接件所用的圆柱头焊钉连接件的材料应符合国家标准《电弧螺柱焊用圆柱头焊钉》(GB/T 10433—2002)的规定。

我国先后于2013年和2015年颁布了国家标准《钢—混凝土组合桥梁设计规范》(GB 50917—2013)、行业标准《公路钢结构桥梁设计规范》(JTG D64—2015)和行业推荐性标准《公路钢混组合桥梁设计与施工规范》(JTG/T D64-01—2015)。本章主要参照上述国家标准和行业标准(行业标准仍统称《公路桥规》)来介绍公路桥钢—混凝土组合梁按极限状态设计的计算原理、方法及构造要求。

22.2 组合梁受力性能与设计计算方法

22.2.1 试验研究

从20世纪50年代起,国内外对钢—混凝土组合梁受力性能进行了大量的试验研究,本节主要介绍简支组合梁和连续组合梁试验研究得到的构件破坏形态与特征。

1)组合梁正弯矩作用下的受弯性能

当组合梁的剪力连接件设置充足时,在试验荷载作用下简支组合梁受力大致分为弹性阶段、弹塑性阶段和塑性破坏阶段。

在加载的初始阶段,组合梁处于弹性工作阶段,荷载—挠度曲线(图22-5)接近于直线。随着加载增大,混凝土板的下边缘出现横向裂缝,钢梁应变的增长率加快,钢梁下翼缘板边缘开始屈服,组合梁开始进入弹塑性阶段(图22-5曲线的A点)。当加载继续增大,钢梁截面的受拉区屈服迅速发展，混凝土板的裂缝宽度及延伸高度也继续增大，组合梁截面中和轴进一步上移，荷载—挠度曲线变平缓，钢梁进入全截面屈服。此后组合梁端部混凝土板与钢梁之间出现明显滑移，当混凝土板受压边缘混凝土达到极限压应变时，混凝土压碎，组合梁受弯破坏（图 22-5 曲线的 B 点）。在达到极限荷载（B 点）后，组合梁的荷载—挠度曲线开始平缓下降，跨中挠度仍有一定发展，表明组合梁具有较好的结构延性。

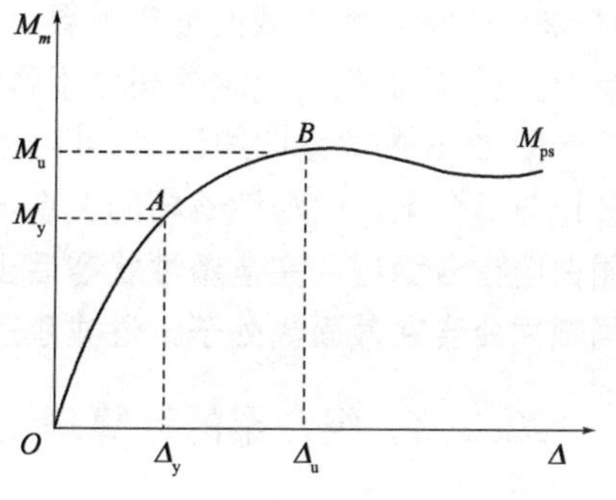

图 22-5　简支组合梁的荷载—挠度曲线

上述**简支组合梁的正弯矩区破坏称为弯曲破坏，破坏的基本特征是组合梁截面钢梁受拉区域屈服和混凝土板的压碎。**

除了上述简支组合梁的弯曲破坏外，还会发生组合梁的弯剪破坏和纵向剪切破坏。

简支组合梁的弯剪破坏是以梁跨中混凝土板压碎和剪跨段混凝土板同时产生纵向剪切裂缝为特征。在试验荷载作用下，混凝土板底面先出现弯曲裂缝，随之梁端出现竖向劈裂裂缝，破坏时混凝土被压碎，同时剪跨区段混凝土板出现纵向剪切裂缝。

简支组合梁的纵向剪切破坏是以混凝土板的纵向开裂导致的剪切破坏为特征，在组合梁剪跨段混凝土板上出现较宽并几乎贯通板厚的纵向剪切裂缝。

2）连续组合梁负弯矩作用下的受弯性能

对连续组合梁负弯矩作用区的试验可以看到，在试验加载初期，混凝土板受拉但未开裂，组合梁的混凝土板与钢梁共同工作。随着加载增加，混凝土板上表面出现裂缝，混凝土和钢梁上应变测点可观测到组合梁截面的正应力发生了重分布，截面的中和轴下移。

加载继续增加，混凝土板的弯曲裂缝贯穿板厚，板中的纵向钢筋拉应力突然增大（混凝土裂缝位置处），截面中和轴位置进一步下移。当混凝土板的纵向受拉钢筋还处于屈服台阶过程发展的同时，钢梁截面相继进入屈服，最终组合梁截面破坏。

上述**负弯矩作用区组合梁的破坏称为弯曲破坏，其破坏特征是混凝土板中的纵向钢筋受拉屈服和钢梁截面受压基本屈服。**

试验研究表明，**组合梁负弯矩作用区还会发生钢梁受压屈曲失稳而导致的组合梁屈曲失稳破坏，这时钢梁达不到受压屈服，**组合梁负弯矩区的屈曲失稳形态主要有：钢梁受压翼板和受压腹板的局部屈曲、畸变侧扭屈曲（整体失稳）。

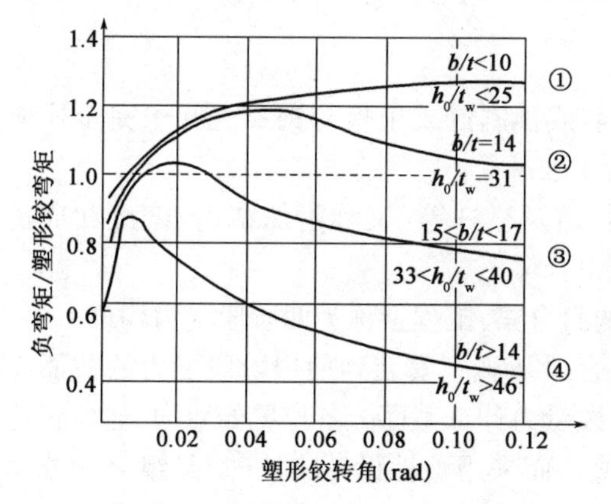

图 22-6　组合梁的负弯矩—转角关系曲线

大量试验研究表明屈曲失稳与钢梁翼缘板、腹板的宽厚比之间存在某种联系。Climenhaga 通过对负弯矩作用下组合梁的试验，得到了 4 种典型组合梁负弯矩—转角曲线（图 22-6），图 22-6 中所示曲线①和曲线②是组合梁钢梁腹板的宽厚比（h_0/t_w）和翼缘板的宽厚比（b/t）比较小的情况，对应的板件临界应力水平较高，钢梁截面可进入应力强化或塑性阶段；曲线 3 是板件屈曲失稳发生在钢梁截面刚开始屈服或部分进入屈服状态时,屈曲失稳影响了截面抗弯承载力进一步发挥;曲线 4 是钢梁腹板及翼缘板的宽厚比较大的情况,板件屈曲失稳时钢梁还处于弹性阶段。

图 22-6 的关系曲线说明,可以根据组合梁截面中钢梁腹板及翼缘板的宽厚比来得到屈曲失稳与组合梁截面塑性破坏的关系:**当钢梁受压腹板及受压翼缘板的宽厚比较小时,板件局部屈曲会在截面进入完全塑性状态后出现;当钢梁受压腹板及受压翼缘板的宽厚比较大时,板件局部屈曲会在截面尚处于弹性或刚进入局部塑性状态时发生。**

22.2.2 组合梁的计算理论、原则及方法

钢—混凝土组合梁结构分析与设计计算一般可采用基于弹性理论或塑性理论的方法。

组合梁按结构弹性理论计算是假定钢与混凝土均为理想线弹性材料,并可利用材料力学公式进行计算。组合梁截面承载能力计算被称为强度计算,一般表达式为

$$\sigma \leqslant f \tag{22-1}$$

式中:σ——作用组合的效应设计值在组合梁截面产生的应力值(MPa),例如正应力、剪应力等;

f——材料强度的设计值(MPa),例如材料抗拉、抗压、抗剪强度设计值等。

按结构塑性理论进行组合梁承载能力计算时,假定组合梁能形成塑性铰,即计算截面的混凝土和钢梁大部分已屈服,组合梁计算得到的截面承载力应大于作用组合产生的截面内力设计值,即

$$\gamma_0 S \leqslant R \tag{22-2}$$

式中符号意义见式(2-18)。

在组合梁结构的具体设计计算中,按承载能力极限状态设计计算时,可以采用结构弹性理论方法或塑性理论方法;按正常使用极限状态设计计算时,采用结构弹性理论方法。

1)组合梁设计计算的原则

与钢梁不同,组合梁是预制钢梁在现场安装后再现浇或预制混凝土板形成整体受力构件,组合梁的施工方法和施工顺序对结构设计计算的准确性、完整性有较大影响,因此无论采用弹性理论还是采用塑性理论计算方法,设计计算的原则是要根据支座约束(简支或连续)并考虑施工状况以及结构受力状态来进行组合梁设计计算。

在工程上,一般分为组合梁施工时钢梁下不设置临时支撑和钢梁下设置临时支撑的两种施工方法。

(1)混凝土板施工时钢梁下不设置临时支撑

在组合梁的现浇混凝土板的强度达到 85% 之前或预制混凝土板与钢梁之间未完全形成整体工作前,组合梁的结构重力(自重)等均由钢梁单独承受。

形成组合梁截面后,继续施工完成的桥面、人行道及栏杆等(又称附加结构重力)和成桥后桥上的汽车荷载、人群荷载等可变荷载才作用在组合梁上。

上述混凝土板施工时钢梁下不设置临时支撑的组合梁,工程上称为两阶段受力构件。

采用弹性设计方法进行承载力计算时,认为组合梁从施工安装到使用阶段受力的截面应力状态应是连续发展和可继承的,因此必须按两阶段受力计算截面上各位置的应力,然后将这些对应位置上的应力叠加起来确定最终应力计算值。而采用塑性设计方法时,是组合梁截面受拉和受压区均达到屈服状态,承载力计算不考虑两阶段受力,但在正常使用状态设计计算

中,要按两阶段受力进行应力验算和挠度计算。

(2)施工时钢梁下设置临时支撑

当施工时每跨钢梁下纵向设置不少于3个临时支撑(临时支撑的间距小于3.5m)且在组合梁截面形成后拆除临时支撑,称为一阶段受力构件。这时,无论是采用弹性计算方法还是塑性计算方法,均采用组合梁截面计算。

若组合梁的钢梁下未设置临时支撑或设置的支撑数量不够,那么在施工阶段混凝土板与钢梁未能形成组合梁整体受力之前,钢梁可能出现侧向稳定性问题,必须进行计算并采取相应的工程措施。

2)组合梁设计的极限状态法计算内容

钢—混凝土组合梁按结构极限状态法进行设计计算,以下简单介绍按弹性计算方法和塑性计算方法的计算内容:

(1)弹性计算方法

按结构承载能力极限状态要求,对组合梁进行截面强度计算、混凝土板的纵向抗剪计算、组合梁中的钢梁和连接件的抗疲劳验算。

按短暂状况进行施工期钢梁的整体稳定性计算。

按结构正常使用极限状态要求,对组合梁应按持久状况设计进行最大竖向挠度验算和混凝土板的最大裂缝宽度验算。

(2)塑性计算方法

按结构承载能力极限状态要求,对组合梁进行截面承载力计算、混凝土板的纵向抗剪计算、组合梁中的钢梁和连接件的抗疲劳验算。

按短暂状况进行施工期钢梁的整体稳定性计算。

按结构正常使用极限状态要求,对组合梁应按持久状况设计进行应力、最大竖向挠度验算和混凝土板的最大裂缝宽度验算。

与公路钢结构桥梁一样,对公路桥钢—混凝土组合梁也应进行结构耐久性设计,其中特大桥、大桥和中桥主体结构应按不小于100年设计使用年限进行设计。

公路桥钢—混凝土组合梁设计计算时采用的作用组合,按照《公路桥规》的相关规定计算:进行承载能力极限状态计算时,作用组合应采用作用基本组合;进行正常使用极限状态计算时,作用组合应采用作用频遇组合或准永久组合,上述概念详见2.3节相关内容。

3)组合梁采用塑性理论计算方法的条件

按照塑性理论计算钢—混凝土组合梁截面的抗弯承载力,要求组合梁的板件局部失稳不能先于截面塑性破坏之前发生,否则就不能采用塑性计算方法进行组合梁截面的设计计算。

组合梁的板件局部失稳与钢梁的受压腹板、受压翼板的局部失稳密切相关,根据 Climenhaga 的试验研究结果(图22-6),世界各国的桥梁设计规范提出了组合梁的截面分类,其中由欧洲标准化委员会颁布的欧洲规范4(钢与混凝土组合结构设计)按照组合梁的钢梁板件局部失稳与截面塑性发展之间的关系分为4类组合梁截面:①厚实截面,又称为第1类截面,能使弯矩完全分配的、具有足够塑性转动的截面;②密实截面,又称为第2类截面,由钢梁的局部失稳控制其塑性转动能力的截面;③半密实截面,又称第3类截面,钢梁的受压翼缘板屈服,但局部失稳使之不能达到全塑性弯矩的截面;④柔细截面,又称为第4类截面,钢梁的受压翼缘板在达到屈服之前先发生局部失稳破坏的截面。

组合梁截面分类的重要意义是明确了组合梁设计时,应选用塑性计算方法还是弹性计算方法,显然,若组合梁截面满足第 1 类截面的条件,可以按截面塑性计算方法进行设计计算。

组合梁截面分类可以按照钢梁受压翼缘板和腹板各自不同的情况来进行判定,国家标准《钢—混凝土组合桥梁设计规范》(GB 50917—2013)参考欧洲规范 4 的要求与相关规定,以第 1、2 类组合梁作为塑性设计计算的控制,提出了钢梁板件宽厚比设计限制条件(表 22-1)。

钢梁板件的宽厚比　　表 22-1

		翼　缘	腹　板
截面形式		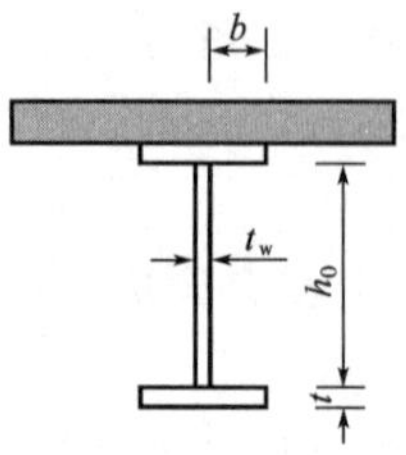 b, t_w, h_0, t	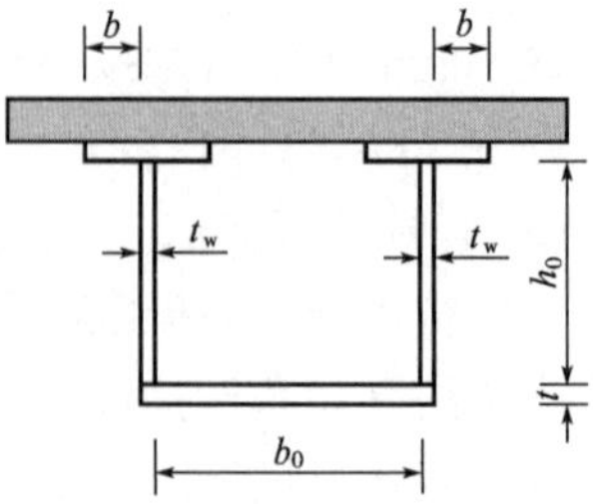 b, t_w, h_0, t, b_0
正弯矩作用区段	塑性中和轴在钢梁截面内: 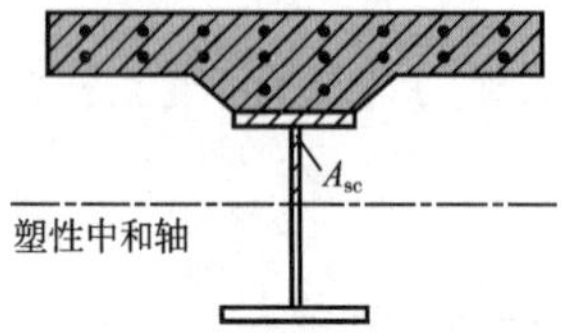 A_{sc} 塑性中和轴	符合构造要求	当 $\alpha > 0.5$ 时: $\frac{h_0}{t_w} \leqslant \frac{376}{13\alpha - 1}\sqrt{\frac{345}{f_y}}$ 当 $\alpha \leqslant 0.5$ 时: $\frac{h_0}{t_w} \leqslant \frac{34}{\alpha}\sqrt{\frac{345}{f_y}}$
	塑性中和轴在混凝土桥面板内: 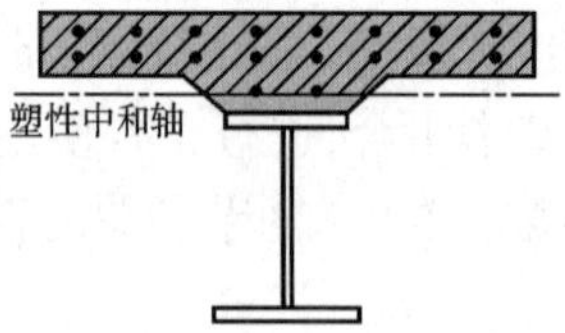 塑性中和轴	符合构造要求	符合构造要求
负弯矩作用区段	钢梁下翼缘受压: 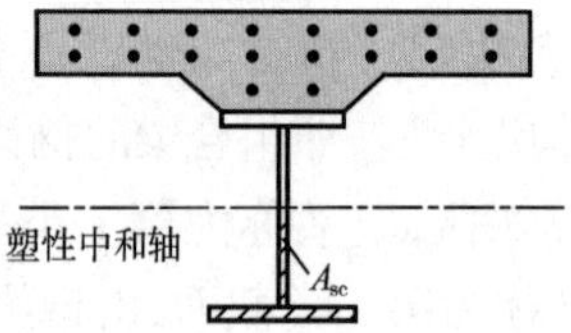 塑性中和轴 A_{sc}	下翼缘: $\frac{b}{t} \leqslant 8\sqrt{\frac{345}{f_y}}$ $\frac{b_0}{t} \leqslant 31\sqrt{\frac{345}{f_y}}$	当 $\alpha > 0.5$ 时: $\frac{h_0}{t_w} \leqslant \frac{376}{13\alpha - 1}\sqrt{\frac{345}{f_y}}$ 当 $\alpha \leqslant 0.5$ 时: $\frac{h_0}{t_w} \leqslant \frac{34}{\alpha}\sqrt{\frac{345}{f_y}}$

表 22-1 中符号 α 称为钢梁截面受压区高度的比例系数，可近似采用下列公式计算：

(1) 正弯矩作用区段，截面塑性中和轴在钢梁内时

$$\alpha = \frac{A_{sc} - A_{st}}{h_0 t_w} \tag{22-3a}$$

(2) 负弯矩作用区段

$$\alpha = \frac{A_{sc} - A_{sb}}{h_0 t_w} \tag{22-3b}$$

式中：A_{sc}——钢梁截面受压区面积(mm^2)，正弯矩作用区段 $A_{sc} = (A_s f_d - A_c f_{cd})/(2f_d)$；负弯矩作用区段 $A_{sc} = (A_s f_d + A_r f_{sd})/(2f_d)$；

A_c、A_s、A_r——分别为截面有效宽度内混凝土板截面面积(mm^2)、钢梁截面面积(mm^2)和负弯矩作用区段混凝土板内钢筋的截面面积(mm^2)；

f_{cd}、f_d、f_{sd}——分别为混凝土抗压强度设计值(MPa)、钢材强度设计值(MPa)和钢筋抗拉强度设计值(MPa)；

A_{st}、A_{sb}——分别为钢梁截面上翼缘板和下翼缘板的截面面积(mm^2)；

h_0、t_w——如表 22-1 所示。

当组合梁的钢梁板件宽厚比满足表 22-1 的限值时，可采用塑性计算方法进行截面设计计算。当组合梁的钢梁板件宽厚比不满足表 22-1 的限值，但满足规定的构造要求时，可采用弹性计算方法进行截面设计计算。

《公路桥规》规定**公路桥钢—混凝土组合梁的设计计算采用弹性计算方法**，除了因为桥梁结构是承受动力作用的结构外，主要是因为公路桥组合梁的钢梁截面尺寸及板件尺寸较大，截面类型对应于欧洲规范 4 中的第 2 类及第 3 类截面，组合梁截面塑性转动能力会受到钢板局部屈曲的限制。

22.2.3 组合梁混凝土板的有效宽度

组合梁的钢梁翼缘板有效宽度确定方法详见 20.5.2 节相关内容，这里主要介绍确定组合梁混凝土板的有效宽度 b_{eff} 方法。

(1) 简支组合梁跨中截面、连续组合梁各跨跨中截面和中间支座截面处，混凝土板的有效宽度 b_{eff}(图 22-7)按下列公式计算，且不应大于混凝土板的实际宽度，即

$$b_{eff} = b_0 + \sum b_{efi} \tag{22-4}$$

$$b_{efi} = \frac{L_{e,j}}{6} \leqslant b_i \tag{22-5}$$

式中：b_0——外侧剪力连接件中心间距(mm)，见图 22-7a)；

b_{efi}——外侧剪力连接件一侧的混凝土板有效宽度(mm)，见图 22-7a)；

b_i——外侧剪力连接件中心至相邻钢梁腹板上方的外侧剪力连接件中心距离的一半，或外侧剪力连接件中心至混凝土板自由边间的距离(mm)；

$L_{e,j}$——等效跨径(mm)，简支组合梁应取计算跨径[图 22-7b)]，连续组合梁应按图 22-8 取用。

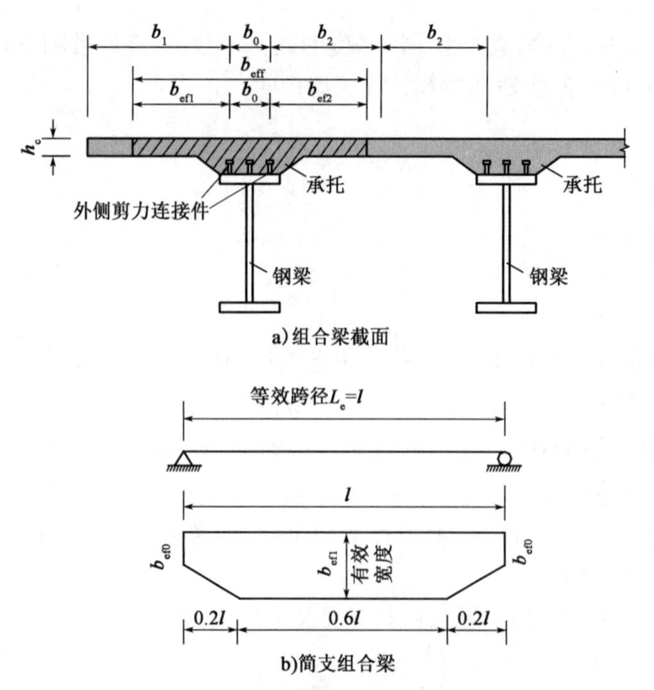

图 22-7　简支组合梁等效跨径及混凝土板有效宽度

(2)简支组合梁支座截面和连续组合梁边支座截面处,混凝土板的有效宽度 b_{eff} 按下列公式计算

$$b_{eff} = b_0 + \sum \beta_i b_{efi} \tag{22-6}$$

$$\beta_i = 0.55 + 0.025 \frac{L_{e,1}}{b_i} \leqslant 1.0 \tag{22-7}$$

式中的 $L_{e,1}$ 为简支组合梁和连续组合梁边跨的等效跨径(mm),对简支组合梁,$L_{e,1}$ 取其计算跨径,对连续组合梁边跨,$L_{e,1}$ 取 $0.8l_1$(图 22-8);l_1 为边跨计算跨径;其余符号意义与式(22-4)、式(22-5)相同。

以上是组合梁的跨中截面和支座处截面的混凝土板有效宽度 b_{eff} 确定方法,组合梁其他截面的混凝土板有效宽度 b_{eff},可以按图 22-8 所示混凝土板有效宽度 b_{eff} 沿梁长度方向的分布图式取用,图 22-8 中的 l_1、l_2 等为组合梁的计算跨径。

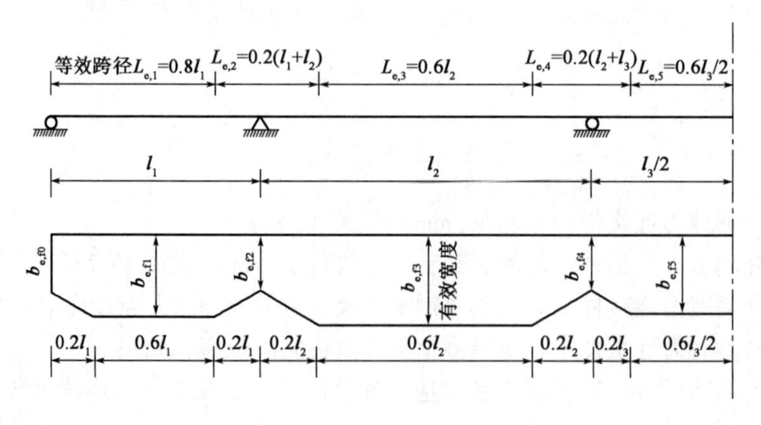

图 22-8　混凝土板有效宽度沿梁长分布

22.2.4 组合梁的换算截面

采用弹性方法计算时，一般采用组合梁的换算截面几何特性，组合梁的换算截面是把受压的混凝土板截面换算成等效的钢板截面并与钢梁一起形成的钢截面，根据计算目的不同，组合梁的换算截面分为两种：

(1)进行截面承载力或强度计算、应力计算时，混凝土板采用有效宽度进行换算，同时受拉钢翼缘板也采用有效宽度的这种换算截面，称为有效截面的换算截面。

(2)进行组合梁刚度及挠度计算时，采用全截面宽度的混凝土板进行换算、钢翼缘板也采用全截面宽度的换算截面，称为全截面的换算截面。

本节主要介绍有效截面的换算截面方法。

1)正弯矩作用截面的换算截面

(1)截面换算的方法

忽略受压混凝土板中纵向钢筋作用，把有效宽度范围内的混凝土板截面换算成与之等效的钢截面，等效的条件是合力大小及作用位置不变和应变相同。

为保持组合截面形心高度在换算前后保持不变，即保证截面对主轴的惯性矩保持不变，换算时应固定混凝土板的厚度而仅改变其宽度。图22-9中b_{eff}为原截面混凝土板的有效宽度；b_{eq}为混凝土板的换算宽度，$b_{eq}=b_{eff}/\alpha_{Es}$，$\alpha_{Es}$被称为**钢材弹性模量$E_s$与混凝土弹性模量$E_c$的比值**，表达式为

$$\alpha_{Es}=\frac{E_s}{E_c} \tag{22-8}$$

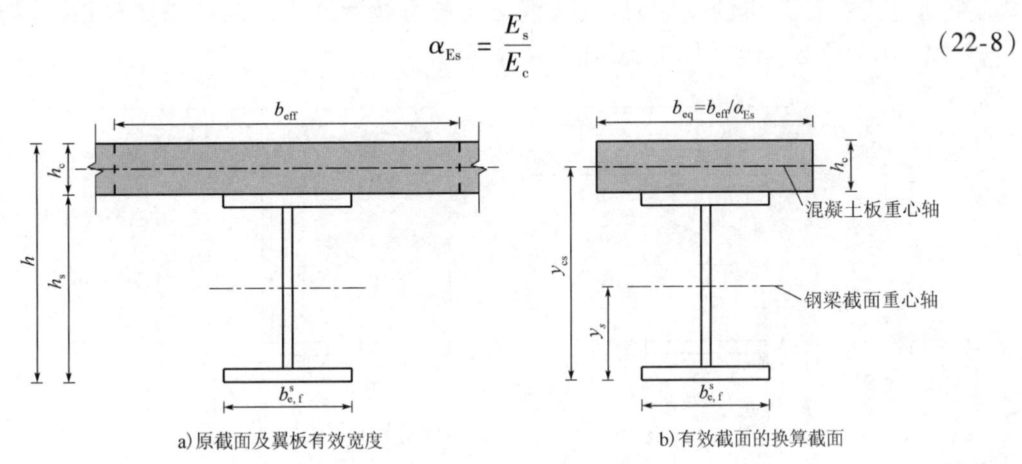

图22-9 正弯矩作用下组合梁截面的换算截面

正弯矩作用下组合梁截面的混凝土板受压，当采用无混凝土承托组合梁时，有效宽度范围内的混凝土板按实际面积换算；当采用有混凝土承托组合梁时，由于混凝土承托距组合截面中和轴的距离较近，对截面抗弯承载力影响较小，因此可以忽略不计承托的面积，但承托的高度值保留。

(2)换算截面的几何特性计算表达式

由图22-9所示组合梁换算截面尺寸图，可以得到换算截面的几何特性计算表达式如下：

换算截面面积A_0为

$$A_0=A_s+A_{cs} \tag{22-9}$$

式中:A_s——钢梁有效截面面积(mm^2),考虑钢梁截面受拉翼缘板有效宽度(图22-9所示$b_{e,f}^{s}$,按20.5.2节方法确定)后计算的截面面积;

A_{cs}——有效宽度范围内混凝土板换算截面面积(mm^2),$A_{cs}=A_c/\alpha_{Es}$,其中A_c为有效宽度范围内混凝土板的面积。

换算截面的重心距钢梁下翼缘板底面距离$\bar{y}$为

$$\bar{y}=\frac{A_s y_s+A_{cs}y_{cs}}{A_s+A_{cs}} \tag{22-10}$$

式中的y_s、y_{cs}分别为钢梁有效截面重心和混凝土板换算截面重心到钢梁下翼缘板底面距离(mm),见图22-9;其他符号意义见式(22-9)。

对换算截面的重心轴(x-x轴)的惯性矩I_0为

$$I_0=I_{01}+\frac{A_s A_{cs}}{A_s+A_{cs}}(y_s-y_{cs})^2 \tag{22-11}$$

$$I_{01}=I_s+\left(\frac{I_c}{\alpha_{Es}}\right)=I_s+I_{cs}$$

式中的I_s为钢梁有效截面惯性矩;I_c、I_{cs}分别为有效宽度范围内混凝土板的截面惯性矩和混凝土板换算截面惯性矩;其他符号意义见式(22-9)和式(22-10)。

2)负弯矩作用截面的换算截面

负弯矩作用下组合梁截面的混凝土板受拉、钢梁下翼缘板及部分腹板受压。《公路桥规》规定不考虑受拉混凝土的作用,但计入混凝土板有效宽度内纵向钢筋的作用,可得到如图22-10所示的负弯矩作用下组合截面的换算截面。

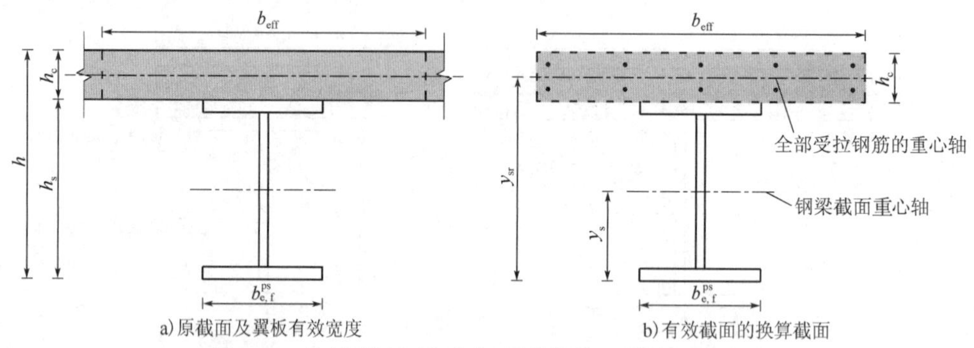

图22-10　负弯矩作用下组合截面的换算截面(钢筋混凝土板)

由图22-10所示组合梁换算截面尺寸图,可以得到负弯矩作用下组合截面的换算截面几何特性计算表达式如下:

换算截面面积A_0为

$$A_0=A_s+A_{sr} \tag{22-12}$$

式中的A_{sr}为有效宽度范围内混凝土板内纵向受拉钢筋截面面积(mm^2);A_s意义见式(22-9)。

换算截面的重心距钢梁下翼缘板底面距离$\bar{y}$

$$\bar{y}=\frac{A_s y_s+A_{sr}y_{sr}}{A_s+A_{sr}} \tag{22-13}$$

式中的y_s、y_{sr}分别为钢梁有效截面重心和有效宽度范围内混凝土板内全部纵向受拉钢筋截面重心到钢梁下翼缘板底面距离(mm);其他符号意义见式(22-9)。

对换算截面的重心轴(x-x 轴)的惯性矩 I_0 为

$$I_0 = I_s + \frac{A_s A_{sr}}{A_s + A_{sr}}(y_s - y_{sr})^2 \tag{22-14}$$

式中的 I_s 为钢梁有效截面惯性矩;其他符号意义见式(22-12)和式(22-13)。

3)考虑持续作用下混凝土徐变影响的换算截面

组合梁受到的结构重力作用和混凝土收缩作用均属于构件受到的持续作用。在结构重力作用和混凝土收缩作用时,组合梁混凝土板的应变会受到混凝土徐变变形的影响,《公路桥规》规定在进行组合梁整体分析时可以采用有效弹性模量法考虑混凝土徐变的影响,混凝土有效弹性模量 $E_{c\varphi}$ 为

$$E_{c\varphi} = \frac{E_c}{1 + \psi_L \varphi(t,t_0)} \tag{22-15}$$

式中:$\varphi(t,t_0)$——加载龄期为 t_0、计算龄期为 t 时的混凝土徐变系数,按《公路桥规》规定计算,参见12.3.1节相关内容;

ψ_L——徐变因子,永久作用取1.1,混凝土收缩作用取0.55。

由式(22-15)可见混凝土有效弹性模量 $E_{c\varphi}$ 值小于混凝土弹性模量 E_c。现取 $\alpha_{El} = E_s/E_{c\varphi}$,称为**有效模量比**,可由式(22-15)推导得到

$$\alpha_{El} = \alpha_{Es}[1 + \psi_L \varphi(t,t_0)] \tag{22-16}$$

式中的 α_{Es} 为钢与混凝土的弹性模量比,$\alpha_{Es} = E_s/E_c$,见式(22-8)。

以有效模量比 α_{El} 取代式(22-9)~式(22-11)中含有的弹性模量比 α_{Es},就得到相应的组合梁有效模量比换算截面几何特性。

22.2.5 组合梁的混凝土收缩、徐变和温差作用效应计算

钢—混凝土组合梁截面是由钢材和混凝土两种材料组合而成,而钢材和混凝土的材料特性存在很大差异,其中任何一种材料的自由变形都会受到另外一种材料的约束,从而引起组合梁截面应力重分布,并会产生梁附加变形,对于属于超静定结构的连续组合梁,支座的约束还会引起次内力。

混凝土是一种具有收缩、徐变等随时间效应的工程材料,对于组合梁,收缩和徐变将引起混凝土板产生随时间而增长的附加变形,并与钢梁之间产生相互的约束作用(通过剪力连接件),导致组合梁截面产生应力。

处于大气环境中桥梁的组合梁,直接受到环境温度变化的影响,钢材的导热性能好、传热快,当环境温度突然变化时,钢梁的温度很快就接近环境温度,而混凝土的导热系数仅为钢材的1/50左右,对环境温度的变化反应较慢,造成钢梁和混凝土板之间的温差,也会导致组合梁截面产生应力。

关于组合梁收缩和徐变效应的经典计算分析方法比较繁杂,不适合工程设计使用,各国设计规范主要采用定义一个调整后的混凝土弹性模量并结合换算截面法来进行计算分析的有效弹性模量法,这种经调整后的混凝土弹性模量称为有效弹性模量,见式(22-15)。

本节主要介绍采用组合梁有效弹性模量法来解决混凝土收缩、徐变等作用引起的组合梁截面应力计算问题,基于解决问题的同样思路介绍组合梁温差作用的计算问题。

1)混凝土收缩应力计算

计算的基本假定是混凝土与钢梁连接为完全连接,不考虑滑移;分批施加的应力所产生的应变可以采用叠加原理;连续组合梁时,不考虑负弯矩区混凝土板开裂影响。

以简支组合梁计算混凝土收缩引起的截面应力为例,这里假设组合梁在 t 时刻的混凝土收缩应变为 $\varepsilon_{sh}(t,t_0)$,截面应变和应力均以拉为正,压为负。

(1)假设混凝土板与钢梁之间不连接,混凝土板可以自由缩短且混凝土在 t 时刻的均匀收缩应变为 $-\varepsilon_{sh}(t,t_0)$,此时钢梁截面上应变和应力为零[图22-11b)]。

(2)在混凝土板截面重心位置施加假想拉力 F_0(又称为虚拟力)使混凝土板均匀受拉[图22-11c)],拉应变为 $\varepsilon_{sh}(t,t_0)$,则 $F_0 = E_{c\varphi}\int_{A_c}\varepsilon \mathrm{d}A = E_{c\varphi}A_c\varepsilon_{sh}(t,t_0)$,其中 $E_{c\varphi}$ 为有效弹性模量,按式(22-15)计算。这时,混凝土板截面应变为零,而钢梁截面上应变和应力均为零。

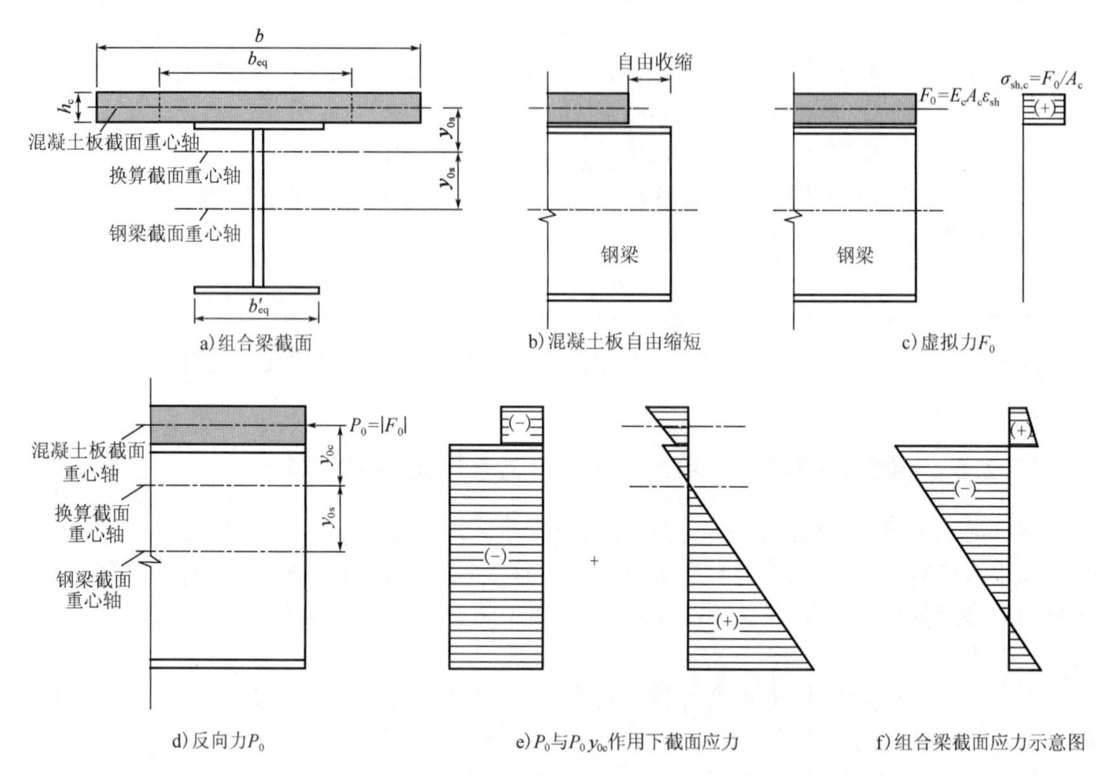

图22-11 混凝土收缩引起组合梁截面应力计算分析图(钢筋混凝土板)

(3)恢复钢梁与混凝土板之间的连接形成组合梁,由于此时钢梁和混凝土板的应变完全相同,恢复连接后已发生的应力和应变均没有发生变化。

在混凝土板形心位置施加与 F_0 值相等的压力 P_0[图22-11d)],抵消原来施加的假想拉力 F_0,此时组合梁截面处于偏心受压状态,设压力 P_0 的作用点(混凝土板截面重心处)与换算截面重心轴之间的距离为 y_{0c},则偏心压力 P_0 在组合梁截面中产生的应力[图22-11e)]为

混凝土板截面

$$\sigma_c = \frac{1}{\alpha_{El}}\left(\frac{P_0}{A_{0l}} + \frac{P_0 y_{0c}}{I_{0l}} y_{0l}^{c}\right) \tag{22-17}$$

钢梁截面

$$\sigma_{s} = \frac{P_0}{A_{0l}} + \frac{P_0 y_{0c}}{I_{0l}} y_{0l}^{s} \tag{22-18}$$

式中：P_0——作用在组合梁混凝土板重心处且与虚拟力 F_0 大小相等、方向相反的力(N)，混凝土收缩作用效应下 $P_0 = E_{c\varphi} A_c \varepsilon_{sh}(t,t_0)$（压力，计算时取负号）；

A_{0l}、I_{0l}——分别为组合梁有效模量比换算截面的截面面积(mm^2)和惯性矩(mm^4)；

y_{0l}^{c}、y_{0l}^{s}——分别为混凝土板所求应力点和钢梁所求应力点至组合梁有效模量比换算截面重心轴的距离(mm)，所求应力点位于换算截面重心轴上方时其值取正号；

y_{0c}——混凝土板截面重心至组合梁有效模量比换算截面重心轴的距离(mm)。

应当注意，这里采用组合梁有效模量比换算截面进行计算，是考虑徐变对混凝土收缩作用效应的影响，按式(22-15)计算有效弹性模量 $E_{c\varphi}$ 时，徐变因子取 $\psi_L = 0.55$。

(4)将以上3个步骤的应力进行叠加，则组合梁截面的外力合力为零，符合内力平衡条件和变形协调条件。若令 $M_0 = P_0 y_{0c}$，则可得到组合梁由于混凝土收缩而产生的截面正应力[图22-11f)]：

混凝土板截面

$$\sigma_{c} = \frac{1}{\alpha_{El}}\left(\frac{P_0}{A_{0l}} + \frac{M_0}{I_{0l}} y_{0l}^{c}\right) + \frac{F_0}{A_c} \tag{22-19}$$

钢梁截面

$$\sigma_{s} = \frac{P_0}{A_{0l}} + \frac{M_0}{I_{0l}} y_{0l}^{s} \tag{22-20}$$

式中：F_0——作用在组合梁混凝土板重心处的虚拟力(N)，混凝土收缩作用时 $F_0 = E_{c\varphi} A_c \varepsilon_{sh}(t,t_0)$（拉力，计算时其值取正号代入）；

A_c——混凝土板截面面积(mm^2)；

其余符号意义见式(22-17)和式(22-18)。

国家标准《钢—混凝土组合桥梁设计规范》(GB 50917—2013)建议计算收缩应变时取其最终值，即 $t = t_u$ 的收缩应变值。同时，考虑到收缩作用是在混凝土板与钢梁结合后产生的效应，为区分现浇混凝土板和预制混凝土板不同的收缩作用，给出了结合时对应混凝土龄期的收缩折减系数 γ_ε，并制定了 γ_ε 计算表，可用于预制混凝土板场合。

预制混凝土板的收缩量可采用名义收缩系数 ε_{c0} 乘以收缩折减系数 γ_ε 计算得到，名义收缩系数 ε_{c0} 可查表12-2。

2)混凝土徐变应力计算

在结构重力作用下，简支组合梁受正弯矩作用区段截面混凝土板受压，在持续压应力作用下，除了产生混凝土的弹性应变外还会发生徐变变形。混凝土板受压徐变变形在组合梁内截面应力的反应机理与前述的混凝土收缩应力相近，因此，可以采用式(22-19)和式(22-20)来计算组合梁由于混凝土徐变作用而产生的应力值，计算取值不同之处有：

(1)虚拟荷载 F_0（拉力）和 P_0（压力）按下列公式计算：

$$|F_0| = |P_0| = E_{c\varphi} A_c \varepsilon_0 \varphi(t,t_0) \tag{22-21}$$

式中:ε_0——组合梁混凝土板截面重心处在t_0时刻(混凝土加载龄期)的初始弹性应变;

$\varphi(t,t_0)$——加载龄期为t_0,计算考虑龄期为t的混凝土徐变系数。徐变系数最终值$\varphi(t_u,t_0)$可根据混凝土板的加载龄期和理论厚度按《公路桥规》采用,参见表12-3。

(2)按式(22-15)计算有效弹性模量$E_{c\varphi}$时,徐变因子ψ_L取1.1。

3)组合梁温差应力计算

为简化分析,组合梁截面温差应力按弹性方法计算时,计算假定为:①同一截面内混凝土板本身的温度相同,而钢梁本身的温度也相同,即整个组合梁截面只存在两个温度值,温差只由这两个温度决定;②沿组合梁全长度各截面的温度分布及温度值相同;③计算连续组合梁的温度效应时,不考虑负弯矩区混凝土开裂的影响。

当混凝土板的温度低于钢梁温度时,温差为Δt℃(使混凝土板缩短时为正),混凝土线膨胀系数为α_c,组合梁混凝土板缩短的温差作用与前述的混凝土收缩作用相似,因此,可以采用式(22-19)和式(22-20)来计算组合梁因温差作用而产生的应力,计算取值不同之处有:

(1)组合梁混凝土板截面重心处虚拟力F_0(拉力)和P_0(压力),按下列公式计算:

$$|F_0| = |P_0| = E_c A_c \Delta t \alpha_c \tag{22-22}$$

式中:E_c——混凝土的弹性模量(MPa);

Δt——组合梁截面混凝土板与钢梁的温度差(℃),$\Delta t = t_s - t_c$,其中t_s和t_c分别为钢梁和混凝土板的温度;

α_c——混凝土的线膨胀系数,$\alpha_c = 1 \times 10^{-5}$℃$^{-1}$。

(2)由于温差作用属于可变作用,故组合梁截面均改为弹性模量比α_{Es}的换算截面几何特性进行计算。

对于组合梁受到梯度温度作用的计算,可参见国家标准《钢—混凝土组合桥梁设计规范》(GB 50917—2013)附录B规定进行。

注意到混凝土收缩应变ε_{sh}在组合梁内截面的应力反应机理与混凝土板温度比钢梁低(以温差Δt表示)时相同,ε_{sh}相当于$\alpha_c \Delta t$,混凝土的线膨胀系数$\alpha_c = 1 \times 10^{-5}$℃$^{-1}$,而一般情况下$\varepsilon_{sh} = 15 \times 10^{-5} \sim 20 \times 10^{-5}$,则混凝土收缩应变就相当于$\Delta t = 15 \sim 20$℃的温差应变,所以,《公路桥规》规定在无可靠技术资料作依据时,作为简化分析方法,现浇混凝土板收缩产生的效应可按组合梁钢梁与混凝土板之间的温差-15℃计算,即可以按混凝土收缩应变$\varepsilon_{sh} = 15 \times 10^{-5}$来计算产生的效应。

由于混凝土收缩、温差是全宽度均匀作用的,故按照本节介绍的初应变法计算组合梁的混凝土收缩和温差应力时,应采用全截面的换算截面几何特性计算,其中混凝土板按几何宽度换算。

例22-1 计算跨径$l = 29.60$m的简支钢—混凝土组合梁跨中区段截面高度$h = 1870$mm,其余几何尺寸见图22-12a)。焊接工字形钢梁的上翼缘板为□500×16、下翼缘板为□750×32和腹板□1452×14,钢号Q345;C50现浇混凝土板厚(板中间段)250mm,混凝土承托高120mm,中梁的板几何宽度4000mm,剪力连接件采用ϕ22×200焊钉(ML15),横向最外侧焊钉中心距$b_0 = 360$mm。已知混凝土板与钢梁之间的温差为-15℃(混凝土板温度低于钢梁),试计算组合梁截面的温差应力。

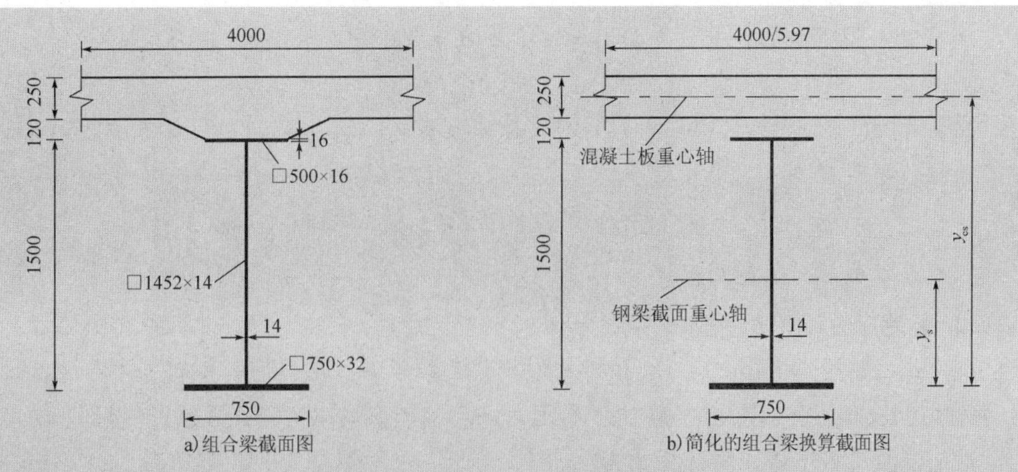

图 22-12 例 22-1 图(尺寸单位:mm)

解:查附表 1-2 和附表 4-2 分别得到 C50 混凝土弹性模量 $E_c = 3.45\times10^4$MPa 和 Q345 钢弹性模量 $E_s = 2.06\times10^5$MPa。

1)组合梁截面的换算截面几何特性计算

计算组合梁的温差应力应采用全截面的换算截面几何特性计算。

(1)组合梁全截面的换算截面

本示例采用忽略混凝土承托截面,但保留混凝土承托高度值的简化组合梁截面来进行的计算,这时组合梁的全截面由几何宽度 $b_c = 40000$mm、高度 $h_c = 250$mm 的矩形混凝土板与钢梁截面组成。

由式(22-8)计算钢材弹性模量 E_s 与混凝土弹性模量 E_c 的比值 $\alpha_{Es} = E_s/E_c = 2.06\times10^5/3.45\times10^4 = 5.971$,几何宽度 $b_c = 40000$mm 的矩形混凝土板换算宽度为 $b_{eq} = b_c/\alpha_{Es} = 40000/5.971 = 670$(mm)。

由换算宽度 $b_{eq} = 670$mm 的矩形混凝土板与钢梁截面组成组合梁简化的全截面换算截面[图 22-12b)]。

(2)组合梁全截面的换算截面几何特性

由图 22-12b)所示组合梁换算截面图,可以参照式(22-9)~式(22-11)计算得到换算截面的几何特性:

组合梁换算截面面积 $A_0 = 219828\text{mm}^2$;混凝土板重心轴距钢梁下翼缘板底边缘的距离 $y_{cs} = 1745$mm,钢梁截面重心轴距钢梁下翼缘板底边缘的距离 $y_s = 530$mm;组合梁换算截面的重心轴距钢梁下翼缘板底边缘的距离 $\bar{y} = 1456$mm;组合梁换算截面的惯性矩 $I_0 = 78107.199\times10^6\text{mm}^4$。

2)组合梁混凝土板截面重心处的虚拟力

组合梁混凝土板截面重心处虚拟力 F_0 和 P_0,按式(22-22)计算,式中 A_c 为混凝土板的面积,本示例采用忽略混凝土承托截面后的混凝土板面积,得到 $A_c = 4000\times250 = 100\times10^4\text{mm}^2$,代入式(22-22),得

$$|F_0| = |P_0| = E_c A_c \Delta t \alpha_c = 3.45 \times 10^4 \times 100 \times 10^4 \times 15 \times 1 \times 10^{-5}$$
$$= 5175 \times 10^3 (\text{N})$$

混凝土板重心轴至组合梁换算截面的重心轴距离 $y_{0c} = y_{cs} - \bar{y} = 1745 - 1456 = 289(\text{mm})$，相应地截面弯矩 M_0 为

$$M_0 = P_0 y_{0c} = 5175 \times 10^3 \times 289 = 1495.575 \times 10^6 (\text{N} \cdot \text{mm})$$

3)组合梁截面的温差正应力

(1)温差应力计算表达式

参照式(22-19)和式(22-20)，并将式中相关参数以 α_{Es}、A_0、I_0、y_0^c 和 y_0^s 取代，而虚拟力 F_0 为拉力，其值以正号代入；虚拟力 P_0 为压力，P_0 及 M_0 值均以负号代入，可以得到

截面混凝土板温差应力计算式为

$$\sigma_c = \frac{1}{\alpha_{Es}}\left(\frac{P_0}{A_0} + \frac{M_0}{I_0} y_0^c\right) + \frac{F_0}{A_c}$$
$$= \frac{1}{5.971}\left(\frac{-5175 \times 10^3}{219828} + \frac{-1495.575 \times 10^6}{78107.199 \times 10^6} y_0^c\right) + \frac{5175 \times 10^3}{100 \times 10^4}$$
$$= -3.943 - 0.0032 y_0^c + 5.175 = 1.232 - 0.0032 y_0^c$$

截面钢梁温差应力计算式为

$$\sigma_s = \frac{P_0}{A_0} + \frac{M_0}{I_0} y_0^s = \frac{-5175 \times 10^3}{219828} + \frac{-1495.575 \times 10^6}{78107.199 \times 10^6} y_0^s$$
$$= -23.54 - 0.0191 y_0^s$$

(2)组合梁截面温差应力计算值

①混凝土板上边缘，位于换算截面重心轴上方，$y_0^c = h - \bar{y} = 1870 - 1456 = 414(\text{mm})$，温差应力计算值 $\sigma_{c,b} = 1.232 - 0.0032 \times 414 = -0.093(\text{MPa})$(压应力)。

②混凝土板承托下边缘，位于换算截面重心轴上方，$y_0^c = 1500 - \bar{y} = 1500 - 1456 = 44(\text{mm})$，温差应力计算值 $\sigma_c = 1.232 - 0.0032 \times 44 = 1.09(\text{MPa})$(拉应力)。

③钢梁上翼缘板上边缘，位于换算截面重心轴上方，$y_0^s = 44\text{mm}$，温差应力计算值 $\sigma_{s,b} = -23.54 - 0.0191 y_0^s = -23.54 - 0.0191 \times 44 = -24.38(\text{MPa})$(压应力)。

④钢梁下翼缘板下边缘，位于换算截面重心轴下方，$y_0^s = \bar{y} = -1456\text{mm}$，温差应力计算值 $\sigma_{s,u} = -23.54 - 0.0191 y_0^s = -23.54 - 0.0191 \times (-1456) = 4.27(\text{MPa})$(拉应力)。

22.3 组合梁的截面承载力计算

由22.2.2节的介绍，公路桥钢—混凝土组合梁截面承载力计算是采用弹性计算方法，本节结合《公路桥规》的要求与规定，进一步介绍组合梁正截面抗弯计算、竖向抗剪承载力计算、抗疲劳计算和整体稳定计算的方法。

22.3.1 组合梁正截面抗弯计算

按弹性计算方法进行组合梁正截面抗弯计算,采用以下计算假定:

(1)钢梁与混凝土板之间连接可靠,滑移可以忽略不计,截面符合平截面变形假定。

(2)混凝土板按有效宽度范围内的面积计算;组合梁截面受正弯矩作用时,钢筋混凝土板不扣除截面受拉的面积,承托的面积和混凝土板内的钢筋面积可忽略不计;组合梁截面受负弯矩作用时,钢筋混凝土板不计截面混凝土的作用,但计入混凝土板有效宽度内的纵向钢筋面积。

《公路桥规》规定组合梁截面抗弯承载力采用线弹性方法进行计算,以截面上任意一点达到材料强度设计值作为抗弯承载力的标志,一般表达式为

$$\gamma_0\sigma = \gamma_0\sum_{i=1}^{2}\frac{M_{d,i}}{W_{eff,i}} \leqslant f \tag{22-23}$$

式中:γ_0——结构重要性系数;

i——变量,表示不同的应力计算阶段,其中,$i=1$ 表示未形成组合梁截面前(仅钢梁受力)的应力计算阶段,$i=2$ 表示形成组合梁截面后(组合梁整体受力)的应力计算阶段;

$M_{d,i}$——对应于不同的应力计算阶段,钢梁或组合梁截面的弯矩设计值(N·mm);

$W_{eff,i}$——对应于不同的应力计算阶段,钢梁或组合梁截面的抗弯模量(mm^3);

f——钢梁、混凝土或普通钢筋的强度设计值(MPa),可分别由附表4-1、附表1-1和附表1-3查得。

采用式(22-23)对组合梁截面抗弯承载力计算,要求对组合梁不同的应力计算阶段分别进行截面正应力计算,保证应力叠加后的总应力小于材料的相应设计强度值,在具体计算中,有以下几点说明:

(1)22.2.2节介绍的组合梁按弹性理论设计计算的原则是根据不同的施工方法,来进行组合梁施工阶段和使用阶段计算。《公路桥规》把**组合梁截面正应力计算相应分为两个应力计算阶段,即未形成组合梁截面前的应力计算阶段和形成组合梁截面后的应力计算阶段**,与组合梁施工阶段和使用阶段计算相对应,更有利于计算上的具体把握。

《公路桥规》规定桥面板混凝土达到其设计强度的85%后,方可考虑混凝土板与钢梁的组合作用,此要求可作为是否能按形成组合梁截面后的应力计算阶段计算的参考。

(2)在各应力计算阶段应考虑的作用(荷载)。

①未形成组合梁截面前的应力计算阶段

采用无临时支撑的施工方法时,应考虑施工阶段的荷载为钢梁和混凝土板的结构重力、施工荷载(包括模板及其支撑的自重、机具设备等),上述荷载均由钢梁承担,计算时采用钢梁截面面积A_s、截面惯性矩I_s和截面模量W_s。

采用有临时支撑的施工方法时,一般不进行此阶段钢梁的截面正应力计算。

②形成组合梁截面后的应力计算阶段

采用无临时支撑的施工方法时,应考虑混凝土硬化后结构上新增加的结构附加重力(例如桥面铺装、人行道及护栏等)、汽车荷载等可变作用以及混凝土收缩、徐变作用,上述荷载均由组合梁截面承担。

采用有临时支撑的施工方法时,此阶段应考虑全部结构重力及结构附加重力等永久作用、结构可变作用,上述荷载均由组合梁承担。

形成组合梁截面后,进行截面正应力计算时采用组合梁有效截面的换算截面。

(3)形成组合梁截面后,应根据作用的性质选择计算用的组合梁换算截面。

对汽车荷载、人群荷载和温度作用等可变作用,计算截面应力时采用弹性模量比 α_{Es} 的换算截面,换算截面几何特性可按式(22-16) ~ 式(22-14)计算。

对结构自重或结构附加自重和混凝土收缩作用,并需要考虑混凝土徐变影响时,计算截面应力时采用有效模量比 α_{El} 的换算截面,换算截面几何特性可按式(22-16)并参照式(22-9) ~ 式(22-14)计算。

(4)《公路桥规》规定,组合梁进行承载能力极限状态计算时,作用(或荷载)组合应采用作用基本组合。

由于组合梁截面抗弯承载力采用线弹性方法进行计算,因此可以认为作用与作用效应能按线性关系来考虑,在式(2-21)中,以组合梁截面应力标准值表示基本组合的应力验算表达式为

$$\gamma_0\left(\sum_{i=1}^{m}\gamma_{Gi}\sigma_{Gi,k} + \gamma_{Q1}\gamma_{L}\sigma_{Q1,k} + \psi_{c}\sum_{j=2}^{m}\gamma_{Lj}\gamma_{Qj}\sigma_{Qi,k}\right) \leqslant f_{d} \text{ 或 } f_{cd} \tag{22-24}$$

式中不等号左边的各分项系数以及组合值系数、调整系数的符号意义和取值详见式(2-20),而 f_d、f_{cd} 分别为钢板和混凝土的强度设计值。

例如采用钢梁下设置临时支撑施工的简支组合梁,对截面混凝土翼缘板上边缘已分别计算得到结构重力(包括结构附加重力)作用产生的正应力 $\sigma_{G1,k}$、混凝土收缩作用产生的正应力 $\sigma_{G2,k}$、汽车荷载(含冲击系数)作用产生的正应力 $\sigma_{Q1,k}$、人群荷载作用(含冲击系数)产生的正应力 $\sigma_{Q2,k}$、温度(均匀温度)作用产生的正应力 $\sigma_{Q3,k}$,则可以写出基本组合下截面混凝土翼缘板上边缘应力验算式为

$$\sigma_{c,u} = \gamma_0[1.2(\sigma_{G1,k} + \sigma_{G2,k}) + 1.4\sigma_{Q1,k} + 0.75\times1.4(\sigma_{Q2,k} + \sigma_{Q3,k})] \leqslant f_{cd} \tag{22-25}$$

对截面混凝土翼缘板下边缘、钢翼缘板上边缘和下边缘都可以写出相应的应力验算式。

例 22-2 计算跨径 $l = 29.60\text{m}$ 的简支钢—混凝土组合梁的跨中区段截面几何尺寸见图 22-12a),其余条件与例 22-1 相同。公路—II 级,结构重要性系数 $\gamma_0 = 1.1$,要求进行截面抗弯承载力验算。

现 C50 现浇混凝土板施工浇筑时,钢梁下设置可靠的临时支撑并在混凝土浇筑后 60d(已达到混凝土强度设计值)后拆除临时支撑。

已知组合梁跨中截面处结构自重作用产生的弯矩标准值 $M_{G1,k} = 1232.21\text{kN}\cdot\text{m}$,结构附加自重作用产生的弯矩标准值 $M_{G2,k} = 207.66\text{kN}\cdot\text{m}$,汽车荷载作用(已计入冲击系数)产生的弯矩设计值 $M_{Q1,k} = 178\text{kN}\cdot\text{m}$。混凝土板与钢梁之间的温差为 -15℃(混凝土板温度低于钢梁)。

计算中需考虑混凝土徐变影响。混凝土徐变系数 $\varphi(t,t_0)$ 简化按其终极值 $\varphi(t_u,t_0)$ 来计算,取大气条件的环境年平均相对湿度 RH = 75%、受荷时混凝土龄期为 $t_0 = 60\text{d}$。

解：由附表1-1和附表1-2得到C50混凝土轴心抗压强度设计值$f_{cd}=22.4\text{MPa}$，轴心抗拉强度设计值$f_{td}=1.83\text{MPa}$，弹性模量$E_c=3.45\times10^4\text{MPa}$；由附表4-1和附表4-2得到Q345钢材(厚度16～40mm)抗拉强度设计值$f_d=270\text{MPa}$，弹性模量$E_s=2.06\times10^5\text{MPa}$。

1)结构自重及结构附加自重作用下截面应力计算

本例组合梁C50混凝土板现浇施工时，钢梁下设置可靠的临时支撑并在混凝土浇筑后60d后拆除临时支撑施工方法，故结构自重和结构附加自重作用均由组合梁截面承受。

按照组合梁进行截面应力计算，考虑持续荷载作用下混凝土徐变影响，采用组合梁有效截面的有效模量比换算截面进行计算。

(1)有效模量比α_{El}的计算

钢材弹性模量E_s与混凝土弹性模量E_c的比值$\alpha_{Es}=E_s/E_c=2.06\times10^5/3.45\times10^4=5.971$。

对式(22-16)中的混凝土徐变系数$\varphi(t,t_0)$，简化按其终极值$\varphi(t_u,t_0)$来计算，其中组合梁混凝土板理论厚度h计算如下：

混凝土板(图22-13)实际截面面积为

$$A_c=(4000\times250)+(1200+400)120/2=1\times10^6+0.096\times10^6=1.096\times10^6(\text{mm}^2)$$

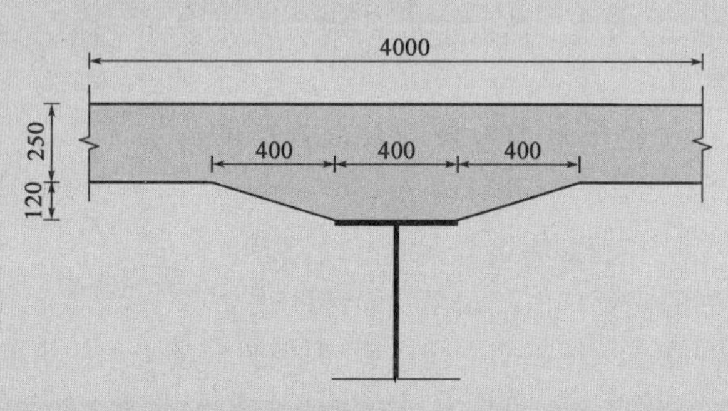

图22-13 组合梁混凝土板截面图(尺寸单位：mm)

混凝土板上铺设有沥青混凝土桥面，且混凝土承托底面与钢梁上翼缘板顶面密切结合，故混凝土板与大气接触的周边长度为

$$U=(4000-1200)+2\sqrt{400^2+120^2}=2800+835=3635(\text{mm})$$

相应的混凝土板理论厚度为

$$h=\frac{2A_c}{U}=\frac{2\times1.096\times10^6}{3635}=603(\text{mm})$$

已知大气条件的环境年平均相对湿度RH=75%，受荷时混凝土龄期$t_0=60\text{d}$，由表12-3中数值内插，得到混凝土徐变系数终极值$\varphi(t_u,t_0)=1.25$。

结构附加重力作用为永久作用，取徐变因子$\psi_L=1.10$，按式(22-16)计算有效模量比α_{El}为

$$\alpha_{El} = \alpha_{Es}[1 + \psi_L \varphi(t,t_0)]$$

$$= 5.971 \times (1 + 1.1 \times 1.25) = 14.18$$

(2)组合梁有效截面的换算截面几何特性计算

①组合梁的有效截面

按简支组合梁的钢梁下翼缘板受拉、混凝土板受压来考虑截面有效宽度。

a.钢梁受拉翼缘板(下翼缘板)的有效宽度

由图22-12a)得到单侧受拉钢翼缘板的宽度 $b_f = (750 - 14)/2 = 368\text{mm}$;简支梁计算跨径 $l = 29.6\text{m}$,由图20-25a)得到等效长度 $L_e = l = 29.6\text{m}$,则 $b_f/L_e = 368/29600 = 0.0127 < 0.05$,由式(20-28)可得到仅考虑剪力滞影响的单侧受拉翼缘板有效宽度 $b^s_{e,fl} = b_f = 375\text{mm}$,故钢梁受拉翼缘板(下翼缘板)全宽有效宽度为750mm。

b.受压混凝土板的有效宽度

本例按式(22-4)和式(22-5)进行受压混凝土板的有效宽度计算。

简支梁等效跨径 $L_e = l = 29600\text{mm}$,按式(22-5)计算横向外侧剪力连接件一侧混凝土板的有效宽度值为 $b_{efi} = L_e/6 = 29600/6 = 4933(\text{mm})$;由例22-1已知条件横向最外侧剪力连接件中心距 $b_0 = 360\text{mm}$,混凝土板几何宽度 $b_c = 4000\text{mm}$,而式(22-5)中的 $b_i = (b_c - b_0)/2 = (4000 - 360)/2 = 1820\text{mm}$,因此只能取横向外侧剪力连接件一侧混凝土板的有效宽度为 $b_{efi} = 1820\text{mm}$。

由式(22-4)求简支梁跨中截面混凝土板的有效宽度为 $b_{eff} = b_0 + \sum b_{efi} = 360 + 2 \times 1820 = 4000(\text{mm})$。

因此,图22-12a)所示截面即为组合梁的有效截面。

②组合梁有效截面的换算截面及截面几何特性计算

本示例采用忽略混凝土承托截面进行计算,但保留混凝土承托高度值,这时组合梁的有效截面由有效宽度 $b_{eff} = 40000\text{mm}$、高度 $h_c = 250\text{mm}$ 的矩形混凝土板与钢梁截面组成简化的组合梁有效截面。

由式(22-8)计算钢材弹性模量 E_s 与混凝土弹性模量 E_c 的比值 $\alpha_{Es} = E_s/E_c = 2.06 \times 10^5/3.45 \times 10^4 = 5.971$,有效宽度 $b_{eff} = 40000\text{mm}$ 的矩形混凝土板换算宽度 $b_{eff'} = b_{eff}/\alpha_{Es} = 40000/5.971 = 670(\text{mm})$。因此,可以得到计算用的组合梁截面简化后的有效截面换算截面[图22-12b)],而按有效模量比的换算截面截面几何特性计算如下:

a.换算截面面积 A_{0l}

混凝土板换算截面面积 $A_{cs} = 250 \times 4000/14.18 = 70.52 \times 10^3(\text{mm}^2)$,钢梁截面面积 $A_s = 52.33 \times 10^3\text{mm}^2$,则组合梁截面的换算截面面积为:

$$A_{0l} = 70.52 \times 10^3 + 52.33 \times 10^3 = 122.85 \times 10^3(\text{mm}^2)$$

b.换算截面重心轴距钢梁下翼缘板底面的距离 $\bar{y}$

计算得到混凝土板重心轴距钢梁下翼缘板底边缘的距离 $y_{cs} = 1745\text{mm}$,钢梁截面重心轴距钢梁下翼缘板底边缘的距离 $y_s = 527\text{mm}$,则

$$\bar{y}=\frac{70.52\times10^{3}\times1745+52.33\times10^{3}\times527}{122.85\times10^{3}}=1226(\text{mm})$$

c. 换算截面惯性矩 I_{0l}

混凝土板换算截面惯性矩 $I_{cs}=(4000/14.18)250^{3}/12=367.3\times10^{6}(\text{mm}^{4})$，钢梁有效截面惯性矩 $I_{s}=18095.4\times10^{6}\text{mm}^{4}$，代入式(22-11)，得到

$$I_{0l}=I_{s}+I_{cs}+\frac{A_{s}A_{cs}}{A_{s}+A_{cs}}(y_{s}-y_{cs})^{2}=18095.4\times10^{6}+367.3\times10^{6}+$$

$$\frac{52.33\times10^{3}\times70.52\times10^{3}}{112.85\times10^{3}}\times(527-1745)^{2}$$

$$=18462.7\times10^{6}+44393.2\times10^{6}=62855.90\times10^{6}(\text{mm}^{4})$$

(3)截面正应力计算

组合梁跨中截面，由结构自重和结构附加自重作用产生的弯矩标准值 $M_{Gk}=M_{G1,k}+M_{G2,k}=1232.21+207.66=1439.87(\text{kN}\cdot\text{m})=1439.87\times10^{6}\text{N}\cdot\text{mm}$。

①组合梁混凝土翼缘板顶面边缘处

距换算截面重心轴的距离为 $y_{c,u}=\vec{y}-h$，而组合梁截面高度 $h=1870\text{mm}$ 则计算正应力为

$$\sigma_{c,u}=\frac{M_{Gk}}{I_{0l}}y_{c,u}=\frac{1439.87\times10^{6}}{619.38\times10^{8}}(1210-1870)=-15.34(\text{MPa})(\text{压应力})$$

②组合梁钢梁下翼缘板底面边缘处

距换算截面重心轴距离为 $y_{s,b}$，$y_{s,b}=\vec{y}$，则计算正应力为

$$\sigma_{s,b}=\frac{M_{Gk}}{I_{0l}}y_{s,b}=\frac{1439.87\times10^{6}}{619.38\times10^{8}}\times1210=28.13(\text{MPa})(\text{拉应力})$$

2)汽车荷载作用下截面正应力计算

(1)换算截面几何特性计算

对汽车荷载作用下截面正应力计算，采用组合梁有效截面的弹性模量比换算截面，弹性模量比值 $\alpha_{Es}=5.971$，组合梁有效截面的弹性模量比换算截面几何特性为：

混凝土板重心轴距钢梁下翼缘板底边缘的距离 $y_{cs}=1745\text{mm}$，钢梁截面重心轴距钢梁下翼缘板底边缘的距离 $y_{s}=530\text{mm}$，组合梁换算截面的重心轴距钢梁下翼缘板底边缘的距离 $\bar{y}=1456\text{mm}$；组合梁换算截面的惯性矩 $I_{0}=781.07\times10^{8}\text{mm}^{4}$。

(2)截面正应力计算

汽车荷载作用产生的弯矩标准值 $M_{Q1,k}=178\text{kN}\cdot\text{m}=178\times10^{6}\text{N}\cdot\text{mm}$。

①组合梁混凝土翼缘板顶面边缘处

距换算截面重心轴距离为 $y_{c,u}$，则计算正应力为

$$\sigma_{c,u}=\frac{M_{Q1,k}}{I_{0}}y_{c,u}=\frac{178\times10^{6}}{781.07\times10^{8}}(1456-1870)=-0.94(\text{MPa})(\text{压应力})$$

②组合梁钢梁下翼缘板底面边缘处

距换算截面重心轴距离为 $y_{c,b}$，则计算正应力为

$$\sigma_{s,b} = \frac{M_{Q1,k}}{I_0} y_{s,b} = \frac{178 \times 10^6}{781.07 \times 10^8} \times 1456 = 3.32(\text{MPa})(\text{拉应力})$$

3)混凝土板与钢梁之间的温差作用截面正应力计算

由例22-1已经计算得到混凝土板与钢梁之间的温差为-15℃(混凝土板温度低于钢梁)时的截面正应力,实际是温差应力标准值:组合梁混凝土翼缘板顶面边缘处 $\sigma_{c,u}$ = -0.093MPa(压应力);组合梁钢梁下翼缘板底面边缘处 $\sigma_{s,b}$ = 4.27MPa(拉应力)。

4)组合梁跨中截面抗弯承载力验算

根据式(22-24)并参照式(22-25),对结构重力(包括结构附加重力)作用的 σ_{Gk}、汽车荷载作用的 $\sigma_{Q1,k}$ 和温差作用的 $\sigma_{Q1,k}$ 的基本组合,进行本例组合梁跨中截面抗弯承载力验算如下:

组合梁混凝土翼缘板顶面边缘处

$$\begin{aligned}\sigma_{c,u} &= \gamma_0(1.2\sigma_{Gk} + 1.4\sigma_{Q1,k} + 0.75 \times 1.4 \times \sigma_{Q2,k}) \\ &= 1.1[1.2(-15.34) + 1.4(-0.94) + 0.75 \times 1.4(-0.093)] \\ &= -21.8(\text{MPa})(\text{压应力}) < f_{cd} = 22.4\text{MPa}\end{aligned}$$

组合梁钢梁下翼缘板下边缘

$$\begin{aligned}\sigma_{s,b} &= \gamma_0(1.2\sigma_{Gk} + 1.4\sigma_{Q1,k} + 0.75 \times 1.4 \times \sigma_{Q2,k}) \\ &= 1.1[1.2 \times 28.13 + 1.4 \times 3.32 + 0.75 \times 1.4 \times 4.27] \\ &= 47.17(\text{MPa})(\text{拉应力}) < f_d = 270\text{MPa}\end{aligned}$$

组合梁截面抗弯承载力验算满足要求。

22.3.2 组合梁的抗剪承载力计算

组合梁在竖向荷载作用下会发生剪跨区段的类似钢板梁的受剪破坏,同时已有的试验结果表明,更多会发生混凝土翼缘板沿梁纵向剪切破坏。为了防止这两种剪切破坏的发生,必须在构造上保证钢腹板不会发生剪切失稳的前提下对组合梁进行相应的抗剪承载力验算。

1)组合梁截面抗剪承载力计算

图22-14是应进行组合梁截面抗剪验算的主要部位示意图。图中所示"Ⅰ"区是简支梁支座或连续梁边跨端支座附近的剪跨区段,组合梁截面主要受剪;"Ⅱ"区是连续梁中间支座附近的剪跨区段,组合梁截面同时受到较大剪力和弯矩作用,这两个剪跨区段的组合梁截面抗剪验算重点有所不同。

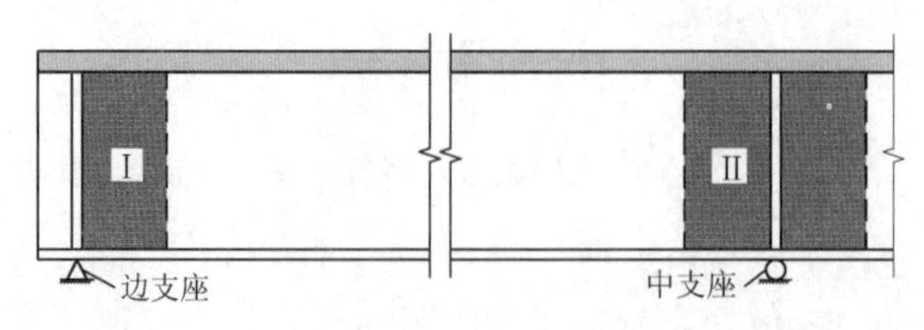

图22-14 组合梁截面抗剪验算的主要部位示意图

(1)截面竖向抗剪承载力验算。针对组合梁“Ⅰ”区的剪跨区段情况,受力特点是截面所受剪力很大而弯矩较小,由于混凝土板的抗剪贡献相对较低,故忽略混凝土板的抗剪作用并假定组合梁的竖向剪力全部由钢梁腹板承担,组合梁的截面竖向抗剪承载力验算表达式为

$$\gamma_0 V_d \leqslant V_u \tag{22-26}$$

$$V_u = f_{vd} A_w$$

式中:V_u——组合梁截面的抗剪承载力(N);

f_{vd}——钢材的抗剪强度设计值(MPa),查附表4-1;

A_w——钢梁腹板的截面面积(mm^2)。

(2)腹板最大折算应力验算。针对组合梁“Ⅱ”区的剪跨区段情况,受力特点是截面所受剪力和弯矩都很大。根据Von Mises强度理论,钢梁同时受弯矩、剪力作用时,组合梁的抗剪承载力会随截面所承受弯矩的增加而减少,因此验算钢腹板最大折算应力以考虑组合梁所受到的弯、剪耦合作用,钢腹板最大折算应力验算表达式为

$$\sqrt{\sigma^2 + 3\tau^2} \leqslant 1.1 f_d \tag{22-27}$$

式中:σ、τ——分别为钢梁腹板计算高度边缘同一点上同时产生的正应力(MPa)和剪应力(MPa);

f_d——钢材抗拉强度设计值(MPa),查附表4-1。

折算应力的验算点通常取正应力和剪应力均较大的钢梁腹板上、下边缘处,但正应力和剪应力均应按组合梁的计算阶段计算,应力叠加后按式(22-27)验算。

以上关于组合梁截面竖向抗剪承载力验算和腹板最大折算应力验算是针对梁不同剪跨区段受力特点介绍的,在设计计算中,有必要时可联合使用,以保证组合梁剪跨区段的抗剪性能。

2)组合梁混凝土板纵向抗剪承载力计算

组合梁受弯时钢梁与混凝土板的交界面上会产生纵向剪应力,呈连续分布状的纵向剪应力(纵向剪力)集中在钢梁上设置剪力连接件的条形狭长范围内,会导致混凝土板发生纵向剪切的开裂或破坏,混凝土板纵向剪切破坏是钢—混凝土组合梁的主要破坏形式之一,设计上应充分重视。

工程研究上把类似于组合梁混凝土板纵向剪切的开裂或破坏现象称为界面受剪,通过大量的混凝土试件剪切试验和机理研究提出了混凝土摩擦抗剪的理论和计算模型,已列入美国混凝土协会(ACI)设计规范和美国AASHTO公路桥梁设计规范。混凝土摩擦抗剪理论和相关试验得到的主要相关结论是:

(1)混凝土界面受剪破坏后的界面不是平坦光滑的,而是沿其主拉应力、主压应力方向大致呈锯齿形。

(2)试验观测结果表明,混凝土界面开裂后再受力会发生相对错动,而设置的与界面垂直的横向钢筋可以为受剪界面提供一个夹紧力的约束作用,减少开裂界面左右两边相对分离的趋势。

(3)设置足够横向钢筋可以有效提高界面抗剪承载力,配有横向钢筋的混凝土界面破坏特征是横向钢筋受拉屈服。

因此,**组合梁混凝土板合理配置充足的横向钢筋是防止混凝土板纵向剪切开裂或破坏、提高其抗剪承载力的重要技术措施。**

《公路桥规》要求对组合梁配置横向钢筋的承托及混凝土板应进行纵向抗剪验算,则

$$\gamma_0 V_{ld} \leqslant V_{lRd} \tag{22-28}$$

式中:V_{ld}——形成组合作用以后,作用(或荷载)引起的单位梁长内纵向受剪界面的纵向剪力设计值(N/mm);

V_{lRd}——单位梁长内混凝土板纵向抗剪承载力(N/mm)。

按式(22-28)进行组合梁混凝土板(及承托)纵向抗剪验算,《公路桥规》除详细规定了横向钢筋配置的构造要求(详见22.6节)外,还规定了纵向抗剪验算的相关要求。

(1)验算采用的混凝土板纵向受剪界面

混凝土板纵向抗剪验算时需要根据组合梁混凝土板的构造形式(混凝土板是否设置承托)判断可能出现纵向剪切破坏的潜在剪切面,潜在的纵向受剪界面有很多时,应确保任意一个潜在剪切面的单位长度纵向剪力值不超过其抗剪承载力。

对于设置和未设置承托并配置横向钢筋的混凝土板,《公路桥规》规定应进行如图22-15(以焊钉连接件为例)所示的纵向抗剪界面 a-a、b-b、c-c 和 d-d 的抗剪验算。

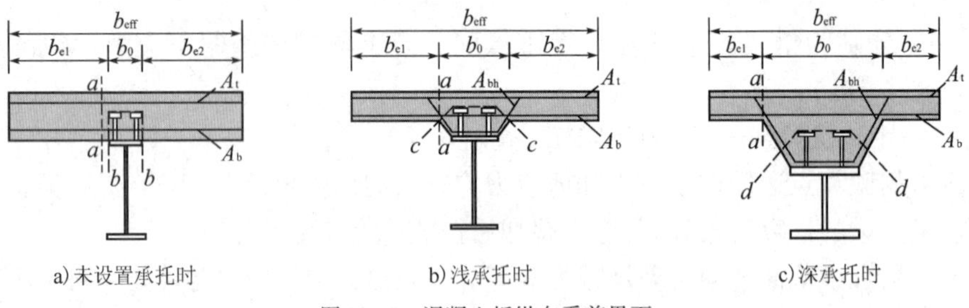

图22-15 混凝土板纵向受剪界面

图22-15a)所示为未设置承托的混凝土板,a-a 抗剪界面长度为桥面板厚度,b-b 抗剪界面长度取刚好包络焊钉抗掀起端外缘时对应的长度;A_t 表示设置在靠近混凝土板上缘的单位长度内横向钢筋面积总和(mm^2/mm),A_b 表示设置在靠近混凝土板下缘的单位长度内横向钢筋面积总和(mm^2/mm)。

图22-15b)、c)所示为设置承托的混凝土板,c-c 和 d-d 抗剪界面长度取最外侧的焊钉抗掀起端外边缘连线长度加上距承托两侧斜边的垂线长度;A_{bh} 表示设置在承托底侧单位长度内横向加强钢筋面积总和(mm^2/mm)。

(2)混凝土板单位长度上纵向抗剪界面的纵向剪力

①单位长度上 a-a 抗剪界面的计算纵向剪力为

$$V_{ld} = \max\left\{\frac{V_l b_{e1}}{b_{eff}}, \frac{V_l b_{e2}}{b_{eff}}\right\} \tag{22-29}$$

式中:b_{eff}——混凝土板有效宽度(mm);

b_{e1}、b_{e2}——分别为混凝土板左右两侧在 a-a 界面以外的混凝土板有效宽度(mm),见图22-15;

V_l——作用(荷载)引起的单位长度内钢梁与混凝土板的结合面(交界面)纵向剪力(N/mm)。

②单位长度上 b-b、c-c、d-d 抗剪界面的计算纵向剪力为

$$V_{ld} = V_l \tag{22-30}$$

③计算单位长度内钢梁与混凝土板的结合面(交界面)纵向剪力 V_l。

由竖向剪力引起的单位长度内钢梁与混凝土板的结合面的纵向水平剪力 V_l 可按下式计算

$$V_l = \frac{VS}{I_{un}} \tag{22-31}$$

式中:V——形成组合截面之后作用于组合梁截面的竖向剪力(N);

S——混凝土板对组合梁截面中和轴的面积矩(mm^3);

I_{un}——组合梁未开裂截面惯性矩(mm^4)。

(3)单位长度内混凝土板纵向抗剪承载力

《公路桥规》规定按式(22-32)计算

$$V_{lRd} = \min\{0.7f_{td}b_f + 0.8A_e f_{sd}, 0.25b_f f_{cd}\} \tag{22-32}$$

式中:b_f——纵向抗剪界面的长度,如图 22-15 所示的 a-a、b-b、c-c 及 d-d 连线在剪力连接件以外的最短长度取值(mm);

f_{cd}、f_{td}——分别为混凝土轴心抗压强度设计值(MPa)和轴心抗拉强度设计值(MPa);

f_{sd}——横向钢筋的抗拉强度设计值(MPa),查附表 1-3;

A_e——单位长度上混凝土板横向钢筋的截面面积,参照图 22-15 由表 22-2 取用。

单位长度上横向钢筋的截面面积 A_e 表 22-2

剪切面	a-a	b-b	c-c	d-d
A_e	$A_b + A_t$	$2A_b$	$2(A_b + A_{bh})$	$2A_{bh}$

22.3.3 整体稳定计算

钢—混凝土组合桥梁上部结构一般是由多个工字形组合梁或 1 ~ 2 个箱形组合梁构成,并且设置足够的横向联结系,见图 22-2 和图 22-4,约束条件与单个组合梁不同,另外组合梁施工阶段与使用阶段的受力体系可能会有所不同,因此,对桥梁组合梁整体稳定计算应按桥梁上部结构组合梁施工阶段与使用阶段的结构受力体系来进行。

(1)组合梁的施工阶段

若架设好钢梁并且钢梁下不设置临时支撑,在混凝土板硬化前,钢梁承担了全部钢梁自重、混凝土板湿重和施工荷载,钢梁截面上翼缘板及部分腹板会承受较大压应力,如果钢梁没有足够的侧向刚度和侧向约束(支撑),特别是钢梁支点部位没有足够刚度的横向支撑,就可能出现整体失稳,这与钢板梁整体稳定问题类似。因此,在施工期间组合梁应具有足够的侧向刚度和侧向约束(支撑),以保证钢梁不发生整体失稳,钢梁稳定性验算方法可参见第 21 章 21.5 节相关内容。

(2)组合梁的成桥阶段

混凝土板达到设计强度与钢梁形成组合截面共同受力后,对于简支组合梁,钢梁受压翼缘板由于受到混凝土板的约束,不会发生整体失稳,故通常不需验算简支组合梁的整体稳定问

题,但钢梁各板件需满足局部稳定的宽厚比限值要求。对于连续组合梁,在正弯矩区段,桥面板对钢梁的受压翼缘板形成有效侧向约束,与简支梁类似,不需进行组合梁整体稳定性验算,而连续梁组合负弯矩区为钢梁截面下翼缘板受压,如截面刚度较小或约束不够仍可能出现弯扭失稳。

《公路桥规》规定连续组合梁负弯矩区钢梁为箱形截面或者下翼缘有可靠的横向约束且腹板有加劲措施时,可不必进行负弯矩区的侧扭稳定性验算,否则应进行组合梁侧扭稳定性验算。

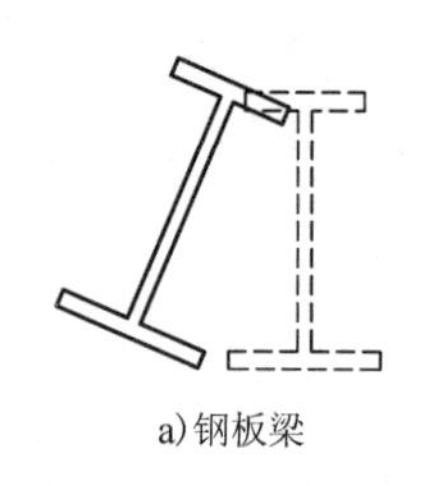

a)钢板梁

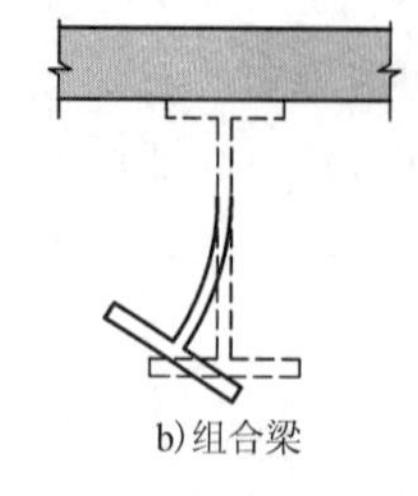

b)组合梁

图 22-16 钢板梁与组合梁的弯扭失稳模态

(3)连续组合梁负弯矩区侧扭稳定性验算

组合梁的侧扭失稳与钢板梁的整体失稳有所不同,如图 22-16 所示,钢板梁整体失稳时截面会产生刚体平移和转动,而组合梁由于钢梁上翼缘受到混凝土板的约束,钢梁下翼缘的位移必然伴随着腹板的弯曲和扭转。因此,可认为组合梁的弯扭失稳是一种介于钢板梁局部失稳和整体失稳之间的一种失稳模态。

连续组合梁负弯矩区可按以下公式验算其侧扭稳定性

$$M_{\mathrm{d}} \leqslant \chi_{\mathrm{LT}} M_{\mathrm{Rd}} \tag{22-33}$$

$$\chi_{\mathrm{LT}} = \frac{1}{\varphi_{\mathrm{LT}} + \sqrt{\varphi_{\mathrm{LT}}^2 - \lambda_{\mathrm{LT}}^2}}, 且 \chi_{\mathrm{LT}} \leqslant 1.0 \tag{22-34}$$

$$\varphi_{\mathrm{LT}} = 0.5[1 + \alpha_{\mathrm{LT}}(\bar{\lambda}_{\mathrm{LT}} - 0.2) + \bar{\lambda}_{\mathrm{LT}}^2] \tag{22-35}$$

式中:M_{d}——组合梁最大弯矩设计值(N · mm);

M_{Rd}——组合梁截面抗弯承载力(N · mm);

χ_{LT}——组合梁弯扭屈曲整体稳定折减系数,由 $\bar{\lambda}_{\mathrm{LT}}$确定;

$\bar{\lambda}_{\mathrm{LT}}$——换算长细比,$\bar{\lambda}_{\mathrm{LT}} = \sqrt{M_{\mathrm{Rk}}/M_{\mathrm{cr}}}$,其中 $M_{\mathrm{Rk}} = f_{\mathrm{k}} W_{\mathrm{n}}$,当 $\bar{\lambda}_{\mathrm{LT}} \leqslant 0.4$ 时,可不进行组合梁负弯矩区侧扭稳定性验算;

M_{Rk}——采用材料强度标准值计算得到组合梁截面的抵抗弯矩(N · mm);

M_{cr}——组合梁侧向扭转屈曲的弹性临界弯矩,可参照参考文献[39]的附录 A 进行计算;

f_{k}——钢材的强度标准值(MPa);

W_{n}——组合截面净截面模量(mm^3);

α_{LT}——缺陷系数,根据表 22-3 确定屈曲曲线类型,然后按表 22-4 取值。

侧向失稳曲线分类 表 22-3

横截面形式	屈 曲 方 程	屈曲曲线类型
轧制工字形截面	$h/b \leqslant 2$ $h/b > 2$	a b
焊接工字形截面	$h/b \leqslant 2$ $h/b > 2$	c d
其他截面	—	d

注:h 和 b 分别为梁截面高度及宽度。

弯扭屈曲整体稳定缺陷系数 α_{LT} 表22-4

屈曲曲线类型	a	b	c	d
缺陷系数	0.21	0.34	0.49	0.76

22.3.4 抗疲劳计算

与钢桥结构一样,在长期循环交变荷载作用下,桥梁钢—混凝土组合梁的一些部位和连接也会发生疲劳破坏的问题,这种破坏一般以构件和连接的内部或表面裂纹逐渐扩展至突然的脆性断裂为特征,在设计和构件加工中必须加以重视。

与钢梁相比,钢—混凝土组合梁是由钢梁和混凝土板通过剪力连接件形成的整体受力构件,因此,在工程上组合梁的抗疲劳设计计算对象应包括钢梁、混凝土板和剪力连接件。

组合梁的钢梁部分的疲劳验算与钢梁验算要求相同,可参见第18章相关内容,混凝土板的疲劳验算问题与钢筋混凝土板疲劳问题处理要求相同,剪力连接件的疲劳是组合梁区别于其他结构受弯构件所特有的问题,也是组合梁疲劳设计的关键问题。

关于组合梁剪力连接件构造与设计详见22.5节相关内容,本节结合《公路桥规》规定介绍组合梁剪力连接件的抗疲劳计算要求。

(1)剪力连接件抗疲劳计算原则

《公路桥规》规定组合梁疲劳验算应采用弹性分析方法,验算选取的疲劳荷载与钢结构桥规定要求相同,即18.2节介绍的疲劳荷载模型Ⅰ、疲劳荷载模型Ⅱ和疲劳荷载模型Ⅲ。

(2)剪力连接件抗疲劳验算公式

剪力连接件位于钢梁上翼缘板顶面,在竖向荷载作用下简支组合梁的钢梁上翼缘板处于受压状态,而对连续组合梁的负弯矩作用部位(图22-14),钢梁上翼缘板处于受拉状态,这对焊接在钢梁上翼缘板上的剪力连接件受力比较不利,考虑到这种不利的影响,参照Eurocode 4的规定,《公路桥规》对剪力连接件的抗疲劳验算按两种情况规定了验算公式。

①剪力连接件位于始终承受压应力的钢梁翼缘时,疲劳验算式为

$$\gamma_{Ff}\Delta\tau_{E2} \leqslant \frac{\Delta\tau_C}{\gamma_{Mf,s}} \tag{22-36}$$

式中:$\Delta\tau_{E2}$——疲劳荷载模型Ⅱ和疲劳荷载模型Ⅲ作用下剪力连接件等效剪应力幅(MPa),可按式(18-13)计算,其中计算损伤等效系数γ时,$\gamma_1=1.55$;

$\Delta\tau_C$——对应于200万次应力循环的剪力连接件疲劳设计强度,$\Delta\tau_C=90$MPa;

γ_{Ff}——疲劳荷载分项系数,取1.0;

$\gamma_{Mf,s}$——剪力连接件疲劳抗力分项系数,取1.0。

②剪力连接件位于承受拉应力的钢梁翼缘时,疲劳验算式为

$$\frac{\gamma_{Ff}\Delta\sigma_{E2}}{\dfrac{\Delta\sigma_C}{\gamma_{Mf}}} + \frac{\gamma_{Ff}\Delta\tau_{E2}}{\dfrac{\Delta\tau_C}{\gamma_{Mf,s}}} \leqslant 1.3 \tag{22-37}$$

$$\frac{\gamma_{Ff}\Delta\sigma_{E2}}{\dfrac{\Delta\sigma_C}{\gamma_{Mf}}} \leqslant 1.0 \qquad \frac{\gamma_{Ff}\Delta\tau_{E2}}{\dfrac{\Delta\tau_c}{\gamma_{Mf,s}}} \leqslant 1.0 \tag{22-38}$$

式中：γ_{Mf}——疲劳抗力分项系数，对重要构件取1.35，次要构件取1.15；

$\Delta\sigma_{E2}$、$\Delta\sigma_{C}$——分别为疲劳荷载作用下钢梁翼缘等效正应力幅和钢材疲劳抗力，详见18.2.3节相关公式。

22.4 组合梁的挠度与混凝土板裂缝宽度计算

钢—混凝土组合梁的挠度与混凝土板裂缝宽度验算属于结构正常使用极限状态计算(其中混凝土板裂缝宽度验算仅限于连续组合梁的负弯矩区)，因此，在进行组合梁挠度与混凝土板裂缝宽度验算时作用(荷载)组合仍采用作用频遇组合或准永久组合。

《公路桥规》规定组合梁的竖向挠度计算值应满足对钢梁限值规定的要求，而组合梁采用钢筋混凝土板时，其最大裂缝宽度计算值应满足对钢筋混凝土受弯构件裂缝宽度限值规定。

22.4.1 组合梁的挠度验算

设计上采用弹性方法进行组合梁的挠度计算，是根据组合梁的刚度按结构力学方法计算，而在竖向荷载作用下梁的挠度计算已有现成公式，故重要的问题是组合梁的截面刚度B及计算。

(1)影响组合梁截面刚度的主要问题

按照组合梁弹性计算方法及截面平截面假定，组合梁截面计算刚度应为$B_0=EI_0$，E为钢材弹性模量，I_0为组合梁换算截面惯性矩，这是认为由于剪力连接件的作用，在组合梁弯曲变形后混凝土板和钢梁之间没有相对错动而得到的。

事实上，绝对刚性的剪力连接件是不存在的，更何况工程上主要采用的是焊钉等柔性剪力连接件，在传递混凝土板与钢梁之间的交界面剪力时剪力连接件自身也会产生一定的变形，从而在混凝土板与钢梁在交界面上发生相对滑移，导致组合梁曲率和挠度增大，已有的组合梁室内模型试验研究也测量到了这种相对滑移值的大小。

因此，组合梁截面刚度计算中应当考虑相对滑移的影响。

(2)考虑相对滑移的组合梁截面计算刚度B

《公路桥规》采用的组合梁考虑滑移效应的折减刚度B计算公式为

$$B=\frac{EI_{un}}{1+\zeta} \tag{22-39}$$

$$\zeta=\eta\left[0.4-\frac{3}{(\alpha l)^2}\right] \qquad \eta=\frac{36Ed_{sc}pA_0}{n_s khl^2} \qquad \alpha=0.81\sqrt{\frac{n_s kA_1}{EI_0 p}}$$

$$A_0=\frac{A_c A_s}{\alpha_{Es}A_s+A_c} \qquad A_1=\frac{I_0+A_0 d_{sc}^2}{A_0} \qquad I_0=I_s+\frac{I_c}{\alpha_{Es}}$$

式中：E——钢材的弹性模量(MPa)；

I_{un}——组合梁未开裂截面的截面惯性矩(mm^4)；

ζ——刚度折减系数，且当$\zeta\leqslant0$时，取$\zeta=0$；

A_s、A_c——分别为钢梁截面面积(mm^2)和混凝土板截面面积(mm^2)；

I_s、I_c——分别为钢梁的截面惯性矩(mm^4)和混凝土板的截面惯性矩(mm^4);

d_{sc}——钢梁截面重心到混凝土板截面重心的距离(mm);

h——组合梁截面高度(mm);

l——组合梁的跨径(mm),当为连续组合梁时取等效跨径,见图22-7;

k——连接件刚度系数(N/mm),$k=V_{su}$,V_{su}为圆柱头焊钉抗剪承载力,计算方法详见22.5.2节相关内容;

p——连接件的平均间距(mm);

n_s——连接件在单根钢梁上的列数;

α_{Es}——钢材与混凝土弹性模量的比值,$\alpha_{Es}=E_s/E_c$;当采用作用(或荷载)准永久组合效应时,α_{Es}应采用考虑长期效应的换算模量比α_{El}。

在计算组合梁的挠度时,《公路桥规》对组合梁的刚度选用规定如下:

①简支组合梁和不考虑混凝土开裂的连续组合梁(采用预应力混凝土板的连续组合梁),取考虑滑移效应的折减刚度B。

②考虑混凝土开裂影响的连续组合梁(采用钢筋混凝土板或B类部分预应力混凝土板),中支座两侧0.15l范围以内(图22-17)取开裂截面刚度B_{cr},中支座两侧0.15l范围以外区段取考虑滑移效应的折减刚度B。

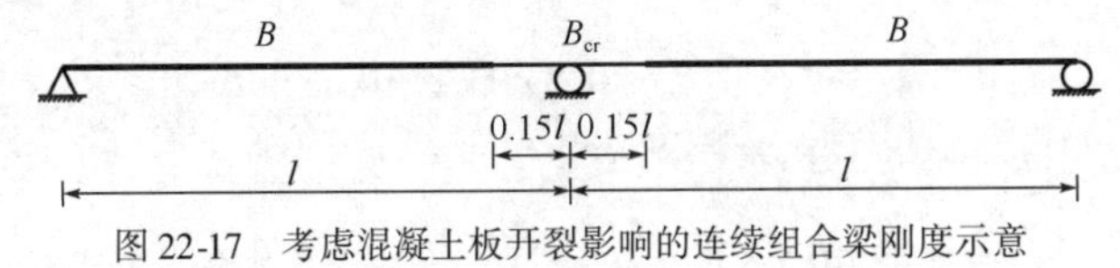

图22-17 考虑混凝土板开裂影响的连续组合梁刚度示意

开裂截面刚度$B_{cr}=EI_{cr}$,其中I_{cr}为按不考虑混凝土而只计入混凝土板有效宽度范围内受拉钢筋和钢梁的截面惯性矩,可按式(22-14)计算。

(3)组合梁的预拱度设置

《公路桥规》要求组合梁应设置预拱度,并规定:

①预拱度值宜等于结构自重标准值和1/2车道荷载频遇值所产生的竖向挠度之和,频遇值系数为1.0,并考虑施工方法和顺序的影响;

②预拱度设置应保持桥面曲线平顺。

例22-3 跨径为29.9m的简支钢—混凝土组合箱梁的混凝土桥面板采用C50混凝土,弹性模量$E_c=3.45\times10^4$MPa,;钢箱梁采用Q345级钢材,弹性模量为$E_s=2.06\times10^5$MPa;钢箱梁每个腹板的上翼缘板设置2排栓钉的抗剪连接件(图22-18),栓钉直径为22mm,抗拉强度设计值$f=400$MPa,栓钉沿钢梁纵向布置平均间距为250mm。

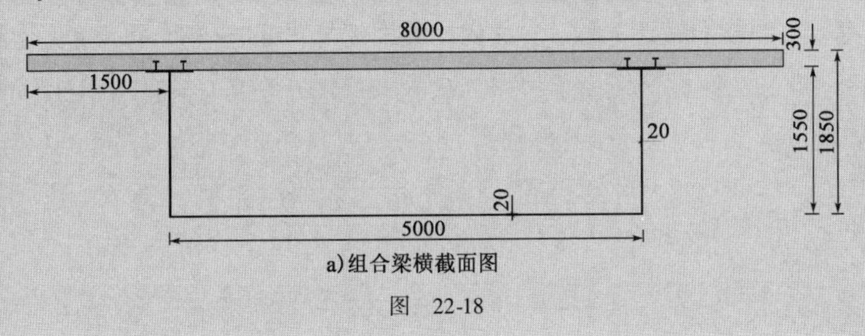

a)组合梁横截面图

图 22-18

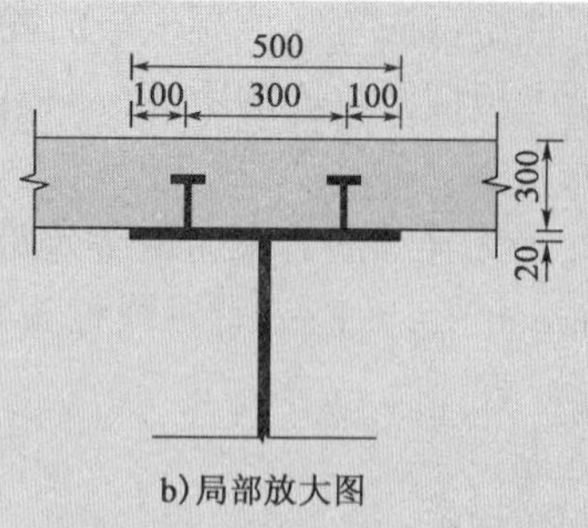

b)局部放大图

图22-18 例22-3图(尺寸单位:mm)

公路—Ⅰ级汽车荷载均布荷载 $q_k = 10.5\text{kN/m}$,集中荷载 $P_k = 320\text{kN}$,试进行组合梁跨中挠度验算。

解:计算得到组合梁截面相关几何特性:混凝土桥面板面积 $A_c = 2.4\times10^6\text{mm}^2$,混凝土桥面板截面惯性矩 $I_c = 1.8\times10^{10}\text{mm}^4$;钢梁面积 $A_s = 0.1804\times10^6\text{mm}^2$,钢梁截面惯性矩 $I_s = 5.48\times10^{10}\text{mm}^4$;混凝土桥面板截面重心至钢梁截面重心的距离 $d_{sc} = 1264\text{mm}$。

(1)与组合梁截面几何特性有关的参数计算

弹性模量比 $\alpha_E = E_s/E_c = 2.06\times10^5/3.45\times10^4 = 5.971$,则得到计算系数为

$$A_0 = \frac{A_c A_s}{\alpha_{Es}A_s + A_c} = \frac{2.4\times10^6\times0.1804\times10^6}{5.971\times0.1804\times10^6 + 2.4\times10^6} = 0.1245\times10^6(\text{mm}^2)$$

$$I_0 = I_s + \frac{I_c}{\alpha_{Es}} = 5.48\times10^{10} + \frac{1.8\times10^{10}}{5.971} = 5.781\times10^{10}(\text{mm}^4)$$

$$A_1 = \frac{I_0 + A_0 d_{sc}^2}{A_0} = \frac{5.781\times10^{10} + 0.1245\times10^6\times1264^2}{0.1245\times10^6} = 2.062\times10^6(\text{mm}^2)$$

(2)系数 α

抗剪连接件的刚度系数 $k = V_{su}$(N/mm)的计算方法详见22.5.2节相关内容,根据式(22-44)进行焊钉抗剪承载力计算如下

$$\begin{aligned} V_{su1} &= 0.43A_s\sqrt{E_c f_{cd}} \\ &= 0.43\times(3.14\times22^2/4)\times\sqrt{3.45\times10^4\times22.4} = 143621(\text{N/mm}) \end{aligned}$$

取M15焊钉材料的抗拉强度最小值 f_{su} 为400MPa,则得到

$$V_{su2} = 0.7A_s f_{su} = 0.7\times(3.14\times22^2/4)\times400 = 106383(\text{N/mm})$$

因 $V_{su1} > V_{su2}$,故抗剪连接件的刚度系数 $k = V_{su2} = 106383\text{N/mm}$。

焊钉在箱梁上的横向布置列数 $n_s = 2\times2$,系数 $A_1 = 2.062\times10^6\text{mm}^2$,抗剪连接件的刚度系数 $k = 106383\text{N/mm}$,钢材弹性模量 $E_s = 2.06\times10^5\text{MPa}$,系数 $I_0 = 5.781\times10^{10}\text{mm}^4$,焊钉的平均间距 $p = 250\text{mm}$ 代入计算公式,得到

$$\begin{aligned} \alpha &= 0.81\sqrt{\frac{n_s k A_1}{E_s I_0 p}} = 0.81\sqrt{\frac{4\times106383\times2.062\times10^6}{2.06\times10^5\times5.781\times10^{10}\times250}} \\ &= 4.4\times10^{-4} \end{aligned}$$

(3)系数 η 的计算

$$\eta=\frac{36E_{s}d_{sc}pA_{0}}{n_{s}khL^{2}}=\frac{36\times2.06\times10^{5}\times1264\times250\times0.1245\times10^{6}}{4\times106383\times1850\times(29.9\times10^{3})^{2}}$$

$$=\frac{2.917602\times10^{17}}{7.037952\times10^{17}}=0.415$$

(4)刚度折减系数 ζ 的计算

$$\zeta=\eta\left[0.4-\frac{3}{(\alpha L)^{2}}\right]=0.415\left[0.4-\frac{3}{(4.4\times10^{-4}\times29.9\times10^{3})^{2}}\right]$$

$$=0.415\times0.383=0.1589$$

则 $1+\zeta=1.1589$。

(5)组合梁刚度 B 的计算

取弹性模量比 $\alpha_{Es}=5.971$,组合梁换算截面面积 $A_{0}=A_{c}/\alpha_{E}+A_{s}=2400000/5.971+180400=582343(mm^{2})$;组合梁换算截面中和轴距钢梁底距离 $y_{b}=\frac{A_{c}y_{c}/\alpha_{E}+A_{s}y_{s}}{A_{0}}=\frac{2400000\times1700/5.971+180400\times436}{582343}=1308(mm)$;组合梁换算截面的惯性矩 $I_{un}=I_{0}$计算为

$$I_{0}=I_{c}/\alpha_{E}+I_{s}+\frac{A_{c}A_{s}}{\alpha_{E}A_{s}+A_{c}}(y_{c}-y_{s})^{2}$$

$$=1.8\times10^{10}/5.971+5.48\times10^{10}+\frac{2400000\times180400}{5.971\times180400+2400000}\times(1700-436)^{2}$$

$$=2.567\times10^{11}(mm^{4})$$

计算的组合梁刚度为

$$B=E_{s}I_{un}/(1+\zeta)=2.06\times10^{5}\times2.567\times10^{11}/1.1589=4.563\times10^{16}(N\cdot mm^{2})$$

(6)汽车作用下组合梁挠度的验算

汽车作用下组合梁挠度的验算,采用不计冲击力的汽车车道荷载频遇值,频遇值系数为1.0,简支梁计算挠度值不应超过 $l/500$,l 为梁计算跨径。

公路—Ⅰ级车道荷载的均布荷载标准值 $q_{k}=10.5kN/m$,对简支梁按全梁计算跨径布置;集中荷载标准值 $P_{k}=320kN$,作用在梁跨中截面。

均布荷载标准值 $q_{k}=10.5kN/m$ 作用下,组合梁跨中的挠度 w_{1} 为

$$w_{1}=\frac{5q_{k}l^{4}}{384B}=\frac{5\times10.5\times(29.9\times10^{3})^{4}}{384\times4.563\times10^{16}}=2.36(mm)$$

集中荷载标准值 $P_{k}=320kN$ 作用下,组合梁跨中的挠度 w_{2} 为

$$w_{2}=\frac{P_{k}l^{3}}{48B}=\frac{320\times10^{3}\times(29.9\times10^{3})^{3}}{384\times4.563\times10^{16}}=3.90(mm)$$

公路—Ⅰ级车道荷载作用下组合梁跨中挠度计算值为

$$w=w_{1}+w_{2}=2.36+3.90=6.3(mm)<l/500[=30\times10^{3}/500=60(mm)]$$

满足规定要求。

22.4.2 混凝土板最大裂缝宽度计算

当连续组合梁的负弯矩区采用钢筋混凝土板或B类部分预应力混凝土板时,在负弯矩作用下混凝土板会开裂,产生混凝土板横向裂缝。

尽管组合梁在混凝土板开裂后仍具有较大的刚度和强度储备,但混凝土板的受力裂缝容易渗入水分或其他腐蚀性液体,引起混凝土板内钢筋锈蚀。因此,在组合梁设计时,对连续组合梁的负弯矩区混凝土板最大裂缝宽度 W_{fk} 应进行检算。

《公路桥规》规定对组合梁钢筋混凝土和B类部分预应力混凝土板最大裂缝宽度 W_{fk} 的计算式为

$$W_{fk} = c_1 c_2 c_3 \frac{\sigma_{ss}}{E_s}\left(\frac{c + d}{0.30 + 1.4\rho_{te}}\right) \quad (\mathrm{mm}) \tag{22-40}$$

式中参数 σ_{ss} 称为由作用频遇组合引起的开裂截面纵向受拉钢筋的应力(MPa),按下列公式计算:

钢筋混凝土板

$$\sigma_{ss} = \frac{M_s y_s}{I_{cr}} \tag{22-41}$$

B类部分预应力混凝土板

$$\sigma_{ss} = \frac{M_s \pm M_{p2} - N_p y_p}{I'_{cr}} y_{ps} \pm \frac{N_p}{A'_{cr}} \tag{22-42}$$

式中:M_s——形成组合截面之后,按作用(荷载)频遇组合计算的组合梁截面弯矩值(N·mm);

I_{cr}——由纵向普通钢筋与钢梁形成的组合截面的惯性矩,即混凝土开裂截面惯性矩(mm^4);

y_s——钢筋截面重心至钢筋和钢梁形成的组合截面中和轴的距离(mm);

M_{p2}——由预加力在后张法预应力连续组合梁等超静定结构中产生的次弯矩(N·mm);

N_p——考虑预应力损失后的预应力钢筋的预加力合力(N);

y_p——预应力钢筋合力点至组合截面中和轴的距离(mm);

y_{ps}——预应力钢筋和普通钢筋的合力点至组合截面中和轴的距离(mm);

A'_{cr}——由纵向普通钢筋、预应力钢筋与钢梁形成的组合截面的面积(mm^2);

I'_{cr}——由纵向普通钢筋、预应力钢筋与钢梁形成的组合截面的惯性矩(mm^4)。

22.5 剪力连接件计算

剪力连接件是牢固焊接在钢梁上翼缘板顶面并埋置在混凝土板内的装置,主要作用是承受混凝土板与钢梁交界面的纵向剪力,抵抗二者之间的相对滑移,同时还可防止混凝土板与钢梁之间竖向分离的作用,即抗掀起作用。

本节主要介绍剪力连接件的设计计算方法。

22.5.1 剪力连接件的类型

组合梁的剪力连接件主要类型有焊钉连接件、开孔板连接件、型钢连接件和钢筋连接件(图22-19)等。

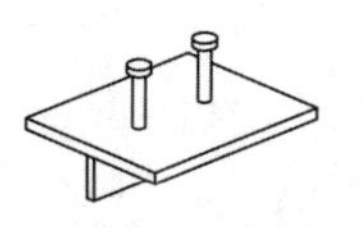
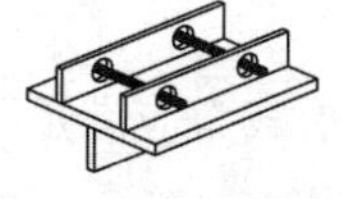
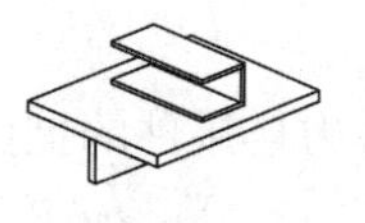
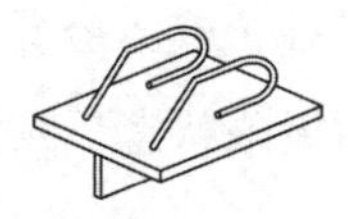

a)焊钉连接件　b)开孔板连接件　c)型钢连接件　d)钢筋连接件

图22-19　抗剪连接件主要类型

型钢和开孔板连接件属于刚性连接件,焊钉连接件和钢筋连接件属于柔性连接件。目前在工程上最常用的是焊钉连接件和开孔板连接件,下面主要介绍这两种剪力连接件。

(1)焊钉连接件

焊钉连接件[图22-19a)]是世界各国广为采用的一种机械连接件,它依靠杆身根部受压承受组合梁混凝土板与钢梁结合面的作用剪力,依靠圆柱头承受拉拔力。

焊钉可以通过半自动的专用焊机很方便地焊接于钢梁,同时焊钉产品由工厂生产,产品质量和施工质量易于保证。

我国焊钉产品牌号标注为ML15、ML15A1,其抗拉强度 $\sigma_b \geqslant 400\text{N/mm}^2$,屈服强度 $\sigma_s \geqslant 320\text{N/mm}^2$,伸长率≥14%,焊钉产品的栓杆直径一般为12~25mm,桥梁上常用直径为22~25mm。

焊钉连接件直径与焊接处钢板厚度之比太大会导致钢板因焊接造成显著的变形,不利于钢梁的施工和运营阶段的稳定性,因此,焊钉的直径应不大于焊接处钢板厚度的1.5倍。

焊钉的长度过小,则不能保证连接件有足够的抗拉拔作用,且焊钉连接件的抗剪承载力得不到充分发挥,因此,焊钉的长度应不小于4倍焊钉直径,当有直接拉拔力作用时不小于焊钉直径的10倍。

为抵抗掀起作用,焊钉上端做成大头(称为抗掀起端),其直径通常不小于焊钉直径的1.5倍。

(2)开孔板连接件

开孔板连接件[图22-19b)]是指沿着受力方向布置的设有圆孔的钢板,依靠钢板孔中的混凝土及孔中的贯通钢筋承担钢与混凝土结合面的作用剪力及拉拔力。钢板的圆孔可以贯通主钢筋,不影响钢筋的布置,与焊钉连接件相比,其抗剪强度与抗疲劳性能都得以提高。

开孔板连接件构造需满足以下规定:

①开孔板连接件的钢板厚度不小于12mm,其孔径不小于贯通钢筋与混凝土最大集料粒径之和。

②连接件中贯通钢筋采用螺纹钢筋且直径不小于12mm,并宜居中设置。

《公路桥规》要求剪力连接件应保证钢与混凝土板有效结合,共同承担作用力,并应具有一定的变形能力,规定**钢与混凝土接合面剪力作用方向不明确时,应选择焊钉连接件;钢与混凝土接合面对抗剪刚度、抗疲劳性能要求较高时,宜选用开孔板连接件;钢与混凝土接合面对抗剪刚度很高,且无拉拔力作用时,可选择型钢连接件。**

22.5.2　剪力连接件的计算

由于剪力连接件是保证钢梁和混凝土板共同工作最为关键的受力部件,故应对剪力连接件的承载能力极限状态和正常使用极限状态进行设计计算。

1)剪力连接件承载力验算

在承载能力极限状态下,剪力连接件的抗剪承载力应满足

$$\gamma_0 V_{ld} \leqslant V_{su} \tag{22-43}$$

式中的 V_{ld} 为连接件所受的剪力设计值(N);V_{su} 为连接件的抗剪承载力(N)。

(1)连接件的抗剪承载力 V_{su} 的计算

①焊钉连接件

在钢和混凝土交界面剪力作用下,焊钉连接件会发生两种主要破坏形态,一种是混凝土受压破坏,即混凝土强度不高时,焊钉前方受压混凝土发生局部压碎或劈裂破坏,这种情况下,抗剪承载力随混凝土强度提高和焊钉直径增大而提高;另一种破坏是焊钉受剪破坏,即混凝土强度较高时,焊钉在剪力、弯矩及竖向拉力作用下拉断,或焊钉焊缝破坏。

根据大量的梁式试验和推出试验的数据回归统计,并结合计算分析得到焊钉连接件的抗剪承载力 V_{su} 的计算式,《公路桥规》规定的计算式为

$$V_{su} = \min\{0.43A_s\sqrt{E_c f_{cd}}, 0.7A_s f_{su}\} \tag{22-44}$$

式中:A_s——焊钉杆截面面积(mm^2);

E_c——混凝土弹性模量(MPa);

f_{cd}——混凝土轴心抗压强度设计值(MPa)。

式(22-44)中 f_{su} 称为焊钉材料的抗拉强度最小值(MPa),设计规范没有提供计算取值方法,一般可根据焊钉试验确定,对 ML15、ML15A1 焊钉产品,计算时可采用 400MPa 作为 f_{su} 初估值。

单个栓钉连接件的抗剪承载力设计值取式(22-44)计算的较小值。

②开孔板连接件

在钢和混凝土交界面剪力作用下,开孔板连接件有三种破坏形态,即焊缝剪切破坏、开孔之间钢板最薄弱截面剪坏和孔内混凝土的剪切破坏,一般情况下较多发生孔内混凝土的剪切破坏。

《公路桥规》规定开孔板连接件的抗剪承载力 V_{su} 按下式确定

$$V_{su} = 1.4(d^2 - d_s^2)f_{cd} + 1.2d_s^2 f_{sd} \tag{22-45}$$

式中:d——开孔板圆孔直径(mm);

d_s——贯通钢筋直径(mm);

f_{cd}——混凝土轴心抗压强度设计值(MPa);

f_{sd}——孔内贯通钢筋抗拉强度设计值(MPa)。

(2)连接件所受剪力的设计值 V_{ld}

剪力连接件所受到的剪力实际上是组合梁的混凝土板和钢梁交界面上的纵向剪力,对于连接件所受剪力的设计值 V_{ld} 计算,详见本小节“3)组合梁剪力连接件的设计”中的介绍。

在承载能力极限状态下,剪力连接件的抗剪承载力计算还包括抗剪连接件的抗疲劳验算,计算方法见 22.3.4 节相关内容。

2)剪力连接件正常使用极限状态验算

钢和混凝土板交界面发生过大的相对滑移,将影响剪力连接件的耐久性及组合梁的使用性能。在正常使用极限状态下,滑移限值一般可考虑环境类别给出,在没有相关规定时可取 0.2mm。

(1)剪力连接件相对滑移值计算

处于正立状态下的焊钉连接件最大相对滑移值可按下式计算

$$s_{\max}=\frac{V_{\mathrm{sd}}}{k_{\mathrm{ss}}} \tag{22-46}$$

式中:$s_{\max}$——设置焊钉连接件时交界面最大相对滑移计算值(mm);

V_{sd}——焊钉连接件正常使用状态下作用的剪力设计值(N);

k_{ss}——焊钉连接件的抗剪刚度(N/mm)。

开孔板连接件最大相对滑移值可按下式计算

$$s_{\max}=\frac{V_{\mathrm{sd}}}{k_{\mathrm{ps}}} \tag{22-47}$$

式中的 k_{ps} 为开孔板连接件的抗剪刚度(N/mm);其余符号意义与式(22-46)相同。

(2)剪力连接件的抗剪刚度计算

焊钉连接件的抗剪刚度 k_{ss} 计算表达式为

$$k_{\mathrm{ss}}=13d_{\mathrm{ss}}\sqrt{E_{\mathrm{c}}f_{\mathrm{ck}}} \quad (\mathrm{N/mm}) \tag{22-48}$$

式中:d_{ss}——焊钉杆的直径(mm);

E_{c}——混凝土弹性模量(MPa);

f_{ck}——混凝土抗压强度标准值(MPa)。

开孔板连接件的抗剪刚度 k_{ps} 计算表达式为

$$k_{\mathrm{ps}}=23.4\sqrt{(d-d_{\mathrm{s}})d_{\mathrm{s}}E_{\mathrm{c}}f_{\mathrm{ck}}} \quad (\mathrm{N/mm}) \tag{22-49}$$

式中的 d 为开孔板圆孔直径(mm);d_{s} 为孔中贯通钢筋直径(mm);其余符号意义与式(22-48)相同。

3)组合梁剪力连接件的设计

组合梁剪力连接件的设计是已知剪力连接件类型、规格及承载力的前提下,根据组合梁设计计算方法和整体计算得到的剪力包络图来初步确定所需的剪力连接件数量和沿梁长度的布置(满足构造要求的连接件间距),然后由初步设计的结果对剪力连接件进行承载力和相对滑移进行验算(又称为连接件复核),直至满足要求。

(1)按弹性方法进行组合梁剪力连接件的设计计算时的假定

①钢梁与混凝土板交界面上的纵向剪力完全由剪力连接件承受,并忽略钢梁与混凝土板之间的粘结作用。

②组合梁的钢梁与混凝土板交界面上的纵向剪力作用按未开裂分析方法计算,不考虑负弯矩区混凝土板开裂的影响。

(2)剪力连接件的设计方法

钢梁与混凝土板交界面上单位长度的纵向剪力计算是剪力连接件的设计方法的重要环节,可根据组合截面承担的竖向剪力计算,此时只考虑钢梁和混凝土板形成组合作用后施加到结构上的荷载和其他作用,包括钢梁与混凝土板组合后的结构重力、汽车荷载、预应力、混凝土收缩和徐变,以及钢梁与混凝土板的温差等作用,尚应按照不同的剪力方向分别进行作用组合。作用组合采用基本组合。

形成组合截面后,在竖向荷载作用下,钢梁与混凝土板交界面单位长度上的纵向剪力 $V_{l\mathrm{d}}$

计算式为

$$V_{ld}=\frac{\sum V_{Gid}S_{0l}}{I_{0l}}+\frac{\sum V_{Qid}S_{0s}}{I_{0s}} \tag{22-50}$$

式中：V_{Gid}、V_{Qid}——计算截面处分别由形成组合截面之后施加到结构上的永久作用、可变作用所产生的竖向剪力设计值(N)；

I_{0s}、I_{0l}——分别为组合梁的弹性模量比换算截面惯性矩(mm^4)和有效模量比换算截面惯性矩(mm^4)；

S_{0s}、S_{0l}——分别为相应换算截面、钢梁与混凝土板交界面以上换算截面对组合梁截面中和轴的面积矩(mm^3)。

按式(22-50)可以得到组合梁单位长度的纵向剪力分布图(图22-20),可将梁上的剪力分段处理,求出每个区段上单位长度纵向剪力的平均值 V_{ldi}(或该区段的最大值)和区段长度 l_i,该区段内剪力连接件均匀布置,则每个区段内剪力连接件所需数量为

$$n_i = \frac{V_{ldi}l_i}{V_{su}} \tag{22-51}$$

式中的 V_{su} 为单个焊钉抗剪承载力,计算中应保证单个剪力连接件所受到的最大剪力不大于其抗剪承载力的1.1倍。

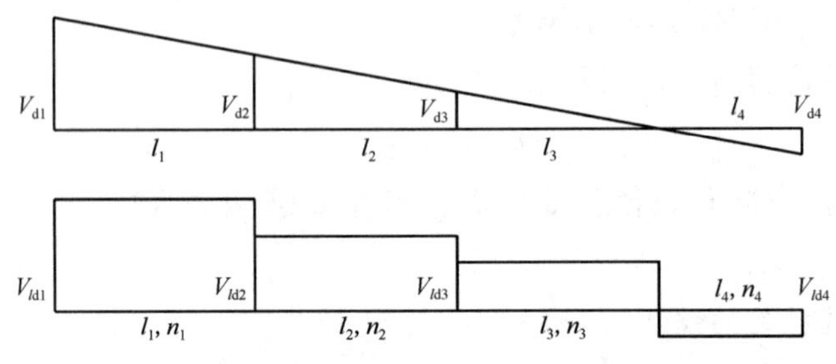

图22-20 纵向剪力分布图分段示意

组合梁的计算分析结果表明,混凝土收缩和温差作用在组合梁端区段引起的交界面单位长度上的纵向剪力会明显增大,当预应力钢束锚固在梁端时也有这样的现象,因此在按式(22-51)计算的基础上,对组合梁端区段还要进行连接件的局部加强设置计算,即增加连接件数量的计算。

《公路桥规》**把组合梁梁端连接件的需要局部加强设置区段定义为纵向水平剪力计算传递长度 l_{cs},取主梁腹板间距和主梁等效计算跨径的1/10中的较小值**,假定交界面上单位长度上的纵向剪力按三角形分布,得到混凝土收缩和温差作用等在组合梁端纵向水平剪力计算传递长度 l_{cs} 引起的最大纵向剪力 V_{ms}(N/mm)的计算公式为

$$V_{ms} = \frac{2V_h}{l_{cs}} \tag{22-52}$$

式中：V_h——由混凝土收缩、温差、预应力钢束集中锚固力的初始效应在钢梁和混凝土交界面上产生的纵向水平剪力(N)；

l_{cs}——纵向水平剪力计算传递长度(mm)。

(3)剪力连接件布置的构造要求

在计算得到所需的剪力连接件数量后,要进行剪力连接件的布置设计,《公路桥规》对在

钢梁上翼缘板顶面上，焊钉连接件布置间距的构造要求如下：

①焊钉连接件的间距不宜超过300mm。

②焊钉连接件剪力作用方向中心间距不小于焊钉直径的5倍且不小于100mm；剪力作用垂直方向中心间距不小于2.5倍的焊钉直径，且不得小于50mm。

③焊钉连接件的外侧边缘至钢板自由边缘的距离不小于25mm。

对开孔板连接件，其本身及布置间距的构造要求应满足以下规定：

①当开孔板连接件多列布置时，其横向间距不小于开孔钢板高度的3倍；

②开孔板上相邻两孔最小边缘间距 e 应满足

$$e > \frac{V_{pu}}{tf_{vd}} \tag{22-53}$$

式中：V_{pu}——开孔板连接件抗剪承载力(N)；

t——开孔板钢板的厚度(mm)；

f_{vd}——开孔钢板抗剪强度设计值(MPa)。

22.6 组合梁混凝土板的构造要求

桥梁钢—混凝土组合梁的混凝土桥面板与钢筋混凝土或预应力混凝土梁桥面板的功能是相同的，即抵抗和传递在桥上的车辆、人群等作用，但是组合梁混凝土板和钢梁是两种不同类型材料的结构，并且它们之间是采用抗剪连接件来连接，形成了与钢筋混凝土梁或预应力混凝土梁不同的梁板连接方式，因而对组合梁混凝土板设计上的构造要求有所不同。

本节主要参照《公路桥规》和国家标准《钢—混凝土组合桥梁设计规范》(GB 50917—2013)等规范，介绍桥梁钢—混凝土组合梁的混凝土桥面板设计构造要求。

1)混凝土板

(1)当主梁横向间距较大时，混凝土板可根据需要设置承托，有承托的混凝土板可以提高组合梁截面抗弯承载力和纵向刚度，同时可以提高混凝土板的横向抗弯承载力。设置的混凝土承托，其尺寸应符合下列要求(图22-21)：

①承托高度 h_{c2} 不宜大于混凝土板厚度 h_{c1} 的1.5倍；承托顶的宽度 b_0 不宜小于钢梁上翼缘板宽度 b_t 与1.5倍承托高度 h_{c2} 之和，即 $b_0 > b_t + 1.5h_{c2}$；

②承托边至抗剪连接件外侧的距离不得小于40mm；

③承托外形轮廓应在由连接件根部起的45°角线的界限(图22-21所示虚线)以外。

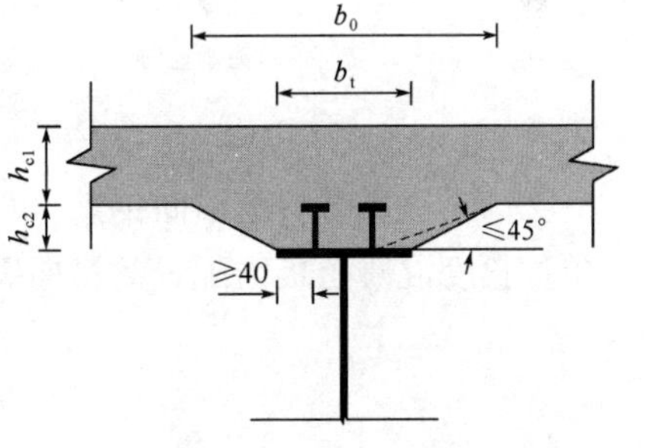

图22-21 设置承托的混凝土板尺寸要求(尺寸单位：mm)

(2)边梁混凝土板的(横向)外伸出长度：设置有承托时，外伸出长度不宜小于承托高度 h_{c2}[图22-22a)]；未设置有承托时，应同时满足伸出边梁钢梁中心线不小于150mm和伸出边梁钢梁上翼缘板侧边不小于50mm[图22-22b)]的要求。

(3)桥面板采用预制混凝土板时,预制板安装前宜存放6个月以上。

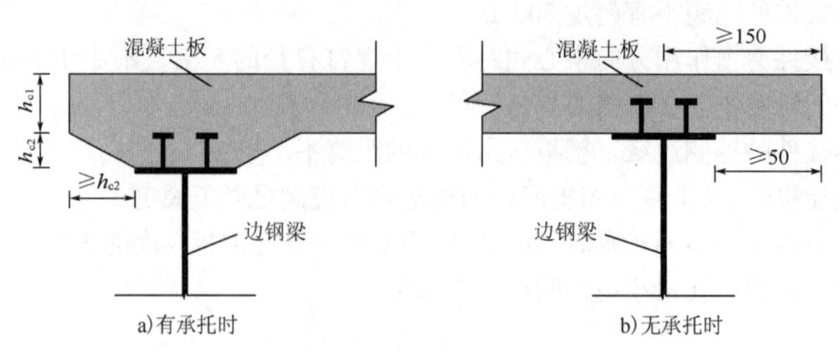

图22-22 边梁外伸混凝土板要求(尺寸单位:mm)

2)混凝土板中的纵向与横向钢筋

组合梁的混凝土桥面板中要布置足够的纵向钢筋(钢筋长度方向与梁跨径方向一致的钢筋)和横向钢筋(钢筋长度方向与梁跨径方向垂直的钢筋),以满足组合梁的整体受力和局部受力,同时还要考虑组合梁混凝土板受到混凝土收缩、徐变作用的影响,因此,一般是在组合梁的混凝土板截面顶部和底部分别布置两层钢筋网,每层钢筋网由相应的纵向钢筋和横向钢筋组成。

(1)对横向钢筋的构造要求

①对未设置承托的混凝土板[图22-23b)],下层横向钢筋距钢梁上翼缘板顶面不应大于50mm;为保证抗剪连接件可靠工作并具有充分的抗掀起能力,剪力连接件抗掀起端底面高出下层横向钢筋的距离h_{e0}不得小于30mm;下层横向钢筋间距不应大于$4h_{e0}$且不应大于300mm。

设置承托的混凝土板,当承托高度在80mm以上时,应在承托底侧布置横向加强钢筋[图22-23a)],横向加强钢筋的构造要求与未设置承托的混凝土板下层横向钢筋的要求相同。

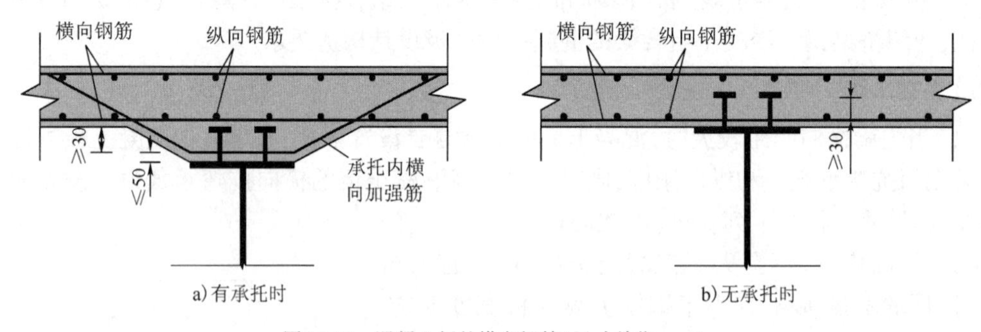

图22-23 混凝土板的横向钢筋(尺寸单位:mm)

②用于纵向抗剪的横向钢筋,单位长度混凝土板内的横向钢筋总面积应满足规定要求,要求单位长度混凝土板内配置的横向钢筋最小总面积为

$$A_e > \frac{\eta b_f}{f_{sd}} \tag{22-54}$$

式中:A_e——单位长度内垂直于主梁方向上的钢筋截面面积(mm^2/mm),按图22-15和表22-2取值;

η——系数,取0.8N/mm²;

b_f——纵向抗剪界面在垂直于主梁方向上的长度(mm),按图22-15所示的a-a、b-b、c-c和d-d连线在剪力连接件以外的最短长度取值;

f_{sd}——普通钢筋强度设计值(MPa)。

混凝土板中垂直于主梁方向的横向钢筋(属于混凝土板的受力钢筋)可作为纵向抗剪的横向钢筋;穿过纵向抗剪界面的横向钢筋应按《公路桥规》要求可靠锚固于混凝土中。

③依据横向钢筋的受力性质、布置位置和作用,混凝土板横向钢筋应满足相应的最小配筋率要求。

(2)对纵向钢筋的构造要求

①在连续组合梁中间支座负弯矩区,混凝土板上层纵向受拉钢筋应伸过梁的反弯点,并满足《公路桥规》规定的锚固长度要求,而混凝土板下层纵向钢筋应在支座处连续配置,不得中断。

②负弯矩区混凝土板纵向受拉钢筋的截面配筋率不应小于1.5%,混凝土板下层钢筋的截面面积不宜小于截面总钢筋截面面积的50%。

3)混凝土板中的横向加强钢筋

在组合梁的梁端和支座附近的混凝土桥面板承受纵向、横向剪力及横向弯矩等的复合作用,局部范围内混凝土板应力分布复杂,因而,国家标准《钢—混凝土组合桥梁设计规范》(GB 50917—2013)要求对这部分区段的混凝土板应配置能够承担剪力和主拉应力的横向加强的平面斜钢筋(图22-24),同时,横向加强的平面斜钢筋也承受混凝土收缩和温差作用产生的应力。

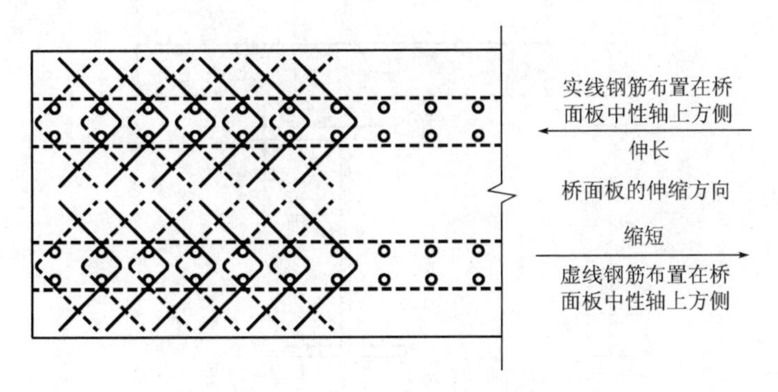

图22-24　横向加强的平面斜钢筋(V形钢筋)布置示意图

①横向加强的平面斜钢筋设置范围宜为主梁钢腹板间距的50%~100%;钢筋的长度宜接近混凝土板的全宽,直径不宜小于16mm,间距不宜大于150mm。

②横向加强的平面斜钢筋宜布置在混凝土板的截面中和轴附近,且钢筋的方向应与混凝土板的伸缩变形方向一致。

【复习思考题与习题】

22-1　与钢筋混凝土梁和钢梁相比,钢—混凝土组合梁在构造和受力特性上有哪些不同特征?

22-2　组合梁截面计算采用弹性设计法还是塑性设计法的判别条件有哪些?

22-3　采用材料力学方法和组合梁换算截面概念,证明式(22-21)。

22-4　针对可能会发生组合梁混凝土板纵向剪切破坏,在设计上应采取哪些措施?

22-5　组合梁受力时,剪力连接件的作用是什么?试总结焊钉连接件的设计与复核的主要步骤。

22-6　如图22-25所示简支钢—混凝土组合梁截面,现浇混凝土翼缘板有效宽度 $b_{eff}=1500mm$,厚度 $h_c=200mm$,承托厚 $t=70mm$,C40混凝土;焊接工字形钢板梁,Q345钢,受拉翼缘板有效宽度 $b'_{eff}=400mm$,钢梁截面其余尺寸见图22-25,组合梁安装施工时钢梁下不设置临时支撑。结构安全等级为二级,$\gamma_0=1.0$,试进行以下计算:

(1)组合梁的跨中截面处结构自重弯矩设计值 $M_{G1,d}=1065.29kN\cdot m$,附加结构重力弯矩设计值 $M_{G2,d}=275.28kN\cdot m$,计算混凝土翼缘板顶面和钢梁下翼缘板底面的正应力值。

计算中考虑混凝土徐变影响。混凝土徐变系数 $\varphi(t,t_0)$ 简化按其终极值 $\varphi(t_u,t_0)$ 来计算,取大气条件的环境年平均相对湿度 RH=75%,受荷时混凝土龄期 $t_0=28d$。

(2)组合梁的跨中截面处汽车荷载弯矩设计值 $M_{Q1,d}=502.23kN\cdot m$,计算混凝土翼缘板顶面和钢梁下翼缘板底面的正应力值。

(3)按混凝土收缩应变终极值 $\varepsilon_{sh}(t_u,t_0)=15\times10^{-5}$,计算现浇钢筋混凝土板收缩徐变作用下组合梁混凝土翼缘板顶面和钢梁下翼缘板底面的正应力。

(4)试进行混凝土翼缘板顶面和钢梁下翼缘板底面的正应力验算。

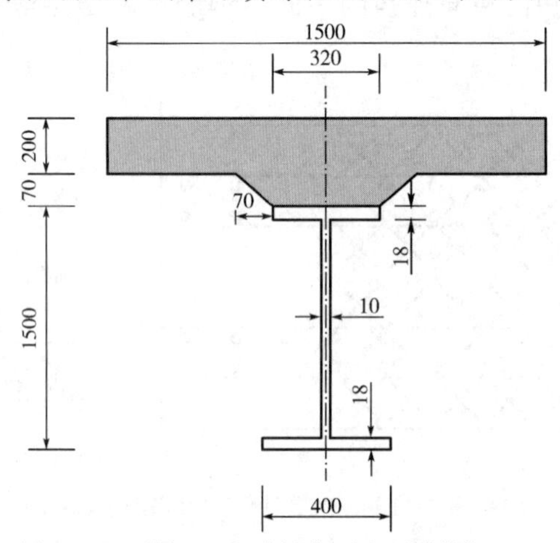

图22-25　习题22-6组合梁截面图(尺寸单位:mm)

第 23 章 钢管混凝土构件

23.1 钢管混凝土的特点及应用

配有纵向钢筋和螺旋箍筋的钢筋混凝土轴心受压构件,当螺旋箍筋间距较小时,可以使核心混凝土三向受压而提高其抗压强度,从而提高了受压构件的承载能力。工程界常把用外部材料(如钢筋)有效约束内部材料(如混凝土)的横向变形,从而提高后者的抗压强度和变形能力的这种作用称为套箍作用或约束作用。**钢管混凝土就是将混凝土填入钢管内,由钢管对核心混凝土施加套箍作用的一种约束混凝土**(图 23-1),它是在螺旋箍筋钢筋混凝土及钢管结构基础上演变发展起来的。一方面,钢管对混凝土的套箍作用,不仅使混凝土的抗压强度提高,而且还使混凝土由脆性材料转变为塑性材料。另一方面,钢管内部的混凝土提高了薄壁钢管的局部稳定性,使钢管的屈服强度可以得到利用。在钢管混凝土构件中,两种材料能相互弥补对方的弱点,发挥各自的优点。因此钢管混凝土构件具有如下特点:

(1)承载力较高。由于钢管和混凝土两种材料的最佳组合使用,构件具有很高的抗压、抗剪和抗扭承载力,其中抗压承载力约为钢管和核心混凝土单独承载力之和的 1.7 ~ 2.0 倍。由于承载力较高,钢管混凝土受压构件比钢筋混凝土受压构件小而轻,适于做成更大跨度的拱结构。

(2)塑性与韧性性能良好。单纯的混凝土属于脆性材料,但钢管内的核心混凝土在钢管的约束下,不仅扩大了弹性工作阶段,而且破坏时产生很大的塑性变形。试验表明,钢管混凝土构件在反复荷载作用下的荷载—位移滞回曲线饱满且刚度退化很小,说明其耗能性能高、延性和韧性好,适于承受动力荷载,有较好的抗震性能。

(3)施工方便。钢管混凝土结构与钢筋混凝土结构相比,可省去模板,钢管本身作为模板适于采用先进的泵压送混凝土工艺且不会发生漏浆现象;钢管替代了钢筋,兼有纵向钢筋和箍筋的作用,钢管的制作远比钢筋骨架制作省工省料,且便于浇筑混凝土。在施工阶段,钢管本身重量轻又可作为施工承重骨架,因此,可以节省脚手架、减少吊装工作量、简化施工安装工艺、缩短工期、减少施工用地。

(4)经济效益显著。理论研究和工程实践表明,钢管混凝土构件与普通钢筋混凝土构件相比较,不需要模板,可节约混凝土50%以上,减轻结构自重50%以上;与钢结构构件相比较,钢管混凝土可节省钢材50%左右,相应造价也可降低。

(5)耐火性能与耐锈蚀性能比钢结构好。由于钢管内填充有混凝土,能吸收大量热量,故耐火能力高于钢结构,同时可以减少防火材料的使用。与钢结构相比,锈蚀面积几乎减少一半,因而防锈蚀费用较低。

(6)可安全有效地采用高强度混凝土。钢管混凝土将混凝土置于钢管的约束中,能够防止高强混凝土发生脆性破坏,而且构造简单,施工方便,解决了采用密配箍筋时存在的问题。

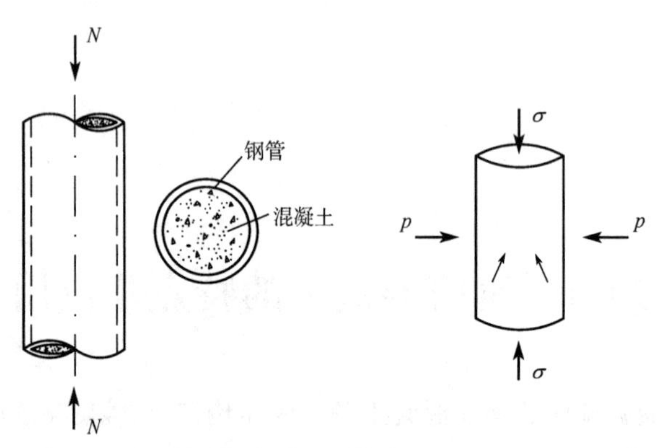

图23-1 钢管混凝土受压构件

由于钢管混凝土结构具有上述特点,因而特别适用于单管轴心受压构件,也可用于小偏心受压构件,当偏心较大时,宜做成格构式构件使各分肢主要承受轴力,才能使其优势得到充分发挥。拱桥的主拱主要承受轴力,因此钢管混凝土在拱桥结构中得到广泛应用。拱桥跨度不大(100m以下)时,主拱可采用单管截面;跨度较大时,大多采用哑铃形截面、多管桁式截面或集束式截面,如图23-2所示。

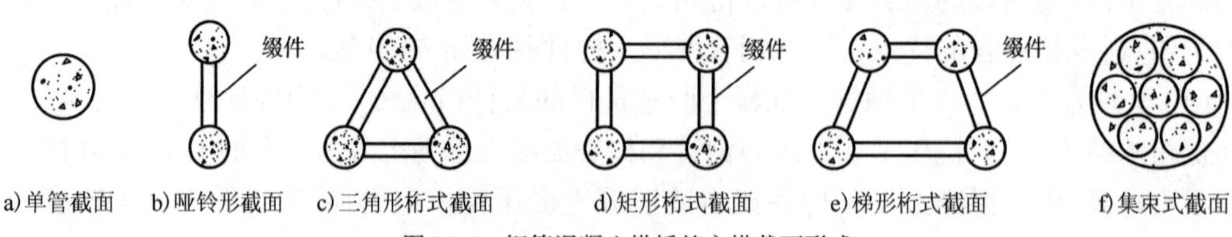

图23-2 钢管混凝土拱桥的主拱截面形式

钢管混凝土构件的应用在西欧、北美和日本等工业发达国家受到充分重视，收到良好的效果。我国从1959年开始研究钢管混凝土的基本性能和应用，在总结钢管混凝土结构研究、设计和施工的基础上，先后于1989年颁布了国家建筑材料工业局标准《钢管混凝土结构设计与施工规程》(JGJ 01—89)，1990年颁布了中国工程建设标准化协会标准《钢管混凝土结构设计与施工规程》(CECS 28:90)，以指导钢管混凝土结构在工程上的应用。在我国修建钢管混凝土桥梁的工程实践基础上，2015年颁布了行业推荐标准《公路钢管混凝土拱桥设计规范》(JTG/T D65-06—2015)，本章将简介《公路钢管混凝土拱桥设计规范》(JTG/T D65-06—2015)关于受压构件承载力计算原理、方法与构造。

23.2 钢管混凝土受压构件的工作性能

钢管混凝土受压构件，在荷载作用下的应力状态和应力途径十分复杂。最简单的加载情况是荷载仅施加于核心混凝土上，钢管不直接承受纵向压力，只起套箍作用，犹如钢筋混凝土柱中的螺旋箍筋一样。一般情况下是钢管与核心混凝土同时共同承担荷载，更多的情况则是钢管先于核心混凝土承受预压应力。例如，空钢管骨架在浇灌混凝土以前，即受到施工安装荷载所引起的预压应力；混凝土干缩会使钢管端头高于混凝土端面等。上述情况可模拟为三种加载方式(图23-3)：

(1)加载方式Ⅰ：荷载直接施加于核心混凝土上，钢管不直接承受纵向荷载；

(2)加载方式Ⅱ：荷载直接同时施加于钢管和核心混凝土上；

(3)加载方式Ⅲ：钢管预先单独承受荷载，直至钢管被压缩(应变限制在弹性范围内)到与核心混凝土齐平后，方与核心混凝土共同承受荷载。

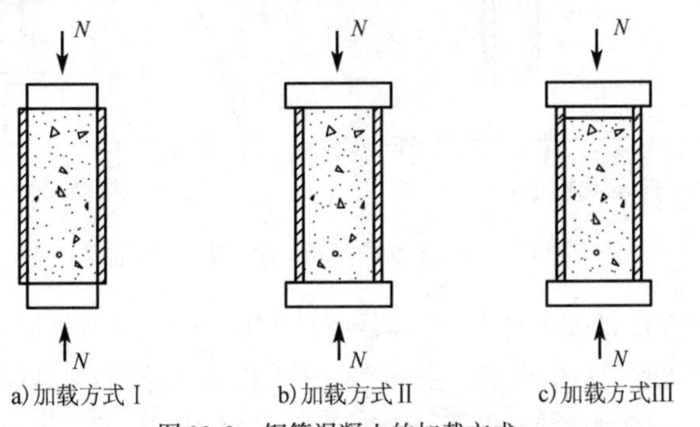

图23-3 钢管混凝土的加载方式

试验证明，上述三种加载方式对压力(N)—核心混凝土纵向应变(ε_c)曲线(简称N-ε_c曲线)的变形特征有显著影响(图23-4)。例如，在低荷载阶段，即钢管未屈服前，加载方式Ⅰ的纵向压缩变形较加载方式Ⅱ的大；但随着荷载的增大，差异逐渐缩小，当达到极限荷载时，二者差异已不明显。但是，上述不同加载方式对钢管混凝土柱的极限承载能力没有明显影响。

无论采取哪种加载方式，可以发现在荷载作用下，钢管的纵向应变ε_s与核心混凝土的纵向应变ε_c并不协调一致(图23-5)，钢管表面的纵向应变ε_s明显小于核心混凝土的纵向应变ε_c，这是钢管混凝土受压构件在荷载作用下变形的一个特点。一般说来，N-ε_s曲线所表征的是顺着钢管表面的局部变形特征,而 $N\text{-}\varepsilon_c$ 曲线则是钢管混凝土受压构件整体行为的表征。无论采用哪种加载方式,钢管的屈服、皱曲,核心混凝土的开裂、错动和滑移等现象所造成的位移,都可以在 $N\text{-}\varepsilon_c$ 曲线上很稳定地反映出来,因此,通常以核心混凝土的 $N\text{-}\varepsilon_c$ 曲线,作为描述和评价钢管混凝土受压构件力学行为的依据。

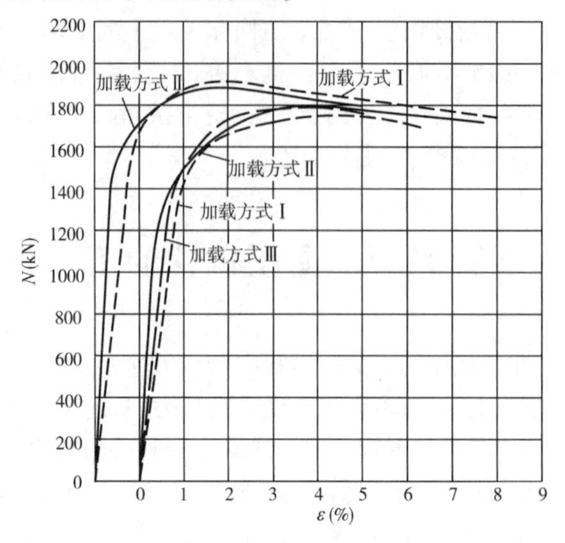

图 23-4　加载方式对 $N\text{-}\varepsilon_c$ 曲线的影响

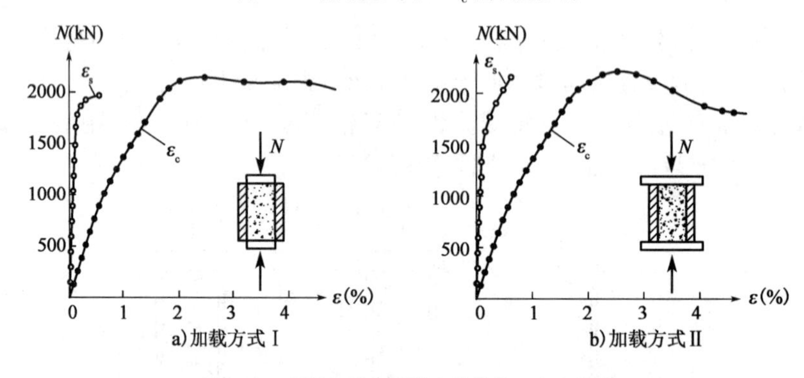

图 23-5　钢管和核心混凝土的荷载—应变曲线

对于钢管外径 D 与其厚度 t 之比(简称径厚比)$D/t \geqslant 20$ 的钢管混凝土轴心受压短柱,试验得到的 $N\text{-}\varepsilon_c$ 典型曲线如图 23-6 所示。由图 23-6 可见,在较低的荷载阶段,$N\text{-}\varepsilon_c$ 大致为一直线(图中的 OAB 段)。当荷载增加至 B 点,钢管开始屈服,其表面或出现吕德尔斯滑移斜线,或开始有铁皮剥落,这意味着钢管已经屈服,$N\text{-}\varepsilon_c$ 曲线明显偏离其初始的直线,显露出塑性的特点。而切线模量 $dN/d\varepsilon_c$ 由 B 点开始,随着荷载增加而不断减小,直至 C 点处 $dN/d\varepsilon_c=0$,荷载达到最大值。随后,$dN/d\varepsilon_c$ 变为负值,$N\text{-}\varepsilon_c$ 曲线逐渐下降。对于 D/t 值较大的薄壁钢管混凝土试件,往往在 $N\text{-}\varepsilon_c$ 曲线下降过程中,钢管被胀裂,出现纵向裂缝而完全破坏;对于 D/t 值较小的试件,在荷载缓慢下降过程中,变形仍持续发展而不破坏。

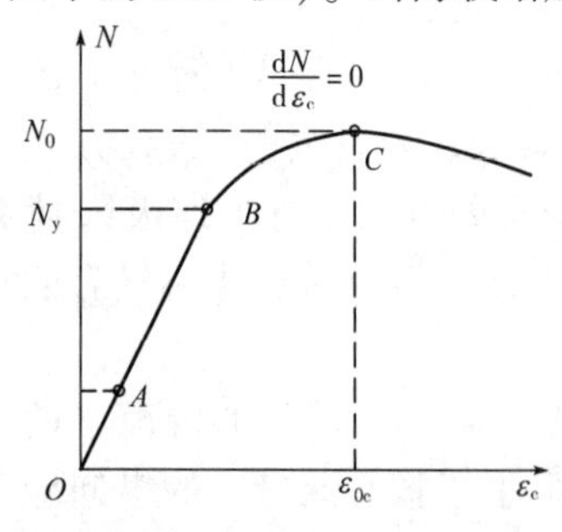

图 23-6　钢管混凝土短柱 $N\text{-}\varepsilon_c$ 曲线

将对应于图23-6中B点的荷载,定义为屈服荷载N_y;对应于C点的荷载,定义为极限荷载N_0,相应的混凝土应变,被定义为极限应变ε_{0c}。相同尺寸的三组钢管混凝土、素混凝土(配少量构造钢筋)和钢管短柱的比较试验表明,钢管混凝土短柱的极限承载力比钢管与核心混凝土柱体二者极限承载力之和大,大致相当于二者承载力之和的1.7~2倍。极限应变值ε_{0c}比普通混凝土大几倍或十几倍。要认识钢管混凝土工作的机理,必须按照混凝土和钢管两种材料的特点区分出各自的不同工作阶段。

对于加载方式Ⅱ(或加载方式Ⅲ),在荷载作用的初始阶段,混凝土的横向变形系数小于钢管的泊松系数,因此,混凝土与钢管之间不会发生挤压,钢管如同普通纵向钢筋一样,与核心混凝土共同承受纵向压力(图23-7)。随着荷载的增加,混凝土内部发生微裂并不断发展,混凝土的侧向膨胀超过了钢管的侧向膨胀,犹如加载方式Ⅰ一样,钢管处于纵(向)压—环(向)拉的双向应力状态(忽略径向压应力p),混凝土处于三向受压状态(图23-8),其塑性不断增加。在混凝土处于三向受压状态后,无论何种加载方式,当双向受力的钢管还处于弹性阶段时,钢管混凝土的外观体积变化不大。但是,当钢管达到屈服阶段(钢管表面掉皮或出现吕德尔斯滑移线)后,钢管混凝土的应变发展加剧,其外观体积因核心混凝土微裂缝发展而急剧增长。按照Von Mises钢材屈服条件可知,钢管的环向拉应力不断增大,纵向压应力相应不断减小,在钢管与核心混凝土之间产生纵向压力的重分布:一方面,钢管承受的压力减小;另一方面,核心混凝土因受到较大的约束而具有更高的抗压强度。钢管由主要承受纵向压应力转变为主要承受环向拉应力(图23-8)。最后,当钢管和核心混凝土所能承担的纵向压力之和达到最大值时,钢管混凝土即达到极限状态。此后,随着变形的增加,一方面钢管会发生皱曲,另一方面钢管将进入强化阶段,应力状态将变得十分复杂。从以上分析可以看出,钢管屈服后钢管混凝土不仅不会丧失承载能力,恰恰相反,在钢管屈服过程中,核心混凝土的套箍强化得到充分发展,在钢管和核心混凝土之间才产生持续的内力重分布,使钢管混凝土的承载能力和变形能力得到明显提高。

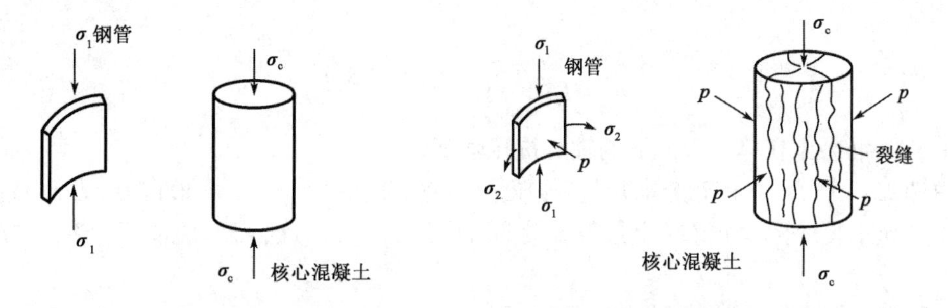

图23-7　混凝土微裂前的应力状态　　　　图23-8　混凝土微裂后的应力状态

23.3　钢管混凝土受压构件的承载力计算

23.3.1　钢管混凝土轴心受压短柱的承载力分析

由上节的分析可知,尽管钢管混凝土受压短柱的变形过程很复杂,且因加载方式不同而有所差异,但在钢管达到屈服而开始塑流以后,各种加载方式下的应力状态,性质上都是相同的,即钢管处于纵压—环拉状态,核心混凝土处于三向受压状态,钢管混凝土短柱的极限承载力并不受变形历史的影响。因此,钢管混凝土轴心受压短柱的承载能力,可用极限平衡法求解。极限平衡分析方法,不管加载历程和变形过程,直接根据构件处于极限状态时的平衡条件确定极限荷载。为此,采用如图 23-9 所示的钢管混凝土轴心受压短柱计算简图,并引入基本假设如下:

(1)轴心受压短柱的应变场呈轴对称分布。

(2)在极限状态时,对于 $D/t \geqslant 20$ 的薄壁钢管,因其所受的径向应力 $\sigma_3 = p$ 远比 σ_2 小,可忽略不计。钢管的应力状态可简化为纵向受压、环向受拉的双向应力状态,并沿钢管壁厚均匀分布。

(3)混凝土达到极限压应变后为理想塑性材料。

(4)钢管为理想弹塑性体,屈服后保持应力不变,且其纵向压应力和环向拉应力在塑性阶段始终满足 Von Mises 屈服条件。

$$(\sigma_1)^2 + \sigma_1\sigma_2 + (\sigma_2)^2 = (f_y)^2 \tag{23-1}$$

式中的 f_y 为钢材在单轴应力下的屈服强度。

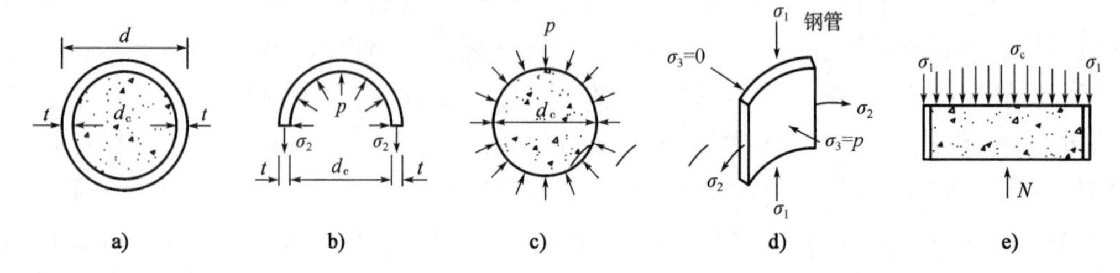

图 23-9　钢管混凝土短柱受力分析图

根据大量的试验资料,核心混凝土三向受压情况下的极限强度,可以采用下列经验公式表达

$$\sigma_c = f_c\left(1 + 1.5\sqrt{\frac{p}{f_c}} + 2\frac{p}{f_c}\right) \tag{23-2}$$

式中的 f_c 为混凝土在单轴应力下的轴心抗压强度。

由图 23-9 可知,共有五个未知量:外压力 N;钢管的纵向应力 σ_1 和环向应力 σ_2;混凝土的纵向应力 σ_c;以及钢管和混凝土接触面之间的侧压力 p,因此,需要建立五个独立方程才能求解。

由静力平衡条件,可建立两个方程如下

$$N = A_c\sigma_c + A_s\sigma_1 \tag{23-3}$$

$$\sigma_2 t = \frac{d_c}{2}p \tag{23-4}$$

式中:A_c、A_s——分别为核心混凝土和钢管的横截面面积;

d_c——核心混凝土直径。

由钢管混凝土的钢管和核心混凝土的屈服条件式(23-1)和式(23-2),可建立另外两个方程。因钢管较薄,可足够精确地取 $A_s/A_c = \pi d_c t/(\frac{\pi}{4}d_c^2) = 4t/d_c$,由式(23-4)得

$$\sigma_2 = 2p\frac{A_c}{A_s} \tag{23-5}$$

将式(23-5)代入式(23-1),可以解得

$$\sigma_1 = \sqrt{(f_y^2) - 3p^2(\frac{A_c}{A_s})^2} - p\frac{A_c}{A_s}$$

或

$$\sigma_1 = [\sqrt{1 - \frac{3}{\theta^2}(\frac{p}{f_c})^2} - \frac{1}{\theta}\frac{p}{f_c}]f_y \tag{23-6}$$

这里,$\theta = A_s f_y / A_c f_c$ 被称为套箍指标。将式(23-5)两边同除以f_c,并注意到$\sigma_2 \to f_y$时,$p \to p_{max}$,于是得到$p_{max}/f_c = A_s f_y / 2A_c f_c$。由此可见,$p_{max}$与$\theta = A_s f_y / A_c f_c$成正比,因此,套箍指标表达了钢管对核心混凝土的套箍约束程度。

将式(23-2)、式(23-6)代入式(23-3),得到

$$\begin{aligned} N &= A_c f_c[1 + 1.5\sqrt{\frac{p}{f_c}} + 2\frac{p}{f_c}] + A_s f_y[\sqrt{1 - \frac{3}{\theta^2}(\frac{p}{f_c})^2} - \frac{1}{\theta}\cdot\frac{p}{f_c}] \\ &= A_c f_c\{1 + [\sqrt{1 - \frac{3}{\theta^2}(\frac{p}{f_c})^2} + \frac{1.5}{\theta}\sqrt{\frac{p}{f_c}} + \frac{1}{\theta}\frac{p}{f_c}]\theta\} \end{aligned} \tag{23-7}$$

由式(23-7)可见,压力N是侧压力p的函数。现在的目标是求最大荷载N_{max},于是,由极值条件$dN/dp = 0$,可建立第五个方程,即

$$\frac{1}{2}\cdot\frac{-\frac{6}{\theta^2}\cdot\frac{p}{f_c}}{\sqrt{1 - \frac{3}{\theta^2}(\frac{p}{f_c})^2}} + \frac{1.5}{2\theta\sqrt{\frac{p}{f_c}}} + \frac{1}{\theta} = 0$$

或

$$\frac{3\cdot\frac{p}{f_c}}{\sqrt{\theta^2 - 3(\frac{p}{f_c})^2}} - \frac{0.75}{\sqrt{\frac{p}{f_c}}} - 1 = 0 \tag{23-8}$$

由式(23-8)可解出对应于不同套箍指标θ值的最大荷载作用下的侧压力p_0,将其代入式(23-7),即得到钢管混凝土轴压短柱极限承载力表达式为

$$N_0 = A_c f_c(1 + \alpha\theta) \tag{23-9}$$

$$\alpha = \sqrt{1 - \frac{3}{\theta^2}(\frac{p_0}{f_c})} + \frac{1.5}{\theta}\sqrt{\frac{p_0}{f_c}} + \frac{1}{\theta}\cdot\frac{p_0}{f_c} \tag{23-10}$$

由式(23-9)和式(23-10)可见,系数α只与套箍系数θ、侧压力p_0、混凝土抗压强度f_c有关,而套箍系数θ也与钢管截面面积及强度、混凝土截面面积及强度有关,因此,可以将$f_c(1 + \alpha\theta)$视为钢管混凝土组合轴心抗压强度,用符号f_{sc}表示,式(23-9)变为

$$N_0 = A_c f_{sc} \tag{23-11}$$

式(23-11)的意义在于，**可以将钢管混凝土受压构件的承载力按照具有钢管混凝土组合轴心抗压强度 f_{sc} 的材料来进行构件计算。**

23.3.2 钢管混凝土受压构件的承载力计算

极限平衡分析方法有效地揭示了钢管混凝土轴心受压短柱的受力机理和承载力问题。但实际工程中的受压构件往往是长柱，柱的两端除有轴力 N 作用外，可能还有端弯矩作用，影响钢管混凝土受压构件承载力的主要因素有构件长细比、构件端约束条件(转动和侧移)、偏心率、钢管初应力影响、钢管内混凝土脱空等。

基于将钢管混凝土受压构件的承载力按照具有钢管混凝土组合轴心抗压强度 f_{sc} 的材料进行构件计算理论，考虑钢管混凝土拱桥构件常见截面形式、连接方式和影响承载力的主要因素，行业推荐性标准《公路钢管混凝土拱桥设计规范》(JTG/T D65-06—2015)规定了钢管为圆形截面的公路钢管混凝土拱桥设计方法，本节主要介绍单管的钢管混凝土受压构件的承载力计算方法。

1)单管的钢管混凝土轴心受压构件承载力计算

行业推荐性标准《公路钢管混凝土拱桥设计规范》(JTG/T D65-06—2015)采用将轴心受压钢管混凝土短柱的承载力乘以折减系数来修正的方法计算，单管的钢管混凝土轴心受压构件承载力验算式为

$$\gamma_0 N_d \leqslant N_u = \varphi_l K_p K_d f_{sc} A_{sc} \tag{23-12}$$

式中：γ_0——桥梁结构重要性系数，持久状况、短暂状况设计时，取 $\gamma_0=1$；

N_d——轴心受压构件轴向力设计值(10^3kN)；

φ_l——长细比折减系数，可根据受压构件长细比，查附表5-2；

K_p——钢管初应力折减系数；

K_d——混凝土脱空折减系数；

f_{sc}——钢管混凝土组合轴心抗压强度设计值(N/mm^2)；

A_{sc}——钢管混凝土组合截面面积(m^2)，$A_{sc}=\pi D^2/4$，其中 D 为钢管外径。

式(23-12)中相关参数计算介绍如下：

(1)钢管初应力折减系数 K_p

在钢管混凝土桥梁上，并不是制作好钢管混凝土构件再安装，一般是先按设计要求安装空钢管形成受力结构，然后再向钢管中泵压浇筑混凝土形成钢管混凝土构件。这样，在混凝土达到设计强度并与钢管形成钢管混凝土构件受力前，钢管截面上就存在由钢管自重、钢管内混凝土重量等产生的应力，把钢管混凝土构件内混凝土达到设计强度前空钢管的应力称为钢管初应力。

钢管初应力大小可以用钢管初应力度 ζ 描述，$\zeta=\sigma_0/f_{sd}$，其中 σ_0 为钢管初应力，取钢管截面初应力的最大值；f_{sd} 为钢管材料强度设计值。

钢管初应力度 ζ 对钢管混凝土受压构件的承载力和变形有一定的影响，研究表明，钢管初应力度较大(例如，ζ 大于0.65)时影响较大，这时应重新拟定钢管截面尺寸。

为反映钢管初应力对钢管混凝土受压构件承载力的影响，承载力计算中采用了钢管初应力折减系数 K_p，$K_p<1$，并可按下式计算：

$$K_p = 1.0 - 0.15\zeta \tag{23-13}$$

$$\zeta < 0.65$$

（2）钢管内混凝土脱空折减系数 K_d

钢管内混凝土脱空是钢管内壁与钢管内混凝土出现局部脱离的现象，钢管混凝土拱桥主拱等受压构件多出现球冠形的钢管内混凝土脱空现象（图 23-10）。产生钢管内混凝土脱空现象的主要原因是过大的钢管内混凝土收缩和向钢管内压筑混凝土的现场施工环节衔接出现问题。

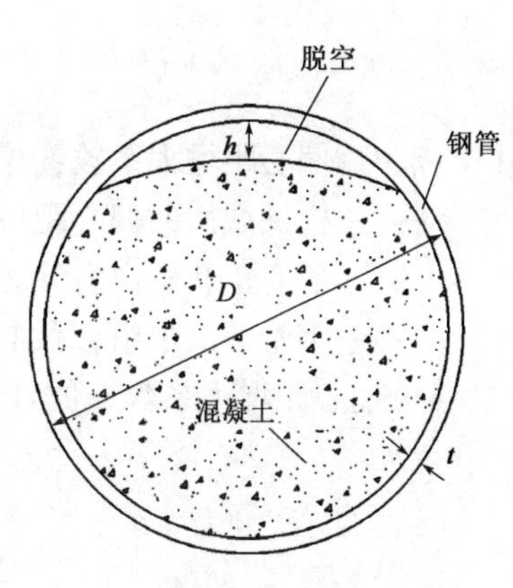

图 23-10　钢管内混凝土球冠形脱空形式

钢管内混凝土脱空对钢管混凝土构件承载力和刚度有一定影响，在钢管混凝土受压构件承载力计算中要考虑，对钢管内的混凝土脱空折减系数 K_d 可取 0.95。

（3）钢管混凝土组合轴心抗压强度设计值 f_{sc}

f_{sc} 是钢管混凝土受压构件承载力计算中规定的设计强度值，规定的钢管混凝土组合轴心抗压强度设计值 f_{sc} 为：

当 $t \leq 16$mm 时

$$f_{sc} = (1.14 + 1.02\theta) f_{cd} \tag{23-14}$$

当 $t > 16$mm 时

$$f_{sc} = 0.96 \times (1.14 + 1.02\theta) f_{cd} \tag{23-15}$$

$$\theta = \frac{A_s f_{sd}}{A_c f_{cd}} \tag{23-16}$$

式中：t——钢管壁厚（mm）；

θ——钢管混凝土的约束效应系数设计值；

A_s——钢管混凝土钢管的截面面积（m^2）；

f_{sd}——钢管的抗拉强度设计值（N/mm^2），可查附表 5-1；

A_c——钢管内混凝土的截面面积（m^2）；

f_{cd}——钢管内混凝土的轴心抗压强度设计值（N/mm^2），可查附表 1-1。

2）单管的钢管混凝土偏心受压构件承载力计算

单管的钢管混凝土偏心受压构件的承载力验算式为

$$\gamma_0 N_d \leq N_u = \varphi_1 \varphi_e K_p K_d f_{sc} A_{sc} \tag{23-17}$$

式中：γ_0——桥梁结构重要性系数，持久状况、短暂状况设计时，取 $\gamma_0 = 1$；

φ_1——长细比折减系数，可根据受压构件长细比，查附表 5-2；

φ_e——弯矩折减系数；

K_p——钢管初应力折减系数；

K_d——混凝土脱空折减系数；

f_{sc}——钢管混凝土组合轴心抗压强度设计值（N/mm^2）；

A_{sc}——钢管混凝土组合截面面积（m^2）。

式(23-17)中,除弯矩折减系数 φ_e 外,其余折减系数和参数的计算方法与单管的钢管混凝土轴心受压构件承载力计算相同,下面介绍弯矩折减系数 φ_e 的计算。

弯矩折减系数 φ_e 的计算表达式为

$$\varphi_e = \frac{1}{1 + \frac{1.85\eta e_0}{r}} \tag{23-18}$$

式中:η——偏心距增大系数;

e_0——构件截面的偏心距(m),$e_0 = M/N$,M 和 N 分别为单管的钢管混凝土偏心受压构件的弯矩和轴向力计算值,$M = \gamma_0 M_d$,$N = \gamma_0 N_d$;

r——钢管混凝土组合截面的半径(m)。

(1)偏心距增大系数 η 的计算表达式为

$$\eta = \frac{1}{1 - 0.4\frac{N_d}{N_E}} \tag{23-19}$$

式中:N_d——单管的钢管混凝土偏心受压构件轴向力设计值(10^3kN);

N_E——受压构件的欧拉临界力值(10^3kN),计算表达式为:

$$N_E = \frac{\pi^2 E_{sc} A_{sc}}{\lambda^2} \tag{23-20}$$

λ——构件长细比,$\lambda = S_0/i$,S_0 为主拱的等效计算长度(m),可根据主拱的类型和主拱的轴线长度,由表 23-1 查得,其中 i 为主拱截面回转半径(m),对单管圆形截面,$i = D/4$,D 为单管圆形截面的截面面积;

A_{sc}——钢管混凝土组合截面面积(m^2);

E_{sc}——钢管混凝土组合弹性轴压模量,可由钢管钢材牌号、混凝土强度级别和含钢率 α_s,查附表 5-3 得到;

α_s——钢管混凝土含钢率,宜为 0.04 ~ 0.20,$\alpha_s = A_s/A_c$,A_s 为钢管混凝土钢管的截面面积,A_c 为钢管内混凝土的截面面积。

主拱的等效计算长度 表 23-1

拱的类型	三铰拱	双铰拱	无铰拱
等效计算长度 S_0	$0.58S_g$	$0.54S_g$	$0.36S_g$

注:S_g 为主拱轴线长度。

(2)构件截面的偏心距 e_0 的计算表达式为

$$e_0 = \frac{M}{N} \tag{23-21}$$

式中:e_0——构件截面的偏心距(m);

M——构件截面最大弯矩计算值;

N——构件截面最大弯矩计算值对应的轴力计算值。

行业推荐性标准《公路钢管混凝土拱桥设计规范》(JTG/T D65-06—2015)要求在公路钢管混凝土拱桥设计时,单管主拱截面的偏心距宜满足$(e_0/r) \leqslant 1.55$,其中 r 为钢管混凝土截面半径。

例 23-1　单管钢管混凝土主拱轴线长度为 25m，无铰拱。主拱截面直径 $D = 800\text{mm}$，钢管壁厚 $t = 12\text{mm}$，如图 23-11 所示，Q235 钢管抗压强度设计值 $f_{sd} = 215\text{MPa}$；内填充 C40 混凝土，抗压强度设计值 $f_{cd} = 18.4\text{MPa}$。

主拱截面弯矩设计值 $M_d = 299.12\text{kN} \cdot \text{m}$，相应的轴向压力设计值 $N_d = 9347.36\text{kN}$，桥梁结构重要性系数 $\gamma_0 = 1.0$。

图 23-11　例 23-1 图(尺寸单位：mm)

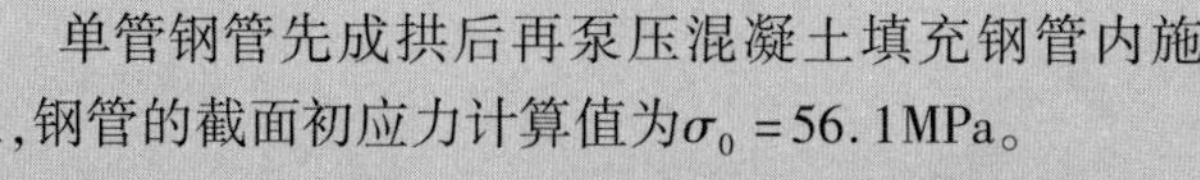

单管钢管先成拱后再泵压混凝土填充钢管内施工，钢管的截面初应力计算值为 $\sigma_0 = 56.1\text{MPa}$。

试进行单管钢管混凝土主拱的承载力复核。

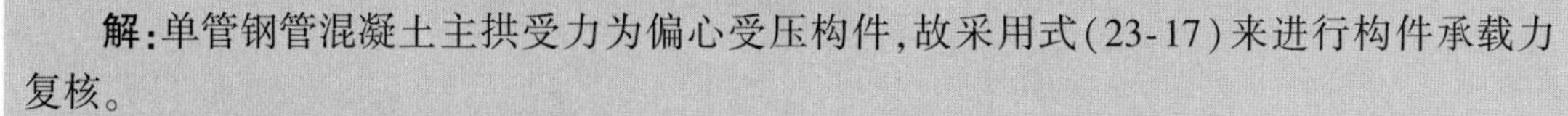

解：单管钢管混凝土主拱受力为偏心受压构件，故采用式(23-17)来进行构件承载力复核。

(1)基本参数计算

钢管截面面积 $A_s = \frac{\pi}{4} \times (800^2 - 776^2) = 29706(\text{mm}^2)$，混凝土截面面积 $A_c = \frac{\pi}{4} \times 776^2 = 472948(\text{mm}^2)$。含钢率 $\alpha_s = A_s/A_c = 29706/472948 = 0.0628$，在 0.04 ~ 0.20 之间，合适。

①单管钢管混凝土组合截面面积 $A_{sc} = \pi D^2/4 = 3.14 \times 0.8^2/4 = 0.5024(\text{m}^2)$。

约束效应系数设计值 θ 计算为：

$$\theta = \frac{A_s f_{sd}}{A_c f_{cd}} = \frac{29706 \times 215}{472948 \times 18.4} = 0.7339 > 0.6$$

②组合轴心抗压强度设计值 f_{sc}，由于单管钢管壁厚 $t = 12\text{mm} < 16\text{mm}$，故采用式(23-14)计算如下：

$$\begin{aligned} f_{sc} &= (1.14 + 1.02\theta) f_{cd} \\ &= (1.14 + 1.02 \times 0.7339) \times 18.4 \\ &= 34.75(\text{MPa}) \end{aligned}$$

③由于单管钢管壁厚 $t < 16\text{mm}$，由附表 5-3 查表内插得到组合弹性轴压模量 $E_{sc} = 4.059 \times 10^4 \text{MPa}$。

(2)弯矩折减系数 φ_e 计算

①偏心距增大系数 η

已知单管钢管混凝土主拱的轴向压力设计值 $N_d = 9347.36\text{kN}$，下面先计算偏心受压构件的欧拉临界力 N_E。

主拱的拱轴线长度 $S_g = 25\text{m}$，无铰拱，由表 23-1 中可以查得主拱的等效计算长度 $S_0 = 0.36\,S_g = 0.36 \times 25 = 9(\text{m})$。

主拱圆形截面回转半径 $i=D/4=0.8/4=0.2(\mathrm{m})$,则等截面钢管混凝土主拱的长细比 $\lambda=S_0/i=9/0.2=45$。

由式(23-20)计算欧拉临界力N_E为

$$N_E=\frac{\pi^2 E_{sc}A_{sc}}{\lambda^2}=\frac{3.14^2\times4.059\times10^4\times0.5024\times10^6}{45^2}=9928.94\times10^4(\mathrm{N})=99289.4\mathrm{kN}$$

由式(23-19)计算的偏心距增大系数为

$$\eta=\frac{1}{1-0.4\dfrac{N_d}{N_E}}=\frac{1}{1-0.4\times\dfrac{9347.36}{99289.40}}=1.04$$

②求弯矩折减系数φ_e

单管钢管混凝土截面的偏心距$e_0=M_d/N_d=299.12/9347.36=0.032\mathrm{m}$,而钢管混凝土主拱截面的半径 $r=0.4\mathrm{m}$,由式(23-18)求弯矩折减系数φ_e为

$$\varphi_e=\frac{1}{1+\dfrac{1.85\eta e_0}{r}}=\frac{1}{1+\dfrac{1.85\times1.04\times0.032}{0.4}}=0.867$$

(3)长细比折减系数φ_l

由单管钢管混凝土的钢材牌号(Q235)、内填充混凝土强度级别(C40)、含钢率α_s($\alpha_s=0.0628$)和构件的长细比($\lambda=45$)查附表5-2,得到$\varphi_l=0.828$。

(4)钢管初应力折减系数K_p

钢管初应力度$\zeta=\sigma_0/f_{sd}=56.1/205=0.274$,则由式(23-13)计算得到钢管初应力折减系数$K_p=1-0.15\zeta=1-0.15\times0.274=0.96$。

(5)单管钢管混凝土主拱承载力复核

钢管混凝土脱空折减系数取值为$K_d=0.95$,由式(23-17)计算得到

$$N_u=\varphi_l\varphi_e K_p K_d f_{sc}A_{sc}=0.828\times0.867\times0.96\times0.95\times34.11\times0.5024=11.4301\times10^3(\mathrm{kN})=11430.1\mathrm{kN}>\gamma_0N_d(=9347.36\mathrm{kN})$$

23.4　钢管混凝土构件的一般构造要求

钢管混凝土结构的构造大都参考钢结构的构造要求，但它也有自身的构造特点。一般而言，钢管混凝土结构的构造必须满足构造简单、传力明确、安全可靠、节约材料和施工方便的要求，下面是对公路桥梁钢管混凝土构件的一般构造要求：

（1）钢管宜采用卷制焊接直缝管，也可采用螺旋形缝焊接管和无缝钢管，焊缝必须采用对接焊缝，并达到与母材等强的要求。

（2）钢管材料可选用 Q235、Q345 或 Q390 钢材，质量等级应根据使用环境温度选用 B 级或 B 级以上。

（3）混凝土的强度等级，应符合承载力的要求，并与钢管的钢号相匹配，其强度等级不宜低于 C30。一般情况下，Q235 钢材宜配 C30 或 C40 级混凝土；Q345 钢材宜配 C40、C50 或 C60 级混凝土；Q390 钢材宜配 C50 或 C60 级以上的混凝土。

（4）钢管接长时，如管径不变，宜采用等强度的坡口焊缝；如管径改变，可采用法兰盘和螺栓连接。法兰盘采用带孔板，使管内混凝土保持连续。

（5）为保证混凝土的浇筑质量，钢管外径不宜小于 300mm；为了满足焊接所需的最小厚度要求，钢管壁厚不宜小于 10mm。

（6）为了防止空钢管在施工过程中受力时发生管壁局部失稳，钢管的外径与壁厚之比，宜小于 90，而卷制焊接直缝管宜大于 40。

（7）为了防止混凝土强度等级较高时钢管的套箍作用不够而导致脆性破坏，套箍指标 θ 不宜太小；为了防止混凝土因混凝土强度等级过低而使构件在使用荷载下产生塑性变形，套箍指标 θ 又不宜太大。钢管混凝土的套箍指标 θ 不宜小于 0.6。套箍指标满足此要求的构件，在使用荷载作用下处于弹性工作阶段，而在最终破坏前又具有良好的延性。

【复习思考题与习题】

23-1　简述钢管混凝土柱承受轴压力的优越性，并与钢筋混凝土柱和钢管柱进行比较。

23-2　在钢管混凝土的轴压试验中，混凝土的应变大于钢管壁的应变，针对图 23-3 中三种不同的加载方式，简述出现上述现象的原因。

23-3　某钢—混凝土组合桁架桥的钢管混凝土轴心受压构件（直杆），杆件几何长度 5m，设计计算图式取两端铰支。单管钢管（Q235）直径 $D=273\text{mm}$，壁厚度 $t=8\text{mm}$，内填充混凝土强度级别为 C30。轴心受压杆件截面轴向力设计值 $N_d=1130\text{kN}$。

忽略钢管的初应力影响，试进行截面承载力复核。

23-4　已知条件与习题 23-3 相同，但杆件设计计算图式为下端固接、上端铰接，且截面还有作用组合弯矩设计值 $M_d=113\text{kN}\cdot\text{m}$，试进行截面承载力复核。

附 表

混凝土强度标准值和设计值(MPa) 附表 1-1

强度种类		符号	混凝土强度等级											
			C25	C30	C35	C40	C45	C50	C55	C60	C65	C70	C75	C80
强度标准值	轴心抗压	f_{ck}	16.7	20.1	23.4	26.8	29.6	32.4	35.5	38.5	41.5	44.5	47.4	50.2
	轴心抗拉	f_{tk}	1.78	2.01	2.20	2.40	2.51	2.65	2.74	2.85	2.93	3.0	3.05	3.10
强度设计值	轴心抗压	f_{cd}	11.5	13.8	16.1	18.4	20.5	22.4	24.4	26.5	28.5	30.5	32.4	34.6
	轴心抗拉	f_{td}	1.23	1.39	1.52	1.65	1.74	1.83	1.89	1.96	2.02	2.07	2.10	2.14

混凝土的弹性模量($\times 10^4$ MPa) 附表 1-2

混凝土强度等级	C25	C30	C35	C40	C45	C50	C55	C60	C65	C70	C75	C80
E_c	2.80	3.00	3.15	3.25	3.35	3.45	3.55	3.60	3.65	3.70	3.75	3.80

注:1. 混凝土剪变模量 G_c 按表中数值的 0.4 倍采用。

2. 对高强混凝土,当采用引气剂及较高砂率的泵送混凝土且无实测数据时,表中 C50 ~ C80 的 E_c 值应乘以折减系数 0.95。

普通钢筋强度标准值和设计值 附表 1-3

钢筋种类	公称直径 d(mm)	符号	抗拉强度标准值 f_{sk}(MPa)	抗拉强度设计值 f_{sd}(MPa)	抗压强度设计值 f'_{sd}(MPa)
HPB300	6 ~ 22	Φ	300	250	250
HRB400 HRBF400 RRB400	6 ~ 50	Φ $Φ^F$ $Φ^R$	400	330	330
HRB500	6 ~ 50	Φ	500	415	400

注:1. 钢筋混凝土轴心受拉和小偏心受拉构件的钢筋抗拉强度设计值大于 330MPa 时,应按 330MPa 取用;在斜截面抗剪承载力、受扭承载力和冲切承载力计算中,垂直于纵向受力钢筋的箍筋或间接钢筋等横向钢筋的抗拉强度设计值大于 330MPa 时,应取 330MPa。

2. 构件中配有不同种类的钢筋时,每种钢筋应采用各自的强度设计值。

普通钢筋的弹性模量（$\times10^5$MPa） 附表 1-4

钢筋种类	弹性模量 E_s
HPB300	2.1
HRB400、HRBF400、RRB400、HRB500	2.0

普通钢筋截面面积、质量表 附表 1-5

公称直径（mm）	在下列钢筋根数时的截面面积（mm^2）									质量（kg/m）	带肋钢筋	
	1	2	3	4	5	6	7	8	9		公称直径（mm）	外径（mm）
6	28.3	57	85	113	141	170	198	226	254	0.222	6	7.0
8	50.3	101	151	201	251	302	352	402	452	0.395	8	9.3
10	78.5	157	236	314	393	471	550	628	707	0.617	10	11.6
12	113.1	226	339	452	566	679	792	905	1018	0.888	12	13.9
14	153.9	308	462	616	770	924	1078	1232	1385	1.21	14	16.2
16	201.1	402	603	804	1005	1206	1407	1608	1810	1.58	16	18.4
18	254.5	509	763	1018	1272	1527	1781	2036	2290	2.00	18	20.5
20	314.2	628	942	1256	1570	1884	2200	2513	2827	2.47	20	22.7
22	380.1	760	1140	1520	1900	2281	2661	3041	3421	2.98	22	25.1
25	490.9	982	1473	1964	2454	2945	3436	3927	4418	3.85	25	28.4
28	615.8	1232	1847	2463	3079	3695	4310	4926	5542	4.83	28	31.6
32	804.2	1608	2413	3217	4021	4826	5630	6434	7238	6.31	32	35.8

在钢筋间距一定时板每米宽度内钢筋截面面积（mm^2） 附表 1-6

钢筋间距（mm）	钢筋直径（mm）									
	6	8	10	12	14	16	18	20	22	24
70	404	718	1122	1616	2199	2873	3636	4487	5430	6463
75	377	670	1047	1508	2052	2681	3393	4188	5081	6032
80	353	628	982	1414	1924	2514	3181	3926	4751	5655
85	333	591	924	1331	1811	2366	2994	3695	4472	5322
90	314	559	873	1257	1711	2234	2828	3490	4223	5027
95	298	529	827	1190	1620	2117	2679	3306	4001	4762
100	283	503	785	1131	1539	2011	2545	3141	3801	4524
105	269	479	748	1077	1466	1915	2424	2991	3620	4309
110	257	457	714	1028	1399	1828	2314	2855	3455	4113
115	246	437	683	984	1339	1749	2213	2731	3305	3934
120	236	419	654	942	1283	1676	2121	2617	3167	3770
125	226	402	628	905	1232	1609	2036	2513	3041	3619
130	217	387	604	870	1184	1547	1958	2416	2924	3480
135	209	372	582	838	1140	1490	1885	2327	2816	3351
140	202	359	561	808	1100	1436	1818	2244	2715	3231
145	195	347	542	780	1062	1387	1755	2166	2621	3120
150	189	335	524	754	1026	1341	1697	2084	2534	3016
155	182	324	507	730	993	1297	1642	2027	2452	2919
160	177	314	491	707	962	1257	1590	1964	2376	2828
165	171	305	476	685	933	1219	1542	1904	2304	2741

续上表

钢筋间距(mm)	钢筋直径(mm)									
	6	8	10	12	14	16	18	20	22	24
170	166	296	462	665	905	1183	1497	1848	2236	2661
175	162	287	449	646	876	1149	1454	1795	2172	2585
180	157	279	436	628	855	1117	1414	1746	2112	2513
185	153	272	425	611	832	1087	1376	1694	2035	2445
190	149	265	413	595	810	1058	1339	1654	2001	2381
195	145	258	403	580	789	1031	1305	1611	1949	2320
200	141	251	393	565	769	1005	1272	1572	1901	2262

混凝土保护层最小厚度 c_{min} 附表 1-7

构件类别	梁、板、塔、拱圈		墩台身		承台、基础	
设计使用年限(年)	100	50、30	100	50、30	100	50、30
Ⅰ类——一般环境	20	20	25	20	40	40
Ⅱ类——冻融环境	30	25	35	30	45	40
Ⅲ类——海洋氯化物环境	35	30	45	40	65	60
Ⅳ类——除冰盐等其他氯化物环境	30	25	35	30	45	40
Ⅴ类——盐结晶环境	30	25	40	35	45	40
Ⅵ类——化学腐蚀环境	35	30	40	35	60	55
Ⅶ——磨蚀环境	35	30	45	40	65	60

注:1. 表中混凝土保护层最小厚度 c_{min} 数值(单位:mm)是按照结构耐久性要求的构件最低混凝土强度等级及钢筋和混凝土表面无特殊防腐措施确定的。

2. 对于工厂预制的混凝土构件,其最小保护层厚度可将表中相应数值减小 5mm,但不得小于 20mm。

3. 表中承台和基础的最小保护层厚度,针对的是基坑底无垫层或侧面无模板的情况;对于有垫层或有模板的情况,最小保护层厚度可将表中相应数值减小 20mm,但不得小于 30mm。

钢筋混凝土构件中纵向受力钢筋的最小配筋率(%) 附表 1-8

受力类型		最小配筋百分率
受压构件	全部纵向钢筋	0.5
	一侧纵向钢筋	0.2
受弯构件、偏心受拉构件及轴心受拉构件的一侧受拉钢筋		0.2 和 $45f_{td}/f_{sd}$ 中较大值
受扭构件		$0.08f_{cd}/f_{sd}$(纯扭时),$0.08(2\beta_t-1)f_{cd}/f_{sd}$(剪扭时)

注:1. 受压构件全部纵向钢筋最小配筋百分率,当混凝土强度等级为 C50 及以上时不应小于 0.6。

2. 当大偏心受拉构件的受压区配置按计算需要的受压钢筋时,其最小配筋百分率不应小于 0.2。

3. 轴心受压构件、偏心受压构件全部纵向钢筋的配筋率和一侧纵向钢筋(包括大偏心受拉构件的受压钢筋)的配筋百分率应按构件的毛截面面积计算;轴心受拉构件及小偏心受拉构件一侧受拉钢筋的配筋百分率应按构件毛截面面积计算;受弯构件、大偏心受拉构件的一侧受拉钢筋的配筋百分率为 $100A_s/(bh_0)$,其中 A_s 为受拉钢筋截面面积,b 为腹板宽度(箱形截面为各腹板宽度之和),h_0 为有效高度。

4. 当钢筋沿构件截面周边布置时,“一侧的受压钢筋”或“一侧的受拉钢筋”是指受力方向两个对边中的一边布置的纵向钢筋。

5. 对受扭构件,其纵向受力钢筋的最小配筋率为 $A_{st,min}/(bh)$,其中 $A_{st,min}$ 为纯扭构件全部纵向钢筋最小截面面积,h 为矩形截面基本单元长边长度,b 为短边长度,f_{sd} 为纵向钢筋抗拉强度设计值。

钢筋混凝土轴心受压构件的稳定系数 φ 附表 1-9

l_0/b	≤8	10	12	14	16	18	20	22	24	26	28
l_0/d	≤7	8.5	10.5	12	14	15.5	17	19	21	22.5	24
l_0/i	≤28	35	42	48	55	62	69	76	83	90	97
φ	1.0	0.98	0.95	0.92	0.87	0.81	0.75	0.70	0.65	0.60	0.56
l_0/b	30	32	34	36	38	40	42	44	46	48	50
l_0/d	26	28	29.5	31	33	34.5	36.5	38	40	41.5	43
l_0/i	104	111	118	125	132	139	146	153	160	167	174
φ	0.52	0.48	0.44	0.40	0.36	0.32	0.29	0.26	0.23	0.21	0.19

注:1. 表中 l_0 为构件计算长度,b 为矩形截面短边尺寸,d 为圆形截面直径,i 为截面最小回转半径。

2. 构件计算长度 l_0 的确定,两端固定为 $0.5l$;一端固定,一端为不移动的铰为 $0.7l$;两端均匀不移动的铰为 l;一端固定,一端自由为2。

圆形截面钢筋混凝土偏心受压构件正截面相对抗压承载力 n_u 附表 1-10

$\eta e_0/r$	$\rho f_{sd}/f_{cd}$										
	0.06	0.09	0.12	0.15	0.18	0.21	0.24	0.27	0.30	0.40	0.5
0.01	1.0487	1.0783	1.1079	1.1375	1.1671	1.1968	1.2264	1.2561	1.2857	1.3846	1.4835
0.05	1.0031	1.0316	1.0601	1.0885	1.1169	1.1454	1.1738	1.2022	1.2306	1.3254	1.4201
0.10	0.9438	0.9711	0.9984	1.0257	1.0529	1.0802	1.1074	1.1345	1.1617	1.2521	1.3423
0.15	0.8827	0.9090	0.9352	0.9614	0.9875	1.0136	1.0396	1.0656	1.0916	1.1781	1.2643
0.20	0.8206	0.8458	0.8709	0.8960	0.9210	0.9460	0.9709	0.9958	1.0206	1.1033	1.1856
0.25	0.7589	0.7829	0.8067	0.8302	0.8540	0.8778	0.9016	0.9254	0.9491	1.0279	1.1063
0.30	0.7003	0.7247	0.7486	0.7721	0.7953	0.8181	0.8408	0.8632	0.8855	0.9590	1.0316
0.35	0.6432	0.6684	0.6928	0.7165	0.7397	0.7625	0.7849	0.8070	0.8290	0.9008	0.9712
0.40	0.5878	0.6142	0.6393	0.6635	0.6869	0.7097	0.7320	0.7540	0.7757	0.8461	0.9147
0.45	0.5346	0.5624	0.5884	0.6132	0.6369	0.6599	0.6822	0.7041	0.7255	0.7949	0.8619
0.50	0.4839	0.5133	0.5403	0.5657	0.5898	0.6130	0.6354	0.6573	0.6786	0.7470	0.8126
0.55	0.4359	0.4670	0.4951	0.5212	0.5458	0.5692	0.5917	0.6135	0.6347	0.7022	0.7666
0.60	0.3910	0.4238	0.4530	0.4798	0.5047	0.5283	0.5509	0.5727	0.5938	0.6605	0.7237
0.65	0.3495	0.3840	0.4141	0.4414	0.4667	0.4905	0.5131	0.5348	0.5558	0.6217	0.6837
0.70	0.3116	0.3475	0.3784	0.4062	0.4317	0.4556	0.4782	0.4998	0.5206	0.5857	0.6466
0.75	0.2773	0.3143	0.3459	0.3739	0.3996	0.4235	0.4460	0.4674	0.4881	0.5523	0.6120
0.80	0.2468	0.2845	0.3164	0.3446	0.3702	0.3940	0.4164	0.4377	0.4581	0.5214	0.5799
0.85	0.2199	0.2579	0.2899	0.3180	0.3436	0.3672	0.3893	0.4104	0.4305	0.4928	0.5502
0.90	0.1963	0.2343	0.2661	0.2940	0.3193	0.3427	0.3646	0.3853	0.4051	0.4663	0.5225
0.95	0.1759	0.2134	0.2448	0.2724	0.2974	0.3204	0.3420	0.3624	0.3818	0.4419	0.4969
1.00	0.1582	0.1950	0.2259	0.2530	0.2775	0.3001	0.3213	0.3413	0.3604	0.4193	0.4731

注:本表摘自《公路钢筋混凝土及预应力混凝土桥涵设计规范》(JTG 3362—2018)附表 F.0.1 中部分表值。

预应力钢筋抗拉强度标准值(MPa) 附表 2-1

钢筋种类		符号	公称直径 d(mm)	f_{pk}(MPa)
钢绞线	1×7	ϕ^{S}	9.5、12.7、15.2、17.8	1720、1860、1960
			21.6	1860
消除应力钢丝	光面 螺旋肋	ϕ^{P} ϕ^{H}	5	1570、1770、1860
			7	1570
			9	1470、1570
预应力螺纹钢筋		ϕ^{T}	18、25、32、40、50	785、930、1080

注:抗拉强度标准值为1960MPa的钢绞线作为预应力钢筋作用时,应有可靠工程经验或充分试验验证。

预应力钢筋抗拉、抗压强度设计值(MPa) 附表 2-2

钢筋种类	f_{pk}(MPa)	f_{pd}(MPa)	f'_{pd}(MPa)
钢绞线1×7 (7股)	1720	1170	390
	1860	1260	
	1960	1330	
消除应力钢丝	1470	1000	410
	1570	1070	
	1770	1200	
	1860	1260	
预应力螺纹钢筋	785	650	400
	930	770	
	1080	900	

预应力钢筋的弹性模量 附表 2-3

预应力钢筋种类	E_p(×10^5MPa)	预应力钢筋种类	E_p(×10^5MPa)
预应力螺纹钢筋	2.00	钢绞线	1.95
消除应力钢丝	2.05		

预应力钢筋公称直径、公称截面面积和公称质量 附表 2-4

预应力钢筋种类	公称直径(mm)	公称截面面积(mm^2)	公称质量(kg/m)
1×7钢绞线	9.5	54.8	0.432
	12.7	98.7	0.774
	15.2	139.0	1.101
	17.8	191.0	1.500
	21.6	285.0	2.237
钢丝	5	19.63	0.154
	7	38.48	0.302
	9	63.62	0.499

续上表

预应力钢筋种类	公称直径(mm)	公称截面面积(mm^2)	公称质量(kg/m)
预应力螺纹钢筋	18	254.5	2.11
	25	490.9	4.10
	32	804.2	6.65
	40	1256.6	10.34
	50	1963.5	16.28

系 数 k 和 μ 值　　附表 2-5

管道成型方式	k	μ	
		钢绞线、钢丝束	预应力螺纹钢筋
预埋金属波纹管	0.0015	0.20～0.25	0.50
预埋塑料波纹管	0.0015	0.15～0.20	—
预埋铁皮管	0.0030	0.35	0.40
预埋钢管	0.0010	0.25	—
抽芯成型	0.0015	0.55	0.60

锚具变形、钢筋回缩和接缝压缩值(mm)　　附表 2-6

锚具、接缝类型		Δl
钢丝束的钢制锥形锚具		6
夹片式锚具	有顶压时	4
	无顶压时	6
带螺母锚具的螺母缝隙		1～3
镦头锚具		1
每块后加垫板的缝隙		2
水泥砂浆接缝		1
环氧树脂砂浆接缝		1

注:带螺母锚具采用一次张拉锚固时,Δl 宜取 2～3mm;采用二次张拉锚固时,Δl 可取 1mm。

预应力钢筋的预应力传递长度 l_{tr} 与锚固长度 l_a(mm)　　附表 2-7

预应力钢筋种类	混凝土强度等级	传递长度 l_{tr}	锚固长度 l_a
1×7 钢绞线 σ_{pe} = 1000MPa f_{pd} = 1260MPa	C40	67d	130d
	C45	64d	125d
	C50	60d	120d
	C55	58d	115d
	C60	58d	110d
	≥C65	58d	105d

续上表

预应力钢筋种类	混凝土强度等级	传递长度 l_{tr}	锚固长度 l_a
螺旋肋钢丝 $\sigma_{pe}=1000$MPa $f_{pd}=1200$MPa	C40	$58d$	$95d$
	C45	$56d$	$90d$
	C50	$53d$	$85d$
	C55	$51d$	$83d$
	C60	$51d$	$80d$
	≥C65	$51d$	$80d$

注:1. 预应力钢筋的预应力传递长度 l_{tr} 按有效预应力值 σ_{pe} 查表;锚固长度 l_a 按抗拉强度设计值 f_{pd} 查表。

2. 预应力传递长度应根据预应力钢筋放松时混凝土立方体抗压强度 f'_{cu} 确定,当 f'_{cu} 在表列混凝土强度等级之间时,预应力传递长度按直线内插取用。

3. 当采用骤然放松预应力钢筋的施工工艺时,锚固长度的起点及预应力传递长度的起点应从离构件末端 $0.25l_{tr}$ 处开始,l_{tr} 为预应力钢筋的预应力传递长度。

4. 当预应力钢筋的抗拉强度设计值 f_{pd} 或有效预应力值 σ_{pe} 与表值不同时,其锚固长度或预应力传递长度应根据表值按比例增减。

5. 表中符号 d 为预应力钢筋的公称直径。

石材强度设计值(MPa) 附表 3-1

强度类别	强度等级						
	MU120	MU100	MU80	MU60	MU50	MU40	MU30
抗压 f_{cd}	31.78	26.49	21.19	15.89	13.24	10.59	7.95
弯曲抗拉 f_{tmd}	2.18	1.82	1.45	1.09	0.91	0.73	0.55

石材强度等级的换算系数 附表 3-2

立方体试件边长(mm)	200	150	100	70	50
换算系数	1.43	1.28	1.14	1.00	0.86

混凝土强度设计值(MPa) 附表 3-3

强度类别	强度等级					
	C40	C35	C30	C25	C20	C15
轴心抗压 f_{cd}	15.64	13.69	11.73	9.78	7.82	5.87
弯曲抗拉 f_{tmd}	1.24	1.14	1.04	0.92	0.80	0.66
直接抗剪 f_{vd}	2.48	2.28	2.09	1.85	1.59	1.32

混凝土预制块砂浆砌体抗压强度设计值 f_{cd}(MPa) 附表 3-4

砌块强度等级	砂浆强度等级					砂浆强度
	M20	M15	M10	M7.5	M5	0
C40	8.25	7.04	5.84	5.24	4.64	2.06
C35	7.71	6.59	5.47	4.90	4.34	1.93
C30	7.14	6.10	5.06	4.54	4.02	1.79
C25	6.52	5.57	4.62	4.14	3.67	1.63
C20	5.83	4.98	4.13	3.70	3.28	1.46
C15	5.05	4.31	3.58	3.21	2.84	1.26

块石砂浆砌体的抗压强度设计值 f_{cd} (MPa)　　附表 3-5

砌块强度等级	砂浆强度等级					砂浆强度
	M20	M15	M10	M7.5	M5	0
MU120	8.42	7.19	5.96	5.35	4.73	2.10
MU100	7.68	6.56	5.44	4.88	4.32	1.92
MU80	6.87	5.87	4.87	4.37	3.86	1.72
MU60	5.95	5.08	4.22	3.78	3.35	1.49
MU50	5.43	4.64	3.85	3.45	3.05	1.36
MU40	4.86	4.15	3.44	3.09	2.73	1.21
MU30	4.21	3.59	2.98	2.67	2.37	1.05

注：对各类石砌体，应按表中数值分别乘以下列系数：细料石砌体 1.5；半细料石砌体 1.3；粗料石砌体 1.2；干砌块石可采用砂浆强度为零时的抗压强度设计值。

片石砂浆砌体的抗压强度设计值 f_{cd} (MPa)　　附表 3-6

砌块强度等级	砂浆强度等级					砂浆强度
	M20	M15	M10	M7.5	M5	0
MU120	1.97	1.68	1.39	1.25	1.11	0.33
MU100	1.80	1.54	1.27	1.14	1.01	0.30
MU80	1.61	1.37	1.14	1.02	0.90	0.27
MU60	1.39	1.19	0.99	0.88	0.78	0.23
MU50	1.27	1.09	0.90	0.81	0.71	0.21
MU40	1.14	0.97	0.81	0.72	0.64	0.19
MU30	0.98	0.84	0.70	0.63	0.55	0.16

注：干砌片石砌体可采用砂浆强度为零时的抗压强度设计值。

砂浆砌体轴心抗拉、弯曲抗拉和直接抗剪强度设计值(MPa)　　附表 3-7

强度类别	破坏特征	砌体种类	砂浆强度等级				
			M20	M15	M10	M7.5	M5
轴心抗拉 f_{td}	齿缝	规则砌块砌体	0.104	0.090	0.073	0.063	0.052
		片石砌体	0.096	0.083	0.068	0.059	0.048
弯曲抗拉 f_{tmd}	齿缝	规则砌块砌体	0.122	0.105	0.086	0.074	0.061
		片石砌体	0.145	0.125	0.102	0.089	0.072
	通缝	规则砌块砌体	0.084	0.073	0.059	0.051	0.042
直接抗剪 f_{vd}	—	规则砌块砌体	0.104	0.090	0.073	0.063	0.052
		片石砌体	0.241	0.208	0.170	0.147	0.120

注：1. 砌体龄期为 28d。

2. 规则块材砌体包括：块石砌体、粗料石砌体、半细料石砌体、细料石砌体、混凝土预制块砌体。

3. 规则块材砌体在齿缝方向受剪时，是通过砌块和灰缝剪破。

小石子混凝土砌块石砌体轴心抗压强度设计值 f_{cd}（MPa） 附表 3-8

石材强度等级	小石子混凝土强度等级					
	C40	C35	C30	C25	C20	C15
MU120	13.86	12.69	11.49	10.25	8.95	7.59
MU100	12.65	11.59	10.49	9.35	8.17	6.93
MU80	11.32	10.36	9.38	8.37	7.31	6.19
MU60	9.80	9.98	8.12	7.24	6.33	5.36
MU50	8.95	8.19	7.42	6.61	5.78	4.90
MU40	—	—	6.63	5.92	5.17	4.38
MU30	—	—	—	—	4.48	3.79

注：砌块为粗料石时，轴心抗压强度为表值乘以 1.2；砌块为细料石、半细料石时，轴心抗压强度为表值乘以 1.4。

小石子混凝土砌片石砌体轴心抗压强度设计值 f_{cd}（MPa） 附表 3-9

石材强度等级	小石子混凝土强度等级			
	C30	C25	C20	C15
MU120	6.94	6.51	5.99	5.36
MU100	5.30	5.00	4.63	4.17
MU80	3.94	3.74	3.49	3.17
MU60	3.23	3.09	2.91	2.67
MU50	2.88	2.77	2.62	2.43
MU40	2.50	2.42	2.31	2.16
MU30	—	—	1.95	1.85

小石子混凝土砌块石、片石砌体的轴心抗拉、弯曲抗拉和直接抗剪强度设计值（MPa） 附表 3-10

强 度 类 别	破坏特征	砌体种类	小石子混凝土强度等级					
			C40	C35	C30	C25	C20	C15
轴心抗拉 f_{td}	齿缝	块石砌体	0.285	0.267	0.247	0.226	0.202	0.175
		片石砌体	0.425	0.398	0.368	0.336	0.301	0.260
弯曲抗拉 f_{tmd}	齿缝	块石砌体	0.335	0.313	0.290	0.265	0.237	0.205
		片石砌体	0.493	0.461	0.427	0.387	0.349	0.300
	通缝	块石砌体	0.232	0.217	0.201	0.183	0.164	0.142
直接抗剪 f_{vd}	—	块石砌体	0.285	0.267	0.247	0.226	0.202	0.175
		片石砌体	0.425	0.398	0.368	0.336	0.301	0.260

注：对其他规则砌块砌体强度值为表内块石砌体强度值乘以下列系数：粗料石砌体 0.7；细料石、半细料石砌体 0.35。

各类砌体受压弹性模量 E_m(MPa) 附表 3-11

砌 体 种 类	砂浆强度等级				
	M20	M15	M10	M7.5	M5
混凝土预制块砌体	$1700f_{cd}$	$1700f_{cd}$	$1700f_{cd}$	$1600f_{cd}$	$1500f_{cd}$
粗料石、块石及片石砌体	7300	7300	7300	5650	4000
细料石、半细料石砌体	22000	22000	22000	17000	12000
小石子混凝土砌体	$2100f_{cd}$				

注:f_{cd}为砌体轴心抗压强度设计值。

钢材的强度设计值(MPa) 附表 4-1

钢 材		抗拉、抗压和抗弯 f_d	抗剪 f_{vd}	端面承压(刨平顶紧)f_{cd}
牌号	厚度(mm)			
Q235 钢	≤16	190	110	280
	16~40	180	105	
	40~100	170	100	
Q345 钢	≤16	275	160	355
	16~40	270	155	
	40~63	260	150	
	63~80	250	145	
	80~100	245	140	
Q390 钢	≤16	310	180	370
	16~40	295	170	
	40~63	280	160	
	63~100	265	150	
Q420 钢	≤16	335	195	390
	16~40	320	185	
	40~63	305	175	
	63~100	290	165	

注:表中厚度是指计算点的钢材厚度,对轴心受拉构件和轴心受压构件是指截面中较厚板件的厚度。

钢材屈服强度与物理性能指标 附表 4-2

钢材牌号	Q235	Q345	Q390	Q420
屈服强度 f_y(MPa)	235	345	390	420
弹性模量 E(MPa)	2.06×10^5			
剪切模量 G(MPa)	0.79×10^5			
线膨胀系数(℃$^{-1}$)	12×10^{-6}			
密度(kg/m^3)	7850			

普通螺栓和锚栓连接的强度设计值(MPa) 附表 4-3

螺栓的性能等级、锚栓和构件钢材的牌号		普通螺栓						锚栓
		C 级			A、B 级			
		抗拉 f_{td}^{b}	抗剪 f_{vd}^{b}	承压 f_{cd}^{b}	抗拉 f_{td}^{b}	抗剪 f_{vd}^{b}	承压 f_{cd}^{b}	抗拉 f_{td}^{a}
普通螺栓	4.6 级、4.8 级	145	120	—	—	—	—	—
	5.6 级	—	—	—	185	165	—	—
	8.8 级	—	—	—	350	280	—	—
锚栓	Q235 钢	—	—	—	—	—	—	125
	Q345 钢	—	—	—	—	—	—	160
构件	Q235 钢	—	—	265	—	—	350	—
	Q345 钢	—	—	340	—	—	450	—
	Q390 钢	—	—	355	—	—	470	—
	Q420 钢	—	—	380	—	—	500	—

注:A、B 级螺栓孔精度和孔壁表面粗糙度,C 级螺栓孔的允许偏差和孔壁表面粗糙度,均应符合《钢结构工程施工质量验收标准》(GB 50205—2020)的要求。

焊缝强度设计值(MPa) 附表 4-4

焊接方法和焊条型号	构件钢材		对接焊缝				角焊缝
	牌号	厚度(mm)	抗压 f_{cd}^{w}	焊缝质量为以下等级时,抗拉 f_{td}^{w}		抗剪 f_{vd}^{w}	抗拉、抗压或抗剪 f_{fd}^{w}
				一级、二级	三级		
自动焊、半自动焊和E43 型焊条的手工焊	Q235 钢	≤16	190	190	160	110	140
		16 ~ 40	180	180	155	105	
		40 ~ 100	170	170	145	100	
自动焊、半自动焊和E50 型焊条的手工焊	Q345 钢	≤16	275	275	235	160	175
		16 ~ 40	270	270	230	155	
		40 ~ 63	260	260	220	150	
		63 ~ 80	250	250	215	145	
		80 ~ 100	245	245	210	140	
自动焊、半自动焊和E55 型焊条的手工焊	Q390 钢	≤16	310	310	265	180	200
		16 ~ 40	295	295	250	170	
		40 ~ 63	280	280	240	160	
		63 ~ 100	265	265	225	150	
	Q420 钢	≤16	335	335	285	195	200
		16 ~ 40	320	320	270	185	
		40 ~ 63	305	305	260	175	
		63 ~ 100	290	290	245	165	

注:1. 对接焊缝受弯时,在受压区的抗弯强度设计值取 f_{cd}^{w},在受拉区的抗弯强度设计值取 f_{td}^{w}。

2. 焊缝质量等级应符合《钢结构工程施工质量验收标准》(GB 50205—2020)的规定,其中厚度小于 8mm 钢材的对接焊缝,不应采用超声波探伤确定焊缝质量等级。

基材构件和机械紧固接头疲劳细节　　附表4-5

细节类别	构造细节	说　明	要　求	
160	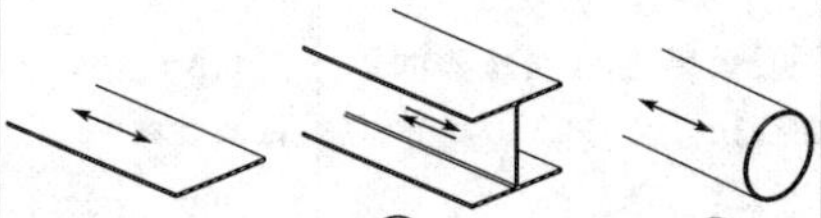 ①　②　③	轧制与冲压件： ①钢板与扁钢。 ②轧制型钢。 ③矩形或圆形截面的无缝钢管	①~③通过打磨除去刃边、表面与轧制缺陷，使构件表面光滑平顺	
140	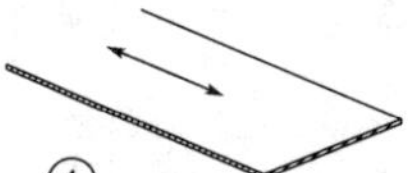 ④	切割或气割钢板： ④切割或机械气割后修整的材料。 ⑤边缘带有浅且规则线痕的机械气割材料或修整过边缘不连续的手工气割材料	④除去所有可见的边缘不连续： 通过机械加工或打磨切割区域中除去所有毛边；仅允许存在平行受力方向的机械刮痕（例如打磨加工刮痕）。 ④和⑤通过打磨改善凹角（坡度≤1/4）或计算时采用适当的应力集中系数。 无补焊修补	
125	 ⑤			
构造细节①~⑤如果由耐候钢制造，其细节类别应降低一个等级				
100 $m=5$	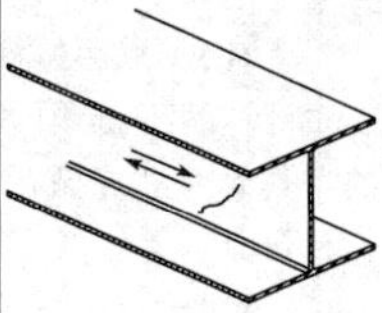 ⑥ 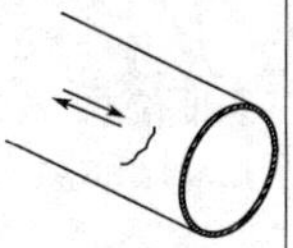　⑦	⑥和⑦轧制与冲压件，同细节①②③	⑥和⑦剪应力按下式计算： $\tau=\frac{VS(t)}{It}$	
110	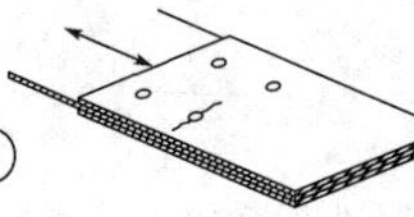 ⑧	⑧采用摩擦型高强度螺栓的双面对称接头	⑧$\Delta\sigma$按毛截面计算	⑧~⑬螺栓间距应满足表19-2的要求
		⑧采用摩擦型注脂螺栓的双面对称接头	⑧$\Delta\sigma$按毛截面计算	
90	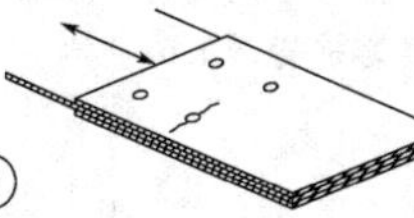 ⑨	⑨采用A、B级螺栓的双面接头	⑨$\Delta\sigma$按净截面计算	
		⑨采用非摩擦型注脂螺栓的双面连接	⑨$\Delta\sigma$按净截面计算	
	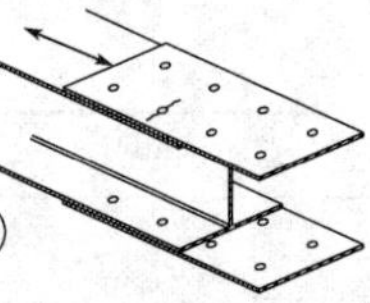 ⑩	⑩采用高强度螺栓的单面连接	⑩$\Delta\sigma$按毛截面计算	
		⑩采用摩擦型注脂螺栓的单面连接	⑩$\Delta\sigma$按毛截面计算	
	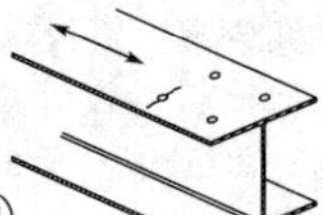 ⑪	⑪承受弯曲与轴力组合作用的带孔构件	⑪$\Delta\sigma$按净截面计算	

续上表

细节类别	构造细节	说明	要求	
80	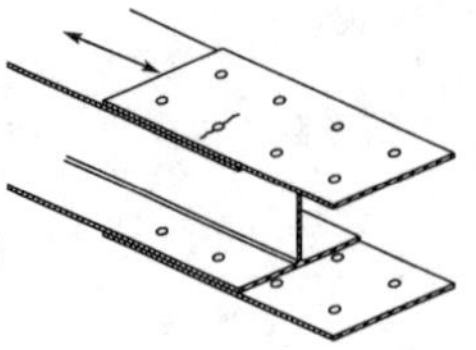 ⑫	⑫采用A、B级螺栓的单面连接	⑫$\Delta\sigma$按净截面计算	⑧~⑬螺栓间距应满足表19-2的要求
		⑫采用非摩擦型注脂螺栓的单面连接	⑫$\Delta\sigma$按净截面计算	
50	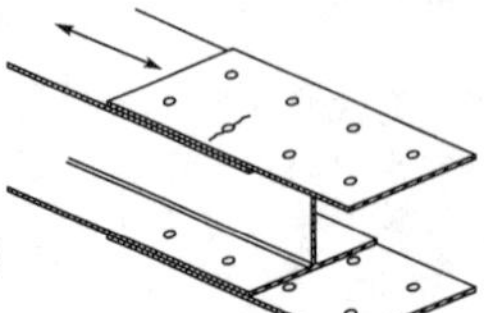 ⑬	⑬采用C级螺栓的单面或双面对称连接，栓孔为普通清孔方式，受力方向保持不变	⑬$\Delta\sigma$按净截面计算	
50	当$\phi>30$mm时，考虑尺寸效应，$k_s=(30/\phi)^{0.25}$ 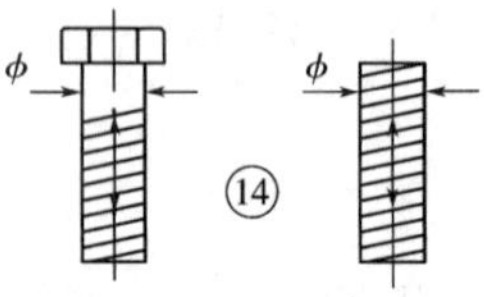 ⑭	⑭带有轧制或加工螺纹的受拉螺栓和螺杆	⑭$\Delta\sigma$采用螺栓的有效直径计算面积，必须考虑由撬力和其他因素导致的螺栓受拉和弯曲。 对摩擦型螺栓，应考虑应力幅折减	
100 $m=5$	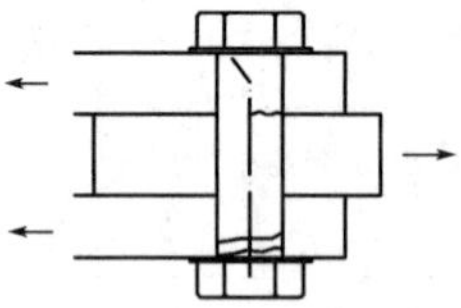 ⑮	单剪或双剪螺栓，螺纹不在剪切面内。 ⑮A、B级螺栓、单向受力的C级螺栓(螺栓等级5.6/8.8或10.9)	⑮$\Delta\tau$按螺杆毛截面计算	

焊接截面疲劳细节 附表4-6

细节类别	构造细节	说明	要求
125	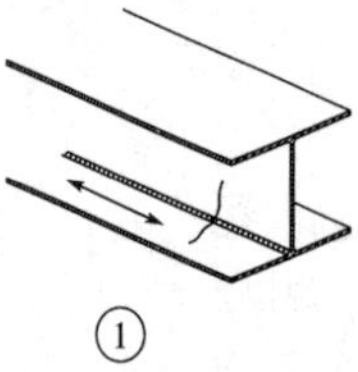 ① 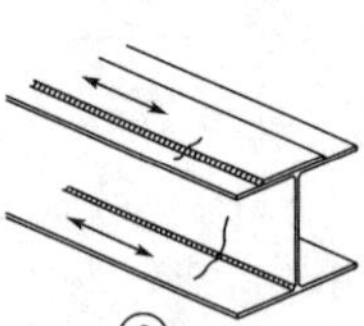 ②	连续纵向焊缝： ①双面自动对接焊。 ②自动角焊缝。盖板端部按《公路钢结构桥梁设计规范》(JTG D64—2015)表C.0.5中细节⑥或⑦验算	①和②不验算起焊与止焊位置，或对起焊与止焊位置进行焊后处理并用可靠方法验证修复效果

续上表

细节类别	构造细节	说 明	要 求
110	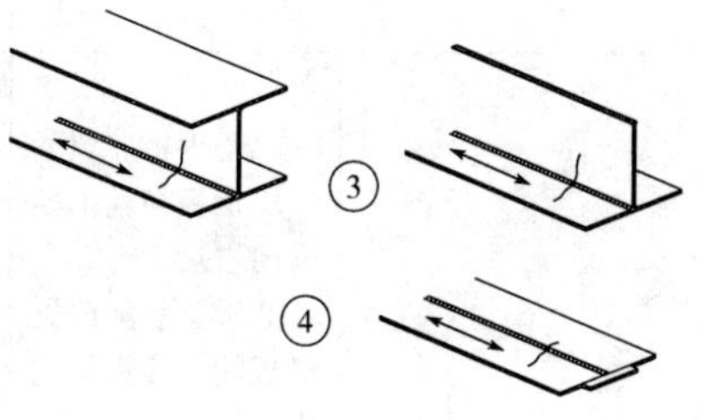	③自动双面对接焊缝或角焊缝,包含起焊、终焊位置。 ④带有垫片的单面自动对接焊缝,不含起焊、终焊位置	④如果包含起焊、终焊位置,细节类别采用100
100	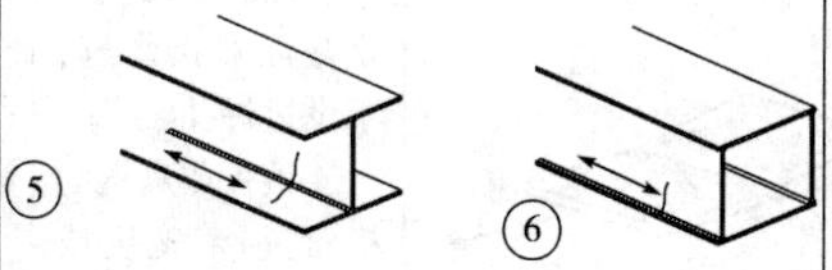	⑤手工焊。 ⑥单侧对接焊缝,尤其对于箱梁	⑤~⑥腹板与翼缘板必须紧贴,加工腹板边缘确保根部熔透而无烧漏
	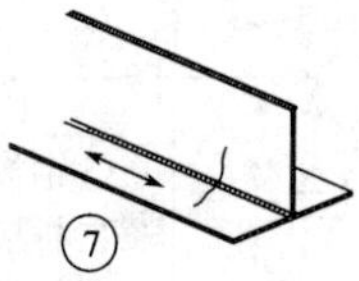	⑦细节①~⑥中焊缝经过修整后	⑦当采用专业打磨除去所有明显的缺陷,并经过充分核查后可以按原来细节类别验算
80	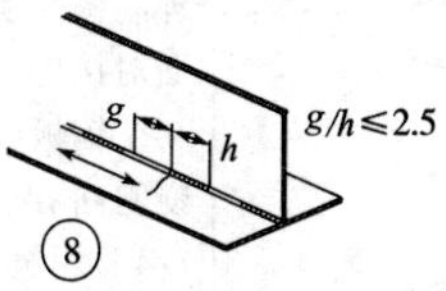	⑧间断的纵向角焊缝	⑧$\Delta\sigma$ 根据翼缘中的正应力计算
70	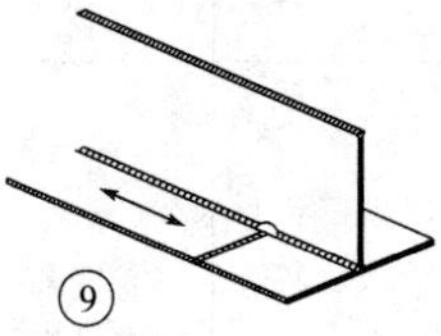	⑨纵向对接焊缝、角焊缝或带有直径不大于60mm的过焊孔的间断焊缝。 过焊孔高度若大于60mm见《公路钢结构桥梁设计规范》(JTG D64—2015)表C.0.4细节①	⑨$\Delta\sigma$ 根据翼缘中的正应力计算
125	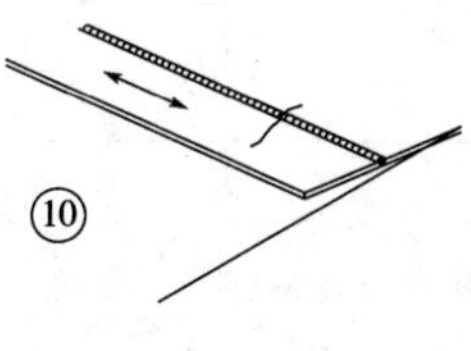	⑩纵向对接焊缝,两侧沿受力方向打磨平齐,Ⅰ级焊缝	
110		⑩不打磨,且不包含起焊、终焊位置	
90		⑩包含起焊、终焊位置	
140	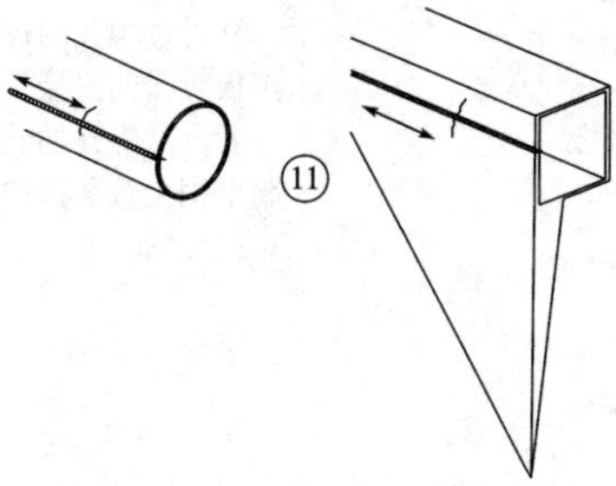	⑪空心截面自动纵向密封焊缝	⑪壁厚 $t \leq 12.5$mm
125		⑪空心截面自动纵向密封焊缝,不包含起焊、终焊位置	⑪壁厚 $t > 12.5$mm
90		⑪包含起焊、终焊位置	

横向对接焊缝　　附表 4-7

细节类别	构造细节	说明	要求
110	尺寸效应：$t>25$mm $k_s=(\frac{25}{t})^{0.2}$ ①②③④ ≤1/4 ≤1/4	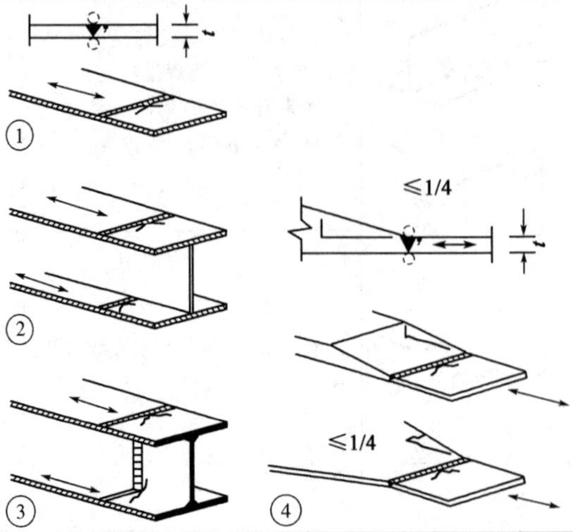 无垫板： ①钢板与扁钢的横向拼接。 ②板梁装配前翼缘板间或腹板间的横向拼接。 ③轧制截面横向全截面对接焊缝，不设过焊孔。 ④钢板或扁钢的横向拼接，宽度或厚度方向坡度≤1/4	所有焊缝沿箭头方向打磨平齐； 使用引弧板，移除后板边沿受力方向打磨平齐； 两侧施焊，实施无损检测。 ③只适用于轧制截面接头，截面截断后再重新焊接
90	尺寸效应：$t>25$mm $k_s=(\frac{25}{t})^{0.2}$ ≤0.1b b ≤1/4 ≤1/4 ⑤⑥⑦	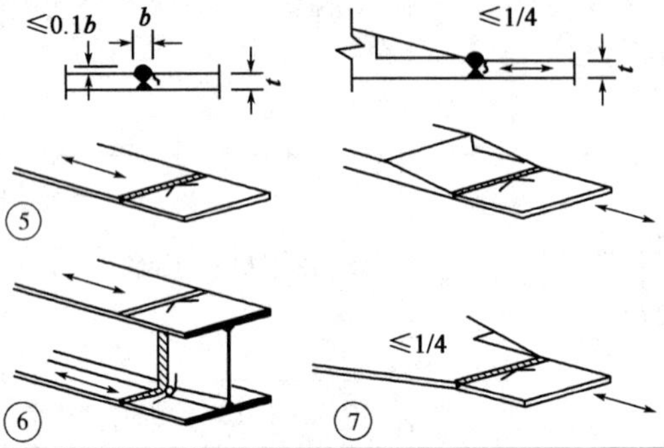 ⑤钢板与扁钢的横向拼接。 ⑥未设过焊孔的轧制构件横向全截面对接焊缝。 ⑦钢板或扁钢的横向拼接，接坡≤1/4。焊缝过渡处不必考虑坡度	焊缝余高不超过焊缝宽度的10%，且表面平滑过渡； 使用引弧板，移除后板边沿受力方向打磨平齐； 两侧施焊，实施无损检测。 ⑤和⑦采用平放施焊
90	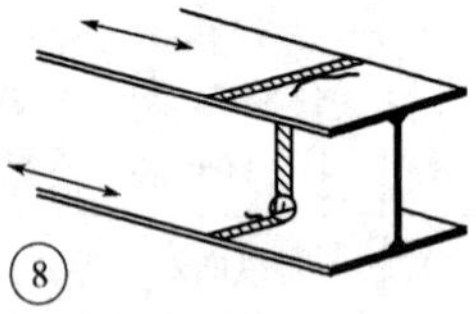 尺寸效应：$t>25$mm $k_s=(\frac{25}{t})^{0.2}$ ⑧	⑧同细节③，但设有过焊孔	所有焊缝沿箭头方向打磨平齐； 使用引弧板，移除后板边沿受力方向打磨平齐； 两侧施焊，实施无损检测。 型钢规格相同
80	尺寸效应：$t>25$mm $k_s=(\frac{25}{t})^{0.2}$ ⑨⑩	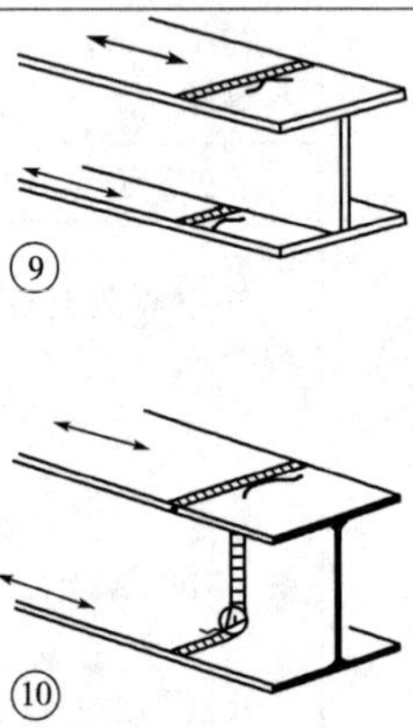 ⑨无过焊孔的焊接板梁横向拼接。 ⑩设过焊孔的轧制型钢全截面横向对接焊缝	焊缝余高不超过焊缝宽度的20%，且表面平滑过渡； 焊缝不必磨平； 使用引弧板，移除后板边沿受力方向打磨平齐； 两侧施焊，实施无损检测。 ⑩焊缝余高不超过焊缝宽度的10%，且表面平滑过渡

普通螺栓的有效直径与有效面积 附表 4-8

螺栓外径(mm)	16	18	20	22	24	27	30
螺距(mm)	2	2.5	2.5	2.5	3	3	3.5
螺栓有效直径 d_e(mm)	14.1236	15.6545	17.6545	19.6545	21.1854	24.1854	26.7163
螺栓有效面积 A_e(mm^2)	156.7	192.5	244.8	303.4	352.5	459.4	5560.6

轴心受压整体稳定折减的截面分类 附表 4-9

横截面形式	限制条件	屈服条件	屈曲方向	屈曲曲线类型
轧制截面	$h/b>1.2$	$t_f \leqslant 40mm$	y 轴	a
			z 轴	b
		$40mm < t_f \leqslant 100mm$	y 轴	b
			z 轴	c
	$h/b \leqslant 1.2$	$t_f \leqslant 100mm$	y 轴	b
			z 轴	c
焊接工字形截面		$t_f \leqslant 40mm$	y 轴	b
			z 轴	c
		$t_f > 40mm$	y 轴	c
			z 轴	d
空心截面		热轧	任意	a
		冷弯	任意	c
焊接箱形截面		一般截面(空心截面除外)	任意	b
		宽焊缝 $h_f > 0.5h_e$ $b/t_f < 30$ $b/t_w < 30$	任意	c
槽形、T 形截面		任意	任意	c
L 形截面		任意	任意	b

钢管的强度设计值(MPa) 附表 5-1

钢材		抗拉、抗压和抗弯 f_{sd}	抗剪 f_{vd}
牌号	厚度(mm)		
Q235	≤16	215	125
	16~40	205	120
Q345	≤16	310	180
	16~35	295	170
Q390	≤16	350	205
	16~35	335	190

钢管混凝土受压构件长细比折减系数 φ_l 附表 5-2

钢材牌号	混凝土强度等级	a_s	长细比 λ								
			20	30	40	50	60	70	80	90	100
Q235	C30	0.04	0.972	0.923	0.875	0.828	0.783	0.739	0.696	0.654	0.614
		0.08	0.975	0.930	0.886	0.843	0.800	0.758	0.716	0.675	0.635
		0.12	0.977	0.935	0.893	0.852	0.810	0.769	0.729	0.688	0.648
		0.16	0.978	0.938	0.898	0.858	0.818	0.778	0.738	0.697	0.657
		0.20	0.980	0.941	0.902	0.863	0.824	0.784	0.745	0.704	0.664
	C40	0.04	0.957	0.901	0.847	0.795	0.746	0.699	0.655	0.613	0.573
		0.08	0.960	0.908	0.858	0.809	0.762	0.717	0.674	0.632	0.593
		0.12	0.962	0.913	0.864	0.818	0.772	0.728	0.685	0.644	0.604
		0.16	0.964	0.916	0.869	0.824	0.779	0.736	0.694	0.653	0.613
		0.20	0.966	0.919	0.874	0.829	0.785	0.742	0.700	0.660	0.620

注:1. 本表为《公路钢管混凝土拱桥设计规范》(JTG/T D65-06—2015)的表 5.2.3 的部分表值。
2. 当长细比位于中间值时,可采用插入法求得。

组合弹性轴压模量 E_{sc}($\times 10^4$ MPa) 附表 5-3

钢材牌号		Q235		Q345					Q390			
混凝土强度等级		C30	C40	C40	C50	C60	C70	C80	C50	C60	C70	C80
a_s	0.04	2.89	3.57	3.06	3.50	3.98	4.45	4.89	3.36	3.81	4.24	4.65
	0.05	3.11	3.79	3.31	3.74	4.22	4.69	5.14	3.62	4.06	4.49	4.91
	0.06	3.32	4.00	3.55	3.99	4.46	4.93	5.38	3.87	4.31	4.75	5.16
	0.07	3.53	4.21	3.79	4.23	4.70	5.17	5.62	4.12	4.57	5.00	5.41
	0.08	3.75	4.43	4.03	4.47	4.95	5.42	5.86	4.38	4.82	5.25	5.67
	0.09	3.96	4.64	4.27	4.71	5.19	5.66	6.10	4.63	5.07	5.51	5.92
	0.10	4.17	4.85	4.51	4.95	5.43	5.90	6.35	4.88	5.32	5.76	6.17
	0.11	4.39	5.07	4.76	5.19	5.67	6.14	6.59	5.14	5.58	6.01	6.43
	0.12	4.60	5.28	5.00	5.44	5.91	6.38	6.83	5.39	5.83	6.27	6.68
	0.13	4.81	5.49	5.24	5.68	6.15	6.62	7.07	5.64	6.08	6.52	6.93
	0.14	5.03	5.71	5.48	5.92	6.40	6.87	7.31	5.89	6.34	6.77	7.19
	0.15	5.24	5.92	5.72	6.16	6.64	7.11	7.55	6.15	6.59	7.03	7.44
	0.16	5.45	6.13	5.96	6.40	6.88	7.35	7.80	6.40	6.84	7.28	7.69
	0.17	5.67	6.35	6.21	6.64	7.12	7.59	8.04	6.65	7.10	7.53	7.95
	0.18	5.88	6.56	6.45	6.89	7.36	7.83	8.28	6.91	7.35	7.79	8.20
	0.19	6.10	6.78	6.69	7.13	7.60	8.07	8.52	7.16	7.60	8.04	8.45
	0.20	6.31	6.99	6.93	7.37	7.85	8.32	8.76	7.41	7.86	8.29	8.71

注:当含钢率 a_s 为中间值时,E_{sc} 采用插入法求得。

计算题参考答案

第3章

3-16　采用绑扎钢筋骨架，按两层钢筋布置时，截面受压区高度计算参考值 $x = 145\text{mm}$。

3-17　截面受压区高度计算参考值 $x = 72\text{mm}$。

3-18　截面实际配筋率 $\rho = 0.82\%$，截面受压区高度计算值 $x = 90\text{mm}$。

3-19　悬臂板截面主钢筋按一层布置，分布钢筋布置在主钢筋下方，计算需要的主钢筋面积参考值 $A_s = 355\text{mm}^2$。

3-20　采用绑扎钢筋骨架，计算需要的受拉钢筋面积参考值 $A_s = 2143\text{mm}^2$、受压钢筋面积参考值 $A_s' = 436\text{mm}^2$。

3-21　截面受压区高度计算参考值 $x = 141\text{mm}$。

3-22　内梁和边梁受压翼缘板的有效宽度计算参考值均为 2.2m。

3-24　第一类 T 形截面，截面受压区高度计算参考值 $x = 41\text{mm}$。

3-25　等效工字形截面肋板宽（参考值）278mm，翼缘板厚（参考值）108mm。

第4章

4-9　采用绑扎钢筋骨架，正截面计算得到需要的受拉钢筋面积参考值 $A_s = 1229\text{mm}^2$。采用直径 8mm 的双肢箍筋，梁跨中区段的箍筋间距参考值为 250mm。

4-10　斜截面顶端位置截面的广义剪跨比计算值（参考值）为 $m = 2.77$ 及斜截面投影长度计算参考值为 $c = 2024\text{mm}$。

第5章

5-4　核心混凝土面积计算参考值 $A_{cor} = 47600\text{mm}^2$，矩形截面的受扭塑性抵抗矩计算参考值 $W_t = 6.67 \times 10^6\text{mm}^2$。当受扭箍筋直径取 10mm 时，构件箍筋布置间距参考值 $s_v = 120\text{mm}$；所需抗扭纵筋截面面积计算参考值 $A_{st} = 571\text{mm}^2$。

5-5　正截面抗弯计算时，截面受压区高度 $x = 54\text{mm}$（参考值）；弯剪扭构件所需配置箍筋

总量计算参考值 $A_{sv1}/s_v = 0.1352mm^2/mm$；沿截面高度方向上分三层布置抗扭纵向钢筋面积时，每层分配的抗扭纵向钢筋面积计算参考值为 $122mm^2$。

5-6 截面肋板分块承受的扭矩计算参考值为 $T_{wd} = 31.026kN \cdot m$；正截面抗弯所需的纵向钢筋计算参考值 $A_s = 2463mm^2$；肋板分块采用双肢闭合箍筋时，所需抗剪箍筋配筋量的计算参考值 $A_{sv1}/s_v = 0.163mm^2/mm$；肋板分块抗扭纵筋所需截面面积计算参考值为 $A_{st} = 1541mm^2$，沿截面高度方向上分五层（$n = 5$）时，每层分配的抗扭纵向钢筋面积为 $A_{st}/5 = 308.2mm^2$（参考值）。翼缘板截面核心混凝土部分的高度（长边）和宽度（短边）的计算参考值分别为 $h_{cor} = 60mm$、$b_{cor} = 690mm$。

第6章

6-5 轴心抗压承载力计算参考值 $N_u = 761kN$。

6-6 构件可承受的最大轴向压力设计参考值 $N_{d,max} = 733kN$。

6-7 螺旋箍筋直径取 10mm 时，箍筋所需的间距 s 计算参考值为 70mm。

第7章

7-6 截面纵向受压钢筋的计算参考值 $A'_s = -52mm^2$；受拉钢筋的计算参考值 $A_s = 1630mm^2$。

7-7 弯矩作用平面内截面受压区高度 x 的计算参考值为 39mm。

7-8 弯矩作用平面内截面受压区高度 x 的计算参考值为 72mm。

7-9 截面设计时弯矩作用平面内截面受压区高度 x 的计算参考值为 557mm，截面受压较小一侧纵向钢筋的计算参考值 $A_s = 360mm^2$。垂直于弯矩作用平面的截面复核不满足要求，弯矩作用平面的截面复核满足要求。

7-11 对称布筋所需总纵向钢筋面积计算参考值 $A_s = 640mm^2$。

7-12 大偏心受压、弯矩作用平面内截面受压区高度 x 的计算参考值为 77mm。

7-14 参数 n_u 的计算参考值为 $n_u = 0.2096$，对应的参数 $\rho f_{sd}/f_{cd} = 0.096$。

第8章

8-5 截面受拉较小一侧纵向受拉钢筋面积的计算参考值 $A'_s = 159mm^2$。

8-6 截面受拉较大一侧纵向受拉钢筋面积的计算参考值 $A_s = 1954mm^2$。

8-7 计算所需的纵向钢筋面积计算参考值 A_s 和 A'_s为 $1954mm^2$。

8-8 截面受压区高度 $x < 2a'_s$。

第9章

9-5 荷载作用频遇组合弯矩计算值 M_s 和荷载准永久组合弯矩计算值 M_l 的计算参考值分别为 50.5kN · m 和 46kN · m；纵向受拉钢筋的有效配筋率的计算参考值为 0.0377（纵向受拉钢筋 3 ⌽ C16 时）和 0.0393（纵向受拉钢筋 2 ⌽ C20 时）。

9-6 T 梁开裂截面的换算截面受压区高度计算参考值 $x = 257mm$；开裂截面的换算截面惯性矩 I_{cr}和全截面换算截面的惯性矩 I_0 的计算参考值分别为 $I_{cr} = 4.17 \times 10^{10} mm^4$、$I_0 =$

$8.44\times10^{10}mm^4$。

第 10 章

10-4　配置间接钢筋的混凝土局部承压提高系数 β_{cor} 计算参考值为 1.06。

10-5　扣除孔道后的局部承压面积 A_{ln} 计算参考值为 $15708mm^2$；配置间接钢筋的混凝土局部承压强度提高系数 β_{cor} 计算参考值为 1.778；间接钢筋的体积配筋率 ρ_v 计算参考值为 0.0745。

第 13 章

13-13　净截面和换算截面中和轴高度（距底面距离 x）计算参考值分别为 $x=1064mm$ 和 $x=1055mm$。

13-14　梁 $L/4$ 跨截面处各钢束摩擦应力损失平均值 σ_{l1} 的计算参考值为 31.261MPa；钢束松弛引起的应力损失 σ_{l5} 的计算参考值为 42.80MPa。

13-15　截面强度计算采用的弯矩计算参考值为 $M=354.6kN\cdot m$；按作用频遇组合得到的弯矩计算参考值为 $M_s=292.70kN\cdot m$；按作用准永久组合得到的弯矩计算参考值为 $M_l=258.50kN\cdot m$；按作用基本组合得到的弯矩计算参考值为 $M=499.2kN\cdot m$。

13-16　预加力作用产生梁的上拱值计算参考值为 48mm。

第 16 章

16-5　拱上石砌横墙截面 y 方向的长细比 λ_y 的计算参考值为 11.19；φ_{0y} 的计算参考值为 0.7036。

16-6　拱顶截面的承载能力验算时，砌体偏心受压构件承载力影响系数的计算参考值 $\varphi_0=0.7537$；拱的整体承载力验算时，砌体偏心受压构件承载力影响系数的计算参考值 $\varphi_0=0.4802$。

第 19 章

19-8　对接焊缝最大正应力计算参考值 $\sigma=106MPa$；最大剪应力计算参考值 $\tau=19MPa$；折算应力计算参考值为 109MPa。

19-9　对接焊缝疲劳细节 $\Delta\sigma_c=110MPa$，疲劳抗力计算参考值 $K_s\Delta\sigma_D/\gamma_{Mf}=60MPa$。

19-10　单块盖板宽度 b_1 和厚度 t_1 的设计参考取值分别为 320mm 和 8mm；角焊缝焊脚尺寸 h_f 计算参考值为 6mm。

19-11　角焊缝焊脚尺寸 h_f 计算参考值为 9.7mm。

19-12　单个粗制螺栓抗剪承载力和承压承载力的计算参考值分别为 51.84kN、70kN，所需螺栓数量计算参考值为 $n=2.55$。

19-13　单个粗制螺栓的抗拉承载力 N_{tu}^b 计算参考值为 45.29kN，螺栓承受的最大拉力计算参考值为 43.4kN。

19-14　单个高强度螺栓的抗剪承载力 N_{vu}^b 和抗拉承载力 N_{tu}^b 的计算参考值分别为 55.8kN 和 124kN；按式（19-51）进行验算的计算参考值为 $0.688<1.0$。

第20章

20-11 采用高强度螺栓的单面连接,即附表4-5的构造细节⑩,疲劳抗力计算参考值$K_s \Delta\sigma_D/\gamma_{Mf}=48.9MPa$。

20-12 焊接H形截面考虑局部稳定影响的有效截面面积的计算参考值为$17084mm^2$;相对长细比$\bar{\lambda}$计算参考值为$\bar{\lambda}=0.901$、轴心受压构件整体稳定折减系数χ的计算参考值为$\chi=0.595$。

20-13 轴心压杆焊接T形截面的受压翼缘板和腹板有效宽度的计算参考值分别为135mm、95mm;轴心受压构件整体稳定折减系数χ的计算参考值为0.472;压杆的承载力计算参考值为$N_u=182.1kN$。

20-14 斜杆截面强度验算的计算参考值为$\sigma_s=62.36MPa$;疲劳抗力计算参考值$K_s\Delta\sigma_D/\gamma_{Mf}=49.13MPa$。

20-15 轴心受压构件绕截面实轴方向整体稳定折减系数χ_x计算参考值为0.562;绕截面虚轴方向换算长细比λ_{0y}计算参考值为47.5、轴心受压构件绕截面虚轴方向整体稳定折减系数χ_y计算参考值为0.834。

20-16 拉弯构件倒T形截面处于部分受压、部分受拉状态。有效截面的净截面面积计算参考值为$A_n=3263.6mm^2$、净截面绕x-x轴的截面惯性矩计算参考值为$I_{xn}=6.616\times10^6mm^4$。

20-17 拉弯构件焊接工字形截面处于部分受压、部分受拉状态。焊接工字形截面几何特性计算参考值为:毛截面面积$A_m=5480mm^2$,有效截面的净截面面积$A_n=4136mm^2$,有效截面的净截面重心轴至截面底边缘的距离$y_n=134mm$,毛截面绕x-x轴的惯性矩$I_{xm}=61.2\times10^6mm^4$,有效截面的净截面惯性矩$I_{xn}=39.52\times10^6mm^4$。

第21章

21-6 钢板梁截面的有效截面中和轴距钢板梁受压翼缘边缘距离计算参考值为$y_s=643mm$,有效截面的惯性矩$I_{s,eff}$和有效截面受压面积对中和轴的面积矩S_{eff}的计算参考值分别为$I_{s,eff}=45.58\times10^8mm^4$和$S_{eff}=4.39\times10^6mm^3$。

主梁截面(截面受压翼缘与腹板交界处)折算应力验算的参考值为0.73。

21-7 横向加劲肋布置间距$a=2470mm$,超过了规定限值。增设横向加劲肋,以减小横向加劲肋的布置间距,全梁的横向加劲肋由原3对改变为5对,间距小于1660mm,验算可以达到要求。

第22章

22-6 钢梁截面惯性矩计算参考值$I_s=105.22\times10^8mm^4$,组合梁弹性模量比换算截面面惯性矩计算参考值$I_0=259.11\times10^8mm^4$。

考虑持续荷载作用组合梁的混凝土徐变影响,有效模量比计算参考值$\alpha_{El}=16.607$,有效模量比换算截面的惯性矩计算参考值$I_{0l}=200.10\times10^8mm^4$。

考虑持续荷载作用(混凝土收缩)组合梁的混凝土徐变影响,有效模量比计算参考值$\alpha_{El}=11.473$,有效模量比换算截面的惯性矩计算参考值$I_{0l}=222.53\times10^8mm^4$。

第23章

23-3　组合轴心抗压强度设计值的计算参考值f_{sc} = 43.88MPa，长细比折减系数的计算参考值φ_l = 0.758。

23-4　偏心距增大系数的计算参考值η = 1.045，弯矩折减系数的计算参考值φ_e = 0.414，长细比折减系数的计算参考值φ_1 = 0.848。

参考文献

[1] 住房和城乡建设部. 工程结构可靠性设计统一标准:GB 50153—2008[S]. 北京:中国计划出版社,2009.

[2] 交通运输部. 公路工程技术标准:JTG B01—2014[S]. 北京:人民交通出版社股份有限公司,2015.

[3] 交通运输部. 公路桥涵设计通用规范:JTG D60—2015[S]. 北京:人民交通出版社股份有限公司,2015.

[4] 交通运输部. 公路工程结构可靠性设计统一标准:JTG 2120—2020[S]. 北京:人民交通出版社股份有限公司,2020.

[5] 交通运输部. 公路钢筋混凝土及预应力混凝土桥涵设计规范:JTG 3362—2018[S]. 北京:人民交通出版社股份有限公司,2018.

[6] 东南大学,天津大学,同济大学. 混凝土结构设计原理[M]. 6 版. 北京:中国建筑工业出版社,2017.

[7] 李国平. 预应力混凝土结构设计原理[M]. 2 版. 北京:人民交通出版社,2009.

[8] 张庆芳,张志国. 公路桥梁混凝土结构设计原理[M]. 天津:天津大学出版社,2010.

[9] 姚玲森. 桥梁工程[M]. 3 版. 北京:人民交通出版社股份有限公司,2021.

[10] (美)林同炎(T. Y. Lin),伯恩斯(N. H. Burns). 预应力混凝土结构设计[M]. 北京:中国铁道出版社,1983.

[11] 河海大学,武汉大学,大连理工大学,等. 水工钢筋混凝土结构学[M]. 4 版. 北京:中国水利水电出版社,2009.

[12] 顾祥林. 混凝土结构基本原理[M]. 3 版. 上海:同济大学出版社,2015.

[13] 叶见曙. 公路旧桥病害与检查[M]. 北京:人民交通出版社,2012.

[14] 日本土木学会. 混凝土结构耐久性设计指南[M]. 向上,译. 北京:中国建筑工业出版社,2010.

[15] 交通运输部. 公路工程混凝土结构耐久性设计规范:JTG/T 3310—2019[S]. 北京:人民交通出版社股份有限公司,2019.

[16] 金伟良,赵羽习. 混凝土结构耐久性[M]. 北京:科学出版社,2002.

[17] 交通运输部. 公路桥涵施工技术规范:JTG/T 3650—2020[S]. 北京:人民交通出版社股份有限公司,2020.

[18] 住房和城乡建设部. 混凝土结构设计规范:GB 50010—2010[S]. 北京:中国建筑工业出版社,2011.

[19] 住房和城乡建设部. 工程结构设计基本术语标准:GB/T 50083—2014[S]. 北京:中国建筑工业出版社,2015.

[20] 刘效尧,徐岳. 公路桥涵设计手册—梁桥[M].2 版. 北京:人民交通出版社,2011.

[21] 贺拴海. 桥梁结构理论与计算方法[M]. 2 版. 北京:人民交通出版社股份有限公司,2017.

[22] 车惠民,邵厚坤,李宵平. 部分预应力混凝土[M]. 成都:西南交通大学出版社,1992.

[23] 张树仁,黄侨. 结构设计原理(钢筋混凝土、预应力混凝土及圬工结构)[M]. 北京:人民交通出版社,2010.

[24] 蓝宗建. 混凝土结构设计原理[M]. 南京:东南大学出版社,2002.

[25] 交通部. 公路圬工桥涵设计规范:JTG D61—2005[S]. 北京:人民交通出版社,2005.

[26] 许淑芳,熊仲明. 砌体结构[M]. 北京:科学出版社,2004.

[27] 施楚贤. 砌体结构[M].3 版. 北京:中国建筑工业出版社,2012.

[28] 交通运输部. 公路钢结构桥梁设计规范:JTG D64—2015[S]. 北京:人民交通出版社股份有限公司,2015.

[29] 周远棣,徐君兰. 钢桥[M]. 北京:人民交通出版社,1991.

[30] British Standards Institution. Steel, concrete and composite bridges (BS5400-3)[S]. 2000.

[31] European Committee for Standardization. Eurocode 3: Design of steel structures[S]. The European Standard EN. 2005.

[32] American Institute of Steel Construction, INC. Load and Resistance Factor Design Specification for Structural Steel Buildings[M]. 2010.

[33] 日本道路協會. 道路橋示方書・同解說(Ⅱ鋼橋篇)[M]. 平成 14 年 3 月.

[34] 沈祖炎,陈扬骥,陈以一. 钢结构基本原理[M].2 版. 北京:中国建筑工业出版社,2005.

[35] 周绪红,刘永健. 钢桥[M]. 北京:人民交通出版社股份有限公司,2020.

[36] 聂建国. 钢—混凝土组合结构桥梁[M]. 北京:人民交通出版社,2011.

[37] Jean-Paul Lebeet, Manfred A. Hirt . 钢桥(钢与钢—混组合桥梁概念和结构设计)[M]. 葛耀君,苏庆田,译. 北京:人民交通出版社股份有限公司,2016.

[38] 住房和城乡建设部. 钢—混凝土组合桥梁设计规范:GB 50917—2013[S]. 北京:中国建筑工业出版社,2014.

[39] 交通运输部. 公路钢混组合桥梁设计与施工规范:JTG/T D64-01—2015[S]. 北京:人民交通出版社股份有限公司,2016.

[40] 朱聘儒. 钢—混凝土组合梁设计原理[M]. 2 版. 北京:中国建筑工业出版社,2006.

[41] 交通运输部. 公路钢管混凝土拱桥梁设计规范:JTG/T D65-06—2015[S]. 北京:人民交通出版社股份有限公司,2015.

[42] 中国工程建设标准化协会标准. 钢管混凝土结构设计与施工规程:CECS 28:2012[S]. 北京:中国计划出版社,2012.

[43] 中国工程建设标准化协会标准. 钢筋混凝土深梁设计规程:CECS 39:92[S]. 北京:中国建筑工业出版社,1993.

[44] 沈蒲生,罗国强. 混凝土结构疑难释义附解题指导[M]. 3 版. 北京:中国建筑工业出版社,2003.